湖南建工集团企业工法汇编

2016—2018

（下册）

湖南建工集团　组织编写

陈　浩　　　主　　编

张明亮　　　副主编

中国建材工业出版社

目　　录

（上册）

第3篇　吊装管材、装配式、运输

第4篇　管道、钢材连接、安装

第5篇　桁架、网架、脚手架、支模

（下册）

第 6 篇　混凝土浇筑、养护、施工

第 8 篇　岩土工程、土方开挖

第 6 篇
PART 6

混凝土浇筑、养护、施工

透水混凝土非机动车道施工工法

谢 强 喻 烽 肖 娟 张淑云

湖南第四工程有限公司

摘 要：透水路面在海绵城市建设中发挥着至关重要的作用，对于非机动车道面层可采用透水混凝土，此类材料粗骨料粒径单一，不掺或者少掺细骨料，内部为孔穴均匀分布的蜂窝状结构，具有透气、透水、重量轻、承载能力高的特点，本工法对其施工方法进行了介绍。

关键词：海绵城市；透水路面；透水混凝土；非机动车道面层

1 前言

海绵城市是指城市能够像海绵一样，在适应环境变化和应对自然灾害等方面具有良好的"弹性"，下雨时吸水、蓄水、渗水、净水，需要时将蓄存的水"释放"并加以利用。海绵城市建设应遵循生态优先等原则，将自然途径与人工措施相结合，在确保城市排水防涝安全的前提下，最大程度地实现雨水在城市区域的积存、渗透和净化，促进雨水资源的利用和生态环境保护。在海绵城市建设过程中，应统筹自然降水、地表水和地下水的系统性，协调给水、排水等水循环利用的各环节，并考虑其复杂性和长期性。

2 工法特点

海绵城市非机动车道面层采用透水混凝土具有以下特点：高透水性、承载能力高于一般透水砖。良好的装饰效果，有透气、吸声降噪、抗冻融性、透水和重量轻的特点。

3 适用范围

它适应范围极广，它适应城市道路给排水工程，包括园林绿化、非机动车道、人行道、花园的给水、排水工程。

4 工艺原理

透水混凝土依靠内部结构中的空隙透水又称多孔性混凝土。其由骨料、水泥和水拌制而成的一种多孔轻质混凝土，它不含细骨料，由粗骨料表面包覆一薄层水泥浆相互黏结而形成孔穴均匀分布的蜂窝状结构，故具有透气、透水和重量轻的特点，也可称排水混凝土。

透水性混凝土与普通的混凝土材料的组合上有很大的区别，透水性混凝土粗骨料粒径单一，不掺或者少掺细骨料的特殊材料组合决定了透水混凝土的特点是具有大量连通的空隙，从而实现混凝土的透水，如图1所示。

利用透水混凝土非机动车道，人行道面层、基层的透水功能，雨水能下渗、滞蓄、净化、回用，最后剩余部分径流通过管网、泵站外排，从而可有效提高城市排水系统的标准，缓解城市内涝的压力。辅道及人行道施工剖面示意图如图2所示。

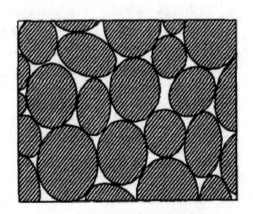

图 1 透水混凝土内部结构模型

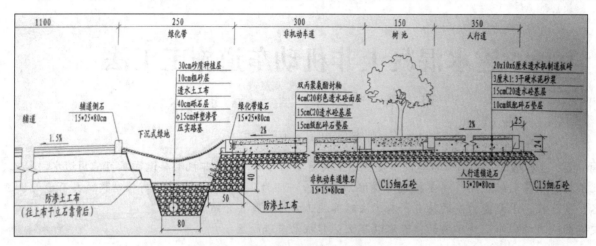

图 2　辅道及人行道施工剖面示意图

5　施工工艺流程及操作要点

5.1　工艺流程图

施工准备→基础施工→级配碎石垫层→透水基层施工→彩色透水混凝土面层→双丙聚氨酯封釉→验收。

5.2　操作要点

5.2.1　级配碎石垫层

（1）经监理工程师验收合格后的路基上铺筑垫层材料。

（2）垫层施工采用人工和机械结合施工、自卸汽车运碎石，装载机粗平，再用人工精平。

（3）在铺筑垫层前，放样好的桩位挂线施工，应将路基面上的浮土、杂物全部清除，并洒水湿润。

（4）摊铺碎石垫层料时无明显离析现象，或采用细骨料作嵌缝处理。经过平整和整修后，采用压路机进行碾压，保证压实度至重型击实最大密度达到设计要求。每段路碾压完后质检员进行检测，并把试验资料交经监理工程师审批。

（5）凡压路机不能压到处都要采用夯实机进行夯实，直到符合规范要求止。

（6）严禁压路机在已经完成的或正在施工的路段上调头和急刹车。

5.2.2　透水混凝土

透水混凝土层包括，彩色透水混凝土面层和透水混凝土基层。透水混凝土面层与基层施工方法相同，不同点仅在彩色透水混凝土面层材料加入了适当颜料，而基层不需加入颜料。

（1）立模

施工人员首先须按设计要求进行分隔立模及区域立模工作，立模中须注意高度、垂直度、泛水坡度等的问题。

（2）搅拌

要施工出高质量、高标准的透水混凝土地面，在原材料固定的条件下，严格控制以上三种原材料的配比，是施工中的重要关键，在施工现场负责人必须严格控制比例。透水混凝土配合比（按质量计）可按照水∶胶结料∶碎石 = 115∶410∶1520。

搅拌器：根据工程量的大小，配置不同容量的机械搅拌器，机械搅拌器在一定范围内的地面处，应设置防止水和物料散落的接料设备（如方形板式斗类），保护施工环境的卫生，减少施工后的清理工作。

透水混凝土不能采用人工搅拌，采用普通混凝土搅拌机械进行搅拌，搅拌时按物料的规定比例及投料顺序将物料投入搅拌机，先将胶结料和碎石搅拌约 30s 后，使其初步混合，再将规定量的水分

2～3 次加入继续进行搅拌约 1.5～2min。视搅拌均匀程度可适当延长机械搅拌的时间，但不宜过长时间的搅拌。搅拌工艺如图 3 所示。

图 3　透水混凝土搅拌工艺流程图

（3）运输

透水混凝土属干性混凝土料，其初凝快，一般根据气候条件控制混合物的运输时间，运输过程中不要停留，手推车必须平稳。

（4）摊铺、浇筑成型

透水混凝土属干性混凝土料，其初凝快，摊铺必须及时。对于人行道面，大面积施工采用分块隔仓方式进行摊铺物料，其松铺系数为 1.1。将混合物均匀摊铺在工作面上，用括尺找准平整度和控制一定的泛水度，然后用振捣器振捣密实，最后用抹子抹平。抹时不能有明水。

（5）养护

透水混凝土与水泥混凝土属性类似，因此铺摊结束，经检验标高、平整度均达到要求后进行养护。当气温较高时，为减少水分的蒸发，宜立即覆盖塑料薄膜，以保持水分。也可采用洒水养护，所有养护期不得少于 7d，使其在养护期内强度遂渐地提高。

洒水养护，透水混凝土在浇筑后 1d 开始洒水养护，高温时在 8h 后开始养护，但淋水时不宜用压力水直接冲淋混凝土表面，应直接从上往下淋水。透水混凝土湿养时间不少于 7d。

养护时间应根据施工温度而定，一般养护期为 14～21d，高温时不少于 14d，低温时不少于 21d，5℃以下施工，养护期不少于 28d。

（6）涂覆双丙聚氨酯封釉

待表面混凝土成型干燥后在 3d 左右，涂刷透明封闭剂，增强耐久性和美观性。封闭剂与固化剂按 4∶1 的比例调配。

6　主要材料与设备

透水混凝土应有出厂检验报告，符合透水混凝土技术规程，应选用终凝时间较长的硅酸盐水泥。

机具设备：混凝土搅拌运输车 1 台；平板振动器 2 台；混凝土路面收光机 3 台。

7　质量控制

（1）松铺系数即为物料摊铺高度高于实际高度的比，按透水混凝土的干湿度，一般采用 1.1～1.15 之间。

（2）平板振动器振动时间不能过长，防止过于密实，可出现离析现象。

（3）摊铺时尽量快和正确，透水混凝土基层和彩色混凝土分层摊铺。

（4）因透水混凝土孔隙率大，水分散失快，当天气温高于 35℃时，施工时间应宜避开中午，适合在早晚进行施工。

（5）正式施工前，做好原材料的检测，水泥采用 P·O42.5 的普通硅酸盐水泥，水泥的初凝时间不大于 3h，终凝时间不小于 6h；石子的粒径、压碎值、针片状满足规范要求。

（6）摊铺前必须对底基层的横坡度、宽度、强度、压实度等进行全方位的检测，将发现的问题及时处理，同时将底基层的杂物和污物及时清理干净。

（7）摊铺前提前一天对级配碎石垫层洒水湿润，以免摊铺时垫层吸水太多，造成混合料快速失水，影响其胶结强度。

（8）运输到施工现场的拌合料在摊铺过程中尽量少收料斗，料斗中拌合料较少时不得收料斗。

（9）摊铺过程中要匀速均匀行驶，不得间断，避免路面基层出现"波浪"等病害。

（10）摊铺中断 2h 以上必须设置横向接缝，摊铺过程中必须随时检查拌合料的配合比，防止出现离析现象。

（11）根据拌合料的含水量和外部施工环境来确定碾压方式以及碾压长度。气温较高时候，水分损失比较快，应该尽量缩短碾压长度，反之应增加碾压长度，一般以 50m 最佳。

（12）碾压时，控制好碾压速度及碾压遍数。先用压路机由低侧向高侧往返静压 1～2 遍，时速 1.5km/h 左右，然后用振动压路机轻振碾压 2 遍，时速 2.0km/h 左右，再用振动压路机重振碾压，时速 2.0km/h 左右，重振压实 2 遍，最后用胶轮压路机收光 2 遍，时速 2.0km/h 左右。

（13）基层分两层摊铺，在摊铺上层时，须在下层面上洒水泥净浆或者表面拉毛处理，以增强层间的黏结。

（14）禁止压路机在碾压和已完成碾压的路段上掉头和急刹车，压路机倒车换档平顺进行，不得在已完成的或正在碾压的路段上掉头或急煞车，并保证在混凝土终凝之前之前完成。

（15）为保证结构层边缘强度，边缘用压路机超宽碾压。

（16）施工时，每天按规范要求，送样至试验室做好无侧限抗压强度试块，并通知检测和抽检单位及时到现场做好压实度检测。

（17）碾压完成后及时用土工布覆盖，并在 6h 内洒水养护，日后养护派专人负责，养护时间不小于 7 天，养护期间封闭交通。

（18）在基层养护结束后，尽早喷洒封层，以减少干缩裂缝。

（19）底基层、基层分段完成达到养护期后，通知检测单位和抽检单位做弯沉检测，检测合格后方可进入下道工序。

8　安全措施

（1）搅拌站安装好后，正式使用前要进行运行调试，调试合格后方可使用。

（2）启动前，检查旋转部分与料筒是否有刮碰现象，如有刮碰，应立即处理。

（3）减速箱、卸料涡轮及滚动轴承处均应注入机油后方能启动。

（4）根据搅拌时间调整继电器定位时，应在断电情况下调整。

（5）清理料筒内杂料时，要将滚筒限位装置锁紧，然后启动机器，如在启动时发现运转方向不符合要求时，应及时切断电源，将导线的任意两根相线互换位置，再重新启动。

（6）搅拌机卸料时，应先停机，然后将料筒限制手柄松开，再旋转手柄，由涡轮带动料筒旋转至便于出料的位置，停止转动，然后启动机器使主轴运转方可排出混合料，直至将料排干净，方停止主轴运转。旋转手松使物料筒复位。

（7）搅拌机使用完后，应用清水清洗干净料筒，并将开关箱拉闸落锁。

（8）运料车在道路上使用时，应遵守交通规则，不能逆行或超速。

9　环保措施

（1）贯彻国家环境保护法律法规的保护措施，达到或超过安全文明施工要求。

（2）成立文明施工环境保护领导小组和稽查小组，由公司主要领导和施工科领导组成，负责传达上级有关文明施工及环境保护管理的会议精神和月检制度落实。

（3）水泥和其他易飞扬的细颗粒散体材料，要库内存放或有覆盖物封闭，运输要防止遗撒、飞扬，卸运应有降尘措施。

（4）施工路面每天一次清扫，三次洒水，路面要结合设计中的永久道路布置硬化施工道路，并设有洗车处。清扫生产的垃圾要有效防止二次扬尘。洒水、洗车用水适度，不得造成浪费。

（5）各种运输车辆的尾气排放需达到国家有关标准，超标车禁止上路行驶。充分利用空地搞好绿化工作，美化环境。

（6）混凝土输送泵、混凝土振动棒等噪声较大的施工机械设备操作人员实行轮班制，控制工作时间，并为相应机械设备操作人员和临近的工作人员配发噪声防护用品（耳塞、耳罩、护耳器等）。

（7）合理分布动力、机械设备的工作场所，避免一个地方运行较多动力机械设备。

（8）合理安排作业时间，避免在夜间、休息时间进行作业。

10　效益分析

海绵城市建设注重对天然水系的保护利用，大大减少了建设排水管道和钢筋混凝土水池的工程量。调蓄设施往往与城市既有的绿地、园林、景观水体相结合，"净增成本"比较低，还能大幅减少水环境污染治理费用，降低城市内涝造成的巨额损失。

城市像海绵一样，下雨时吸水、蓄水、渗水、净水，需要时将蓄存的水"释放"并加以利用。将自然途径与人工措施相结合，在确保城市排涝防洪安全的前提下，最大程度地实现雨水在城市区域的积存、渗透和净化，促进雨水资源的利用和生态环境保护。

11　应用实例

我公司承建的常德大道至二广高速互通链接线、常德穿紫河中段整治工程在绿地、非机动车道、人行道就采用了海绵城市设计理念，取得了显著的社会效益。

实例一：穿紫河中段整治工程

穿紫河中段景观工程全线总长约 4.8km，两岸沿线设有码头、亲水平台、栈桥和驳岸等临水或涉水设施及景观。在人行道、非机动车道采用海绵城市设计理念，通过设置透水面层、透水基层，市区雨污水不再直排河中，而是先流进河边的芦苇地。芦苇底下有石头、砂砾按照比例搭配构成的过滤层，以及微生物分解群，可以像海绵一样将雨污水吸收、过滤，使水质得到改善后，进行合理利用。

实例二：常德大道至二广高速互通链接线

道路由南北辅道组成，其中南辅道长 3.145km，北辅道长 2.683km，线路全长 5.829km。南北辅道自边缘向主路中心依次为 3m（人行道）+ 1.5m（树池）+ 3.5m（非机动车道）+ 2.5m（绿化带）+ 11 ～ 14.5m（车行道）+ 16.5m（绿化隔离带），在 K3 + 346 ～ K3 + 360 段，主路两侧增加 8.5m 宽的匝道。绿化带、非机动车道、人行道通过应用海绵城市设计理念，防止雨水直接排入河道，起到了很好的过滤，缓冲作用，取得了良好的社会效益。

泵送混凝土布料机配合辅助支托
加快进度施工工法

李桂新

湖南省第五工程有限公司

摘　要： 为进一步做好混凝土泵和布料机的配套使用，可采用辅助支托为支撑，将布料机整体高度提高，满足在楼面墙、柱钢筋安装完成后仍能自如回转布料；使得以往应在楼面混凝土浇筑完成并具有一定强度后才能进行的墙、柱钢筋安装分项工程提前进入；钢筋安装工人在梁板钢筋安装完后，即可连续进入墙、柱钢筋安装，从而达到避免窝工、缩短技术间隙时间，达到加快施工进度、缩短工期的效果。

关键词： 泵送混凝土；布料机；配套使用；辅助支托

1　前言

泵送混凝土能够节省较大的人力和物力，有很高的施工效率，在当前的大型混凝土施工中被广泛地应用；混凝土泵单位时间输送混凝土量大，供料连续性好；混凝土布料机是在浇筑点将混凝土进行及时分布和摊铺的必要工具。混凝土泵和布料机的配套使用，使混凝土施工变得更省时省力，有效地提高了施工效率和施工质量。

但由于混凝土布料机水平泵管下净高仅为 3m，如果楼面梁板钢筋施工完后随即安装墙、柱钢筋，混凝土布料机回转时，水平泵管会碰撞墙、柱竖向钢筋。因此通常做法是在楼面梁、板混凝土浇筑完成并具有足够强度后再进行墙、柱钢筋安装，造成楼面上的墙、柱钢筋安装不能连续施工，会因为这个技术间隙时间而延长总工期，甚至会造成窝工而增加管理成本。针对此问题，我公司以芙蓉生态新城三号安置小区一期 1 栋、4 栋、2 栋、5 栋等工程为实例，总结出泵送混凝土布料机辅助支托加快进度的施工工法。

该技术中的"一种泵送混凝土布料机"已获国家实用新型专利，专利号为 ZL 2016 2 0037231.4。

2　工法特点

（1）混凝土布料机辅助支托采用脚手架所用的钢管、扣件制作，分五个辅助支托分别安放在布料机的四角支点和底盘中心点位置，将布料机整体提高 1.2m（（案例工程层高为 2.9m，剪力墙、柱钢筋在楼面以上最大高度为 4.1m，布料机提高后水平泵管下高度由 3m 变为 4.2m)，这样布料机水平泵管与墙柱钢筋有 100mm 竖向间隙，可 360°回转，使得剪力墙、柱钢筋的安装和验收提前到楼面混凝土浇捣前完成；弥补了现有设备施工上的不足，有利于减少中间环节和消除技术间隙，缩短工期，加快进度。

（2）辅助支托轻便、小巧，操作简单，运输与装卸简便，可以重复多次使用，符合节能环保的要求。

3　适用范围

本工法适用于框剪、框架、框筒，层高在 2.8～4.0m 的现浇钢筋混凝土工程的泵送混凝土布料施工。此方法操作简便，型式轻便、小巧；可以使工人在混凝土施工过程中更加省时、省力，同时也便于收发、运输、管理，能重复利用，节约资源。

4　工艺原理

本施工工法以辅助支托为支撑，将布料机整体高度提高，满足在楼面墙、柱钢筋安装完成后仍能自如回转布料；使得以往应在楼面混凝土浇筑完成并具有一定强度后才能进行的墙、柱钢筋安装分项工程提前进入。钢筋安装工人在梁板钢筋安装完后，即可连续进入墙、柱钢筋安装，从而达到避免窝工、缩短技术间隙时间，达到加快施工进度、缩短工期的效果。

所用到的钢管为脚手架用 $\phi 48 \times 3.0$ 钢管和配套扣件制作，支托长度、宽度约为 750mm，高度约为 1200mm（长、宽尺寸根据板钢筋设计间距适当调整，高度尺寸根据剪力墙、柱竖向钢筋高度适当调整，保证布料机安装后水平泵管与墙柱钢筋有 100mm 的安全距离）。施工时将支托安置在布料机四个支脚和底盘中心。为保证布料机不发生意外倾倒，应设置四根揽风绳与墙、柱钢筋拉结牢固。浇筑混凝土后，支托随布料机拆除，清理干净、回收以备下次使用。

5　工艺流程和操作要点

5.1　工艺流程

本工法施工工艺流程如图 1 所示。

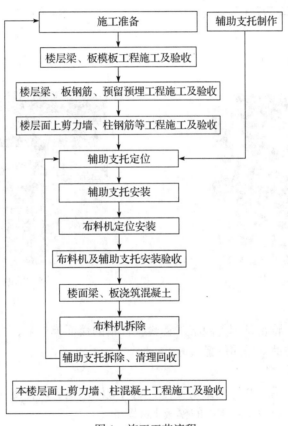

图 1　施工工艺流程

5.2　技术操作要点

5.2.1　施工准备

施工前，组织培训，学习施工图纸，根据审核批准的施工方案，做好施工前技术交底，准备好所需人、材、机。

5.2.2　楼层梁、板模板工程施工及验收

按照审核批准的专项施工方案，完成楼层梁、板模板工程施工并通过验收合格。

5.2.3　楼层梁、板钢筋工程施工及验收

按照审核批准的专项施工方案和设计、规范要求，完成楼层梁、板钢筋工程（包括各种预留预埋）

施工并通过验收合格。

5.2.4　楼层面上剪力墙、柱钢筋工程施工及验收（较传统工艺提前）

按照审核批准的专项施工方案和设计、规范要求，完成楼层面上剪力墙、柱钢筋工程（包括各种预留预埋）施工并通过验收合格。

5.2.5　辅助支托制作

在施工现场的模板加工区，采用直径 48mm，壁厚 3.0mm 以上钢管及配套扣件，按照图 2、图 3 制作（工程制作照片见图 4、图 5）；用 10 号铁丝将 50mm×70mm 木方固定在钢管架上，再在木方上铺 15mm 厚木胶合板（铁钉固定）。制作完成后检查扣件螺丝是否拧紧，模板木方是否牢固等。

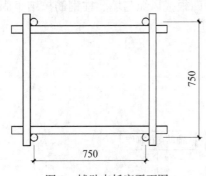

图 2　辅助支托底平面图

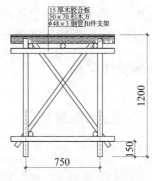

图 3　辅助钢管侧立面图

图 4　辅助支托制作

图 5　辅助支托制作完成

5.2.6　辅助支托定位

在已经过模板、钢筋、预留预埋等隐蔽工程验收合格的楼面模板上，根据布料机布料范围及其支腿尺寸，初步确定出 5 个辅助支托的位置。

5.2.7　辅助支托安装

首先安装中心点支托，后安装周围四角支托。此时应注意适当调整支托位置，使支托的钢管立杆避开钢筋和预埋管线，落在板钢筋间隙中的模板上（图 6）。

5.2.8　布料机定位安装

用塔吊将混凝土布料机吊放到辅助支托上，使其四脚和底盘中心落在支托的中心位置。布料机定位安装完后，应及时用四根揽风绳拉结在墙柱钢筋上，以增加布料机稳定性能（图 7）。

5.2.9　布料机及辅助支托安装验收

安装完成后及时组织验收，重点查支托是否压在钢筋或预埋管线上、是否牢固、是否稳定。

5.2.10　浇筑混凝土

按照方案要求进行梁板混凝土浇筑，一边浇筑，一边振捣，使混凝土达到规定的密实度、平整度。混凝土浇筑过程中注意观察、检查辅助钢管支托是否因混凝土冲击产生偏移，必要时应暂停混凝土浇筑，纠正后再继续（图 8）。

图 6　辅助支托安装

图 7　布料机定位安装

图 8　混凝土浇筑

5.2.11　布料机拆除

混凝土浇筑完毕后，用塔吊及时将布料机吊放到地面指定位置，清洗干净泵管，做好保养以备再用。

5.2.12　辅助支托拆除、清理回收

布料机拆除后，先人工将辅助支托抬起，清理附着的混凝土，再用塔吊吊运到地面指定位置；在地面再次清洗干净，检查其外观，符合使用要求后将其回收到一起，便于下次利用。

6　材料与设备

（1）制作辅助支托时用到的主要机具设备和材料见表 1。

表 1　机具设备、材料表

序号	设备名称	型号规格	单位	数量	用途
1	塔吊	TC5710	台／每栋	1	吊装材料设备
2	圆盘锯	MJ114	套	1	加工木方、模板
3	管子割刀		把	1	钢管切割
4	梅花扳手		把	1	扣件螺丝紧固
5	钢管	48×3.0（mm）	m	80	
6	直角扣件		套	130	
7	木方	50×70×900（mm）	根	45	支撑平台小梁
8	铁丝	8 号	kg	4	固定小梁木方
9	木胶合板	15×900×900（mm）	块	5	支撑平台
10	铁钉	ϕ4mm	个	450	
11	钢丝绳	ϕ4mm＝4.5m	根	4	缆风绳

（2）辅助支托制作按图 2、图 3 进行。

7　质量控制

（1）本工法主要遵照执行以下国家规范中的相应条款：

《建筑结构荷载规范》（GB 50009—2012）；

《建筑施工模板安全技术规范》（JGJ 162—2008）；

《混凝土结构工程施工质量与验收规范》（GB 50204—2015）；

《混凝土结构工程施工规范》（GB 50666—2011）；

《建筑施工扣件式钢管脚手架安全技术规范》（JGJ 130—2011）；

《建筑施工高处作业安全技术规范》（JGJ 80—91）；

《建筑机械使用安全技术规程》（JGJ 33—2012）；

《塔式起重机安全标准》（GB 5144—2006）；

《建筑现场临时用电安全技术规范》（JGJ 46—2005）；

《建筑施工安全检查标准》（JGJ 59—2011）；

《建筑工程施工质量验收统一标准》（GB 50300—2013）；

《建筑施工现场环境与卫生标准》（JGJ 146—2013）。

（2）保证项目质量。

辅助支托的制作必须符合《建筑施工扣件式钢管脚手架安全技术规范》（JGJ 130—2011）规范要求，采用直径 48mm 壁厚 3.0mm 钢管和配套扣件制作，控制 5 个支托的高度 H 尺寸的误差范围在 ±3mm。

制作材料均应有出厂合格证及检验单，在加工前组织质量验收。材料的材质、壁厚符合要求，表面质量和性能应符合规范要求，在出厂时应严格检查。模板及其支架必须有足够的强度、刚度和稳定性；浇筑混凝土时应设专人监控模板的使用情况，发现问题及时处理。

检查方法：观察和用直尺检查。

8　安全措施

（1）本工法施工中的安全技术措施主要遵照执行《建筑现场临时用电安全技术规范》（JGJ 46—2005）、《建筑施工模板安全技术规范》（JGJ 162—2008）、《建筑施工扣件式钢管脚手架安全技术规范》（JGJ 130—2011）、《建筑施工高处作业安全技术规范》（JGJ 80—91）、《建筑机械使用安全技术规程》（JGJ 33—2012）等规范中的相应条款。

（2）施工前对进场职工进行一次全面的安全教育，强调安全第一，预防为主。

（3）进入施工现场必须戴好安全帽，穿好绝缘鞋。严禁酒后进入现场。

（4）把安全工作贯彻到整个施工现场，坚持每周的安全活动及每日施工前的安全交底，并做好记录。

（5）工程完毕时要及时清理作业区内的废料、杂物，并拉掉所有用电设备的电源，确认无误后，方可离开。

（6）特殊工种须经有关部门专业培训后持证上岗作业。

（7）现场临时用电设施必须符合《建筑现场临时用电安全技术规范》（JGJ 46—2005）要求。现场使用的各种机械设备建立安全操作规程，并挂牌设置。施工临时用电应采取三相五线制，电焊机实行一机一箱一闸一漏保护。电工对各临时用电经常检查，发现问题及时解决。

9　节能环保措施

（1）本工法采取的环境保护措施主要遵照执行《建筑施工现场环境与卫生标准》（JGJ 146—2013）中的相应条款。

（2）识别各种机械设备的性能，合理选用高效、节能、低噪声的机械设备。

（3）尽量做到优化施工组织设计、专项方案，改进施工工艺，降低噪声、强光、有毒气体对环境的影响。

（4）辅助支托是采用工程中常用的钢管用扣件固定成型，可拆卸、多次重复使用，木方和模板可利用工程中的短料；辅助支托操作时轻拿轻放，损耗率基本为零。混凝土浇筑完毕后，要及时清理，检查合格的可以利用。清洗水流入沉淀池，沉淀后可利用。

10　效益分析

采用辅助支托施工工法，梁、板、墙、柱钢筋绑扎连续进行。减少了技术间隙，利于加快施工进度。以芙蓉生态新城三号安置小区一期 1 栋、4 栋、2 栋、5 栋（分别为地下室以上 33 层、33 层、30 层、30 层，地下室以上总建筑面积 94370.75m² ）为例，该工程前期进度较慢，离建设单位要求的在 2015 年端午节前封顶差距较大。6 楼以上全部采用本工法后，使每栋每层钢筋混凝土提前一天浇捣，主体施工总工期提前为：2 栋、5 栋各 25d 和 1 栋、4 栋各 28d，达到了建设单位要求的进度，社会效益显著。

每栋每层需要的模板支撑钢管 7600m、扣件 4800 套、顶托 800 套，每栋设 TC5710 塔吊 1 台。直接经济效果如下：

①减少模板支撑的钢管租赁费：7600m × 0.008 元 /（m·d）×（25 × 2 + 28 × 2）d= 6444 元；

②减少模板支撑的扣件租赁费：4800 套 × 0.004 元 /（套·d）×（25 × 2 + 28 × 2）d= 2035 元；

③减少模板支撑的顶托租赁费：800 套 × 0.025 元 /（套·d）×（25 × 2 + 28 × 2）d= 2120 元；

④减少钢筋绑扎、木工、水电预埋人员窝工：15（工日 / 层 / 栋）× 10 元 /（工日·d）×（25 × 2 + 28 × 2）d= 15900 元；

⑤减少塔吊租赁费：4 台 × 28000 元 /（台·月）× 1 月 = 112000 元。

以上合计节约：138499 元。

11　应用实例

（1）芙蓉生态新城三号安置小区一期 1 栋、4 栋、2 栋、5 栋（2015 年）

该项目位于湖南省长沙市芙蓉区，白竹坡路以北，纬十一路以南，为芙蓉生态新城三号安置小区一期工程的 4 栋高层住宅。在 6 层以上均使用此施工工法，提高了工作效率，缩短了主体工程的施工工期，降低了施工成本，取得较好的社会效益。

（2）上海浦东发展银行股份有限公司长沙分行办公大楼（2015 年至 2016 年），工程位于长沙湘江西侧地块，东临湘江、南临茶子山路，框架核心筒结构，总建筑面积 51659.87m²，地下 3 层，裙房 4 层，塔楼 19 层；塔楼 5 ～ 21 层标准层均使用此施工工法，提高了工作效率，缩短了主体工程的施工工期，降低了施工成本，取得较好的社会效益。

（3）芙蓉生态新城二号安置小区一期 B 区建安工程五标段建安工程由 B1 栋、B2 栋、B3 栋、B4 栋四栋高层住宅楼（地上 26 层）和 B5 栋商业用房（地上 2 层）组成，总建筑面积为 55625.26m²。该项目位于芙蓉区双杨路与浏京路交会东北角，4 栋高层住宅的标准层层高 2.9m。标准层采用此施工工法，施工进度加快显著，缩短了钢筋混凝土主体工程的施工工期 26d，降低了施工成本，取得较好的社会效益。

磨煤机基础地脚螺栓套管悬空固定施工工法

李富煌

湖南省第五工程有限公司

摘　要：公共建筑大型设备基础地脚螺栓埋入混凝土内的长度不一，套管安装时处于一种悬空状态，可采用套管悬空固定法进行施工，该工法施工简便、安装精度高、经济合理，适用于磨煤机、一次风机、脱硫吸收塔等建筑物基础地脚螺栓的施工。

关键词：大型设备基础；地脚螺栓；套管；悬空固定法

1　前言

面对世界经济持续发展以及节约有限资源和环境保护的压力，节能与环保要求越来越高，电力建设工程领域为了积极响应国家"节能减排、上大压小"政策，淘汰和关停小火电，向技术更先进，效率和可靠性更高的超临界机组、超超临界机组转变，是我国目前及今后若干年内燃煤发电技术主要发展的方向。

磨煤机作为煤粉炉的重要辅助设备，其基础形状异形，厚度大，地脚螺栓埋入混凝土内的长度不一，套管安装时处于一种悬空状态，其安装固定方式有多种，磨煤机基础地脚螺栓套管悬空固定法施工技术为众多支架固定施工方法的一种，因其施工简便，安装精度高，经济合理等特点，在火力发电土建工程大型设备基础施工领域中备受推崇，通过多个工程实践，不断改进和提高，提炼形成本工法，以便得到广泛的推广应用。

2　工法特点

（1）搭设钢管支架，减少型钢支架的焊接工程量，施工简便、快捷。

（2）利用钢管水平杆，减少马镫钢筋的设置，在搭设基础中部构造钢筋时，安全快捷。

（3）采用全站仪投测控制轴线坐标标刻在四周的双排架上，扯钢丝进行检查校正，保证了套管安装精度；

（4）与型钢支架安装法相比，可大大减少材料和机械设备费用，节约成本。

（5）通过支撑立杆顶设置托板，解决了套管悬空固定的支点。

（6）通过纵横向剪刀撑的设置，解决了支架稳定性。

（7）支架采用钢管代替型钢施工工期大大减少，经济效益显著。

（8）利用钢管夹套管，在安装校正时施工速度比焊接型钢快。

3　适用范围

本工法适用于公共建筑大型设备基础地脚螺栓的施工，如磨煤机、一次风机、脱硫吸收塔等。

4　工艺原理

磨煤机基础地脚螺栓套管悬空固定法施工，是指构成支架的杆件采用 ϕ48.3mm×3.5mm（厚）钢管，底部通过垫层上的预埋钢板与支撑立杆底焊接，设置扫地杆后，中部设纵横向水平杆，支撑立杆顶焊托板，再根据控制线搭设两个方向的固定架，待套管放入托板上时，在上下钢管支架夹住套管后应对其标高、轴线、垂直度进行复核校正，标高调整采用在托板上垫 3～5mm 薄铁板，轴线控制以设计控制中心线为基准，通过钢丝，量距离（吊螺帽）检查，垂直度检查采用吊坨。

5　施工工艺流程及操作要点

5.1　施工工艺流程

施工准备→测量放线→套管底以下钢管搭设→地脚螺栓处支架搭设→套管校正固定→挂线检查验收→支墩钢筋绑扎→模板安装→复核验收→混凝土浇筑→养护。

5.2　操作要点

5.2.1　套管以下钢管支架的搭设

在搭设钢管支架之前，需在垫层上弹出地脚螺栓的位置线，扎好基础底筋，再将钢管立于预埋钢板上焊接，在扫地杆搭设后，中部构造钢筋随着支撑架的搭设同步进行，支撑架纵横间距1.5m，步距1.8m。在距支托板下 150mm 处，纵横设置水平杆，支撑架四周设竖向剪刀撑。支撑架搭设平面图如图 1 所示。支撑立杆节点图如图 2 所示。

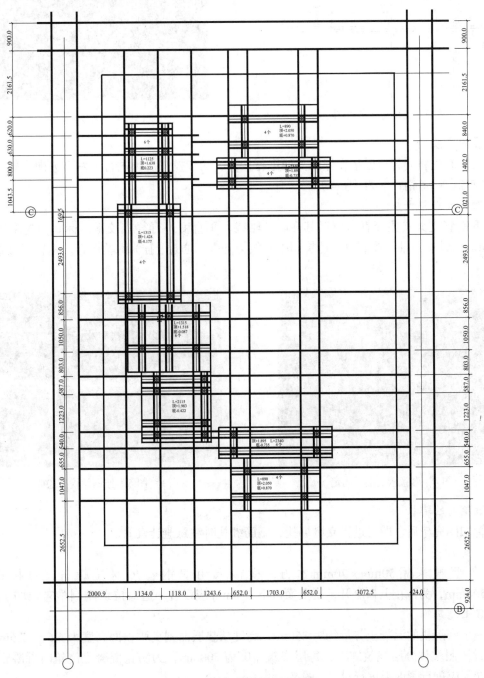

图 1　支撑架搭设平面示意图

5.2.2　地脚螺栓处支架搭设

在搭设地脚螺栓固定支架前，应在基础外围四周搭设好双排架，双排架内侧挂线的横杆高度应高出基础面支墩 150mm，然后采用全站仪将控制轴线投测到架管上，用钢锯在架管上刻上标记，扯通线控制。根据钢丝的交点搭设两个方向的支架，具体做法见图 3。

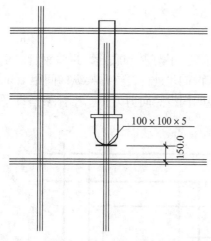

图 2　支撑立杆节点图

图 3　支撑架搭设

5.2.3　套管的安装

套管安装时先将套管与已搭设好的支架进行捆绑，初步校正后再进行另两个方向支架的搭设，固定是上下应各设一道钢管支架（图 4）。

5.2.4　套管的校正与检查

在上下钢管支架夹住套管后应对其标高、轴线、垂直度进行复核校正，标高调整采用在托板上垫 3～5mm 薄铁板，轴线控制以设计控制中心线为基准，通过（挂）钢丝检查，垂直度检查采用吊线（图 5）。

图 4　套管悬空上下固定

图 5　挂钢丝检查验收

5.2.5　支墩钢筋的绑扎

在套管加固完毕后，即可进行支墩绑扎，钢筋绑扎时注意避让套管。

5.2.6　模板安装

模板外竖棱采用 50mm×70mm 木方，横棱采用双钢管加对拉螺杆，对拉螺杆间距 500mm×500mm，为防止上口胀开，支墩面以下 150mm 应设置一道对拉螺杆（图 6、图 7）。

5.2.7　混凝土浇筑

由于一个磨煤机的混凝土方量约为 850m³，高度从垫层面到支墩顶面高度为 6.6～7.6m 不等，混凝土浇筑时按照整体分层浇筑施工，每层浇筑厚度为 500mm，为防止混凝土浇筑时混凝土掉入套管内，在套管顶应进行薄钢板进行封口（图 8、图 9）。

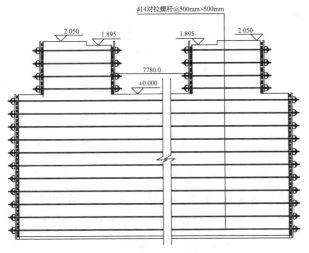

图6　磨煤机基础支模示意图

图7　模板安装后成型图

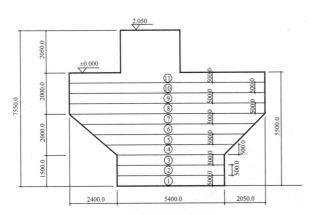

图8　整体分层连续浇筑施工

图9　管口封闭

6　材料与设备

磨煤机基础地脚螺栓施工所需的材料与设备见表1。

表1　磨煤机基础地脚螺栓施工材料与设备一览表

序号	材料或设备名称	型号规格	主要用途	单位	数量
1	钢管	3～6m	搭设支架	t	12
2	钢板	3mm	套管底垫塞	t	0.2
3	钢板	5mm	预埋件	t	0.5
4	套管		定位地脚螺栓	个	480
5	模板		支墩基础模板安装	m²	3600
6	木方		支模	m	3600
7	对拉螺杆		加固模板	个	1200
8	铁丝	8号	捆绑套管	m	200
9	钢丝		挂线	m	500

7　质量控制

（1）混凝土浇捣时振动棒应离套管边150mm。

（2）混凝土分层浇筑，期间的间隔时间应在已浇混凝土的初凝前完成。

（3）混凝土浇筑后应进行覆盖保温养护。

（4）套管制作时，套管的中心线应与底部 U 形盒十字线对应。

8 安全措施

（1）施工现场的临时用电、焊接作业应严格按照《施工现场临时用电安全技术规范》（JGJ 46—2005）规定执行。

（2）施工前对进场职工进行一次全面的安全教育，强调安全第一，预防为主。

（3）进入施工现场必须戴好安全帽，穿好绝缘鞋。严禁酒后进入现场。

（4）把安全工作贯彻到整个施工现场，坚持周一的安全活动及每日施工前的安全交底，并做好记录。

（5）工程完毕时要及时清理作业区内的废料、杂物，并拉掉所有用电设备的电源，确认无误后，方可离开。

（6）现场临时用电设施一定要按照现场临时用电标准安设。现场使用的各种施工设备建立安全操作规程，并挂牌设置。施工临时用电应采取三相五线制，电焊机实行一机一闸一保护。电工对各临时用电经常检查，发现问题及时解决。

（7）夜间施工应有足够的照明设施。

9 环保措施

（1）吊装作业应遵守《建筑施工场界环境噪声排放标准》（GB 12523—2011）的规定，尽量减少夜间施工噪声。

（2）现场施工道路及临时便道应畅通，不得有积水、泥泞。

（3）套管堆放应有专用堆场，并分类堆码整齐，现场临时存放时应垫枕木或木方，不得让钢构件沾染泥土。

（4）晴天时应对临时道路定时洒水，防止尘土飞扬，污染周围环境。

10 效益分析

10.1 经济效益

磨煤机地脚螺栓套管悬空固定施工工法，通过支撑立杆顶部设置的支托板托住地脚螺栓套管，初步定位时，在套管底部设一道横向水平管，中部设 2 道水平管夹住套管，悬空固定，与型钢支架组装固定相比，采用 $\phi 48mm \times 3.5mm$ 钢管代替 12 号槽钢，钢管每 1m 质量仅为槽钢的 1/3，组装材料每 1m 可节约钢材 8kg，单个基础按 120m，可节约钢材 960kg；机械台班费用，由于支撑架组装不需要吊装机械，按照一个基础安装 4d，可节约 4 个塔吊或汽车吊台班。按一个台班 2000 元计算，可节约机械台班费用 2000×4 = 8000 元；人工用工方面，由于套管悬空固定采用钢管，安装速度是型钢组装的 2 倍，按一个基础 6 个工人施工计算，可节约用工 12 个。按 300 元 / 工日，单个基础可节约人工费用 12×300 = 3600 元。按照一个电厂 12 个基础计算，可节约成本 3600×12 = 43200 元。

10.2 工期方面

地脚螺栓套管悬空固定施工工法施工简便，对场地条件要求不高，可多点同时施工，尤其在工期紧迫的情况下可大大加快施工进度，节约工期 50% 以上。

10.3 社会效益

随着国家"上大压小"政策的推行，电厂的装机容量普遍在 660MW 以上，其设备基础体积也在不断增大，安装固定施工工艺的更新成为必然趋势，煤机基础地脚螺栓套管悬空固定施工技术的出现，有效地解决了类似工程套管的悬空固定，具有很高的参考、指导作用。

10.4 节能环保效益

该项技术由于钢管代替型钢，支撑材料用量少，节约钢材，不需要起重设备配合组装，且施工无噪声，无废弃物，对环境不造成影响。

11　应用实例

11.1　华润电力（六枝）电厂 2×660MW 超临界燃煤发电机组新建工程

华润电力（六枝）电厂 2×660MW 超临界燃煤发电机组新建工程位于贵州省六盘水市老卜底村，由冷却塔、汽机房锅炉房电除尘器、烟囱灰库、化水、输煤等组成。磨煤机基础共 12 个，地脚螺栓480 个，该项目在磨煤机基础施工时使用了磨煤机基础套管悬空固定施工工法，提高了工作效率，缩短了施工工期，进一步提高了工程质量，节约了人工费用，施工后的成型效果见图 10。

图 10　华润电力（六枝）电厂 2×660MW 超临界燃煤发电机组工程

11.2　华电奉节电厂"上大压小"新建工程

华电奉节电厂"上大压小"新建工程为 2×1000MW 机组工程，磨煤机基础共 12 个，地脚螺栓480 个，该项目在磨煤机基础施工时使用了磨煤机基础套管悬空固定施工工法，比业主制定的一级网络计划快了近 20d，受到了业主的一致好评（图 11）。

图 11　华电奉节电厂"上大压小"新建工程

11.3　安庆电厂二期 2×1000MW 扩建工程，磨煤机基础共 12 个，地脚螺栓 480 个，该项目在磨煤机基础施工时使用了磨煤机基础套管悬空固定施工工法，交安时，地脚螺栓安装的进度达到了如下要求：同组螺栓中心与轴线的相对位移 ≤ 1mm，各组螺栓中心与轴线的相对位移 ≤ 1mm，顶标高 +5mm，垂直偏差 ≤ 3mm，得到了安装单位安徽二建的一致好评（图 12）。

图 12　安庆电厂二期 2×1000MW 扩建工程

现浇复合保温剪力墙外墙施工工法

顾 佳 韩宗勇 龚安玉 孙志勇 刘 毅

湖南省第三工程有限公司

摘 要： 随着我国建筑节能的全面推进，墙体的构造与材料也在向着多样化发展，本工法介绍了一种现浇复合保温剪力墙外墙施工方法，这种方法由 CL 网架板两侧浇筑混凝土后形成的一种保温复合墙体，具有保温节能、自重轻、优化工序、技术先进、其保温层与建筑主体同寿命等优点。

关键词： 保温结构一体化；现浇；剪力墙外墙；CL 网架板

1 前言

近年来，随着我国房屋建筑规模的不断扩大，建筑行业已成为我国的能耗大户，尤其是外围护结构中墙的热损耗量最大。现浇复合保温剪力墙外墙由 CL 网架板、实体剪力墙等组成。该结构具有保温节能、自重轻、优化工序、经济合理、技术先进，其保温层与建筑主体同寿命等优点。我公司通过在固安孔雀城雅景园、OLED 宿舍楼等多个项目剪力墙应用此施工工艺，均取得了很好的效果。现将该施工工艺总结并形成本施工工法。

2 工法特点

（1）现浇复合保温剪力墙外墙采用的 CL 网架板（CL 代号复合钢筋焊接网架）是在生产车间根据设计图纸要求定制加工，无须现场对保温材料二次加工裁剪，与传统的外墙保温施工相比更具环保优势。

（2）现浇复合保温剪力墙外墙在施工过程中将保温层内置在剪力墙内，从根本上防止了普通外墙外保温做法出现的保温层外围护层脱落、开裂等质量通病。保温层同主体结构一同施工，减少了施工工序，提高了施工效率，减少了由于做外墙保温时投入的吊篮或脚手架的费用。

（3）现浇复合保温剪力墙外墙施工完毕后，可直接在外墙上进行涂刷腻子和外墙涂料，不需要另外施工找平层或结合层，减少了工艺，降低了成本。

（4）现浇复合保温剪力墙外墙在施工过程中利用 CL 网架板的钢丝网和斜插腹筋与剪力墙受力钢筋相组合，形成墙体的骨架，在两侧浇筑混凝土后发挥受力和保温的双重作用。达到了同步设计、同步施工、同步验收的技术要求，实现了建筑保温与结构同寿命的目的。

3 适用范围

现浇复合保温剪力墙外墙适用于住宅建筑或纵横墙较多的公共建筑。

4 工艺原理

现浇复合保温剪力墙外墙是由两层或者两层以上的钢筋网片，中间夹保温板，用三维立体或水平斜插钢筋（腹筋）焊接成的空间骨架（CL 网架板），见图 1，加上构造措施与实体剪力墙组合后，经两侧浇筑混凝土后构成现浇复合保温剪力墙外墙，见图 2、图 3。

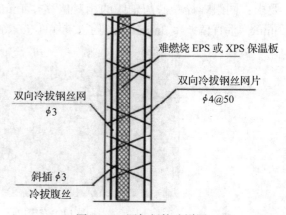

难燃烧 EPS 或 XPS 保温板

双向冷拔钢丝网片 $\phi4@50$

双向冷拔钢丝网 $\phi3$

斜插 $\phi3$
冷拔腹丝

图 1 CL 网架板构造详图

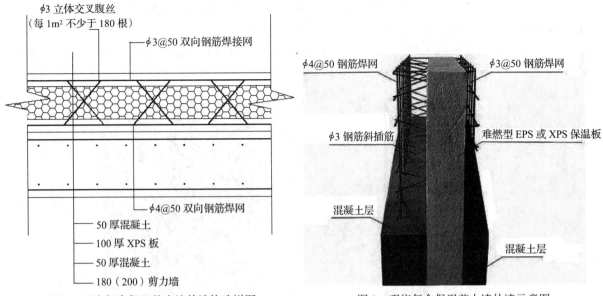

图 2　现浇复合保温剪力墙外墙构造详图　　　图 3　现浇复合保温剪力墙外墙示意图

5　工艺流程及操作要点

5.1　工艺流程（图 4）

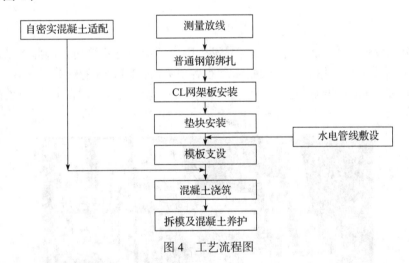

图 4　工艺流程图

5.2　操作要点

5.2.1　测量放线

用经纬仪将主要控制中心线投测到建筑物的周边。用钢尺量出墙体、柱边线和墙体、柱的控制线，并弹上墨线，经验线合格后，根据所弹的墙、柱边线，在其竖向钢筋上距楼面 30mm 处，利用短钢筋焊上控位支点，控制墙柱模板的正确位置。

5.2.2　普通钢筋绑扎

（1）现浇复合保温剪力墙外墙钢筋按照设计和图集要求进行绑扎。在首层 CL 网架板与基础圈梁或下层墙体竖向连接处，提前按设计图纸及相关图集要求，在外侧混凝土内的钢筋焊接网处及内侧混凝土的受力钢筋部位留设竖向的搭接用附加 φ6 光圆钢筋，用于固定 CL 网架板见图 5。

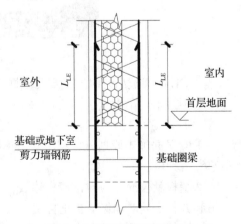

图 5　与基础圈梁的连接构造

（2）钢筋安装绑扎前，应在楼地面相应位置用墨斗进行定位放线，标明墙身、边缘构件（暗柱）、门窗洞口的位置线及控制线。

（3）根据位置线及控制线整理预留钢筋（图6），按照施工图纸及相关规范要求，进行边缘构件（暗柱）及普通剪力墙、短肢剪力墙等普通钢筋的安装及绑扎。

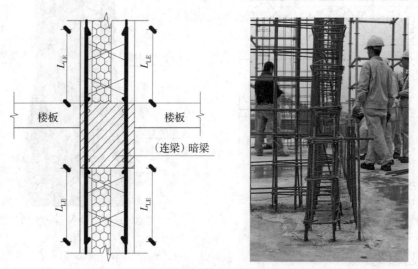

图 6　楼面处预留钢筋

5.2.3　CL 网架板安装

（1）吊装

①CL 网架板比较轻、体型大，吊装时容易发生因风压而引起不稳定。因此，吊装一般采用吊篮集中吊装。吊篮所有边框均采用 ϕ48 钢管制作，然后用 ϕ12@200mm 的钢筋焊接在边框上作为护栏，吊篮地面采用 ϕ16@200mm 的钢筋焊接。吊篮的外形尺寸为长 × 宽 × 高（根据 CL 网架板宽而定），具体做法如图 7 所示。

图 7　CL 网架板吊篮图

②CL 网架板吊装时，一定要根据板的所在位置的编号装入吊篮进行吊装。

③不得采用吊索直接锚入 CL 网架板钢筋进行吊装，以防止钢筋网片的变形。

（2）安装

①应根据施工段划分，利用塔吊集中将 CL 网架板吊到所需安装的楼层面，然后按编号进行分块吊装安装到位。

②墙板就位时，应对准墙板边线，尽量一次就位，以减少撬动。如果就位误差较大，应将墙板中心吊起调整，同时确保墙板垂直度。

③墙板就位后，应做临时固定，宜同时进行预埋件的焊接和墙板锚片及附加锚筋的绑扎。将 CL

网架板靠剪力墙内侧立面的 $\phi 4$ 钢丝网与剪力墙钢筋箍筋绑扎牢固。

④CL网架板水平向连接，可采用墙板水平钢筋直接锚入边缘构件的做法，亦可采取另设带肋钢筋或搭接锚片与边缘构件连接，其锚入边缘构件内长度及与焊接网片搭接长度均应该满足规范和设计要求（图8），边缘构件的箍筋与CL网架板内的水平钢筋宜采用 $\phi 6$ 以上钢筋。

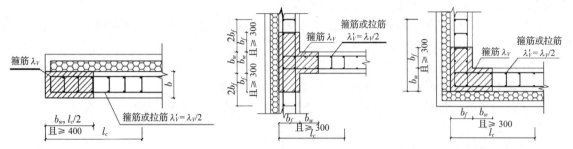

图8　现浇复合保温剪力墙外墙边缘构件构造

⑤CL网架板垂直向连接，墙板在楼层及地梁处连接应满足等强度要求，内外侧采用预留插筋方式，插筋间距不大于150mm，且采用带肋钢筋，按照设计要求，插入构造墙框柱、中柱中，与主筋和CL网架板的网筋进行绑扎牢固，达到可靠连接，同时锚入长度及构造筋的外露长度符合强度要求。

⑥现浇复合保温剪力墙外墙外架连墙件、悬挑脚手架悬挑钢梁需要穿过墙体时，应先在CL网架板上画好预留孔洞的大小，采用手轮锯在CL网架板上切出预留孔洞，然后将制作好的预留木盒卡入CL网架板的预留洞口内。

⑦现浇复合保温剪力墙外墙的边缘构件（暗梁、暗柱）及外门窗易出现冷桥的部位应采取保温措施，并应保证其内表面温度不低于室内空气露点气温。现浇复合保温剪力墙外墙与楼板交接处可采取以下措施进行保温处理（图9）

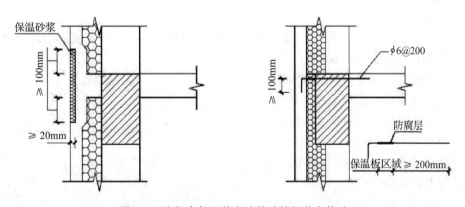

图9　现浇复合保温剪力墙外墙楼板节点构造

5.2.4　垫块安装

（1）根据混凝土的浇筑厚度，采用专用预制垫块，两面对称安装，纵横间距不大于350mm，且绑扎牢固，避免网架板位移和变形，同时，为控制墙体厚度，根据墙厚，采用 $\phi 12mm$ 的钢筋作横撑，纵横间距不大于800mm。

（2）预制垫块时在高出钢筋部位预留一穿铁丝孔道，绑扎时产生一个垂直于保温板方向的力，可以防止垫块在这个方向位移，绑扎点选在空间交叉钢筋和外侧水平钢筋的焊接点处，可以预防垫块在平面上的位移，见图10。

5.2.5　模板支设

CL网架板安装就位后要进行墙体大模板的支设，其施工

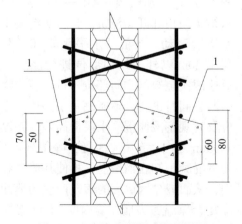

图10　CL网架板混凝土垫块详图

工艺可参照大模板施工工艺标准及相关施工工法即可。而与此相关的工艺标准及施工工法最大的不同之处就是该现浇复合保温剪力墙外墙要使用自密实混凝土浇筑，因此要求模板的任何一个部位都不得留有缝隙和孔洞，以防止漏浆，结合现场施工经验，总结以下措施：

（1）大模板就位时，在墙柱底部先浇筑 30～50mm 厚同强度等级的砂浆，将模板与楼板的接缝堵严，防止混凝土跑浆造成蜂窝、麻面或烂根等质量缺陷。

（2）在门窗洞口的木框上用螺丝固定增设钢板护角，采取加厚木板边框和增加对角支撑，以保证木框的整体刚度和防止角部变形漏浆。

（3）在所有模板的拼接缝部位均采用压海绵密封条。

（4）局部部位必要时可采用粘贴塑料胶带或打密封胶等措施。

（5）洞口阴角等死角部位要留设通气孔，浇筑时注意观察，混凝土充满后立即封堵。

5.2.6　自密实混凝土适配

（1）自密实混凝土材料要求

水泥：宜采用 42.5 级硅酸盐水泥、普通硅酸盐水泥、矿渣硅酸盐水泥。

石子：粒径 5～10mm 级配良好的卵石或碎石，优先选用卵石。

砂：细度模数 ≥ 2.6 的中砂。

掺合料：掺加 I、II 级粉煤灰或磨细矿渣及少量膨胀剂等，使用前要做好试配，尽量选用需水比小的粉煤灰。

外加剂：通常的减水剂达不到高性能混凝土要求的减水程度，一般需要加超塑化剂（高效减水剂），除减水剂外，应根据工程实际情况添加引气剂、早强剂（或缓凝剂）、泵送剂等。

（2）自密实混凝土的工作性能

坍落度：260～280mm，扩展度（15s）600～750mm，并要根据气候和现场情况进行调整，且和易性良好，无泌水、离析现象。

5.2.7　混凝土浇筑

（1）现浇复合保温剪力墙外墙采用 CL 网架板的部位应全部采用自密实混凝土进行浇筑，其他内墙体及构件可采用普通混凝土浇筑。当采用两种混凝土进行浇筑时，应先浇筑普通混凝土，然后再浇筑现浇复合保温剪力墙外墙的自密实混凝土。普通混凝土与自密实混凝土的交接部位应设在垂直于现浇复合保温剪力墙外墙的边缘构件外侧，该位置应在模板支设前铺设孔径为 10mm 的钢丝网，见图 11。

（2）浇筑自密实混凝土时，浇筑宜按图 12 进行。建筑顺序：1→2→3→4。先从结构的角部开始浇筑，自密实混凝土呈金字塔形流动，当流动水平距离 20m 左右时移至 20m 以外的结构部位进行浇筑，然后对这两次浇筑的中间部位进行浇筑。浇筑时应两边同时进行，不能侧重于一边。浇筑时应及时观察两侧混凝土浆面高差，并控制在 400mm 之内。自密实混凝土适合于泵送，应先将混凝土卸在溜槽上，再使其流淌到模板中，从而减少因巨大的落差产生的惯性对现浇复合保温剪力墙外墙内的 CL 网架板的冲击力和扩大浇筑点，以利于混凝土填充。用

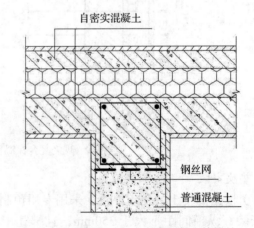

图 11　普通混凝土和自密实混凝土接槎处

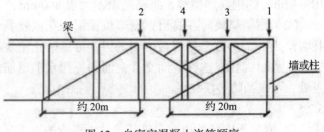

图 12　自密实混凝土浇筑顺序

吊斗浇筑时，应使出料口和模板入口距离尽量小，必要时可加串筒或溜槽，以免产生离析。这种方法可有效地保证混凝土对保温板两侧产生的侧压力基本均衡，防止保温板因两侧压力不均产生断裂，从而影响保温性能。

（3）由于 CL 板靠室外一层混凝土厚度仅为 50mm，为了达到成型后自密实混凝土表面观感良好，可以实行模板外的辅助振捣，一般可采用皮锤、小型振动器或振动棒随着混凝土的浇筑从下往上振动。对钢筋构造复杂的暗柱和现浇复合保温剪力墙外墙中部，可在浇筑时使用螺纹钢筋对保护层部位混凝土适量插捣，插捣时不得触及保温板及立体交叉筋。

5.2.8　拆模及混凝土养护

（1）侧面模板拆除，混凝土强度能保证表面及棱角不因拆除模板而受损伤时方可拆除，梁板底模的拆除强度应符合设计和规范规定（试压同条件养护的试块强度符合《混凝土结构工程施工质量验收规范》(GB 50204—2015)中拆模规定时方可拆除。）

（2）拆模时不得硬砸或撬棍硬撬，以免损坏表面棱角。

（3）现浇复合保温剪力墙外墙中的混凝土截面较薄，通常室外一侧只有 50mm，为了防止产生干缩裂缝，应在拆模后及时涂刷养护剂或适时洒水养护。养护时间宜比普通混凝土延长 24h 以上。

（4）模板拆除后应对穿墙的预留洞口和螺栓孔进行封堵。封堵前应先填入与保温板等厚的保温材料（预留洞口封堵前应凿除预留的木盒），再用干硬性砂浆或细石混凝土将孔洞两端填实，并在外表面涂刷水性有机硅等防水涂层。防水涂层直径不得小于孔洞直径的 3 倍。

6　材料与设备

（1）所需材料见表 1。

表 1　材料表

序号	名称	规格、型号	性能及用途	备注
1	自密实混凝土	按设计	浇筑剪力墙	
2	CL 网架板		保温，连接	
3	φ6 钢筋		连接，固定	
4	钢丝网	18 号钢丝网	隔离，加强	
5	预制垫块		隔离	

（2）所需设备见表 2。

表 2　设备表

序号	名称	型号	主要功能	数量
1	塔吊	QTZ63	垂直运输	根据现场垂直运输要求
2	弯曲机	JY100-4	钢筋加工	1 台
3	调直机	GT12	钢筋加工	1 台
4	手轮锯		CL 网架板裁剪	3 个
5	电焊机	BX1315	钢筋连接	2 台
6	经纬仪		测量放线	1 台
7	水平仪		测量放线	1 台
8	混凝土输送泵		混凝土输送	1 台
9	平板振动器		外侧混凝土振捣	2 个
10	振动棒	ZH50	内侧混凝土振捣	5 根
11	线坠		模板校正	5 各

7　质量控制

（1）现浇复合保温剪力墙外墙质量标准及检验方法，按照国家标准《混凝土结构工程施工质量验收规范》（GB 50204—2015）执行。

（2）现浇复合保温剪力墙外墙外观质量标准见表3。

表3　现浇复合保温剪力墙外墙外观质量标准

项目	质量要求
混凝土强度	混凝土强度必须符合设计要求
外观	无蜂窝、空洞、缺角掉棱、起皮、裂纹、烂根、CL 网架板外露等缺陷
接槎	层间顺直不显接槎、颜色一致

（3）现浇复合保温剪力墙外墙一般项目允许偏差见表4。

表4　现浇复合保温剪力墙外墙一般项目允许偏差

项目		允许偏差（mm）	检验方法
轴线位移		5	钢尺检查
垂直度	层高	8	经纬仪或吊线、钢尺检查
	全高（H）	$H/1000$ 且 ≤ 30	经纬仪、钢尺检查
标高	层高	0，–10	经纬仪或拉线、钢尺检查
	全高（H）	$H/1000$ 且 ≤ 30	钢尺检查
截面尺寸		+8，–5	钢尺检查
表面平整度		8	2m 靠尺和塞尺检查
预埋设施中心位置	预埋件		钢尺检查
	预埋螺栓		钢尺检查
	预埋管、预留孔		钢尺检查
预留洞中心线位置		15	钢尺检查
两侧混凝土厚度		0，+5	钢尺检查
保温板及钢筋网相对位移		10	

注：检查中心线位置时，应沿纵横两个方向检测，并取其中的较大值。

8　安全措施

（1）应遵守的相关安全规范及标准：

《施工现场临时用电安全技术规范》（JGJ 46—2005）；

《建筑机械使用安全技术规程》（JGJ 33—2012）；

《建筑施工安全检查标准》（JGJ 59—2011）。

（2）用塔吊吊运 CL 网架板时，必须由起重工指挥，严格遵守相关安全操作规程。

（3）遇到 5 级以上风天气条件，严禁高空室外作业。

（4）施工用电安全：施工用电必须遵守安全用电规章制度，按指定配电柜专人接线操作，非电工严禁操作。

（5）施工人员进场前进行安全培训，合格后方可上岗；执行安全一票否决制，违反安全规定者责任自负。

9　环保措施

（1）应严格遵守国家、地方及行业标准、规范：

《建筑施工现场环境与卫生标准》（JGJ 146—2013）；

《建筑施工场界噪声限值》（GB 12523—2011）。

（2）保温板应达到国家相关标准，并符合设计的节能要求。

（3）加强环保意识，严格执行有关文件或环保审批手续。

（4）按照施工总平面布置，材料构件按规格堆放，模板、钢管等要码放整齐。

10　效益分析

10.1　社会效益、环保效益

采用现浇复合保温剪力墙外墙按国家的节能要求设计，提高了热工性能，降低了使用成本。保温层与结构同寿命，全寿命造价低。

10.2　经济效益

与传统剪力墙外做保温板做法相比，其效益分析见表 5。现浇复合保温剪力墙外墙全寿命周期为 60 年，普通外保温体系全寿命周期为 20 年。

表 5　全寿命周期效益分析对比表

类型费用	现浇复合保温剪力墙外墙全寿命周期造价	普通模板施工加外贴聚苯板体系 60 年寿命周期总造价		
		普通模板施工加外贴聚苯板体系 3 次寿命周期造价	全寿命周期更换途中两次拆除费用	
全寿命周期造价	255.25 元 /m²	161 元 /（m²·周期）×3 周期 = 483 元 /m²	拆除人工费：5 元 /（m²·次）	机械费为：2 元 /(m²·次)
			7 元 /（m²·次）×2 次 = 14 元 /m²	
		497 元 /m²		

综上所述，采用现浇复合保温剪力墙外墙全寿命周期造价比普通模板施工加外贴聚苯板体系寿命周期总造价节约 241.75 元 /m²。

11　应用实例

（1）固安孔雀城 8.2 期三标段（雅景园及幼儿园、大商业）位于河北省廊坊市固安县，本工程外墙剪力墙采用现浇复合保温剪力墙外墙，剪力墙共计 24590m²，该工程于 2015 年 10 月开工，2016 年 8 月主体完工，自开工至今，使用效果良好，工程质量优良，获得业主、监理等的一致好评。

（2）OLED 宿舍楼项目总承包工程，本工程外墙剪力墙采用现浇复合保温剪力墙外墙，剪力墙共计 18520m²，该工程于 2016 年 6 月开工，2017 年 7 月主体验收，自开工使用至今，使用效果良好，工程质量优良，获得业主、监理等的一致好评。

后浇带早凿砂浆保护施工技术

张　锋　林光明　朱　佩　付松柏　李勤学

湖南省第四工程有限公司

摘　要： 为解决传统后浇带施工工艺中存在的建筑垃圾多、施工难度大及质量隐患大等问题，可在结构混凝土浇筑完成后的24h左右开始进行凿毛冲刷清理，7d左右在后浇带施工缝处采用低强度的水泥砂浆封边保护，等到后浇带混凝土浇筑时再将水泥砂浆凿除清理。本工法充分利用混凝土的龄期强度，在不破坏混凝土的情况下及早对后浇带等施工缝处进行凿毛处理，在提升了经济效益的同时还提高了工程质量。

关键词： 后浇带；早凿；水泥砂浆封边

1　前言

传统的后浇带施工工艺为后期凿毛、清理后再次浇筑混凝土。这种方法有极多的弊端，首先经过42d甚至更长的时间后，后浇带处会存留很多的建筑垃圾很难清理；其次，由于结构主体的混凝土强度普遍较高，特别是地下室底板或者顶板，在凿毛时由于预留钢筋和钢板止水带的存在，施工难度很大，凿毛清理工作浪费大量的人力；同时清理不干净造成后浇带的施工缝处不密实，增大了渗水的隐患。我公司在长期的施工过程中总结出经验，在结构混凝土浇筑完成后的24h左右开始进行凿毛冲刷清理，7d左右在后浇带施工缝处采用低强度的水泥砂浆封边保护，等到后浇带混凝土浇筑时再将水泥砂浆凿除清理。该工法应用在龙凤华塘保障性安居工程等项目中，取得了良好的效果，提升了经济效益的同时提高了工程质量。

2　工艺特点

20℃温度工况下，结构混凝土在浇筑24h时强度达到30%左右，可以上人行走而不会破坏混凝土表面，此时对后浇带施工缝进行凿毛处理，施工难度低，凿毛效果好，然后冲水对残渣进行清理，并做好施工缝处的保护。在结构混凝土养护7d，混凝土强度达到70%左右，采用1∶8的水泥砂浆进行封边保护，封边厚度约5cm。在后浇带处具备混凝土浇筑的条件时对封边砂浆进行凿除清理，重新支模浇筑混凝土。

3　适用范围

钢筋混凝土结构后浇带，施工缝，塔吊等预留洞口处。

4　工艺原理

充分利用混凝土的龄期强度，在不破坏混凝土的时候及早对后浇带等施工缝处进行凿毛处理，然后采用低强度的水泥砂浆进行封边保护，避免了在施工过程中对各施工缝处的建筑垃圾污染，又减小了后期混凝土强度达到标准值时的凿除难度大的问题。

5　施工工艺流程及操作要点

5.1　梁板后浇带早凿砂浆保护施工工艺

后浇带独立支模架搭设→底模安装→后浇带侧模安装→混凝土浇筑→后浇带侧模拆除→后浇带凿毛→1∶8水泥砂浆保护→后浇带封盖保护→拆除盖板和底部模板→凿除封边砂浆→冲洗混凝土及砂

浆碎块、浮尘→后浇带独立支模架搭设→底模安装→后浇带侧模安装→混凝土浇筑→养护。

5.2　操作要点

5.2.1　后浇带处独立支模架搭设、底模安装

后浇带支模架和主体支模架分开搭设，以不影响主体架拆除。后浇带处采用承插式钢管架，立杆横向、纵向间距均为1200mm，水平杆步距同主体支模架。底模胶合板宽度1220mm，确保后浇带悬臂板、梁有支撑。

5.2.2　侧模安装

后浇带侧模采用胶合板，高度同地下室顶板厚度，在上下层钢筋处根据板筋间距钻孔，以便横向钢筋贯通。两侧模之间用木方支撑，防止混凝土浇筑时移位。侧模同时起到固定板筋的作用，如图1所示。

图1　后浇带侧模安装

5.2.3　混凝土浇筑、侧模拆除

混凝土浇筑同普通混凝土施工，不再累述。混凝土浇筑完成约12h，将后浇带侧模拆除。

5.2.4　后浇带凿毛，水泥砂浆保护

在侧模拆除后，沿后浇带用电锤立即进行凿毛工作。尖镐的长度不小于20cm，以便凿毛底层保护层和上下层钢筋之间的混凝土。凿出的混凝土渣、灰等暂时不需清理，待拆模时一起清理。凿毛完成后，用水冲洗毛边，清掉表面浮灰。然后用1：8的低强度水泥砂浆将毛边封住，水泥砂浆垂厚度以5cm为宜，如图2所示。

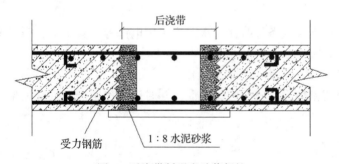

受力钢筋　　　1：8水泥砂浆

图2　后浇带低强度砂浆保护

5.2.5　后浇带封盖保护

水泥砂浆封边后，沿后浇带用胶合板和木方钉成U形盖板，沿盖板边用1：2水泥砂浆抹边，以保护后浇带处钢筋不被踩踏，垃圾不落入后浇带封盖里，以保护后浇带，如图3所示。

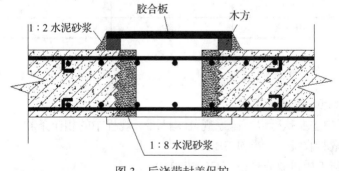

1：2水泥砂浆　　胶合板　　木方

1：8水泥砂浆

图3　后浇带封盖保护

5.2.6　凿除砂浆、清洗后浇带

待后浇带符合浇筑条件时，将顶部盖板和底模拆除，用电锤凿除封边砂浆，用水冲洗干净后，重

新搭设底模，浇筑混凝土。由于砂浆强度远远低于结构混凝土，上下两层钢筋中间的部位也非常容易凿除，并且很容易就露出粉刷砂浆前的原始凿毛面，同时落入该处的垃圾随水泥砂浆的凿除，直接用水就可以冲洗掉。

5.2.7　后浇带独立支模架加固及搭设

后浇带独立支撑架体的加固及搭设，应根据图纸、施工组织设计等制订专项方案，并进行验算后组织实施。后浇带区域承重架为单独搭设，与其他地下室顶板部分的承重架分离，以保证梁板底模拆除后，后浇带的两侧支撑仍然保留并正常工作，避免形成悬挑结构。

5.3　塔吊预留洞口施工缝早凿砂浆保护施工工艺

塔吊预留洞口施工缝和后浇带区别在底模未封闭，施工工艺大同小异。

5.3.1　工艺流程

支模架搭设→模板安装→预留洞口侧模安装→浇筑混凝土→侧模拆除→施工缝凿毛→1∶8 水泥砂浆保护→凿除封边砂浆→冲洗混凝土及砂浆碎块、垃圾、浮尘→加固和搭设支模架、模板→浇筑混凝土→养护。

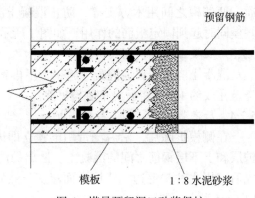

图 4　塔吊预留洞口砂浆保护

5.3.2　操作要点

（1）支模架搭设至施工缝

凿毛砂浆保护工艺及操作要点同后浇带，不再累述。施工缝凿毛后，清理垃圾，用水冲洗，确保接缝处干净无浮尘。施工缝处梁板属于悬臂结构，支模架及底模不拆除。

（2）凿除砂浆、清洗施工缝

在预留洞口具备混凝土浇筑条件时，将水泥砂浆用电锤等工具凿除，露出原始混凝土凿毛面。将垃圾、混凝土砂浆碎块清理干净，用水将浮尘冲洗干净。

（3）加固和搭设支模架、模板，浇筑混凝土

在塔吊拆除后，检查未拆除支模架的稳固性，同时搭设预留洞口处支模架，支设模板，检查验收后浇筑混凝土。

6　机具设备

表 1　机具设备表

序号	机具名称	规格型号	单位	数量
1	电锤	1200W	台	2
2	锤子		把	2
3	扫把		把	4
4	高压水枪	25MPa	台	1

7　质量控制

7.1　遵循执行的国家规范、标准、规程

本工法在安装过程中主要执行以下国家规范、标准、规程中的相应条款：

《建筑工程施工质量验收统一标准》（GB 50300）；

《混凝土结构工程施工质量验收规范》（GB 50204）；

《建筑施工碗口式钢管脚手架安全技术规范》（JGJ 166）。

7.2　质量要求

（1）在混凝土浇筑完成时，应根据施工阶段的温度，根据混凝土强度 - 龄期曲线图，在混凝土强

度达到 2.5MPa 可上人行走时方可拆除后浇带施工缝处的侧模，并进行凿毛冲洗作业。

（2）凿毛工作要合理配置人力物力，确保在 1d 时间完成，否则混凝土强度增大会导致凿毛困难和凿毛的质量无法保证。

（3）后浇带和预留洞口的梁板为悬臂结构，在封闭混凝土浇筑前不得拆除支模架，防止悬臂构件开裂。

（4）后浇带具备封闭条件时，应先行拆除底模，以便清洗残渣，保证接口质量。

（5）凿除保护砂浆时应确保露出原始混凝土凿毛面，并用高压水枪冲洗干净浮尘，防止在接口处残留砂浆，导致薄弱面的形成。

（6）混凝土浇筑前对锈蚀钢筋要进行除锈。

（7）浇筑封闭混凝土前应检查加固支模架。

（8）浇筑封闭混凝土时，应振捣密实，接口处应二次振捣，确保接缝严密。

（9）封闭混凝土应采用高一等级的微膨胀混凝土。

8 安全措施

（1）本工法采取的安全技术措施主要执行以下国家规范、标准、规程中的相应条款：

《建筑施工安全检查标准》（JGJ 59）；

《施工现场临时用电安全技术规程》（JGJ 46）；

《建筑机械使用安全技术规程》（JGJ 33）；

《建筑施工高处作业安全技术规程》（JGJ 80）。

（2）在封闭混凝土浇筑并达到要求强度前，支撑体系不得拆除。

（3）凿毛工作施工时，不得踩踏钢筋，以防止踩滑坠落。

（4）不得酒后作业，不得穿拖鞋作业。

（5）高压水枪冲洗时，应和冲洗面保持 60°左右的角度，不得垂直冲洗凿毛面。

（6）凿毛工作进行时，下方不得走人。

（7）使用电锤时不得使用花线。

（8）后浇带底模拆除时应先向一侧倾斜，使垃圾朝倾斜方向落下，防止砸到施工操作人员。

9 环保措施

（1）本工法采取的环境保护措施主要执行《建筑施工现场环境与卫生标准》（JGJ 146）。

（2）凿毛时应先洒水，防止扬尘。

（3）凿除和清理的垃圾应及时堆到指定地点，拆除的模板、钢管等当天码齐。

（4）不得夜间施工。

10 效益分析

（1）龙凤华塘保障性安居工程项目地下室底板厚度 500mm，后浇带长度 180m，顶板厚度 200mm，后浇带长度 180m；3 个 6m×6m 的塔吊施工洞口，厚度 200mm，长度 72m；与二标预留的连接处的施工缝底板厚度 500mm，长度 140m，顶板厚度 200mm，长度 140m。以上混凝土等级均为 C45。

（2）C45 混凝土强度达到 100% 时，一个石匠每天的凿毛顶板工效为 12m/ 工日，底板工效为 8m/ 工日，单价为 350 元 / 工日；C45 混凝土在强度达到 2.5MPa 时，小工的凿毛工效为顶板 260m/ 工日，底板工效为 200m/ 工日，单价为 180 元 / 工日。

（3）1∶8 水泥砂浆单价为 200 元 /m³。

（4）后期凿毛由于清理不干净，常常导致在接缝处渗水，需要后期防水处理，一般渗水率达到 50%，先期凿毛砂浆保护渗水率可降低至 10% 左右，聚合物水泥防水涂料处理单价为 57 元 /m。

后浇带早凿砂浆保护和传统工艺经济效益对比见表2。

表2　后浇带早凿砂浆保护和传统工艺经济效益对比表

传统工艺				早凿砂浆保护工艺			
名称	单位	数量	价格	名称	单位	数量	价格
顶板凿毛	m	392	11433	顶板凿毛	m	392	271
底板凿毛	m	320	14000	底板凿毛	m	320	288
聚合物防水涂料	m	356	20292	聚合物防水涂料	m	71	4058
				1:8砂浆封边	m³	11	2200

（5）该工法在龙凤华塘保障性安居工程等项目中较传统工艺节省近4万元；采用该工法进行凿毛工作仅需5个工日，而传统工法需要73个工日，大大缩短了工期。

（6）本工法相对于传统的施工缝后期凿毛清理，极大地降低了施工难度，保证了接触面凿毛的质量，降低了渗水的隐患。

11　应用实例

（1）龙凤华塘保障性安居工程项目：于2014年6月开工，2016年6月竣工。该工程地下室底板、顶板后浇带施工、塔吊预留洞口处理等均采用此项工艺进行施工，共计处理后浇带、塔吊预留洞口等施工工程量700余米。节省成本约4万元，缩短工期约10d。

（2）紫鑫名苑一期工程：于2008年1月开工，2009年6月竣工。该工程地下室底板、顶板后浇带施工、塔吊预留洞口处理等均采用此项工艺进行施工，共计处理后浇带、塔吊预留洞口等施工工程量520余米。节省成本约3万元，缩短工期约7d。

（3）郑州高新数码港（三期）1号商业综合楼及地下车库工程：于2014年6月开工，2017年4月竣工。该工程地下室底板、顶板后浇带施工、塔吊预留洞口处理等均采用此项工艺进行施工，共计处理后浇带、塔吊预留洞口等施工工程量760余米。节省成本约4.5万元，缩短工期约10d。

火电厂炉前、炉侧通道钢 - 混凝土结合平台逆作施工工法

付松柏　林光明　肖玉兵　李勤学

湖南省第四工程有限公司

摘　要： 针对火电厂、热电厂炉前、炉侧通道工程的特殊性，可采用钢 - 混凝土结合平台逆作施工。在狭窄场地，用已施工完成的周边建筑物框架作为支撑受力结构，以各钢牛腿为受力点，将钢 - 混凝土结合平台搁置于周边建筑物框架上，各层平台从上到下依次施工；与传统搭设支模架、模板相比，本工法用工少，安全设施等投入少，可大大降低工程成本。

关键词： 火电厂；炉前、炉侧通道；钢 - 混凝土结合平台；逆作施工

1　前言

随着社会的发展，土地资源日益紧张，大型工业厂区内功能独立，但又有着一定联系的各大型建筑物越来越多，且布置越来越紧凑，其间通道和连廊相应增多。但由于某些厂房特殊生产工艺的特殊要求或施工要求，至使部分通道、连廊不能与周边主体建筑同时施工。快捷、安全、经济的平台后施工的施工工艺，越来越值得关注。

近几年，我单位施工完成的几个火电厂、热电厂工程，锅炉房与煤仓间、锅炉房与汽机房之间设有炉侧通道、炉前通道。由于锅炉房生产工艺的特殊性及汽机房施工要求，炉前、炉侧通道平台不能与周边建筑物同时施工，必须在汽机房、煤仓间、锅炉房全部施工完成后才能施工，而在施工通道平台时，该区域塔吊均已退场，因此，炉前、炉侧通道采用了钢 - 混凝土结合平台逆作施工。相对于传统的施工方法，本施工方法不仅具有较好的经济效益，还有着良好的社会效益。经过工程实践，我司总结形成了本工法。

2　工法特点

（1）本工法可以在主体建筑施工完成、塔吊退出场地后组织施工，可以为主体施工提供必要的施工作业面，保证主体建筑特殊生产工艺要求。

（2）本工法无须投入大量劳动力搭设支模架及安装模板，劳动力投入少，极大地减少了工人的劳动强度。

（3）钢梁采用汽车吊吊装。先安装顶层楼面钢梁，再从上到下依次分层安装就位，楼面平台采用压型钢板做底模，且压型钢板作为楼面的一部分，不须拆模，铺完压型钢板后，上下几层可以同时施工，大大缩短施工工期。

（4）本工法不需要周转材，产生的建筑垃圾极少。

（5）与传统搭设支模架、支设模板相比，本工法用工少，安全设施等投入少，可大大降低工程成本。

3　适用范围

本工法可用于两栋建筑物之间通道、连廊施工，也可用于建筑物之间加设走廊施工，也适用于大型建筑物用于设备吊装预留部位的后续施工。

4 工艺原理

（1）在狭窄场地，用已施工完成的周边建筑物框架作为支撑受力结构，以各钢牛腿为受力点，将钢-混凝土结合平台搁置于周边建筑物框架上，各层平台从上到下依次施工。

（2）钢牛腿、钢梁在工厂加工制作，现场吊装焊接，压型钢板在工厂规模化生产、现场安装。钢牛腿采用焊接固定于已经施工完成的框架柱预埋件（或钢柱）上或采用植筋固定于框架柱上，钢梁固定于牛腿上，压型钢板采用铨钉固定在钢梁上，钢筋直接在压型钢板上绑扎，然后浇筑混凝土。

（3）钢牛腿、钢梁采用汽车吊吊装就位，压型钢板采用汽车吊吊至各层平台后，由人工搬运铺设，钢筋人工绑扎，混凝土用输送泵泵送。

5 施工工艺流程及操作要点

5.1 工艺流程（图1）

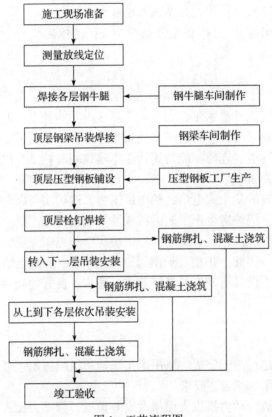

图1 工艺流程图

钢筋绑扎、混凝土浇筑可以在各层铨钉完成后单独进行，也可几层铨钉焊接工序完成后同时施工。

5.2 操作要点

5.2.1 测量放线

采用全站仪将各轴线测设至已施工完成的各框架柱或钢结构柱上，采用水平仪将牛腿标高标示于柱上。

5.2.2 钢牛腿安装

在需安装钢牛腿的柱上搭设悬挑操作架（操作架能承受2人操作并有一定活动余地），将钢牛腿吊至操作架上（也可人工转运至操作架上），然后焊接至框架柱（或钢柱）上。牛腿与柱连接见图2。

5.2.3 钢梁安装

（1）吊装设备：根据钢梁重量及安装高度，采用合适的汽车吊吊装，吊车位置及行走路线如图3所示。

（2）钢丝绳的选择

吊装采用 2 根钢丝绳，2 根长度相同，直径合适的 6×37＋1 钢丝绳，起吊钢丝绳与钢梁夹角为 50°～60°，如图 4 所示。

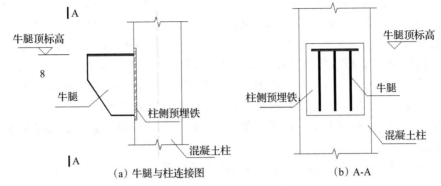

（a）牛腿与柱连接图　　　　（b）A-A

图 2　牛腿与柱连接图

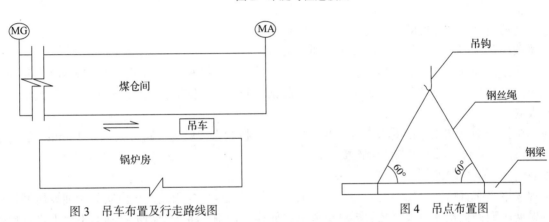

图 3　吊车布置及行走路线图　　　　图 4　吊点布置图

（3）钢梁安装

钢牛腿全部安装完成后，就可进行钢梁安装。先安装最上一层钢梁，再从上至下安装下一层钢梁，直至安装完成。钢梁从一端往另一端依次安装，先将主梁安装于钢牛腿上，再将次梁依次与主梁连接。平台钢梁安装次序见图 5。

（4）安装主梁时，必须跟踪校正，并预留偏差值和接头焊接收缩量。

（5）主梁每根两点绑扎单独起吊，次梁可多根同时起吊，依次安装。

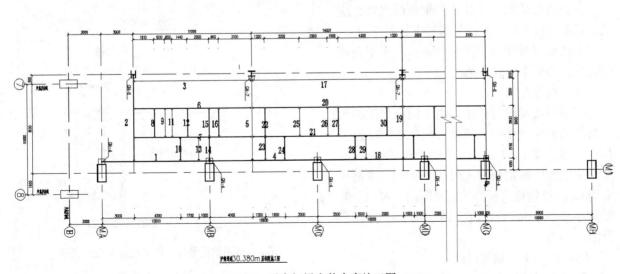

图 5　平台钢梁安装次序施工图

5.2.4 压型钢板安装

（1）吊装

①压型钢板在装、卸、安装中严禁用钢丝绳捆绑直接起吊，运输及堆放应有足够支点，以防变形。

②压型钢板起吊前，需按设计施工图核对其板形、尺寸、块数和所在部位，确认配料无误。

③钢梁安装完一至二跨后，即可穿插压型钢板吊运，最后一跨钢梁安装前，该层压型钢板必须全部吊运至该层已安装完成的钢梁上（也可将各层平台压型钢板分别吊运至与通道所连接的主体结构各相应楼层临时堆放）。压型钢板应缓慢下放，切忌粗暴吊放。

④无外包装的压型钢板，装卸时应采用吊具。严禁直接使用钢丝绳捆绑起吊，在钢丝绳与板接触的转角处垫橡胶皮或设垫木保护。起吊必须捆绑牢固、平稳，以防滑落伤人。

⑤压型钢板成捆堆置，应横跨多根钢梁，单跨置于两根梁之间时，应注意两端支承宽度，避免倾倒而造成坠落事故。

⑥风速≥6m/s 时禁止施工，已拆开的压型钢板应重新捆扎，以防大风刮走，造成安全事故或损坏压型钢板。

（2）压型钢板铺设

①铺设前矫正好弯曲变形的压型钢板。

②钢梁顶面要保持清洁，严防潮湿及涂刷油漆未干。

③安装压型钢板前，在梁上标出压型钢板位置线。铺放压型钢板时，相邻两排压型钢板端头的波形槽口应对准。板吊装就位后，先从钢梁已弹出的起铺线开始，沿铺设方向单块就位，到控制线后应适当调整板缝。

④应严格按照图纸和规范的要求来铺板与调整位置，板的直线度为单跨最大偏差 10mm，板的错口要求 <5mm，检验合格后方可与主梁连接。

⑤不规则压型钢板的铺设

根据现场钢梁布置情况，以钢梁中心线进行放线，然后再放出控制线，得出实际要铺设压型钢板面积，再根据压型钢板宽度排板，之后再对压型钢板放样，切割。将压型钢板在地面平台上进行预拼合，发现有咬合不紧和不严密的部位要进行调整。按照实际排板图进行铺设，连接固定。

（3）现场开孔及切割

①压型钢板切割工作，如斜边、超长、留孔及一些不规则面等，均应使用等离子切割机切割，避免破坏钢板表面镀层。如使用氧气乙炔切割，则应于切割口边缘涂上环氧富锌防锈漆，以免锈蚀。进行水电、通风管道等施工时，应由压型钢板施工人员进行切洞。切割后应按要求进行洞口防护。

②压型钢板定位后弹出切割线，沿线切割。切割线的位置应参照楼板留洞图和布置图，并认真核对。

③如错误切割，造成压型钢板的毁坏，应记录板形与板长度，并及时通知供货商补充。

④如垂直板肋方向的预开洞损及压型钢板沟肋时，必须按规定补强。

（4）板边处理

压型钢板铺设过程中，由于钢梁加工的尺寸与压型钢板规格不合模数，因此在钢梁边会存在一定空隙，对于空隙距离大于 200mm 的部位采用焊接薄钢板方式封闭（图 6），薄钢板采用 6mm 厚钢板弯折并与钢梁焊接；对于空隙距离小于 200mm 的部位，则采用专门收边板封闭。

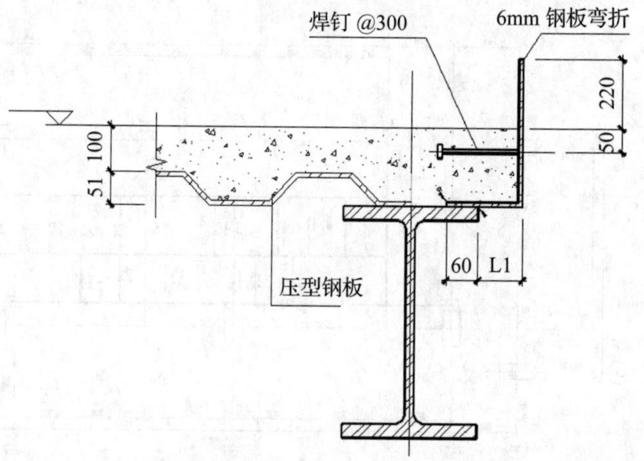

图 6 压型钢板平行于钢梁板边节点示意图

（5）压型钢板端部封口

压型钢板铺设完毕，并经调整电焊到位后，为防止混凝土施工时漏浆，需要对边角和压型钢板波峰处的空隙进行封堵处理。处理方式可采用配套定型堵头或PVC胶带封堵进行密封。

（6）压型钢板安装要点

①按图纸放线安装，并调直、压实、焊接牢靠。

②波纹对直，以便钢筋在波纹内通过；

③与梁搭接在凹槽处，以便施焊；

④每凹槽处必须焊接牢靠，每一凹槽焊点不得少于一处，焊接点直径不得小于1cm。

⑤压型钢板铺设完毕、调直固定后应及时用锁口机具进行锁口，防止由于堆放施工材料或人员交通，造成压型板咬口分离。

⑥及时清扫施工垃圾。剪切下来的边角料、包装材料等及时收集，在地面集中堆放外运。

⑦加强成品保护。铺设人员交通马道，马道支撑点必须落在钢梁位置，减少人员在压型钢板上走动，严禁在压型钢板上堆放重物。

5.2.5 顶层铨钉焊接

（1）压型钢板定位后应立即以焊接方式固定于结构杆件上，任何未固定的压型钢板可能会被大风刮起或滑落而造成事故。压型钢板侧向与钢梁搭接处，或压型钢板与压型钢板侧向搭接处，均须在跨间或90cm间距（取小值）即需有一处侧接固定（采用焊接或嵌扣夹）。

（2）压型钢板与压型钢板之间采用夹紧器咬合连接。铆点均匀有效，使铺设面形成稳固的整体。若梁的上翼缘标高与压型钢板铺设标高不一致，在梁的上边垫钢板（点焊与梁焊接牢固），用来支承压型钢板。

（3）压型钢板与钢梁采用铨钉穿透压型钢板与钢梁焊接熔融在一起的方法连接。

（4）铨钉最大间距为30cm，铨钉应穿透压型钢板植焊于钢梁上，与钢梁良好熔接。若铨钉间距大于30cm，则在压型钢板沟底需补设10mm以上直径的熔焊与钢梁固定。铨钉布置图见图7。

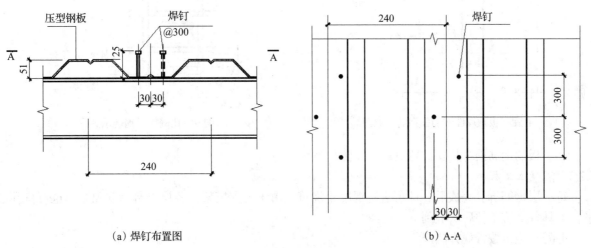

（a）焊钉布置图　　　　　　　　　　（b）A-A

图7　铨钉布置图

压型钢板与钢梁的焊接，不仅包括压型钢板与两端头的支承钢梁的焊接，还包括跨间与次梁的焊接，如果铨钉的焊接电流过大，造成压型钢板烧穿而松脱，应在铨钉旁边补充焊点。

（5）铨钉焊接要求

①应采用具备自动调节功能的焊接设备进行焊接，由于熔焊铨钉机的用电量很大，为保证焊接质量和其他用电设备的安全，必须单独设置电源。

②焊接电压、电流、时间及铨钉枪提起和插下等参数应根据铨钉制造厂以及设备制造厂的说明进行操作。

③每个铨钉都要带有一个瓷环来保护电弧的热量以及稳定电弧。电弧保护瓷环要保持干燥，如果表面有露水和雨水痕迹，则应烘干后使用。

④操作时，要待焊缝凝固后才能移去铨钉枪。

5.2.6　下一层钢梁吊装、压型钢板铺设、铨钉焊接

下一层钢梁吊装、压型钢板铺设、铨钉焊接施工同顶层，并从上到下依次完成各层吊装安装。

5.2.7　钢筋工程

钢筋绑扎、混凝土浇筑可以在各层铨钉完成后单独进行，也可几层铨钉焊接工序完成后同时施工。

本工程施工时，由于塔吊已退场（即使未退场，该工程各平台也无法确保能吊装到位），钢筋垂直运输难度大，因此，在塔吊退场前，先利用塔吊将本工程所有钢筋吊运至通道平台周边主体建筑各相应楼层上堆放。钢筋堆放位置，既要保证不影响各主体建筑物施工，又要方便各平台后续施工。

（1）平台板钢筋绑扎施工顺序：板底筋绑扎→板保护层设置→板面层钢筋绑扎→板钢筋验收。

（2）钢筋进场时，应按批进行检查和验收。

（3）平台板钢筋绑扎：短跨方向的受力钢筋放在板底处，长向钢筋放在短向钢筋之上，板面纵横两个方向都设有支座负筋，分布筋放在支座负筋之下。板底分布筋放在受力钢筋之上。绑扎前在模板上划出主筋间距再绑扎楼板钢筋。

（4）当板顶预埋铁件下无楼面梁时，应在楼板底部加设加强钢筋，见图8。

（5）当楼面有孔洞，孔洞直径 d 或宽度 b（b 为垂直板跨度方向的孔洞宽度）小于 300mm 时，可将受力钢筋绕过洞边。当 b（或 d）>300mm 时，应在孔洞每侧配置附加钢筋，具体做法见图9。

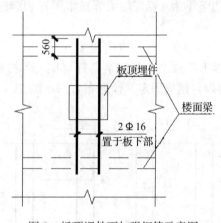

图8　板顶埋件下加强钢筋示意图

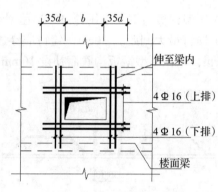

图9　孔洞加强钢筋示意图

（6）板的钢筋网绑扎要注意负筋，要防止被踩下。

5.2.8　混凝土工程

每一层钢筋绑扎完成后，即可进行混凝土浇筑。由于无支模架，各层平台相互独立，也可待几层平台均具备浇筑条件后从上到下一起浇筑。

混凝土浇筑按常规方法浇筑。

由于本工程采用无支撑压型钢板作为平台板模板，因此，混凝土输送泵管支撑架或马镫必须支撑于钢梁位置；混凝土浇筑时，采取分散式布料，避免混凝土堆积过高，并采取措施减小混凝土下落对压型钢板的冲击。

6　材料与设备

6.1　主要机械设备（表1）

表1　主要机械设备表

序号	设备名称	单位	数量	用途
1	汽车吊	辆	1	钢梁等吊装
2	平板拖车	辆	1	钢梁等运输

序号	设备名称	单位	数量	用途
3	搅拌站	座	1	混凝土搅拌
4	混凝土运输车	辆	3	混凝土运输
5	混凝土输送泵	台	1	混凝土浇筑
6	钢筋加工设备	套	1	钢筋加工
7	电焊机	台	4	钢牛腿钢梁安装
8	电弧栓焊机	台	1	铨钉焊接
9	氧割设备	套	1	
10	水平仪	台	1	测量
11	全站仪	台	1	测量
12	振动器	台	4	混凝土振捣

6.2　主要材料

主要材料见表2。

表2　主要材料表

序号	材料名称	单位	数量	用途
1	压型钢板	m²	按需	底模承重
2	铨钉	个	按需	使钢梁、压型钢板与混凝土形成整体
3	钢梁	根	按需	承重
4	钢筋	t	按需	
5	混凝土	m³	按需	
6	钢牛腿		按图	支承钢梁

7　质量控制

7.1　钢筋工程

所有进场钢筋须提交质保书或产品质量证明书，同时经现场取样检验合格后才能下料加工。钢筋堆放时按批分别堆放整齐，状态标识清楚，并搭设防护棚，禁止踩踏；钢筋加工和绑扎质量必须符合设计要求。

7.2　压型钢板

压型钢板与钢梁的锚固支承长度应符合设计要求且不得少于50mm。

检查数量：沿连接纵向长度抽查10%且不应少于10m。

检查方法：目测和钢尺检查。

7.2.1　一般项目

压型钢板安装应平整、顺直，板面不应有施工残留物和污物，不应有未经处理的错钻孔洞。

7.2.2　质量控制点

（1）压型钢板施工质量要求波纹对直，所有的开孔、节点裁切不得用氧气乙炔焰施工，避免烧掉镀锌层。

（2）板缝咬口点间距不得大于板宽度的1/2且不得大于400mm，整条缝咬合的应确保咬口平整，咬口深度一致。

（3）所有的板与板、板与构件之间的缝隙不能直接透光，所有宽度大于5mm的缝应用砂浆等堵住，避免漏浆。

7.3 铨钉焊接

焊好的铨钉，在其根部周围应有挤出的熔融金属（挤出焊脚）、抽检铨钉总数的1%进行弯曲检查：用手锤敲击铨钉头部使其弯曲，偏离原垂直位置15°角，被检铨钉的根部焊缝未出现裂纹和断裂者即为合格。

7.4 混凝土工程

混凝土浇筑时经常测试混凝土的坍落度，及时调整砂、石、水泥、水的用量，以确保混凝土的和易性、保水性等。混凝土必须振捣均匀、密实，且连续作业。严禁随意留设施工缝，施工缝的留设应遵守设计图纸和《混凝土结构工程施工质量验收规范》的规定。浇捣后按规定留置试块并及时养护，养护时间不少于7d。

7.5 成品保护措施

（1）雨天进行混凝土施工时应按要求进行覆盖保护。

（2）混凝土终凝前，不得上人作业，应按方案规定确保间歇时间和养护期。

8 安全控制

（1）全员树立"安全第一、预防为主"的思想意识，施工人员进入现场前必须进行安全教育。进入施工现场人员个人防护用品配备齐全，并正确佩带。严禁酒后进入施工现场。

（2）项目负责人在施工前要协同安全员对施工人员进行安全教育，严禁违章操作。专职安全员要跟班、值班，经常检查，杜绝一切事故隐患。

（3）作业人员应服从安全部门的统一管理，特殊工种作业人员应持证上岗，严禁无证人员违规作业。各工种（钢筋、木工、混凝土工等）施工机械操作人员必须严格按操作规程进行操作，不得违章操作。

（4）岗位分工明确，加强机械、用电的安全管理。作业人员必须有足够的安全用电知识，电源盘必须使用带漏电保安器的移动盘。现场用电必须符合安全规范要求。做到线路架设合理，绝缘良好，严禁私拉乱接；所有用电均设漏电保护，一律配备铁壳开关箱，保证做到一机一闸一保护；电气、焊接机具设防雨罩及接零保护装置并定期检查。

（5）电源开关，控制箱等设施要加锁，并设专人负责管理，防止漏电触电；所有的用电工具均要有安全接地；并经过绝缘检查，现场施工用电的配置及其他带电机械、工器具的用电、检修、维护需专业电工操作，电工需持证上岗。非电气专业人员不得进行电气作业。严格上下班交接制度，下班人员将工作中的情况向接班人员交代清楚。

（6）对进场人员进行健康检查，体检不合格或患有职业禁忌症者，一律清退；如发现有老、弱、病、残或未成年者，也予以清退。

（7）保证个人防护用品的发放，并对防护用品按规定周期进行试验鉴定。

（8）每天进入现场前必须召开站班会，安全员向班组人员交待工作安全注意事项，相关人员交待工作任务。

（9）由于场地狭小，吊装作业时，必须严格控制吊车旋转角度，避免吊车碰撞周边已施工完成的建筑物柱梁。最上一层平台吊装完成施工以下各层平台时，必须注意吊车臂伸出长度，严禁吊车臂碰撞上层平台。

（10）在压型钢板上行走时，尽量选择在有梁的位置行走，特别是要注意不要踩翻压型钢板从高空滑落。

9 环保措施

（1）在施工人员中开展环境保护的宣传教育工作，树立环保意识。

（2）现场设置足够数量的废料、垃圾筒并安排专人清扫，保持现场施工环境的清洁。施工中产生的建筑垃圾和生活垃圾及时清运到指定地点，集中处理，防止对环境造成污染。

（3）施工用水按清、污分流方式沉淀组织排放。污水排放前进行净化处理，达到标准方可排放，并优先安排在施工现场的复用。

（4）在进行电弧焊操作时，采用塑料彩条布围护，以避免造成光污染。

（5）必须做到"工完料尽场地清，谁施工、谁清理"，保证施工现场的整洁有序。现场的人员应经过本工程安全文明施工规定的专向培训，且考试合格。

（6）各施工作业区严禁现场流动吸烟，各区域作业面应设立专门的吸烟室，地面无烟头，严禁施工人员边施工边吸烟。

（7）冷作场地地面无焊条及焊头，焊接设备应集中布置，统一布线，完工后焊接线、氧气、乙炔、皮管全部收回。

（8）工程现场的办公区、生活区及现场设置足够数量的废料、垃圾筒和水冲式厕所，并有专人清扫，保持现场施工环境卫生。

10　效益分析

本工法相对于传统的支模架安装模板施工，极大地减轻了劳动强度，提高了施工效率，节约了人工，缩短了施工工期，降低了工程造价。

（1）工期效益

钢梁及压型钢板安装完成后，后续钢筋工程、混凝土工程可以上下几层同时作业，不需要搭设支模架、装模等工序，特别是混凝土可以上下几层同时浇筑，节约了每层混凝土养护期的间歇时间。人工比支模架施工减少约 30%，工期比支模架施工缩短约 50%。

（2）节能和环保效益

压型钢板直接做底模，不需要其他模板材料，不需要浪费森林资源，也没有锯模板木方所造成的粉尘污染，是真正的绿色环保施工。

（3）经济效益

相对于传统支模架施工，本工法节约了支模架等周转材搭拆及租赁费用，也节省了模板、木方的费用；压型钢板作为平台的一部分，平台底节省了粉刷及涂料等装饰施工费用。国电双辽电厂二期扩建工程炉前、炉侧平台共计约 4000m²，采用该工法节约造价约 20 万元。

11　应用实例

（1）国电双辽电厂二期扩建工程：该工程炉前通道平台平面尺寸 75m×8m，分别有 30m、15m、7m 三层，炉侧通道平台平面尺寸 70m×8m，分别有 42m、30m、15m、7m 四层，共计约 4000m²，均采用本工法，节约造价约 20 万元。

（2）抚顺矿业集团有限责任公司热电厂供热改造工程，于 2012 年 3 月开工，2013 年 1 月竣工。该工程炉前通道平台平面尺寸 50m×6m，分别有 28m、13m、6m 三层，炉侧通道平台平面尺寸 45m×6m，分别有 38m、27m、13m、6m 四层，共计约 2000m²，均采用本工法，节约造价约 10 万元。

（3）山东临沂莒南力源热电 2×350MW 工程，于 2013 年 5 月开工，2015 年 3 月竣工。该工程炉前通道平台平面尺寸 110m×8m，分别有 29m、15m、7m 三层，炉侧通道平台平面尺寸 55m×8m 两个，分别有 40m、29m、15m、7m 四层，共计约 6000m²，均采用本工法，节约造价约 30 万元。

蒸压加气混凝土砌块填充墙薄浆
干砌薄抹灰施工工法

刘令良　尹金莲　胡小兵　姚　强　王　斌

湖南省第四工程有限公司

摘　要：随着蒸压加气混凝土砌块应用范围越来越广泛，本工法总结了相应的薄浆干砌薄抹灰施工工艺。采用干粉黏结剂作砌体黏合代替传统水泥砂浆，并用专用齿形刮刀上浆薄层砌筑，使灰缝减薄到2～3mm，实现标准化半干法施工；并在填充墙端部和混凝土墙柱相接面使用镀锌角铁做连接件，用射钉与钢钉固定；构造柱拉结筋采用镂槽器预先在砌块上镂出倒置等腰三角形槽，黏结剂满铺，实现薄层灰缝准确预埋；最后刷2～3mm厚专用界面剂后做一层5mm聚合物水泥砂浆粉刷即可，这样既省工省料，又避免墙面出现空鼓开裂的可能，实现薄抹灰技术。

关键词：蒸压加气混凝土砌块；薄浆干砌薄抹灰；干粉黏结剂；聚合物水泥砂浆

1　前言

　　近年来，随着国家墙体材料改革和建筑节能工作的不断深入，蒸压加气混凝土砌块作为一种新型高效节能墙体材料，在工业与民用建筑中，已应用非常普遍。为了充分发挥蒸压加气混凝土砌块保温隔热性好、轻质高强、抗水渗透、易加工等特性，实现资源、性能与成本的最佳组合，我公司通过在芙蓉生态新城安置小区、长沙玫瑰园社区工程等工程中的实践应用，不断积累施工经验，改进完善施工工艺，总结出了蒸压加气混凝土砌块薄浆干砌薄抹灰施工工艺。此工艺同传统砌体工程施工工艺相比，墙体黏结、抗压、抗折强度高，有效降低了砌体工程发生干缩裂缝的概率，从根本上减少了传统砌体工程较常出现墙体收缩、下沉、抹灰层空鼓、开裂等问题，并且不影响建筑物技术性能，在质量通病防治方面效果显著。其中成功应用该工法的长沙玫瑰园社区三期（三标段）工程获评了"湖南省工程质量常见问题专项治理省级示范工程"。

2　工法特点

　　（1）施工机具简单，操作工艺简便

　　施工时无须动用大型施工机械设备，只需要采用传统小型施工机具，操作工艺简便，施工人员易于掌控施工质量。

　　（2）墙体性能稳定，质量通病防治效果好

　　砌筑采用配套干粉黏结剂，加水拌和即可，性能稳定，黏结好；在填充墙端部和混凝土墙柱相接面采用镀锌角铁做连接件，墙体结构整体性好；采用薄浆干砌，不需提前加水湿润砌块，能有效减少墙体收缩裂纹及灰缝热桥，解决了传统砌体结构较常出现的灰缝开裂、抹灰层空鼓开裂、渗漏等质量通病。

　　（3）施工程序减少，施工进度加快

　　此工艺墙体砌筑后只需要涂刷界面剂后薄层抹灰一遍，减少了传统工艺中分层多道抹灰程序，可大大加快施工进度。

　　（4）节能降耗显著，施工成本降低

　　采用薄浆干砌，减少了传统工艺普通砂浆用量，精选外形尺寸规整、精度高的砌块，砌体外观质量好，墙面平整度高，可实现薄抹灰施工，减少了砌筑、抹灰的建筑材料用量和人工，可降低工程造价。

（5）材料浪费少，文明施工程度高

砌筑前根据墙体尺寸提前进行排板配料备砖，并对非整砖进行锯砖后运至砌筑部位，废渣废料少，还可减少因备砖过多或过少进行二次搬运造成的人工及时间浪费，并且不需要现场搅拌砂浆，现场污染少，文明施工程度高。

3 适用范围

本施工工法适用于采用蒸压加气混凝土砌块的多、高层钢筋混凝土框架结构、钢结构等结构中非承重墙体和内隔墙。不适合用于以下环境：建筑物防潮层以下墙体和地下室外墙、长期处于浸水或长期受干湿交替部位；受化学环境浸蚀环境；砌体表面经常处于80℃以上的高温环境；屋面女儿墙墙体，阳台栏板；烟道、排气管道；长期处于有振动源环境的墙体。

4 工艺原理

蒸压加气混凝土薄浆干砌薄抹灰施工工艺，是利用轻质砌块自身轻质高强、尺寸规整误差小且具有自保温特点，用干粉黏结剂作砌体黏合代替传统水泥砂浆，并用专用齿形刮刀上浆薄层砌筑，灰缝均匀饱满，使灰缝减薄到2～3mm，实现标准化半干法施工；并在填充墙端部和混凝土墙柱相接面使用镀锌角铁做连接件，用射钉与钢钉固定，代替传统方法植筋埋设拉结筋，确保墙体结构整体性；构造柱拉结筋采用镂槽器预先在砌块上镂出倒置等腰三角形槽，黏结剂满铺，实现薄层灰缝准确预埋；利用轻质砌块墙体平整度、垂直度高，只需刷2～3mm厚专用界面剂后做一层5mm聚合物水泥砂浆粉刷即可，这样既省工省料，又避免墙面出现空鼓开裂的可能，实现薄抹灰技术。

5 施工工艺流程及操作要点

5.1 工艺流程

施工准备，设计排板→定位放线→铺底找平→墙体砌筑（拌制黏合剂）→埋设拉结筋和连接件（先在砌体上镂拉结筋槽）→梁柱接缝处理，构造柱浇筑圈梁钢筋→水电管线开槽→水电安装→补缝→薄抹灰饰面。

5.2 操作要点

（1）施工准备、设计排板

施工前编制专项方案并进行方案交底；对施工关键环节通过现场模拟样板或实体样板等进行详细现场操作技术交底；利用CAD软件进行墙体排板，对圈梁、过梁、构造柱、洞口等进行排板，并对每一面墙体进行编号管理，根据砌筑排板图集中加工砌块，降低材料浪费，保证观感统一美观。

（2）定位放线

首先将砌筑砌块的楼、地面清扫干净，以保证所弹墨线清晰准确；同时进行吊线在梁、柱上弹出墙身轴线、墙边线以及门窗洞口线；在柱上弹皮数线；同时确定好构造柱位置，提前做好构造柱钢筋准备工作；按排板图排块，设皮数杆，确保组砌方式最佳。

（3）铺底找平

因楼、地面凹凸不平，在砌前用1:3水泥砂浆铺底找平。铺水泥砂浆时，用水泥纸覆盖墨线；再用1:3水泥砂浆铺底抹平，高度符合皮数模数；对最后一块异形砌块量好尺寸后专门集中切锯。

（4）砌筑

①黏结剂准备：砌筑砌块需用专用黏结剂，搅拌时用电动搅拌器搅拌，先在灰桶中加入黏结剂量20%～22%的清水，再加入黏结剂，用手持搅拌器搅拌约3～5min，即可使用。黏结剂应根据现场用量随拌随砌，拌制好的黏结剂最好在2h内用完，当施工气温超过30℃时，拌成后的黏结剂超过3h不得使用。

②排砖摆底：墙体底砌采用灰砂砖砌筑，高度为 200mm。砌筑前地面浇水湿润，底砖砌筑灰缝厚度为 15～20mm，灰缝应饱满，饱满度 ≥ 80%，一次性铺浆长度不得超过 750mm，施工期间气温超过 30℃时铺浆长度不得超过 500mm，底砌砖两侧挤出砂浆应随砌随刮，并勾缝处理。

③防水坎设置：卫生间、厨房等涉水部位需设置 200mm 高同墙宽素混凝土反坎。

④砌筑、校正：砌块上下皮应采用错缝搭接，搭接长度不宜小于被搭接砌块的 1/3，且不小于 100mm，要保证灰浆饱满，横平竖直，及时刮去溢出的黏结剂。抹粘粘剂时采用专用齿形刮刀和刮勺铺浆，将水平缝和砌块顶缝一次刮抹，垂直灰缝应先在加气块的侧面批刮黏结剂，砌块上墙后，用水平尺、橡皮锤校正加气块的水平和垂直度，橡皮锤的敲击应先从砌块的顶部向里敲，然后再水平方向压实，使黏结剂从灰缝中溢出，灰缝不得有空隙，厚度控制在 2～3mm。第二皮加气块的砌筑，须待第一皮加气块水平灰缝的黏结剂初凝后方可进行。加气块就位时用双手抱住，底面对准位置后缓慢放下。在每皮砌块砌筑前，宜先将下皮砌块表面（铺浆面）及相连砌块立面用磨砂板磨平，并用毛刷清理干净后再铺水平、垂直灰缝处的黏结剂。

⑤填充墙与混凝土结构连接：加气混凝土砌块填充墙与混凝土梁柱或墙之间采用 1.5mm 厚镀锌角铁拉结，用射钉与钢钉固定，与墙柱交接处沿墙柱全高每隔两皮，墙长 > 5m 墙体顶部与梁交接处每隔 1200mm 设置铁件与梁拉结，镀锌角铁与柱的连接采用长度为 25mm 以上的射钉固定，固定面射钉为 2 个孔，射钉与混凝土梁柱边距离 ≥ 50mm，与砌块连接用 50mm 长钢钉固定，固定面为 3 个孔（图 1、图 2）。

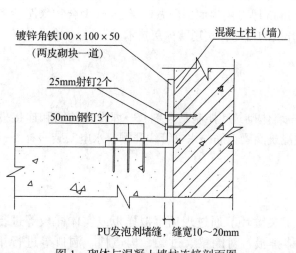

PU发泡剂堵缝，缝宽10～20mm

图 1　砌体与混凝土墙柱连接剖面图

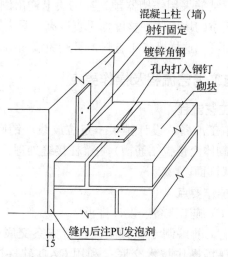

图 2　砌体与混凝土墙柱连接透视图

⑥顶皮砖砌筑：根据排块要求安装镀锌角铁；根据顶皮砖的尺寸配砖。在砌筑前清除表面浮灰，抹黏结剂后置放砌块，用橡皮锤和水平尺找平、校正，清除缝间挤出的黏结剂；将镀锌角铁与砌块连结用钢钉固定。

⑦顶缝处理：加气块墙顶面与混凝土梁或板底间应预留 20mm 缝隙，14d 后将预留空隙用填缝枪和膨胀水泥砂浆填塞密实，并将凸出墙面的砂浆用裁纸刀割削平整，不得使用其他材料（如碎砖、混凝土、普通砂浆等），塞缝应饱满、充实。

（5）构造柱处施工

为避免墙体过长过高产生收缩裂缝，应按设计和规范要求设置构造柱。

①构造柱钢筋预埋：构造柱与砌筑填充隔墙相接面，拉结筋一般按每 2 皮砌块高设置 $2\phi6$ 钢筋，但由于蒸压轻质加气混凝土砌块采用薄浆砌筑，灰缝厚仅为 2～3mm，所以对于拉结筋的预埋需要事先对混凝土砌块进行镂槽处理，用镂槽器先在相应拉结层砌块面上开挖槽宽（墙厚 40mm），槽深 30～50mm，槽长与拉筋长度相适应，在镂好槽的砌块上放置构造钢筋，使用黏结剂满铺，从而将钢筋预埋在砌体中（图 3）。

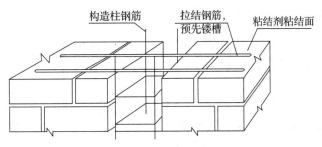

图3　砌块构造柱钢筋预埋镂槽示意图

②构造柱与墙体的连接处应砌成马牙槎，马牙槎宜先退后进，进退尺寸不小于60mm，高度为200mm，当设计无要求时，构造柱的宽度一般与墙等宽。

（6）水电管线开槽、缝补

首先在需开槽位置弹线、用手提切割机开槽；将槽内的砌块用凿子剔除，要求平直整齐；开槽时与墙面夹角不得大于45°，控制槽深≥管外径＋15mm为宜，应尽量避免水平方向开槽，水平向开槽深度不得大于1/4，竖向开槽深度不得大于1/3墙厚，尽可能避免交叉或双面开槽。埋设的管线应固定牢，管线敷设完后开槽应用聚合物水泥砂浆分两次补平，第一次填补至距表面5～8mm处，待干后再用聚合物水泥砂浆填补，宜比墙面微凹2mm，再用黏结剂补平，沿槽长外贴宽度不小于100mm的耐碱玻纤网格布增强。

（7）水电箱安装

根据水电箱的尺寸预先在砌块墙上留出相应的位置，均匀地抹上黏合剂；将水电箱就位；拧入固定水电箱胀管螺钉的四周缝内打发泡剂，待发泡剂固化后打上密封胶。

（8）薄抹灰饰面

①墙面打磨：砌块砌筑过程中如在水平面和垂直面上有超过2mm的错边量，特别是砌块与混凝土结构交接处的错台，应用钢齿磨板和磨砂板局部打磨，以利于控制抹灰厚度。

②基层清理：用扫帚等工具将基面灰尘、脱模剂等杂物清理干净，灰缝孔洞填补密实，基层表面应平整、无浮尘、污渍。

③界面剂涂刷：墙体薄抹灰施工前，采用聚合物乳液型界面剂进行界面处理，可采用滚涂和喷涂。

④贴挂玻纤网：对不同材料基体交接处、门窗等洞口角部及暗埋管线孔槽处等处均应先增铺宽出线槽洞口100mm宽的耐碱玻璃纤维网格布，并采用薄层抗裂砂浆满衬耐碱玻纤网格布对面层进行抹刮，窗台板、表具箱、配电箱、消火栓箱等与砌体交接处的缝隙应用柔性材料封填。

⑤大面批刮：采用手工批刮或机械喷涂的方式，把抹灰砂浆上到墙面。

⑥收面及收边角：大面收面采用2m铝合金刮尺，从下往上将墙面上的砂浆刮平，刮下的浆料回收到料桶中备用，不平整处应进行补浆后再刮，边角采用抹刀收，砂浆初凝后，应对表面气泡及接槎不平整等有瑕疵区域再次进行收面。

⑦实测实量及修补：及时对薄抹灰完成面进行实测实量，对局部数据不满足要求的区域进行修补。完成面应色泽均匀，无疤痕、砂眼、抹子印。

6　材料与设备

6.1　施工材料

施工材料包括蒸压加气混凝土砌块、干粉黏结剂、界面剂、镀锌钢板等。

（1）蒸压加气混凝土砌块的外观尺寸、强度、干密度、导热系数等技术性能指标应符合《蒸压加气混凝土砌块》（GB/T 11968—2006）优等品的规定，并符合以下要求：

①长度允许误差不应大于2mm，允许负误差不应大于3mm；高度、宽度允许正负误差不应大于1mm。

②蒸压加气混凝土砌块的干密度按表 1 选用。

表 1　蒸压加气混凝土砌块的干密度　　　　　　　　　　　　　kg/m³

体积密度级别	B04（A2.5）	B05（A2.5、A3.5）	B05（A3.5、A5.0）	B07（A5.0、A7.5）	B08（A7.5）
优等品	400	500	600	700	800

③蒸压加气混凝土砌块的强度标准值按表 2 采用。

表 2　蒸压加气混凝土砌块强度标准值　　　　　　　　　　　　MPa

强度种类	强度等级			
	A2.5	A3.5	A5.0	A7.5
抗压强度	1.8	2.40	3.50	5.20
抗拉强度	0.16	0.22	0.31	0.47

④蒸压加气混凝土砌块的碳化系数不应小于 0.85。

⑤蒸压加气混凝土砌块的软化系数不应小于 0.85。

⑥蒸压加气混凝土砌块的抗冻性能应符合表 3 的要求。

表 3　蒸压加气混凝土砌块的抗冻性能要求

抗冻标号	墙体类型	质量损失（%）	强度损失（%）
F25	非承重墙体	≤ 5	≤ 20
	承重墙体、复合墙体	≤ 4	≤ 16

⑦蒸压加气混凝土砌块出厂时的干燥收缩值不应大于 0.6mm/m。

（2）砌筑材料采用混凝土砌块专用黏结剂，性能指标见表 4。

表 4　黏结剂主要性能指标

序号	项目	技术指标
1	外观	均匀一致，无结块
2	可操作时间（h）	≥ 1.5
3	抗压强度（MPa）	≥ 2.5
4	收缩性	≤ 0.5%

（3）薄抹灰专用界面剂性能指标见表 5。

表 5　界面剂主要技术指标

序号	项目		技术指标
1	外观		粉体均匀、无结块
2	保水性（mg/cm²）		≤ 8
3	流动度（mm）		150 ～ 180
4	抗拉强度（MPa）		≥ 0.4
5	压剪胶结强度（MPa）	原强度	≥ 1.0
		耐冻融	≥ 0.7

（4）薄抹灰施工选用聚合物水泥抗裂砂浆，性能指标见表 6。

表 6　聚合物水泥砂浆主要性能指标

序号	项目	单位	技术指标
1	保水性	%	≥95
2	与砌块压剪黏结强度（28d）	MPa	≥0.5
3	抗压强度（28d）	MPa	≥5.0
4	与水泥拉伸黏结强度（28d）	MPa	≥0.5
5	与水泥浸水拉伸黏结强度	MPa	≥0.3
6	收缩性（28d）	mm/m	≤1.1
	可操作时间	h	≥1.5

（5）其他材料，规格要求见表 7。

表 7　其他材料规格要求

序号	项目	壁厚	规格
1	镀锌角铁	1.5mm	100mm×100mm×50mm
2	射钉		25mm
3	钢钉		50mm

6.2　设备

本工法所用施工用机具与工具见表 8。

表 8　施工机具表

序号	工具机具名称	备注
1	台锯	切割批量轻砌块
2	手提式电动切割机	切割零星轻砌块及墙体开槽
3	手提式电动搅拌机及灰桶	搅拌黏合剂
4	手工镂槽器	设置拉结筋放置槽
5	磨砂板、毛刷	磨平砌块表面、清除砌块表面粉尘
6	水准仪、卷尺、水平尺	测量放线
7	靠尺、线锤、皮数杆	控制墙面水平度和垂直度
8	刮勺、齿形刮刀	铺浆
9	刮灰刀和托板	清除和收集灰缝处挤出的黏合剂
10	橡皮锤	控制轻砌块平整度、敲紧轻砌块
11	射钉枪	在混凝土柱或墙上打钉（固定角铁）
12	铁手锤	往轻砌块上钉钢钉
13	托线板	检测墙面垂直度和平整度
14	小推车	运输砌块、砂浆等材料

7　质量控制措施

7.1　质量控制标准

（1）轻质砌块填充墙薄浆干砌薄抹灰施工及验收执行以下标准：《砌体结构工程施工质量验收规范》（GB 50203）、行业标准《蒸压加气混凝土建筑应用技术规程》（JGJ/T 17）、地方标准《蒸压加气混凝土砌块建筑技术规程》（DBJ43T 001）、《建筑装饰装修工程施工质量验收规范》（GB 50210）的技术要求。

（2）轻质砌块的规格应符合要求，进场时应提供产品合格证和性能检测报告，并进行全样外观检查。砌筑时其产品龄期应达到 28d。

（3）砌块不应与其他墙材混砌。砌体砌筑时应错缝搭接。

（4）砌体砂浆水平灰缝、垂直灰缝饱满度要求分别不应小于 85%、80%；不得有透明缝、瞎缝。

（5）砌块填充墙砌体尺寸的允许偏差应符合表 9 的要求。

表 9　砌块填充墙砌体一般尺寸允许偏差

序号	项目			允许偏差	检验方法
1	轴线位移			10	用经纬仪、尺量检查
2	垂直度	每层		5	用经纬仪或吊线锤和尺量检查
		全高	≤ 10m	10	
			> 10m	20	
3	表面平整度			6	用 2m 靠尺和塞尺检查
4	水平灰缝平直度			10	拉 10m 线尺量检查
5	门窗洞口高、宽度（后塞口）			±5	用尺量检查
6	外墙上、下窗口偏移			20	以底层窗口为准，用经纬仪或吊线检查

（6）薄抹灰质量验收标准

①抹灰前基体表面的尘土、污垢、油渍等应清除干净，并应洒水润湿和做基层处理。

②抹灰砂浆材料的品种、性能应符合设计和规范要求。

③抹灰层与基体之间及各抹灰层之间必须黏结牢固，抹灰层应无脱落、空鼓，面层应无爆灰和裂缝。

④抹灰工程一般项目的允许偏差见表 10。

表 10　抹灰工程质量允许偏差和检验方法

序号	项目	允许偏差		检验方法
		普通抹灰	高级抹灰	
1	表面平整度	4	2	用 2m 靠尺和塞尺检查
2	墙裙、勒脚上口直线度	4	3	用 5m 线和尺检查
4	立面垂直度	4	3	用 2m 托线板和尺检查
5	阴阳角方正	4	2	用直尺检测尺检查
6	分格缝（条）直线度	4	3	用 5m 线和尺检查

7.2　质量保证措施

（1）加强材料采购质量控制，加气块进场验收需检查仔细，龄期不足 28d、破裂、不规整、浸水和表面被污染的砌块不得用于墙体砌筑，砌块运输和装卸过程中严禁抛掷、倾倒，应按材料的品种、规格堆放整齐，堆置高度不宜超过 2m，露天堆放必须加盖帆布，并以木托等垫起。砌块进场后应对砌块的外观质量、尺寸偏差进行复检，对不符合验收标准的砌块不得用于砌筑，以确保墙体外观质量。

（2）砌块应堆于室内或不受雨淋的干燥场所，施工时含水率不宜大于 15%。砌块搬运时应轻拿轻放，尽量避免二次搬运，使砌块不受损坏。

（3）加强对操作班组交底。

（4）在每皮砌块砌筑前，要用毛刷清理砌块表面浮砂（尘）、杂物等，校核放线尺寸并试排砌块，砌墙前先拉水平线，在放好墨线的位置上，按排列图从墙体转角处或定位砌块处开始砌筑。

（5）对于所需的非规格尺寸砌块应采用手提式电锯或相应的机械设备切割成规则的长方体，严禁刀劈斧砍。

（6）每皮砌块砌筑时，应注意校正水平、垂直位置，并做到上下皮砌块错缝搭接、表面平整、水平灰缝基本平直，随着砌体的增高要随时用靠尺校正平整度、垂直度。上下搭接长度不宜小于被搭接砌块长度的 1/3，竖向通缝不应大于两皮，相应作业应在 15min 内完成。

（7）砌体严禁在外墙和有防渗要求的砌体中留设脚手眼。砌筑后的砌块不应任意移动或受撞击，如需校正应清理原黏结剂，重新批抹黏结剂后进行砌筑。

（8）砌体应分次砌筑，每次连续砌筑高度不应超过 1.4m，应待前次的砂浆终凝后，再继续砌筑；日砌筑高度不宜大于 2.4m；中间遇雨施工，日砌筑高度不宜超过 1.2m。施工时，应采取措施防止施工用水、雨水对墙体造成的冲刷和淋泡，不得使用被雨水湿透的蒸压加气混凝土砌块。

（9）砌块内外墙要同时砌筑，砌体的转角处和交接处也应同时砌筑。对不能同时砌筑的而又必须留置临时间断处，应砌成斜槎，斜槎水平投影长度不应小于高度的 2/3。接槎时，应先清理槎口，再铺黏结材料接砌。

8　安全措施

（1）施工前项目部必须对操作人员进行安全技术交底。电工和机械工、架子工必须经过安全培训并持证上岗。

（2）工人进入现场必须佩戴经安检合格的安全帽，高空作业时必须佩带安全带。

（3）电动机具操作人员应遵照《施工现场临时用电安全技术规范》(JGJ 46) 执行。

（4）不得在楼面上倾倒和抛掷砌块。

（5）在楼板或架体上堆放砌块，宜分散堆放，不得超过楼板或架体的允许承载能力。

（6）墙体砌筑时不得站在墙上操作，必须搭设临时脚手架，且严禁采用单排架作为施工用脚手架。在砌筑架体使用期间，严禁拆除主节点处的纵、横向水平杆，纵、横向扫地杆及抛撑。工人作业前，须检查临时脚手架的稳定性、可靠性。

（7）施工中不得随意留设施工洞口，以确保人身安全。施工临时洞口及门窗洞过梁的支撑应坚固、牢靠，待砌筑砂浆达到设计要求的 70% 以上时，方可拆除支撑和模板。

（8）"四口"（通道口、预留口、电梯井口、楼梯口）和临边处须做好防护。

9　环保措施

（1）黏合剂搅拌在避风的室内进行，减少扬尘污染。

（2）砌筑和抹灰施工时，应做到工完料尽场地清，废渣废料在指定地点堆放，及时清运建筑垃圾，防止粉尘扩散。

（3）当施工现场位于居民密集区时，为防止切割砌块噪声过大扰民，应采取有效的噪声屏蔽措施，并严格控制切割作业时间，一般不超过 22：00。

（4）机械切割蒸压加气混凝土砌块时应向砌筑面适量浇水，并采取防风措施，切割锯粉应及时清理。

（5）宜根据项目墙体具体尺寸定制非标准砌块，以减少切割，防治环境污染。

10　效益分析

10.1　社会效益

（1）蒸压加气混凝土砌块采用薄浆干砌薄抹灰方法，在不影响建筑物技术性能的情况下既充分发挥了砌块自身的节能特性，又降低了我国日益紧张的不可再生资源的消耗，实现了资源、性能与成本的最佳组合，对推广应用蒸压加气混凝土砌块这种唯一能满足节能要 65% 要求的单一墙体材料起到良好的引导效果，符合可持续发展战略。

（2）蒸压加气混凝土砌块采用薄浆干砌法，施工前对墙体进行编号及合理排板，集中加工配料，废渣废料大大减少，且现场采用半干法标准化施工，既节约水资源，现场污染也少，文明施工程度高，绿色、环保。

（3）蒸压加气混凝土砌块采用薄浆干砌法，砌体灰缝薄，黏结剂与砌块相容性好，黏结力强，能有效克服墙体裂缝和灰缝热桥，采用薄抹灰施工方法，从根本上减少了传统抹灰工程较常出现抹灰层空鼓、开裂等质量通病，大大减少了维修费用，更减少了住宅工程中常见的民生投诉。

10.2 经济效益

（1）蒸压加气混凝土砌块采用薄浆干砌法，每面墙体采用预先排板准确备料，减少了因备砖过多或过少进行二次搬运造成的人工及时间浪费，另因操作工艺简单便捷，工人工效可较常规砌体提高30%左右，人力投入大大减少。

（2）蒸压加气混凝土砌块采用薄抹灰方法，此工艺墙体砌筑后只需在涂刷界面剂后薄层抹灰一遍，减少了传统工艺中分层多道抹灰材料和工序，既减少了施工人工、机械、材料的投入，降低工程直接成本，又大大加快施工进度，工程间接成本降低，经济效益显著。

11 应用实例

（1）芙蓉生态新城三号安置小区二标段工程，由我公司总承包施工，工程建筑面积60402.1m²，造价11291.61万元。开工日期为2014年8月，竣工时间为2016年12月。该工程砌体材料为蒸压轻质加气混凝土砌块，采用薄层干砌薄抹灰施工工艺，缩短施工工期19d左右，工程建造成本降低，节约内墙抹灰面积14000m²，较常规施工工艺减少材料及人工费用110000元，经济效益明显。

（2）长沙玫瑰园社区三期（三标段）建安工程，工程建筑面积141604m²，造价17521.37万元。开工日期为2015年7月，竣工日期为2017年8月。该工程砌体材料为蒸压轻质加气混凝土砌块，采用薄层干砌薄抹灰施工工艺，缩短施工工期28d左右，工程建造成本降低，节约内墙抹灰面积25000m²，较常规施工工艺减少材料及人工费用200000元，经济效益明显。

（3）芙蓉生态新城二号安置小区建安工程四标段工程，工程建筑面积56963.47m²，造价11419.33万元。开工日期为2015年11月，竣工日期为2017年11月，该工程砌体材料为蒸压轻质加气混凝土砌块，采用薄层干砌薄抹灰施工工艺，缩短施工工期13d，工程建造成本降低，节约内墙抹灰面积12000m²，较常规施工工艺减少材料及人工费用100000元，经济效益明显。

桩间模筑混凝土施工工法

唐金云　陈立新　朱　峰　廖湘红　段龙成

湖南省第四工程有限公司直属项目管理公司

摘　要： 为保证防水质量，解决灌注桩围护结构防水卷材平整基面问题，通过自锚螺杆提供拉结力，以钢筋网片混凝土填平围护桩桩间的间隙并形成平整基面，可实现提供侧墙单侧模板的效果，从而保证防水卷材施工质量。

关键词： 灌注桩围护结构；桩间模筑；防水卷材；平整基面

1　前言

长沙市轨道交通 3 号线车站工程，是采用灌注桩围护结构的车站，为了解决防水卷材平整基面问题，保证防水质量，采取了具有针对性的施工技术，解决了地下车站主体结构侧墙防水基层施工的关键技术，总结出一套成熟的施工方法，形成完善的施工工法，为日后地铁外侧墙防水基层施工提供经验和借鉴。

2　工法特点

（1）本工法采用常见的操作架作为操作平台，甚至在土方开挖过程中，预留边坡土作为作业平台，后再搭设混凝土浇筑操作平台，减少搭设操作平台占用作业空间和时间。

（2）本工法中通过在桩身钻孔，埋置自锚式螺杆提供模板拉结作用力，解决了单侧模板支撑问题。

（3）采用在桩身植筋挂设钢筋网片，浇筑细石混凝土，施工简便，解决了钢筋绑扎不便的问题。

（4）本工法中混凝土成型，拆模后形成的平整基面可直接铺贴自粘式防水卷材并减少侧墙浇筑混凝土的一侧模板，能有效保证防水卷材的施工质量，达到了节约的效果。

（5）本工法施工难度不大，操作简单、易学，可以随挖随施做，不占用主体施工工期。

3　适用范围

本工法适用于各种主体结构与围护结构紧贴并中间需施工防水卷材的深基坑、地下工程，且围护结构为不平整的桩类结构。

4　工艺原理

本工法通过自锚螺杆提供拉结力，以钢筋网片混凝土填平围护桩桩间的间隙并形成平整基面，解决防水卷材铺贴的平整基面问题，并达到提供侧墙单侧模板的效果，从而保证防水卷材施工质量。

5　施工工艺流程及操作要点

5.1　施工工艺流程

开挖至作业面底部→测量放线→施工作业面清理→施工作业面检查→凿毛植筋→钢筋网片铺设→模板安装、固定→混凝土浇筑→拆模、洒水养护（进入下一层施工）→鹰嘴多余混凝土凿除、抹平。

5.2　操作要点

5.2.1　测量放线

利用全站仪测放出主体结构外边线的偏移线，检查桩身是否侵限车站主体结构，对侵限的部分用红油漆做出标记。

5.2.2 施工作业面清理

根据测量情况，对于围护桩侵限部分采取人工用风镐凿除，并人工清除桩身表面附着的土石，以及清除桩间土石。

5.2.3 施工作业面检查

作业面清理完成后，检查桩身是否侵限，桩间松散土石是否已经清理干净，以保证模筑混凝土模板安装的空间以及施工安全。

5.2.4 凿毛植筋

将桩身混凝土凿毛，露出混凝土骨料，钻孔植钢筋网片固定钢筋，植筋深度及间距按照设计图纸及规范施工。

5.2.5 钢筋网片铺设

钢筋网片在钢筋加工棚内做成 2m×2m，采用 φ8 钢筋，纵横向间距为 200mm×200mm，采用梅花点焊，钢筋网四周为连续点焊（图 1）。

钢筋网固定采用自锚式螺杆，按桩距设计螺杆间距，确保锚杆位于桩身处，网片绑扎后，设置保护层垫块（图 2）。

图 1 钢筋网片半成品

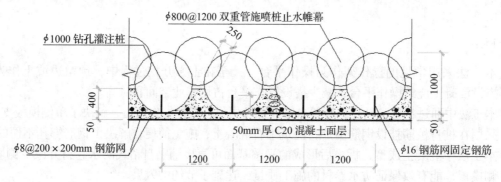

图 2 桩间模筑混凝土详图

5.2.6 模板安装固定

根据模筑混凝土的施工特点，模筑混凝土的模板，采用一端固定一端活动的单侧螺杆拉结固定方式，单侧拉结螺杆规格为 φ14，纵横向间距为 600mm×600mm（相邻桩心间距 1.2m）、600mm×700mm（相邻桩心间距 1.4m）（图 3）。

根据之前放出的主体结构侧墙外边偏移控制线，利用线坠，将模筑混凝土外边线标记于拉结螺杆上，再根据模板厚度、木方尺寸、钢管尺寸及蝴蝶扣厚度，标记出蝴蝶扣拧紧后应剩余的长度，以此作为模筑混凝土模板位置控制基准。然后安装 50mm×100mm 的竖向木方次楞，间距 200mm，再安装水平向双钢管主楞，钢筋规格为 φ48×3.5，利用蝴蝶扣把双钢管与拉结螺杆固定。

模板安装平面图、立面图如图 4、图 5 所示。

5.2.7 混凝土浇筑

模筑混凝土采用 C20 细石商品混凝土，混凝土坍落度控制在 160±20mm 范围内，采用汽车泵进行混凝土浇筑，插入式振动棒

图 3 单侧自锚式拉结螺杆

振捣。混凝土浇筑时，边浇筑边振捣。混凝土浇筑完毕后，夏季采用洒水养护，洒水次数要能保持混凝土的润湿状态，养护期不少于 7d。冬季采取薄膜覆盖养护。

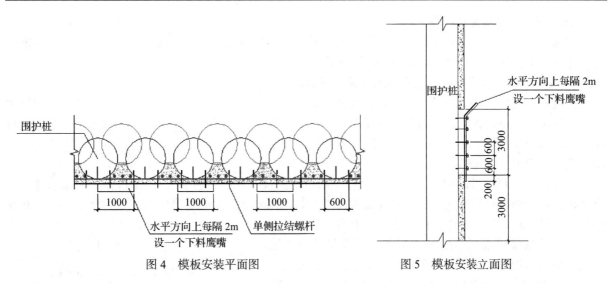

图4 模板安装平面图　　　图5 模板安装立面图

5.2.8 拆模及洒水养护

在混凝土强度达到设计强度的80%后，拆除模板，从上往下，先卸下蝴蝶扣，拆除钢管主楞，再将模板和木方整体取出，用手砂轮沿混凝土面切除拉结螺杆。模板拆除后，再拆除操作架。洒水养护不少于7d。

6 材料与设备

6.1 材料

钢筋（HPB300C8、C16）、C20细石混凝土、自锚式螺杆、模板、木方等。

6.2 设备

机具设备见表1。

表1 机具设备表

序号	名称	规格型号	单位	数量	备注
1	激光垂准仪	XL.48-DZJ200	台	1	
2	经纬仪	J6以上	台	1	
3	水准仪	DS3	台	1	
4	钢卷尺		把	5	
5	木工加工设备		套	2	
6	钢筋切割机	GW40	台	1	
7	钢筋弯曲机	GW40	台	1	
8	电焊机	BX-300	台	1	
9	电锤		台	2	
10	振动棒	ZN35	个	2	
11	汽车泵	三一	台	1	
12	风镐	G10A	台	2	

7 质量控制

7.1 侵限混凝土的凿除

车站主体围护钻孔桩由于在施工过程扩孔、偏孔等原因，部分围护桩结构侵入模筑混凝土限界或者主体结构限界，造成模筑混凝土无法平整施工，钢筋网片不能平整铺设，模板不能安装。故施工模筑混凝土前应先对围护桩内侧壁进行侵限凿除处理，以保证模筑混凝土的正常施工。

7.2　钢筋网片保护层厚度控制

钢筋网片挂设以后安装模板，为保证钢筋保护层厚度，避免钢筋抵住模板出现露筋现象，在钢筋网片外侧绑定位垫块。按每块网片设置四个垫块，横竖向间距均为 1m。

7.3　模板安装的垂直度、平整度控制及建筑边界线的控制

模板安装前应对模板进行检查清理，保证模板表面平整光滑，并涂刷脱模剂。固定前检查模板垂直度，以保证上下段的顺直。最重要的是要再次检查建筑界限，以避免模筑混凝土侵限，一般为卷材施工预留 2cm 为宜。

7.4　混凝土浇筑振捣密实

（1）模筑混凝土分两层进行浇筑，先进行第一层浇筑，高度约为 1m。浇筑过程中用振动棒、橡胶锤在模板外侧轻轻振动或拍打，以保证混凝土均匀沉入底部，第一层浇筑完成后再浇筑第二层到顶标高，重复振动和拍打操作，保证混凝土密实均匀。

（2）根据模筑混凝土的结构特点，模板与桩壁内侧紧贴，模筑混凝土只能从相邻两根桩间的空隙灌入，一个空隙内混凝土达到浇灌高度达到后再进行下一个空隙的浇筑，浇筑平面示意图如图 6 所示。

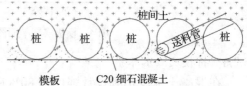

图 6　模筑混凝土浇筑平面示意图

8　安全措施

8.1　操作架基础混凝土硬化

为模筑混凝土施工搭设的操作架必须按照规范要求搭设，尤其是该操作架搭设于预留的边坡土平台上，因此搭设前必须进行操作架基础处理，采用混凝土硬化。沿背墙侧设置操作架抛撑，防止操作架倾覆；操作层设置 1.2m 防护栏杆，满铺脚手板并固定。

8.2　垂直运输

在进行模板吊运作业时，基坑内部与基坑外必须各配备一名指挥人员且有对讲机及指挥旗。作业时基坑外指挥人员应从上方时刻注意基坑内模板吊运情况，基坑内部指挥人员根据基坑内作业情况及时与外部指挥人员联系，协调配合作业以保证基坑内模板吊运安装作业安全。

9　环保措施

（1）加强施工管理，合理安排时间，严格按照施工噪声管理的有关规定，夜间不进行钻孔作业。

（2）现场配备雾炮机，对钻孔作业等进行降尘控制。

（3）钢筋网片工厂加工，避免到现场焊接产生光污染。

10　效益分析

本工法施做的桩间模筑混凝土为侧墙防水提供平整基面和单侧模板，避免了深基坑放坡开挖，减少了场地的使用；也避免了因基面不平整导致地下结构渗漏水而返工堵漏等造成的资源浪费问题；避免了喷射混凝土施工，达到了节能环保的效果，质量得到更有效的保证，经济效益明显。

11　应用实例

（1）长沙市轨道交通 3 号线一期工程东塘站位于韶山北路与劳动西路交叉路口以西，是轨道交通 3 号线与规划 7 号线的换乘站。该工程主体基坑南侧共有旋挖灌注桩 225 根，1 号风亭及 1/2 号出入口围护桩 137 根，该工程桩间模筑混凝土采用本工法，解决了主体结构侧墙防水卷材基面平整度问题，同时为主体侧墙施工提供单侧模板，避免了基坑放坡大开挖等造成的时间资源浪费问题，质量得到更有效的保证，进度得到更有效的保证，取得了良好的经济效果和社会效果。

（2）长沙市轨道交通 3 号线一期工程雅雀湖站主体围护结构为旋挖灌注桩，也采用该工法进行桩间混凝土施工，从设计就开始明确了该施工方案，是防水质量保证的措施，得到了业界的认可，取得了良好的经济效益、社会效益。

高效沉淀池角隅曲面体施工放样工法

龚金梅 曾 涛 杨志刚 许 嵘 谢 程

湖南省第五工程有限公司

摘 要： 常规角隅曲面体设计图纸可供直接为施工放样定位的点非常有限，必须增加较多辅助放样点才能满足施工需要，确定各辅助点的高度参数存在较大困难。因此，可根据已知设计条件采用 CAD 软件进行 1:1 比例三维放样做图，再充分运用三维制图的一些技巧将各辅点所需的高度参数找出，能较好地解决工程中相关复杂空间造型几何体的施工放样、定位疑难，避免了繁琐的内业计算，确保数据的正确性。

关键词： 复杂空间；角隅曲面体；施工放样；三维放样；定位

1 前言

角隅曲面体施工放样关键在于确定曲面体顶面各放样点的高度参数。只要放样点顶面高度值已知，则实际施工放样测定工作将较为简单。充分运用电脑三维制图技巧，可以较好地解决工程中相关复杂空间造型几何体的施工放样、定位疑难。因此，具有重要的实际意义。

2 工法特点

（1）空间造型独特，施工放样工作作为施工的关键工序。

（2）应用计算机 CAD 软件三维制图技巧，确定各施工放样所需曲面体顶点高度参数，进行数据成果整理，最终在平面图上标注出各放样点高度控制值，作为施工放样测定依据。

（3）避免繁琐的内业计算，确保数据的正确性。

3 适用范围

本工法适用类似"空间造型独特"工程施工。

4 工艺原理

就常规的角隅曲面体设计图纸而言，可供直接作为施工放样定位的点非常有限，必须增加较多辅助放样点，才能满足施工需要。而根据设计条件，无法通过简单直接计算确定各辅助点的高度参数。但可根据已知设计条件采用 CAD 软件进行 1:1 比例三维放样作图，再充分运用三维制图的一些技巧将各辅点所需的高度参数找出。

5 施工工艺流程及操作要点

以某类似工程为例，该沉淀池角隅曲面体位于沉淀池主池的四个角区，主池内空尺寸 15m×15m。角隅曲面体角处高 3703mm，沿平面 45° 线底边长 3107mm，角隅外边圆弧半径 7500mm。经分析可知，角隅曲面体为主池内空大小的立方体与三角形截面倒圆台环体相交集的结果。

5.1 施工工艺流程

绘制立方体→绘制三角形截面倒圆台环体→将倒圆台环体与立方体进行交集运算，得到角隅曲面体→在角隅区平面按 0.5m×0.5m 布置放样网格→沿网格线切割角隅实体→将各切割面按 @0.5m 间距绘制放样点高度辅助线，找出高度参数值→整理数据，在角隅曲面体平面图上标注出各点高度值→现场布设并测定各放样点，做好标志，复核后作为施工依据。

5.2　施工操作要点

角隅曲面体放样过程控制要点如下：

（1）角隅曲面体设计几何特征

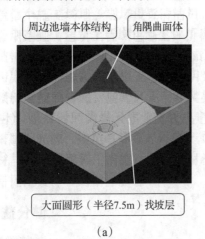

周边池墙本体结构　　角隅曲面体

大面圆形（半径7.5m）找坡层

（a）

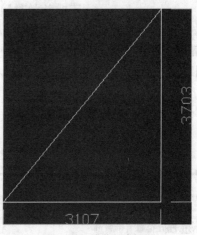

（b）角隅平面

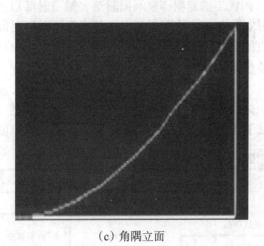

（c）角隅立面

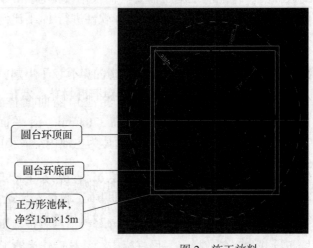

（b）45°线位置剖面

图1　角隅曲面体设计

（2）施工放样分析

根据设计给出的（即45°线位置）剖面分析，角隅曲面体属一个三角形截面的倒圆台环的局部。该圆台环的底面半径为7.5m，顶面半径为池体（内空尺寸15m×15m）外接圆半径10.607m，圆台环高度为3.703m。角隅以外的区域需减去，如图2所示。

（3）立方体绘制

立方体绘图参数：长 × 宽 × 高 = 15m × 15m × 3.703m。绘图（略）。

（4）三角形截面倒圆台环绘制

三角形截面参数：高3.703m，底边长3.107m。

倒圆台环绘图参数：上述三角形截面，斜边底端点距旋转轴7.5m，旋转角360°。绘图如图3、图4所示。

圆台环顶面

圆台环底面

正方形池体，净空15m×15m

图2　施工放料

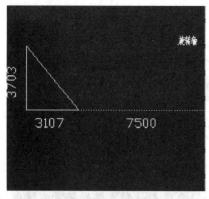

图 3　绘图参数

图 4　三角形倒圆台环实体

（5）交集运算

运行 CAD 三维制图"交集"命令即可将环体与立方体进行组合运算得到所需角隅曲面体，如图 5、图 6 所示。

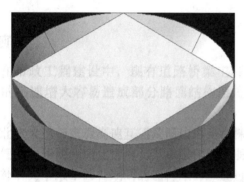

图 5　运算前组合状态

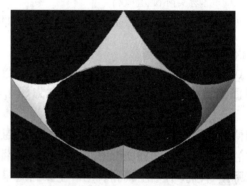

图 6　运算后得到角隅曲面体

（6）角隅曲面体放样网格线布置及切割网格线

放样网格线按 @0.5m×0.5m 布置，可满足施工精度需要。如需进一步提高放样精度，则按要求增加网格密度即可。

执行 CAD 中的"切割"命令，沿网格线切割曲面体，得到所需各放样网格线位置的实际横截面，如图 7、图 8 所示。

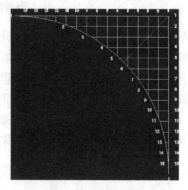

图 7　放样网格布置

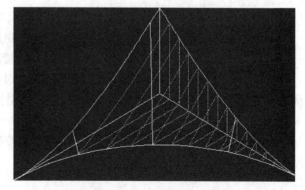

图 8　沿网格线切割曲面体

（7）在各切割面（即网格线横截面）顶部弧线找出对应放样点高度值，根据网格线布置原则，对应各切割面按 @0.5m 间隔设置放样点高度辅助线，辅助线与顶部弧线的交点即为放样点。由于制图完全按 1：1 比例进行，对各顶部交点至底边的距离执行 CAD 中的"线性标注"命令即可找出各曲面放样顶点的高度值，如图所示。

（8）整理数据成果，复核无误后绘制角隅曲面体施工放样平面图，逐一标注出各顶点高度值作为施工依据，如图 10 所示。

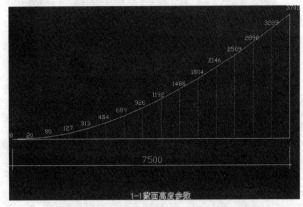

图 9　某截面高度参数值，其他类推得出

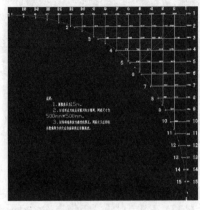

图 10　整理数据逐一注出各点高度值

（9）现场实际测定放样

据上图各顶点高度参数在现场逐一测定即可完成。

6　材料与机具设备

（1）一台计算机和 CAD 软件。

（2）全站仪一套，水准仪一套，通信设备两套以上。

（3）控制点标志、墨线、钢卷尺。

（4）劳动力组织。

7　质量要求

7.1　误差要求

为保证误差在允许限差以内，各种控制测量必须按《建筑工程测量规范》（GB 50026—2007）执行，操作按规范进行，各项限差必须达到下列要求：

（1）控制轴线，轴线间互差

> 20m　　　　　　　　1/7000（相对误差）；

≤ 20m　　　　　　　　± 3mm。

（2）各种结构控制线相对于轴线 < ± 3mm。

（3）标高小于 ± 5mm。

（4）垂直度层高 ≤ 8mm，全高 1/1000 且不大于 3mm。

7.2　放样应遵循下列原则

（1）用于细部测量的控制点或线必须经过检验。

（2）细部测量坚持由整体到局部的原则。

（3）方格网必须校正对角线。

（4）方向控制尽量使用距离较长的点。

（5）所有结构控制线必须清楚明确。

8　安全措施

严格贯彻执行国家颁发的《建筑安装安全技术操作规范》及《建筑机械使用安全技术规程》（JGJ 33—2012）、《施工现场临时用电安全技术规范》（JGJ 46—2005）、《建筑施工安全检查标准》（JGJ 59—2011）。

9　环保措施

（1）执行《建筑施工现场环境与卫生标准》（JGJ 146—2004）。

（2）水体污染控制措施：运输车辆出现场需清洗，清洗处设置沉淀池，废水经二次沉淀后，方可排入市政污水管线或回收用于洒水降尘。机械润滑油流入专设油池集中处理，不得流入下水道，铁屑杂物回收处理。

（3）固体废弃物污染控制措施：固体废弃物可采用先分类，不同类型堆放在一起，可以回收利用的进行再次利用；对人体健康、环境有害的根据国家环保部门规定进行定点、定方法处理。

（4）噪声污染控制措施：构件运输、装卸、加工应防止不必要的噪声产生，最大限度减少施工噪声污染。禁止大声喧哗，教育全体施工人员防噪声扰民意识；采取专人专管的原则，对噪声进行检测，及时对噪声超标的有关因素进行整改。

（5）大气污染控制措施：施工现场要制订洒水降尘制度，配备专用洒水设备并指定专人负责，对场地和临时道路采取洒水降尘。

（6）光污染控制措施：夜间使用聚光灯照射施工点，以防对环境造成光污染。

（7）资源回收再利用措施：对现场各种材料、水资源、钢材料、成品、半成品必须充分做到回收利用。

10　效益分析

社会效益：采用电脑进行 1∶1 三维放样作图，再充分运用 CAD 三维制图的一些技巧将各辅点所需的高度参数找出。减少了曲面体放样复杂的内业计算，节省了大量的工作时间，解决了工程施工中相关复杂空间造型几何体的放样、定位难题。得到监理、建设单位的好评。

11　应用实例

衡阳市城西污水处理厂二期提质改造及配套管网工程扩建规模为 7.5 万 t/d 处理，二期扩建工程完成后，处理水质使整个厂区达到一级 A 排放。该工程的高效沉淀池为钢筋混凝土箱型池体结构，长 × 宽 ＝ 35m × 26.9m，地面以下深约 5.6m，地面以上高约 3.15m；底板厚 0.6m，墙厚分别为 0.5m、0.3m。如图 11 所示。

角隅曲面体位于沉淀池主池的四个角区，主池内空尺寸 15m × 15m。角隅曲面体角处高 3703mm，沿平面 45°线底边长 3107mm，角隅外边圆弧半径 7500mm。角隅曲面体每组 4 个，共计 12 个。该工程在施工过程中使用此方法对角隅曲面体进行放样，所测点的点位误差均在规范允许范围内。曲面体实体质量较好。

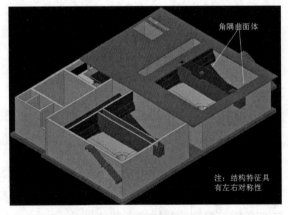

图 11　效果图

空心楼盖薄壁方箱新型抗浮施工工法

龙新乐　唐　凯　吴　进

湖南省第五工程有限公司

摘　要：相比传统混凝土楼板，薄壁方箱空心楼盖具有自重轻、保温隔热、吸声降噪、增大建筑利用空间等特点，但施工过程中薄壁方箱上浮、错位等现象会对其质量产生严重影响。本工法介绍了一种薄壁方箱的固定方法，通过定位放线进行薄壁方箱排布，以操作层一侧为起始安装面，利用 1cm 宽薄皮铁条（文中简称抗浮条）进行固定安装。经实际施工验证，此方法可有效解决现浇空心楼盖芯模上浮、错位问题。

关键词：空心楼盖、薄壁方箱、抗浮、抗浮条

1　前言

现浇空心楼盖是一种新型、绿色的施工工艺，是我国建筑结构领域一项重要创新。但实际施工过程中，薄壁方箱易受到浮力及混凝土振捣带来的侧向压力影响，箱体偏移及上浮现象明显。随着绿色建筑理念的提出，以及我国对空心楼盖的大力推行，研究开发一种可靠、有效的薄壁方箱固定方法尤为重要。通过采用 1cm 宽薄皮铁条（后文简称抗浮条）做十字形状固定薄壁方箱上部，抗浮条采用专用钉枪锚固在楼板底模上。经湖南省株洲市新桂广场·新桂国际项目实际施工验证，采用此方法进行现浇空心楼盖施工，具有抗浮效果好、施工质量高的特点。

2　工法特点

（1）相比传统薄壁方箱抗浮施工方法，本工法避免了模板打孔，增加了模板的周转次数。

（2）安装简单、拆模便捷，提升了施工速度，降低人力资源投入，节约工期，经济效益显著。

（3）抗浮承载力高，混凝土浇筑质量好。

3　适用范围

本工法适用于采用木模板体系施工的空心楼盖工程。

4　工艺原理

抗浮条做十字形固定薄壁方箱，十字点为箱体上表面几何中心，采用螺钉进行抗浮条的固定，可提高固定点的抗拔承载力，达到抗浮稳定的效果，从而实现薄壁方箱固定、楼板拆模施工的简洁化，具有高效、快速、优质的工艺效果。

5　施工工艺流程及操作要点

5.1　施工工艺流程

抗浮验算→弹线、定位→绑扎底筋→拉线排箱→抗浮条安装→绑扎面筋→混凝土浇筑→模板拆除。

5.2　施工操作要点

本工法以株洲市新桂广场·新桂国际项目薄壁方箱空心楼盖现场施工为例，具体施工操作如下：

5.2.1　抗浮验算

根据设计要求确定薄壁方箱尺寸，并结合箱体在空心板中的布置深度及排除混凝土体积计算箱体

浮力 F_1。由箱体排布图确定基本计算单元，计算因施工荷载（主要为混凝土振捣）通过混凝土传递至箱体底部的压力而产生的箱体上浮力 F_2。利用测力仪测得螺丝铆钉的竖向抗拔承载力 F_R，$F_R > F_1 + F_2$。并以此为依据，明确各楼层薄壁方箱及固定条的规格、数量、材质等技术参数（图1）。

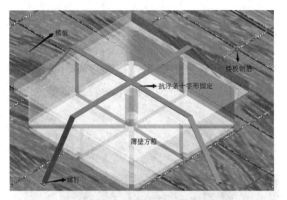

图1　BIM模型图

5.2.2　弹线、定位

根据设计图纸及轴线控制线，弹设出暗梁、密肋梁、预埋管线及预留洞口等定位线，以便薄壁方箱安装过程中做避让处理（图2、图3）。

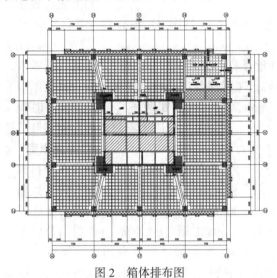

图2　箱体排布图

图3　定位弹线

5.2.3　绑扎底筋

按设计要求，进行底筋绑扎，并放好保护层垫块。底筋绑扎过程中采用卷尺及粉笔进行钢筋定位，严格控制钢筋排布间距，以确保整体施工质量（图4）。

5.2.4　拉线排箱

根据箱体排布设计间距，进行拉线控制，以确保箱体安装位置准确、排列整齐。为保证箱体底部混凝土浇捣密实，箱体采取上大下小的矩形箱。

5.2.5　抗浮条安装

以操作层一侧为起始安装面进行推进固定安装。采用抗浮条做十字形固定，相邻箱体固定条叠合部分采用螺钉拧固在楼板底模上。为保证整体抗浮效果，

图4　底筋绑扎

安装过程中应确保抗浮条绷紧、顺直，同排箱体抗浮条处于一条直线；抗浮固定螺丝应垂直模板安装，以提高抗浮承载力及降低拆模过程中螺丝对模板的损坏（图5、图6）。

5.2.6　绑扎面筋

按设计要求绑扎面筋，并放好拉钩。钢筋绑扎间距应均匀；面筋绑扎过程中不得直接踩踏薄壁方箱，以防止箱体破坏；禁止拆卸、踩踏抗浮条，以防止抗浮承载力降低（图7）。

5.2.7　混凝土浇筑

采用大流动性混凝土浇筑，混凝土坍落度控制在 180 ± 20mm；采用振动棒振捣，浇筑过程中主要振捣薄壁方箱四角位置间隙，振动棒禁止直接触动抗浮条及薄壁方箱；振捣采取快插慢拔的原则，每

一振点的振捣延续时间以混凝土不再沉落，表面呈现浮浆为宜，防止过振、漏振。通过以上措施保证薄壁方箱底部混凝土浇筑密实及整体楼板浇筑质量（图8）。

图 5　螺丝固定

图 6　箱体安装

图 7　安装完成图

图 8　混凝土浇筑

5.2.8　模板拆除

依照普通混凝土楼板拆除工艺拆除即可。

6　材料与机具设备

6.1　材料

薄壁方箱、1cm 宽薄皮铁条、螺丝钉、垫块。

6.2　机具设备和工具（表1）

表 1　机具设备和工具准备表

序号	机具名称	规格	用途
1	塔吊	QTC5610	材料转运
2	射钉枪		薄壁方箱组装
3	螺钉枪		固定螺丝
4	钢丝绳		吊运
5	水准仪		标高孔位
6	全站仪		定位
7	钢卷尺	5m	测量
8	墨斗		弹线

7　质量控制

7.1　执行标准

《现浇混凝土楼盖技术规程》（JGJ/T 268—2012）；

《现浇混凝土空心楼盖》（05SG343）；

《混凝土结构工程施工质量验收规范》(GB 50204—2015)。

7.2　主要控制措施

熟悉图纸及相关施工规范、标准,技术部门做好方案工作,并组织各方对施工方案进行可行性论证。

召开现场技术交底会议,就架子施工技术要求对现场施工及质检部门交底并划分相应职责范围,使其施工前作好充分准备。

对各专业队伍进行施工前进行技术、质量交底。

安装作业时不得直接踩踏薄壁方箱。保证板底混凝土保护层厚度,抗浮条安装横平竖直、整齐、美观。

采用大流动性混凝土,混凝土坍落度控制在180±20mm。为防止薄壁方箱、钢筋移位,浇筑时严禁振捣棒撞击钢筋及预埋箱体。

混凝土浇筑完毕后进行覆膜养护,养护时间不得少于7d。

8　安全措施

8.1　执行标准

《建筑施工安全检查标准》(JGJ 59—2011);

《建筑机械使用安全技术规程》(JGJ 33—2012);

《施工现场临时用电安全技术规范》(JGJ 46—2005)。

8.2　安全措施

建立健全安全生产责任制,明确安全生产责任,强化全员安全意识,切实贯彻"安全第一、预防为主"的方针,认真执行国家和公司有关安全生产的法规制度。

在安排各种生产活动的同时,教育职工正确使用"三宝"来提高自我保护能力,并制订相应的奖惩措施。新进场的工人进行严格的三级安全教育,特种作业工人必须持证上岗。

空心楼盖施工过程中,材料转运为主要危险源,必须定期检修吊运机械设备。钢丝绳、卡环、夹具等工具除进场检查、试验外,必须进行日常检查,发现有破损、老化现象的及时替换。

加强现场安全管理,认真落实"安全三宝"的正确使用。施工作业区域,设置明显的安全警示标志,并设专人警戒。

电焊机等用电设备外壳必须设有可靠的保护接零,必须定期检查焊机的保护接零线;接线部分不得腐蚀、受潮及松动。

现场安全员有权制止违章指挥和违章作业,遇有险情应立即停止施工作业,并报告工程项目领导及时处理。

9　环保措施

9.1　执行标准

《建设工程施工现场环境与卫生标准》(JGJ 146—2013);

《绿色施工导则》。

9.2　环保措施

节水与水体污染控制措施:现场建立废水循环利用收集系统,洗车池处设沉淀池及清水池,对废水进行回收后循环利用。回收废水经检测合格后进行混凝土养护、冲洗路面,基坑积水用于绿化浇灌等作业。机械用油、废油集中收集处理,禁止排放入下水道。

固体废弃物控制措施:制订建筑垃圾减量化计划,落实具体措施减少建筑垃圾的产生量,不断扩大垃圾消纳途径。危险固体废弃物必须分类收集,封闭存放,积攒一定数量后委托当地有资质的环卫部门统一处理并留存委托书。

噪声污染控制措施:施工现场严格按照国家标准《建筑施工场界噪声限值》(GBl 2523—2011)的要求,将噪声大的机具合理布局,闹静分开。合理安排噪声作业时间,减轻噪声扰民。除手持噪声监测仪外，主要声源（主入口钢筋加工区）设置 LED 噪声监控点，施工噪声一旦超标，要及时采取措施加以控制。建筑施工场界环境噪声排放限制，昼间不超过 70dB，夜间不超过 55dB。

扬尘污染控制措施：施工现场四周实行全封闭式管理，于主体水平防护挑架位置设置喷雾降尘系统，覆盖整个施工场地。现场设置清洁员，进行人工洒水清洁，洒水设备为项目自制简易洒水车。现场监测必须达到《建筑工程绿色施工评价标准》《绿色施工导则》要求，土方作业施工扬尘高度不大于 1.5m，结构和装修施工扬尘高度不大 0.5m。

光污染控制措施：现场施工主要照明为安装在塔吊上的带灯罩的镝灯，每栋各安装 2 盏。通过调整灯罩倾斜度控制灯光，使光区集中在爬架立网内侧，并对施工主光源安装限时继电器（不影响施工通道照明），熄灯时间为当天作业交底规定的时间。电焊强光作业过程中，焊工必须戴护目镜，并使用遮光板遮挡光源，避免电焊弧光外泄。

节材与材料资源利用措施：对不同材料实行分类管理，对钢材、商品混凝土、木材、薄壁方箱等主要材料提出具体节约指标。

10　效益分析

10.1　经济效益

以新桂广场·新桂国际空心楼板施工为例，本工法产生经济效益如下：

抗浮施工成本低：抗浮构件为 1cm 宽薄皮铁条，采用螺钉固定，材料成本低。

模板损耗小：相比传统薄壁方箱抗浮施工方法，本工法避免了模板打孔，增加了模板的周转次数。

安装速度快、节约工期：本工程单层薄壁方箱量平均为 1550 个，30 个安装人员施工 1d 即可完成转运、排布、安装固定作业。

抗浮承载力高：空心楼盖施工过程中，未出现箱体上浮现象，板底混凝土浇捣密实，无一处蜂窝麻面现象，避免二次返工。经济效益对比见表 2。

表 2　经济效益对比表（元）

项次	传统工艺	新型抗浮施工工法	备注
人工费	323157.5	172472.2	安装费用
安装材料	48358.85	$38472 \times 2 \times 0.65 = 50013.6$	抗浮带，单价 0.65 元/条
		$38472 \times 2 \times 0.52 = 40010.88$	螺钉，单价 0.52 元/个
机械	50881.2	47413.91	材料加工转运
模板	2382383.28	2025025.8	模板周转
合计	2804780.83	2334936.39	
节约		469844.44	

注：本工程共使用薄壁方箱 38472 个。

10.2　社会效益

通过本技术的运用，最大程度地节约了资源与减少了对环境的影响，如施工扬尘、施工噪声以及建筑垃圾等，从而实现四节一环保（节能、节地、节水、节材和环境保护）的目的。在受到业主好评、树立企业良好形象的同时，提高了企业知名度。

11　应用实例

株洲市新桂广场·新桂国际工程 1 栋办公楼 2～4 层、6～26 层薄壁方箱空心楼盖均采用本工法进行施工，单层薄壁方箱量平均为 1550 个，30 个安装人员施工 1d 即可完成转运、排布、安装固定作业。工程实例表明：本工法操作便捷、施工速度快、抗浮效果良好、箱底混凝土浇筑密实、施工过程绿色环保。经统计，本工法实施创造效益 46.98 万元。

水玻璃混凝土加沥青混凝土罩面快补道路的施工工法

朱岳华　李　宏　邹利民　张陵志　于　智

湖南省第五工程有限公司

摘　要：为解决常规混凝土修补路面存在搅拌站不便作业、养护龄期长等问题，可采用水玻璃作为胶结剂，加一定级配的硅酸盐水泥和粗细骨料配制（干硬性水泥混凝土）水玻璃混凝土，具有早期强度高、耐酸性能好、机械强度高、价格较低等优点，采用沥青混凝土罩面后可实现快速通车，但抗渗和耐水性能较差。

关键词：路面修补；水玻璃混凝土；沥青混凝土罩面

1　前言

在市政工程建设中，现有道路桥梁工程的改建，经常需要进行交通导行，增大交通压力。车流量的迅速增大容易造成部分路面结构层短时间破坏，形成坑洞，影响行车安全、导行畅通和舒适性。

北汽大道与京珠高速互通及周边道路在株洲大道改道导行过程中，需要挖除一段原路面，新建的临时便道位于两侧绿化带内，下承层比较薄弱，引起了路面不均匀下沉和路面疲劳破坏，需要经常性地修补。为了减小修补期间的通行压力，通过采用快硬早强混凝土和沥青混凝土修补坑洞，实现迅速通车。

考虑修补的经常性和修补数量较小，搅拌站不便作业，而且全部采用水泥混凝土的话，至少需要几天养护时间才能通车。湖南省第五工程有限公司联合业主、设计和监理单位开展了科技创新，采用水玻璃作为胶凝材料，掺入干硬性混凝土，取得了"水玻璃混凝土快补道路"这一新成果，对实现现有道路快速修补有重大意义，得到了业主和相关政府部门的一致认可，应用到株洲西大门的主干道修补施工，产生了明显的社会效益和经济效益。

2　工法特点

（1）利用水玻璃达到混凝土快速凝结，早期强度速度达到通车条件。

（2）掺入水玻璃后，具有更好的耐酸性和耐腐蚀性，混凝土耐久性具有明显提升。

（3）将水玻璃混凝土应用于道路快补施工，可以实现快速通车，减缓交通压力。

（4）前期主要为干性拌和，掺入水玻璃后又能快速硬化，对混凝土拌制要求更高，现场没有水泥浆流溢现象，施工过程更加环保。

（5）采用沥青混凝土封面后，使修补后的道路更加美观。

3　适用范围

沥青混凝土路面快速修补、路面下层构造物局部沉陷补坑。

4　工艺原理

本工法中的水玻璃混凝土是以水玻璃为胶结剂，加一定级配的硅酸盐水泥和粗细骨料配制而成（干硬性水泥混凝土）。其特点是早期强度高，耐酸性能好，机械强度高，资源丰富，价格较低，采用沥青混凝土罩面后可实现快速通车，但抗渗和耐水性能较差。

5 工艺流程及操作要点

5.1 施工工艺流程

施工准备→挖除损坏部分→清理坑槽→干拌混凝土→掺入水玻璃→振捣压实→铺筑沥青面层→开放交通。

5.2 操作要点

5.2.1 施工准备

确定修补范围，用切缝机切缝。考虑水玻璃凝固时间较快，每次修补坑槽面积不宜过大，一般控制在 6m² 以内，作业人员以不低于 1 人/m² 为宜。

5.2.2 挖除损坏部分

需要修补的坑槽面积不大，适宜人工用十字镐配合铁锹开挖，方便快捷，对周边环境要求也较小。挖除部分建筑垃圾采用斗车及时运至指定位置，严禁就地堆放。

5.2.3 清理坑槽

挖除破损路面后，采用扫帚和鼓风机对需要修补的坑槽进行清理，特别是接缝处的松散剥落颗粒和粉尘，要清理干净，再涂刷一层粘层油，确保新老混凝土的结合。

5.2.4 干拌混凝土

正式拌制前，需按配合比进行试拌，从而确定最终的配合比。试拌配合比（质量）一般按水泥：砂：碎石：水玻璃 =1：1.1：2.7：0.3。

在坑槽内投入碎石、中砂和水泥，不加水，人工拌和均匀，拌和用量以铺平坑槽且留出 4cm 厚台阶（铺筑沥青混凝土面层）为宜。

5.2.5 掺入水玻璃

干拌混凝土完成后，尽快掺入水玻璃，间隔时间不宜超过 20min。掺入水玻璃后，拌和摊铺的时间应试拌确定，一般不少于 3 次，不宜超过 2min。

5.2.6 振捣压实

采用平板夯人工振捣压实。洒水后，采用塑料薄膜覆盖养护，养护时间不少于 6h。

5.2.7 铺筑沥青面层

采用热拌沥青混凝土对修补坑槽进行封面，厚度 4cm，四周接缝浇灌沥青填缝。

5.2.8 开放交通

沥青混凝土表面温度低于 50℃后，方可移除安全防护，开放交通。

6 材料与设备

本工法采用的材料见表 1。

表 1 使用材料表

序号	材料名称	规格	主要技术指标	外观要求	备注
1	水玻璃				
2	碎石	1～3cm		干燥无泥	
3	砂	中砂			
4	水泥	P.O42.5		无结块	
5	水		自来水		养护
6	沥青混凝土	细粒式			

本工法采用的机具设备见表 2。

表 2　使用机具设备表

序号	设备名称	型号	单位	数量	用途
1	十字镐		把	4	挖除破损路面
2	锄头、铁锹		把	4	挖除破损路面、浇筑混凝土
3	斗车		台	2	运输材料
4	切缝机		台	1	切缝
5	鼓风机		台	2	清理坑槽
6	振动器	平板式	个	2	混凝土浇筑、压实
7	洒水车		台	1	养护用水、清洗道路
8	塑料薄膜		m²	10	养护、隔离（按面积增减）
9	发电机		台	1	现场临时用电
10	安全锥		个	20	现场安全防护

7　质量控制

本工法主要依照《城镇道路施工与质量验收规范》（CJJ 1—2008）、《公路养护技术规范》（JTG H10—2009）、《建筑工程水泥 - 水玻璃双液注浆技术规程》（JGJ/T 211—2010）等相关规范进行质量控制。

（1）施工中必须建立安全技术交底制度，并对作业人员进行相关的安全技术教育与培训。作业前主管施工技术人员必须向作业人员进行详尽的安全技术交底，并形成文件。

（2）施工前，应根据现场与周边环境条件、交通状况与道路交通管理部门，研究制订交通疏导或导行方案，并实施完毕。施工中影响或阻断既有人行交通时，应在施工前采取措施，保障人行交通畅通、安全。

（3）热拌沥青混合料宜由有资质的沥青混合料集中搅拌站供应。

（4）热拌沥青混合料的搅拌及施工温度（表 3）

表 3　热拌沥青混合料的搅拌及施工温度 ℃

施工工序		石油沥青的标号			
		50 号	70 号	90 号	110 号
沥青加热温度		160～170	155～165	150～160	145～155
矿料加热温度	间隙式搅拌机	集料加热温度比沥青温度高 10～30			
	连续式搅拌机	矿料加热温度比沥青温度高 5～10			
沥青混合料出料温度		150～170	145～165	140～160	135～155
混合料贮料仓储存温度		储料过程中温度降低不超过 10			
混合料废弃温度，高于		200	195	190	185
运输到现场温度		145～165	140～155	135～145	130～140
混合料摊铺温度，不低于		140～160	135～150	130～140	125～135
开始碾压的混合料内部温度，不低于		135～150	130～145	125～135	120～130
碾压终了的表面温度，不低于		75～85	70～80	65～75	55～70
		75	70	60	55
开放交通的路表面温度，不高于		50	50	50	45

（5）沥青混合料的摊铺系数（表4）

表4　沥青混合料的摊铺系数

种类	机械摊铺	人工摊铺
沥青混凝土混合料	1.15 ～ 1.35	1.25 ～ 1.50

（6）水泥应符合下列规定：

①重交通以上等级道路、城市快速路、主干路应采用42.5级以上的道路硅酸盐水泥或硅酸盐水泥、普通硅酸盐水泥；中轻交通等级的道路可采用矿渣水泥，其强度等级宜不低于32.5级。水泥应有出厂合格证（含化学成分、物理指标），并经复验合格，方可使用。

②不同等级、厂牌、品种、出厂日期的水泥不得混存、混用。出厂期超过三个月或受潮的水泥，必须经过试验，合格后方可使用。

（7）选用以工业纯碱为原料生产的水玻璃，性能稳定。水玻璃模数表示其所含二氧化硅与氧化钠摩尔数的比值，其数值大小对固结体质量影响较大，本工法取3.0左右。水玻璃溶液浓度的高低对固结体性能颇具影响，浓度低，固结体强度低；浓度太高，黏度增加，浆液可注性差，本工法取4°Bé以上。实际过程中，以上两个参数均需经室内试验并检验其效果后决定其具体数值。

（8）修补面积应大于病害的实际面积，修补范围的轮廓线应与路面中心线平行或垂直，并在病害面积范围以外100 ～ 150mm，应采取措施使修补部分与原路面黏结紧密。

8　安全措施

本工法主要依照《公路养护技术规范》（JTG H10—2009）等相关规范进行安全管理。

（1）公路养护维修作业必须保障维修作业人员和设备的安全，以及车辆的安全运行。在进行养护维修作业前，应制订安全保障方案。

（2）凡在公路上进行养护维修作业和管理的人员必须穿着带有反光标志的橘红色工作服装。

（3）公路路面养护维修作业应按作业控制区交通控制标准设置相关的渠化装置和标志，必要时应指派专人负责维持交通。

（4）养护维修作业人员应在控制区内作业和活动，养护机械或材料不得堆放于控制区外。

（5）夜间养护维修作业，现场必须设置符合操作要求的照明设备。

（6）养护维修作业控制区由警告区、上游过渡区、缓冲区、工作区、下游过渡区和终止区组成。各项养护维修作业控制区的布置和长度应保证公路养护维修作业人员、设备和过街车辆的安全。

（7）从事防腐蚀工程的操作人员，应采取下列劳动保护措施：配备必要的劳动保护工具、工作用品，如工作服、鞋，手套、帽、防尘防毒口罩、毛巾、肥皂等。

（8）成品保护：施工阶段未成型的路面必须封闭，禁止车辆碾压。罩面沥青混凝土路面温度低于50℃后方可开放交通。

9　环保措施

（1）选用新型低噪声设备或增加防护罩，减少施工带来的噪声污染。

（2）现场粉尘及时清理，可适当洒水降尘。水泥投放的时候，轻拿低放，减少扬尘。

（3）场地废料、土石方废料尽量直接挖至自卸汽车，外运至指定地点。如果需要暂时堆放，需做好铺垫和隔离，避免污染现有道路。

（4）废料、砂石和沥青混凝土等材料运输的车辆要覆盖，防止散落污染路面。剩余的材料需运至指定位置，不得随意堆放在周边。

（5）施工完成后，立即清理好施工现场。根据现场情况，可以安排洒水车对施工路段进行全面清洗。

10　效益分析

采用水玻璃混凝土快速修补道路，施工工序简单，技术性要求不高，质量有保障。修补时间短，可以在夜间车辆较少的时间段展开施工，数小时就可以完成修补，开放交通。修补成本较低，均为普通材料，一般建材店都可以购买到，随时可以进行修补。特别是在通行要求高、坑槽面积较小的情况下，能节约 15% 以上的修补成本，起到较大的社会效益。

11　应用实例

11.1　应用实例一：

项目名称：株洲大道与北汽大道节点改道修补施工

地点：天元区

开竣工日期：2016 年 11 月 12 日 23:00—2016 年 11 月 13 日 3:00。

工程量：长 3m，宽 2m，厚 15cm，总数量 0.9m³。

应用效果：水玻璃凝结较快，分层施工过程中，平整度不够。增加 2 名工人后，平整度较好。铺筑 4cm 厚沥青混凝土面层，开放交通后，通车无损坏，无弹簧。

11.2　应用实例二：

项目名称：株洲大道南辅道修补施工

地点：天元区

开竣工日期：2016 年 11 月 15 日 00:00—2016 年 11 月 15 日 7:00。

工程量：长 3m，宽 3.5m，厚 20cm，总数量 2.1m³。

应用效果：本道路通行车辆较多，凌晨开始施工，早上通行高峰前完工，没有造成交通堵塞情况。修补面积较大，采用了压路机碾压，平板夯对边缘复压，通行后无质量问题，美观、协调，受到交警部门的表扬。

11.3　应用实例三：

项目名称：支一路雨水井盖周边修补

地点：天元区

开竣工日期：2016 年 11 月 20 日 13:00—2016 年 11 月 20 日 17:00。

工程量：长 5m，宽 1m，厚 20cm，总数量 1.0m³。

应用效果：本次修补对雨水井周边下沉部分进行垫高。修补后，解决了井盖周边跳车的问题，基本没有影响道路的通行。

预制空心轻质墙板胎模施工工法

吴斯立　李鸿军　李　凯　贺　广　罗赞宇

湖南省第五工程有限公司

摘　要：为解决大规模砖胎模砌筑施工周期长、人工投入大、成本高等问题，可采用成品预制空心轻质墙板代替砖胎模进行施工，根据胎模的尺寸，通过简单切割、拼接处理即可完成地下室胎模施工作业，适用于建筑工程中胎模深度不大于 1.2m 的基础梁、承台、集水坑等地下室需做胎模的部位。

关键词：预制空心轻质墙板；地下室胎模；胎模施工

1　前言

砖胎模是砖砌体代替木模板或钢模板支模的一种方法。主要应用于地下室基础梁、承台、集水井等侧模不易拆除的地方。但大规模砖胎模砌筑施工周期长，人工投入量大，影响工期客观因素较多，对工期及成本控制较困难。温岭京都御府、温岭尚品豪庭学府、温岭盛世学府项目中采用预制空心轻质墙板施工代替砖胎模施工工艺，大大地缩短了工期、节约成本，取得了良好的经济效益。现把在工程应用中的经验进行总结，以便使该工艺在建筑工程领域中得到更广泛的应用、推广。

2　工法特点

根据成品预制空心轻质墙板自身特点，替传统砖代胎模施工，达到缩短工期、节约成本的目的。

3　适用范围

本工法适用于建筑工程中胎模深度不大于 1.2m 的基础梁、承台、集水坑等地下室需做胎模的部位。

4　工艺原理

利用成品预制空心轻质墙板，根据胎模的尺寸，通过简单的切割、拼接处理完成地下室胎模施工作业。

5　工艺流程及操作要点

5.1　施工工艺流程

施工准备→承台、地梁垫层浇筑→测量放线→切割、拼装胎模→复核→阴角、拼缝修复→对撑、斜撑胎模→土方回填→底板垫层浇筑。

5.2　操作要点

（1）测量放线：在已浇筑完的承台、地梁垫层面上放出承台、地梁轮廓线，以控制承台、地梁尺寸及位置。

（2）切割、拼装预制板胎模：现场塔吊分别吊运至相应的承台、地梁位置，根据承台、地梁尺寸进行现场拼装，采用水泥砂浆和专用胶水混合均匀，然后进行板与板连接，在连接部位上外加一层防裂带即可。承台或地梁高度 ≤ 600mm 的，承台侧模一次性制作成型；承台高度 >600mm 的，则采用上下二块预制板承台侧模组装方式。对于两层叠加的承台侧模，在第一块承台侧模就位以后，再拼装上一层承台侧模，上下层之间水泥砂浆连接，并两侧外加一层防裂带（网格布）。

（3）复核：预制板胎模施工完毕后，及时进行标高、轴线、截面尺寸及胎模垂直度的复核。

（4）阴角、拼缝修复：轴线、标高、截面尺寸、垂直度复核无误后，进行阴角及拼缝位置砂浆修补，承台阴角位置水泥砂浆需抹成 50mm×50mm 圆弧倒角，以便于后续防水卷材的施工。

（5）对撑、斜撑胎模：水泥胶砂浆凝结达到强度后，承台内采用预制板块、木方进行对撑或斜撑至垫层外露桩头上面，防止承台侧面土方回填土侧压力导致承台偏位，造成偏位。承台四周土方回填完成后可进行对撑材料的拆除。

施工操作及过程如图1所示。

（a）现场拼切梁口　　　　　　　（b）筏板胎模安装砌筑后　　　　　　（c）集水井胎模安装及斜撑

（d）地梁内支撑　　　　　　　　　（e）地梁承台交接切口

（f）筏板处防水保护层浇筑完成后　　　（g）地下室部分防水保护层浇筑完成后

图1　施工操作及完工现场

6　材料设备

预制空心轻质墙板胎模施工所需的材料与设备见表1。

表 1　预制空心轻质墙板胎模施工材料与设备一览表

序号	材料或设备名称	型号规格	主要用途	单位	数量
1	预制空心轻质墙板	100mm 厚，600mm 高	原材	块	若干
2	水泥砂浆	M5.0	连接墙板	m³	若干
3	胶水	802	拌和水泥砂浆	袋	
4	切割机		切割板块	个	3
5	口罩		防尘	个	20
6	塔吊		吊运材料	台	1
7	抗裂纤维网		粉刷阴角及拼缝	卷	若干

7　质量控制

（1）预制空心轻质墙板胎模安装前，复核结构截面尺寸、标高。

（2）砌筑后应保证胎模的垂直度。

（3）注意土方回填的时间控制。

8　安全措施

（1）施工现场的临时用电、焊接作业应严格按照《施工现场临时用电安全技术规范》（JGJ 46—2005）规定执行。

（2）建立安全技术交底制度、检查制度等各项管理制度。

（3）现场安全员负责火源、电源的管理。用电接线必须由专职电工进行，不得私拉乱接。

（4）施工现场按照规定设立相应的安全标志，配置防火器具。

（5）现场各施工面安全防护设施齐全有效，个人防护用品使用正确，切割时必须带口罩。

（6）施工现场严禁吸烟，严禁酒后作业。

（7）落地灰和碎块应及时清理成堆，装车或装袋运输。

9　环保措施

（1）吊装作业应遵守《建筑施工场界环境噪声排放标准》（GB 12523—2011）的规定，尽量减少夜间施工噪声。

（2）现场施工道路及临时便道应畅通，不得有积水、泥泞。

（3）临时道路定时定期由专人洒水，防止尘土飞扬，污染周围环境。

10　效益分析

预制空心轻质墙板胎模可明显缩短地下室施工工期，减少管理费用，机器租赁使用费用等，降低工程成本。

10.1　经济效益

预制空心轻质墙板胎模	砖胎模（240mm 厚）
预制空心轻质墙板：60 元 /m²	砖胎模：1 × 128 块 × 0.38 元 =48.64 元
人工安装费：30 元 /m²	砌体人工：0.24 × 120 元 =28.8 元
辅材：2 元 /m²	砌体砂浆：0.23 × 0.12 × 360 元 =10 元 抹灰人工：1 × 10=10 元 抹灰砂浆：0.015 × 360 =5.4 元
总计：92 元 /m²	总计：102.84 元 /m²

10.2　工期方面

（1）预制空心轻质墙板可以随意切割，任意拼接，可以在施工难度大的地方使用，能加快生产进度。且具有较高的强度、刚度，不透水性及抗冻性，方便，快捷。

（2）预制胎模表面光滑，无须抹灰处理。传统砖胎模内侧均需粉刷处理，该工法节省了抹灰晾干所需时间，同时，也节约了大量劳动力，进一步缩短工期。

（3）使用预制胎模只需要 5～7 个工人连续安装就可以，大大解决用工难问题。如使用砖胎模，需要 25 个工人连续加班。

（4）使用预制胎模每天使用塔吊只需 1 个小时；而使用砖胎模，塔吊需要一整天进行砖块及砂浆调运。该工法使塔吊有足够的时间吊运泥土和进行回填工作。

（5）2 万平方米地下室使用预制胎模可以节约工期 1 个月。

10.3　社会效益

通过对该技术的运用，取得了很好的经济、安全效益，受到业主及当地主管部门的一致好评，同时也为企业树立了良好的形象。

10.4　节能环保效益

预制空心轻质墙板代替砖胎模可节约用砖量，节省砌筑、抹灰环节，要更比砖胎模更加环保，对环境污染小。

11　应用实例

（1）温岭城西街道 XQ070402 地块（京都御府）工程是由温岭市京都房地产开发有限公司投资开发，位于温岭城市新区核心区，九龙大道与中华北路交叉口的西南侧。建筑面积 108830.51m²，包括 6 幢 29～31 层高层及 2～3 层商业用房等，全场设置一层地下室，采用桩筏基础。

（2）温岭市 XQ080603 地块（尚品豪庭）工程是由温岭市京都房地产开发有限公司投资开发，位于位于温岭市城西街道渭川村，九龙大道南侧，横湖北路东侧。总建筑面积 51970.5m²，由 3 幢 30 层的高层住宅楼及 2 层的商业用房组成，地下室局部两层，采用桩筏基础。

（3）温岭市 TP110408 地块（盛世学府）是由温岭市锦绣京都置业有限公司投资开发的住宅小区，工程位于位于温岭市城西街道，横湖中路以南的规划地块。总用地面积 6727.40m²，地上建筑面积 16078.49m²，由 1 栋 16 层的住宅楼和 1 栋 7 层的住宅楼组成；项目下设地室 1 层，地下建筑面积 5076.05m²。16 层住宅楼为框架 - 剪力墙结构，7 住宅为框架结构；采用桩筏基础。

加气混凝土砌块切割施工工法

吴太旺　石　红　吴习文　吴雨霏　石小洲

湖南省第一工程有限公司

摘　要： 为解决加气混凝土砌块传统切割方法效率低、成品率低的问题，结合石材切割机与加气砌块切割机的各项优点，对市场上常用的加气砌块切割机进行改进，通过加装淋水除尘器、泥浆下料导罩及接料斗等装置，实现了提高砌块切割成品率，确保砌体工程灰缝施工质量，并有效降低切割粉尘等目标。

关键词： 加气混凝土砌块；切割；加气砌块切割机；灰缝

1　前言

随着加气混凝土砌块在建筑工程中普及应用，这类产品具有质量轻，力学性能好，保温隔热性能好等特点。施工中砌块切割质量的优劣是直接影响砌体灰缝质量一个重要因素。传统的切割方法有：手工锯切、刀片机械挤压切割、刀片液压挤压切割等。其中，手工锯切工作效率底，人为因素对质量影响较大。刀片机械挤压切割与刀片液压挤压切割均会在砌块断面上产生凹凸不平，砌块表面需要手工打磨，导致切割效率较底，成品率大约为70%左右。

为有效解决上述问题，我公司结合现场实际情况，参照石材切割机的工作原理。对加气混凝土砌块切割技术进行应用研究，设计改进了加气砌块切割机。通过永州市"两中心"一期（政务服务中心）项目及凤凰古城旅游保护设施建设设计、采购、施工（EPC）总承包项目的应用，形成了本工法。本工法所制作加气砌块切割机所有配件及材料均为市场上通用标准材料，材料及配件采购方便、加工简单、经济性、安全性均能满足要求，砌体工程质量易于保证，应用前景广泛。

2　工法特点

（1）本工法砌块切割机利用石材切割机的工作原理，进行了简化和轻量化设计。可在现场加工制造、方便易行，能充分满足砌体施工时的流动性与及时性。

（2）本工法采用砌块切割机的材料、零配件的通用性好，特定加工件少，利于推广应用。

（3）采用本工法切割工艺，具有切割成品率高，能降低人员作业强度，提高劳动效率，砌体工程质量易于保证等优点。

（4）本工法切割机在施工中可重复周转，多次使用，节能环保。

3　适用范围

主要适用于加气混凝土砌块切割施工。

4　工艺原理

本工法分别结合石材切割机与加气砌块切割机的各项优点，针对市场上可采购的加气砌块切割机进行改进，主要通过加装淋水除尘器、泥浆下料导罩及接料斗等装置，实现了提高砌块切割成品率，确保砌体工程灰缝施工质量，有效降低切割粉尘等目标。

5　工艺流程与操作要点

5.1　工艺流程

施工工艺流程：施工准备→砌块切割机制作、安装与调试→砌块切割→收尾。

5.2　施工工艺及操作要点

5.2.1　施工准备

（1）切割机制作前，应收集当地市场零配件及材料供应情况，为切割机制作提供参考依据。

（2）砌块切割前，应编制加气砌块切割专项方案，方案中需对市场材料及零配件的供应情况进行说明，并对参与制作过程的相关人员，例如电工、电焊工、机械工等相关人员的技术水平有明确的评定。

（3）根据专项方案布置，对参与切割机制作、操作的相关人员及进行安全、技术交底。

5.2.2　砌块切割机制作、安装与调试

砌块切割机制作安装顺序如下：

切割机架制作→定向轨道制作→泥浆下料导罩及接料斗制作安装→传动轴承及电机安装→导向滑轮制作安装→工作台板制作安装→台板上部防护罩制作安装→锯片安装→淋水除尘器→台板模具安装→电源、开关安装→调试运行。

（1）切割机架制作

①切割机架应采用方钢焊接成型，具体尺寸参考市场上可采购传统加气砌块切割机。制作切割机架如图 1 所示。

②移动方便轮及机架调平机构如图 2 所示。

图 1　切割机架　　　　　　　　　　　图 2　移动方便轮及机架调平机构

③切割机移动方式采用手推车形式，如图 3 所示。

（2）定向轨道制作

①定向导轨焊接时要采用对称式点焊，控制温度变形，防止轨道变形影响切割精度。

②两根定向导轨与架体连接需先采用 U 形金属螺栓进行固定，等待调试完成后再用电焊连接。

（3）泥浆下料导罩及接料斗制作安装

泥浆下料导罩及接料斗采用 2～3mm 铁皮焊接成型，泥浆下料导罩与切割机架焊接，接料斗可直接搁置于地面接料，如图 4 所示。

图 3　手推车方式移动　　　　　　　　图 4　泥浆下料导罩及接料斗

（4）传动轴承及电机安装

①传动轴承及电机安装须经专业人员安装调试。

②传动轴承与电动机采用螺栓与架体固定，固定时螺栓应加垫圈紧固。

③传动轴承、电动机在与传动带连接时，在电动机固定情况下，通过调整传动轴承安装位置调试传动带的松紧程度。同时要注意传动带安装的手法及张力，过小易打滑，过大易损坏传动带与轴承。

（5）导向滑轮制作安装

具体尺寸参考市场上可采购传统加气砌块切割机导向滑轮制作安装。参见图 5。

（6）工作台板制作安装

具体尺寸参考市场上可采购传统加气砌块切割机工作台板制作安装。

（7）台板上部防护罩制作安装

参考市场上可采购传统加气砌块切割机台板上部防护罩制作安装。

（8）锯片安装

参考市场上可采购传统加气砌块切割机锯片安装。

（9）淋水除尘器

①淋水除尘器采用（12V/2A）安全电压水泵供水。参见图 6。

②淋水除尘器应单独设置用电开关箱，严禁与电动机用电线路混用。

③淋水除尘器淋水头安装在锯片切割处上部淋水降尘。

图 5　导向滑轮　　　　　图 6　淋水除尘器

（10）台板模具安装

参考市场上可采购传统加气砌块切割机台板模具安装。

（11）电源、开关安装

①电动机电源及开关箱应按照 TN-S 系统设置，并做好切割机外壳保护接零。

②淋水除尘器电源需配置降压设备，单独配置移动开关箱。开关箱至切割机的距离应大于 2m 且小于 3m。

（12）调试运行

在正式切割前，应对安装后的切割机进行试运行，发现问题及时调整。确认砌块切割质量能达到要求，设备安全运行后，方可进行正式切割。

5.2.3　砌块切割

（1）砌块储存堆放应做到：场地平整，同品种、同规格分等级堆放。

（2）运料时，宜用专用机具，严禁摔、掷、翻斗卸货。

（3）切割前，先给锯片、电机传动轴承等部件加润滑油润滑。

（4）切割时，砌块要紧靠定位板，切割完毕及时关掉进刀。操作人员应佩戴好安全帽、防护口罩等劳保防护用品。

5.2.4　收尾

（1）每天加工后至少一次对导轨及轴承进行维护与检查。

（2）每天收工后要对机械进行卫生清理，以防砂粒、粉尘对机械产生磨损。

6　材料与设备

6.1　材料

加气混凝土砌块。

6.2　机具设备

（1）机械设备：砂浆搅拌机、垂直运输机械等。

（2）手工工具：瓦刀、铁锹、勾缝刀、灰板、筛子、手推车、砖笼、吊线坠、皮数杆等。

7　质量控制

7.1　遵守的法律法规与质量标准

遵守的有关标准、规范见表 1。

表 1　标准、规范表

序号	名称	编号及版本	备注
1	《建筑工程施工质量验收统一标准》	GB 50300	
2	《砌体工程施工质量验收规范》	GB 50203	
3	《砌体工程现场检测技术标准》	GB/T 50315	
4	《蒸压加气混凝土砌块》	GB/T 11968	

7.2　质量保证措施

（1）切割是加气混凝土砌块生产过程中最容易产生废品的工序。切割工序主要影响加气混凝土砌块的尺寸和外观质量。切割管理的关键在于控制切割时的强度。切割前需要有一定的标准判定静养的强度是否适合切割。

（2）对加气混凝土砌块的上墙含水率严格要求，一般宜小于 15%；同时规范要求对出釜后的蒸压粉煤灰加气混凝土砌块的静置期不宜少于 28d。

（3）加强现场管理，采取有效措施，保管好砌块材料，防止砌块雨淋日晒。严格按照规范的要求砌筑砌体墙。做好施工组织设计，有组织有次序地砌筑砌体墙。对大型工程，应做墙体施工的样板房。应加强对工人的培训，规范工人的操作，有效地保证施工质量。

8　安全措施

（1）严格遵照贯彻执行国家和行业现行有关安全技术规范、规程和标准。

（2）施工前，应编制专项安全方案，并按方案要求对参与施工的人员进行安全技术交底。

9　环保措施

（1）严格执行国家及地方政府颁发的有关环境的法律、法规、条文、条例、制度等。

（2）加强宣传教育，提高施工人员环保意识，加强环保管理力度，落实环保措施。

（3）加气块加工过程中定期清理垃圾并及时运出现场。

（4）砌体加工完成后机械要及时清理干净妥善保管，方便以后多次重复使用，达到节约材料与环保的目的。

10　效益分析

10.1　经济效益

（1）加气砌块切割机结构简单，制作方便，所有设备、部件均为市场标准件，采购方便、成本低。机械可重复多次使用。

（2）操作便捷，提高工作效率，人工费用可以降低 70%。

（3）本项目加气砌块及页岩砖约为 7 万 m³。见表 2。

表 2　经济效益分析表

序号	项目名称	传统工法	单价	本工法机械	效益（万元）
1	90° 切割	液压切割	0.5 元 / 个	0.01 元 / 个	3.43
2	45° 切割	手工切割	1.2 元 / 个	0.02 元 / 个	8.26
3	合计				11.69

10.2　社会和环保效益

（1）加气砌块机械切割机解决了项目砌体施工中灰缝控制难题，大大提高了加工过程中的成品率，节约了原材料，符合现行绿色、环保施工的社会需求。

（2）通过加气砌块切割机的应用改善了工人的劳动强度降低了劳动成本，提高了劳动效率，同时，确保了施工质量。

11　工程实例

11.1　永州市"两中心"一期（政务中心）项目

永州市"两中心"一期（政务中心），项目位于永州市滨江新城迎宾路与永州大道交会处东北角。总建筑面积 83555.54m²，该项目为框架结构，分为 3 栋单体工程，因项目质量目标为"芙蓉奖"。项目团队为将砌体施工的灰缝控制在 8 ～ 12mm 设计创造了该工法。与传统的手工切割和液压切割施工方法相比，节省材料和人工，降低了成本，得到了建设和监理单位的一致认可。

11.2　湖南城建职业技术学院土木教学大楼项目

湖南城建职业技术学院土木教学大楼项目采用钢筋混凝土框架结构，基础类型为人工挖孔灌注桩，部分基础为洛阳铲成桩。总用地面积约为 17244m²，其中主楼 8 层，建筑物总高 29.2m；附楼 6 层，建筑物总高 23.2m，裙楼 1 层，建筑物总高 8.25m。采用本工法进行砌块切割，与传统方法相比，工艺流程简单，操作方便，大大减少了劳动力和劳动强度，施工效率大幅提高。

大型十字柱截面直角偏差校正工法

王其良　李　芳　彭　维　杨玉宝　陈谨琳

湖南建工集团有限公司

摘　要： 为解决十字柱截面直角偏差问题，可在安装或出厂前采用胎架结合千斤顶火焰矫正的施工方法加以校正。其中，胎架必须与地面或附着物连接牢固；火焰加热温度控制在 600℃ 以内，此时钢板表面颜色为樱红色，在翼缘接头位置往上 1m 左右位置进行线状加热；加热顶正后需加钢性支撑或待矫正面冷却后拆除千斤顶，低合金钢严禁水冷。本工法中操作方便，能从各个角度对十字柱腹板与腹板直角偏差和翼缘与腹板的直角偏差进行校正。

关键词： 十字柱；直角偏差；校正；胎架；火焰

1　前言

十字形钢骨柱在超高层结构中应用越来越多，国内大多数超高层建筑物采用十字形劲性钢骨柱结构，如上海中心、长沙九龙仓等世界级超高层建筑。十字形劲性柱与钢筋混凝土组合的结构组合柱集中体现了两者的优点，即钢结构的速度及混凝土的刚度和可成型性，4 个翼缘需相邻垂直对称平行，而且中间腹板夹角也必须是 90°，只有这样才能保证柱对接错口尺寸满足要求，以保证柱轴力的传递不在接口处产生偏心弯矩。而日常施工中常常因为加工厂的措施不到位产生直角偏差，为保证施工质量，在安装或出厂前可采用胎架结合千斤顶火焰矫正的施工方法加以校正，通过工程实践，总结编制成本施工工法。

2　工法特点

（1）本工法中的十字柱校正直角偏差，操作方便，能从各个角度对十字柱腹板与腹板直角偏差和翼缘与腹板的直角偏差进行校正。

（2）采用机械式千斤顶对校正值控制灵活，操作上安全且方便，千斤顶支撑处要有相应的支架加强措施。

（3）板厚大于 40mm 的板材在校正前须采用火焰加热或电加热辅助，在被矫正部位冷却后撤除千斤顶。

（4）矫正之前宜先拆除节点以上 1 m 范围内翼缘之间的原有缀板约束。

3　适用范围

本工法适用于十字形劲性钢柱，由于加工过程未做好相关措施导致截面角度尺寸偏差超过规范允许值的构件矫正。

4　工艺原理

本工法主要是采用火焰加热后使矫正部位变软、晶粒间隙变大，用千斤顶和胎架的反力进行顶正，胎架必须与地面或附着物连接牢固才能达到效果。采用火焰辅助校正时，加热温度控制在 600 ~ 800℃，此时钢板表面颜色为樱红色，在翼缘接头位置往上 1m 左右位置进行线状加热。加热顶正后需加钢性支撑或待矫正面冷却后拆除千斤顶，低合金钢严禁水冷。

5　施工工艺流程及操作要点

5.1　施工工艺流程

校正胎架设计→校正胎架制作→校正胎架安装→十字柱翼缘的偏差测量→千斤顶及垫块安装→十字柱翼缘的校正。

5.2　工艺操作要点

5.2.1　校正胎架设计

校正胎架遵循简洁实用的原则，作为校正用的反力架首先要满足刚性要求，立柱底部与埋件采用焊接刚接，立柱相当于上部为自由端，无法抵抗千斤顶传来的支座反力，所以立柱外侧要设置斜向支撑，竖向对称立柱之间设置刚性连接，但基本不参与受力。进行胎架设计验算时只需验算立柱和斜撑的受力。计算方法如下：

（1）建立计算模型

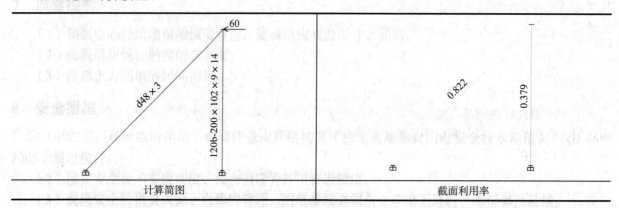

| 计算简图 | 截面利用率 |

（2）立柱计算：

层：Story 1	单元：C1 截面	ID：120b-200×102×9×14
测站位置：0mm	组合编号：DL+LL	长度：990mm
方向：柱	设计类型：柱	
γ_0：1	γ_{RE}：N/A	$\gamma_{RE}(S)$：N/A
抗震 MF：N/A	框剪 SMF：N/A	抗震等级：二级
轧制：否	焰切：否	
转换柱：否	忽略宽厚比：是	
A=44.9cm²	l_{33}=2913.4cm⁴	W_{33}=291.3cm³
z_{33}=339cm³	i_{33}=80.6cm	J=23.2cm⁴
l_{22}=249.1cm⁴	W_{22}=48.8cm³	z_{22}=76.9cm³
i_{22}=23.6mm		
E=206000MPa	RLLF=1	A_0/A=0.9
f_{yk}=235MPa	f_y=215MPa	f_v=125MPa

立柱拉弯构件和压弯构件设计见表 1～表 6。

表 1　应力检查 - 设计内力（普通组合）

组合	N（kN）	M33（kN·m）	M22（kN·m）	V2（kN）	V3（kN）
DL+LL	36.175	−21.1418	0	−23.5367	0

表 2　N-M33-M22 应力比（强度）GB 50017—（5.1.2）

总数比例	N 比例	M 主轴比例	M 次轴比例	比例限值	状态检查
0.379	0.042	0.338	0	1	通过

表 3　N-M33-M22 应力比（强度）GB 50017—JCJ 99 6.4.6

总数比例	N 比例	M 主轴比例	M 次轴比例	比例限值	状态检查
0.219	0	0.219	0	1	通过

表 4　稳定系数（GB 50017—附录 C）

项目	截面等级	λ_n 比例	α_1 系数	α_2 系数	α_3 系数	ϕ 系数
主轴	B	0.12	0.65	0.965	0.3	0.991
次轴	C	0.411	0.73	0.906	0.595	0.851

表 5　稳定系数（GB 50017—5.2.5）

项目	长度系数	有效长度系数	λ 系数	λ 限值	弯矩系数
主抗弯	1	1	11.167	300	1
次抗弯	1	1	38.192	300	1

表 6　塑性发展系数 γ、截面影响系数 η、整体稳定系数 φ_0（GB 50017—5.2.1、附录 B）

项目	γ	η	ϕ_0
主抗弯	1	1	1
次抗弯	1	1	1

（3）斜柱计算：

层：Story 1　　　　　单元：D1 截面　　　　　ID：d48×3

测站位置：0mm　　　　组合编号：DL+LL　　　　长度：1272.7mm

方向：支撑　　　　　　设计类型：支撑

γ_0：1　　　　　　　γ_{RE}：N/A　　　　　$\gamma_{RE}(S)$：N/A

抗震 MF：N/A　　　　　框剪 SMF：N/A　　　　　抗震等级：二级

轧制：否　　　　　　　焰切：否

转换柱：否　　　　　　忽略宽厚比：是

A=4.2cm²　　　　　　l_{33}=10.8cm⁴　　　　　W_{33}=4.5cm³

z_{33}=6.1cm³　　　　　i_{33}=15.9cm　　　　　J=21.6cm⁴

l_{22}=10.8cm⁴　　　　　W_{22}=4.5cm³　　　　　z_{22}=6.1cm³

i_{22}=15.9mm

E=206000MPa　　　　RLLF=1　　　　　　　A_0/A=0.9

f_{yk}=235MPa　　　　　f_y=215MPa　　　　　f_v=125MPa

斜柱拉弯构件和压弯构件设计见表 7～表 14。

表 7　应力检查 - 设计内力（普通组合）

组合	N（kN）	M33（kN·m）	M22（kN·m）	V2（kN）	V3（kN）
DL+LL	−51.6122	0.0078	0	−0.0409	0

表 8　N-M33-M22 应力比（强度）GB 50017—（5.1.1）

总数比例	N 比例	M 主轴比例	M 次轴比例	比例限值	状态检查
0.629	0.629	0	0	1	通过

表 9　N-M33-M22 应力比（稳定）GB 50017—JC J99 6.4.6

总数比例	N 比例	M 主轴比例	M 次轴比例	比例限值	状态检查
0.822	0.822	0	0	1	通过

表 10　稳定系数（GB 50017—附录 C）

项目	截面等级	λ_n 比例	α_1 系数	α_2 系数	α_3 系数	ϕ 系数
主轴	B	0.858	0.65	0.965	0.3	0.689
次轴	B	0.858	0.65	0.965	0.3	0.689

表 11　稳定系数（GB 50017—5.2.5）

项目	长度系数	有效长度系数	λ 系数	λ 限值	弯矩系数
主抗弯	1	1	79.816	200	1.505
次抗弯	1	1	79.816	200	1.505

表 12　塑性发展系数 γ、截面影响系数 η、整体稳定系数 φ_0（GB 50017—5.2.1、附录 B）

项目	γ	η	ϕ_0
主抗弯	1	1	1
次抗弯	1	1	1

表 13　抗剪设计 - 控制截面（主 4.1.2，次 4.1.2）

项目	V（kN）	T（MPa）	设计强度 f_V（MPa）	应力比	假想剪力
主抗弯	0.0409	0.19	125	0.002	否
次抗弯	0	0	125	0	否

表 14　端部反力轴向力（包络）

项目	端反应	荷载组合
左端	−51.6122	DL+LL
右端	−51.5828	DL+LL

5.2.2　校正胎架制作

校正胎架的制作一般在工地现场进行，先将安装场地进行硬化，并预埋钢制预埋件，预埋件宽度大于立柱截面 100mm，预埋件板厚宜大于 12mm。等混凝土达到 80% 强度后根据设计图纸在地面上进行投影放线，将型材根据图纸尺寸切割好后在地面上进行拼装，焊接完成后先不安装斜支撑，将立柱的垂直度以及两端胎架的底梁的水平度进行校正，保证垂直度偏差在 3mm 以内、水平度偏差在 5mm 以内，最后焊接斜支撑钢管。为保证胎架多次使用和外表美观，可将其进行防腐涂装，一般采用醇酸底漆和调和面漆，总厚度在 120μm 以上。做成后效果如图 1 所示。

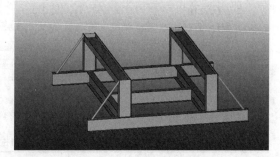

图 1　校正胎架制作

5.2.3　校正胎架的安装

校正胎架必须安装在预先设置的预埋件上，以免在顶正时胎架位移，下部混凝土厚度不低于 20cm，强度不低于 C30。安装时必须校正胎架的水平度，即两端底梁的水平高度偏差控制在 3mm 以内，可采用薄钢板垫在底部来进行调节，以保证校正达到预期效果。

5.2.4　十字柱翼缘偏差的测量

十字柱翼缘偏差采用直角钢尺与卷尺配合测量，先用卷尺测量每两个相邻翼缘边的距离，再用直角钢尺紧靠柱头翼腹板的直角，将角尺的直角边紧靠腹板，另一边贴住翼缘用钢直尺测量偏差尺寸。

5.2.5　千斤顶及垫块的安装

千斤顶安装前要检查千斤顶的完整性及顶头的平整，安装时尽量要将扳手位置朝外利于操作，必须将两端与钢板贴紧，如有间隙采用薄钢板垫紧，方钢及工字钢垫块必须在两端焊接端板，安装时受力方向必须是轴心方向，避免变形，垫块安装完成后应与构件和胎架电焊固定，避免在校正过程中跌落。

5.2.6　十字柱翼缘的校正

根据测量的偏差值，将需要校正的十字柱安放在胎架上，一边用方管或 H 型钢顶紧，另外一边安装千斤顶，十字柱下部与胎架横梁卡紧，如图 2 所示。

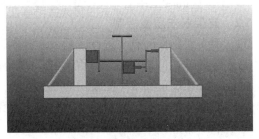

图 2　十字柱翼缘的校正

在校正的十字柱翼缘内侧放一把直角尺，用于控制翼缘的校正尺寸，以免过校。注意要先校正十字柱中心直角偏差，再校正翼缘偏差，校正过程中板厚大于 20mm 的需采用火焰烘烤配合，烘烤温度不宜过高在 600℃ 左右为宜，钢材表面颜色为樱红色，用同样的方法依次校正偏差超差的翼缘。要将翼缘扭曲偏差值控制在表 15 所示的扭曲偏差值范围内，同时考虑钢柱安装时的错口偏差值为 3mm，所以在制作偏差的基础上还要减少 2mm，控制在 ±3mm 以内。

表 15　焊接 H 型钢的允许偏差　　　　　　　　　mm

项目		允许偏差	图例
截面高度 h	$h<500$	±2.0	
	$500<h<1000$	±3.0	
	$h>1000$	±4.0	
截面宽度 b		±3.0	
腹板中心偏移		2.0	
翼缘板垂直度 △		$b/100$，且不应大于 3.0	
弯曲矢高（受压构件除外）		$L/1000$，且不应大于 10.0	
扭曲		$b/250$，且不应大于 5.0	
腹板局部平面度 f	$t<14$	3.0	
	$t \geqslant 14$	2.0	

6　材料与设备

本工法用到的材料与设备见表 16。

表 16　材料与设备

序号	材料与设备名称	单位	数量	备注
1	20 号工字钢	m	30	胎架立柱与底梁
2	脚手架管	m	5	胎架两侧斜撑
3	150mm 方管	m	1	垫块用，厚度 8mm
4	20t 千斤顶	台	3	校正用
5	1 号焊炬	套	2	加热用
6	红外线测温仪	台	1	测温用
7	电加热板	套	2	加热用

7 质量控制措施

7.1 质量控制依据以下规范

《钢结构工程质量验收统一规范》(GB 50205—2001);

《型钢混凝土组合结构技术规程》(JGJ 138—2001)。

7.2 支架制作质量控制

钢支架制作时首先进行下料尺寸控制,两边立柱的高度及各相关尺寸如图 3 所示。

各杆件之间的焊接采用角焊缝,焊角高度不小于 8mm,焊接时注意杆件的变形,支架制作完成后进行尺寸校正和水平度校正。

如钢柱牛腿上的牛腿妨碍钢柱放入支架,则要将支架进行加高,同样将立柱延长后在底部加一根工字钢做横梁,如图 4 所示。

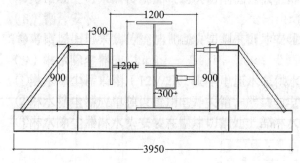

图 3　支架下料尺寸控制示意图

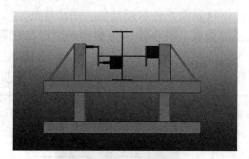

图 4　增加工字钢梁示意图

7.3 钢柱校正过程的质量控制

(1)钢柱安放于胎架上必须水平,测量钢柱两端的水平度,偏差控制在 5mm 以内。务必使钢柱水平放置,否则无法正确测量和校正翼缘偏差。

(2)钢柱翼缘校正时放置一把直角钢尺在翼缘内侧,随时测量校正尺寸,避免过校,加热校正时注意不能将钢板用水冷或油冷,必须自然冷却。

(3)钢柱校正时,各支撑点及千斤顶安装位置均顶紧,以保证校正效果。

8 安全及环保措施

(1)校正胎架必须放置在水平经硬化过的地面上,且跟地面有相应的可靠固定。

(2)校正时翼缘及卡具、垫块、千斤顶必须互相顶紧接触,避免校正过程中弹出伤人。

(3)采用火焰加热辅助的需注意防火,气瓶间距保持 5m 以上,气瓶与用火点之间的距离保持10m 以上,且旁边无可燃物堆放。

(4)采用电加热的,需将电热板可靠固定在翼缘上,将支架进行有效接地,加热设备必须采用专用电闸,不能与其他设备混用,并随时测温。

(5)有加热或者火焰加热的工况时要在用火点附近放置灭火器并派专人看火。

(6)校正过程中产生的废渣要及时清扫归堆,按环保要求处理,加热前先清理钢板表面的油污,以免加热后产生有污染的废气。

9 效益分析

本工法主要应用于高层及超高建筑十字劲性钢柱的翼缘偏差校正。钢柱翼缘偏差产生上下错口,导致传力在错口处出现额外偏心扭矩,影响钢柱的受力性能,采用本工法校正后使钢柱翼缘传力保证直线轴力;如果将钢柱吊装上去之后再进行校正将产生大量的人力和材料成本,吊装完成后校正一个钢柱的翼缘偏差比较困难,如果板较厚根本无法校正,而且反力架的成本更高,采用本工法后可以节约人力成本 50% 以上;一般每根十字柱在安装后校正的人工费在 500 元左右,在下面支架上校正的人工费在 200 元左右，支架可以反复利用，如过程中有变形只需校直，节约了反力架成本，减少了打磨的成本，整体核算后该工法比安装后校正的方法可节约成本近 60%。在节约经济成本的同时减少了材料的使用，加快了施工进度并且保证了施工质量。在社会效益方面节约了能源，减少了二氧化碳的排放以及环境污染，改善了生态环境。

10　应用实例

长沙万博汇三期名邸工程 12 层以下采用十字劲性柱，钢柱截面尺寸为 1600mm×1600mm×28mm×32mm，翼缘板厚为 32mm\30mm，由于加工厂制作过程中主焊缝焊接时未将焊接变形控制到位，导致翼缘最大偏差 20mm，现场采用本工法进行校正。主要施工过程如图 5～图 9 所示。

图 5　胎架成型照片

图 6　钢柱放置照片

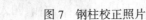

图 7　钢柱校正照片

图 8　火焰校正辅助

图 9　偏差测量

变截面连续箱梁悬臂浇筑施工工法

朱清水　何登前　周　超　李六九　汤春香

湖南省第二工程有限公司

摘　要： 本工法提出了一种依靠挂篮的移动逐段悬浇完成桥梁施工的方法。待墩身和 0 号梁段施工完成后，在 0 号梁段上将三角斜拉式挂篮的主桁架、行走及锚固系统、吊带系统、底篮系统、模板系统拼装好，形成一个可沿轨道行走的活动模架和施工操作平台，并悬臂挂在已完成悬臂浇筑施工的梁段上，用以进行下一段悬臂梁施工，如此循环直至梁段合拢。适用于预应力混凝土变截面连续梁桥、连续刚构桥、T 形刚构桥悬臂浇筑施工，尤其是对跨越江河、既有线的桥梁，更体现出本工法的优越性。

关键词： 三角斜拉式挂篮；悬臂浇筑；变截面连续梁；预应力混凝土

1　前言

预应力混凝土变截面连续梁桥开始于 1950 年，距今已过 60 余年，目前世界最大跨径达 330m，跨越性能力和经济比突出，适合各种跨既有公路和铁路、峡谷、河流的工程。施工无须搭设支架、不中断既有线交通，这种依靠挂篮的移动逐段悬浇完成桥梁的施工方法具有广泛的适用性。我公司承建施工的 G354 冷新公路（新化段）陈家拢大桥全长 877.15m，主跨上跨资江，地形、通航、水文、地质等综合因素复杂，为跨越溶沟槽，设计采用增大跨径跨越溶沟槽的桥跨布置，采取 71m+125m+125m+71m 现浇变截面连续梁，施工采用了三角斜拉式挂篮悬臂浇筑法施工，成功解决了施工中的难题，现通过总结应用的经验形成了此工法。

2　工法特点

（1）梁体采用挂篮施工，无须搭设支架，既不影响桥下既有线交通，又可同步进行桥梁施工。

（2）三角斜拉式挂篮结构轻便，易于在梁面行走，刚度大，变形小，底模调整方便，能适用不同梁高。

（3）施工场地相对集中，管理方便，对周边环境影响较小。

（4）梁体逐节段施工，作业程序相对固定，工人容易上手，有利于施工质量的控制，特别是对桥梁标高及线形的控制。

3　适用范围

适用于公路、铁路预应力混凝土变截面连续梁桥、连续刚构桥、T 形刚构桥悬臂浇筑施工，尤其是对跨越江河、既有线的桥梁，更体现本工法的优越性。

4　工艺原理

变截面连续箱梁悬臂浇筑施工工法是待墩身和 0 号梁段施工完成后，在 0 号梁段上将三角斜拉式挂篮的主桁架、行走及锚固系统、吊带系统、底篮系统、模板系统拼装好，形成一个可沿轨道行走的活动模架和施工操作平台，并悬臂挂在已完成悬臂浇筑施工的梁段上，用以进行下一段悬臂梁施工，如此循环直至梁段合拢。

5　施工工艺流程及操作要点

5.1　工艺流程

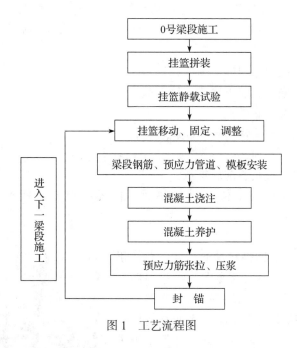

图1　工艺流程图

5.2　操作要点

5.2.1　0号梁段施工

对于0号、1号梁段挂篮没有支撑点或支撑长度不够，需采用扇形托架浇筑。托架除需满足承重强度要求外，还需具有一定的刚度。

对于连续箱梁，梁与墩未固结在一起，施工时，两侧悬浇施工难以保持绝对平衡，必须在施工中采取临时固结措施，使梁具有抗弯能力。临时固结一般采用在支座两侧临时加预应力筋，梁和墩顶之间浇筑临时混凝土垫块（图2）。

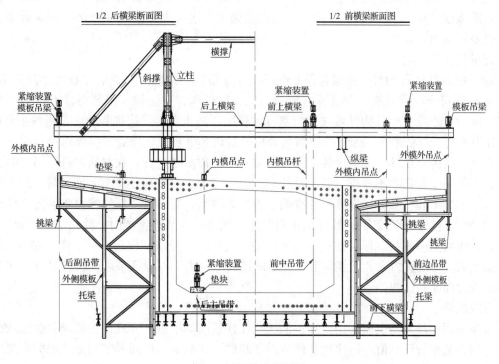

图2　挂篮构造断面图

5.2.2　挂篮悬浇施工

（1）挂篮结构

本连续梁悬臂浇筑采用三角挂篮施工，挂篮总重约 60t，包括三角架、走道梁、前后上横梁、前后下横梁、吊挂系统（前、后主吊带、后副吊带、外模吊杆）及相应的锚固、紧缩装置和底平台等。主要构造组成：

三角架：立柱、拉板、横撑、斜撑、纵梁；

横梁：前上横梁、后上横梁、前下横梁、后下横梁；

底篮：底平台纵梁、横梁、底模；

吊挂：前吊带、后主吊带、后幅吊带、收放装置；

走行：走道梁及锚固、千斤顶；

支点锚固：锚梁、锚筋、垫块、前后支点；

模板系统：外模（钢）、内模（木）、外模挑梁、内模托梁、模板吊梁、外模吊点、内模吊点（4）。

（2）挂篮拼装

0 号、1 号梁段施工完成后即进行挂篮拼装。总体拼装顺序为：走道梁锚固与调平→前后支点→纵梁→后上横梁→后锚系统→立柱组件→三角拉板→前上横梁→前吊带→后吊带→底篮和前后下横梁安装→底篮与前后吊带吊挂→外模系统→内模系统，最后对整个挂篮系统进行调整（图 3）。

图 3　挂篮拼装

①挂篮安装允许误差

走道梁：桥轴线两侧走道梁位置允许偏差≤ ±3mm；顺直度，每 2m 侧向弯曲≤ ±2mm；滑动面应光洁，无锈碴、焊碴，接缝圆顺，每 2m 不平整度≤ ±2mm，接缝高差≤ ±1mm。

前后支点：顺桥向与设计位置偏差≤ 20mm；两主梁前支点顺桥向位置相差≤ ±10mm；桥轴线至两侧前支点距离误差≤ ±5mm；支点中心线与滑道梁中心线对中误差≤ ±2mm。底平台中心线与梁体中心线误差≤ ±10mm。

②挂篮拼装注意事项

拼装前，应对挂篮各构件（或组合件）进行尺寸、型号、缺陷（主要是焊缝尺寸及其饱满度等）检查验收，是否符合设计要求；发现不合格者，应及时处理；在运输、吊装时，不得损伤构件，特别是吊带、前后支点及主梁等构件堆放时应整齐、稳固，防止变形。按拼装顺序，将各主要构件（或组合件）分类堆码，以备吊装；作业前应对吊装机械及机具进行安全检查；在操作过程中，地上、空中应有专人进行指挥及指导。挂篮拼装应保持两端基本对称同时进行。在对构件进行吊装时，吊点应稳固可靠，构件不受损伤、不变形。各构件拼装位置应准确，螺栓应 100% 上足上紧，并不得随意扩孔，连接销子安装牢固、有效，焊缝尺寸准确、饱满无缺陷。安装 ϕ32 精轧螺纹钢筋等冷拉件时，应先进行绝缘处理（包缠绝缘胶布），螺母均采用双螺帽锚固；安装连接器时，除检查螺纹长度、直径、螺纹质量外，螺纹上应画线以保证连接器与螺纹的连接长度。挂篮就位后，后下横梁锚点（即后主吊带主其紧缩装置）其预紧力应大于浇筑混凝土后的锚固点拉力，以保证节段间接缝平顺，同时，达到检查锚固点受力强度的目的。

（3）荷载试验

荷载试验采用在挂篮前上横梁用千斤顶加压或在挂篮前端吊重的方式，按要求分级加载，并监测结构变形，测得数据与计算值进行比较，然后逐渐卸载，并测量结构回弹变形量，根据实测变形值确定挂篮底模的预拱度。

本次挂篮荷载试验拟采用在挂蓝的前端吊重的方式进行。首先采用最重的 2 号箱梁质量（150t）作为压重荷载的重量标准。在正对挂篮前下横梁的地面上组拼重物平台，上面堆放钢筋，其重量按照满载重量的 1.2 倍堆放（约 90t），重物通过钢丝绳吊于挂篮的前下横梁上，然后在挂篮前上横梁的主吊带位置处设置千斤顶，通过千斤顶分级加载和卸载来实现挂篮的压重试验。

根据各级荷载作用下挂篮产生的挠度，绘出挂篮荷载的挠度曲线，为悬臂施工的线性控制提供可靠的依据。根据最大荷载作用下挂篮控制杆件的内力，可以计算挂篮的实际承载能力，了解挂篮使用中的实际安全系数，确保安全可靠。

（4）挂篮前移

挂篮前移在梁体纵向预应力钢束张拉完成后进行，挂篮前移操作步骤如下：

铺设垫梁及走道梁→释放底模前中吊带及后主吊带，释放后副吊带，使底模与梁体分离→解除后锚系统→同步启动两侧长行程千斤顶使挂篮前移。挂篮走行注意事项：①挂篮走道安放位置要准确，接头处要平齐无台阶，走道与竖向筋锚固；②挂篮前移利用其所配备的千斤顶顶推，两侧要保持同步，两悬臂挂篮要对称前移，走行过程中要注意挂篮中线及走道方向的观测，发现偏位后及时纠正，确保挂篮到位时偏移值不超过规范要求；③挂篮走行前，前后支点与滑道接触处均应涂抹黄油以减小摩阻力；④遇有 6 级以上大风天气时，不得进行挂篮的走行作业，应采取措施确保挂篮安全；⑤移动挂篮时避免损伤精轧螺纹粗钢筋，避免碰撞、弯折粗钢筋；⑥挂篮移动过程中用倒链拉住挂篮尾部，防止挂篮溜滑。

（5）挂篮悬臂浇筑施工

①检查挂篮中线是否正确，并将底模标高初调到位，检查外侧模与已浇梁段是否夹紧；

②绑扎底板及腹板构造钢筋并安放预应力管道；

③将底模上杂物清理干净，安装调整内模；

④根据监控数据调整底模标高，绑扎顶板钢筋，安放预应力管道；

⑤顶板及腹板预留孔洞，以便混凝土浇筑；

⑥将各模板拼缝及模板与已浇梁段接缝堵塞严实；

⑦对称灌注混凝土，并测量标高值；

⑧养护、脱内外模；

⑨预应力张拉、压浆；

⑩挂篮行走至下一节段，循环进行前述操作。

5.2.3　主梁线形控制

（1）施工前，应对设计图提供的各节段控制高程进行复核；

（2）悬浇线形控制，应综合考虑悬臂长度与重量、挂篮重量等施工荷载，预加应力、温度及施工调整等因素；

（3）梁段悬浇时，中线里程应勤测量、勤复核，对预施应力前后及温度影响应及早找到变化规律并加以修正；

（4）测量放样时，应注意对同孔同节段的高程、中线偏位及里程保持一致，以确保顺利合拢。

5.2.4　合拢段施工和体系转换

按设计和规范要求进行合拢段施工。体系转换时，依次张拉预应力筋，适时解除临时固结，使梁体转换成连续状态（图 4）。

6　材料与设备

（1）加强机械设备的维修保养，做好定期检查，并记录。做好各种材料的质量记录和资料的整理与保

图 4　解除临时支座

存工作，做到各种证明、合格证、验收、试验单据齐全，确保其可追溯和完整性。

（2）连续梁挂篮施工主要设备见表1。

表1　挂篮施工主要设备

序号	设备名称	数量	备注
1	发电机	1台	备用供电
2	钢筋切断机	2台	钢筋
3	钢筋弯曲机	4台	钢筋
4	电焊机	10台	钢筋
5	汽车吊	2台	起吊
6	挂篮	3套	连续梁
7	卷扬机	3台	连续梁
8	张拉千斤顶	6台	张拉
9	穿索机	3台	穿索
10	压浆机	3台	压浆

7　质量控制

（1）施工质量符合《公路与桥梁施工技术规范》（JTG/T F50—2011）、《公路工程质量检验评定标准》（JTG F80/1—2012）。

（2）挂篮悬臂浇筑施工，应随时保证悬臂平衡。

（3）相邻梁段混凝土，应严格控制相邻两次混凝土浇筑的龄期差在任何情况下不得大于20d，新旧混凝土的结合面应彻底清除浮浆，凿毛洗净。

（4）为保证线形控制良好，必须成立专门的监控小组，加强监测每个梁段施工中的挠度变化。每节段施工后，整理出挠度曲线进行分析，及时调整施工中发生的偏差值，准确地控制线形。

8　安全措施

8.1　安全标准

本工法除严格遵循以下标准、规范和规程外，还要执行项目所在地行政主管部门和相关行业的文件及要求：

（1）《建筑施工安全检查标准》（JGJ 59）；

（2）《建筑施工高处作业安全技术规范》（JGJ 80）。

8.2　安全控制措施

8.2.1　挂篮走行状况下的安全技术措施

（1）走道梁安装位置应严格按施工图办理，其间连接牢靠，并与竖向筋锚固，锚点间距不得大于1.2m，走道梁连接处必须锚固，接头处要平齐无台阶，走道梁上应涂抹黄油，以减小挂篮移动时的摩阻力。

（2）由于箱梁顶面有3%的横坡，必须用水泥砂浆将走道梁范围桥面找平（上下游两侧走道梁顶面标高高差不大于3mm），并在找平层上画出走道梁的位置，便于挂篮走行时的控制。

（3）挂篮移动前，应具体检查以下内容：

①底平台、外模是否与混凝土面间有5cm以上的间隙；

②外模固定是否牢靠，支承、悬吊系统是否稳定，受力是否均匀；

③后锚固点、后吊带等障碍物是否均已拆除，确保挂篮走行无障碍。

（4）挂篮移动过程中，两前支点不同步应小于 3cm，主梁与底平台不同步应小于 5cm；两悬臂端不同步距离相差不超过 0.5m，移动应从偏轻的一端开始。

（5）挂篮移动过程中，密切注意前方是否有障碍物，并注意观察挂篮各部分的变形、模板支撑等情况。

（6）挂篮走行过程中，根据需要，利用拉杆或钢筋等将前后支点临时连接，以确保走行刚度。

（7）挂篮前移时，其前端伸臂上严禁站人和堆放机具材料。

（8）挂篮前移以及在混凝土灌注时，除后锚装置外，尚应有其他可靠的保险措施，以保证挂篮纵向整体倾覆稳定性。前移就位后，应尽快安装各锚固装置。

（9）当风力大于 6 级时，不应进行挂篮移动作业。

8.2.2　挂篮灌注状况下的安全技术措施

（1）挂篮前移到位后，将后锚梁锚固好，用千斤顶将前支点顶起，用钢垫块将前支点与走道梁之间抄垫牢固，落顶使前支点处于良好的受力状态；后支点应利用后锚固装置，使其与走道梁之间脱空不受上拔力，各吊带限位座底下必须用钢垫板抄垫并楔紧。

（2）混凝土灌注前，应对新老混凝土交接处进行重点检查，尽量密贴，以免漏浆或出现错台。

（3）混凝土浇筑过程中，应重点检查挂篮前支点、后锚点、各吊带锚固点的受力情况；派专人检查模板，并对挂篮沉降进行观测，以便发现与设计不符时利用各紧缩装置及时进行调整。

（4）对挂篮上的 $\phi32$ 精轧螺纹钢筋吊杆，除采用双螺帽锚固外，还应对螺杆进行绝缘处理，避免电弧灼伤；同时，锚固点或吊带处采用油漆等做明显标记，便于检查。

（5）悬臂浇筑施工两端平衡重控制和监测是主梁悬臂浇筑施工中的重要环节，采取的措施具体有以下几点：

①严格控制施工荷载并及时清点；

②当悬臂两端挂篮、支架、模板等结构采用不同构造形式时，或采用旧料代用时，对其重量需进行复核；

③混凝土灌注过程中，悬臂两端混凝土应严格计量，控制 T 构两侧质量偏差不超过 10t（当底板混凝土因灌注腹板混凝土过程中翻浆而变厚时，必须铲除并提到顶板或腹板使用），大雨、6 级及 6 级以上大风天气不应进行混凝土灌注工作。

④拆除模板、支架时，不得采用吊机等外力强行拆除，应采用导链、千斤顶以内力作用方式拆除。

⑤悬臂浇筑完毕，悬臂两端挂篮应同步拆除，相差不超过 5t，并从偏重的一端开始。

⑥施工过程中，应加强不平衡重的监测，宜在 0 号梁段上翼板侧面上布置观测点，根据观测点的位移推算不平衡弯距，必要时，应测试钢筋或混凝土的应力，推算不平衡弯矩。

9　环保措施

（1）严格按国家和地方政府有关规定及设计要求做好环保、水土保持工作。开工前详细探测地下管线，做到管线先迁移后施工，确保地下管线安全。

（2）严格按照本项目《环境影响报告书》的设计要求进行施工。

（3）加强对现场施工人员的环境与文明施工的宣传和教育，提高全员环保意识，增强法制观念。

（4）维护自然生态平衡的措施：保护当地自然植被，采取措施使地表植被的损失减少到最低。

（5）合理规划施工用地，尽量控制或减少对土地资源不必要的破坏。

（6）竣工时按要求拆除施工临时设施，按环保要求做好恢复工作。

10　效益分析

10.1　经济效益

挂篮悬臂浇筑施工工法无须搭设支架，施工简便，较传统支架施工可大大缩短施工工期，节约了工程成本，经济效果较好。

10.2　社会和环保效益

挂篮悬臂浇筑施工工法较传统支架施工质量、安全更有保障，且不影响桥下既有交通；同时挂篮是在厂家标准化加工，现场安装，可以重复周转使用；满足低碳环保要求，社会综合效益和环保效益突出。

11　工程实例

（1）冷新公路（新化段）陈家陇大桥 71m+125m+125m+71m 现浇变截面连续梁，梁体为单箱单室、变高度、变截面结构，箱梁顶宽 16.4m、底宽 8.5m。此桥变截面连续梁均采用三角挂篮悬臂浇筑施工，实施效果良好。

（2）冷新公路（涟源段）胡家坝大桥工程为 60m+100m+60m 连续梁，梁体为单箱单室、变高度、变截面结构，箱梁顶宽 13.4m，底宽 6.7m。此桥变截面连续梁均采用三角挂篮悬臂浇筑施工，实施效果良好。

公路小型预制构件预制施工工法

朱清水　李六九　周　超　王依寒　汤春香

湖南省第二工程有限公司

摘　要： 传统公路路基边坡防护、桥头锥坡、水沟、路肩防护等多采用浆砌片石砌筑，不美观、质量难以保证。本工法提出了一种公路小型预制构件施工方法，首先，将路基边坡防护、桥头锥坡、水沟、路肩防护等砌体设计为便于预制、运输、安装的小型预制件；其次，根据图纸批量生产塑料模具；然后，通过室内试配及室外试验得出便于浇筑、拆模的混凝土配合比；最后，通过塑料模具清洗、混凝土入模、振动台振捣成型、养护、拆模等工序，生产出质量稳定、外表美观的小型构件。施工工艺简单，作业程序固定，生产效率高，临建设施简单，投入小。

关键词： 小型预制构件；塑料模具；配合比；外表美观

1　前言

　　传统的公路路基边坡防护、桥头锥坡、水沟、路肩防护等大多使用浆砌片石砌筑，存在质量控制难度大、不美观、不利环保等诸多缺点。娄底大道（G354）涟源城区段改造项目采取了路基防护、排水工程采用集中预制、现场安装的方案，使得防护工程施工实现标准化，并在小型构件预制施工中精雕细琢、精益求精，使小型构件预制水平上了一个新台阶。

　　为积累施工经验，指导类似工程施工，在总结施工经验的基础上形成本工法。

2　工法特点

　　（1）工厂化生产，施工作业规范化、程序化、标准化，便于管理和质量控制。

　　（2）通过优化配合比设计及用定型塑料模具，构件的尺寸容易保证，混凝土的外观质量好。

　　（3）施工工艺简单，作业程序固定，工人容易上手，生产效率高。临建设施简单，投入小。

　　（4）现场施工过程中没有用完的混凝土料在满足相关技术要求的前提下，也可以用于小型构件的预制，有利于充分利用材料。

3　适用范围

　　适用于公路无配筋或少筋小型构件预制，还适用于河堤铁路工程小型构件预制，尤其是小型构件类型少、数量大的工程。

4　工艺原理

　　将路基边坡防护、桥头锥坡、水沟、路肩防护等砌体设计为便于预制、运输、安装的小型预制件；根据图纸设计的尺寸委托塑料模具加工厂进行胎模"造型"，然后批量生产塑料模具（原料为聚丙乙烯、ABS）；通过室内试配及室外试验得出便于浇筑、拆模的混凝土配合比，再通过塑料模具清洗、混凝土入模、振动台振捣成型、养生、拆模等工序，生产的预制构件质量有较大的提高。

5　施工工艺流程及控制要点

5.1　施工工艺流程

　　施工准备→模具清洗→混凝土入模→振动台振捣→运至养护场地→养护→脱模→继续养护→包装→成品存放。

5.2　操作要点

5.2.1　施工准备

（1）场地建设：根据生产规模，并综合考虑现场地形、拌和站以及交通条件，选择合适的场地；场地选择好后按照标准化工地进行建设，划分展示区、盐酸存放区、清洗区、生产区、养护区及存放区等区域；场地内全部采用素混凝土硬化；配置好施工用电、用水等设施，并做好养护区养护系统；场地四周进行围挡，围墙高度 2m。

①展示区：按照设计的小型预制构件模型，制作展示平台。

②清洗区：分盐酸清洗桶（直径 80cm、高 1m）、2 座清水清洗池（3m×2.4m×0.6m）、洗衣粉清洗桶（直径 80cm、高 1m）。

③生产区：根据生产规模布置振动台，振动台采用 2.5kW 的电动机，外形尺寸为：200cm×150cm，高 60cm。振动台加工如图 2 所示。

厚 8mm 钢板
2.5kW 电机
弹簧
支撑系统

说明：①弹簧：采用 φ8 钢筋自制，其内径为 5cm，7 圈，高 10cm；
　　　②支撑系统：采用 ∠ 50mm×50mm×3mm 角钢制作

图 2　加工成型的振动台

④小平板车：采用角钢、小钢轮及钢板自行制作，尺寸为 2.4m×0.7m×0.6m。

（2）模具准备：依据设计数量及型号，结合施工周期，向模具制作厂家提供模具尺寸、模具数量、明确周转次数、采用的材料（原料为聚丙乙烯、ABS），确保制作的模具具有足够的强度、刚度和稳定性。模具进场后生产前对模板逐块进行检查。

（3）混凝土配合比设计及优化

①原材料选择

水泥采用强度等级为 PO42.5 级水泥。

细骨料采用细度模数为 2.3 ～ 2.8 之间的 II 区中砂，含泥量不宜超过 2%，其他性能符合国家标准。

粗骨料采用 4.75 ～ 16mm 的碎石，石料强度等级大于或等于 3 级，压碎值小于 20%，含泥量小于 0.5%。

外掺料采用 F 类 I 级粉煤灰，各项性能指标均满足国家标准。

外加剂采用的是聚羧酸高效减水剂。

②配合比设计及优化

小型预制构件设计强度为 C25，要求坍落度为 30 ～ 50mm，根据上述材料，依据规范要求进行混凝土配合比设计，按照设计配合比在室内进行拌和，检查其工作性能，在工作性能满足的情况下，进行工艺试验，查看生产的小型预制块是否满足要求。

5.2.2　模具清洗

（1）新进场模具：第一次使用首先在洗衣粉水中清洗一遍，然后晾干；

（2）使用过的模具：拆模后先放在 30% 稀释盐酸水中浸泡一下（约 8 ～ 10s），再在清水池中清洗干净，最后在洗衣粉水中清洗一遍，然后晾干。

5.2.3　混凝土拌和、运输

（1）施工配合比称量准确（各类材料的允许偏差应控制在以下范围：水泥 ±1%，粗、细骨料

±2%，水 ±1%，粉煤灰 ±1%，外加剂 ±1%），对骨料的含水率经常进行检测，雨天施工增加检测次数，据以调整骨料和水的用量。每一工作班正式称量拌和前，应对计量设备进行重点校核，确保拌和计量系统在允许偏差范围之内。

（2）混凝土拌制时间：每盘混凝土的拌和时间控制在 2min 左右。混凝土拌和均匀，颜色一致，不得有离析和泌水现象。现场试验人员应对混凝土的坍落度等各项指标进行取样检测。

（3）混凝土采用自卸车运输。混凝土从拌和站运到现场，倒在预先做好的混凝土堆放槽内，下铺3mm 厚的钢板，保证混凝土不受污染。

5.2.4　混凝土施工

（1）将干净的模具放在振动台上，人工用铁锹铲混凝土入模，装满后开启振动台振捣，边振捣边人工补料，在振动台上安装时间继电器来控制振捣时间，为了保证混凝土表面光滑、无气泡，严格掌握振捣时间（大约 1min）。

（2）人工将振捣好的预制件搬离振动平台，用小平板车运至养护区，放置在半成品堆放区，用木抹收面，进行成型养护。

5.2.5　混凝土养护

养护区从一端埋设主水管，每 2m 设置一个活接头，在养护区使用专用软管，软管上钻孔。小构件运至养护区后用养护布进行覆盖，2 ~ 3h 后进行养护，养护采用自动喷淋设施，并派专人负责，养护时间不低于 7d，冬期施工采用覆盖保温养护。

5.2.6　脱模

（1）根据气温要求，成型后 1 ~ 3d 或混凝土强度达 10MPa 可进行拆模。

（2）采用专用的脱模架，轻搬轻放，防止发生碰撞出现缺棱掉角等现象。

5.2.7　包装、搬运及存放

（1）预制好的小型预制构件按照批次，经检验合格后，按不同型号进行包装。

（2）采用叉车搬运包装好的预制件，按不同型号、不同尺寸进行不同的存放，存放高度不宜超过1.5m。

6　材料与设备

材料及设备情况见表 1、表 2。

表 1　材料情况表

序号	材料名称	材料规格	备注
1	水泥	P.O42.5	
2	粗骨料	4.75 ~ 16mm 碎石	
3	细骨料	中砂	
4	粉煤灰	I 级粉煤灰	
5	外掺剂	高效减水剂	聚羧酸

表 2　设备情况表

序号	设备名称	设备型号	单位	数量	用途
1	拌和站	HZS90	套	1	混凝土生产
2	混凝土运输车		台	1	混凝土运输
3	塑料模具		套	若干	根据生产规模确定
4	振动台		台	若干	根据生产规模确定
5	叉车		台	1	成品运输
6	包装设备		台	1	成品包装

7　质量标准与质量控制

7.1　质量标准

小型预制构件的施工质量执行《公路桥涵施工技术规范》（JTG/T F50—2011），小型预制构件允许偏差按表 3 执行。

表 3　混凝土小型构件实测项目

项次	检查项目		规定值或允许偏差	检查方法和频率	
1	混凝土强度（MPa）		在合格标准内	附录 D 检查	
2	断面尺寸（mm）	≤ 80	± 5	尺量：2 处	按构件总数的 30%
		>80	± 10		
3	长度（mm）		+5、−10	尺量	

7.2　质量保证措施

（1）严格控制原材料的质量，原材料的质量必须满足技术规范的要求；

（2）严格按照混凝土配合比施工，混凝土要满足技术规范规定的各项技术指标；

（3）模具必须清洗干净，使用前模具内水分必须控干；

（4）养护区必须精细抹平，防止模具在养护期间变形；

（5）脱模需使用专用脱模工具，动作要轻，不能用力过猛，避免破坏构件的棱角；

（6）构件堆放时，堆放高度不宜超过 1.5m。

8　安全保障措施

（1）安全生产目标：无安全责任事故，无重大机械设备事故，无火灾事故。实行专职安全员专管与群管、群防相结合，使工程施工中安全事故降到最低。

（2）健全安全生产岗位责任制，逐级签订安全生产责任状，贯彻安全生产与经济挂钩的安全工作责任制。做到安全生产纵向到底，横向到边，分工明确，责任到人。

（3）施工期间各项安全工作严格遵守《安全操作规程》及"安全工作有关规定"。

（4）严格按安全规程、规范对人员进行强化培训。定期进行安全会议、现场安全指导和教育。及时进行安全检查，发现隐患立即消除。

（5）设置构件预制工序操作、安全用电、防火防盗等警示牌，配置安全生产、用电器具及防护器具。

（6）清洗模板用的盐酸应安排专人妥善保管，使用时操作人员应戴防护手套、口罩。

9　环境保护措施

（1）建立健全管理组织机构：成立环境保护和文明施工的组织机构。

（2）清洗骨料的水、施工废水、生活污水集中排入沉淀池，经过沉淀处理达标后方可排入河流和渠道。

（3）清洗模具用的废盐酸需专门收集，妥善处理，不得随意排放。

（4）施工场地和运输道路经常洒水，尽可能减少扬尘对生产人员和其他人员造成危害及污染。

（5）施工生活区和施工现场的生活垃圾，集中堆放，统一管理。

（6）设置绿化带，绿化的位置尽量靠近声源，绿化结构和配置应以乔木、灌木相结合。枝繁叶茂的绿篱墙，有较好的降噪声效果。

（7）工程完工后，及时进行现场彻底清理，并按设计要求采用植被覆盖或其他处理措施。

10　资源节约与效益分析

结合我公司在娄底大道（G354）涟源城区段改造项目施工的小型预制构件的实践证明：塑料模具可多次周转使用，周转次数可达 40 ～ 60 次，使用完毕后可回收再生利用，节约了资源。预制时留出一定的富余量，交与公路管养单位，日后管养维护方便，更换工作量小，且更环保。

现场施工过程中没有用完的混凝土料在满足相关技术要求的前提下，也可以用于小型构件的预制，有利于充分利用材料。

本工法的运用能够加快预制进度且现场安装方便快捷，解决了防护工程浆砌厚度不容易控制的弊病，安装后外形顺畅、美观，预制量越大经济性越显突出。

11　应用实例

（1）娄底大道涟源城区段改造 PPP 项目

娄底大道涟源城区段改造项目路基边坡防护、桥头锥坡、水沟、路肩防护工程原设计均为浆砌片石，存在质量控制难度大、不美观、不利环保等诸多缺点，不利于标准化施工，经变更设计，改为集中预制小型构件、现场安装的方案，预制方量约 10000m³，混凝土强度等级统一采用 C25。

小预制件预制场选择在混凝土拌和站附近，场地分为预制区、养护区、成品存放区，其中预制区占地面积 350m²，养护及成品存放 2800m²，场地均采用 C20 混凝土硬化，场地四周设彩钢板围挡，实行封闭施工。

经过大量配合比试验及工艺试验，采用本工法生产的小型预制件外观质量达到了"手感细腻、光洁如玉"的效果，各级领导给予了较高的评价，并在娄底公路项目大力推广，取得了良好的社会效益。

（2）G354 冷水江至新化公路（新化段）建设项目

G354 冷水江至新化公路（新化段）建设项目按照"混凝土集中拌和、钢筋集中加工、构件集中预制"的原则，小型构件预制采用预制施工，充分发挥集中预制的优势，严格控制施工质量，达到内实外美的标准化施工要求。

爬模施工墩柱混凝土自动化养护施工工法

胡富贵　徐志强　李　哲　白　劢　肖　越

湖南建工交通建设有限公司

摘　要：传统养护方法对于高墩柱来讲存在一定局限性，可能会影响混凝土质量，产生安全隐患。利用墩柱爬模施工模板整体爬升的特点，设计了一套养护挂篮，挂篮周边宽出墩柱截面各边30～35cm，挂篮内设置喷淋养护管绕挂篮 2～3 圈，挂篮顶端与爬模模板的底端以铁链连接并随着爬模模板一起逐节爬升；在墩柱底部设置养护系统主机，主机通过挂篮内的无线温湿度传感器自动调节养护挂篮内温湿度，并根据施工进度设置养护周期，全过程由系统主机自动控制完成混凝土养护并记录相关关键数据，养护周期内不需人为参与，减少不确定因素影响，同时提高了墩柱混凝土养护的标准化、智能化水平。

关键词：高墩柱；混凝土养护；养护挂篮；爬模模板；温湿传感器

1　前言

随着我国高速公路、铁路建设里程越来越长，对建设质量的要求也越来越高，对各道工序的标准化、规范化的要求也更加严格。混凝土施工质量是关乎工程耐久性与安全性的关键因素，对混凝土的养护施工的质量的要求愈加严格。大多数混凝土预制梁场、混凝土现浇结构都要求采用自动化养护设备以保证养护施工质量，但墩柱的混凝土养护施工由于其施工工况的特殊性，一直没有好的方式解决混凝土养护的问题，现在一般是靠人工用水管洒水的方式进行养护，在墩柱较矮时还可以较好解决，但随着墩柱逐节施工越来越高，从底部往上喷淋养护已不可能，而从施工平台上往下喷淋时由于模板的阻碍很难全面覆盖导致墩柱混凝土的养护很难做到位，混凝土在强度形成过程中水化散热时需要吸水保湿，由于养护不及时、不恰当，往往导致混凝土的强度不足、外观差等现象，有时候甚至导致混凝土开裂，造成很大的安全隐患。

湖南建工交通建设有限公司设计了一种爬模施工墩柱混凝土自动养护装置并通过应用总结出相应的施工工法。该工法通过爬模施工的特点将养护挂篮与模板底部连接并随着模板逐节爬升，不需要额外的设备进行吊装，不额外增加工序；养护过程中控制主机温湿度数据自动进行喷淋养护，不需要专门人员操作，自动化程度高，节能了大量人工。以较简单的方式解决了以往墩柱混凝土养护不到位的现状，成本投入小，养护质量高，具备很好的市场前景与推广价值。

2　工法特点

（1）通过将养护装置与爬模模板底部连接并随着模板逐节爬升，不需要额外的吊装设备，不额外增加施工工序，不额外投入施工机具，节省施工成本，提高施工效率。

（2）养护过程中主机根据实时温湿度数据自动进行喷淋养护，不需要专业人员操作，自动化程度高，节能了大量人工，提高了墩柱混凝土养护标准化、智能化施工水平。

3　适用范围

本工法适用于桥梁的高墩柱，斜拉桥、悬索桥的桥塔混凝土养护施工，旨在保证混凝土养护施工质量的同时减少设备及人工的投入。

4　工艺原理

利用墩柱爬模施工模板整体爬升的特点，设计一套养护挂篮，养护挂篮的设计尺寸周边宽出墩柱截面各边尺寸 30～35cm，养护挂篮内设置喷淋养护管绕挂篮 2～3 圈，养护挂篮的顶端与爬模模板的底端以铁链连接并随着爬模模板一起逐节爬升。同时在墩柱底部设置养护系统主机，在养护挂篮内设置无线温湿度传感器，系统主机通过无线温湿度传感器反馈的墩柱混凝土温度、湿度数据进行自动分析得到启动条件指令自动进行养护挂篮内温湿度调节，并根据施工进度设置养护周期，全过程由系统主机自动控制完成混凝土养护并记录相关关键数据，养护周期内全程不需人为干入，减少人为养护不确定因素影响（图 1）。

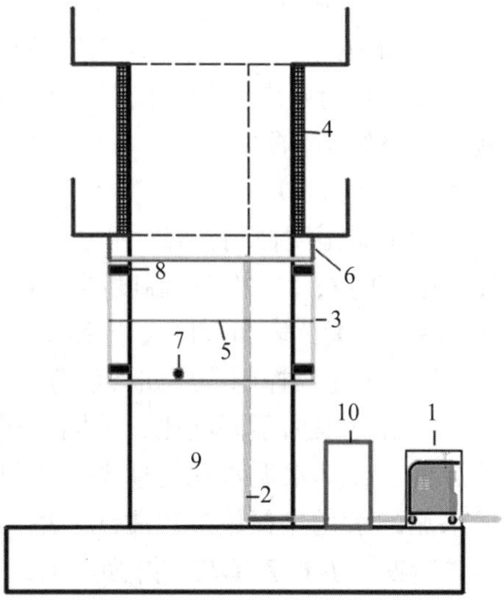

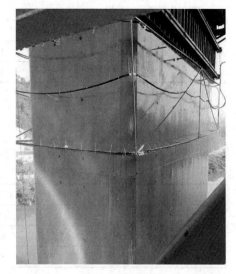

图 1　原理图
1—系统主机　2—输水管　3—养护挂篮
4—爬模模板　5—养护管　6—连接铁链
7—无线温湿度传感器
8—定位脚轮　9—墩柱　10—增压泵

5　施工工艺流程及操作要点

5.1　施工工艺流程

施工准备→挂篮安装→养护管、无线温湿度传感器安装→主机、输水管安装→自动养护控制→养护挂篮爬升。

5.2　操作要点

5.2.1　施工准备

本施工工法需要在浇筑第 1 节段墩柱混凝土之前做好相应的准备工作：系统养护主机、增压泵准备到位（增压泵额定流程不小于 3m³，扬程根据墩柱的高度增加 10～15m 的水头）；对养护挂篮设计复核，挂篮材料准备到位；养护管路及输水管根据设计足量准备。

5.2.2　挂篮安装

（1）养护挂篮根据墩柱的截面尺寸设计，其长、宽根据墩柱的长度与宽度各增加 30～35cm；养护挂篮采用边长 30mm 或 35mm 的方钢焊接（厚度不小于 2mm），其中主架采用 35mm 的方钢，次杆采用 30mm 的方钢，连接处满焊密实（图 2）。

（2）在爬模模板第一次爬升后，即在第一节段墩柱混凝土上现场安装焊接养护挂篮，定位脚轮采用橡胶或塑料轮，其固定座焊接在养护挂篮的内壁且与混凝土面保持 1～2cm 的间隙。养护挂篮外采用反光遮阳布包裹，用以防止养护过程中水雾外溅。

5.2.3　养护管、无线温湿度传感器安装

（1）养护管采用多层夹布纤维管，其强度不低于 1.0MPa，按照间距 0.7～1.0m 在其上通过开孔拉锚固定微焦合金喷头，养护管根据养护挂篮的高度按照 1.0～1.5m 分层设置并以铁丝或扎带固定。

（2）无线温湿度传感器安装在养护挂篮内并固定，用于实时监测养护挂篮内小环境的温度与湿度。

图 2　挂篮安装

5.2.4　主机、输水管安装

（1）养护系统主机设置在墩柱下方（如承台基础上），主机进水口以快速接头连接外部水源，出水口连接增压泵；增压泵与系统主机电缆相连，由主机控制供断电。

（2）养护输水管采用 PPR50 或 PE50 管，根据每节爬模的高度做成 4.0～4.5m 一节，之间采用活节进行连接，沿着墩柱的内壁或外壁进行固定安装（空心墩可沿内壁爬升），每施工一节墩柱增加一根输水管，输水管一端连接增压泵出口，另外一端通过一节软管连接养护挂篮内的养护管。

5.2.5　自动养护控制

（1）以上安装工作完成后，通水通电。打开系统界面，在参数设置界面设置相应的养护参数后保存，点击对应通道的按钮，系统首次启动，主机通道阀门打开，增压泵得电启动供水增压并通过输水管输水至养护管路，再通过养护喷头进行喷淋养护墩柱混凝土。持续 2～4min 混凝土表面湿润后，系统自动停止养护，首次养护结束，等待系统分析进行下一次养护（图 3）。

图 3　养护调试

（2）温湿度控制：温度低于 5℃，强制停止（在养护用水没有加热措施时）；梁体表面温度高于 40℃（可设置值）时，强制启动降温保湿；梁体表面湿度大于 95% 时段，阴雨天气强制停止喷水。

（3）水化热控制程序如下设置：

①首先根据不同配比、不同水泥生产工艺、不同外加剂掺入的混凝土，其水泥水化的速率、放热量以及放热规律的不同，根据水泥的水化热释放过程曲线，编制不同的针对性程序，在不同养护龄期、养护频率与喷淋强度下，引导水化热的平稳释放。

②时钟控制：时钟控制充分考虑了不同水泥水化热的释放速率，以及传感器可能存在受干扰传输的不正常，按照通常 7d 的养护时间分为三个阶段设置：第 1 天为第一阶段；第 2、3 天为第二阶段；第 4～7 天及第 7 天以后为第三阶段。

5.3　主要人员配备和劳动力组织（表 1）

表 1　主要人员配备和劳动力组织表

施工工艺	人数	施工工艺	人数
养护挂篮制作、安装	4	安全员	1
主机、输水管、养护管安装	2	材料员	1
电工	1	施工员	1
质检员	1	合计	11

6　材料与设备

（1）主要施工材料（表 2）

表 2　主要材料一览表

序号	材料名称	规格型号	备注
1	方钢	30mm、35mm	
2	输水管	PPR/PE50	
3	水		洁净养护用水

（2）主要施工机械（表 3）

表 3　主要施工机械设备一览表

序号	机械设备名称	规格型号	数量	备注
1	电焊机	/	1	
2	养护主机	JCYH-06	1	
3	增压泵	扬程 60～80m	1	
4	发电机	3kW	1	备用

7　质量控制

7.1　工程质量控制标准（表 4）

表 4　施工采用的规范标准

标准号	名称	标准号	名称
JTG/T F50—2011	《公路桥涵施工技术规范》	GB 50661—2011	《钢结构焊接规范》
JTG F80—2004	《公路工程质量检验评定标准》	JGJ 195—2010	《液压爬升模板工程技术规程》
JTG B01—2003	《公路工程技术标准》		

7.2　质量控制措施

（1）明确质量目标，加强学习、培训工作，提高全员质量意识。

（2）建立质量保证体系，落实质量责任制，做好施工前的施工技术与安全交底，进行智能养护系统的培训，确保工程施工质量。

（3）喷淋养护管路上喷头间距为 0.7～1.0m，确保喷淋范围覆盖混凝土表面的所有区域，可适当手动调整各个喷头的角度。

（4）养护周期一般不得少于 7d，有特殊需求的混凝土，应根据环境温湿度以及水泥品种以及掺用的外加剂等情况酌情延长。

（5）养护全过程应保持水电畅通，并应定期清洗养护主机过滤器和检查养护喷头，养护用水必须采用洁净水，以免影响混凝土外观及表面强度。

（6）混凝土拆模后应立即进行保湿养护，温度低于 5℃时未采取对养护用水加热措施的情况下不得进行养护。

8　安全措施

（1）加强管理人员及施工人员的培训，提高全体参建人员的安全意识。

（2）养护挂篮的焊接应满焊密实，连接养护挂篮与爬模模板的铁链应牢固，核算养护挂篮附着在爬模模板上的增加重量是否满足相应的安全系数。

（3）爬升过程中应密切监视挂篮的变形以及定位脚轮与混凝土面的接触面，任何异常应停止爬升采取可靠改正措施后再进行继续爬升。

（4）养护挂篮下方墩柱周边应设立醒目标志，非施工人员不得入内。

（5）现场电器均应设置漏电保护器，电缆应设置可靠绝缘且均需采用防水电缆，全程采用三级供电，并设立二级保护。

9　环保措施

（1）成立环境保护领导小组，贯彻执行环境保护法规及国家地方政府对环境保护、水土保持的方针、政策。结合工程实际情况，制订严格的环境保护设计方案，严格按照批准文件实施。

（2）施工中产生的废水、废渣等按照地方有关部门的规定，运输到指定地点处理，不得随意乱倒废水，废渣等不得直接排入河流，污染河道。

（3）养护挂篮外安装遮阳反光布防止水雾外溅，施工设备等使用后清理干净，保持清洁并定期保养。

10　效益分析

10.1　技术效益

（1）利用墩柱、桥塔爬模施工整体爬升的施工特点将养护挂篮附着整体爬升，避免了反复安装的麻烦，在减少设备及材料投入的同时，简化了繁琐的重复程序，达到缩短施工工期，保证施工进度的目的。

（2）本施工方法通过无线温湿度的实时反馈与计算机的自动分析实现了混凝土养护过程的全自动控制，有力地保证了养护施工质量。

10.2　经济效益

（1）节能劳动力、设备投入。较之以往的施工方式，本工法采用全自动化养护，技术人员在墩柱下主机处即可实现养护操作，现场组织施工额外增加的人员、设备费用较少。

（2）简化了繁琐的施工程序。较之以往墩柱每节段混凝土浇筑拆模以后人工洒水养护，本方法利用养护挂篮随爬模模板一起提升，一次安装即可，减少了频繁安装的麻烦，因而相比之下在保证养护质量的同时对工期的影响可降至最低，经济效益明显。

（3）社会效益

通过采用无线传输技术与计算机程控技术实现了爬模施工墩柱混凝土的全自动智能化养护，保证了混凝土养护施工质量，提高了混凝土强度和减少混凝土开裂的风险，有力保障了混凝土使用寿命。

10.3　资源节约

（1）提倡科技创新，推广引用新型工艺、工法，提高工程技术含金量的同时节省人力资源，提高生产能力，保证工程质量和施工进度。

（2）充分利用爬模施工的特点采用经济合理的施工方法及设备，在提高施工质量、效率的同时推动了标准化、智能化的管理进程，节约各种直接费和间接费用。

（3）改变了传统人工进行墩柱混凝土养护的施工方式，实现了养护全过程自动化施工，减少了人工投入。

（4）化繁为简，不需反复安装拆卸养护装置，提高了工效。

11　应用案例

该工法在湖南省湘西自治州 S313 永顺泽家至芙蓉镇公路列夕大桥墩柱施工过程中使用。列夕特大桥为（110+235+110）m 预应力混凝土悬浇连续刚构桥，桥梁全长 462.0m，桥面总宽 9m。主梁断面为单箱单室箱形截面。变截面箱梁梁底线形按 1.8 次抛物线变化，箱梁根部梁高（箱梁中心线）为14.59m，跨中梁高为 5.59m。箱梁顶板全宽为 9m，设有 2% 的双向横坡。列夕特大桥主墩采用箱型薄壁墩，最高墩高达 76.465m。列夕特大桥墩柱采用本工法进行墩柱混凝土养护施工，墩柱施工完成后混凝土强度均达到设计要求，未出现表面开裂的现象。该工法在实施过程中一次安装直至该墩柱修建完成，实现了对墩柱混凝土的良好养护，且每个养护施工周期只须技术人员在主机处操作一次即可，节省人工、操作简单，具有良好的经济效益、社会效益与推广前景。

该工法在湖南马安高速第二合同段现浇连续梁墩柱施工中应用，该桥采用本工法进行节段混凝土的养护，养护效果良好，混凝土强度得到有效保证、外观质量明显改善。

预制梁板自粘式防漏浆封口装置施工工法

汪　健　张洪亮　刘俊宇　黄　波　孙　秋

湖南建工交通建设有限公司

摘　要： 预制梁板施工中普遍存在模板各处钢筋孔以及翼缘板模板槽口部位漏浆现象，不仅浪费混凝土，而且影响外观、污染环境。自行设计了自粘式防漏浆封口装置：装置 A 由预先加工成型的矩形铁片、强磁贴片和把手组成，使用时直接吸附于翼缘板模板槽口处，对其拼接合拢即可；装置 B 采用 3M 单面胶贴加工成型，使用时直接粘贴；安装到位后即可按照正常程序浇筑梁板混凝土。工序简单、安装速度快，封口装置可循环使用，不产生污染物。

关键词： 预制梁板；漏浆；封口装置；循环使用

1　前言

在梁板预制的施工过程中，模板各处钢筋孔以及翼缘板模板槽口部位漏浆现象长久以来普遍存在。为进一步控制梁板预制过程中的漏浆，减少混凝土的浪费，提升梁板外观质量，避免造成环境污染，湖南建工交通建设有限公司阿勒泰地区公路项目施工总承包部组织技术力量，针对预制梁板主要漏浆部位，采用自行设计开发的自粘式防漏浆封口装置进行封闭。经实践检验，取得了良好的效果，形成了成套的施工工艺，以较少的投入解决了梁板预制过程漏浆的难题，成本投入小，止浆效果好，具备很好的市场前景与推广价值。

2　工法特点

（1）施工工序简单。预先加工好的自粘式防漏浆封口装置可直接黏附于钢模板上，与钢模板同拆同装，其工序简单、安装速度快，材料可循环使用，不产生污染物。

（2）止浆效果好，外观质量提升明显。相较于以往的止浆方式，自粘式防漏浆封口装置具有更加优异的密封性，可有效防止漏浆，且拆模后模板和梁体上不会有封闭物遗留，梁体的外观质量得到显著提升。

（3）加工方便，投入少，经济性好。自粘式防漏浆封口装置所采用的材料具有普遍性，易于获取，且一次性加工成型后，可重复使用，如有损坏，拆装更换也很简单，其维护成本低，具有很好的经济性。

3　适用范围

本工法主要适用于预制梁板混凝土施工过程中钢模板的钢筋孔处和梳齿板的槽口处的漏浆防控，其他使用钢模板的钢筋混凝土结构物的钢筋孔漏浆处也可借鉴使用。

4　工艺原理

通过对钢模板的钢筋孔处和梳齿板的槽口处进行严密封闭，有效防控预制梁板混凝土浇筑过程中的漏浆现象（图 1、图 2）。

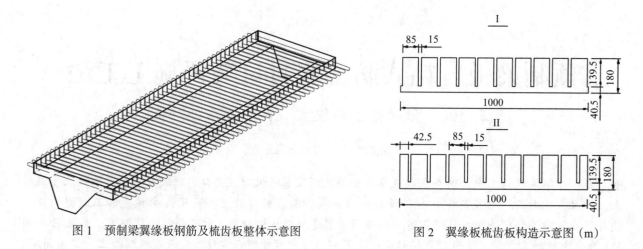

图 1　预制梁翼缘板钢筋及梳齿板整体示意图　　　　　　图 2　翼缘板梳齿板构造示意图（m）

5　施工工艺流程及操作要点

5.1　施工工艺流程

准备工作（材料准备、加工机具准备）→模板及钢筋安装→自粘式防漏浆封口装置安装→混凝土浇筑施工→拆除模板及封口装置。

5.2　操作要点

5.2.1　准备工作

根据待预制的梁板钢筋及模板设计图，确定待制作的自粘式防漏浆封口装置的尺寸及数量需求，并预购足量的材料及相应的加工器具。

自粘式防漏浆封口装置 A 由预先加工成型的矩形铁片、强磁贴片和把手组成（图 3）。矩形铁片采用两两拼接形式，拼接处加工出两个半圆形开孔用于通过翼缘板钢筋，开孔位置及孔的大小由设计文件中预制梁翼缘板钢筋的具体参数确定，孔的内缘粘贴橡胶垫圈，以夹紧从孔内穿过的钢筋，起到固定钢筋和加强封闭的效果。将强磁贴片使用强力胶固定在矩形铁片中心位置，并将由 φ8 钢筋加工成的把手焊接在矩形铁片上，即形成该装置。矩形铁片底座加工精度精确到 ±2mm，底座开孔处加工精度精确到 ±1mm，制作完成后应

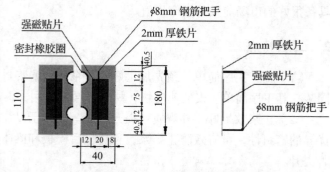

图 3　自粘式防漏浆封口装置 A 设计示意图

以游标卡尺进行孔径的检验，不合格品不得使用。该装置一组两片，使用时直接吸附于翼缘板模板槽口处，一组组对应拼接合拢即可（图 4）。

自粘式防漏浆封口装置 B 采用 3M 单面胶贴加工成型。根据预制梁模板钢筋孔的直径确定外径，根据孔内钢筋的直径确定内径，加工成圆环状胶圈，并在胶圈上留一道开口。胶圈的加工精度精确到 ±1.0mm 并应进行相应的检验验收。使用时直接粘贴（图 5）。

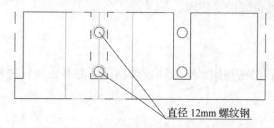

图 4　自粘式防漏浆封口装置 A 安装示意图

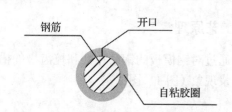

图 5　自粘式防漏浆封口装置 B 设计安装图

可多做一些备用品用于自粘式防漏浆封口装置损坏后的替代补充。

5.2.2　模板及钢筋安装

钢筋骨架绑扎成型，模板安装就位，保证钢筋孔处模板内侧干燥、清洁。翼缘板梳齿板清理干净、拼装到位，顶面钢筋绑扎完成。

5.2.3　自粘式防漏浆封口装置安装

将自粘式防漏浆封口装置 A 以左、右两块为一组黏附于梳齿板槽口外侧，上下两端与梳齿板齐平，半圆孔对正翼缘板钢筋合拢，确认拼接紧密。

将自粘式防漏浆封口装置 B 开口处打开，一端从钢筋孔处伸入模板内，旋转胶圈使其全部粘贴于模板内侧。

5.2.4　混凝土浇筑施工

确定自粘式封口板及自粘式胶圈全部安装到位后，开始按照正常程序浇筑梁板混凝土，浇筑混凝土过程中注意观察自粘式封口板与自粘式胶圈是否存在振动脱落，个别存在脱离或止浆不住的部位及时采取措施处理。

5.2.5　拆除模板及封口装置

预制梁拆模时，将合拢的一组（两块）自粘式防漏浆封口装置 A 向两边拉开稍许距离，此时梳齿板能顺利拆下，而自粘式防漏浆封口装置 A 仍然吸附在梳齿板上。待下一片梁装模施工时，与梳齿板一同安装，再一组组拼接合拢即可。

自粘式防漏浆封口装置 B 可在梁板拆模后直接剥离，清洁后可在下片梁板预制时重复使用。

6　材料与设备

6.1　主要施工材料（表 1）

表 1　主要材料一览表

序号	材料名称	规格型号	备注
1	铁板	厚度 2mm	
2	强磁贴片		
3	钢筋	直径 8mm	
4	橡胶圈	3M	

6.2　主要施工机械（表 2）

表 2　主要施工机械设备一览表

序号	机械设备名称	规格型号	数量	备注
1	电焊机	220VZX7-200	1	
2	切割机	J1G-FF02-355	1	
3	发电机	3kW	1	备用

7　质量控制

7.1　工程质量控制标准（表 3）

表 3　施工中采用的技术规范标准

标准号	名称	标准号	名称
JTG/T F50—2011	《公路桥涵施工技术规范》	JTG B01—2003	《公路工程技术标准》
JTG F80—2004	《公路工程质量检验评定标准》	GB 50661—2011	《钢结构焊接规范》

7.2 质量控制措施

（1）建立质量保证体系，落实质量责任制，明确质量目标，加强人员质量培训工作，提高施工人员质量意识，新技术使用前应严格做好技术交底与安全交底工作。

（2）强力磁铁固定在铁片底座上时应牢固，强力胶四周应密封，磁铁的吸附力应在使用前进行试验验证，确保施工过程中不发生松动脱落。

（3）自粘式防漏浆封口装置加工尺寸应精确，底座铁板尺寸精确到 ±2mm，预留孔加工尺寸精确到 ±1mm，橡胶圈厚度精确到 ±1.0mm。

（4）使用过程中强力磁铁不接触磁场以减少消磁的可能性，同时使用过程中应经常清理保持洁净。

（5）施工前，应彻底清除模板内侧和梳齿板表面的混凝土浮浆、油渍、污物等，保证模板表面平整、清洁，以确保封闭工具与模板黏合紧密。

8 安全措施

8.1 安全控制标准（表 4）

表 4　施工中采用的安全规范标准

标准号	名称	标准号	名称
JTG F90—2015	《公路工程施工安全技术规范》	GB 9448—1999	《焊接与切割安全》
JGJ 46—2005	《施工现场临时用电安全技术规范》	JGJ 162—2008	《建筑施工模板安全技术规范》

8.2 安全控制措施

（1）施工前应针对工程实际情况进行科学严密的施工组织设计，现场施工人员要由专职安全员对其进行安全技术交底和安全考核，考核合格后方能上岗。

（2）每个施工点在进行现场施工时，除施工人员外，还设有专职安全员专门负责施工安全的监督管理工作。

（3）班组在班前必须进行上岗交底、上岗检查、上岗记录的"三上岗"和每周一次的"一讲评"安全活动。对班组的安全活动，要有考核措施。遵章守纪，严惩违章指挥、违章作业。各类人员佩戴不同颜色的袖标记。施工管理人员和各类操作工人戴不同颜色安全帽，以示区别。

（4）施工现场用电必须设立明显警示标志，电源开关等外露部位配有防雨防触电等保护装置，并按规定设置接地线。

（5）所有施工设备和机具在投入使用前均应进行检查、维修保养，保证机械各制动、保险装置齐全可靠，确保状况良好；专用机械操作人员必须持证上岗，严格按照规程操作，严禁违章作业。

（6）夜间施工时必须设置足够的照明装置。

（7）工人必须配戴防护手套等劳保用品。

（8）其他安全施工注意事项，遵照现行的《施工安全技术规范》的要求执行。

9 环保措施

9.1 环保标准（表 5）

表 5　施工中采用的环保标准

标准号	名称
978-7-5093-5354-7	《中华人民共和国环境保护法》
JT/T 1176.1—2017	《交通运输环境保护统计 第 1 部分：主要污染物统计指标及核算方法》
JT/T 643.1—2016	《交通运输环境保护术语 第 1 部分：公路》

9.2　环保措施

（1）成立环境保护领导小组，贯彻执行环境保护法规及国家地方政府对环境保护、水土保持的方针、政策。结合工程实际情况，制订严格的环境保护设计方案，严格按照批准文件实施。

（2）从工程开工之日始，即开始进行环保宣传教育与动员工作，并将这一工作贯穿于施工全过程，使全体员工自始至终保持高度的环保责任感。

（3）做好废料、弃料及施工垃圾的处理，应设置弃置场定点处理，不得污染当地自然环境。

（4）施工废水、生活污水不得随处排放，采取过滤、沉淀等净化措施以防污染农田、耕地、江河溪渠、池塘等水源，保持水质。

（5）各种施工机具设备经常清洗、检修，以保证完好率和正常地运转，尽量减少噪声、废气的排放。

（6）施工用的临时设施及施工过程中产生的废弃物，在工程完工时移除、清除干净，防止造成污染。

（7）施工过程中的废弃物全部统一、集中处理，避免对周围环境造成污染。

10　效益分析

10.1　技术效益

采用该工法对梁板预制过程中易发生漏浆的部位进行防治，可有效提升梁板成品的外观质量；可防止梁体部分区域因漏浆造成结构强度损失。

10.2　经济效益

（1）采用该工法，自粘式防漏浆封口装置可重复利用，成本投入小，经济性较好。

（2）采用该工法进行施工，可有效防止模板钢筋预留孔、梳齿板处的漏浆，从而减少混凝土的损耗，减少清除模板和地面混凝土以及对漏浆部位进行修复所需耗费的人力、材料投入。

10.3　社会效益

采用本工法对预制梁板混凝土施工过程中的漏浆现象进行防控，可有效提高预制梁板的工程质量与美观程度，对节约资源和避免二次修复也有着积极的作用。同时，该工法所需材料具有普遍性，易于获取和加工，成型后施工简单，且能重复利用，具有很好的推广应用前景。

11　工程实例

应用案例：G234娄底至双峰公路建设项目（双峰段）国藩路大桥，该桥为预应力连续T梁桥，共有25m T梁50片。通过现场应用情况来看，自粘式防漏浆封口装置封闭效果良好，漏浆现象得到有效控制，提升了T梁外观质量，减少了混凝土损耗，节省了清除模板和地面混凝土以及对漏浆部位进行修复所需耗费的人力、材料投入。同时，该装置加工与使用过程相对简单，对加工者、使用者技术要求不高，易于装拆、便于检查和纠偏。总体而言，该工法具有良好的经济效益、社会效益与推广前景。

复合保温钢筋焊接网架混凝土剪力墙
（CL 建筑体系）施工工法

谭叶红　张　巍　刘　凯　袁　鹰　黄礼辉

湖南省第六工程有限公司

摘　要： 为了解决外墙外保温施工中黏结不牢、易渗漏等问题，结合"复合保温钢筋焊接网架混凝土剪力墙（CL）"这一新型建筑体系，通过现场实践，取得了 CL 建筑体系施工工法，可将外墙外保温系统与主体结构同时施工，大大缩短了施工工期；所采用的焊接网架板安装施工操作简便，无须专业队伍进行安装；同时，CL 建筑体系具有自重轻、抗震性能好、保温隔热性能好、扩大住房使用面积等优点，可解决墙体开裂、保温层老化及外墙渗漏等问题，适用剪力墙结构建筑外保温施工。

关键词： CL 建筑体系；复合钢筋焊接网架板；外墙保温一体化

1　前言

在外墙外保温施工过程中，外墙保温层的黏结及安装一直以来是外保温施工的薄弱环节，特别是在二次结构外墙部位，更加难以保证保温层的黏结及安装强度，导致保温层在风荷载的作用下很容易发生脱落，造成安全隐患，且保温塑料胀栓安装在二次结构墙上易产生渗漏。因此，为解决这一技术难题，建设单位在工程设计阶段便要求采用"复合保温钢筋焊接网架混凝土剪力墙"建筑体系。由于新的建筑体系缺乏相应的施工经验，公司工程技术部门与项目工程技术人员一起对其开展了技术攻关，并通过现场实践，取得了"CL 建筑体系施工"的施工工法，并产生了明显的社会效益和经济效益。

2　工法特点

（1）本工法将外墙外保温系统与主体结构同时施工，可实现外墙装饰工程与主体工程进行大穿插施工，大大缩短了施工工期，减少施工成本。

（2）本工法采用的焊接网架板安装施工操作简便，无须专业队伍进行安装，可由现场的钢筋班或木工班组进行安装，减少工序搭接间的窝工现象，实现劳动力的充分利用。

（3）CL 建筑体系具有自重轻、抗震性能好、保温隔热性能好（特别是保温层与建筑物同寿命）、扩大住房使用面积等优点，尤其是能够解决墙体开裂和保温的耐久性以及外墙防渗漏等用户投诉较集中的质量问题。

3　适用范围

本工法适用剪力墙结构建筑外保温施工。

4　工艺原理

（1）CL（Composite Light-weight 英文"复合轻型"之缩写）建筑体系是一种新型的结构体系，属复合钢筋混凝土剪力墙结构体系（图1、图2）。

（2）CL 建筑体系主要受力构件 CL 墙板由两层冷拔光面钢丝焊接网用斜插钢丝焊接成空间骨架，中间夹以挤塑聚苯板形成 CL 网架板，外侧钢丝网片为 50mm 厚现浇自密实混凝土保护层钢筋骨架，内侧网片与主体结构剪力墙钢筋进行绑扎，内外两侧浇筑混凝土后发挥受力和保温的双重作用。

（3）CL 网架板中的 XPS 保温层通过斜插钢筋进行了固定，外侧 50mm 厚自密实混凝土保护层以网架板外侧钢丝网片为骨架，通过点焊与斜插筋的外端进行连接，斜插筋另一端与内侧钢丝网进行点焊连接，内侧钢丝网片与主体剪力墙结构钢筋进行绑扎连接，从而使外侧 50mm 厚混凝土保护层与主体结构剪力墙形成一个整体，保证了结构安全。剪力墙厚度及保温层厚度由设计确定。

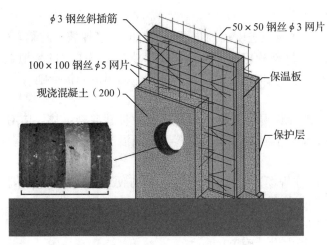

图 1　CL 网架板构造示意图　　　　　　　图 2　CL 网架板现场安装效果

（4）CL 建筑体系结构墙体在两侧混凝土浇筑时，若高差超出一定范围，在侧压力的作用下 XPS 板会产生侧向位移。因此，在浇筑混凝土时应保证 CL 网架板两侧的混凝土同时浇筑。

（5）由于外侧 50mm 厚混凝土保护层在浇筑时无法振捣，需采用自密实混凝土浇筑，在实现两侧混凝土同时浇筑的情况下，主体外结构剪力墙也需同样采用自密实混凝土。

（6）通过在 CL 网架板两侧，在钢丝网片与 XPS 板之间按一定间距设置塑料垫块和混凝土垫块，内侧垫块厚度为主体剪力墙钢筋保护层厚度，外侧垫块厚度为 50mm 厚自密实混凝土保护层厚度，并控制混凝土浇筑量，以确保 CL 复合混凝土剪力墙达到设计标准（图 3）。

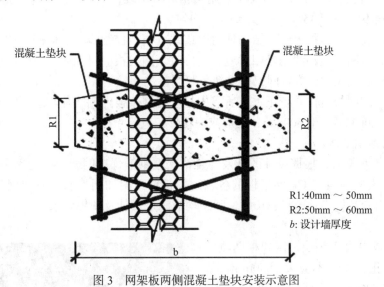

图 3　网架板两侧混凝土垫块安装示意图

5　施工工艺流程及操作要点

5.1　工艺流程： CL 网架板提料、报计划→CL 网架板备料、进场→墙钢筋绑扎→CL 网架板安装就位、固定→CL 网架板附加钢筋绑扎、连接→垫块的安装→模板支设→自密性混凝土的浇筑→模板拆除→混凝土养护。

5.2　工艺操作要点

5.2.1　CL 网架板提料、报计划

（1）根据设计图纸按层或按施工段计算出 CL 网架板工程量，因主体结构外墙和二次结构外墙采用的网架板型号不同需分别计算工程量，工程量明细备注栏标明网架板使用的轴线部位。

（2）根据施工进度，上报 CL 网架板提料计划，确定提料时间，通过订单形式提前与专业生产厂家沟通生产及供货计划。

5.2.2　网架板及相应的辅助材料备料、进场

（1）CL 网架板的进场：CL 网架板应根据使用进度提前进场。装卸时严禁摔震、踩踏。CL 网架板应在其上注明规格、型号、所用位置，CL 网架板应按照使用顺序存放在干燥平整的场地上，搭设临时护架，并且采用斜立式存放。当存放时间较长时应作好防雨、防潮、防风的防护措施。

（2）垫块备料、进场

熟悉图纸，根据图纸及施工方案，合理计算混凝土垫块的规格及数量，混凝土垫块应有与网架板钢筋网片进行卡接的卡槽，防止垫块在混凝土浇筑过程中掉落。进场混凝土垫块应检查其强度及尺寸。

根据计划单，联系厂商，及时将垫块运往现场，并且分类码放，以方便现场使用。同样地，垫块的码放位置也要考虑塔吊的覆盖范围、装卸方便等的要求。

（3）附加钢筋制作：根据 CL 建筑体系图集要求，制作各种网架板安装的附加钢筋。附加钢筋直径一般为 $\phi6$ 和 $\phi8$。楼层相接处附加钢筋直径由设计确定。

5.2.3　外剪力墙主体钢筋绑扎

边缘构件钢筋绑扎可参照一般剪力墙结构中的边缘构件绑扎方法实施，并应保证墙体钢筋骨架的垂直度，严格控制钢筋偏位情况，方便 CL 网架板的安装。因外墙采用自密实混凝土，内墙采用普通混凝土，需在外墙与内墙相接部位沿墙高绑扎一道密目钢丝网或钢板网，网片采用 $\phi14$ 钢筋制作成梯子筋作为骨架支撑。防止混凝土相互混淆。

5.2.4　CL 网架板安装就位

（1）吊装：应根据施工段划分、安装顺序、CL 网架板编号对应施工图轴线位置安装。安装采用塔吊吊装方式进行。可根据塔吊的工作性能采用架箱成批吊装，提高吊装效率。起吊应垂直、平稳，绳索与墙板水平夹角不宜小于 45°。各吊点要受力均匀。

（2）就位：就位前先在楼板上弹出结构剪力墙边线、模板控制线、门窗洞口位置线，并在相应位置标注墙板编号，并与网架板轴线编号相对应。就位时，网架板应对准墙板边线，尽量一次到位，以减少撬动。如果就位误差较大，应将网架板重新吊起调整。

（3）安装固定：网架板就位并校正垂直后，用扎丝将网架板内侧网片与主体结构剪力墙外侧钢筋进行绑扎牢固，绑点间距不小于 600mm，矩形或梅花形布置。

5.2.5　CL 网架板附加钢筋绑扎

连接网架板安装就位后，根据设计图纸及《复核保温钢筋焊接网架混凝土剪力墙（CL 建筑体系构造）》图集 12G10 要求，绑扎 CL 网架板的各种附加钢筋或附加网片筋，附加钢筋与主体钢筋及网架板网片应绑扎牢固，其规格、形状、长度、间距均应满足设计及图集要求。

5.2.6　垫块的安装

绑扎完成后安放混凝土垫块，网架板两侧的垫块中心宜相互对正，误差不应大于 50mm。垫块中心间距不大于 500mm，矩形或梅花形布置。混凝土垫块需设置有卡槽与钢丝网片进行卡接，防止垫块在混凝土浇筑过程中掉落（图 4）。

5.2.7　模板支设

因 CL 建筑体系外墙采用自密实混凝土进行浇筑，自密实混凝土坍落度比较大，模板的拼装必须严格控制其严密性，要求模板的任何一边角部位都不得留有空洞和缝隙，墙模板校正后底

图 4　外墙垫块安装及窗台优化处理效果图

部用砂浆或模板压条进行封牢，所有模板拼缝粘贴海绵条，拼缝处做硬拼接，保证拼缝处有一根木方，门窗洞口采用加厚模板做定型模板，安装对边支撑及对角支撑，保证定型模板的整体刚度，防止洞口模板变形漏浆。以防止漏浆现象发生。洞口阴角等死角部位留置排气孔，方便浇筑混凝土时

空气排出。

5.2.8　自密实混凝土浇筑

自密实混凝土采用商品混凝土，并提前通知商品混凝土公司进行试配，现场浇筑实体工艺样板，确保其成型质量。

运输：采用混凝土搅拌运输车，运输过程中滚筒的转速控制在 3 ～ 5 转 /min。运输车从接料到卸料时间间隔不超过 2h。并保证供应的连续性。卸料前运输车灌体高速旋转 20s 以上。

浇筑：浇筑前先测量其坍落度及扩展度，如数值偏小，则需加入外加剂重新搅拌。严禁加水。浇筑时采用泵送，浇筑顺序先浇内墙混凝土，再浇筑外墙混凝土，出料口与模板入口距离尽量小，以免产生离析，浇筑过程中采用 ϕ12 钢筋做标尺控制网架板两侧混凝土浇筑高度，保证两侧混凝土浆面高差控制在 400mm 以内。

振捣：自密实混凝土虽为免振混凝土，但为了保证混凝土面的光洁度和窗洞下部墙体等的混凝土密实度，可以实行模板外的辅助振捣，一般采用橡皮锤、小型平板振捣器或振捣棒随着混凝土的浇筑速度从下往上振捣。在钢筋构造复杂的地方，可采用钢筋进行适量插捣，插捣时不得触及 CL 网架板的斜插筋。在模板两侧捶击墙板时，要均匀敲击，以听到模板无空洞声音为止，不得漏敲，锤点要均匀、密布，施工前要对捶击人员进行现场交底，使其掌握要领，并派专人进行监督施工。

5.2.9　模板拆除

模板必须在外墙混凝土强度达到 7.5MPa，内墙混凝土强度达到 5.0MPa 时方可拆除模板，拆除时应以同条件养护试块抗压强度为准，拆除时应先拆除外侧模板，后拆除内模板，先外墙后内墙的原则进行拆除。先将对拉螺栓松开，拆除横向钢管支撑，使模板向后倾斜与墙体脱开，如果模板与混凝土墙面吸附或不能离开时可用撬棍撬动模板下口，不得在墙上口撬模板或大锤砸模板，应保证拆除时不晃动混凝土墙体，尤其拆门窗口模板时不能用大锤砸模板。

此外还要注意：模板吊运时要平稳、准确，不得碰砸楼板及其他施工完成的部位，不得兜挂钢筋，用撬棍调整模板时要注意保护模板边缘不被损坏。拆除模板应按程序进行，禁止用大锤敲击，防止混凝土墙面及门窗洞口出现裂纹。模板与墙面黏结时，禁止用塔吊吊拉模板，防止将墙面拉裂。

5.2.10　混凝土养护

CL 复合剪力墙中的混凝土截面较薄，墙体外侧只有 50 ㎜。为了防止产生干缩裂缝，应在模板拆除后立即涂刷养护剂或覆盖浇水进行养护，且养护时间应比普通混凝土延长 24h 以上。

CL 复合剪力墙如在冬季施工，除在房间内采取升温措施外，还需在外墙模板外侧采取保温及防风措施，严防保温层外侧 50mm 厚混凝土保护层被冻坏。

5.3　劳动力组织（表 1）。

表 1　劳动力组织情况表

序号	单项工程	所需人数	备注
1	管理人员	2	
2	技术人员	1	
3	网架板安装	6	
4	混凝土浇筑	10	
5	钢筋绑扎	20	
6	模板支设	16	
7	合计	55 人	

6. 材料与设备

6.1　材料

（1）自密实混凝土：自密实混凝土粗骨料粒径不大于 20mm。采用不低于 42.5 级普通硅酸盐水泥，用量 400～550kg/m³。粗骨料比例 0.28～0.33，坍落度 260～280mm。扩展度 600～750mm。和易性良好，目视无泌水、离析现象。

（2）挤塑聚苯板：本工程选用厚度规格有 30mm、50mm、110mm，性能指标采用阻燃型 II 类标准，密度不小于 20kg/m³，燃烧性能氧指数≥30%。抗压强度 400～500kPa。

（3）钢筋焊接网：电焊网格为 50mm×50mm、网丝直径为 φ3±0.04mm。焊点抗拉力＞500N；镀锌层质量≥122g/m²。

（4）斜向焊接腹筋：网丝直径为 φ3±0.04mm。与钢筋焊接网的焊点拉力＞500N。在保温板表面的分布率为每 1m² 不少于 100 根。

（5）垫块：采用砂浆垫块或厂家提供的塑料垫块，垫块需有与钢筋网片连接的卡槽，砂浆垫块强度不小于 M10，塑料垫块抗压强度不小于 2.0kN。

6.2 工具与设备

其主要施工工具及设备见表 2。

表 2　工具和设备配置表

序号	工具名称	单位	数量	用途
6	无齿锯	把	5	临时切割保温板
7	手砂轮	个	2	切割网片筋
8	钢筋机械／工具	台	1	钢筋施工
9	木工机械／工具	台	1	模板施工
10	混凝土施工机械	台	1	混凝土施工

7　质量控制

（1）采购原材料、施工产品必须具备生产许可证、产品合格证、出厂检测报告。

（2）原材料、施工产品进场后应按国家有关标准和规范要求，按批量、批次抽样复检，并向建设单位提供复检报告。

（3）混凝土材料应有出厂合格证、开盘鉴定及配合比资料。

（4）堆放时应按照使用顺序存放在干燥平整的场地，存放时间较长时应作好防雨、防潮、防风的措施。装卸时严禁摔震、踩踏。

（5）网架板应与主体墙柱钢筋连接牢固，保证网架板在模板安装过程中不产生松动。

（6）网架板拼缝需严密，避免拼缝过大而产生冷桥。

（7）外墙模板安装必须保证墙根位置封堵严密，严格控制自密实混凝土发生漏浆而产生质量隐患。

（8）网架板安装允许偏差及检查方法见表 3。

表 3　网架板安装允许偏差及检查方法

项目		允许偏差	检验方法
轴线位置		5	钢尺检查
垂直度	层高	8	经纬仪或吊线、钢尺检查
	全高（H）	$H/1000$ 且≤30	经纬仪、钢尺检查
标高	层高	0，−10	水准仪或拉线、钢尺检查
	全高（H）	±30	钢尺检查
CL 复合剪力墙截面尺寸		+8，−5	钢尺检查
CL 网架板方正度对角线偏差		≤2	钢尺检查
表面平整度		8	2m 靠尺或塞尺检查

续表

项目	允许偏差	检验方法
内外垫块位置偏差	≤ 50	钢尺检查
EPS 保温板厚度偏差	± 2	钢尺检查
预留洞中心线位置	15	钢尺检查
两侧混凝土厚度	± 5	钻芯取样或预留观测孔
保温板及钢筋网相对位移	10	

8　安全措施

（1）施工中将严格执行《建筑施工安全技术规范》中安全文明施工制度，创建文明工地、推行文明施工和文明作业，确保安全生产、树立良好形象。建立施工安全责任制度，明确目标责任。

（2）坚持"安全第一，预防为主、综合治理"的安全生产方针，施工前进行安全教育和培训，做好安全交底。

（3）施工人员进场后，班组作业前要统一进行安全教育，提高施工队伍管理人员和工人的安全意识。

（4）进入现场必须戴安全帽，不准穿拖鞋，不准酒后进入施工现场进行作业。施工现场，应清除易燃物及易燃材料，并备有灭火器等消防器材。消防道路要畅通。

（5）CL 网架板在存放时和吊装时均应作好防风措施，当风力较大时（大于 5 级），应避免进行吊装。

（6）每个施工作业面由施工队长为安全负责人，佩戴安全袖章，对施工人员进行安全教育和管理，做到严格执行安全施工中的各项制度；现场应有安全管理人员巡视，发现安全隐患及时清除。

（7）CL 网架板随进场随安装，存放数量不得超过一层的用量。

（8）CL 结构体系内部保温板注意防火，存放、安装过程中远离火源，配备足够的灭火器材，吊装时防碰撞伤人，吊装就位临时固定防坠落。

（9）施工现场按符合防火、防风、防雷、防洪、防触电等安全规定及安全施工要求进行布置，并完善布置各种安全标识。

（10）各类房屋、库房、料场等的消防安全距离做到符合公安部门的规定，室内不堆放易燃品；严格做到不在木工加工场、料库等处吸烟；随时清除现场的易燃杂物；不在有火种的场所或其近旁堆放生产物资。

（11）电缆线路应采用"三相五线"接线方式，电气设备和电气线路必须绝缘良好，场内架设的电力线路其悬挂高度和线间距除按安全规定要求进行外，将其布置在专用电杆上。

（12）施工现场使用的手持照明灯为 36V 的安全电压。

（13）室内配电柜、配电箱前要有绝缘垫，并安装漏电保护装置。

（14）建立完善的施工安全保证体系，加强施工作业中的安全检查，确保作业标准化、规范化。

9　环保措施

（1）网架板材料必须符合环保要求，材料进场有合格证并做见证环保检测。

（2）网架板材料须设专门存放处，安装通风设备并贴好明显标记，提醒其他非专业工种。

（3）在施工过程中，设专人看护现场成品。各专业队互相配合，严禁破坏其他工种的成品及半成品。做好每日工序落手清考评，做到谁做谁清，工完料清，物尽其用，废料归堆。减少材料浪费，采用有效的防护措施，遵守施工文明的有关规定，对工地人员进行文明施工及环保教育。

（4）施工完毕，剩余的零碎小块材料，要及时收集倒入固定的垃圾箱，保持施工环境的整洁，做到工完场清。能够加以利用的边角余料和剩余材料必须加以利用。

（5）施工过程严格控制各道工序，减少对环境的污染。

（6）在每个楼层设垃圾桶，每天派专人清扫，对于现场施工垃圾每天定时清理。严禁随地大小便，违者罚款。

（7）将施工场地和作业限制在工程建设允许的范围内，合理布置、规范围挡，做到标牌清楚、齐全，各种标识醒目，施工场地整洁文明。

10　效益分析

CL 建筑体系是一种集保温隔热、抗震、防火为一体的新型墙体，比较目前施工常采用的外挂、外贴保温层的项目，可使建筑物的全生命周期不需要对保温层进行维修、更换。解决了目前普遍采用外挂、外贴保温层技术产生的易裂缝、空鼓、着火、渗漏、脱落等隐患。大大减少了后期维护费用及维修投资，可节约建筑设计使用年限内外保温维护、更换费用约 250 元 /m^2（外墙面积）。CL 建筑体系可实现二次结构全优化，减少了二次结构砌筑的人工费、机械费，可节约主体施工费用约 17.78 元 /m^2，且提高了建筑的抗震性能。CL 保温一体化随结构主体施工，为后期外墙装饰施工减少了保温施工工序，且不受天气等环境的影响，缩短了施工工期，节约施工成本。

11　应用实例

廊坊市开发区大学城三期工程，东临开发区第五供热站，南临凤河、西邻天地凤凰城、北邻四光路；总建筑面积约为 118846.33m^2，由 6 栋高层（12 号～ 17 号楼）、1 栋小高层（2 号楼）、9 栋别墅（3 号～ 11 号楼）、1 栋配套用房（1 号楼）及部分地下车库组成。本工法仅在高层应用，总应用面积 49173.2m^2，采用 CL 网架板厚度规格有 30mm、50mm、110mm 三种规格，剪力墙设计厚度为 200mm。应用效果外墙成型质量良好，且无外墙渗漏现象发生，在主体结构验收中得到了甲方、监理及政府主管部门的一致好评。工程于 2017 年 6 月 10 日开工，2018 年 9 月 20 日竣工。

廊坊市开发区鸿坤凤凰城项目五期 64 号、65 号、66 号楼工程。东临规划路，西临楼庄路，南靠凤凰城三期。建筑面积约 10 万 m^2，设计采用 90mm 厚挤塑聚苯板 CL 网架板 +200mm 厚钢筋混凝土剪力墙。目前正在施工。

建筑结构防微振体系施工工法

丁永超　罗　能　赵子成　刘著群　陈世杰

湖南省第六工程有限公司

摘　要： 为保证精密设备、仪器正常运行，需通过特殊建筑结构体系和隔振措保证防微振设备基础振幅最大值小于允许值。首先，在总体规划和平面布置时应远离振源；其次，在施工中分阶段进行防微振性能检测；再次，通过地基处理提高地基刚度，并加大底板与地基土的接触度；然后，采用厚重结构、与其他建筑结构隔离等措施，防止发生共振；最后，通过阻尼板、空气弹簧等隔振装置抵消水平向的振动。该防微振体系适用于对防微振动控制值要求较高的多层厂房，可有效解决建筑竖向和水平向的微振动问题。

关键词： 防微振体系；地基处理；厚重建筑结构；隔振减振装置

1　前言

随着我国经济的迅猛发展以及社会需求的不断提高，精密仪器的运用领域越来越广，土地利用率越来越高。与此同时，出现了大量多层厂房，精密设备、仪器随之上楼。建筑防微振体系就是通过特殊建筑结构体系以及某种隔振措施来减弱环境振动的影响，从而保证精密设备、仪器的正常运行，满足生产的需要。为使防微振设备基础振幅的最大值小于允许值，确保达到防微振动的效果，我公司经过一系列的改进和创新，采用桩基、厚重建筑结构、隔振减振装置等隔振减振措施，形成一套防微振动体系，并在光通信产业园建设项目二期工程中成功应用，特编写此工法。

2　工法特点

（1）本工法采用桩基、厚重结构、隔振减振装置等有效隔振减振措施，从竖向和水平方向有效地解决防微振动问题。

（2）本工法施工方便，速度快，工期短。

（3）本工法施工投资少，效益高，节约成本。

3　适用范围

本工法适用于对防微振动控制值要求较高的多层厂房。

4　工艺原理

防微振体系从选址、设计、施工均围绕着减弱振动影响的干扰、确保精密设备正常运行而展开。第一，通过总体规划和平面布置，远离振源。第二，在施工过程中分阶段进行防微振性能检测。第三，通过地基特殊处理，加强回填土密实度控制，加大地基的刚度，加大底板与地基土的紧密接触度，减弱振动波的能量在土中传播。第四，通过厚重的结构及加大防微振建造范围，缩小柱距、密集井字梁，以及防微振动区域与其他建筑结构隔离措施，使体系的固有频率适度地超过周围已有及将来可能会有的振源的强迫振动频率，防止发生共振。第五，采取有效的隔振减振措施解决水平向的振动，比如阻尼板、空气弹簧隔振装置等。通过上述方式形成一套防微振动体系（选址远离振源、分阶段检测、刚性地基、厚重结构、隔振减振装置），达到防微振的目的。

5 施工工艺流程及操作要点

5.1 施工工艺流程

实地微振动值测试→地基处理→地基微振动值测试→底板结构及上部结构施工→设备基础施工、机电安装、单机调试→室内环境振动测试→隔振减振装置安装，精密设备安装、联机调试及运行→室内环境振动最终测试。

5.2 操作要点

5.2.1 实地振动值测试

振动值测试主要测试微振动、波速、动刚度、阻尼比等。在图纸设计之初，建设方需组织专业机构对实地进行振动速度值测试，主要是厂房周边的振动幅度、频率及大小，如周边交通工具（行驶车辆、火车、地铁、轻轨、飞机）及动力设备的振动等。

5.2.2 地基处理

（1）防微振地基的处理方式一般采用桩基（钻孔灌注桩、挖孔桩、预制桩等）、压力注浆、换填等单种或多种组合方式。

（2）基础土方开挖及回填也是重要的一环，是确保土壤与底板结构紧密接触的重要因素，防止回填土密实度不足引起沉降，导致底板脱空现象。

（3）土方开挖。提前做好场地布局、运输线路、开挖方式，分层分段开挖，严禁超挖，禁止碰撞扰动工程桩，预留15～20cm土层待人工挖除，挖机配合运土，同时做好基坑内的抽排水工作。基坑开挖完成后，及时组织验槽工作，及时浇筑垫层封闭，防止受水浸泡基层土。

（4）土方回填。坚持分层回填、分层碾压原则，控制好回填土的含水率及土质质量。正式回填土之前应做试验段，根据检测结果确定回填土含水率以及碾压遍数。每回填30cm采用20t压路机碾压4～6遍，逐层进行环刀检测，碾压不到位的地方需要进行夯实，在挖机啄木鸟端部焊接500mm×500mm×30mm钢板，改装成夯实机进行逐点夯实，确保每层回填土的压实系数为0.96。

5.2.3 地基微振动测试

在防微振地基通过特殊处理完成后，建设方需组织专业检测机构对地基进行实地振动值测试，确保振动值控制在合理范围内。测试合格后方可进行上部结构的施工。

5.2.4 底板结构及上部结构施工

底板及上部结构采用钢筋混凝土结构，防微振区域底板及上部结构不仅加大建造范围，而且构件截面设计较大，甚至设计成大体积混凝土结构，通过缩小柱间距、钢筋直径加大、间距加密，密集井字梁板结构等增强结构的刚度。

5.2.5 设备基础施工、机电安装、单机调试

（1）厂房内不宜设计易产生较大振动的动力系统，如空调机组、冷却机组、换热机组、废气废水处理机组、排风机等，一般采取分离布局，通过管道解决送风和冷热水循环系统，且管道支架宜为减振支架，尽量减少振源。

（2）精密设备、仪器的基础一般采用混凝土基础，大体积防微振基础是最简便易行的防微振手段。

（3）在设备基础施工的同时，应穿插进行机电安装，待机电安装完成后组织单机调试运行。

5.2.6 室内环境振动测试

在机电安装完成后，需对室内机电单机运行环境的微振动影响设备基础的情况进行测试，根据测试结果选择精密设备仪器的隔振减振装置。

5.2.7 隔振减振装置安装、精密设备仪器安装、联机调试及运行

（1）对于防微振要求高的精密设备、仪器还需要配备隔振减振装置，如阻尼板、减振垫、空气弹簧隔振装置等。小型精密设备本身常带有无源隔振系统，空气弹簧隔振装置用于大型精密设备的无源隔振系统。

（2）空气弹簧隔振装置安装条件：第一，钢筋混凝土设备基础等土建部分施工完成。第二，洁净金属壁板吊顶及空调净化系统、给排水系统、消防喷淋系统、供电系统、照明系统等顶棚部分安装完成。第三，洁净金属彩钢板隔墙、钢制门观察窗等隔墙部分安装完成。第四，防微振区域地面防水、环氧自流平、防静电 PVC 地板、高架地板等安装完成。

（3）空气弹簧隔振装置安装步骤：第一，在空气弹簧充气之前，采用橡胶垫块将钢平台垫起一定高度，然后把所有设备吊放置钢平台上。第二，向空气弹簧隔振器内充气，通过仪表箱及控制阀调节空气单元气压使每个单元的气压尽量相同，即保证每个空气单元所承受的荷载尽量相同，确保设备平台尽量水平，防止倾覆。第三，设备升起到设计高度后，检查水平度，通过仪表箱及控制阀对各个充气单元进行微调，使其水平度符合设备要求。

（4）隔振减振装置安装完成后，精密设备仪器一般是由厂家负责安装及调试。

（5）在机电设备单机调试合格后，精密设备仪器安装完成，一起进行联机调试及试运行。

5.2.8　室内环境振动最终测试

在所有建造项目全面完成后，设备联机运行，需要对室内环境振动做最终测试和评估。

6　材料与设备

6.1　原材料选用

（1）钢筋：检查钢筋出厂合格证、质量证明文件及备案，按规定进行见证取样复试，并经检验合格后方能使用。进场钢筋的生产厂家、规格、型号、数量应与出厂合格证或试验报告中所标明的相符合，指标符合有关标准、规范。钢筋的外观应平直、无损伤，表面不得有裂纹、油污、颗粒状或片状老锈。钢筋工程的原材料、加工、安装和验收，符合现行国家标准《混凝土结构工程施工规范》（GB 50666）的有关规定，在监理工程师验收合格后方可施工和隐蔽。

（2）混凝土：全部采用商品混凝土，所有材料必须符合相关现行规范、规程、标准的规定。必须有出厂合格证、备案书、厂家提供的具有法定检测单位出具的检测报告、复试报告。外加剂应符合国家现行标准《混凝土外加剂》《混凝土外加剂应用技术规范》《混凝土泵送剂》和《预拌混凝土》的有关规定。

（3）施工用水：拌和用水符合《混凝土拌合用水标准》（JGJ 63）的相关要求。

（4）隔振减振装置：在隔振减振装置的选择上，必须符合设计规范和国家标准，尽量选择质量可靠，市场比较成熟的且隔振减振效果好的产品。必须具有出厂质保单、合格证、备案书、出厂出具的检测报告、试验报告等，对于进口产品应提供海关证明文件。

6.2　机具设备（见表 1）

表 1　主要机械设备表

序号	设备名称	数量	单位	备注
1	钢筋加工机械	1	套	钢筋加工
2	切割机、电焊机	1	台	切割及焊接钢管、钢筋
3	钻机	2	台	成孔
4	压路机	1	台	回填土夯实
5	土方运输车	20	台	土方运输
6	混凝土运输车、泵车、磨光机、振动棒	2	套	混凝土浇筑

7　质量控制

（1）严格控制原材料的选用，对不合格的原材料杜绝使用。

（2）每施工完成一道工序经自检合格后，报请监理单位验收，否则不能进入下一道工序施工。

（3）在施工之前必须编制施工方案，经审批合格后方可施工，严格按照既定方法进行施工，当工艺、方法、环境等变更时，应及时补充方案变更手续。

（4）做好工程质量通病防治方案，做到事前、事中、事后控制，严格控制施工质量。

（5）做好班组质量培训，技术交底，坚强管理，提高质量意识。

（6）施工资料与施工进度同步收集、整理、装订成册。

（7）项目部每周召开质量研讨会，对工程质量进行奖励和惩罚制度，专人负责落实到位。

（8）施工过程中跟踪监督检查，对出现的问题及时解决，杜绝带入下一道工序，不合格的产品绝不姑息，一改到底。

（9）全员参与质量控制，进行质量管理。

（10）施工质量与验收按照《建筑工程施工质量验收统一标准》（GB 50300）、《混凝土结构工程施工质量验收规范》（GB 50204）、《混凝土结构工程施工规范》（GB 50666）、《建筑地基基础工程施工质量验收规范》（GB 50202）、《建筑基桩检测技术规范》（JBJ 106）、《建筑地基基础设计规范》（GB 50007）等标准执行。

8　安全措施

（1）建立健全安全生产机构，并实施严格的安全施工网络管理，制订安全生产制度，安全第一，预防为主。认真执行安全生产管理中的"三大规程"和"五项规定"，搞好安全生产教育。

（2）做到安全工作由项目经理亲自抓，专职安全员专职抓，召开各种形式会议，现场监督纠察，检查评定各种方式的安全教育检查工作。

（3）工程开工前，人员进场后，项目技术负责人将施工方法和安全技术要求向全体职工进行详细交底，班组长每天都要对工人进行施工方法和作业交底，确保所有施工人员遵守工地的安全制度和规定。

（4）工地悬挂安全警示牌，张贴安全宣传标语，营造安全施工环境。

（5）强化安全操作规程，严格按操作规程办事。进入现场的施工人员一律要戴安全帽，高处作业人员要配有安全带，根据场地的实际情况，必要时应设置安全隔离装置。

（6）强化现场安全用电有关规定，输电电缆要按规范要求敷设。施工用电配电箱要做门、配锁、专人管理，用电设备要一机一闸，一律加装漏电保护装置和用电设备接地或接零。

（7）各工种专业人员持证上岗，严格执行岗位责任制和"三级安全教育"制度。

9　环保措施

（1）针对工地自然条件及气候特征，制订有效的环保措施，实行环保目标责任制。

（2）加强环保问题的宣传教育工作，提高全体员工的环保意识。

（3）施工现场必须悬挂各种环保宣传标语，营造环境保护的浓厚气氛。

（4）合理安排施工时间及施工临时设施，减少噪声对周围居民的干扰。

（5）施工现场、施工便道常洒水，防止尘土飞扬，波及四周，控制施工废料的排放，以免污染附近水源和环境。

（6）加强环保检查和监控工作，项目部、施工队驻地定期进行检查。

（7）施工现场污水及生活区污水，必须经过沉淀才能排入下水道。

（8）生活垃圾严格按当地环保部门的要求定点弃除。

10　效益分析

（1）该防微振体系成功实现了多层厂房的精密设备、仪器上楼的局面，与传统的单层防微振厂房相比，不仅节约了土地，而且大大降低工程造价。以光通信产业园建设项目二期工程为例，土建价格约 1600 元 /m²，该区域土地拍卖价格约 5000 元 /m²，可节约工程造价 3400 元 /m²，经济效益显著。

（2）防微振结构采用厚重结构形式，缩小柱距、钢筋直径加大、间距加密，密集井字梁板结构等增强结构的刚度，大体积防微振基础及厚重结构是最简便易行的防微振手段，若设计施工得当，可减弱微振 50% 左右。对于防微振要求较高的厂房来说，削弱振源对精密设备仪器的影响，效果非常显著（表 2、表 3、表 4）。

表 2　一层防微振区域与非防微振区域设计参数对比表　　　　　　　　　mm

区域	混凝土强度等级	钢筋直径	钢筋间距	底板厚度
非防微振区域	C30	10	100	250
防微振区域	C30	14	100	500
参数结果对比	相同	加大	相同	加大

表 3　二层防微振区域与非防微振区域设计参数对比表　　　　　　　　　mm

区域	非防微振区域	防微振区域	参数结果对比
混凝土强度等级	C30	C30	相同
楼板	板厚 120	板厚 150	加大
	配筋直径 100 间距 200，双层双向	配筋直径 100 间距 150，双层双向	加大
结构梁	主梁 500×800，次梁 300×700，间距 4.8m	主次梁 500×800，边梁 500×1500，间距 2.4m	加大
结构柱	800×800，柱距 9.6m	800×800，柱距 4.8m	加大
层高	6.0m	5.4m	减小

表 4　防微振区域面积与 2 台 Steper 设备基础面积设计参数对比表

区域	防微振区域面积	设备基础面积	参数结果对比
一层	31.25m×23.2m=725m²	—	扩大 725 倍
二层	31.25m×23.2m=725m²	2.6m×2m×2 个 =10.4m²	扩大 69.7 倍

11　应用实例

光通信产业园建设项目二期工程，生产厂房占地面积 6810.5m²，地上 4 层，建筑高度 25.1m，总建筑面积 29773.7m²，钢筋混凝土框架结构，设计使用年限 50 年。室内要求洁净、恒温、恒压、恒湿环境。二层洁净室布置 2 台 Steper 设备，主要负责对芯片加工中的光刻工艺，对微振动的控制要求较为严格，振动速度控制值 VC-C=12.5μm/s。

本工程为满足二层 2 台 Steper 设备防微振的要求，一层及二层防微振面积均为 725m²。防微振区域设置 ϕ800 钻孔灌注桩 21 根，桩长 18～21m，入灰岩持力层下不少于 2.0m，单桩承载力特征值 4000kN，单桩承载力极限值 8000kN，基础采用两桩和三桩承台，承台尺寸 2m（宽）×4m（长）×1.5m（深），其上部 800mm×800mm 结构柱直达屋面。为缩小柱距和加强地基刚度，在钻孔灌注桩之间布置人工挖孔墩 23 根，人工墩直径 1000mm，墩深 8～12m，其上部 500mm×500mm 结构柱直到二层防微振区楼板面。一层底板厚度 500mm，柱轴距 4.8m。二层楼板厚 150mm，井字梁 500mm×800mm，间距 2.4m，边梁 500mm×1500mm，设备基础面积 10.4m²（长 2.6m× 宽 2m× 高 0.6m），并在钢筋混凝土设备基础上设置空气弹簧隔振装置，通过仪表箱及控制阀控制各个空气弹簧隔振器，调节其高度及气压，使台体平整度满足设备需要，从而达到防振效果。

建设方聘请第三方专业检测机构对防微振区域按照上述阶段进行监测，各个阶段的检测结果反映给设计单位，设计单位根据分阶段现场测试的数据进行分阶段防微振动设计。多次的监测数据反映防微振动区域的振动值小于允许值，表明防微振设计及施工取得良好的效果。本案例值得设计者和业主借鉴。

螺杆钢管组合新型连墙件施工工法

杨伟才　金泽文　戴习东　卜妙文　张益清

湖南省第三工程有限公司

摘要： 为避免在二次结构模板安装、砌体施工中随意拆除外架连墙件带来的安全隐患；外墙装饰施工中封堵连墙件预留洞引起的外墙渗漏及外墙装饰面出现明显修补痕迹的质量隐患，特编制本施工工法。该新型连墙件施工工法可灵活布置，避免了钢管及扣件损耗、二次结构及砌体施工时随意拆动连墙杆导致的外墙外脚手架连墙杆处漏水等问题。

关键词： 外架连墙件；渗漏；螺杆钢管组合；连墙件；外墙装饰

1　前言

建筑行业中，外架施工是最常用、最广泛的施工措施之一。传统连墙件，主体混凝土施工阶段操作简便，施工快捷，因而广泛使用。但其在剪力墙处（长度超过 4.5m），后砌的砌体和装饰施工中带来的安全、质量隐患也不少。如：砌体施工阶段，如遇二次结构混凝土翻边，或砌体施工不便，施工人员素质不高，又因为连墙件拆除方法简单等因素，造成随意拆除连墙件带来的安全隐患。

在后期拆架时，须氧割连墙件，修补预留洞，外墙修补面积大。带来人工费、材料费消耗大，环境污染大，拖延工期，存在外墙渗漏、装修修补色差质量隐患等弊端。

我司为消除传统连墙件的诸多弊端，在浙江省嘉兴平湖御龙湾商住楼、湘潭市梦泽山庄酒店提质改造项目中采用新型外架连墙件（特制预埋件、螺杆、架管套件），取得了较好的效果，现将该施工工艺总结并形成本工法。

2　工法特点

（1）可以避免外墙外脚手架连墙杆处漏水质量等通病。

（2）可以避免二次结构及砌体施工时随意拆动连墙杆，减轻了外脚手架安全管理风险。

（3）可以灵活布置，不受转角混凝土墙柱影响。可严格按照规范设置连接点。

（4）与传统外架连墙件相比，大大避免了钢管及扣件损耗、拆除时氧割的耗工和耗材。本工法连墙件可重复利用。大大节约了项目施工成本。

（5）外架拆除时连墙杆处处理面极小，不影响外架拆除工期进度。

（6）在需要进行外架与建筑物之间缝隙的平面防护时，由于连墙件预埋标高一致，可利用其作为平面防护的支撑件，解决架体与建筑物之间平面防护支座缺失的问题。

3　适用范围

新建的建筑物、构筑物的内外钢管脚手架工程。

4　工艺原理

（1）本连墙件采用特制的预埋件、螺杆与架管组成套件，避免在砌体、二次结构上预留孔洞。连墙螺杆采用 $\phi 16$ 套丝杆，满足设计要求。与建筑物的连接如图 1 所示。

当楼层外边只有单梁而无现浇板时，$\phi 16$ 锚筋采用 90° 直钩形式，锚固长度大于 450mm 即可。

（2）连墙套件与架体连接采用双扣连接外立杆（如单扣满足要求，设置单扣即可），也满足设计要求。

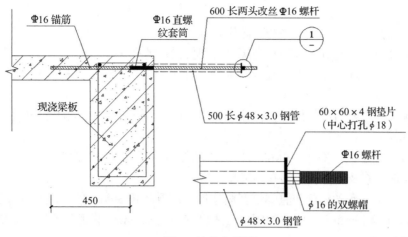

图 1　连接大样图

当连墙件与主节点小于等于 300mm 时，按图 2 施工。当连墙件与主节点大于 300mm、小于等于 900mm 时，为避免内立杆承受弯矩，采用增加斜撑杆的方式加固，如图 3 所示，相较水平撑杆对施工人员在此步架内活动的影响较小。

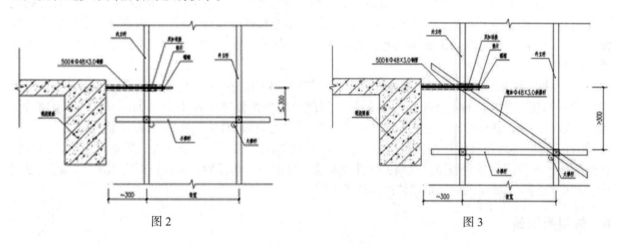

图 2　　　　　　　　　　　　　　　　　　　图 3

5　工艺流程及操作要点

5.1　工艺流程

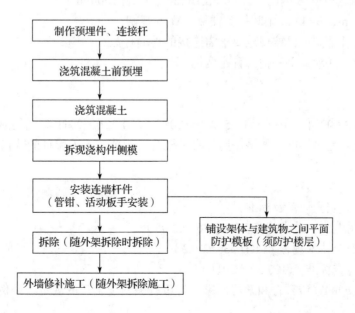

5.2　操作要点

（1）预埋杆和连接杆套完丝后丝头均做防锈处理。

（2）预埋杆预埋前要包扎好丝头防止裹浆，方便拆模后清孔。

（3）预埋件预埋在梁面筋下，并用扎丝与面筋绑扎牢固，保证预埋件标高一致及防止振捣混凝土时偏位。

（4）预埋杆预埋位置要对准外架外立杆偏两侧边 20 ～ 30mm，并在外侧模相应位置做好标记，便于拆模后寻找预埋件。

（5）梁板混凝土强度大于等于 1.2MPa 时，方能拆除梁外侧模，梁侧模拆除后，根据标识，利用小錾子将预埋件表面浮浆及直螺纹套筒孔内清理干净。

（6）利用管钳将 ϕ16 套丝钢筋与直螺纹套筒连接，注意丝长 30mm 的一端与预埋套筒连接。

（7）将 500mm 长 ϕ48mm × 3.0mm 的钢管套入已安装的 ϕ16mm 钢筋上，装好钢垫片，上好螺帽，连墙组件与建筑物拉结完成。

（8）完成与建筑物拉结的连墙组件再利用十字扣与外架内立杆连接，完成连墙件的全部安装。注意：当设计须用双扣时，需在连墙组件上紧挨十字扣位置增加一个扣件。当连墙组件与外架主节点距离大于等于 300mm 时，需在内立杆上紧挨连墙组件处增加斜撑杆，避免内立杆受弯。

（9）需进行外架与建筑物之间平面防护的楼层，在已安装的连墙组件上铺设两根 ϕ20 通长钢筋，用扎丝与连墙组件绑扎牢固，再利用模板工程剩的边角废料锯成宽度一致的（内立杆至建筑物之间距离）半成品，铺设在 ϕ20 的钢筋骨架上，统一打孔，用扎丝将模板与钢筋骨架绑扎牢固，完成架体外平面防护。

（10）拆架阶段，当外架降至连墙件以上一步架时（1.8m 左右）才能开始拆本层连墙组件。由于连墙组件与建筑物接触面仅 50mm 直径的圆，因此外墙预留修补位置小于 150mm × 150mm 的面积，且无须防渗处理，修补时间可忽略不计，不影响外架拆除速度。外墙装饰质量也能得到保证。

（11）拆除连墙组件须严格按程序进行，一次只能拆除最顶端层的连墙件，并通过质检部门验收合格后，由质检部门书面通知工程部拆除外架及连墙件的具体部位后，才能进行拆除施工。施工过程中，严格控制，不能对书面通知以外的部位进行拆除。

6　材料与设备

（1）ϕ16 一端套丝丝长 30mm，锚筋总长 450mm；

（2）ϕ16 自螺纹套筒、500mm 架管；

（3）600mm 两端套丝 ϕ16 钢筋（一端丝长 30mm、一端 100mm）；

（4）60mm × 60mm，B=4mm 中间打孔铁板、M16 螺帽；

（5）以上材料数量全同项目按规范要求需连接的连墙杆数；

（6）套丝机一台，活动扳手一把，管钳两把。

7　质量控制

严格执行标准 GB 50204—2015、GB 51210—2016、JGJ-130—2011 等规范标准和强制性条文。

严格控制丝杆进入套筒深度。严格按照外脚手架验收规范布置连墙杆的数量。

8　安全措施

（1）应遵守的相关安全规范及标准：

《施工现场临时用电安全技术规范》（JGJ 46—2005）；

《建筑机械使用安全技术规程》（JGJ 33—2012）；

《建筑施工安全检查标准》（JGJ 59—2011）。

（2）加强安全生产的宣传教育和学习国家、省市有关安全生产的规定、条例和《安全生产操作规程》，并要求职工在施工中严格遵守有关文件的规定。

（3）工程施工之前，结合安装施工的特点，进行安全技术交底，经相关操作人员签证认可，并保持记录。

（4）工程实施时，严格按照经公司总工程师和项目监理审定的施工组织设计和安全生产措施的要求进行施工，操作工人必须严守岗位履行职责，遵守安全生产操作规程，特种作业人员应经培训，持证上岗，各级安全员要深入施工现场，督促操作工人和指挥人员遵守操作规程，制止违章操作、无证操作、违章指挥和违章施工。

9 环保措施

（1）应严格遵守国家、地方及行业标准、规范：

《建筑施工现场环境与卫生标准》（JGJ 146—2013）；

《建筑施工场界噪声限值》（GB 12523—2011）。

（2）教育作业人员自觉爱护现场环境，组织文明施工。

（3）确保设备的清洁美观，各种材料进入现场按指定位置堆放整齐，不影响现场正常施工，不堵塞施工通道和安全通道，材料规格标识清楚，材料堆放场要有专人看管，做到工完场清。

10 效益分析

（1）利用工地上的废钢筋做预埋件、连接件，可重复利用，比传统连墙件减少了大量的耗材，安装方便快捷，避免了以往的多次维护，一次性投入材料费略高一点，但重复利用或采用市场工业化生产采用租赁方式。经济效益明显会大于传统连墙件。

（2）该工法免去了现场拆除时氧割作业对空气的污染。避免了钢管及扣件一次性损耗量，减少了制造时能源消耗及污染气体排放。

（3）该工法大大节约资源及能源消耗，重复利用率高。有效地解决了外墙连墙杆处渗漏问题。减轻了外脚手架安全管理难度，提高了外脚手架安全系数，为高处作业安全保驾护航。

（4）经过成本分析，本连墙组件与传统连墙件对比，钢筋、架管扣件等可周转材料按 20 次摊销，比传统连墙件每处节约材料费 10 元。拆架时修补节约人工费、材料费用 80 元／处。总计 90 元／处。湖南省第三工程有限公司湘潭天易示范区文体公园项目高层部分共计 13 万 m²，共节约费用 15 万元。湘潭市梦泽山庄酒店提质改造项目共计 3 万 m²，共节约费用 4 万元。拆架时修补间歇时间短，加快了拆架进度，缩短了架管、扣件租期，带来效益更大。

（5）本工法还有改进处，即想办法将直螺纹套筒取出，可进一步降低成本。

11 工程实例

（1）于 2016 年至 2018 年 11 月在湖南省第三工程有限公司湘潭天易示范区文体公园项目中运用，效果明显，利用的楼层连墙杆处无一渗漏，得到了当地政府监管部门认可。

（2）于 2017 年在湖南省湘潭市梦泽山庄酒店提质改造项目运用，举办了质量通病防治观摩会，此工法在外墙渗漏防止效果方面得到各界人士认可，此项目获得了湘潭市质量通病防治示范工程。

混凝土刚性层分格缝后置施工工法

姚　强　王　斌　张　磊　刘令良　曾前东

湖南省第四工程有限公司

摘　要： 为解决传统屋面刚性层施工工艺中分格缝模板难固定、易跑模、成型质量不佳等问题，可对刚性层结构进行整体钢筋绑扎及混凝土浇筑，混凝土浇筑完成后在混凝土面层上满铺玻纤网格布，待混凝土强度达到 1.2MPa 后，按照先大块后小块原则进行第一次切割，消除混凝土收缩裂缝，14d 后采用双面弹线方法，将分格缝加宽至 8～10mm，30d 后对分格缝进行防水打胶处理。本工法无须支模，施工难度低，工作效率高，可获得更好的质量效果。

关键词： 屋面刚性层；分格缝；后置施工

1　前言

随着建筑施工技术的不断进步，施工质量要求的不断提升，传统的施工工艺已不能满足当今社会精细化施工的要求。为此，针对传统屋面刚性层施工工艺中分格缝模板难固定、易跑模、成型质量不佳等问题，我公司通过调查和研究，对屋面刚性保护层采用分格缝后置施工技术，获得了较好的质量效果。

2　特点

（1）刚性层一次成型，无须支模，降低了施工难度，提高了工作效率。

（2）混凝土整体浇筑成型，切缝后相邻板面平整，高差小。

（3）刚性层钢筋网整体绑扎，切缝后分格缝边缘分布有钢筋网，提高了缝边混凝土的整体性及耐久性，有效地解决了传统分格缝留置方法中缝边无筋混凝土不耐久、易开裂的问题。

（4）混凝土浇筑后，板面整体铺贴玻纤网格布，有效地防止板面裂缝。

（5）分格缝后期切割成型，线条美观，棱角分明，有效地提高了工程观感质量。

（6）分格缝防水采用耐候胶填塞防水，面层无须卷材盖缝，成型后面层整体平顺无隆起，外表美观，排水通畅。

3　适用范围

适用于各类屋面的现浇混凝土保护层或刚性防水层分格缝的施工，可应用于厂房等大开间结构现浇混凝土楼地面分格缝的施工。

4　工艺原理

混凝土刚性层分格缝后置施工工法的原理是对刚性层结构进行整体钢筋绑扎及混凝土浇筑，混凝土浇筑完成后在混凝土面层上满铺玻纤网格布，待混凝土强度达到 1.2MPa 后，按照先大块后小块原则进行第一次切割，消除混凝土收缩裂缝，14d 后采用双面弹线方法，将分格缝加宽至 8～10mm，30d 后对分格缝进行防水打胶处理。

5　施工工艺流程及操作要点

5.1　施工工艺流程

施工准备→刚性保护层钢筋整体绑扎→刚性保护层混凝土连续浇筑→满铺玻璃纤维网格布→按设

计分格缝设置要求进行弹线→混凝土强度达到 1.2MPa 后进行第一次切缝→双面弹线进行二次切缝→分格缝内清渣、注耐候胶。

5.2　操作要点

5.2.1　施工准备

（1）熟悉图纸，充分了解待施工区域刚性层厚度、标高、坡度等构造要求，确保施工质量。

（2）将刚性保护层混凝土浇筑、网格布保护层控制、切缝时间及顺序等各工序的操作要点向作业人员进行详细交底，确保成型质量。

（3）清理基层，刚性保护层施工前，将基层清理干净，确保基层无混凝土或砂等浮渣杂物、无积水。基层有防水构造的刚性保护层施工前，应确保防水层及隔离层施工完毕并通过验收。

5.2.2　刚性保护层钢筋整体绑扎

（1）屋面防水层施工完毕后，按设计要求铺设纤维布隔离层；

（2）隔离层施工完成，进行屋面钢筋网片整体绑扎安装，钢筋采用 $\phi 4$ 冷拔低碳钢丝，间距 150mm，单层双向配置，钢筋网片整体连续设置，在分隔缝处无须断开。

（3）设置保护层垫块，钢筋网片绑扎完成后，设置保护层垫块，垫块间距不大于 1000mm，梅花形布置，上部保护层厚度控制在 10 ～ 15mm。

5.2.3　刚性保护层混凝土连续浇筑

（1）刚性层细石混凝土的水灰比不应大于 0.55，混凝土水泥用量不小于 330kg/m³，含砂率宜为 35% ～ 40%，灰砂比应为 1:2 ～ 1:2.5，施工参考配合比见表 1。

表 1　屋面用细石混凝土施工配合比

混凝土强度等级	配合比（kg/m³）							坍落度（cm）
	水泥	矾土水泥	石膏粉	砂	石子		水	
					粒径（mm）	用量		
C20	330	—	—	653	5 ～ 15	1086	209	1 ～ 2
C20	420	—	—	630	5 ～ 15	1050	214	2 ～ 4
C20	301	20	29	710	5 ～ 15	951	197	1 ～ 2

注：水泥为 32.5 级普通硅酸盐水泥。

（2）刚性层混凝土不分开、整体连续浇筑。

（3）混凝土厚度采用插钎控制，边刮平边提升钢筋网至保护层位置。钢筋网提升采用人站在钢筋网空隙间或设置矮马凳作为施工平台的方式，用拉钩提升，钢筋保护层厚度控制在 15 ～ 18mm。

5.2.4　满铺玻璃纤维网格布

混凝土振捣刮平后，面层满铺抗裂网格布，采用直尺提浆，将保护层厚度控制在 5 ～ 8mm，确保机械抹面不翻网。

5.2.5　弹线

混凝土强度达到 1.2MPa 或表面脚踏无印迹后，按照纵横向间距不大于 6m 进行分格缝测量、弹线，并进行第一次切缝。

混凝土分格缝的设置应预先进行设计排板，确定各分格缝的平面位置及切割顺序。

5.2.6　第一次切缝

（1）第一次切缝按照分格缝预排板确定的位置及切割顺序，先大块后小块进行，边弹线边切割（图 1）。

（2）分格缝切割时，刚性层底部应留 5mm 左右不切，应根据分格缝切割深度在混凝土切割机上设置切割厚度限位装置，以保证切割时不破坏底部防水层。

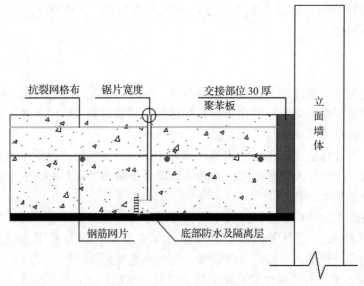

图 1 第一次切缝工况图

（3）第一次切缝宽度无特殊要求，锯片厚度即可，目的是使分格缝部位的混凝土、网格布、钢筋网片断开，消除混凝土的收缩裂缝。

5.2.7 二次切缝

（1）当混凝土浇筑并正常养护 14d 或强度达到 70% 后，在原切割线条两侧进行弹线。弹线以原切割线为基线，两侧均分。

（2）双面弹线两线间距 8～10mm，进行二次切缝，将分格缝加宽至 8～10mm，深度与首次切割一致（图 2）。

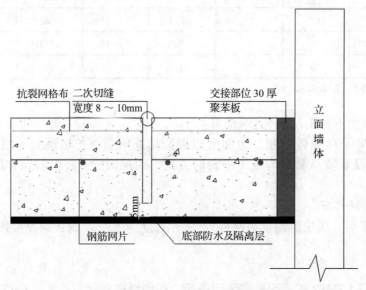

图 2 第二次切缝工况图

5.2.8 分格缝内清渣、注耐候胶

（1）分格缝切割完成后，采用平口起子将分格缝底部剩余的 5mm 厚刚性层混凝土捣碎，采用高压气枪清理缝内杂物。

（2）清除刚性层与立面墙体交接部位聚苯板，高压气枪将缝内杂物清理干净，填塞防水胶泥。

（3）人工进行分格缝内灌注耐候胶。灌注前，沿分格缝两侧贴美纹纸，缝面宽度 10～12mm，耐候胶灌注应一次性充满分格缝，灌注完成后表面应抹平，铲除表面多余耐候胶（图 3）。

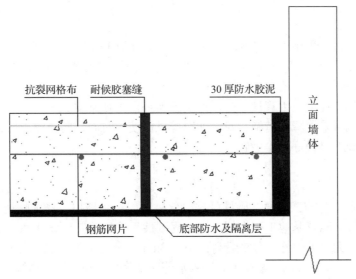

图 3　分格缝灌缝工况图

6　材料与设备

6.1　主要材料的选用及要求

6.1.1　钢材

刚性保护层钢筋网片采用 $\phi4$ 钢筋。钢筋应无弯曲、锈蚀、油污等缺陷。

6.1.2　混凝土

采用商品细石混凝土，混凝土强度依据设计确定。

6.1.3　耐候胶

耐候胶采用凯比特 995-A 高性能硅酮耐候密封胶。

6.2　施工机具设备（表 2）

表 2　机具设备表

序号	设备名称	单位	数量	用途
1	HLQ400 混凝土切割机	套	2	切缝
2	高压气枪	台	2	清渣

7　质量控制

（1）刚性保护层分格缝后置技术一般质量措施和要求满足下列标准和规范：

《屋面工程施工质量验收规范》（GB 50207—2012）；

《工程测量规范》（GB 50026—2007）；

《混凝土结构工程施工质量验收规范》（GB 50204—2015）；

《建筑工程施工质量验收统一标准》（GB 50300—2013）；

《硅酮建筑密封胶》（GB/T 14683—2003）。

（2）分格缝耐候胶厚度大于等于切缝深度；分格缝高低差 <3mm。

（3）混凝土浇筑后应及时进行养护，养护时间不宜少于 14d，养护初期混凝土面不能上人。

8　安全措施

（1）严格遵守现行的《建筑机械使用安全技术规程》《施工现场临时用电安全技术规范》《施工安全检查标准》。

（2）作业人员佩戴安全帽。

9　环保措施

（1）严格遵循《建设工程施工现场环境与卫生标准》（JGJ 146—2013）的规定。

（2）在施工前，项目部管理人员应对操作工人进行环保知识教育和环保措施技术交底，施工过程中，操作个人应按交底要求自觉地形成环保意识。

（3）成立专门的施工环境卫生管理小组，落实各项环保责任制度。

（4）对现场施工机械采取降噪措施，并合理安排机械使用时间，防止噪声污染。

（5）混凝土切缝施工时做好降尘措施。

10　效益分析

刚性层分格缝后置工艺施工简便，质量可靠，分格缝周边无破损，排水畅通，无隐患。以我公司承建的中国联通湖南数字阅读基地工程为例，该工程刚性保护层施工面积 3000m²，采用该工艺组织施工，各板块混凝土面层无可见裂缝，分格缝高低小于 3mm，合格率为 98%，分格缝周边无破损，合格率为 98%，成型质量好，防水性高，减少了后期渗水等质量隐患，与传统分格缝采用塑料材料制作模板的施工工艺相比，减少了材料的用量及施工时间，提高了工作效率，两项对比产生经济效益 2.7 万元。

11　应用实例

（1）中国联通湖南数字阅读基地工程，开工时间 2014 年 11 月 15 日，竣工时间 2018 年 10 月 20 日，该工程屋面刚性保护层采用本工法组织施工，屋面无开裂，分格缝顺直无破损，板面高差小，排水通畅无渗漏。

（2）源山冷链物流园项目（一期）建安工程，开工时间 2016 年 4 月 15 日，竣工日期 2016 年 11 月 11 日，该工程冷库楼地面保温保护层采用本工法施工，楼面平整度好，分格缝成型质量美观，获得了业主的一致好评。

（3）云冷产业园工程，开工时间 2017 年 2 月 8 日，竣工日期 2018 年 10 月 25 日，该工程冷库楼地面保温保护层及屋面刚性层均采用本工法施工，分格缝成型质量美观，楼地面平整度好，屋面排水顺畅、无开裂、无渗水，实现工程质量一次成优，为本工程实现创优目标打下了坚实基础。

施工操作如图 4～图 11 所示。

图 4　混凝土浇筑刮平

图 5　铺抗裂网格布，直尺提浆

图 6　机械抹面

图 7　第一次切缝

图 8　第二次切缝加宽分格缝

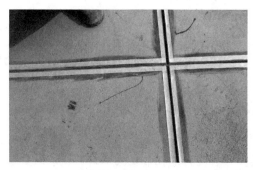

图 9　贴美纹纸

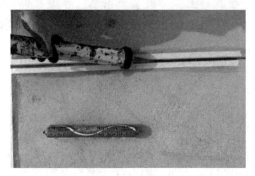

图 10　灌缝

图 11　屋面成型效果

免支模预制 U 形空心砌块构造柱施工工法

李勤学　林光明　张　锋　张　勇　黄　可

湖南省第四工程有限公司

摘要：为解决构造柱常规施工工艺造成的露筋、蜂窝、孔洞等质量问题，主体结构施工阶段在构造柱插筋定位部位的梁顶预留 PVC 管孔洞，墙体砌筑阶段将预制 U 形空心砌块作为构造柱外模，砌块与填充墙砌体砌筑两层垂直高度约 600mm，浇筑一次构造柱混凝土，并放置拉结筋，在梁底部位浇筑混凝土时从梁上预留的 PVC 管孔洞进行灌入并充分振捣，从而保证了构造柱底部、柱身、顶部混凝土浇筑成品质量。

关键词：构造柱；免支模；预制 U 形空心砌块

1　前言

　　常规构造柱施工工艺为先砌筑墙体，预留构造柱马牙槎，待二次结构墙体砌筑完成后在墙身及墙顶分别支设模板及撮箕口浇筑混凝土，由于混凝土本身收缩的特性，构造柱顶部与梁底部无法浇筑密实。同时由于常规构造柱施工无法对构造柱混凝土进行充分振捣，构造柱往往发生露筋、蜂窝、孔洞等质量通病。我公司在长期的施工过程中总结出经验，主体结构施工阶段在构造柱插筋定位部位的梁顶预留 PVC 管孔洞，墙体砌筑阶段将预制 U 形空心砌块作为构造柱外模，砌块与填充墙砌体砌筑两层垂直高度约 600mm，浇筑一次构造柱混凝土，并放置拉结筋，在接近梁底部位浇筑混凝土时从梁上预留的 PVC 管孔洞进行灌入并充分振捣，保证了构造柱底部、柱身、顶部混凝土浇筑成品质量。该工法在国电双辽二期扩建工程等项目部中，取得了良好效果，增加经济效益的同时提高了工程质量。

2　工艺特点

　　该工法的工艺技术具有以下特点：

　　（1）预制 U 形空心砌块与二次结构砌体同时砌筑，可以省去构造柱模板等支撑体系的搭设，一次浇筑成型，并能达到清水砌体的建筑外观效果，经简单养护，强度亦能满足要求。

　　（2）在梁顶部预留 PVC 管孔洞，材料取材方便，施工操作方便，可保证在构造柱顶部混凝土浇筑过程中混凝土浇筑振捣密实，保证构造柱混凝土整体成型质量。

　　（3）本工法对工人技术要求低，不仅施工工艺简单，施工方便快捷，成本较低，施工过程绿色清洁环保无污染，而且操作安全，成型的构造柱强度好，观感佳。

　　（4）预制 U 形砌块在二次结构施工中应用范围广，可以运用在砌体边角、中部、拐角、丁字墙、十字墙等不同部位的构造柱施工一次成型。

　　（5）预制 U 形空心砌块模具制作取材方便，制作简易，并可在施工现场二次结构构造柱预制 U 形砌块的施工时重复利用。

　　（6）该工法减少了传统填充墙砌筑中构造柱的支模和拆模程序，避免了常见的跑模漏浆而造成的墙面平整度差、需剔凿或二次抹灰，可保证施工质量，节约施工成本。

3　适用范围

　　二次结构砌体工程构造柱施工中所有砌体边角、中部、拐角、丁字墙、十字墙构造柱施工部位。

4　工艺原理

充分利用梁上预留孔洞的可操作性及方便构造柱顶部混凝土浇筑的振捣工艺，在主体结构施工时，在梁竖向插入一个 PVC 管，PVC 管外侧刷涂隔离剂，以方便 PVC 管在混凝土浇筑后能顺利取出。PVC 的外径根据梁钢筋的间距确定，最小不小于 40mm。在构造柱施工时采用预制成型的高标号砂浆内配钢丝网 U 形空心砌块，养护龄期 14d，砌块厚度为 20mm，外围宽度为墙体厚度，长度为墙体厚度和墙体厚度加 60mm，将 U 形空心砌块插入构造柱，砌块与填充墙砌体砌筑两层约垂直高度 600mm，浇筑一次构造柱混凝土，放置拉结筋，构造柱完成后继续上部构造柱 U 形空心砌块和填充墙的砌筑，顶部 U 形空心砌块内混凝土从梁顶预留的 PVC 管孔洞内进行浇筑振捣，构造柱施工构造、强度、抗震满足国家规范要求。

5　施工工艺流程及操作要点

现在以国电双辽二期扩建工程项目为例，对该工法进行说明。该工法需在主体结构施工完成后二次结构施工阶段按设计及相关规范、标准要求留设构造柱的部位实施。现以砌体工程直形墙体部位构造柱为例进行说明。

5.1　工艺流程

梁上预留混凝土浇筑孔→预制 U 形空心砌块→养护→施放砌体结构、构造柱边线→绑扎构造柱钢筋→600mm 高 U 形空心砌块组装砌筑→侧边同等高度填充墙砌筑→浇筑混凝土→放置拉结筋→重复预制砌块、填充墙砌筑、浇混凝土工序至顶→顶部预留 PVC 管孔洞灌浆→养护。

5.2　操作要点

5.2.1　梁上预留混凝土浇筑孔

在主体结构施工时，在梁竖向插入一个 PVC 管，PVC 管外侧刷涂隔离剂，方便 PVC 管在混凝土浇筑后能顺利取出。PVC 的外径根据梁钢筋的间距确定，最小不小于 40mm，如图 1 所示。

5.2.2　预制 U 形空心砌块

（1）U 形空心砌块模具制作

在构造柱施工准备阶段需现场预制 U 形空心砌块，U 形空心砌块的预制无须准备专用机械设备，即利用现场规格尺寸为 915mm×1830mm×12mm 机制木模板（九夹板）进行现场加工制作。U 形空心砌块模具按构造柱柱脚开始先退后进的施工标准共两套，每套分为外模及内模。构造柱先退放张部位平面标准规格尺寸按长×宽×高为：（墙厚 +120mm）×墙厚 ×300mm。模具高度可根据预制 U 形砌块与两侧填充墙砌块及楼层净高等进行调整，如 240mm×115mm×53mm 标准砖，灰缝厚度 8mm，砌筑 5 皮标准砖则模数高度为 5×53mm+4×8mm=297mm，由此，300mm 高预制 U 形砌块满足模数要求。其余预制砌块可根据不同类型填充墙砌块调整预制 U 形砌块高度，如图 2 所示。

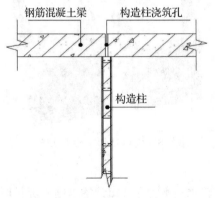

图 1　梁上孔洞预留图

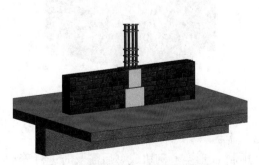

图 2　U 形砌块与标准砖模数构造图

U 形空心砌块内外模具按构造柱标准尺寸进行配模，且外模长边突出短边模板两侧各 150mm 范

围内上下用 φ12 建筑穿墙螺杆拉紧固定。本工法构造柱马牙槎部位的模具按构造柱柱脚模具长边缩短 120mm。构造柱柱脚部位内外模具如图 3 ～图 6 所示。

图 3　U 形砌块外模三维图

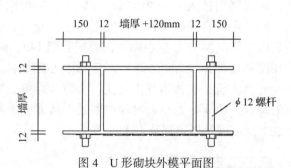

图 4　U 形砌块外模平面图

图 5　U 形砌块内模三维图

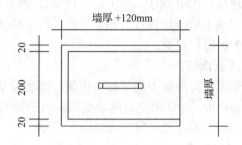

图 6　U 形砌块内模平面图

构造柱 U 形空心砌块模具采用现场模板材料即可制作，取材方便，制作成本底，工艺简单，可重复用于构造柱施工。浇筑水泥砂浆成模时，待水泥砂浆达到初凝后、终凝前（约浇筑 6h）即可取出进行成品养护，达到最终强度。预制 U 形空心砌块内外模具组合如图 7 所示。

（2）U 形空心砌块制作

利用 U 形空心砌块模具预制空心砌块，浇筑前在模具内侧刷涂脱模剂，方便砌块在成型后能顺利取出，U 形空心砌块壁厚为 20mm，施工采用 M15 及以上高强度水泥砂浆浇筑，内配规格为 10mm×10mm×0.6mm 钢丝网，水泥砂浆浇筑时，手持橡皮锤敲击模具侧壁，使水泥砂浆充分振捣密实。U 形空心砌块浇筑完成后在模具内进行初步养护，在达到初凝开始失去可塑性时，手持内模取出继续进行养护，养护龄期不少于 14d，预制时保持模块清洁，并均匀涂刷薄层脱模剂。预制 U 形空心砌块如图所示 8 所示。

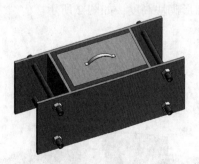

图 7　U 形砌块模具组合图

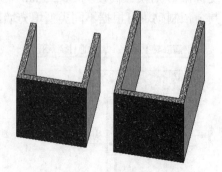

图 8　预制 U 形空心砌块图

5.2.3　养护

预制 U 形空心砌块成型后需及时进行养护，常温下养护时间不少于 14d，冬季施工养护时间不少于 28d。养护现场做好防雨遮盖，避免雨水直接冲淋，做好遮阳处理，避免高温引起砂浆中水分挥发过快，必要时应适当用喷雾器喷水养护。

5.2.4　施放砌体结构、构造柱边线

U 形空心砌块组装砌筑，在墙体砌筑前，需按施放边线进行预排板，保证砌块、填充墙位置准确，施放砌体结构、构造柱边线工艺可按一般构造柱施工放线要求实施。

5.2.5　绑扎构造柱钢筋

预制 U 形空心砌块与预留 PVC 孔洞施工工法构造柱钢筋绑扎无特殊要求，可按常规施工技术要求实施，构造柱钢筋绑扎满足相关图纸及标准规范要求即可。

5.2.6　600mm 高 U 形空心砌块组装砌筑

1. 定位放线

U 形空心砌块组装砌筑前，进行墙体定位放线，按照设计施工图，放出墙体准确位置，包括构造柱的平面具体位置，相关人员进行此寸和位置复核，确保尺寸位置准确无误后形成隐蔽验收资料，方可进行墙体砌筑。

2. 600mm 高 U 形空心砌块砌筑

构造柱 U 形空心砌块与墙体砌筑同时进行，每砌筑 2～3 皮约 600mm 高度后间歇，进行构造柱细石混凝土浇筑，其构造柱空心砌块内填芯混凝土采用图纸构造柱同等级的细石混凝土掺 5% 膨胀剂，在浇捣时，使用 $\phi30$ 振动棒在构造柱内进行振捣，同时辅以橡皮锤轻轻敲击下料，使细石混凝土浇筑充分密实。细石混凝土浇筑完成后在 600mm 高构造柱上放置两根 $\phi6$ 拉筋，长度 1m。空心砌块组合砌筑时灰缝砂浆厚度宜控制在 8～12mm 范围内，并不得少于拉筋直径厚度，使之与上皮 U 形空心砌块结合紧密。600mm 高空心砌块施工完成后，重复预制砌块、填充墙砌筑、浇混凝土工序至顶。U 形空心砌块组合砌筑构造柱如图 9、图 10 所示。

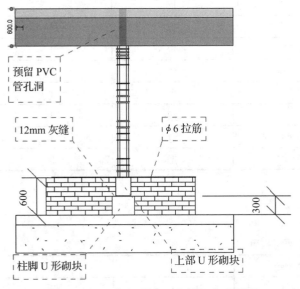

图 9　600mm 高 U 形空心砌块组砌立面图

图 10　600mm 高 U 形空心砌块组砌局部三维图

5.2.7　顶部预留 PVC 管孔洞灌浆

（1）顶部空心砌块浇筑混凝土

顶部 U 形空心砌块及墙体顶部斜砖砌筑至梁顶后，按照构造柱的混凝土强度等级，从梁上口预留的孔洞将混凝土灌入，同时用小直径振捣棒（$\phi30mm$ 振捣棒）进行充分振捣，混凝土浇筑到梁下口位置。

（2）梁上预留浇筑孔密封

采用比原梁设计混凝土高一等级的细石混凝土或灌浆料填充浇筑孔。U 形空心砌块与预留 PVC 孔洞施工工法实施如图 11、图 12 所示。

图 11　梁顶预留孔洞与空心砌块组砌图

图 12　预制 U 形砌块构造柱现场实景图

6　材料与设备

（1）主要机械设备见表 1。

表 1　主要机械设备表

序号	机具名称	规格型号	单位	数量
1	橡皮锤	0.5kg	把	2
2	锤子		把	2
3	灰刀		把	3
4	砖刀		把	4
5	木工电锯	MJ-225	台	1
6	振动棒	ϕ30mm	台	2
7	木工圆锯	HJ-104	台	1
8	小斗车		辆	3
9	切断机	CQ40	台	1
10	钢卷尺	50m	把	3

（2）主要材料

主要材料见表 2。

表 2　主要材料表

序号	材料名称	规格型号	单位	数量
1	填充砌块	按设计	块	按需
2	U 形砌块	按墙体尺寸	块	按需
3	螺杆	ϕ12	个	4 个 / 每套
4	水泥砂浆	M15 及以上	m³	按需
5	模板	12mm 厚度	m²	按需
6	钢筋	按设计	t	按设计
7	混凝土	按设计	t	按需
8	水	纯净水	t	按需
9	钢丝网	10mm × 10mm × 0.6mm	m²	按需
10	PVC 管	ϕ40 以上	根	按需

7　质量控制

7.1　执行的国家规范、标准、规程

（1）本工法在安装过程中主要执行以下国家规范、标准、规程中的相应条款：

《建筑抗震设计规范》（GB 50011—2010）；

《砌体结构工程施工质量验收规范》（GB 50203—2011）；

《砌筑砂浆配合比设计规程》（JGJ/T 98—2010）；

《建筑工程施工质量验收统一标准》（GB 50300—2013）；

《填充墙结构构造》（12G614—1）。

7.2　质量要求

（1）U 形空心砌块模具制作应标准规范，模板选用新模板，浇筑水泥砂浆前先均匀涂刷脱模剂。

（2）空心砌块拆模不宜过早，需满足砌块菱角不因拆模而破坏，砌块常温养护时间不得少于 14d，冬季施工养护时间不得少于 28d。

（3）构造柱 U 形空心砌块填芯混凝土应随砌随浇筑，分段浇捣密实。

（4）梁顶预埋 PVC 管孔洞位置正确，孔洞直径不得少于 40mm，在不破坏主筋位置前提尽可能扩大预留孔洞，方便后期混凝土浇筑和振捣。

（5）梁上预留孔洞采用比原梁设计混凝土高一等级的细石混凝土或灌浆料填充浇筑孔。

（6）混凝土浇筑前对锈蚀钢筋要进行除锈。

（7）空心砌块的养护避免雨水冲洗，且避免高温暴晒，防止预制空心砌块高温引起砂浆中水分挥发过快，必要时应适当用喷雾器喷水养护。

（8）构造柱混凝土配料前严格控制混凝土配合比，浇筑时充分振捣密实。

8　安全措施

（1）本工法采取的安全技术措施主要执行以下国家规范、标准、规程中的相应条款：

《建筑施工安全检查标准》（JGJ 59—2011）；

《施工现场临时用电安全技术规程》（JGJ 46—2005）；

《建筑机械使用安全技术规程》（JGJ 33—2012）；

《建筑施工高处作业安全技术规程》（JGJ 80—2016）。

（2）梁上预留孔洞在灌浆前，现场采取措施进行封闭。

（3）楼层高度超过 2m 的填充墙砌筑和 U 形空心砌块组砌需搭设操作平台，操作平台搭设及平台作业需满足高空安全作业标准规范要求。

（4）不得酒后作业，不得穿拖鞋作业。

（5）模板切割作业时，严格按安全技术交底要求进行切割，切割机具施工前认真检查其工作性能。

（6）施工现场严禁电缆线随意拖地。

（7）冬期施工，应对操作地点和人行通道的冰雪进行清除。

（8）工人进入施工现场必须正确佩戴安全帽，上操作平台作业必须配备安全带。

（9）在二次结构施工过程中安排专人对临边防护栏杆进行拆改，并及时恢复。

（10）施工期间安排专人对现场施工作业进行安全巡查。

9　环保措施

（1）本工法采取的环境保护措施主要执行以下国家规范、标准、规程中的相应条款：《建筑施工现场环境与卫生标准》（JGJ 146—2013）。

（2）墙体砌筑过程中碎砖及时清理，做到工完场清。

（3）施工过程产生的扬尘需及时洒水降尘处理，避免扬尘。

（4）不得夜间施工。

（5）在施工人员中开展环境保护的宣传教育工作，树立环保意识。

（6）现场设置足够数量的废料、垃圾筒并安排专人清扫，保持现场施工环境的清洁。施工中产生的建筑垃圾和生活垃圾及时清运到指定地点，集中处理，防止对环境造成污染。

（7）在进行电弧焊操作时，采用塑料彩条布围护，以避免造成光污染。

（8）必须做到"工完料尽场地清，谁施工、谁清理"，保证施工现场的整洁有序。现场的人员应经过本工程安全文明施工规定的专向培训，且考试合格。

（9）各施工作业区严禁吸烟，各区域作业面应设立专门的吸烟室，地面无烟头，严禁施工人员边施工边吸烟。

10　效益分析

预制 U 形空心砌块与预留 PVC 孔洞构造柱施工工法采用 U 形空心砌块代替传统的模板，施工工序简便，构造柱随墙同时砌筑施工一次成型，该技术减少了传统填充墙砌筑中构造柱的支模和拆模程序，避免了常见的跑模漏浆而造成的墙面平整度差、需剔凿或二次抹灰，可保证施工质量，节约施工成本。该工法无须支模，对工人技术要求低，施工工艺简单快捷，可减少近三分之二人力、物力投入。

（1）工期效益

传统构造柱施工常采用先砌筑填充墙体，而后配模支设模板及钢管支模架，本工法在节约工期上优势尤为突出。首先预制 U 形空心砌块与预留 PVC 孔洞构造柱施工方法可以实现填充墙砌筑与构造柱混凝土浇筑同步施工，避免了工序间歇时间，提高了施工效率；其次，该工法的实施省去了传统构造柱混凝土浇筑前模板及支模架的搭设与拆模工序，大大节约了工期。相比传统构造柱施工工序，本工法节约工期约二分之一。

（2）节材和环保效益

U 形空心砌块代替传统的模板，减少了施工现场模板、木方等材料的投入与采购量，大大节约了材料，且该工法施工工序简便，构造柱随墙同时砌筑施工一次成型，该技术减少了传统填充墙砌筑中构造柱的支模和拆模程序，减少了现场扬尘与噪声，对施工现场环境保护及绿色施工的实施产生积极效益。

（3）经济效益

相对于传统构造柱模板及支模架搭设施工，本工法节约了模板、木方、钢管支模架等周转材搭拆及租赁费用，也节省了模板、木枋的采购量与损耗量，本工法构造柱随墙同时砌筑施工一次成型，减少了支模和拆模程序，节约人工、物力投入，且避免了常见的跑模漏浆而造成的墙面平整度差、需剔凿或二次抹灰等返工现象。龙凤华塘保障性安居工程共有 15 栋主体，结构 33 层，建筑面积 36 万 m²，每层构造柱采用 U 形空心砌块节约施工成本达 35 万元。

11　应用实例

（1）国电双辽电厂二期扩建工程，于 2010 年 9 月开工，2014 年 12 月竣工。本工程为框剪结构，该工程二次结构填充墙采用混凝土标准砌块砌筑，填充墙工程量约为 13200m³，本工程均采用本工法，节约造价约 35 万元。

（2）紫鑫名苑一期工程，于 2008 年 1 月开工，2009 年 6 月竣工。该工程为框剪结构，总建筑面积为 41400 万 m²，主体高度 85m，12 栋主体结构，地上 28 层，内部填充墙采用混凝土空心砌块砌筑，填充墙工程量约为 9522m³，均采用本工法，节约造价约 26 万元。

（3）郑州高新数码港（三期）1 号商业综合楼及地下车库工程，于 2015 年 3 月开工，2016 年 12 月竣工。该工程为框架剪力墙结构，建筑面积 83205.36m²，分为 A 座和 B 座两个部分，共 28 层，建筑高度 97.4m，二次结构采用混凝土标准砖砌筑，本工程均采用本工法，并获得 2015～2016 年度第二批湖南省优质工程奖、芙蓉奖等奖项，节约造价约 30 万元。

地下室外剪力墙后浇带预制板封闭施工工法

吕林红　周　良　谢奇云　李富煌　朱　梦

湖南省第五工程有限公司

摘　要：为了保证地下室外剪力墙后浇带封闭的质量，解决后浇带封闭问题，可在其尚未达到设计及规范要求未正式浇捣混凝土封闭前，采用带止水螺杆的预制板对其进行封闭处理，此方法施工简单，能加快并保证工程施工进度和施工现场的二次场地布置，不影响外剪力墙防水施工和回填土施工的质量；预制板上的止水螺杆，可有效保证后期后浇带内侧模板安装加固及混凝土浇筑的质量。

关键词：地下室外剪力墙；后浇带；预制板封闭；带止水螺杆

1　前言

随着社会高速发展，为满足社会发展需要，目前我国地下室工程较多，地下室面积较大，地下室设沉降后浇带和收缩后浇带的现象比较普遍。因后浇带封闭有一定的时间要求，收缩后浇带最少 2 个月以上，沉降后浇带需主体结构完成后才能浇筑后浇带混凝土，所需时间更长，这么长时间不能封闭后浇带给施工进度和现场二次布置带来一定的影响，但为了保证工程进度和施工现场的要求，后浇带必须在未封闭前进行技术处理，保证后续土方回填及其他工序的施工不受后浇带的影响。

此工法成功用于武广地标项目、湘雅五医院等工程，在地下室后浇带没有封闭前采用此工法进行处理，处理后再进行土方回填，为工程的总体施工进度或二次场布等提供了很好的技术支持。此工法能很好解决后浇带封闭的问题，保证了后浇带封闭的质量，取得了良好的经济效益，得到了建设单位和政府主管部门的一致认可。

2　工法特点

（1）施工简单方便，可提前进行地下室外墙土方回填，保证施工工期及二次场地的布置要求；

（2）预制板可工厂化制作、现场塔吊配合人工安装，能减轻工人劳动强度，提高劳动效率；

（3）采用带止水螺杆的预制板进行后浇带外侧封堵，比平常采用砌体预留洞口，后期安装外侧模板再施工更能保证后浇带的施工质量，更能保证施工过程的安全，更能节约后浇带的施工成本，更能保证工程施工进度。

3　适应范围

本工法适用于所有新建工程后浇带不能提前封闭的地下室工程。

4　工艺原理

地下室外剪力墙后浇带预制板封闭施工工法的原理是地下室外墙后浇带正常封闭前，采用带止水螺杆的预制板封堵外墙后浇带，预制板采用工厂化制作、现场人工配合塔吊安装，再在预制板外侧做设计要求的防水层，然后进行土方回填施工，预制板所带的止水螺杆与原外剪力墙预留的止水螺杆用于后浇带内侧模板安装固定使用，以保证后浇带的质量。

5　工艺流程和操作要点

5.1　施工工艺流程

施工准备→带止水螺杆预制板制作→带止水螺杆预制板安装→防水找平层及外墙防水施工→外墙

防水保护层施工→土方回填→后浇带模板安装→后浇带浇筑混凝土。

5.2　施工操作要点

5.2.1　施工准备

地下室外侧剪力墙后浇带封闭前，将后浇带内的建筑垃圾及施工过程中遗留的木屑、从侧面流入后浇带的混凝土、止水钢板等清理干净，后浇带侧面、底面的浮浆亦应剔除并凿毛，钢筋修整并绑扎。

5.2.2　带止水螺杆预制板制作

带止水螺杆预制板可在工厂制作也可在现场加工，先进行预制板底板钢筋绑扎，将止水螺杆与底板加强钢筋进行焊接，焊接长度和质量满足规范要求，再按要求安装预制板边模，最后浇筑 C25 混凝土，并按要求对预制板进行养护。后浇带宽度一般为 800mm，带止水螺杆预制板为 1000mm×500mm×120mm，每块质量约 150kg（图 1）。

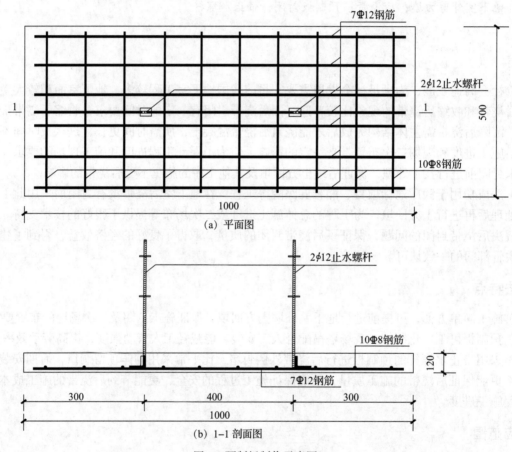

图 1　预制板制作示意图

5.2.3　带止水螺杆预制板安装

带止水螺杆预制板达到强度后即可进行运输和安装，安装采用塔吊和人工配合进行安装，沿地下室外侧剪力墙后浇带从下到上逐块安装、每两块之间抹 5mm 厚水泥浆，并在后浇带两边剪力墙上各 120mm 宽抹 5mm 厚水泥浆、然后安装预制板，内侧将预制板上止水螺杆与∠50mm×5mm 角钢进行拉结固定，安装高度根据现场实际情况定（图 2）。

5.2.4　防水找平层及外墙防水施工

带止水螺杆预制板安装完成后，外侧采用 20 厚 1:2 水泥砂浆抹面压光，再按设计图要求做剪力墙外侧防水施工。

5.2.5　外墙防水保护层施工

剪力墙防水施工完成后，立即按设计图要求进行外墙防水保护层施工。

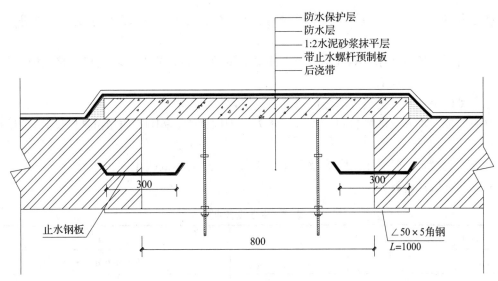

图2 预制板安装示意图

5.2.6 土方回填

地下室外侧剪力墙防水保护层完成，按设计要求对室外土方回填分层压实，回填至施工要求的标高。

5.2.7 后浇带模板安装

后浇带达到设计要求的时间后，即可清理干净，将带止水螺杆的预制板上的止水螺杆与后浇带两侧留下来的螺杆进行内侧的模板加固，检查调整模板的平整度、垂直度等。合格后即可进行后浇带混凝土浇筑（图3）。

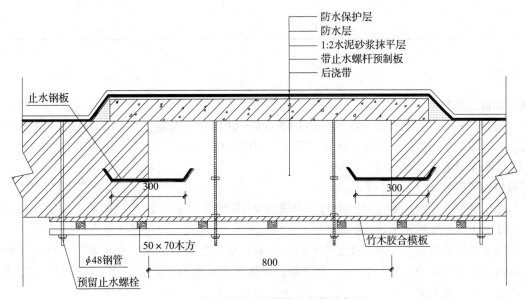

图3 外剪力墙后浇带模板安装示意图

5.2.8 后浇带混凝土浇筑

后浇带模板、钢筋经验收合格，后浇带的混凝土强度和抗渗等级按设计要求，后浇带混凝土浇筑振捣必须到位，以免出现混凝土质量缺陷。

6 材料与设备

（1）带止水螺杆的预制板：可现场预制，也可工厂加工，预制板所用的混凝土、钢筋均应有合格证和出厂证明资料，并按要求留置试块，原材料送检，合格后方可投入使用。

（2）水泥砂浆：水泥、砂原材料按要求进行送检，送检合格，按水泥砂浆配比要求进行找平抹灰施工。

（3）防水材料：所有防水材料均有合格证和出厂证明资料，并按要求送检合格后方可投入使用，防水材料按设计要求进行施工。

（4）防水保护层：原材料按要求送检并合格，按设计图要求施工。

（5）内侧模板、木方及加固材料：模板、木方及加固钢管、扣件、角钢等材料均为合格材料，符合施工要求。

（6）后浇带混凝土：混凝土强度等级按设计要求，采用商品混凝土。

（7）主要设备机具见表1。

表 1　主要设备机具

名称	数量	用途
塔吊	1 台	安装带止水螺杆预制板
电焊机	1 台	焊接带止水螺杆
钢筋加工机械	1 套	加工预制板钢筋
模板加工机械	1 套	加工预制板模板和后浇带模板
汽车	1 台	运输预制板
电锤	2 台	后浇带清理及凿毛
钢卷尺	2 个	测量
水平尺	2 把	平整度控制
线锤	2 个	垂直度控制
振动棒	2 台	后浇带混凝土浇筑

7　质量控制

7.1　执行标准及依据

《建筑工程施工质量验收统一标准》（GB 50300—2013）、《混凝土结构工程施工质量验收规范》（GB 50204—2015）、《地下工程防水技术规范》（GB 50108—2008）、《工程测量规范》（GB 50026—2016）以及设计图纸等。

7.2　质量控制管理措施

（1）认真核对设计图，对设计图中的要求做到全面理解，做好后浇带封闭前的施工准备工作，严格按施工程序施工，做到先策划，后施工。

（2）成立质量检查小组，对带止水螺杆的预制板安装工作进行检查，保证安装质量，对后期后浇带浇筑前内侧模的安装质量进行检查，允许偏差控制在安装范围内。每一道工序要进行"三检"，合格后才能进入下一道工序。

（3）各种材料必须按品种、规格、批量、进场日期、检验报告、使用部位及数量进行登记。

（4）现场使用的测量仪器和设备要严格进行管理、检校维护、保养并做好记录，发现问题后立即将仪器设备送检。

7.3　质量控制技术措施

（1）后浇带清理：由专人负责，按要求将后浇带清理干净，表面凿毛，后浇带处的外侧和内侧剪力墙表面清理到位，并检查剪力墙平整度是否符合要求。

（2）带止水螺杆预制板制作：预制板钢筋绑扎、止水螺杆焊接、模板安装等均按规范要求进行，混凝土浇筑要控制好预制板平整度和原浆压收面，并做好混凝土养护。

（3）带止水螺杆预制板运输：预制板达到养护强度要求才能运输，场外加工预制板采用汽车运输，运输过程要注意成品保护。

（4）带止螺杆预制板安装：安装由专人负责，安装水泥砂浆要符合要求，在安装过程中要保证预制板与剪力墙及上下板之间结合紧密，并保证平整度、垂直度要满足要求。

（5）砂浆找平层、防水层及防水保护层应根据地下室外剪力墙的设计要求进行施工，并按设计和规范要求控制好施工质量。

（6）土方回填：土方回填要分层压实，后浇带处500mm范围内要采用人工夯实，土方回填时严禁土中混有石块和垃圾。

（7）内侧模板安装：内侧模板安装应控制好平整度和垂直度，并用预制板上的止水螺杆与后浇带两侧留下的止水螺杆对后浇带内侧板模进行加固，并检查加固情况。

（8）后浇带浇筑：按设计要求采用相应的混凝土，并振捣密实。

8 安全措施

8.1 执行标准

《建筑施工安全检查标准》（JGJ 59—2011）、《建筑机械使用安全技术规程》（JGJ 33—2012）、《施工现场临时用电安全技术规范》（JGJ 46—2005）、《建筑施工高处作业安全技术规范》（JGJ 80—2016）和有关地方标准。

8.2 安全措施

（1）各工种上岗前应进行安全技术交底，严格遵守安全操作规程，并持证上岗，佩戴好劳动保护用品。

（2）严格按照施工操作要点作业，按安全技术措施进行控制，防止各类事故的发生。

（3）大雨、大雪、大风等恶劣天气，禁止作业。

（4）高空作业过程中，应遵守操作规程，严防机械伤害。

（5）在清理后浇带时操作工人必须佩戴口罩，避免扬尘危害；戴好防护手套，防止手碰伤。

（6）在施工现场设置警戒线，并由专人看护，在主要通道及入口处要有醒目的警示标语。

（7）对用电设备，采用专箱专锁，设漏电保护，以防触电。

9 环保措施

（1）执行《建筑施工现场环境与卫生标准》（JGJ 146—2013）。

（2）实行环保目标责任制：把环保指标以责任书的形式层层分解到有关班组和个人，建立环保自我监控体系。

（3）在施工现场组织施工过程中，严格执行国家、地区、行业和企业有关环保的法律法规和规章制度。

（4）各种施工材料、机具要分类有序堆放整齐，余料注意定期回收，废料和包装带及时清理，定点设垃圾箱，保持施工现场的清洁。

（5）采取有效措施控制人为噪声、粉尘的污染，并同当地环保部门加强联系。

10 效益分析

10.1 经济效益

地下室外墙后浇带施工的传统方法以砖砌挡土墙作为回填土与后浇带的隔离，待到符合设计要求的强度后，安装外墙后浇带模板浇筑混凝土，拆模后进行防水层施工，拆除挡土墙后再回填此处土方。这样施工，后工序是前工序的必要条件，施工周期长。采用此工法施工工序简便易操作，投入成本较低，相比采用砖砌体预留洞口，再进行外侧第二次装模、拆模，再按设计图进行防水及保护层施工后，再进行土方回填，可节约外侧的二次施工费用。采用此种方法施工，既工序安排合理，节约工期，又使外墙防水和回填土施工保持连续性，并能保护后浇带钢筋不被破坏，节约后浇带封闭前的保护所发生的费用，所以此工法获取的经济效益很可观。

本工程采用此工法施工与传统砌砖挡土墙相比，经计算：可节约材料及人工费用共约 6.8 万元；可节约工期约 20d；同时可增加施工场地约 210m²；并避免预留洞口存在的安全隐患。

10.2　社会效益

本工程采用此工法施工与传统砌砖挡土墙相比社会效益显著，主要有：不使用烧结黏土砖，可节约土地资料，节约煤资源、减少二氧化碳的排放，节能环保。

通过此施工工法的运用，后浇带的施工质量得到了很好的保证，也为上部施工提供了更宽阔的施工场地，减少后浇带未能封闭所带来的安全隐患。此工法受到监理、建设等单位的一致好评，同时也为企业树立了良好的品牌形象，取得了良好的社会效益。

10.3　节能环保效益

该项工法运用前进行精心准备策划，做好扬尘控制和卫生清理，保证施工质量，减少后期返工返修，减少后浇带不能及时封闭的后期成品保护，减少人力和材料浪费，在施工过程中噪声低，无废弃物排放，对环境基本不造成影响。

11　应用实例

（1）我公司承建的株洲市武广地标项目，用地面积 25050.11m²，总建筑面积约 16 万 m²，地上部分建筑面积约 10 万 m²（其中，写字楼面积约 6 万 m²，共 35 层；酒店约 4 万 m²，共 10 层），地下室建筑面积约 6 万 m²，地下室共 3 层。总造价约 11.61 亿元。该项目设计图中地下室外剪力墙均设有沉降后浇带和收缩后浇带，地下室外剪力墙后浇带总长度约 220m。

采用本工法施工，为施工现场二次场布提供更大的场地空间，为后浇带后续封闭施工带来很大的方便，保证后浇带封闭的施工质量和安全，节约后浇带二次施工的时间，也节省了后浇带外侧二次施工的费用，此工法施工赢得了建设单位、设计单位、监理单位和建设行政主管部门等一致认可。

（2）我公司承建的湖南湘雅五医院健康产业股份有限公司医院建设项目，地址位于长沙市天心区果子园路与新谷路交会处的东南角。项目总建筑面积约 379491m²，其中地上建筑面积约 182695m²，地下建筑面积约 196796m²。地下室 2 层，地上 10 层。该项目设计图中地下室外剪力墙均设有沉降后浇带和收缩后浇带，该地下室外剪力墙后浇带长度约 580m。

采用本工法施工，为施工现场二次场布提供更大的场地空间，为后浇带后续封闭施工带来很大的方便，保证后浇带封闭的施工质量和安全，节约后浇带二次施工的时间，也节省了后浇带外侧二次施工的费用，此工法施工赢得了建设单位、设计单位、监理单位和建设行政主管部门等一致认可。

BDF 钢网箱现浇混凝土空腔楼盖施工工法

曹俊杰　王本淼　易　谦　符　丹　马　锋

湖南省第一工程有限公司

摘　要： 为解决传统箱体抗浮施工中需增加抗浮钢筋、箱体浮动不均匀等问题，采用 BDF 钢网箱与配筋板带、密肋梁进行结合方式，在浇筑混凝土过程中，利用钢网箱表面波浪形网状体与水泥浆形成的 15mm 左右厚的隔离层，使顶板、底板与密肋梁间形成封闭箱体，从而形成 BDF 钢网箱无梁空心楼盖。本工法模板支设、钢筋绑扎更为便利，成本低、工期短，工程质量易于保证，应用前景广泛。

关键词： BDF 钢网箱；隔离层；封闭箱体；无梁空心楼盖

1　前言

随着现浇空心楼盖施工技术在建筑施工中逐步推广应用，其中箱体抗浮技术是影响楼盖施工质量的关键技术。鉴于传统箱体抗浮施工中存在因箱体浮力较大需增加抗浮钢筋、混凝土施工中箱体浮动不均匀等问题，我公司与湖南省立信建材实业有限公司联合，结合现场实际情况，在箱体材料与施工技术方面开展应用研究。目前，所研究的钢网箱空心楼盖技术已获得专利（专利号：201310330518.7）。通过新晃侗族自治县综合教育基地工程等项目的应用，形成了本工法。采用本工法技术施工，经济、安全、适用，工程质量易于保证，应用前景广泛。

2　工法特点

（1）本工法技术可改善建筑使用功能，拓展实用空间。具有免吊顶装饰，减少建筑火灾隐患，提升建筑隔热、保温性能的优点。

（2）采用本工法施工，与传统箱体施工方法比较，具有梁板底面平整，可大幅减少混凝土对箱体产生的上浮力等，保证了施工质量。

（3）本工法 BDF 钢网箱无梁空心楼盖体系，施工模板支设、钢筋绑扎更为便利，支模速度快，模板损耗低，降低了施工成本，缩短了工期，施工效率高。

（4）本工法中钢网箱在生产过程中可减少对自然资源占用，且对能耗及环境的污染大大降低；施工过程中产生的建筑垃圾排放基本为零，符合建筑业发展的低碳、环保、节能要求。

3　适用范围

主要适用于跨度、荷载、空间较大的多层、高层现浇混凝土空心楼盖结构，特别适用于学校、商场、写字（办公）楼、地下停车场等民用或公共建筑。

4　工艺原理

采用 BDF 钢网箱与配筋板带、密肋梁进行结合方式，在浇筑混凝土过程中，利用钢网箱表面波浪形网状体与水泥浆形成的 15mm 左右厚的隔离层，使顶板、底板与密肋梁间形成封闭箱体，从而形成 BDF 钢网箱无梁空心楼盖。钢网箱表面的 15mm 左右厚的柔性隔离层在混凝土浇筑时起到抗浮作用，同时在应力集中的变截面处采用钢网加强，提高 BDF 钢网箱无梁空心楼盖整体抗扭、抗剪刚度。BDF 钢网箱无梁空心楼盖有"工"字形与"T"字形两种楼盖截面形式，主要构造参见图 1、图 2。

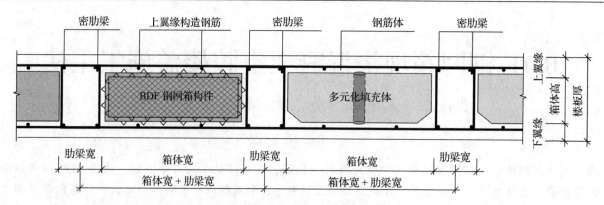

图 1　工字形截面楼盖

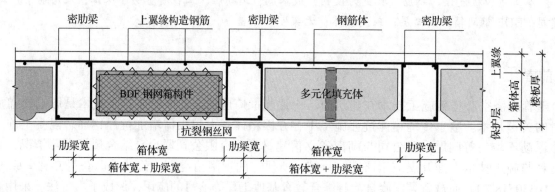

图 2　T 形截面楼盖

5　工艺流程与操作要点

5.1　工艺流程

施工工艺流程：施工准备→支模架及模板搭设→工字形与 T 形截面楼盖安装→隐蔽工程验收→混凝土施工→模板拆除与养护。

5.2　施工工艺及操作要点

5.2.1　施工准备

（1）施工前，应先进行箱体排板深化设计。根据设计图纸中的空心模盒平面布置图，进行 BDF 钢网箱的平面排板。排板按由四周向中部进行，根据实际尺寸在板中设置箱块（参见图 3），通过排板深化设计确定钢网箱订货尺寸规格及数量。

（2）施工前，应根据结构具体情况，考虑流态混凝土上对 BDF 钢网箱的浮力以及振动棒振击混凝土时对上的顶托力，对压筋直径、间距和铅丝规格、拉结间距，通过计算后确定。

（3）施工前，应编制相关专项施工方案，对支模架体系、预留、预埋水电管线、混凝土施工等进行综合布置。

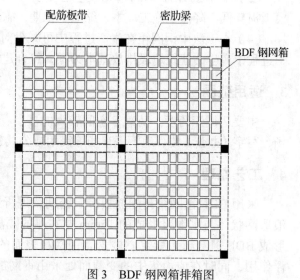

图 3　BDF 钢网箱排箱图

5.2.2　支模架及模板搭设

（1）测量放线：轴线引测、支模架准备。

（2）支模：根据受力与承荷状态，计算确定模板施工技术方案。

①下层楼板（立杆基础）应有足够承受上层荷载的能力，上层支架的立柱应对准下层支架的立柱，

并铺设垫板（当支模遇回填土地基与转换层时，支模体系受力变形较大，为防止立杆底端 / 基础因承受上层荷载损坏楼盖，其支模立杆底端 / 基础应采用角钢、钢板或木板 / 方作垫板，其条形垫板的长度大于 3m，达到整体受力）。

②对跨度大于等于 4m 的现浇板，其模板应按设计要求起拱；当设计无具体要求时，起拱高度宜按板跨度的 2‰～ 5‰。

（3）模板弹线：按施工图，在平板模上弹出暗梁或密肋梁位置线、钢筋分布线及水电安装管道等预埋位置线等。

（4）模板拼缝：根据相关规范编制的模板施工专项方案，检查模板拼缝的留置、控制接缝处的平整度、防止封缝漏浆等。对于采用胶合木模板作现浇混凝土楼板的模板，宜使用双面胶带来封闭板缝。

5.2.3　工字形与 T 形截面空心楼盖安装

（1）工字形截面空心楼盖安装流程

钢筋和箱体放线→下翼缘处钢筋绑扎→安装预留预埋→BDF 钢网箱安装→工字形截面抗浮施工→上翼缘处板面筋绑扎。

①钢筋和箱体放线

a. 按照设计排箱图（图 3）要求，模板上进行钢筋和箱体放线，确保后续肋梁钢筋绑扎和箱模安装的位置准确。

b. 根据轴线放出纵横向肋梁控制线，肋梁间即是安放箱模位置。弹线要注意保证板周边和梁柱周围设计的实心板的尺寸。

c. 在覆膜模板上放线可采用白涂料（漆）等代替墨汁，以保证所放线的清晰牢固。

②下翼缘处钢筋绑扎

a. 按照模板弹线的位置，依次绑扎楼板下翼缘底筋（暗梁）和箱模边肋梁。先按照绑梁的方法沿楼板下铁（底筋）下层筋方向绑扎楼板肋梁，并铺设同一方向楼板底筋。然后，铺设楼板下铁（底筋）上层筋方向的肋梁上筋，逐个套入肋梁箍筋，箍筋套完后，穿肋梁的下铁（底筋）和楼板下铁（底筋）并绑扎牢固。

b. 肋梁马凳设置：为保证肋梁截面尺寸，预先用 ϕ10 以上钢筋按照肋梁截面内净尺寸焊好支撑马凳，沿肋梁纵向每隔 2m 设置。绑扎完毕后，拉线检查并调整好密肋梁的位置。

③安装预留预埋

a. 施工过程中，安装工程的预留预埋工作必须与钢筋绑扎、BDF 钢网箱的安放等工序交叉平行进行，否则过后较难插入。

b. 预留预埋水平管线应根据管径大小尽量布置在暗梁处或密肋梁间。如不能放入密肋梁中，可采取小规格钢网箱来予以避让，不能避让时，可根据实际空间大小，特制钢网箱，参见图 4。

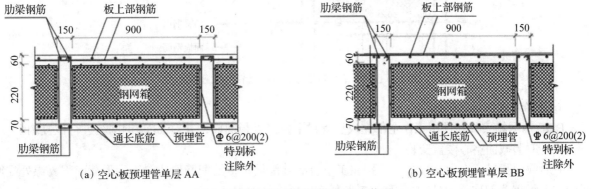

图 4　工字形截面管线预留预埋安装图

c. 穿过楼板竖向管线宜用预埋钢套管，并按画线位置与钢筋骨架焊接定位牢固，其中心允许偏差控制在 3mm 之内，电线预埋盒安放在肋梁底部，若与肋宽不匹配时，可将 BDF 钢网箱底部处理后安放预埋盒。

④ BDF 钢网箱安装

铺设完下翼缘钢筋后，根据设计排箱图安放 BDF 钢网箱，在安装过程中应注意：

a. BDF 钢网箱在运卸、堆放、吊放过程中，应堆放整齐。因其质量轻，遇风雨天易刮散，堆顶需用模板或木材压稳。

b. 在 BDF 钢网箱的安放过程中，应采取技术措施保证其位置准确和整体纵横排列顺直，以保证空心板肋间及上下翼缘混凝土的几何尺寸。

c. BDF 钢网箱安放过程中要随时铺设架板，对钢筋、钢网箱成品进行保护，严禁直接踩踏在钢网箱上，导致箱体变形。

⑤工字形截面抗浮施工

a. 钢网箱体因其采用镂空开放式结构，对于混凝土浇筑过程中产生的垂直方向浮力较小，无须采取垂直抗浮措施就能满足垂直方向定位问题，只需安置对应的钢网箱垫块就能保证上下翼缘的厚度要求。

b. 在工字形截面（T 形截面）箱体安放过程中，下翼缘处钢筋与底模板之间垫块，应根据混凝土保护层厚度要求设置，垫块的安放参考模板施工专项方案。为确保钢网箱体与下翼缘处钢筋之间混凝土厚度，应先在箱体下布置垫块，再安放箱体并与四周肋梁钢筋绑扎固定，垫块厚度同施工图中要求的厚度。

c. 因混凝土浇筑过程中混凝土对钢网箱体会产生冲击力和侧压力，从而可能导致钢网箱水平漂移，影响成孔位置的准确性，为了克服产生的水平漂移，需对钢网箱做水平定位。

d. 当 BDF 钢网箱安放好后，检查调整 BDF 钢网箱的位置以及 BDF 钢网箱与暗密肋距离，一般情况下，工字形截面、T 字形截面上翼缘均布置有单层或双层双向通长板筋，钢网箱的水平定位可直接用 16 号铅丝在箱体上部对角或四角就近牵引到面板钢筋的交叉点、肋梁钢筋的交叉点、肋梁与面板筋交叉点进行绑扎（参见图 5）。当钢网箱高度超过 350mm 时浇筑过程中产生的侧压力加大，宜选用 14 号以上铅丝在箱体四角牵引绑扎，即可有效地控制水平漂移。

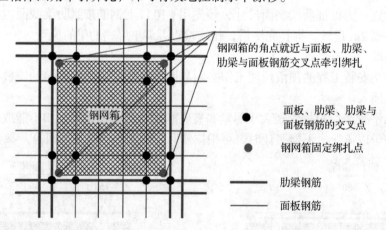

图 5　工字形、T 形截面水平抗浮节点施工示意图

⑥上翼缘处板面筋绑扎

BDF 钢网箱安放和预留工作全部完成后铺设上翼缘处板面筋，并对 BDF 钢网箱进行位置调整。

（2）T 形截面空心楼盖安装

T 形截面相较工字形截面最大区别在于下翼缘处配筋板带的配筋形式，工字形截面下翼缘处配筋板带主要设置为双向单（双）层钢筋，T 形截面下翼缘处无配筋。

T 形截面空心楼盖安装工艺流程：

钢筋和箱体放线→铺设底层防裂钢丝网→安装预留预埋→BDF 钢网箱安装→T 形截面抗浮施

工→上翼缘处板面筋绑扎。

①钢筋和箱体放线

T 形截面放线操作要点同（1）工字形截面施工要求。

②铺设底层防裂钢丝网

钢丝网铺设先从一侧进行，后铺设的钢丝网与先铺设的钢丝网长边方向搭接长度不小于 50mm，短边方向搭接长度不小于 100mm，搭接处每间隔 1m 用绑丝绑紧，防止翘边。

③安装预留预埋

a. 施工过程中，安装工程的预留预埋工作必须与钢筋绑扎、BDF 钢网箱的安放等工序交叉平行进行，否则过后较难插入。

b. 预留预埋水平管线应根据管径大小尽量布置在配筋板带或密肋梁间，防止因楼板底部过薄导致的开裂或脱落。如不能放入密肋梁中，可采取小规格钢网箱来予以避让，严禁穿孔钢网箱安置管线。

c. 如预埋管线需交叉，交叉点安排在肋梁位置。如遇到管线密集位置，可以把箱体高度调整。在交叉位置，有塑料管与铁管交叉时，塑料管应位于铁管上方布置。交叉位置出现大小管，小管应位于大管上方布置。同方向管道多的情况下，管道多的布设在底层，铁管应位于最底层。如管道的走向和通长钢筋走向一致，预埋应考虑和钢筋同向并走底层，可以降低管线层叠高度。

d. 穿过楼板竖向管线宜用预埋钢套管，并按画线位置与钢筋骨架焊接定位牢固，其中心允许偏差控制在 3mm 之内，电线预埋盒安放在肋梁底部，若与肋宽不匹配时，可将 BDF 钢网箱底部处理后安放预埋盒。

④BDF 钢网箱安装

T 形截面钢网箱安装操作要点同（1）工字形截面施工要求。

⑤T 形截面抗浮施工

T 形截面钢网箱抗浮施工要点同（1）工字形截面要求。

⑥上翼缘处板面筋绑扎

上翼缘单（双）层面筋绑扎完成后，混凝土浇筑前，再对箱体进行一次检查，对有位置松动或偏移的箱体进行处理。如因施工人员在施工时不慎损坏的箱体，应及时进行更换或现场修复，避免混凝土灌入箱体内。参见图 6。

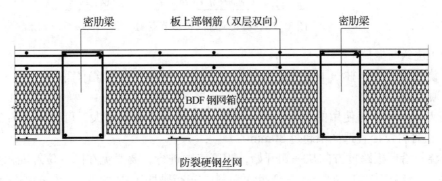

图 6 T 形截面上翼缘双层面筋空心楼盖断面图

5.2.4 隐蔽工程验收

以上工序完成后由项目技术人员通知建设、监理及相关部门领导参加验收，重点检查抗浮点设置，BDF 钢网箱位置是否有松动或偏移，经各方人员验收合格后，方可进入混凝土浇筑工序。

5.2.5 混凝土施工

（1）混凝土施工准备

①混凝土施工前，应用脚手板在配筋板带或肋梁上搭设施工便道，方便施工人员操作、通行，并保护 BDF 钢网箱和楼板钢筋成品。施工机具、材料等不得放置在 BDF 钢网箱上，施工人员不得踩踏 BDF 钢网箱。

②如采用水平泵送混凝土，输送泵管不应直接架在楼板钢筋上，应在密肋梁位置垫脚手板及木方将泵管架高，具体做法详见图7。布料机等安放位置应提前安排好，布料机支腿处应在密肋梁内设置不小于φ16钢筋马凳进行局部加强处理，不得直接压在BDF钢网箱上，具体做法详见图8。如采用垂直泵送混凝土，应采用溜槽或串筒防止混凝土直接冲击钢网箱。

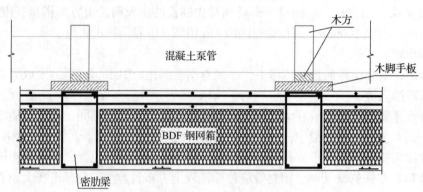

图7 混凝土水平泵管架设节点图

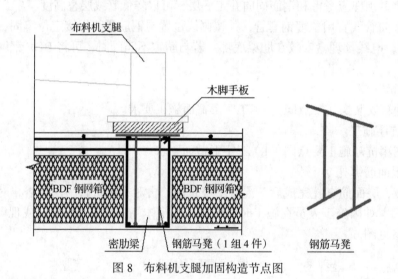

图8 布料机支腿加固构造节点图

（2）混凝土浇筑与振捣

①混凝土浇筑顺序为：柱→下翼缘配筋板带→密肋梁→BDF钢网箱体底部赶浆→大面积浇筑空心楼盖面层混凝土。

②钢网箱无梁空心楼盖使用的混凝土坍落度应比普通实心楼盖稍大，可取 180～200mm，不宜小于160mm；粗骨料粒径宜选择不超过30mm。

③混凝土浇筑沿楼板跨度方向从一侧开始，顺序依次进行，要避免在同一位置堆积过高混凝土损坏 BDF 钢网箱。布料应均匀，宜分 1～2 批次布料，先布密肋梁中间部位，待振捣完且钢网箱底部混凝土密实后再布钢网箱上部混凝土。

④混凝土振捣时，根据板肋宽度的不同，选用不同的振捣棒，振捣棒的直径小于板肋宽度20～40mm。振捣时，除按规范规定操作外，应注意板底、板肋必须振捣密实，禁止将振捣棒在钢网箱上不断地振捣，避免将BDF钢网箱振破漏浆。

⑤振捣棒沿密肋梁位置，顺浇筑方向依次振捣，较实心楼盖应适当加大振捣时间和振捣点数量，箱体的两侧肋梁宜用两根或多根振捣棒同时对称浇筑。振捣同时观察空心钢网箱四周，直至不再有气泡冒出，表示钢网箱底部混凝土已密实。振捣棒应避免直接触碰空心钢网箱。参见图9。

⑥施工缝根据图纸设计要求主要留置在柱、明（暗）梁处，一般情况下空心楼板不留缝。变形缝设计通常从基础处开始断开，尽量避免空心楼盖上留缝。如需留缝，需经设计单位认可。

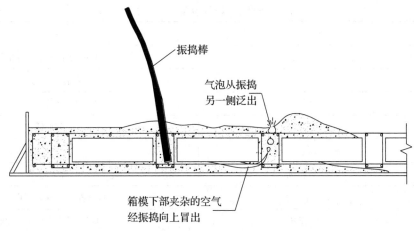

图 9　混凝土浇筑与振捣示意图

5.2.6　模板拆除与养护

（1）混凝土浇筑完毕后，应按施工方案及时采取有效的拆模与养护措施，并应符合相关规范规定。

（2）拆除顺序：一般是先拆非承重模板，后拆承重模板；先拆侧模板，后拆底模板。顺序是墙柱模板、空心楼盖侧模、空心楼盖底模。

（3）拆模时间：空心楼盖拆除应参考每层（段）楼盖混凝土同条件试件抗压强度试验报告，跨度大于 8m 的楼盖和悬挑构件当混凝土强度达到设计强度的 100% 后方可拆除，其余楼盖在混凝土强度达到设计强度的 75% 后方可拆除。

（4）养护：模板拆除后，混凝土养护应根据施工方案确定。养护方式应考虑现场条件、环境温湿度、构件特点、技术要求、施工操作等因素。养护时间应根据水泥性能、外加剂、掺合料等情况综合确定，并符合相关规范要求。

6　材料与设备

主要材料与设备参见表 1、表 2。

表 1　主要材料表

序号	材料	规格	数量
1	BDF 钢网箱骨架	直径 ≥ 3.0mm	根据实际需要
2	BDF 钢网箱网片	镀锌钢网片	与钢网箱骨架配套
3	模板	15mm 胶合板	根据实际需要
4	木方	4000mm × 50mm × 80mm	根据实际需要
5	钢管架	48.3mm × 3.6mm	根据实际需要
6	抗裂钢丝网	硬钢丝网 ϕ 0.7@20mm × 20mm	根据实际需要
7	钢筋	图纸要求	根据实际需要
8	铁丝	14 号	根据实际需要
9	跳板	4000mm × 200mm × 50mm	根据实际需要
10	塑料薄膜	PE 薄膜 0.01mm 厚	根据混凝土养护需要
11	稀料	NY-200：用于油漆稀释剂	根据实际需要
12	油漆	与模板不同色	根据实际需要

表 2　机具设备表

序号	机具设备名称	备注
1	电焊机	BDF 钢网箱拼装后的焊接
2	垂直仪	主控制点线投射
3	经纬仪	主控制线测放
4	钢尺	细部放线
5	钢卷尺	细部放线
6	布料机	混凝土浇筑
7	力矩扳手	检查扣件螺丝紧固程度
8	振捣棒	直径小于板肋宽度 20 ～ 40mm

7　质量控制

7.1　质量标准

《建筑工程施工质量验收统一标准》(GB 50300)；

《混凝土结构工程施工质量验收规范》(GB 50204)；

《混凝土结构用成孔芯模》(JG/T 352)；

《现浇混凝土空心楼盖用填充体》(JCT 952)；

《BDF 带肋钢网镂构件》(Q/OUKF 008—2016)，湖南省立信建材实业有限公司企业标准。

7.2　质量管理要点

7.2.1　质量控制要点

（1）BDF 钢网箱质量控制要点：

①BDF 钢网箱制作控制标准参见表 3。

②BDF 钢网箱的产品质量应符合设计要求和本工法 5.2 中所列的质量技术要求。

③BDF 钢网箱防侧移抗浮措施应到位，方法正确，应对照施工技术方案全数检查，以保证整个楼板不浮起、不超厚、保证板、肋尺寸。

表 3　BDF 钢网箱制作控制标准

检查类别	项目	允许偏差（mm）
外观质量	垂直面带肋钢网体两端头 V 形钢带	V 形钢带包边完整、牢靠
	带肋钢网体折合后与内部支撑骨架衔接密实	局部 ≤ 8
尺寸偏差	边长	0，–15
	高度	0，–8
	镀锌薄板原材料厚度 ≥ 0.35mm	± 0.04
	内部支撑骨架高度	± 10
	内部支撑骨架直径 ≥ 3.0mm	± 0.2
	肋间距 100mm	± 5
	带肋钢网体搭接量 ≥ 50mm	0，+20

注：引用湖南省立信建材实业有限公司《BDF 带肋钢网镂构件》Q/OUKF008—2016（企业标准）。

（2）工字形、T 形截面空心楼盖质量控制要点：

①预留预埋管线、钢网箱等因交叉作业、混凝土施工，需做好成品保护措施。确保钢网箱与预留预埋管线质量符合要求。

②重点检查垫块与钢筋绑扎固定的位置、数量、牢固程度，确保钢筋及箱体间混凝土保护层厚度。

③仔细检查整体、单体抗浮节点，符合要求方可浇筑混凝土。

④现浇 BDF 钢网箱空心楼盖混凝土施工，应符合国家标准《混凝土结构工程施工质量验收规范》（GB 50204）相关要求。

7.2.2　质量检查要点

施工检查项目及要求，参见表4。

表 4　检查项目及要求表

序号	检查项目	质量要求	检查数量	检验方法
1	BDF 钢网箱承载力	顶面受力抗压荷载不小于 1000N 侧面受力抗压荷载不小于 800N	每个批次为 10000 件，不足10000 件时亦作为一个批次，每次抽取 5 件产品作为样本	加载试验
2	BDF 钢网箱规格、数量	应符合设计要求	全数检查	观察
3	安装位置和抗浮措施	BDF 钢网箱安装位置应符合设计要求，密肋梁肋宽、板上下厚度允许 ±10mm	在同一板块内，抽查数量5%，且不少于 5 处。	观察和钢尺测量
4	抗浮措施	抗浮措施设置间距、方法正确	全数检查	观察
5	BDF 钢网箱更换或修复	应有防止 BDF 钢网箱破损的保护措施，出现破损是否修补更换	全数检查	观察
6	BDF 钢网箱整体顺直度	允许偏差 3/1000，且不应大于 15mm	在同一板块内，抽查总数列的 5%，且不少于 5 列	拉线和钢尺测量
7	周边混凝土实心部分尺寸	应符合设计要求，允许偏差 ±10mm	在同一板块内，抽查的 10%，且不少于 3 处。	钢尺测量

注：引用《现浇混凝土空心结构成孔芯模》（JG/T 352—2012）、《现浇混凝土空心楼盖用填充体》（JCT 952—2014）、湖南省立信建材实业有限公司《BDF 带肋钢网镂构件》（Q/OUKF008—2016）（企业标准）、广西标迪夫科技有限公司《BDF 钢网箱空心楼盖体系施工质量控制标准》（企业标准）。

8　安全措施

（1）严格遵照贯彻执行国家和行业现行有关安全技术规范、规程和标准。

（2）施工前，应编制专项安全方案，并按方案要求对参与施工的人员进行安全技术交底。

（3）施工现场执行各专业工种安全技术操作规程；并要求各特殊技术工种持证上岗操作，机械设备做到专人专机。

（4）凡在 2m 或 2m 以上有可能坠落的高处进行作业时，均应遵照《建筑施工高处作业安全技术规程》（JGJ 80）的规定执行。

（5）装卸及搬运制品（BDF 钢网箱半成品）时，必须轻装轻放，严禁超限吊装。运输时应固定牢靠，防止晃动或相互碰撞，制品放置不得超长度超宽。

（6）BDF 钢网箱成品应按规格型号分类堆放，场地应坚实平整、排水良好；箱体逐层水平码放，每层平面纵横向排布不宜少于（4×4）排，整体高度不宜超过 2m，且叠放不宜超过 7 层。

（7）BDF 钢网箱现场制作区域电气设备、开关箱应有防护罩，通电导线需整理架空，电线接头绝缘应进行全面检查，务必保持良好的绝缘效果。

（8）BDF 钢网箱现场制作及混凝土浇筑振捣施工，现场用电设备应可靠接地，定期检查。手持电动工具应设置漏电保护装置，经常移动的机具导线不得在地面上拖拉，不得浸泡水中，应架空绝缘良好。

（9）进入施工现场人员必须戴好安全帽，混凝土振捣工必须穿雨鞋，戴绝缘手套。

（10）做好结构的临边防护及安全网的设置，施工中的楼梯口、预留洞口、出入口等应做好有效防护。

（11）模板安装及拆除过程中，不得上下抛掷各种部件，防止物体坠落打击。安拆设备时，应由专人指挥、专人安拆，并严格遵守操作规程。

9 环保措施

（1）严格执行国家及地方政府颁发的有关环境的法律、法规、条文、条例、制度等。

（2）加强宣传教育，提高施工人员环保意识，加强环保管理力度，落实环保措施。

（3）BDF 钢网箱现场制作区电焊作业应设置临时焊接防护棚，控制电焊弧光对周围环境的光污染。

（4）保持施工区和生活区的环境卫生，在施工区和生活区设置足够数量的临时卫生设施，定时清除垃圾，并将其运至指定地点堆放或掩埋、焚烧处理。

（5）做到工完场清，确保施工区环境卫生达标。

（6）拆除的管材、设备、连接件后应及时清理，集中存放，妥善保管，方便多次重复使用，达到节约材料与环保的目的。

（7）选用低噪声设备，加强机械设备的维护和保养，降低施工噪声。

10 效益分析

10.1 经济效益

10.1.1 经济优势分析

（1）钢网箱无梁空心楼盖体系，梁、板底面标高平整一致，施工模板支设、钢筋绑扎便利，支模速度快，模板损耗率低，施工效率高。

（2）钢网箱与常规的水泥制 BDF 空心模盒相比，自重大幅减轻，其大大降低结构自重荷载，从而降低配筋率，减小梁板截面尺寸，降低工程造价。

（3）钢网箱是由优质镀锌卷板冲压网片、镀锌钢骨架，半成品发货，到场焊接组拼而成，运输成本低，供货效率高。

（4）钢网箱自重较轻，现场倒运灵活，无须塔吊等大型机械配合，减少机械占用率及工人用工数量，机械占用可减少 30%～45%、人工投入可减少 20%～35%。

10.1.2 综合对比分析

时间与经济综合效益分析参见表5、表6。

表5 经济效益分析表

序号	项目名称	传统方法（水泥箱、聚苯块、塑料箱、塑料管、石膏箱等）	本工法	本工法与传统方法比较	节约成本（元/m²）
1	运输成本	单车装货量	单车装货量	单车装货量可为传统芯模 10～20 倍	5
2	抗浮成本	需增加抗浮钢筋及其他抗浮措施	无额外增加抗浮钢筋	节约额外抗浮钢筋	7
3	用工成本	劳动强度	劳动强度	自重轻、施工快捷，劳动强度低	12
4	机具成本	现场抗浮钢筋加工及运输等	无	减少额外抗浮钢筋机械加工及运输等	2
5	产品维护成本	损耗率 5%～17%左右	损耗率 1%～1.5%左右	本工法节约	4
6	总计				30

表 6　时间效益分析表

序号	项目名称	传统方法（水泥箱、聚苯块、塑料箱、塑料管、石膏箱等）	本工法	本工法与传统方法比较	节约工日（d）
1	供货效率	订货周期提前 25～30d 订货	订货周期提前 4～7d 订货	供货快迅捷、灵活，适合赶工项目	15～20
2	施工周期	每万 m²	每万 m²	施工速度较快	18～21

10.2　社会和环保效益

（1）本工法 BDF 钢网箱已实现工业化、标准化、规模化生产，其生产过程较常规的水泥制 BDF 空心模盒对自然资源消耗少，降低了生产过程中的能耗及对环境的污染。

（2）施工过程中产生的模板、箱盒等损耗显著降低，大幅减少建筑垃圾排放，符合建筑行业发展所倡导的低碳、环保、节能、减排的要求。

（3）本工法 BDF 钢网箱现浇混凝土空腔楼盖施工技术，降低了人员工作强度，确保了楼板混凝土质量稳定，提高了社会劳动效率。符合现行绿色、环保施工的社会需求。

11　工程实例

11.1　赤水市教育园区工程项目

赤水市教育园区位于赤水市文华大道与快速环线之间，本工程为教育园区高中部，包括五栋单体及配套设施建设。其中综合行政楼建筑面积 2750.93m²，该项目应用本工法进行施工，其工艺创新，降低劳动强度，提高施工效率，在确保结构施工质量的前提下，节约了工期 12d，降低了施工成本，取得了良好的应用效果。

11.2　新晃侗族自治县综合教育基地工程项目

新晃侗族自治县综合教育基地工程项目（新晃县职业中等专业学校工程项目）位于新晃县晃州镇高铁新村，本工程总建筑面积 81680.9m²，共有 12 个单体建筑。该工程实训楼项目（3128.1m²）采用本工法进行施工，不仅减少了劳动力和劳动强度，大幅提高了施工效率。而且取得了良好的环保效果，节约了施工成本约 8.9 万元。

第 7 篇

屋面、外墙、幕墙

屋面与地面光伏电站安装与调试施工工法

傅致勇　　黄泽志　　田成勇　　朱伟强　　王清泉

湖南省工业设备安装有限公司

摘　要： 通过对屋面与地面光伏电站安装与调试方法的研究，总结出一套具有创新性的"屋面与地面光伏电站安装与调试"施工工法，通过应用"屋面与地面光伏电站安装与调试"关键技术，成功地解决了屋面彩钢板漏水问题，修补难度大，成本高等一系列问题，为以后此类屋面彩钢板漏水问题提供了良好的案例。

关键词： BIM 技术应用；光伏组件；特制固定夹具；光伏电站调试

1　前言

光伏发电是指根据光产生伏特效应原理，利用太阳能电池将太阳能直接转化为电能。光伏电站的光伏组件具有体积小、重量轻，使用寿命长，发电不用水，运行可靠，建设周期短，安装成本低等优点。国家将光伏发电作为新能源发展战略重点，具有广泛推广的价值。

根据光伏组件安装形式，光伏电站分为地面电站和屋面电站，包括光伏组件的基础及支架、组件安装、逆变器等电气设备安装、调试等内容。

近几年，公司施工的光伏电站约 20 个，单个装机容量最大的为 100MW，本工法是根据三门峡产业集聚区太阳能光电建筑应用示范工程等光伏电站的施工经验总结形成的。

2　工法特点

（1）利用公司自主创新的"光伏组件安装"技术，采用特制组合支架进行光伏组件安装。

（2）钢架屋面上进行光伏组件支架安装，采用传统安装方法时，需在屋面上用打孔方法进行支架固定，导致屋面漏水难题难以解决。为了解决漏水问题，我公司改变打孔的施工方法，根据屋面彩钢板加强筋的形状，设计并自制固定夹具，将夹具固定在彩钢板的加强筋上，再将支架安装在夹具上。

（3）光伏组件安装采用卡具固定与螺纹结构的拧紧方式，安装速度快，生产效率高。

3　适用范围

本工艺适用于太阳能光伏地面电站、屋面电站安装施工与调试。

4　工艺原理

光伏组件支架基础施工：根据组件安装形式，光伏电站分为地面电站和屋面电站。对于地面电站：利用螺旋钻孔机钻孔，混凝土桩基施工后，施工混凝土条形基础。对于屋面电站，先对屋面进行结构荷载验算；如不能满足要求，则需要对屋面进行加固。混凝土屋面可在屋面进行条形基础施工；彩钢板屋面则根据屋面彩钢板加强筋的形状，设计特制固定夹具，将夹具固定在彩钢板的加强筋上，以增大夹具与屋面彩钢板的接触面积，然后将支架安装在夹具上。

支架安装后，安装光伏组件、逆变器等电气设备，电缆桥架安装，电缆敷设、接线，设备调试与发电。

5 工艺流程与操作要点

5.1 工艺流程

施工准备→测量放线→光伏组件支架基础施工→光伏组件支架安装→光伏组件安装→逆变器等电气设备安装→设备接地→电缆敷设→系统调试。

5.2 操作要点

5.2.1 施工技术准备

（1）技术准备：策划、编制施工技术文件，应用 BIM 技术建立光伏组件及支架安装 BIM 模型（图 1），针对施工工艺流程，公司统一制作实施动画；应用 BIM 技术进行可视化交底与指导施工。

（2）其他准备：按照策划做好人力、设备、材料、资金等准备。

5.2.2 测量放线

（1）根据太阳能电池板分格大样图，测出太阳能电池板平面分格。

（2）质量检验人员应及时检查测量放线情况，并将其查验情况填入记录表。

图 1　光伏组件及支架安装 BIM 模型

5.2.3 光伏组件支架基础施工

根据光伏组件安装形式，可将光伏电站分为地面电站和屋面电站。

（1）地面电站支架基础施工

根据地面电站的地质状况，设置钻孔水泥灌注桩，如图 2 所示。

桩基施工完成后，进行混凝土条形基础施工，如图 3 所示。

图 2　钻孔施工　　　　　　　　　　　　　图 3　混凝土条形基础施工

地面电站光伏组件及支架安装，如图 4 所示。

建成后的地面光伏电站，如图 5 所示。

图 4　光伏组件及支架安装　　　　　　　　图 5　建成后的地面光伏电站

（2）屋面电站支架基础施工

屋面电站在设计时，要考虑光伏组件及基础支架的荷载对屋面结构的影响。经过验算，确保屋面结构能承受，或经加固后能够承受光伏组件及基础支架的荷载后才能实施。

常见屋面有混凝土屋面和钢屋架屋面两种，其支架基础施工有所不同。

①屋面支架混凝土条形基础施工

先将屋面清理干净，保持屋面的平整，然后进行混凝土条形基础施工，如图 6 所示。

图 6　屋面混凝土条形基础施工

②钢屋架屋面支架基础施工

在钢屋架屋面上进行光伏组件支架安装，在屋面上打孔，最大的问题是屋面漏水难以解决。为了解决漏水问题，改变打孔的施工方法，根据屋面彩钢板加强筋的形状，设计特制固定夹具，将夹具固定在彩钢板的加强筋上，将支架安装在夹具上，如图 7～图 11 所示。

图 7　将彩钢瓦加工成波形

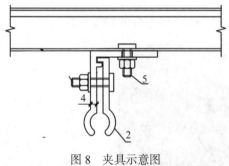

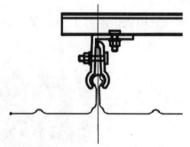

图 8　夹具示意图　　　　　　　　　　图 9　在彩钢瓦波上安装夹具，以安装组件支架。

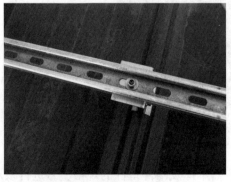

图 10　金属屋面支架安装　　　　　　　　　图 11　金属屋面支架安装

5.2.4　光伏组件支架安装

对支架基础的预埋件的偏差进行检验，其偏差值不应超过 20mm。根据放线的具体位置，在基础上进行支架安装，如图 12、图 13 所示。

图 12　支架安装图（一）　　　　　　　　　　图 13　支架安装图（二）

（1）支架安装的准确性将影响整个光伏组件的安装质量，是光伏组件安装施工的关键之一。

（2）支架安装水平偏差不大于 2mm，标高偏差不大于 3mm。

（3）支架安装后，进行自检，对不合格的进行调校修正；自检合格后，再报质检员进行抽检。抽检合格后才能将连接件（支座）正式固定，连接件必须采取可靠的防腐措施。

5.2.5　光伏组件的安装

（1）安装前将光伏组件表面尘土、污染物擦拭干净。

（2）采用夹具与不锈钢螺栓将光伏组件与支架进行连接，光伏组件安装倾斜角度与边缘高差不得超过设计及相关施工规范要求。

（3）施工中的光伏组件应采用适当的措施加以保护，防止发生碰撞、污染、变形、变色等现象；

（4）光伏组件安装完后，应用中性清洁剂对组件表面及外露构件进行清洗。清洗光伏组件用中性清洁剂，清洗前要进行腐蚀性检验，证明对光伏组件无腐蚀作用后方能使用。清洁剂清洗后及时用清水冲洗干净。

（5）严禁触摸光伏组件串的金属带电部位，严禁在雨中进行光伏组件的接线工作。

图 14　光伏组件安装

5.2.6　逆变器等电气设备安装

（1）按照设备清单、施工图纸及设备技术文件对逆变器本体及附件备件的规格型号进行核对，检查其是否符合设计图纸要求、是否齐全、有无丢失及损坏。

（2）逆变器及其附件的试验调整和器身检查结果必须符合规范规定。

（3）逆变器安装位置应准确，器身表面干净清洁，逆变器本体外观检查无损伤及变形，油漆完整。

（4）逆变器直流侧电缆接线前必须确认汇流箱侧有明显断开点。

（5）逆变器等设备采用基础槽钢固定。

（6）逆变器与线路连接应符合下列规定：

连接紧密，连接螺栓的锁紧装置齐全，瓷套管不受外力；

零线沿器身向下接至接地装置的线段，固定牢靠；

器身各附件间连接的导线应有保护管，保护管、接线盒牢固可靠，盒盖齐全；

引向逆变器的母线及其支架、电线保护管和接零线等均应便于拆卸，不妨碍变压检修时移动。各连接用的螺栓螺纹漏出螺母 2 ～ 3 扣，保护管颜色一致，支架防腐完整；

逆变器及其附件外壳和其他非带电金属部件均应接地，并符合有关要求。

图 15　逆变器安装

（7）汇流箱内光伏组件串的电缆接线前，必须确认光伏组件和逆变器侧均有明显断开点。

5.2.7　设备接地

为保证安全，所有光伏组件及电气设备外壳都应接至专设的接地装置，采用 40mm×4mm 镀锌扁铁作接地线。

接地电阻阻值满足设计要求，接地装置的施工满足《电气装置安装工程接地装置施工及验收规范》（GB 50169—2006）的规定。

5.2.8　电缆敷设

光伏组件以及逆变器、控制保护单元等，采取直流输入连接方法。

（1）光伏组件的线缆连接，以串联方式为主，将组件中的两根电缆引出之后，确认其接线的极性，然后将线缆引入到线槽、汇流箱中。

（2）从汇流箱连接线路到逆变器中，在汇流箱中采取并联方式，注意在电缆中标注相应组件串编号，按照图纸要求完成接线。

5.2.9　系统调试

（1）在对监控系统进行调试之前，应确保逆变器、配电箱、配电柜处于正常状态，必要情况下可采取试运行方法，确保一切与设计相符。开始进行调试时，注意查看光伏组件接线是否到位、光伏组件的二极管是否连接、电气设备接线是否与设计要求相一致。

（2）根据规范要求，检测光伏组件串、逆变器等设备的各项电气参数，查看其是否与设计要求相一致。

（3）在监测系统中，需要检测从逆变器到计算机的通信是否正常，查看光伏系统软件安装情况，确保其与计算机连接并可有效运用。

（4）针对系统进行性能检测，启动系统的运行设备，确保配电柜、逆变器等处于正常运行状况，查看监控软件是否显示光伏发电量、频率、电压等，如果处于不正常状态，需要进行相应调整。

6 材料与设备（表1）

表1 材料与设备一览表

序号	机械或设备名称	型号规格	单位	数量	备注
1	起重机	QY25B	台	1	材料设备吊装
2	叉车	H2000	台	1	材料设备运输
3	平板车	MD150	台	1	材料设备运输
4	挖机	SY215C-10	台	1	土方挖掘
5	螺旋钻孔机	AA-2G	台	1	桩基钻孔施工
6	冲击钻	GBH2-20SE	台	5	支架安装
7	双侧柄手电钻	GBM13-2 RE	台	5	支架安装
8	交流焊机	BX1-500	台	2	支架制作
10	焊条烘箱	YGCH-G-200KG	台	2	支架制作
11	砂轮切割机	J3G-SL2-400	台	2	支架制作
12	断线钳	12″～48″	套	8	电缆敷设
13	压线钳	BH-218	套	8	电缆敷设
14	内六角扳手	MW-100	套	30	电缆敷设
15	振捣器	ZDN50	台	1	支架基础施工
16	绝缘摇表	ZC25B-4	台	2	电缆敷设
17	万用表	AN-333205	台	10	电缆敷设
18	接地电阻测试仪	ZC29B	台	1	电缆敷设
19	GPS 定位仪	GPS i80	台	1	测量定位
20	水平仪	CHMN-LE001	台	1	支架基础施工
21	经纬仪	DT-02L	台	1	支架基础施工
22	高压电气调试设备		套	1	电气调试

7 质量控制

7.1 施工过程必须严格执行的国家及有关部门、地区颁发的标准、规范，包含但不限于如下内容：

《地面用光伏（PV）发电系统概述和导则》（GB/T 18479—2001）；

《光伏系统并网技术要求》（GB/T 19939—2005）；

《光伏发电站施工规范》（GB 50794—2012）；

《光伏发电工程验收规范》（GB 50796—2012）；

《光伏发电站设计规范》（GB 50797—2012）；

《电气装置电气设备交接试验标准》（GB 50150—2006）；

《电气装置安装工程电缆线路施工及验收规范》（GB 50168—2006）；

《电气装置安装工程接地装置施工及验收规范》（GB 50169—2006）；

《电气装置安装工程电力变压器、油浸电抗器、互感器施工及验收规范》（GB 50148—2010）；

《电气装置安装工程母线装置施工及验收规范》（GB 50149—2010）；

《电气装置安装工程盘、柜及二次回路结线施工及验收规范》（GB 50171—2012）；

《建筑电气工程施工质量验收规范》（GB 50303—2015）；

《施工现场临时用电安全技术规范》（JGJ 46—2005）；

住房城乡建设部颁布的《建筑工程施工现场管理规定》，以及地方政府及业主方有关建筑工程质量管理、环境保护等地方性法规及规定。

7.2　关键部位或工序质量控制

（1）水泥桩施工严格控制水灰比为 0.5 ～ 0.6，灰浆搅拌应均匀，并进行过滤。喷浆过程中浆液应连续搅动，防止水泥、砂沉淀，喷浆压力应控制在 0.6 ～ 1.0MPa 范围内。

（2）水泥桩钻杆下沉的速度可为 0.6 ～ 1.0m/min，严格控制喷浆提升的速度，其喷浆提升速度宜为 1.0 ～ 1.5m/min。

（3）水泥桩搅拌头下沉到设计深度时，应原地旋转 10min，待水泥砂浆送至孔底，管道压力达 0.6 ～ 1.0MPa 时，再旋转上提，以保证桩端质量。

（4）混凝土独立基础、条形基础的尺寸允许偏差（表 2）

表 2　尺寸允许偏差

项目名称		允许偏差（mm）
轴线		± 10
顶标高		0，-10
垂直度	每米	≤ 5
	全高	≤ 10
截面尺寸		± 20

（5）光伏组件安装允许偏差（表 3）

表 3　光伏组件安装允许偏差

项目		允许偏差
倾斜角度偏差		± 1°
光伏组件边缘高差	相邻光伏组件间	≤ 2mm
	同组光伏组件间	≤ 5mm

（6）施工中的光伏组件应采用适当的措施加以保护，防止发生碰撞、污染、变形、变色等现象；

（7）光伏组件串在相同测试条件下，相同光伏组件串之间的开路电压偏差不应大于 2%，最大偏差不应大于 5V；辐照度不低于 700W/m² 时，相同光伏组件串之间的电流偏差不应大于 5%。

8　安全措施

（1）建立完善的应急预案制度，对整个光伏发电安装过程全程跟踪，发现隐患，及时组织技术力量解决可能发生的任何安全事故或技术事故。

（2）焊工、电工、吊车司机、起重工、钢筋工等特殊工种必须持证上岗，服从统一指挥。

（3）施工作业人员必须戴安全帽，系好帽带；高处作业必须佩带安全带，并遵循高挂低用的原则。

（4）屋面安装光伏组件，如果是不带女儿墙的混凝土屋面或彩钢板屋面，临边防护是施工安全的重点。在施工前，必须按规定做好临边防护。

（5）对于无楼梯通达的屋面，需要搭设脚手架作为人员上下通道。如脚手架较高，要编制专项施工方案，对其安全措施及稳定性进行验算。

（6）进行屋面电站的桥架、管线敷设、防雷接地等施工时，如有高处作业，应根据施工现场情况作好安全防护。

（7）由于光伏组件在阳光下会产生光伏效应，应做好光伏组件带电部分的防护。在外部管线施工未完成前，不得进行光伏组件串的连线。严禁触摸光伏组件串的金属带电部位，严禁在雨中进行光伏组件的连线工作。

（8）如果采用吊车将光伏组件吊上屋面，要将组件在屋面分散堆码，不得集中，破坏屋面结构。

·9 环保措施

9.1 噪声排放

合理安排、控制作业时间。混凝土振动器选择低噪声振动棒；对钢筋加工棚进行封闭，噪声大的钢筋作业尽量安排在白天；木工电锯、砂轮切割机等噪声较大的小型设备在搭建临时房内作业；模板的搬运、码放要轻拿轻放，禁止将模板撬掉直接坠落在楼面上，应人工递至楼面。

9.2 现场无扬尘

场区硬化道路安排专人每天进行清扫、洒水，经常保持湿润状态，防止尘土飞扬；建筑垃圾清运时，要先洒水，后清扫，垃圾集中成堆后，装袋后方可运输。

9.3 光污染

焊接作业尽量安排在白天进行，如果必须在室外进行夜间焊接，需在焊接地点加设挡板遮挡强光。

9.4 杜绝施工现场火灾

气焊、气割作业及电弧焊切割钢筋旁，需配备干粉灭火器。木工房在每次下班后将锯末、刨花清理干净。用电线路应按规范进行敷设，灯具需设防护罩。

9.5 合理处理固体废弃物

建筑垃圾和生活垃圾分类收集。木工作业废料、金属废弃物，包装材料及时收集，能二次利用的进行再利用，不能利用的进行分类存放，分别处理。

9.6 最大程度地节能降耗

施工生产用水，现场生活用水做到最大程度的节约。室外、室内施工照明，作业结束或天亮后及时关闭照明灯。照明灯做到人走灯灭。

10 效益分析

经济效益：公司自主创新的"光伏组件安装"技术与针对屋面彩钢板特制组合支架施工工艺，相比传统屋面彩钢板打孔的安装方法，解决了屋面彩钢板漏水问题，节省了屋面漏水维修所需的时间及费用；同时由于BIM建模技术的应用，极大地提高了施工效率与综合管理能力，施工进度与费用得到了有效的控制，产生较大的经济效益。

环保效益：本工程采用特制组合支架及BIM技术进行光伏电站安装，最大程度地节约材料，减少浪费，获得良好的环保效益。

节能效益：相比传统屋面彩钢板打孔的安装方法，本工法由于不需采用电钻钻孔，节约电能。

社会效益：本工法是根据现场实际情况自主创新的新型工艺，实用效果较好，推广前景广阔，社会效益显著。

11 应用实例

本工法应用于三门峡产业集聚区太阳能光电建筑应用示范工程、三门峡鹏飞电子金太阳工程示范项目工程、许昌新区宏伟第六标段光伏发电系统金太阳示范工程等，大大节约了施工时间，未发生一起安全事故，且一次性验收合格，取得良好的经济与社会效益。

GRC 轻质保温屋面板施工工法

杨　浪　汤春香　阚吉东　李凯锋　万　力

湖南省第二工程有限公司

摘　要： GRC 轻质保温屋面板是一种适应国家建筑节能要求的新型构件，是以 GRC 为上下面层，中间填充保温隔热材料，经成型、养护而成。该屋面板通过工厂标准化模具生产，将保温层和结构层合二为一，现场以机械安装为主，板型规格根据建筑特点量身定制，屋面外观风格与颜色搭配可满足个性化需求。板上可开洞（安装采光罩、出屋面管道、风机等），所有洞口均在板的制作时预留。具有轻质、高强、节能、耐久等特点；模板周转利用率高，产生的垃圾少；施工简便、快捷、工期短，劳动强度低，能降低工程综合造价，经济效益明显。

关键词： 房屋建筑工程；复合保温屋面；GRC 屋面板；标准化模具

1　前言

屋面作为建筑的主要围护结构，是减少建筑能量散失的重要部分。在各类大空间、大跨度的工业厂房及公共建筑的网架、钢架屋面工程中，以往采用钢筋混凝土或彩钢夹芯板的施工方法，虽能满足屋面围护和防水的基本功能要求，却无法兼顾保温隔热需要。

GRC 轻质保温屋面板是一种适应国家建筑节能要求的新型构件，是以 GRC 为上下面层，中间填充保温隔热材料，经成型、养护而成。具有轻质、高强、节能、耐久、保温的优点，且施工方便、安装快捷、劳动强度低、质量可控、方便维修等特点，我公司在总结多年工程实践的基础上，编制完成了 GRC 轻质保温屋面板施工工法，对于推广 GRC 轻质保温屋面板，提高建筑节能效果，缩短施工工期具有显著效益。

2　工法特点

（1）屋面板组合灵活方便：GRC 轻质保温屋面板可采用工厂生产的标准构件，也可以依据项目结构与外观特点，自行定制项目需要的屋面板，或者标准件与定制品相组合，以达最佳施工工期与经济效益。

（2）施工机具选择面广：屋面板施工，可依据计算与现场实际条件选择塔吊与吊车两种吊装施工机具，选择面广，施工方便。

（3）施工进度快、工期短：由于 GRC 轻质保温屋面板自重较轻，在满足结构强度和吊装施工安全与质量的情况下，可定制大跨度、大尺寸的大型屋面板，减少了吊装设备运转次数，且由于屋面结构层与保温层一次性完成，减少了结合层与保温层施工工序，工厂化生产保证了产品质量，受天气等自然条件影响较小，效率高，工期短，较传统屋面施工，工期缩短 1/3。

（4）安装质量可靠：屋面采光罩、出屋面管道、风机等所有洞口均为工厂加工预留，避免现场开孔，施工快捷，减少了作业人员手工操作而容易出现的质量问题，防水效果显著，质量可靠有保证。

（5）抗震性能好：GRC 轻质保温屋面板自重轻，每块板与屋架四角点焊连接，与屋架连接成一个整体，提高了结构整体刚度，抗震性能好，便于后期更换维修。

（6）外观灵活美观：板型可依据建设方要求与建筑特点量身定制，屋面外观风格与颜色搭配可满足个性化需求，改变了传统工业或公用建筑屋面风格单调的特点。

（7）造价低、成本优：GRC 轻质保温屋面板同时具备结构与保温两项功能，减少了保温层施工工序与环节，大大降低了施工与原材料成本。

3　适用范围

（1）建筑类型：适用于各类大空间、大跨度的工业厂房、大型库房、体育场馆、锅炉房及公共建筑的网架、钢架屋面。

（2）自然条件：适用于室内正常环境（环境类别一）及室内潮湿环境（环境类别二），其中环境温度不超过 60℃ 为宜，未考虑侵蚀性介质及受冲击荷载时等特殊因素的影响。

4　工艺原理

GRC 轻质保温屋面板是以 GRC 为上下面层，中间填充保温隔热材料，经成型、养护而成。工厂标准化模具生产，将保温层和结构层合二为一。刚度好、强度高、保温隔热性能佳。实际检测加载到 2.47kN/m² 时无裂缝，且可根据不同地区的需求调整保温层厚度。在现场吊装就位后，通过所设置的铁件与网架支托或钢连接件（预埋）焊接连接，再进行板缝密封初步防水，即一次性完成大跨度建筑物屋面结构层和保温层的施工。

5　施工工艺流程及操作要点

5.1　施工工艺流程

深化设计→加工制作→施工准备→屋面板焊接→屋面板接缝处理。

5.2　操作要点

5.2.1　深化设计

依据设计院提供的完整施工图纸，结合现场实际情况（含屋架实际尺寸、网架支托或预埋件位置、屋架可承载能力、现场作业条件、可供选择使用的吊装设备等，其中，屋架实际可承载能力不得低于设计要求），在屋面施工方案确定之前，编制屋面深化设计文件，应包括以下内容：

（1）屋面工程概述。

（2）深化设计依据文件与引用标准，现场实际情况与编制说明。

（3）GRC 轻质保温屋面板布置方案，要求到具体每轴、每块，并列表注明所在区域与详细尺寸，各种型号板数量，并予以编号，出图。

（4）标准规格屋面板，需提供型式检定报告，对于定制的屋面板，每种型号均需要提供结构计算说明书及吊点计算书。

（5）屋面板运输、堆放、吊装作业指导与说明。

（6）其他证明文件，如 GRC 轻质保温屋面板产品相关推广、认证、认定、检验证明等。

深化设计文件（重点是屋面板布置方案、结构计算书及吊点计算书）需要经设计单位复核，监理单位同意，报建设单位确认后，才能进入工厂化生产。

5.2.2　加工制作

依据深化设计文件，对工厂生产过程进行抽查监督，查阅原料进场验收记录与合格证明文件、生产过程控制与关键点控制（如预埋铁制作安装，配料、养护环境条件与时间等），确保屋面板成品质量合格与交付时间符合要求。

5.2.3　施工准备

（1）方案编制。依据相关方认可的深化设计文件，施工单位编制形成《屋面工程吊装施工方案》。

（2）屋架测量

①屋面板定位放线测量。依据深化设计文件中注明的每块板位置，在下层结构层上对每块板进行定位放线测量，并标记每块板的位置与焊点位置。

②标高、坡度测量。依据上述定位中焊点位置，对每块板四个受力点进行标高与坡度测量，如坡度或高度有误差但没有超过允许范围，可在后期固定时采取加垫或加焊方式予以修正，并在测量手册中予以明确注明，如超过标准范围，则需要对屋架结构进行返工或返修处理。

（3）现场条件检查。正式吊装，吊车进场以前，需要对现场具备的施工条件进行检查复核，内容包括：

①现场道路及空间条件。施工道路应满足屋面板运输车辆、吊车通行与工作，如采用轮式吊车，还需要考虑支撑点。外架或空间有水电管线应予以拆除。

②现场通水通电。

③配备必要的对讲机等通信工具。

④如在雷雨季节施工，室外裸露设备注意接地保护。

⑤现场安全条件，如外防护架突出屋面滴水线高度不宜少于 2m。

⑥作业人员是否已到位，并经过安全培训与技术交底，劳保防护用品是否已配置齐全。

（4）屋面板工厂起吊、运输与堆放

①工厂起吊前应检查屋面板型号是否正确，是否达到 75% 设计强度，标识是否清楚等。根据施工现场安装顺序进板，进入施工现场后，应按照规格、型号、安装顺序分别垛放，应设有明显标志牌。

②起吊设备利用工厂吊车进行。

③运输设备选择。屋面板运输必须选择专业运输车辆，承载能力一般不得小于 20t，车厢无盖，中间设置人字钢构支架（角度 70 ~ 80°），支架高度不得低于屋面板宽，长度 2.5m，于车厢中居中固定，支架两侧各设置两道 4cm 等厚木方。

④采用同侧四点吊装方法，将屋面板起吊，立直放置在车厢支架上，对称分布，同侧每层之间用 2cm 等厚小木方隔开，每块屋面板吊装装车后，必须利用钢丝绳，将板、支架、车厢进行固定。每车一般放置 6 块板（每侧各三块，堆放时一垛），不同型号屋面板，不宜装一辆车，最后如需要拼车，则按照内重外轻、内长外短、内高外低的原则进行装车并固定。

⑤上路车辆高度自地面起量，不得超过 4m，运输过程中，速度不得超过 40km/h。

⑥明确 GRC 轻质保温屋面板堆放技术要求，明确水平堆放的层次或立直堆放的倾斜度。通常情况下，为保证运输安全，轻质屋面板在车厢内运输采用倾斜立直固定码放，为方便吊装挂吊，现场采用同规格水平整齐堆放，依据重量不同，叠放不得超过 6 层。屋面板要平放，设 4 个垫点，一般置于板角（挑檐板位于悬挑的埋件处），上下四角垫块保持竖向一致。避免失重、板受力不均匀。不允许不同尺寸规格板堆放在一垛，最底层的板垫块必须用整块红砖或木方四角设垛，放置完第一块后，须检验四个垫点是否平整，有无挠曲。构件堆放应按单位、型号、数量、外形、大小等统一堆放，集中保管和发放。

⑦堆放场地须平整、坚实、通风良好，防止构件自重产生地面不均匀沉降、受力不均造成底部的第一块拉裂、压坏。

⑧确定 GRC 轻质保温屋面板堆放位置，如采取塔吊吊装，堆放位置应便于起吊，如采取吊车吊装，堆放位置应保证吊装设备最小功率输出。现场施工条件允许，在保证屋面板按吊装进度随时到场，且不影响工程质量与施工安全的情况下，可采取随车随吊的方式进行吊装作业，减少二次搬运。

（5）屋面板现场吊装

①屋面板安装吊装前，强度必须达到 100%。在起吊前，施工人员可通过板上标识并查阅当批产品合格证情况对强度予以核实。

②依据施工总体进度要求，确定吊装设备的数量与班组人数。编制形成吊装施工作业平面图。施工方案按照程序正常报审后，方可进入技术交底与施工组织。

③吊装设备选用的原则与计算公式，需要考虑的因素包括：最大屋面板的重量与水平运输吊装距离（采用塔吊情况），工作场所的面积与地质情况（如采用吊车，确定轮式或履带式类型），吊装高度与回旋半径，依据计算与现场实际情况，最终确定吊装设备的类型、型号及钢丝绳直径与长度。选用吊装设备，可以选择塔吊或吊车（轮式、履带式）任意一种，或两种设备相组合，在实际施工作业过程中，为保证施工安全，同一工作面不允许两种或两台以上设备同时作业。

④吊车运行线路与吊装顺序确定

采用吊车吊装施工，严格依据经相关方批准的《屋面工程吊装施工方案》，贯彻执行两侧平行、同侧间吊的基本原则，确定吊车运行线路与吊装作业顺序，不允许有偷工、违章等情况发生。吊车运行线路，吊装作业顺序应予以明确，如吊装工程量较大，工期较紧张，条件允许，可采取分段施工方式进行。确定吊车线路时，同步明确吊装作业顺序，为保证施工安全与质量，同时兼顾施工连续性与方便，同栋建筑一般采用两台吊车间跨平行吊装，具体推荐顺序如图 1 所示。

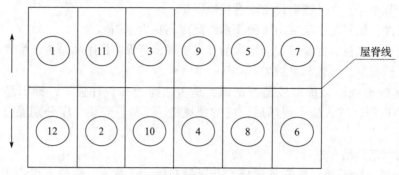

图 1　两台吊车间跨平行吊装顺序图

其中，屋脊线两侧各由一台吊车承担吊装施工任务，可同时进行，即上图①②可同时吊装施工，依此类推。

⑤板型与吊装选择

依据施工方案与现场实际情况，屋面板吊装可采用汽车吊或塔吊，每次吊装不宜超过两块板，大型板吊装为一块，如一次吊装两块，需要进行计算并确认，以保证吊装安全与施工质量。如施工方案中计划采取同时吊装两块板情况，单吊应配备两套及以上吊具与索具。吊装施工现场，前台与后台应配备不少于两台以上对讲机，每吊选择何种板型，以前台施工人员通知为准，不同规格板，不允许发生同吊两板情况。起吊前应依据板上标识情况，对板规格、强度进行再次确认，待验证无误后方可吊装施工作业。

⑥每块板采用四点吊装，平稳起吊，不能过急，失去重心。吊点位置以厂家预埋为准，不允许发生三点吊、兜底围索吊等违章情况发生。

⑦要求屋面板预埋钩与吊车吊钩搭接牢固，吊钩必须设保险舌，以免脱钩。

⑧屋面板与网架支托，搭接长度≥60mm，应保证在一个平面，如有缝隙应依据前期测量情况按计划加塞铁板。在此过程中，如吊装安装后屋面板不在一个平面或超过允许偏差，应重新进行测量并加以修正返工。

⑨屋面板施工如厂房面积过大（特别是进深过长），吊车施工有困难时，可选择轨道及轨道车（轨道一边铺设屋面板端边，另一边铺设在上弦杆的末端），杜绝安装炮车直接碾压板面。

⑩屋面板吊装后，按区域调整，板与板之间隙缝应在 15～25mm。屋面板平面定位，以前期平面放线测量标识结论为准（特别是施焊焊点位置留设），板缝留设，非人为控制在 15～25mm 之间，而是依据预留位置，将板就位后复核结论为准，如依据测量预留位置固定板位，不能满足板缝留设要求，则需要重新复核深化设计和屋面板规格尺寸。

5.2.4　屋面板焊接

（1）每块板四角应保证与下层结构或预埋件四角点焊连接。如采用加塞钢板垫平等情况，应二次施焊。

（2）由于下层结构与屋面接触面平整度与坡度存在一定偏差，故屋面板吊装到位后，依据标准靠尺测量屋面板表面平整度，在满足要求的情况下对单块板进行定位，再进行施焊固定。

（3）屋面板平面位置定位以后，如由于原有结构件或屋面板发生翘曲变形等情况，导致调整以后的屋面板仍无法满足质量要求，则不能施焊，应重新进行标高测量，分析其原因并采取纠正措施。

（4）每块板吊装到位，与周边板进行平整度、坡度与板缝尺寸复核，合格后方可进行单块板焊接固定施工，在单块板没有焊接固定施工前，不允许进入下块板施工。每三块板吊装就位固定（或不超过 6 延长米），需要进行平面与高程测量校核。

（5）如有配套侧立板及接缝处钢筋安装焊接（图 2），应用连接件（铁板、角铁、钢筋头）焊接，上下满焊，涂刷防腐漆。

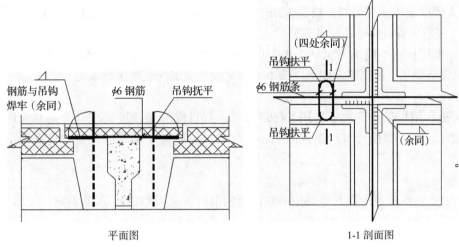

图 2　屋面板连接焊接图

5.2.5　屋面板接缝处理

（1）屋面板接缝处理前期工作。检查接缝长度、宽度，焊接施工质量、焊渣是否清理干净，是否已进行防锈处理。

（2）屋面板接缝施工前应进行吊模，吊模后，在进行接缝施工前 2h 内，应对接缝接触面进行饱合水清净湿润处理，以降低对接缝材料施工质量的影响。吊模养护 ≥ 3d 且填缝板浆料达到 70% 以上强度后进行拆模。

（3）板与板接缝企口处放一层玻璃纤维布，嵌入泡沫条（根据缝隙大小选择）。

（4）接缝料的配制见材料要求。保温浆料不宜搅拌过稀，以减少板缝处的泌水。珍珠岩或苯板为保温填料，现场可根据实际情况，酌情小范围调整。

（5）将拌和好的料浆灌入企口中，抹平、压实，板缝应均匀。

（6）板缝处理示意简图如图 3 所示。

（7）屋面配套侧立板接缝处理

①接缝料配制：见材料要求。

②板与板接缝，嵌入泡沫条或苯板条（根据缝隙大小选择）。

③将拌和好的料浆压入板缝中，勾缝压实。

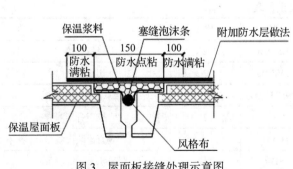

图 3　屋面板接缝处理示意图

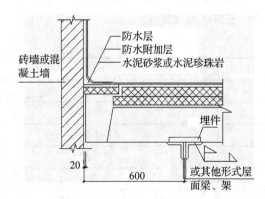

图 4　屋面板与女儿墙节点图

6　材料与设备

6.1　主要材料

6.1.1　GRC 轻质保温屋面板

（1）GRC 轻质保温屋面板标准板型

① GRC 网架屋面板标准型号（正方形）：2.7m、3.0m、3.3m、3.6m、3.9m。

② GRC 大型屋面板标准型号：板宽 1.5m；板长 6.0m、6.6m、7.5m、8.1m、9.0m。

（2）GRC 轻质保温屋面板非标准板型

当 GRC 标准屋面板不能满足设计要求，可以根据建筑结构形式、建筑模数等其他合理要求而定制符合要求的规格型号。依据施工图纸，按本文深化设计要求与程序组织实施。

6.1.2　焊接材料

固定屋面板所用焊条全部要求采用 E4303 型号。焊件除满足强度要求外，还要保证焊缝具有较高的韧性和塑性。由于焊接母材受条件限制不能翻转，焊缝处于非平焊位置，应选用全位置焊接的焊条。

6.1.3　钢材

用于垫平支点的垫板或屋面其他部位需要用到的钢材，选用 Q235，所有钢材（板）均需要做防锈处理。

6.1.4　网格布

用于重点部分施工（接缝）的网格布，应先用中碱或无碱型玻璃纤维网格布，经向抗拉强度 ≥ 1250N/50mm，纬向抗拉强度 ≥ 1250N/50mm。

6.1.5　接缝料配制：

水	水泥	粉煤灰	珍珠岩	苯板球
35kg	100kg	25kg	0.25m³	0.2m³（8 小桶）

注：由于珍珠岩含水率提高可导致其体积极速膨胀，苯板球基本成分为泡沫，重量可忽略，故后两种材料建议按体积进行配料。侧立缝配料，不用掺加苯板球，其他材料相同。珍珠岩或苯板为保温填料，现场可根据实际情况，酌情小范围调整。

以上材料用 707 胶液拌和，707 胶：水 =1：5，其他材料要求同上。

外加剂：聚羧酸系列，减水率不得低于 18%，夏季减水剂掺量按水泥质量的 1%；冬季防冻剂掺量按水泥质量的 2%，且有其他可靠的冬季施工保证措施，方可冬季施工；春秋季节防冻剂按水泥质量的 2%，加盖塑料膜及草帘子做养护。

水泥：P·O42.5 水泥，使用前应按要求取样试验。

粉煤灰：采用 F 类 Ⅱ 级粉煤灰。

珍珠岩：采用水玻璃珍珠岩，粒径不得超过 10mm。

所有接缝料拌合物，依据天气与温度变化，一般不得超过 2h，在水泥初凝之前必须使用完毕。

6.2　主要机具设备

表 6.2　机具设备表

序号	名称	型号	数量	用途
1	电焊机	BS-330	2	材料焊接
2	切割锯	GWZJ001	2	切割苯板
3	手提角磨机	9523NB	1	打磨 GRC 半成品板
4	氧气、乙炔		2	校正骨架
5	吊车	TC5516	2	垂直吊装设备
6	轻型组装轨道车、组合轨道及平板运输车	SD-6	1	吊装水平运输设备

续表

序号	名称	型号	数量	用途
7	卧式搅拌机	ZX2000	1	接缝料配制设备
8	撬杆、吊钩及配套用钢丝绳、钢筋头等		3	安装用主要设备及材料
9	全站仪	GTS211D	1	测量
10	经纬仪	J2-2	1	测量
11	水准仪	DZS3-1	1	测量
12	用直尺和楔形塞尺		各2	测量偏差

7　质量控制

7.1　本工法执行、参照的标准

（1）《屋面工程质量验收规范》（GB 50207—2012）；

（2）《钢结构超声波探伤及质量分级法》（JG/T 203—2007）；

（3）《钢结构焊接规范》（GB 50661—2011）；

（4）《钢结构工程施工质量验收规范》（GB 50205—2001）；

（5）《轻质复合屋面板、结构标准图集》（DBJ T05—227，辽 2010G703）。

7.2　质量控制措施

（1）GRC 轻质保温屋面板到现场后应进行质量检验，合格后方可使用；并要有出厂质量证明书、厂家材料检验报告、产品合格证等证明材料。

（2）上一道工序验收合格后方可进行安装。安装前需对人员进行岗前培训，并准备好各种安装工具、吊运设备。

（3）根据排板图的位置，进行屋面板安装施工，在安装过程中进行校正。

（4）按设计要求进行焊接，并设专人进行焊接检查。要求每块板应保证四角点焊连接。

（5）对板缝进行处理，要清理板缝，并在板缝处嵌塞泡沫条及聚苯乙烯泡沫板，配制料浆。

（6）板底部或挑檐处有抹灰要求时，表面须做介质层或直接用 EPS 胶泥抹面。

（7）屋面板施工完毕后，进行质量自检工作，同时将板面清理干净。

（8）自检合格后，对整个屋面施工进行验收后交付使用。

（9）板应避免尖锐重物冲击，车辆不应直接载物通行，须采用铺设垫板等方法分散集中荷载。

（10）不宜作为土建施工作业面，即：不宜在屋面上搭设脚手架，尽量避免集中堆码重物，必要时采取相应的保护措施。

（11）安装过程中，为防止集中力对结构件及屋面板的不利影响，已安装的屋面板局部只允许放一层板作为临时堆放地。

（12）不允许在板肋处钻孔或打螺栓，可从板缝处穿下 T 字形钢筋作为吊挂使用，并做防腐。不允许在板面开洞，如需要，应在项目技术负责人指导下进行。

8　安全措施

（1）成立现场安全管理班子，设专职安全员；参加施工的工作人员，应熟知本工种的安全技术操作规程，进入施工现场，应首先学习本工地的安全技术措施，经考试合格后，方可安排作业。

（2）操作人员必须熟悉并严格遵守安全技术操作规程，必须持专业上岗证上岗，穿工作服，戴安全帽、安全带和使用劳动保护用品（风帽、口罩、安全带等）。从事高空作业人员，必须事先进行体检，符合要求后方可登高作业。

（3）作业人员作业前必须熟悉施工方法，且必须办理安全施工作业手续，技术负责人在场指挥，作业前进行详细的技术交底。

（4）严禁"三违"现象发生，严禁酒后作业。

（5）各种提升机械的司机必须持证上岗，吊车在工作半径范围内，无关人员不得停留或通过，周围设置禁止重物以下人员停留或通过。吊装前，应对道路进行检查，防止吊车在行走、吊装时发生倾斜、翻倒。对吊车工作停放点进行重点检查。

（6）起重机械设备的制动、限位、联锁以及保护等安全装置应齐全并灵敏有效，塔吊在投入使用前必须经劳动部门验收合格。

（7）作业时，指挥信号要正确清晰并统一，吊车司机在信号不明确、重量不清楚、违章指挥的情况下有权停止作业。起重物时不得在空中长时间停留，在适当停留时，操作人员和指挥人员不得擅自离开工作岗位。

（8）吊前应检查起重及安全装置，重物吊离地面约 100mm 时应暂停起吊，并进行全面检查，确认良好后方可正式起吊。

（9）起重机在工作中如机械发生故障或有不正常现象时，应放下重物停止运转后进行排除，严禁在运转中进行调整或检修，如起重机发生故障，无法放下重物时，必须采取适当的保险措施，除排险人员外，任何人员严禁进入危险区。

（10）吊装时遇六级以上的大风以及大雨、大雾天气暂停作业。吊装遵循起重设备"十不吊"原则，保证安全第一。

（11）高空施焊打火前，应观察周围有无不安全因素存在，尤其是下方有无易燃、易爆等物品及其他操作人员，以防止火花飞溅伤人或引起火灾，焊条头不得顺手乱扔。

（12）凡切割、焊接使用的各种气瓶，必须垂直安放，并固定好，且保持安全距离。

（13）执行标准：《建筑施工安全检查标准》（JGJ 59—2011）、《建筑施工现场环境与卫生标准》（JGJ 146—2014）、《建筑机械使用安全技术规程》（JGJ 33—2012）。

9 环保措施

（1）施工人员进入施工现场应先进行环保培训，减少垃圾产生，提高人员环保意识。

（2）加强施工场地的合理布置，加强工程材料、设备、建筑垃圾等的控制和管理；施工场地做到整洁文明。

（3）面层的灰尘应及时清理干净，其他工种作业时不得污染或损坏面层。

（4）施工现场的材料和使用工具等应堆放整齐，施工后所产生的废弃物应及时分类清运，保持工完场清，做到文明施工。

（5）施工用料应做到长材不短用，加强材料回收利用，节约材料。

（6）在施工过程中，最大程度地减少施工中产生的噪声和环境污染。现场使用的辅助材料尽量使用环保产品。

（7）项目部建立施工现场废气废液控制责任体系并始终保持运转。施工中的废油治理采取集中收集后，直接运往监理工程师指定地点进行焚烧处理，确保对本工程施工区环保没有影响。

（8）执行标准：《建筑施工场界噪声排放标准》（GB 12523—2011）、《环境管理体系要求及使用指南》（GB/T 24001—2015）。

10 效益分析

10.1 经济效益

由于 GRC 轻质保温屋面板是集中工厂加工，现场进行安装，大大降低劳动强度，简化了工序，施工工期与传统施工工艺比较可缩短 20%～30%，从而降低了大型垂直机械设备、外脚手架周转材料的租赁时间，节约了租赁费用，也减少了项目管理费用。

10.2 社会效益

GRC 轻质保温屋面板工厂化制作，现场吊装，改善了施工条件，且对现场操作人员技术要求不高，可缓解技工短缺的矛盾。

10.3　环保效益

材料损耗小，产生的建筑垃圾少，模板周转利用率高，节能节材和环保效益明显。

11　应用实例

11.1　奥园新城二期 B3-1 区 119 号楼

该工程位于沈阳市苏家屯区，为钢结构钢架屋面，总建筑面积 777m²。GRC 屋面面积为 586m²，于 2015 年 4 月至 2015 年 5 月施工完毕。该工程 GRC 轻质保温屋面板制作安装均按照本工法施工，其工程施工质量及各项指标均达到设计及规范要求，取得了良好的经济效益和社会效益。

11.2　沈阳航空航天大学通用实验楼

该工程位于沈阳市沈北新区，为钢结构钢架屋面，总建筑面积 3045m²。GRC 屋面面积为 1178m²，于 2011 年 7 月至 2017 年 8 月施工完毕。GRC 轻质保温屋面板制作安装均按照本工法施工，其工程施工质量及各项指标均达到设计及规范要求，取得了良好的经济效益和社会效益。

11.3　沈阳师范学院文体馆

该工程位于沈阳市沈北新区，为钢结构钢架屋面，总建筑面积 13500m²。GRC 屋面面积为 9872m²，于 2012 年 9 月至 2012 年 11 月施工完毕。该工程 GRC 轻质保温屋面板制作安装均按照本工法施工，其工程施工质量及各项指标均达到设计及规范要求，取得了良好的经济效益和社会效益。

大规格陶瓷薄板墙面薄贴施工工法

李　鹏　肖　奕　李正为　廖冬香　卢　浩

湖南省第六工程有限公司

摘　要：大规格陶瓷薄板按照普通瓷砖粘贴工艺施工时质量难以保证。本工法采用大规格陶瓷薄板作为面板，利用锯齿镘刀把水泥胶粘剂均匀刮抹在基层，并梳理成无间断锯齿条纹，薄板背面薄涂一层胶粘剂，后进行黏结，再用振动器或橡胶锤将薄板揉压振实，形成厚度仅为 3～6mm 的强力黏结层。该工方法简单，能保证粘贴无空鼓等质量问题，适用于室内墙面及粘贴高度不超过 24m 的室外墙面。

关键词：大规格陶瓷薄板；内外墙装饰；薄贴法

1　前言

近年来，我国建筑业发展速度迅猛，环保及节能渐渐地引起人们的重视，很多新型技术、材料不断地应用到建筑领域。陶瓷薄板（以下简称薄板）可实现天然石材 95% 的仿真度，以其质感好、色泽丰富、不掉色、不变形的特点大大丰富了人们对墙面装饰需求的选择；但因其板薄、规格尺寸大，如按普通瓷砖粘贴工艺施工，其质量难以保证。为了解决这一难题，我公司经过反复试验和施工实践总结形成本工法，可满足薄板施工的质量要求，在工程中应用效果良好，节约材料，降低了施工劳动强度和施工成本，加快了施工进度。

2　工法特点

（1）可使板材及基层有效结合，形成体系防护，防水、隔声、找平、黏结等各功能层相互协调，共同工作。

（2）表观质量好，抗污染能力强，污染小，没有泛碱现象。

（3）陶瓷薄板的板块重量轻，其相同面积重量仅为其他饰面砖的 40%～50% 左右。可有效地降低施工人员的劳动强度，从而减少受伤等安全事故的发生概率。

（4）薄法施工黏结层厚度薄（约 3～6mm），可有效减少胶粘剂粉料用量，减少粉尘对环境的污染，从而保证工程实现环保、节能的目标。

（5）铺贴时采用瓷砖专用胶粘剂，直接兑水即可使用，不再需要现场配比水泥砂浆，质量标准容易把握，黏结强度约为普通面砖黏结砂浆的 10 倍以上，施工效率也大大提高。

（6）面板与黏结层重量轻，可有效减轻主体结构荷载。

3　适用范围

本工法适用于室内墙面及粘贴高度不超过 24m 的室外墙面。

4　工艺原理

大规格陶瓷薄板是厚度不大于 6mm，面积不小于 $1.62m^2$，最小单边长度不小于 900mm 的板状陶瓷制品。本工法是采用大规格陶瓷薄板作为面板，利用锯齿镘刀把水泥胶粘剂均匀刮抹在基层，并梳理成无间断锯齿条纹，薄板背面薄涂一层胶粘剂，后进行黏结，再用振动器或橡胶锤将薄板揉压振实，形成厚度仅为 3～6mm 的强力黏结层的一种粘贴工艺，该施工方法简单，保证了粘贴无空鼓质量问题。

5　工艺流程和操作要求

5.1　施工工艺流程

基层清理→弹线分格→胶粘胶施工→梳理条纹→背板刮胶→薄板铺贴→压实振平→平整度调节→填缝施工→清洁。

5.2　操作要点

5.2.1　基层清理

基层应平整、坚实、洁净，不得有裂缝、明水、空鼓、起砂、麻面及油渍、污物等缺陷。局部空鼓区域，必须先将其铲除后再用聚合物水泥砂浆重新找平，最后用扫帚将灰尘和垃圾清理干净。施工前对基面进行水洗湿润，待基面无明水后方可施工。

5.2.2　弹线分格

待基层六至七成干时，即进行分段分格弹线，同时着手贴面层标准点，以控制面层出墙尺寸及垂直平整度。

5.2.3　胶粘剂施工并梳理条纹

先用锯齿镘刀的直边，将胶粘剂在基面上用力地平整地涂抹一层，然后用镘刀的锯齿边约呈45°～60°沿水平方向将胶粘剂梳理出饱满无间断的锯齿状条纹。

5.2.4　背面刮胶

用锯齿镘刀的直边将胶粘剂在薄板粘贴面用力压平涂抹一层，然后用锯齿边以夹角约45°做出倒角，以免在粘贴时挤出多余的胶粘剂而污染薄板表面。

5.2.5　薄板铺贴

①粘贴顺序为：自下而上。

②底边的薄板应设置牢固的水平支撑。

③根据设计的要求，在薄板粘贴时应使用5mm的定位器，以保证留缝的尺寸满足要求，并保证留缝宽度一致。

5.2.6　压实振平及平整度调整

薄板铺贴到基面后，用平面振动器或橡胶锤（特别注意不可用橡胶锤直接敲打薄板，需垫木板或木方以增大受力面，否则薄板有可能破坏）将薄板与基面间的胶粘剂压实，并调整薄板平直度和平整度。

5.2.7　填缝施工，填缝可采用如下两种方法

（1）专用填缝胶填缝

填缝工序应在薄板铺贴48h后进行，且经自检无空鼓，用棉丝擦干净，缝内不能有积水。同时要清除薄板缝隙间松散的胶粘剂。用专用填缝剂将薄板拼缝填充密实。

（2）硅酮密封胶填缝

使用胶带纸把板两边贴好，再用硅酮密封胶枪把板缝填充密实，待胶干后，把胶带纸去除。

5.2.8　清洁

清洁收尾是工程竣工验收的最后一道工序，虽然安装已完工，但为求完美的饰面质量，此工序不能马虎。基本操作：

（1）板饰面在最后工序时揭开保护膜纸，若已产生污染，应用中性溶剂清洗后，用清水冲洗干净，若洗不干净则应通知供应商寻求其他办法解决。

（2）陶瓷薄板板面的胶痕迹或其他污物可用刀片刮净并用中性溶剂洗涤和清水冲洗干净。在全过程中注意成品保护。

所需工器具为干净的洗洁布、清洗剂、清水、刀片等。

6　材料与设备

6.1　主要材料

（1）陶瓷薄板规格尺寸为900mm×1800mm×5.5mm，600mm×1200mm×5.5mm等板面。

（2）瓷砖胶粘剂、水泥基填缝剂：有出厂证明文件且符合设计和规范质量标准的要求。

（3）硅酮密封胶：有出厂证明文件，合格证及检验报告。

6.2　机具设备表

主要机械设备见表1。

表 1　机械设备表

序号	设备名称	单位	数量	用途
1	自动安平水准仪	台	2	用于薄板粘贴测量放线
2	手电钻、冲击电钻	台	根据工程实际需求准备	用于基层处理
3	铁板、阴阳角抹子、铁皮抹子、木抹子、托灰板、木刮尺、方尺、水平尺、小铁锤	个	根据工程实际需求准备	用于阴阳角修补、基层缺陷修补、收口等
4	电动搅拌器、搅拌桶、锯齿镘刀（10mm×10mm）、橡胶锤、直木杠、垫板、墨斗、小线坠、小灰铲、盒尺、红铅笔、薄板施工专用振动器	个	根据工程实际需求准备	用于薄板粘贴施工时使用
5	2m靠尺、十字定位器	个	根据工程实际需求准备	用于薄板粘贴质量控制使用
6	玻璃刀	把	10	用于薄板切割
7	胶枪	把	10	用于薄板填缝

7　质量控制

7.1　质量控制标准

（1）《建筑装饰装修工程质量验收规范》（GB 50210）；

（2）《陶瓷板》（GB/T 23266）；

（3）《建筑陶瓷薄板应用技术规程》（JGJ/T 172）；

（4）《外墙饰面砖工程施工及验收规程》（JGJ 126）；

（5）《建筑工程饰面砖黏结强度检验标准》（JGJ 110）；

（6）室内、室外墙面饰面工程陶瓷薄板粘贴的允许偏差要满足的质量标准，详见表2。

表 2　允许偏差和检验方法

项次	项目	允许偏差（mm）	检验方法
1	立面垂直度	2	用2m垂直检测尺检查
2	表面平整度	3	用2m靠尺和塞尺检查
3	阴阳角方正	3	用直角检测尺检查
4	接缝直线度	2	拉5m线用和钢尺检查
5	接线高低差	0.5	用钢直尺和塞尺检查
6	接缝宽度	1	用钢尺检查

7.2　质量保证措施

（1）胶粘剂胶粉料及填缝剂应存放在阴凉干燥的地方，存放时间不能超过12个月。搅拌需充分，以无生粉团为准。搅拌完毕后须静止放置约10min后略搅拌一下才能使用。

（2）铺贴薄板要注意保留伸缩缝，铺贴完成后，须待胶浆完全干固后（约48h）才可进行下一步的填缝工序。

（3）在操作允许时间内，可对薄板位置进行调整，胶粘剂完全干固后，大约48h后可进行填缝工作，施工24h内，应避免重负荷压于瓷砖表面。

（4）瓷砖胶应控制在2h内用完（胶浆表面结皮的应剔去不用），切勿将已干结的胶浆加水后再用。

拌制瓷砖胶时宜用电动搅拌器，用完后清理干净，严格按照安全操作规程进行施工。

（5）对进场的材料，要检查表面是否光洁、方正、平整、质地坚固，其品种、规格、尺寸、色泽、图案应均匀一致，必须符合设计规定。不得有缺棱、掉角、暗痕和裂纹等缺陷。其性能指标均应符合现行国家标准的规定。

（6）样板先行制度：统一弹出墙面上 +100cm 水平线，大面积施工前应先放大样，并做出样板墙，确定施工工艺及操作要点，并向施工人员做交底工作。样板墙完成后必须经质检部门鉴定合格后，经过设计、甲方和施工单位共同认定验收，方可组织班组按照样板墙要求施工。

（7）弹线必须准确，经复验后方可进行下道工序。基层处理抹灰前，墙面必须清扫干净，洒水湿润；基层抹灰必须平整；薄板粘贴应平整牢固，板缝应均匀一致。

（8）结构施工期间，几何尺寸控制好，外墙面要垂直、平整，装修前对基层处理要认真。应加强对基层打底工作的检查，合格后方可进行下道工序施工。

（9）质量记录

①材料应有合格证、质量证明书、自检报告及抽样复检报告。

②工程验收应有质量验评资料。

③结合层、防水层等应有隐蔽验收记录。

8 安全措施

（1）认真贯彻"安全第一，预防为主"的方针，根据国家有关规定、条例，结合施工单位实际情况和工程的具体特点，组成专职安全员和班组兼职安全员以及工地安全用电负责人参加的安全生产管理网络，执行安全生产责任制，明确各级人员的职责，抓好工程的安全生产。

（2）施工现场按符合防火、防风、防雷、防洪、防触电等安全规定及安全施工要求进行布置，并完善布置各种安全标识。

（3）薄板粘贴施工安全措施

①操作前检查脚手架和跳板是否搭设牢固，高度是否满足操作要求，合格后才能上架操作，凡不符合安全的应及时修整。

②禁止穿硬底鞋、拖鞋、高跟鞋在架子上工作，架子上的施工人员不得集中在一起，工具要搁置稳定，以防止坠落伤人。

③在两层脚手架上操作时，应尽量避免在同一垂直线上工作，必须同时作业时，下层操作人员必须戴安全帽。

④夜间临时用的移动照明灯，必须用安全电压。机械操作人员须培训持证上岗，现场一切机械设备，非机械操作人员一律禁止操作。

⑤薄板、胶粘剂等材料必须符合环保要求，无污染。

⑥禁止搭设飞跳板，严禁从高处往下乱投东西。脚手架严禁搭设在门窗、暖气片、水暖等管道上。

9 环保措施

（1）成立对应的施工环境卫生管理机构，在工程施工过程中严格遵守国家和地方政府下发的有关环境保护的法律、法规和规章，加强对工程材料、设备、废水、生产生活垃圾、弃渣的控制和治理，遵守有关防火及废弃物处理的规章制度，随时接受相关单位的监督检查。

（2）将施工场地和作业限制在工程建设允许的范围内，合理布置、规范围挡，做到标牌清楚、齐全，各种标识醒目，施工场地整洁文明。

（3）对施工中可能影响到的各种公共设施制订可靠的防止损坏和移位的实施措施，加强实施中的监测、验证。同时，将相关方案和要求向全体施工人员详细交底。

（4）优先选用先进的环保机械。采取设立隔声墙、隔声罩等消声措施，将施工噪声降到允许值以下，同时尽可能避免夜间施工。

10　效益分析

（1）本工法粘贴厚度薄，粘贴材料用量少，约为传统工艺的 1/4，施工及运输费用大大降低，经济效益明显。如韶山风景名胜区主入口项目中应用薄板墙面薄贴施工工法，相较传统工艺，粘贴材料节约 140m³，单价为 200 元 /m³，节约成本 140×200=28000 元。又如梅溪湖 K-15 地块消防住宅小区项目采用该工法，粘贴材料节约 90m³，节约成本 90×200=18000 元。

（2）施工迅速，劳动力节省，工人工作效率大大增加，相较传统工艺效率增加 4 倍以上，且安装后很短时间便可承受荷载。

（3）因薄贴法黏结层厚度薄，较传统水泥砂浆铺贴 15 ～ 20mm 厚度相比，可以节约不少空间，房屋有效利用面积增加。

（4）质量更好，空鼓率极低，没有泛碱现象，牢固性强，后期维护费用少，人力成本低，总体造价经济。

（5）陶瓷薄板轻且薄，板面大，单位面积建筑陶瓷材料用量大幅降低，薄法施工有效减少胶粘剂粉料用量，减少粉尘对环境的污染，节约原料资源，降低综合耗能，节约运输成本，大大降低施工人员的劳动强度和改善了施工环境，在韶山项目节约施工工日约 900 个，加快了施工进度。

11　应用实例

（1）韶山风景名胜区主入口项目——旅游综合服务中心内墙装饰工程，2013 年 11 月开工，2016 年 1 月竣工。该项目位于湖南省韶山市，旅游综合服务中心地上 2 ～ 4 层，地下 1 层，总建筑面积为 33228.49m²，建设高度为 16.8m，采用 900×1800 薄板，内墙薄板装饰面积约 10000m²，有力保障了项目的顺利完成，取得了良好的经济效益和社会效益。

（2）梅溪湖 K-15 地块消防住宅小区项目外墙装饰工程，2014 年 7 月开工，2016 年 3 月竣工。本工程位于长沙市梅溪湖梅溪湖路与近湖一路交界处，总建筑面积为 104096m²，共 8 栋，其中 1 号～ 6 号楼 1 ～ 3 层外墙为陶瓷薄板装饰，面积约 6000m²。应用该工法大大降低施工人员的劳动强度和改善了施工环境，是真正意义的绿色环保施工。

民俗建筑天然片石砌体施工工法

罗　能　冯　超　肖　奕　朱文峰　廖伟兰

湖南省第六工程有限公司

摘　要：天然片石在用于建筑工程时其传统施工工艺比较复杂，为此，针对天然片石提出了机械破碎、人工开片和人工选料标准；采取外侧墙体倾斜收分、内侧墙体垂直，用铺浆法层层砌筑、模板内侧层层灌浆、片石内高外低的施工方法；外墙砌筑时，在外墙内侧支模，靠内侧砌的片石直接靠模板砌筑。本工法适用于仿古建筑和少数民族地区建筑的框架结构片石填充墙砌筑；可提高了砌筑质量和外墙内侧平整度，外墙整体防水效果好，降低了墙体厚度、自重及抹灰砂浆用量，缩短了工期。

关键词：天然片石；砌体；支模；平整度

1　前言

天然片石因其取材方便、易于施工，具有独特天然的立面效果，在我国传统民居、仿古建筑和少数民族地区建筑中广泛应用。片石重量大、形状不规整，为了充分发挥片石的天然装饰效果，片石的砌筑从原材选择、砌筑工艺、整体构造、节点和防水处理等方面应采取一系列措施。我公司针对片石砌体传统施工工艺进行改进完善，提出了外墙构造采用外侧倾斜收分内侧垂直方式，砌筑时在外墙内侧支模定位并灌浆、墙体中设钢筋加强带等措施，在四川理县桃坪羌寨灾后重建生活生产安置小区项目中得到成功应用，特编写此工法。

2　工法特点

（1）本工法提高了外墙内侧平整度，节约抹灰砂浆用量。

（2）本工法提高了片石砌筑质量，结构稳固，减轻墙体厚度和自重，节约石材，观感效果佳。

（3）本工法取材方便、易于施工，砌筑时支模有效降低了施工人员的劳动强度。

（4）本工法在保证砌筑质量的同时，提高了施工速度，缩短了工期。

（5）本工法外墙砌筑时，片石内高外低，外墙整体防水效果好。

3　适用范围

本工法适用于仿古建筑和少数民族地区建筑的框架结构片石填充墙砌筑。

4　工艺原理

通过机械破碎、人工开片和人工选料，采取外侧墙体倾斜收分、内侧墙体垂直的做法，采用铺浆法层层砌筑、模板内侧层层灌浆、片石内高外低的施工方法。外墙砌筑时，在外墙内侧支模，靠内侧砌的片石直接靠模板砌筑。

5　施工工艺流程及操作要点

5.1　工艺流程

片石机械破碎和人工开片→人工选料→定位放线→外墙内侧支模→片石砌筑→模板拆除→片石碎渣清理。

5.2　操作要点

5.2.1　片石机械破碎和人工开片

（1）选择 50kg 以下能开片的大小片石、块石。

（2）片石纹路应平直、均匀，厚度均匀应控制在 100mm 左右。

（3）每块片石侧面至少应有一面平整。

5.2.2　人工选料

（1）砌筑前对片石进行选料（图1），将片石中含夹白石（石英）及羊头石（无片石纹路）、曲缝石、乱缝石、色差大的去除。

（2）建筑物阳角处，选用至少有两面大致垂直且表面较平整的片石。

（3）片石大面的面积应大于 25cm²，片石的厚度不应超过 100mm 且须大于 50mm，片石大小接近墙厚，部分不规则处用砂浆加小块片石镶砌。

5.2.3　定位放线

（1）根据设计图纸和每层的收分尺寸从轴线往外量尺定出外墙外侧边线，然后从上到下拉通线，控制好外墙的收分坡度。框架每层收分尺寸从楼板面 350mm 收至上层楼板面处为 250mm（图2），收分尺寸按每上升 1m 收 3cm 控制。每层片石墙上部对正梁底，下部砌在悬挑板上，内侧是垂直的，外侧从下往上收。

（2）外墙阴、阳角处收分控制线，用钢丝从墙基础至女儿墙顶上下拉通线并进行固定，待墙体砌筑完后方可拆除。

图1　片石选料

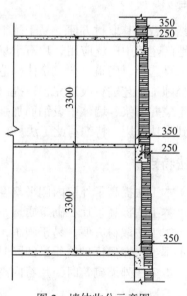

图2　墙体收分示意图

5.2.4　外墙内侧支模

（1）在地面弹出片石外墙内侧边线后，搭设支模架，支模架立杆纵横间距 1200mm，立杆步距 1200mm，立杆上端用顶托顶紧。接着在支模架上用 8 号铁丝绑好 60mm×80mm 的竖向木方，间距 400mm。然后在木方上钉铺 15mm 厚覆膜木模板。

（2）外墙砌筑时，在外墙内侧支木模，必须保证模板的垂直度，控制好外墙位置及支撑牢固。

5.2.5　片石砌筑

（1）砌筑采用铺浆法，铺浆厚度为 20～30mm。边砌筑边进行勾缝，灰缝应比石块面凹进 20mm。片石用小锤整形（图3），保证灰缝厚度在 20mm 以内。

（2）将侧面纹路分明且较平整的片石朝墙外侧砌筑，保证外墙面整体的平整效果，充分利用片石天然效果饰面，体现外墙立面修旧如旧的传统建筑效果。

（3）靠外墙内侧砌的片石直接靠模板砌筑，片石之间的缝隙用砂浆边砌边灌浆密实，砌一层灌一层，减少墙内侧抹灰工程量。

（4）砂浆铺浆时应保证厚度均匀、饱满。特别是墙心位置，片石纵横交错搭接缝较多，砌筑时应保证每条搭接缝内均有灰浆。

（5）砌筑时石块底部应保证平整，不平处可用小块片石或砂浆进行嵌填，片石相互搭砌尺寸不应小于1/3，严禁将片石立砌。

（6）片石与片石交接处均用"品"字形结构纵横搭接，层层砌筑，上下错缝、内外搭砌，避免重缝、立缝。

（7）外墙砌筑时，片石内高外低，向室外侧倾斜2°左右，提升外墙整体防水效果。

（8）窗顶过梁采用混凝土预制过梁与木方相结合，外侧为木方，内侧为预制过梁，为减少雨水对木窗的侵蚀，窗过梁安装完后，在过梁顶部采用大块厚度均匀的片石挑出墙面50mm形成窗顶"眉毛"石（图4）。木方用沥青做防腐处理。

图3 片石整形

图4 片石外墙窗顶"眉毛"石

（9）混凝土墙、柱、构造柱与石砌外墙之间均应用钢筋连接，沿高度每隔500mm设2Φ6钢筋，锚入混凝土墙、柱内200mm，沿墙全长贯通（图5～图7）。

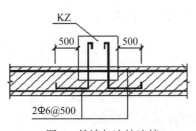

图5 外墙与边柱连接

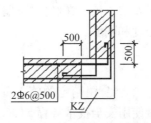 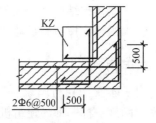

图6 外墙与角柱连接

图7 钢筋加强带

（10）片石砌体每天砌筑高度不应超过1.2m，正常气温下（20℃以上）停歇4h后可继续砌筑。暂停砌筑时，必须将该皮片石间的缝隙用砂浆填满、灌平而不铺皮面上的砂浆；复工时皮面上加以清扫，用水湿润后，才铺浆砌筑上皮片石。

6　材料与设备

6.1　主要材料

片石、水泥、砂、细黏土、钢筋、模板、木方、钢管。

片石的质地坚硬、不宜风化，无裂纹，表面的污渍应清除。片石的强度等级符合设计要求。水泥砂浆掺入 10% 的当地细黏土，使砂浆色泽接近片石颜色，不得掺入石灰。

6.2　设备及工具

砂浆搅拌机、大破碎机、小破碎机、大破石斧、小破石斧、大锤、小锤、勾缝器、插密器。

7　质量控制

7.1　质量标准

砌体的质量验收依据《砌体结构工程施工质量验收规范》（GB 50203—2011）执行。砌体内墙面的表面平整度、垂直度允许偏差见表 1。

表 1　砌体尺寸的允许偏差及检验方法

项次	项目	允许偏差（mm）	检验方法
1	每层墙面垂直度	20	用经纬仪、吊线和尺检查
2	表面平整度	20	用两直尺垂直于灰缝拉 2m 线和尺检查

7.2　质量保障措施

（1）根据材料要求人工选料，片石质量验收时要严格把关。

（2）外墙阴、阳角处收分控制线应用钢丝从墙基础至女儿墙顶上下拉通线并进行固定，待墙体砌筑完后方可拆除。

（3）墙体拉结筋植筋应满足要求，植筋在经拉拔试验合格后方可与墙体内通长钢筋焊接。

（4）内模支撑应有足够的强度和刚度。

8　安全措施

（1）本工法执行国家、省、市、公司制定的施工现场及专业工种各种安全技术操作规程；包括国家"两规一标"即《建筑机械使用安全技术规程》（JGJ 33）、《建筑施工安全检查标准》（JGJ 59）和《职业健康安全管理体系标准》（GB/T 28001）等。

（2）砂浆搅拌时严格按搅拌机安全操作技术规程进行操作，搅拌机不用或检修时应将开关箱关闭并上锁。

（3）片石砌筑时应戴厚布手套，防止砌筑时石块割手。

（4）砌筑梁底及梁挑板处片石时，因只能在外架上进行砌筑，操作层应满铺架板和密目安全网，防止片石碎块落下伤人。操作层上堆码的片石不宜过多。

（5）过厚的片石用小手锤开片时应先检查锤头有无破裂，锤柄是否牢固。打锤时按片石纹路落锤，落锤要准，防止锤头砸到手，并戴好护目镜，防止溅起的石屑伤到眼睛。

（6）用手推车运料时，应掌握车的重心；装车先装后面，卸车先卸前边，装车不得超载。

9　环保措施

（1）按 GB/T 24001 环境管理体系标准执行。

（2）及时清理现场片石碎渣到指定堆放处。

（3）边砌筑边进行勾缝，外立面观感好并防止产生外溢、流坠等污染环境。

10　效益分析

（1）本工法提高了片石外墙内侧墙面的平整度，减少了抹灰砂浆的用量，经济效益明显。采用传统的片石砌筑方法抹灰砂浆的厚度为100mm，采用本工法抹灰砂浆的厚度约30～40mm，大大地节约了砂浆的用量。如采用的抹灰砂浆为1:3水泥砂浆，其单价是250元/m³，100mm厚的抹灰砂浆综合单价为（20+25）×1.15=51.75元/m²，40mm厚的抹灰砂浆综合单价为（20+10）×1.15=34.5元/m²。以四川理县桃坪羌寨灾后重建生活生产安置小区为例，该项目片石外墙共计6万m²，本工法比传统片石砌筑方法节约成（51.75–34.5）×60000=103.5万元。

（2）本工法采用的外侧倾斜收分、内侧垂直的外墙，结构稳固，节约了石材用量，加快了施工进度。另外，用本工法砌筑时外墙内侧支模对砌筑工人的技术要求降低，在保证砌筑质量的同时，提高了施工速度，缩短了工期。

11　应用实例

四川理县桃坪羌寨灾后重建生活生产安置小区，2010年3月开工，2010年10月竣工。本项目位于四川理县，分为住宅组团及公共建筑部分，区内共有低、多层住宅共计34栋，分为4个组团。建筑面积12000m²，结构形式为框架结构，层高3.3m，外墙砌当地青灰色片石，外侧墙体倾斜收分，每层墙底部厚350mm、墙顶部厚250mm，M10防水砂浆砌筑。本项目约6万m²片石外墙采用本工法施工，提高了片石砌筑质量，保证了内侧墙面的平整度，节约了水泥砂浆用量，并且缩短了工期，提高了施工效率，施工效果明显，取得了良好的经济效益和社会效益。

集围护保温装饰于一体的外墙彩钢
保温板施工工法

林光明　朱　佩　付松柏　李小春　肖玉兵

湖南省第四工程有限公司

摘　要： 随着外墙保温板生产工艺不断提升，外墙板的功能也越来越多，对其安装工艺提出了更高要求。外墙彩钢保温板可采用标准化设计、工厂规模化生产，现场安装无裁剪、无浪费，拼装时可用自攻螺钉将其固定于檩条上，檩条用螺栓与檩托连接，而檩托通过焊接与钢柱（或混凝土柱内预埋铁）固定；檩条及外墙板采用卷扬机提升就位，施工人员乘吊篮上下安装。外墙彩钢保温板将外墙围护、保温、装饰、防水等功能集于一体，工程低、施工进度快、无扬尘污染。

关键词： 外墙彩钢保温板；标准化设计；规模化生产；拼装

1　前言

随着我国经济的发展和社会的进步，生产加工水平越来越高，外墙保温板生产工艺也越来越先进，生产的外墙板具备的功能也越来越多，我公司在吉林、辽宁、山东等多个省市的工业厂房工程中，已多次成功采用这种（用螺栓将檩条与檩托连接、用自攻螺钉将板固定于檩条上，利用吊篮进行操作）简单、快捷的安装工艺，安装集外墙围护、保温、装饰、防水等诸多功能于一体的外墙彩钢保温板，既节约工期、降低造价，又减轻劳动强度。这种外墙彩钢保温板施工工艺在工业厂房及各类临时建筑中值得大力研发推广和应用。

本工法即根据吉林省国电双辽电厂二期扩建工程主厂房外墙彩钢保温板安装施工经验总结而成，其数据均来源于该工程。

2　工法特点

（1）由于外墙彩钢保温板为工厂机械化生产，可根据现场尺寸定制，现场安装无裁剪、无浪费，既简化了现场安装程序，减轻了工人的劳动强度，加快了施工进度，又降低了材料成本及施工成本。

（2）檩条及外墙板采用卷扬机提升就位，施工人员乘吊篮上下安装，安装设备简便快捷、安全可靠，安装费用低。

（3）外墙彩钢保温板，墙面外板厚为 0.6mm；内板厚为 0.40mm，中间为工厂发泡聚氨酯，自重轻（密度约 48kg/m³），减轻了结构荷载。

（4）外墙彩钢保温板将外墙围护、保温、装饰、防水等功能集于一体，不需砖墙砌筑，减少了保温、装饰、防水等施工工艺，节约了土地资源，降低了工程造价，加快了施工进度，无扬尘污染，为绿色、环保、节能施工。

3　适用范围

外墙彩钢保温板主要适用于各类工业厂房，也普遍用于各类临时建筑。

4　工艺原理

（1）外墙彩钢保温板采用标准化设计、工厂规模化生产、现场拼装的施工工艺，外墙彩钢保温板用自攻螺钉固定于檩条上，檩条用螺栓与檩托连接，而檩托通过焊接与钢柱（或混凝土柱内预埋铁）

固定。

（2）檩条及外墙板采用卷扬机提升就位，施工人员乘吊篮上下安装。

5　施工工艺流程及操作要点

5.1　施工工艺流程（图1）

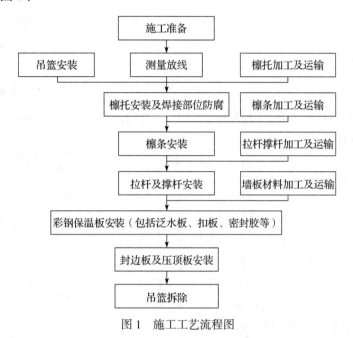

图1　施工工艺流程图

5.2　操作要点

在混凝土（或钢结构）框架已经施工完成，预埋件（或钢结构面）已进行防腐处理，外脚手架已拆除完毕，即可进行外墙保温板安装施工。

5.2.1　测量放线

（1）标高引测

用S3水准仪将标高引测至每个柱上，并按设计图在柱上标好每个檩托位置。

（2）垂直线引测

用经纬仪（吊线坠配合）测量好立面垂直度、平整度，如立面垂直度、平整度误差在规定的范围之内，则可直接进行檩托安装，否则，则需根据测设的垂直度、平整度结果，调整每个位置檩托长度，使檩托外端保持在同一个垂直立面上。

5.2.2　吊篮安装

电动吊篮组装工艺流程图（图2）。

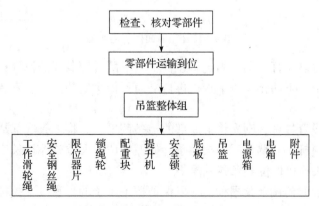

图2　电动吊篮组装工艺流程图

（1）吊篮悬挂系统的安装。

（2）组装悬吊平台。

（3）设置独立救生绳；救生绳固定在建筑结构上，从吊篮内侧沿外墙放下。

（4）电气箱的安装。

（5）通电、检查。

（6）安全绳及绳卡的安装。

（7）交接、吊篮验收。

5.2.3　檩托安装

根据标好的檩托位置线，严格依照有关规范及规程，将檩托焊接在预埋件（或钢柱）上，并注意窗户上下檩托的方向（图3）。檩托板焊接完成后，依照规范做焊缝的防腐处理并报验。

檩托安装时，人员采用吊篮上下。

5.2.4　檩条安装

檩条采用人工安装。根据檩托水平间距，在屋顶女儿墙上设置两个马鞍型滑轮，檩条在地面捆扎，由设置在地面的卷扬机通过屋顶的马鞍形滑轮用钢丝绳拉至檩托位置就位安装。安装人员乘坐吊篮上下，安装时将檩条螺栓孔与檩托螺栓孔位置对准，用配套的螺栓拧紧，与檩托固定。镀锌檩条不能采用焊接连接，以免破坏镀锌层。如檩条上需现场开孔，则采用电钻钻孔。

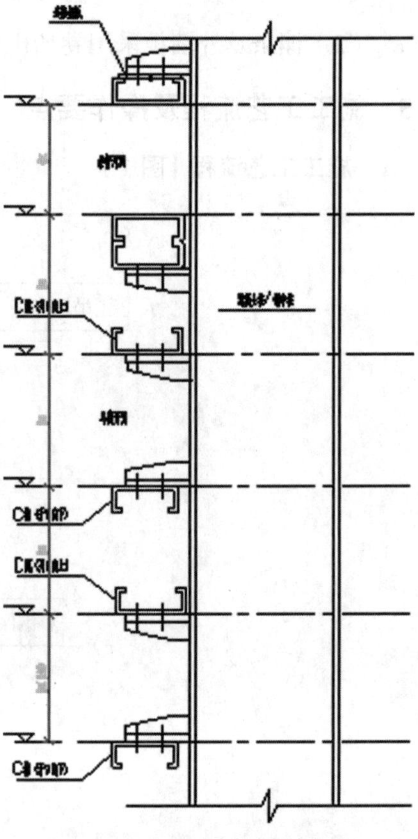

5.2.5　拉杆与撑杆安装

拉杆固定，采取将拉杆穿过檩条上的预制孔，并用配套螺母连接，撑杆则采用配套螺栓穿过檩条上的预制孔进行紧固（图4）。

图3　墙檩牛腿定位示意图

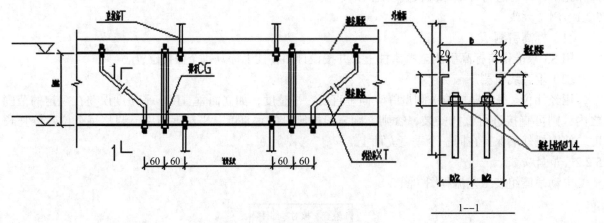

图4　拉杆与墙面檩条连接图

（1）墙面檩条间设置斜拉杆，则先固定斜拉杆上、下两排檩条间的撑杆；然后安装斜拉杆，调节斜拉杆的紧固程度，使上、下两排檩条平直；再自上而下依次安装拉杆。安装拉杆的同时，调平每一根檩条。

（2）墙面檩条间均设置撑杆，则先将最底部的檩条调平，并将檩条底部垫实，保证底部檩条不下挠；然后自下而上安装撑杆，并调平每一根檩条。如檩托位置误差或撑杆长度累积误差造成檩条不平直，则采用调整撑杆两头连接件位置来调平檩条。

（3）拉杆和撑杆安装时需调节紧固程度，以保证檩条系统的平直度。拉杆和撑杆安装后，必须保证檩条外表面在同一平面上，否则，则需要通过调整檩托，使檩条外表面在同一平面上。

（4）檩条系统安装完毕后需进行校验，以保证后续保温墙板安装质量。

5.2.6 外墙保温彩钢板安装

外墙彩钢保温板墙面外板厚为 0.6mm；内板厚为 0.40mm，中间为工厂发泡聚氨酯，宽度为 1m，两边为凹（凸）承插口，长度可根据现场施工图设计尺寸确定，最长可达 15m（图 5）。

图 5 外墙彩钢保温板

外墙彩钢保温板从建筑物的一端依次往另一端从下往上安装。

板的提升及就位：采用设置在地面的卷扬机，通过固定在屋顶的定滑轮放置钢丝绳至地面，用设置在钢丝绳端部的卡子卡在彩钢保温板的一端（另一端设一根牵引拉绳，防止保温板碰撞墙面），通过卷扬机慢慢提升彩钢板至设计位置，施工人员站在吊篮内对板进行精准定位及固定。板的垂直度用经纬仪控制，板的上下位置根据柱上已画好的标线进行控制。

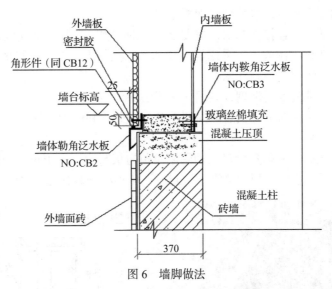

图 6 墙脚做法

板用自攻螺钉固定在 C 型钢檩条上，每块板的上下端各固定三处，板中部与 C 型钢重合位置，在板的一侧凹槽处用自攻螺钉固定（图 7）。第一块板安装完成后，即在第一块板的上部安装一块泛水板然后再安装上面的板，依次按此法安装，直至顶部。然后在上下板接口位置安装扣板，扣板用铆钉固定。扣板安装完成后，在扣板两侧涂上密封胶（图 8）。

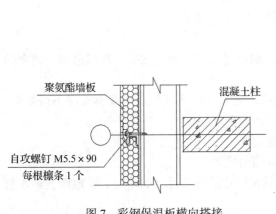

图 7 彩钢保温板横向搭接

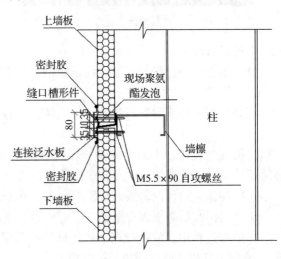

图 8 彩钢保温板纵向搭接

第一列板安装完毕，接着安装第二列板，第二列板一侧的凸（凹）起部位与第一列板的凹（凸）进部位结合并卡紧（图7），其他方法按第一列板安装方法安装。安装完第二列再安装第三列，直至整面墙板安装完成。

考虑安装方便（少动吊篮）及泛水板、扣板尽量少搭接，先水平方向安装7～8块板（与吊篮长度相当），再安装上部第二块板，直至顶部。然后再移动吊篮至下一安装位置（图9现场外墙板安装）。

外墙彩钢保温板的安装注意事项：

（1）每一面墙面板均从一端依次向另一端安装，第一片板安置完毕后，沿板下缘拉准线，每片依准线安装，随时检查，防止发生偏离。施工时应注意标高正确，水平成直线。装卸及安装彩钢保温板做到轻拿轻放，不得造成面板皱褶，影响建筑美观。

（2）安装的彩钢保温板须横平竖直，螺钉成线，饰边的搭接和转角必须平滑，搭接长度符合设计要求，堵头、管胶、密封胶等不得遗漏，表面涂层不留划痕，墙面转角包边，檐口包边挺括，并成直线。

（3）保持垂直型墙面板垂直，水平型墙面板水平。

（4）暗扣平板：保证暗扣连接件和螺钉按图纸要求的位置、数量严格安装，接缝处均匀、平直。

（5）起始板的位置严格按图施工，采用经纬仪和吊线控制垂直度，用水平拉线和水平尺控制水平度，每隔一施工段用相应的仪器控制和调整。

（6）清理工作：所有铁屑及时清理，表面保护膜去除，污染除尽。

（7）成品保护：在业主接收前，安装队对建筑产品有兼管和保护责任。

5.2.7 安装封边板及压顶板

外墙彩钢板安装完成后，阴阳角接口采用阴阳角包边板封边，阴阳角封边板用铆钉与彩钢保温板固定，封边板安装完成后，在封边板两侧涂上密封胶。压顶板安装如图10所示。

图9 外墙彩钢保温板现场安装

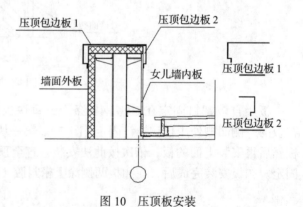

图10 压顶板安装

5.2.8 吊篮拆卸

（1）吊篮拆卸过程与安装过程正好相反，先装的后拆，后装的先拆。

（2）拆卸过程注意事项：

①必须按工作流程进行拆卸，特别注意平台未落地且钢丝绳未完全卸载之前，严禁进行平衡重的拆除。

②拆卸过程中，工具及配件等任何物件，均不得抛掷，尤其注意钢丝绳、电缆拆除时不得抛扔，必须用结实的麻绳拽住，从高处缓慢放下，或收上屋面再转运至地面。

③拆卸作业时设置警戒区及警示标志，并派专人全程监护。

④材料拆卸后必须放置平稳，不得靠墙立放或斜放或临边放置。

⑤拆卸过程中，放钢丝绳、转运材料，必须特别注意保护建筑物成品（如墙面、楼地面、雨水管等），采取可靠措施防止碰撞、擦刮损坏。

6　材料与设备（表 1）

表 1　机具设备表

序号	机具名称	规格型号	单位	数量
1	汽车吊	25t	台	1
2	吊篮	1t	台	4
3	卷扬机	1t	台	4
4	电焊机		台	8
5	水准仪	S3	台	2
6	经纬仪	TDJ2	台	2
7	砂轮切割机		台	4
8	平板拖车		台	1

7　质量控制

7.1　遵循执行的国家规范、标准、规程

本工法在安装过程中主要遵循以下国家规范、标准、规程中的相应条款：

《冷弯薄壁型钢结构技术规范》（GB 50018—2002）；

《钢结构工程施工质量验收规范》（GB 50205—2001）；

《建筑工程施工质量验收统一标准》（GB 50300—2013）；

《建筑用压型钢板规范》（GB/T 12755—2008）。

7.2　质量要求

（1）焊接表面应平整，不得有凹陷或焊瘤。

（2）焊接区域不得有裂纹。

（3）咬边深度不大于 0.5mm，焊缝不得有气孔和焊渣。

（4）所有焊接位置防腐油漆均需按设计要求涂刷。

（5）彩钢保温板与彩钢保温板之间必须挤紧，使接缝处严密后方可固定。

（6）彩钢保温板与檩条、墙架接触处，每板不得少于两根 M6 钩头螺栓固定。

（7）搭接处用抽芯铆钉将两板连接，钉距小于或等于 350mm。

（8）凡是密封膏防水之处，均应清洗干净，不得有浮灰、油垢等赃物。

（9）在墙板上开槽、钻孔不得手工敲槽，应用配套的机具设备，既要保证成孔的位置、形状和尺寸符合设计要求，又不人为损坏板材。

（10）认真做好防锈处理工作，有利板材的安全使用，因此，防锈处理必须可靠。

（11）彩钢板预留或开凿孔洞后必须有可靠的防渗水的构造措施，防止工程质量隐患。

8　安全措施

（1）本工法采取的安全技术措施主要遵循以下国家规范、标准、规程中的相应条款：

《建筑设计防火规范要求》（GB 50016—2006）；

《施工现场临时用电安全技术规程》（JGJ 46—2005）；

《建筑机械使用安全技术规程》（JGJ 33—2012）；

《建筑施工高处作业安全技术规程》（JGJ 80—2011）。

（2）用于垂直运输的吊笼、钢丝绳、刹车等，必须满足负荷要求，牢固无损，吊运时不得超载，并经常检查，发现问题及时修理。

（3）彩钢板进场后，应远离火源。露天存放时，应采用不燃材料完全覆盖在彩钢板上面。

（4）需要采取防火构造措施的夹芯彩钢板，其防火隔离带的施工应与保温彩钢板的施工同步进行。

（5）可燃、难燃的夹芯彩钢板的施工应分区段进行。

（6）墙板的支撑构件等设施的支撑构件，其电焊等工序应在彩钢板铺设前进行。确需在彩钢板铺设后进行的，应在电焊部位的周围及底部铺设防火毯等防火保护措施。

（7）施工用照明等高温设备靠近可燃的夹芯彩钢板时，应采取可靠的防火保护措施。

（8）施工现场应设置室内外临时消火栓系统，并满足施工现场火灾扑救的消防供水要求。

（9）严禁酒后作业；作业人员患有心脏等疾病不得进行高空作业。

（10）特种作业人员必须持证上岗。

（11）高空作业人员必须佩戴安全帽，系安全带；作业人员工具配有工具袋；作业工程中，作业人员配有安全绳。

（12）使用的吊篮设有挡脚板；地面设有专人监护；施工作业时施工区域设有警戒线及警示牌；四级以上风不得进行彩钢保温板作业。

（13）安全吊篮必须有自锁装置，设有限位器；安全吊篮要随时进行维护与检修，严禁超负荷使用。要定期检查安全吊篮，确保安全吊篮无任何安全隐患，确保作业人员安全；吊篮在升降时，升降作业人员动作要保持一致，严禁不在一个水平面内进行升降作业；使用吊篮所做出的悬挑必须加固牢靠，牢靠点不少于三个支点。

（14）彩板必须按顺序安装，不得隔跨进行安装；彩板安装作业时接缝处必须严密，不得出现缝隙，防止焊接作业时焊渣掉入夹层中，引起火灾。

（15）用于人员上下的安全绳要坚固可靠，并经过拉力检测后才可使用。安全绳挂于屋面位置与屋面混凝土接触位置必须做好保护措施，使其不致磨损，并经常检查，发现有磨损立即进行更换。

（16）在进行电焊及氧割过程中，必须保证安全绳远离火源。

9 环保措施

（1）本工法采取的环境保护措施主要遵循《建筑施工现场环境与卫生标准》（JGJ 146—2004）中的相应条款。

（2）现场设置足够数量的废料、垃圾筒并安排专人清扫，保持现场施工环境的清洁。施工中产生的建筑垃圾和生活垃圾及时清运到指定地点，集中处理，防止对环境造成污染。

（3）在进行电弧焊操作时，采用塑料彩条布围护以避免造成光污染。

（4）必须做到"工完料尽场地清，谁施工、谁清理"，保证施工现场的整洁有序。

10 效益分析

（1）本工法相对于传统的砖墙施工，极大地减轻了工人劳动强度，人工占用比砖墙施工约减少60%，且缩短了施工工期，工期比砖墙施工缩短约50%。

（2）采用本工法，没有砖墙施工对土地资源的破坏，也没有因搅拌砂浆等造成的粉尘污染，且彩钢板还可再次回收利用，是真正的绿色环保施工。

（3）相对于传统砖墙施工，该工程节约造价约300万元。彩钢保温板外墙与砖墙施工经济效益对比见表2。

表2 彩钢保温板与传统砖墙施工经济效益对比表

传统砖墙（数量：10m²）				彩钢保温板（数量：10m²）			
名称	单位	数量	价格	名称	单位	数量	价格
砖砌体	m³	3.7	1332	彩钢保温板	m²	10	2800
砌筑砂浆	m³	0.74	592	安装人工	m²	10	700

续表

传统砖墙（数量：10m²）				彩钢保温板（数量：10m²）		
名称	单位	数量	价格	单位	数量	价格
砌筑人工	m³	3.7	740			
粉刷砂浆	m³	0.4	400			
粉刷人工	m²	20	400			
内墙涂料	m²	10	150			
涂料人工	m²	10	150			
外墙油漆	m²	10	300			
油漆人工	m²	10	200			
合计			4264			3500

注：因本工程地处东北，而东北地区砖砌体外墙通常厚度为 370mm 或 500mm，本表按 370mm 计算，节约造价约 76 元 /m²，节约总造价约 300 万元。如按 500mm 计算，则节约造价约 144 元 /m²。如在南方，外墙厚度为 240mm，则节约造价约 16 元 /m²。本表按普通装修标准比较，如砖墙的装修标准提高，则用外墙彩钢保温板节约费用更多。

11　应用实例

（1）国电双辽电厂二期扩建工程：该工程主厂房、煤仓间、锅炉房、电除尘、炉后风机房、渣仓、翻车机室等外墙均采用了本工法，共计完成外墙彩钢保温板约 40000m²，节约造价约 300 万元。

（2）抚顺矿业集团有限责任公司热电厂供热改造工程：该工程主厂房、锅炉房等均采用了本工法，共计完成外墙彩钢保温板约 20000m²，节约造价约 150 万元。

（3）山东临沂莒南力源热电 2×350MW 工程：该工程汽机房、煤仓间、锅炉房等均采用了本工法，共计外墙彩钢保温板约 30000m²，节约造价约 225 万元。

外墙保温装饰一体板施工工法

黄　璜　张超文　焦玉田　王敬华　邓　烨

湖南省第四工程有限公司第三分公司

摘　要： 随技术不断进步，集装饰与保温为一体的外墙保温装修一体板应用不断增多。本施工工艺在外墙面装饰面层干挂保温板施工工艺的基础上进行了改进，即在工厂完成保温装饰一体板定制加工，运送至现场后进行安装；用胶粘剂将保温装饰一体板粘贴于基层（混凝土或各种砌体）墙体外表面，并辅以锚栓固定，确保保温装饰板与基层墙体的连接可靠；最后用硅酮耐候密封胶嵌填板缝表面，可防止外界水分渗入保温系统。

关键词： 外墙保温装饰一体板；工程定制；安装

1　前言

随着绿色、环保、节能建筑的推广和建筑新型材料的不断发展和创新，集外墙装饰与保温为一体的外墙保温装修一体板应用不断增多。由我分公司承建的常德市公安局业务技术用房工程，采用外墙保温装修一体板作为外墙材料，取得了明显的社会效益和经济效益。

2　工法特点

（1）采用外墙保温装修一体板装修施工法，施工工艺简单，施工难度小，可加快施工进度缩短工期，确保施工安全。

（2）采用外墙保温装修一体板装修施工法，可采用工厂加工，能有效控制工程质量，提高节能效果，且降低施工成本。

（3）采用外墙保温装修一体板装修施工法，能有效防止外墙渗水，提高观感效果。

3　适用范围

适用建筑工程外墙保温装修工程。

4　工艺原理

外墙保温装饰一体板装修施工工艺是综合外墙面装饰面层干挂和保温板安装的施工工艺要求，并在此基础上进行了改进，通过保温装饰一体板在工厂定制加工，施工现场安装的施工方法，用胶粘剂将保温装饰一体板粘贴于基层（混凝土或各种砌体）墙体外表面，并辅以锚栓固定，确保保温装饰板与基层墙体的连接可靠；最后用硅酮耐候密封胶嵌填板缝表面，可防止外界水分渗入保温系统。使外墙面的保温和装饰一次性成型的施工技术。

5　工艺流程及操作要点

5.1　工艺流程

施工准备→基层处理→放基准线→保温装饰一体板切割→保温装饰一体板面板开槽→锚固位置钻孔→黏结砂浆布点→粘贴成品板→安装锚固件→接缝处理→清理板面。

5.2　操作要点

5.2.1　基层处理

（1）墙体的水泥砂浆有一定的强度，表面应清洁无灰尘、无油迹、无青苔等杂质。

（2）面层无空鼓、起砂、开裂、脱层等现象，抹灰层的养护期必须大于 15d。

（3）墙体平整度，大角垂直度，窗边线直线度等达到中级抹灰标准要求。

（4）窗台、檐口、装饰线条、女儿墙压顶等部位，坡度不小于 2%。

（5）基层墙体属于隐蔽工程，需提供中间交接验收记录，并且由现场监理确认。

5.2.2　放基准线

（1）根据确定的设计分割图，确定水平方向基准线，并按图纸要求和样板尺寸确定竖向控制线，基准线要求封闭交圈，确定水平胶缝的交圈。

（2）对建筑外墙进行基面检查以及排板放样，将标准层各部位板材数据传回工厂，工厂将严格按施工现场提交的尺寸进行裁板。

（3）对进场保温装饰板进行验收，保温装饰板尺寸及数量与排板图所规定一致，每块板的背后标注具体的应用部位及编号。下料单标注的板材尺寸为成品可视板面（不含缝隙）的实际尺寸。

5.2.3　外墙保温装饰一体板材料验收

本工程使用的外墙保温装饰一体板为保温绝热材料，采用聚苯板 EPS，装饰面层为铝板。材料进场必须先认真检查随行文件是否齐全完整，防火性能是否满足 A 级防火要求。在安装前认真检查尺寸误差是否符合要求，板材的外在质量是否合格，不合格品严禁上墙使用。

每 1m² 保温装饰板的表面质量和检验方法应符合表 1 的要求。

表 1　质量要求与检验方法

项目	质量要求	检验方法
明显划痕和长度大于 10mm 的轻微划伤	不允许	观察
长度小于等于 10mm 的轻微划伤	小于 8 条	用钢尺检查
擦伤总面积	小于 500mm²	钢尺检查
板材与板材色差	小于 1.5	检测
板材与样本	小于 2	检测
板面的平整度	小于 1mm	钢尺检查

5.2.4　粘贴成品板

（1）黏结砂浆（厂家提供专用砂浆）的使用

①选用适当的容器（18L 手提铁桶或塑料桶）先将黏结砂浆倒入容器内，然后将清水倒入容器，一边倒一边搅拌，充分搅拌均匀后，再根据现场气温高低适当增减清水的添加量（以刮涂流畅，不流坠为宜）。

②黏结砂浆应随用随搅拌，已搅拌好的黏结砂浆必须在 2～4h 内用完。

（2）粘贴保温装饰一体板需要润湿墙面，保证墙面与砂浆的黏结强度

（3）首先把调配均匀的黏结砂浆用刮刀点涂在成品板的背面（根据点粘分布图把胶粘剂点涂在背板面上，黏结面积不得小于 50%，建筑物高度在 50m 以上的，黏结面积宜达到 55% 以上），然后用手将板推压到墙面上；再把吸盘吸附在板的表面，用吸盘来调整成品板的位置；最后用靠尺及水平尺检查已粘贴的板面的平整度，使整体板面保持平整，并对齐分隔缝。

5.2.5　安装锚固件

每块板规格在 800mm×1200mm 以内，每块板锚固件不少于 8 个，上下板边各安 2 个，两竖边各安装 2 个。将保温装饰板的面板与保温层的间隔处插入锚固件，最好一次性插入，防止重复插入造成松动，影响质量。安装锚固时，采用电动手提冲击钻，安上 8mm 钻头，在墙面上，按指定部位打眼，打眼深度在 50～70mm 之间，然后在洞内安装 8mm 塑料膨账管，用 5mm×50mm 镀锌钢钉罗丝，将插入保温装饰板锚固件，用手提电钻调整，将镀锌螺钉适度调紧。安装锚固件时，采用一边直接将锚固件安装固定在墙体上，另一边锚固件采用直接插入已固定的保温板底下，板与板之间缝隙控制在

8～10mm 以内。确保保温装饰板的平整度与安全可靠性。

安装方式如图 1 所示。

图 1　安装锚固件

5.2.6　接缝处理

（1）清除分格缝端面的飞边毛刺及打胶部位上多余的胶粘剂。

（2）在分格缝之间填塞聚苯乙烯泡沫条，填塞高度距板面为 4～6mm。

（3）按照分格缝设计的宽度弹线（8～10mm），然后用纸胶带附线贴实，再刮涂优质弹性耐候勾缝胶，耐候胶应覆盖板面宽度 2～3mm，打胶深度 3～5mm，涂胶后应立即揭去纸胶带。分格缝宽度 8～10mm。

（4）防止墙体内有水蒸气挥发，造成墙面在大气压的作用下鼓气脱落。待勾缝胶打完 24h 后，在十字交叉处或板缝中间按每 3～5m 间距钻 1 个孔，安装一个排气管，安装排气管口与保温装饰板面形成倒 45℃，只能允许气体排出来，不能允许雨水流入进去。

5.2.7　门窗洞口处安装

安装前对门窗洞口要进行验收，洞口尺寸、位置应符合设计要求和质量要求，门窗框或附框应安装完毕。在竖窗面板安装时，要用专用直角锚固件，用铁锤将水泥钢钉及安好锚固件的保温装饰板与窗边墙体钉紧，然后将按窗边所需要规格裁好，用黏结砂浆直接粘贴好，用纸胶带临时固定。待干燥牢固后用耐候胶密封。外墙面保温一体板与窗边保温一体板打八字角对拼，窗台保温一体板压住竖向保温一体板并保证带有不小于 5% 的向外倾斜坡度。

5.2.8　保护措施及注意事项

（1）成品保护

①施工中各专业工种应紧密配合，合理安排工序，严禁颠倒工序作业。

②对保温墙体作好保护层后，不得随意在墙体上开凿孔洞；如确实需要，应在黏结砂浆保护层达到设计强度后方可进行，安装物件后其周围应恢复原状。

③应严禁防止重物或尖物损伤破坏。

（2）注意事项

①一体化板储存运输的区域：远离火源；远离石油烃类溶剂。

②储存和放置方式：水平平放，严防倾斜或弯曲放置，防止板材卷曲受力变形。

③保温装饰一体化板严防重物挤压或撞击致其变形；严防尖物穿刺，造成损伤。附近不得有电气焊作业。

6　材料与设备（表 2）

表 2　材料与设备表

序号	机械或设备名称	型号规格	数量	单位
1	手提电动搅拌器	GDD-20L	5	台
2	手提冲击钻	TSB 1300	5	台

续表

序号	机械或设备名称	型号规格	数量	单位
3	水准仪	DSZ3 型	1	台
4	小钢卷尺	5m/2m	8/10	件
5	裁板机	功率 4kW，转速不低于 4000r/min	1	台
6	调整吸盘	125mm 吸盘	20	个
7	电钻		10	把
8	打胶枪		10	把
9	橡皮锤		20	把

7 质量控制

7.1 执行的质量标准

《工程测量规范》（GB 50026—2007）；

《建筑工程施工质量验收统一标准》（GB 50300—2013）；

《建筑节能工程施工质量验收规范》（GB 50411—2007）；

《外墙外保温施工技术规程》（JG 144—2008）；

《建筑装饰装修工程质量验收规范》（GB 50210—2001）。

7.2 控制措施

（1）基层抹灰必须平整，无空鼓、起砂、开裂；基层强度可以满足施工要求。

（2）弹好控制线：在外门窗洞口及伸缩缝处弹水平、垂直控制线。

（3）严格控制每块板黏结砂浆点数，砂浆总粘涂面积不少于板面积的 50%，并用专用橡皮锤均匀用力锤平。

（4）锚固件安装必须牢固。

（5）外墙保温装饰一体板安装的允许偏差见表 3。

表 3 安装允许偏差

项目			允许偏差	检测方法
墙面垂直度	墙体高度	$H \leqslant 30m$	≤ 15mm	经纬仪测量
		$30m < H \leqslant 60m$	≤ 10mm	
		$60m < H \leqslant 90m$	≤ 15mm	
		$H > 90m$	≤ 20mm	
横向顺直度			≤ 1mm/m	5m 拉线检查
阴阳角方正			≤ 4mm	直角尺检查
墙面平整度			≤ 3mm	2m 靠尺检查
相邻两块板高低差			≤ 1.5mm	2m 靠尺检查
分格缝平整度			≤ 2mm	5m 拉线检查

（6）保温装饰板的施工应符合以下规定：

①保温装饰板的有效粘贴面积应达 50% 以上，板材与基层的粘贴和连接必须牢固，粘贴强度和连接方式应符合设计要求。保温装饰板与基层的粘贴强度应做现场拉拔试验。

②辅助锚固件数量、位置、锚固深度和拉拔力应符合设计要求，锚栓应进行锚固力现场拉拔试验。

8　安全措施

8.1　建立完善的安全生产保证体系，严格遵循以下规程、规范：

《建筑施工安全检查标准》（JGJ 59—2011）；

《施工现场临时用电技术规程》（JGJ 46—2005）；

《建筑机械使用安全技术规程》（JGJ 33—2012）。

8.2　安全生产措施

（1）施工前，编制完整的施工组织设计，有详细的安全施工措施，进行详细的安全技术交底。作业中统一指挥，严格按安全操作规程操作。

（2）安全设施实行验收挂牌制度。

（3）任何电动机械设备在维修时必须切断电源，挂上不得上闸的字样，以免发生触电事故，电线电缆均应与平台做好绝缘保护。施工现场停止作业 1h 以上时，应将动力开关箱断电上锁。

（4）加强对外脚手架的检查。

（5）加强施工作业中的安全检查，确保作业标准化、规范化。

（6）特种作业人员必须持证上岗。

9　环保措施

（1）严格执行国家、行业的环保方针、政策及法规等规定。

（2）成立对应的施工环境卫生管理机构，在工程施工过程中严格遵守国家和地方政府下发的有关环境保护的法律、法规和规章，加强对工程材料、设备、废水、生产生活垃圾、弃渣的控制和治理，遵守防火及废弃物处理的规章制度，随时接受相关单位的监督检查。

（3）黏结砂浆应随用随搅拌，不得浪费。

（4）对施工场地道路进行硬化，并在晴天时经常对施工通行道路进行洒水，防止尘土飞扬和污染周围环境。

（5）加强对包装纸的回收管理。

10　效益分析

（1）经济效益

常德市公安局业务技术用房工程项目外墙采用保温装饰一体板施工工法与干挂铝板施工相比，在同等饰面效果的条件下，其施工费用相对较低、维修方便。节约了施工成本，产生直接经济效益 18.5 万元。

（2）社会效益

本工法与同类工程的工法相比，由于外墙保温装饰一体板施工工艺，减少了施工工序数量，加快了工程进度，有利于文明施工，确保了施工安全和工程质量，产生了较好的社会效益及环境效益。

11　应用实例

湘西土家族苗族自治州人民医院医疗综合楼，常德市公安局业务技术用房工程。

屋面女儿墙防渗漏施工工法

尹汉民　尹哲卉　伍杰辉　张　磊　姚　强

湖南省第四工程有限公司

摘　要： 当前屋面女儿墙施工中存在一些不规范做法，易造成其开裂渗水，影响美观和质量。在女儿墙主体构造、女儿墙伸缩缝、防水层收口及女儿墙抹灰层间等施工环节采取技术构造和施工措施，可使女儿墙变形减少，进而保证工程质量和防水要求。

关键词： 女儿墙；开裂；变形；技术构造

1　前言

女儿墙的作用是保证挑檐、高低屋面墙不受雨水冲刷，以保护屋面其余地方的防水层（不至于进水），同时女儿墙对建筑立面起装饰作用。如今伴随着对建筑外观的追述，女儿墙更浪漫和诗情画意，它回归了建筑的本原，在建筑物上起着越来越重要的作用。

建筑工程中，屋面防水目前较多采用的是刚性及柔性防水相结合做法。刚性防水由于温差应变易开裂渗水；工序质量把握不严，发生个别女儿墙渗漏水；当前屋面女儿墙施工存在不规范做法（图1）：

（1）女儿墙根部无构造加强；

（2）女儿墙防水材料直接在女儿墙上收口，未做收口处理；

（3）防水材料外露无保护层，防水期限达不到设计要求；

（4）女儿墙设置构造柱间距过大、未设伸缩缝和分格缝。

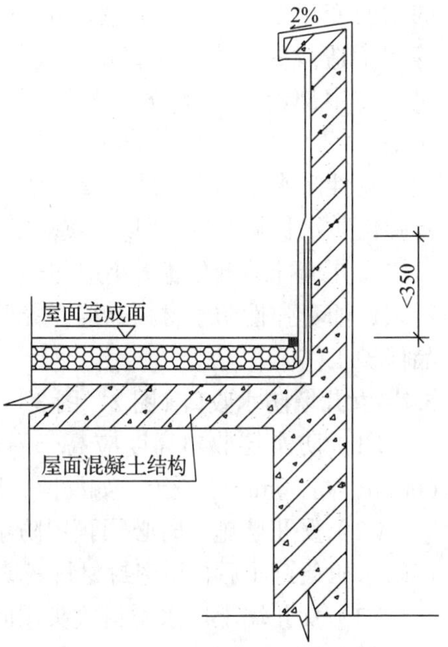

2　工法特点

（1）施工简单做法统一；

（2）施工操作规范、标准化，减少渗漏水隐患；

（3）可保证防水使用期限；

（4）效果佳投诉少。

3　适用范围

可广泛用于平屋面的女儿墙、山墙及出屋面墙体等。

图1　常见错误做法

4　工艺原理

女儿墙形成裂缝的主要机理为：一般材料都有热胀冷缩性质，女儿墙处于室外日晒雨淋环境，变形时则将在结构中产生附加应力或称温度应力，由温度应力引起结构的伸缩。由于钢筋混凝土的线膨胀系数为 $1.08 \times 10^5 K$，而普通砖砌体的线膨胀系数为 $0.5 \times 10^5 K$，在相同的温差下，钢筋混凝土结构的伸长值要比砖砌体大一倍左右，所以在温度变化时，截面材料在温度、湿度等的作用下，产生温度应力，不同体系之间伸缩不一致，使女儿墙产生裂缝甚至结构性开裂破坏。工艺原理就是在女儿墙主体构造设置女儿墙伸缩缝、防水层收口及女儿墙抹灰层间等施工环节采取技术构造和施工措施，使女儿墙变形减少，保证工程质量和防水要求。

5　工艺流程和操作要点

5.1　女儿墙施工流程

女儿墙主体构造要求→女儿墙伸缩缝和分格缝的设置→女儿墙防水收口→女儿墙防水施工。

5.2　女儿墙主体构造

一般多层建筑工程女儿墙高度为 1.2m，高层建筑的女儿墙的高度至少为 1.2m，通常高过胸肩，甚至高过头部达至 1.5～1.8m。在标定女儿墙的高度时要扣除隔热保温屋及泄水坡升高的构造高度，在高层建筑中，这个高度可能达到 0.3m 厚。当女儿墙高度小于等于 1200mm 时，宜采用钢筋混凝土结构；女儿墙高度大于 1200mm 时，结构形式按设计图施工，但女儿墙下面的根部应设混凝土反坎，高度为 300m，反坎应与屋面混凝土一次浇筑，如若施工有困难则必须保证女儿墙浇筑前把基层凿毛并充分浇水湿润。女儿墙砌体内设纵向拉结钢筋 $\phi 6$，竖向间距 500mm，通全长设置。构造柱截面为 240mm×240mm，间距为 3000mm 左右，其竖向配筋按抗震计算确定，箍筋 $\phi 6@250$，下部锚固于屋面层框架梁中，上部与压顶圈梁整连。女儿墙压顶采用钢筋混凝土结构，跟圈梁形成一个框架，以提高女儿墙的整体刚度，跟主体形成一个相对独立的体系。女儿墙压顶的外侧应高于内侧，坡度应大于 3%。

5.3　女儿墙伸缩缝及分格缝的设置

女儿墙伸缩缝缝宽 20mm，水平钢筋断开，缝内沥青麻丝填实，12m 左右一道。抹灰层分格缝的截面变化处、屋面女儿墙转折处应与屋面板缝对齐，避免防水层因温差的影响，混凝土干缩变形等因素造成的防水层裂缝集中到分格缝处，使板面开裂。分格缝的设置间距不宜过大，当大于 6m 时，在中部设一 V 形分格缝，分格缝深度贯穿整个防水保护层厚度。分格缝内嵌填满玻璃密封胶抹平。

刚性防水层与女儿墙交接处留 30mm 的缝隙，缝内常用浸沥青的麻丝或木丝板及泡沫塑料条、油膏弹性防水材料塞缝，用玻璃密封胶密封材料嵌填。

女儿墙伸缩缝位置大小应与外墙体、屋顶变形缝一致。缝内常用浸沥青的麻丝或木丝板及泡沫塑料条、油膏弹性防水材料塞缝，着重作好防水。外用镀锌铁皮、铝板等作盖缝处理，施工完后做好成品保护工作。

5.4　女儿墙防水收口（图 2、图 3）

（1）防水层收口高度应高于屋面饰面完成面 250mm 以上，在女儿墙施工时，在女儿墙壁出挑 60mm，高 60mm 混凝土。如漏留，则后植筋，浇筑混凝土凸块作为防水封口处。

（2）女儿墙施工时必须预留防水层收口，在垂直墙中留出通长的凹槽，将卷材收头压入凹槽内，用防水压条钉压后再用密封材料嵌填封严，外抹水泥砂浆保护。

（3）女儿墙上防水材料收头用间距 500mm 水泥钉固定，并加垫柔性垫片，固定部位再涂刷聚氨酯涂料两道。

5.5　女儿墙防水施工

（1）找平层及圆角

女儿墙与屋面相交的阴角处用水泥砂浆 1∶3 抹成半径不小于 100mm 的圆角。砂浆找平层上刷卷材胶粘剂，使卷材胶粘密实，避免卷材架空或折断，并加铺一层卷材。

（2）女儿墙防水

防水层附加层和防水层施工前应对女儿墙进行清理、修整。女儿墙与屋面相交的阴角处增加防水附加层，防水附加层材料及做法与屋面防水层相同，防水附加层应从阴角开始上翻和水平延伸各不小于 250mm。

防水层须在防水附加层干燥并验收合格后方可施工，防水层材料及做法同屋面，将屋面的卷材继续铺至垂直墙面上，形成卷材防水，防水层上翻收在女儿墙预留的收口凹槽内。

（3）闭水试验：与屋面同时进行闭水试验。

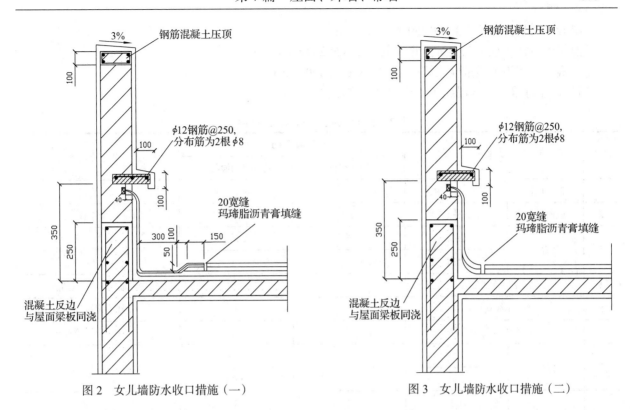

图2　女儿墙防水收口措施（一）　　　　　图3　女儿墙防水收口措施（二）

（4）屋面保温层：按屋面设计要求施工保温层，保温层在女儿墙根部应上翻至收口处。

（5）封闭胶：防水层上翻300mm，防水层上压1mm厚铝合金压条并用水泥钉固定在混凝土墙上，钉头密封胶封闭。

（6）刚性保护层及饰面层：按屋面做法施工刚性混凝土保护层和饰面层，刚性保护层和饰面层与女儿墙间留20mm宽伸缩并用麻刀沥青密封。

6　设备

机具设备见表1。

表1　机具设备

名称	规格性能	单位	数量	用途
混凝土搅拌机	J_1-800型	台	1	混凝土搅拌
插入式振动器	HZ-50型	台	2	混凝土振捣
钢筋调直机	GJ_4-14/A型	台	1	钢筋调直
钢筋切断机	GJ_5-40-I型	台	1	钢筋切断
钢筋弯曲机	GJ_7-40型	台	1	钢筋弯曲
电锯	MJ-104型	台	1	模板加工
平刨机	MB-106型	台	1	模板加工
钻孔机	KM-515型	台	2	木模钻孔
电钻	J_1ZH-10型	台	2	模板钻孔

注：1.规格按要求选用；数量按工程量确定。2.质量检测工具未纳入。

7　质量控制

7.1　严格按下列国家规范，标准和施工质量验收规程等进行施工和验收。

《混凝土质量控制标准》(GB 50164—2011);

《混凝土结构工程施工质量验收规范》(GB 50204—2015);

《混凝土工程施工质量验收统一标准》(GB 50300—2013)。

质量控制标准。现浇混凝土结构构件允许偏差见表 2。

表 2　现浇混凝土结构构件允许偏差

项次	项目		允许偏差（mm）		检查方法
			清水混凝土	清水镜面混凝土	
1	轴线位移	墙、柱、梁	5	3	尺量检查
2	截面尺寸	墙、柱、梁	±3	±2	尺量检查
3	垂直度	层高	5	3	经纬仪、吊线、尺量检查
		全高	$H/1000$ 且 ≤ 30	$H/1000$ 且 ≤ 10	
4	表面平整度		3	2	2m 靠尺、塞尺检查
5	角线顺直		3	3	拉线、尺量检查
6	预留洞口中心线位移		10	10	拉线、尺量检查
7	标高	层高	±5	±5	水准仪、尺量检查
		全高	±30	±20	
8	阴阳角	方正	2	2	尺量检查
		顺直	3	3	
11	保护层厚度		±3	±3	尺量检查

7.2　具体要求

（1）几何尺寸准确；

（2）混凝土阳角倒圆或倒角，线条通顺；

（3）混凝土表面平整，光滑、有光泽、颜色一致；

（4）无明显接槎痕迹，无蜂窝麻面，无气泡。

8　安全措施

（1）严格执行相关生产安全操作规程和管理制度，作好现场人员安全技术交底工作。

（2）高空作业应注意安全，操作架子必须稳固。

（3）操作人员应穿工作服，戴乳胶手套，工作完毕应清洗双手。

（4）充分发挥安全"三宝"作用，高空作用周围及下部设安全网，脚手架外侧设防护栏杆，定期专人维护脚手架。

（5）混凝土浇筑前由安全人员对模板制作、安装，混凝土浇筑平台进行周密检查，采取措施，防止隐患。在浇筑过程中，应由安全员经常检查。

（6）模板应有足够的强度、刚度和稳定。脚手架、模板支撑高度在 7m 以上，架体应与建筑结构拉结。

9　环保措施

（1）实行环境保护目标责任制，把环保指标与现场文明施工结合起来，以责任书的形式层层分解到相关单位和个人，列入承包合同和岗位责任制，建立环保自我监控体系。要求项目经理是女儿墙施工中环保工作第一责任人，并将环保作为考核的重要内容。

（2）加强环保检查和环保监控工作，设置专人负责。

10　效益分析

（1）该工艺简单技术指导即可掌握，易于推广应用，节省后期大量维护的人工、材料费，同时缩短返修频率，质量效果好，可大大提高企业形象和社会效益。

（2）本工法节省后期维修成本 50% 以上，从节约其他间接成本分析，同类型问题采用本工法施工维护，成本可节省费用 70%，同时大大减少了质量问题及使用功能缺陷。

11　应用实例

（1）本工艺应用于中国南车 IGBT、攸县发展中心、湖南信息园等工程，未出现质量问题，维修少，装饰效果好。

（2）通过运用女儿墙施工工艺，减少了维护成本及质量缺陷，质量实际效果很好，降低维护成本、保护环境，使用年限长等，有很好的应用。

工程的实践表明，此女儿墙技术施工经济合理、质量可靠，取得显著的经济效益和社会效益。

多元化 GRG 成品安装施工工法

刘　军　谭柏连　袁艺彩　谭文勇　鲁　滔

湖南省第五工程有限公司

摘　要：随着生活水平日益提高，人们对文化艺术的追求越来越强烈，大中型城市甚至小城市出现了越来越多大空间、大跨度、室内建筑材料声光性能要求高的文化艺术场所。GRG 材料是一种新型装饰材料，不仅具有防水性能、绿色环保性能及可观赏性能好等一般装饰材料的优点，更具有非常出色的抗冲击、声光性能，其造型的随意性更得到建筑大师的追捧，因此在当代剧院类公共建筑中得到了越来越多的应用。

关键词：GRG；预制；安装

1　前言

随着人们生活水平的日益提高，对文化艺术的追求越来越强烈，为满足人们的这种需求，大中型城市甚至小城市出现了越来越多的文化艺术场所，如剧场、音乐厅、体育馆等，这类建筑一般具有大空间、大跨度、室内建筑材料声光性能要求高等特点。

GRG 材料是一种新型装饰材料，不仅具有防水性能、绿色环保性能及可观赏性能等一般装饰材料的优点，更具有非常出色的抗冲击、声光性能，其造型的随意性更得到建筑大师的追捧，因此在当代剧院类公共建筑中得到了越来越多的应用。

剧院类建筑造型新颖、独特，声、光、乐、天桥等设备构造布置复杂，由于上述构造、设备及该类建筑本身各种功能的要求，使此类建筑装饰吊顶造型复杂多元化。

完成 GRG 石膏板吊顶的施工，满足剧院类建筑声光、美观、防水、抗冲击等物理、力学、装饰功能的要求，对施工单位提出不小的挑战。

我公司在醴陵·世界陶瓷艺术城装饰装修工程、株洲市第二中学新校区图书馆、艺术馆装修工程吊顶施工中，聘请专家指导，组织施工技术攻关，形成并完善了一套 GRG 石膏板复杂造型吊顶施工工法。采用 GRG 石膏板实现了蓝图到实物的完美展现，很好地解决了各类曲面造型施工，曲面线条流畅、弧度规准、立体感突出。我公司 GRG 石膏板均是工厂流水生产制作，设计、施工、材料生产三者集成化，即满足了设计的要求，也保证了工程施工进度，取得了很好的经济效益。

2　工法特点

（1）剧院类建筑屋架结构多为网架，且屋顶一般为非平面，即吊顶上节点标高多样性；

（2）室内屋顶有天桥、灯光、声乐设备，吊顶和上述设备交叉布置，既要满足吊顶声光、装饰功能，又要满足不对设备及其固定构件造成破坏或施加过大荷载；

（3）吊顶 GRG 石膏板造型多样，铺设规模大，且高低不均，流线型、连续性要求高；

（4）GRG 石膏板为分块制作、安装，块与块之间、块与其他材料构件接缝较多，接缝处工艺繁琐且要求高。

3　适用范围

本工法适用于剧场、艺术中心、展览厅、报告厅等有较高声光、装饰、力学等性能要求的大型公共建筑吊顶施工。

4　工艺原理

GRG 材料是一种新型建筑材料，用其制作的石膏吊顶板具有良好的声光和装饰性能，因石膏板内有玻璃纤维加强，因此还具有非常优异的抗弯、抗剪及抗冲击性能，不需要额外布置轻钢龙骨，而以更灵活、适应复杂造型的丝牙吊杆代替。

（1）通过现场测量，利用计算机辅助设计建立空间模型，设定整体吊顶板的拼装断点，准确下料；结合吊顶平面、立面转折点定出控制点，便于实际测设及施工控制；

（2）利用土建结构设定空间转换层固定点，合理布置丝牙吊杆，使 GRG 吊顶板受力均匀；根据 GRG 吊顶板空间异形变化布置吊顶转换层水平杆件，同时利用水平杆件的标高及位置预控制 GRG 板的拼装；

（3）利用全站仪、水准仪测控预设控制点位置，通过该控制点利用光电测量仪校准该排吊顶板的拼装精度；

（4）使用与吊顶板同材质的石膏与抗裂纤维混合填缝剂对吊顶板拼缝进行处理，保证吊顶板接缝处的抗裂性能。

5　GRG 石膏板吊顶施工工艺及操作要点

5.1　GRG 石膏板吊顶施工工艺流程（图 1）

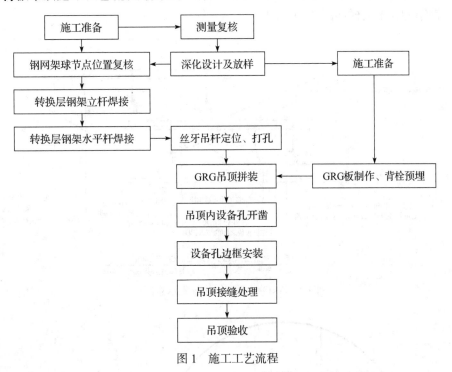

图 1　施工工艺流程

5.2　施工要点

5.2.1　施工准备

在施工前必须积极做好施工准备工作，其主要内容有：

（1）熟悉审查施工图纸和有关的设计资料和设计依据，施工验收规范和有关技术规定。

（2）通过上述对施工图纸的熟悉和现场的复测，将可能存在的问题在各个施工阶段前得到更正，为施工提供一份准确、齐全的图纸。

（3）施工人员在进场前，必须进行技术、安全交底。

（4）建立各项管理制度，如施工质量检查和验收制度、工程技术档案管理制度、技术责任制度、职工考核制度、安全操作制度等，认真熟悉施工图纸和有关设计资料，严格执行国家行业标准。

5.2.2　测量复核

吊顶施工需在主体结构完工并验收合格后方能进行，因完工后的实际主体结构会因施工误差、温度变形等原因存在一定的偏差，因此需对实际结构位置进行测量复核后续深化设计及放样的精确性。

5.2.3　深化设计及放样

　　根据复核后构件的实际尺寸，进行深化设计，在正式进行吊顶制作安装前需对悬挂吊顶的钢构架及 GRG 石膏板吊顶进行放样，以指导吊顶制作及确保吊顶安装准确。根据设计方案，将整体吊顶板分格为横向 1225mm 的分块，竖向分格尽量以水平灯槽或者洞口处为断点，以便对拼装位置及标高进行校核。通过计算机辅助建模，针对现场吊顶板造型变化，将整体吊顶板分格为若干排，为便于安装，同排 GRG 分块设计为同尺寸、同形状，生产及运输至施工现场时仅需标注排号即可。同时，在每排中轴线位置设置该排控制点，便于对该排吊顶板进行测控。

　　因 GRG 吊顶板自重较重，约 45kg/m²，对于直接固定于主体结构的吊顶转换层钢架及 GRG 吊顶板应进行结构荷载计算，并应取得设计单位审核批准方后可施工。施工钢架时应合理布置竖向吊点，布置水平转换层时应结合整体吊顶的形状变化以便于丝牙吊杆吊点的布置。

5.2.4　钢构架安装

　　（1）主钢架吊点间距，应根据设计要求确定。两端固定的主钢架中间部分应设起拱，起拱高度应按跨度的 1/1000，主钢架安装后应及时校正其位置和标高。

　　（2）GRG 吊顶主钢架根据图纸要求，在大型风管底下的钢架必须采用型钢进行加固，并与墙面牢固地连接。钢结构施工大样如图 2、图 3 所示。

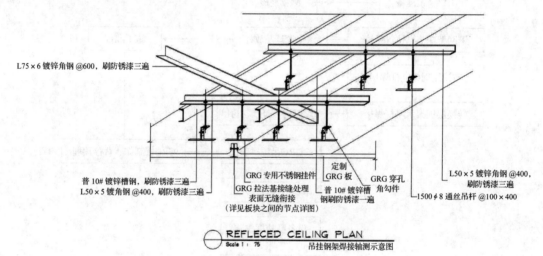

图 2　GRG 吊顶钢结构施工示意图一

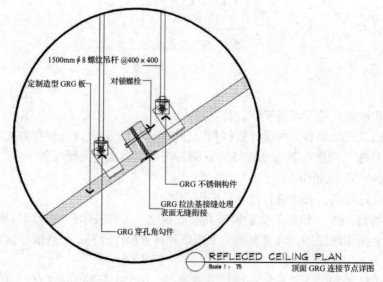

图 3　GRG 吊顶钢结构施工示意图二

（3）对于吊顶内的灯槽、斜撑和剪刀撑等，应根据工程实际情况合理布置。轻型灯具应吊在主龙骨或附加龙骨上，重型灯具或其他重型吊挂物不得与吊顶龙骨连接，应另设悬吊构造。

5.2.5　GRG 吊顶安装

（1）为保证吊顶及墙面大面积的平整度，安装人员必须根据设计图纸要求进行定位放线，确定标高及其准确性，注意 GRG 板位置与管道之间关系，要上下相对应，为防止吊顶及墙面位置与各种管道设备的标高相重叠的矛盾，要事先通过复测解决这一矛盾。根据施工图进行现场安装，并在平面图内记录每一材料的编号和检验状态标识。

（2）弹线确定 GRG 板的位置使吊顶钢架吊点准确、吊杆垂直，各吊杆受力均衡避免吊顶产生大面积不平整。利用全站仪在吊顶板下结构板面上设置与每一排吊顶板上控制点相对应的控制点。

（3）认真检查吊顶点的预埋情况，对于有附加荷载的重型吊顶（上人吊顶），必须有安全可靠的吊点紧固措施。对于预埋铁件、预埋吊筋或预设焊接钢板等，均应事先由土建施工单位按设计规定预留到位。对于没有预埋的钢筋混凝土楼板，当采用射灯、膨胀螺栓及加设角钢块等方法处理吊点时，必须符合吊顶工程的承载要求，应由设计经计算和试验而定。

（4）根据现场定位，在转换层钢架上定位、打孔、安装丝牙吊杆，按照吊顶两侧剪力墙上轴线、标高控制线及与该排吊顶板相对应的地面上的控制点，利用激光投点仪及钢卷尺将该点引至吊顶板安装位置，首先安装最低位置处中轴线上的 GRG 吊顶板，调平、校正后固定丝牙吊杆螺母。然后根据第一块吊顶板高度、位置安装下一块 GRG 板，安装完成后使用水平管及激光水准仪调平，依次安装同排吊顶板，并由最低位置向最高位置依次安装，安装顺序如图 4 所示。

（5）要保证 GRG 吊顶的整体钢度，防止以后吊顶变形，应先安装造型 GRG 吊顶，有利于吊顶造型的定位，有利于其与其他吊顶相互固定。吊顶造型均用轻钢材料，以保证造型有足够的刚度。

（6）在安装大面积 GRG 板前，必须待到吊顶上面管道设备完毕后，如吊顶内的通风、水电管道及上人吊顶内的人行或安装通道应安装完毕；消防管道安装并试压完毕后，经有关部门确认，方可封吊顶饰面板。吊顶灯具、风口、喷淋、烟感等，必须横平竖直，在开孔前应先放线，等整体协调后，再开孔安装。

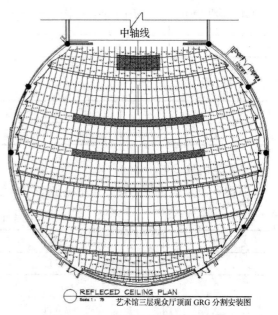

图 4　GRG 吊顶板拼装顺序示意图

（7）GRG 板拼缝调整处理：为保证吊顶及墙面造型的面层批嵌不开裂，拼缝应根据刚性连接的原则设置，内置木块螺钉连接并分层批嵌处理。批嵌材料采取掺入抗裂纤维的材质与 GRG 吊顶板一致的专用接缝材料。

（8）拼缝处理完成后满刮 GRG 吊顶板专用腻子，打磨处理完成后进行涂料施工，施工完成后检查吊顶板的平整度。

5.2.6　验收标准

（1）主钢架安装牢固，尺寸位置均应符合要求，焊接符合设计及施工验收规范。

（2）GRG 表面平整，无凹陷、翘边、蜂窝麻面现象，GRG 板接缝平整光滑。

（3）GRG 背衬加强肋系统连接安装正确，螺栓连接应设有防退牙弹簧垫圈，焊接符合设计及施工验收规范。

（4）允许偏差

主钢架水平标高（用水平管检查）：±5mm；

主钢架水平位置（用水平管检查）：±5mm；

GRG 板表面平整（用 2m 靠尺检查）：3mm；

GRG 板接缝高低（用塞尺规检查）：2mm；

GRG 板轴线位置（拉线尺量检查）：2mm。

6 材料及机具设备

6.1 主要材料

（1）钢材

钢构架用钢材型号分别为普 10 号槽钢、L50×5 镀锌角钢、L75×6 镀锌角钢、φ8 全丝吊杆。

（2）抗碱无捻玻璃纤维连续丝

玻璃密度（g/m³）	单丝直径（μm）	纱密度（g/km）	浸润剂合量（%）	含水率（<，%）	硬挺度（>，mm）	断裂强度（>，N/tex）
2.78	14	2400	1.5	0.1	120	0.25

（3）抗碱玻璃纤维网格布

网孔中心距（mm）	宽度（cm）	纱线号数		基本标准（g/m²）	涂塑后（g/m²）
		经	纬		
6×6	60	（48×3）×2	（48×3）×2	93	101

（4）玻璃纤维

SiO_2	ZrO_2	TiO_2	CaO	NaO	K_2O	Al_2O_3	Fe_2O_3
57±0.8	17.00	6.00	4.50±0.5	13.00±0.5	2.5	<1.0	<0.5

6.2 主要机具设备

GRG 石膏板吊顶主要施工机具如表 1 所示。

表 1　主要施工机具

序号	名称		数量	备注
1	水准仪		1	进入现场前先校正
2	经纬仪		1	进入现场前先校正
3	电焊机		2	
4	钻孔机		2	
5	电钻		8	
6	切割机		2	
7	光电测量仪		1	进入现场前先校正
8	电动角向磨机		3	
9	电锤		2	
10	水平运输	搬运小车	6	自制
11	垂直安装	吊车	2	自制

7 质量控制

7.1 工法执行的有关标准和规范

（1）《建筑施工高处作业安全技术规范》（JGJ 80—91）；

（2）《建筑施工扣件式钢管脚手架安全技术规范》（JGJ 130—2001）；

（3）《建筑工程施工质量评价标准》（GB/T 50375—2006）；

（4）《建筑装饰装修工程质量验收规范》（GB 50210—2001）。

7.2　工法的补充质量要求

（1）GRG 材料为新型装饰材料，既具有一般装饰材料的功能，又有良好的力学、声光性能，检测表明：4mm 厚的 GRG 材料，透过 500Hz 23dB、100Hz 27dB；气干密度 1.75，符合专业声学反射要求。经过良好的造型设计，可构成良好的吸声结构，达到隔声、吸音的作用，多用于剧院类公共建筑。此类建筑具有较大的跨度和独特的建筑造型，屋架结构的稳定性及抗变形能力对 GRG 吊顶发挥正常使用功能至关重要，因此在 GRG 吊顶设计施工时应确保吊顶体系对上部屋架有很好的变形适应性。

（2）相比普通吊顶材料，GRG 产品平面部分的标准厚度为 3.2 ～ 8.8mm（特殊要求可以加厚），每 1m² 质量仅 4.9 ～ 9.8kg，能减轻主体建筑质量及构件负载。GRG 产品强度高，断裂荷载大于 1200N，超过国际 JC/T 799—1998 装饰石膏板断裂荷载 118N 的 10 倍。GRG 石膏板具有更好的抗弯、抗拉及抗冲击性能，因此无须金属龙骨也可以有较大的跨度，材料进场前应严格控制其质量，并应采取先制作构件试样并送样检测，按设计要求的性能检测合格后方能用于施工安装。

（3）GRG 板是一种有大量微孔结构的板材，在自然环境中，多孔体可以吸收或释放出水分。当室内温度高、湿度小的时候，板材逐渐释放出微孔中的水分；当室内温度低、湿度大的时候它就会吸收空气中的水分。这种释放和呼吸就形成了"呼吸"作用。这种吸湿与释湿的循环变化起到调节室内相对温度的作用，给工作和居住环境创造了一个舒适的小气候。剧院类建筑吊顶上部会布设较多的灯光、音响、给排水、电气等线路设备，吊顶上需留有不同大小、形状的孔洞，现场开凿势必会破坏吊顶材料的受力性能，因此在吊顶施工前应仔细阅读施工图并注意和相关分部工程的配合，综合各分部工程对吊顶构件放样、制作，尽量使孔洞在制作过程预留。

8　安全措施

8.1　机械适用安全措施

（1）机具的转动部分及牙口、刃口等尖锐部分应装设防护罩或遮栏，转动部分应保持润滑。

（2）机具的电压表、电流表、压力表、温度计、流量计等监测仪表，以及制动器、限制器、安全阀、闭锁机构等安全装置，必须齐全、完好。

（3）机具使用前必须进行检查，严禁使用已变形、已破损、有故障等不合格的机具。

（4）机具应按其出厂说明书和铭牌的规定使用。

（5）电动的工具、机具必须接地良好。

（6）电动或风动的机具在运行中不得进行检修或调整；检修、调整或中断使用时，应将其能源断开。不得将机具、附件放在机器或设备上。不得站在移动式梯子上或其他不稳定的地方使用电动或风动的机具。

（7）所有电动机械设备必须通过单一开关控制，手持电动工具必须装有漏电保护器。

（8）对施工机械和电动工具经常性进行检查和维修。

8.2　吊装作业安全措施

（1）进入吊装施工现场必须正确佩戴安全帽，高空作业时必须系安全带，并正确使用安全带挂钩。

（2）起重工必须持证上岗。

（3）各吊装施工人员必须严格执行"十不吊"之规定。

（4）严禁使用已达到报废程度的钢丝绳，临挂件钢丝绳安全系数应大于 10 倍。

（5）链条葫芦需经检查并合格，严禁链条葫芦超负荷使用，不准将双股链拆为单链使用，严禁使用已达到报废程度的链条葫芦；如物件在空中长留时，应将手拉链绑在起重链上。

（6）所有起吊设备必须合格，并在起吊前经过检查确认安全有效。

（7）钢丝绳使用时与梁棱角接触处应设置包角保护。

（8）吊装施工人员进入施工现场应有"我不伤害自己，我不伤害他人，我不被他人所伤害"的安全意识。施工作业区应做到"工完、料尽、场地清"。

8.3　高空作业安全措施

（1）高空作业必须系好安全带、戴好安全帽。

（2）施工前检查脚手架的可靠程度，由专职安全检查员验收后挂牌使用。按规范张挂安全网。

（3）小件物品如扳手、榔头、螺栓等必须放在工具袋内，防止坠落。

（4）禁止上、下抛物件。

（5）拧紧螺栓时禁止使用活扳手，需使用套筒扳手或眼镜扳手。

（6）接好临时避雷设施。

（7）在需要的场所设安全扶手、围栏等安全设施。

8.4　消防安全措施

（1）施工现场禁止使用炉火取暖，在施工程内不许采用炉火保温。

（2）在库房内和其他容易引发火灾的场所，严禁吸烟，严禁明火操作。

（3）进行电、气焊作业前，必须有现场消防保卫人员或防火负责人指定的专人办理用火审批手续，用火地点变更时，应重新办理用火审批手续，用火证当日有效。

（4）进行电、气焊作业时，要选择安全地点，认真落实有针对性的防火措施，必须派专人进行监视，随身携带灭火用具。

（5）禁止在"严禁明火"的部位及周围进行焊割，禁止焊割未经清洗的可燃气、易燃气、液体及喷漆用过的容器和设备。

（6）电焊工必须要有焊工上岗证，无上岗操作证者不准从事电焊作业。

（7）坚持实行"动火审批制度"。施工班组需要动火前，必须按动火审批程序，先由施工班组长对施工现场进行考察，符合动火条件后，由施工班组长按规定填写动火申请表，再由施工员和项目部经理签名审批。动火证有效期最长不能超过一个星期，对于超过一个星期以上的动火点，要重新办理动火证。

8.5　用电安全措施

（1）按有关规定，在施工现场专用的中性点直接接地的电力线路中必须采用 TN-S 接零保护系统。

（2）电气设备的金属外壳必须与专用保护零线连接。专用保护零线（简称保护零线）应由工作接地线、配电室的零线或第一级漏电保护器电源侧的零线引出。

（3）作防雷接地的电气设备，必须同时作重复接地。同一台电气设备的重复接地与防雷接地可使用同一个接地体，接地电阻应符合重复接地电阻值的要求。

（4）架设电源线路，安装、检查电气设备，必须严格按照《电业安全工作规程》的要求进行。非电工或不具备电学知识的专业人员，不得私拉乱接电线。

（5）严禁在办公室、库房、实验室，使用电炉、烤火炉、电饭锅等大功率电器。

（6）凡新增单项功率在 500W 以上的施工设备，安装使用前必须向甲方提出申请，经批准后方可安装和使用。

（7）手持电动工具和小型电动工具的使用，应符合国家标准的有关规定，并在使用前进行摇测登记进行跟踪管理。工具的电源线、插头、插座应当完好，使用无接头的电源线。工具的外绝缘线应完好无损，维修保养应由专人负责。潮湿场所严禁使用一类电动工具，操作人员配带必要的劳保用品。

（8）搬迁或移动用电设备必须切断电源，经电工做处理后进行迁移，安装、维修或拆除临时用电必须由电工完成。

（9）接任何电气设备电源插头，必须完好无损，电缆外皮应压入盒内，不准带电荷插接和拔下电源插头，停用设备的插头必须放在防水、干燥、防压砸的位置。电气设备有故障应找电工，不得私自处理接线。

9　环保措施

（1）执行《建筑施工现场环境与卫生标准》（JGJ 146—2004）。

（2）实行环保目标责任制：把环保指标以责任书的形式层层分解到有关班组和个人，建立环保自我监控体系。

（3）在组织施工过程中，严格执行国家、地区、行业和企业有关环保的法律法规和规章制度。

（4）在施工现场，主要的污染源包括噪声、扬尘、污水和其他建筑垃圾。从保护周边环境的角度来说，应尽量减少这些污染物的产生。

①噪声控制。除了从机具和施工方法上考虑外，可以使用隔声屏障、使用机械隔声罩等，确保外界噪声等效声级达到环保相关要求；所有施工机械、车辆必须定期保养维修，并于闲置时关机以免发出噪声。

②施工扬尘控制。可以在现场采用设置围挡，覆盖易生尘埃物料；洒水降尘，场内道路硬化，垃圾封闭；施工车辆出入施工现场必须采取措施防止泥土带出现场。同时，施工过程堆放的渣土必须有防尘措施并及时清运，工程竣工后要及时清理和平整场地。

③污水控制。施工现场产生的污水主要包括雨水、污水（又分为生活和施工污水）两类。在施工过程中产生的大量污水，如没有经过适当处理就排放，便会污染周边环境，直接、间接危害水中生物，严重的还会造成大面积中毒。因此，应设置污水处理装置，减小施工过程对周边水体的污染。

④对于建筑垃圾的处理，尽可能防止和减少垃圾的产生；对产生的垃圾应尽可能通过回收和资源化利用，减少垃圾的产生；对垃圾的流向进行有效控制，严禁垃圾无序倾倒，防止二次污染。这样，才能实现建筑垃圾的减量化、资源化和无害化目标。

⑤最后，在施工方法的选择上，应要合理安排进度，尽量排除深夜连续施工；将产生噪声的设备和活动远离人群，避免干扰他人正常工作、学习、生活。在技术措施方面，多采用环保节能的新工艺、新技术，以提高劳动生产率，降低资源消耗，同时减小施工过程对周边环境的影响。

10　效益分析

GRG材料为新型装饰材料，既具有一般装饰材料的功能，又有良好的力学、声光性能，多用于较大的跨度和独特的建筑造型。本工法通过现场测量和深化设计，借助计算机辅助设计建立空间模型，实现了异形吊顶的准确下料，也使GRG吊顶施工快捷简便，提高了工作效率，施工成本有效降低；通过利用土建结构设定空间转换层固定点，合理布置丝牙吊杆，做到GRG吊顶合理受力，确保GRG吊顶的安装质量；同时利用全站仪、水准仪测控预设控制点位置，通过光电测量仪进行校准，在保证安装进度的同时保证拼装精度；最后使用与吊顶板同材质的石膏与抗裂纤维混合填缝剂对吊顶板拼缝进行处理，保证吊顶板接缝处的抗裂性能。本工法能指导GRG石膏板复杂造型吊顶的施工，经实践：该工法具有方便快捷，减少人工消耗且质量可靠的特点，取得了良好的经济效益和社会效益。

11　应用实例

实例一：株洲市第二中学新校区图书馆、艺术馆位于株洲市天元区武广片区内，其中图书馆地上4层，地下1层，艺术馆地上3层。工程总造价约1200万元，装修面积约9500m²。

本工法运用于该工程艺术馆三楼观众厅顶部及墙面装饰，取得了很好的经济效果及装饰效果，该工程获得湖南省优质工程（图5）。

实例二：醴陵·世界陶瓷艺术城装饰装修工程位于醴陵陶瓷产业园A区，项目总投资27亿元，总占地面积650亩，总建筑面积100万m²。世界陶瓷艺术一站式体验中心和世界艺术家的聚会中心客旅创作中心。

本工法运用于该工程室内曲面造型装饰，取得了很好的经济效果及装饰效果，完美展现了"瓷"之神韵（6）。

图 5　株洲市第二中学艺术馆现场照片　　　　　　　　图 6　醴陵·世界陶瓷艺术城现场照片

　　实例三：仁达大楼，位于株洲市芦淞区沿江中路 68 号，工程总建筑面积为 63946.91m²，地上 32 层，地下 2 层，建筑物檐高 99.30m，地下 2 层为车库，1～5 层为商业裙楼，6 层为结构转换层，7～32 层为单位职工住宅。

　　本工法运用于该工程室内曲面造型装饰，取得了很好的经济效果及装饰效果，该工程获得鲁班奖工程（图 7）。

图 7　仁达大楼现场照片

烤瓷铝板安装施工工法

蒋梓明　　王亚轶　　肖文青　　张小华　　刘敏理

湖南建工集团装饰工程有限公司

摘　要： 地铁内部装饰时采用高温搪瓷板存在造价高、色彩单调、反光、自重大等问题，为此在现有烤瓷铝板安装工艺基础上进行了改进创新。根据烤瓷铝板 L 形挂码的位置确定其副龙骨的位置，使烤瓷铝板四周的开槽与铝合金挂件相嵌固定，并加软胶条压紧；烤瓷铝板 L 形副龙骨用自攻螺丝固定在墙体定位好的钢骨架上，挂码与副龙骨之间用橡胶条卡住使面板和龙骨紧密结合，减少噪声。烤瓷铝板之间 10mm 缝隙采用专用缝条密封，使装饰面无安装的痕迹。

关键词： 地铁装饰；烤瓷铝板；安装；专用缝条

1　前言

烤瓷铝板是一种在金属板的表面喷涂二氧化硅（SiO_2）的无机硬质的涂层板。这种特别的涂层，使烤瓷铝板的表面硬度能够达到 6H 以上，相对于其他涂层硬度只有 1H 左右的板，具有更理想的耐磨和抗撞击、抗划伤性能。防火性能 A1 级，在高温 300℃中不会变色或涂膜受损，1500℃高温无任何变化，燃烧过程中不会产生或散发毒气和异味，属于绿色环保材料。烤瓷铝板的涂层采用喷涂类工艺。在喷涂过程中，涂层的颜色、鲜艳度和光泽度等，可以根据客户的个性化需求而定制。烤瓷铝板有良好的内部柔韧性。"柔"性是板材材料抗塑性变形和断裂的能力，遇强力冲击后不会变形、开裂和破碎。烤瓷铝板的使用寿命最高可达 50 年。涂层二氧化硅的分子结构有效提高了涂层的抗老化能力和自洁能力。适用于各种工业建筑、民用建筑及公共场所，特别适用于潮湿环境及地下空间的墙面装饰。

地铁内部装饰材料为了达到国家强制 A1 级防火要求，我国目前多采用高温搪瓷板。高温搪瓷板是在钢板上喷涂陶瓷粉，并在 900℃高温下烧制，价格高达 1200 ～ 2000 元 /m，并且色彩单调、反光（光污染）、自重大，无法用于吊顶。

使用氟碳漆的装饰材料，经过多年的应用实践证明，其防火、自洁、色彩多样性等特点在环保方面无法达到现代城市的要求，在发达国家已经逐渐被淘汰。

二十年前，日本最先开发出低温（300℃固化）陶瓷技术，将这种陶瓷涂料喷涂在铝板上，替代高温陶瓷板，解决了自重大的问题。但价格昂贵，只能用于航空军事领域。后来韩国在这一领域也取得了长足发展，降低了生产成本，使其在地铁等建筑领域得以大量使用，但仍然需要加热到 250℃才固化，仍属高能耗产品；同时前处理需要喷砂等繁琐工艺，大大影响生产效率。

烤瓷铝板成功将陶瓷油漆应用于铝板装饰材料表面，具备环保、无毒、自洁、防火等功能，广泛应用于机场、地铁、车站等公共场所。烤瓷铝板的安装工法是在干挂石材的基础上改良的施工方法，通过挂件、板材构造的创新，从根本上解决了传统施工工艺的缺陷，实现烤瓷铝板安装的便捷、牢固。

2　工法特点

（1）在干挂石材工艺的基础上通过对铝合金挂件的构造创新设计，使干挂烤瓷铝板安装工艺便捷、牢固。

（2）利用该工艺，铝合金背面的硅酸钙板能减少烤瓷铝板表面的振动二次传递，增加强度，同时也能降低公共空间的噪声，起到隔声和降噪作用。

（3）该工艺具有灵活性，可以灵活拆装某个局部和整面墙体的烤瓷铝板，以便于暗埋管线的维修和局部板材的更换，极大地减少了维修成本。

（4）该工艺的安装方式：成品 L 形副龙骨采用自攻螺丝固定在墙体定位好的钢骨架上，烤瓷铝板直接干挂到 L 形副龙骨上，使装饰面无安装的痕迹。保证装饰面的整体效果和美观。

（5）采用该工艺，取代了传统的石膏板打底再用胶粘的安装形式。由于未采用胶粘，避免了室内空气的甲醛释放改善了工人的作业环境，同时成品也具有良好的环保性。

（6）该工艺的干挂形式能减少原传统方案的材料用量，如基层打底用的石膏板、胶粘剂、玻璃胶等材料的使用。同时避免了因胶粘不牢固而出现的脱离、断裂等现象。

3　适用范围

适用于各种工业建筑、民用建筑、地下空间及公共设施的墙面顶棚装饰。

4　工艺原理

烤瓷铝板板材安装，对挂件进行了改进创新，根据烤瓷铝板的 L 形挂码的位置确定烤瓷铝板副龙骨的位置，在烤瓷铝板四周开槽与铝合金挂件相嵌固定，并加软胶条压紧。烤瓷铝板 L 形副龙骨采用自攻螺丝固定在墙体定位好的钢骨架上，烤瓷铝板挂码与副龙骨之间用橡胶条卡住使面板和龙骨紧密结合，减少噪声。烤瓷铝板之间 10mm 缝隙采用专用缝条密封，使装饰面无安装的痕迹。站厅、站台层烧瓷铝板墙面示意如图 1 所示。

烧瓷铝板墙面安装如图 2～图 4 所示。

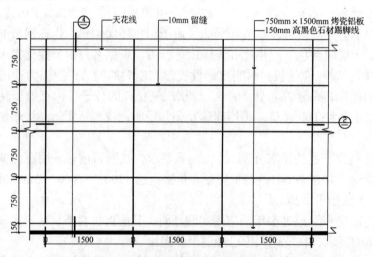

图 1　站厅、站台层烤瓷铝板墙面示意图 SC 1:20

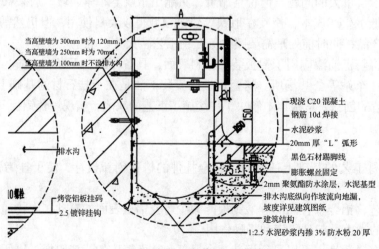

图 2　安装图

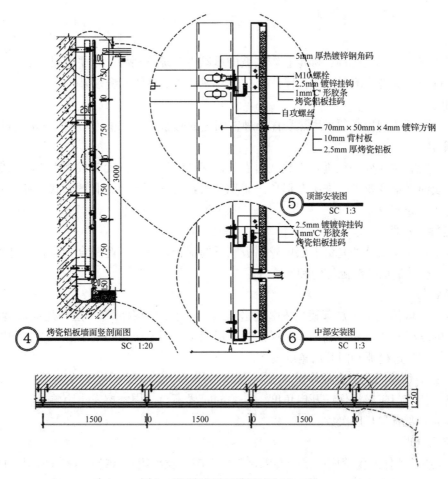

图 3 烤瓷铝板墙面横剖面图 SC 1:20

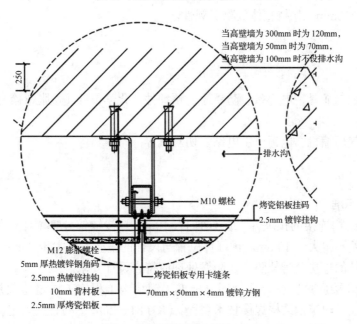

图 4 烤瓷铝板墙面大样图 SC 1:5

5 施工工艺流程及操作要点

弹控制线→安装预埋件（或不小于 φ 10mm 热浸镀锌处理膨胀螺栓）→安装龙骨架→安装钢固定件、挂件→安装烤瓷铝板（门套及热浸镀锌钢固件安装）→安装烤瓷铝板预涂板伪装门及五金配件→

细部、接口处理。

5.1　弹控制线

操作要点：首先应复测标高，确定整体放坡的基准点和坡度后弹出水平基准线，根据现场墙体实际位置及安装排板情况进行测量放线，保证板材的合理利用及整体成型效果。

5.2　安装预埋件

操作要点：预埋的钢板必须采用热浸锌处理，固定的膨胀螺丝宜采用 U304 不锈钢材质。

5.3　安装龙骨架

操作要点：所有主立杆必须垂直于放坡面安装，保证装饰面与地面完成面垂直。为保证烤瓷铝板的安装效果及表面平整度要求，采用 L 形角码＋钢龙骨组合成可调节龙骨的方式，使烤瓷铝板表面平整度偏差控制在 1.5mm。

5.4　安装固定件、挂件

操作要点：首先要安装的是最下层烤瓷铝板底下的铝合金龙骨，此铝合金龙骨也是控制整体放坡和基准线，保证整体墙面的缝隙均匀和连续性。

5.5　安装烤瓷铝板

操作要点：由墙体最下一层起逐层安装烤瓷铝板，安装时应保证每一层与地面坡度的水平控制，烤瓷铝板四周的软橡胶垫可靠与钢架接触保证烤瓷铝板预涂板不出现晃动和悬空。在预留孔洞及配电箱门处要严格控制门边缝隙和门开启角度的控制。

5.6　安装烤瓷铝板伪装门及五金配件

操作要点：伪装门应必须保证开启角度，开关的时候不与四周摩擦发出声响，伪装门的铰链应满足伪装门的承载力要求和开启次数。

5.7　细部、接口处理

操作要点：通长墙体的留缝应严格按要求控制，缝隙的宽度不一会造成整个墙体尺寸放大或缩小。烤瓷铝板墙面与石材墙面连接时，两部分板材间留有 10mm 缝隙。预留的广告灯箱、导向标识牌周边的烤瓷铝板采用折边 250mm，保持整体效果美观性。

6　材料与设备

6.1　主要材料

镀锌方管、不锈钢副龙骨、电焊条、防锈漆、预埋件、化学锚栓（膨胀螺栓）、密封胶等。

6.2　施工机具

交流电焊机、空气压缩机、电锤、手电钻、切割机等

7　质量控制

7.1　施工工艺及检验标准

（1）骨架与主体结构连接的预埋件（或不小于 ϕ10mm 热浸镀锌处理膨胀螺栓）应牢固、位置准确、预埋件的标高偏差不得大于 10mm。预埋件位置与设计的偏差不得大于 20mm。

（2）骨架与预埋件的连接及骨架防锈、防腐处理应符合设计要求。

（3）骨架制作及焊接质量应符合现行国家标准《钢结构工程施工质量验收规范》（GB 50205—2001）及现行行业标准《建筑钢结构焊接技术规程》（JGJ 81—2002）的有关规定。

（4）充分考虑广告及其他较厚墙面设施的定位、衔接和安装。

（5）板材饰面的墙体为混凝土结构时，应对墙体表面进行清理修补，使墙面平整坚实。

（6）烤瓷铝板安装前饰面板应按品种、规格、颜色进行分类并清理干净，板块应进行试拼编号。

（7）板材饰面应固定牢固，位置正确，横向分缝 10mm，竖向分缝 10mm。

（8）烤瓷铝板墙面安装的允许偏差和检验方法应符合表 1 的规定。

表 1　允许偏差和检验方法

检验项目	检验要求	检验方法
同一颜色面板之间色差	车站正常照明情况下观察色差；若用仪器测量，$\triangle E \leqslant 2$	站正常照明情况下观察，若有明显不同，用色差检测仪检测
立面垂直度	1mm	用 2m 垂直检测尺检查
阴阳角方正	1mm	用直角检测尺检查
缝隙直线度	1mm	拉 5m 线，不足 5m 拉通线，用钢直尺检查
缝隙高低度	1mm	用钢直尺和塞尺检查
缝隙宽度	10mm	用钢直尺检查

7.2　接口处理工艺

（1）烤瓷铝板墙面与石材墙面连接时，两部分板材间留有 10mm 缝隙。烤瓷铝板接口处放线并首先施工，安装完毕后，安装此部分花岗岩石板并进行接口处理。

（2）烤瓷铝板与扶梯之间存在接口，先安装此部分烤瓷铝板，扶梯侧板安装完成后与烤瓷铝板之间的空隙做不锈钢等饰面封口等工作。

（3）烤瓷铝板墙面按施工图放线并预留出广告灯箱、导向指示灯箱的位置，预留位置下部的烤瓷铝板安装完毕后方可进行灯箱安装。所有灯箱安装完毕后，最后安装两侧及上部剩余的烤瓷铝板，做好接口处理。

（4）消火栓箱、配电箱、控制箱等设备箱体先行安装，后用烤瓷铝板进行设备箱装饰门扇的安装，消防栓箱的门扇应保证设计开启角度。

8　安全措施

（1）认真贯彻"安全第一，预防为主"的方针，建立安全管理体系，执行安全生产责任制，明确各级人员的职责，抓好工程的安全生产。

（2）施工现场按符合防火、防风、防雷、防洪、防触电等安全规定及安全施工要求进行布置，并完善布置各种安全标识。

（3）编制安装专项施工方案、安全用电施工方案等，严格按规定审批执行。

（4）保证施工现场材料、工件、机具、设备放置有序、道路畅通，使施工现场符合文明工地的标准要求。

（5）施工现场的临时用电严格按照《施工现场临时用电安全技术规范》的有关规范规定执行。

（6）室内配电柜、配电箱前要有绝缘垫，并安装漏电保护装置。

（7）照明条件必须满足夜间作业要求。

（8）建立完善的施工安全保证体系，加强施工作业中的安全检查，确保作业标准化、规范化。

9　环保措施

（1）在工程施工过程中严格遵守国家和地方政府下发的有关环境保护的法律、法规和规章，白天施工噪声 $\leqslant$ 70dB（夜间 55dB），施工现场目测无扬尘。加强对施工燃油、工程材料、设备、废水、生产生活垃圾、弃渣的控制和治理。

（2）环保监测主要包括

对施工现场的噪声，粉尘等进行监测项目，均需达到国家环保标准。

（3）环保措施

①减少施工噪声措施有：物体搬运轻起轻落；减少施工作业的敲击噪声；金属型材切割时，在周围加隔声挡板墙，进行防护；吊车作业、砂轮磨光机工作时，采取降低噪声措施。

②施工垃圾处理措施有：操作人员戴防尘面具，采用收尘通风装置，尽量减少有害气体对人员和环境的影响。建筑垃圾采用分类整理、统一运至垃圾场。

10　效益分析

产品利用微调固定施工方法，采用工厂半成品定型加工及现场地面组装的方式，减少了大量劳动力的投入，简化了现场施工组织方案；大大提高了生产效率及组装一次性安装精度，加速了工程的同步进程，降低了工程管理成本，具有明显的社会效益和经济效益。烤瓷铝板是一种在金属板的表面喷涂二氧化硅类的无机硬质涂层板，二氧化硅的分子结构具有涂层的抗老化能力、自洁性能力，烤瓷铝板的使用寿命大幅度提高。因而在日常维护上能降低维护成本，能真正体现"低成本维护"的经济适用性。

11　应用实例

烤瓷铝板安装施工工法在长沙市轨道交通 1 号线一期工程车站公共区装饰工程中墙面安装施工中广泛使用，该项关键技术安装方便快捷，保证工程质量，又节约大量人工、缩短了施工工期（图 5）。

图 5　施工过程

石材蜂窝复合板吊顶工艺施工工法

李　忠　康思源　肖新明　杨　杰　刘　涵

湖南建工集团装饰工程有限公司

摘　要：为了进一步提升石材蜂窝复合板吊顶施工效果，先将吊顶钢龙骨焊接安装到位，平行于吊顶区域短边方向布置；吊顶副龙骨平行于吊顶区域长边布置，且挂件面与板缝垂直，按照板边预留的螺母位置在相应的副龙骨上面开 T 形挂件圆孔。石材蜂窝复合板安装时用 T 形挂件插入板背面的 H 形铝合金转接件槽中，再将螺栓固定于 T 形挂件与副龙骨上，通过 H 形铝合金转接件调节面板的水平距离、T 形挂件调节面板的上下位置。本工法既保留了石材的装饰效果，同时利用蜂窝板降低了板材重量，克服了石材本身的脆性及可能出现的裂隙和不均匀，施工简便、安全。

关键词：石材蜂窝复合板；吊顶施工；装饰效果

1　前言

推动建筑向节能、绿色、智能化方向发展是建筑业实践可持续性发展的大势所趋，也是中国经济社会发展面临的重要任务。在这个大前提下，超薄石材蜂窝复合板应运而生。石材蜂窝复合板是一种新型建筑材料，完全克服了天然石材重量大、易碎等缺陷，提供了一种性能更为优异和应用领域更为广泛的新一代建筑材料，大大提高了石材装饰应用的范围。湖南建工集团装饰工程有限公司组织技术人员开展了技术创新，完成了湖南第一个石材蜂窝复合板吊顶工程，并首创了"石材蜂窝复合板室外吊顶工艺"成果，把原本传统干挂石材吊顶切槽打胶固定改为机械螺栓挂件连接，由于是机械螺栓挂件连接传递板重荷载到龙骨上，提高了因传统工艺干挂胶固定而受限的使用年限，达到了既不因干挂胶使用而污染石材颜色，又能提高吊顶板的安全使用寿命。

2　工法特点

石材蜂窝复合板室外吊顶工艺是采用工厂加工成品板，然后在现场组装安装。工厂化成批板的加工既保障了石材的质量，又能提高了现场安装的速度。石材蜂窝复合板生产是采用天然石材，经过工厂化机械切割成石材薄板片，然后通过专用胶水粘贴在相同大小的铝基材蜂窝板上，既保留了石材的装饰效果，同时利用蜂窝板降低了板材重量，克服了石材本身的脆性及可能出现的裂隙和不均匀。在铝基层板上预埋好螺母以备现场安装固定，最后做成的成品板结合了原石材的美观与金属板的金属性能。在现场组装时，把挂件一端用螺丝拧紧于成品板的螺母中，另一端用 T 形挂件配螺栓固定于吊顶龙骨上。石材蜂窝复合板吊顶的安全性在于改变了传统的干挂胶固定工艺，石材吊顶板固定方式采用了机械螺栓连接固定，就算是石材薄片面板与铝基层板是采用胶连接，也是把板整体黏结于铝板上，而不是传统意义上的点挂式打胶，因此相比传统干挂要更加可靠。

3　适用范围

适用于公建项目中石材幕墙尤其是石材吊顶工程的施工。

4　工艺原理

石材蜂窝复合板吊顶是先将吊顶钢龙骨焊接安装到位，为了施工方便把吊顶主龙骨平行于吊顶区域短边方向布置，龙骨间距满足设计规范要求；吊顶副龙骨平行于吊顶区域长边方向布置，且副龙骨安装挂件面要与板缝垂直，以便于 T 形挂件同时挂装相邻两块面板。龙骨安装完成之后，再按照板边预留的螺母位置在相应的副龙骨上面开 T 形挂件圆孔。石材蜂窝复合板安装时用 T 形挂件插入板背面的 H 形铝合金转接件槽中，再同螺栓固定于 T 形挂件与副龙骨上，通过 H 形铝合金转接件调节面板的水平距离、T 形挂件调节面板的上下位置，使之完成效果更精准、美观。此方式安装原理就是通过石材工厂化切薄片粘贴在铝蜂窝基层板上，同时在铝基层板上预先埋好相应的螺母，到达现场安装时，通过专用配套的铝合金挂件转换承载力，把石材蜂窝复合板通过螺栓机械固定于钢龙骨上，达到既简便又安全的施工效果。本施工工法既保留了石材的装饰效果，又利用蜂窝板降低了板材重量，克服了石材本身的脆性及可能出现的裂隙和不均匀。

具体施工做法见以下安装示意图（图 1、图 2）。

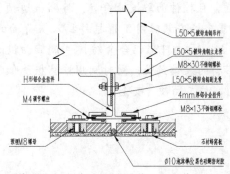 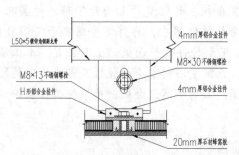

图 1　国家开发银行湖南省分行营业用房幕墙工程石材　　　图 2　国家开发银行湖南省分行营业用房幕墙工程石材
　　　　蜂窝复合板吊顶节点一　　　　　　　　　　　　　　　　　　蜂窝复合板吊顶节点二

5　施工工艺流程及操作要点

5.1　施工工艺流程

测量现场尺寸→电脑绘制排板图→成品板下单编号→现场龙骨放线定位→吊杆安装→焊接主龙骨→焊接副龙骨→龙骨焊缝除锈刷漆→龙骨隐蔽验收→按照成品板的孔位在龙骨上开挂件孔→现场按下单尺寸区域分板→石材蜂窝复合板上安装 H 形挂件→用 T 形铝合金挂件安装平板于龙骨上→调节挂件安装高度与水平位置后拧紧螺丝→缝隙打胶→观感验收。

5.2　操作要点

5.2.1　绘制排板图及下单

根据现场实际尺寸绘制排板图，按照原设计尺寸分格板缝，主要是确定端头板与异形板的具体规格尺寸，然后对其编号下单，以便于后期成品板的分离与搬运。同时应注意两点：一是确定吊顶主副龙骨安装的走向，一般副龙骨是沿吊顶面的长边方向布置；二是成品板下单时要考虑异形板的螺母预埋位置与数量，要保证每块板材都有四个挂点，如果异形板面积过于小不易预埋螺母或者预埋螺母数量小于 2 个时，应考虑安装时有加固措施，或者把相邻板加大以后做假缝打胶处理，同时成品板下单加工尺寸要记得按照布置图尺寸减缝下单。

5.2.2　吊顶龙骨焊接

吊顶龙骨焊接要搭接牢靠，保证焊缝高度与长度。同时在焊接时要分段对称加焊，避免钢龙骨过度加焊变形，尤其是本安装方法对副龙骨的水平位置准确度要求比较高，因此尽量保证副龙骨安装完成后成一条直线，且所有焊缝要按照设计要求做好防锈处理。

5.2.3　副龙骨开吊挂孔

吊顶龙骨安装隐蔽验收完成之后，根据吊顶排板布置图与石材蜂窝复合板预埋螺母加工图的相关尺寸在副龙骨上进行开孔，开孔大小与螺栓一致。

5.2.4　石材蜂窝复合板的安装

首先用螺栓把 H 形挂件固定于板背面预埋好的螺母上，然后通过 T 形挂件用螺栓固定在副龙骨上，先拉线保证两端头 T 形挂件的底口在一个平面上，然后依次安装 T 形挂件进行初拧。安装面板时将相邻两块板上的 H 形挂件依次插入 T 形挂件中，通过 H 形挂件上的调节螺丝对其板材进行水平面的定位，同时也要保证 T 形挂件插入 H 形转接件的深度要符合设计要求，插入深度过小的要及时调节 H 形转接件。在石材蜂窝复合板吊顶安装中需要特别注意的是：吊顶挂件上所有螺栓使用部位，均需要在其上面加平垫、弹垫后再紧固，两者缺一不可，并且安装最后都要保证所有挂件中的螺栓、螺丝均是拧紧状态，确保吊顶安装质量。

6　材料与设备

6.1　主要材料

成品石材蜂窝复合板、L50×50×5 镀锌角钢、专用 H 形铝合金挂件、T 形铝合金挂件、M8 螺栓、M4 螺丝、配套弹垫及平垫。

6.2　施工机具

交流电焊机、切割机、起子、扳手等。型号数量见表 1。

表 1　机具设备表

序号	名称	数量	型号
1	交流电焊机	10	BX3-500-2
2	氧割	5	WE20
3	扳手	20	M8
4	螺丝刀	20	十字螺丝刀

6.3　测量仪器

水准仪、钢盘尺、钢卷尺、水平尺。型号数量见表 2。

表 2　测量仪器表

序号	名称	数量	型号
1	水准仪	1	S3、N3
2	经纬仪	1	J2
3	钢卷尺	10	10M
4	水平尺	10	0.2mm/m

7　质量控制

7.1　工程质量控制标准

本工程严格执行国家标准《建筑装饰用石材蜂窝复合板》（JG/T 328—2011），焊接的检验按设计图纸要求执行，必须符合《钢结构连接施工图示（焊接连接）》（15G909—1），《金属与石材幕墙工程技术规范》（JGJ 133—2001）的规定。

7.2　质量保证措施

（1）确保按照 ISO 9001—2008 标准要求，建立完善的现场质量管理体系，并进行有效的运行。

（2）严肃认真地执行工艺做法，未征得技术人员同意，任何人不得随意更改所定技术工艺。

（3）技术人员和施工人员提前认真、学习图纸和相关技术文件，明确质量标准和技术要求，同时对班组作好技术交底。

（4）测量放线过程要严谨，缩小每道工序的误差范围。

（5）安排专职质检员进行跟班检验，对每一构件都应进行相关内容检查，同时，要求班组加强自检和工序交接检。

8　安全措施

（1）认真贯彻"安全第一，预防为主"的方针，建立安全管理体系，执行安全生产责任制，明确各级人员的职责，抓好工程的安全生产。

（2）施工现场按符合防火、防风、防雷、防触电等安全规定及安全施工要求进行布置，并完善布置各种安全标识。

（3）编制安装专项施工方案，安全用电施工方案等，严格按规定审批执行。

（4）保证施工现场材料、工件、机具、设备放置有序、道路畅通，使施工现场符合文明工地的标准要求。

（5）施工现场的临时用电严格按照《施工现场临时用电安全技术规范》（JGJ 46—2005）的有关规范规定执行。

（6）配电柜、配电箱要有绝缘垫，并安装漏电保护装置。

（7）建立完善的施工安全保证体系，加强施工作业中的安全检查，确保作业标准化、规范化。

9　环保措施

（1）在工程施工过程中严格遵守国家和地方政府下发的有关环境保护的法律、法规和规章，白天施工噪声 ≤ 70dB（夜间 55dB），施工现场无扬尘。加强对施工燃油、工程材料、设备、废水、生产生活垃圾、弃渣的控制和治理。

（2）环保监测主要包括对施工现场的噪声、粉尘等进行的监测项目，均需达到国家环保标准。

（3）环保措施

①减少施工噪声措施有：物体搬运轻起轻落；减少施工作业的敲击噪声；金属型材切割时，在周围加隔声挡板墙，进行防护；吊车作业、砂轮切割机工作时，采取降低噪声措施。

②粉尘、施工垃圾处理措施有：操作人员戴防尘面具，采用收尘通风装置，尽量减少粉尘对人员和环境的影响。建筑垃圾采用分类整理、统一运至垃圾场。

③减少施工扬尘措施有：对施工现场地面进行洒水，硬化处理，并安排专人定期清扫。施工人员在作业面上做到文明施工，做到工完料尽场地清。

10　效益分析

（1）提高板材强度、降低损耗率：石材蜂窝复合板的抗弯、抗折、抗剪切的强度明显高于通体石材，大大降低了运输、安装、使用过程中的损耗率。

（2）现场安装方便、施工效率较高：由于石材蜂窝复合板吊顶是采取工厂化加工、现场安装的方式，工厂定量加工成批生产，保证了成品板的规格与质量，并且此工艺安装方式也方便简单，容易操作，相对于传统干挂法施工效率更高，既缩短了施工工期又降低了施工成本。

（3）文明施工、保护环境：本工法施工相对于传统干挂施工具有无噪声、无灰尘，真正做到不扰民、不污染环境的施工。

（4）石材吊顶的安全性提高：本石材蜂窝复合板吊顶系统是采用铝合金挂件机械连接紧固安装完成的，其安装性能相比于传统挂件打胶固定工艺更加牢靠，也消除了结构胶固定的耐久性隐患，并且石材蜂窝复合板相对通体石材来说，其抗弯强度、抗剪性大大提高，这些特点都提高了石材吊顶的安全性。对于各类石材吊顶工程，本工法是具有较强的指导意义，有利于施工工艺的推广和应用，提高本企业的竞争力。

11　应用实例

2014 年 6 月至 2015 年 2 月在联发芯合肥技术中心及厦门国际会议中心两个项目中有近 2200m² 的石材蜂窝复合板吊顶采用了本工法施工，施工质量良好。

2015 年 3 月至 2016 年 2 月在国家开发银行湖南省分行营业用房幕墙项目中有近 2000m² 的石材蜂窝复合板吊顶采用了本工法施工，项目竣工验收效果、质量都合格，达到了建筑设计单位及建设单位预期的效果。本工法施工节约了施工成本，加快了施工速度，同时在施工期间做到了无噪声、无灰尘，真正做到了不扰民、不污染环境的施工。

　　附工程实样照片：

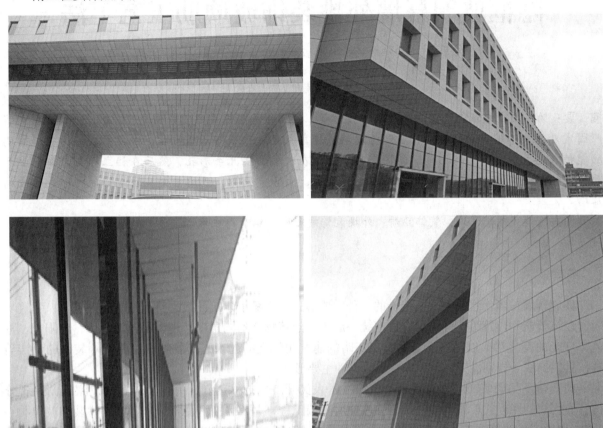

隐框玻璃幕墙外挑装饰玻璃肋工艺工法

蒋梓明　杨　杰　肖文青　毛璐超　肖　玮

湖南建工集团装饰工程有限公司

摘　要：为了提升玻璃幕墙装饰品质与科技含量，利用传统隐框式玻璃幕墙工艺，在铝型材立柱上参照固定外挑装饰玻璃肋的做法，在隐框玻璃幕墙每条竖缝位置布两根立柱，以便于后装的装饰玻璃肋能插入两立柱之间进行固定，其固定形式是先在玻璃肋上开条形孔，然后在铝立柱相应位置上开孔穿螺栓固定。本工法操作简单，施工效果美观、大方、独特，适用于大尺寸造型独特形式的玻璃幕墙。

关键词：隐框式玻璃幕墙；装饰品质；外挑装饰玻璃肋；铝型材立柱

1　前言

玻璃幕墙是当代建筑外立面装饰的一种主要形式，它赋予建筑的最大特点是将建筑美学、建筑功能、建筑节能和建筑结构等因素有机地统一起来，建筑物从不同角度呈现出不同的色调，随阳光、月色、灯光的变化给人以动态美，使沉闷灰暗的建筑明快亮丽起来，而隐框幕墙具有外装饰的整洁美观，且装饰线条规则优美，是玻璃幕墙装饰的主要形式。

湖南建工集团装饰工程有限公司组织技术人员开展了技术创新，完成了国家开发银行湖南省分行营业用房的隐框式玻璃幕墙外挑装饰玻璃肋幕墙工程，并首创了"隐框玻璃幕墙外挑装饰玻璃肋工艺"，把原本传统隐框玻璃幕墙做得更加有特色，在结合了隐框玻璃幕墙特点的同时还具有独特的装饰效果，丰富了玻璃幕墙平面视觉的层次感，提升了玻璃幕墙的装饰品质与科技含量。

2　工法特点

隐框式玻璃幕墙外挑装饰玻璃肋安装工艺类似于隐框玻璃幕墙安装，在选材上考虑了立柱与玻璃安装固定的方法，施工操作也较为简单，但是完成后的效果却美观、大方、独特，因此对于大型、造型独特的玻璃幕墙，或者是有点缀的玻璃幕墙都可选择本工法。

3　适用范围

适用于公建项目中隐框玻璃幕墙追求装饰效果的工程。

4　工艺原理

隐框式玻璃幕墙外挑装饰玻璃肋工艺做法主要是利用传统隐框式玻璃幕墙工艺，在选择铝型材立柱的形式上考虑了固定外挑装饰玻璃肋的做法，通常隐框玻璃幕墙每条竖缝位置只有一根立柱，但是本工艺做法是选择了两根立柱，以便于后装的装饰玻璃肋能插入两根立柱之间进行固定。其固定形式是先在玻璃肋上加工开条形孔，然后在铝立柱相应位置上开孔穿螺栓固定。具体施工做法见图1、图2。

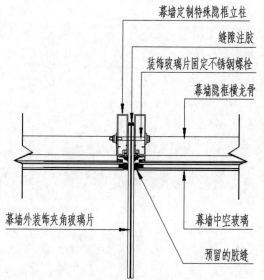

图1　隐框玻璃幕墙外挑装饰玻璃肋节点一

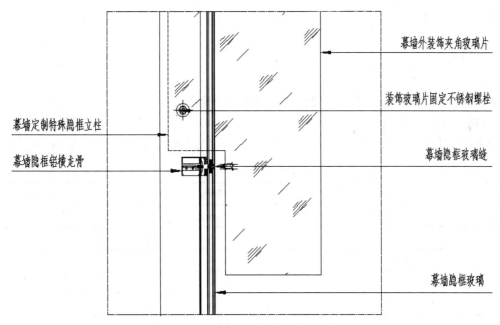

图2　隐框玻璃幕墙外挑装饰玻璃肋节点二

5　施工工艺流程及操作要点

5.1　施工工艺流程

施工准备→测量放线→预埋件安装→连接角码安装→隐蔽验收→立柱安装→外挑装饰玻璃肋安装→横梁安装→玻璃面板安装→缝隙注胶→卫生清理、检查→观感验收。

5.2　技术操作要点

5.2.1　施工准备

（1）材料准备：根据图纸及工程情况编制材料订货供应计划单。

（2）施工机具：对所用机具进行检测，确保其性能良好。

（3）人员准备：施工人员必须首先熟悉图纸，并在施工之前进行技术交底。

5.2.2　后置埋板及龙骨安装

（1）钢埋板的位置要根据立柱的中线来居中定位安装，同时要注意后置埋板化学锚栓安装对锚固边距的要求，并且还要核实钢板转接件安装位置是否与横梁安装位置有冲突。

（2）龙骨的安装要与放线依据一致，保证安装龙骨的垂直度与平整度，要求龙骨安装时所有螺栓都加设弹垫与平垫，拧紧且在玻璃肋安装之前要施加满焊，并做好防腐处理与隐蔽验收工作。

5.2.3　外挑装饰玻璃肋安装

首先按照图纸在玻璃肋上开设条形孔，再在已安装完成的铝龙骨上的相应位置开孔，开孔位置要一致，然后把装饰玻璃肋横向插入两立柱龙骨的缝隙处，对好孔位穿好螺栓，且保证玻璃肋与螺栓接触面是采用柔性接触。

5.2.4　横向龙骨安装

先在已安装完成的立柱上标记好横向分格线，然后用螺丝固定横龙骨角码，横龙骨跟随角码一起安装。

5.2.5　玻璃面板安装

玻璃面板同隐框玻璃安装方式，即把已经粘贴在玻璃上的附框贴紧横龙骨，微调玻璃居中位置，然后在铝合金压块上用螺栓固定附框即可。

5.2.6　玻璃面板安装及缝隙注胶

玻璃面板安装完成之后，检查玻璃留缝，大小要一致，再把泡沫条塞入玻璃缝隙中，并在玻璃缝隙两边分别贴直纸胶带，最后注胶、刮胶，完成打胶工序。

6　材料与设备

6.1　主要材料

专用铝合金型材、玻璃、钢板、钢转接件、锁压块、螺栓等。

6.2　施工机具

交流电焊机、切割机、吊装索具、起子、扳手等。型号数量见表1。

表 1　机具设备表

序号	名称	数量	型号
1	交流电焊机	10	BX3-500-2
2	氧割	5	WE20
3	吊装索具	2	AS-2
4	扳手	5	M8
5	螺丝刀	5	十字螺丝刀

6.3　测量仪器

水准仪、钢卷尺、水平尺、线坠。型号数量见表2。

表 2　测量仪器表

序号	名称	数量	型号
1	水准仪	1	S3、N3
2	钢卷尺	10	10 m
3	水平尺	10	0.2mm/m
4	线坠	1	10 kg

7　质量控制

7.1　工程质量控制标准

本工程严格《建筑幕墙》(GB/T 21086—2007)与《玻璃幕墙工程技术规范》(JGJ 102—2003)执行，焊缝质量执行《钢结构连接施工图示（焊接连接）》(15G909-1)中的规定，所有质量标准符合《建筑装饰装修工程质量验收规范》(GB 50210—2001)的规定。

7.2　质量保证措施

（1）确保按照 ISO 9001—2000 标准要求，建立完善的现场质量管理体系，并进行有效运行。

（2）认真执行工艺做法，未征得技术人员同意，任何人不得随意更改所定技术工艺。

（3）技术人员和施工人员提前认真学习图纸和相关技术文件，明确质量标准和技术要求，同时对班组作好技术交底。

（4）测量放线过程要严谨，缩小每一道工序的误差范围。

（5）安排专职质检员进行跟班检验，对每一构件都应进行相关内容检查，同时，要求班组加强自检和工序交接检。

8　安全措施

（1）认真贯彻"安全第一，预防为主"的方针，建立安全管理体系，执行安全生产责任制，明确各级人员的职责，抓好工程的安全生产。

（2）施工现场按符合防火、防风、防雷、防触电等安全规定及安全施工要求进行布置，并完善布置各种安全标识。

（3）编制安装专项施工方案，安全用电施工方案等，严格按规定审批执行。

（4）保证施工现场材料、工件、机具、设备放置有序、道路畅通，使施工现场符合文明工地标准的要求。

（5）施工现场的临时用电严格按照《施工现场临时用电安全技术规范》（JGJ 46—2005）的有关规范规定执行。

（6）配电柜、配电箱要有绝缘垫，并安装漏电保护装置。

（7）建立完善的施工安全保证体系，加强施工作业中的安全检查，确保作业标准化、规范化。

9　环保措施

（1）在工程施工过程中严格遵守国家和地方政府下发的有关环境保护的法律、法规和规章，白天施工噪声 ≤ 70 dB（夜间 55 dB），施工现场目测无扬尘。加强对施工燃油、工程材料、设备、废水、生产生活垃圾、弃渣的控制和治理。

（2）环保监测主要包括

对施工现场的噪声、粉尘、扬尘等进行监测项目，均需达到国家环保标准。

（3）环保措施

①减少施工噪声措施有：物体搬运轻起轻落；减少施工作业的敲击噪声；金属型材切割时，在周围加隔声挡板墙进行防护；吊车作业、砂轮切割机工作时，采取降低噪声措施。

②粉尘、施工垃圾处理措施有：操作人员戴防尘面具，采用收尘通风装置，尽量减少粉尘对人员和环境的影响。建筑垃圾采用分类整理、统一运至垃圾场。

10　效益分析

本工法适用于各类公共建筑玻璃幕墙中为追求独特造型形式的工程，尤其适用于隐框玻璃幕墙追求独特造型的工程，相比于全隐框玻璃幕墙的安装形式，具有以下优点：

（1）增加隐框玻璃幕墙的造型美感：传统隐框玻璃幕墙做法只有平面线条美感，没有其他外在装饰，但本工艺做法是在隐框幕墙基础上外挑装饰玻璃肋，增加了平面幕墙的空间视觉感，提升了玻璃幕墙的造型品质，但形式又区别于明框幕墙，所以是隐框幕墙当中的一种新造型形式。

（2）装饰玻璃肋采用螺栓固定牢靠：本工艺安装玻璃肋是采用机械螺栓固定，相比传统用胶固定装饰玻璃肋的做法要更加方便，也避免了用胶固定年久失效的安全隐患。

（3）工艺简单、容易操作：因为安装工艺简单，施工容易操作，所以施工起来也容易被施工人员所接受，除了需要多一步安装玻璃肋工序外，其他施工步骤类似隐框玻璃幕墙的施工做法。

（4）文明施工、保护环境：本工法施工具有无噪声、无灰尘，符合文明施工要求。

（5）本工法对公建项目中追求独特造型形式的工程具有较强指导意义，有利于类似施工工艺的推广和应用，提高企业竞争力。

11　应用实例

本工法在 2014 年 2 月至 2015 年 10 月湖南中烟技术研发楼幕墙工程施工中应用，安装简便、安全可靠，得到业主、监理单位一致好评。

2015 年 3 月至 2016 年 2 月在国家开发银行湖南省分行营业用房幕墙项目中有近 400m² 的全隐框玻璃外挑装饰玻璃肋采用了本工法施工。项目完成后，经各方参与竣工验收，其观感效果与质量都验收合格，达到了建筑设计单位及建设单位的要求，并且本工法符合文明施工要求，施工期间无噪声、无灰尘。

晶石内饰板集成墙面施工工法

汤春香　周友森　蔡　毅　李红桃　杨　浪

湖南省第二工程有限公司

摘　要： 晶石内饰板具有绿色、环保、防火、遇冷热不易变形等特点，是一种可以替代大理石、瓷砖、木制内饰板的新型墙体材料。本工法介绍了晶石内饰板集成墙面施工方法，即根据结构基层质量，采用定型龙骨施工；晶石板下端为凹槽，上端为凸形，利用晶石板上下对称凸凹形侧沿，上沿沉头螺栓固定，下沿直接嵌入搭接，配套成平整表面，完成安装。该工法减少了传统水泥砂浆找平工序，工效是传统湿贴施工的 5 倍；全部采用机械安装与螺栓连接，拆除和维修方便，80% 以上的产品可回收再利用；施工简单，质量容易控制，装修效果好。

关键词： 晶石内饰板；集成墙面；定型龙骨；螺栓连接

1　前言

晶石内饰板由晶石（粉石）运用工艺模压，表面特殊工艺涂装而成，具有无毒、无辐射、无重金属、绿色、环保、防火、遇冷热不易变形等特点，是一种可以替代大理石、瓷砖、木制内饰板的新型墙体材料。我公司总结长沙阳光 100 国际新城二期、兴康·仁和家园等项目晶石内饰板集成墙面的施工经验，总结出特制龙骨找平、嵌入式便捷安装、干挂法施工的晶石内饰板集成墙面施工工法，并编制形成了发明专利"一种内饰板集成墙面施工方法"，目前已完成申报并受理。

2　工法特点

（1）原材料属于新型环保建材，无毒、绿色，颜色款式可依据客户喜好与需求定制，更适合现代化装修需求。

（2）采用定型龙骨找平，可减少传统水泥砂浆找平工序，缩短施工工期，进度快、工效高（是传统湿贴施工工效的 5 倍）。

（3）干挂法施工，减少现场湿作业，节材和环保效果好。

（4）全部采用机械安装与螺栓连接，拆除维修方便，80% 以上的产品可回收再利用。

（5）施工简单，质量容易控制，装修效果好。

（6）晶石内饰板集成墙面质量轻，有效减轻建筑自重，节材和抗震效果显著；耐久性好，遇冷热不易变形，符合绿色建筑相关要求。

3　适用范围

房屋建筑及市政工程内墙装修。

4　工艺原理

（1）在满足相关要求的结构基层墙面上，用定型龙骨加结构胶找平，钢钉固定后作为晶石板的基层，依照图 1 所示原理进行施工。

（2）由于晶石板下端为凹槽，上端为凸形，利用晶石板上下对称凸凹形侧沿，上沿沉头螺栓固定，下沿直接嵌入搭接，配套成平整

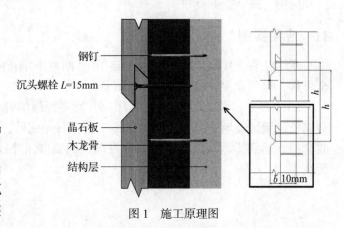

图 1　施工原理图

表面，快速完成安装施工。

5　施工工艺流程及操作要点

5.1　施工工艺流程

施工准备→验收与量房→龙骨放线测量→预排与下料→龙骨安装找平→安装与调整→细部处理→填缝→验收。

5.2　施工工艺操作要点

5.2.1　施工准备

（1）基层墙面应验收合格，水电预埋到位。

（2）电脑排板及深化设计。

（3）原材料进场验收和复检。

（4）施工专项方案编制和工人技术交底。

5.2.2　验收与量房

（1）墙体基层结构施工完毕（指混凝土工程或砌体围护工程），并经检验合格后，在一般抹灰找平前，即进行内墙结构验收。

（2）内墙结构验收内容重点包括轴线位移、立面垂直度、平整度（其他项目验收以检验批验收结论为准）。其中，轴线位移偏差应控制在5mm以内，垂直度与平整度偏差应控制在4mm以内，否则采取措施对基层偏差进行调整。

（3）对拟施工房间的各层、房间的长、宽、高以及门、窗、暖气等的位置进行逐一测量，并填写表1。

表1　单元房间晶石整体墙面验房记录表

单元房间晶石整体墙面验房记录								房号			
序号	墙体位置（轴线相交）	L（mm）	H（mm）	轴线偏差（mm）	平整度偏差（mm）	垂直度偏差（mm）	墙厚（mm）	门洞	窗洞	开关插座	管道	垛柱
1											
2											
预留名称	尺寸、预留位置说明			墙面板定制说明							
门				角线定制说明							
窗				墙板规格、面积							
开关插座				龙骨预计长度							
管道				阳角处理方案							
垛柱				预埋件说明							
其他说明	砂浆找平			结论							
测量		记录			复核			日期			

5.2.3　龙骨放线测量

（1）龙骨施工，只考虑竖向龙骨安装。推荐采用晶石板整体墙面配套龙骨，该龙骨自身具备防水、防腐、高强性能，规格为3000mm×55mm×10mm（长×宽×高），如采用其他龙骨，材料应满足相关质量标准要求。

（2）自楼地面起量高500mm，作为水平标高控制依据并弹线。对竖向龙骨位置进行放线测量，弹线必须准确，经复验后方可进行下道工序。

（3）弹线、分档：按龙骨的宽度间隔弹线，弹线清楚，位置准确。自墙边20mm范围内作为第一道龙骨控制线,依次确定每道竖向龙骨的位置,每两道龙骨之间的间距见表2。在进行龙骨弹线时,需要考虑前期预制图案、线条及后期吊顶、角线、顶棚高度差之间影响。

(4)测量定位及弹线时,先确定定制图案与花色用板位置,再确定定制角线位置,最后确定标准用板、垛柱与预留预埋位置。

(5)以房间(套)为单元,只有当所有墙体龙骨控制线弹完以后,才能进入龙骨安装施工。龙骨安装如图2所示。

5.2.4 预排与下料

(1)预排与下料时需要考虑以下原则:

结合验房记录的相关数据,现场核对龙骨位置,估算整板基本数量;尽量利用整板,减少过多切板与浪费;需要对晶石板进行切割时,沿长向位置不得小于1/2标准板长;晶石板预排时,竖向对缝,以保证墙面整体美观。为提高墙面整体牢固,当客户要求时,可考虑错缝;预排时考虑门窗洞口、其他预留与预埋。

(2)拟安装单元的相同标高用板一次性排完,切割在安装前进行。

(3)预排应按照设计色样要求。排列一般自阳角开始,至阴角停止(收口)。

(4)当客户有订制图案、线条时,先确定图案与线条位置,再排标准用板。

(5)依据预排结论,将相关材料、配件、设备与工具到场。

5.2.5 龙骨安装找平

(1)龙骨安装,单元房间龙骨必须一次性安装完毕,再进入晶石墙面安装,不考虑结构胶固定因素时,相邻龙骨之间垂直度偏差不得超过1mm。

(2)由于结构基层质量偏差影响到龙骨整体平整度与垂直度,采用在龙骨背面用结构胶垫高方式予以找平,结构胶厚度不得超过4mm,高度与龙骨相同,长度一般不得小于6mm,两点之间间距为300mm。结构胶找平时,要求在沉头螺栓位置必须有胶,确保龙骨与结构层之间不得有空隙。

(3)龙骨需要接长时,相邻两道龙骨之间接头位置要求错开,长度不得小于450mm。

(4)龙骨与结构基层,采用钢钉固定。晶石板标准厚度不同,钢钉与沉头螺栓(固定晶石板)最短长度也不同,具体要求见表2。

表2 晶石板安装配件选型表

晶石板类型	长宽规格 h×L(mm)	400×800 400×1200			600×800 600×1200		
	厚度 b(mm)	5	6	7	5	6	7
配件选型	龙骨规格(mm)	3000×55×10			3000×55×10		
	龙骨推荐间距(mm)	400			400		
	钢钉规格(mm)	25	25	25	30	30	30
	钢钉推荐间距(mm)	300	300	250	250	250	250
	扣件型号	标准	标准	标准	标准	标准	标准
	推荐间距(mm)	400	400	400	300	300	300
	螺栓规格(mm)	当采用木楔固定时,钢钉规格为25mm,采用龙骨固定时,钢钉规格为12～15mm					
	螺栓推荐间距(mm)	400	400	400	400	400	400
配件选型基本原则	1. 扣件(卡扣)可依据晶石板开槽(孔)类型确定配置,卡扣开口宽度与槽边厚度吻合						
	2. 钢钉用于固定龙骨,穿透结构层深度不得少于总长的2/3						
	3. 沉头螺栓用于固定晶石板、扣件、龙骨或结构基层,固定在龙骨时,螺栓必须要求穿透龙骨;用于固定在结构基层木楔时,螺栓穿透木楔深度不得少于总长的2/3						
	4. 采用砂浆找平法施工,木楔预埋位置与按本表沉头螺栓固定位置						
	5. 所有金属配件必须选择镀锌防锈类型						

(5)钢钉间距300mm,入龙骨位置与沉头螺栓连接位置错开。同根龙骨首尾两端150mm范围内

需要有钢钉固定。

（6）龙骨安装时，钢钉深入总长 90% 以上固定即可，待安装单元龙骨全部安装完毕，以整面墙为单位，借助靠尺、平水尺检测整面墙平整度与垂直度，再将全部钢钉找入龙骨即可。

（7）涉及到结构胶固定晶石板时，注意结构胶涂贴高度以保证墙面平整度。

（8）门窗、柱、垛或特殊节点处，使用附加龙骨，安装应符合设计要求。

（9）电气敷管、安装附墙设备：按图纸要求预埋管道和附墙设备。要求与龙骨的安装同步进行，或在晶石板安装前进行，并采取局部加强措施，固定牢固。电气设备专业在墙中敷设管线时，应避免在同一水平方向及沉头螺栓位置断开竖向龙骨，同时避免在沿墙下端设置管线。

（10）龙骨检查校正补强：安装晶石板前，应检查骨架的牢固程度，门窗框、各种附墙设备、管道的安装和固定是否符合设计要求。如有不牢固处，应进行加固。龙骨的立面垂直偏差应 ≤ 2mm，表面不平整应 ≤ 2mm。

5.2.6　安装与调整

（1）用于固定晶石板连接方式有结构胶连接、沉头螺栓连接两种。其中，结构胶适应于不适合沉头螺栓连接情况，如最下沿与最上沿、角线、柱垛等情况。当找平层质量有偏差，安装位置需要调整时，可采用沉头螺栓结合扣件方式予以连接。

（2）安装顺序，依据预排结论，按照订制图案花色、订制线条，由阳角向阴角方向，由下而上朝向，依次安装。

（3）依据预排与上述顺序，在预留位置先进行图案与线条安装。

（4）安装最下面一层板时，如地面装饰在墙面装饰完工以后进行，则需要考虑地面最终铺贴高度与坡度，可考虑将晶石板下沿深入地面装饰标高以下。对于已完工地面，首先对地面沿墙线标高进行复核，如地面不平或有坡度，以标高最低处作为整板安装标准位置，标高超出部分予以切割。

（5）在晶石板上端用小钻花钻出小孔，位置与木楔重叠，不得造成凸槽及边沿破损。

（6）由于本晶石板下端为凹槽，无法用螺栓固定，当采用龙骨安装时，板与龙骨结合处在龙骨上涂满结构胶，厚度 2mm。砂浆找平安装时，在晶石板下沿满涂结构胶，厚度 2mm，高度 50mm。

（7）在晶石板上端小孔中用手持电动工具钻入沉头螺栓，螺栓型号见表 2 晶石板安装配件选型表相关规定。螺栓钻入深度 90% 左右。

（8）用橡胶锤敲击板体上沿、侧边与正面，用平水尺、靠尺检查，确保板安装位置与质量合格，再将沉头螺栓全部钻入下层，安装如图 3 所示。

图 2　龙骨安装示意图

图 3　晶石板安装示意图

（9）同层相邻两板之间，用 1mm 厚塑料十字卡子固定在竖缝上沿，确保竖缝宽窄一致均匀，对缝顺直。

（10）最上面一层板，安装时如果不具备螺栓连接条件（对板按横向进行了切割，不是标准规格），上沿采用结构胶连接，方法同上。

（11）安装最下一层晶石板，为保证下端顺直，可在地上摆放一道铝合金直尺，固定板体下沿位置，第一层板安装完毕，及时擦除多余或溢出的结构胶，注意避免由于上沿固定，导致板体或下沿翘起的情况发生。

（12）大面积整体墙面安装时，同一标高晶石板必须全部安装完毕，方可进入上一层板安装时。将板下沿插入下层板上端凸槽，拍平拍实，安装到位，螺栓固定要求同上，安装时注意对纹对花。

（13）安装过程及后期发现质量或材料问题需要进行调整时，可通过加调整沉头螺栓松紧，加垫加塞等方式进行，需要更换或常规调整不到位，再按反向顺序予以拆除，重新安装。

5.2.7　细部处理

（1）阳角处理

①定制艺术角线

安装艺术角线时，对于门窗套，先结构胶安装门窗套板，再安装艺术角线，最后安装大面积板体。安装时只能沿角线长向进行切割，注意角线顺直与安装牢靠。

②塑料或不锈钢角线

安装嵌入型塑料或不锈钢角线，应在第一层板安装到阳角碰角时进行，安装方法与湿贴法相同。板体竖向侧边嵌入角线前，应在侧边满涂结构胶，宽度与角线嵌入深度相同。

③45°碰角

45°碰角安装施工与湿贴法相同，碰角严实，不得留缝，安装前对板侧边进行切割时，注意切边光滑顺直，不得有毛边、裂纹、缺角等情况发生，保证碰角成线。

④密封胶凹角

当采用密封胶对阳角进行密封施工时，角线两侧内角预留 1mm 缝，两侧缝深为 $b+1mm$，便于密封胶穿过板体进入缝内以保证胶体贴结牢靠。当需要对板体进行切割时，切割侧边不得碰角边。

⑤90°碰角

90°碰角安装施工与湿贴法相同，由于本工艺最终效果不美观，一般不采用。

（2）阴角处理

与湿贴法相同，留缝 1mm。

（3）切割板体

切割板体应固定在操作台上，利用切割机切割（含 45°侧边），严禁用手持式切割机切割，以保证切割质量。切割方法与湿贴法相同，切割或下料之前，应先量好预留长度与位置，画线后上墙复核，再行切割。

（4）预留洞口与柱垛

对于预留洞口（如管道、开关插座）、柱垛处的晶石板安装，依据大面积墙面施工顺序，正常安装，切割方法与要求同上。如墙垛尺寸过小，不得全部用结构胶安装；用于沉头螺栓固定的连接接点不得少于总量的 50%。

（5）板缝控制

由于板体质量、切割工艺、龙骨平水与标高均可能影响到板缝质量，故在安装过程中，为保证墙面整体性，可通过选板、安装调整等方式，首先保证对缝顺直平整。

①水平横缝

本晶石板安装，其上下两边为对称凹凸形分布，安装插入后下边覆盖上边，故水平缝重点控制板的安装质量。

②垂直竖缝

除非客户要求，所有竖缝均按 1mm 宽度留设，施工时插入 1mm 厚塑料十字卡子。

5.2.8　填缝

填缝前，先检查留缝质量，缝隙中间有无其他填充物，再用抹布将缝中、边上杂物抹除干净，表面干燥。

（1）墙面接缝填缝

所用材料为晶石粉与密封胶，充分搅拌均匀后，即可开始填缝。所选比例为3：7，填缝料需要在搅拌后2h内用完，填缝材料表面氧化，可进行二次搅拌。

利用铁制刮刀，锐角角度，先将填缝料沿水平、45°方向来回刮压，最后垂直收缝，对于缝宽不一致情况，及时修补，确保对缝顺直、颜色一致。

（2）密封胶凹角填缝

所用材料为纯密封胶。直接将胶枪放置在阳角凹槽，固定锐角角度，承压力不变，慢速将密封胶填涂在阳角凹槽内，填充量不得少于凹槽体积的50%，再利用特制抽缝工具从顶至底一次性抽缝完毕，清除多余胶体。

5.2.9 验收

按现行国家标准《建筑装饰装修工程施工质量验收规范》(GB50210)执行。

6 材料与设备

6.1 材料（表3）

表3 材料表

序号	名称	规格型号（mm）	备注
1	晶石板	5×400×800　6×400×800 6×400×1200　7×400×800 7×400×1200	备选，图案花色、线条可定制
2	特制龙骨	3000×55×10	
3	木楔	$\phi 10$, L=30	
4	扣件	标准扣件	不锈钢
5	钢钉	25/30/38	镀锌
6	结构胶	995硅酮	590mL
7	密封胶	中性硅酮	
8	晶石粉		粉末，厂家提供，做缝配胶所用

6.2 设备（表4）

表4 主要设备工具表

序号	名称	规格型号（mm）	备注
1	木工工作台	2400×1200	自制
2	切割机		
3	手持式电钻		
4	美工刀		
5	红外线控线仪		
6	阴阳角尺	(−5, 10)	
7	橡皮锤		
8	靠尺、塞尺	JZC2, 100A17	
9	做缝器		自制
10	游标卡尺	150	
11	打胶枪		
12	锯齿抹刀		

7 质量控制

7.1 材料质量

7.1.1 晶石板

（1）晶石板表面质量：平整、边缘整齐、不应有污垢、裂纹、缺角、翘曲、起皮、色差、图案不完整情况发生。

（2）尺寸偏差：用游标卡尺或直钢尺测板的长度、宽度及厚度（国标：指每块板 4 个边长平均尺寸与工作尺寸的偏差）偏差 ≤ ±0.6%。

（3）材料进场检验过程中，发现质量不合格，及时予以退场，在标准允许偏差内接收。施工过程中，正式安装前对每块板进行检测，对于个别有瑕疵的板，尽量用于边角或切割后使用，不得影响整体质量。

7.1.2 龙骨及木楔

（1）龙骨表面光滑顺直，规格一致，不得有变形、翘曲、扭曲及节疤情况发生，必须使用经工厂防腐处理的合格产品，如使用普通松木或杉木龙骨，必须严格按要求进行防腐处理。

（2）龙骨规格符合设计要求，用游标卡尺检测宽厚不得超过设计要求的 1%。

（3）所用木楔要求与龙骨同等材质，规格合格。

7.1.3 胶

（1）结构胶按现行国家标准《建筑密封材料试验方法》（GB/T13477）进行验收，开箱时检查检验报告。

（2）密封胶按现行国家标准《硅酮建筑密封胶》（GB/T14683）进行验收，合格证存档。

7.2 施工质量

（1）龙骨安装后标高、尺寸、位置、与结构基层固定方式应符合设计要求。钢钉须经防锈处理，连接牢靠，龙骨接触面的结构基层（混凝土、砌体工程）强度达 100% 方可进行龙骨安装，龙骨内如有电线，水管等预理，应符合相应标准要求。

（2）晶石板材料的材质、品种、规格、图案和颜色应符合设计要求。接缝应按要求进行板缝处理。接缝应均匀一致，角缝应吻合，表面应平整、无翘曲、锤印。

（3）晶石板上的开关、灯具、管道等设备的位置应合理、美观，与板的交接应吻合、严密。

7.3 按现行国家标准《建筑装饰装修工程施工质量验收规范》（GB50210）中饰面板安装工程相关要求验收。

8 安全措施

本工法涉及到的安全隐患主要来源于电动工具操作，施工时应遵守以下规定：

（1）施工前，操作人员熟悉总包单位施工项目部及现场相关情况，技术人员对作业人员进行安全交底，树立"安全施工，预防为主"的安全意识。

（2）安装作业现场各种工机具建立台账，安排专人保管，完善机具领用与管理手续，使用前检查机具状况，必要时试机检查，不合格或状况不好的机具，不得领用或出场。

（3）按标准要求设立专用开关箱，配套各级安全防护装置，电线架设、用材合格。潮湿环境下作业时，必须使用绝缘电动工具，并配带绝缘手套与绝缘靴。

（4）相关机具使用前，先行空载试运行，通过听音、观看等常规方法，检查并确认机具性能良好后，方可正式使用。

（5）安装施工时，不得用手直接接触刃具与钻花，发现其有磨钝、破损情况时，立即断电停机修整更换，然后再行作业。

（6）使用手持式电钻作业时，要求符合以下有关规定：

①打孔时先将钻头抵在工作表面，然后通电开机，用力均匀适中，方向尽量做到一致；电机转速

发生变化，应及时停机调整检查。

②电钻作业过程中，重点避免钻花伤及墙面结构如钢筋（含保护层）。

③注意检查工具温度，温度过高应及时停机休息，不得连续长时间作业。

（7）使用切割机时应符合下列要求：

①所有切割过程必须按要求在操作台上进行，操作台上将切割机先行固定，并检查安装牢固情况及设备是否水平、角度是否合适。

②安装施工时应防止杂物、粉尘混入电动机内，注意电器防火。

③切割过程中用力应均匀适当，推进刀片时不得用力过猛。当发生刀片卡死时，应立即停机，慢慢退出刀片，必要时应在重新对正后方可再切割。

（8）进入施工现场，必须正确配戴安全帽，服从总包方现场专职安全人员指挥与管理。

9　环保措施

（1）严格执行《建筑施工现场环境与卫生标准》施工，安排专人进行文明卫生施工检查，对操作人员进行环保施工教育、培训交底，施工过程中加强检查监督。

（2）进场材料分区域整齐码放，现场工作台干净有序。

（3）对现场切割过程中产生的晶石粉末、空胶瓶，每天下班时认真清理，废弃物按照分类收集，做到工完料清，场地干净。

（4）切割、安装过程中，加强噪声控制，最大程度减少扰民。

（5）现场严禁焚烧各种杂物与垃圾，定时洒水防止粉尘。

（6）合理预排，利用余料，没有用完的长度大于 30mm 龙骨或大于 2/1 板，应集中回收，继续利用。

10　效益分析

10.1　技术效益

本工法根据现场结构层实体质量，可实现自结构层直接进入墙面面层施工工序，在此基础上结合客户要求，满足墙面个性化、艺术性与整体性施工要求。

10.2　经济效益

采用本工法施工，减少了找平层施工环节，在降低施工成本，缩短施工工期的情况下，提高了房屋得房率。与传统湿贴法相比较，可降低成本 10%～15%，施工工期缩短一半，房屋净面积将增加 2% 左右，具有较高的经济效益。

10.3　环境效益

应用本工法，由于施工快速，噪声低，减少了对周边环境的影响。维修方便，在进行个别破损板体维修时，只需要按顺序拆除，避免了湿贴法砌砖导致周围空鼓情况的发生。墙面板拆除，可进行二次利用与回收，同时省略了湿作业施工过程，减少了资源浪费。

10.4　社会效益

在满足墙面装修个性化需求的基础上，对工人操作技术要求不高，普通工人经过简单培训即可上岗，工效高，工期短。通过实例施工，经相关方验收，评价良好。

11　应用实例

11.1　阳光 100 国际新城二期墙面改造工程

长沙阳光 100 国际新城二期，位于长沙市岳麓区，高档住宅小区，小高层，建筑面积共 12 万 m²。前期所有公用部分内墙面（大厅、电梯前室）均采用湿贴法粘贴 400mm×800mm 瓷砖，投入使用三年后，发生大面积空鼓、落壳等情况，在影响整体美观的同时，带来大量安全隐患。采用晶石板按本工法施工，内墙面积约 9000m²，在尽量不影响住户生活的情况下，8 人 20 d 即完成全部公用部分整体内墙面的改造施工，得到物业公司及全部住户的一致好评，取得良好的经济效益与社会效益。

11.2　兴康·仁和家园

兴康·仁和家园，位于长沙市天心区，建筑面积 6 万 m²，所有公用部分内墙面面积约 5000m²，采用 6mm×600mm×1200mm 晶石板施工，完工后一次性验收合格，深受好评。

11.3　银天·长兴湖壹号入户大堂

银天·长兴湖壹号是浏阳首家湖居大宅，位于浏阳锦程大道长兴湖公园旁，项目规模 156256m²，一号栋入户大堂 218m²、二号楼入户大堂 238m²，墙面采用龙骨找平，6mm×600mm×1200mm 晶石板施工，施工完成后得到了开发商高度认可，不仅节约成本、人工，而且提前完成了施工。经验收，工程质量达到了开发商要求，赢得了信赖，为双方今后的合作奠定了基础。2016 年 8 月 1 日盛大开盘，现场吸引了数百名浏阳市市民参观，入户大堂的墙面与背景墙深受好评。

单元式裂纹陶土板幕墙施工工法

罗　能　廖伟兰　戴　雄　刘立明　吴智敏

湖南省第六工程有限公司

摘　要：裂纹陶土板幕墙的单元板规格多且形状不规则，在工厂加工组装难度大且运输不便。本工法采用定制组合式螺栓连接中空陶土板、铝单板和龙骨，即墙面前置预埋件并焊接转接件，主龙骨与转接件用螺栓连接；根据幕墙设计图纸对每一个单元板块放样编号，将单元板龙骨、陶土板、铝单板下料裁切成型，再用定制的铝条和螺栓将它们组装成单元板块；用塔吊将组装好的单元板块运送至工作面，通过挂件系统与主龙骨连接，各单元板块由下往上依次安装。该工法改变了幕墙依赖外架的施工方法，减少劳动强度、安装速度快、节省工期。

关键词：陶土板；不规则裂纹；单元式；开放式；幕墙

1　前言

　　陶土板具有绿色环保、无辐射、节能、耐久、色泽温和、无光污染等特点，近几年在国内得到了推广和应用。裂纹陶土板幕墙，是通过多个基本单元板按规律循环拼接形成无规律的自然裂纹。常规的单元板是在工厂加工组装后再运至现场安装，但裂纹陶土板幕墙的单元板规格多且形状不规则，在工厂加工组装难度大且运输不便。为此，我公司对原有陶土板幕墙施工技术进行了改进和创新，将带侧板的不规则单元板块在施工现场组装后再运输和吊装。该工法成功应用于湖南省美术馆及文艺家之家项目。

2　工法特点

　　（1）本工法将陶土板单元板块在现场加工棚组装好再进行运输和吊装，改变了幕墙依赖外架的施工方法，安装速度快，减少劳动强度，节省工期。

　　（2）本工法采用定制组合式螺栓连接中空陶土板、铝单板和龙骨，保证了幕墙的平整度，减少返工。

　　（3）陶土板幕墙由8个带侧板的基本单元板块按规律循环安装而成，使立面有节奏感和韵律感，每个单元板块的形状都不相同，拼装板缝形成了幕墙的不规则裂纹效果，板缝再安装灯带，具备很高的观赏效果。

3　适用范围

　　本工法适用于单元式中空陶土板幕墙等外墙成品空心块材的安装施工。

4　工艺原理

　　墙面前置预埋件，在预埋件上焊接转接件，主龙骨与转接件用螺栓连接。根据幕墙设计图纸，对每一个单元板块放样编号、深化图纸，然后将单元板龙骨、陶土板、铝单板下料裁切成型，再用定制的铝条和螺栓将它们组装成单元板块。用塔吊将组装好的单元板块运送至工作面，用电动葫芦吊装就位安装。单元板块通过挂件系统与主龙骨连接，各个幕墙单元的单元板块由下往上依次安装，形成具有保温、防水、饰面等功能的复合型幕墙。

5　施工工艺流程及操作要点

5.1　工艺流程

　　施工准备→埋设墙面预埋件→主龙骨定位放线→安装转接件、主龙骨→安装岩棉板→防雷安装和验收→安装挂座→单元板块制作和组装→单元板块运输和吊运→单元板块调试和固定→板块拼缝处打胶、清理。

5.2 操作要点

5.2.1 施工准备

（1）购置设备和工具，包括石材切割机和倒角机，焊机、手电钻、扳手等配套小工具。订购陶土板、铝单板、型钢和辅件。

（2）制作单元板块拼装定位、焊接、钻孔、运输用的操作平台。

（3）制作钻孔定位用的钢模。

5.2.2 埋设墙面预埋件

（1）幕墙与主体结构连接的预埋件，应在主体结构施工时按设计要求埋设。

（2）预埋件在埋设过程中要紧贴模板，以多轴线定位进行埋设。预埋件相对轴线偏差不应大于20mm，标高偏差不应大于20mm。

（3）预埋件埋设好以后，在浇捣混凝土时，要注意保护预埋件。

5.2.3 主龙骨定位放线

（1）依据主体结构测量的基准点，建立幕墙控制网，确定主龙骨线。

（2）测量主体结构的预埋件偏差，修改后复测。

5.2.4 安装转接件、主龙骨

转接件进行三维空间定位后，先对转接件与预埋件进行点焊固定，待位置核对后再进行转接件的满焊固定。主龙骨与转接件用不锈钢螺栓连接。安装好的转接件要进行防腐处理。

5.2.5 安装岩棉板

（1）岩棉板尺寸1000mm×600mm×60mm，用黏结剂粘贴在墙上，带锡箔面朝外。

（2）岩棉板安装时，应拼缝密实，不留间隙，上下应错缝搭接。

（3）岩棉板用塑料膨胀螺栓固定在混凝土墙上，1m² 为 6 ～ 7 个，四角和临边的地方都要有膨胀螺栓固定。

5.2.6 防雷安装和验收

按设计图样安装避雷导通线。进行防雷验收。

5.2.7 安装挂座

（1）挂座与钢立柱焊接连接。焊接前先找准挂座安装位置，待通过测量校核调整进出位及左右位偏差后方能进行满焊固定。

（2）按照挂座的安装精度调整挂座的位置，偏差控制在其允许偏差范围内。

5.2.8 单元板块制作和组装

（1）施工流程

陶土板放样、编号→陶土板和单元板龙骨下料、裁切成型→陶土板、铝单板、单元板龙骨钻孔→单元板块组装。

（2）陶土板放样、编号

根据现场实际尺寸整体统筹排板，根据板面每个单元组件统一编号，再将每个单元组件的骨架、铝单板、面层陶土板细分。将陶土板在操作平台上铺好，按排板图放样、编号（图1）。

（3）陶土板和单元板龙骨下料、裁切成型

①单元板用石材切割机裁切，龙骨用等离子切割机裁切，铝单板按单元板尺寸在厂家定制（见图2）。

②单元板龙骨先裁切好中间的分隔条，然后将分隔条焊接到与幕墙同高的竖向单元板龙骨上，再按单元板块尺寸分断裁切竖向的单元板龙骨，以便控制幕墙整体高度的误差（图3）。

（4）陶土板、铝单板、单元板龙骨钻孔

①中空陶土板的孔位布置在陶土板空心位置。裁切好的陶土板在钢架大型板平台上反面铺开，放

置钻孔钢模，用手电钻钻孔，钻透陶土板背板（图4）。

图1　陶土板放样、编号

图2　陶土板裁切

图3　单元板龙骨焊接

图4　陶土板钻孔

②铝单板在钢架平台上铺好，放置钻孔钢模，用手电钻钻孔（图5）。

③陶土板龙骨按图制作成型后，在台式钻机前摆好，将相对应的单元块钢模铺上去。钻孔时先钻第一个孔，然后用螺栓固定，依次固定三个点之后，再把所有孔位钻完。

（5）单元板块组装

①把陶土板按照图纸布局用密封胶定位在钢架大型平台上，对应孔位穿上定制螺栓配套的铝条，并装好螺杆（图6、图7）。

图5　铝单板钻孔

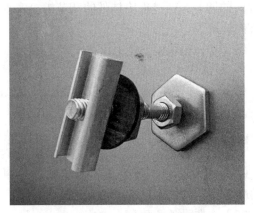

图6　陶土板定制组合式螺栓

②将钻好孔的铝单板单元块铺在陶土板上，装上两个调节螺母与胶垫。

③把陶土板龙骨放在铝单板上，用螺帽固定，拧动调节螺母进行组装板面调试。

④铝合金挂件通过螺栓安装在单元板龙骨上。组装好的单元板（图8）。

图7 陶土板螺栓安装节点

图8 组装好的单元板

⑤单元板块组装好进行预拼装。

5.2.9 单元式板块吊装

计算单元板块重量，根据计算结果确定塔吊或汽车吊的型号。在屋面安装吊篮，采用吊篮将安装人员运送至工作面。单元板人工抬放到吊装钢架平台上焊接吊耳，通过塔吊或汽车吊吊运至工作面，可用电动葫芦辅助就位。板块起吊后，施工人员将预先拴在板块底部的牵引绳拉紧，吊运到安装位置后，吊篮中的安装施工人员须将板块扶住，使板块装饰面向外进行就位安装。单元板块的下行过程由板块吊装指挥人员负责指挥，并确保有人员监控，防止板块在风力作用下与楼体发生碰撞。板块就位至距离挂座位置300mm左右进行左右、上下方向的对接。在左右方向对接完成后，控制左右接缝尺寸将板块继续下行。由安装人员借助操作平台负责单元体挂件与挂座的对接和上、下两单元板块的插接。每层板块单元上下左右对拼时，铝单板缝隙要满足设计要求。

5.2.10 单元板块调试和固定

确认单元板块的挂点，左右插接，上、下插接都已安装到位后，拆除吊具，进行板块调整。

借助水平仪通过调节螺栓，实现板块高度方向的微调，并且对单元板块的左右接缝进行校验微调。调整完毕后将连接挂件与支座锁紧。

通过连接件长条孔和挂座上长圆孔实现进出位及水平位方向的调节，通过板块挂件的调节螺栓实现单元板块垂直方向的调节。

各个单元板块由下往上依次安装（图9）。

图9 裂纹陶土板幕墙安装完成效果图

5.2.11 板块拼缝处打胶、清理

铝单板拼装缝隙插入EPDM胶条，然后用耐候胶密封。

6 材料与设备

（1）主要材料：陶土板、铝单板、热镀锌H型钢、热镀锌角钢、辅件（螺栓、胶垫、挂件、EPDM胶条、耐候密封胶等）。

（2）主要设备（表1）

表1 主要机械设备表

序号	名称	参考数量	参考型号
1	汽车吊	1	QY80VF532
2	三相卷扬机	2	PA200-25m
3	二相电动葫芦	5	PA200-25m
4	电焊机	18	ZX7-250
5	手电钻	30	J1Z-FF-10A
6	电锤	5	9926-1B
7	手磨机	15	S1M-HS1-100
8	等离子切割机	4	LGK8-100H
9	空气压缩机	3	KA30
10	铝材切割机	2	G355155
11	手提式液压冲孔机	2	BE-MHP-20 型
13	大型石材切割机	1	SZQJ-600
14	大型石材切角机	1	YE2-160M1-2
15	台钻	2	Z516
16	磁吸钻	1	MAB800

7 质量控制

7.1 质量标准

《金属与石材幕墙工程技术规范》(JGJ 133—2001);《建筑幕墙用陶板》(JG/T 324—2011);《钢结构焊接规范》(GB 50661—2011)。

7.2 质量保障措施

(1)施工测量是整个幕墙施工的基础工作,直接影响着幕墙的安装质量,因此必须努力提高测量放线的精度。(2)预埋件进行埋设时,对埋设部位进行全面检查、校正,对不合格或尺寸误差较大的位置予以调整,以保证预埋质量。(3)转接件的安装位置准确,幕墙外表面的平整度是依靠连接件的安装精度和幕墙组件构造厚度的精度来保证的。(4)单元板块安装前仔细检查板块质量。(5)陶土板幕墙施工进行全过程质量控制,验收贯穿整个安装过程。

8 安全措施

(1)本工法执行国家、省、市、公司制定的施工现场及专业工种各种安全技术操作规程;包括国家"两规一标"即《建筑机械使用安全技术规程》(JGJ33)、《建筑施工安全检查标准》(JGJ59)、《建筑施工高处作业安全技术规范》(JGJ 80—2016)、《高处作业吊篮安装、拆卸、使用技术规程》(JB/T 11699—2013)和《职业健康安全管理体系标准》(GB/T 28001)等。

(2)编制吊篮施工方案。

(3)板块吊装前,认真检查各起重设备的可靠性,安装方式的正确性,特别要注意卷扬机和电葫芦的电控设备,当发生意外时可急停,并自动断电,保证安全吊装。

(4)吊装人员都应谨慎操作,严防板块失控和碰伤情况发生。

(5)吊装工作属临边作业,操作者必须系好安全带,所使用工具必须系绳防止坠物情况发生。

(6)在恶劣天气,如大雨、大雾和4级以上大风天气,不能进行吊装工作。

9 环保措施

(1)降低施工噪声措施

施工现场应遵守《建筑施工场界噪声排放标准》(GB12523),制定降噪制度。使用高效、低噪声的电动工具。产生强噪声的成品，半成品加工、制作，尽量放在工厂、车间完成，减少因施工现场加工制作产生的噪声。

（2）垃圾控制措施

施工期间产生的废钢材、铝材、陶土板等固体废料应予回收利用。垃圾应分类定点堆放，分类处理。

10　效益分析

（1）本工法将幕墙单元块的制作和组装工作安排在加工棚完成，不仅方便作业人员操作，充分发挥技能，有效提高施工质量和安装精度，提高幕墙及建筑的观感和使用品质，还减少了原材料浪费，避免不必要的返工损失及安全风险，也有利于后期维护，具有良好的经济的社会效益。

（2）本工法单元板块在现场进行加工预拼装后再吊运至工作面，安装不依赖外架，可以加快施工的进度，缩短工期；也减少了二次搬运的费用和损耗，节约了管理成本。

11　应用实例

湖南省美术馆及文艺家之家项目于 2015 年 10 月开工，2017 年 12 月竣工。项目位于位于湖南省长沙市岳麓区潇湘中路后湖景区，为多层建筑，总建筑面积 30995.9 m²，为框架－剪力墙结构，基础形式为管桩基础和筏板基础。本工程 +0.000 以下设置整体负一层，+0.000 以上由美术馆与文艺家之家组成，美术馆包含 2 个单体，地下 1 层，地上 3 层，文艺家之家地下 1 层，地上 4 层。其中，美术馆、文艺家之家局部采用白色裂纹陶土板幕墙，幕墙最高 29.5 m。幕墙主要材料：中空陶土板厚 30mm、铝合金挂件连接系统、定制不锈钢组合式螺栓，主龙骨采用热镀锌（外露部位外加氟碳喷涂）H 型钢、单元板龙骨采用热镀锌（外露部位外加氟碳喷涂）角钢、背衬厚 2mm 铝单板，耐候胶密封。幕墙共有 8 个陶土板单元块，单元块最大面积是 4.64m²，单块最大质量 500kg，本项目约 5080m² 幕墙采用本工法施工，提高了幕墙的施工质量，保证了幕墙的安装精度，节约管理成本约 15 万元，使幕墙在保证建筑立面要求的前提下，具有优良的气密性、水密性、抗风压变形、平面变形能力，而且达到了较高的环保节能要求，充分展示了现代幕墙的建筑艺术。

仿古建筑全砖地面细墁施工工法

戴　雄　胡泽翔　朱文峰　赵　斌　唐培培

湖南省第六工程有限公司

摘　要： 仿古建筑在铺设青砖地面施工时，可在现场对青砖进行砍磨加工，使青砖铺贴后的砖缝呈条形漏斗状扩大头，砖加工后按照设计铺贴，砖间缝隙为 2mm；地面青砖铺贴完成后，通过二次灌浆，将砖间缝隙填充饱满，使其黏结牢固，进而达到了细墁施工工艺的精细化、规范化，地面不仅满足承载要求，还具有非常好的装饰效果且经久耐用。

关键词： 仿古建筑；细墁；全砖地面；青砖

1　前言

　　仿古建筑中地面通常全部铺砖，铺砖的工艺有细墁、粗墁之分，其效果各不相同。细墁施工即通过一定的技术措施使铺砖的工艺精细化、规范化，使地面除满足承载要求外，还具有非常好的装饰效果且经久耐用。

　　以汨罗市屈子书院项目为例，结合工程实践经验，总结仿古建筑室内外细墁砖地面的施工技术，特编制此工法。

2　工法特点

　　（1）本工法为仿古建筑全砖地面细墁施工总结了一套可行的、易于操作的整体施工工艺，可提高施工效率，节约施工工期。

　　（2）根据场地实际尺寸进行排布优化，对青砖石材进行现场砍磨加工，使细墁地面一次成优，提高了材料使用率，降低了工程造价。

　　（3）本工法采用古建筑青砖石材地面"揭趟浇浆""墁水活""钻生桐油"等传统施工技术，可显著提高青砖地面工程质量。

3　适用范围

　　本工法适用于仿古建筑的青砖地面施工。

4　工艺原理

　　（1）细墁地面使用的青砖经过现场砍磨加工，使青砖铺贴后的砖缝呈条形漏斗状扩大头，砖加工后按照设计铺贴，砖间缝隙为 2mm。

　　（2）地面青砖铺贴完成后，通过二次灌浆，将砖间缝隙填充饱满，使青砖黏结牢固（图 2）。

5　工艺流程和操作要点

5.1　工艺流程

　　垫层处理→抄平、弹线→冲趟→样趟→揭趟、浇浆→上缝→灌浆→铲齿缝→刹趟→打点→墁水活→钻生桐油→呛生。

5.2　操作要点

5.2.1　垫层处理

　　采用 50mm 厚中砂作为垫层，垫层必须夯实，挂通线检查平整度，对局部凹凸处要补土或铲平。

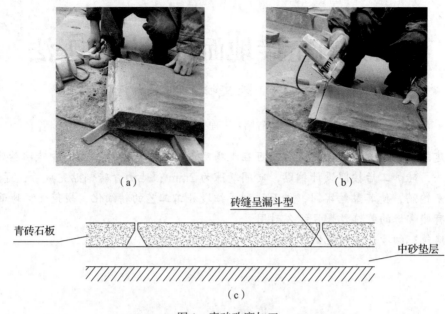

（a）　　　　　　　　　　　　　（b）

（c）

图1　青砖砍磨加工

图2　砖间二次灌浆

5.2.2　抄平、弹线

按设计标高抄平，室内地面可在各面墙上弹出墨线，室外地面应钉木桩，弹出平线，控制地面高低。

5.2.3　冲趟

在两端拴好拽线并各墁一趟砖，即为"冲趟"。室内墁地应在室内正中再冲一趟，室外大面积铺墁时可冲数趟。

5.2.4　样趟

在两道拽线之间拴一道卧线，以卧线为准，铺灰泥墁砖。注意铺灰泥不要抹得太平、太足，应打成"鸡窝泥"，砖应平顺，砖缝应严密。

5.2.5　揭趟、浇浆

将已墁好的砖揭下来逐一打号，再墁时对号入座。灰泥的低洼处可作必要补垫，然后在灰泥上浇洒上白灰浆。浇浆时要从每块砖的右手位置沿对角线向左上方浇洒。

5.2.6　上缝

用"木宝剑"在砖的里口砖棱处抹上玻璃腻子。为确保玻璃腻子能粘住（不"断条"），砖的两肋要用棕刷沾水刷湿，必要时可使用矾水刷砖棱。但应注意刷水的位置要稍靠下方，不要刷到棱上。挂完玻璃腻子后，把砖重新墁好。然后手执墩锤，木柄朝下，以木柄在砖上连续的戳动前进即为"上缝"。墩的过程中要将砖"叫"平、"叫"实，缝要严实，砖棱应跟线。

5.2.7　灌浆

用细沙和水泥搅拌成灰浆。在已经墁好完成的地面，用壶将装好灰浆从上往下浇灌，每次不能浇灌太急，要等砖缝完全吸收以后再进行第二次进行灌浆，直到砖缝灌满为止。

5.2.8　铲齿缝

铲齿缝又叫墁干活，用竹片将表面多余的玻璃腻子铲掉，即"起玻璃腻子"。然后用磨头或砍砖工具（斧子）将砖与砖之间的凸起部分（相邻砖高低差）磨平或铲平。

5.2.9　刹趟

以卧线为标准，检查砖棱，如有凸出，要用磨头磨平，以后每墁一趟砖，都要如此操作。

5.2.10　打点

铺墁完成后要及时打点地面，把砖面上的砂眼、残缺用砖药打点补齐、补平。

5.2.11　墁水活

打点完成后将地面全部检查一遍，如有凹凸不平，要用磨头沾水磨平，之后应将地面全部沾水揉磨一遍，最后把表面的灰泥擦干净。

5.2.12　钻生桐油

地面完全干透后，在地面上倒上生桐油，油的厚度 30mm 左右。钻生桐油时要用灰耙来回推搂。钻生桐油的时间因具体情况可长可短，重要的建筑物应让面砖吃油到饱和为止，次要的一般建筑可酌情减少浸泡时间。当浸泡适宜时要起油，将多余的桐油用厚牛皮等物刮去。

5.2.13　呛生

呛生也叫守生，把生石灰中掺入青灰面，拌和后的颜色以近似砖色为宜，撒在地面上，厚约 30mm 左右，停 2～3d 后，即可刮去。呛生后应扫净地面浮灰，并用软布反复揉护地面。

6　材料与设备

6.1　材料

（1）砂：中砂平均粒径为 0.35～0.5mm，细砂平均粒径为 0.25～0.35mm，洁净无有机杂质，含泥量不大于 3%。

（2）青砖石材：表面平整、未开裂的青砖，表面色泽黛青光滑，敲之有声，断之无孔；规格为 600mm×600mm×60mm 和 400mm×400mm×40mm，并且外观检查无色差、无缺棱、掉角，材料的强度、平整度、外形尺寸等应符合国家标准或行业标准。

（3）水泥：强度等级不低于 42.5 级普通硅酸盐水泥、矿渣硅酸盐水泥，或强度不低于 32.5 级复合硅酸盐水泥。

（4）胶水：采用 801 胶水，有质量证明书，符合环保要求。

（5）玻璃腻子：延展度为 55～66mm，手感柔软、有拉力、不泛油、不粘手，外观呈灰白色和黄色稠塑性的固体膏状，并且有合格证书。

（6）桐油：澄清、透明，杂质小于 0.20% 的液体，并且有质量证明书。

6.2　工具和设备（表 1）

表 1　工具和设备

序号	工具设备名称	规格型号	单位	数量
1	切割机	J3G400 型	台	1
2	电动打磨机	MSh635	台	5
3	墩锤	/	个	10
4	竹片	3m 长	捆	20
5	水准仪	苏州一光	台	2
6	靠尺	/	个	10

续表

序号	工具设备名称	规格型号	单位	数量
7	钢尺	/	个	20
8	扫帚	/	个	10
9	手推车	/	台	5
10	平铁锹	/	个	20
11	线绳	/	米	50
12	墨斗	/	个	10
13	錾子	/	个	5
14	刨子	/	个	20

7 质量控制

（1）质保资料齐全：青砖、中砂、成品玻璃腻子、胶水等有合格证、质保书；水泥有质保书和复试报告。

（2）青砖表面应洁净、色泽一致，无裂纹、掉角和缺棱等缺陷。

（3）基层必须坚实，灰泥结合层的厚度符合施工规范或古建筑常规做法。

（4）青砖石材与预埋的管道、预埋的地插座等应严密牢固，无渗漏等现象。

（5）面层与下一层应结合牢固，无空鼓，结合层应密实，结合层的厚度应一致。

（6）青砖及完成的砖墁地面的允许偏差及检查方法见表2。

表2 砖墁地面的允许偏差及检查方法

序号	项目		允许偏差（mm）			检验方法
			细墁	粗墁		
				室内	室外	
1	每块对角线		1	1.5	2	用尺量检查
2	每块平面尺寸		0.5	1.5	2	用尺量检查
3	缝格平直		3	5	6	拉5m线，不足5m拉通线，用尺量检查
4	表面平整度	青砖	2	5	7	用2m靠尺或楔形塞尺检查
		水泥方砖	3			
5	灰缝宽度	细墁2mm	±1.0	—	—	抽查经观察测定的最大偏差处，用尺量检查
		粗墁5mm	—	1.0～2.0	3.0～5.0	
6	接缝高低差	青砖	0.5	2	3	用楔形塞尺检查相邻处

（7）成品保护

①在面层施工过程中，如有其他工序插入作业，应对完成的青砖细墁地面，铺覆盖物加以保护。

②合理地安排施工顺序，水电、设备安装应提前完成。

③油漆等施工时，应铺覆盖物对青砖面层加以保护，防止受污染。

④在已铺贴好的面层上工作时，严禁钢材、铁件等重物在地面上乱扔、乱砸。

⑤在完工后的地面，如无人施工，应把封闭房间，防止他人破坏。

⑥运输到现场的青砖，应加以覆盖，防止雨淋等。

8 安全措施

（1）本工法执行国家、省、市、公司制定的施工现场及专业工种各种安全技术操作规程，包括国家"两规一标"即《建筑机械使用安全技术规程》(JGJ33)、《建筑施工安全检查标准》(JGJ59)和《职业健康安全管理体系标准》(GB/T28001)等。

（2）工人入场前必须经过严格的安全教育考试，考核合格方可上岗，操作前由施工技术人员进行安全技术交底。

（3）机具设备应由专人严格按照操作规程操作。

（4）合理布置现场施工用电，现场用电由电工专人负责，任何人不得随意接线等。现场所有的施工机械在使用之前，由操作人员进行试运行，保持其状态良好，并且对现场机械设备等，定期进行检查、保养维护。施工机械操作人员，应持证上岗。

（5）现场建立消防制度，并设置消防器材。消防器材应布置合理，并保证完好，使用方便。同时对所有的施工人员进行消防教育，并配备兼职消防员。

9　环保措施

（1）施工现场设置专人负责对工作区的垃圾等进行收集、归堆、整理、清扫等，运至指定地点堆放，由专业单位清运处理。项目部每日安排专人对所有工作区，进行检查，发现有未按照要求施工的，及时安排相关人员整改。

（2）项目部安排专人负责场内、外清洁及现场卫生管理工作，并每日检查验收，确保符合文明工地的管理要求。

（3）严格控制人为噪声：施工车辆进入现场严禁鸣笛，并慢速行驶，施工现场有专人负责指挥；各类人员严禁高声喧哗；各类材料轻拿轻放。

（4）在搭设的隔声棚内对青砖进行切割、刨边。操作工人戴耳塞及口罩等个人防护用品，减少噪声、粉尘等污染。

（5）施工现场实行封闭管理，施工区域内外采用砖砌围墙隔离。

（6）编制环境事故应急预案，配备应急设备和物质，对人员进行环境事故应急教育培训，并组织环境事故应急预案演练。

（7）清理的楼层垃圾，严禁从阳台向下投掷，以免污染环境。

（8）定期对施工现场的噪声进行监测，超标时及时采取措施。

10　效益分析

（1）为仿古建筑全砖地面细墁施工提供了科学的思路和施工方法，便于施工，增强了青砖间的黏结力，提高铺砖地面的耐久性，延长建筑物使用寿命，降低维修成本。

（2）挖掘、发扬、继承了我国的古典传统技法，使仿古建筑更加具有古典风韵。取得了良好的社会效益，赢得了一致好评。

11　应用实例

屈子书院一期工程，该工程位于湖南省汨罗市屈子文化园景区内。一期工程分为A、B、C三个院落，共19个建筑单体，5组连廊和1个牌坊（构筑物），总建筑面积为4355.6 m²。

其中，沅湘殿、独醒楼室内及檐下外廊（600mm×600mm×60mm）青砖正交对缝铺砌；其余建筑室内及檐下外廊（400mm×400mm×40mm）青砖正交对缝铺砌；大门东西后廊、展厅东廊、清烈堂南廊及庭院走廊（400mm×400mm×40mm）青砖错缝铺砌。

仿古建筑双面清水青砖墙施工工法

戴　雄　胡泽翔　朱文峰　曹　峰

湖南省第六工程有限公司

摘　要：青砖墙通常为清水墙，可免去装饰环节，但其外观质量要求高、砖缝要求美观，故青砖的排布非常重要。本工法提出梅花丁组砌方式，每皮中丁砖与顺砖相隔，上皮丁砖坐中于下皮顺砖，上下皮间竖缝相互错开1/4砖长，使墙体内外两面排布一致，后期通过修缝勾缝形成双面清水墙。该工法可使施工规范化、程序化，工艺流程清晰，易于掌握，能有效提高质量和工效。

关键词：双面清水墙；仿古建筑；青砖墙；梅花丁组砌

1　前言

青砖给人以素雅、沉稳、古朴、宁静的美感，仿古建筑中常用青砖作为砌体工程的原材料。青砖墙通常为清水墙，可免去装饰环节，其外观质量要求高、砖缝要求美观，本工法提出采用梅花丁组砌方式将青砖墙体砌筑成为双面清水墙的形式。

2　工法特点

（1）本工法为仿古建筑中双面清水青砖墙的施工提供了一种可行的、成熟的、易于操作的方法。

（2）本工法可使施工规范化、程序化，工艺流程清晰，操作者和管理者易于掌握，能有效提升质量，提高工效，使青砖墙达到双面清水的效果。

3　适用范围

本工法适用于仿古建筑中双面清水青砖墙的施工。

4　工艺原理

青砖尺寸为360mm×177mm×65mm，要使砌筑后的墙体达到双面清水的效果，则清水墙中青砖的排布很重要。本工法提出梅花丁组砌方式，每皮中丁砖与顺砖相隔，上皮丁砖坐中于下皮顺砖，上下皮间竖缝相互错开1/4砖长，从而使墙体内外两个面的排布一致，再通过后期的修缝勾缝形成美观的双面清水墙。

5　施工工艺流程及操作要点

5.1　施工工艺流程

施工准备→青砖打磨→干摆底砖→立皮数杆→砌筑→修缝→勾缝→表面泛碱综合防治。

5.2　操作要点

5.2.1　施工准备

（1）施工人员准备。在公司内择优调集精干、有仿古建筑砌体施工经验的劳务队进场。

（2）材料准备。将青砖墙所需材料及时购买、调运、堆放到位，所有材料应有质量保证书、合格证和试验检报告，保证使用符合工程设计和质量标准的材料。

（3）做好技术交底。施工前，向班组重点交代任务大小、工期要求、关键工序、交叉配合关系；交代与工程有关的技术规范、操作规程和重点施工部位、细部、节点做法以及质量和技术措施，尤其对砌体的排布进行详细交底，以达到双面清水的效果。

5.2.2　青砖打磨

因青砖在烧制生产及运输过程中使得砖面不平整，要使双面清水墙美观、整齐，在施工之前，需使用云石机将砖面打磨平整，使砖块大小一致。

5.2.3　干摆底砖

（1）砌筑前先根据砖墙位置弹出墙身轴线及边线，并应根据图纸事先规划好预埋的对拉丝杆位置，不得事后打洞，或预留对拉丝杆太少加固不牢。

（2）摆砖：开始砌筑时先要进行摆砖，排出灰缝宽度。第一层砖摆底时，两山墙或相当于山墙位置处排丁砖，前后纵墙排条砖。

（3）砌砖：每皮中丁砖与顺砖相隔，上皮丁砖坐中于下皮顺砖，上下皮间竖缝相互错开1/4砖长。竖缝宜采用挤浆或加浆方法，使其砂浆饱满，严禁用水冲浆灌缝。

图5.2.2　青砖打磨

（4）逐层摆砌：干摆墙要"一层一灌，三层一抹，五层一墩"，即每层都要灌浆，但可隔几层抹一次线，摆砌若干层以后，可适当搁置一段时间再继续摆砌（一般要经过半天）。

（5）打点修理：干摆墙砌完后要进行修理，其中包括墁干活、打点、墁水活和冲水。

5.2.4　立皮数杆

皮数杆上划有每皮砖和灰缝厚度，以及楼面、门窗洞口、过梁、圈梁、楼板、梁底等标高位置。皮数杆应立于墙角、内外墙交接处、楼梯间及墙面变化较多的部位，间距不大于10m。在皮数杆之间拉准线，依准线逐皮砌筑。准线长度不宜过长，过长要在中间设置腰线，以避免下垂和风吹影响。准线采用极细的尼龙线绳张紧，以减少误差。

用水准仪引测的标高值在构造柱钢筋上用红油漆标示出，依标志将皮数杆绑扎在构造柱钢筋上，绑好后由质量检验人员进行全数检验及校准。

5.2.5　砌筑

组砌方式的选择按设计要求。砌筑方法采用"三一"砌砖法，即一铲灰、一块砖、一挤揉的操作方法。砌条砖和砌丁砖，铺灰方向和手使劲的方向是不同的，砌砖时手腕必须根据方向不同而变换。砌的砖必须放平，且不能灰浆半边厚、半边薄，造成砖面倾斜。砌筑中对砖面进行选择。整齐、美观的面要砌在外面。砌好的砖墙面如有鼓肚，不能砸平，必须拆了重砌。

5.2.6　修缝

（1）拉线开缝：通过拉线把游丁偏差大的开补找齐，水平缝不平和瞎缝也要拉线找平。如果砌墙时划线太浅或漏刮的灰缝，用扁钻或瓦刀剔凿出缝子，深度控制在12～14mm之内，并清扫干净。

（2）补缝：对缺棱掉角的砖和游丁的立缝应进行修补，砂浆的颜色必须和砖的颜色一致（补砖时用砖面加水泥，拌成1：2水泥砂浆），抹入缺棱掉角处，表面加砖面压光。

（3）清除墙面黏结的砂浆、泥浆和杂物。

5.2.7　勾缝

采用成品勾缝剂勾缝。确保成型的砖缝光滑密实，具有防止水分侵入的能力，消除砖缝出现微裂缝的现象，增加建筑物耐久性。

（1）勾缝前一天应将砖墙浇水湿润，勾缝时再适量浇水，但不宜太湿。

（2）墙面勾缝应做到横平竖直，深浅一致，搭接平整并压实抹光，不得有丢缝、开裂和黏结不牢等现象。

（3）勾好的水平缝和竖缝要深浅一致，横竖对口，要求密实光滑，交接处要平整，阳角要方正，阴角处不能上下有直通、瞎缝、丢缝的现象。

（4）勾完一处后，用毛刷把墙面清扫干净（一边勾缝、一边清理，防止污染刚刚勾好的墙面），勾完的缝不应有搭槎、毛刺、舌头灰等缺陷。

5.2.8　表面泛碱综合防治

通过对泛碱现象的成因进行分析研究，分别采用降碱法、排碱法、阻碱措施等手段，针对原材料控制、施工控制及泛碱处理三方面因素，从源头控制。

6　材料与设备

6.1　材料

6.1.1　青石砖

规格为 360mm × 177mm × 65mm，采用 MU10 普通黏土青砖，边角整齐，色泽均匀，要有出厂合格证和材料检验报告。

6.1.2　砂浆

M7.5 混合砂浆具有高粘附性，良好的和易性、保水性和强度。中砂过筛，含泥量不大于 5%，稠度为 70 ～ 90mm，分层度不大于 20mm。

6.1.3　水泥：

采用 42.5 普通硅酸盐水泥，有出厂证明，出厂时间不超过三个月，各项性能指标符合要求。

6.2　工具和设备

其主要生产工具及设备详见表 1。

表 1　工具和设备配置表

序号	工具设备名称	规格型号	单位	数量
1	砂浆搅拌机	HL350 型	台	2
2	电动打磨机	MSh635	台	5
3	皮数杆	/	个	10
4	灰斗	/	捆	20
5	灰铲	/	个	20
6	瓦刀	/	个	20
7	勾缝镏子	/	个	10
8	水准仪	苏州一光	台	2
9	靠尺	/	个	10
10	钢尺	/	个	20
11	扫帚	/	个	10
12	手推车	/	台	5
13	线绳	/	米	50
14	墨斗	/	个	10
15	塞尺	/	个	5
16	百格网	/	张	5
17	红蓝铅笔	/	个	50

7　质量控制

7.1　一般规定

（1）用于清水墙、柱表面的砖，应边角整齐，色泽均匀。

（2）砌筑砖砌体时，砖应提前 1 ～ 2d 浇水湿润。

（3）当采用铺浆法砌筑时，铺浆长度不得超过 750mm；施工期间气温超过 30℃时，铺浆长度不得超过 500mm。

（4）砖砌平拱过梁的灰缝应砌成楔形缝。灰缝的宽度，在过梁的底面不应小于 5mm；在过梁的顶面不应大于 15mm。

（5）拱脚下面应伸入墙内不小于 20mm，拱底应有 1% 的起拱。

（6）砖过梁底部的模板，应在灰缝砂浆强度不低于设计强度的 50% 时，方可拆除。

（7）竖向灰缝不得出现透明缝、瞎缝和假缝。

（8）砖砌体施工临时间断处补砌时，必须将接槎处表面清理干净，浇水湿润，并填实砂浆，保持灰缝平直。

（9）砖砌体组砌方法应正确，上、下错缝，内外搭砌，砖柱不得采用包心砌法。

（10）砖砌体的灰缝应横平竖直，厚薄均匀。水平灰缝厚度宜为 10mm，但不应小于 8mm，也不应大于 12mm。

（11）砖砌体的一般尺寸允许偏差应符合表 2 的规定。

表 2 一般尺寸允许偏差

序号	项目		允许偏差（mm）	检验方法	抽检数量
1	基础顶面和楼面标高		±10	用水平仪和尺检查	不应少于 5 处
2	表面平整度	清水墙、柱	2	用 2m 靠尺和楔形塞尺检查	有代表性自然间 10%，但不应少于 3 间，每间不应少于 2 处
3	门窗洞口高、宽（后塞口）		±3	用尺检查	检验批洞口的 10%，且不应少于 5 处
4	外墙上下窗口偏移（全高或 12m 以内）		10	以底层窗口为准，用经纬仪或吊线检查	检验批的 10%，且不应少于 5 处
5	水平灰缝平直度	清水墙	2	拉 10m 线和尺检查	有代表性自然间 10%，但不应少于 3 间，每间不应少于 2 处
6	清水墙游丁走缝（全高或 12m 以内）		2	吊线和尺检查，以每层第一皮砖为准	有代表性自然间 10%，但不应少于 3 间，每间不应少于 2 处

7.2 主控项目

（1）砖和砂浆的强度等级必须符合设计要求。

（2）砌体水平灰缝的砂浆饱满度不得小于 80%。

（3）砖砌体的转角处和交接处应同时砌筑，严禁无可靠措施的内外墙分砌施工。对不能同时砌筑而又必须留置的临时间断处应砌成斜槎，斜槎水平投影长度不应小于高度的 2/3。

（4）砖砌体的位置及垂直度允许偏差应符合表 3 的规定。

表 3

序号	项目			允许偏差（mm）	检验方法
1	轴线位置偏移			8	用经纬仪和尺检查或用其他测量仪器检查
2	垂直度	每层		3	用 2m 托线板检查
		全高	≤10m	8	用经纬仪、吊线和尺检查，或用其他测量仪器检查
			>10m	15	

8 安全措施

（1）本工法实施过程中严格执行《建筑机械使用安全技术规程》（JGJ 33—2012）、《建筑施工安全检查标准》（JGJ 59—2011）和省、市、企业制定的施工现场及专业工种安全技术操作规程。

（2）各工种专业人员严格执行岗位责任制和"三级安全教育"制度，严格按照现场施工技术交底执行，所有人员进入施工现场必须戴好安全帽，高空作业必须系安全带。

（3）各特殊工种专业人员持证上岗，持证应真实、有效并检验审定合格。

（4）施工现场防坠措施：施工人员高处作业必须佩戴好安全带，穿软底胶鞋；严禁酒后作业、带病上岗、夏季施工防中暑晕厥。

（5）脚手架上堆砖不得超过三层（侧放）。翻架时应先将架板上的碎砖等杂物清理干净后再翻架。

（6）墙体边沿施工要注意脚下滑，防止坠落。登高作业一定要检查架子的牢固性，架上操作要注意脚下滑，防止跌落。支撑架要稳固，防止倒塌砸人。

9　环保措施

（1）楼、地面以上脚手架、支模架的支撑须垫木方，以免损坏楼、地面；

（2）用竹胶板和三角铁护角固定在砌好的砖墙阳角处，避免浆车、架管的碰撞；

（3）在砂浆搅拌、运输、使用过程中，遗漏的砂浆应及时回收处理。砂浆搅拌及清洗机械所产生的污水，必须经过沉淀池沉淀后排放。

（4）作业区域垃圾应当天清理完毕，宜统一装袋运输，严禁随意抛掷。

（5）打磨作业区域的机械应进行封闭围护，减少扬尘和噪声排放。

10　效益分析

10.1　经济效益

与用其他材料作外墙装饰相比，清水砖墙可缩短工期约 30d，降低了项目管理费，节约了部分设施、机械的租赁费；其次，清水砖墙减少了外装饰工序，节约了大量的人工费和装饰面砖、水泥砂浆等的材料费；再者清水砖墙耐久性好，后期维修费用低，不存在其他装饰面层易脱落、褪色、泛碱等的质量缺陷。

10.2　社会效益

本工程应用清水砖墙砌筑工法，不仅提高了项目的内在工程质量，而且大大增加了项目的外观质量，使项目成为当地的一道亮丽风景。创新技术及施工质量赢得了建设单位、监理单位以及当地建设行政主管部门的高度赞扬。

该工法在应用的同时也继承并发扬传统的清水砖施工工艺，具有重大意义，对仿古建筑施工、修缮等工程都有非常重要的应用和参考价值。

11　应用实例

屈子书院一期工程位于湖南省汨罗市屈子文化园景区内。一期工程分为 A、B、C 三个院落，共 19 个建筑单体，5 组连廊和 1 个牌坊（构筑物），总建筑面积为 4355.6m²。其中外墙墙体为青砖砌体，均采用双面清水工艺。

本工法在双面清水砖砌体施工过程中，提高了质量和施工效率，并取得了良好的社会效益和经济效益。

内钩式瓷板幕墙施工工法

殷新强　　陈博矜　　刘建宇　　张载舟　　李昕承

湖南六建装饰设计工程有限责任公司

摘　要：为在幕墙装饰装修中实现快速施工、保证质量、降低劳务与管理成本、绿色节能环保等目的，提出了内钩式瓷板幕墙施工工法。即根据现场结构及图纸造型，首先确定墙面瓷板主龙骨完成面与瓷板完成面，对转接件长度进行确定后下单，再将转接件用膨胀螺栓或化学锚栓进行墙面固定；然后将龙骨与转接件连接；进而制作副龙骨，并用自攻螺丝将其与主龙骨连接成型；最后将瓷板挂在副龙骨上。本工法适用于大型空间、大跨度施工，包括曲面空间、超高柱面以及弹性、变形较大结构的墙面施工。

关键词：内钩式；瓷板；幕墙

1　前言

　　我国建筑装饰装修行业发展经历了萌芽期、初步形成期与快速发展期后，已步入稳定发展阶段。人们对建筑装饰装修的施工技术、施工质量的要求越来越高，这也推动了装饰装修行业向着专业化、标准化、品牌化的方向发展。在快节奏的都市生活中，每个城市都在快速发展城市轨道交通，政府都想尽快将轨道交通投入使用，为人民群众出门带来便捷。针对长沙轨道交通公共区装饰装修工程的特点，湖南六建装饰公司通过 1、2 号线轨道交通公共区装修工程的实践总结出"室内内钩式瓷板幕墙绿色环保施工工法"，此工法实现了快速施工、缩短工期，节约了施工劳务成本与管理费用成本，达到了绿色环保节能要求与施工技术创新目的。本施工工法，适用于大型空间、大跨度施工，包括曲面的空间、超高柱面施工以及弹性、变形较大结构的墙面施工。

2　工法特点

　　（1）减少施工现场产生废料与有害气体，减少对环境的污染，达到绿色施工要求。

　　（2）减少施工误差，提高施工现场工作效率，加快施工进度周期。

　　（3）提高施工现场安全系数，减少机械伤害、减少高处作业死亡率、减少火灾发生。

　　（4）在墙面跨度较大、结构与结构之间尺度存在施工误差、墙面装饰工程空间结构复杂的情况下都可以方便运用。

　　（5）主龙骨布置可以适应曲面的空间变化，通过使用钢龙骨及根据施工现场设计的可以调整副龙骨与主龙骨的连接方式，免去了连接件与主龙骨的焊接、副龙骨与主龙骨焊接，避免了焊接应力的附加变形，同时满足钢龙骨空间的变化。

　　（6）减少施工现场材料成本、减少措施费用、减少人工工资、减少安全成本与管理成本。

　　（7）引入主龙骨与副龙骨配合的便捷连接方式，免去了绝大部分转接件、主龙骨、副龙骨间的焊接，避免了焊接应力的附加变形，保证了龙骨韧性和强度。

　　（8）施工速度快、精度高。副龙骨可按照现场实际情况进行提前加工，现场装配作业。

　　（9）施工工艺先进、创新、可操做性强、工序衔接紧密，工效高。

　　（10）技术含量高、质量容易保证，并能产生明显的经济效益，也达到绿色环保施工要求。

　　（11）瓷板使用年限长，拆卸方便，拆卸后可反复使用，使用率达到 90% 以上，拆卸后回收率达 95% 以上。

　　（12）加工收口方便，无须其他配套材料收边收口，可生产任意方式转角收口（如 90° 转角、45° 转角、倒圆转角等）。

　　（13）烤瓷表面可以喷涂任意颜色及多色搭配的图案。

3 适用范围

本施工工法适用于室内装修、室外无法焊接的大面积墙面、柱面，对其他大型建筑墙面、顶面、柱面工程有借鉴意义。

4 工艺原理

（1）通过对结构墙面进行测量，对设计图纸造型进行分析，对施工现场测量数据进行研究、分析，确定转接件、螺栓，每根主副龙骨的长度、厚度、间距、大小、材质，并计算出重量。保证安装的副龙骨与瓷板能够达到规范要求。

（2）根据现场基础结构及图纸造型，先对墙面进行测量放线、定位，确定墙面瓷板主龙骨完成面与瓷板完成面，对转接件长度进行确定下单，对 70mm×50mm 方钢骨架的墙面定位和主龙骨开眼定位、加工，再将转接件用膨胀螺栓或化学锚栓进行墙面固定，将龙骨用不锈钢螺栓与转接件连接，并按照图纸与现场实际情况相结合，加工制作副龙骨，将副龙骨用自攻螺丝与主龙骨连接成型，最后将瓷板挂在副龙骨上，方便、快捷地保证了施工工期的整体速度和安全、质量。

5 施工工艺流程和操作要点

5.1 施工工艺流程

前期准备工作→根据设计图纸、现场实际情况进行测量弹控制线、瓷板排板→加工制作、安装转接件→加工、安装龙骨架→安装瓷板→清洁卫生。

5.2 操作要点

5.2.1 前期准备工作

我单位通过多年的装修测量经验，根据土建方提供的现场标高点进行测量，复测各个点位的高差。熟悉图纸，准备测量数据，数据打印以便现场使用。做好测量人员文明施工、安全施工的培训工作。掌握有关技术交底、设计交底，充分了解工程的特点、难点。编制好测量方案，并做好测量方案交底工作。测量放线的依据、标准：（1）测量放线图。（2）设计平面图、立面图、节点大样图。（3）工程建筑图、结构图。（4）总包单位提供的控制点、线布置图。（5）《工程测量规范》（GB 50026—93）。（6）《城市测量规范》（CJJ 8—85）。（7）《玻璃幕墙工程技术规范》（JGJ 102—2003）。（8）《金属与石材幕墙工程技术规范》（JGJ 33—2001）。

5.2.2 根据设计图纸、现场实际情况进行测量弹控制线、瓷板排板

根据现场实际情况，结合设计图纸，在地面、墙面分别用墨斗弹出完成面控制线、标高控制线、主龙骨分隔线以及排板控制线。

测量与复核基准点：进入工地放线之前请总包方提供基准点线布置图以及墙面附近原始标高点，施工技术人员依据基准点、线布置图，进行复核基准点、线及原始标高点。根据总包提供的基准点及控制网图上的数据，用全站仪对基准点轴线尺寸、角度进行检查校对，对现场坡度的设定、配套单位出现的误差进行适当合理的分配，经检查确认后，填写轴线、控制线实测角度、尺寸、记录表。致函总包单位负责人与配套单位负责人，给予确认后方可再进行下一道工序的施工。从控制基准点测设至墙面容易上下拉尺的位置，此点应往返测量并消除误差，此点在墙面以红漆表示，上平面表示测量的水准面并注上相对标高。以基准点开始，分别在每层的 1m 线处作标记，对应查出钢尺的误差及温度变化值，修改标记后，以油漆记录在主柱或剪力墙的同一位置，并注明装修专用，此高度标志必须予以保护不被消除破坏。每个抽线设置 1 个标志点来满足要求。

先找到我单位测量的 1m 标高水平线，引测到四周柱子或墙面上，便于墙面龙骨定位使用，校核合格后作为起始标高线，并弹出墨线，用红油漆标明高程数据，以便相互之间进行校核。此后，根据图纸进行主龙骨墙面定位排板，将距离确定后弹出主龙骨墨线。

5.2.3 加工制作、安装转接件

按设计图纸要求与现场墙面实际情况，对墙面与瓷板进行测量，将测量数据输入电脑采购适合现

场墙面长度的转接件，再按设计要求选用膨胀螺丝固定，采购加工热镀锌转接件（当转接件长度大于400mm 时选用 L50mm×5mm 热镀锌角钢代替），转接件与主龙骨之间采用 M8mm×100mm 不锈钢螺栓活性连接。

5.2.4　加工、安装龙骨架

按照设计图纸要求，选用 L=6000mm 的 50mm×70mm×4mm 热镀锌方钢作为主龙骨，常规长度主龙骨与墙面连接点不少于 4 个转接件相连，特殊尺寸适当增加或减少连接点，主龙骨间距为 ≤1500mm，阴阳角、门洞、伸缩缝等需做特殊处理的地方应适当设置加密区。

副龙骨用 5mm 后的铁板，制作成 U 形 3m 通长龙骨，根据分格尺寸与主龙骨自攻螺丝连接，高度与长度应符合设计及规范要求，副龙骨应根据瓷板的排板进行现场定位安装。

5.3　隐蔽工程验收

通知甲方、监理对隐蔽部位主、副龙骨、防雷连接进行隐蔽验收。

5.4　安装瓷板

按照现场墙面长度和设计图纸排板要求进行实际瓷板排板，电脑排板后，将规格尺寸发到厂家，进行瓷板定做。

瓷板规格等要求：（1）板材厚度要求：铝板厚度≥2.5mm 厚。10mm 厚硅酸钙板背衬板，0.5mm厚镀锌密封板，涂层烤瓷，膜厚 30mm。墙面板材尺寸：（标准板，长×高）1500mm×750mm、（收边板，长×高）1500mm×250～1200mm（高度根据设计图纸天花层高确定），大于 1500mm×1500mm的内置一条 2.0mm×20mm×40mm 加强筋，所有材料应符合国家有关标准和设计要求。（2）按照瓷板墙板图排列方式，要求接缝划分、设备箱、消防箱门扇位置、特殊板面的位置（转角块）等。（3）要求考虑预留电源插座、疏散指示灯等设备的安装孔洞。（4）瓷板和背后管线须有绝缘构造设计。（5）材料燃烧性能符合《建筑材料燃烧性能分级方法》（GB 8624）。（6）龙骨类型：组件系统连接不允许现场中采用电焊焊接工艺方法，配件、组件构造具备日后使用维修可拆卸、可调整性。所提供的瓷板及龙骨体系，应能承受规定的荷载要求，不能出现翘曲、变形、偏移等。（7）瓷板制作折边宽度要求：一般为 30mm；视情况要求调整。

5.5　安装瓷板

（1）瓷板与副框组合完成后，开始在主体龙骨框架上进行安装。（2）板间接缝宽度按设计而定，安装板前要在竖框上拉出两根通线，定好板间接缝的位置，按线的位置安装板材。拉线时要使用弹性小的线，以保证板缝整齐。（3）挂钩与副龙骨接触处应加设一层胶垫，不允许刚性连接。（4）板材定位后，将压片的两脚插到板上副龙骨的凹槽里，将压片上的螺栓紧固即可。压片的个数及间距要根据设计而定。

5.6　清洁

清洁收尾是工程竣工验收的最后一道工序，虽然安装已完工，但为求完美的饰面质量，此工序不能马虎。基本操作：（1）板饰面在最后工序时揭开保护膜纸，若已产生污染，应用中性溶剂清洗后，用清水冲洗干净，若洗不干净则应通知供应商寻求其他办法解决。（2）铝板板面的胶丝迹或其他污物可用刀片刮净并用中性溶剂洗涤，然后用清水冲洗干净，在全过程中注意成品保护。本工序需清洁用的工器具（每组）、干净的洗洁布、清洗剂、清水等。

6　设备

主要设备见表 1。

表 1　主要设备

序号	设备名称	规格型号	单位	数量
1	电子经纬仪	DJD-G	台	2
2	自动安平水准仪	D2S3-1	台	2

序号	设备名称	规格型号	单位	数量
3	检测尺	2m	把	2
4	钢尺	50m	把	2
5	盒尺	10m	把	5
6	交流电焊机	BX-260	台	30
7	台式冲击电钻	17kW	个	8
8	型材切割机	YZA-10	台	4
9	手提电锯	SF1-32	个	5
10	砂轮切割机	KT-971	个	4
11	打磨机	NBJ-4	个	5

7 质量控制

7.1 瓷板的隐蔽工程质量

瓷板所用的龙骨、连接件等的材质、规格、安装位置、标高及连接方式应符合设计要求和产品的组合要求。龙骨架组装正确连接牢固，安装位置和整体安装符合图纸和设计要求。检查方法：观察，尺量检查。

龙骨架单元体组装连接点必须牢固，拼缝严密无松动，安全可靠。检查方法：观察、手扳检查。

连接件与屋架的连接必须与基层完全连接。有焊接的地方必须用角向磨光机打磨去除油漆方可焊接，焊缝符合设计要求，高强度螺栓、连接件必须与屋架球体连接牢固。检查方法：观察检查，材料合格证、材质检测报告。

连接件与龙骨连接必须符合设计要求。检查方法：观察，尺量检查。

瓷板所用连接件、主龙骨、副龙骨、螺丝等材料应做防松及防锈处理。检查方法：观察检查。

瓷板工程分格线宽度、铝板板间距应符合设计要求。检查方法：观察，拉线尺量。

7.2 瓷板的工程质量主控检查项目

瓷板的材质、品种、规格、颜色，必须符合设计和国家标准要求。检验方法：观察，尺量检查。

墙面的标高、分格和表面起拱必须符合设计要求。检验方法：观察，尺量检查。

瓷板安装必须牢固，分格方式及分块尺寸、分格缝宽度应符合设计要求。条板纵向应顺直，边缘整齐、顺直。检验方法：观察和尺量检查，检查隐检记录。

7.3 铝板的安装质量

板面起拱合理，表面平整，曲面弧线流畅美观，拼缝顺直，分块分格宽度一致，板条顺直，拼接处平整，端头整齐。检验方法：观察，拉小线尺量。

7.4 瓷板安装的允许偏差和检验方法

允许偏差（mm）：接缝平整度 1.5 用 2m 靠尺检查，接缝顺直度 3 拉 5m 线，用尺量端头直线度 3 用 2m 靠尺检查，分格缝宽度 2 用尺量检查。

7.5 安全措施

在施工生产全过程中，认真贯彻实施"预防为主、防消结合"的方针，确保在本项目不出现消防、伤亡事故。

建立以项目经理牵头，行政部及安全部主抓，其他部门配合的管理体系，结合工程施工特点，对每位员工进行消防保卫方面的教育培训，做到每个人在思想上的重视。

（1）为了加强施工现场的防火工作，严格执行防火安全规定，消除不安全隐患，预防火灾事故的发生，进入施工现场的单位要建立健全防火安全组织，责任到人，确定专（兼）职现场防火员。

（2）施工现场执行用火申请制度，如因生产需要动用明火，如电焊、气焊（割）、熬油膏等，必须实行工程负责人审批制度，取得动用明火许可证。在用火操作中易引起火花的控制措施，在用火操作结束离开现场前，要对作业面进行一次安全检查、熄火、消除火源溶渣，消除隐患。

（3）在防火操作区内根据工作性质，工作范围配备相应的灭火器材，或安装临时消防水管，工地工棚避免使用易燃物品搭设，以防火灾发生。

（4）工地上乙炔、氧气等易燃易爆气体罐分开存放，挂明显标记，严禁火种，并且使用时由持证人员操作。

（5）严格用电制度，施工单位配有专职电工，合格的配电箱，如需用电应事先与电工联系，严禁各施工单位擅自乱拉乱接电源，严禁使用电炉。

（6）在有易燃物料的装潢施工现场，木加工棚等地方，禁止吸烟和使用小太阳灯照明，违反规定者处以罚款。

（7）施工现场危险区还应有醒目的禁烟、禁火标志。

（8）编制消防紧急预案。

现场消防检查规定，各项目部需编制消防应急预案，内容包括：工程概述、现场消防平面图、组织机构、灭火求援措施（逃生、求援路线）、火情假想、人员培训记录。并且根据预案对工人进行培训和交底。电焊工必须做到持证上岗，且操作证在项目部备案。所有动火作业均需开动火证。施工队每日开的动火证要在项目部备份存档。动火证上明确动火部位、动火人、看火人。现场施工队仓库灭火器布置，灭火级别总数不少于 12A，以 3A 灭火器为单位，每个仓库不得少于 4 具。现场临建宿舍，每房间配备灭火器总数不少于 4A。工地现场内部不得住人、库房不得做饭；工地内厨房不得与人员宿舍设置在同一简易建筑内。工人宿舍内严禁使用易引发火灾的电热设备，如电褥子、电热毯、热得快、电热锅等。脚手架上电焊作业时，必须在施焊部位的下一层横杆上满铺防火布或大块岩棉，与下层进行隔断（两层高差不大于 2m），并且在电焊部位悬挂接火斗接火。电焊时使用接火斗或灭火布不限，其大小形状可根据现场情况制作，必须保证有效接火。接火斗在使用时要内垫岩棉并且洒水，避免接火斗老化和焊渣飞溅。电焊作业，焊接点下方所有临边位置，凡电焊火花可能飞溅到的地方不得存有可燃物。看火人必须配合消防措施设置，保证每个可视立面至少一人；看火人设置意义在于动火作业时能及早发现火源，并且能有效扑灭初期火情。设置方法可根据项目情况具体安排。严禁电焊施工与防水、保温施工立体交叉作业。电焊作业区域下方不得有可燃材料或可燃垃圾，如无法清理，施焊前必须做到妥善处理。如：浇水淋湿、阻燃材料覆盖等。规范现场临时用电和生活用电。气焊时满足两瓶间距 5m、距明火间距 10m；乙炔气瓶不得平放，且放置在平稳的地方；乙炔气瓶必须装回火防止器；氧气瓶剩余压力不得小于 0.15MPa。仓库存放可燃物、易燃物时应集中存放，并且设置防火标示牌。存放区域不应有电线敷设。仓库内办公室不得使用彩条布、铝塑板等可燃物搭设。金属切割作业需采用不燃材料设置挡火板。电焊机二次线出线端口应使用"铜线鼻子"连接。严禁使用导线直接连接，防止导线绝缘皮过热起火。五级以上大风天气，禁止受风面动火作业。

8　环保措施

（1）根据《中华人民共和国环境噪声污染防治法》规定，符合国家规定的建筑施工场界环境噪声排放标准。

（2）根据《中华人民共和国大气污染防治法》第四十三条第二款规定，严格控制施工过程中的环境污染。在施工工程中，严格按照工地环境管理方案，控制粉尘污染、噪声污染、灯光污染。

（3）成立对应的施工环境卫生管理机构，在施工过程中严格遵守国家和地方政府下发的有关环境保护的法律、法规，加强对工程材料、设备、生产垃圾的控制和治理。因操作不当致使材料有损坏而不能正常使用的，应加工成异形板和分层线条使用，以减少建筑垃圾；废料完全不能利用时，应转运在集中堆放点作为建筑垃圾外运。

（4）使用副龙骨加工件与挂钩点进行链接，减少焊接可以减少废料与有害气体的产生，减少对环境的污染，减少火灾发生。

（5）严格原材料的采购，选择环保材料。首先选择无毒、无害、无污染的材料，施工中原材料的采购必须严格按照 ISO9001 和 ISO14001 的相关执行文件进行，控制材料的有害物质在规定范围内。

9　效益分析

（1）本工法打破常规施工思维，使用定制挂钩加工件与 U 形副龙骨进行链接，使用加工连接件是现代施工发展趋势，施工简单科学，速度快。

（2）本工法还可以提高施工现场的工作效率，加快工作周期。

（3）本工法提高施工现场的安全系数，减少受伤，死亡率（减少工人高处作业时间），减少火灾发生。

（4）本工法可以节约措施费用，减少材料成本、人工成本、安全成本、管理成本。

（5）本工法对同类工程有较大的借鉴意义和指导作用，有较高的应用推广价值。

10　应用实例

本工法首次应用于长沙轨道交通 1 号线一期公共区装饰装修工程。线路全长 23.569km，高架线 1.139km，过渡线 0.21km，平均站间距 1.178km，于 2010 年 12 月 26 日正式开工建设，建设期为 2010 年—2015 年底。1 号线一期工程设站 20 座。相比一般装饰装修工程，该工程甲方要求标准高、工期紧，项目部打破常规施工思路，对工地进行了深度研究，使用 U 形副龙骨和挂钩加工件进行连接施工，减少废料与有害气体的产生，减少对环境的污染。提高了施工现场的工作效率，加快了工作周期。提高施工现场的安全系数，减少受伤，死亡率（减少工人高空作业时间），减少火灾发生。节约材料成本，人工成本，安全成本，管理成本。通过室内内钩式瓷板绿色环保施工工法，提高了长沙轨道交通内饰面的艺术品味，使施工单位得到可观的经济效益。

超高层建筑单元式玻璃幕墙轨道吊装施工工法

周俊杰 田西良 匡 达 彭 灿 何晓清

湖南省第四工程有限公司

摘 要： 为解决玻璃幕墙在施工中存在的体量大、构造复杂、施工及运输困难等问题，可在主体结构外布置一周与主体外边线垂直的挑梁（工字钢或钢通），在挑梁下表面通过连接板和螺栓安装一道首尾相接的环梁（工字钢或 H 型钢）形成环形的单、双导轨，在导轨上安装电动葫芦及遥控小车，在外立面内倾或竖直时，采用单轨道吊装，在外立面内倾或内凹时，采用双轨道吊装。本工法沿主体外边线单、双轨道上设置多个吊点吊装单元板块，机械化程度、吊装效率、安全系数均非常高，且单、双轨道吊装安装简便，适用性强，可拆卸重复利用。

关键词： 玻璃幕墙；超高层建筑；单、双轨道；吊装

1 前言

近年来在大规模城市建设中，越来越多的超高层建筑已成为城市中的一道亮丽风景线。玻璃幕墙因为装饰效果好，档次高，安全可靠的特点，在超高层建筑中被广泛采用。而单元式玻璃幕墙作为其中的一种，也得到更多的应用。超高层建筑单元式玻璃幕墙施工中，存在玻璃幕墙单元板块体量大、立面构造复杂、施工难度大、楼层高运输困难等问题，应用单、双轨道吊装单元式玻璃幕墙，能有效解决以上难题。

我公司在深圳文博大厦工程、深圳壹方商业中心工程单元式玻璃幕墙施工过程中充分运用该技术，经实践总结形成此工法。

2 工法特点

针对超高层建筑单元式玻璃幕墙轨道吊装施工的研究，本工法具有以下特点：

（1）沿主体外边线单、双轨道上设置多个吊点，采用多个吊点吊装单元板块，大大地节约了工期。

（2）单、双轨道上设置电动系统，机械化程度高，吊装效率高，安全系数高，作业便捷。

（3）单、双轨道吊装安装简便，适用性强、可拆卸重复利用，节约了材料。

（4）对于内凹或内倾立面部位幕墙单元板块、收边、收口部位的幕墙单元板，吊装轨道设置两根滑轨，采用双轨道吊装。

3 适用范围

本工法可广泛适用于超高层建筑、高层建筑幕墙工程施工。

4 工艺原理

通过在主体结构外布置一周与主体外边线垂直的挑梁（工字钢或钢通），挑梁内端通过连接板和螺栓与主体结构固定，挑梁外端部通过预应力钢绞线与上层边梁（钢梁）连接，在挑梁下表面通过连接板和螺栓安装一道首尾相接的环梁（工字钢或 H 型钢）形成环形的单、双导轨，在导轨上安装电动葫芦及遥控小车，从而实现对单元幕墙吊装轨道的安装。

根据幕墙外立面竖向曲面的变化，在外立面内倾或竖直时，采用单轨道吊装；在外立面内倾或内凹时，采用双轨道幕墙吊装。

5　施工工艺流程及操作要点

5.1　工艺流程

定位放线→单（双）轨道架设→单元式玻璃幕墙运输→单元式玻璃幕墙结构支座安装→单元式玻璃幕墙装饰条地面组装→单元式玻璃幕墙吊装→清洗交验。

单、双轨道安装工艺流程：安装前准备工作→安装斜拉支座→安装斜拉钢丝绳→安装轨道支撑杆→轨道安装→安装电动葫芦行走系统→轨道移位。

5.2　操作要点

5.2.1　定位放线

（1）对业主或总包单位移交的基准控制点（轴线和高程）进行复核。建立外部控制网，包括平面控制网及高程控制网，形成外围护结构的测量放线控制体系。

（2）各施工段分别进行测量，并做好各施工段之间衔接部位的精度控制，主体封顶后进行整体复核，保证幕墙的整体效果。

（3）每月定期对主体结构进行复核，充分掌握主体沉降变形的数据，以便做出幕墙定位的调整。

5.2.2　预埋件施工

单元式玻璃幕墙预埋件主要包括板式埋件、槽式埋件。板式埋件埋设于梁顶部、底部及侧面，槽式埋件埋设于标准层楼面。主体结构钢筋绑扎完成后，将预埋件装进吊笼通过现场塔吊吊运至楼面，并立刻分散摆放，防止局部荷载过大破坏主体结构的钢筋、模板。主体结构或脚手架影响埋件施工时，禁止擅自拆除或撬动，应协调主体施工班组配合整改，如图 1 所示。

图 1　槽式埋件

5.2.3　单（双）轨道架设

（1）单轨道吊装结构设计

轨道沿建筑轮廓环绕布置。悬挑采用槽钢，轨道采用工字钢，背后焊接加强骨架，轨道上设置电动葫芦作为幕墙单元板块的吊装设备。单轨道吊装结构如图 2 所示。

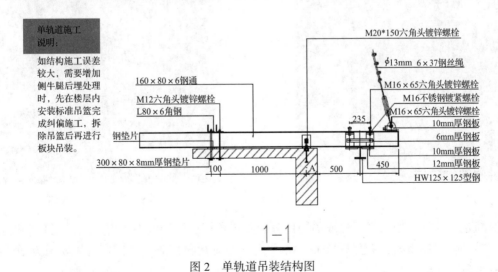

图 2　单轨道吊装结构图

（2）双轨道吊装结构设计

吊装特殊部位幕墙单元板块，如建筑外立面内倾的形式，可在相应楼层处架设双轨道。双轨道材料选用和布置与单轨道相同。双轨道吊装结构如图 3 所示。

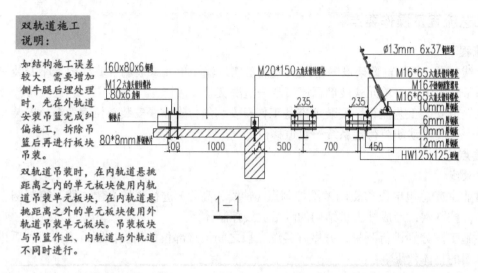

图 3　双轨道吊装结构图

（3）轨道安装

轨道安装流程分为：安装前准备工作→安装斜拉支座→安装斜拉钢丝绳→安装轨道支撑杆→轨道安装→安装电动葫芦行走系统→轨道移位。

①安装前准备工作：分别在轨道安装层放线定位支撑杆及上一层斜位支撑安装位置。

②安装斜拉支座：用化学螺栓固定 L 形支座于楼板，再用螺栓把斜位支座连接固定，如图 4 所示。

③安装斜拉钢丝绳：根据钢丝绳所需长度裁剪钢丝绳，用钢丝绳夹固定钢丝绳两端，钢丝绳夹之间的距离大于绳夹型号的 10 倍距离。用螺栓把钢丝绳的一端固定于斜拉支座的吊耳上，把钢丝绳另一端悬挂接近支撑杆，如图 5 所示。

图 4　支座安装

图 5　斜拉钢丝绳安装

④安装轨道支撑杆：用对穿螺栓或预埋件分别固定角钢连接于楼板，再用螺栓把 L 形板与轨道支撑杆前端连接固定。用螺栓把花篮螺栓 O 形端固定安装好后再用鸡心环固定与于轨道方通的吊耳上，调整固定各连接螺栓。

⑤轨道安装：利用轨道夹具安装轨道，调整夹具使轨道达到水平，如图 6、图 7 所示。

⑥安装电动葫芦行走系统：将电动葫芦行走系统安装在轨道上，再把电动葫芦挂在行走系统的挂钩上，接上电源及手柄控制开关。如图 8 所示。

图6 单轨道安装

图7 双轨道安装

⑦轨道移位：拆除轨道，拆除斜拉钢丝，拆除支撑横杆及斜拉支撑。

5.2.4 单元式玻璃幕墙运输

（1）场内垂直运输：现场塔吊吊装时将单元板块连同篮体一次性吊起（吊装板块数量根据塔吊最大幅度额定起重量）。单元板块吊至相应楼层的卸料平台上，然后通过卸料平台上铺设的轨道将单元板块拉进楼层内，使用叉车进行转运、存放，如图9所示。

图8 电动葫芦行走系统

图9 单元式玻璃幕墙存放

（2）材料楼层内转运：根据现场施工条件和生产厂家的供应量，现场板块堆放楼层最多储存单元板块时，按累计储存4d的板块计算。考虑楼板的承受重量，单元板块堆放时，靠楼层核心筒位置堆放，并控制堆放单元板块的数量。幕墙楼层内转运如图10所示。

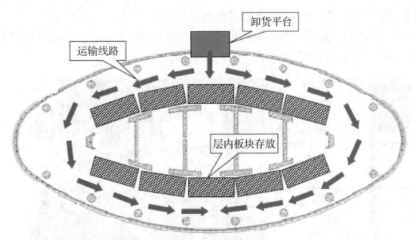
图10 幕墙楼层内转运示意图

5.2.5 单元式玻璃幕墙结构支座安装

单元式玻璃幕墙支座通过T形螺栓固定在槽式埋件上。由于支座及埋件均设置在主体临边位置，施工时应带安全带进行施工，并做好高空防护措施。

5.2.6　单元式玻璃幕墙装饰条地面组装

装饰条包括横向不锈钢穿孔板和不锈钢杆，固定在单元板块熟料上。

5.2.7　单元式玻璃幕墙吊装

（1）幕墙单元板块吊装、就位

楼层内叉车将幕墙单元板块运至提升滑车，然后推出楼层，使用专用防脱挂具将幕墙单元板块挂在吊车的吊钩上。上部轨道吊机在指挥人员的指示下缓缓提升板块，同时楼层内操作人员使用专用挂钩挂在板块上，使幕墙单元板块向楼外缓慢移动，以防止幕墙单元板块飞出。当幕墙单元板块接近垂直状态时，楼层上一层人员应合理保护，确保板块不与楼板结构发生碰撞，如图 11 所示。

幕墙单元板块吊出楼层后须水平旋转 180°，并水平移动到安装位置上方后下行就位。幕墙单元板块在水平移动就位过程中，所经过楼层均有施工人员保护板块，防止幕墙单元板块发生碰撞。幕墙单元板块就位后通过支座进行三维调节，带有装饰条的幕墙单元板块则采用吊篮配合调节固定。幕墙单元板吊装就位示意图如图 12 所示。

图 11　幕墙单元板块起吊　　　　　图 12　幕墙单元板块吊装就位示意图

（2）幕墙单元板块安装

①内凹或内倾立面部位幕墙单元板块采用双轨道吊装安装

利用布置在内凹或内倾立面部位幕墙的双轨道结构的内、外轨道吊装这些特殊部位的立面幕墙单元板块。层内搭设双排脚手架进行配合施工。吊装示意如图 13 所示。

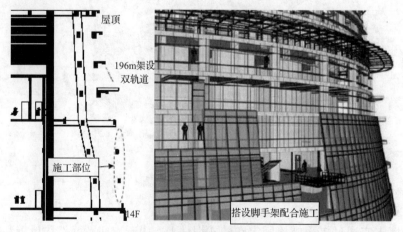

图 13　内凹或内倾立面幕墙单元板块吊装示意图

②收边、收口部位的幕墙单元板块采用双轨道吊装安装

随着吊装的进行，已吊装完成的板块将会阻碍单元板块从楼层内吊出，因此板块吊装需在塔吊和电梯缺口旁留洞口专门用于吊出板块，洞口需要有 2 个板块分隔的宽度，此洞口最终在大面板块全部吊装完成以及塔吊、电梯拆除后再进行收口安装。

在屋顶最高层标高处架设双轨道，楼层的收边、收口处的玻璃幕墙单元利用此双轨道进行吊装。如图 14 所示。

缺口单元板块吊装时，一边与相邻的板块插接，每层最后一块板块则从上一层吊出，下落就位安装，依此类推，逐层安装收口部位的板块，调整完成后固定，再进行上一层的收口安装。

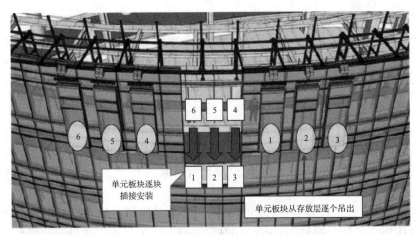

图 14　幕墙单元板块收边、收口吊装示意图

5.2.8　清洗交验

安装完毕后，对幕墙进行清洁，在清洗时注意清洁物品不得使幕墙材料造成损坏。然后组织有关人员进行验收检查。

6　材料与设备

主要施工用料见表 1、表 2。

表 1　主要材料用表

序号	名称	备注
1	玻璃	钢化前完成切裁、磨边、钻孔等工序。各项指标符合《建筑玻璃应用技术规程》（JGJ 113）要求
2	铝合金材	符合《铝合金建筑型材》（GB5237）要求
3	钢材	符合《碳素结构钢》（GB/T700）和《低合金高强度结构钢》（GB/T1591）要求
4	结构胶、密封胶、密封胶条、紧固件	符合相应材料标准

表 2　主要设备用表

序号	名称	备注
1	激光全站仪	1 台
2	经纬仪	1 台
3	水准仪	2 台
4	激光铅垂仪	4 台
5	钢卷尺	50 把
6	电焊机	15 台

续表

序号	名称	备注
7	切割机	4 台
8	打磨机	3 台
9	电钻	20 台
10	电动螺丝刀	15 把
11	叉车、推车	4 台
12	汽车吊	1 辆
13	电动吊机	10 台
14	轨道（单、双）	每 5～10 层沿建筑外轮廓布置一圈
	吊篮	4 台

7　质量控制

7.1　质量标准

满足工程所涉及的国家、地方、行业规范、规程、技术法规、标准、图集等要求（包括但不限于）。

《建筑装饰装修工程质量验收规范》（GB50210）；《玻璃幕墙工程技术规范》（JGJ102）；《建筑幕墙工程技术规程》（JGJ199）；《建筑幕墙》（GB/T21086）；《钢结构工程施工质量验收规范》（GB 50205）。

7.2　质量控制

（1）施工准备阶段，实施技术、物资、组织、人员等多方面的质量控制。坚持图纸会审，做好现场交底和施工人员技术培训工作，控制材料配件达到规范要求，施工环境符合作业标准。

（2）为保证幕墙试验符合规范要求，须进行空气渗透性能试验、雨水渗漏性能试验、风压变形试验、平面内变形能力试验，即为四性试验。

（3）单元幕墙安装的允许偏差及检验方法（表 3）

表 3　隐框、半隐框玻璃幕墙安装质量验收标准

序号	项目		允许质量偏差（mm）	检验方法
1	幕墙垂直度	幕墙高度 ≤ 30m	± 10	用经纬仪检查
		30m < 幕墙高度 ≤ 60m	± 15	
		60m < 幕墙高度 ≤ 90m	± 20	
		幕墙高度 > 90m	± 25	
2	幕墙水平度	层高 ≤ 3m	± 3	用水平仪检查
		层高 > 3m	± 5	
3	幕墙表面平整度		± 2	用 2m 靠尺和塞尺检查
4	板材立面垂直度		± 2	用垂直检查尺检查
5	板材上沿水平度		± 2	用 1m 水平尺和钢直尺检查
6	相邻板材角错位		± 1	用钢直尺检查
7	阳角方正		± 1	用直角尺检查
8	接缝直线度		± 3	拉 5m 线，不足拉通线，用直尺检查
9	接缝高低差		± 1	用钢直尺和塞尺检查
10	接缝宽度		± 1	用钢直尺检查

8　安全措施

8.1　安全标准

满足工程所涉及的国家、地方、行业规范、规程、技术法规、标准、图集等，包括但不限于：
《建筑施工安全检查标准》(JGJ59)；《建设工程施工现场消防安全技术规范》(GB50720)；《起重机械安全规程》(GB6067)；《施工现场机械设备检查技术规程》(JGJ160)；《施工现场临时用电安全技术规范》(JGJ46)；《建筑施工高处作业安全技术规范》(JGJ80)。

8.2　保证措施

（1）施工人员须经过技术和安全培训，工人应掌握本工种操作技能，熟悉本工种安全技术操作规程。

（2）特种作业工人必须持证上岗，按操作规程施工，操作证必须按期复审。

（3）外悬轨道安装拆卸前，根据施工实际划出安全施工作业区，岗位作业人员只能在划定的作业区内活动；安装前，要将作业区域及道路用钢管栏杆进行隔离。

（4）掌握气象资料，关注气象预报。尤其接到台风、暴雨消息时，停止吊装作业，启动应急管理程序，并对已安装的结构进行一次全面检查，防止遭到破坏。

（5）吊装作业时在地面划出 15m 安全区，设立禁止标志。

9　环保措施

9.1　环保标准

满足工程所涉及的主要的国家、地方、行业规范、规程、技术法规、标准、图集等，包括但不限于：
《建筑工程绿色施工评价标准》(GB/T 50640)；《建筑隔声评价标准》(GB/T 50121)。

9.2　环保措施

（1）休息室、工具房和设备器材应按施工总平面图布置要求，摆放整齐有序，各种标志、标识正确醒目。

（2）施工道路平整通畅，用电线路布置符合要求，水源设置合理，排水措施得当。

（3）吊装作业、吹扫及试车等场地设置标识牌，并划分警戒区。

（4）作业区噪声超过 85dB 时，除施工人员采取防护措施外，其余人员应撤离现场。

（5）作业现场应经常打扫，垃圾集中堆放并及时清理、运送至指定地点。

10　效益分析

10.1　经济效益

单、双轨道吊装安装简便，可拆卸重复利用，节约了材料，减少了大型垂直机械使用，降低了工程成本；相比传统框架式幕墙、固定式悬臂吊装施工，单、双轨道上多个吊点吊装幕墙单元板简单快捷，提高了幕墙安装效率，合理地减少了工期，降低了人工、材料、机具等成本的投入成本，创造了可观的经济效益。

深圳文博大厦工程经济效益分析：人工成本节约 202.5 万元，材料成本节约 9 万元，节约工期费用 6.9 万元，合计 218.4 万元。

深圳壹方商业中心工程经济效益分析：人工成本节约 280 万元，材料成本节约 11 万元，节约工期费用 15.38 万元，合计 306.38 万元。

10.2　社会效益

本工法操作简单、实用性强，很好地解决了超高层、高层单元式幕墙大体量垂直运输困难、立面构造复杂的幕墙单元板安装难度大的问题，提高了安装效率，加快了施工进度。同时，为现场提供了大量实战经验，可在超高层、高层建筑幕墙吊装施工领域推广应用。

11 应用实例

11.1 深圳文博大厦工程

博大厦工程为超高层办公楼，工程地下 5 层，地上 45 层，建筑高度约 208m。建筑平面形状为椭圆形，长轴方向 70m，短轴方向 30m，焦距 9m 左右。立面似橄榄形，从地面到 22 层（约 90m 高）为从里往外扩，从 23 层开始到屋顶（208m）由外往里收，造型独特。

文博大厦项目幕墙面积约为 45000m²，主要分裙楼与塔楼两部分，裙楼 1～3 楼主要以框架式玻璃或石材幕墙为主，4 层以上为单元式玻璃幕墙（图 15）。

位置：塔楼34层以上南北立面（标高140～208m）
面板：单元式玻璃幕墙
规格：（最大）：1260mm×4000mm，质量380kg。

位置：塔楼4层及以上（标高16～192m）
面板：单元式玻璃幕墙
规格：（最大）：1300mm×6000mm，质量600kg。

位置：裙楼1-3层（标高16m以下）
幕墙类型：框架式
幕墙种类：玻璃幕墙、石材幕墙等

图 15　深圳文博大厦工程幕墙效果图

11.2 深圳壹方商业中心工程

深圳壹方商业中心工程由 9 座塔楼（办公 A、B 塔，商住楼 1～7 座）组成，A、B 塔为筒剪结构，1～7 座为框剪结构，其中住宅 5 座，182.3m，53 层。项目主要功能为商业、办公、住宅，其中玻璃幕墙面积 70000m²，裙楼为石材幕墙、玻璃幕墙、铝合金格栅、凹凸金属板幕墙、铝单板幕墙等，塔楼为单元式玻璃幕墙（图 16）。

栋号	高度（m）	层数	外装饰
住宅 1 座	181.20	50	塔楼： 系统 A- 标准层铝合金门窗；包括固定窗、外平开窗、上悬窗、推拉门等； 系统 B- 屋顶构件式隐框玻璃幕墙； 系统 C- 铝板幕墙、包柱；层间铝板包梁；空调位穿孔铝板； 系统 D- 竖向铝合金格栅； 系统 E- 夹胶玻璃栏板。 裙楼： 石材幕墙、玻璃幕墙、铝合金格栅、凹凸金属板幕墙、铝单板幕墙等
住宅 2 座	166.80	48	
住宅 3 座	181.20	50	
住宅 4 座	157.50	45	
住宅 5 座	182.30	53	
住宅 6 座	181.80	50	
住宅 7 座	157.80	44	
办公 A 塔	225.50	46	裙楼石材幕墙、玻璃幕墙、铝合金格栅、凹凸金属板幕墙、铝单板幕墙等； 塔楼为单元式玻璃幕墙
办公 B 塔	161.00	32	

图 16　深圳壹方商业中心工程幕墙效果图

IDG 保温装饰防水一体板外墙装饰施工工法

周　锵　陈述之　谭智谋　陈白莲　谭　力

湖南省第五工程有限公司

摘　要： 针对新研发的 IDG 保温装饰防水一体板，本工法提出了湿贴＋锚固定的外墙装饰施工工艺。采用一体化板施工使外墙保温装饰一次成型，减少了施工工序，缩短了施工周期，比传统的保温＋外装饰的施工方法缩短工期约 1/3；同时，"油水合一"复合改性合成树脂的应用，使外墙装饰牢固可靠，克服了传统外墙装饰渗漏、脱落、裂缝等质量通病，保证了外墙装饰的质量，可降低外墙成本约 25%。

关键词： IDG 保温装饰防水一体板；湿贴＋锚固定；外墙装饰；油水合一

1　前言

随着社会的发展，新型材料日新月异，给建筑市场带来了机会，我司开发了 IDG 保温装饰防水一体板外墙装饰施工技术，这种施工方法工艺简单、缩短了工序、工期，降低了外墙装饰成本，延长了使用寿命。通过在株洲新芦淞玉城服饰白关产业园 20～31 号楼及其室外工程等项目中应用，对 IDG 保温装饰防水一体板外墙装饰施工进行总结，形成了本施工工法。实践证明该工艺具有较强的实用性、显著的经济效益和社会效益。

2　工法特点

2.1　缩短工期

采用一体化板施工使外墙保温装饰一次成型，减少了施工工序，缩短了施工周期，比传统的保温＋外装饰的施工方法缩短工期约 1/3。

2.2　使用寿命长

IDG 一体板的生产及黏结砂浆均采用"油水合一"的复合改性合成树脂，该树脂采用特殊的催化工艺，在原有溶剂型高分子材料上将部分有机官能团用无机官能团替代，使树脂可以同水泥建筑基层及涂料中的颜填料颗粒形成有机缔合反应，成为有机整体，有效地提高外墙装饰的整体性，其使用寿命比普通涂料延长约一倍。

2.3　节约成本

采用 IDG 外墙保温装饰一体板减少了施工工序，减少了劳务成本和材料成本，可降低外墙成本约 25%。

2.4　保证了工程质量

本施工工法采用湿贴＋锚固定的方式进行安装，同时"油水合一"的复合改性合成树脂的应用，使外墙装饰牢固可靠，克服了传统外墙装饰渗漏、脱落、裂缝等质量通病，保证了外墙装饰的质量。

3　适用范围

本工法适用于所有新建、改建建筑外墙保温装饰一体化施工。

4　工艺原理

本施工方法是根据外墙装饰效果，在工厂加工生产成 600mm×800mm、800mm×1200mm、600mm×1200mm、1220mm×2440mm 等规格的保温装饰一体板。采用经纬仪打出大角两个面的竖向控制线，用钢丝挂竖向控制线，弹横向水平通线，用水平仪抄水平。根据外墙立面的装饰效果裁板，裁板时要考虑大小组合，最大程度减少废料。保温装饰一体板通过湿贴＋锚固定的方式进行安装，施工人员根据板的顺序在 IDG 板四周每边 2/3 的部位开槽，开槽深度 25mm，槽宽 15mm，采用专用扣件进行锚固。根据配方比加入"油水合一"复合改性合成树脂调制好黏结砂浆，采用点粘法将黏结砂浆涂在背板面上，黏结面积不小于 40%，在安装一排 IDG 板后将专用扣件安装在已开好的槽中固定。板材安装完成后用 IDG 板材废料进行密封填缝，再刮涂优质弹性耐候密封胶，安装完成后揭贴板保护膜、清洁板面。

本工法施工操作简单、固定可靠，保证外墙装饰的牢固和装饰效果，缩短工期约 1/3，降低了外墙装饰成本约 25%，复合改性树脂的应用延长了外墙装饰的使用寿命，节约了大量的人力、机械和材料。克服了传统外墙装饰渗漏、脱落、裂缝等质量通病，保证了外墙装饰的质量。

5 工艺流程及操作要点

5.1 工艺流程（图1）

5.2 操作要点

5.2.1 施工准备

运用 BIM 技术对建筑物进行三维立体建模，直观展示建筑外墙使用 IDG 保温装饰一体板之后的整体立面效果，并提供各种颜色搭配及效果展示，利用直观的三维模型对施工人员和作业班组进行直观形象的施工技术交底，采用三维模型指导施工。

5.2.2 对基层墙体的检查和处理

IDG 对基层要求分为两种情况，第一种为抹灰基层，第二种为非抹灰基层，非抹灰层需要满足两个条件；一是砌体需要平整度不大于 5mm，二是要满足当地及项目的外墙节能保温计算（热工计算）。

（1）基层抹灰表面平整度偏差不应大于 5mm，竖向垂直偏差不应大于 5mm，未达到标准的严禁盲目施工。

（2）基层抹灰墙面以 10m 长为检测尺寸段，阳角和装饰带均要在 10m 以上拉线检查，大平面还须在对角线拉线检查，再通过对高处进行凿平，低处采用抹灰找平的方法使墙面平整度达到允许偏差要求。

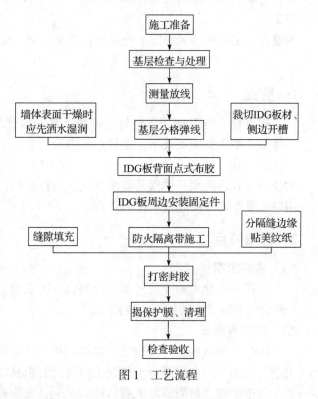

图1　工艺流程

（3）用高强度水泥砂浆填充找平，并将墙面上的灰尘、污垢、已粉化的涂料和腻子层等妨碍粘贴质量的物质清除干净。

（4）基层墙面采用以上方法处理后，必须粘贴小样进行检验，其规格不得小于 300mm × 200mm，现场检验方法如下：

①保温装饰板粘贴 24h 以后形成初粘，取消定位件后不会自行产生位移。

②保温装饰板粘贴 5～7d 后，检验人员徒手用力不能将样板从墙面上拉掉，可视为胶粘剂调配合格并且基层强度满足施工要求。

③保温装饰板粘贴 28d 后，用拉拔仪检测，抗拉强度应 ≥ 0.1MPa，并且破坏部位是保温层，即为合格。如果是墙体基层破坏，则必须对墙体基层重新进行处理（保温装饰板粘贴 28d 后，黏结层黏结强度达到设计要求）。

5.2.3 测量放线

（1）测量放线原则：根据排板图进行、确保经济原则、确保美观原则、确保安全原则。

（2）测量放线技术要求：按装饰设计图纸要求，安装前选用测量控制点，事先用经纬仪打出大角两个面的竖向控制线，在大角上下两端固定挂线的角钢，用钢丝挂竖向控制线，并在控制线的上下做出标记。画出竖向控制线，随时检查垂直挂线的准确性，弹横向水平通线，至少三根，如果通线长超过 5m，则用水平仪抄水平。并在墙面上弹出板材安装的每个角码位置点的具体位置。

（3）测量放线控制范围

①垂直度：高度小于 30m 的误差应该保证在 5mm 内；大于 30m 小于 60m 的允许误差应该保证在 10mm 内；大于 60m 小于 90m 的允许误差应该保证在 15mm 内（经纬仪检查）。

②水平度：层高小于 3m 的应该小于 2mm；层高大于 3m 的应该小于 3mm。

③直线度：长度在 30m 内的应该保证在 5mm 内；长度大于 30m 小于 60m 的允许误差应该保证在 10mm 内；大于 60m 小于 90m 的允许误差应该保证在 15mm 内（用直线加钢尺检查）。

5.2.4　基层分格弹线。

（1）应按设计要求进行排板，并确定分格缝的宽度。

（2）从门窗或阳角处开始弹出基准控制线，做出标记。

（3）弹线工作应由施工人员完成，若条件不允许则弹线人员必须与施工人员完成交接。

（4）弹线时应将缝线弹出，以便在安装板材时核对尺寸和位置，减少误差。

5.2.5　墙体表面洒水润湿

天气较热、墙面干燥时，施工前应用清水先将墙面适当润湿，以保证不会因胶粘剂中的水分过快蒸发而影响黏结质量。

5.2.6　裁板及开边

（1）裁板：根据现场弹线结果，技术人员下单给裁板组进行裁板，裁板时要考虑到大小组合，最大程度减少废料比例。

（2）开边：施工人员根据板的排列情况进行 IDG 板的侧边开槽。开槽深度为 25mm，开槽宽度为 15mm。开槽部位为保温材料的三分之二部位（从墙体方向算起）。

5.2.7　黏结砂浆的使用

（1）选用适当的容器（18L 手提铁桶或塑料桶）先将黏结砂浆倒入容器内，然后将清水倒入容器，一边倒一边搅拌，充分搅拌均匀。再根据现场气温高低适当增减清水的添加量（以刮涂流畅，不流坠为宜）。

（2）黏结砂浆应随用随搅拌，已搅拌好的黏结砂浆必须在 2～4h 内用完。

（3）黏结点分布图及要求如下（图 2）：

根据点粘分布图把胶粘剂点涂在背板面上，黏结面积不得小于 40%，建筑物高度在 50m 以上的，黏结面积宜达到 45% 以上。

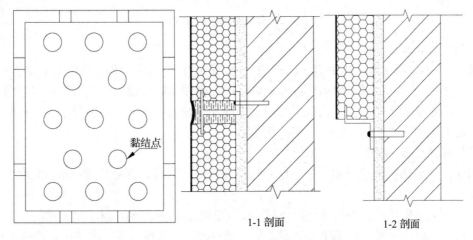

1-1 剖面　　　　　1-2 剖面

图 2　一体板锚固定、黏结点布置示意图

（4）每块一体板的下部应设置采用锚栓固定的铝合金承重件；中间位置点粘布点应呈三角形排列。

（5）黏结点涂专用黏结砂浆时，厚度为 15mm，黏结后的黏结砂浆压缩定型厚度为 5～6mm。

（6）锚固定件安装间距不得大于 400mm，距板边缘大于 10mm。

5.2.8　安装固定（图 3、图 4）

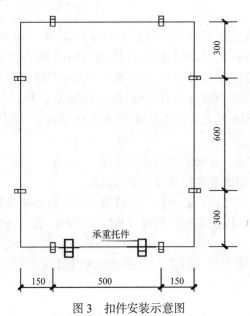

图 3　扣件安装示意图

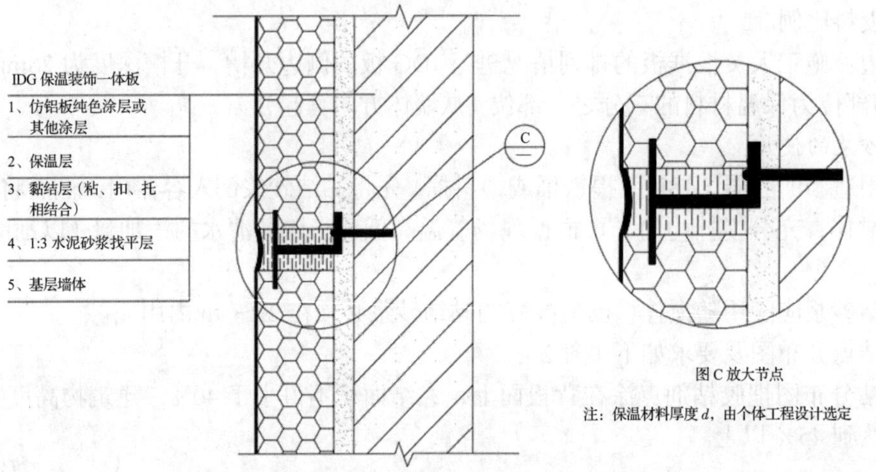

图 4　一体板节点做法大样图

（1）面板扣件安装

先安装一排 IDG 板（水平或垂直，已开边），根据扣件分布图，用电锤在规定位置钻出 8mm 的孔，用于安放膨胀塞，孔的深度要求穿过砂灰层，进入砌体 40mm 以上。然后将单眼翼型扣件从 IDG 板材侧面开边槽中推入再将扣件插入板内，用螺栓将扣件拧紧。大面积安装顺序为：打膨胀塞→安装一侧扣件→贴 IDG 板→打膨胀塞→安装另一侧扣件。

（2）承重托件安装（图 5）

（3）IDG 保温装饰板侧边开槽位置为保温材料三分之二部位，深度为 25mm，宽度为 1.5mm，扣件从外部推入。

（4）板材上墙前应再次检查尺寸是否合适（核对墨线），有问题的板材不得上墙。

（5）板材揉贴时应逐渐按压到平整度要求的合适位置，严禁按压低了再拉出，造成虚粘。

（6）在保温装饰板粘贴上墙 12～24h 内，应及时用 2m 靠尺复查板面平整度。

5.2.9　防火隔离带的施工

　　每两层（或6m）安装一排防火隔离带，防火隔离带使用的IDG板保温材料为嘉达A2级的改性EPS材料，饰面可以考虑不同颜色的饰面效果，进行区分。

5.2.10　分格缝处理

　　（1）清除分格缝端面的飞边毛刺及打胶部位上多余的胶粘剂。

　　（2）在分格缝之间填塞IDG板材废料薄片（需压紧压实，使填缝薄片底部与墙体或锚固定件紧密接触），填塞高度距板面为2～3mm。

　　（3）按照分格缝设计的宽度弹线（5mm），然后用纸胶带附线贴实，再刮涂优质弹性耐候密封胶，密封胶应覆盖板面宽度1mm，打胶深度2～3mm，并使用圆头工具制成半圆凹形缝隙。涂胶后应立即揭去纸胶带。分格缝宽度5mm，面板胶缝宽度为8mm。

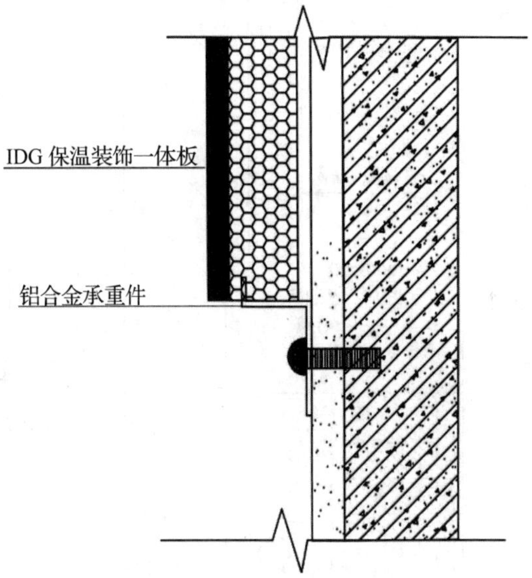

5.2.11　节点构造图

　　（1）阴阳角处

　　阳角处理：IDG板材采用90°碰角拼接方式，碰角部位使用IDG专用密封胶进行覆盖。碰角平面宽度为5mm。

　　阴角处理：IDG板材进行叠压，并用IDG密封胶进行缝隙覆盖，具体见阴角、阳角节点示范图（图6）。

図5　承重件安装示意图

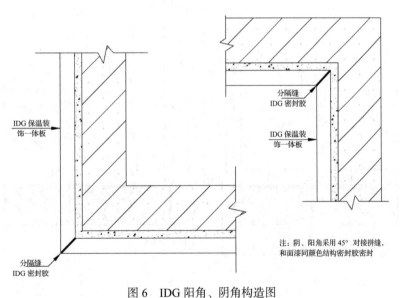

图6　IDG阳角、阴角构造图

　　（2）勒角及首层施工

　　勒角可以采用IDG板加强型板材直接施工，但需要附加勒角保护措施。具体见勒角施工节点示范图，如图7所示。

　　（3）IDG封闭阳台与连接玻璃幕墙节点图（图8）

　　（4）墙身变形缝构造图（图9）

　　（5）窗台IDG构件做法图（图10）

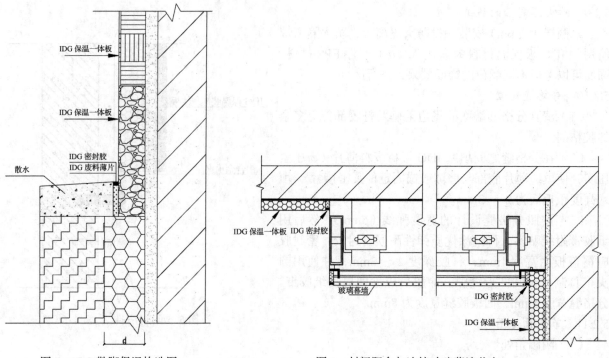

图 7　IDG 勒脚保温构造图　　　　　图 8　封闭阳台与连接玻璃幕墙节点

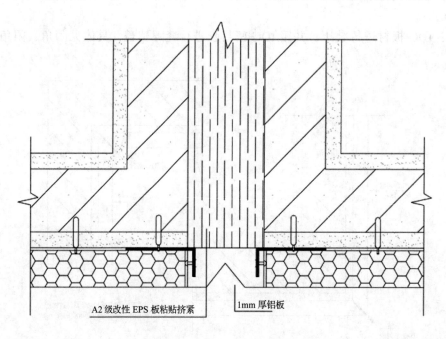

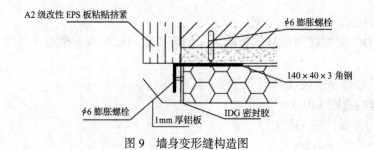

图 9　墙身变形缝构造图

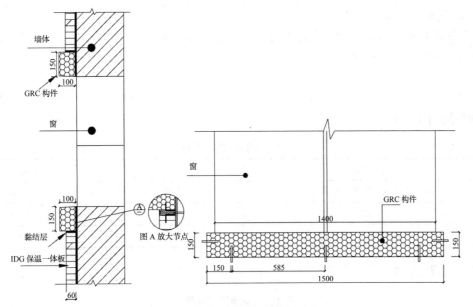

图 10 窗台 GRC 构件做法图示

（6）腰线、檐口 GRC 构件做法图（图 11）

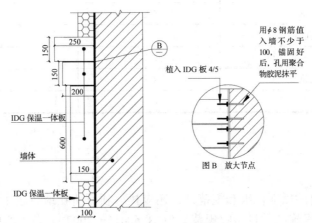

图 11 腰线、檐口 GRC 构件做法图示

（7）IDG 挑檐、空调搁板保温构造图（图 12）

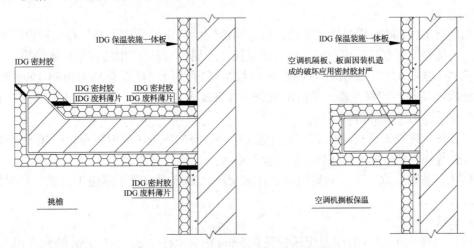

图 12 IDG 挑檐、空调搁板保温构造图

注：1. 挑檐、空调搁板处保温材料同为 A 级保温或 B1 级保温材料。
2. 挑檐、空调搁板处保温板的黏结采用满粘方式。

5.2.12　揭保护膜板面清洁

（1）揭保护膜应在贴板结束后一个月内进行，以免揭膜困难。

（2）清洁板面应在撤架前进行。

6　性能指标

6.1　主要施工用料（表1）

表1　主要施工用料表

序号	名称	数量	用于施工部位
1	IDG 保温装饰一体化板	若干	外墙
2	黏结砂浆	若干	外墙
3	锚固定件、密封胶	若干	外墙

6.2　主要施工机具（表2）

表2　主要施工机具表

序号	名称	数量	用于施工部位
1	经纬仪	2 台	测量放线
2	电锤	5 把	打孔
3	开孔器	5 台	一体板开孔
4	切割机	2 台	板材切割
5	胶枪	10 把	打密封胶
6	电源电缆	若干	墙面

7　质量控制

7.1　质量标准

本施工技术除严格遵循以下标准和规范外，还应执行项目所在地行政主管部门和相关行业的文件及要求。《建筑节能工程施工质量验收规范》（GB 50411—2007）；《建筑工程质量验收统一标准》（GB 50300—2013）；《建筑装饰装修工程质量验收规范》（GB 50210—2001）；《保温装饰板外墙外保温系统材料》（JG/T 287—2013）。

7.2　质量控制措施

（1）贯彻实施 GB/T9000 质量体系文件，以公司编制的"质量保证手册"和质量程序文件及有关的支持性文件为依据，编制切实可行的"项目质量保证计划"，制订详细的质量保证措施。

（2）严格按 GB/T 9755—2001 国家标准各项技术指标及国家环保总局 HJBE4-1999 要求组织材料。确保每批次产品得到严格检验，并出示报告、合格证等相关资料。做好施工过程中材料的储存、保管、工具的交叉使用清洗等防护工作。

（3）严格按国家建筑工程有关技术规定规范及结合自身的先进经验组织施工。加强施过程的监督管理，严格按验收规程把好每一道工序，工程质量必须一次达到优良。

（4）严格执行技术交底，工长对班组进行详细交底，并组织班级了解施工方法，掌握技术要领，明确质量要求。

（5）测量放线控制范围

①垂直度：高度小于 30m 的误差应该保证在 5mm 内；大于 30m 小于 60m 的允许误差应该保证在 10mm 内；大于 60m 小于 90m 的允许误差应该保证在 15mm 内（经纬仪检查）。

②水平度：层高小于 3m 的应该小于 2mm；层高大于 3m 的应该小于 3mm。

③直线度：长度在 30m 内的应该保证在 5mm 内；长度大于 30m 小于 60m 的允许误差应该保证在 10mm 内；大于 60M 小于 90M 的允许误差应该保证在 15mm 内（用直线加钢尺检查）。

（6）外墙保温装饰板安装的允许偏差（符合 GB 50210—2001 规定）见表 3。

表 3　外墙保温装饰板安装的允许偏差

项目	允许偏差（mm）	检查方法
表面平整度	≤ 3	用垂直测量尺检查
接缝直线度	≤ 4	拉 5949m 线，不足 5m 拉通线，用直尺检查
接缝高低差	≤ 2	用直尺和塞尺检查
接缝宽度	≤ 1	用直尺检查

（7）外墙保温装饰工程应平整、洁净、无歪斜和裂缝。

（8）在距建筑物保温装饰板面正前方 5m 外，目测角度为 90°　±20° 内观测，色泽应均匀一致，无发花现象。

（9）分格缝应横平竖直，宽窄一致。IDGD 保温装饰板边缘应覆盖 1 ~ 2mm 密封胶，并达到密封要求。

（10）贴了保护膜的板材，遇板材需要切割时一定要将保护膜撕开后再切割，并随即用砂纸打磨切割后的边角，待切割处光滑后再覆上保护膜。

（11）落实"三检制"，在施工中，各工序之间严格执行"三检制"，即自检、专检、交接检，做到检查有记录、整改有措施、复查有结果。

（12）做好施工过程中材料的储存、保管、工具的交叉使用清洗等防护工作。

8　安全措施

8.1　安全标准

本工法除严格遵循以下标准、规范和规程外，还应执行项目所在地行政主管部门和相关行业的文件及要求。《施工现场临时用电安全技术规范》（JGJ 46—2005）；《建筑施工安全检查标准》（JGJ 59—2011）；《建筑施工扣件式钢管脚手架安全计划规范》（JGJ 130—2011）；《建筑机械使用安全技术规程》（JGJ 33—2012）。

8.2　安全管理措施

（1）认真贯彻"安全第一，预防为主"的方针，根据国家有关规定、条例，结合施工单位实际情况和工程具体特点，建立安全保证体系，设立安全管理机构，工程项目设立安全小组、班组设安全员，形成一个健全的安全保证体系，安全管理机构负责日常安全工作，定期组织安全检查，对不符合要求的及时发出整改通知，对违章作业者进行批评教育和处罚。

（2）优化安全技术组织措施，包括以改善施工劳动条件，防止伤亡事故和职业病为目的的一切技术措施，如积极改进施工工艺和操作方法，改善劳动条件，减轻劳动强度，消除危险因素，机械设备应设有安全装置。

（3）严格执行各项安全操作规程，施工前要进行安全交底，定期进行安全教育，加强工人的安全意识教育。

（4）特种作业操作人员必须持证上岗，各种作业人员应配带相应的安全防护用具及劳保用品，严禁操作人员违章作业，管理人员违章指挥。

（5）施工人员必须遵守劳动纪律，坚守岗位，不擅自串离岗，不得在禁止吸烟区吸烟或用火。不随意进入危险场所或触摸非本人操作的设备、电闸、阀门、开关等。

（6）凡进入现场的人员，均要戴安全帽，正确使用"三宝"。

（7）施工现场按符合防火、防风、防雷、防洪、防触电等安全规定及安全施工要求进行布置，并完善布置各种安全标识。

（8）各类住房、库房等的消防安全距离做到符合公安消防部门的规定，室内不堆放易燃品。严格做到不到易燃处吸烟，随时清除现场的易燃杂物，不在有火种的场所或其近旁堆放生产物资。

（9）施工现场的临时用电严格按照《施工现场临时用电安全技术规范》的有关规范规定执行。多机作业用电必须分闸，严禁一闸多机和一闸多用，施工现场电缆、电线必须按规定架设，严禁拖地和乱拉乱搭。

（10）电缆线路应采用"三相五线"接线方式，电气设备和电气线路必须绝缘良好，场内架设的电力线路其悬挂高度和线间距除按安全规定要求进行外，将其布置在专用电杆上。

（11）施工现场使用的手持照明灯使用 36V 的安全电压，室内配电柜、配电箱前要有绝缘垫，并安装漏电保护装置。

9 环保措施

（1）严格遵循国家规范和标准要求，执行项目所在地行政主管部门和相关行业的文件及要求。

（2）成立对应的施工环境卫生管理机构，在工程施工过程中严格遵守国家和地方政府下发的有关环境保护的法律、法规和规章，加强对施工燃油、工程材料、设备、废水、生产生活垃圾、弃渣的控制和治理。

（3）遵守有防火及废弃物处理的规章制度，做好交通环境疏导，充分满足便民要求，认真接受城市交通管理，随时接受相关单位的监督检查。

（4）施工现场必须按施工平面图进行布置，不能随意改变。现场材料进场道路保持畅通无阻，排水畅通，无积水，场地整洁、材料堆放整齐，无施工垃圾。

（5）高空作业时，周围防护栏杆必须高出作业面 2m 并围护好，形成隔声墙，减少噪声对外的扩散。

（6）严格执行夜间施工作业许可制度，严格按《中华人民共和国城市区域环境噪声标准》中有关施工噪声，污水排放、扬尘污染控制要求实施。

（7）做到工完场清，废弃物产生后，责任单位人员应按分类要求放置到临时存放地或垃圾池里，不得随意乱放乱丢。

10 效益分析

10.1 经济效益

本工法在确保施工质量的同时大大加快施工进度，减少隐性成本，现以株洲新芦淞玉城服饰白关产业园 20～31 号楼及其室外工程项目施工为例进行经济效益分析：

（1）采用一体化板施工使外墙保温装饰一次成型，减少了施工工序，大大缩短了施工周期，比传统的保温＋外装饰的施工方法缩短工期约 1/3。

（2）IDG 一体板的生产及黏结砂浆均采用"油水合一"的复合改性合成树脂，该树脂采用特殊催化工艺，在原有溶剂型高分子材料上将部分有机官能团用无机官能团替代，使树脂可以同有机物和无机物形成有机缔合反应，成为有机整体，有效提高外墙装饰的整体性，其使用寿命比普通涂料延长约一倍。

（3）采用 IDG 外墙保温装饰一体板减少了施工工序，减少了劳务成本和材料成本，外墙成本可降低约 25%。

（4）本施工工法采用湿贴＋锚固定的方式进行安装，同时"油水合一"的复合改性合成树脂的应用，使外墙装饰牢固可靠，克服了外墙装饰存在的渗漏、脱落、裂缝等质量通病，保证了外墙装饰的质量。

10.2 社会效益

该工法相比传统施工方法，加快了施工工期，节约了建筑成本，降低了人工消耗，质量更可靠，更为节能环保，使用寿命更长，为今后广泛推广应用奠定了基础。因此，该工法具有显著的社会效益。

11　应用实例

本施工工法在株洲新芦淞玉城服饰白关产业园 20 ～ 31 号楼及其室外工程、株洲市三个中心等工程应用后，均证明质量优良、经济效益和社会效益较好。

11.1　株洲新芦淞玉城服饰白关产业园 20 ～ 31 号楼及其室外工程

株洲新芦淞玉城服饰白关产业园 20 号～ 31 号楼及其室外工程，位于株洲市芦淞区白关镇，总建筑面积 10.5 万 m²。本建筑设计 6 层，框架结构，建筑高度 24.8m。该项目于 2016 年 7 月开工，2017 年 9 月竣工。该工程外墙采用 IDG 保温装饰一体板施工提高了施工工效，减少了施工工期，节约了成本。本施工方法采用湿贴＋锚固定的方式进行安装，同时"油水合一"的复合改性合成树脂的应用，使外墙装饰牢固可靠，克服了外墙装饰存在的渗漏、脱落、裂缝等质量通病，保证了外墙装饰的质量。

11.2　株洲市妇女儿童活动中心中心工程

株洲市妇女儿童活动中心工程位于株洲市天元区，西向邻神农大道，东侧为森林路，南北侧为保留山体。妇女儿童活动中心建筑面积：36679.9m²，其中地下部分面积 12266.9m²，地上部分面积为 13313.1m²，占地面积为 5774.1m²。建筑层数：地下 2 层，地上 3 层。建筑高度：19.65m。该项目于 2016 年 5 月开工，2017 年 6 月竣工。该工程外墙采用 IDG 保温装饰一体板施工提高了施工工效，减少了施工工期，节约了成本。本施工方法采用湿贴＋锚固定的方式进行安装，同时"油水合一"的复合改性合成树脂的应用，使外墙装饰牢固可靠，克服了外墙装饰存在的渗漏、脱落、裂缝等质量通病，保证了外墙装饰的质量。

彩钢瓦屋面分布式光伏发电电站
屋面安装部分施工工法

易明宇　文　武　刘齐清　熊进财　刘望云

湖南天禹设备安装有限公司

摘　要： 彩钢瓦屋面分布式光伏发电电站屋面安装工作，可通过检修通道安装、夹具支架安装、光伏组件安装、桥架安装、光伏线与直流电缆敷设、汇流箱安装、屋面补漏维护等工序完成，本工法简单易懂、施工方便，可提高施工效率、避免返工、减少材料浪费。

关键词： 彩钢瓦屋面；光伏电站；屋面安装

1　前言

随着不可再生能源的消耗日益增加，世界对可再生能源的开发日益重视。太阳能作为第一可再生能源，具有取之不尽用之不竭、无污染等优良特点。太阳能的利用从地面光伏电站演变到屋面光伏电站，近几年，湖面光伏电站也得到开发。其中屋面光伏电站的建设，不仅可以缓解工业用电需求，同时装饰了工业厂房，使厂房屋面具有很强的观赏性。

我国拥有大量的工业厂房，工业厂房屋面具有面积广、承载强度高等特点，这些特点是屋面光伏电站得到开发的必然条件。本工法针对彩钢瓦屋面分布式光伏电站屋面安装部分提出一套合理的施工工艺流程并总结了每个工序存在的问题。一套合理的施工工艺流程结合施工过程中的问题总结，不仅能够大幅度提升施工效率，同时能够减少返工现象的发生，确保工程质量。该施工技术应用在几个项目上，均创造了良好的经济效益和社会效益。

2　工法特点

（1）能够大幅度提高施工效率，避免返工现象的发生。

（2）简单易懂，施工方便。

（3）能大幅度降低材料浪费、提高劳动力的生产效率。

（4）能加快施工进度。

3　适用范围

本工法适用于工厂彩钢瓦屋面、光伏电站屋面的安装施工。

4　工艺原理

彩钢瓦屋面分布式光伏电站屋面安装主要包括检修通道安装、夹具支架安装、光伏组件安装、桥架安装、光伏线与直流电缆敷设、汇流箱安装、屋面补漏维护等工序。工序之间实现合理搭配，各工序实现规划施工。整个施工流程由以点到线，再以线到面的形式形成一张网，通过这张网，将控制工程施工质量和控制施工成本，从而确保工程质量和创造经济效益及社会效益。

5　工艺流程和操作要点

5.1　工艺流程图（图1）

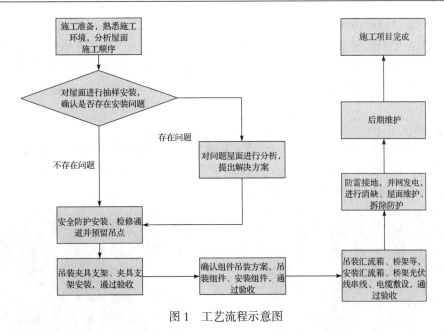

图 1　工艺流程示意图

说明：只适应于材料提供充足、施工时间充足等正常施工条件下。

5.2　工艺要点

5.2.1　施工准备

（1）施工前，对所有施工屋面进行熟悉，排除安全隐患。

（2）根据施工图纸以及施工现场的实际情况，确认屋面施工顺序，以从小到大，从简单到复杂的原则进行顺序确认。

（3）熟悉甲方提供的材料，确认材料是否配置合理。

5.2.2　抽样安装

由于屋面的多样性，同一工厂不同屋面、同一屋面不同区域都存在着不同的问题，因此抽样安装是施工过程中必不可少的重要工序。抽样安装的目的是为了统计这些问题，避免由于施工后才发现问题而造成大面积返工。返工意味着施工质量下降以及施工成本提高和施工进度延后。

关于抽样安装，本工法提出夹具抽样安装，夹具是光伏组件与屋面的基础连接，只要夹具安装合格就意味着支架、光伏组件的安装合格，同时，夹具安装操作简单，因此统计问题的效率非常高，以下就是通过夹具抽样安装发现的问题案例以及解决方案。

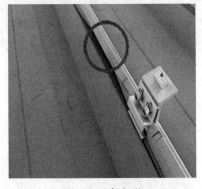

图 2　屋脊变形

图 3　夹具与屋脊不匹配

图 2 所示屋脊存在严重的变形现象，变形的屋脊和夹具无法扣紧，导致上拉力不足、螺栓螺母无法拧紧等现象。解决方案：适度调整夹具位置，避开变形严重的屋脊。

图 3 所示夹具与屋脊不匹配，图中夹具为菱形夹具，但是由于夹具尺寸与屋脊不匹配，导致夹具安装不稳固。解决方案：增加铝合金垫片，增强夹具与屋脊的匹配度。

5.2.3　安装安全防护、检修通道

安全防护是确保安全的必然条件，外架、上人斜道和屋面临边、洞口等均采用安全防护。同样检修通道的安装也是为了让工作人员在屋面行走安全。其中，安装检修通道前确认吊点是因为检修通道位置常常与吊点位置冲突，安装检修通道时，提前预留吊点位置可以减少一定量的返工。

5.2.4　支架夹具安装

（1）夹具安装

夹具的安装复杂多变，那是由于每个屋面情况都不相同，同一个屋面还存在多种屋脊，每一种屋脊对应一个夹具。合理地计算每个屋面夹具各需多少，可以避免因为大量的材料运输造成的经济损失，以下是夹具与屋脊匹配案例（图 4～图 9）。

图 4　平顶屋脊

图 5　菱形屋脊

图 6　圆形屋脊

图 7　水泥屋面

图 8　扁形屋脊

图 9　斜矩形屋脊

（2）夹具安装的合格要求

合格的夹具安装应具备以下几点：

能够与屋脊完美的结合。螺丝与螺帽紧固完成。能够承受一定的拉力（图 10）。

（3）支架安装

相对夹具安装而言，支架安装要简单得多，它的主要区别在于支架的长度。一般项目中，可采用的支架类型有 1.1m、2.1m、3.1m、4.1m、5.1m。各种长度支架自由组合，形成更长的支架。

一般的支架安装方式为与屋脊平行安装，特殊情况下

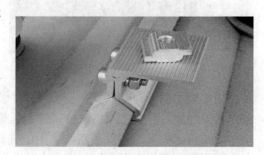

图 10　合格的夹具安装示范

屋面的安装方式为与屋脊垂直安装。平行安装施工方便简单，但是不牢固。垂直安装施工相对困难，但是相对牢固。

5.2.5 光伏组件吊装方案及光伏组件的安装

（1）光伏组件的吊装方案

主要设备：25t 汽车吊、叉车、手动液压叉车。

劳动力组织：吊装指挥员一名、吊装工两名、转运工两名、调度员一名。

各个厂房吊装位置根据现场实际情况预留吊车作业位置进行吊装作业，现场用叉车分布组件到吊装作业区域。采取移动式汽车吊吊装方式，不拆包装整体吊装方法进行吊装。屋面设立吊装平台，平台以屋面檩条为对称轴分布，确保平台受力均匀。

（2）吊装示意图（图 11 ～图 13 ）

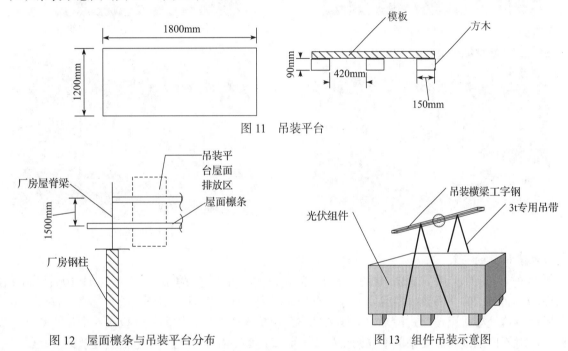

图 11 吊装平台

图 12 屋面檩条与吊装平台分布   图 13 组件吊装示意图

（3）光伏组件安装

为了适应多样性的屋面结构，光伏组件的安装必然也是多种多样的。光伏组件的安装，以局部（一组）串联、整体（多组）并联的方式进行连接。其中每组光伏组件的块数相同，每组的数量主要取决于光伏线规格的大小，一般在 20 ～ 40 块之间。

以一组为 21 块光伏组件为例，可以形成多种搭配，如 1×21、3×7、7×3、10+11、3×5+6 等多种的组合方式。多种多样的组合方式，适应了屋面的多样性，提高了屋面面积的利用率。以下总结了几类在组件安装过程中存在的问题：

图 14 所示属于肉眼可见的外伤。施工的过程中，由于磕碰导致组件报废，光伏组件的外侧以钢化玻璃为保护材料，钢化玻璃虽然具有一定的抗压性，但是经受不住点受力，一旦钢化玻璃某一点被破碎，整个钢化玻璃都会随之扩散性地碎裂。

图 15 所示属于肉眼不可见的内伤，光伏组件内部的光伏原件，都是以局部串联整体并联的形式进行连接。组件的运输、吊装都可能造成光伏组件内部的裂痕，组件内部的裂痕是肉眼不可见的。裂痕的出现可能造成局部开路，开路部分的光伏原件将失去发电条件，也可能造成局部短路，如图就是因为局部短路，造成局部灼烧的现象。

图 16 所示是压块的安装，在光伏组件安装过程中，将光伏组件均匀地安装在支架上是非常重要的，没有量好尺寸，纯粹评个人感觉去安装光伏组件，安装出来的组件不仅不够美观，而且还会出现如图所示的低压块预留长度不足造成的返工现象。

图 17 所示是光伏组件之间存在高度差，这种现象主要是由于屋面本身不平整，屋脊与屋脊之间存在高度差从而导致光伏组件之间存在高度差。

图 14　磕碰造成报废组件

图 15　内部短路灼烧报废组件

图 16　压块预留长度过短

图 17　组件之间存在高度差

5.2.6　电缆桥架的安装

桥架的主要的作用是保护电缆，根据数量和大小电缆分为 100×50、200×100、300×100、300×200、400×200。桥架的拐点处、分支点处需要利用变径直通、变径三通、三通、直角弯头等连接。屋面接跨处要采用接跨式桥架、下线点处要采用垂直桥架。桥架的安装也是一个相当复杂的安装过程，面对不同的现场需要采取不同的桥架安装方式。以下介绍了几种典型桥架安装以及总结了一些桥架施工中存在的问题和解决问题的方案。

（1）典型桥架以及桥架安装方式的简单介绍（图 18～图 23）

图 18　三通、直角弯头

图 19　垂直接跨桥架

（2）桥架安装中存在问题的总结

桥架安装最大的问题在于如何固定桥架，因为屋面属于彩钢瓦，彩钢瓦不允许打孔、钻钉，因此桥架不能直接固定在屋面上。本工法采取先安装夹具、将屋脊和夹具结合，再通过自攻钉将桥架与夹具固定，实现了桥架的固定安装。

图 20　斜角接跨桥架

图 21　水平接跨桥架

图 22　下线点垂直桥架

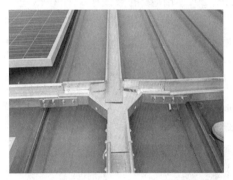

图 23　根据现场需求改造桥架

　　桥架的安装过程中同样存在着非常多的问题（主要是垂直桥架的安装）：

　　如图 24，垂直桥架的安装属于高空作业，安全系数要求极高，必须确保施工人员的安全，采用吊车吊篮的方式进行安装垂直桥架，确保了安全系数，但是吊车租金高，吊车使用率极低。

　　如图 25，垂直桥架的固定方式，利用图中自制支架通过自攻钉的形式将桥架和垂直墙面固定，这种固定方式，由于桥架和电缆自身重量过重，发生倾斜后会造成一定的安全隐患。

　　如图 26，电缆没有拉顺直接回填，造成桥架与地面的连接缺陷。

　　如图 27，屋檐与桥架垂直点处没有做保护措施，桥架和电缆本身过重，造成屋面压损严重。

图 24　吊车吊篮方式安装

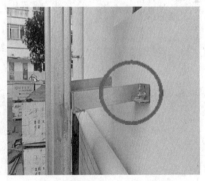

图 25　垂直受力发生倾斜

图 26　桥架与地面连接缺陷

图 27　压损现象

5.2.7　直流电缆与光伏线敷设

　　直流电缆与光伏线的敷设不仅需要大量的劳动力，而且需要施工人员的细心，一旦有一点错误发生，都可能造成不可估量的损失。如直流电缆长度过长或者过短、直流电缆的型号匹配错误、直流电缆破皮导致接地等等。以下总结了直流电缆与光伏线敷设要点以及存在的部分问题。

　　如图 28，直流电缆的敷设需要大量的劳动力，尤其是特别长、拐点多的直流电缆敷设。拉线的时候，工人需要消耗大量体力，施工时需要合理搭配食物以及适度地休息。不能给工人施压，以免造成工人情绪、身体出现异常。

　　如图 29，光伏线的敷设中，在穿孔处一定要安装保护套管，光伏线不同直流电缆，光伏线外层保护相对薄弱得多，在拉线过程中特别容易出现保护层划伤导致接地现象。

　　如图 30，光伏线和直流电缆都需要编号，编号是一个细心活，完成精确的编码，有利于在电路检修中更快、更精确的找出电路问题。

　　如图 31，对于所有的电力线路，绕线是一种错误的施工方式。因为绕线的现象相当于给电路回路中增加了一个电感原件，工作时间长不仅仅降低了发电效率，同时绕线处由于感抗的存在会发热，严重的会导致线路着火。

图 28　合理安排劳动力

图 29　保护套管保护光伏线

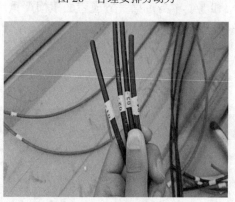

图 30　光伏线的编号

图 31　绕线现象

5.2.8　直流电缆与汇流箱的匹配计算、汇流箱的安装、防雷接地安装、补漏补修工作

　　（1）直流电缆与汇流箱的匹配计算

　　多少汇的汇流箱需要匹配多大的直流电缆，这是一个非常重要的理论知识。大多数电工以工作经验去评感觉判断，这样往往会出现不必要的损失，严重的会导致直流电缆起火。

　　同样的以一组 21 块组件为例，光伏组件其实是一个恒压源，通过测量一组光伏组件（$N = 21$ 块组件串联）两端电压 $U_1 = 750V$，一块组件额定功率 $P = 260W$。

　　一组组件两端电流　　　　　　　　$I_1 = P \cdot N/U_1 = 7.28A$　　　　　　　　　　　（1）

式中　I_1——一组光伏组件串联电流，A；

　　　U_1——单块光伏组件端电压，V；

P——单块光伏组件额定功率，W；

N——一组光伏组件组件块数。

汇流箱的电流　　　　　　　　　　　　　　$I_2 =7.28 \cdot X$　　　　　　　　　　　（2）

式中　I_2——汇流箱输出电流，A；

X——汇流箱汇数。

因此只要满足直流电缆允许通过的最大电流即可。

（2）汇流箱的安装

汇流箱的安装属于一种工艺活，不仅仅要求安装正确，还要求安装美观。

如图 32，汇流箱的安装，不仅仅要求设计的时候利用光伏线最优化，而且还要求整体布局美观，汇流箱内包括四种线：光伏线、直流电缆线、信号线、接地线。

如图 33，汇流箱内部结构要求整洁，光伏线的排布要美观。

如图 34，在对汇流箱安装的时候，要防止汇流箱进水，提前做好防水措施，每一次对汇流箱进行操作之后，都要关好汇流箱，做好防水工作。

图 32　汇流箱与汇流箱之间等距排列

图 33　汇流箱内部结构图

图 34　防雨保护措施

（3）防雷接地安装、漏雨补修工作

防雷接地安装与漏雨补漏工作属于后期工作。其中漏雨补漏工作是不可避免的，在屋面施工难免出现因为安装踩踏等造成的的漏雨。尤其在雨天要确认漏雨点，针对漏点实施补漏工作。

6　材料与设备

6.1　测量仪器设备

（1）钢卷尺：可用 5m、50m 型，5m 卷尺用于短距离的测量，50m 卷尺用于长距离测量。

（2）施工弹线器：可用 I 型，用于弹线、定位。

（3）汽车吊、叉车、手动液压叉车：用于光伏组件以及其他材料的运输。

6.2 施工使用材料

（1）支架、夹具：采用热镀锌支架、夹具，材质符合规范要求，进行现场见证取样，并送检测机构检测。

（2）光伏组件：功率 260W，尺寸 1600mm×900mm。满足符合国家标准的发电要求光伏组件。

（3）光伏电缆：采用 ZR-YJV 电缆其中包括 3×25、3×75、3×150 等各类型号电缆。

7 质量控制

（1）金属材质必须严格按照国家标准且符合设计要求，严禁使用负偏差材料，并且具有产品质量证书、合格证等。

（2）支架夹具螺栓螺母的紧固程度达标。

（3）报废组件不得安装使用。

（4）直流电缆、光伏线进行接地排查。

（5）光伏组件安装时，要求横平竖直，单组组件块数应该介于 12～36 块之间。

（6）光伏电缆敷设时，严禁出现绕线现象。对于电缆型号较大的电缆在拐角处应设专人，避免电缆交叉。电缆穿越建筑物、公路时应加设保护套管。

（7）安装完成后，清理屋面，屋面不得堆放杂物。

8 安全措施

（1）屋面施工人员必须系安全带，安全带采用"高挂低用"方式，戴安全帽，穿工作胶鞋。

（2）吊装光伏组件时，吊机必须配备专职指挥员，缓慢吊装。

（3）屋面施工人员不得酒后作业，有恐高的人员不得进行高空作业。

（4）屋面边缘设立防护栏、防坠落警示牌。

（5）夜间、雨天、四级以上大风等天气情况下不得进行屋面施工。

（6）按规范要求做好临时用电，非电工不得进行电工作业。

（7）施工人员在屋面施工时，不得随意向上或者向下抛物。

9 环保措施

（1）施工场地及时处理拆装纸箱、焊渣等垃圾。

（2）生活垃圾不随意乱丢、屋面严禁大小便。

（3）施工材料进行规划管理，严禁材料乱摆乱放。

（4）在周围居民休息期间，不得进行敲击等作业而造成噪声污染。

10 效益分析

（1）同比一般屋面光伏安装节约工时 15%～20%。

（2）同比一般屋面光伏安装施工进度提高 30%～40%。

（3）返工经济损失占（返工经济占总投资比率）比仅为 0.5%～1%，远低于一般屋面光伏安装施工返工经济损失占比 15%～25%。

11 应用实例

（1）福建厦门厦工机械园屋面光伏电站作为厦门第一个屋面光伏发电电站装机容量达 13.7MW，项目共 23 个工厂屋面，光伏发电有效面积 82050m²，总投资 3200 万元。采用此工法进行屋面光伏电站的安装，在工程质量及施工进度等方面都受到业主的好评。

（2）福建漳州鸿冠工贸有限公司屋面光伏电站，装机容量达 5.6MW，项目共 3 个工厂屋面，光伏发电面积 31550m²，总投资 2230 万元。采用此工法进行屋面光伏电站的安装，在工程质量及施工进度等方面都受到业主的好评。

外墙瓷砖翻新氟碳涂装施工工法

刘　军　谭柏连　杨永鹏　谭文勇　张　星

湖南艺光装饰装潢有限责任公司

摘　要： 由于南方多雨潮湿、空气含较多氯离子，要求外墙装饰材料应具备相应的保护功能，可采用氟碳涂料综合体系达到保护、装饰效果。氟碳涂料具有超长耐久性、耐候性、免维护自洁、耐高温、耐腐蚀等特点，配套专用的找平腻子、滑爽腻子、抛光腻子、封闭底漆可保证外墙涂料平整度、附着力满足要求，避免出现裂缝、起泡等问题，适合在各类建筑外墙、屋顶、桥梁、高速公路围栏及各种金属表面涂装。

关键词： 耐腐蚀；瓷砖翻新；外墙涂料；氟碳涂料

1　前言

南方气候四季分明，夏季气温高，雨水多，空气潮湿，空气中盐分高，土质中碱性成分偏高，尘埃污染能力强，自然条件比较恶劣，尤其是在潮湿、多雨环境下，空气中含大量海洋性污染物，如氯离子等，外墙装饰材料只有具备相应的保护功能，才能真正起到保护、装饰作用。

氟碳涂料具有解决这些疑难问题的特殊功能：

首先，氟碳涂料采用四氟氟树脂为成膜物质，提供了氟树脂所独有的耐久性、耐候性、免维护自洁功能、耐高温性、耐碱性、耐腐蚀性能、耐化学药品性能。精选国外进口无机矿物颜料配以多功能助剂，赋予漆膜手感光滑细腻、流平好、颜色均匀的特点，色泽常年靓丽如新。

其次，MT 氟碳涂料配套专用找平腻子、滑爽腻子、抛光腻子、封闭底漆等材料，解决了传统疑难问题。

尤其关键的是，科学、实用的施工工艺与严格的施工管理提供了施工与应用的保障，使氟碳涂料（"涂料王"）的功能得到充分体现与延伸。

2　工法特点

（1）外墙氟碳漆饰面具有造价低、施工便利，种类多、表现力丰富、效率高、可缩短施工周期等明显特点。

（2）外墙氟碳漆饰面还有色彩艳丽、质轻、无"光染污"和无辐射的特色。其色彩艳丽可以满足现代多元素的规划风格，而质轻则不易整块掉落，即便掉落也不会形成重大事故，最重要的是环保性好。

（3）建筑外墙具有很好的装饰性能，其饰面层的涂装色彩起到装饰美观的效果，不褪色、不粉化、不开裂，颜色持久光鲜亮丽，满足人们对视觉享受的追求。

3　适用范围

外墙氟碳涂料适合在高层、超高层、别墅等建筑外墙、屋顶、高速公路围栏、桥梁及各种金属表面涂装。

4　工艺原理

外墙氟碳漆材料是一种新型建筑材料，在投入少、工期短的情况下，能很好地解决原瓷片墙翻新问题，同时保证了装饰效果和视觉享受。

（1）现场检查旧瓷砖面，空鼓、裂纹、可能脱落的地方用红笔标出，将病态部分及其外 100mm 的地方清除干净。

（2）由专业施工技术员用建筑检测仪、红外线检测仪器、测湿仪等检查基面，记录平整度、窗边线条、外排水管等，并用专用腻子进行修补，抹灰一定要实，确保大面平整。

（3）使用专用找平腻子、滑爽腻子、抛光腻子进行基层整体处理，保证基层黏结牢固及抗裂。

5　外墙瓷砖翻新氟碳漆施工工艺及操作要点

5.1　外墙瓷砖翻新施工工艺流程

施工准备→基面检查与处理→瓷砖翻新专用腻子施工→分格缝整理→找平腻子施工（数遍）→打磨（养护）→滑爽腻子（数遍）→打磨（养护）→抛光腻子（数遍）→打磨（养护）→封闭底漆喷涂→抛光腻子（数遍）→打磨（养护）→氟碳底涂喷涂（两遍）→修缮→打磨→分格缝处理→氟碳面涂喷涂（两遍）→修缮→清洗→验收。

5.2　施工主要要点

5.2.1　施工准备

在施工前必须积极做好施工准备工作，其主要内容有：

（1）熟悉审查施工图纸和有关的设计资料、设计依据，施工验收规范和有关技术规定。

（2）通过上述对施工图纸的熟悉和现场的复测，将可能存在的问题在各个施工阶段前得到更正，为施工提供一份准确、齐全的图纸。

（3）施工人员在进场前，必须进行技术、安全交底。

（4）建立各项管理制度，如施工质量检查和验收制度、工程技术档案管理制度、技术责任制度、职工考核制度、安全操作制度等，认真熟悉施工图纸和有关设计资料，严格执行国家行业标准。

5.2.2　基面检查与处理

（1）检查旧瓷砖面，有空鼓、裂纹、可能脱落的地方用红笔标出。

（2）对空鼓、裂纹、可能脱落部分，将病态部分及其外 10cm 的地方全部清除干净。操作中，要求脚手架必须有防护网，最少有三层满跳板，铲除要求平行作业，严禁垂直作业。

（3）修补：在铲除过的部位加入填补腻子，将留下的洞口用填补腻子修补平整。

（4）由专业施工技术员用建筑检测仪、红外线检测仪器、测湿仪等检查基面，记录平整度、窗边线条、外排水管等，并用瓷砖翻新专用腻子进行修补，抹灰一定要实，确保大面平整。

（5）清洁：对瓷砖面用专用强力去油污清洗剂进行清洗，清洗后的基面不能有垃圾、油污、浮灰等沾污物。

完成以上处理后，再用 180 号砂纸满磨基面，清除基面浮松层，以保证腻子附着强度。

5.2.3　瓷砖翻新专用腻子施工

（1）瓷砖翻新专用腻子采用进口高聚合物、无机黏结料及精选强度增强剂调配而成，加水拌和前，体系是一个稳定的混合体，加水拌和后，在搅拌均匀的情况下，将发生化学反应，生成分子结构很小的凝结体，大大增加了分子间的聚合力，具有极佳的强度，并且具有极小的透水率，防水性能非常好；带有阳离子正电荷的瓷砖翻新专用腻子同带有负离子的基层产生极强的吸引力，因而具有非常惊人的附着力，保证涂料与基体浑然一体，避免脱落等现象；由于产品为无机主料组成，属水性产品，环保无毒、防霉质量好、弹性好、抗收缩、不开裂，而且可遮盖细小裂纹，保证涂料装饰面的平整无缺陷。粒径适宜，填充力强，施工流畅。只有好的材料，配以良好的施工工艺与施工技巧，才能有平滑的平面效果。

（2）施工时用批刀将瓷砖翻新专用腻子薄刮于瓷砖面，一定要均匀、平整，用瓷砖翻新专用腻子将瓷砖缝刮平，形成一个强硬的保护网，有效防止了有隐患的瓷砖脱落。

5.2.4　分格缝填胶及修补

分格缝设置、定位：分格缝的深度、宽度、横竖方向以及整体分布按设计要求进行，按设计单位指定的规格弹线、分格网。根据分格进行切割，一般切割深度为 15 ～ 20mm，宽度为 15 ～ 20mm（具体按设计要求进行切割）。分格缝切割后，用凿子剔平，并用水清洗缝内灰尘。分次填补分格缝专用腻子，每次填补前要用砂子打磨，并用水润湿分格缝后，用专用勾缝工具将分格缝整理成型。

分格缝专用腻子为弹性材料，既起到了高档的装饰效果，更缓冲、减少墙面的开裂应力，防止墙面因热胀冷缩而产生裂纹；同时，其透气性能较好，一定程度上也起了引导气泡逸出作用。

5.2.5　氟碳喷涂专用找平腻子施工

专用找平腻子采用 MT801。施工比例 MT801A∶MT801B ＝ 20∶1.2 乳液，加 20% ～ 30%（质量分数）的清水稀释（具体以适宜批挂为宜）。

氟碳喷涂专用找平腻子采用进口高聚合物，无机黏结料及精选强度增强剂调配而成，加入拌和剂前，体系是一个稳定的混合体，加入拌和剂后，在搅拌均匀的情况下，将发生适中的化学反应，生成分子结构很小的凝结体，大大增加了分子间的聚合力，具有极佳的强度，并且具有极小的透水率。

基层找平腻子施工批涂、刷涂，最少两遍，第二遍在第一遍表干后即可进行。第一遍腻子批刮时，大面用靠尺批平，批时应上下、左右均匀，阴阳用铝合金方管靠直。第二遍腻子批刮并表干后，用 200 号砂纸打磨，打磨后或直接进入下道工序，或进行养护。

如基底面遇暴晒或强风天气干燥，可根据所处环境，采取适当措施。受盐类沾污的表面最好用清水冲洗并保持基面湿润无滴水情况。施工温度 5 ～ 40℃，调好的浆料应在夏天 3h，冬天 4h 内用完，两道工序之间间隔应大于 4h。使用 MT801 一定要严格按比例混合。根据现场情况加入适量水至适宜施工黏度，太稠，批刮困难，太稀，则填充力不好。使用 MT801 找平，注意每遍不宜太厚，同时，刮尺应尽量少拖泥，尽量平滑。表面干燥硬化并打磨后，方可开始养护，一定要养护至最佳状态，具体保养次数及程度须依气候状况具体而定。配好的稀释料在使用过程中可能会变稠，可加相应稀释剂调稀，但已固化的稀释料不可再用。

5.2.6　氟碳喷涂专用滑爽腻子施工

专用滑爽腻子采用 MT802，施工比例 MT802A∶MT802B ＝ 20∶1.2 乳液，加水量为 20% ～ 30%（质量分数）的清水稀释（具体以适宜批挂为宜）。氟碳喷涂专用爽滑腻子采用进口高聚合物、无机黏结料及精选强度增强剂调配而成，加入拌和前，体系是一个稳定的混合体，加入拌和后，在搅拌均匀的情况下，将发生适中的化学反应，生成分子结构很小的凝结体，大大增加了分子间的聚合力，具有极佳的强度，并且具有极小的透水率。

爽滑腻子整体施工三遍，应保持施工一遍，打磨一遍，第一遍表干后用 300 号砂纸打磨，打磨后，用靠尺测量表面平整度，对凸起部位重点打磨，对凹下部位进行点补，然后再进行第二遍批刮，第二遍批刮前，用水润湿表面，批刮后一表干，便可用 600 号砂纸打磨，如第二遍批刮已满足平整度，便可进入养护工序，否则，应进行第三遍批刮。施工温度控制在 5 ～ 40℃。调好的浆料应在夏天 3h，冬天 4h 内用完。两道工序之间间隔应大于 4h。MT802 一定要严格按比例混合。根据现场情况加入适量水至适宜施工黏度，太稠，批刮困难，太稀，则填充力不好。充分搅拌均匀，无可见杂质，经过 10min 熟化后方可使用。用 MT802 找平，注意每遍不宜太厚，同时，刮尺应尽量少拖泥，尽量平滑。表面干燥硬化并打磨后，方可开始养护。一定要养护至最佳状态，具体保养次数及程度须依气候状况具体而定。

5.2.7　氟碳专用抛光腻子施工

专用滑爽腻子采用 MT803A、MT803B 以及 MT001 稀释剂。采用进口特殊树脂，优质颜料及高性能助剂调配而成，主要设计用途为氟碳喷涂专用抛光腻子。

批涂、刷涂、辊涂，批涂两道，每批一道待干燥 4h 后，用 800 号砂纸细磨，以保证表面光滑细腻。施工温度 5 ～ 40℃两道工序之间间隔应大于 4h。每次配料量不宜过多，以免长时间静置，导致沉淀，若有沉淀应充分搅匀，以使颜料均匀，反应充分。使用时应充分搅拌，配好的漆料最多放置 8h。MT803 应薄涂，少量多次，使表面平滑。遇有大雨大风的天气，则禁止施工。如不慎入眼，请立即用清水冲洗并及时就医。

5.2.8　氟碳专用底漆喷涂

氟碳专用底漆材料采用 MT803 底漆系列以及 MT001 底漆稀释剂施工，氟碳喷涂专用氟碳底漆采用进口特殊树脂，超耐候性颜料，高性能多功能助剂调配而成，比例为 10∶1∶10。富有多种色彩，用于增强对底层的附着力，使表面更易获得平滑、色彩均匀丰富的良好效果。

每次配料量不宜过多，以免长时间静置，导致沉淀。

施工过程中应充分搅匀，以使颜料均匀，反应充分。第一遍喷涂只能薄涂，配好的漆料最多放置 6h，第二道需在第一道表干后开始进行，干燥 6h，可用 600 号砂纸砂磨。每一道喷涂时，必须将墙面润湿，达到足够的厚度。如将要喷涂的墙面旁边有已经喷好漆且干燥，则对已喷好的墙面覆盖至 1m 的距离，以免污染。

湿度 85% 以下，温度 0 ～ 35℃为宜，切勿在以下条件下施工：雨、雪、雾、霜、大风或相对湿度 85% 以上，基面温度最好不低于 5℃，喷涂前打磨并用水将表面冲洗干净，水分去除后方可喷涂，使用时一定要按要求将各组分混合均匀（具体见包装桶），熟化 30min 以上使用。常温下涂装后的漆膜 7d 左右方可完全固化，建议不要提前使用，用完后必须盖好盖。配料要根据当天进度配料，并在规定时间内用完，变稠的料建议不要使用。一定要使用专用配套辅料，严禁用水、香蕉水、醇、汽油等。

5.2.9　氟碳专用中漆喷涂

氟碳专用中漆材料采用 MT8901A/B 底漆系列，MT021 底漆稀释剂，施工比例：MT8901A∶MT8901B∶MT021=10∶2∶5。将 MT8901A/B 与稀释剂按比例调配，搅拌均匀，无可见杂质。专用稀释剂具体加量以适宜施工为宜；搅拌一定要充分、均匀，使颜料分散均匀，反应充分；料要现用现配，未配、未用的料必须盖好盖；调好的料最多放置 8h，变稠的料不能使用。将配好的料熟化 30min，使反应充分，准备投入使用。

喷涂前打磨并用水将表面冲洗干净，水分去除后方可喷涂，且对旁边已经喷好漆且干燥的墙面覆盖至少 1m 的距离，以免污染。MT8901 喷涂第一遍为薄涂一个"十"字（两道）。最少 6h，干燥后用 600 号砂纸打水磨，并等水分干燥后进行第二次喷涂。二次喷涂应厚涂一个"十"字（两道）。施工温度 0 ～ 35℃，基面温度最好不低于 5℃。温度过低，化学反应速度缓慢，强度、硬度反应时间过长，甚至受到影响；温度过高，稀释剂容易挥发，使体系缺乏反应所必须的介质，易粉化。平整度要求小于 1.0mm。

5.2.10　氟碳专用面漆喷涂

氟碳专用面漆材料 MT8101A/B 面漆系列以及 MT005 筑面漆稀释剂。氟碳喷涂专用氟碳面漆采用四氟氟树脂、超耐候性颜料、高性能多功能助剂调配而成，有多种色彩，主要用于建筑外墙、屋顶及各种建材之耐久性保护涂层，也可用于地坪漆或作为耐磨和防腐保护层。

每次配料量不宜过多，以免长时间静置，导致沉淀，应充分搅匀，以使颜料均匀，反应充分。配好的漆料最多放置 6h。第二道需在第一道表干时开始进行，每一道喷涂时，必须将墙面润湿，达到足够的厚度。如将要喷涂的墙面旁边有已经喷好漆已干燥，则对已喷好的墙面覆盖至少 1m 的距离，以免污染。湿度 85% 以下，温度 0 ～ 35℃为宜，切勿在以下条件下施工：雨、雪、雾、霜、大风，或相对湿度 85% 以上，基面温度最好不低于 5℃。打磨并用水将表面冲洗干净，水分去除后方可喷涂，漆膜 7d 左右方可完全固化，建议不要提前使用。一定要按要求将各组分混合均匀，熟化 30min 以上后使用。

5.2.11　验收标准

（1）材料进场均须提供产品合格证、性能检测报告和进场验收记录。

（2）腻子必须平整、坚实、牢固、无粉化、起皮和裂缝，腻子干燥后应打磨平整光滑，并清理干净。

（3）涂料涂饰应均匀、黏结牢固、不得漏涂、透底、起皮和掉粉。

（4）涂料的颜色必须均匀一致，不得出现泛碱、咬色、流坠、疙瘩、砂眼、刷纹等现象；装饰线、分色线直线度不得超过 1mm。

6.1　主要材料

（1）腻子

腻子材料主要包括瓷砖翻新专用腻子、分格缝专用腻子、专用找平腻子（MT801）、专用爽滑腻子（MT802）、专用抛光腻子（MT803）。

（2）油漆

专用底漆（MT8803）、专用中漆（MT8901）、专用面漆（MT8101A/B）。

6.2　主要机具设备

外墙瓷砖翻新氟碳漆施工主要施工机具如表 1 所示。

表 1　主要施工机具

序号	名称		数量	备注
1	空气压缩机		3	进入现场前先校正
2	打磨器		3	进入现场前先校正
3	搅拌机		2	进入现场前先校正
4	气泵		2	
5	喷枪		8	
6	磅秤		2	
7	切割机		5	进入现场前先校正
8	批刀		20	
9	铲刀		20	
10	水平运输	搬运小车	6	自制
11	垂直安装	吊车	2	自制

7　质量控制

工法执行的有关标准和规范

（1）《建筑施工高处作业安全技术规范》（JGJ 80—91）；

（2）《建筑施工扣件式钢管脚手架安全技术规范》（JGJ 130—2001）；

（3）《建筑工程施工质量评价标准》（GB/T 50375—2006）；

（4）《建筑装饰装修工程质量验收规范》（GB 50210—2001）。

8　安全措施

8.1　机械适用安全措施

（1）机具的转动部分及牙口、刃口等尖锐部分应装设防护罩或遮栏，转动部分应保持润滑。

（2）机具的电压表、电流表、压力表、温度计、流量计等监测仪表，以及制动器、限制器、安全阀、闭锁机构等安全装置，必须齐全、完好。

（3）机具使用前必须进行检查，严禁使用已变形、已破损、有故障等不合格的机具。

（4）机具应按其出厂说明书和铭牌的规定使用。

（5）电动的工具、机具必须接地良好。

（6）电动或风动的机具在运行中不得进行检修或调整；检修、调整或中断使用时，应将电源断开。不得将机具、附件放在机器或设备上。不得站在移动式梯子上或其他不稳定的地方使用电动或风动的机具。

（7）所有电动机械设备必须通过单一开关控制，手持电动工具必须装有漏电保护器。

（8）对施工机械和电动工具进行经常性检查和维修。

8.2　吊装作业安全措施

（1）进入吊装施工现场必须正确佩戴安全帽，高空作业时必须系安全带，并正确使用安全带挂钩。

（2）起重工必须持证上岗。

（3）各吊装施工人员必须严格执行"十不吊"之规定。

（4）严禁使用已达到报废程度的钢丝绳，临挂件钢丝绳安全系数应大于 10 倍。

（5）链条葫芦需经检查合格，严禁链条葫芦超负荷使用，不准将双股链拆为单链使用，严禁使用已达到报废程度的链条葫芦；如物件在空中长留时，应将手拉链绑在起重链上。

（6）所有起吊设备必须合格，并在起吊前经过检查确认安全有效。

（7）钢丝绳使用时与梁棱角接触处应设置包角保护。

（8）吊装施工人员进入施工现场应有"我不伤害自己，我不伤害他人，我不被他人所伤害"的安全意识。施工作业区应做到"工完、料尽、场地清"。

8.3　高空作业安全措施

（1）高空作业必须系好安全带、戴好安全帽。

（2）施工前检查脚手架的可靠程度，由专职安全检查员验收后挂牌使用。按规范张挂安全网。

（3）小件物品如扳手、榔头、螺栓等必须放在工具袋内，防止坠落。

（4）禁止上、下抛物件。

（5）拧紧螺栓时禁止使用活扳手，需使用套筒扳手或眼镜扳手。

（6）接好临时避雷设施。

（7）在需要的场所设安全扶手、围栏等安全设施。

8.4　消防安全措施

（1）施工现场禁止使用炉火取暖，在施工程内不许采用炉火保温。

（2）在库房内和其他容易引发火灾的场所，严禁吸烟，严禁明火操作。

（3）进行电、气焊作业前，必须有现场消防保卫人员或防火负责人指定的专人办理用火审批手续，用火地点变更时，应重新办理用火审批手续，用火证当日有效。

（4）进行电、气焊作业时，要选择安全地点，认真落实有针对性的防火措施，必须派专人进行监视，随身携带灭火用具。

（5）禁止在"严禁明火"的部位及周围进行焊割，禁止焊割未经清洗的可燃气、易燃气、液体及喷漆用过的容器和设备。

（6）电焊工必须要有焊工上岗证，无上岗操作证者不准从事电焊作业。

（7）坚持实行"动火审批制度"。施工班组动火前，必须按动火审批程序，先由施工班组长对施工现场进行考察，符合动火条件后，由施工班组长按规定填写动火申请表，再由施工员和项目部经理签名审批。动火证有效期最长不能超过一个星期，对于超过一个星期以上的动火点，要重新办理动火证。

8.5　用电安全措施

（1）按有关规定，在施工现场专用的中性点直接接地的电力线路中必须采用 TN-S 接零保护系统。

（2）电气设备的金属外壳必须与专用保护零线连接。专用保护零线（简称保护零线）应由工作接地线、配电室的零线或第一级漏电保护器电源侧的零线引出。

（3）作防雷接地的电气设备，必须同时作重复接地。同一台电气设备的重复接地与防雷接地可使用同一个接地体，接地电阻应符合重复接地电阻值的要求。

（4）架设电源线路，安装、检查电气设备，必须严格按照《电业安全工作规程》的要求进行。非电工或不具备电学知识的专业人员，不得私拉乱接电线。

（5）严禁在办公室、库房、实验室使用电炉、烤火炉、电饭锅等大功率电热器。

（6）凡新增单项功率在 500W 以上的施工设备，安装使用前必须向甲方提出申请，经批准后方可安装和使用。

（7）手持电动工具和小型电动工具的使用。首先电动工具应符合国家标准的有关规定，并在使用前进行摇测登记进行跟踪管理。工具的电源线、插头、插座应当完好，使用无接头的电源线。工具的外绝缘线应完好无损，维修保养应由专人负责。潮湿场所严禁使用一类电动工具，操作人员配带必要的劳保用品。

（8）搬迁或移动用电设备必须切断电源，经电工做处理后进行迁移，安装、维修或拆除临时用电必须由电工完成。

（9）接任何电气设备电源插头，必须完好无损，电缆外皮应压入盒内，不准带电荷插接和拔下电源插头，停用设备的插头必须放在防水、干燥、防压砸的位置。电气设备有故障应找电工，不得私自处理接线。

9 环保措施

（1）执行《建筑施工现场环境与卫生标准》（JGJ 146—2004）。

（2）实行环保目标责任制：把环保指标以责任书的形式层层分解到有关班组和个人，建立环保自我监控体系。

（3）在施工现场组织施工过程中，严格执行国家、地区、行业和企业有关环保的法律法规和规章制度。

（4）在施工现场，主要的污染源包括噪声、扬尘、污水和其他建筑垃圾。从保护周边环境的角度来说，应尽量减少这些污染的产生。

①噪声控制。除了从机具和施工方法上考虑外，可以使用隔声屏障、使用机械隔声罩等，确保外界噪声等效声级达到环保相关要求；所有施工机械、车辆必须定期保养维修，并于闲置时关机以免发出噪声。

②施工扬尘控制。可以在现场采用设置围挡，覆盖易生尘埃的物料；洒水降尘，场内道路硬化，垃圾封闭；施工车辆出入施工现场必须采取措施防止泥土带出现场。同时，施工过程堆放的渣土必须有防尘措施并及时清运，工程竣工后要及时清理和平整场地。

③污水控制。施工现场产生的污水主要包括雨水、污水（又分为生活和施工污水）两类。在施工过程中产生的大量污水，如没有经过适当处理就排放，会污染周边环境，直接、间接危害水中生物，严重还会造成大面积中毒。因此，应设置污水处理装置，减小施工过程对周边水体的污染。

④对于建筑垃圾的处理，尽可能防止和减少垃圾的产生；对产生的垃圾应尽可能通过回收和资源化利用，减少垃圾处理量；对垃圾的流向进行有效控制，严禁垃圾无序倾倒，防止二次污染。这样，才能实现建筑垃圾的减量化、资源化和无害化目标。

⑤最后，在施工方法的选择上，应合理安排进度，尽量排除深夜连续施工；将产生噪声的设备和活动远离人群，避免干扰他人正常工作、学习、生活。在技术措施方面，多采用环保节能的新工艺、新技术，以提高劳动生产率，降低资源消耗，同时减小施工过程对周边环境的影响。

10 效益分析

外墙氟碳漆材料为新型装饰材料，既具有一般装饰材料的功能，又有良好的耐腐蚀、耐高温等性能。本工法通过现场施工，提高了工作效率，降低施工成本。本工法能指导外墙瓷砖翻新氟碳漆的施工，经实践：该工法具有方便快捷，减少人工消耗且质量可靠的特点，且取得了良好的经济效益和社会效益。

11 应用实例

实例一：株洲市妇幼保健院整体搬迁改扩建项目一期六栋楼装饰装修工程，项目位于株洲市芦淞区车站路 128 号。包含体检中心、门诊大楼、生殖中心、急诊中心、办公大楼、儿保中心六栋楼内外装修。工程总造价约 1800 万元，装修面积约 13408m²。

　　本工法运用于该工程生殖中心、门诊大楼、体检中心外墙装饰，取得了很好的经济效果及装饰效果。现场完工照片见图 1。

图 1　现场照片

　　实例二：永州翠竹路建筑立面综合提质改造工程。项目东起永州大道，西至湘江东路，全长约 1.7km，总投资约 3160 万元，改造房屋 31 栋，总建筑面积约 20 万 m²。

　　本工法运用于 8 ～ 15 栋外墙装饰，提升了城市品质、改善了人城市风貌、美化了城市环境。现场完工照片见图 2。

图 2　现场照片

有横梁陶土板幕墙施工工法

颜　立　李桂新　周　剑　焦　鹤　汤　静

湖南省第五工程有限公司

摘　要：陶土板作为新型装饰材料因具有艺术感、耐久性好等特点得到了越来越广泛的应用。对于有横梁陶土板幕墙施工，可采用固定在建筑物主体结构上的立柱、横梁组成骨架，通过特殊扣件将陶土板安装在横梁上，形成装饰面层，从而达到建筑装饰效果。

关键词：横梁；陶土板幕墙；建筑装饰

1　前言

陶土板为天然陶土通过真空高压挤压成型，高温煅烧而成，作为新型建筑装修装饰材料，陶土板幕墙具有庄重而强烈的艺术感，产品耐久性能好，颜色日久弥新的特点。我司通过工艺研究和施工实践，经过总结形成有横梁陶土板幕墙施工工法。

2　工法特点

（1）有横梁陶土板幕墙安装简便、安全可靠，施工进度较快。

（2）通过陶土板之间的缝隙实现背面通气，防止背面结露。

（3）环保、无辐射、色泽稳定、自洁能力强。

（4）板块可随意切割，布置灵活，可单块安拆，更换维修方便。

3　适用范围

适用于 7 度及以下抗震要求的建筑物有横梁陶土板幕墙工程施工。

4　工艺原理

有横梁陶土板幕墙属于构件式幕墙，由安装固定在建筑物主体结构上的立柱、横梁组成骨架，通过特殊扣件将陶土板安装在横梁上，形成装饰面层，从而达到建筑装饰效果。

5　施工工艺流程及操作要点

5.1　施工工艺流程

施工工艺流程见图 1。

5.2　操作要点

5.2.1　施工准备

（1）编制专项施工方案，对操作人员进行岗前培训，并做好安全技术交底工作。

（2）根据建筑设计装饰图进行排板设计，画出排板图。

（3）对外墙龙骨的预埋件位置进行检查。

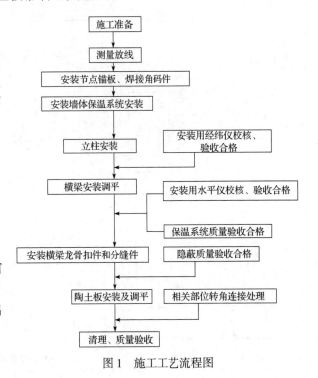

图 1　施工工艺流程图

5.2.2 测量放线

（1）复查土建移交的基准线；

（2）核对每一层土建的室内标高，将室内标高线移至外墙施工面，并对建筑物外形尺寸进行偏差测量，确定出干挂陶土板的标准线。

（3）以标准线为基准，按照排板图将分格线放在墙上，并做好标记。

5.2.3 安装节点锚板、焊接角码件

（1）用 $\phi0.5 \sim 1.2mm$ 的钢丝在单幅幕墙的两端各挂两根安装控制线。

（2）根据立柱安装位置确定角码安装标记。角码焊接时，角码的位置应与墨线对准，并将同水平位置两侧的角码临时点焊，并进行检查，再将同一根立柱的中间角码点焊，检查调整同一根立柱角码的垂直度，合格后，进行角码与预埋件的满焊，完成后对焊缝进行防锈处理。

5.2.4 立柱安装

立柱从下而上逐层安装就位，并用螺栓将立柱固定在角码上，通过墙面端线确定立柱距主体墙面的距离；调整中间位置立柱的垂直度，合格后，将垫片、螺帽与螺栓点焊。

5.2.5 横梁安装调平

横梁安装时应弹线，并保证立柱与横梁连接牢固，横梁的间距应与陶土板的高度相符。

5.2.6 安装横梁龙骨扣件和分缝件

横梁龙骨验收合格后，再根据陶土板的分格图安装扣件和分缝件，用 $\phi6 \sim \phi8mm$ 不锈钢螺丝把扣件固定在横梁上（横梁已开穿螺丝孔）。陶土板扣件见图2～图4。

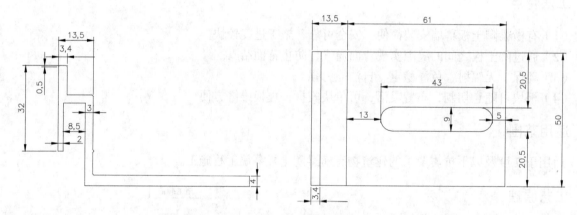

图2 陶土板的底部扣件

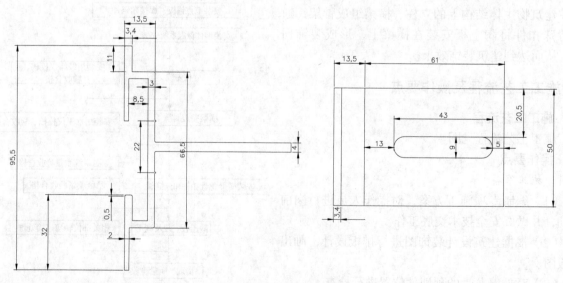

图3 陶土板的中部扣件

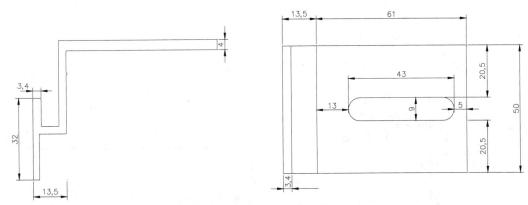

图4 陶土板的顶部扣件

5.2.7 陶土板安装及调平

（1）在一幅幕墙转角处做出上下固定的钢丝铅垂线，并在中间每隔3～4m设钢丝垂线，施工班组以垂线为依据进行逐层安装，以保证幕墙板面的垂直度和竖缝尺寸一致。

（2）陶土板自下而上逐层安装，每层先安装转角处陶土板，再安装中间陶土板。陶土板与挂件之间和挂件与龙骨之间必须采用柔性连接。陶土板横向的接缝处宜留有6～10mm的安装缝隙，上下的陶土板不能直接碰在一起，竖向的接缝处宜留有4～8mm的安装缝隙，填充中性耐候密封胶。

（3）挂件安装在扣件上，一方面固定第一层陶土板，另一方面为下一层陶土板安装提供支撑，在后面的施工中，重复上述安装过程，最后安装顶部收口面板。陶土板挂件见图5。

（4）女儿墙压顶及窗洞口细部做法见图6。

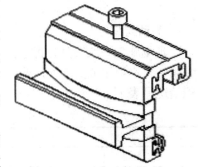

图5 铝挂件三维图

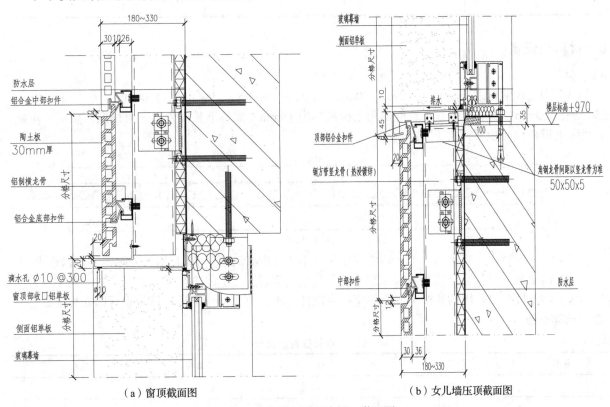

（a）窗顶截面图   （b）女儿墙压顶截面图

图6 女儿墙压顶及窗洞口截面图

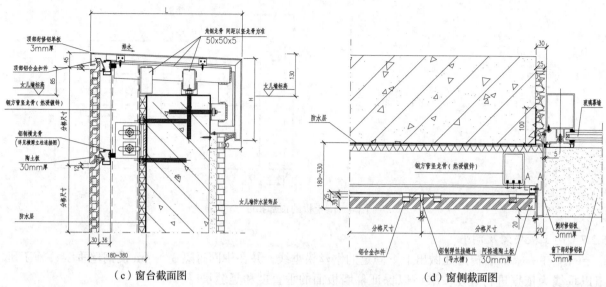

（c）窗台截面图　　　　　　　　　　　　　（d）窗侧截面图

图 6　女儿墙压顶及窗洞口截面图（续）

5.3　劳动组织

现场施工一般宜分为若干作业组进行，具体分工为放样测量组、幕墙骨架制作安装组和陶土板安装组，每小组一般为 5 人，普工 2 人，技工 3 人，组数可根据工作面大小及工期要求确定。劳动力组织情况见表 1

表 1　劳动力组织情况表

序号	工种	人数
1	测量放样组	2
2	幕墙骨架制作安装组	16
3	陶土板安装组	15
4	合计	33

6　材料与设备

6.1　材料

（1）陶土板的标准长度有 400mm，450mm，500mm，600mm，900mm，1200mm，宽度有 200mm，250mm，300mm，450mm 等，带空腔的陶土板板厚为 18mm。除标准长度外，还可根据需要尺寸定制，单块陶土板板面面积不宜大于 0.8m²。

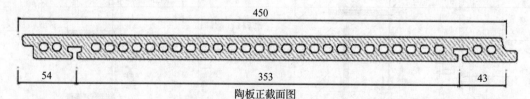

陶板正截面图

（2）陶土板吸水率应小于 11%，弯曲强度不应小于 9.0MPa，并应具有相关年限的质量保证书。

（3）铝合金型材应符合现行国家标准《铝合金建筑型材》（GB/T5237.1）中有关高精级的规定。

（4）陶土板幕墙采用的非标准五金件应符合设计要求，有出厂合格证，符合现行国家标准。

6.2　机具设备

表 2　机具设备情况表

序号	设备名称	规格、型号	单位	数量
1	型材切割机	14 寸	台	2
2	电焊机	300	台	2

序号	设备名称	规格、型号	单位	数量
3	钻铣两用机床		台	1
4	台式钻床		台	1
5	冲击电锤		把	10
6	空压机	0.9m3	台	1
7	手电钻		把	15
8	砂轮切割机		台	2
9	注胶枪		把	40
10	激光经纬仪		台	1
11	水准仪		台	1
12	钢卷尺	50m	把	2
13	游标卡尺		把	1

7　质量控制

7.1　质量控制标准

（1）陶土板幕墙立柱、横梁安装施工质量应符合《金属与石材幕墙工程技术规范》(JCJ133) 要求。

（2）陶土板水平切割尺寸允许偏差不大于 ±2mm，45° 斜角倒边时，出刀口边缘距陶土板正面 4～5mm，允许偏差不大于 ±1.5mm。

（3）相邻两根横梁水平标高偏差不应大于 1mm；同层标高偏差：当墙面宽度≤ 35m 时，不应大于 5mm，当墙面宽度 >35m 时，不应大于 7mm。

（4）观感检验应符合下列要求：

①陶土板幕墙表面应平整，站在距离幕墙 8m 处，用肉眼观察时不应有可察觉的变形、波纹或局部压砸等缺陷。

②陶土板幕墙分格装饰条和收边收角金属框应横平竖直，造型符合设计要求。

③窗洞口收边收口：胶缝应横平竖直，表面光泽无污染。

④竖向导水槽外露部分不得有划痕和表面漆层脱落。

（5）陶土板幕墙安装允许偏差应符合表 3 要求。

表 3　陶土板幕墙安装允许偏差

项目		允许偏差（mm）	检查方法
墙面垂直度	幕墙高度 H（m）		
	H ≤ 30	≤ 10	经纬仪
	30 < H ≤ 60	≤ 15	
	60 < H ≤ 90	≤ 20	
	H > 90	≤ 25	
幕墙表面平整度		≤ 6	2m 靠尺、塞尺
板材立面垂直度		≤ 3	垂直检测尺
接缝直线度		≤ 3	5m 线、钢直尺
接缝宽度		±3.0	钢直尺
接缝高低差		≤ 3.0	钢直尺、塞尺

7.2　质量保证措施

（1）根据建筑物宽度设置足以满足要求的垂线、水平线，确保槽钢钢骨架安装后处于同一平面上。

（2）横梁两端的连接件及垫片应安装在立柱的预定位置，并应安装牢固，其接缝应严密。

（3）陶土板应精心挑选，减少色差。

（4）陶土板切割、开孔应采用机械进行加工，加工后的表面应用高压水冲洗或用刷子清理，严禁用溶剂型的化学清洁剂清洗陶板。

（5）应每天对垂直控制线进行校核，避免测量累积误差，确保幕墙的表面平整度和板材立面的垂直度。

（6）窗洞口处需要用陶土板收口做窗套时，窗台、窗楣板缝及陶土板与窗框接缝处应填充中性耐候密封胶。

8　安全措施

（1）操作工必须经过培训和安全教育方可上岗，并进行安全技术交底，有关人员必须持证上岗。

（2）脚手架搭设应满足有关规范要求，不得随意拆除脚手架。

（3）高空作业时，须配戴劳保用品。

（4）临时用电的架设应满足《施工现场临时用电安全技术规范》(JGJ46）的有关规定。

（5）在电焊作业时，必须设置接火斗；各种防火工具配备齐全，并定期检查。

9　环保措施

（1）陶土板切割和开孔作业时应带水切割，要求合理安排时间，尽量避免夜间施工，操作工人要戴口罩，采取有效措施隔声降噪及降低粉尘排放。

（2）完成每项工序后，应及时清理施工垃圾，并投放到指定地点。

10　效益分析

（1）可加快进度 20%，可降低人工费 20%，减少造价 8%。

（2）陶土板无辐射、无污染，可 100% 回收；自洁性能好，节省使用维护费用。

（3）陶土板自重轻，采用扣件式施工工艺，施工简便，安拆、维修方便。

（4）陶土板色泽均匀，形状稳定，不退色，装饰效果华贵、美观、大方。

（5）带内腔的陶土板，隔声降噪，保温隔热性能好，陶土板幕墙系统符合建筑节能要求。

11　应用实例

（1）中南大学麓南商业广场。工程位于湖南省长沙市岳麓区麓山南路清水路交界处。地上六层框架结构，总建筑面积 17493.16m²，外墙陶土板装饰幕墙 4800m²。陶土板于 2014 年 4 月开始安装，2015 年 1 月安装完成。造型独特新颖，给人以舒展、流畅的美感和动感。

（2）长沙县人民法院审判法庭建设工程位于湖南省长沙县星沙镇，结构形式为钢筋混凝土框剪墙，地上五层，地下一层，总建筑面积 17297m²，外墙装饰部分采用陶土板幕墙，陶土板幕墙面积为 9800m²。本工程所用陶土板规格为 900mm×450mm×18mm（长 × 宽 × 厚），板中带内腔，采用开放式（拼接缝采用密封胶密封）拼挂方式，用铝制扣挂件固定在金属支撑框架上，支撑框架固定在结构主体上。陶土板于 2015 年 6 月开始安装，2015 年 11 月安装完成。由于陶土板富有创意空间，与玻璃、铝单板有机结合布置，起到很好的装饰效果。陶土板幕墙外观及施工质量得到建设、监理、设计等单位的一致好评。

框架式幕墙外侧安装大型竖向铝板
装饰线条施工工法

刘　涵　毛璐超　肖文青　蒋梓明　李　忠

湖南建工集团装饰工程有限公司

摘　要： 为解决幕墙中大型竖向铝板装饰线条安装技术难题，首先，在地面上按外挑装饰线条尺寸加工制作其钢骨架；然后，把线条钢骨架通过钢板焊接于幕墙钢立柱上，幕墙内侧的钢立柱采用铝包钢型材饰面，外侧安装完玻璃之后，再在外挑装饰线条的骨架上安装装饰线条铝板；最后，对缝隙注胶完成幕墙安装。本工法通过把常规装饰线条的扣压摩擦连接改为机械螺丝连接，让线条安装更加牢靠、稳固，能有效保证大型装饰线条的安装质量，可为类似结构幕墙装饰线条形式施工提供参考。

关键词： 框架式幕墙；大型竖向铝板；装饰线条；安装

1　前言

随着社会发展和物质生活水平提高，人们对美的品质追求也向着各个方向不断延伸。作为现代化城市的门面，幕墙行业在建筑领域发挥的功能已经远远超出了建筑外围护的范畴，建筑外立面形式也在向着多元化的装饰发展，各种形状、颜色、材料的幕墙纷纷披挂上阵，争相展示着各自的风采，为城市增添了无数靓丽的风景线。现在越来越多的业主和建筑师倾向于选用大分格、大型装饰线条的明框幕墙或半隐框幕墙，通过这些装饰线条体现建筑外幕墙的造型形式，于是便有了展现规律优美的横向线条，展现高傲挺拔气势的竖向线条，展示棱角凸出的造型线条，这些线条在建筑物整体上往往是画龙点睛之笔。同时大型装饰线条也起到了部分遮阳效果，减少因连续大面积玻璃反射产生的光污染问题。

2016 年湖南建工集团装饰工程有限公司所承建的幕墙项目中，遇到了建筑设计在玻璃幕墙外挑出 400mm（长）×100mm（宽）通长的铝板装饰线条，采用传统明框幕墙装饰盖板做法无法确保安装质量，因为随着明框装饰线条尺寸的加大，要求明框壁厚不断加大，重量也越来越大，当铝合金装饰线条与铝合金压板之间扣接的摩擦力小于铝合金装饰线所承受的风荷载与自身重量时，会造成铝合金装饰线条的脱落，因此当铝合金装饰线条达到一定的尺寸时，应采用其他的安装方式，以确保安全。为此，湖南建工集团装饰工程有限公司精心组织技术人员开展了技术创新，完成了长沙新奥燃气调度指挥中心办公楼幕墙工程，解决了幕墙中的大型竖向铝板装饰线条安装方法，并从中积累了的大量施工经验，创新了"框架式幕墙外挑大型竖向铝板装饰线条施工工艺"工艺做法，把传统明框装饰盖板线条做法改为钢架式幕墙铝板干挂做法，最终达到了设计要求的装饰线条效果，保证了工程质量安全，同时还节省了工程造价成本。

2　工法特点

框架式幕墙外侧安装大型竖向铝板装饰线条施工安装是先在地面上按外挑装饰线条尺寸加工制作钢骨架，然后再把线条钢骨架通过钢板焊接于幕墙钢立柱上，幕墙内侧的钢立柱采用铝包钢型材饰面，外侧安装完玻璃之后，再在外挑装饰线条的骨架上安装装饰线条铝板，最后注胶封缝完成幕墙的安装。本工法创新点就是把常规装饰线条的扣压摩擦连接改为机械螺丝连接，让线条安装更加牢靠、稳固，从而解决了幕墙上安装大型装饰线条造型的要求，同时又提高了安装施工质量。本工法可以为类似结构幕墙装饰线条形式施工做参考。

3 适用范围

本工法解决了框架式幕墙外做大型装饰线条的施工难题，适用于幕墙外做类似大型粗犷线条的工程。

4 工艺原理

框架式幕墙外侧安装大型装饰线条首先要考虑外侧大型线条会增加幕墙立柱的承载负荷，经计算幕墙立柱挠度要求会比较大，这时通常做法是增加型材壁厚或截面尺寸，但是型材刚度性能满足了，解决外侧装饰线条安装方法是个关键问题。当外侧安装装饰线条尺寸大时，会导致装饰线条承受外界风荷载与自身重量增大，线条型材太薄容易变形，型材太厚自身重量负荷较大不易稳固，也不好固定。如果幕墙立柱采用铝型材，线条固定方式只有机械螺栓连接与扣压摩擦连接，但这两种连接方式都无法解决外挑大型装饰线条的安装，所以我们选用钢型材做幕墙立柱，因为钢立柱能在同等厚度与截面尺寸的条件下优于铝立柱，且经济合理，并且钢材的优越性还在于连接形式可焊接。本来外挑大型装饰线条最好的稳固形式就是要求有单独的钢架支撑，为此可以想到单独制作装饰线条钢骨架的加工，再把加工制作好的线条钢骨架通过钢板连接焊于幕墙钢立柱上，同时也把上下之间的线条钢骨架做活动伸缩的连接形式，保证线条钢骨架在每层楼板处留伸缩缝，使装饰线条钢架与幕墙立柱保证同样的伸缩要求，满足幕墙安装工艺的要求。幕墙骨架焊接制作完成后，幕墙内侧边的钢立柱采用铝型材包柱饰面，外侧边先安装幕墙玻璃，然后再安装外侧大型线条的铝板，最后注胶封缝完成幕墙的安装。

具体施工做法见长沙新奥燃气调度指挥中心幕墙项目安装示意图（图1、图2）。

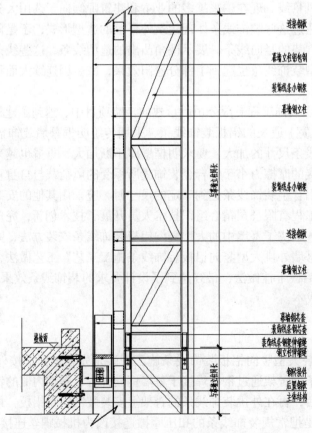

图 1 框架式幕墙外侧安装大型竖向铝板装饰线条施工节点一

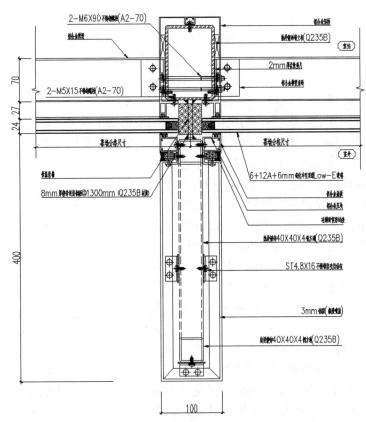

图 2　框架式幕墙外侧安装大型竖向铝板装饰线条施工节点二

5　施工工艺流程及操作要点

5.1　施工工艺流程

现场标高测量放线→钢龙骨放线定位及下料→安装后置钢板→安装钢立柱→安装横龙骨→加工制作装饰线条骨架→安装装饰线条骨架→隐蔽验收→安装层间防火板→安装钢立柱铝包钢型材→安装幕墙玻璃→安装装饰线条铝板→缝隙注胶→清理卫生→感官验收。

操作要点：

（1）现场标高测量放线：根据现场移交的标高基准点复核建筑主体结构完成面情况，并在建筑每个立面的结构表面上做每层固定的标高控制点。

（2）钢龙骨放线定位及下料：先按照设计图纸的分格形式定位放线，把每根立柱中心线在建筑结构表面上弹竖向墨线，然后根据标高控制线算出每层每根钢立柱固定的后置钢板安装位置，并弹好墨线做横向标记。再按照设计节点安装的空间尺寸结合现场结构面的实际情况，拉出每个面的龙骨安装完成面控制线，根据测量放线的结果进行材料下单。

（3）后置钢板的安装：先按照后置钢板大小做好纸模具，再把纸模具放在建筑后置埋板安装的控制线上画好锚栓的打孔位置，然后按照标记好的打孔位置进行打孔，最后安装化学锚栓，把后置钢板套在锚栓上安装固定。

（4）钢立柱的安装：按照钢立柱下料的部位，把钢立柱套上钢转接件焊接于后置埋板上，刚开始先点上一点焊，待其稳定调平上下位置之后再焊接钢转接件，在调整钢龙骨进出水平线后再紧固对穿螺栓。注意钢转接件焊接要牢靠，保证设计焊缝高度与长度，同时为了避免钢转接件过度加焊变形，在焊接时要均匀对称加焊。

（5）横龙骨的安装：先找好横梁安装位置，按照横龙骨铝型材结构的安装形式，把与其固定的角码做好，打孔模具靠在钢立柱上标记好螺栓打孔位置，根据对每个做好打孔的标记进行打孔。打完螺栓孔后把角码插于横梁槽口中，再把横梁与角码平放于立柱两边，角码背面放上防静音的垫圈，用不锈钢螺栓穿过横梁角码，通过收紧不锈钢螺栓固定横梁角码，同时注意横梁安装要与立柱平整。

（6）装饰线条骨架的加工制作：按照设计外挑装饰线条的尺寸，在现场地面加工制作单元式的线条骨架，单元式线条骨架加工长度与幕墙立柱一样长，在骨架外侧焊接上与幕墙立柱连接的钢板，加工制作时注意对称施焊，以免过度焊接钢架变形，且所有焊接质量按照设计要求进行，焊接完成之后在地面加工区做好防锈处理。

（7）装饰线条骨架的安装：成批焊接加工完成之后的装饰线条骨架运输到安装位置吊装。先把线条骨架吊直，再把钢架上的连接钢板贴于幕墙钢立柱焊接，同时注意线条钢骨架安装时要与幕墙立柱保持同样的伸缩缝，避免线条骨架把幕墙立柱上下连成一个整体，使幕墙立柱失去上下伸缩性。

（8）隐蔽验收：幕墙的避雷带安装要按照设计要求进行施工，在安装面板之前要确保所有螺栓拧紧到位，焊缝高度、长度满足设计图纸要求，并且焊缝均做好防锈处理。

（9）层间防火板的安装：玻璃幕墙四周及层间采用 1.5mm 厚的镀锌钢板做层间防火隔离带，镀锌钢板内填充防火岩棉，镀锌防火板中间的缝隙用防火胶进行封堵。

（10）钢立柱铝包钢型材的安装：室内面的钢立柱采用铝型材包裹饰面，铝型材固定要稳固、端正，铝包钢型材在横梁处要开槽口，并且与横梁接触缝隙打室内收口胶。

（11）幕墙玻璃的安装：玻璃板块初装完成后先对板块进行调整，调整的标准，即横平、竖直、面平。玻璃板块调整完成后马上要进行固定，主要是用螺栓紧固压板固定。每次玻璃安装时，要事先检查玻璃板块自身是否有问题、胶缝大小是否符合设计要求、玻璃板块是否有错面现象、室内铝材间的接口是否平整。在装饰线条与幕墙玻璃接触部位采用小型铝方管压紧玻璃安装，小方管表面再盖上铝合金装饰盖板，最后在小方管的盖板与玻璃接触缝隙部位打上耐候密封胶防水。

（12）装饰线条铝板的安装：装饰线条的铝板安装要拉线定位，先固定每个面、每根装饰线条的上下、左右端头的铝板，通过拉出完成面的控制线定位每块铝板安装。安装时注意铝板与固定玻璃的小方管完成面保持横平竖直，缝隙大小均匀一致。

（13）缝隙注胶：在缝隙两侧贴上纸胶带保护饰面材料不被污染，贴好的纸胶带要保证横平竖直，注胶的缝隙要求保持干净、干燥，为调胶缝的深度，避免三边粘胶，缝内填泡沫塑料棒。注胶时要出胶均匀，然后将胶缝表面抹平，刮去多余的胶，撕掉两侧的纸胶带。胶在未完全硬化前不要沾染灰尘和划伤。

（14）清理卫生：幕墙面板清理卫生要及时，在外架拆除之前要清理干净，面板上的余胶、灰尘、保护膜要擦拭干净，不能擦除时可用中性溶剂或清水冲洗擦拭，或者用小刀片刮擦干净，但不能留下刮擦痕迹，特别是室内玻璃面的卫生清理。

（15）感官验收：所有安装施工完成之后，要进行整体的验收，验收内容包括符合设计施工图纸要求、感官视觉良好、资料齐全。

6　材料与设备

6.1　主要材料

　　幕墙玻璃、装饰线条铝板、铝合金横梁、铝合金压块、镀锌矩形方管、镀锌钢板、化学锚栓、M6 螺栓、M4 螺丝、配套弹垫及平垫。

6.2　施工机具

　　交流电焊机、切割机、十字螺丝刀、扳手等。型号数量见表 1。

表 1　机具设备表

序号	名称	数量	型号
1.	交流电焊机	10	BX3-500-2
2.	切割机	2	WS-150
3.	氧割	5	WE20
4.	扳手	20	M8
5.	螺丝刀	20	十字螺丝刀

6.3　测量仪器

水准仪、钢盘尺、钢卷尺、水平尺。型号数量见表 2。

表 2　测量仪器表

序号	名称	数量	型号
1	水准仪	1	S3、N3
2	钢卷尺	10	10m
3	水平尺	10	0.2mm/m

7　质量控制

7.1　工程质量控制标准

本工程执行建筑幕墙国家标准 GB/T 21086—2007，焊接的检验按照设计图纸要求执行，符合《钢结构连接施工图（焊接连接）》（15G909-1）的规定。

7.2　质量保证措施

（1）确保按照 ISO 9001—2000 标准要求，建立完善的现场质量管理体系，并进行有效运行。

（2）严肃认真地执行工艺做法，未征得技术人员同意，任何人不得随意更改技术工艺。

（3）技术人员和施工人员认真学习图纸和相关技术文件，明确质量标准和技术要求，同时对班组作好技术交底。

（4）测量放线过程要严谨，缩小每道工序的误差。

（5）安排专职质检员进行跟班检验，每一构件都应进行相关内容检查，同时，要求班组加强自检和工序交接检。

8　安全措施

（1）认真贯彻"安全第一，预防为主"的方针，建立安全管理体系，执行安全生产责任制，明确各级人员的职责，抓好工程的安全生产。

（2）施工现场按符合防火、防风、防雷、防触电等安全规定及安全施工要求进行布置，并完善各种安全标识。

（3）编制安装专项施工方案、安全用电施工方案等，严格按规定审批执行。

（4）保证施工现场材料、工件、机具、设备放置有序，道路畅通，使施工现场符合文明工地的标准要求。

（5）施工现场的临时用电严格按照《施工现场临时用电安全技术规范》（JGJ 46—2005）的有关规范规定执行。

（6）配电柜、配电箱要有绝缘垫，并安装漏电保护装置。

（7）建立完善的施工安全保证体系，加强施工作业中的安全检查，确保作业标准化、规范化。

9　环保措施

（1）在工程施工过程中严格遵守国家和地方政府下发的有关环境保护的法律、法规和规章，白天施工噪声 ≤ 70dB（夜间 55dB），施工现场无扬尘。加强对施工燃油、工程材料、设备、废水、生产生活垃圾、弃渣的控制和治理。

（2）环保监测主要包括对施工现场的噪声、粉尘、扬尘等进行的监测项目，均需达到国家环保标准。

（3）环保措施

①减少施工噪声措施有：物体搬运轻起轻落；减少施工作业的敲击噪声；金属型材切割时，在周

围加隔声挡板墙，进行防护；吊车作业、砂轮切割机工作时，采取降低噪声措施。

②施工垃圾处理措施有：操作人员戴防尘面具，采用收尘通风装置，尽量减少粉尘对人员和环境的影响。建筑垃圾采用分类整理、统一运至垃圾场。

③减少施工扬尘措施有：对施工现场地面进行洒水，硬化处理，并安排专人定期清扫。施工人员在作业面上做到文明施工，做到工完料尽场地清。

10　效益分析

（1）幕墙外挑的装饰线条使用效果安全、可靠：本工法装饰线条的固定是由钢骨架传导受力，区别于传统幕墙装饰线条扣接连接安装，幕墙装饰线条的安全、耐久性大大提高。

（2）节约资源、降低幕墙工程造价：本工法幕墙立柱采用铝包钢形式，相比于传统纯铝型材做立柱保证了质量、降低了幕墙工程造价的成本。

（3）降低施工成本、加快工期：按本工法施工安装，装饰线条骨架可以在地面成批量加工，减少了高空作业时间，提高了施工效率，也节省了施工造价成本，受天气影响较小，有利于加快工期。

（4）文明施工、保护环境：本工法施工无噪声、无灰尘、不扰民、不污染环境。

（5）丰富幕墙外观效果、推广施工参考做法：本工法可以解决公共建筑框架式幕墙外做大型装饰线条的施工难题，对追求大型装饰线条效果的幕墙施工具有较强的指导意义，有利于施工工艺的推广和应用，提高企业的施工形象。

11　应用实例

本工法于 2016 年 2 月至 2016 年 12 月应用在长沙新奥燃气调度指挥中心办公大楼幕墙项目中，经设计单位及审图机构审查符合相关规范要求，整体效果美观大方，施工效果安全可靠，且节省工程经济造价。

现代装饰超薄夯土墙面施工工法

张晟熙　梁曙曾　吴　鹏　彭　攀　王　珍

湖南建工集团装饰工程有限公司

摘　要：为了改变传统建筑夯土墙体的体量大、施工效率低、结构性弱的缺点，首先，根据设计的造型采用轻钢龙骨支承框架，单侧固定硅酸钙板作为夯土层的衬底；然后，在支承钢骨架或墙体结构上设拉结筋，将主筋与拉结筋焊接，再将分布筋与主筋绑扎连接；最后，将现场搅拌合格的夯土料放入硅酸钙板衬底与钢模板之间，逐层分段夯实成型。

关键词：超薄夯土墙体；轻钢龙骨；支承框架；拉结筋

1　前言

现代装饰超薄夯土墙面是一种具有可持续性、可塑性强、节能环保以及对周围环境适应性强的非自承重受力体的装饰构造。我公司成立 QC 小组对夯土技术进行创新，并运用 BIM 技术深化夯土构造做法，其新技术研发成果为国内首创，经过试验、实践和实施形成本工法。本工法的现代装饰超薄夯土墙面，改变了传统建筑夯土墙体的体量大、施工效率低、结构性弱的缺点，它是夯土材料在建筑装饰行业运用的一次革命，也是装饰夯土技术的一次创新。同时其模板与支模系统具有可任意局部快速拆装、构配件轻巧、操作简便和支撑安全可靠的特点。本工法弥补了装饰夯土施工的技术空白，为国内外建筑夯土材料的推广及运用提供了借鉴。

2　工法特点

（1）现代装饰超薄夯土墙的厚度仅 40 ～ 50mm，比较传统夯土墙（一般不少于 400mm）和夯土填充墙（一般不少于 150mm）要薄很多，大大减少了同面积墙体的夯土原材料的消耗量。

（2）它改变了传统建筑夯土墙自承重受力特点，现代装饰超薄夯土墙可利用不同的支撑骨架形式与主体结构连接，对不同建筑墙体的适应性非常强。

（3）现代装饰夯土原材料是一种粉末状的零尺度材料，具有松散、无固有形态等属性，不同于木材、石材等有形材料，只需制作出适合的模板，就可以塑造出对应的形状或造型，其可塑性很强。

（4）现代装饰夯土还具有耐久性好、取材方便、低污染、无产生建筑垃圾和生态环保等优点。

（5）施工采用小块钢模板，单块规格小，安装拆卸灵活。

（6）模板采用自创的组装式单侧小模板支撑架，可在同一墙面的任意部位单独拆装模板，拼装简单，构造灵活，安全可靠，完全满足夯土的逐层夯锤施工要求和保证正常操作空间的特点，并且能大大提高模板周转利用率。

3　适用范围

本工法适用于钢筋混凝土、砌体、钢结构等各种类型建筑墙体的现代装饰夯土墙面工程。

4　工艺原理

根据设计的造型采用轻钢龙骨支承框架，单侧固定硅酸钙板作为夯土层的衬底。在支承钢骨架或墙体结构上设拉结筋，将主筋与拉结筋焊接，再将分布筋与主筋绑扎连接。主筋采用带肋钢筋，可提高夯土料与钢筋之间的机械咬合力。将现场搅拌合格的夯土料放入硅酸钙板衬底与钢模板之间，逐层分段夯实成型。现代装饰夯土墙面构造示意图见图1。

现代装饰超薄夯土墙采用自创的组装式单侧小模板支撑架系统，按照装饰夯土墙面每层夯锤厚度与工艺操作空间需要，采用组装式单侧支模架可逐层任意安装和拆卸模板，完全满足夯土施工要求。组装式单侧小模板支撑架由三角支撑架、横向背楞、竖向背楞、可调连接件等构件组成。通过现场试验测定了夯土锤夯过程对模板所受侧压力值，经数据分析和计算确定小块模板方案。其构造示意图见图2。

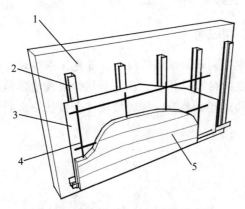

图1　现代装饰夯土墙面构造示意图

1—建筑墙体；2—支撑钢骨架；3—衬板；4—钢筋网；
5—夯土层

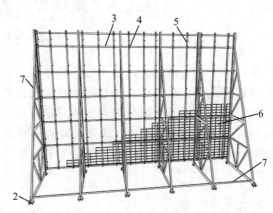

图2　组装式单侧小模板支撑架构造示意图

1—三角支撑架；2—可调底座；3—横向背楞；4—连接件；5—
竖向背楞；6—小块钢模板；7—扫地杆

5　施工工艺流程及操作要点

5.1　夯土工艺流程（图3）

5.2　夯土操作要点

5.2.1　作业条件

（1）建筑结构已验收，在建筑墙面弹出1m标高线。

（2）安装工程管线等预埋完成。

（3）施工地点操作环境温度不低于5℃。

（4）正式施工前，先做现代装饰夯土墙面样板，经鉴定合格后再正式施工。

5.2.2　定位放线

（1）弹出基准线，检查建筑结构墙面是否满足装饰施工的基本要求，特别是垂直度偏差。

（2）将夯土墙面的控制轴线、边界线、定位标高、门窗洞口定位线，根据施工图准确清晰地弹墨线在建筑墙面上，作为施工依据。

（3）复核其尺寸，并在地面和墙面弹出装饰夯土墙面与其他材料的细部轮廓线。

5.2.3　制作支承钢骨架

（1）安装连接板。钢龙骨与建筑墙体采用热镀锌钢角码连接，根据龙骨分格墨线定位连接角码的准确点位，按照点位在墙体结构上电锤打

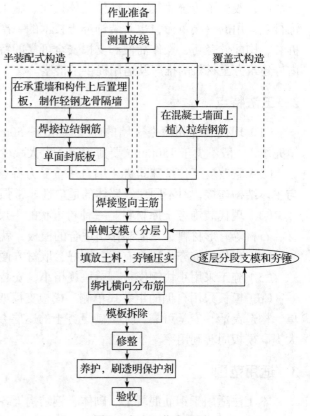

图3　夯土工艺流程图

孔，再用化学螺栓或穿墙螺栓，把连接角码与建筑墙体牢固连接，不许与有松动、悬空等现象。

（2）安装支承钢龙骨架。龙骨根据不同结构墙体可采用镀锌方管或隔墙轻钢龙骨，龙骨的规格、安装间距根据计算而定，镀锌方管的安装间距不应大于900mm，隔墙轻钢龙骨的安装间距不应大于400mm。龙骨安装时，必须调整每根龙骨的垂直度与水平度在误差允许范围内，并做好质量检查

记录。

5.2.4　制作钢筋网

（1）夯土墙面内设置钢筋网，钢筋网由拉结筋、主筋和分布筋组成。

（2）拉结筋应与支承钢骨架满焊连接，焊接处除焊渣后应涂刷两道防锈漆，主筋呈竖向布置，间距不大于 900mm，主筋与拉结筋焊接，分布筋由水平、垂直两个方向呈网格分布，网格间距不大于 300mm×300mm，分布筋与主筋绑扎连接。

（3）主筋与分布筋应在封闭硅酸钙板后安装连接，水平方向的分布筋应根据夯土夯实逐层绑扎，不影响夯土的夯锤操作。

5.2.5　封闭硅酸钙板衬底

（1）在支承钢骨架隐蔽验收合格后，方可进行硅酸钙板衬底的安装固定。

（2）板面在拉结筋点位须开孔，可采用手工切割板材，切割时应使用排尘设备排去灰尘。

（3）为了安装便利，可预先在板面上画出打钉线位置，采用沉头自攻螺钉固定，螺钉中距应为 150～200mm，螺钉应与板面垂直且略埋入板面，钉眼须做防锈处理，并不得破损板面。

5.2.6　安装组装式单侧支模架（详见 5.3 和 5.4）

5.2.7　现场搅拌夯土料

（1）现场搅拌必须严格按照夯土材料配合比进行。

（2）根据配合比确定每盘夯土各种原材料的用量，分别确定好夯土粉末、小石子磅秤标准，在上料时盘盘过磅。

（3）装料顺序应按先装夯土粉末，再装小石子，搅拌均匀后再按粘稠度要求加入适量的水，采用搅拌机搅拌。

（4）搅拌时间根据夯土搅拌的最短时间试验确定。

5.2.8　入料分层夯实

（1）入料前应对模板内的杂物及钢筋上的油污清除干净，并检查钢筋与夯土层的位置关系，钢模板在入料前应均匀涂刷脱模剂。

（2）搅拌好的夯土料在现场运输可使用小推车、吊斗等，搅拌卸出后应及时运到入料位置，延续时间不能超过夯土料的初凝时间。

（3）夯土料应采用铁铲入模，或者选用特制小料斗倒入模内。夯土料应分层入模并逐层夯实，每层入模厚度控制在 50～70mm 左右。锤夯振捣夯土料时，不得触动钢筋和预埋件，夯实时应随时检查夯锤情况，避免胀模、空鼓等现象。夯锤移动间距应小于 100mm，每一夯锤点的延续时间经表面呈现浮浆为度。

（4）夯锤时注意钢筋网，为防止漏锤漏夯，必须在竖向钢筋两侧连续锤夯。

（5）夯土墙面完成后，将墙面上口甩出的钢筋加以整理，用木抹子按标高将顶部夯土抹压平整，切除多余部分。

5.2.9　养护和表面涂抹保护剂

夯土墙面夏天的养护时间为 14d，冬天养护时间为 28d，含水率小于 10% 后，再进行涂刷保护剂。

一般瑕疵可不做修补，对于夯土墙面被污染、漏浆明显等缺陷处，应当适当修补完毕后，再进行涂刷保护剂。

夯土墙面保护剂按照合理的比例进行兑水，搅拌均匀后，采用喷涂或涂刷的方法进行施工，涂刷 2 遍，第 1 遍未完全干透之前进行第 2 遍涂刷，且必须完全覆盖，不出现流淌、漏刷等现象。

5.3　组装式单侧小模板支撑架工艺流程

（1）组装流程：施工场地清理→支模架位置放线定位→三角支撑架底座制作安装→安装三角支撑架→搭设横向背楞、安装连接件→逐层分段安装竖向背楞→安装模板→检查验收。

（2）拆除流程与组装流程相反。

5.4 组装式单侧小模板支撑架操作要点

（1）组装式单侧小模板支撑架施工前应编制专项施工方案，搭设前应进行安全技术交底，并形成书面记录。

（2）应对楼地面承载力进行验算，如不能满足承载要求时，应采取可靠加固措施。

（3）组装式单侧小模板支撑架基础检查合格后，按专项施工方案和设计图纸要求弹出三角支撑架位置线、可调底座位置线（图4）。

（4）三角支撑架的布置方式：三角支撑架垂直于施工墙面和楼地面，与地面采用可调底座支撑，三角支撑架之间采用水平连接杆连接牢固，间距应由计算和构造要求确定（图5）。

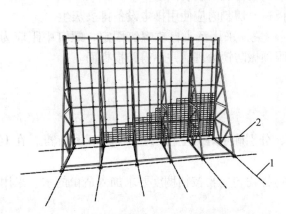

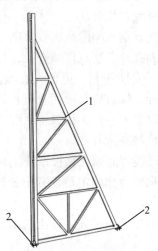

图4　三角支撑架定位放线示意图

1—三角支撑架位置线；2—可调基座位置线

图5　三角支撑架示意图

1—三角支撑架；2—可调基座位置线

（5）三角支撑架应从一端向另一端延伸安装，完成最后一列后，应按要求检查并调整其直线度、垂直度与施工墙面的距离尺寸（图6）。

（6）三角支撑架之间设横向扫地杆加固，在施工期间不能任意拆除。

（7）横向背楞安装：在三角支撑架上的竖杆上设可调支撑托，横向背楞搭设在可调支撑托上，通过螺栓可微调横向背楞与施工墙面的距离尺寸，其调节螺杆的伸出长度不应大于50mm（图7）。

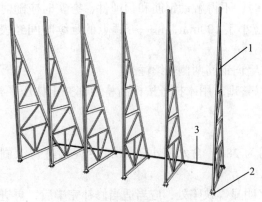

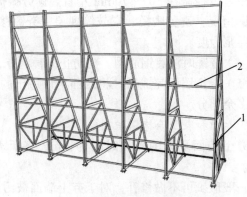

图6　三角支撑架组装示意图

1—三角支撑架；2—可调基座位置线；3—扫地杆

图7　横向背楞组装示意图

1—三角支撑架　2—横向背楞

（8）竖向背楞安装：横向背楞上采用挂搭方式安装连接件，竖向背楞根据墙面施工高度采用逐层分段组装的形式，竖向背楞与连接件采用螺栓连接（图8）。

（9）安装模板

模板安装前应将其表面清理干净，并涂刷界面剂2遍。

小块钢模板与竖向背楞之间采用螺栓连接，模板与模板之间采用螺栓连接。模板可根据夯土施工部位从下至上跟随夯土夯锤高度进行安装，也可根据夯土拆模时间对下部已完工的相应部位模板进行拆除（图9）。

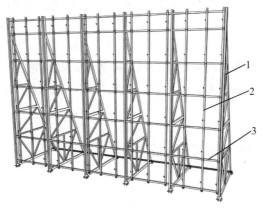

图8　竖向背楞组装示意图
1—三角支撑架；2—竖向背楞；3—横向背楞

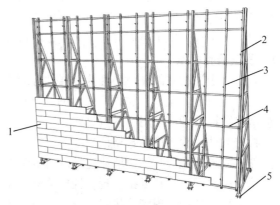

图9　单侧小模板支撑架组装完整示意图
1—小模板；2—三角支撑架；3—竖向背楞；4—横向背楞；
5—可调基座

6　材料与设备

6.1　材料

装饰夯土墙面所使用的各种原材料、构件和组件的质量，应符合设计要求及国家现行产品标准和工程技术规范的规定（表1）。

表1　装饰夯土墙面的主要材料

序号	材料名称	规格型号	备注
1	夯土原材料		
2	硅酸钙板	12mm厚	
3	隔墙轻钢龙骨	100系列轻钢隔墙龙骨	
4	膨胀螺栓	M12×100膨胀螺栓	
5	钢筋	φ6mm	
6	热镀锌钢方管	50mm×50mm×4mm	

6.2　主要机械、设备（表2）

表2　主要机械、设备表

序号	名称	单位	数量	用途
1	电焊机	台	2	用于焊接钢筋
2	切割机	台	1	用于切割加工钢材
3	冲击钻	台	1	用于螺栓墙体钻孔
4	搅拌机	台	2	用于夯土料现场搅拌
5	钢筋切断机	台	1	用于钢筋切割
6	铁锹	把	2	用于搅拌加料
7	磅秤	台	2	用于夯土材料称重
8	手推车	辆	2	用于转运材料
9	小型吊机	台	1	用于垂直运输材料
10	自动水准仪	台	2	用于测量放线
11	全站仪	台	1	用于测量放线
12	10m钢卷尺	把	5	用于测量放线
13	墨斗	套	2	用于测量放线

7 质量控制

本工法属于新技术，暂无相应质量验收标准可采用，所以在参考现行国家标准《建筑工程施工质量验收统一标准》（GB 50300—2013）和《建筑装饰装修工程施工质量验收规范》（GB 50210—2001）的同时，本工程制定了装饰夯土墙面检查项目和检验标准。

7.1 质量检验标准

（1）夯土原材料的颜色、性能、强度等应满足设计要求，应有出厂合格证和进场试验报告。

（2）支承钢骨架和钢筋网所采用的钢材均应符合现行国家和行业标准的规定要求，连接件和方管均应做热镀锌处理或采用不锈钢材质。

检查方法：检查产品合格证。

（3）支承钢龙骨与结构墙体连接的后置螺栓或穿墙螺杆须进行抗拔及抗剪强度试验。

检查方法：原材料复试，现场抽样检测。

（4）后置埋件的现场拉拔强度应符合设计要求。

检查方法：检查现场拉拔强度试验报告书。

（5）装饰夯土墙面制作的允许偏差和检验方法（表3）

表3 装饰夯土墙面制作的允许偏差和检验方法

项次	检查项目	质量要求或允许偏差（mm）	检查方法
1	立面垂直度	4	用2m垂直检测尺检查
2	表面平整度	4	用2m靠尺和塞尺检查
3	阴阳角方正	4	用直角尺检查
4	收缩裂缝	任意20m²范围内收缩裂缝不得大于3mm宽，长度不得大于75mm	用钢直尺检查

7.2 外观鉴定

（1）表面密实平整，无空鼓、裂缝、骨料集中等现象。

（2）表面纹理自然、平顺。

7.3 质量控制措施

7.3.1 拌合料含水率的控制

（1）拌合料的夯实程度与土的含水量相关，施工中应严格控制土料的含水量。水分偏少夯土墙夯不实，水分偏大则夯筑过后干缩裂缝较多，当拌合料的含水率为最优含水率时，夯实效果最好。

（2）最优含水率可通过试验确定，一般采用经验观察确定拌合料的含水率，即用手抓取拌合料，以"手握成团，落地开花"为标准，可测出合适的含水率，一般在11%～14%之间。

7.3.2 夯锤过程的控制

夯锤力度控制在0.5MPa左右，力度过大会引起模板的不稳定和土体破坏。夯锤方法采用人工夯锤，根据装饰夯土墙厚度制作合适的手工小锤，填土后先快速夯锤1遍，然后慢速压实夯锤2遍，特别注意分布筋位置需夯实。

夯锤时，夯点之间应连续、不漏夯。

7.3.3 模板拆卸的控制

（1）模板拆卸时，先松动并取出连接螺杆，再将钢模板紧贴装饰夯土墙体从侧向推出拆卸，保证钢模板不粘土或夯土墙面受到局部破坏。

（2）模板拆卸后，对装饰夯土墙面局部存在的坑坑注注处进行修整，用土料抹平。

8 安全措施

（1）严格遵循国家有关安全的法律法规、标准规范、技术规程和地方有关安全的文件规定。

（2）机械操作及临时用电线路敷设必须由专业人员进行。

（3）施工机具必须符合《建筑机械使用安全技术规程》的有关规定，施工中定期对其进行检查、维修，保证机械使用安全。

（4）施工现场临时用电应符合《施工现场临时用电安全技术规范》的有关规定，临时用电采用三相五线制接零保护系统。施工用电保证三级供电，逐级设置漏电保护装置，实行分级保护。

（5）夯土上料及夯锤操作过程中应戴好手套。

9　环保措施

（1）严格遵循国家有关环保的法律法规、标准规范、技术规程和地方有关安全的文件规定。

（2）废弃垃圾应分类存于垃圾站，并及时运至指定地点消纳，可回收物料尽量重复使用。

（3）夯土拌合料在运输过程中应防止遗撒，并对遗撒的夯土拌合料及时回收处理。

（4）夯土粉末、砂石材料堆放应避免敞开存放。夯土材料在搬运和搅拌过程中要防止粉尘污染，应有防尘措施，操作人员应佩戴口罩，戴好手套。

10　效益分析

10.1　社会效益

解决了传统施工方法的夯土墙须控制高厚比、材料消耗巨大、施工工期很长、质量不易控制及作业环境差等问题，在确保夯土墙的施工、质量、安全的同时可有效缩短施工周期。

本工法的出现紧随国内外对建筑夯土材料的推广，弥补了装饰夯土施工的技术空白，极具推广价值。

10.2　经济效益

采用此工法制作的装饰夯土墙与传统施工方法制作的夯土墙相比，可达到同样甚至更好并可控的表面效果，不仅节约大量的人力、物力、财力，并且提高工效、节约资源，减少了湿作业，有利于环境的保护。

11　应用实例

湖南省博物馆改扩建（二期）工程布展陈列装饰工程。

11.1　工程概况

湖南省博物馆是首批国家一级博物馆，也是中央地方共建国家级重点博物馆，现代装饰夯土在 3 个不同建筑结构和使用功能的空间得到运用。

马王堆汉墓陈列展厅的墓坑同尺寸场景复原全部采用装饰夯土，墓口南北长 19.5m，东西宽 17.8m，下有 4 层台阶，再下则是斗形坑壁，直达墓坑底部；观众服务中心的墙面同样采用现代装饰薄型夯土施工。

11.2　施工情况

（1）我们通过 QC 小组进行创新研发，对夯土墙面构造进行技术试验，最终确定工艺构造、工艺流程和操作要点，然后与设计师沟通确认并得到最后的实施，得到设计师的认可。

（2）艺术大厅的装饰夯土样板墙面施工照片见图 10。

图 10　艺术大厅装饰夯土样板施工过程照片

（3）马王堆汉墓陈列展厅墓坑复原的装饰夯土施工过程照片见图 11。

图 11 马王堆汉墓陈列展厅墓坑夯土施工过程照片

11.3 结果评价

湖南省博物馆新馆的装饰夯土墙作为一种全新的墙面装饰工艺，从装饰施工起，我们就以此为课题，先后进行了 6 次装饰夯土样块的制作、4 次装饰夯土样板墙的制作，历时 3 个多月时间，在没有一家夯土专业单位可以制作 40～50mm 厚度装饰夯土墙面的情况下，为满足设计要求，我们选择了以自主创新研发的形式进行技术攻关，制定了现代装饰超薄夯土墙面施工工艺，最终取得了较好的效果，得到了设计师和有关各方的认可。

干挂小体块陶土砖幕墙施工工法

张晟熙　梁曙曾　吴　鹏　胡东永　付彩琳

湖南建工集团装饰工程有限公司

摘　要： 为了进一步提升小体块陶土砖在幕墙工程中应用效果，直接利用陶土砖的通孔，通过金属垂直分格定位竖龙骨和不锈钢专用圆管相结合，将数块陶土砖串成小组，有序地排列，再将陶土砖串组勾挂安装（有横向、竖向两种串组方式），使小体块陶土砖之间相互离缝连为一体，成为建筑结构的装饰面层。与传统墙面粘贴陶土砖或砌筑陶土砖工艺相比，本工法在质量、安全和节能环保方面都有明显优势，特别是在室内外墙面干挂工程中有着明显的先进性和新颖性。

关键词： 干挂；小体块陶土砖；幕墙施工；串组勾挂

1　前言

近年来，随着陶土板越来越多地应用于幕墙工程中，陶土砖也逐渐进入幕墙工程应用的领域，但陶土砖作为干挂式幕墙材料到目前为止极为罕见。与传统幕墙材料相比，小体块陶土砖本身具有吸水率高、耐高温、耐腐蚀，砖面质感细腻、色泽均匀、线条流畅的特点。其既具有自然美，也具有浓厚的文化气息和时代感。

干挂法是当代饰面饰材装修中一种新型的施工工艺。与传统工艺相比，该方法不需灌浆粘贴，而是通过耐腐蚀的螺栓、金属挂件和柔性连接件将饰面材料直接吊挂于墙面或空挂于钢架之上。干挂小体块陶土砖其原理是在主体结构上设主要受力点，通过金属杆将小体块陶土砖串联固定在建筑墙体上，形成陶土砖装饰幕墙。

小体块陶土砖与结构之间留出 40 ～ 50mm 的空腔，陶土砖与陶土砖之间通过放置橡胶垫固定间距，增加相互之间的弹性，因而在风力和地震力的作用下允许产生适量的变位，以吸收部分风力和地震力，而不致出现裂纹和脱落。当风力和地震力消失后，砖面也随结构而复位。

干挂小体块陶土砖幕墙是选用单体可变的小体块砖作为幕墙装饰面层材料且具有离缝透气特点的一种新技术，利用陶土砖本身的诸多特点，可给幕墙带来生命力与历史的沉淀感。又因其光泽柔和、色彩沉稳，可尽显魅力和年代的品位。而砖间离缝带来的通透，赋予了幕墙透气、降噪等功能。由于陶土砖质量轻、尺寸稳定，几乎不受外界温度变化的影响，支撑结构轻巧，安装固定简单，施工方便，破损的板块很容易更换，后期的保养和维护费用低，故陶土砖幕墙必将在工程中得到更为广泛的应用。

我公司开展 QC 小组技术创新活动，通过对湖南省博物馆改扩建工程的室内外幕墙施工工艺进行技术攻关，实践中不断进行 PDCA 质量循环管理，并形成本工法，填补了干挂小体块陶土砖在建筑装饰领域施工技术空白。本施工方法容易控制，有效解决了干挂小体块陶土砖施工的技术难题，由于技术的可靠，效果的明显，因而产生了较好的经济效益和社会效应。

2　工法特点

干挂小体块陶土砖幕墙施工工法有着显著的特点，新颖多变的外观，安全可靠的构造，灵活多样的排布组合形式，与传统墙面粘贴陶土砖或砌筑陶土砖的工艺相比，在质量、安全和节能环保方面有着明显的优势，特别是在室内外墙面干挂工程中有着明显的先进性和新颖性，并能实现单块陶土砖的简单更换，能有效满足设计师不同的排布组合形式，形成各种艺术墙面的施工效果。

2.1　美丽新颖的外观

（1）墙面活泼生动，变化丰富，规律节奏感强。

（2）是传统材料与现代技术的最优结合，和谐造景。

（3）陶土砖的先进加工制作工艺，能最大地满足幕墙各种收边收口的局部设计需求，无论是平面、转角都能保持幕墙立面的连贯、自然而美观。

2.2　技术先进，结构安全可靠

（1）先进的结构形式，数字化控制与安装龙骨系统。

（2）结构简单，受力均匀可靠，操作简便，易于控制。

（3）采用小局部拼装工艺，可大大提高安装效率、降低材料损耗，各种构件在工厂定制，工序衔接紧密，技术含量高，质量易保证。

（4）结构构造巧妙，龙骨数字化定位，可靠性好，特别适应干挂小体块陶土砖墙面，外观分格清晰均匀。

2.3　排布方法灵活

（1）排布方法与组合形式变化多样，适应各种不同需求的艺术墙面。

（2）充分利用陶土砖的小体块特点，可有很多种组合形式，可将陶土砖的美感发挥到极致。

3　适用范围

本工法适用于各种环境的室内、室外干挂小体块陶土砖艺术墙面的工程。

4　工艺原理

本工法不需砂浆粘贴或砌筑，而是依靠连接件、金属龙骨、支承框架的强度承受陶土砖的自重与外力，在陶土砖与建筑墙体之间形成一定宽度的空腔，具有通风、吸声、抗冲击以及实现80%以上光反射等特点。

干挂小体块陶土砖的工艺原理是直接利用陶土砖的通孔，通过专业设计定制的金属垂直分格定位竖龙骨和不锈钢专用圆管相结合，将数块陶土砖串成小组，有序的排列，再将陶土砖串组勾挂安装，使小体块的陶土砖之间相互离缝连为一体，成为建筑结构的装饰面层。

根据陶土砖的排布与组合形式的不同，可将串组勾挂分为横向串组式和竖向串组式两种类型。

（1）横向串组式干挂陶土砖，需按陶土砖的单块长度、排布方式和串组砖块数确定金属竖龙骨的勾挂孔位与水平间距，利用金属管件横向串组陶土砖，串组后装挂于金属竖龙骨上。

（2）竖向串组式干挂陶土砖，需按陶土砖的单块高度、离缝宽度和串组数量确定金属横龙骨的垂直距离，利用金属管件竖向串组陶土砖，串组后将其悬挂于横龙骨上。

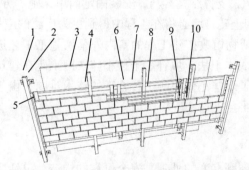 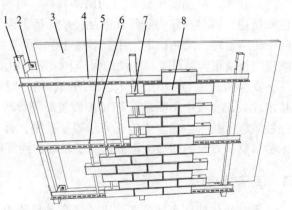

图 1　横向串组式干挂小体块陶土砖构造示意图
1—支撑钢骨架（竖向镀锌方管）；2—镀锌角码（膨胀螺栓）；
3—保温岩棉（面铺钢丝网）；4—支撑钢骨架（横向镀锌方管）；
5—定制铝合金 A 龙骨；6—定制铝合金 B 龙骨；
7—定制铝合金 C 龙骨；8—直径 16 不锈钢圆管；
9—定制橡胶垫圈；10—普通小体块陶土砖

图 2　竖向串组式干挂小体块陶土砖构造示意图
1—支撑钢骨架（竖向镀锌方管）；2—镀锌角码（膨胀螺栓）；
3—保温岩棉（面铺钢丝网）；4—定制铝合金横龙骨；
5—不锈钢圆管套芯；6—不锈钢圆管；
7—定制橡胶垫圈；8—普通小体块陶土砖

干挂小体块陶土砖的两种类型串组，采用的横向或竖向金属龙骨均为带定位功能的数字化龙骨，可大大提高安装精度。串组陶土砖利用陶土砖自有的圆形通孔，将每块陶土砖 2 条圆通孔中穿插金属管件连接，将每 5 ～ 7 块陶土砖串成一组，串组陶土砖每两块之间的等宽度离缝用专用垫圈定距。

5　施工工艺流程及操作要点

5.1　工艺流程

放线定位→安装预埋件→支承钢骨架制作→保温岩棉安装→基层喷黑→安装铝合金竖龙骨→制作陶土砖串组（穿钢管和定位垫圈）→安装陶土砖串组→细部处理→验收。

5.2　操作要点

5.2.1　放线定位

（1）在施工前，应对施工图进行核对，并应对已建的墙体进行复测，以主体结构的基准轴轴线，测出陶土砖立面外缘控制线，以建筑标高控制点，根据轴线确定立柱的位置线，按设计图确定立柱锚固点的位置，即埋件位置，根据分格依次确定每根立柱及其锚固点位置。

（2）以基准线为基准：用 1.0mm 的钢丝在墙体垂直、水平方向各放两根控制线。

（3）放线时应结合土建结构偏差，将偏差分解并防止误差积累，放线时应考虑好与其他装饰面的接口、拉好的钢丝应在两端紧固点做好标记，以便钢丝断后重拉钢丝，分格按设计放线。控制重点为基准线。

5.2.2　安装预埋件

（1）埋件检查

在测量放线过程中，埋件的检查与结构的检查相继展开，测量人员将埋件标高线、分格线均用墨线弹在结构上，依据十字中心线，施工人员用尺子进行测量，检查埋件左右、上下的偏差。

（2）膨胀螺栓施工步骤和要求

化学螺栓在施工之前应进行拉拔试验，按照各种规格每三件为一组，试验可在现场进行。

测量放线人员将打膨胀螺栓位置用墨线弹在结构上，施工人员依据所弹十字定位线进行打孔。

为确保打孔深度，应在冲击钻上设立标尺，控制打孔深度。

打孔后各项数据要求，膨胀螺栓深度一定要达到标准，严禁将螺栓长度割短，膨胀螺栓与混凝土面应尽量呈 90° 角，即垂直于混凝土面。

5.2.3　支承钢骨架制作

（1）安装竖龙骨：立柱为 50mm×50mm×4mm 的热镀锌钢方通，通过连接件与埋件点焊连接。每根竖龙骨均用吊线调整垂直度。对验收合格的连接件与龙骨进行固定，即正式焊接。焊接应三边满焊，焊缝高度不得小于 3mm。

（2）竖龙骨安装应与陶土砖立面同等，先安装同立面两端的竖料，然后拉通线按顺序安装中间竖料，安装时必须注意其直线度、垂直度。

（3）钢龙骨及各类焊件、连接件均除锈处理，涂刷两遍防锈漆，并控制第一道漆和第二道漆间隔时间不小于 12h。

（4）严格控制不得漏涂防锈漆，特别控制好焊接而预留的涂刷部位在焊后涂刷不得少于两遍。

5.2.4　保温岩棉铺装

保温岩棉在龙骨安装完后，再安装在建筑墙体上。用专用连接件与建筑墙体相连接，再在保温岩棉上用钢丝网贴紧固定。

5.2.5　喷涂深灰色涂料

安装支撑钢骨架和保温岩棉后，采用深灰色涂料喷涂不少于 2 遍。

5.2.6　铝合金竖龙骨安装

垂直方向的控制。铝合金竖龙骨为马牙槎状，每条龙骨的挂钩位置应水平成直线，安装前进行测量定位高度，在顶部和底部的定位点标高处拉钢丝线，逐根安装铝合金竖龙骨，保证每根竖龙骨之间的挂钩位统一。

水平方向的控制。按照工字缝排列的小体块陶土砖规格水平长度加上离缝的宽度，计算出每组陶土砖串的固定长度，根据每组固定的长度确定铝合金竖龙骨的水平间距，相邻的铝合金竖龙骨的挂钩位成上下错位排列，上下错位间距尺寸为小体块陶土砖垂直高度加离缝宽度。

铝合金竖龙骨与支撑钢骨架采用螺钉固定，中间采用柔性绝缘垫片隔开，避免不同金属材质之间的电解腐蚀。

5.2.7　制作陶土砖串组

（1）小体块陶土砖之间采用圆形钢管串联，陶土砖水平方向间采用同规格的专用垫圈套入钢管，保证离缝宽度的一致。

（2）每组陶土砖采用两根圆形钢管从陶土砖的上、下两个通孔中贯穿串联，使陶土砖不旋转、不摆动。

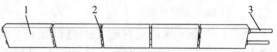

图 3　干陶土砖串组示意图
1—普通小体块陶土砖；2—定制橡胶垫圈；3—不锈钢圆管

（3）圆形钢管的长度依据每组陶土砖的整长度确定，确保与铝合金竖龙骨的间距吻合。

5.2.8　安装陶土砖组

陶土砖串组的不锈钢圆管与铝合金竖龙骨挂搭口通过穿插连接，安装顺序按先整体后局部，先水平向后垂直向。

6　材料与设备

6.1　普通小体块陶土砖

（1）表面质量

普通小体块陶土砖的表面质量应符合表 1 的规定。

表 1　普通小体块陶土砖的表面质量要求

序号	项目		规定内容	要求
1	表面裂纹	正面		不允许
		其他面	横向最大长度	≤ 10mm
2	贯通裂纹			不允许
3	缺棱（正面）		正面投影长度不超过 10mm，宽度不超过 1mm（长度 < 5mm 不计），每块砖允许处数	≤ 1 处
4	缺角（正面）		正面投影长度不超过 5mm，宽度不超过 3mm（长度 < 3mm 不计）每块砖允许处数	≤ 2 处
5	点状缺陷（正面）		最大尺寸 ≤ 5mm（最大尺寸 < 3mm 不计），每块砖允许处数	≤ 2 处
6	色差		满足设计要求	不明显

（2）尺寸和形状偏差

普通小体块陶土砖的尺寸和形状偏差应符合表 2 的规定。

表 2　普通小体块陶土砖的尺寸和形状偏差

序号	项目	规定内容	允许偏差（mm）
1	长度	陶土砖成品在挤出方向的长度	± 1.0
2	宽度	陶土砖成品的宽度	± 1.0
3	厚度	陶土砖成品的厚度	± 1.0
4	边直度	陶土砖侧面长边偏离直线的程度	≤ 2.0
5	表面平整度	陶土砖两对角线处砖面偏离直线的程度	≤ 2.0
6	对角线差	陶土砖平面两对角线长度之差	≤ 1.0

（3）性能要求

普通小体块陶土砖的性能应符合表 3 的规定。

表 3　普通小体块陶土砖的性应

序号	项目	技术指标
1	吸水率（E）平均值（%）	$3 < E \leqslant 6$
2	弹性模量（GPa）	$\geqslant 20$
3	泊松比	$\geqslant 20$
4	抗冻性	无破坏
5	耐污染性	无明显污染痕迹
6	抗热震性	无破坏
7	线性热膨胀系数（℃$^{-1}$）	$\leqslant 7 \times 10^{-6}$
8	湿膨胀系数（%）	$\leqslant 0.06$
9	耐化学腐蚀性	无明显变化

6.2　铝合金龙骨

（1）材质：AA3005 系列国产或进口优质铝锰合金。

（2）规格型号：3.0mm 厚铝板，表面深灰色静电粉末喷涂处理，形状见图 4。

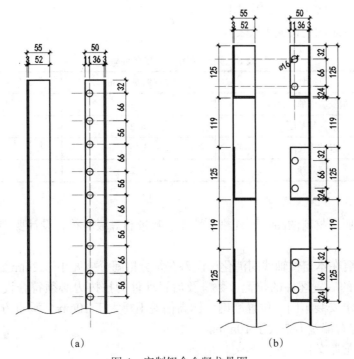

（a）　　　　　　　　　　　　　　（b）

图 4　定制铝合金竖龙骨图

（a）铝合金 A 龙骨；（b）铝合金 B 龙骨

铝合金龙骨尺寸偏差应符合表 4 的要求。弯曲宽应不小于 5.0mm，弯曲高应不小于 3.0mm。

表 4　铝合金龙骨尺寸偏差

项目		允许偏差（mm）
长度 L		±10
断面尺寸	宽度 A	±1.0
	高度 B	±1.0
圆孔	位置	±0.3
	直径	±0.3

6.3　施工机具的选择（表 5）

表 5　施工机具表

序号	设备名称	数量	备注
1	电焊机	1	用于焊接钢筋
2	切割机	1	用于切割加工钢材
3	冲击钻	1	用于螺栓墙体钻孔
4	手推车	1	用于转运材料
5	自动水准仪	1	用于测量放线
6	全站仪	1	用于测量放线
7	10m 钢卷尺	2	用于测量放线
8	墨斗	1	用于测量放线

7　质量控制

7.1　质量要求

（1）陶土砖表面须平整，分格缝隙宽度均匀一致，横平竖直。

（2）连接件与基层、陶土砖固定应牢固。

（3）陶土砖墙面安装的允许偏差（表 6）。

表 6　陶土砖墙面安装允许偏差

序号	项目	允许偏差（mm）	检查方法
1	竖缝及墙面的垂直度	≤ 3	垂直检测尺
2	墙面平整度	≤ 3	2m 靠尺和塞尺
3	缝隙直线度	≤ 2	激光水准仪
4	缝隙宽度	≤ 2	钢尺或卡尺

7.2　质量保证措施

（1）干挂陶土砖所用材料的品种、规格、性能、数量和等级应符合设计要求，应具备产品合格证明及检验报告。

（2）放线时误差要在本定位轴线间消化，误差在每分格间分摊要小于 2mm。

（3）干挂陶土砖的后置埋件的位置、数量及后置埋件的拉拔力必须符合设计要求。后置埋件安装应按照设计分格要求安装牢固、位置准确、标高偏差不得大于 10mm，垂直方向前后偏差不得大于 10mm，平行方向的左右偏差不得大于 10mm。

（4）钢龙骨及铝龙骨安装

①立柱通过连接件与主体结构连接，并进行固定。立柱的垂直度以垂直控制线为基础，用吊锤复测。

②横梁一般是水平构件，由上而下分层安装。横梁分段嵌入立柱中，需经过检查、调整、校准后才可以与立柱固定。其安装允许误差为：相邻两根横梁的水平标高偏差不大于 1mm，同层标高偏差不大于 5mm，与立柱外表面偏差不大于 1mm。

（5）陶土砖安装

安装时，应注意陶土砖块的垂直和平整，竖缝相邻两侧玻璃表面的平面度，用 3m 靠尺检查，允许偏差控制在 2mm 以内，并保证整幅隐框幕墙各玻璃拼缝的整齐、美观。安装时，应注意玻璃板块的垂直和平整，竖缝相邻两侧玻璃表面的平面度，用 3m 靠尺检查，允许偏差控制在 2mm 以内，并保证整幅隐框幕墙各玻璃拼缝的整齐、美观。

（6）成品保护

①运到施工现场的陶土砖，全部堆放到指定地点，加工与安装过程中，应特别注意轻拿轻放，不能破坏、划伤。

②在干挂陶土砖安装完成后，应采取防撞击措施保护。

③应防止胶、油漆、油渍等对陶土砖表面污染。

（7）饰面陶土砖修补更换

由于人为或者其他原因，陶土砖表面难免产生缺角、碎裂，对于此种情况，可以采用下列方法进行修补：先用小锤子敲碎破损的陶土砖，并且清掉原砖块碎屑，露出 2 根不锈钢杆，敲打时注意保护周边陶土砖；将替换的陶土砖块进行适当加工，使陶土砖圆孔一侧去除，形成 U 形卡槽；在加工好的陶土砖 U 形卡槽内及上下端涂抹适当的云石胶黏结剂；然后将加工好的陶土砖卡入不锈钢杆中；最后对陶土砖外表面垂直度、平整度进行检查，确认完成。

8　安全措施

（1）作业人员进场前，必须学习现场的安全规定，进行安全技术交底；广泛宣传、教育作业人员牢固树立"安全第一"的思想，提高安全意识。

（2）必须随时携带和使用安全帽和安全带，防止机具、材料的坠落。

（3）电焊工必须持证上岗。操作时必须戴绝缘手套和防护面罩。

（4）在电焊作业时，必须设置接火斗，配置看火人员；各种防火工具必须齐全并随时可用，定期检查维修和更换。

（5）移动式设备或手持电动工具必须装设漏电保护装置，做到"一机一闸一漏保"，严禁一闸多用。

（6）施工及电气设备用线要使用护套缆线，严禁使用花线、塑胶软线等不合格及外皮破损的电线。

（7）电钻使用前应先检查电源是否符合要求，然后空转试运转，检查转动机构工作是否正常，接地保护是否良好，以免烧毁电动机或造成安全事故。

（8）砂轮切割机使用前应先检查电源、电压是否符合切割机铭牌的要求，绝缘电阻、电缆线、地线等是否完好、可靠，切割机各连接部位有无松动情况等。

（9）电锤打孔时，电锤的钻头必须垂直于工作面，要用手均匀按压电锤，连续送进，不准使钻头在孔眼内左右摆动，以免损害电锤。

9　环保措施

（1）制定《施工现场环境保护计划》《现场环境和职业健康安全管理条例》等规章制度，主要从污染源的控制、传播途径治理、个人防护和环保教育四个方面进行。

（2）对现场所用的机械设备如电钻、切割机、电动空压机等，采取降噪措施，防止噪声污染。

（3）施工废弃材料如焊头、钢龙骨废料、破损陶土砖等，进行集中回收，避免环境污染。

（4）将施工场地和作业限制在工程建设允许的范围内，合理布置、规范围挡，做到标牌清楚、齐全，各种标识醒目，施工场地整洁文明。

10　效益分析

（1）干挂小体块陶土砖施工技术解决了建筑使用过程中会出现的各种难题，为干挂陶土砖施工及类似施工要求的工程提供了依据，具有很好的社会效益。

（2）安装方法简单科学，施工速度快，大大提高了劳动生产率，提高了工期目标实现的保障，同时创造了较好的经济效益。

（3）通过干挂陶土砖施工技术的实施，从而全面提高企业生产水平，为今后类似工程的设计与施工提供了很好的推广和借鉴。

11 应用实例

　　湖南省博物馆是首批国家一级博物馆、中央地方共建国家级重点博物馆、全国优秀爱国主义教育示范基地和湖南省 AAAA 级旅游景点。工程建筑面积达 8 万多平方米，其中观众服务中心的墙面采用干挂陶土砖施工，应用面积为 400m²，装饰整体效果较好，得到业主单位、设计单位及监理单位的一致好评，为公司赢得良好的社会效益。施工现场照片见图 5～图 8。

图 5　支撑骨架与定制龙骨　　　　图 6　安装陶土砖串组　　　　图 7　陶土砖垫圈与串组

图 8　陶土砖墙面整体效果

储罐球面顶板分片式预制组装施工工法

文燕雕 陈 艳 陈小齐

湖南省工业设备安装有限公司

摘 要:通过对储罐球面顶板施工方法的研究,总结出"储罐球面顶板分片式预制组装施工工法"、利用自主研发的瓜皮板加强筋成型胎具和瓜皮板成型胎模架,快速、准确的预制瓜皮板弧形加强筋和弧形瓜皮板,在胎架上完成瓜皮板纵向、横向加强筋的焊接;改进了施工工艺,将仰角焊作业改平角焊作业,成倍提高工作效率,节约人工,降低项目成本;用汽车吊对称吊装瓜皮板至胎模架,在胎模架上完成定位焊,并逐条组对瓜皮板之间的搭接焊缝,使单片瓜皮板连接成整体,形成球面顶,有效控制了制作组装过程中的变形。

关键词:筋板胎具;瓜皮板胎模架;分片预制对称安装;平焊作业;控制变形

1 前言

在工业项目中,往往存在非标立式圆顶储罐的制作。因罐顶为球面,制作质量控制有较大难度,在以往的施工中,经常发生焊接变形,几何尺寸得不到保证,再次调整难度大,成本增加,观感质量不佳的情况。本工法通过对储罐球面顶板施工方法的研究,总结出"储罐球面顶板分片式预制组装施工工法",利用自主研发的瓜皮板加强筋成型胎具和瓜皮板成型胎模架,快速、准确地预制瓜皮板弧形加强筋和弧形瓜皮板,在胎架上完成瓜皮板纵向、横向加强筋的焊接,改进了施工工艺,将仰角焊作业改平角焊作业,成倍提高工作效率,节约人工,降低项目成本。用汽车吊对称吊装瓜皮板至胎模架,在胎模架上完成定位焊,并逐条组对瓜皮板之间的搭接焊缝,使单片瓜皮板连接成整体,形成球面顶,有效控制了制作组装过程中的变形,实现社会效益、经济效益和环境效益的共赢。

2 工法特点

(1)在卷板机上设置自主研发的瓜皮板加强筋成型胎具,将已按所需长度下料的扁钢卷制成瓜皮板弧形加强筋,成型既快又好,效率高。

(2)扁钢加强筋与瓜皮板之间的焊接方式由传统的仰角焊作业改为平角焊作业,作业人员劳动大幅降低,焊接质量更能得到保证,并且焊接工作效率提高一倍。

(3)单片瓜皮板在胎模上加工,能准确控制瓜皮板的几何尺寸,以及弧度,焊接完成后,单片瓜皮板几何尺寸及弧度不需要再作调整。

(4)瓜皮板组装在胎模上完成,能有效地控制焊接变形,保证成型美观。

3 适用范围

本工艺适用于储罐球面顶板的制作安装。

4 工艺原理

(1)瓜皮板弧形加强筋成型:运用瓜皮板加强筋成型胎具,在卷板机上卷制瓜皮板弧形加强筋。胎具中心和前后导向架中心必须安装在同一直线上,且该直线与卷板机上辊筒轴中心线垂直。导向架安装高度保证导向架顶高与卷板机上辊筒顶平齐。卷制过程中经常用弦长 2m 的标准弧形样板检查加强筋成型情况,适时调整卷板机上、下辊筒的间隙,使筋板成型符合要求。

(2)瓜皮板预制成型:将瓜皮板放置在自制瓜皮板成型胎模架,瓜皮板纵向弧度利用竖直向下的重力作用自然形成，横向弧度则用粗牙螺栓、凸模和横梁组合上后压制而成，然后按设计要求在瓜皮板上焊接纵向、横向加强筋。同时焊接连接纵向加强筋和横向加强筋的各个连接点，形成单片瓜皮板加强结构。

（3）球面顶成型：根据每台罐顶瓜皮板数量，沿储罐本体的包边角钢外周长，均分瓜皮板的安装中心点数，用汽车吊对称吊装时各均分点对准瓜皮板中心点，另一端中心同时对准储罐中心点落位后，实施定位焊接。再逐条组对瓜皮板之间的搭接焊缝，使单片瓜皮板连接成整体，形成球面顶（图1）。

5　工艺流程与操作要点

5.1　工艺流程

筋板加工胎具制安→筋板下料卷制→瓜皮板制作胎模架制安→瓜皮板下料→瓜皮板压制成型→瓜皮板安装胎模→瓜皮板分片对称安装→瓜皮板组对焊接→拆除瓜皮板安装胎模。

5.2　操作要点

5.2.1　施工技术准备

（1）技术准备：策划、编制施工技术文件，应用 BIM 技术建立球面顶安装 BIM 模型（图1），针对施工工艺流程，公司统一制作实施动画；应用 BIM 技术进行可视化交底与指导施工。

（2）场地准备：根据现场进度要求，对现场堆放场地进行规划。分别规划原材料堆场、筋板加工场地、瓜皮板加工场地、瓜皮板堆放场地。

（3）其他准备：按照策划做好人力、设备、材料、资金等准备。

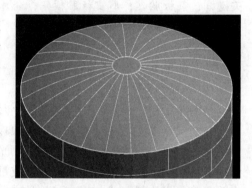

图1　球面顶模型图

5.2.2　筋板加工胎具制安

加工筋板的胎具由前后导向架和筋板卷制胎具组成。

（1）筋板卷制胎具结构如图2所示。

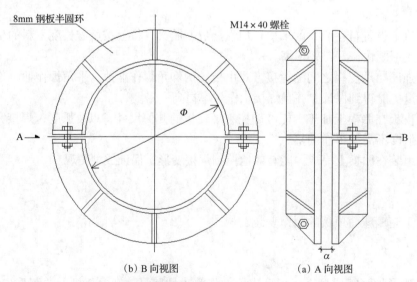

（b）B 向视图　　　　　　　　（a）A 向视图

Φ — 卷板机上辊筒直径；
α — 筋板卷制胎具安装之后两半之间的间隙（δ+2）mm；
δ — 待加工扁钢筋板的厚度

图2　筋板卷制胎具结构示意图

（2）前后导向架结构如图3所示。

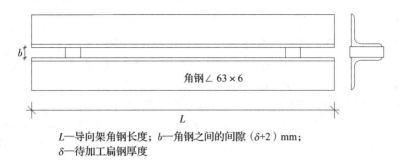

L—导向架角钢长度；b—角钢之间的间隙（$\delta+2$）mm；
δ—待加工扁钢厚度

图 3　前后导向架结构示意图

（3）胎具装配

卷制胎具中心和前后导向架中心必须安装在同一直线上，且该直线与卷板机上辊筒轴中心线垂直。导向架安装高度保证导向架顶高与卷板机上辊筒顶平齐。卷制过程中经常用弦长 2m 的标准弧形样板检查加强筋成型情况，适时调整卷板机上、下辊筒的间隙，使筋板成型符合要求。

胎具装配形式如图 4 所示。

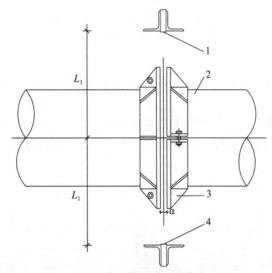

图 4　胎具装配形式示意图

1—后导向架；2—卷板机上辊筒；3—筋板卷制胎具；4—前导向架
L_1—前、后导向架与卷板机上辊筒中心距离，取值 500mm 为宜。

5.2.3　瓜皮板制作胎模架制安

胎模架结构简图如图 5～图 7 所示。

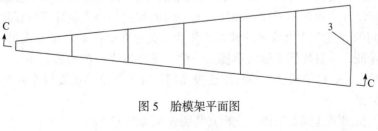

图 5　胎模架平面图

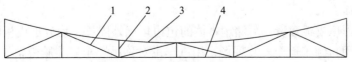

图 6　胎模架四周设置限位挡块

1—斜撑；2—竖撑；3—弧形梁；4—底座

5.2.4 瓜皮板下料

　　将三张定制规格的钢板整齐叠放在槽钢平台，钢板四周端面施定位焊，按照排板图在钢板上进行顶板放样画线，然后用等离子切割，最后用角磨机切割定位焊点，分离各块瓜皮板。由于瓜皮板之间采用搭接形式连接，所以可以选用近似法计算瓜皮板下料尺寸，见图8。

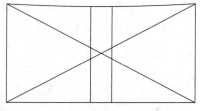

图7　胎模架左视图

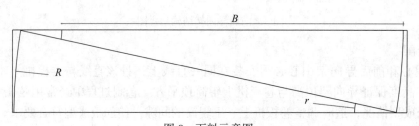

图8　下料示意图

B—瓜皮板棱长（$B=R-r$）；
R—球面顶板与包边角钢连接处弧度展开半径；
r—球面顶板与中心顶板搭接处弧度展开半径

5.2.5 瓜皮板压制成型

　　（1）复核瓜皮板外形尺寸无误，并确认胎模四周满足瓜皮板成型后规格尺寸的限位位置准确并焊接牢固。

　　（2）将瓜皮板吊至胎模架上，使瓜皮板卡入限位之内。

　　（3）瓜皮板纵向弧度利用竖直向下的重力作用自然形成，横向弧度则用粗牙螺栓、凸模和横梁组合（图9）后压制而成。

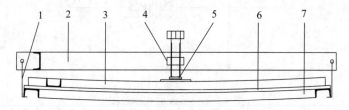

图9　瓜皮板压制成型

1—拉杆；2—横梁；3—凸模；4—粗牙螺栓；5—垫板；6—瓜皮板；7—胎模架
拉杆1为Φ12圆钢，上端为半圆形钩，下端为L形钩。
横梁2为10号槽钢，根据瓜皮板加强筋处宽度在横梁上钻多组拉杆孔。

　　（4）按设计要求在瓜皮板上焊接纵向、横向加强筋，同时焊接连接纵向加强筋和横向加强筋的各个连接点，最后按照设计要求焊接瓜皮板和加强筋之间的焊缝，形成单片瓜皮板加强结构。骨架扁钢加强筋与瓜皮板之间的焊接方式由原来的仰角焊作业改为平角焊作业，作业人员劳动强度迅速减小，焊接质量更能得到保证，并且焊接工做效率提高一倍。单片瓜皮板在胎模上加工，能准确控制瓜皮板的几何尺寸，以及弧度，焊接完成后，单片瓜皮板几何尺寸及弧度不需要再作调整（图10）。

5.2.6 瓜皮板安装胎模

　　根据储罐规格，在储罐基础上制作瓜皮板安装胎模架（图11）。

5.2.7 瓜皮板分片对称安装

　　（1）根据每台罐顶瓜皮板数量，沿储罐本体的包边角钢外周长，均分瓜皮板的安装中心点数。

　　（2）单片瓜皮板用自卸车运至安装现场，用汽车吊对称吊装至安装胎模架。放置瓜皮板时瓜皮板中心点对准各均分点，另一端中心同时对准储罐中心点，落位后即可施定位焊接，再逐条组对瓜皮板之间的搭接焊缝，使单片瓜皮板连接成整体，形成球面顶（图12）。

图 10　加工成型瓜皮板实物图

图 11　瓜皮板安装胎模实物图

图 12　瓜皮板分片对称安装实物图

6　设备

表 1　设备一览表

序号	机械或设备名称	型号规格	单位	数量
1	汽车吊	25t	台	1
2	自卸车	10t	台	1
3	卷板	W1-30×2.5m	台	1
4	等离子切割机		台	1
5	坡口加工机		台	1
6	交流电焊机	400A/500A	台	4
7	焊条烘干箱	ZYH-60	台	1
8	角向磨光机		台	6
9	氧气、乙炔工具		套	2
10	水平仪	NS3-1	台	1
11	经纬仪	JGJ2	台	1

7　质量控制

施工过程必须严格执行的国家及有关部门、地区颁发的标准、规范包含但不限于如下内容：

《立式圆筒形钢制焊接油罐施工及验收规范》（GB 50128—2005）；《现场设备、工业管道焊接工程施工及验收规范》（GB 50236—2011）；《锅炉和压力容器用钢板》（GB 713—2008）。

8　安全措施

（1）建立完善的应急预案制度，对整个乱写乱抄跟踪，发现隐患，组织技术力量解决，杜绝任何安全事故或技术事故。

（2）焊工、电工、吊车司机、起重工、钢筋工等特殊工种必须持证上岗，服从统一指挥。

（3）施工作业人员必须戴安全帽，系好帽带；高处作业必须带安全带，并遵循高挂低用的原则。

（4）注意吊装安全，设置吊装安全围护，指定专人指挥，坚持"十不吊原则"，符合其他一般非标储罐制作安装的安全要求。

9　环保措施

9.1　噪声排放

合理安排、控制作业时间。

9.2　现场无扬尘

场区硬化道路安排专人每天进行清扫、洒水，经常保持湿润状态，防止尘土飞扬；建筑垃圾清运时，要先洒水，后清扫，垃圾集中成堆，装袋后方可运输。

9.3　光污染

焊接作业尽量安排在白天进行，如果必须在室外进行夜间焊接，需在焊接地点加设挡板遮挡强光。

9.4　杜绝施工现场火灾

气焊、气割作业及电弧焊切割钢筋时，需配备干粉灭火器。

9.5　合理处理固体废弃物

建筑垃圾和生活垃圾分类收集，袋装外运。

9.6　最大程度地节能降耗

照明采用节能灯具，作业结束或天亮后及时关闭照明灯。

10　效益分析

经济效益：利用公司自主创新的"储罐球面顶板分片式预制组装施工工法"技术，克服了以往施工中瓜皮板安装后无法调校的不足，保证了球面顶板的安装质量，避免了以往由于变形和外观线条不流畅而返工修补所造成的延误工期及其经济损失，降低焊接作业人员的劳动强度，节约了劳动用工，质量可靠、操作简单，投入成本低，产生较大的经济效益。

环保效益：采用"储罐球面顶板分片式预制组装施工工法"，施工效率极大提高，降低了施工过程中对废弃物及污染物的排放率，较少了土地污染及大气污染，获得了一定的环保效益。

节能效益：采用"储罐球面顶板分片式预制组装施工工法"与 BIM 技术相结合，最大程度地节约材料，减少浪费，产生了节能效益。

11　应用实例

本工法于中盐常化 5 万吨 / 年高纯食品级过氧化氢项目建筑安装工程施工时进行研制，在施工过程中极大地提高了施工效率，缩短了工期，降低了施工成本，且施工质量优良，经过测算，平均提高班组工作效率约 50%，降低人工及其他辅材成本约 35%。该储罐球面顶板分片式预制组装施工工法先后应用于本公司承建的福建永荣科技有限公司年产 60 万吨己内酰胺项目一期（年产 20 万吨己内酰胺）建筑安装工程（Ⅲ标段）、福建永荣科技有限公司年产 60 万吨己内酰胺项目一期工程（年产 20 万吨己内酰胺）、20 万吨 / 年 35% 双氧水装置、中国平煤神马集团尼龙科技有限公司己内酰胺二期暨升级改造项目年产 20 万吨双氧水（35%）装置的设计采购施工（EPC）工程总承包等工程，取得良好的经济与社会效益。

金属波纹板幕墙施工工法

罗　能　赵子成　丁永超　陈攀　宋泽民

湖南省第六工程有限公司

摘　要： 随着幕墙材质种类越来越多，相应的施工方法也需科学调整。对于烤漆金属波纹板幕墙，其主龙骨可采用方钢管通过螺栓与主体结构埋件的转接件连接；副龙骨采用方钢管焊接于主龙骨上，连接件采用角钢焊接于主龙骨上；将波纹板专用卡件用自攻螺钉固定在副龙骨或连接件上，进而通过专用卡件隐蔽连接形成波纹板幕墙。金属波纹板幕墙材质轻且耐弯折、抗风压性能强，同时专用卡件解决了易脱落的问题，大大提高了安全性能，适用于中低层工业建筑、办公楼、商场等外立面装饰。

关键词： 幕墙；金属波纹板；专用卡件；隐蔽连接

1　前言

随着我国建筑业的不断发展，建筑物的外装效果逐渐变得绚丽多彩。幕墙因其整体性强、弹性连接抗震性好以及独特的视觉效果，被广泛应用。幕墙的材质也由单一的玻璃发展到铝板、石材、瓷板等。根据幕墙的材质不同，科学合理地调整施工工法，提高幕墙的安全性能、减少对环境的污染、提升建筑的整体品质一直是我们关注的问题。为此，我们大胆尝试创新，将烤漆金属波纹板用于幕墙，并在光通信产业园建设项目二期工程中成功应用，展现出了别具一格的装饰效果，特编写此工法。

2　工法特点

（1）本工法安装精度高，板材由厂家定尺制作，板材收边及接缝无须打胶处理，减少了对环境的污染。

（2）本工法将金属波纹板用于幕墙，金属板材质轻且经折弯后提高了抗风压性能，并用专用卡件安装，解决了易脱落的风险，大大提高了安全性能。

（3）本工法施工简单，施工速度快，性价比高，维护成本低，使用寿命长。

3　适用范围

金属波纹板幕墙适用于中低层工业建筑、办公楼、商场等外立面装饰。

4　工艺原理

金属板经过冷轧波形、防腐层双面热镀锌铝、表面氟碳烤漆形成波纹板，波形尺寸可以根据美观效果选取，根据既定波形尺寸进行定尺加工制作。幕墙主龙骨采用方钢管通过螺栓与主体结构埋件的转接件连接，副龙骨采用方钢管焊接于主龙骨上，连接件采用角钢焊接于主龙骨上，将波纹板专用卡件用自攻螺钉固定在副龙骨或连接件上，波纹板通过专用卡件隐蔽连接形成波纹板幕墙。

5　施工工艺流程及操作要点

5.1　施工工艺流程

施工准备→测量放线→安装埋件及转接件→竖向主龙骨安装→横向副龙骨及连接件安装→安装避雷件安装→墙面防水及防火保温层安装→波纹板安装→收边条安装。

5.2　操作要点

5.2.1　施工准备

（1）材料准备：根据图纸及工程情况，编制详细的材料订货供应计划单。

（2）施工机具：对所用机具进行检测，确保其性能良好。

（3）人员准备：对技术工人进行技术培训、交底。

（4）技术准备：深化设计图纸须审查合格，熟悉图纸，准备有关图集、质量验收标准和内业资料表格。编制专项施工方案，经审批合格后方可施工。

5.2.2　测量放线

（1）根据主体结构各层柱上已弹竖向轴线，对照原结构设计图轴线尺寸，用经纬仪核实后，在各层楼板边缘弹出竖向龙骨的中心线。弹线应从两边往中间进行，过程对误差进行控制、分配、消化，不使其积累。

（2）核实主体结构实际总标高是否与设计总标高相符，同时把各层的楼面标高标在楼板边。

（3）幕墙进行竖向分格时，应综合考虑其他幕墙分隔、防火层等与主体结构的位置关系。

（4）根据主体结构的垂直度，结合幕墙节点的具体做法，确定出幕墙平面的进出线。定出的进出尺寸需保证该面幕墙的施工、安装不与主体结构相矛盾。

5.2.3　安装埋件及转接件

为保证埋件安装位置的准确性，采用后置钢板埋件，通过化学螺栓固定于每层现浇混凝土楼板或梁上。当层高大于 4.5m，应在外墙圈梁增加埋件；当建筑采用外包墙体设计时，应在外墙抹灰之前将埋件安装完成。两个角码转接件一端与后置埋件焊接，另一端通过不锈钢螺栓与竖向龙骨连接（图 1）。此种连接方式可保证幕墙的三维调整。

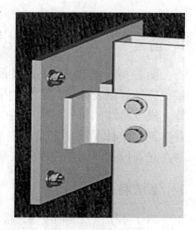

图 1　节点详图

5.2.4　竖向主龙骨安装

（1）主龙骨一般采用热镀锌方管，间距约 1m，其规格和间距应由设计师经过受力计算确定，安装由下往上进行，每楼层通过连接件与主体结构梁板连接。

（2）将主龙骨方钢管竖起，端头伸缩缝处插入钢插销，上端角码对准连接件的螺栓孔，初拧螺栓。

（3）主龙骨通过角码和连接件的长孔对螺栓进行上、下、左、右调整，左、右水平方向应与弹在楼板上的位置线相吻合，上、下对准楼层标高，前、后不得超出控制线，确保上、下垂直，间距符合设计要求。

（4）主龙骨接头处应留适当的伸缩缝，具体尺寸根据设计而定。

（5）安装到最顶层之后，再用吊线进行垂直度校正。检查无误后，把所有竖向龙骨与结构连接的螺栓、螺母、垫圈拧紧、焊牢。

（6）主龙骨安装牢固后，将伸缩缝的插销一端焊接，另一端不得焊接，确保相邻主龙骨满足伸缩变形的要求。

5.2.5　横向副龙骨及连接件安装

（1）横向副龙骨是层间的水平稳定梁，采用热镀锌方管，规格应由设计师经过受力计算确定。连接件一般采用 L50mm × 5mm 热镀锌角钢，长度取 100mm，间距 0.35m，间距由波纹板规格确定。

（2）安装主龙骨后，进行垂直度、平面进出、间距等项目检查，符合要求后，先安装每层横向副龙骨，然后安装连接件，连接件的间距与波纹板的宽度相匹配。

（3）应先将副龙骨和角钢连接件的安装位置在立柱上用线弹出，并保证其位置的准确无误，将副龙骨和角钢连接件分别焊接于竖向主龙骨上（图 2）。

（4）每安装完一层后，应进行检查、调整、校正、

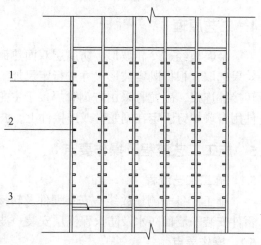

图 2　龙骨布置图

1—竖向主龙骨；2—角钢连接件；
3—横向副龙骨（层间水平稳定梁）

固定，焊接质量必须符合规范要求。所有焊缝应连续、均匀、饱满、并符合设计要求，焊药皮应敲净，刷两道防锈漆。

5.2.6　避雷件安装

（1）均压环应与主体结构避雷系统相连接，预埋件与均压环通过圆钢或扁钢连接。

（2）圆钢或扁钢与预埋件、均压环进行搭接焊接，焊缝长度不小于 75mm。位于均压环处与梁纵向筋连通的立柱上的横梁，必须与立柱通过宽度不小于 24mm，厚度不小于 2mm 的铝带连接。

（3）在幕墙立面上，每 10m 高度范围以内未设均压环楼层的立柱，必须与固定在设均压环楼层的立柱连通，以上接地电阻应小于 4Ω。

5.2.7　墙面防水及防火保温层安装

（1）墙面防水严格按照设计图纸要求施工，在墙面上用防水涂料做防水处理，然后进行保温岩棉的安装。

（2）防火保温材料的安装应严格按设计要求施工，防火保温材料填塞用整块岩棉，固定防火保温材料的防火衬板应锚固牢靠。工程上防火衬板一般采用厚度 ≥ 1.5mm 的镀锌铁皮，与主体结构间的缝隙注防火胶。

（3）玻璃幕墙四周与主体结构之间的缝隙，均应采用防火保温材料填塞，填装防火保温材料时要填实填平，不允许留有空隙，并用铝箔包扎，防止保温防火材料受潮失效。

5.2.8　波纹板安装

（1）在波纹板安装之前，必须经监理工程师对主龙骨、副龙骨、各个埋件、转接件、避雷件以及防火保温层进行隐蔽验收，验收合格后方可进行波纹板安装。

（2）波纹板安装由下而上进行，将专用卡件用不锈钢自攻螺钉固定在横向副龙骨或角钢连接件上，卡件间距符合设计图纸要求，卡件的位置应正确无误，否则波纹板易松动。

（3）在沿着波纹起伏方向的两侧分别有向内侧方向的折边，利用折边将波纹板挂于卡件上，相邻波纹板同时挂在卡件上。由于波纹板的波峰波谷一致，卡件处于隐蔽状态，上下接口平顺，且波纹板不需要对板缝进行处理（图 3、图 4）。

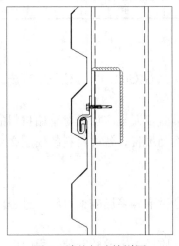

图 3　波纹板连接详图

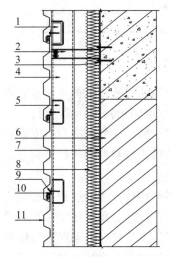

图 4　幕墙剖面图

1—镀锌方钢横向副龙骨；2—角码转接件；3—后置埋件；
4—镀锌方钢竖向主龙骨；5—角钢连接件；6—结构层；
7—防水层；8—防火保温层；9—不锈钢自攻螺钉；
10—波纹板专用卡件；11—烤漆波纹板。

5.2.9　收边条安装

（1）如建筑外立面采用多种幕墙组合方式，收边条应在其他幕墙安装完成后进行。

（2）收边条采用波纹板同材质的材料由厂家统一冷轧制作成"L"形和"Z"形，用不锈钢自攻螺钉分别固定于波纹板上和其他幕墙框上，要求横竖成线，不得变形或弯曲起拱。

6 材料与设备

6.1 原材料选用

（1）埋件、转接件、主龙骨、副龙骨：全部采用热镀锌材质，进场材料必须有出厂合格证、质量证明文件及备案，按规定进行见证取样复试，并经检验合格后方能进场，经监理工程师检验合格后方可投入使用。在后置埋件安装完成后，应经专业检测机构进行拉拔试验，试验合格才能进行下一道工序施工，所有焊接部位全部进行双面满焊，焊缝应连续、均匀、饱满并符合设计要求，焊药皮应敲净，刷两道防锈漆。

（2）防水涂料：防水材料必须有出厂合格证、质量证明文件及备案，按规定进行见证取样复试合格，符合规范、标准的规定。

（3）防火保温材料：全部采用岩棉板，防火性能达到规范标准要求，保温防火材料受潮泡水，板材之间不允许留空隙，并用铝箔覆面，专用螺栓固定，安装完成后对螺栓进行拉拔强度试验。

（4）避雷件：均压环应与主体结构避雷系统相连接，预埋件与均压环通过热镀锌圆钢或扁钢连接。圆钢或扁钢与预埋件、均压环进行搭接焊接，上下立柱通过铝带连接，安装质量符合规范要求。

（5）波纹板及卡件：波纹板波形尺寸及颜色由业主和设计者确定。一般波纹板最大长度 6.0m，本工程采用 MG350A 型金属波纹板，厂家定制生产。厚度不小于 0.8mm，防腐层为热浸镀锌铝 5%，双面镀锌铝量大于 $180g/m^2$，表层氟碳烤漆板的精度要求：覆盖宽度 ±4mm，肋高 ±1mm。

6.2 机具设备（表 1）

表 1 主要机械设备表

序号	设备名称	数量	单位	备注
1	电焊机	2	台	钢材连接
2	切割机	2	台	钢材切割
3	手电钻	2	台	钻孔
4	扳手	4	个	拧紧螺栓
5	螺丝刀	20	把	拧紧螺丝

7 质量控制

（1）幕墙质量验收依据《建筑装饰装修工程质量验收规范》（GB50210）、《建筑工程施工质量验收统一标准》（GB50300）等标准执行。

（2）幕墙所使用的所有材料必须符合设计规范要求，质量监督人员应加强对幕墙材料的监督与抽查，核查幕墙进场材料的生产许可证、材料合格证及相应的检测报告；各种材料的使用必须注意对环境温度、湿度的要求。

（3）各种构件在运输过程中必须要有可靠的保护措施。

（4）立柱放线是幕墙施工中比较繁琐的工序，立柱放线是否准确将影响整过施工过程。测量人员在工作中必须反复校对，确保放线精确。

（5）严格控制防腐层的热浸镀锌铝量及面层烤漆质感色泽质量，运输及安装过程中做好半成品保护措施，防止损坏、变形。

（6）安装顺序由下而上进行施工，金属波纹板每块尺寸较大，安装施工注意做好安全措施。

8 安全措施

（1）建立健全安全生产机构，制安安全生产制度。

（2）机械设备、脚手架等设施，使用前需经过施工单位、监理单位联合检查按照规定办理验收手续，使用过程中，每天应由安全员跟踪检查，发现问题及时整改。

（3）进入现场的施工一律要戴安全帽，高处作业人员要配带安全带，根据场地的实际情况，必要应设置安全隔离装置，对施工作业区域、作业环境、操作设施设备、工具用具等必须认真检查。

（4）幕墙的施工机具在使用前要进行严格检验，电焊机及切割机功率较大，作业前对机械和线路进行检查，接线拆线应由专业电工执行，做到安全用电、规范用电。

（5）现场焊接及切割作业必须按照规定办理动火审批手续，在焊件下方加设接火斗，配备灭火器材，专人负责安全旁站监督，以防发生火灾。

（6）特殊工种的操作人员必须按规定进行考核培训合格后持证上岗。

9　环保措施

（1）针对工地实际情况，制定有效的环保措施，实行环保目标责任制，加强环保问题的宣传教育工作，提高全体员工的环保意识。

（2）设计用料尽可能选用无污染可回收利用的材料，减少对环境的污染。

（3）焊接机切割作业应采用遮挡措施，减少对周围环境的光污染。

（4）现场生活、生产所产生的垃圾应及时清运至指定的地点堆放。

10　效益分析

10.1　经济效益

本工法与传统幕墙施工工法相比，因板材轻减少了基层骨架钢材用量，金属波纹板比节能玻璃价格低 150 元 /m² 左右，比普通玻璃幕墙综合单价低 300 元 /m² 左右。以光通信产业园建设项目二期工程为例，波纹板幕墙面积 2640m²，比采用普通玻璃幕墙节约成本 2640 × 300=792000 元。此外，波纹板采购可与基层施工同步进行，待基层施工完成后即可安装波纹板，与传统施工工法比较，收尾繁琐性减少，施工方便快捷，节约工期。

10.2　环保效益

波纹板材由厂家定尺制作无任何材料浪费，板材收边及接缝无须打胶处理，减少了对环境的污染，同时更容易做好现场文明施工的管理。

11　应用实例

光通信产业园建设项目二期工程位于湖北省武汉市江夏区潭湖路 1 号，2016 年 4 月开工，2017 年 9 月竣工。该项目由生产厂房、动力中心、员工中心 3 栋单体建筑组成，总建筑面积为 46044m²。其中生产厂房建筑面积 29774m²，长 60m，宽 120m，地上 4 层，建筑高度 23.9m。东西外立面为 0.8 厚 MG350A 型金属波纹板与 6+12A+6Low-E 钢化玻璃幕墙条窗组合设计，南北外立面为 60mm × 240mm 瓷砖饰面。金属波纹板长 3.6m，宽 0.35m，幕墙面积 2640m²。该项目金属波纹板与玻璃幕墙组合装饰效果新颖、大方、时尚、美观，取得良好的视觉效果（图 5）。

图 5　幕墙安装完成效果图

可调式立柱装配式龙骨干挂石材施工工法

李　明　陈博矜　陈红霞　苏　韧　周　艳

湖南六建装饰设计工程有限责任公司

摘　要： 为了更好解决主体结构垂直度误差较大时干挂石材施工问题，采用转接件将锚固钢板与钢立柱、钢立柱与横龙骨、横龙骨与背栓连接在一起；其中，和锚固钢板焊接的转接件与立柱连接的一肢，布置2条平行的长条形孔，可调节立柱前后位置；龙骨结构全部采用螺栓装配式安装，这样既能减少施工误差，提高工作效率，又对施工现场污染少，较为环保。本工法适用于室内装修、幕墙，对其他大型建筑墙面、顶面、柱面工程也有借鉴意义。

关键词： 可调；装配式龙骨；长条形孔；石材阳角圆角处理

1　前言

干挂石材是一种高档的墙面装修，普遍应用于各类公用建筑。干挂石材立柱与转接件连接方式一般为：立柱上下端分别开两个圆孔，通过螺栓与转接件连接。而横龙骨与立柱连接一般采用以下两种方式：一种是横龙骨两端与立柱焊接，多见于室内装修；另一种是横龙骨一端与立柱焊接，另一端运用转接件连接，通过钢角码长条形孔用螺栓与竖龙骨连接，多见于幕墙。湖南六建装饰公司承接了武汉市轨道交通6、7号线车站装修工程后，针对主体墙面局部垂直度偏差较大的问题，同时从节能环保方面综合考虑，说服设计单位变更了原干挂石材为可调试立柱装配龙骨干挂石材的做法，项目部实施、整理并形成该工法。

2　工法特点

（1）本工法适应于主体结构垂直度误差较大的工程，或对主体结构垂直度误差有更大的适应能力。与锚固钢板焊接的转接件与立柱连接的一肢，有2条平行的长条形孔，可调节立柱前后位置。在此基础上，立柱上满布直径10mm的圆孔，调节的范围更大，且降低了自重。

（2）横龙骨与竖龙骨也是运用转接件连接，通过钢角码长条形孔用螺栓与竖龙骨连接，以适应温度变化产生的位移变化。

（3）从龙骨结构而言，全部采用螺栓装配式安装，这样既能减少施工误差，提高施工现场工作效率，加快施工进度周期，又对施工现场污染少，较为环保。

（4）装配式龙骨可独立拆装、更换，有利于日后拆除维修及对钢龙骨进行反复使用，节材节能环保。

（5）背栓干挂面板阳角位置做半径50mm圆角石材，这样既美观又不会伤人。

（6）在一定程度上改善施工人员的劳动条件，减轻了劳动强度，从而加快工程进度。

3　适用范围

本施工工法适用于室内装修、幕墙，对其他大型建筑墙面、顶面、柱面工程有借鉴意义。

4　工艺原理

（1）通过转接件将锚固钢板与钢立柱、钢立柱与横龙骨、横龙骨与背栓连接在一起，区别于传统焊接龙骨，将所有龙骨或构件全部装配式连接，提高了龙骨的安全性及抗震性，且能进行反复的拆除安装。

（2）与锚固钢板焊接的转接件与立柱连接的一肢，有2条平行的长条形孔，可调节立柱前后位置。在此基础上，立柱上满布直径10mm的圆孔，调节的范围更大，且降低了自重（图1～图3）。

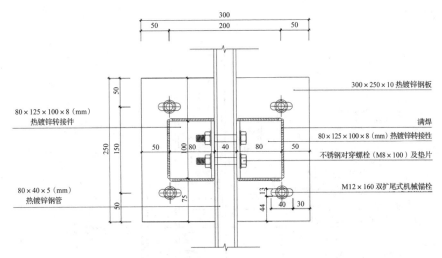

图1　固定点立面（固定于结构墙或梁）1∶3

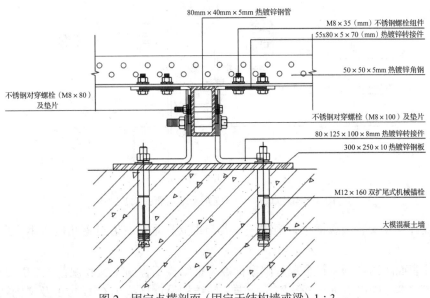

图2　固定点横剖面（固定于结构墙或梁）1∶3

5　施工工艺流程和操作要点

5.1　施工工艺流程

前期准备工作→测量放线→加工制作、安装钢立柱转接件→加工、安装龙骨架→加工、安装背栓转接件→石材板加工、成孔→安装石材→打胶→清洁卫生。

5.2　操作要点

5.2.1　前期准备工作

主体结构混凝土强度不宜低于C25；后置锚固件按照设计和规范要求进行现场抗拉拔试验，骨架安装前进行石材幕墙的"四性"试验。

5.2.2　测量放线

通过主体结构的基准轴线和水准点进行准确定位。

5.2.3　加工制作、安装钢立柱转接件

加工制作与钢立柱连接的转接件，并根据立柱冲孔的模数，放线焊接在后置预埋件上。

5.2.4　加工、安装龙骨架

（1）根据施工放样图检查放线位置，以现场尺寸加工下料。

（2）安装同立面两端的竖框，然后拉通线按顺序安装中间竖框。将各施工水平控制线引至竖框

上，并用水平尺校核。

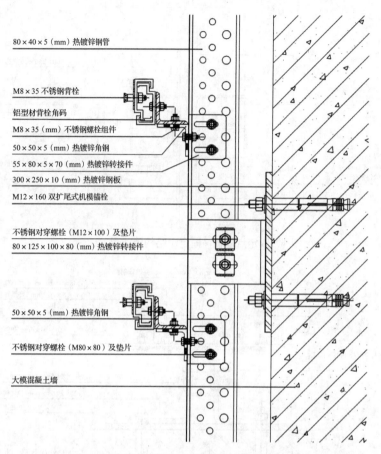

80×40×5（mm）热镀锌钢管

M8×35 不锈钢背栓

铝型材背栓角码

M8×35（mm）不锈钢螺栓组件

50×50×5（mm）热镀锌角钢

55×80×5×70（mm）热镀锌转接件

300×250×10（mm）热镀锌钢板

M12×160 双扩尾式机模锚栓

不锈钢对穿螺栓（M12×100）及垫片

80×125×100×80（mm）热镀锌转接件

50×50×5（mm）热镀锌角钢

不锈钢对穿螺栓（M80×80）及垫片

大模混凝土墙

图 3　固定点纵剖面（固定于结构墙或梁）1：3

（3）按照设计尺寸安装金属横梁，横梁一定要与钢立柱垂直。通过钢角码将钢立柱与横梁进行螺栓连接。

（4）钢构件表面防锈处理应符合现行国家标准《钢结构工程施工验收规范》(GB 50205）的有关规定，钢构件焊接、螺栓连接应符合现行国家标准《钢结构设计规范》(GBJ 17）及《钢结构焊接技术规程》(JGJ 81）的有关规定。

（5）幕墙防雷装置必须严格按照设计及相关标准与主体结构防雷装置进行有效连接。

（6）防火层的衬板采用厚度不小于 1.5mm 的热镀锌钢板，不得采用铝板。接缝处打防火胶，防火层的密封材料应用防火密封胶。

5.2.5　加工、安装背栓转接件

连接件应选用背栓生产厂家的配套产品。连接件与金属骨架的连接应按照现行规范要求施工作业，螺栓采用不锈钢 304 材质。

5.2.6　石材板加工、成孔

（1）严格控制石材色差、尺寸偏差以及破损，若有明显色差、破损、缺棱、裂痕、掉角等，凡有上述情况的石材不得使用，石材板颜色和花纹协调一致，将合格石材板按图纸进行编号分类。

（2）石材板成孔工艺及要求：采用专用设备磨削柱状孔→拓孔→清孔。

（3）用专用石材背栓钻孔设备对石材板进行成孔作业，在石材板背面上下两边进行磨孔，孔位距边缘 100 ～ 180mm；横向间距不宜大于 600mm。背栓钻孔设备切削孔转速最高为 12000r/min，自动升频；设备使用与背栓型号、连接形式匹配的钻头，利用气压成孔技术进行磨孔、拓孔，对石材板不会造成损伤。石材板成孔后，对孔径、孔深、拓孔进行检查，合格后方能安装背栓。随着石材开孔技术的改进，使得开孔成本大大降低。

（4）背栓植入：安置工作台（台面放置合适的橡胶板）→放置已成孔的石材板→将背栓植入石材板孔中→完成背栓紧固→组件抗拉拔试验。根据背栓型号确定背栓植入紧固方法，非旋进式背栓使用专用工具击胀（抽拉）使胀管端扩张紧固；旋进式背栓旋进螺栓使胀管端扩张紧固。在背栓表面增加了尼龙网套，可提高了背栓挂件的抗震性能，排除背栓与石材板硬性接触而降低热胀冷缩效应。

5.2.7　安装石材

建筑物的石材幕墙安装：将组装完成的石材板按照从下到上、从左到右依次进行安装即可。先按幕墙面基准线仔细安装好底层第一皮石材板，且宜先完成窗洞口四周的石材板镶边。安装完每一楼层后，要注意调整垂直度误差，不要积累。

安装节点图如下（图 4～图 9）：

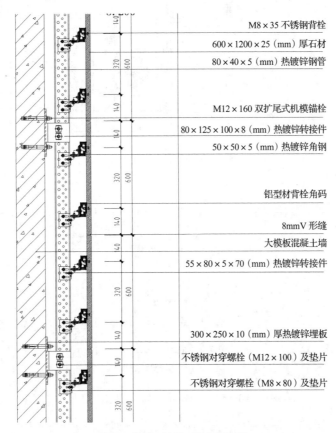

图 4　背栓石材竖剖面节点图

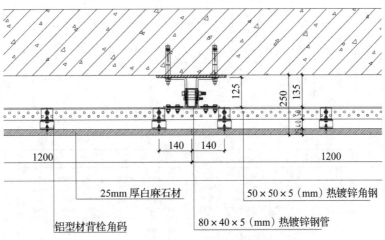

图 5　背栓石材横剖面节点图

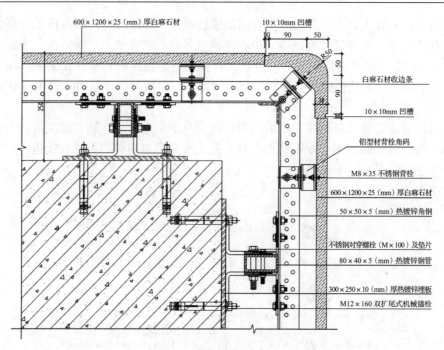

图 6　石材墙面阳角做法

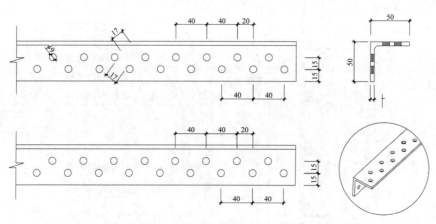

图 7　50×50×5（mm）热镀锌角钢加工图

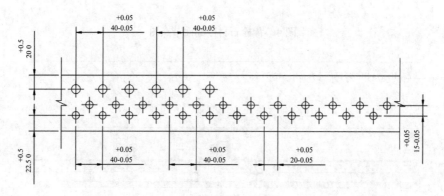

一般公差（IT12）		尺寸	公差	尺寸	公差	尺寸	公差
≤ 10	±1°	0～3	±0.1	50～80	±0.3	400～500	±0.63
> 10～50	±0.3°	3～6	±0.12	80～120	±0.35	500～630	±0.7
> 50～120	±0.2°	6～10	±0.15	120～180	±0.4	630～800	±0.8
> 120～400	±0.1°	10～18	±0.18	180～250	±0.46	800～1000	±0.9
> 400	±0.05°	18～30	±0.21	250～315	±0.52	1000～1250	±1.05
		30～50	±0.25	315～400	±0.57	1250～1600	±1.25

图 8　石材龙骨排板图

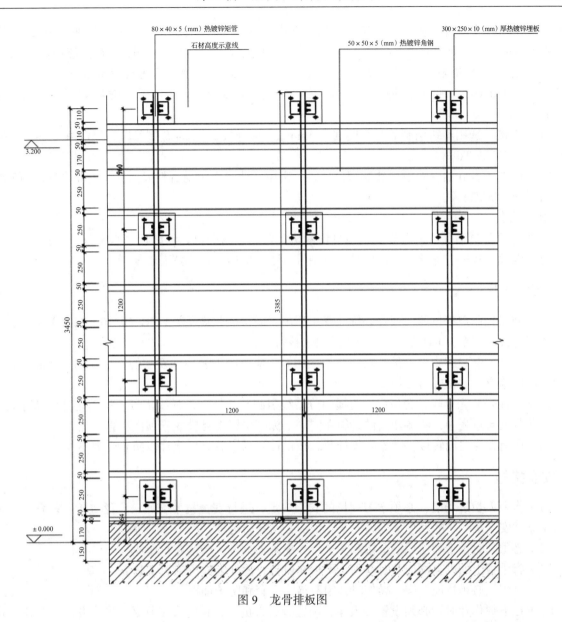

图9　龙骨排板图

5.2.8　打胶

首先用特制板刷清理石材板缝，将缝内滞存物、污染物、粉末清除干净，再在板缝填塞泡沫嵌缝条，填塞深度应平直一致（距石材板面 8mm）、无重叠。打胶前还需贴美纹纸，避免污染相邻石材，石材嵌胶后胶体呈弧形内凹截面，内凹面距石材表面 1.5mm。胶枪嵌缝分段一次完成，速度应保证嵌缝无气泡、不断胶。嵌缝胶溜压应在初凝成型时完成，保证外形一致。

5.2.9　清洁卫生

安装完成一个单元后，及时清洗干净，并切实做好成品的保护。

6　材料与设备

6.1　材料要求

（1）石材幕墙工程所用材料的品种、规格、性能和等级，应符合设计要求及现行行业标准《金属与石材幕墙工程技术规范》（JGJ 133—2001）、《建筑幕墙》（GB/T 21086—2007）、《钢结构工程质量检验标准》（GB 50221）的有关规定。

（2）所用钢材必须是合格钢材，具有产品质量证明等相关完整资料。碳钢：型材、板材符合JISG3131 规范，紧固件符合 JISG3101 规范；不锈钢：紧固件符合 JISG4304 规范，型材、板材应符合

JISG4305 规范；铝合金：连接件应符合《铝合金建筑型材》（GT 5237）。背栓、缓冲套应采用不低于 304 的不锈钢制品，背栓的质量必须经过有资质的检测机构进行检测，检测合格后方能使用。

（3）石材板弯曲强度值（干燥和水饱和状态）≥8MPa，体积密度不小于 2.56g/cm³；干燥压缩强度不小于 100.0 MPa；吸水率应小于 0.8%；石材板的技术要求应符合《天然花岗岩建筑板材》（GB/T 18601—2001）。

（4）连接件选用不锈钢制品时，厚度 ≥ 3mm；连接件选用铝合金制品时，厚度 ≥ 4mm，根据具体计算选用 T5 或 T6 材质。

（5）应选用含硅油少的中性硅酮密封材料，避免硅油渗透污染石材表面，避免非中性硅酮密封材料对石材产生腐蚀。

6.2 机具设备

后切背栓石材钻孔机、电焊机、型材切割机、台钻、角磨机、经纬仪、水平仪、钢直尺、塞尺、注胶枪、电锤、扳手、螺丝刀等，机具设备型号、数量根据工程具体需求配置。

7 质量控制

（1）质量控制严格按照《建筑装饰装修工程施工质量验收规范》（GB 50210—2001）、《金属与石材幕墙工程技术规范》（JGJ 133—2001）的要求执行。

（2）立柱安装过程中，必须严格与分格线相对，应拉线控制确保安装的立柱在同一平面，完成后派专人逐层检查，并做好监控记录。

（3）立柱安装完成验收合格后，将横向分格线引测到立柱上，弹线记号，将横龙骨按弹好的线安装。横龙骨安装过程中，两端转接件必须在同一个标高位置，且横龙骨顶面平直。

（4）所有龙骨之间转接件螺栓必须拧紧，按设计要求安装方形垫片以防止受力不均。

8 安全措施

（1）作业人员进场前，必须学习现场的安全规定，进行安全技术交底；广泛宣传、教育作业人员牢固树立"安全第一"的思想，提高安全意识。必须穿防滑鞋，严禁赤脚等。

（2）必须随时携带和使用安全帽和安全带，配备工具袋，严禁违章作业。

（3）脚手板上的废弃物应及时清理，不得在窗台、栏杆上放置施工工具。

（4）电焊工必须持证上岗。操作时必须戴绝缘手套和防护面罩。

（5）在电焊作业时，必须设置接火斗，配置看火人员；各种防火工具必须齐全并随时可用，定期检查维修和更换。

（6）施工现场临时用电采用 TN-S 系统，严格要求使用五芯电缆配电，系统采用"三级配电两级保护"，实行"一机、一闸、一漏、一箱"制度，配电箱进出线设在配电箱下端。严禁使用花钱、塑胶软线等。

（7）电钻使用前应先检查电源是否符合要求，然后空转试运转，检查转动机构工作是否正常，接地保护是否良好，以免烧毁电动机或造成安全事故。

（8）型材切割机使用前应先检查电源、电压是否符合切割机铭牌的要求，绝缘电阻、电缆线、地线等是否完好、可靠，切割机各连接部位有无松动情况等。

（9）电锤打孔时，电锤的钻头必须垂直于工作面，要用手均匀按压电锤，连续送进，不准使钻头在孔眼内左右摆动，以免扭坏电锤。

（10）在高层建筑幕墙安装与上部结构施工交叉作业时，结构施工层下方须架设挑出 3m 以上的防护装置。建筑在距地面 3m 左右，应搭设宽 6m 的水平安全网。

9 环保措施

（1）石材打孔机、切割机等机具的使用，尽量在市民非休息时刻进行作业，采取必要的防尘、降噪措施，减少对环境的影响。

（2）对于生活和施工废水必须按相关规定进行收集和排放；对施工废弃物和生活垃圾及时进行分类堆放和收集，禁止乱丢弃。

（3）现场材料必须按相关要求堆放，剩料严禁随意丢弃，易燃品应隔离堆放，确保施工安全。

（4）对已污染的地面、路面及时进行清洁。

（5）对进出场车辆进行卫生管理，必要时进行车厢覆盖、车轮冲洗等。

10　效益分析

10.1　社会效益

（1）石材饰面板安装后，即可受力，在其周边施工作业不受影响，便于连续施工作业，有效提高了施工效率。

（2）背栓钻孔设备利用气压成孔技术对石材板进行成孔作业，减少石材板的破损损耗。其可进行成批加工，精度好、效率高，大大加快了施工进度，且相对环保。

（3）该工法特别适用于高层建筑和抗震建筑幕墙。使设计师的柔性构造连接设计意图能得到更好的体现，同时为设计师设计各类图形增加了设计空间，为设计师创造更美更好的作品提供有效的施工技术支持。

10.2　经济效益

（1）背栓干挂石材幕墙具有较好的抗震性能、安全性能。便于维修、更换，降低维护、维修成本。

（2）由于效率提高，该技术综合经济性能高，每 1000m² 幕墙比传统骨架幕墙节约成本约 11500 元。

（3）石材龙骨能反复拆除再利于，减少了资源的浪费。

11　应用实例

武汉市轨道交通 6 号线一期工程（江汉路站—金银湖公园站）车站装修工程第八标段，施工合同造价 2605 万元。开工日期 2015 年 12 月 28 日，竣工日期 2016 年 6 月 28 日。墙面干挂花岗石，采用该工法进行施工，墙面面积 3356m²，质量控制到位。

武汉市轨道交通 7 号线一期工程车站装修工程，施工合同造价 4109 万元。开工日期 2017 年 2 月 13 日，竣工时间 2017 年 5 月 25 日。墙面干挂花岗石，采用该工法进行施工，墙面面积 3524m²，质量控制到位。

武汉市轨道交通纸坊线（7 号线南延线）工程车站装修工程（第三标段），施工合同价格为 2424 万元。开工日期 2017 年 10 月 20 日，竣工日期 2018 年 10 月 19 日。墙面干挂花岗石，采用该工法进行施工，墙面面积 3214m²，质量控制到位。

新型陶土板幕墙环保快捷施工工法

湖南六建装饰设计工程有限责任公司

陈博矜　　熊　伟　　刘尚军　　杨辉银　　李　欣

摘　要：陶土板作为新型墙体饰面材料具有比石材轻、施工安装便捷、误差小、人工费低等优点，使用范围越来越广泛。可采用由两部分所构成的铝合金槽式挂件完成陶土板幕墙施工：一部分用螺栓通过长条形孔与横龙骨固定，可调节挂件前后位置；另一部分前端为U形槽，与陶土板连接处设有橡胶垫片，将陶土板牢固卡在槽内；两部分连接处设有螺栓和弹簧垫片，通过螺栓可调节挂件上下位置，来控制陶土板垂直度。本工法适用于有抗震要求的建筑物幕墙及室内墙面装饰。

关键词：新型陶土板；幕墙施工；铝合金槽式挂件；通长槽口

1　前言

陶土板是一种新型的墙体饰面材料，是以天然陶土为主要原料，经过高压挤出成型、低温干燥并经过 1200℃～1250℃ 的高温烧制而成，具有绿色环保、无辐射、色泽温和、无光污染等特点。陶土板在经过煅烧出炉的一刻，用激光质量检测仪进行检测，不合格的产品直接回收再次加工，合格的产品经定尺切割，包装后供应市场。近几年陶土板在国内得到了人们的认可和推广。新型陶土板幕墙将中国传统陶文化与现代幕墙融为一体，丰富了幕墙的表现形式，赋予了幕墙传统文化内涵。

2　工法特点

（1）陶土板面板上下边自带通长翼缘或槽口，不需现场开槽，无扬尘，安装便捷。

（2）新型陶土板幕墙采用的铝合金槽式挂件由两部分组成：一部分用螺栓通过长条形孔与横龙骨固定，可调节挂件前后的位置；另一部分前端为U形槽，与陶土板连接处设有橡胶垫片，可将陶土板牢固的卡在槽内。两部分连接处设有螺栓和弹簧垫片，螺栓拧进拧出可调节挂件上下位置，来控制陶土板垂直度。

（3）陶土板为中空结构，比石材轻，施工安装便捷、误差小，减少人工费，价格与其他幕墙材料相比，材料成本较低。现场无须二次开槽，减少扬尘污染，降低环保治理费用，可以节约施工综合费用。

（4）可根据施工图纸结合现场实际尺寸，定制幕墙压顶、立面转角、沉降缝、外窗等部位特殊收口板件。

（5）陶土板特殊的板面及干挂安装设计，使每块陶土板可快捷安装或拆卸，不会对陶土板造成任何损坏。

3　适用范围

适用于有抗震要求的建筑物的幕墙及室内墙面装饰。

4　工艺原理

本新型陶土板幕墙为构件式幕墙。使用铝合金槽式挂件将 30mm 厚（符合设计要求尺寸）陶土板与横龙骨（50mm×50mm×5mm 热镀锌角钢）连接固定。横龙骨（50mm×50mm×5mm 热镀锌角钢）与立柱（80mm×60mm×4mm 热镀锌方管）焊接固定，横龙骨水平间距同陶土板板高。立柱通过 2 个 M12×100 不锈钢螺栓与双钢角码转接件伸出端固定。双钢角码转接件另一端与后置预埋件（300mm×200mm×8mm 热镀锌钢板）焊接固定。后置埋件通过 4 个 M12×160 化学锚栓与建筑混凝土主体固定；若主体为砖墙，则使用 4 个 ϕ12 对穿螺杆配合热镀锌钢板固定。

5　工艺流程及操作点

5.1　施工工艺流程

施工准备→测量放线→后置埋件安装→双钢转接件安装→立柱安装→横梁安装→避雷安装→层间防火隔离层安装→陶土板安装→打胶收口。

5.2　操作要点

5.2.1　施工准备

（1）编制专项施工方案，对操作人员进行岗前培训，并做好安全技术交底工作；

（2）根据施工图和现场实际情况进行板块排板，画出排板图；

（3）若主体施工时已安装了预埋件，对预埋件安装位置进行检查。

5.2.2　测量放线

（1）测量依据。

幕墙设计一般都是以建筑物的轴线、楼层标高线、土建结构的内部墙体分隔为依据，所以陶土板排板与建筑物轴线及其门窗、洞口的控制线有关，这就需要对原主体工程进行测量校核。

（2）测量方法。

预埋件偏差测量：根据土建结构提供的轴线、门窗洞口控制线以及楼层标高线，结合立柱分格尺寸检查所有预埋件的标高与水平偏差，并做好记录，由技术负责人确定立柱的调整方案。

外墙立柱轴线定位：确定立柱调整方案后，根据土建结构提供的轴线确定立柱轴线（用钢线定出立柱左右位置），每一定位轴线误差在本定位轴线间消化，不可积累，且每个分格分排尺寸误差不大于 2mm。

（3）陶土板立柱标高定位。

根据施工图纸确定出单根立柱顶标高与结构楼层标高的关系，在结构外围顶板上用墨线弹出立柱顶标高线或控制线。

（4）测量工具。水准仪、经纬仪、钢尺、塔尺、线坠、墨斗。

5.2.3　后置埋件安装

（1）根据放线定位，用 ϕ14 钻头在外墙测定位置钻孔，孔深 110mm。然后用专用压缩空气机清理孔内灰尘，清理 3 次，确保孔内无灰尘。

（2）使用玻璃管锚固包固定 M12×160 化学锚栓，将其圆头朝内放入锚固孔内并推至孔底，然后使用电钻及专用安装夹具，将螺杆强力旋转插入直至孔底，凝胶后至完全固化前避免扰动。

（3）安装 300mm×200mm×8mm 热镀锌钢板（Q235B）。使用 ϕ12 螺帽，40mm×40mm×4mm 热镀锌方垫片，要求螺杆露出螺帽不少于 5 匝，螺帽拧紧，紧贴钢板。

5.2.4　双钢角码转接件安装

（1）用直径 0.6～1.2mm 的钢丝在单幅幕墙的两端各挂两根安装控制线。

（2）根据立柱安装位置确定角码安装位置并标记。角码焊接时，角码的位置应与墨线对准。将同水平位置两侧的角码临时点焊后进行检查，再将同一根立柱的中间角码点焊，检查调整同一根立柱角码的垂直度，符合要求方可满焊。按设计要求对焊缝进行防锈处理。

5.2.5　立柱安装

80mm×60mm×4mm 热镀锌方管立柱的安装应从下往上依次进行。就位安装前，先将 68mm×48mm×4mm 热镀锌焊接钢套芯（上、下立柱接长用）与连接角码安装到立柱上，上、下立柱之间留有 20mm 缝隙使用硅酮结构胶密封，连接角码与立柱用 2 个 M12×100 不锈钢螺栓固定，角码与立柱的接触面采用 40mm×40mm×4mm 镀锌方垫片。根据已确定的立柱轴线与标高控制线进行立柱的安装，安装时先把角码点焊在预埋件上，然后调整立柱，使立柱的轴线与已确定的立柱分隔轴线重合，立柱顶与在横梁上弹出的立柱顶标高线重合。在确定第一条立柱安装准确无误后，将上一层立柱套入下一层立柱，就位准确后点焊，并用不锈钢螺栓将上下立柱与立柱连接芯套牢固，如此循环，完成一组立柱安装。整面立柱安装完毕，检查无误后进行角码与埋件的加焊以及角码螺栓孔的防滑移焊接（为调节立柱的垂直度，角码与立柱连接的螺栓孔为长圆形，待安装完毕后应对其进行加焊）。

5.2.6　横梁安装

（1）横梁加工。50mm×50mm×5mm 热镀锌角钢在施工现场用台钻钻孔。钻孔 ϕ6mm，要求孔在角钢一肢的中间，成线，间距 150mm。

（2）横梁定位。用水准仪将楼层标高线引到立柱上，以此为基准，根据施工图纸要求将横梁的上皮位置标于立柱上，每一层间横梁分隔误差在本层内消化，不得积累。

（3）横梁安装。横梁与立柱采用焊接固定。根据已标出的横梁标高线将横梁点焊临时固定在立柱上（先点焊横梁的两头使其固定，然后调整），待检查调整无误方可满焊。

5.2.7　避雷安装

先将幕墙的水平防雷均压环通过 ϕ12 圆钢与主体防雷钢筋可靠连接，搭接长度不小于 100mm，焊脚高度为 6mm，采用 E43 系列电焊条。防雷均压环采用 40mm×4mm 镀锌扁钢与主龙骨焊接，安装时自上而下，焊接处涂刷富锌漆两道。

5.2.8　层间防火层安装

按设计图纸要求，在幕墙与各楼层板外沿间的缝隙处设置防火岩棉填充密实。先将 1.5mm 厚镀锌钢板固定，再均匀铺设防火棉，镀锌钢板与结构的空隙处用防火胶封闭。防火层与幕墙间的间隙采用耐火胶密实。

5.2.9　陶土板安装

（1）铝合金槽式挂件由两部分组成：一部分用螺栓通过长条形孔与横龙骨固定，可调节挂件前后的位置；另一部分前端为 U 形槽，与陶土板连接处设有橡胶垫片，可将陶土板牢固地卡在槽内。两部分连接处设有螺栓和弹簧垫片，螺栓拧进拧出可调节挂件上下位置，来控制陶土板垂直度。安装时，先确认完成面，然后将下方铝合金槽式挂件安装固定好，两人在两侧将陶土板固定在下方铝合金槽式挂件上口槽上，中间一人安装陶土板上口铝合金槽式挂件，将挂件卡进陶土板上口通槽后，两侧安装人员配合中间安装人员进行陶土板水平度、平整度、垂直度调整，确保横平竖直。

（2）陶土板安装自下而上进行。要求安装的陶土板表面平整，接缝高低差、垂直度符合规范要求，按施工图要求留缝，横平竖直，缝宽一致。

5.2.10　打胶收口

按设计要求宽度留缝。板缝间缝宽 4mm，凹槽深 30mm，然后用耐候胶填缝。要求胶缝横平竖直、宽窄一致，表面饱满光滑。

细部节点（窗台、幕墙下口、幕墙压顶、立面阳角、立面阴角）做法见图 1～图 6。

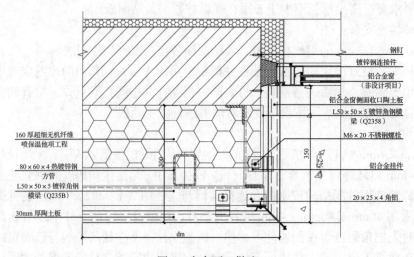

图 1　窗台下口做法

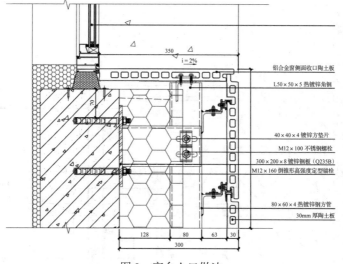

图 2　窗台上口做法

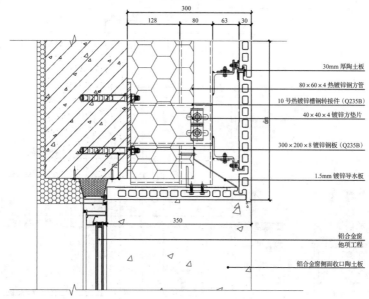

图 3　幕墙下口做法

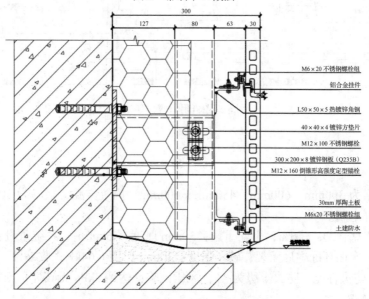

图 4　幕墙顶面收口做法

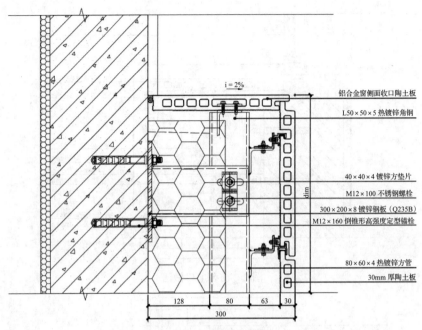

图 5　幕墙阳角收口做法

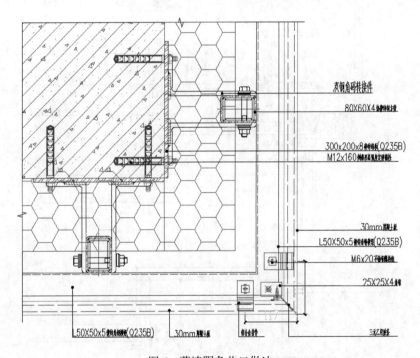

图 6　幕墙阴角收口做法

6　材料与设备

6.1　材料

（1）陶土板规格为 300mm×600mm、450mm×600mm，内置空腔，板厚为 30mm。异形尺寸、特殊部位收口陶土板可定制。

（2）陶土板吸水率：3%～6%；干燥重量：30mm 厚度 <46kg/m²；系统重量：30mm 厚度 <66kg/m²；抗冻性：经 100 次循环冻融后无裂；破坏强度：30mm 厚度 6.64kN；收缩性：无；抗紫外线：优；耐酸碱性：UA 级；防火性能：防火等级为 A_1；风压试验：达到 9kPa 无破坏；断裂模数：30mm 平均 18.5MPa，最小 18.0MPa。

（3）铝合金型材应符合现行国家标准《铝合金建筑型材》（GB/T5237.1）中有关高精级的规定。

（4）陶土板幕墙采用的五金件应符合设计要求，有出厂合格证，符合现行国家标准及规范。

6.2　机具设备（表1）

表1　机具设备一览表

序号	设备名称	规格型号	电机功率（KW/台）	数量	备注
2	电锤	ZIC-NTD-26		10	结构钻孔
3	切割机	H063	1.2	4	龙骨切割
4	台钻	Z516-1A	1.2	4	龙骨钻孔
5	电焊机	BX1-315	18kW·A	14	龙骨安装
6	切割机		2.2	1	切割瓷板
7	磨边机		39	1	阳角磨边
8	水平靠尺			6	平整度检测
9	水准仪			6	水平度检测
10	铅垂仪			6	垂直度检测

7　质量控制

（1）化学螺栓与结构的锚固应严格按《混凝土结构后锚固技术规程》（GB/T4100.1）进行拉拔力试验。

（2）陶土板材质质量应符合《建筑材料放射性核素限量》（GB6566）及《干压陶瓷板》（GB/T4100.1）的要求，并做质量检测；其允许偏差应按《建筑瓷板装饰工程技术规程》（CECS101）规定。

（3）龙骨安装所有焊缝质量必须达到三级，并立即涂刷环氧富锌漆，且均应满足《建筑钢结构焊接技术规程》。

（4）陶土板幕墙安装允许偏差应符合表2要求：

表2　陶土板幕墙安装允许偏差

项目		允许偏差	检查方法
竖缝及墙面垂直 幕墙高度 H（mm）	H ≤ 30	≤ 10	激光经纬仪或经纬仪
	60 ≤ H>30	≤ 15	
	90 ≤ H>60	≤ 20	
	H>90	≤ 25	
幕墙平面度		≤ 2.5	2m 靠尺、钢板尺
竖缝直线度		≤ 2.5	2m 靠尺、钢板尺
横缝直线度		≤ 2.5	2m 靠尺、钢板尺
缝宽度（与设计值比较）		±2	卡尺
两相邻面板之间接缝高低差		≤ 1.0	钢直尺、塞尺

8 安全措施

（1）按高处作业分级和建筑安装工人安全技术操作规程对施工班组进行安全交底。

（2）龙骨安装满焊作业中，施焊人员应安置好接火斗，防止火花飞溅，并在作业面准备水源和灭火器，应付突发事故。

（3）上下交叉作业中，应在作业面及作业面上、下两层满铺脚手板，作业面上的作业人员应戴好安全帽，在特殊作业面应系好安全带，工具及小型构件应集中堆放并作好防护。

（4）施工用脚手架搭设必须牢固，经验收后方可使用，不得随意拆改外架。

（5）遇 6 级以上大风或雨天应停止高处作业。

9 环保措施

（1）材料在加工、现场安装所有能产生噪声的作业不得在夜间进行，应符合国家规定的建筑施工场界环境噪声排放标准。

（2）陶土板在车间切割、磨边及异形板在现场切割、磨边应注水，以防止灰尘飞扬，对大气造成污染。

（3）因操作不当致使陶土板有损坏而不能正常使用的，应加工成异形板和分层线条使用，以减少建筑垃圾；废陶土板完全不能利用时，应转运在集中堆放点作为建筑垃圾外运。

10 效益分析

10.1 经济方面

（1）应用本工法，陶土板不需现场开槽，充分发挥了机械化模块作业能力，劳动强度低，安装快捷，质量稳定，不产生扬尘无污染。

（2）后期维护费用较石材、瓷板等低廉，维修方便，从而有效降低了后期维护成本。

10.2 社会效益

（1）绿色环保。由天然陶土烧制而成，安全无辐射，可直接回收。

（2）色彩雅致。通体为天然陶土之本色，色泽柔和，美观自然，能有效抵抗紫外线的照射，历久常新。

（3）耐火阻燃。天然陶土本身阻燃性强，经高温煅烧更加耐火。

（4）保温节能、隔声降噪。陶土板内置空腔，自重减少，且可以有效阻隔热传导，隔离外界噪声。

（5）声学功能。隔声性能等级不低于 2 级。

（6）抗震性。7 度抗震设防。

11 应用实例

中国太平洋财产保险公司长沙中心支公司旧楼改造工程，室内墙面采用该工法施工的陶土板，面积 950m²，高度 3.6m。开工日期 2016 年 5 月，竣工日期 2016 年 9 月。运用本工法施工的陶土板墙面，与主体结构连接牢固，表面平整，垂直度符合规范要求，色泽一致。

株洲炎陵神农湾酒店建设项目（续建项目）设计施工总承包，陶土板幕墙面积约 5000m²，高度 12m。开工日期 2017 年 4 月，竣工日期 2018 年 10 月。运用本工法施工的陶土板幕墙，与主体结构连接牢固，表面平整，垂直度符合规范要求，色泽一致。

施工现场图片（图 7）。

图 7 窗台两侧收口

仿古建筑装配式木饰面施工工法

谢东山　谭卫红　陈维超　蔡　敏　胡友明

湖南建工集团有限公司

摘　要： 木材饰面在古建筑群和仿古建筑中有着广泛的应用空间。可采用计算机排板编号布局下料至木材加工厂，成批量制作半成品，对少量板材辅以现场制作弥补局部尺寸误差，从而实现快速安装。同时，利用穿墙螺杆（化学锚栓）固定在砖墙或混凝土墙体上，通过不锈钢角码与木质龙骨紧密咬合，提高木质饰面的基层整体完整性和牢固性；利用不锈钢自攻沉头螺丝，配合木质面板公母槽安装系统，提高了面板平整度和耐久性。

关键词： 仿古建筑；木材；防腐；装配式；仿古；外装饰；公母槽

1　前言

　　长期以来，公共建筑外墙施工体系以石材、玻璃及铝板占据主导地位，对于有特殊要求的风景园林、仿古建筑、古建筑群的木质装饰，特别是木饰面装配系统施工无相关的标准、规范、图集。传统的榫卯木质结构因其施工工艺复杂、操作人员要求高、施工技术难度大，施工工期长等问题受到挑战。而外墙装配式木材饰面安装作为一种防腐木材代替传统的榫卯木质结构房屋装饰，因其施工方便、对施工人员的技术要求比较低、维修处理方便、使用年限相对于传统木材较长，成功地解决了榫卯木质结构的缺点，且施工速度快，立面效果较好，越来越广泛地运用到框架结构主体的古建筑群和仿古建筑施工过程中。我集团公司施工的湘潭市窑湾历史文化街区一期工程和湘潭市窑湾历史文化街区二期改扩建工程，成功使用了仿古建筑装配式木饰面装饰，根据这两个工程的施工经验形成本工法。

2　工法特点

　　针对当前相关技术和领域的研究与应用不足，该工法提出了一种加快施工速度、提升工程质量、减少工程造价，同时能快速达到仿古建筑效果的智能化的装配式木饰面装饰技术。

　　（1）本工法经现场实测实量后采用计算机排板编号布局下料，木材加工厂成批量生产加工，完成半成品进入施工现场组装，从而达到了现场快速化施工的目的。

　　（2）采用螺栓、角码加木龙骨组合的先进装配式安装系统，从而达到了木饰面与混凝土主体结构完美牢固结合。

　　（3）该法与传统手工艺结合，首先采用公母槽装配式大面积进行拼装，快速形成立面效果，之后再采用手工平刨对局部安装误差进行修正，可以取得木饰面更好的美观效果。

　　（4）特殊部位如圆弧包木饰面柱等异形结构上下接口，采用铜钉、铜条巧妙的遮挡，从而达到了材料结合部位完美过渡。

　　（5）相对于传统施工，工厂化的加工对木材的防腐、防虫、防火等处理更加完善，木材制作的截面尺寸、表观平整度等均优于传统工艺。

　　（6）施工方便、对施工人员的技术要求比较低、维修处理方便、安装周期短、投产效率快。

3　适用范围

　　本工法适用于主体结构为混凝土外立面需要仿古的建筑装修，装配式木饰面外墙、装配式木饰面内墙、檐口顶板装配式木饰面等工程。

4　工艺原理

本工法采用计算机排板编号布局下料至木材加工厂，成批量的生产加工完成的半成品，进入施工现场组装，少量板材辅以现场制作弥补局部安装尺寸误差，从而达到装配式木饰面的面层整体效果。利用穿墙螺杆（化学锚栓）固定在砖墙或混凝土墙体上，通过不锈钢角码与木质龙骨紧密咬合，提高木质饰面的基层整体完整性和牢固性。利用不锈钢自攻沉头螺丝，配合木质面板公母槽安装系统，提高了面板平整度和耐久性。

5　施工工艺流程及操作要点

5.1　施工工艺流程（图 1）

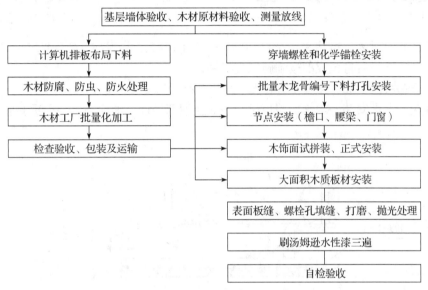

图 1　施工工艺流程图

5.2　施工操作技术要点

5.2.1　施工准备

（1）编制装配式木饰面安装施工方案并遵循安装快捷方便的原则，方案经审批后对加工工厂作业人员进行书面交底。

（2）施工前采用激光水平仪器测量放线定位木饰面的轴线、分格线、高程控制线及核查验收基层墙体、顶板表面平整度、垂直度、空鼓必须满足规范和设计要求。

（3）墙面采用 DS3 水准仪结合土建高程在场区内整体放样，用油漆或记号笔标注于墙面之上作为木柱、木墙的起始标高并在墙体四周水平进行闭合弹线。采用 CL-Ⅱ型激光水准、铅直仪将墙面根据计算机排板的图纸详细分格，并采用墨线标记纵、横详细分格定位图中锚固件安装位置、主次龙骨和纵、横腰梁安装位置。

（4）按设计要求对各个立面、屋檐倒板、柱面按板材规格尺寸进行计算机排板、下料至木材加工厂，详细提供每个立面的板材位置分布图。

5.2.2　木材工厂化加工

（1）木材原材料进场验收合格后经粗加工并通过干燥窑干燥（温度 100℃，时长 2～4h），让木材细胞结构相对固定，从而减少了木材开裂和变形的程度，通过真空高压浸渍将防腐剂、阻燃剂打入木材内部，使药剂与木材中淀粉、纤维素及糖分进行化学反应，从而破坏了细菌及虫类的生存环境达到防腐、阻燃效果。经处理后自然晾干 7d，再进入干燥窑，或直接自然干燥，以确保防腐剂成分在木材中充分固着，防腐木经设备烘干后，需进行含水率平衡测定。达到平衡含水率后进入精加工车间。

（2）木材制作成型：达到平衡含水率的板材经过自动单片纵锯机按设计要求将粗料分割，再采用四面木工刨床机对板材进行刨光操作，其垂直度、平整度符合要求后采用立式单轴铣床机对板材进行公母槽的开槽操作，槽口平滑、顺直、咬合严密、符合要求后采用宽带砂光机进行表面抛光操作成型。

图2 真空高压浸渍机床

图3 装配式板材成品

（3）成型后的板材进入打磨房采用全自动异形砂光生产线二次抛光，符合要求后采用汤姆逊水性漆底漆施工，待油漆干燥后打包成捆运到施工现场拼装。

5.2.3 装配式木饰面安装系统：穿墙螺杆（化学锚栓）和角码安装（图4）
批量龙骨拼装→节点安装→木饰面墙板拼装→面层细部处理→油漆施工→分项验收。

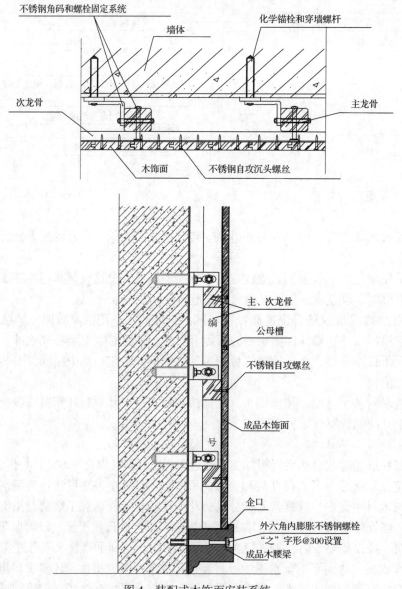

图4 装配式木饰面安装系统

（1）化学锚栓、穿墙螺杆和角码安装

采用 DN12mm×260mm 不锈钢穿墙螺杆和 M12mm×150mm 的化学锚栓作为木饰面的基础锚固层，其锚栓间距墙体按 500mm×1000mm 设置，局部斜屋面、异形部位现场调整，总体原则不大于 500mm×500mm。根据标定的螺栓孔位采用手电钻成孔（孔径 14mm），砖墙部位采用长电钻穿墙，砖墙内、外侧均设置 5mm×50mm×50mm 的不锈钢四方垫片，增大受力面积。混凝土墙采用手持电钻成孔（孔径 14mm），采用 M12mm×150mm 化学锚栓作为锚固支点。通过 50mm 不锈钢角码和螺栓连接形成木饰面的基层锚固系统。

（2）批量龙骨安装

中间层采用 50mm×50mm 的主次木龙骨，主龙骨间距按 500mm×1000mm 设置，次龙骨间距按 500mm×500mm 设置。同时采用 M12 螺母将龙骨与角码连接，在安装过程中须采用二次拧紧施工工艺，安装龙骨前须对龙骨进行编号，同时采用双排挂线的方式对龙骨进行精确定点安装，确保面层板材安装的平整合一，具体做法见图 5。

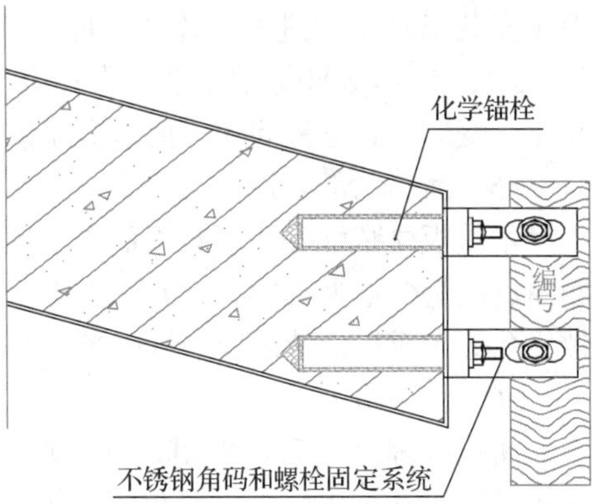

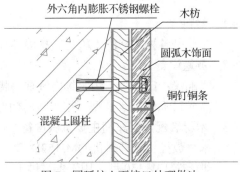

图 5　角码与龙骨安装系统

（3）节点安装

①外立面设计有窗或门洞处的木质幕墙时，门窗洞口四周设加强龙骨并用沉头螺栓与门窗框连接，的防止门窗开启频繁导致的门窗榫接变形和开裂，具体做法见图 6。

②异形圆柱木墙上下接口处理

木装饰圆柱因外立面要求必须平直，且单根柱长度较长，无法整根下料，易在楼层交接处出现上柱与下柱接口问题，宜采用 80mm 宽 2mm 厚铜条，铜条中间间隔 100～150mm 镶嵌铜铆钉，具体做法见图 7。

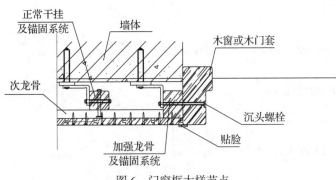

图 6　门窗框大样节点

图 7　圆弧柱上下接口处理做法

③门窗框与木墙面交接处的收口处理

墙面与窗框交接处缝隙采用 20mm×10mm 厚木条（木条靠墙侧倒圆角靠窗侧为直角，直角边与窗边齐平）镶边，确保了板材与门窗框的缝隙完美遮挡，板条横竖交接采用 45°角对拼安装（图 8、图 9）。

图 8　窗框细部处理

图 9　圆柱上下接口

（4）木饰面墙板拼装

①安装纵横梁：针对仿古建筑木墙立面特殊要求，"厚梁薄板"外立面需体现凹凸立体感，纵横装饰梁需要采用特殊固定方式——沉头螺栓单点固定，固定方式采用 M12mm×200mm 外六角内膨胀（穿墙螺栓）不锈钢螺栓与主体结构锚固，固定方式采用"之"字形状布置，其螺栓锚固间距不大于 300mm。沉头口部采用聚乙烯膨胀泡沫填实，同时采用木板专用修补腻子刮平、打磨、抛光。

②采用公母槽方式安装饰面面板：装配式木墙饰面面板搭接方式，常用的搭接方式有企口、公母槽、异形公母槽等连接方式，因木结构材质受场地气候条件影响的而产生变形这一特殊因素，企口搭接：板块与板块之间产生翘曲、变形难以恢复。异形公母槽搭接：因操作复杂安装精度要求较高，大面积安装影响工程进度。普通公母槽搭接：公槽采用凸 8～10mm，母槽凹 9～11mm，同时单块板材采用 2 支 5×80mm 的不锈钢自攻沉头螺丝，将板材固定在木龙骨之上，完美地解决了板材之间的翘曲、变形、收缩等问题，使木饰面整体持久美观。

（5）面层细部处理

木质板材装配完毕后对板面自攻螺丝产生的沉头缝、板材与板材之间产生的施工误差及木材局部翘曲、微量变形处理方式：对于微小变形采用人工利用传统的手工刨对以上部位进行二次打磨，针对螺栓孔等大面积的缝采用手持抛光机配合 600 号木砂纸进行二次打磨抛光。

（6）油漆施工

面板处理完毕后再采用栗色汤姆逊水性漆进行滚涂 3～5 遍确保油漆侵入木材 1～2mm，每道油漆时间间隔在 4～5h，具体视气候条件而定，原则是干燥成膜后确保木饰面层无明显色差后方能进行下道面漆木饰面施工。

（7）分项验收

装配式木饰面安装完毕后，按照设计图纸、效果图及规范要求进行木饰面的分项验收。

6　材料与设备

6.1　材料

主要是各种规格的木板材、穿墙螺杆、化学锚栓、角码、不锈钢自攻沉头螺丝等。

6.2　测量设备

水准仪：DS3 型，用于场内圆柱、腰梁、墙板定位。

激光铅垂仪 CL-Ⅱ型，用于竖向构件的定位、分格。

6.3　木材装配加工车间主要机械设备

木材数控机械开料机 QMJ153D 型，用于木材的开料。

烘干窑 FW-150 型，用于木材烘干。

真空压力浸渍机 VPI-900 型，用于木材的防腐、防火、防虫处理。

四面木工刨床 VHM616 型，用于木材按设计要求精加工成型。

立式单轴铣床 MX5117B 型，用于板材的公母槽开槽。

宽带砂光机 1000 型，用于板材的一次抛光、打磨。

异形砂光生产线 TOMO-1000-P2 型，用于板材的二次抛光、打磨。

6.4　现场拼装主要机械设备

手持式电钻，用于墙体开洞；小型台钻，用于木方、横梁的沉头螺栓孔开洞或开异形圆洞；小型平刨机，用于板材二次深加工；小型多功能切割机，由于板材的快速切削；小型电钻，用于板材的沉头螺栓孔开洞；打磨机、抛光机、锤子、锉子、圈尺等。

7　质量控制

7.1　执行标准及依据

《建筑装饰装修工程质量验收统一标准》（GB 50210—2018）；

《木结构工程施工质量验收规范》(GB 50206—2012);

《装配式木结构建筑技术标准》(GB/T 51233—2016);

《原木检验》(GB/T 144—2013);

《木结构设计规范》(GB500052003);

《防腐木材》(GB/T 22102—2008);

《混凝土用膨胀型、扩孔型建筑锚栓》(GB 16—2004);

《混凝土结构后锚固技术规程》(JGJ 145—2004)。

7.2　质量控制措施

7.2.1　木材防腐、防虫、防火、干燥含水率、药剂质量控制

各类板材进场时木材的平均含水率，方木或原木不应大于 25%，板材不应大于 20%，现场见证取样送有资质的实验室进行检验。

木材放置到压力浸注罐之中后，关闭罐门以及其他通道，施加空气压，保持在 0.2～0.4MPa，持续在 10min 左右。再注入防腐、防虫、防火剂时保持压力，并连续升压，压强控制在 0.8～1.5MPa，时间控制在 1h 左右。泄压采取逐步解除压力，并排除罐中的药剂。排完后就需要抽真空，并维持真空状态在 10min 左右，然后，解除真空状态，将剩余防腐剂溶液排除，恢复到大气压之后继续第 2 次的相同操作。

木材防腐、防蛀处理采用水溶性溶剂的油溶性防护剂 ACQ 组成配比 33.3%，环境类别采用 C3，最低载药量 4.5kg/m³。成品板材防腐达到：对省级以上博物馆内部装修材料达到燃烧性能等级的 B_1 级标准。

7.2.2　锚固件质量控制

（1）锚固件在主体结构上埋件的位置不大于 500mm、锚栓拉拔力符合 2min 的持荷降低 ≤ 5% 为合格。

（2）锚栓与主体结构上的连接、龙骨与角码的连接、板材与龙骨的连接符合设计要求，安装牢固。

（3）金属螺栓、连接件与埋件的镀锌防腐符合设计要求。

7.2.3　板材拼装质量控制

（1）墙体的造型、立面分格和图案符合设计要求。

（2）木质饰面板的数量、尺寸位置及板缝之间的宽度和深度都符合设计要求。

（3）墙体表面平整、洁净、无缺损和划痕。

（4）面板板缝横平竖直，饰面板上的洞口、槽边应边缘整齐，所有阳角采用 45° 对拼。

7.2.4　板材拼装的允许偏差（表 1）

表 1　板材拼装的允许偏差

项次	项目		允许偏差（mm）	检验方法
1	木饰面垂直度	30m<h ≤ 60m	15	用激光仪或经纬仪
2	木饰面横向构件水平度	宽度 >35m	5	
3	木饰面表面平整度		3	2m 靠尺、钢板尺、水平仪
4	板材立面垂直度		3	2m 靠尺、钢板尺、水平仪
5	相邻板材板角错位		1	用钢直尺检查
6	阴、阳角方正		2	用直角检测尺检查
7	接缝直线度		3	拉 5m 线用直尺检查
8	接缝高低差		1	用钢直尺和塞尺检查
9	接缝宽度		1	用钢直尺检查

7.2.5 装配式木饰面结构子分部工程质量验收应符合下列规定：

（1）检验批主控项目检验结果应全部合格。

（2）检验批一般项目检验结果应有大于80%的检查点合格，且最大偏差不应超过允许偏差的1.2倍。

（3）子分部工程所含分项工程的质量验收均应合格。

（4）子分部工程所含分项工程的质量资料和验收记录应完整。

（5）安全功能性检测项目的资料应完整，抽检的项目应合格。

（6）用于加工装配式木结构组件的原材料，应具有产品合格证书。每批次应做下列检验：

①每批次进厂目测分等规格材应由专业分等人员做目测等级检验或抗弯强度见证检验；每批次进厂机械分等规格材应做抗弯强度见证检验；

②每批次进厂规格材应做含水率检验；

③每批次进厂的木基结构板应做静曲强度和静曲弹性模量检验。

8 安全措施

8.1 安全技术规范

《建筑机械使用安全技术规程》(JGJ 33—2012)；

《施工现场临时用电安全技术规范》(JGJ 46—2016)；

《建筑施工安全检查评分标准》(JG 59—2017)；

国家其他现行有关安全技术规范。

8.2 安全措施

（1）严格执行"安全第一、预防为主"的方针，做好施工现场的统筹管理。

（2）合理布局现场材料、构配件堆放减少材料的二次搬运。

（3）施工现场各工种的特种作业必须持证上岗，严格执行岗位责任制和"三级安全教育"制度。

（4）高处安装作业人员必须按标准佩戴好安全帽、系挂好符合标准和作业要求的安全带、作业点的下方必须挂设安全网，严禁超负荷乱堆乱放，所有的木材必须堆码平稳，同时设置安全警示标志，并设专人进行安全监护，防止无关人员进入作业范围和落物伤人。

（5）严格按照临时用电规范要求施工：三相五线制、"TN-S"保护系统，任何人不得随意私拉乱接，各个木工施工机械必须做到一机一闸一箱一漏，确保施工用电安全。

（6）木饰面预拼装到位后及时将板材与锚固钉固定到位，以免倾斜，发生意外。

（7）电锤开孔需佩戴专用的护目镜，防止混凝土块、砖渣掉入眼睛，同时避免疲劳作业杜绝安全隐患。

9 环保措施

9.1 执行标准及依据

《建设工程施工现场环境与卫生标准》(JGJ 146—2013)；

《建筑施工场界环境噪声排放标准》(GB 12523—2011)；

《建筑工程绿色施工规范》(GB/T 50905—2014)；

《一般工业固体废物贮存、处置场污染控制标准》(GB 18599—2001)。

9.2 环保措施

（1）木材装配车间在生产中将产生大量的木粉尘，为了车间卫生、安全防火和保证产品质量，配备气力集尘装置，加工制作工人佩戴专业防尘口罩。对木粉收集袋垃圾及时进行更换，场区木屑及时进行清理，防止扬尘，污染周围环境，产生的边角料集中堆放，对40~70mm的边角木料采用木工胶加固逐块拼装成大板，减少固体废弃物污染。

（2）木材装配车间在油漆房内设置活性炭漆雾环保箱，防止油漆对环境的二次污染。

（3）强噪声的电钻打孔和木材切割必须在 8：00 ～ 12：00；14：00 ～ 17：00 时段进行，并提前跟当地居民和办公场所进行沟通取得谅解。

（4）场外运输要求办理相关手续，出入工地现场的运输车辆必须进行清洗，避免污染场外道路。

（5）现场的各类木材堆放不得超过规定的高度。施工现场明确划分易燃、可燃材料堆放场、仓库、易燃废品集中点等，并张贴醒目的防火标志。

（6）严禁焚烧有毒、有害、有刺鼻性气味的物质。

（7）油漆工人涂刷水性漆、木材抛光时应佩戴相应的劳动保护设施，以免危害工人的肺、皮肤等。

10 效益分析

仿古建筑装配式木饰面施工方便简单、节约劳动力、工厂化加工，大大降低了劳动强度、施工效率显著提高，同时采用计算机排板编号有效地控制了成本，对边角料进行二次深加工、减少了固定废弃物的污染，以湖南省湘潭市窑湾历史文化街区为例，对仿古建筑装配式木饰面和传统手工装饰木结构作比较：

（1）人工工期对比分析：

传统木墙装饰（已达到防腐、干燥要求）每 1m² 造价			装配式木饰面装饰（每 1m² 造价）		
名称	用工	每 m² 耗时（h）	名称	用工	每 m² 耗时（h）
下料、画墨放样	4	4	测量放线	0.1	0.5
开凿、加工	4	4	锚固系统	0.5	1
组装	1	4	木饰面系统	0.5	0.5
油漆	0.25	1	油漆	0.25	1
用工成本（因传统工艺平均工资高于市场工资）	（4+4+1+0.25）× 300=2775 元		用工成本（因大量机械化施工工资为市场价）	（0.1+0.5+0.5+0.25）×220=297 元	
工期成本	4+4+4+1=13h		工期成本	0.5+1+0.5+1=3h	

（2）材料及工厂加工对比分析：

传统木墙（每 1m² 造价）			装配式木饰面装饰（每 1m² 造价）		
名称	单价	耗用量	名称	单价	耗用量
进口木材	9000 元 /m³	0.25	进口木材	9000 元 /m³	0.15
防腐、干燥	100 元 /m³	0.25	防腐、干燥	100 元 /m³	0.25
运输	10 元 /kg	500	木材加工	5800 元 /m³	0.15
			角码、锚固件、零星配件	100 元 /m²	5
			运输	10 元 /kg	500
9000 × 0.25 + 100 × 0.25 +10 × 500 = 7275 元			9000 × 0.25 + 100 × 0.25 + 5800 × 0.15 + 100 × 5 + 10 × 500 = 8645 元		

每 1m² 成本比较：

传统木墙装饰：2775 元 +7275 元 =10050 元 /m²；

装配式木饰面装饰：297 元 +8645 元 =8942 元 /m²。

现场组装工期对比：传统木墙装饰：13h/m²；装配式木质饰面装饰：3h/m²。

显然，采用装配式木饰面比传统木墙装饰饰面工期提前 70% 以上，每 1m² 要节约至少 15% 以上的造价。从长远来看，装配木饰面单点集中成片锚固系统随着施工工艺的完善和进一步的人工智能化，仍具有一定的降价空间，随着木材市场供应紧张，在节约经济成本的同时减少木材的使用，加快了施工进度并且保证了施工质量。在社会效益方面节约了能源，减少了二氧化碳的排放以及环境污染，改善了生态环境，来装配式木饰面作为仿古木装饰面建筑具有更加明显的优势。

11　应用实例

（1）湘潭市窑湾历史文化街区一期建筑工程采用了仿古建筑装配式木饰面施工工法，使用面积约10000m²，该工程于 2016 年 3 月开工，2017 年 11 月竣工，施工效果得到业主、监理、游客的一致好评（图 10）。

（2）湘潭市窑湾历史文化街区二期改扩建工程采用了仿古建筑装配式木饰面施工工法，使用面积约1000m²，该工程于 2016 年 10 月开工，2017 年 7 月竣工，施工效果良好，参观游客人流如织。给湘潭人民休闲、娱乐增添一个靓丽景点，带动了周边窑湾产业链的同步发展，取得了良好的经济效益、社会效益（图 11）。

图 10　窑湾一期主街外墙装配式木墙完成效果　　　　图 11　湘潭窑湾二期装配式木墙完成效果

玻璃幕墙附加可变角度铝型材遮阳
装饰线施工工法

陈云甲　贺　智　杨建军　伍晓超　史宪飞

湖南省华意建筑装修装饰有限公司

摘　要： 本工法介绍了一种玻璃幕墙附加可变角度铝型材遮阳装饰线施工工艺，幕墙构件生产厂家根据设计图纸要求，采用高强度铝型材制作装饰线条所需组件，并运至现场安装，以保证结构稳定，具有安装操作快捷、安拆方便、造型新颖等特点，可有效保证幕墙装饰效果、防腐蚀性和整体稳定。
关键词： 玻璃幕墙；可变角度；遮阳装饰线

1　前言

当前，随着幕墙装饰行业的不断发展，大众审美品质及功能要求的提高，幕墙外立面装饰线条的应用显得更为重要。一种璃幕墙附加可变角度铝型材遮阳装饰线施工工艺，采用高强度铝型材，能有效保证结构稳定，具有安装操作快捷、造型新颖等特点。我公司技术人员在施工中不断摸索、改进，总结该项施工工艺，在中国邮政储蓄银行股份有限公司湖南省分行营运用房装修改造工程项目、长沙中南大学科技园创业总部基地装饰工程施工中均采用了该工艺，保证了工程质量及安全，并获得了良好的经济效益和社会效益。现将该施工工艺进行总结并形成本施工工法。

2　工法特点

（1）装配式施工铝型材组件、钢化夹胶玻璃均通过厂家定制，运至现场无须二次加工。
（2）龙骨与各组件预留螺栓孔，安装操作快捷，方便调节。
（3）可变角度铝型材装饰线条施工过程中，不会产生加工噪声，不需要现场对材料进行二次加工，不会产生边角余料，施工过程较为环保。
（4）钢化夹胶玻璃装饰条具有颜色、规格造型多样等特点，能适用于不同部位的施工要求。

3　适用范围

适用于建筑物或构筑物幕墙装饰，特别是对外观造型有要求的幕墙。

4　工艺原理

玻璃幕墙附加可变角度铝型材遮阳装饰线施工工艺是通过专业幕墙构件生产厂家按设计院提供的图纸要求，制作装饰线条所需组件，并运至现场。（1）先在现场将玻璃装饰条组件限位固定在主龙骨上；将玻璃与铝合金副框、通长铝合金压板采用螺栓组与主龙骨连接；再将铝合金装饰底座与玻璃装饰条组件固定，并按图纸要求调整角度；（2）安装固定竖向装饰罩板铝型材和铝合金装饰扣板；再通过副件螺钉组件、限位螺杆、柔性橡胶垫块安装固定钢化夹胶彩釉玻璃装饰条；（3）在铝合金装饰底座两侧固定安装铝合金装饰扣板。玻璃幕墙标准节点如图1所示，装饰线条节点如图2所示。

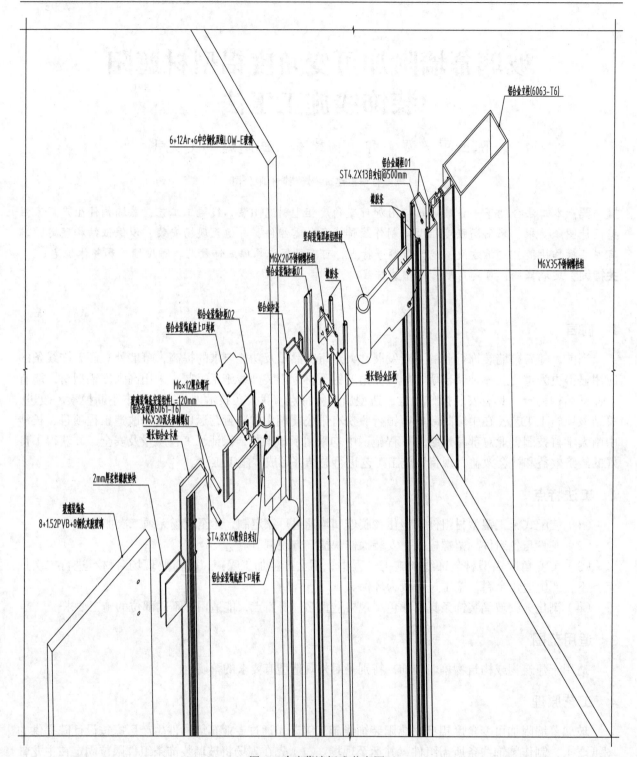

图 1　玻璃幕墙标准节点图

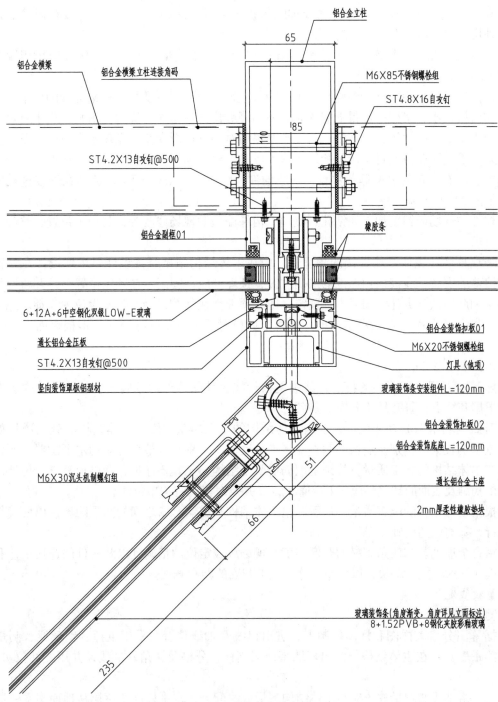

图2 装饰线条节点图

5 工艺流程及操作要点

5.1 工艺流程

施工现场准备→施工技术准备→测量放线定位→立柱、横梁安装→幕墙玻璃安装→附加可变角度铝型材遮阳装饰线安装→防火保温措施→密封处理→保护与清洁→检查与维修。

5.2 操作要点

5.2.1 施工现场准备

（1）施工前，首先要对现场管理和安装人员进行全面的技术交底和质量交底及安全规范教育，备齐防火和安全器材与设施。

（2）在构件进场搬运、吊装时，需要加强保护，不得碰撞和损坏。构件应放在通风处并直立摆放，在室外堆放时，应采取防护措施。

（3）构件应按品种、规格、种类和编号堆放在专用架子或垫木上。玻璃构件应稍稍倾斜直立摆放，在室外堆放时，应采取防护措施。

（4）构件安装前，均应进行检验与校正。构件应符合设计图纸及相关质量标准的要求，不得有变形、损伤和污染，不合格构件不得上墙安装。玻璃幕墙构件在运输、堆放、吊装过程中有可能会人为地使构件产生变形、损坏等，在安装之前一定要提前对构件进行检验，发现不合格的应及时更换。同时，幕墙施工承包商应根据具体情况和以往施工经验，对易损坏和丢失的构件、配件、玻璃、密封材料、胶垫等，应有一定的更换储备数量，一般构件、配件等在 1% ～ 5%，玻璃在安装过程中的损坏率为总块数的 3% ～ 5%。

（5）构件在现场的辅助加工如钻孔、攻丝、构件偏差的现场修改等，其加工位置、精度、尺寸应符合设计要求。

（6）玻璃幕墙与主体结构连接的预埋件，应在主体结构施工时按设计要求埋设。在放置预埋件之前，应按幕墙安装基线校核预埋件的准确位置，预埋件应牢固固定在预定位置上，并将锚固钢筋与主体构件主钢筋用铁丝绑扎牢固或点焊固定，防止预埋件在浇筑混凝土时发生位置变动。施工时预埋件锚固钢筋周围的混凝土必须密实振捣，混凝土拆模时后，应及时将预埋件钢板表面上的砂浆清除干净。

5.2.2　施工技术准备

（1）熟悉本工程玻璃幕墙的特点，其中包括骨架设计的特点，玻璃安装的特点及构造方面的特点。然后根据其特点，研究具体的施工方案。

（2）对照玻璃幕墙的骨架设计，复查主体结构的施工质量。因为主体结构的施工质量如何，对骨架的位置影响较大。特别是墙面的垂直度、平整度偏差，将影响整个幕墙的水平位置。所以，放线前，要检查主体结构的施工质量，特别是钢筋混凝土结构，尤其要仔细、严格地复查。另外，对主体结构的预留孔洞及表面的缺陷，应作好检查记录，并及时提请有关单位注意。

（3）根据主体结构的施工质量，最后调整主体结构与玻璃幕墙之间的间隔距离，以便确保安装工作顺利进行，基本做到准确无误。

（4）铝合金玻璃装饰线条型材的开模加工，现场放线定位的精确度以及构件的连接工艺和施工方法，必须提前探讨，提前解决，以方便后续的施工制安的顺利开展。

5.2.3　测量放线定位

（1）测量放线

①根据幕墙分格大样图和标高控制点、进出口线及轴线位置，采用重锤、钢丝线、测量器具及水平仪等测量工具，在主体结构上测出幕墙平面、立柱、分格及转角基准线，并用经纬仪进行调校、复测。

②幕墙分格轴线的测量放线应与主体结构测量放线配合，水平标高要逐层从地面引上，以免误差累计。误差大于规定的允许偏差时，包括垂直偏差值，应经监理、设计人员的同意后，适当调整幕墙的轴线，使其符合幕墙的构造需要。

③质量检验人员应及时对测量放线情况进行检查，并将检查情况填入记录表。

④在测量放线的同时，对预埋件的偏差进行检查，其上、下、左、右偏差值不应超过 ±45mm，超差的预埋件必须进行适当处理后方可进行安装施工，并把处理意见上报监理、业主和公司相关部门。

⑤质量检验人员应对预埋件的偏差进行抽样检查，抽检量应为幕墙预埋件总数量的 5% 以上且不少于 5 件，所检测点不合格数不超过 10%，可判为合格。

（2）放线定位

①放线是指将骨架的位置弹到主体结构上，这项工作也是为了确保玻璃幕墙位置准确的准备工

作。只有准确地将设计要求反映到结构的表面，才能保证设计意图。

②放线工作应根据中心线及标高控制点进行，因为玻璃幕墙设计，一般是以建筑物的轴线为依据的，玻璃幕墙的布置点应与轴线取得一定的关系。所以，放线应首先弄清楚建筑物的轴线；再将横向杆件弹到竖向杆件上。

③放线是玻璃幕墙施工中技术难度较大的一项工作，它除了充分掌握设计要求外，还需具备丰富的工作经验。因为有些细部构造处理，设计图纸有时交待得并不十分明确，而是留给设计人员、施工人员结合现场情况具体处理。

5.2.4　立柱安装

（1）施工安装要点

①立柱安装的准确性和质量将影响整个玻璃幕墙的安装质量，是幕墙施工安装的关键之一。竖框一般根据施工及运输条件，可以是一层楼高为一整根，长度可达到 7.5m，接头应有一定的空隙。

②立柱安装前应认真校对立柱的规格、尺寸、数量、编号是否与施工图纸一致。施工人员必须进行高空作业培训，符合《建筑施工高处作业安全技术规范》的规定。

③立柱先靠连接件连接主体预埋件来进行固定，并进行调整和固定立柱，安装标高偏差不应大于 2mm，轴线前后偏差不应大于 2mm，相邻左右偏差不应大于 1mm。同时注意误差不得积累，且开启窗处为正公差。

④立柱与连接件（支座）接触面之间一定要加防腐隔离垫片。

⑤竖向按偏差要求初步定位后，应进行自检，对不合格的进行调校修正。

⑥玻璃幕墙立柱安装就位、调整后应及时固定。玻璃幕墙安装的临时螺栓等在构件安装、就位、调整、固定后应及时拆除。

⑦焊工为特殊工种，需经专业安全技术学习和训练，考试合格，获得"特殊工种操作证"方可独立工作。

⑧焊接场地必须采用防火、防爆安全措施后，方可进行操作。焊件下方应设置接火斗和安排看火人，操作者操作时戴好防护眼镜和面罩，电焊机接地零线及电焊工作回线必须符合有关安全规定。

（2）安装

①立柱安装一般由下而上进行。第一根立柱用悬挂机构先初步固定上端，调整后，固定下端；第二根立柱将下端对准第一根立柱上端内部插芯用力将第二根立柱套上，并保留规定的伸缩缝，在吊线后对位安装梁上端，依次往上安装。

②立柱完装后，对照上步工序测量定位线，对三维方向进行初调，保持误差小于 1mm，待基本安装完后在下道工序中再进行全面调整。立柱每安装完一层，均进行检查校正。

③立柱安装牢固后必须取掉上下两立柱之间用于定位伸缩缝的标志牌，并在伸缩缝处打密封胶。

5.2.5　横梁安装

（1）施工要求

①横梁一般为水平构件，是分段在立柱中嵌入连接，横梁梁端与竖框连接处应加弹性橡胶垫，以适应和消除横向温度变形的要求。

②横梁安装必须在湿作业完成及竖框安装后进行。大楼从上至下安装，同层从下至上安装。当安装完一层高度时，应进行检查，调整、校正、固定，使其符合质量要求。

（2）安装

①就位安装：横梁安装包括三个部分：横梁角码安装；横梁防震垫片安装；横梁安装。而这三个部分是通过不锈钢螺栓穿透竖料一次固定而成，因此这就造成了横梁安装的复杂性。安装步骤如下：先找好位置，将横梁角码固定于横梁两端，再将横梁垫圈预置于横梁两端，最后用不锈钢螺栓穿过横梁角码及垫圈，并穿过竖料固定。逐渐收紧不锈钢螺栓，同时注意，观察横梁角码的就位情况，垫圈及竖料，调整好各配件的位置以保证横梁的安装质量。

②应按设计要求牢固安装横梁，横梁与竖框接缝处应打密封校，密封胶应选择与竖框、横梁相近

的颜色，这才不至于反差太大。

③横梁安装定位后，应进行检查。主要查以下几个内容：各种横梁的就位是否有错，横梁与竖料接口是否吻合，横梁垫圈是否规范整齐，横梁是否水平，横梁外侧面是否与竖料外侧面在同一平面上等。

对不合格的应及时进行调校修正，自检合格后，再报质检员进行抽检，抽检数量应为横梁总数量的 5% 以上，且不少于 5 件。所有检测点不合格数不超过 10%，可判为合格。抽检合格后才能进行下道工序。

④安装横梁时，应注意如设计中有排水系统，冷凝水排出管及附件应与横梁预留孔连接严密，与内衬板出水孔连接处应设橡胶密封条，其他通气留槽孔及雨水排出口等应按设计施工，不得遗漏。

⑤横框同层水平标高偏差绝对值不大于 4mm，相邻两个横框的水平标高偏差不大于 1mm。

5.2.6　幕墙玻璃安装

（1）安装顺序应为从上至下，因幕墙装饰完成面靠墙距离远，考虑到施工工期短，故先安装幕墙玻璃板块，再密封与表面清理，然后采取逐层往下边改搭脚手架边安装铝合金玻璃装饰线条，满足逐层安装的要求。

（2）玻璃板块安装前应先进行清洁，将表面尘土、污染物擦拭干净。

（3）当玻璃板块装入镶嵌槽前，对于插入槽口的配合尺寸按《建筑幕墙》标准中的有关规定进行校核。

（4）玻璃与构件不得直接接触，玻璃板块组件四周与构件槽口底保持一定空隙，每块玻璃下部必须按设计要求加装一定数量的定位垫块，定位垫块的宽度与槽口应相同，长度不小于 100mm；并用胶条或密封胶将玻璃与槽口两侧之间进行密封。

（5）玻璃板块定位后及时在四周镶嵌密封橡胶条，并保持铝合金副框与四周框边接缝平整。密封橡胶条应按规定型号选用。

（6）玻璃板块安装后应先自检，合格后报质检人员进行抽检，抽检量为总数的 5% 以上，且不少于 5 件；所检测点不合格数不超过 10%，可判为合格。

5.2.7　玻璃幕墙附加可变角度铝型材遮阳装饰线安装

（1）铝合金立柱上下各 100mm 的位置，将玻璃装饰条组件 L=120mm（铝合金材质 6061-T6）采用 M6mm×35mm 不锈钢螺栓组限位固定。

（2）将铝合金副框用 ST4.2×13 自攻钉 @500 与立柱连接稳固；安装幕墙玻璃；通长铝合金压板与立柱采用 M6mm×20mm 不锈钢螺栓组 A2-70 连接。

（3）将铝合金装饰底座 L=120mm 采用 ST4.8×16 限位自攻钉与玻璃装饰条组件 L=120mm（铝合金材质 6061-T6）固定，再按照图纸要求调整好底座角度。

（4）其次竖向装饰罩板铝型材采用 ST4.2×13 自攻钉 @500 与通长铝合金压板连接后，再安装铝合金装饰扣板（图 2）。

（5）先通过副件 M6mm×30mm 沉头机制螺钉组件、通长铝合金卡座、2mm 厚柔性橡胶垫块、M6mm×12mm 限位螺杆将 8+1.52PVB+8 钢化夹胶彩釉玻璃装饰条固定限位，再将钢化夹胶玻璃整体固定在卡座上。

（6）最后将铝合金装饰扣板（图 2）固定安装在铝合金装饰底座两侧。

5.2.8　防火保温措施

（1）有热工要求的幕墙，保温部分宜从内向外安装，当采用内衬板时，四周应套装弹性橡胶密封条，内衬板与构件接缝应严密，内衬板就位后应进行密封处理。

（2）防火保温材料的安装应严格按设计要求施工，防火保温材料宜采用整块岩棉，固定防火保温材料的防火衬板应锚固牢固。

（3）玻璃幕墙四周与主体结构之间的间隙，均采用防火保温材料填塞，填装防火保温材料时一定要填实填平，不允许留有空隙，并采用铝箔或塑料薄膜包扎，防止防火保温材料受潮失效。

（4）在填装防火保温材料的过程中，质检人员应不时地进行抽检，发现不合格者返工，杜绝隐患。

5.2.9　密封处理

（1）玻璃或玻璃组件安装完毕后，必须及时用耐候胶嵌缝，予以密封，保证玻璃幕墙的气密性和水密性。

（2）玻璃幕墙的密封处理常用的是耐候硅酮密封胶。耐候硅酮密封胶的施工应符合下列要求：

①耐候硅酮密封胶的施工必须严格按工艺规范执行，施工前应对施工区域进行清洁，应保证缝内无水、油渍、铁锈、水泥砂浆、灰尘等杂物，可采用甲苯、丙酮或甲基二乙酮作清洁剂。

②施工时，应对每一管胶的规格、品种、批号及有效期进行检查，符合要求方可施工，严禁使用过期的密封胶。

③耐候硅酮密封胶的施工厚度应大于 3.5mm，施工宽度不应小于施工厚度的 2 倍。注胶后应将胶表面刮平，去掉多余的密封胶。

④耐候硅酮密封胶在缝内应形成相对两面黏结，不得三面黏结，较深的密封槽口底部应采用聚乙烯发泡材料填塞。

⑤为保护玻璃和铝框不被污染，应在可能导致污染的部位贴纸基胶带。填完胶刮平后立即将基纸胶带除去。

（3）采用橡胶条密封时，橡胶条应严格按设计规定型号选用，镶嵌应平整，橡胶条长度宜比边框内槽口长 1.5%～2%，其断口应留在四角。斜面断开后应拼成预定的设计角度，并用胶粘剂黏结牢固后嵌入槽内。

（4）幕墙内外表面的接缝或其他缝隙应采用与周围物体色泽相近的密封胶连续密封，接缝应平整、光滑并严密不漏水。

5.2.10　保护和清洁

（1）施工中的幕墙应采用适当的措施加以保护，防止发生碰撞、污染、变形、变色及排水管堵塞等现象。

（2）施工中，对幕墙及幕墙构件表面装饰造成影响的粘附物及时清除，恢复其原状及原貌。

（3）玻璃幕墙工程安装完成后，制订清扫方案，对幕墙表面及外露构件清洗。清洗玻璃和铝合金件的中性清洁剂，清洗前应进行腐蚀性检验，证明对铝合金和玻璃无腐蚀作用后方能使用。

5.2.11　检查与维修

（1）检查工作

①幕墙安装完毕，质量检验人员应进行总检，指出不合格的部位并督促及时整改，出现较大不合格项或无法整改时，应及时向有关部门反映，待设计等部门出具解决方案。

②对幕墙进行总检的同时及时记录检验结果，所有检验记录、评定表格等资料都应归档保存，以备最终工程交工验收。

③总检合格后方可提交监理、业主验收，但最终必须经有关质检部门验收后才算合格。

（2）维修工作

维修过程除严格遵循安装施工的有关要求外，还应注意以下几点：

①更换隐框幕墙玻璃时，一定要在玻璃四周加装压块，要求每一框加装三块，并在底部加垫块，压块与玻璃之间应加弹性材料，待结构胶干后应及时去掉压块和垫块，并补上密封胶。

②在更换楼层较高的玻璃时，应采用可靠固定的清洗机，必须有管理人员现场指挥。高空作业时必须要两人以上进行操作，并设置防止玻璃及工具掉下的防护设施。

③不得在四级以上的风力及大雨时更换楼层较高的玻璃，并且不得对幕墙表面及外部构件进行维修。

④更换玻璃、铝型材及其他构件应与原来状态保持一致或相近，修复后的功能及性能不能低于原状态。

6　材料与设备

6.1　材料（表 1）

表 1　材料表

序号	名称	规格、型号	备注
1	铝合金建筑型材	按设计	
2	钢化夹胶彩釉玻璃	按设计	
3	不锈钢螺栓	M6×20	
4	不锈钢螺栓	M6×35	
5	自攻钉	ST4.2×13	
6	硅酮结构胶	按设计	
7	硅酮耐候胶	按设计	

6.2　设备（表 2）

表 2　设备表

序号	机械设备名称	型号规格	数量（台）	国别产地	备注
1	货架配套可调推车		20	国产	自有
2	电焊机	BX3-300	15	国产	自有
3	电焊机	BX3-500	15	国产	自有
4	氩弧焊机		2	国产	自有
5	气割设备		3	国产	自有
6	低压电动螺丝刀	POL-800-2.5	80	国产	自有
7	电动葫芦	CDI1—6D	6	国产	自有
8	手动葫芦		4	国产	自有
9	冲击钻	HR2220	20	国产	自有
10	电动吸盘	PC1104	2	国产	自有
11	手动吸盘		20	国产	自有
12	射钉枪、铆枪、喷枪		150	国产	自有
13	打胶抢		20	国产	自有
14	电动工具		100	国产	自有
15	手动工具		100	国产	自有
16	水准仪		4	国产	自有
17	铅锤仪		3	国产	自有
18	经纬仪	LNA10	3	国产	自有
19	全站仪	索佳	2	进口	自有
20	对讲机		8	国产	自有

7　质量控制

7.1　质量控制标准

标准及规范：《建筑幕墙》（GB/T 21086—2007）、《铝合金建筑型材》（GB/T 5237—2008）、《紧固件机械性能不锈钢螺栓、螺钉、螺柱》（GB/T 3098.6-2014）、《建筑玻璃应用技术规程》（JGJ 113—

2015）、《建筑用硅酮结构密封胶》（GB 16776—2005）。

7.2　允许偏差

玻璃厚度允许偏差应符合规范规定，见表3。

表3　玻璃厚度允许偏差　　　　　　　　　　　（mm）

中空玻璃	夹胶玻璃
$\delta < 17$ 时　±1.0 $\delta = 17 \sim 22$ 时　±1.5 $\delta > 22$ 时　±2.0	厚度偏差不大于玻璃原片允许偏差和中间层允许偏差之和。中间层总厚度小于2mm时，允许偏差 ±0；中间层总厚度大于或等于2mm时，允许偏差 ±0.2mm

夹胶玻璃的边长允许偏差应符合表4规定。

表4　夹胶玻璃的边长允许偏差　　　　　　　　　（mm）

总厚度 D	允许偏差	
	$L \leqslant 1200$	$1200 < L \leqslant 2400$
$11 \leqslant D < 17$	±2	±2
$17 \leqslant D < 24$	±3	±3

8　安全措施

（1）应遵守的相关安全规范及标准：《建筑施工安全检查标准》（JGJ 59—2011）、《建筑施工扣件式钢管脚手架安全技术规范》（JGJ 130—2011）、《施工现场临时用电安全技术规范》JGJ 46—2017、《建筑施工高处作业安全技术规范》（JGJ 80—2016）。

（2）作业人员入场前必须经入场教育，考试合格后方可上岗作业。

（3）作业人员进入施工现场必须戴合格的安全帽，系好下额带，锁好带口，严禁赤背，穿拖鞋。

（4）作业人员严禁酒后作业，严禁吸烟，禁止在施工现场追逐打闹。

（5）登高（2m以上）作业时必须系合格的安全带，系挂牢固，高挂低用，应穿防滑鞋，应把手头工具放在工具袋内。

（6）施工中使用电动工具及电气设备，应符合国家现行标准的规定。

（7）脚手架的搭设、拆除、施工过程中的翻板，必须由持证专业人员操作，脚手架搭设应牢固，经验收合格后才能使用。脚手架上堆料应码放整齐，不得集中堆放，操作人员不得集中作业，物料工具要放置稳定，防止物体堕落伤人。放置物料重量不得超过脚手架的规定荷载。脚手板应固定牢固，不得有探头板。

（8）施工中使用的各种工具（高梯、条凳等）、机具应符合相关规定要求，利于操作，确保安全，材料在搬运时注意安全，重量超过20kg以上的必须由2人操作。

（9）电、气焊等特殊工种作业人员应持证上岗，配备劳动保护用品，并严格执行用火管理制度，预防火灾事故。

（10）大风、大雨等恶劣天气时，不得进行室外作业。

（11）施工垃圾应袋装清运，严禁从架子上往下抛撒。

（12）使用手持电动工具时应戴绝缘手套，并配有漏电保护装置。

9　环保措施

（1）应严格遵守国家、地方及行业标准、规范：《建筑施工现场环境与卫生标准》（JGJ 146—2013）、《建筑施工场界噪声限值》（GB 12523—2011）。

（2）施工现场组织文明施工，树立环保意识。

（3）钢化夹胶玻璃外的塑料保护膜撕下后应集中收集，不得随意丢入建筑垃圾中。

（4）填缝打胶时所用的材料不能随意流坠到地面或板材上，施工前先在地面上垫彩条布，并及时擦净被密封胶污染的型材。

（5）龙骨安装时，墙面螺栓孔钻孔会产生一定的噪声和扬尘，施工时工人要戴口罩，并及时用工具式喷壶喷雾状水降尘。

（6）确保施工现场无噪声、无尘土、工完场清。

（7）施工余料分类堆放整齐，并按当地环境部门要求及时进行妥善处理。

10　效益分析

玻璃幕墙附加可变角度铝型材遮阳装饰线安装具有操作简单、安装方便、经久耐用、安全可靠、装饰美观等优点，具有长期的经济效益、环保效益和社会效益。具体分析如下：

类型 ＼ 价格	人工费（元/m²）	材料费（元/m²）	机械费（元/m²）	综合单价（元/m²）	后期维护成本（元/年）
玻璃幕墙附加电动百叶	280	900	120	1300	1
玻璃幕墙附加可变角度铝型材遮阳装饰线	260	740	100	1100	0.5

11　应用实例

（1）中国邮政储蓄银行股份有限公司湖南省分行营运用房装修改造工程项目，位于湖南省长沙市开福区芙蓉中路附近，本工程幕墙采用玻璃幕墙附加可变角度铝型材遮阳装饰线施工工法，幕墙施工完成面积约15000m²，该工程于2015年1月开工，2016年7月完工，已交付使用至今，使用效果良好，工程质量优良，获得业主、监理等的一致好评。

（2）长沙中南大学科技园创业总部基地装饰工程，位于湖南省长沙市岳麓区西二环附近，本工程幕墙采用玻璃幕墙附加可变角度铝型材遮阳装饰线施工工法，幕墙施工完成面积约20000m²，该工程于2017年9月开工，2018年6月完工，已交付使用至今，使用效果良好，工程质量优良，获得业主、监理等的一致好评。

有机高分子大面积地面装饰面层无缝施工工法

陈云甲 贺 智 秦可亮 陈号贤 史宪飞

湖南省华意建筑装修装饰有限公司

摘 要：目前，市场对建筑装饰材料、装修效果的要求越来越高，新工艺亦随之增多。本工法介绍了有机高分子大面积地面装饰面层无缝施工工艺，自下而上、分层铺料研磨，能有效地保证地面装饰效果、防潮抗渗和整体稳定；适用于机场候机楼、购物中心、文化及展示场馆、写字楼及酒店会所等大面积地面装饰工程。

关键词：有机高分子；大面积地面；装饰面层；无缝施工

1 前言

当前，随着国家经济的不断发展，国家对装饰装修越来越重视，环保材料推广已成必然，通常的地面装饰工艺流程繁杂，养护时间长，施工需留置变形缝，现有一种有机高分子大面积地面装饰面层无缝施工工法，采用有机高分子环保材料，从下往上、分层铺料研磨，能有效保证防潮抗渗和整体稳定，具有工效快、养护周期短等特点。我公司技术人员在施工中不断摸索、改进，总结该项施工工艺，在义乌市城市规划展示馆布展工程设计施工一体化项目、湖南省健康产业展示馆布展工程施工中采用了该工艺，保证了工程质量及安全，并获得了良好的经济效益和社会效益。现将该施工工艺总结并形成施工工法。

2 工法特点

（1）缩短工期，机动性强，人机配合，多机种机具操作，不受天气影响。施工完成24h后即可投入使用，无须养护和保护。

（2）质地坚硬，持久耐用，无开裂起壳，后期无须养护，保养费用低。

（3）面层无缝施工，整体性强，易于清洗。

（4）质量及耐久性好，高分子材料密实度好，防潮抗渗性能好，某些返潮区域不需要做防潮层，且地面硬度高可承受重物的冲击。

3 适用范围

适用于机场候机楼、购物中心、文化及展示场馆、写字楼及酒店、会所等大面积的地面装饰工程。

4 工艺原理

有机高分子大面积地面装饰面层无缝施工工法是通过金刚磨头进行交叉打磨并清洁干净，在基层上放出图案大样进行分隔条安装，再调色打样板，确保生产的材料颜色、骨料级配与样品完全一致，再集中进行材料配比搅拌摊铺，同一批次材料、同一批次搅拌、同一批次摊铺，保证地面颜色均匀无色差，再进行不同标准水磨片交叉研磨，最后进行底涂和面涂施工（图1）。

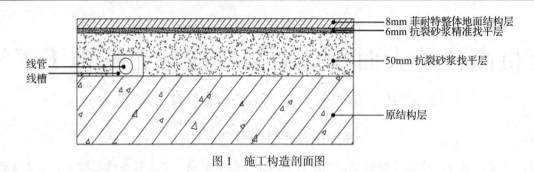

图 1　施工构造剖面图

5　工艺流程及操作要点

5.1　工艺流程

施工准备（基面处理）→抗裂砂浆找平层施工→精准找平层施工→封闭底涂施工→标高控制检查→图案放样及制作→骨料摊铺→粗磨处理→研磨及修补处理→面层施工及抛光处理。

5.2　操作要点

5.2.1　基面勘察

（1）基面平整度情况

①局部平整度控制标准：2m 靠尺范围内 ≤ 3mm 误差在 3 ～ 4mm 以内（2m 靠尺）通过 HTC、Husqvarna 等研磨机配 30 目金刚磨头打磨处理，使平整度达到 2m 误差 1 ～ 2mm；误差超过 5 ～ 6mm（2m 靠尺）的，在 T480 研磨机整体打磨后，局部环氧刮砂找平，使平整度达到 2m 靠尺误差 1 ～ 2mm。

②基面整体平整度放坡标准：15000mm 范围内不大于 0.8%；如现场误差超过放坡标准，建议做环氧砂浆（或快干砂浆）找平处理；（如 15000mm 内可放坡高差：15000×0.8%=120mm）

（2）基面强度情况

①空鼓、起砂、开裂明显的，建议重新做细石混凝土或 30 ～ 40mm 厚快干砂浆处理。

②未经机械收光的，有起砂现象的，平整度达不到要求的，通过增做环氧砂浆补强处理。

③基面含水率控制标准：不大于 6%；基层混凝土完成后需自然干燥 28d，如基面含水率局部超过控制标准，可通过烘烤、风干使其达标或增做防潮层处理。

5.2.2　施工工艺要点控制

（1）基面处理

①铣刨地面、再用真空抛丸机进行大面积抛丸处理，局部打磨处理，增强其地面的附着力，使地面无粗颗粒、无水泥疙瘩、无粉尘，平整；局部高点多次打磨至理想高度。

②整体打磨后，低点用环氧压砂找平；局部压砂注意：如果压砂不够密实，摊铺骨料后，液料容易下渗，会导致颜色色差，也会产生更多孔洞。解决方案：压砂之后，施工一层薄薄腻子。

③基面打磨处理后平整度：2m 靠尺范围内 ≤ 2mm。

④开裂、真假缝，切割 V 形槽，用刨铣机延缝刨铣 300mm 宽、2mm 深增强修补带，彻底清除槽内杂物，设高强度玻璃纤维布，刮涂环氧砂浆填充压实。基面处理得好坏直接影响整个地面工程质量，所以基面处理至关重要。

（2）抗裂砂浆找平层施工

①原有混凝土楼板层必须清除表面浮浆、灰尘等任何不牢靠部分及打磨修补平整。

②应力集中部位设置隔离缝预防开裂：在浇筑区域内，所有墙边和柱脚处采用 10 ～ 20mm 厚挤塑板作为隔离板，隔离板稍高出地坪标高，混凝土浇筑后高出地坪部分，在混凝土施工结束后予以切除。确保墙边和柱子上的挤塑板的连续性，并进行可靠固定，避免浇筑混凝土过程中发生松动。

③混凝土楼板表面涂刷一层聚合物抗裂乳液。

④现场搅拌粗骨料抗裂聚合物砂浆（加抗裂乳液，尽可能小的水灰比）。

⑤粗骨料抗裂聚合物砂浆找平层厚度35 ～ 60mm。

⑥地坪养护：基层找平层地坪完成后，应进行水养护7d。

⑦卸模作业：卸模作业按土建规范进行，拆模在36h左右进行，如果气温较高（20℃以上）可以在24h左右进行。拆模原则以不破坏混凝土边角和模板上不夹混凝土为原则，由混凝土浇筑方完成。

⑧伸缩缝：由找平层施工方按土建规范切割伸缩缝。

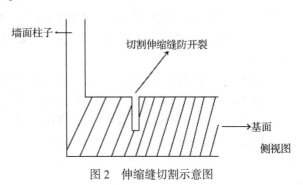

图2 伸缩缝切割示意图

5.2.3 精准找平层施工

（1）混料

将MaxtopCP-1210按比例加水，使用电动搅拌机低速搅拌5min，必须搅拌均匀，不得在施工区域中进行配料作业，不得用手搅拌混合或分配分裂包。

（2）刮涂

混合后立即使用，使用刮刀刮涂，并按照标高点要求确保达到水平标高，确保刮涂所有表面，刮涂必须均匀。用量：10kg/m²；保养时间：8 ～ 12h。

5.2.4 封闭底涂施工

（1）混料：

将Maxtop EP-2121底漆B组分固化剂全部倒入装有A组分的容器中，使用电动搅拌机低速搅拌2min，必须搅拌均匀，不得在施工区域内进行配料作业，不得用手搅拌混合或分配比例包。

（2）底漆滚涂或刮涂

混合后立即使用，使用辊筒、毛刷或刮刀涂装底漆，确保涂装所有表面；涂装第一道底漆，需隔8 ～ 12h再涂装第二道底漆，底漆涂装必须要满刮到位。用量：0.15 ～ 0.2kg/m²（第一遍）；用0.10 ～ 0.15kg/m²（第二遍）；保养时间：8 ～ 12h。

5.2.5 标高控制检查

（1）根据地面完成面标高，用水平仪测量定出一个方向或区域地面两端的标高点，之后拉通线并固定，得出该方向或区域的地面标高完成线；同法，得出其他方向或区域的地面标高完成线，如发现15m内有最高点，可根据最高点分两段放坡处理，放坡标准：0.8%。

（2）根据地面标高完成线放置不同厚度的标高块（标高块有4mm、6mm、8mm、10mm），1500mm间距放置1个标高块。

（3）用502胶水临时固定好标高块，并复核标高块标高；

（4）相邻标高点误差 ≤ 0.5mm。标高控制在整个Maxtop的施工中占20%的重要性。

5.2.6 图案放样及制作

（1）依照施工放样图纸，定位好图案位置，先用502胶水固定铝合金条，使之处于可调节状态，按照水平标高及图案造型，调整好铝合金分隔条，之后用钢钉固定。

（2）图案安装好后，必须要检查铝合金分隔条是否顺滑，是否符合图纸要求；同时尽量用整根铝合金安装图案，避免接头过多，影响美观。

（3）铝合金垫高部位调配环氧砂浆封边固定，以免后期摊铺渗液。

（4）铝合金分隔条安装完毕，重点检查铝合金分隔条标高是否安装到位，复核标高。

（5）相邻铝合金分隔条平整度：≤ 0.5mm。

5.2.7 骨料摊铺

（1）将Maxtop EP-2280（A+B组分）和骨料（C组分）倒入混料机中，使用电动搅拌机低速搅拌，直至搅拌均匀，不得在施工区中进行配料作业，不要用手搅拌混合或分配比例包。

（2）混合后立即使用，使用批刀、镘刀刮平，摊铺厚度为10mm并同时以2m靠尺控制平整度；

一个连续区域，必须一次性摊铺完毕，不得中途停工，不得出现接痕。

（3）摊铺一种颜色，必须要及时清洁相邻区域污染物，不得出现颜色污染。

（4）铝合金条垫高部位应重点注意：避免摊铺骨料后液体下渗，流到其他颜色区域，导致混色；（图3）。

（5）避免使用液料新桶装骨料，如需使用新桶，必须清理干净。

（6）铝合金边角骨料摊铺必须要饱满，不留空缝。

（7）骨料摊铺完成后平整度：2m 靠尺范围内 ≤ 2mm；用量：25kg/m² （厚度约 10mm）；保养时间：18 ~ 24h；骨料摊铺在整个 Maxtop 的施工中占 30% 的重要性。

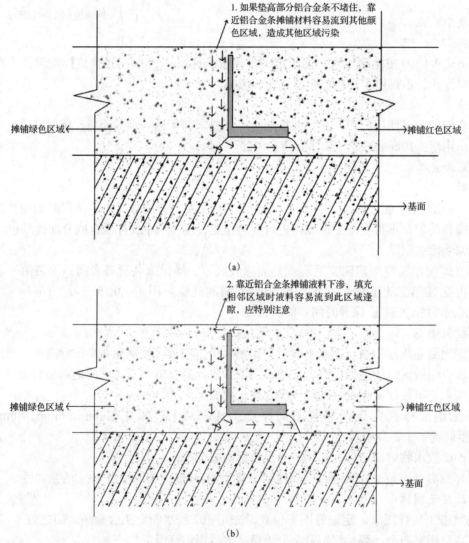

图 3　铝合金条垫高部位示意图

5.2.8　粗磨处理

（1）研磨机配 30 目金属磨片、60 目金属磨片（加少量水，给磨头降温），先仔细检查，以必须磨出砂石平整截断面以及 100m² 斑点只有 1 ~ 2 处为标准，换用 120 目金属磨片去痕。

（2）研磨机配 120 目金属磨片（加少量水，给磨头降温）磨 1 ~ 2 遍，如果还有局部未磨出的斑点，务必切割后填补骨料再用角磨机配金刚磨片打磨，最后用 50 目水磨片，十字交叉均速打磨，直至磨出理想效果，完成粗磨。

（3）研磨必须从边角部分开始打磨，边角打磨机与 T480 研磨机交叉使用，之后整体十字交叉打磨；

（4）与瓷砖或石材接口处位置的细部处理，如果是门洞位置，需用木条卡住固定防止研磨机打磨到交接处瓷砖及石材，造成瓷砖、石材表面受损坏。

（5）粗磨完毕，用高压水枪冲洗地面孔洞、吸净并风干，必要时需冲洗两遍，至孔内残留完全清除。

（6）粗磨后平整度：2m 靠尺范围内 ≤ 1mm。保养时间：12h。

5.2.9　研磨及修补处理

（1）将 MaxtopEP-2281（A+B 组分）和专用密封料（C1、C2）按比例进行混合配合，使用电动搅拌机低速搅拌，直至搅拌均匀，不要用手搅拌混合。

（2）修补材料均一性，厚薄用量均一；修补材料 C1、C2 的配比问题：

①第一道补孔 C1 配比：2：1；

②第二道补孔 C2 配比：2：1；

③视两次修补孔洞情况，是否需要 C1、C2 修补骨料混掺；

④高压水枪冲洗地面必须冲干净，有必要时冲洗两遍以上；

⑤修补每道前，都必须贴美纹纸，同时修补完成后，要及时撕掉。

（3）修补一定要慢，反复刮涂并用力往下压，必须整体修补，不能局部修补。

（4）第一道修补干燥后，用 150 目水磨片十字交叉均速打磨，磨至理想效果。

（5）第二道修补干燥后，先用 300 目水磨片磨出效果，再用 500 目、1000 目、1500 目、2000 目十字交叉均速打磨，然后用 3000 目十字交叉均速精磨，每道打磨完须吸干后检查再进行下一目水磨片打磨。

（6）视现场情况而定是否需要第三道补孔。

（7）边角机施工与研磨机同步交叉进行，边角机走在前面，研磨机跟在后面打磨。

（8）用高压水枪冲洗地面、吸净并风干，必要时需冲洗两遍。

（9）打磨完平整度：2m 靠尺范围内 ≤ 1mm。修补第一道用量：0.15 ~ 0.2kg/m²；修补第二道用量：0.1 ~ 0.15kg/m²；保养时间：18 ~ 24h。

5.2.10　面层施工及抛光处理

（1）确定表面完全清洁干燥后，先用喷壶及平涂板 Maxtop®UR-3316 均匀满涂 2 遍，间隔 2h 采用十字平涂的方式，不得出现滚涂痕迹。

（2）待上道面涂完全干燥后，使用专用高速抛光机进行抛光处理，十字交叉抛光两遍。

（3）表面吸尘处理干净，使用喷壶及平涂板将 Maxtop® UR-3316 再均匀满涂 1 遍。

（4）面层完全干燥后，使用专用高速抛光机进行抛光处理，十字交叉抛光两遍；UR-3316 用量：0.05kg/m²；保养时间：12h。

6　材料与设备

6.1　所需材料（表 1）

表 1　材料表

序号	名称	规格、型号	性能及用途	备注
1	聚合物抗裂乳液	按设计	界面剂	
2	Maxtop®CP-1210	按设计	混料	
3	Maxtop® EP-212 底漆	A+B 组分	底漆	
4	Maxtop® EP-2280（A+B 组分）和骨料（C 组分）	A+B+C 组分	混料	
5	Maxtop®EP-2281（A+B 组分 +C 组分）	A+B+C 组分	骨料	
6	专用密料	（C1、C2）	密封材料	
7	Maxtop UR-3316	A+B+C 组分	面漆	

6.2　所需设备（表 2）

表 2　设备表

序号	名称	型号	产地	数量	性能状况	用途
1	真空抛丸机	2-4800DH	美国	1	优	
2	含水率测试仪	CXJ-150	美国	2	优	
3	重型研磨机	大型	中国	2	良	基面处理与打磨
4	无尘研磨机	大型	中国	12	良	
5	切割机	GC-Q-20	上海	2	良	
6	吸尘器	工业吸尘	中国	6	良	
7	搅拌机		中国	6	良	搅拌混合
8	砂磨机		中国	4	良	
9	摊铺机		台湾	3	良	材料摊铺与造型分格
10	粉磨机		台湾	2	良	
11	手提打磨机		中国	6	良	
12	刮刀		中国	60	良	
13	油漆扫、圆形	克里斯丁	德国	500	良	施工层
14	刮涂刀（胶片刮）	克里斯丁	德国	120	良	
15	冲击钻	虎牌	中国	2	良	定位
16	辊筒	平涂大师	中国	300	良	面层施工
17	照明灯	雷士	中国	30	良	照明

7　质量控制

7.1　主要标准及规范

《建筑装饰装修工程施工质量验收规范》（GB 50210—2018）；

《建筑工程施工质量验收统一标准》（GB 50300—2013）；

《建筑地面工程施工质量验收规范》（GB 50209—2017）。

7.2　质量控制标准

（1）整体地面及主要配套材料必须符合设计要求（图 4）。出厂合格证、质量检验报告和现场抽样试验报告应符合要求。

（2）基层处理后验收自检，合格后报监理验收，监理验收合格后才可施工。

（3）按制造厂家的技术要求施工，由专人负责配料，确保配料准确性。

（4）材料混合后严格执行搅拌时间，在大面积施工前对材料用量和施工人员的工艺进行统一调整，每道工序施工完毕，由技术工程师负责检测是否达到技术要求，并报监理验收，合格后才可以进行下一道工序的施工。

（5）对分区分段施工的接驳位置，严格控制平整度。

8　安全措施

（1）应遵守的相关安全规范及标准：

《施工现场临时用电安全技术规范》（JGJ 46—

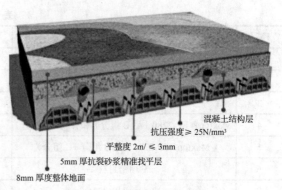

图 4　安装质量标准示意图

2005）；

《建筑机械使用安全技术规程》（JGJ 33—2012）；

《建筑施工安全检查标准》（JGJ 59—2011）。

（2）施工人员上岗前须将单位资质及操作人员上岗证提供给总包，由安全部门负责组织安全生产教育。

（3）安全用电，严格按照规划章程使用机具，并建立台账制，定期排查机械故障和引患并做好记录，专人负责维修、保养，施工机具应保护设施齐全，外观整洁，施工机具采用原装电源线或橡胶电缆线，使用专用安全插头与配电箱连接，并张贴安全操作使用规程。

（4）施工现场禁止吸烟，配备好灭火器。进入现场人员必须戴安全帽，穿胶底鞋，戴防护手套，不得穿硬底鞋、高跟鞋、拖鞋或赤脚。

（5）各骨料、乳液储存在干燥、远离火源的地方，施工现场严禁烟火。

9 环保措施

（1）应严格遵守国家、地方及行业标准、规范：

《建筑施工现场环境与卫生标准》（JGJ 146—2013）；

《建筑施工场界噪声限值》（GB 12523—2011）。

（2）施工过程中处理的垃圾必须在加固前清理干净，每次施工后的残料、塑料包装不得随地乱扔、乱倒，污染环境，严格做到工完场清。

（3）无尘研磨过程中产生的废水、喷枪清洗地面后的用水，采用吸尘器回收后托运至废水厂进行处理，禁止乱排乱放。

10 效益分析

有机高分子大面积地面装饰面层无缝施工工法具有美观无缝、地面抗压强度高、黏结力强、持久耐用、防水抗渗、耐水解性能强等优点，因地面质地坚硬，持久耐用，无开裂起壳，后期无须养护，保养费用低，具有明显的经济效益。与普通的塑胶地面相比如下：

类型	安装1次总造价（万元）	日常维护（万元/年）	30年安拆次数（次）	30年总投入（万元）	30年综合单价（万元/m²）
有机高分子大面积地面	8	0.001	1	8.03	0.0803
塑胶地面	3.5	0.12	3	14.1	0.141

11 应用实例

（1）义乌市城市规划展示馆布展工程设计施工一体化项目，位于浙江省义乌市江东东路，本工程地面采用有机高分子大面积地面装饰面层无缝施工工法，施工完成面积约 17000m²，该工程于 2015 年 11 月开工，2016 年 11 月完工验收，自交付使用至今，使用效果良好，工程质量优良，获得业主、监理等的一致好评。

（2）湖南省健康产业展示馆布展工程，位于湖南省湘潭市昭山示范区，本工程地面采用有机高分子大面积地面装饰面层无缝施工工法，施工完成面积约 7600m²，该工程于 2017 年 1 月开工，2017 年 7 月完工验收，自交付使用至今，使用效果良好，工程质量优良，获得业主、监理等的一致好评。

曲面不规则组合幕墙测量机器人
自动放样施工工法

姚　强　尹金莲　刘令良　王　斌　张　磊

湖南省第四工程有限公司

摘　要： 为解决传统施工测量方法在复杂建筑结构测量中难以满足异形结构的施工要求及测量精度的问题，可通过 BIM 技术建立幕墙工程三维仿真模型，将模型转化为 DWG 格式后，在 DWG 模型中设置施工现场已知的两个或两个以上测量控制点及放样点，将设置好的控制点及放样点模型导入手持终端（IPad），通过在手持终端上选取所需放样点来控制测量仪器进行现场测量，实现不规则幕墙的自动放样施工。

关键词： 复杂建筑结构；异形结构；BIM；自动放样；测量机器人

1　前言

随着城市的发展及城市形象的提升，越来越多的城市在打造与城市文化及地域特征相契合的城市地标建筑，而地标性建筑往往是以复杂的建筑形式来反映其所包涵的文化内涵与地域特征。然而传统的施工测量方法在复杂的建筑结构测量中难以满足异形结构的施工要求及测量精度。针对传统测量方法的不足，我司通过对测量机器人自动测量技术的前期研究及试运用，不断进行技术改进及经验积累，在各类异形结构幕墙工程的测量工作中充分运用该技术，提高了测量精度，保证了异形幕墙结构成型效果。

2　工法特点

（1）测站点设置灵活。进入现场后使用测量机器人对控制点数据进行采集，自动计算出测站点的现场坐标，方便快捷。

（2）测量放线操作简便。现场施工控制点及放样点导入 BIM 三维模型后，现场测量只需在手持终端上选取所需放样点即可指挥仪器自动放样。

（3）测量精度高。BIM 三维模型导入手持终端后，能够将 BIM 模型中的数据直接转化为现场的精准点位。

3　适用范围

适用于各类异形结构、安装精度要求较高的构件的测量放样及复核。

4　工艺原理

曲面不规则组合幕墙测量机器人自动放样施工工艺原理是基于 BIM 技术与放样机器人的联合运用，通过 BIM 技术建立幕墙工程三维仿真模型，将模型转化为 DWG 格式后，在 DWG 模型中设置施工现场已知的两个或两个以上测量控制点及放样点，将设置好控制点及放样点的模型导入手持终端（IPad），通过在手持终端上选取所需放样点来控制测量仪器进行现场测量，实现不规则幕墙的自动放样施工。

5　施工工艺流程及操作要点

5.1　施工工艺流程

制订测量方案→建立测量控制网（建立幕墙工程 BIM 三维模型）→模型导入 AutoCAD 设置控制点及放样点→模型导入手持终端（IPAD）→现场架设测量仪，连接 IPAD →测量、计算测站点实时坐标→IPAD 模型中选取放样点进行放样。

5.2.1　制订测量方案

曲面不规则幕墙立面效果为两种及以上不同材质的幕墙相间组合而成，立面整体造型、不同材质幕墙相对位置凹凸不规则，整体水平投影呈弧线、圆弧等异形构造，为了使施工时对预埋件、支撑钢构件、幕墙板块等进行精确定位控制，将主体结构实际情况和建筑模型相结合，编制测量方案。

根据不同类型幕墙的空间位置及构造特点，找出各部位的主要控制点，综合考虑各主要控制点的测量要求、施工现场情况，制订现场测量控制网及加密控制网的布置方案。

5.2.2　建立测量控制网

根据建筑物实际造型及周边地形环境建立施工控制网，各相邻控制点必须通视，控制点必须稳固，不易扰动，各控制点应设置固定的保护措施，控制点的设置如图 1 所示。

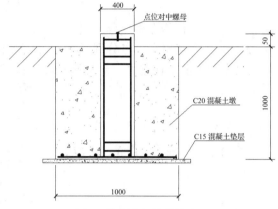

图 1　控制点保护墩构造图

5.2.3　建立幕墙工程 BIM 三维模型

运用 revit 软件建立幕墙工程三维仿真模型。因幕墙工程属于结构外装饰工程，在幕墙三维模型建立前，测量人员对主体结构实体尺寸进行实测实量，依据实测实量的数据与施工图纸对比，进行尺寸偏差分析，根据偏差数据对原有结构模型尺寸进行调整，建立与图纸及现场实际相符的结构三维模型，在结构模型的基础上建立幕墙工程模型。

5.2.4　模型导入 AutoCAD 设置控制点及放样点

（1）将 revit 模型转化为 DWG 格式，在 AutoCAD 中打开 DWG 模型，运用 NEW UCS 命令，输入两个已知控制点坐标发布世界坐标系。

（2）运用 Conrtol Pts 命令在模型中找到控制点位置进行控制点设置。

（3）运用 Manual 命令，根据测量方案中制定的幕墙安装控制节点，在模型中选取放样点。

5.2.5　模型导入手持终端（IPAD）

将设置好的控制点及放样点模型保存为 DWG 格式，将文件导入 IPAD 中。

5.2.6　现场架设测量仪，连接 IPAD

测站点的设置采用自由设站法，现场根据测量放样需要，在施工现场适当位置架设测量仪，测站点的选取应遵循以下原则：

（1）测站点基础必须坚实，无滑动、沉降的风险；

（2）测站点周边应无振动等影响测量精度的施工活动；

（3）测站点周边应无车辆通行、材料搬运等可能扰动测量仪器的行为，若因施工需要无法避免时，应安排专人看护仪器；

（4）测站点应保证至少能与 2 个测量控制点或加密点进行通视。

测量仪架设调平后，将 IPAD 与 LN-100 放样机器人连接，在 BIM360 Layout 程序中打开 DWG 模型，在模型中任意选取放样点进行试测，确保 IPAD 与测量仪信号传输正常。

5.2.7　测量、计算测站点实时坐标

测量机器人自动放样技术中测站点的设置采用自由设站法，其中测站点的坐标采用后方交会法进行测量计算。后方交会法即在测站点 P 架设放样机器人，测出 P 点到相邻已知控制点之间的距离和角度，根据方向观测值和边长观测值建立方向误差方程式与边长误差方程式，然后按最小二乘法原理计算 P 点坐标，后方交会测量见图 2。

测站点坐标计算误差分析根据间接平差，列出误差方程式：

$$V=AX-L \qquad (1)$$

其中

$$A = \begin{bmatrix} \dfrac{\rho\sin\gamma_1^0}{S_1^0} & \dfrac{\rho\cos\gamma_1^0}{S_1^0} \\ \dfrac{\rho\sin\gamma_2^0}{S_2^0} & \dfrac{\rho\cos\gamma_2^0}{S_2^0} \\ -\cos\gamma_1^0 & -\sin\gamma_1^0 \\ -\cos\gamma_2^0 & -\sin\gamma_2^0 \end{bmatrix} \qquad (2)$$

$$X_T = [\delta_{xp} \quad \delta_{yp}]L^T = [\gamma_1 - \gamma_2^0 \quad \gamma_2 - \gamma_2^0 \quad S_1 - S_2^0 \quad S_2]$$

注　γ_1、γ_2——仪器在 P 点分别照准 A、B 点测出的各自方向值；

S_1、S_2——仪器在 P 点分别照准 A、B 点测出的各自距离。

设方向观测中误差为 m_0，距离观测中误差为 m_s，$m_s^3 = a^2 + b^2 s^2(10^{-6})^2$，$a$ 为测距固定误差，b 为测距比例误差。方向权为单位权，则距离权为：

$$P_s = \frac{m_0^2}{m_s^2} \qquad (3)$$

利用最小二乘平差得 $X=QA^TPL$，坐标改正协因素阵为：

$$Q_{xx} = \begin{bmatrix} Q_{11} & Q_{12} \\ Q_{21} & Q_{22} \end{bmatrix} \qquad (4)$$

点位中误差为：

$$m_P = \pm\sqrt{m_x^2 + m_y^2}, \; m_x = \pm m_0\sqrt{Q_{11}}, \; m_y = \pm m_0\sqrt{Q_{11}} \qquad (5)$$

5.2.8　现场放样

（1）后置埋件定位

根据现场加密控制点，利用测量机器人在主体结构上放出各后置埋件的中心位置，后置埋件的空间位置偏差应小于 ±5mm，用红油漆在结构上标出中心位置，经检查复核满足精度要求后方可进行钢骨架的吊装。

（2）骨架就位安装

根据幕墙造型特点及安装顺序，将异形幕墙主、副骨架分解成若干个安装单元进行分片安装，对造型变化和转角部位进行重点控制，有利于各安装节点的精度控制（图3）。

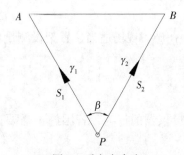
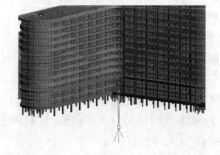

图 2　后方交会法　　　　　　　　　图 3　幕墙放样示意图
图中，P 为测站点，A、B 为相邻已知控制点。

骨架的制作根据安装单元的划分，利用 Revit 软件在模型中提取对应单元的骨架模型数据，依据提取的数据对单元骨架在加工区进行预加工，并在加工好的骨架上按照预先确定的主要控制点位置粘贴信号反射靶标，靶标的布置至少保证单元构件两端接口部位及构件中间各有一处。

在安装过程中，首先通过在 IPAD 上选取对应单元构件的端部节点控制测量机器人对靶标进行照准，通过靶标反射收集控制节点三维空间坐标与模型中节点坐标进行比对，根据坐标数据分析结果，调整构件的安装位置。调整后再进行校核，直至端部节点坐标偏差值在允许范围之内，然后将构件端部与连接端进行初步连接，保证构件在一定范围内能够转动，再通过上述方法对单元构件中间控制点进行测设，并转动构件，调整构件中间各点与结构的相对位置，满足要求后即对构件进行连接固定。

6　材料与设备

（1）硬件配置：主要测量设备见表 1，各种仪器设备须经检定合格并在检定有效期内。

表 1　主要仪器设备表

序号	名称	型号	精度指标	数量
1	智能全站仪	DS-102AC	（1.5+2ppm×D）mm	1
2	速测仪	LN-100	±3mm/5″	
3	精密水准仪	索佳 C32-Ⅱ		2
4	经纬仪	TDJ2E	2″	1
5	铝合金塔尺	5m	1mm	1
6	卷尺	10m	1mm	5
7	IPAD			1

（2）软件配置：Revit、AutoCAD、BIM360 Layout。

7　质量控制

在施工过程当中，依据《工程测量规范》（GB 50026—2007）、《玻璃幕墙工程质量检验标准》（JGJ/T 139—2001）、《建筑工程施工质量验收统一标准》（GB 50300—2013）、《建筑装饰装修工程质量验收规范》（GB 50210—2001）执行。

8　安全措施

（1）测量人员上岗前应进行安全知识教育培训；

（2）进入施工区域应遵守各项安全规章制度，严禁违章作业；

（3）测量作业时，应注意周边环境及立体交叉作业队测量工作及人员安全的影响；

（4）外业测量时，测量仪器严禁无人看管，禁止非测量人员随意触碰仪器。

9　环保措施

测量作业前应对测量人员进行环保知识培训，严禁测量用油漆、墨汁等材料污染环境。

10　效益分析

测量机器人自动测量的施测速度快，测量精度高，手持移动终端控制设备自动测量，减少了施测人员的频繁跑动，降低了测量人员的劳动强度，提高了测量工作效率及测量精度。

11　应用实例

（1）南县人民医院异址新建工程位于湖南省益阳市南县南洲镇，总建筑面积 138314.17m²，项目开工日期 2017 年 4 月 10 日，预计竣工日期 2019 年 9 月。本项目主楼分为三支，造型为"人"字形，建筑外立面装修为玻璃幕墙与铝板幕墙相结合，幕墙结构转角部位为圆弧造型，两种幕墙结合部为不规则曲线造型，通过运用本工法对幕墙圆弧及曲线造型进行控制，取得了良好的质量效果。

（2）湖南信息园工程位于长沙市雨花区万家丽路与景园路交会处，总建筑面积约 55106.51m²，项目开工日期 2014 年 8 月 13 日，竣工日期 2017 年 3 月 14 日。本工程外墙装饰采用全玻璃幕墙装饰，幕墙结构转角多，转角部位均为圆弧造型，通过运用本工法对圆弧段幕墙进行测量控制，取得了良好的外观效果。

（3）中国联通湖南数字阅读基地工程位于长沙县黄花镇，总建筑面积约 33487m²，项目开工日期 2014 年 11 月 15 日，竣工日期 2018 年 10 月 20 日。本工程外墙装饰采用玻璃幕墙与石材幕墙相结合，幕墙结构转角部位为弧形造型，两种幕墙相间布置，造型不规则，通过运用本工法对幕墙整体造型进行控制，取得了良好的效果。

大坡度种植屋面施工工法

邓石磊　陈　旅　唐　凯　罗龙云　陈述之

湖南省第五工程有限公司

摘　要： 为解决大坡度种植屋面存在防水质量难、种植土体滑移大等问题，可在屋面结构板施工过程中，预留现浇挡土板纵筋、防滑锚固钢筋，通过现浇挡土板将屋面划分为多个施工段，每段宽度为4.2m，每个施工段单独进行坡度屋面种植层施工。通过分段处理，提高了土体整体稳定性。各段屋面防水层、蓄水板等构造做法相互独立，受力更为均匀，能有效保证防滑钢筋防水节点施工质量。

关键词： 大坡度种植屋面；分段施工；现浇挡土板；受力均匀

1　前言

随着绿色城市、海绵城市等概念的提出，城市环境问题越来越受重视。城市绿化由小区景观绿化、街道平面绿化扩展至屋面等立体绿化。同时，种植屋面也是当前绿化设计热点，符合环保、节能建筑理念。种植屋面的推广降低了城市热岛效应、净化空气。但实际施工过程中，大坡度种植屋面存在一定难度，主要体现在屋面防水质量难以保证及种植土体滑移较为大，严重影响建筑质量。针对现有规范，本工法进行改进，可有效避免上述问题，具有显著的研究意义。

我国现行规范主要对坡度在50%以下的种植屋面进行了详细说明，但对于坡度在50%以上的种植屋面并未做详细规定。随着种植屋面坡度的增大，种植土方滑移情况会显著增加，此现象易导致防水层拉裂、土体表面出现滑移裂缝，严重破坏了屋面的整体观感质量。本工法应用工程的屋面坡度达到了73.2%，通过增加现浇挡土板，将坡屋面划分为若干区间，同规范通用做法相比，本工法降低了坡底抗滑移构件的应力，减小了回填土方的滑移。屋面防水进行分段施工，易于保证防水层施工质量。

2　工法特点

操作简单：本工法将大面积作业划分为多个小区间施工，施工过程中无复杂工艺，施工便捷。

种植土抗滑移能力强：通过设置间距4.2m的现浇挡土板分隔种植土体，现浇挡土板分段承受土方滑移力，可大幅降低屋面坡底预埋抗滑移构件的应力，提高整体抗滑移能力。

防水密闭性好：通过现浇挡土板将屋面板分区，各区间内单独进行防水施工，利于防水施工质量检查。此外，土体滑移小，易于保证滑移构件与屋面板连接处防水节点的施工质量。

3　适用范围

本工法适用于大坡度种植屋面。

4　工艺原理

屋面结构板施工过程中，预留现浇挡土板纵筋、防滑锚固钢筋。通过现浇挡土板将屋面划分为多个施工段，每段宽度为4.2m，每个施工段单独进行坡屋面种植层施工。通过分段处理，提高了土体整体稳定性。各段屋面防水层、蓄水板等构造做法相互独立，利于保证施工质量。常见的种植屋面做法是从坡顶至坡底，防滑结构受力逐步增大。本工法进行分段处理后，受力更为均匀，可有效保证防滑钢筋防水节点施工质量。

5　施工工艺流程及操作要点

5.1　施工工艺流程

屋面板→现浇挡土板→基层处理→防水层施工→保温层施工→钢筋混凝土保护层→预制挡土板→

防滑格→卵石缓冲带→铺填种植土→植被种植。

5.2　施工操作要点

本工法以株洲市三个中心项目大坡度种植屋面施工为例，屋面坡度为 73.2%，施工操作如下：

5.2.1　屋面板施工

本工法种植屋面坡度 i=73.2%，屋面板采用抗渗混凝土，并掺入水泥用量 8% 的 SY-K 纤维膨胀剂。因屋面坡度较大，楼板混凝土浇筑过程中，需严格控制混凝土坍落度，由底至顶一次浇筑，不留设施工缝，否则应采取止水措施。屋面板在横向梁处每隔 4.2m 预埋 Φ8@150 的防滑钢筋，防滑钢筋采用 L 形，其中弯折段长度不得少于 200mm，伸出屋面板长度为 500mm。

5.2.2　现浇挡土板施工

现浇挡土板垂直屋面设置，板厚为 200mm，板高 500mm，内配 Φ8@150 双层双向钢筋，纵筋与屋面板预留钢筋连接。立板需预留排水口，尺寸为 100mm×100mm，排水口底部齐平种植土底部。为加强挡土板与屋面板节点区域受力性能，防止屋面结构出现裂缝，预留钢筋做 L 形预埋在横向梁处，并辅以 Φ8@200 横向附加钢筋，加强宽度为 500mm，钢筋绑扎完毕即可进行支模及混凝土浇筑（图 1、图 2）。

图 1　结构板预留钢筋　　　　　　　　　　　　图 2　现浇混凝土挡板模板安装

5.2.3　防水施工

结构板施工完毕之后，进行防水施工，本工法采用卷材防水，对粘贴面清洁度和平整度要求高。为保证卷材粘贴质量，防水卷材施工前必须进行基层清洁，基层必须平整、坚固，无松动、起砂、起鼓、凹凸和裂缝并且基层需比较干燥，含水率不小于 8%。在铺贴卷材之前，基层需先均匀涂刷石油系列基层处理剂一层，待基层处理剂干燥之后可涂刷胶粘剂以提高卷材与基层的粘贴强度。本工法防水材料为 4mm 厚改性沥青防水卷材 +4mm 厚弹性体（SBS）改性沥青防水卷材（含化学阻根剂），可有效防止植被根茎破坏防水层。

5.2.4　保温层施工

挤塑聚苯保温板是一种常见的保温材料，相比传统保温材料具有更加良好的隔热保温性能，且抗水、防潮性、防腐蚀、经久耐用性能更为突出。保温层施工过程中，基层处理过程中要仔细检查，基层应平整、干净、干燥，挤塑板的铺贴方式采用干铺。挤塑板不应破碎、缺棱角，铺设时遇有缺棱掉角、破碎不齐的，应锯平拼接使用。本工法保温材料选用 100mm 厚难燃挤塑聚苯保温板，通过胶粘剂点粘固定。挤塑板铺贴完毕后，铺设水泥陶粒找坡，用平板振动器压实适当，表面平整，找坡正确。铺设找坡层时，应按设计规定埋好排气槽、管。找坡层铺设完工之后，应用 20 厚 1:3 的水泥砂浆找平。

5.2.5　钢筋混凝土保护层

本工法刚性保护层为 40mm 厚细石钢筋混凝土，内配钢筋为 Φ4@500。通过设置分隔缝，减小刚性保护层温度变形，分隔缝纵横间距为 6m，缝宽为 20mm，内嵌填柔性密封材料。刚性保护层可对保温层进行良好的保护。刚性保护层需增加 L 形 Φ12@800 的防滑钢筋，埋置在细石混凝土保护层内，以便后续固定扁钢拉结带。

图 3　卷材防水层　　　　　　　　　　　图 4　保温层施工

5.2.6　扁钢拉结带

本工法种植屋面扁钢拉结带型号为 -30×4，布置间隔为 800mm，顺坡方向布置，扁钢拉结带通过用 $\phi 16$ 镀锌钢丝绑扎与防滑钢筋固定。

5.2.7　预制挡土板施工

挡土板采用 C20 混凝土预制，截面形式为 L 形，平行屋脊安装，间距 1.5m 设置一道。挡土板底板厚度为 50mm，板宽为 120mm，立板厚度为 50mm，如图 5 所示。

其中立板设置排水口，尺寸为 100mm×100mm，排水口底部齐平种植土底部。沿屋脊方向，预制挡土板尾部预留钢筋头，与扁钢焊接固定，提高整体稳定性。

5.2.8　蓄（排）水板

综合考虑蓄（排）水效果及施工便捷性，本工法蓄（排）水板选用成品 20mm 高凹凸型蓄（排）水板。蓄（排）水板采用高密度聚乙烯（HDPE）或聚丙烯（PP）为原料高压注塑而成的板材，具有立体空间和一定的支撑刚度，可兼排水蓄水功能。

蓄（排）水板凸点向下铺设，其铺设基层表面应平整。排蓄水板采用扣合的搭接方式，上覆盖 150～200g/m 无纺布过滤层，营造了一个立体架空空间，渗透水可以从这个架空空间中排到种植顶板周边的集水井或渗水井中。要保持每片蓄（排）水板扣接好，无纺布搭接严密，避免土体进入排水通道，阻塞排水。排水保护板系由 HDPE 土工膜压制而成，能够有效抵御植物根系穿刺，可防御植物根部对细石混凝土层及保温层的穿刺。

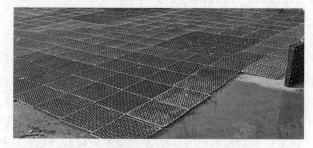

图 5　预制挡土板　　　　　　　　　　　图 6　蓄（排）水板

5.2.9　卵石缓冲带

天沟内侧以及沿着屋面坡度方向每隔 4.2m 设置卵石缓冲带，挡土板通长设置，顺坡方向形成防滑槽，内铺设卵石。卵石粒径为 1～3cm，缓冲带宽度为 300mm，填平至挡土板高度。卵石的含泥率、级配对缓冲带的排水性能影响较大。缓冲带填充前，应对卵石的含泥率、级配进行检查，禁止使用高含泥率卵石。

5.2.10 防滑格

本工法防滑格为成品防滑格，100mm 高、1.5mm 厚。为保证防滑格安装牢固性，防滑格端部与挡土板、扁钢拉结带绑扎连接。

5.2.11 铺填种植土

根据设计要求回填种植土。施工过程中，土层底部应进行夯实，以避免土体流失堵塞泄水孔。土方夯实过程中应派专人值守，禁止夯击过重，防止土体以下建筑构造被破坏。

5.2.12 植被种植

本工法屋面种植植被为佛甲草，为景天科多年生草本植物。佛甲草形态美观，根茎短，且对种植土体及周边环境要求低。在厚度仅为 5cm 的专用基质层上不需任何管理的情况下，佛甲草能依靠自然气候条件健康生长。本工法种植土体最薄处（挡土板顶部）厚度为 10cm，现场无须特殊处理，直接铺种即可。

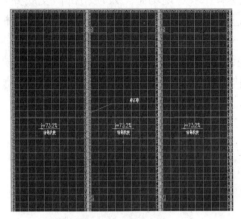

图 7 卵石缓冲带

图 8 佛甲草种植

6 材料与机具设备

6.1 材料（表 1）

表 1 材料一览表

序号	材料名称	规格	备注
1	防滑钢筋	$\phi 12$	
2	渗水管	$\phi 110$PVC	
3	密封胶		
4	防滑格	90～250mm 高，1.5mm 厚	
5	预制挡土板	L 形	
6	扁钢拉结带	−30mm×4mm	
7	土工布		

6.2 机具设备（表 2）

表 2 机具设备和工具准备表

序号	机具名称	用途
1	钢卷尺	长度测量
2	墨斗	弹线
3	胶枪	挤涂结构胶
4	锤子	固定铁钉
5	挂钩	烟道安装
6	吊锤	垂直度校验

7 质量控制

7.1 执行标准

《建筑工程施工质量验收统一标准》(GB 50300—2013);

《种植屋面建筑构造》(14J206);

《坡屋面工程技术规范》(GB 50693—2011);

《建筑节能工程施工质量验收规范》(GB 50411—2007)。

《屋面工程质量验收规范》(GB 50207—2012)。

7.2 控制措施

熟悉图纸及相关施工规范、标准,技术部门做好方案工作,并组织各方对施工方案进行可行性论证。召开现场技术交底会议,依据大坡度屋面种植施工技术要求对现场施工及质检部门交底并划分相应职责范围,使其施工前作好充分准备。对各专业队伍进行施工前进行技术、质量交底。屋面板浇筑需严格控制混凝土坍落度,现场坍落度实验值应在 100 ~ 200mm 之间。屋面预留防滑钢筋弯折段不得少于 120mm。现浇挡土板与屋面板交接处需进行加强,加强区宽度不得小于 500mm。土方夯实过程中应派专人值守,禁止夯击过重,防止土体以下建筑构造被破坏。挡土板泄水口应做防堵塞滤水包处理。

8 安全措施

8.1 执行标准

《建筑施工安全检查标准》(JGJ 59—2011);

《建筑机械使用安全技术规程》(JGJ 33—2012);

《施工现场临时用电安全技术规范》(JGJ 46—2005);

《建设工程施工现场环境与卫生标准》(JGJ 146—2013)。

8.2 安全措施

加强安全管理,建立健全安全生产责任制,坚定不移地坚持"安全第一,预防为主"的安全生产方针,形成全方位的安全管理体系,施工现场做到:"一管""二定""三检查""四不放过"。

认真落实"安全三宝"的正确使用。施工作业区域,设置明显的安全警示标志,并设专人警戒。

架子工、模板工持证上岗,搭设施工时避免上下同时作业。钢管横杆、立杆的接头应错开。紧固时注意握紧工具、扣件避免其坠落伤人。外架上所有脚手板、挡脚板、安全网必须搭设牢固、封闭严密,以防发生高空坠落、施工落物和水泥、建筑垃圾等粉尘飞扬等现象。

混凝土浇筑过程中,专职安全员必须现场旁站,有权制止违章指挥和违章作业,遇有险情应立即停止施工作业,并报告工程项目领导及时处理。

卷材防水施工过程中,大部分材料易燃并含有一定的毒性,必须采取必要的措施。施工人员必须戴好口罩、手套等防护用具,施工前如需动火则需上报项目部安全部门,在制作地点布置好防火用具后方可进行施工,安全员全程监督管理。防止发生火灾、中毒、坠物等引起的工伤事故。

9 环保措施

9.1 执行标准

《建设工程施工现场环境与卫生标准》(JGJ 146—2013);

《绿色施工导则》。

9.2 环保措施

防水材料以及防水施工所用的稀料、汽油等易燃、易爆品必须设专门的库房保管,库房内严禁人员住宿,库房远离生活区,要求室内温度不宜过高,通风良好,悬挂"严禁烟火"警示牌,并配备足够数量的灭火器等消防设备。

搬运防水材料、稀料和汽油等要轻拿轻放，严禁扔放，避免摔坏包装罐体造成泄露。

施工过程中的废弃物严禁随意丢弃，必须统一交到垃圾站，有毒有害物进行分类收集处理。

当日作业施工完毕，及时进行场地清理，保证现场清洁整齐。

10　效益分析

10.1　经济效益

针对大坡度种植屋面，本工法施工工序简便易操作，投入成本较低，通过将大坡度屋面分区处理，可大幅提高种植土抗滑移能力以及屋面防水的密闭性，确保施工质量。通过前期较小的成本投入，降低了建筑使用过程中的返修率，为建筑使用功能增值的同时，减少大量返修成本。以株洲市三个中心项目为例，4 号楼管理辅助楼屋面坡度为 73.2%，屋面面积约为 1374m²，通过采用大坡度种植屋面施工工法，历时 30d 即完成种植屋面施工作业，节约了屋面施工作业工期 15d，节约造价约为 1374m² × 200m²/ 元 =274800 元，同时降低了建筑使用过程中的返修率，为建筑使用功能增值的同时，经济效益显著。

10.2　社会效益

屋面种植绿化为当前建筑设计热点，当屋面坡度增大时，种植屋面施工难度几何性增加。通过应用大坡度种植屋面施工工法，优化细部节点施工，使得施工操作简单、防水密闭性好、土方抗滑移能力强。施工质量受到业主好评，在树立企业良好形象的同时，提高了企业知名度，创造了良好的社会效益。

11　应用实例

株洲市三个中心工程位于株洲市天元区，为多层公共建筑，屋面防水等级为 I 级。本工程由 1 号楼妇女儿童活动中心、2 号楼青少年活动中心、3 号楼夕阳红艺术活动中心、4 号楼管理辅助楼组成。项目开工时间为 2015 年 12 月，主体竣工时间为 2017 年 10 月。其中 4 号楼管理辅助楼建筑面积 4290.39m²，屋面面积约为 1374m²，屋面坡度为 73.2%，通过采用大坡度种植屋面施工工法，历时 30d 即完成种植屋面施工作业。

木年轮纹理清水混凝土施工工法

李桂新　刘新平　尹益平　徐建福　莫智超

湖南省第五工程有限公司

摘　要：清水混凝土应用日趋普遍，通过对钢筋混凝土成型的模具进行适当处理，可将树木年轮的天然纹理图案刻画在混凝土表面，形成独特的清水混凝土艺术作品。本工法操作简便，工程技术人员都可熟练应运，不仅可避免混凝土结构表面的再装饰，还有利于减轻建筑自重，降低成本，缩短建设周期，绿色、环保节能。

关键词：清水混凝土；树木年轮；年轮纹理衬板

1　前言

随着国民经济的飞速发展，清水混凝土频频出现在建筑师的作品中，将树木年轮的天然纹理直接印记在混凝土表面，更是自然美与建筑艺术的美妙结合，将呆板的水泥混凝土赋予大自然界的生命力，创造出各种优美、独特的木年轮纹理清水混凝土建筑艺术品。这样不仅避免混凝土结构表面的再装饰，还有利于减轻建筑自重，降低成本，缩短建设周期、绿色、环保节能。

经长沙县全域旅游集散中心（田汉戏剧艺术文化园）的艺术中心、艺术学院、游客服务中心及接待中心等工程实例验证，木年轮纹理清水混凝土施工技术，效果好、质量高。

2　工法特点

（1）本工法是通过对传统的施工技术深化提升，达到新颖的艺术效果。

（2）操作简便，工程技术人员都可熟练应运。

3　适用范围

适用于建筑工程钢筋混凝土结构的清水混凝土。

4　工艺原理

本工法主要是在用于钢筋混凝土成型之模具与混凝土接触的表面衬贴树木年轮纹理衬板，在混凝土凝结硬化过程中两者紧密贴合，模具拆除后，树木年轮纹理衬板上的年轮纹理图案就牢固印记在成型混凝土的表面，形成具有树木年轮纹理的优美清水艺术混凝土。

5　施工工艺流程及操作要点

5.1　本工法施工工艺流程

施工准备→木年轮纹理衬板选材及加工、传统模板制作→木年轮纹理衬板安装→模板工程施工及验收→钢筋工程施工及验收→混凝土浇筑及养护→模板拆除→混凝土表面清理及螺杆孔洞处理→钢筋混凝土主体验收→混凝土表面喷涂保护剂。

5.2　施工操作要点

（1）施工准备：熟悉图纸，按设计要求做模板工程深化设计，确定各构件的模板规格尺寸，并根据建筑设计的艺术效果，选定用作年轮纹理衬板的树木种类，本工程选用直径不小于140mm的杉木（图1）。

（2）传统模板制作：按照模板工程深化设计制作各个部位的模板，梁、柱，可做成定型模板。本工程选用 50mm×70mm 杉木木方做小梁骨架，厚度 15mm 的胶合板做模板。

（3）木年轮纹理衬板选材及加工：将既定符合要求的杉树锯成木板（厚度 8～9mm），挑选年轮纹理符合要求的再经过刨光修直，制作成厚度约为 5mm、宽度 100mm 的年轮纹理衬板（可直接市场采购成品）。

按各构件设计尺寸裁切成相应长度备用（图 2）。

图 1　木年轮纹理衬板选材

图 2　年轮纹理衬板加工

（4）木年轮纹理衬板安装：经过逐片检查验收合格后，将制作好的年轮纹理衬板用手动气打枪射钉器射钉固定（射钉间距：每块纹理衬板距离边缘 30mm、横向设 3 排、纵向间距≤150mm）安装在胶合板模板上（图 3、图 4）。

图 3　木年轮纹理衬板安装（一）

图 4　木年轮纹理衬板安装（二）

（5）模板工程施工及验收：按照经审批的专项方案和规范要求进行模板工程施工，施工完后按照方案和规范要求组织验收，保证模板工程的强度、刚度；且接缝严密、平整；特别注意年轮纹理衬板表面无杂物、无污染（图 5～图 8）。

图5　木年轮纹理锥形构件模板安装

图6　木年轮纹理锥形筒模板安装及验收

图7　木年轮纹理柱模板安装

图8　木年轮纹理圆弧屋面梁、板模板安装

（6）钢筋工程施工及验收：按照经审批的专项方案和规范要求进行钢筋工程施工，施工完后（含水电等预留、预埋）按照方案和规范要求组织验收，并办理好隐蔽验收手续（图9）。

（7）混凝土浇筑及养护：按照经审批的专项方案进行混凝土浇筑，浇筑混凝土前，应对模板上的杂物仔细认真清理，并清水冲洗湿润；振捣时振动棒不应碰伤模板，振捣密实，不超振、欠振、漏振；浇筑完及时做好养护和产品保护。

（8）模板拆除：混凝土强度达到一定强度后，按照拆模方案进行拆模，非承重模板的拆除时间，应较普通混凝土推后24h以上；拆除模板时应加强成品保护，防止强拆、硬撬损伤混凝土，影响表面效果（图10）。

（9）混凝土表面清理及支模螺杆孔洞处理：模板拆除后及时对表面进行清理，局部缺陷的修补应保持木年轮纹理顺畅；墙、梁、柱的室外支模螺杆孔洞在拆除锥形垫后先用聚氨酯发泡剂封堵，表面再用20mm厚的防水砂浆封堵，填堵面凹入4～6mm；墙、梁、柱的室内支模螺杆孔洞可按上述方法处理也可不做封堵。

（10）钢筋混凝土主体验收：钢筋混凝土工程施工完成，做好各项检验检测，完成主体验收的同时，对其木年轮纹理清水艺术效果进行验收、评价和总结（图10～12）。

图9　模板工程验收后的钢筋绑扎

图10　成型后的锥形墙

图 11　成型后的柱

图 12　成型后的柱、板、墙

（11）混凝土表面喷涂保护剂：为抵御雨水侵蚀和紫外线对混凝土的老化以及空气中二氧化碳的碳化，在混凝土表面喷涂透明保护剂，以提高混凝土耐久性（图 11、图 12）。

6　材料与设备

主要材料、设备配备见表 1。

表 1　材料与设备一览表

序号	名称	单位	数量	备注
1	计算机	台	1	绘制图纸、编制方案
2	经纬仪	台	1	放线
3	水准仪	台	1	标高测量
4	50m 钢卷尺	把	1	测量长度
5	手动气打枪射钉器	台	按进度需要	年轮纹理衬板安装
6	空压机	台	按进度需要	年轮纹理衬板安装
7	射钉（长度 15mm）		按进度需要	年轮纹理衬板安装
8	模板工程支撑架		按进度需要	模板支架
9	50mm×70mm 杉木木枋		按进度需要	模板支撑小梁
10	15mm 厚胶合板		按进度需要	模板
11	年轮纹理衬板		按进度需要	效果形成的模板

7　质量控制

7.1　本工法主要遵照执行以下规范中的相应条款：

《建筑施工模板安全技术规范》（JGJ 162—2008）；

《混凝土结构工程施工质量与验收规范》（GB 50204—2015）；

《混凝土结构工程施工规范》（GB 50666—2011）；

《建筑工程施工质量验收统一标准》（GB 50300—2013）。

7.2　保证项目

原木、木方含水率不应大于 15%，板材含水率不应大于 20%，在加工前组织质量验收。模板及其支架必须有足够的强度、刚度和稳定性；支模螺杆的设置应上下对齐左右成线，位置误差不超过 2mm；钢筋保护层厚度较常规要求增加 3～5mm；混凝土用石子直径控制在 5～31.5mm，混凝土的搅拌时间比普通混凝土延长 20～30s，坍落度严格控制在 120±20mm 范围内。为确保振捣质量减少混凝土表面气泡，合理延长混凝土的振捣时间或采用二次振捣；浇筑混凝土时应设专人监控，防止漏振和欠振，注意观察模板的使用情况，发现问题及时处理。

8　安全措施

（1）本工法安全技术措施主要遵照执行：《建筑现场临时用电安全技术规范》（JGJ 46—2005）、《建筑施工模板安全技术规范》（JGJ 162—2008）、《建筑机械使用安全技术规程》（JGJ 33—2012）、《建设工程施工现场消防安全技术规范》（GB 50720—2011）、《建筑施工高处作业安全技术规范》（JGJ 80—2016）、《建筑施工扣件式钢管脚手架安全技术规范》（JGJ 130—2011）、《建筑施工安全检查评分标准》（JGJ 59—2011）中的相应条款和省、市、企业制定的施工现场及专业工种安全技术操作规程。

（2）施工前对进场职工进行一次全面的安全教育，强调安全第一，预防为主。

（3）进入施工现场必须戴好安全帽，穿好绝缘鞋，严禁酒后进入现场。

（4）把安全工作贯彻到整个施工现场，坚持每周的安全活动及每日施工前的安全交底，并做好记录。

（5）工作完毕要及时清理作业区内的废料、杂物，并拉掉所有用电设备的电源，确认无误后，方可离开。

（6）特殊工种须经有关部门专业培训后持证上岗作业。

9　节能环保措施

（1）本工法采取的环境保护措施主要遵照执行《建筑施工现场环境与卫生标准》（JGJ 146—2013）中的相应条款。

（2）识别各种机械设备的性能，合理选用高效、节能、低噪声的机械设备。

（3）尽量做到优化施工组织设计，改进施工工艺，降低噪声、强光、有毒气体对环境的影响。

（4）定期对有毒有害的废弃物应独立分类，远离宿舍区并应由专人收集和处理。

10　效益分析

（1）社会效益：通过本技术的运用，最大限度地节约了资源与减少了对环境的负面影响，如施工扬尘、施工噪声以及装饰建筑垃圾等，从而实现"四节一环保"（节能、节地、节水、节材和环境保护）的目的；同时主体完成后仅需对结构表面做打磨处理即可交付使用，不必进行复杂的建筑装饰，从而缩短了建设周期；长沙县全域旅游集散中心（田汉戏剧艺术文化园）总工期仅 150d，本施工方法为保证 2018 年田汉诞辰 120 周年庆典如期举行提供了技术支持，受到业主和社会各界好评、树立企业良好形象的同时，提高了企业知名度。

（2）经济效益：采用此方法后，新型清水混凝土得以实现。节省了清水部分的装饰时间，利于加快工程进度；清水混凝土表面的优美木年轮纹理图案替代了二次装饰，降低了工程造价。

（3）环境效益：采用此方法后，混凝土结构表面不需要做装饰面，避免了装饰饰面施工时产生的建筑垃圾，绿色、环保节能。

11　应用实例

长沙县全域旅游集散中心（田汉戏剧艺术文化园）总用地面积 234810m²，建筑面积 14870m²（其中田汉艺术中心 3439.2 m²、田汉艺术学院 2461.2 m²、游客服务中心及接待中心 3525.9 m²）；建设单位为长沙县果园镇人民政府，湖南大学设计研究院有限公司设计，湖南和天工程项目管理有限公司监理。工程 2017 年 7 月开工，2017 年 12 月主体完工。该项目木年轮纹理清水混凝土面积约 18000m²，采用此方法后，节省了清水部分的装饰时间约 60d，节约装饰造价约 18000m² × 800m²/ 元 = 14400000 元。

工程实例表明：本工法技术成熟、操作便捷、效果良好、施工过程绿色环保。

石材防结露施工工法

徐志超 谭柏连 谭文勇 张 星

湖南艺光装饰装潢有限责任公司

摘 要：为解决石材由于内外温差易结露问题，可利用保温隔热材料将面层大理石与主体结构"热阻断"，大大缩短大理石温度与空气温度达到同步的时间，以尽量减小空气与面层大理石温差，达到控制冷凝水量的目的。

关键词：热阻断；冷凝水；墙面防结露；地面防结露

1 前言

南方夏季多雨，空气湿度大。沿海地区空气潮湿，北方地区冬季气候寒冷，墙体凉、室内温度高，易产生结露。外墙体本身的保温没有做好，造成墙体透寒，导致墙体冰冷，室内水蒸气就会在墙体上结晶成水滴，墙体潮湿了就会发霉长毛，空气中的水蒸气在遇到低于露点温度的物体表面时，会产生冷凝水。在相同空气湿度条件下，空气温度与物体表面温差越大（正差），冷凝水现象越严重。

充分考虑到以上因素，应尽量减小空气与面层大理石温差，以达到控制冷凝水量的目的。利用保温隔热材料将面层大理石与主体结构"热阻断"，可以大大缩短大理石温度与空气温度达到同步的时间。

2 工法特点

工法针对性强，主要适用于地处我国夏热冬冷气候地区，公共空间墙面大理石干挂工程及地下室等对结露要求比较高的工程。

该工法在施工过程中虽然节约成本较少，但由于节能和防结露效果显著，在后期投入运行中产生较小的维护成本。

3 适用范围

主要适用于夏热冬冷气候地区，公共空间墙面大理石干挂工程及地下室等对结露要求比较高的工程。

4 工艺原理

大理石防结露施工尽量减小空气与面层大理石温差，以达到控制冷凝水量的目的。利用保温隔热材料将面层大理石与主体结构"热阻断"，可以大大缩短大理石温度与空气温度达到同步的时间。

5 室内大理石防结露施工工艺操作要点

5.1 防结露施工工艺流程

施工准备→基层处理→测量放线→石材龙骨分隔、安装→裁切岩棉板→粘贴岩棉板并用塑料膨胀螺栓固定→岩棉板隐蔽检查验收→干挂石材、打胶→专项验收。

5.2 施工只要要点

5.2.1 施工准备

在施工前必须积极做好施工准备工作，其主要内容有：

（1）熟悉审查施工图纸和有关的设计资料和设计依据、施工验收规范和有关技术规定。

（2）通过上述对施工图纸的熟悉和现场的复测，将可能存在的问题在各个施工阶段前得到更正，为施工提供一份准确、齐全的图纸。

（3）施工人员在进场前，必须进行技术、安全交底。

（4）建立各项管理制度，如施工质量检查和验收制度、工程技术档案管理制度、技术责任制度、职工考核制度、安全操作制度等，认真熟悉施工图纸和有关设计资料，严格执行国家行业标准。

5.2.2 基层处理

（1）基层表面应清洁，无油污、蜡、脱模剂、涂料、风化物、污垢、霜、泥土等其他妨碍黏结的材料。

（2）基层应坚实平整，表面平整度允许偏差4mm。局部凸起、空鼓、疏松和有妨碍黏结的污染物应剔除。

5.2.3 测量放线

（1）石材干挂施工前必须按照设计标高要求在墙体上弹出50mm水平控制线和每层石材标高线，在墙上做控制桩，拉白线控制墙体水平位置。

（2）根据石材分割图弹线，确定金属胀管安装位置或石材骨架的安装位置。

5.2.4 石材龙骨分割、安装施工

预埋件安装：在结构墙面上固定12mm的膨胀螺栓，固定间距与石材分格相同；轻质墙面安装石材应在地面、顶棚固定角钢件，固定间距不大于600mm。安装骨架：竖龙骨采用8号槽钢，横向龙骨采用50mm角钢，竖向龙骨采用螺栓与钢连接件相连接，横向龙骨采用50mm×50mm×4mm角钢与竖龙骨槽钢连接，一端采用焊接，另一端采用螺栓固定。所有连接螺栓孔位为错位长条孔，增强其骨架调节性能。

5.2.5 切割岩棉板施工

岩棉板裁切、安装：按照石材龙骨的间距进行岩棉板裁切，并自下而上沿水平方向横向交错铺贴。从墙体拐角处开始垂直交错连接固定板材。阴、阳角处岩棉板交错互锁。门窗洞口四角处岩棉板不得拼接，应采用整块岩棉板切割成型，切口与板面垂直，墙面的边角处应用同样的保温板粘贴固定。板上下应错缝排列，错开距离1/2板长。嵌填用窄条岩棉板宽度不得小于150mm（图1）。

在转角处，岩棉板的粘贴应垂直交错互锁，并保证板材转角处粘贴的垂直度（图2）。

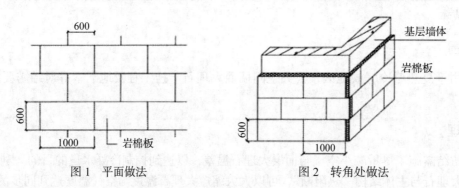

图1　平面做法　　　　　　　　　图2　转角处做法

为了保证板面的平整度，应随时用2m靠尺压平铺设的岩棉板；门、窗及洞口角上粘贴的岩棉板应用整块裁出，不得拼接，而且岩棉板的接缝处要离开转角至少200mm（图3）。

5.2.6 固定岩棉板施工

岩棉板锚固件装入结构墙深度不小于50mm。选ϕ8mm×120mm的塑料膨胀螺栓锚固，采用电锤在外墙钻孔，孔径为12mm；孔深为120mm（含保温板厚度），使岩棉板与外墙面紧密结合。锚固点紧固后应低于岩棉板表面1～2mm。锚固点的布置方式：在岩棉板四角及水平缝中间均设置锚固点。锚栓件的安装纵向间距300mm，横向间距400mm，梅花形布置，基层墙体转角处加密至间距200mm，并满足设计及相关标准的要求。利用冲击钻，在粘贴岩棉板的墙面上需要打锚固件的地方打孔，孔深为锚固件的长度；且须保证锚固件进入结构墙体的深度不小于25mm。在孔洞中填入塑料锚固件，并用锤子敲击至钉帽距墙面位置，直至与板墙面保持一致，不得凸出墙面，也不能损坏岩棉板。

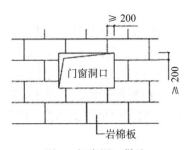

图 3　门窗洞口做法

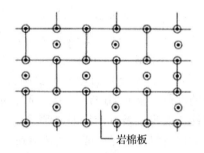

图 4　20m 以下锚固件的分布图

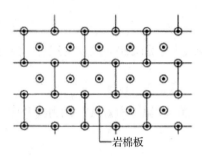

图 5　20 ～ 50m 锚固件的分布图

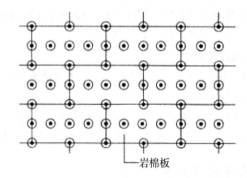

图 6　50m 以上锚固件的分布图

5.2.7　岩棉板隐蔽检查验收

（1）岩棉板的厚度、密度应符合设计要求。

（2）岩棉板与基层墙面的黏结强度和黏结方式应符合设计要求。

（3）每块岩棉板与基层面的有效黏结面积应在 40% 以上。

（4）锚固件的数量、位置、锚固深度和拉拔力应符合设计要求。

（5）岩棉板安装允许偏差、保温墙面层的验收标准

岩棉板安装允许偏差和检查方法

项次	项目	允许偏差（mm）	检查方法
1	表面平整	3	用 2m 靠尺楔形塞尺检查
2	立面垂直	3	用 2m 垂直检查尺检查
3	阴、阳角垂直	3	用 2m 托线板检查
4	阳角方正	3	用 200mm 方尺检查
5	接槎高差	1	用直尺和楔形塞尺检查

5.2.8　干挂石材、打胶施工

将石材支放平稳后，用手持电动无齿磨切机切割槽口，开切槽口后石材净厚度不得小于 6mm，槽口开切长度不宜超过 80mm、开槽深度不超过 25mm，以能配合安装不锈钢干挂件，开槽时尽量干法施工避免用水清理，并要用排刷将槽内粉尘扫净。

石材安装采用边安装不锈钢干挂件，边进行石材干挂施工，石材的安装顺序一般由下向上逐层施工，石材墙面宜先安装主墙面，门窗洞口宜先安装侧边短板，以免操作困难。墙面第一层石材施工时，下面先用厚木板临时支托，干挂施工过程中随时用线锤或者靠尺进行垂直度和平整度的控制。

石材干挂不锈钢挂件中心距板边不得大于 150mm，50mm×50×5mm 热镀锌角钢上安装的挂件中心间距不宜大于 700mm，边长不大于 1m 的 25mm 厚石材可设两个挂件，边长大于 1m 时，应增加 1 个挂件，石材干挂开放缝的位置要按照设计要求进行 2mm 留缝处理。

石材干挂完成，调整好整体的水平度和垂直度，然后在开槽位置满填云石胶，固定石材和干挂件，待云石胶凝固后，方可安装下一块石材。

石材干挂前，必须将墙面的线盒、开关整板套割。

石材在干挂施工过程中要按照设计的要求，进行板之间开放缝预留。设计要求安装的石材中间要预留 1～2mm 的缝隙。材干挂完成后，用小排刷、干抹布对缝隙进行清理，待 24h 后派专人打胶（调色要求：用灰色玻璃胶与白色云石胶调石材接近灰胶）。要进行现场的成品保护，派专人经常巡视、墙面拐角的部位、整面墙进行保护，所有的石材干挂阳角必须用九厘板做护角，采取成品保护措施。

工程竣工及保洁及其使用时必须采用中性清洗剂，在清洗时必须先做小面积试验，以免选用清洗剂不当，破坏石材的光泽度或者造成麻坑。

6.1 主要材料

保温棉板规格为 1200mm×600mm×50mm；密度 80kg/m³，平板或翻转使用应符合企业标准、行业标准、国家标准。

6.2 机具设备

1）机械设备；小手锯；电锤（每 2 人 1 把）；380V 橡胶线五芯和 220V 橡胶线三芯（根据现场而定）；吊篮。

（2）常用施工工具

卷尺、靠尺、剪子、壁纸刀、扫把、小手锯、橡皮锤、水桶、铁锹、电源线、动力线及照明线等。

7 质量验收要求

（1）质量控制要点

①基层处理。要求墙面清洗干净，无浮土，无油渍、空鼓及松动，风化部分剔掉。

②岩棉平整度控制要求达到设计厚度，无起翘、无脱落，墙面平整，阴阳角、门窗洞口垂直、方正。

（2）质量验收

①所有材料品种、配比、规格、性能应符合设计要求（附有材料检验报告和出厂合格证）。

②保温层厚度及构造做法应符合节能建筑设计要求。

③整体保温层与墙体允许偏差在 4mm 以内。

8 安全措施

（1）各种机械设备、工具器材应有由专人负责，做到使用时符合要求，运转正常。

（2）严格遵守总包方的安全管理制度，严格遵守《建筑工程施工安全操作规程》。

（3）建立安全责任制，进入现场前，对工人进行安全技术交底和安全培训工作，对施工机械、吊篮等操作进行培训，安全员做好安全检查工作。

（4）使用电源箱，要符合安全用电规章制度及《施工现场临时用电安全技术规范》。

（5）进入现场并在施工时，要戴好安全帽，系好安全带，施工现场严禁吸烟，严禁酒后施工。

（6）上吊篮前经吊篮负责人同意后方可进入，施工人员必须系好安全带、戴好安全帽，手中工具、卷尺、不准随意乱放，防止掉下砸人。

（7）吊篮施工限定人员数量，防止过载，不是吊篮组装和升降操作人员，不准私自操作。

9 环保措施

（1）执行《建筑施工现场环境与卫生标准》（JGJ 146—2004）。

（2）实行环保目标责任制：把环保指标以责任书的形式层层分解到有关班组和个人，建立环保自我监控体系。

（3）在施工现场组织施工过程中，严格执行国家、地区、行业和企业有关环保的法律法规和规章制度。

（4）在施工现场，主要的污染源包括噪声、扬尘、污水和其他建筑垃圾。从保护周边环境的角度来说，应尽量减少这些污染的产生。

①噪声控制。除了从机具和施工方法上考虑外，可以使用隔声屏障、使用机械隔声罩等，确保外界噪声等效声级达到环保相关要求；所有施工机械、车辆必须定期保养维修，并于闲置时关机以免发出噪声。

②施工扬尘控制。可以在现场采用设置围挡，覆盖易生尘埃物料；洒水降尘，场内道路硬化，垃圾封闭；施工车辆出入施工现场必须采取措施防止泥土带出现场。同时，施工过程堆放的渣土必须有防尘措施并及时清运，工程竣工后要及时清理和平整场地。

③污水控制。施工现场产生的污水主要包括雨水、污水（又分为生活和施工污水）两类。在施工过程中产生的的大量污水，如没有经过适当处理就排放，便会污染周边环境，直接、间接危害水中生物，严重还会造成大面积中毒。因此，应设置污水处理装置，减小施工过程对周边水体的污染。

④对于建筑垃圾的处理，尽可能防止和减少垃圾的产生；对产生的垃圾应尽可能通过回收和资源化利用，减少垃圾处理处置；对垃圾的流向进行有效控制，严禁垃圾无序倾倒，防止二次污染。这样，才能实现建筑垃圾的减量化、资源化和无害化目标。

⑤最后，在施工方法的选择上，要合理安排进度，尽量排除深夜连续施工；将产生噪声的设备和活动远离人群，避免干扰他人正常工作、学习、生活。在技术措施方面，多采用环保节能的新工艺、新技术，以提高劳动生产率，降低资源消耗，同时减小施工过程对周边环境的影响。

10　效益分析

优良率的提高，减少了工程返修，节约了材料，加快了施工进度，提高了劳动生产率，取得了良好的经济效益。通过落实该工法，提高了外墙外保温系统检查的优良率。一般工程的一般控制项目优良率为60%，工程实例的一般控制项目优良率为85%，达到并超过了预定目标80%。该工法在施工过程中虽然节约成本较少，但由于节能和防结露效果显著，在投入运行中产生较小的维护成本，因此，具有较强的综合经济效益。

11　应用实例

实例一：株洲市神农太阳城4号写字楼装修工程位于株洲市株洲市天元区神农城，本项目为13层框架结构写字楼，该项目装修工程包含一层大厅、办公室、楼（电）梯间和5～13层，总建筑面积约13540m²，合同估算价约2710万元。工法运用于该工程一楼大厅1取得了很好的经济效果。

实例二：新桂广场新桂国际装饰装修工程，项目位于株洲市荷塘区新塘路。包括商务办公、多媒体会议大厅、企业文化展示厅、计算机信息中心、职工之家等多功能于一体的室内装修。工程总造价约4500万元，装修面积约30000m²。本工法运用于该工程一楼大厅取得了很好的经济效果。工程于2017年10月01日开工，2018年11月1日竣工。

一种超薄型外墙保温装饰板施工工法

周启明　董范君　李高健　邓成飞　周　剑

湖南省第五工程有限公司

摘　要： STP 超薄型外墙保温装饰板是一种集保温和装饰功能为一体的复合型材料，该装饰板以无机粉料为芯材，在芯材中添加吸气剂，以复合带铝箔的玻纤布包裹，经抽真空、封装等工艺使芯材为真空区间，以铝板为装饰面层，采用粘锚结合方式固定在外墙上，保温装饰板总厚度12mm。可通过工厂标准化大量生产，现场拼装，无须焊接，施工方便、工效高，且外观新颖、防水、防火及耐久性能好。

关键词： 超薄；外墙保温装饰板；真空区间；粘锚结合

1　前言

随着建筑业的快速发展，对建（构）筑物的功能要求越来越高，具有结构安全可靠性、耐久性、防水性能、防火性能、外观美学性能、建筑节能的新型建筑材料不断涌出。STP 超薄型外墙保温装饰板是一种集保温和装饰功能为一体的复合型材料。通过在湖南中烟浏阳库区片烟醇化仓库项目及浏阳库区综合管理用房等多个项目的应用，取得了良好的经济效益和社会效益。

2　工法特点

STP 超薄型外墙保温装饰板施工具有以下特点：

（1）工厂化生产量大，施工现场只需做拼装，大大减少了现场作业人员，降低建筑施工的人员伤亡概率，缩短施工工期。

（2）标准构件、机械化生产，提高了建筑产品的智能化、机械化生产水平、减少了材料损耗率。

（3）材料轻、薄，现场拼装简单、施工方便，可缩短建筑产品的施工周期，加快投产。

（4）板材固定采用粘、锚相结合，现场不需要焊接，基本为冷作业，有利于提高施工现场的节能、环保。

（5）板材外表面采用氟碳漆饰面，外观新颖，耐久性能好，表面可清洗，可长期保持建筑物良好的观感。

（6）板材表面为1.2mm 厚铝板，防水、防火性能较好。

3　适用范围

该施工工艺可适用于新建工业厂房、办公楼、酒店宾馆、高档住宅等，也适用于旧建筑物的节能和装饰改造。

4　工艺原理

STP 超薄型外墙保温装饰板以无机粉料为芯材，双面及四周复合包裹带铝箔的玻纤布，经抽真空、封装等工艺使芯材为真空区间，在芯材中添加吸气剂，外表面为铝板（氟碳漆饰面）。无机粉料的主要成分为二氧化硅，吸气剂在使用周期保持包裹空间为真空，带铝箔的玻纤布的氧气透过量、水蒸气透过量符合 GB/T 10004—2008 的要求。带铝箔的玻纤布面密度为 0.17kg/m²，铝板厚 1.2mm，保温装饰板总厚度 12mm。

5　施工工艺流程及操作要点

5.1　本工法施工工艺流程

墙面排板设计制图→基层清理→水泥砂浆找平层→弹（吊）控制线→铺黏结砂浆→面板护正、初平→面板精平→锚栓固定→面板间隙嵌缝→板缝面层密封胶→板面层清理。

5.2　技术操作要点

（1）根据建筑立面设计及墙面分块尺寸进行二次深化设计绘出墙面排板图。

（2）对墙面基层进行清理，施工水泥砂浆找平层，再根据排板图在墙面上弹出面板安装控制线。

（3）黏结砂浆在现场配制，第一次搅拌后静置 10min，再进行第二次搅拌，每次配制量视不同环境温度，一般控制在 2h 内能使用完。

（4）黏结砂浆采用点粘法，粘贴面积不小于 60%，砂浆黏结点均匀分布，并保证面板与基层间的空隙部位透气良好，黏结砂浆厚度根据墙体平整度情况控制在 10～20mm。

（5）面板按二次深化设计排板图进行编号，以外墙阳角或阴角部位为起点，在中部伸缩缝位置收口；外墙两端的阳角和阴角处挂垂直基准线，控制装饰面板垂直度和平整度，外墙面积较大时，垂直方向中间部位每隔 20m 设一条控制基线。

（6）粘贴时对面板应均匀挤压，整体板面保持平整，对齐分格缝，滑动就位，可用橡皮锤轻轻敲击固定，并用 2m 靠尺检查平整度，面板与面板之间的缝隙要求均匀一致，面板周围挤出的黏结砂浆及时清理。

（7）安装辅助锚栓。锚固位置钻孔在装饰板粘贴就位后进行，并随即清理孔内灰尘。锚栓进入墙体基层内有效锚固深度大于 25mm，辅助机械锚固每 1m² 不得少于 6 个。

（8）板缝密封处理。黏结砂浆达到强度后再进行板缝密封处理。清除面板边缘污渍，在板缝中嵌入聚氨酯发泡条，发泡条距板表面深 3～5mm。

在板缝两侧面层上粘贴美纹纸，向缝内挤注耐候密封胶，挤注过程均匀缓慢移动，连续进行，不得出现空穴或气泡，最后将保温装饰板表面密封胶修刮平整，不得裹入空气形成气泡。

（9）面层外表面清理

耐候密封胶达到强度后，拆除外脚手架，揭下美纹纸和面板保护膜，清除面板表面污渍。

（10）施工注意事项

墙面设计排板过程中尽量避免在门窗洞口部位出现长宽比过大的窄条形板。

施工门窗洞口周边墙面部位时，应现场实测边沿宽度是否与原排板图尺寸相符，及时调整边缘部位面板宽度。

打胶完成后，每隔 6m 在板缝内插入具有排气和防水功能的透气针。

STP 超薄型外墙保温装饰板采用软质材料包裹，避免板表面和边角划伤、碰损或变形。

运输过程中采用侧立搬运，不得重压猛摔、不得与锋利物品碰撞，以避免板面变形。

储存堆放应按型号、规格分类，避免重压，板材不得与腐蚀性介质靠近或接触，不宜露天长期暴晒，存放场地应干燥、通风。

6　材料与设备

（1）本工序施工时需要用到的主要机具见表 1。

表 1　机具设备表

序号	设备名称	型号规格	单位	数量	用途
1	砂浆搅拌机		台	2	底层砂浆拌制
2	手持式冲击钻		台	10	锚固打孔
3	手持式专业电动搅拌机		台	6	黏结砂浆拌制

（2）STP超薄型外墙保温装饰板做法为：基层墙体＋水泥砂浆找平层＋黏结砂浆＋STP保温装饰板（含：锚栓＋嵌缝材料＋密封胶）。

STP超薄型外墙保温装饰板等主要性能指标见表2～表4：

表2　STP板主要性能指标

项　目	性能指标
单位面积质量（kg/m²）	≤ 15
导热系数［W/(m·K)］	≤ 0.008
压缩强度（MPa）	≥ 0.10
燃烧性能等级	A 级

表3　黏结砂浆性能指标

项　目		指标
拉伸黏结强度（MPa），（与保温装饰板）	原强度	≥ 0.15
	耐水强度	≥ 0.15
可操作时间（h）		≥ 1.5

表4　锚固件主要性能指标

项　目	指标
拉拔力标准值（kN）	≥ 0.60
悬挂力（kN）	≥ 0.10

7　质量控制措施

7.1　本工法主要遵照执行以下规范（程）中的相应条款：

《外墙外保温工程技术规程》(JGJ 144—2008)；

《保温装饰板外墙外保温系统材料》(JG/T 287—2013)；

《建筑用真空绝热板》(JG/T 438—2014)；

《外墙外保温建筑构造》(10J—121)；

《建筑节能工程施工质量验收规范》(GB 50411—2014)；

《建筑装饰装修工程施工质量验收规范》(GB 50210—2001)；

《建筑工程施工质量验收统一标准》(GB 50300—2013)；

《外墙保温用锚栓》(JG/T 366—2012)。

7.2　主控项目的验收应符合下列规定：

保温隔热材料和黏结材料的各项性能及复验要求，材料、构件等进场验收，基层处理情况，各层构造做法，外墙或毗邻不采暖空间墙体上的门窗洞口、凸窗四周侧面的保温措施等应符合规范（程）要求。

STP超薄型外墙保温装饰板半成品尺寸允许偏差见表5：

表5　保温装饰板尺寸允许偏差

项目	指标
长度、厚度、宽度（mm）	± 2.0
对角线差（mm）	≤ 3.0
板面平整度（mm）	≤ 2.0

保温层真空绝热板半成品尺寸允许偏差见表 6：

表 6　建筑用真空绝热板尺寸偏差

项　目		允许偏差
厚度	<15mm	+2/0
	≥15mm	+3/0
长度、宽度		±10
板面平整度		2

STP 超薄型保温装饰板在墙面安装后面层允许尺寸偏差见表 7：

表 7　STP 超薄型外墙保温装饰板安装后面层允许尺寸偏差

项　目		允许偏差（mm）	检查方法
墙面垂直度	墙体高度 H $H \le 30m$	≤5	经纬仪测量
	$30m < H \le 60m$	≤10	
	$60m < H \le 90m$	≤15	
	$H > 90m$	≤20	
横向垂直度		≤5mm/5m 或 ≤3mm/2m	5m 拉线检查 2m 靠尺
阴阳角方正		≤4	用直角尺检查
墙面平整度		≤3	2m 靠尺检查
相邻两块板高低差		≤1.5	2m 靠尺检查

7.3　一般项目的验收应符合下列规定：

保温材料与构件的外观和包装，穿墙套管、脚手架眼、孔洞等，墙体保温板材接缝方法，阳角、门窗洞口及不同材料基体的交接处特殊部位等均应满足《建筑装饰装修工程施工质量验收规范》（GB 50210—2001）规定。

8　安全控制措施

（1）本工法临时用电和脚手架安全技术措施主要遵照执行：《建筑现场临时用电安全技术规范》（JGJ 46—2005）、《建筑施工扣件式钢管脚手架安全技术规程》（JGJ 130—2011）、《建筑施工高处作业安全技术规程》（JGJ 80—2016）、《建筑施工安全检查标准》（JGJ 59—2011）中的相应条款。

（2）作业前对进场工人进行安全教育和安全技术交底，做到"安全第一、预防为主"。

（3）作业人员进入施工现场必须戴好安全帽，穿好绝缘鞋，严禁酒后进入施工现场。

（4）把安全工作落实到整个施工现场，坚持每周的安全讲评活动及每日作业前的安全交底，并做好记录。

（5）每天完工后及时清理作业区内的废料、杂物，关掉用电设备的电源，确认无误后方可离开。

（6）特殊工种须经专业培训后持证上岗。

（7）脚手架操作层必须满铺，非操作层隔层满铺，操作层脚手板与外墙之间的空隙必须封堵密实。

（8）施工现场临时用电设施必须符合《建筑现场临时用电安全技术规范》（JGJ 46—2005）要求，采取三相五线制。施工现场使用的各种机械设备严格按安全操作规程作业，电焊机等用电设备实行"一机一箱一闸一漏"保护。电工对各临时用电定期进行检查，发现问题及时解决。

9　环境保护措施

施工过程中产生的建筑垃圾（如面板保护膜、美纹纸、残剩黏结砂浆等）及时清理，并用编织袋装好运至指定地点，做到工完场清。

10 效益分析

（1）保温层加中型型钢龙骨干挂铝面装饰板造价：

保温层：100 元 /m²；

型钢龙骨层：150 元 /m²；

铝面装饰板：300 元 /m²；

合计：550 元 /m²。

（2）本项目采用水泥砂浆找平层加粘锚结合铝面保温装饰板造价：

水泥砂浆找平层：40 元 /m²；

铝面保温装饰板：360 元 /m²；

合计：400 元 /m²。

（3）浏阳片烟醇化仓库建设项目原设计采用保温层加型钢龙骨干挂铝面装饰板，经优化设计后采用粘锚结合铝面保温装饰板可节约造价近 675 万元。

11 应用实例

（1）湖南中烟工业有限责任公司浏阳片烟醇化仓库建设项目 15 栋片烟醇化库房（101—108），建筑高度 12.06m，建筑尺寸 108.56m×48m，共 8 栋，建筑尺寸 96.56m×48m，共 7 栋，总建筑面积约 8 万 m²，外墙全部采用 STP 超薄型外墙保温装饰板。该项目获得了良好的经济效益和社会效益。

（2）湖南中烟工业有限责任公司浏阳项目管理用房 201 号栋、物流用房 307 号栋等建筑办公楼，总建筑面积约 6000m²，外墙全部采用 STP 超薄型外墙保温装饰板，其建筑外观成为精品示范工程，获得了良好的经济效益和社会效益。

圆弧形玻璃幕墙施工工法

熊三进　　张凌志　　贺仙苗　　于　智　　李康利

湖南省第五工程有限公司

摘　要： 为使圆弧形玻璃幕墙施工工艺更加规范、成熟，特提出本工法。在安装圆弧玻璃和铝板幕墙前，首先，依据幕墙施工图进行每层平直面幕墙放线，确定好圆弧起点与终点；然后，再依据建筑设计平面图找出现场每层轴线，根据测量建模结果预埋钢板；最后，进行立柱龙骨、横向龙骨及圆弧和玻璃铝板安装。本工法适用于多曲综合型圆弧幕墙工程。

关键词： 圆弧形玻璃幕墙；测量建模；预埋钢板

1　前言

近十年来，随着中国建筑幕墙技术的迅猛发展，带来了建筑造型的巨大革新，给建筑师在建筑选型上带来了极大的灵活性。建筑幕墙作为公共建筑的外围护结构，在商场、宾馆、展览中心、文化艺术交流中心、机场、车站、体育场馆等都得到应用和发展，取得了较好的社会经济效益，为美化城市做出了一定贡献。由于材料和加工工艺极大提高，特别是铝合金型材、玻璃的研制和生产、高性能的黏结密封材料的技术提高，加上广大建筑师们的智慧结晶，各种建筑幕墙造型应运而生；其中圆弧形玻璃幕墙就是众多建筑幕墙造型中被建筑师们经常选用的造型。最近几年很多工程中运用圆弧形玻璃幕墙，为使圆弧形玻璃幕墙施工工艺更加规范，更为成熟，特制定本工法。该工法应用在株洲汽车交易中心 A 馆、株洲汽车交易中心 B、C 馆铝板玻璃幕墙工程，通过此工法提高产品质量，我公司的后续类似工程参照此工法施工。

2　工法特点

本工法是在普通玻璃圆弧幕墙施工工艺与普通铝板幕墙施工工艺上总结完善起来的圆弧形玻璃幕墙（双曲玻璃幕墙＋多曲铝单板幕墙）施工法。其主要特点：

（1）圆弧形幕墙平面半径过大，现场无法确定圆心，采用计算机辅助（CAD、Rhino、sketchup）设计定位与现场施工测量相结合，将原有单纯的现场测量方法加以改进；提高了幕墙骨架定位安装的准确性，从而提高施工效率，使工艺更加成熟。

（2）多曲铝单板幕墙与双曲玻璃幕墙精确吻合、造型美观。

（3）每条立柱角度及长度、横梁弧长及半径用专业软件计算，然后在生产车间制作，加工精度高、位置准确。

（4）立柱、横梁、玻璃、铝板现场逐件在工厂精确安装，克服了因现场安装偏差造成的二次加工。

（5）多曲铝单板面板及双曲玻璃幕墙面板生产工艺复杂且设计需要精确计算。

3　适应范围

本工法适用于多曲综合型圆弧幕墙工程。

4　工艺原理

（1）首先进行现场测量（主要测量弧长、弦高、弦长）；根据幕墙设计施工图以及现场实测，采用计算机辅助设计软件 AutoCAD 及 Rhino 对幕墙立柱模拟定位，然后进行现场测量，把计算机定位点转换到现场定位。

（2）确定立柱安装定位点，经校对复核无误后，放线；安装立柱；横梁安装；玻璃板块设计制作；注结构胶；安装玻璃板块；打耐候密封胶形成具有足够的承载力、刚度、稳定性和相对于主体结构位移能力的外围护结构，避免在荷载、地震和温度作用下产生破坏、过大的变形和妨碍使用。

5　工艺流程和操作要点

5.1　施工准备

严格按照设计图纸要求，对骨架材料、板材、密封填缝材料、结构黏结材料及五金件等材料进行采购，做到进货、出库有检验。有关材料必须具有质保书与性能试验报告，严把材料质量关，不合格材料禁止使用。结构胶、耐候胶必须做相容性试验。构件搬运、吊装时，不得碰撞和损坏，构件到现场堆放时，应按品种和规格分类堆放在垫木上。

5.2　工艺流程

现场测量→定位设计→测量放线→预埋件处理→连接角码安装→立柱制作安装→横梁制作安装→双曲玻璃板块设计制作（多曲铝单板板块设计制作）→安装板块→打耐候密封胶→清洁检查→竣工验收。

5.3　测量放线

（1）首先依据幕墙施工图（分格图和大样图）进行每层平直面（直线段）幕墙放线，（因为此次讲述的多曲综合型圆弧幕墙都位于相邻的两直线段之间，必然留出误差依靠圆弧过度处理）确定好圆弧起始点与终点，然后再依据建筑设计平面图找出现场每层轴线。由于建筑物受气温变化有侧移，所以测量在每天定时进行，测量时风力不大于四级。

（2）根据幕墙施工图以及现场实测圆弧起始点与终点及轴线，采用计算机辅助设计软件AutoCAD 与 Rhino 对幕墙立柱模拟定位（图 1～图 3）

①计算机模拟定位步骤：

根据幕墙施工图以及现场实测尺寸调整幕墙分格尺寸。

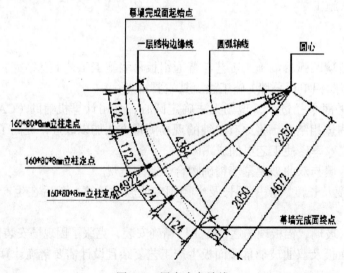

图 1　一层东南角放线

在已知幕墙完成面起点与终点，依据圆弧轴线电脑模拟定出幕墙完成面弧长、角度、直径、圆心、弦高，再依靠幕墙施工图均分为 4 段定出 3 根立柱点。

依据图 1（一层结构位置）电脑初步模拟的方式可模拟每一层或任意一个标高位置的立柱定点位置，进而可合成一个完全的角的模型（图 2）。

依据图 1 及图 2 即可知道每根立柱的横向位置与竖向位置。

（3）然后进行现场测量，把计算机定位点转换到现场定位（图 3）。

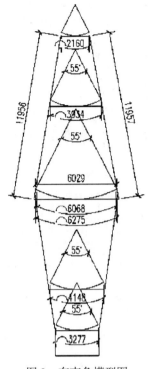

图 2　东南角模型图

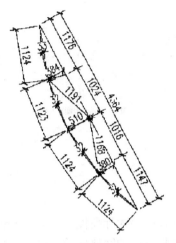

图 3　东南角放线

5.4　埋件制作安装

5.4.1　埋件制作

技术人员绘制好埋件尺寸及开孔位置及大小加工图，由加工厂进行按图生产。

5.4.2　埋件安装

依据放线图确定好高度位置定点安放埋件并采用化学锚栓固定。

5.5　立柱制作安装

5.5.1　立柱制作

在生产车间按图加工开孔及长度。立柱加工图在立柱测量放线完毕后由现场技术员绘制。立柱安装前，需要按图开孔加工相应数量转接件。立柱的数据参数根据建模展开后精确测出，保证每一个立柱长度都能如建模数据（图4）。

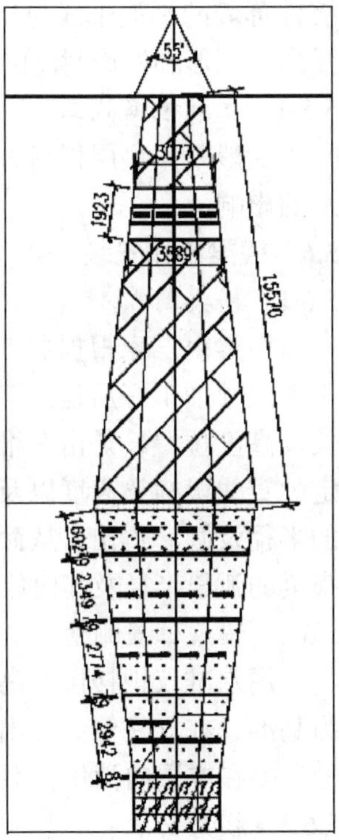

5.5.2　立柱安装

立柱安装顺序由下至上，塔吊把立柱搬运到安装工作面上，使立柱上已有的中心线和测量时所定的立柱线（钢琴线）重合，立柱顶和测量时所定的标高控制线水平。焊工将转接件临时点焊在预埋钢板上，然后调整立柱位置。第一条立柱准确无误后，把下一层立柱依序安装到工作面上，就位准确后点焊。如此循环，完成一组立柱安装。一面幕墙立柱安装完毕，经检查位置准确、安装牢固后，再按焊缝要求加焊，焊缝等级应满足设计要求。立柱结构安装节点见图5。

图 4　东南角圆弧展开

5.5.3　安装误差控制

标高偏差：≤ ±3mm；

前后偏差：≤ ±2mm；

左右偏差：≤ ±2mm；

相邻两根立柱安装标高偏差：≤ 3mm；

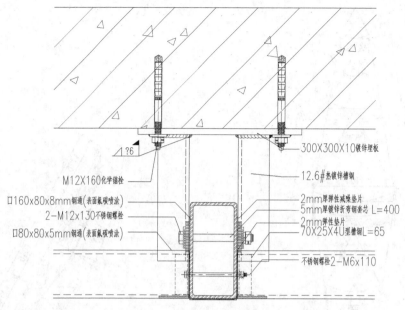

图 5　立柱结构安装节点

同层立柱的最大标高偏差：≤ 5mm；

相邻两根立柱的距离偏差：≤ ± 2mm。

立柱一般为竖向构件，是幕墙安装施工的关键之一，它的质量影响整个幕墙的安装质量，通过连接件幕墙的平面轴线与建筑物的外平面轴线距离的允许偏差应控制在 2mm 以内，特别是建筑平面呈弧形、圆形和四周封闭的幕墙，其内外轴线距离影响到幕墙的周长，严格对待。

5.5.4　立柱根据施工及运输条件

一般采用一层楼高为一整根，接头一般为 20mm 空隙，这样可适应和消除建筑挠度变形及温度变形的影响。

5.6　横梁制作安装

5.6.1　横梁制作

横梁由厂家根据加工图加工，生产车间根据现场加工图尺寸加工好后运送工地现场安装。横梁的半径及弧长及高度位置，是由三维建模，完全模拟施工现场已确定的直线段横梁高度以及起始点和终点，输入已建模好的半径及圆心得出，从而只需要在三维数据中提取任何横梁的弧长半径及其他数据（三维模型如图 6）。

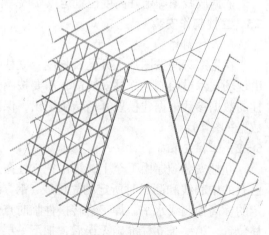

图 6　三维模型

5.6.2　横梁位置测量

用水准仪把楼层标高线引到立柱上，以楼层标高线为基准，在立柱侧面标出横梁位置，每一层间横梁分隔的误差在本层内消化，不得积累。

5.6.3　横梁安装

将横梁两端的连接件（铝角码）和弹性橡胶垫安装在立柱的预定位置，要求安装牢固、接缝严密。横梁安装示意图（图 7）。

5.6.4　幕墙横梁安装符合下列要求

（1）相邻两根横梁的水平标高偏差不大于 1mm，同层标高偏差不大于 3mm，其表面高低偏差不大于 1mm。

（2）同一层的横梁安装应由下向上进行。当安装完一层高度时，检查、调整、校正、固定，使其符合质量要求。

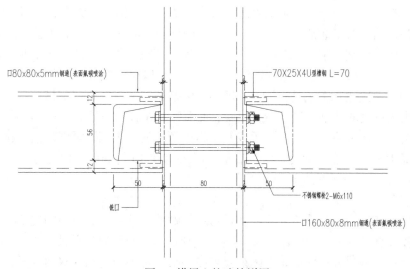

图 7　横梁立柱连接详图

（3）同层标高偏差：当一幅宽度小于或等于 35m 时，不应大于 5mm；当一幅宽度大于 35m 时，不应大于 7mm。

5.7　玻璃板材的制作安装

5.7.1　玻璃板材的制作

（1）双曲横明竖隐玻璃幕墙 + 全隐玻璃幕墙幕墙

玻璃板材种类：双曲横明竖隐玻璃幕墙与全隐玻璃幕墙幕墙混合组成。

玻璃板材组成：双曲 8+12A+8+1.52pvb+8 钢化夹胶玻璃与玻璃副框（或 8+1.52pvb+8+12A+12 钢化夹胶玻璃与玻璃副框）。

技术解读：因为玻璃板材是由两部分组成，需要单独现场测量及模型上模拟玻璃尺寸及定位，且需要根据其数据计算出副框的长度、弧度及每处横梁高度位置的单独数据，且各处数据不同，所以造成所需要的铝合金型材无法共用相同尺寸，加工难度高，利用率相对低（开放型铝型材弯弧易损坏变形）。

（2）铝副框装配

铝型材下料后，应在专门的工作台上进行装配。大批量生产铝框时应在工作台上设置模具，按固定的模具装配，保证铝框装配的均一性。装配后的铝框应进行下列项目检查：铝框对边尺寸长度差；铝框对角线长度差；铝料之间的装配缝隙；相邻铝料之间的平整度。

（3）玻璃与副框注胶工艺

①一般规定

玻璃幕墙应设置专门的注胶车间，要求清洁、无尘、无火种、通风良好，并备置必要的设备，使室内温度应控制在 10 ～ 30℃之间（中性双组分结构硅酮密封胶施工温度控制在 10 ～ 30℃之间，中性单组分结构硅酮密封胶施工温度控制在 5 ～ 48℃之间），相对湿度控制在 35% ～ 75% 之间。注胶操作者和须接受专门的注胶培训，并经实际操作考核合格，方可持证上岗操作。严禁使用过期的结构硅酮密封胶；未做相容性试验、蝴蝶试验等相关检验者严禁使用，且全部检验合格的结构硅酮密封胶方可使用。

对注胶处的铝型材表面氧化膜和玻璃镀膜的牢固程度必须进行的检验，如型材氧化镀膜黏结力测试等。

门窗幕墙严格按标准、规范、设计图纸及工艺规程的要求，采用清洁剂、清洁用布、保护带等辅助材料。

②清洁注胶处基材

清洁是保证隐框幕墙玻璃与铝型材黏结力的关键工序，也是隐框玻璃幕墙安全性、可靠性的主要技术指标之一；所有与注胶处有关的施工表面都必须清洗，保持清洁、无灰、无污、无油、干燥。

注胶处基材的清洁，对于非油性污染物，通常采用异丙醇溶剂（50% 异丙醇：水 =1:1）；对于污染物，通常采用二甲苯溶剂。清洁布应采用干净、柔软、不脱毛的白色或原色棉布。清洁时，必须将清洁剂倒在清洁布上，不得将布蘸入盛放清洁剂的容器中，以免污染溶剂。

清洁时，采用"两次擦"工艺进行清洁。即用带溶剂的布顺一个方向擦拭后，用另一块干净的布在溶剂挥发前擦去未挥发的溶剂、松散物、尘埃、油渍和其他脏物，第二块布脏后应立即更换。

清洁后，已清洁的部分决不允许再与手或其他污染源接触，否则要重新清洁，特别是在搬运、移动和粘贴双面胶条时一定注意。同时，清洁后的基材要求在 15 ～ 30min 内进行注胶，否则要进行第二次清洁。

③粘贴双面胶条

双面胶条的粘贴环境应保持清洁、无灰、无污，粘贴前应核对双面胶条的规格、厚度，双面胶条厚度一般要比注胶胶缝厚度大于 1mm，这是因为玻璃放上后，双面胶条要被压缩 10%。

按设计图纸确认铝框尺寸形状后，按图纸要求在铝框上正确位置粘贴双面胶条，粘贴时，铝框的位置最好用专用的夹具固定。

粘贴双面胶条时，应使胶条保持直线，用力下按胶条紧贴铝框，但手不可触及铝型材的粘胶面，在放上玻璃之前，不要撕掉胶条的隔离纸，以防止胶条的另一粘胶面被污染。

按设计图纸确认铝框的尺寸形状与玻璃的尺寸无误后，将玻璃放到胶条上一次定位成功，不得来回移动玻璃，否则玻璃上的不干胶沾在玻璃上，将难以保证注胶后结构硅酮密封胶黏结牢固性，如果万一不干胶粘到已清洁的玻璃面上，应重新清洁。

玻璃与铝框的定位误差应小于 ±1.0mm，安装玻璃时，注意玻璃镀膜面的位置是否按设计要求正确放置。

玻璃固定好后，及时将玻璃铝框组件移至注胶间，并对其形状尺寸进行最后校正，摆放时应保证玻璃面的平整，不得有玻璃弯曲现象。

④混胶与检验

常用硅酮结构密封胶有单组分和双组分两种类型。单组分在出厂时已配制完毕，灌装在塑料筒内，可直接使用，多用于小批量幕墙生产或工地临时补胶，但由于从出厂到使用中间环节多，有效期相对较短，局限性较大；一般最常用的是双组分，双组分由基剂和固化剂组成，分装在铁桶中，使用时再混合。

双组分结构胶在玻璃幕墙制作工厂注胶间进行混胶，固化剂和基剂的比例必须按有关规定，并注意是体积比还是质量比。

双组分硅酮密封胶应采用专用的双组分打胶机进行混胶，混胶时，应先按打胶机的说明清洗打胶机，调整好注胶嘴，然后按规定的混合比装上双组分密封胶进行充分地混合。

为控制好密封胶的混合情况，在每次混胶过程中应留出蝴蝶试样和胶杯拉断试样，及时检查密封胶的混合情况，并做好当班记录。

蝴蝶试验是混合好的胶挤在一张白纸上，胶堆直径约 20mm，厚约 15mm，交纸折叠，折叠线通过胶堆中心，然后挤压胶堆至 3 ～ 4mm 厚，摊开白纸，可见堆形 8 字形蝴蝶状。如果打开白纸后发现有白色斑点、白色条纹，则说明结构胶还没有充分混合，不能注胶，一直到颜色均匀、充分混合才能注胶，在混胶全过程中要将蝴蝶试样编号记录。

胶杯试样是用来检查双组分密封胶基剂与固化剂的混合比的。在一小杯中装入 3/4 深度混合后的胶，插入一根小棒或一根小压舌板，每 5min 抽一次棒，记录每一次抽棒时间，一直到胶被扯断为止，即为扯断时间；正常的扯断时间为 20 ～ 45min，混胶中应调整基剂和固化剂的比例，使扯断时间在上述范围内。

⑤注胶

注胶前应认真检查、核对密封胶是否过期，所用密封胶牌号是否与设计图纸相符，玻璃、铝框是否与设计图纸一致，铝框、玻璃、双面粘胶条等是否通过相容性试验，注胶施工环境是否符合规定。

隐框玻璃幕墙的结构胶必须用机械注胶，注胶要按顺序进行，以排走注胶空隙内的空气；注胶枪枪嘴应插入适当深度，使密封胶连续、均匀、饱满地注入到注胶空隙内，不允许出现气泡；在接合处应调整压力保证该处有足够的密封胶。

在注胶过程中要注意密封胶的颜色变化，以判断密封胶的混合比的变化，一旦密封胶的混合比发生变化，应立即停机检修，并应将变化部位的胶体割去，补上合格的密封胶。

注胶后要用刮刀压平、刮去多余的密封胶，并修整其外露表面，使表面平整、光滑，缝内无气泡，压平和修整的工作必须在所允许的施工时间内进行，一般在 10～20min 以内。

对注胶和刮胶过程中可能导致铝框、玻璃污染的部位，应贴纸基粘胶带进行保护；刮胶完后应立即将纸基粘胶带除去。

对于需要补填密封胶的部位，应清洁干净并在允许的时间内及时填补，补填后仍要刮平、修整。

进行注胶时应及时做好注胶记录，记录应包括如下内容：注胶日期，结构胶的型号、大小桶的批号、桶号，双面胶带的规格，清洗剂规格、产地、领用时间，注胶班组负责人、注胶人、清洗人姓名，工程名称、组件图号、规格、数量。

⑥静置与养护

注完胶的玻璃组件应及时静置，静置养护场地要求：温度为 10～30℃，相对湿度为 65%～75%，无油污、无大量灰尘，否则会影响其固化效果。

双组分结构胶静置 3～5d 后，单组分结构胶静置 7d 后才能运输，要准备足够面积的静置场地。

玻璃组件的静置可采用架子或地面叠放，当大批量制作时以叠放为多，叠放时应符合下列要求：玻璃面积 ≤ 2m² 每垛堆放不得超过 12 块；玻璃面积 ≥ 2m² 每垛堆放不得超过 6 块。如为中空玻璃则数量减半，特殊情况需另行处理。

叠放时每块玻璃之间需均匀放置四个等边立方体垫块，垫块可采用泡沫塑料或其他弹性材料，其尺寸偏差不得大于 0.5mm，以免使玻璃不平而压碎。

未完全固化的玻璃组件不能搬运，以免黏结力下降；完全固化后，玻璃组件可装箱运至安装现场，但还需要在安装现场放置 10d 左右，使总的养护期达到 14～21d，达到结构密封胶的黏结强度后方可安装上墙。

注胶后的成品玻璃组件应抽样作切胶检验，以进行检验黏结牢固性的剥离试验和判断固化程度的切开试验；切胶检验应在养护 4d 后至耐候密封胶打胶前进行，抽样方法如下：100 樘以内抽两件；超过 100 樘加抽 1 件，每组胶抽查不得少于 3 件按以上抽样方法抽检，如剥离试验和切开试验有一件不合格，则加倍抽检，如仍有一件不合格，则此批产品视为不合格，不得出厂安装使用。

注胶后的成品玻璃组件可采用剥离试验结构密封胶的黏结牢固性。试验时先将玻璃和双面胶条从铝框上拆除，拆除时最好使玻璃和铝框上各粘一段密封胶，检验时分别用刀在密封胶中间切开 50mm，再用手拉住胶条的切口向后撕扯，如果沿胶体中撕开则为合格，反之，如果在玻璃或铝材表面剥离，而胶体未破坏则说明结构密封胶黏结力不足或玻璃、铝材镀膜层不合格，成品玻璃组件不合格。

切开试验可与剥离试验同时进行，切开密封胶的同时注意观察切口胶体表面，表面如果闪闪发光，非常平滑，说明仍未固化，反之，表面平整、颜色发暗，则说明已完全固化，可以搬运安装施工。

（4）净化

净化是结构玻璃装配生产最关键的工序，只有对基材表面认真按工艺要求进行净化，才能制造出可靠的结构玻璃装配组件。对油性污渍用二甲苯，对非油性污渍用异丙醇、水各一半的混合溶剂。净化方法用两块抹布法：将溶剂倒在一块抹布上，对基材表面顺一个方向依次擦抹，在溶解了污渍的溶剂未挥发前，用一块干净的抹布将溶解了污渍的溶剂擦抹干净（如果这块抹布已脏要再换一块干净的抹布)。不能在溶剂挥发后再擦，因为溶剂挥发后，污渍仍残留在基材表面，干抹布是擦不掉的。抹布要用不脱色、不脱绒的棉布，同时要注意溶剂只能倒到抹布上，不能用抹布到容器内去蘸，以防止已沾有污渍的抹布污染了溶剂。净化后 30min 内立即进行涂胶，因为如果净化后停留的时间太长，基材表面又会受到周围环境中污染物的污染，这时要重新净化后才能涂胶。

（5）定位

定位是使玻璃固定在铝框的规定位置上。一般采用定位夹具以保证两者的基准线重合。在定位平台上，沿平台一组相邻边设高约 100mm 的挡板，作为玻璃的定位基准，平台面上装置铝框定位夹具，按预定玻璃与铝框的设计位置，将铝框固定在平台上，按设计位置将双面胶条粘贴在铝框上，使玻璃沿挡板落下，达到两者基准线重合。玻璃要做到一次定位成功，不能在定位不准时移动玻璃，因为玻璃一旦与双面胶条接触，不干胶粘在玻璃上，在这层不干胶上涂结构胶不能保证其与玻璃黏结牢固。玻璃定位后形成以玻璃与铝框为侧壁、垫条为底的空腹，其尺寸应与胶缝宽、厚尺寸一样。

（6）注胶

将注胶处周围 5cm 左右范围的铝型材或玻璃表面用不干胶带纸保护起来，防止这些部位受胶污染；核对结构胶的品种、牌号、生产日期；用打胶机注胶，注胶时要保持适当的速度，使空腔内的空气排出，防止空穴，并将压缩空气挤胶时的空气排出，防止胶缝内残留气泡，保证胶缝饱满；一个组件注胶结束，立即用刮刀将胶缝压实刮平。注胶要求在无尘环境中进行。

（7）养护

注胶后的板材应在静置场静置养护，单组分结构胶静置 7d 后才能运输。养护环境要求温度为 23±5℃，相对湿度为 70%±5%；养护时玻璃板块要平搁；叠放时叠高不宜超过 7 层，每块用 4 个等边立方体泡沫塑料块垫于下一层，立方体尺寸偏差≤0.5mm。

（8）试验

在玻璃基材上用抽样时的单组分密封胶注堆 15.3cm×7.7cm×（0.65cm～1.3cm）胶体作为切开试验样品；玻璃板块在规定的环境中养护 7d 后，将切开试验样品中部切开，观察切口胶体，如果是闪光的表面，则密封胶未完全固化，如果是平整或暗淡的表面则已完全固化；如检查到 14d 还未完全固化，说明胶的质量有问题。在基材表面注堆 20cm×1.5cm×1.5cm 胶体作为剥离试验样品；21d 后对剥离试验样品进行剥离试验，在胶样一头用刀在胶体厚度中部切开长 5cm 切口，用手捏住切头，用 >90° 的角度向后撕扯，只允许沿胶体撕开，如果发现胶体与基材剥离，则剥离试验不合格。

组件质量要求做到结构胶充满空腔，黏结牢固，胶缝平整，胶缝外无胶污渍，胶缝固化后铝框翘曲不大于 1mm。

5.7.2 玻璃板材的安装

（1）清洁：在安装前，要清洁玻璃，四边的铝框也要清除污物，以保证嵌缝耐候胶可靠黏结。

（2）调整：确定玻璃板块在立面上的水平、垂直位置，并在主框格上划线；玻璃板块临时固定后对板块进行调整，调整标准横平、竖直、面平。

（3）固定：用压块把玻璃板块固定在主框上，压块间距按设计要求，上压块时要注意钻孔，螺栓采用不锈钢机械螺栓，压块一定要压紧。玻璃的镀膜面应朝室内方向。

（4）当玻璃在 3m² 以内时，一般可采用人工安装；玻璃面积过大，质量很大时，应采用真空吸盘等机械安装。本工程玻璃低于 1.2m，质量 20kg 左右。

（5）明框幕墙玻璃下边缘与下边框槽底之间应采用硬橡胶垫衬托，每块玻璃下端垫块数量应不少于 2 个，厚度不应小于 5mm，每块长度不应小于 100mm。

（6）隐框幕墙玻璃下部要设两个金属托条，托条不应凸出玻璃外表面。

5.8 铝板板材的制作安装

5.8.1 铝板板材的制作

（1）多曲异形铝单板

多曲异形铝单板组成：3.0mm 厚铝单板＋铝单板龙骨。

依据幕墙施工图表达，铝单板上有斜 45°亮化灯槽分格线，需要满足整个造型线条，所以需要铝单板为单独龙骨系统，并且龙骨安装的准确性直接影响铝单板的生产及安装完毕后的效果。本项目因为每个角的造型都为锥形，且在锥形上需要做出斜 45°斜向线条，所以铝单板的弯曲方向有上端弯曲弧度、下端弯曲弧度，斜 45°弯曲弧度，又因上端弧度小下端端弧度大，无法满足平行 45°的要求，多重因素造成每块铝单板形状必须具有多维度弯曲且不规则的形状才能满足美观效果。其中顶部铝单板为了满足防水及美观要求采用一体板设计，更增加"Z 方向"弯曲面，更大地提高了铝单板设计生产工艺难度。

因铝单板单独龙骨的加工与安装直接影响铝单板的安装，所以铝单板单独龙骨设计加工安装相同的难与复杂，因为多维度弯曲异形铝单板形状，要求单独龙骨每根都需要经过现场尺寸数据模拟出三维模型，每根龙骨需要单独弯曲加工然后定点安装，现场每根龙骨的错位或误差会直接导致铝单板无法安装或安装出来出现"翘边""翘角""不平整"等现象。

铝单板单独龙骨设计、加工、安装的难度：斜向 45°龙骨——因为整体模型为锥形且满足 45°斜线，在实际中是"盘旋锥形上升的曲线"，因为此次龙骨目前加工工艺中无法满足一个方向弯弧且满足龙骨截面方向旋转工艺，所以采用分段式弯弧，又因每段弧线角度方向不一，所以采用每段一个加工图单独尺寸单独加工，所需要的材料无法满足优化，会产生的余料较多。安装时需要严格按照安装示意图满足精确到毫米以下的安装且单独放线标记，才能保证圆弧的顺畅与美观。

（2）耐候胶嵌缝

①玻璃板块安装后，检测玻璃的表面平整度、垂直度，接缝大小、接缝高低等，如符合设计、规范要求，可进行下一步工序打胶。充分清洁板材间缝隙，不应有水、油渍、涂料、铁锈、水泥砂浆等，应充分清洁黏结面，加以干燥，可采用甲苯或甲基二乙酮作清洁剂。

②为避免密封胶污染玻璃和铝板，应在缝两侧贴保护胶纸

③为调整缝的深度，避免三边粘胶，缝内应充填聚氯乙烯发泡材料（泡沫棒，直径比缝隙大 3～4mm）；打胶前在缝隙两侧贴纸不干胶带，然后嵌入泡沫棒，打胶最薄处必须保证有 3mm 以上，缝隙清理干净，玻璃和胶牢固黏结在一起后将纸带撕掉，保证墙面雨水不渗入结构内。

④注胶后应将缝表面抹平，去掉多余的胶；完毕后，将保护胶纸撕掉，必要时可用溶剂拭去。

⑤养护：胶在未完全硬化前，不要沾染灰尘和划伤，嵌缝胶的深度（厚度）应小于缝宽度，因为当板材发生相对位移时，胶被拉伸，胶缝越厚，边缘的拉伸变形越大，越容易开裂。单组分硅酮结构密封胶的固化时间较长，一般需要 14～21d，双组分固化时间较短，一般为 7～10d 左右，打注结构胶后，应在温度 20℃、湿度 50%以上的干净室内养护，待完全固化后才能进行下道工序。

⑥嵌完耐候密封胶，经验收合格后可拆外脚手架。打胶验收包括进行淋水试验。

（3）幕墙的保护和清洗

①幕墙构件应注意保护，不使其发生碰撞变形、变色、污染和排水管堵塞等现象。对幕墙构件、玻璃和密封等应制订保护措施。

②施工中给幕墙及幕墙构件等表面装饰造成影响的黏附物等应立即清除。幕墙工程安装完成后，应制订从上到下的清扫方案。防止表面装饰发生异常。其清扫施工工具、吊盘、以及清扫方法、时间和程序等，应得到专职人员批准。

③清洗玻璃和铝合金件的中性清洁剂应经过检验，证明对铝合金和玻璃确无腐触作用。中性清洁剂清洗后及时用清水冲洗干净。

（4）冬雨期施工

①冬雨期施工前，进行一次准备工作大检查，不具备冬雨期施工要求的不得进行施工，除按常归质量检查要求外，还要对冬雨期施工的各项工作进行监督检查。

②幕墙为垂直高空作业，冬雨期施工时应合理安排施工工序，避免交差作业，防止上下同时施工。

③对于幕墙冬期施工，最应解决的是硅酮耐候胶的注胶工序，过低的温度，将影响耐候胶的固化

质量。因此应避免在温度较低的夜间、早晨和傍晚进行注胶，需要选择中午（11：00至15：00）的时间进行。同时，注胶时应由主管项目经理委托专职质检人员，对黏结材料的表面进行检查后，方可进行注胶工序。质检人员应对施工当天的温度进行详细的记录，并及时抽查固化后的质量，出现问题立即返工。

（5）一般构造体系

玻璃幕墙主要构造形式如图8所示。

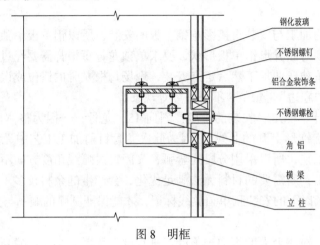

图8 明框

（6）幕墙工程与主体连接方法

①因主体施工过程中，未曾设置预埋钢板，故采用后锚固方式。

②后锚固钢板选用12mm厚300mm×300mm镀锌钢板，镀锌钢板与主体连接选用6支ϕ12mm×16mm化学锚栓，锚栓施工前报请权威部门进行拉拔试验。保证其单个锚栓拉拔力不小于26.3kN，试验合格后方可施工，并且在施工过程中严格按化学锚栓操作规范进行施工，保证与主体结构的牢固连接，经验收合格后方可交付下道工序施工。

③转接件选用12.6镀锌槽钢。转接件与后置钢板要按要求满焊，焊缝不得小于6mm，施工过程中要由有焊工证人员操作，满焊结束后清理打磨，刷防火锈漆两遍。

④层间防火选用2.0mm厚镀锌铁皮封堵。每一层在主体横梁间密实填充100mm厚防火岩棉。

6 材料与设备

6.1 玻璃

本玻璃幕墙工程的主楼幕墙使用TP8+12A+TP8+1.52pvb+8中空夹胶钢化Low-E圆弧玻璃。

6.2 铝型材

玻璃幕墙采用160mm×80mm×8mm与160mm×80mm×6mm钢方通，表面氟碳喷涂。

6.3 钢材及五金件

钢材采用国产优质钢，钢转接件等采用Q235B，钢件表面采用热镀锌或无机富锌涂料处理或其他有效防腐措施，不锈钢螺栓采用不锈钢。

6.4 耐候密封胶、结构胶

硅酮结构密封胶和硅酮耐候密封胶使用杰信品牌，符合国标《建筑用硅酮结构密封胶》（GB 16776—97）和《硅酮建筑密封胶》（GB/T 14683—2003）性能标准。

6.5 密封胶条和胶垫

密封胶条和胶垫采用黑色高密度的三元乙丙橡胶（EPDM）制品，并符合国家现行标准《建筑橡胶密封垫预成实芯硫化的结构密封垫用材料》（GB 10711）的有关规定。

6.6 防火、保温材料

选用100mm防火矿棉，采用镀锌钢板承托，承托板与主体结构、幕墙结构及承托板之间的缝隙填充防火密封材料。保温材料采用 160mm 厚的保温岩棉。

6.7　现场施工机具及测量仪器

①电焊机；②水准仪；③靠尺、钢卷尺；④经纬仪；⑤液压式铝窗撞角机 KT—33；⑥电焊机（交流）；⑦冲击钻；⑧螺丝刀；⑨台锯；⑩扳手；⑪台钻；⑫拉钉枪；⑬手动注胶枪；⑭手动玻璃吸盘；⑮注胶机（安装在专业车间）；⑯手电钻。

7　质量控制

（1）严格按照《玻璃幕墙工程技术规范》(JGJ 102—2003)、《建筑装饰装修工程质量验收规范》(GB 50210—2001) 和《玻璃幕墙工程质量检验标准》(JGJ/T 139—2001) 等规范标准，以及设计施工图进行施工安装。

（2）对于玻璃幕墙，必须有结构设计计算书；施工单位设计方案必须经原设计确认图纸并审查合格后方可施工，要保证结构的安全。

（3）严把材料质量关，结构胶、各种材料无合格证及检验报告的不予验收。

（4）严把施工过程控制关，对以下几个方面关键控制。

①后置定型化学螺栓，要经全面检查验收做现场抗拉拔试验。

②连接件的焊接，做全面检查，埋件钢板与连接角钢三面围焊，焊脚高度大于 6mm，要保证焊缝长度和高度。

③连接角钢、预埋钢板和后置钢板的防腐处理，要全数检查不遗漏。

④放线是否正确要验收，基准线由主体施工单位提供。

（5）铝型材、玻璃、结构胶和耐候胶、钢材、五金配件的合格证、检测报告。

（6）隐框、半隐框幕墙所采用的结构黏结材料必须是中性硅酮结构密封胶，其性能必须符合《建筑用硅酮结构密封胶》(GB 16776) 的规定；硅酮结构密封胶必须在有效期内使用。幕墙工程使用的硅酮结构密封胶，应选用法定检测机构检测合格的产品，在使用前必须对幕墙工程选用的铝合金型材、玻璃、双面胶带、硅酮耐候密封胶、塑料泡沫棒等与硅酮结构密封胶接触的材料做相容性试验和黏结剥离性试验，试验合格后才能进行打胶。

（7）分项工程质量评定表。

（8）五性试验报告。

（9）施工前由施工员对施工部位的质量和操作要求进行技术交底，使每个施工操作人员做到心中有数。

（10）防止预埋件偏位、漏埋，预埋时应派专人进行操作和监护，并严格按图纸要求进行安装，保证预埋件位置的准确性。

（11）幕墙立柱、横梁及主要附件的安装严格按照设计图纸与规范要求进行施工，若发现不符合施工质量标准的及时返修或返工，确保立柱、横梁及主要附件的施工质量，及时做好隐蔽工程验收工作，并做好隐蔽验收记录。

（12）所有材料都应符合设计与规范要求后，方可进行加工，构件、半成品应严格按照设计图纸进行加工，合格后方可出厂。

（13）幕墙安装检查项目见表 1。

表 1　幕墙安装检查项目

作业	检查项目	说明
设定检查的标准	检查工具的精度 基准线的位置是否准确，钢弦线的拉力是否足够 吊锤是否整齐	目测尺量

作业	检查项目	说明
预埋件和锚固件	位置 施工精度 固定状态 有无变形、生锈 防锈涂料是否完好	按设计图 检查
铁码、 连接件	安装部位 加工精度 固定状态 防锈处理 垫片是否安放完毕	按设计图 检查
构件安装	安装部位 加工精度，安装后横平竖直、大面平整 螺栓、铆钉安装固定 外观：色调、色差、污染、划痕 功能：雨水通路；密封状态 防锈处理	对照图纸、样板，现场实大构件等检查
五金件 安装	安装部位 加工精度 固定状态 外观	对照图纸、样板检查
密封胶	注胶有无遗漏 施工状态 胶缝品质、形状、气泡 周边污染	按样板要求
清洁	有无遗漏未清洗的部分 有无残留物	目测

明框玻璃幕墙安装的允许偏差和检验方法符合见表2的规定

表2 明框玻璃幕墙安装的允许偏差和检验方法

项次	项 目		允许偏差（mm）	检验方法
1	幕墙垂直度	幕墙高度≤30m	10	用经纬仪检查
		30m<幕墙高度≤60m	15	
		60m<幕墙高度≤90m	20	
		幕墙高度>90m	25	
2	幕墙水平度	幕墙幅宽≤35m	5	用水平仪检查
		幕墙幅宽>35m	7	
3	构件直线度		2	用2m靠尺和塞尺检查
4	构件水平度	构件长度≤2m	2	用水平仪检查
		构件长度>2m	3	
5	相邻构件错位		1	用钢直尺检查
6	分格框对角线 长度差	对角线长度≤2m	3	用钢尺检查
		对角线长度>2m	4	

隐框、半隐框玻璃幕墙安装的允许偏差和检验方法应符合表3的规定

表3　隐框、半隐框玻璃幕墙安装的允许偏差和检验方法

项次	项目		允许偏差（mm）	检验方法
1	幕墙垂直度	幕墙高度≤30m	10	用经纬仪检查
		30m＜幕墙高度≤60m	15	
		60m＜幕墙高度≤90m	20	
		幕墙高度＞90m	25	
2	幕墙水平度	层高≤3m	3	用水平仪检查
		层高＞3m	5	
3	幕墙表面平整度		2	用2m靠尺和塞尺检查
4	板材立面垂直度		2	用垂直检测尺检查
5	板材上沿水平度		2	用1m水平尺和钢直尺检查
6	相邻板材板角错位		1	用钢直尺检查
7	阳角方正		2	用直角检测尺检查
8	接缝直线度		3	拉5m线，不足5m拉通线，用钢直尺检查
9	接缝高低差		1	用钢直尺和塞尺检查
10	接缝宽度		1	用钢直尺检查

8　安全措施

（1）施工前进行安全生产技术交底，做好安全教育宣传，提高广大施工人员的安全生产意识，坚持"安全第一，预防为主"方针，严禁违章作业，建立与健全安全生产责任制。

（2）施工人员进入施工现场，严格遵守"安全生产十大纪律"，正确使用个人防护用品和安全防护措施。

（3）本工程建筑外墙安装施工，严格遵守高空作业与高处作业的安全操作规范进行施工。采用全新吊篮施工，吊篮检测由安全检测部门出具合格的检测报告方可进行施工。

（4）安装施工前，检查所有的电动工具进行绝缘电压试验，检查合格后投入现场使用。

（5）遵守安全用电规定，严禁乱拉乱接电线，配电箱上设漏电保护装置，确保用电安全。

（6）安全员及电焊工必须持证上岗操作，保证每天安全巡视、安全检查，施工禁区设置禁戒线。电焊机设专用开关箱，不将焊机放在手推车上使用。

（7）工作结束，切断电源，检查操作地点，确认无引起火灾危险，才离开。

9　环境保护、职业健康安全管理措施

（1）应根据有关劳动安全、卫生法规，结合工程制订安全措施，并经有关负责人批准。

（2）安装幕墙用的施工机具在使用前进行严格检验。手持电动工具用前作绝缘电压试验；手持玻璃吸盘和玻璃吸盘安装机，须作吸附重量和吸附持续时间试验。

（3）施工人员配备劳动保护用品，防止人员及物件坠落。

（4）密封材料在工程使用中防止溶剂中毒，且要保管好溶剂，以防发生火灾。

（5）现场焊接时，在焊件下方加设接火斗。

（6）交叉施工时设置安全防护网；高处作业设置水平防护网。结构施工层下方须架设挑出3m以上防护装置，建筑在地面上3m左右，应搭设挑出6m水平安全网。

（7）保持施工现场清洁卫生，做好现场安全文明施工；施工现场零散的材料和垃圾要及时清理。

（8）设专职安全员进行监督和巡回检查

10　效益分析

（1）解决了圆弧幕墙骨架现场难以定位问题，提高幕墙骨架定位安装的准确性。

（2）施工方便，节约人工费，缩短工期，提高效率。

（3）效益分析表：

序号	备选方案	① 施工难易度	② 工期	③ 测量精度	④ 经济效益	⑤ 产品质量
1	通常现场测量	难	工期长	误差较大	较差	较差
2	计算机辅助测量计算法	难	工期长	较准确	较好	较好

11　应用实例

11.1　株洲汽车交易中心 A 馆

株洲汽车交易中心 A 馆工程位于株洲市天元区汽博园内，总建筑面积为 38882m²，框架结构＋网架结构，总造价为 22320 万元，地下一层，地上二层，该工程幕墙总面积为 17800m²，该工程 2018 年 7 月获得了"湖南省优质工程"，该工程开工日期为 2016 年 5 月 10 日，竣工日期为 2017 年 12 月 20 日。

11.2　株洲汽车交易中心 B、C 馆

株洲汽车交易中心 B、C 馆工程位于株洲市天元区汽博园内，总建筑面积为 26533m²，框架结构＋网架结构，总造价为 17250 万元，地下一层，地上二层，该工程幕墙总面积为 16200m²，该工程开工日期为 2017 年 3 月 14 日，竣工日期为 2018 年 9 月 29 日。

开放式斜面石材幕墙施工工法

彭　跃　谢阳煌　谭同元　杨玉宝　李　芳

湖南建工集团有限公司

摘　要： 为了解决雨水造成石材幕墙污损难以清洗等问题，采用开放式石材幕墙型式，在铝合金内衬板上设有组织排水的防水系统，将饰面石材与建筑外墙完全隔离，有效保障建筑外墙的防水。幕墙沿外斜墙面形成堆砌造型，石面板全部错缝为开敞式，板面雨水内流至防水系统排至室外雨水沟。本工法不仅确保了石材幕墙的施工质量，提高了施工效率，解决了外墙污渍这一常见问题，还能充分展示建筑物的特点，保持幕墙的整体美观。

关键词： 石材幕墙；雨水污渍；开放式；堆砌造型

1　前言

　　近十余年来，石材幕墙在城市建筑中得到了广泛的应用。在使用过程中，人们发现石材面板三五年后，普遍出现了不同程度的污渍，严重影响了外墙的装饰效果。污渍主要来源于雨水导致的灰尘聚集和密封胶的老化，而石材表面多为粗糙面，污渍清洗难度很大。湖南省原博物馆建筑外墙，也出现了大量的污渍。

　　湖南省博物馆改扩建工程，为充分表现建筑物的特点，采用全新理念的开放式石材幕墙型式，幕墙沿外斜墙面形成堆砌造型，同时解决了外墙污渍这一常见问题，石面板全部错缝为开敞式，板面雨水内流至防水系统排至室外雨水沟，确保了石材幕墙的施工质量，提高了施工效率，通过工程实践应用，经总结形成本工法。

2　工法特点

　　（1）该幕墙的石材拼缝为开放式，每块石材间的缝隙不使用任何材料填缝。石材安装时，缝隙调整方便、简单、施工效率高。

　　（2）开放式的石材幕墙内，设置铝合金内衬板有组织排水的防水系统，该系统将装饰面的石材与建筑外墙完全隔离，整个建筑外墙的防水得到有效保障。

　　（3）利用开放式的层叠形错位，石材面板竖直方向不在同一个平面内，将石材表面的雨水导流到石材背面，雨水不会在建筑外立面形成贯通水流，避免了在幕墙表面形成大面积的灰尘污渍。

　　（4）避免了开放式石材面板在转角处形成通缝，将石材加工成转角面板，并在竖向错位排布，保持了幕墙的整体美观。

　　（5）石材安装便捷，将石材直接挂装在铝合金横梁上，调整好缝隙宽度、拧紧挂件上的固定螺丝即完成安装。

3　适用范围

　　本工法适用于开放式内排水系统的石材幕墙施工。

4　工艺原理

　　幕墙横梁（次龙骨）、石材挂件为铝合金材质，采取型材生产厂家定制，石材 L 形上挂件及 Z 形下挂件与横梁上错位的两道挂槽配合，形成不同水平的面板层叠错位，同时保持幕墙整面倾斜的立面造型。横梁与镀锌方钢主龙骨采用不锈钢螺钉连接，螺钉、螺帽与横梁、横梁与主龙骨的接触面均垫绝缘材料，满足隔离和防水密封要求。横梁之间采用铝合金内衬板封闭，板缝使用硅酮密封胶密封，与横梁共同形成幕墙内防水系统，将墙体保温层和主龙骨密封在内侧。石材面板上边均做内倒角，所有板缝敞开，将雨水导入石材背面。雨水在防水系统与石材面板之间的空间内，下落至外墙底部散水。转角处面板加工 L 形转角一体板，并在竖向错位排布，避免转角竖向通缝。石材挂装调整好缝隙宽度、拧紧挂件上的固定螺丝即完成安装。幕墙内排水系统如图 1 所示。

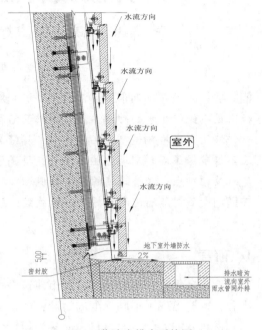

图 1　幕墙内排水系统图

5　施工工艺流程及操作要点

5.1　施工工艺流程

施工准备→后置埋板安装→龙骨定位与安装→外墙保温施工→防水、排水系统施工→石材面板加工及安装→检查验收。

5.2　操作要点

5.2.1　后置埋板安装

（1）根据石材幕墙整体荷载需求，后置埋件采用 300mm×200mm×12mm 热镀锌钢板、M16×125 重型模扩底锚栓系统。施工流程：测量定位→钻孔→扩孔→扩底锚栓系统安装→安装后置钢板。

（2）根据设计要求，在建筑外墙标记出每块后置埋板的每一个锚栓位置。标记完后再拉通线进行整体复核，确认无误后才能进行钻孔工作。

（3）由于外墙为倾斜面，钻孔时，必须确保钻头与墙面保持垂直。钻头直径必须与锚栓规格相匹配，在钻头上标记深度位置，成孔完成后，使用手持鼓风机进行初步清灰。

（4）将后扩孔钻头插入孔中，调整定位套设定位移位，确定扩孔直径。连接冲击钻作动力源进行扩孔，当传动杆沿轴向向下移动到设定位移刻度时，即扩孔完成。使用手持鼓风机再次清灰。

（5）放入锚栓，将套筒穿在锚栓头部，用铁锤敲击套筒，使锚栓头部扩张片张开，与扩孔型腔完全接触，形成锁固机构。放入垫片螺母，用扳手施加扭力达到设计扭矩（图 2）。

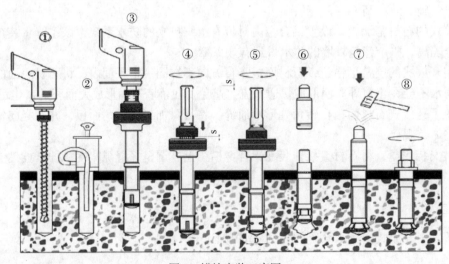

图 2　锚栓安装工序图

5.2.2　龙骨定位与安装

（1）每向上、下口线确定基准线，两端拉控制线形成的面为基准面，每面上中下设基准点。外墙转角处，采用高精水平仪弹出水平线，并按设计墙中线翻出外墙面外 500mm，顶部依本法外出

500mm，采用角钢支架固定，钢丝拉紧。

（2）中间按轴线拉相应控制线，采用精准钢尺量出两侧斜外长。外型尺寸，找出中垂线，量出精确尺寸。作为两侧斜长中线，按标准板分格分块。下边线按设计下口做法，分出第一块石材下口线，同时再次复核后置埋板位置。从下口线每五块采用角钢支架拉出水平线（图3）。

图 3 后置埋板节点图

（3）每根主龙骨必须根据排板的位置，拉钢丝定位线，再进行连接件焊接。焊接质量必须符合规范要求，及时清除焊渣、涂刷防锈漆。

（4）立柱安装由下而上进行，带芯套的一端朝上，第一根立柱按悬垂构件先固定上端，调整后固定下端；第二根立柱将下端对准第一根立柱套上，并保留 20mm 的伸缩缝，再吊线或对位安装梁上端，依此往上安装。立柱安装后，对照上步工序测量定位线，对三维方向进行初调，保持误差 ≤ 1mm，待基本安装完后再进行全面复核、调整。

（5）主龙骨芯套处用紫铜防雷导线连接，竖向每层都设置与主体结构引下线连接的水平均压环，该层每隔 10m 采用截面不小于 5mm × 50mm 的镀锌扁铁与水平均压环焊接连通，形成防雷通路，焊缝及连线涂防锈漆（图4）。

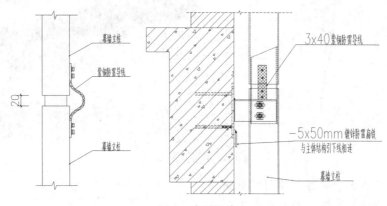

图 4 防雷导线

（6）主龙骨安装、验收完成后，进行外墙保温层施工，采用玻璃棉保温材料，塑料锚栓固定。玻璃棉进行错缝铺装，塑料锚栓的数量不得低于规范要求。在幕墙与各层楼板外沿的缝隙处，设置防火岩棉填充密实。防火岩棉承托在 1.5mm 的镀锌钢板上。

（7）铝合金横梁安装，必须严格控制水平度和间距，这关系到最终石材面板挂装的顺畅施工和最终的装饰效果。主龙骨（镀锌方钢）与横梁（铝合金）接触面设置 2mm 厚橡胶垫，面积大于接触面，防止电化学腐蚀。每一根横梁安装完成后，必须复核水平度和与上一道安装的横梁间距。

5.2.3 防水、排水系统施工

（1）为避免横梁凹槽部位积水，在槽底开设泄水孔，间距 500mm，在横梁安装前，采用 M5 钻头开孔，并将孔上口毛边磨平（图5）。

（2）在石材幕墙保温层、防雷接地安装完成并检验合格之后，进行1.5mm厚铝合金内衬板的安装。内衬板安装用M5自攻不锈钢螺丝固定在立柱横梁上，板要安装平整、牢靠。铝合金横梁与内衬板，共同构成隔离石材面板和主体结构的屏障。内衬板水平方向拼接处，采取搭接10mm（图6）。

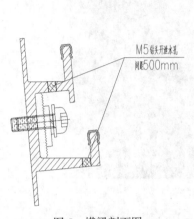

图5　横梁剖面图

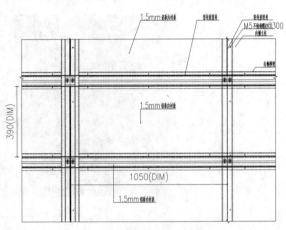

图6　铝合金防水内衬板

（3）铝合金内衬板板缝四周，均采用硅酮密封胶进行封闭处理。水平缝必须与横梁形成坡口缝，并且密封胶将固定内衬板的螺钉覆盖；竖向接缝必须完全覆盖内衬板搭接缝，确保整体防水密封性。胶缝必须均匀、密实、顺直（图7）。

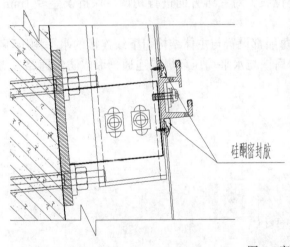

图7　密封胶示意图

（4）幕墙内排水系统将雨水排至外墙底部散水，再排至雨水暗沟，收集到室外雨水系统外排。

5.2.4　石材面板加工及安装

（1）为达到良好的装饰效果和使用效果，石材面板有大量的倒角坡口、一体转角面板、背栓钻孔，对板材加工精度要求很高。将绝大多数的石材面板加工交由专业的石材加工厂，确保石材面板加工优质、高效（图8）。

（2）对石材板进行分块切割、磨边前，认真与样板对比色差、检查表面是否有气泡、裂纹、结疤等缺陷，再按照设计板形尺寸进行加工。

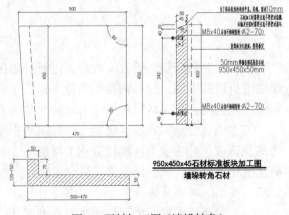

图8　石材加工图（墙垛转角）

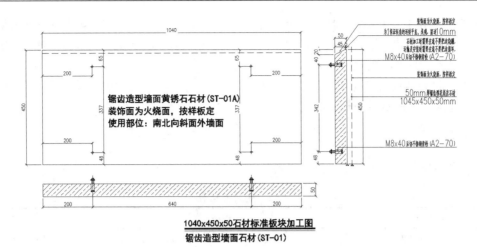

1040x450x50石材标准板块加工图
锯齿造型墙面石材(ST-01)

图 9　石材加工图（锯齿造型墙面）

（3）石材要按照背栓挂件位置钻孔，孔洞的尺寸必须严格控制，过大、过小、过深、过浅，都会影响背栓的安装质量以及牢固性。开孔后对石材防护面进行清洗，清除面层灰尘，再用木方或其他保护措施垫平地面摆放，摆放要平整。背栓开孔尺寸及公差见表 1。

表 1　背栓开孔尺寸及公差要求

型号	螺栓直径（mm）	开孔直径（mm）	扩孔孔径（mm）	扩孔高度（mm）	锚固深度（mm）
M8（15×15）	8	13±0.3	16±0.3	4±0.3	15～30+0.3

（4）加工好的成品石材面板，运输到外墙安装点再进行背栓及挂件的安装。石材面板自下而上安装，将加工好的石材面板安装到横梁上，通过调整固定螺丝，微调其高度及左右立边，使缝宽满足要求。为确保石材角度安装统一，逐块安装，逐块检查（图 10）。

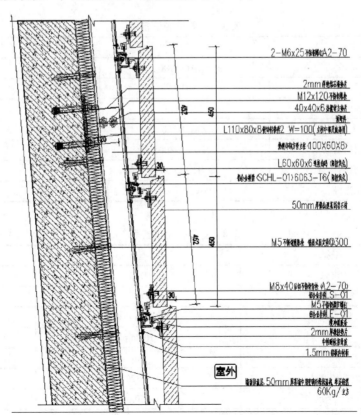

图 10　锯齿斜面墙干挂石材节点图

（5）石材是采用开放式留缝干挂，石材缝隙及石材棱角均可见，因此在安装时及安装后都应对石材进行微调或者打磨修边，以使石材干挂完成后，感官效果能满足质量验收标准，对于个别不能调整解决问题的石材要进行及时更换。

（6）整个立面的挂板安装完毕，必须将挂板清理干净，并经联合验收合格后，方可拆除脚手架。脚手架连墙件处未安装的石材面板，需配合脚手架拆除进度，及时安装。

6　材料与设备

施工中的主要材料、机械设备、仪器设备见表 2～表 4。

表 2　主要材料表

序号	名称	规格	备注
1	后置埋板	300mm×200mm×12mm	热镀锌钢板
2	重型锚栓	M16mm×125mm	重型模扩底锚栓
3	镀锌方钢	100mm×60mm×8mm 120mm×80mm×8mm	表面氟碳喷涂
4	铝合金横梁	6063-T6	阳极氧化
5	铝合金内衬板	1050mm×390mm×1.5mm	阳极氧化
6	铝合金挂件	6063-T6	阳极氧化
7	石材背栓	M8mm×40mm	不锈钢背栓
8	螺栓	M16mm×80mm；M10mm×150mm	奥氏体不锈钢 A2-70
9	镀锌扁钢	5mm×50mm（截面）	
10	石材面板	1400mm×300mm×40mm； 1050mm×450mm×50mmmm； 950mm×450mm×45mm 等	

表 3　主要机械设备表

序号	名称	型号	功耗 kW	数量
1	电锤	GBH5-38X	1	6
2	手电钻	MB10	5	12
3	直流电焊机	ZX7-400	24	8
4	手工电弧焊机	ZXG1-350	26	10
5	型材切割锯	J3G-SL-400	3	4
6	台钻	HT-LQ15	3	4
7	抛光机	GWS6-100S	1	5

表 4　主要仪器设备表

序号	名称	型号	数量
1	水准仪	DS3	2
2	激光经纬仪	DJJ2	1
3	钢卷尺	50m	3
4	水平尺	100mm	15
5	卷尺	5m	30
6	万能角度尺	0～320°	2
7	游标卡尺	0-150mm	3
8	塞尺	0～10mm	3

7　质量控制

7.1　现行国家及行业规范、标准

《建筑工程施工质量验收统一标准》(GB 50300)、《建筑装饰装修工程质量验收规范》(GB 50210)、《钢结构工程施工质量验收规范》(GB 50205)、《金属与石材幕墙工程技术规范》(JGJ 133)、《天然板石》(GB/T 18600)、《金属覆盖层钢铁制品热镀锌层技术要求》(GB/T 13912)、《铝合金压铸件》(GB/T 15114)。

7.2　材料质量严控

装饰面板的颜色、表观质地,需得到设计单位和建设单位的认可。要求厂家的相关质量证明材料必须齐全,均按照批次进行现场见证取样,检测合格后,方能用于现场施工。材料的现场堆放均垫高,堆放区域不得积水,必要时进行防雨覆盖,配件置于专用仓库。

7.3　龙骨安装质量控制

(1)龙骨安装焊接必须先进行点焊,待连接件调整、龙骨位置复核符合要求后再行满焊。埋件与连接件点焊要求必须可承受骨架重量、标准荷载和施工荷载。焊接长度及高度要符合设计要求(表5),焊缝无裂纹、焊瘤、气孔、夹渣。

(2)做好防锈处理,无机富锌漆所涂厚度必须不小于 $100\mu m$,氯化橡胶面漆厚度不小于 $80\mu m$。铝合金与钢材交界面垫橡胶块,防止电化学腐蚀。

表 5　龙骨安装偏差控制

项目	控制值(mm)
标高	±1.0(有上下调节时 ±2.0)
连接件两端点平等度偏差	≤1.0
距安装轴线水平距离	≤1.0
垂直偏差(上下两端点与垂线偏差)	≤1.0
两连接件连接点中心水平距离	≤1.0
相邻三连接件(上下、左右)偏差	≤1.0

7.4　防水铝板安装质量控制

内衬铝板安装必须平整,严密贴合横梁,不得出现折皱、起拱部位。密封胶封堵严密,水平缝形成坡口,不得有薄弱部位。

7.5　石材面板安装质量控制

石材安装前,再次确认板材色差,无误后才能上墙安装。严格按照设计的面板缝宽,调整石材面板位置,误差不大于 1mm。若挂件调节无法满足要求时,适当对石材边缘进行打磨,以达到缝宽一致的要求;若仍不能满足在允许误差内,应及时更换该块石材面板。

8　安全措施

(1)现行国家及行业安全规范、标准:《建筑施工安全检查标准》(JGJ 59)、《施工现场临时用电安全技术规范》(JGJ 46)、《建筑机械使用安全技术规程》(JGJ 33)。

(2)根据国家及行业有关规定,针对施工作业区域环境特点,建立完善的项目管理体系,明确各级人员的职责,制定针对性的安全管理措施,做好安全教育及交底,抓好项目安全生产。

(3)进入施工现场人员,必须正确佩戴安全帽、安全带,必须穿软底防滑鞋。配备带可锁定盖帽的工具袋,严禁向下抛掷物品。

(4)运输车辆行驶路线设置导向牌,设专人指挥车辆,防止交通事故发生。

(5)现场配电系统必须采用 TN-S 系统,施工的用电工具必须遵守"一机、一箱、一闸、一漏保"的原则。配电箱及电缆固定做好绝缘措施,严禁使用只有单层绝缘的"花线"。

（6）外脚手架严格按照专项方案的要求搭设，由于单块石材重达 70kg，在外脚手架上必须由 2 人进行搬运。作业层满铺定制钢筋网片，作业层下一层满挂安全兜底网，临边按要求搭设防护栏杆并设置 150mm 高挡脚板。

（7）垂直运输配备双向指挥，所有特种作业人员必须持证上岗。

（8）各种机械的防护装置必须齐全、有效，定期保养机具，按规定润滑或更换配件。接线前，检查工具开关是否处于关闭状态。手持工具在未关闭开关，或者仍处于惯性运转时，不得随意放置。

（9）焊接施工时，必须在焊点放置接斗，防止焊接火花、熔融金属自由下落，杜绝火灾隐患。在作业层配备足够数量的灭火器。

9　环保措施

（1）执行《环境管理体系要求及使用指南》（GB/T 24001）、《职业健康安全管理体系》（GB/T 28001）、《建筑施工现场环境与卫生标准》（JGJ 146）、《建筑工程绿色施工规范》（GB/T 50905）等国家规范及行业标准，建立项目绿色施工管理体系，落实各项绿色施工措施。

（2）材料实行计划管理，限额领料，优化材料使用方法。如优化龙骨下料表，充分利用龙骨原材的长度，杜绝随意"一刀切"。加强材料边角余料的利用。

（3）幕墙各材料有大量包装，包装材料的回收率达到 100%，可循环使用的包装材料，必须充分利用。

（4）施工现场的照明灯具，必须安装灯罩；焊接部位安装遮光板，减少对周边环境的光污染。

（5）石材二次加工棚设置防尘护罩，充分利用水湿润降尘，废水必须经过沉淀，才能排入排污口。

（6）要求作业人员在搬运、加工、安装石材时，轻拿轻放，严格保护石材，减少石材损耗，达到节材的要求。

10　效益分析

（1）通过龙骨安装精度的多次复核，严格把控了龙骨的安装质量，利于加快石材面板的安装速度，有效减轻了面板安装难度，安装质量得到了有力的保证，缩短了施工工期，为幕墙施工创造了良好的经济效益。

（2）开放式的幕墙与传统石材幕墙相比，避免了因密封胶老化，污染石材表面；防止成股雨水对石材装饰面的冲刷而带来粉尘污染。这些特性，大大减轻了石材幕墙在使用过程中清洗的工作量，降低了石材幕墙的使用成本，且能够保持长期洁净、美观的装饰效果。

（3）每块石材面板都是相对独立的，能够单独对任一块面板进行装拆，便于对破损的面板进行更换，大大减少了幕墙在使用过程中的维修成本。

11　应用实例

（1）湖南省博物馆改扩建（二期）工程项目，位于长沙市开福区东风路 50 号，结构形式为框剪结构＋钢桁架结构。项目于 2014 年 1 月 3 日开工建设，2017 年 11 月竣工。建筑南北斜墙、西面两翼为天然石材幕墙，稳重而挺立，幕墙最高处为 23m。作为湖南省会城市的大型公共建筑，湖南省博物馆建筑设计造型新颖、独特，具有很高的辨识度，是湖南的又一座地标性建筑。采用新型开放式的幕墙，很好地映衬了建筑造型，起到了非常好的装饰效果，获得了良好的经济效益和社会效益。通过本工法的运用，很好地解决了开放式幕墙在施工中的各种问题，各工序开展井然有序，且质量可控，提高了施工效率，加快了施工速度，其带来的经济效益不可估量。整个石材幕墙装饰达到了朴素，又不失新颖，获得了良好的使用功能，充分展现了公共建筑的标志特性。

（2）湘西武陵山文化产业园Ⅰ标工程，位于吉首市吉凤大道，由湖南建工集团有限公司承建，2015 年 9 月 13 日开工建设。其中非物质文化遗产展览综合大楼建筑面积 51360.84m²，石材幕墙施工中应用本工法，各工序开展井然有序，且质量可控，提高了施工效率，加快了施工速度，很好的映衬了建筑造型，具有明显的经济效益和社会效益。

双咬合锁边钛合金屋面施工工法

肖子龙　　杨玉宝　　谭同元　　廖剑雄　　向羽佳

湖南建工集团有限公司

摘　要： 为解决金属屋面螺钉孔过多而造成漏水隐患的问题，选择钛合金板作为屋面板，采用暗扣式立边咬合接缝和平锁扣接缝的方式固定屋面板，形成结构性的防水、防尘体系，屋面接口轻盈美观，防水效果好，同时加强了屋面的抗风性能。

关键词： 钛合金屋面板；暗扣式立边咬合接缝；平锁扣接缝；抗风性能

1　前言

随着钢结构造型屋顶在飞机航站楼、火车站和体育馆等大型公共建筑中应用越来越广泛。为适应钢结构屋顶造型的多样性，充分展现建筑物的特色，便出现了一系列金属屋面的做法。其中，钛合金金属屋面，充分利用钛合金独有的金属质感和性能的优越性；采用暗扣式立边咬合固定方式，屋面没有螺钉外露，整个屋面不但美观、整洁，而且杜绝了成千上万的螺钉孔造成的漏水隐患。既满足了建筑美学的要求，又能确保金属屋面对使用功能和使用寿命的需求。

我司在总结施工经验的基础上，优化节点构造，创新了固定方式，编制本工法，在湖南省博物馆改扩建工程超大型钛合金金属屋面中，得到成功应用。

2　工法特点

（1）屋面板采用钛合金板，经预钝化形成保护层，无须涂漆保护，并具有自动愈合划痕，永不变色，使用寿命长等，金属面层具有100年的生命期。

（2）面板采取暗扣式立边咬合接缝和平锁扣接缝方式，形成结构性的防水、防尘体系，屋面接口轻盈美观，防水效果好，同时加强了屋面的抗风性能。

（3）综合整合通风降噪网、防水保温的构造层，确保大屋顶室内使用功能要求。

3　适用范围

本工法适用于公共建筑钢结构中大型钛合金金属屋面工程。

4　工艺原理

不锈钢天沟现场分段焊接，协调屋面各构造层间固定位置。压型钢板固定螺钉设置在波谷处，防水卷材固定在压型钢板波峰处，卷材对基层穿孔部位覆盖连续、完整，卷材固定点对防水性能无影响。保温层的结构支撑部件Z形檩条，上下接触面设置橡胶垫，阻断屋面板的热传递。屋面板下设置的通风降噪网，减低雨水引起的金属面板振动噪声。钛合金面板通过不锈钢锁片，实现面板与基层的连接固定。锁片用拉铆钉固定在找平钢板上，相邻两块面板与锁片，用电动锁边机咬合在一起，咬边的板肋高25mm，立边顺着坡度方向利于排水。在板宽方向，板面直立的折边可以满足屋面板宽度方向的温度形变；在板长方向通长，锁边滑动片可以满足板长方向的温度变形。对面板没有任何损伤，杜绝了传统螺钉大量穿孔造成的漏水隐患，同时加强了钛合金屋面的抗风性能。

5 施工工艺流程及操作要点

5.1 施工工艺流程（图1）

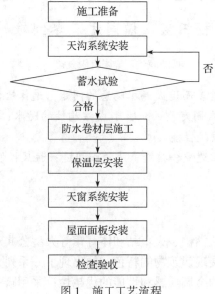

图 1 施工工艺流程

5.2 操作要点

5.2.1 天沟系统安装

（1）安装流程：测量放线→天沟骨架下料、拼装→天沟骨架安装、焊接→防腐处理→隐蔽验收→不锈钢天沟安装、焊接→焊缝处理→验收。

（2）天沟放线必须与屋面板材在天沟位置标高、檐口铝板的骨架标高及位置同步进行。在确保天沟的水平度与直线度的同时，应保证屋面固定座、檐口收边板的安装尺寸，防止天沟上口不直，或天沟骨架在安装支座的位置坡度不一。

（3）天沟骨架在地面拼装成段，再吊运至屋面焊接固定。严格控制天沟骨架的平整度及流水坡度，确保每段天沟都能与支架完全接触，使天沟支架受力均匀。焊接处清除焊渣后，满刷防锈漆两道。

（4）不锈钢天沟连接为氩弧搭接焊，接缝处四周围焊，焊接后不得出现变形现象。焊缝处采用手持砂轮机打磨，达到无缝表面的标准，再采用轻度磨料、酸洗膏除去焊接的回火颜色（图2）。

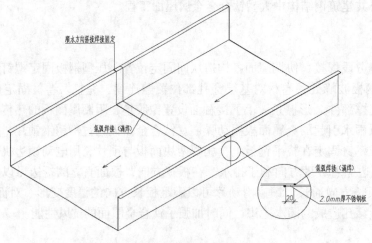

图 2 天沟焊接示意图

（5）天沟施工完毕后进行蓄水试验，蓄水量为天沟最大水量的 2/3，维持 48h。天沟蓄水后对底部、侧面进行全面检查，如有漏水点及时进行标记并拍照记录。所有漏水点修补完后，再次进行蓄水试验，直至无渗漏。

天沟节点如图 3 所示。

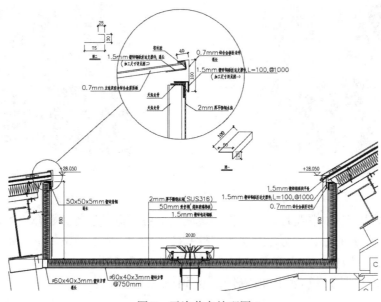

图 3　天沟节点处理图

5.2.2　防水卷材层施工

（1）由于金属屋面除面层外，各构造层均通过自攻螺钉进行固定，必然对板材进行穿孔，利用压型钢板的高低外形，进行错位固定，以避免卷材穿透部位的漏水隐患，达到防水卷材设置目的（图 4）。

（2）安装压型底板顺序为由高处至低处，由一侧向另一侧安装；搭接为高处搭低处，纵向搭接长度 ≥ 150mm，横向搭接长度大于一个波峰且位于檩条处。在压型底板的波谷处，通过自攻螺钉与檩条连接，横向间距为波谷隔一布一（图 5）。

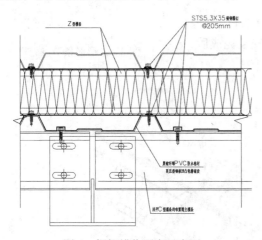

图 4　螺钉错位固定示意图

图 5　压型钢板

（3）防水卷材铺设前，基层压型底板必须干净、干燥。将防水卷材延压型钢板的凹凸轮廓进行铺设，确保防水卷材与压型底板紧密贴合，不得出现空包。卷材间必须错缝铺设。

（4）Z 形檩条固定螺丝需穿透防水卷材，固定在压型钢板的波峰面上。每个波峰面设置一颗固定螺丝（图 6）。防水层施工效果如图 7 所示。

图6　Z形檩条

图7　防水层施工效果

5.2.3　保温层安装

（1）屋面保温层由于其材料特性，不能作为金属屋面各构造层的传力媒介，所以在保温层中设置了Z形檩条，间距为1000mm，作为保温层的支撑和传力构件。Z形檩条属于金属构件，直接安装会对保温性能影响较大。因此，采用在Z形檩条上下端设置橡胶垫条，将与之连接的上下两层压型钢板隔断，达到隔热断桥的效果（图8）。

（2）岩棉板铺设必须饱满，不得有明显的空隙，板块之间错缝铺设。铺设岩棉板应连续、集中施工，施工时间尽量缩短，尽量减少岩棉板暴露时间。施工中，每次下班前必须将已铺设完的部位，用防水毡布覆盖，并用木方等重物压住毡布。

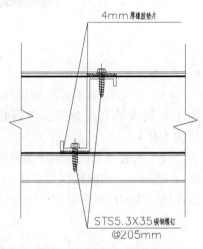

图8　Z形檩条节点处理

5.2.4　天窗系统安装

（1）根据图纸设计位置进行现场放线，并将檩托安装点位画在钢结构桁架上。主檩安装依据竖向钢直线，以及横向鱼丝线进行调节安装，达到各尺寸符合设计要求。

（2）玻璃安装前需擦拭干净，安装时玻璃四周与构件凹槽底留2mm空隙，避免玻璃与构件直接接触。玻璃、压条安装完成后，进行打胶嵌缝，密封胶应饱满、光滑、顺直（图9、图10）。

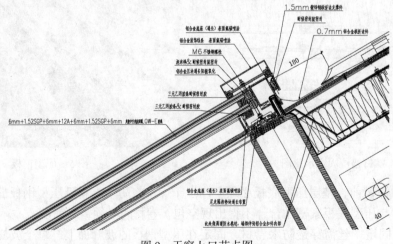

图9　天窗上口节点图

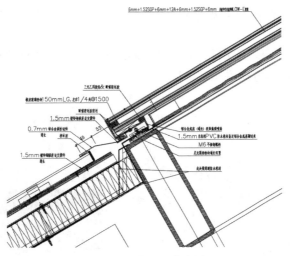

图 10　天窗下口节点图

5.2.5　屋面面板安装

（1）找平钢板采用 110mm 宽 ×1.5mm 厚的镀锌钢板，垂直于内层压型钢底板方向安装。找平钢带间距 500mm，采用 5×20 的抽芯铆钉按 205mm 的间距固定在压型钢底板上（图 11）。

（2）铺设通风降噪丝网，不得出现起皱、紧绷或破损现象。从面板起始板方向依次进行铺设，并在上段部用镀锌钢带固定，防止丝网下滑。

（3）钛合金屋面板采用钛合金卷＋现场压型机成型的方式加工，成型板宽 430mm，肋高 25mm。压型机现场安装就位后，调整加工参数，经过试压、校对板形参数后，才能正式投入施工生产。面板长度根据现场实际尺寸确定，加工时略长 100mm，便于整面安装完成后板端进行拉线切平（图 12、图 13）。

图 11　固定找平板、带

图 12　钛合金屋面板材

图 13　钛合金面板压型加工

（4）屋面板搬运时，沿板长方向每隔 5 ～ 6m 安排一名施工人员进行搬运，严禁屋面板在搬运过程中产生塑性变形。

（5）根据板端控制线固定不锈钢扣件，间距 500mm，不锈钢扣件用防水铆钉与找平钢板连接。铺设屋面板时，板肋搭接锁边方向需与常年风向一致，不锈钢扣件卡住面板小肋，必须是大肋扣在小肋上（图14、图15）。

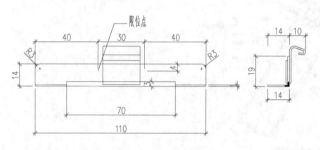

图 14 不锈钢扣件大样

图 15 不锈钢扣件安装图

（6）检查搭接边是否紧密贴合，如不能紧密贴合，应立即找出原因，及时处理。每安装完一块面板，用手动专用夹具对面板进行临时固定，待整面铺装完成后，再用专用电动锁边机统一锁边成型（图16）。

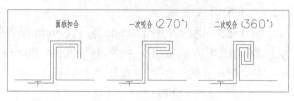

图 16 面板咬合示意图

5.2.6 蜂窝铝板安装

（1）蜂窝铝板作为组合部分设置在屋面的特定区域，达到丰富屋面造型、增强屋面立体感的效果。

（2）安装流程：施工准备→测量放线→龙骨安装→板材安装→清理、收边→验收。

（3）根据设计图纸，在现场进行放线，并将檩托安装点标记在混凝土结构上。

（4）龙骨安装时，必须拉线控制整体平整度与檩托板连接，再用螺栓固定，确保满足设计要求。

（5）蜂窝铝板根据现场实际测量，分为标准板、异形板。安装蜂窝铝板时，固定角码与主龙骨、次龙骨采用自攻紧固螺钉固定。

6 材料与设备

本工法所用材料、机械设备、仪器设备见表1～表3。

表 1 主要材料表

序号	名称	规格（mm）	技术指标
1	镀锌 C 形檩条	C100×50×15×3.0	锌含量 150g/m²，镀锌层 ≥ 70μm，Q345B
2	镀锌压型钢板	1.5mmHV-820	锌含量 150g/m²，镀锌层 ≥ 70μm
3	聚酯纤维 PVC 卷材	1.5厚	PVCF10-12
4	Z 形檩条	80×4×15×2.0	锌含量 150g/m²，镀锌层 ≥ 70μm，Q345B
5	硬质岩棉板	80厚	160kg/m³
6	镀锌钢板条	宽110；厚1.5	锌含量 150g/m²，镀锌层 ≥ 70μm
7	钛合金板	0.7厚	
8	碳钢螺钉	STS5.3×35	
9	铆钉	φ5×20	防水
10	不锈钢扣件	0.5厚	SUS316

表2　主要机械设备表

序号	名称	型号	功耗 kW	数量
1	面板机	25/430	38	1
2	电动咬口机	MB10	0.5	12
3	手工钨极氩弧焊机	NSA2-300	35	8
4	直流电焊机	ZX7-400	24	32
5	手工电弧焊机	ZXG1-350	26	8
6	自攻枪		8	10
7	手电钻		5	15
8	手动砂轮机	JB1193-71	3	8
9	磨光机		0.5	8
10	安全镀锌钢丝绳	8mm		10000m
11	钢丝紧绳机	500kg		8
12	半自动切割机		8	2

表3　主要仪器设备表

序号	名称	型号	数量
1	水准仪	DS3	2
2	激光经纬仪	DJJ2	1
3	钢卷尺	50m	3
4	钢卷尺	30m	3
5	水平尺	100mm	15
6	卷尺	5m	40
7	角尺	/	8
8	游标卡尺	0-150mm	1

7　质量控制

（1）现行国家及行业规范、标准

①《建筑工程施工质量验收统一标准》（GB 50300—2013）；

②《钢结构工程施工质量验收规范》（GB 50205—2001）；

③《屋面工程质量验收规范》（GB 50207—2012）；

④《屋面工程技术规范》（GB 50345—2012）；

⑤《建筑装饰装修工程质量验收规范》（GB 50210—2012）。

（2）材料质量严控

①所有进场的材料的相关质量证明材料必须齐全，均按照批次进行现场见证取样，检测合格后，方能用于现场施工。

②材料的现场堆放均垫高，堆放区域不得积水，必要时进行防雨覆盖。材料搬运、吊运过程中，合理设置受力点，严防碰撞和材料变形。轻微碰撞处，采用氟碳漆进行修补。

（3）檩条安装质量控制

檩条是主结构与屋面构造层之间的过渡层，是消化主结构误差最合理的一层，在安装前必须进行全面复核，严格监测檩条的位置及标高。通过檩条的矫正及支座调整，消除加工和安装误差，确保屋面安装精度和建筑屋面的整体造型。

（4）金属材料加工质量控制

金属材料加工后应表面平整，波形整齐，无明显凹凸手感；表面清洁，无划痕、裂纹；切口整齐，无明显波浪状。压型钢板表面用10倍放大镜检查，不得有可见的裂纹存在。所有镀层不得有脱落的现象。

（5）板材安装质量控制

板材在安装前，根据檩条间距，在板材上用记号笔标出钢钉的位置，防止出现钢钉间距不一，或未固定在檩条上。板材安装随时检查钢板两端及中间的直线度、整体板材的平行度。

（6）防水卷材质量控制

基础必须干净、干燥，铺设不得有起皱、破损现象。风力超过4级、雨天、气温超过35℃时，停止施工。

（7）岩棉板质量控制

岩棉板覆盖要贴紧，板块之间不得有间隙，在端部必须做收边。时刻做好防雨、防风的覆盖保护措施，避免岩棉板日晒雨淋。岩棉板必须集中铺设，缩短铺设工期。

（8）面板安装质量控制

由于钛合金面板长度方向无搭接，为一次成型，搬运过程中每隔5～6m安排一名搬运人员，水平搬运时严禁拖地，防止面板划伤或塑性变形。面板咬边要求连续、平整，不得出现扭曲和裂纹，鸭嘴圆弧一致，不得出现破裂现象。完成面板安装部位不得再堆放材料，人员不得随意踩踏。

8 安全措施

（1）现行国家及行业安全规范、标准

①《建筑施工安全检查标准》(JGJ59)；

②《施工现场临时用电安全技术规范》(JGJ46)；

③《建筑机械使用安全技术规程》(JGJ33)；

④《建筑施工高处作业安全技术规范》(JGJ80)。

（2）进入施工现场人员，必须正确佩戴安全帽、安全带，必须穿软底防滑鞋。配备带可锁定盖帽的工具袋，严禁向下抛掷物品

（3）屋架上作业区域，安装可挂安全带锁扣的钢丝绳，屋面有条件的部位，用钢丝绳搭设临边防护。金属屋面下部搭设水平防护网，网底距地面不小于3m。下部若有不可回避的进出通道，必须搭设双层安全防护通道。

（4）高处码放的板材要加压重物，防止被风掀翻掉落，严禁超高码放。作业的余料、废弃物必须及时清理，防止无意碰落或被风吹落。有条件的区域，必须设置150mm高挡脚板。

（5）金属屋面施工阶段，手持电动工具使用频率很大，而屋架本身就是导电体，现场配电系统必须采用 TN-S 系统，屋架施工的用电工具必须遵守"一机、一箱、一闸、一漏保"的原则。配电箱及电缆固定做好绝缘措施，严禁使用只有单层绝缘的"花线"。

（6）各种机械的防护装置必须齐全、有效，定期保养机具，按规定润滑或更换配件。接线前，检查工具开关是否处于关闭状态。手持工具在未关闭开关，或者仍处于惯性运转时，不得随意放置。

（7）在施焊部位下部必须安装接火斗，在屋架下方严禁堆放易燃、易爆物品，焊条头不得随意丢弃。

9 环保措施

（1）钛合金金属屋面所使用的主材，以金属卷材加工成板材为主，因此在材料加工方面有很大的自主性，长度尺寸可以根据现场的具体尺寸进行加工，最大程度的减少裁剪废料。金属边角废料，现

场进行归类集中，定期送入金属回收渠道。

（2）所有材料的包装和余费料不得随意丢弃，必须按照"可回收利用""不可回收利用"分类集中进行处理，施工区域做到工完场清。施焊部位，必须设置挡光板，防止光污染。

10　效益分析

（1）钛合金金属屋面系统自重轻，板材适合工厂标准化集中生产，材料质量能够得到有效保障；安装简单，施工速度快，安装方式有利于施工过程的质量把控。

（2）钛合金自身优异的金属性能，有很好的耐久性；立边双咬合的固定方式，在实现屋面使用功能的同时，达到整洁、美观的建筑效果，降低了金属屋面使用中雨水引起的噪声。

（3）关键节点处理，很好地解决了金属屋面结露、热胀冷缩变形等质量常见问题，大幅减小了使用期间出现质量问题的风险，并且维修难度及成本均较低。

11　应用实例

湖南省博物馆改扩建（二期）工程项目位于长沙市开福区东风路 50 号，结构形式为框剪结构 + 钢桁架结构。项目于 2014 年 1 月 3 日开工建设，2017 年 11 月竣工，金属屋面投影面积约 9000m²。

作为湖南省会城市的大型公共建筑，建筑屋顶的造型新颖、独特，具有地标性建筑意义。金属大屋顶设置在博物馆的中心，提供面向年嘉湖、烈士公园纪念碑和烈士公园的景观平台，站在此处可充分观赏周边的环境。大屋顶是博物馆的新标志，让游客能轻易地识别博物馆的地点和位置。

采用钛合金金属屋面，达到了良好的防水、保温、吸声、装饰效果。利用钛合金独有的金属质感和金属性能的优越性，及新型安装方式，既满足了建筑美学的要求，又能确保金属屋面对使用功能和使用寿命的需求，取得了很好的经济效益和社会效应。

悬臂环形轨道安装单元幕墙施工工法

王其良　陈　欣　谢奠凡　王乐威　金理忠

湖南建工集团有限公司　江河创建集团股份有限公司

摘　要： 为解决拔杆式和楼层悬臂吊装式幕墙施工中存在问题，可在楼层周边安装悬挑工字钢（悬臂梁），悬臂梁下安装一圈闭合式环形轨道，环形轨道采用工字钢，电动葫芦通过行走小车在工字钢下翼缘进行来回行走，实现单元幕墙块体的运输与安装。本工法与其他专业施工影响小，交叉作业便捷，解决了单元幕墙垂直与水平运输问题，减少了单元幕墙块体二次搬运，操作方便、成本低、安全可靠，轨道材料、电动葫芦可重复利用，节约材料与人工成本。

关键词： 幕墙运输；幕墙安装；悬挑工字钢；闭合环形轨道

1　前言

　　目前酒店、医院、写字楼等高层公共建筑以雨后春笋般林立于各大中小城市的核心商圈，单元式玻璃幕墙在此类建筑的外围护结构中占比很大。单元式幕墙的安装方法有最早期的拔杆式施工方法，是在楼层内部设置一台拔杆吊，随单元板块的吊装顺序进行人工移动，既费时又不能充分保障安全。后来经过施工人员的总结改进，采用楼层悬臂吊装方式，在楼层内部设置一台悬臂吊车进行单元板块吊装，这种形式的吊装需要不断地转换楼层安装吊车，耗费人力物力，工效较低，且吊车安装在楼层内，会对土建施工及相关楼内的专业施工带来影响。本工法是我公司与分包单位江河创建集团股份有限公司在万博汇名邸三期建安工程施工过程中总结得出的，采用在楼层周边安装悬臂环形轨道进行单元幕墙安装，板块损耗少，安装速度快，安全保障高。

2　工法特点

　　（1）本工法操作方便，成本低，轨道材料、电动葫芦可重复利用，节约材料与人工成本。

　　（2）在环形轨道上安装行走电动葫芦，既解决了单元幕墙的垂直运输与水平运输问题，又减少了单元幕墙块体的二次搬运。

　　（3）采用环形轨道吊装，需要的吊点位置少，减少了对施工场地的依赖，便于现场的施工组织管理。

　　（4）环形轨道安装在楼层周边，不占用楼层内的施工场地，对楼内的土建与其他专业施工影响小，交叉作业便捷，若工期紧张，也可多个吊点同时起吊，大大缩短工期。

　　（5）施工安全可靠性高，在结构顶部埋设预埋件，立柱与预埋件焊接，采用两道安全钢丝绳，保障结构以外状态下的安全可靠性。

3　适用范围

　　本工法适用于单元式幕墙的安装施工，特别适用于工期要求紧，或现场场地狭小、难以提供多个起吊点、主体结构四周道路不通、每个立面不能到达指定位置的工程。

4　工艺原理

　　在楼层周边安装悬挑工字钢（悬臂梁），悬臂梁下安装一圈闭合式环形轨道，环形轨道采用工字钢，电动葫芦通过行走小车在工字钢下翼缘进行来回行走，实现单元幕墙块体的运输与安装。

5　施工工艺流程及操作要点

5.1　施工工艺流程

悬臂环形轨道系统设计及验算→立柱、悬臂梁及环形轨道加工→预埋件安装→悬臂梁安装及校正→环形轨道安装及校正→行走电动葫芦安装及调试→悬臂环形轨道系统试吊及验收→幕墙单元板块运输及安装。

5.2　施工操作要点

5.2.1　悬臂环形轨道系统设计及验算

（1）根据施工现场实际情况，单元式幕墙需在主体结构施工过程中及时插入，由于平挑安全防护的限制，需将幕墙吊装工程按平挑防护设置的位置进行分段实施，据此对悬臂环形轨道系统分两种情况进行设计，即安装在平挑防护下的楼层悬臂环形轨道系统与安装在屋顶构架梁上的屋顶悬臂环形轨道系统（图1、图2）。

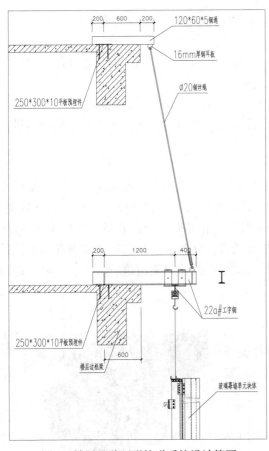

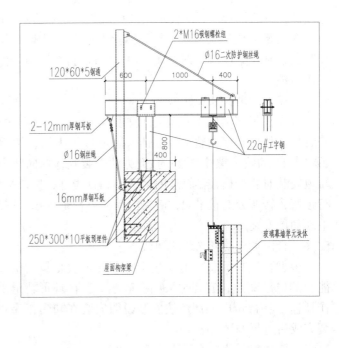

图1　楼层悬臂环形轨道系统设计简图　　　　　图2　屋顶悬臂环形轨道系统设计简图

（2）常见单元板块在500kg以内的，可按以上两种轨道系统的构件尺寸规格采用。计算时须验算钢架的承载力、锚栓的抗拔力、钢丝绳的抗拉力、焊缝的抗拉强度、悬臂梁的最大弯矩与挠度、高强螺栓的抗剪强度等，可采用结构计算软件进行结构受力分析。

5.2.2　立柱、悬臂梁及环形轨道加工

依据设计图纸的尺寸与型号，加工立柱、悬臂梁、环形轨道等构件。加工过程中要保证孔位的正确性，构件表面经除锈处理后涂刷防锈漆。

5.2.3　预埋件安装

在主体结构进行钢筋绑扎及模板安装时，及时跟进放置埋件。预埋件锚固钢筋要与混凝土立柱主筋焊接牢固，防止在混凝土浇捣过程中发生偏位。

5.2.4　悬臂梁安装及校正

（1）楼层悬臂梁及钢丝绳吊挂支壁安装及校正

①先用全站仪进行轨道悬挑支臂及上部斜挂钢丝绳支壁的放线定位，检查无误后方可进行安装工作。

②先安装悬挑支臂，将支臂后端与预埋件采用 M16 不锈钢 T 形螺栓连接，调整支臂左右分格及前后位置并固定。

③将钢丝绳吊挂支壁安装在轨道布置的上一层，通过 M16 不锈钢 T 形螺栓与预埋件连接，调整左右分格确保钢丝绳吊挂支壁中点与轨道支臂中点在一条垂线上。轨道采用 φ20 钢丝绳，将钢丝绳吊挂支壁与轨道支臂连接上，钢丝绳与悬挑支臂、吊挂支壁连接处用钢丝绳卡扣连接方便拆装，在钢丝绳与悬挑支臂连接处用 M14 花篮螺栓调节钢丝绳的长短以保证所有轨道高度一致，花篮上下用钢丝绳连接作为二次保护。

（2）屋顶支撑立柱、悬臂梁及二次防护立柱安装及校正

①先用全站仪进行支撑立柱、悬臂梁及二次防护立柱的放线定位，检查无误后方可进行安装工作。

②先安装支撑立柱，用水平尺进行初校，点焊固定。安装二次防护立柱时，对立柱底部与预埋件连接部位进行围焊。再次校正立柱垂直度，如有偏差采用手拉葫芦配合火焰校正。

③校正完成后安装悬臂梁和钢丝绳拉索，悬臂梁卡入支撑立柱上端的 U 形卡槽后用 2 根 M16 螺栓紧固，悬臂梁尾端用钢丝绳与预埋件进行拉结，悬臂梁首端用钢丝绳与二次防护立柱端部拉结进行二次防护。

5.2.5　环形轨道安装及校正

首先在工字钢挑梁上固定好脚手板，将横向轨道用上层临时固定的手拉葫芦吊起，滑向挑梁前端安装位，然后将横向轨道降低插入固定 U 形卡槽，然后将另一端滑入另一根挑壁的卡槽，调整就位，再将 M16 的限位螺栓拧紧；按此方法安装其他横向轨道，最后将相邻两个横向轨道用螺栓串联固定。轨道安装时要严格控制轨道的水平度和直线度，接口平顺无错口，转角部位环形轨道要求在加工厂进行预弯，转弯处对接平顺，确保电动葫芦行走顺畅。安装电动葫芦前要对轨道进行校正，合格后进行电动葫芦安装。

5.2.6　行走电动葫芦安装及调试

根据幕墙单元板块的重量选择单元板块重量两倍以上起重能力的电动葫芦，安装时采用挂篮施工，在环形轨道上挂设操作挂篮，将行走电动葫芦按安装说明安装在轨道工字钢上，安装完成后进行调试（图 3）。

5.2.7　悬臂环形轨道系统试吊及验收

悬臂环形轨道系统安装完毕，各连接部位经检查安全可靠后，先进行空载运行试验，无异常后再做载重运行试验。试运载荷大于实际吊装载荷的 1.5 倍，试吊检测中检查整个运行过程是否正常。吊装系统自检合格后，通知监理、业主及相关部门或单位进行验收，合格后方可投入使用。

图 3　行走电动葫芦安装示意图

5.2.8　幕墙单元板块运输及安装

（1）施工工艺流程

单元板块进楼层垂直运输→单元板块楼层内水平运输→单元板块出楼层吊装→单元板块就位安装→单元板块微调→安装横滑水槽及披水板。

（2）单元板块进楼层垂直运输

单元幕墙采用单元板块从楼层起吊的安装方法，运用塔吊结合卸料平台进行垂直运输，将单元板块吊运至楼层内。卸料平台安装完成后经验收合格后方可投入使用，每隔五层上移一次（图 4）。

（3）单元板块楼层内水平运输

①4名工人将龙门吊滚动到卸料平台内，向下滚动手拉葫芦的吊钩挂到单元架体的吊耳上，检查挂稳后，向上滚动手拉葫芦把单元上架拉升30cm，然后慢慢向室内侧移动龙门吊，到室内侧后将单元板块放置到小平板车上（图5）。

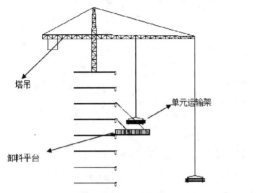
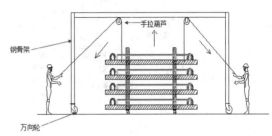

图4 单元板块进卸料平台示意图　　　　　　图5 龙门吊示意图

②用小平板车将单元板块按照编号转运到对应安装位置的楼板上，靠近剪力墙一端放木方，把单元一端先探到木方上，然后慢慢拉动小平板车，另一端也垫平木方放好单元。

（4）单元板块出楼层吊装

①将待吊装的单元板块移放到小平板车上，把两根保险钢丝绳挂在单元挂件吊装孔内，由两名施工人员将两根防撞缆绳系在板块下端并拉向室内，由停放楼层内信号工发指令给电动葫芦信号工，将吊钩放下，在吊钩与专用吊具之间用手拉葫芦可靠连接准备起吊。

②由停放楼层内信号工发指令缓慢向上拉升电动葫芦钢丝绳，将单元板块缓缓向室外移动，同时楼层内的施工人员拉着防风缆绳，随着板块向外移动而逐步放绳，待单元板块移向室外并逐步脱离小平板车至垂直状态。放绳的过程中，要注意防止单元板块碰到结构楼板。当单元板块升至高于楼板面约50cm左右时，停止板块的提升，并移开小平板车。

③当单元板块即将到达安装楼层时，安装楼层内信号工发指令放慢电动葫芦运行速度，直至板块底端高于安装楼层50cm左右时，由安装楼层内的信号工发指令停止电动葫芦运行。然后发指令给电动葫芦的信号工，启动行走小车，将板块平移到对应的安装位置，移位过程操作人员要注意板块的摆动，尤其是经过四个转角柱位时，要防止板块与结构柱体发生硬接触（图6～图8）。

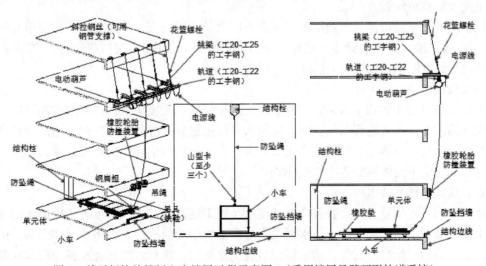

图6 单元板块从楼板上出楼层过程示意图1（采用楼层悬臂环形轨道系统）

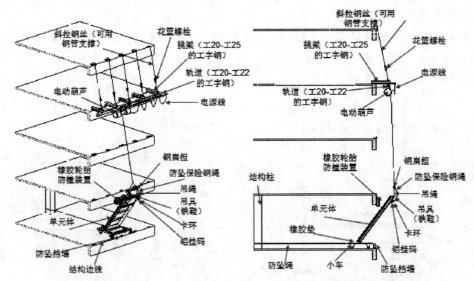

图 7　单元板块从楼板上出楼层过程示意图 2（采用楼层悬臂环形轨道系统）

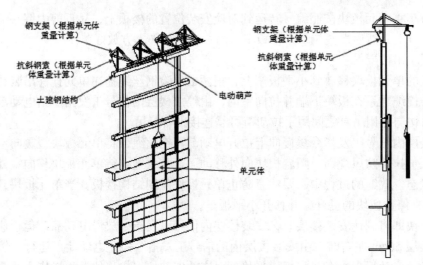

图 8　单元板块吊装示意图（采用屋顶悬臂环形轨道系统）

（5）单元板块就位安装

单元板块的插接就位由单元板块吊装层及上一层人员共同完成，单元板块下行至单元体挂点与转接件高度之间相距 200mm 时，命令板块停止下行并进行单元板块的左右方向插接；在左右方向插接完成后，板块坐到下层单元板块的上槽口上。

（6）单元板块微调

在安装楼层内设置 4 名施工人员，分成 2 组，对挂好的单元板块依据已放的控制线进行细微的调整，使单元体的左右、出入达到图纸要求。利用水平仪依据复核过的标高标记，通过旋转高度调节螺栓，对新装板块进行标高调整，使其达到图纸要求。新装板块调整到位后将安装单元体左右位置限位压块，再进行下一块单元体的安装（图 9、图 10）。

（7）安装横滑水槽及披水板

单元体安装到一定数量且经检查符合图纸要求及施工规范要求后，即可进行横向水槽和披水钢板的安装，水槽安装在上横梁的后槽，披水钢板安装在上横梁的前槽。首先将单元体上横梁的接水槽清灰、清污，清干净后开始打密封胶，然后将密封胶刮涂均匀，再将水槽和披水钢板覆盖在密封胶上压实，其中一侧打自攻钉与上横框固定。

图 9　单元板块与预埋件的固定

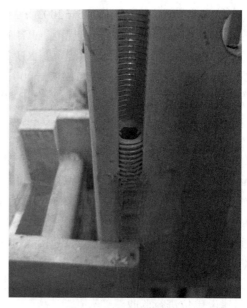

图 10　调整螺栓实物图

6　材料与设备

本工法所用的材料与设备见表 1（以 350kg 单元板块为例）。

表 1　材料设备表

序号	设备名称	型号规格	数量	备注
1	环形轨道	自制	3 套	楼层及屋顶
2	龙门吊	自制	4 台	可行走
3	卸料平台	3.5m × 4.5m	2 个	临时堆放
4	板块运输架	1.6m × 4.3m	50 个	转移板块用
5	塔吊	TC7035	1 台	吊装板块用
6	电动葫芦	2t	3 个	可行走
7	小平板车	自制	6 个	可行走

7　质量控制措施

7.1　质量控制标准

《建筑结构荷载规范》(GB 50009—2012)；

《钢结构设计规范》(GB 50017—2003)；

《建筑工程施工质量验收统一标准》(GB 50300—2013)；

《钢结构工程施工质量验收规范》(GB 50205—2001)；

《钢结构焊接规范》(GB 50661—2011)；

《钢结构工程施工规范》(GB 50755—2012)；

《钢筋焊接及验收规程》(JGJ 18—2012)；

《建筑施工安全检查标准》(JGJ 59—2011)；

《建筑施工高处作业安全技术规范》(JGJ 80—2016)；

《建筑机械使用安全技术规程》(JGJ 33—2012)；

《建筑卷扬机》(GB/T 1955—2002)；

《高处作业吊篮》(GB/T 19155—2003);

《施工现场机械设备检查技术规范》(JGJ 160—2016);

《施工现场临时用电安全技术规范》(JGJ 46—2005);

《玻璃幕墙工程技术规范》(JGJ 102—2003);

《建筑装饰装修工程质量验收规范》(GB 50210—2001)。

7.2　质量保证措施

7.2.1　吊装系统安装质量保证措施

（1）立柱的安装必须保证垂直度，偏差控制在 $L/1000$，且不大于 5mm。悬挑梁的两端高差控制在 ±2mm 以内。立柱底部与埋件的焊缝必须符合焊缝外观的质量要求，焊角高度在 6mm 以上饱满平顺，围焊完整。悬挑梁与立柱连接高强螺栓强度等级为 8.8S 以上，达到规范扭矩，并露出三个左右丝扣。

（2）斜拉钢丝保险绳必须采用合格的镀锌钢丝绳，无断丝断股，每个接口的绳卡必须设置三个以上，间距符合安全规范要求，绳卡必须卡紧，必要时加双螺帽。

（3）电动葫芦必须是符合国家相关规定的合格安全产品，且外观完整，各部件运行正常。

（4）悬臂环形轨道安装系统由施工单位提供专项方案与计算书，并组织专家论证，使用前由监理单位与建设单位进行验收。

7.2.2　单元板块安装质量保证措施

（1）单元板块吊装前应将板块外面清理干净，保护膜不得清理，安装线条时再进行清理，防水胶条与铝材保护膜接触部位应清理干净，将胶条捋顺直。

（2）单元板块就位后利用水平仪依据复核过的标高标记，通过旋转高度调节螺栓，对新装板块进行标高调整，使其达到图纸要求。

（3）安装单元板块时必须用水准仪进行跟踪测量，在轴线范围内拉水平鱼丝线进行控制，通过旋转调节螺栓调节标高在 ±1mm，且相邻板块标高差不大于 1mm，并通过水平鱼丝线控制单元板块进出平面度，轴线范围误差不大于 2mm，相邻误差不超过 1mm。

8　安全措施

（1）吊装设备的管理使用、保养、维修、必须严格遵守说明书和安全操作规程的规定。

（2）电动葫芦、塔吊司机必须经过培训，持证上岗，了解机械构造和工作原理。

（3）吊装、运输设备在夜间工作时，施工现场必须有足够的照明。

（4）严禁酒后施工作业，操作前检查有无障碍物。

（5）施工前检查各施工机械是否漏电，如有异常，严禁吊装。

（6）检查各传动、结构部分的安全和润滑情况，如有异常，严禁吊装。

（7）检查钢丝绳磨损情况，有无磨损，如有异常，严禁吊装。

（8）在操作当中不得超载，严禁利用起重吊钩升降人员，斜牵斜挂不许吊。

（9）电动葫芦卷筒在运行中钢丝绳缠乱时严禁用脚登，一定要安装限位器，以防开关失灵冲顶。

（10）对单元体吊装的安全防护要认真重视，在单元体未吊起之前一定要检查准备工作是否充分，哪怕是一个小问题没有处理好，都严禁吊装。

（11）单元体在起吊时要采取有效措施减小单元板块晃动幅度，避免单元板块乱晃而伤害人。

（12）单元板块起吊后，防撞缆绳拉力要均匀，以防单元体在空中转动，造成不安全事故。

（13）单元体的吊装挂钩一定要上牢，要经过专职人员检查确认无安全隐患后才可起吊。

（14）单元体吊装信号工说话要清晰简单明了，不得乱发信号，起吊前首先检查对讲机信号是否良好，信号频道是否相同。

（15）电动葫芦、塔吊司机反应要灵敏，在未听清信号和弄懂方向之前不得开动机器。

（16）单元板块未挂稳妥之前不得拆除挂钩，以免发生意外，要在单元板块落稳上好紧固件以后才能拆除挂钩。

（17）考虑到单元体吊装的安全，大于五级风（含五级）不能吊装。

（18）单元板块吊装时，施工作业面下方禁止人员通行和施工，地面场地要围上安全警示旗（红白旗）或安全（黄色）带围拉警示区不得有人穿行，必要时要设专人站岗指挥。

（19）单元体安装人员必须系好安全带，安全带必须系在牢靠的防护栏杆上。

（20）单元吊装吊机信号员的对讲机频道必须与塔吊分开，不得使用同一频道。

9　环保措施

（1）环形轨道要定期维护，适当增加滚轮的润滑油，不能过多，以免溢出污染环境。

（2）打胶后要及时回收空瓶和包装箱等固体废弃物，不能到处乱丢。

（3）施工过程尽量避免大的噪声产生，影响周边群众正常生活。

10　效益分析

采用拔杆法吊装每天安装 30 樘单元板块需要花费 20 个人工，通过本工法进行单元板块的安装每天正常吊装 60 樘，节约人工近 50%，设备机械费用经分摊三次以上后比传统方法节约近 30%，节约工期 40%，从而节约了工程管理的各项成本。通过减少人、机、料的投入，相应减少了各种废料的产生以及二氧化碳的排放，对环境保护也起到了一定的作用。

11　应用实例

11.1　长沙市万博汇名邸三期建安工程

建筑物高度 215.4m，建筑面积 14.3 万 m²，49 层，6 层以上为单元板块式幕墙，主塔楼幕墙面积 39300m²。共有单元板块 6026 樘，施工工期为 150d。

11.2　长沙楷林国际大厦 B 座

建筑高度 169.1m，幕墙面积 43802m²，共有单元板块 5360 樘，施工时间 140d。

11.3　长沙市河西交通枢纽工程

塔楼建筑物高度 118.4m，幕墙面积 65000m²，单元体板块数量为 8242 樘，施工时间为 180d。

11.4　实例照片

以下是该工法应用实际工程的相关照片见图 11～图 20。

图 11　楼层悬臂环形轨道系统

图 12　屋顶悬臂环形轨道系统

图 13　单元板块实物图

图 14　单元板块出楼层吊装

图 15　单元板块吊装 1

图 16　单元板块吊装 2

图 17　单元板块吊装 3

图 18　单元板块就位安装

图 19　单元板块微调

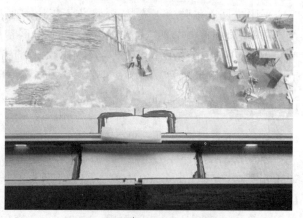

图 20　安装横滑水槽及打胶密封

悬挂式玻璃幕墙施工工法

谢阳煌　罗全成　肖楚才　廖剑雄　李小红

湖南建工集团有限公司

摘　要： 为确保超大悬挂式临空钢桁架玻璃幕墙的安装质量，首先，在工厂分两段加工钢桁架，运输至现场焊接接长，并采用汽车吊＋人工手拉葫芦将钢桁架整体精准安装；然后，以施工吊篮为作业平台，进行桁架吊装、横梁高处焊接、玻璃高处安装等后续工序施工。对于质量较大的幕墙玻璃，采用卷扬机＋人工手拉葫芦，并利用钢格栅 T 形支座和自制 L 形钢板，使其在高处解吊装带、移入基座；最后，对幕墙骨架进行防腐、装饰涂装。本工法可确保大块玻璃安全、精准安装入位，并大幅提高安装效率。

关键词： 悬挂式；玻璃幕墙；钢桁架；临空

1　前言

玻璃幕墙作为现代建筑的新型装饰墙体，将建筑美学、功能、结构和采光等因素有机地统一起来，营造出独特的建筑美感。同时，玻璃幕墙也存在一些局限性，如玻璃产生的光污染、自爆、防火能力差、不耐脏等。

湖南省博物馆改扩建工程，建筑高为 38.5m，为满足观众有序参观和交通的需求，入馆大厅设计为通高的立体交通前厅。建筑正立面从屋顶钢桁架下，安装超大悬挂式临空的钢桁架玻璃幕墙，并衬托了建筑的高大气氛。由钢桁架组成幕墙的受力体系，整体悬挂在钢结构屋顶下，给幕墙构件的安装带来了较大的挑战。为确保幕墙构件的吊装安全和质量标准，总结出了本工法，幕墙施工安全和质量得到有力保障，施工效率大幅提高。

2　工法特点

（1）超大悬挂式玻璃幕墙的钢桁架，长度为 28.50m，采取工厂分两段加工的工艺，确保了钢桁架的加工质量，同时解决了运输难题。

（2）悬挂式玻璃幕墙内外无主体结构，钢桁架悬挂在钢结构屋顶下，属于临空状态，采用汽车吊＋手拉葫芦相结合的方式，解决了钢桁架精准安装的难题。

（3）幕墙所使用的标准单块玻璃为 2.1m×2.1m，单块大玻璃尺寸为 2.1m×4.2m，单块玻璃重约为 500kg。采用卷扬机＋手拉葫芦相结合，利用 L 形钢板的安装工艺，使大块玻璃安装变得容易，提高了施工效率。

3　适用范围

本工法适用于大型悬挂式临空玻璃幕墙的施工。

4　工艺原理

钢桁架有大量倒角，长 28.50m，由专业工厂分两段进行加工，运输至现场焊接接长。采用汽车吊将钢桁架整体吊装；人工手拉葫芦配合定位，解决精准安装的难题。以施工吊篮为作业平台，进行桁架吊装、横梁高处焊接、玻璃高处安装等后续工序施工，并对幕墙骨架进行防腐、装饰涂装。幕墙的单块玻璃超重，无法人工搬运，且高处无可靠的结构工作面。采用的卷扬机＋人工手拉葫芦相结合的方式，利用钢格栅 T 形支座和自制 L 形钢板，巧妙地解决了玻璃在高处解吊装带、移入基座的难题。确保大块玻璃安全、精准安装入位，并且大幅提高安装效率。

5 施工工艺流程及操作要点

5.1 施工工艺流程

测量放线→钢结构制作、运输及安装→钢结构验收→钢结构氟碳漆喷涂→幕墙玻璃安装→钢格栅板安装→玻璃幕墙验收。

5.2 操作要点

5.2.1 测量放线

（1）根据幕墙的设计位置，在现场首层进行放样定位，确定幕墙基准轴线，并与结构轴线进行复核。

（2）确定分格起点，对水平线进行分格并做好标记。分格完后进行复核，减小误差。在每处分格点，从屋顶吊铅垂线，并将铅垂线可靠固定。

（3）对放线区域进行相应的保护和警示，防止线被移动或破坏。该垂直线即为支座耳板中心线，也是钢桁架中心线。

（4）根据放线样本，对比设计尺寸，进行现场尺寸的全面复核。针对出现的现场尺寸偏差，权衡采取现场修补结构，或是微调设计尺寸。

5.2.2 钢结构制作、运输及吊装

（1）根据垂直线确定的支座耳板的中心，并且拉水平线，确保所有耳板孔中心在一个水平线上，将耳板初步点焊在钢桁架梁底。对耳板定位复核，确认误差在允许范围内后，对支座耳板进行满焊。

钢桁架顶部节点、底部节点如图1～图3所示。

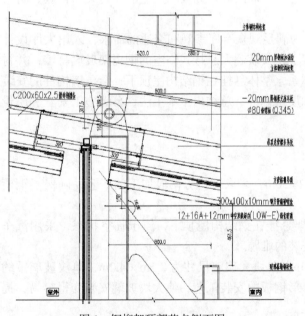

图1 钢桁架顶部节点侧面图

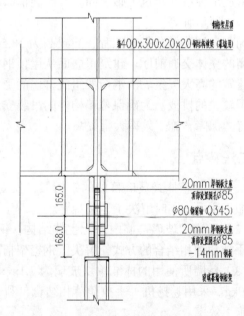

图2 钢桁架顶部节点正面图

（2）根据复核的现场尺寸，确定钢桁架制作的精确长度，由专业加工厂对桁架进行分两段制作。在工厂内完成防锈底漆的涂刷，检验合格后，运输至施工现场（图4）。装运过程中，加强成品保护，采用多点起吊，构件不得出现变形。

（3）检查进场钢桁架构件外观：主要内容有构件外形几何尺寸、构件挠曲变形、节点板表面破损与变形、焊缝外观质量、焊缝坡口几何尺寸、构件表面锈蚀和板材表面质量等。

（4）对符合要求的钢桁架，进行现场焊接接长，为Ⅱ级焊缝。进行焊接工艺评定，对现场焊接焊缝进行检查、检测，不得出现裂纹、未熔合、未焊透。

（5）在钢结构屋顶桁架内、结构屋顶处，沿玻璃幕墙一线连续搭设吊篮，用于人员操作平台。采用30t汽车吊作为桁架吊装的主要起重设备；在支座耳板处安装手拉葫芦，作为桁架安装的辅助工具（图5）。

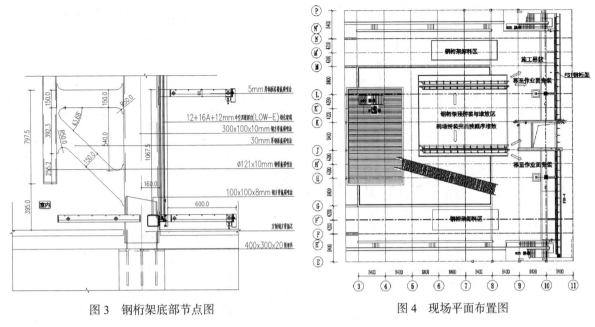

图3　钢桁架底部节点图　　　　　　　图4　现场平面布置图

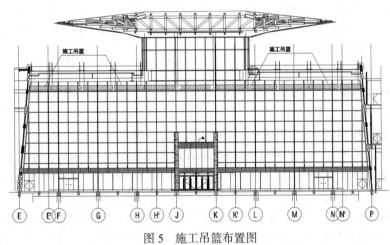

图5　施工吊篮布置图

（6）在钢桁架上部1/4处设置吊点，使用汽车吊先将钢桁架起吊一端离地50cm，装好钢销钉与下端钢套芯、系好缆风绳，并检查钢索绑扎可靠无误后再继续起吊，从堆放点起吊到屋顶支座耳板处（图6）。

（7）钢桁架上端吊装至距耳板20cm处时，将手拉葫芦勾住端部绑点，汽车吊不松钩。通过手拉葫芦的辅助，吊篮内的安装人员将钢桁架销钉孔与支座孔对正，最后把钢销钉插入支座销钉孔，并拧紧销钉螺帽盖（图7）。

（8）松开吊钩，对准基座中心与钢架轴线，做初步校正，并检查梁侧向偏摆后，点焊底座钢套芯加以固定。依次由中间向两侧吊装钢桁架，从第二榀钢桁架开始，底座钢套芯加以固定前，除检查钢桁架自身垂直度外，对相邻钢桁架间距进行检查。

（9）使用水准仪将基准控制点测设到钢桁架，每榀钢桁架的外侧标上水平线位置，再依据横梁设计间距，从下向上标出每道横梁位置，并拉水平通线进行复核。

（10）根据标记的横梁位置，将横梁和室外格栅T形支座点焊固定在钢桁架上，再整体拉线复核，若出现偏位现象及时进行调整。确认横梁定位误差≤1mm后，再进行满焊。

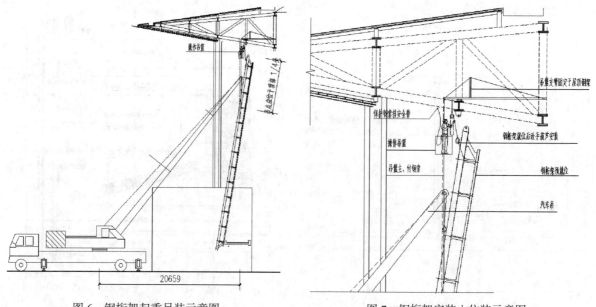

图 6　钢桁架起重吊装示意图　　　　　图 7　钢桁架安装入位装示意图

（11）焊接前必须将焊接区域内的油污、锈迹等杂物清理干净；所用焊条均经 350～400℃烘焙 1h，置于 100～150℃恒温箱内保存，随用随取；不得在焊缝以外的母材上打火引弧。焊缝必须经过检验、抽检合格后，再进行下一道工序。

5.2.3　钢结构氟碳漆喷涂

（1）由于本幕墙系统的位置的特殊性，要求钢结构表面的涂刷需兼顾防腐和表面装饰。工厂完成钢构件制作后，必须喷环氧富锌底漆一道。现场焊接的区域，必须涂刷一道环氧富锌防锈漆。

（2）在钢结构表面及焊缝处，进行刮金属细腻子。金属细腻子用批刀从上至下、从下至上，连续批刮 2 遍，细腻子批刮不宜过厚，以将钢材及焊缝表面凹陷找平光洁为准。细腻子初干后，选用 400 目砂纸，用腻子打磨机适度打磨平整。后续的第二道环氧富锌防锈漆、环氧云铁中间漆，必须在上一道工序完全自然风干后才能喷涂。

（3）氟碳漆一底两面＋罩光清漆施工，均遵循喷枪从左到右、由上往下、匀速缓慢呈"十"字形的喷涂方式，喷枪与墙面保持垂直。确保无漏喷、透底，表面应光滑、平整，上一道漆面完全自然干燥后，才能喷涂下一道氟碳漆。

5.2.4　幕墙玻璃安装

（1）铝合金基座采用 M6@300 不锈钢螺丝，固定在钢桁架与横梁的外侧。在钢结构表面弹好中心线墨线，按铝合金基座开孔间距开 φ4.8 直径孔。采用 M6 不锈钢钢牙螺丝，将基座固定在钢桁架与横梁的外侧，保证基座中心线与横梁和钢桁架中心线对正。

（2）钢格栅固定板采用焊接固定在钢桁架外侧 T 形支座上，焊接时，钢格栅固定板中心线与钢桁架中心线对正。钢格栅固定板在玻璃安装作业时，起到至关重要的作用（图 8）。

（3）幕墙玻璃安装，采用电动卷扬机＋定滑轮组合吊装玻璃就位安装点；手拉葫芦＋人工辅助控制玻璃精准装入铝合金基座。卷扬机安装在幕墙处的屋顶上，手拉葫芦安装在钢桁架横梁上。每竖向分格，从下向上依次安装玻璃（图 9）。

（4）标准块玻璃重 255kg，最大单块玻璃重 500kg，安排 6～9 名作业人员，将玻璃搬运至卷扬机吊装位的木架上，并绑好钢丝吊装带及缆绳；4 名操作人员在玻璃安装处接应，2 名人员在吊篮内，2 名人员站在架于钢格栅固定板（待装玻璃的底部位置）上的方木板两端。缆绳用于在玻璃起吊过程中，控制玻璃的水平位置，防止玻璃与建筑、吊篮发生碰撞。

（5）用卷扬机将玻璃吊运至安装位，玻璃底部落在方木板上，斜靠着钢桁架。玻璃放置稳妥后，从吊篮内搬出第二块方木板，架于高一格钢格栅固定板上（作为玻璃安装入位的站立平台），2 名站在下部方木板的人员转移到此处。卷扬机松钩，4 名人员共同解开、拆下钢丝吊装带，吊篮内人员将手拉葫芦连接的 L 形钢板，扣住玻璃底端的中点（图 10、图 11）。

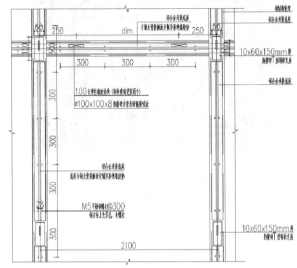

图 8　铝合金支座、格栅 T 形支座示意图

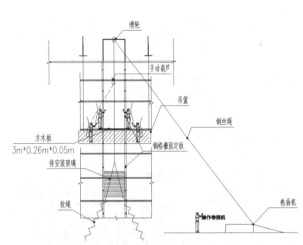

图 9　幕墙玻璃起重吊装示意图

图 10　玻璃吊装

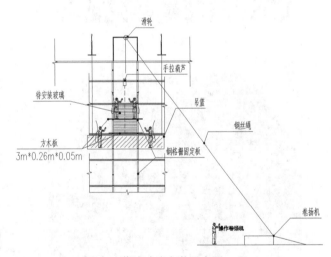

图 11　幕墙玻璃安装示意图

（6）通过手拉葫芦抬升玻璃，4 名作业人员将玻璃装入铝合金基座，控制好玻璃每侧的间隙后降钩，使玻璃底部落在铝合金基座内的 10mm 厚弹性橡胶垫上。由于 L 形钢板厚度小于玻璃与基座的间隙，L 形钢板可轻松退出，随即安装好玻璃的铝合金面板（图 12～图 14）。

（7）尺寸 2.1m×4.2m 的单块玻璃，采用相同方式安装，装入铝合金基座时采用两个手拉葫芦，确保玻璃安装时的稳定和安全。玻璃安装完成后，安装玻璃固定面板，并沿着面板边打耐候硅酮密封胶。

5.2.5　钢格栅板安装

钢格栅分块由工厂制作好后，运至工地进行安装。采用不锈钢螺栓将其安装在钢格栅固定板预留的螺孔上，并拧紧螺栓即可。按顺序从下而上逐层安装。

完工的幕墙外立面、内立面如图 16、图 17 所示。

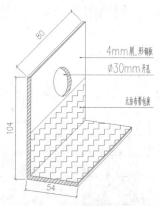

图 12　L 形钢板

图 13　玻璃安装

图 14　玻璃盖板安装

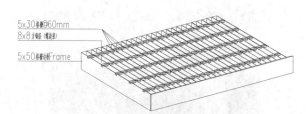

图 15　钢格栅板

图 16　幕墙外立面

图 17　幕墙内立面

6　材料与设备

施工中的主要材料、机械设备、仪器设备见表 1～表 3。

表 1　主要材料表

序号	名称	规格（mm）	备注
1	钢板	30、12 厚等	Q345B
2	钢方管	$300 \times 100 \times 10 \times 10$ $100 \times 100 \times 8$	Q345B
3	钢管	$\phi 121 \times 10$	Q345B 无缝钢管
4	钢销钉	$\phi 80$	Q345B

续表

序号	名称	规格（mm）	备注
5	环氧富锌漆		
6	环氧云铁漆		
7	氟碳漆		
8	中空双银超白（LOW-E）钢化玻璃	2.1m×2.1m；2.1m×4.2m	12+16A+12mm
9	铝合金基座		定制
10	铝合金盖板		定制
11	橡胶垫块	厚10、3	
12	橡胶条	三元乙丙	
13	不锈钢螺栓	M12	SU316
14	不锈钢螺钉	M5	SU316

表2　主要机械设备表

序号	名称	型号	性能	功耗 kW	数量
1	电锤	GBH5-38X		1	6
2	手电钻	MB10		5	12
3	直流电焊机	ZX7-400		24	4
4	手工电弧焊机	ZXG1-350		26	6
5	型材切割锯	J3G-SL-400		3	4
6	喷涂机	HXD-6000B			5
7	钢丝吊装带				8 副
8	吊篮	ZLP800	800kg		11
9	手拉葫芦	HCB30	3t		4
10	卷扬机	JM5t	5t		2

表3　主要仪器设备表

序号	名称	型号	数量
1	水准仪	DS3	2
2	激光经纬仪	DJJ2	1
3	钢卷尺	50m	3
4	水平尺	100mm	15
5	卷尺	5m	30
6	万能角度尺	0～320°	2
7	游标卡尺	0～150mm	3
8	塞尺	0～10mm	3

7　质量控制

（1）现行国家及行业规范、标准：《建筑工程施工质量验收统一标准》（GB 50300）、《建筑装饰装修工程质量验收规范》（GB 50210）、《钢结构工程施工质量验收规范》（GB 50205）、《玻璃幕墙工程质量检验标准》（JGJ/T 139）、《钢结构焊接规范》（GB 50661）、《金属覆盖层钢铁制品热镀锌层技术要求》（GB/T 13912）、《玻璃幕墙工程技术规范》（JGJ 102）、《中空玻璃》（GB/T 11944）、《建筑用安全玻璃第2部分：钢化玻璃》（GB 15763.2）、《铝合金压铸件》（GB/T 15114）。

（2）材料质量严控：对于幕墙而言，主材和配件的选用非常重要，关系到整体质量、可施工性及工程造价，装饰面材料的颜色、表观质地还需得到设计单位和建设单位的认可。要求厂家的相关质量证明材料必须齐全，均按照批次进行现场见证取样，检测合格后，方能用于现场施工。材料的现场堆放均垫高，堆放区域不得有积水，必要时进行防雨覆盖，配件置于专用仓库。

（3）钢桁架采取专业工厂分段加工，确保构件生产质量，运输装卸构件时，置于专用枕木上，避免碰撞构件导致构件变形、损伤表面防锈漆。构件进场时，检查构件出厂资料、材料试验报告记录、焊缝无损检测报告记录、焊接工艺评定、各类材料质量证明等随车资料，并确认构件的几何尺寸（表4）。

表 4　钢结构及基座安装偏差控制

项目	控制值（mm）
标高	±1.0（有上下调节时 ±2.0）
连接件两端点平等度偏差	≤1.0
距安装轴线水平距离	≤1.0
垂直偏差（上下两端点与垂线偏差）	≤1.0
两连接件连接点中心水平距离	≤1.0
相邻三连接件（上下、左右）偏差	≤1.0
分格误差控制	[0，+2]

（4）现场实施的桁架接长焊接，其焊缝必须100%检测，确保现场焊接质量。桁架横梁必须先进行点焊，待位置复核符合要求后进行满焊，焊缝无裂纹、焊瘤、气孔、夹渣。

（5）桁架在出厂时做好防锈底漆，环氧富锌底漆厚度不小于45μm，现场焊接的区域先涂刷环氧富锌底漆一道。环氧云铁漆二道，厚度不小于100μm。

（6）金属腻子配制过程中，搅拌应均匀，做到无粉团、无疙瘩、无过大颗粒且黏度适中。每道氟碳漆干后应仔细检查，确保无漏喷、透底，表面应光滑、平整。

（7）所有需打密封胶部位应粘贴保护胶纸，注意胶纸与胶缝平行，胶缝形成坡口，必须平滑、顺直，要及时将粘贴在玻璃上的美纹纸撕掉，并清除玻璃和构件上的粘附物（表5）。

表 5　玻璃安装误差控制

项目	控制值（mm）
相邻玻璃的高低差	≤1
胶缝的宽度与设计宽度差	≤2
胶缝的水平度、垂直度	≤2.5

（8）钢格栅安装前，格栅四周要用软皮纸包裹，以免损坏漆面；安装时小心搬运，放置安装位后再撕掉螺孔位置的保护纸，防止碰伤玻璃。

8　安全措施

（1）现行国家及行业安全规范、标准：《建筑施工安全检查标准》（JGJ 59）、《施工现场临时用电安全技术规范》（JGJ 46）、《建筑机械使用安全技术规程》（JGJ 33）、《高处作业吊篮》（GB 19155）。

（2）根据国家及行业有关规定，针对施工作业区域环境特点，建立完善的项目管理体系，明确各级人员的职责，制定针对性的安全管理措施，做好安全教育及交底，抓好项目安全生产。

（3）进入施工现场人员，必须正确佩戴安全帽、安全带，必须穿软底防滑鞋。配备带可锁定盖帽的工具袋，严禁向下抛掷物品。

（4）运输车辆行驶路线设置导向牌，设专人指挥车辆，防止交通事故发生。

（5）现场配电系统必须采用 TN-S 系统，施工的用电工具必须遵守"一机、一箱、一闸、一漏保"的原则。配电箱及电缆固定做好绝缘措施，严禁使用只有单层绝缘的"花线"。

（6）高处作业吊篮，必须由专业安装人员安装并验收合格，且办好使用登记手续后才能投入使用。吊篮操作人员必须经过严格的培训，使用过程中，严格遵循安全操作规程，严禁超载。

（7）安装幕墙玻璃时，先在底部进行试装演练，作业小组人员配合娴熟后，才能展开安装作业，所有特种作业人员必须持证上岗。

（8）各种机械的防护装置必须齐全、有效，定期保养机具，按规定润滑或更换配件。接线前，检查工具开关是否处于关闭状态。手持工具在未关闭开关，或者仍处于惯性运转时，不得随意放置。

（9）高处焊接施工时，必须在焊点放置接斗，防止焊接火花、熔融金属自由下落，杜绝火灾隐患。在作业层配备足够数量的灭火器。

9　环保措施

（1）执行《环境管理体系要求及使用指南》（GB/T 24001）、《职业健康安全管理体系》（GB/T 28001）、《建筑施工现场环境与卫生标准》（JGJ 146）、《建筑工程绿色施工规范》（GB/T 50905）等国家规范及行业标准，建立项目绿色施工管理体系，落实各项绿色施工措施。

（2）材料实行计划管理，限额领料，优化材料使用方法，加强材料边角余料的利用。

（3）幕墙各材料有大量包装，包装材料的回收率达到100%，可循环使用的包装材料，必须充分利用。

（4）施工现场的照明灯具，必须安装灯罩；焊接部位安装遮光板，减少对周边环境的光污染。

（5）喷涂油漆前，挂好防扩散围护布，防止雾化的油漆随风飘散，污染周边环境、污损其他成品或半成品材料。

（6）要求作业人员在搬运、安装玻璃时，轻拿轻放，严格保护玻璃，减少玻璃损耗。

10　效益分析

（1）经过严格控制钢桁架、铝合金基座的放线及安装，并反复复核，确保了玻璃安装基座的精度，使每块玻璃都能顺利装入基座。杜绝了在玻璃安装阶段，因尺寸偏差出现的无法安装的问题，提高了施工效率，避免了返工而耽误时间，为幕墙施工创造了良好的经济效益。

（2）采用经济、可靠的吊装组合方式，大大减小了桁架、玻璃安装时的安全风险，确保了安装作业的顺利开展，提高了安装效率，缩短了工期。

（3）幕墙内外两侧安装的钢格栅板，不仅平衡了建筑采光与遮阳的需求，减少了建筑使用中的能源消耗，还可作为幕墙后期维修、清洁的通道与平台，减少了幕墙后期的使用成本，带来非常可观的经济效益和社会效益。

11　应用实例

（1）湖南省博物馆改扩建（二期）工程项目，位于长沙市开福区东风路50号，结构形式为框剪结构＋钢桁架结构。项目于2014年1月3日开工建设，2017年11月竣工。建筑南北斜墙、西面两翼为天然石材幕墙，稳重而挺立，西面玻璃幕墙最高处为32m。作为湖南省会城市的大型公共建筑，湖南省博物馆建筑设计造型新颖、独特，具有很高的辨识度，是湖南的又一座地标性建筑。虽然建筑本身为38.5m，但通过临街面竖向贯通的钢桁架玻璃幕墙，很好地衬托出了建筑高耸感，并且与钢桁架屋顶造型相呼应，营造出建筑整体的大气感，起到了非常好的装饰效果，获得了良好的经济效益和社会效益。通过本工法的运用，很好地解决了钢桁架玻璃幕墙在施工中的起重吊装难题，各工序开展井然有序，且质量可控，提高了施工效率，减小了安全风险，其带来的经济效益不可估量，整个玻璃幕墙装饰达到了简约、大气的效果，获得了良好的使用功能，充分展现了公共建筑的标志特性。

（2）湘西武陵山文化产业园Ⅰ标工程，位于吉首市吉凤大道，由湖南建工集团有限公司承建，2015年9月13日开工建设。其中数码影视、文化艺术中心建筑面积29374.7m²，玻璃幕墙施工中应用本工法，各工序开展井然有序，且质量可控，提高了施工效率，加快了施工速度，减小了安全风险，使用功能良好，具有明显的经济效益和社会效益。

UV 彩印金属固定展板施工工法

张晟熙　梁曙曾　胡东永　付彩琳　宋江峰

湖南建工集团装饰工程有限公司

摘　要： 在建筑装饰和展览陈设工程中采用 KT 板、PVC 发泡板、高密度板、亚克力板作为固定展板的基础材料时，难以满足高等级的防火要求。可采用铝单板、铝蜂窝板等金属板作为固定展板的基础材料；固定展板具有可拆卸功能，根据板面规格合理确定金属板的挂槽口位置，可实现大板面多板块的无缝拼接顺直与平整；展板的板面内容采用 UV 彩印技术进行印刷，以保证图形文字观感质量。

关键词： 防火；金属板；固定展板；UV 彩印

1　前言

随着"十三五"规划国家对文博事业发展目标、任务和重点举措的阐述，博物馆、展览馆等文化展览建设更加繁荣，各种新材料、新构思不断涌现，展览陈设理念也日新月异，固定展板是展览陈设中不可缺少的装置，固定展板的结构和形式趋向多样化，与展馆的建筑装饰装修相呼应，并讲究展陈环境的整体性。固定展板的细部设计必须考虑其牢固性和承载力，同时还能快捷、方便地服务于布展的拆装，维护上尽可能缩短维修周期、时间及规模，以降低维护成本。

在建筑装饰和展览陈设工程中，常用 KT 板、雪弗板（又称 PVC 发泡板）、高密度板（如拉米娜板等）、亚克力板作为固定展板的基础材料，这些材料在防火等级要求高的文化展馆建设工程中，不能达到或完全满足规范与验收要求，而采用金属板（如铝单板、铝蜂窝板等）作为固定展板的基础材料，其防火、抗污、耐久、清洁等性能均能显著提高。

在展览陈设布展过程中，版面内容的图案、文字、图形等会因排版、编制、校稿等进行方案的调整和优化，致使某一版面的某一块展板需要重新制作，所以固定展板构造系统需有可拆卸再安装的功能。金属板展板的版面内容采用 UV 彩印技术进行印刷，UV 彩印为全电脑控制、绿色环保、免制版、全彩色的压电式喷墨的紫外光固化印刷技术，一次性印刷完成，色彩丰富靓丽，耐磨损，防紫外线，操作简单方便，印刷图像速度快，完全符合工业印刷标准，以有逐步取代丝网印、转移印、水转印、热转印的趋势。

通过在湖南省博物馆的"长沙马王堆汉墓陈列"和"湖南人三湘历史文化陈列"两个装饰与展陈工程实践，分析固定展板的发展现状及特点，采用金属板作为展板基材，图文采用 UV 彩印，比较常规的做法有较多的优点和改善，阐述工艺的特点、原理、工艺流程和操作要点等内容，博物馆开馆后，每天参观人数达 1.5 万，获得较好的社会影响与技术积累，在今后博物馆展览陈列装饰项目中值得推广。

2　工法特点

UV 彩印金属固定展板及安装构造系统具有以下特点：

（1）金属固定展板采用铝蜂窝板或铝单板作为基材，具有耐火、防潮、不变形、不开裂、可多次覆盖打印使用。

（2）金属板表面采用氟碳喷涂处理，具有抗酸碱腐蚀、耐粉化、耐紫外光照射等特点。

（3）金属固定展板可制作的艺术形式多样，如镂空图形、内发光效果、艺术浅浮雕等。

（4）金属固定展板的布置形式更多、灵活性更高、版面可用范围更大。

（5）金属固定展板采用 UV 彩印技术，版面图文更加清晰，色彩更加丰富，无须制版，一次印刷完成，还具有抗摩擦和防刮的特点。

（6）金属固定展板构造系统采用数字控制方法，具有可多次拆卸和安装重复操作、多块展板无缝拼接平整度好、质量轻、刚度好、强度高等特点。

（7）金属固定展板构造系统采用定位龙骨和数据控制相结合的方法，多块展板拼装简单，拼装接缝不需处理，施工质量易控制，可保证多块拼装的版面图文相互拼接顺畅完整。

在图文印刷技术上，UV 彩印为全数码电脑控制，不是接触式印刷，采用压电式喷墨打印技术，无须制版，一次印刷完成，印刷图像速度快，完全满足展览陈设的印刷标准。还补充了传统丝网印、热转印、水转印工艺的不足，不仅用于小印数的活件，还可用于打样或模拟图像的效果，单件与批量加工的成本一致。在图画表现方面有绝对的优势，它是图片通过电脑直接传输给机器喷印在介质上，真正的数字打印，能够最真实地展示所要求的装饰效果。在安装构造技术上，较常规金属板安装，具有安装定位精度高、无缝拼接平整度好等优点。

3　适用范围

本工法适用于各种采用金属板作为板面基层材料的展览陈列工程的施工，特别是基本陈列展览或长期固定展览项目。

4　工艺原理

UV 彩印金属固定展板采用铝单板或铝蜂窝板作为基础材料，固定展板具有可拆卸功能，其安装系统由定位主龙骨、转换件、次龙骨、UV 彩印金属展板等组成，通过定位主龙骨上的定位缺口，统一同一墙面中的各条定位竖龙骨的缺口标高，使定位主龙骨的侧向圆孔各排对应，形成虚拟的矩阵网格，根据板面规格计算次龙骨和转换件安装高度，金属板的挂槽口位置根据定位竖龙骨侧向圆孔间距模数排布，金属板安装方向由左至右、从下往上，可实现大板面多板块的无缝拼接顺直与平整，保证板面图形文字观感质量。

UV 彩印金属固定展板采用数字控制方法进行辅助安装，由定位主龙骨上的定位缺口作为基本控制点，数根定位主龙骨安装后形成基本控制线，定位主龙骨的截面呈"U"字形，两侧边设有等距模数圆孔，数根定位主龙骨的同标高圆孔的精度由基本控制线进行控制，辅助控制线的垂直间距与定位主龙骨的圆孔等距模数相同，各排圆孔形成若干条辅助控制线，根据各幅板面内容进行合适的分格形成数块金属展板，单块金属展板的宽度和高度数值灵活性强，金属展板的安装挂口位置与相应辅助控制线位置一致，单块金属展板安装挂口位置的设置与单块金属板无直接关系，而是根据整块板面的辅助控制线进行有机排布，再依次排布次龙骨的位置。同理，安装时先固定定位主龙骨，按照龙骨排布图安装转换件和次龙骨，然后根据板面在墙面的定位，从左至右、从下至上的顺序逐块安装金属展板（图 1、图 2）。

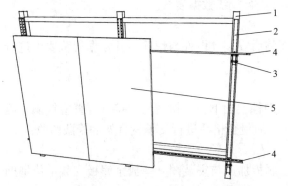

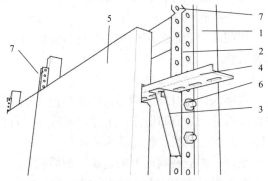

图 1　UV 彩印金属固定展板系统构造图（一）
1—支承钢骨架；2—定位主龙骨；3—转换件；
4—次龙骨；5—UV 彩印金属展板

图 2　UV 彩印金属固定展板系统构造图（二）
1—支承钢骨架；2—定位主龙骨；3—转换件；4—次龙骨；
5—UV 彩印金属展板；6—连接螺栓；7—缺口标记

5 施工工艺流程及操作要点

5.1 工艺流程

施工图深化设计→放线定位→安装预埋件→支承钢骨架焊接→弹放金属板安装定位辅助线→安装定位主龙骨→校验→安装转换件→安装次龙骨→安装金属展板→成品保护。

5.2 操作要点

5.2.1 施工图深化设计

依据施工图的金属板板面位置及轮廓尺寸，对施工现场进行实测与数据采集，进行板面尺寸分格、细部构造、支承钢骨架、预埋件布置等深化设计，绘制深化设计施工图，经设计单位、建设单位或者监理单位确认后，作为指导各工序的现场施工依据（图3）。

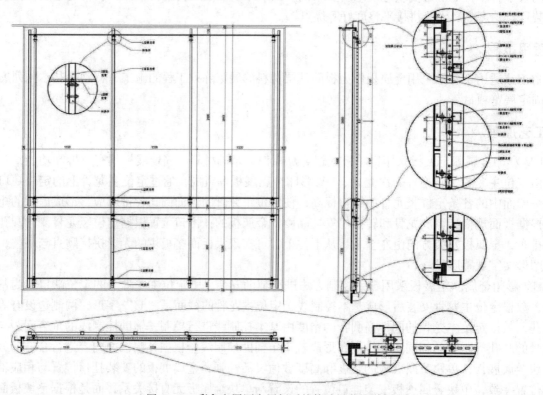

图3 UV彩印金属固定展板系统构造深化设计图

5.2.2 放线定位

依据深化设计施工图和控制轴线、标高线，将金属板板面轮廓、支承钢骨架、预埋件、螺栓的定位、间距、辅助等辅助线（或点）弹放于现场墙面上，并进行放线数据复核。

5.2.3 安装预埋件

按照墙面弹放的定位辅助线进行螺栓打孔，孔道清洁后安装预埋件与螺栓，并根据规范要求进行相关试验。

5.2.4 支承钢骨架焊接

根据深化设计图和钢结构焊接规范要求，进行支承钢骨架的下料、拼装与焊接，焊缝应饱满，敲去焊渣后分次涂刷防锈漆，工序完成后及时自检与整改，质量合格后进行支承钢骨架的隐蔽验收。

5.2.5 弹放金属板安装定位辅助线

依据已弹放在墙面上的金属板板面轮廓线，按照金属板加工与安装图，弹放金属板安装定位辅助线于支承钢骨架表面上，分为定位主龙骨定位线和次龙骨定位线。

5.2.6 安装定位主龙骨

将定位主龙骨按加工图编号清查，备齐同一墙面的定位主龙骨，将每根定位主龙骨的定位缺口与弹放的主龙骨定位辅助线对齐安装，从左至右依次安装，采用螺钉固定，同一墙面安装完成后再用红外水平仪检查各定位主龙骨的定位缺口标高一致的质量情况，并做好数据记录，发现偏差及时调整。

5.2.7 安装转换件

依据弹放在支承钢骨架上的次龙骨定位线，进行转换件的安装，转换件与定位主龙骨之间采用两颗螺栓连接。

5.2.8 安装次龙骨

将次龙骨安装与转换件螺栓连接固定，若同一标高的次龙骨由多根组成时，次龙骨之间采用直接头连接。

5.2.9 安装金属展板

按照金属板加工排版图，依次从左至右、从下至上顺序逐块进行安装。

6 材料与设备

6.1 材料

（1）铝合金单板、铝合金蜂窝板的板材应达到国家相关标准及设计的要求，并应有出厂合格证。

（2）铝合金板材表面进行氟碳树脂处理时，氟碳树脂含量不应低于75%，厚度应大于25μm；氟碳树脂涂层应无气泡、裂纹、剥落等现象。

（3）铝合金单板的厚度不应小于2.5mm，宜采用厚度为3mm。

（4）铝合金蜂窝板选用厚度为12mm，其正背面铝合金板厚度均应为1mm。

（5）金属龙骨分定位主龙骨、次龙骨和转换件，定位主龙骨和次龙骨采用1.5mm镀锌钢板，转换件采用2.5mm厚镀锌钢板。

6.2 施工机具（表1）

表1 施工机具一览表

序号	设备名称	数量	备注
1	电焊机	1	用于焊接钢筋
2	切割机	1	用于切割加工钢材
3	冲击钻	1	用于螺栓墙体钻孔
4	手电钻	2	用于安装金属板
5	自动水准仪	1	用于测量放线
6	全站仪	1	用于测量放线
7	10m钢卷尺	2	用于测量放线
8	墨斗	1	用于测量放线

7 质量控制

7.1 质量要求

（1）金属固定展板工程所使用的各种材料和配件，应符合设计要求及国家现行产品标准和工程技术规范的规定。

（2）金属固定展板的立面分格应符合设计要求。

（3）金属固定展板的金属板品种、规格、颜色、光泽及安装方向应符合设计要求。

（4）金属固定展板在主体结构上的后置埋件数量、位置及后置埋件的拉拔力必须符合设计要求。

（5）金属固定展板的支承钢骨架与主体结构预埋件的连接、立柱与横梁的连接、横梁与定位主龙骨的连接、定位主龙骨与次龙骨的连接、金属固定展板的安装必须符合设计要求，安装必须牢固。

（6）金属固定展板的金属板表面应平整、洁净、色泽正确。

（7）金属固定展板的拼接缝应横平竖直、深浅一致、宽窄均匀、光滑顺直。

（8）每 1m² 金属固定展板的表面质量和检验方法应符合表 2 的规定。

表 2　每 1m² 金属固定展板的表面质量和检验方法

项次	项目	质量要求	检验方法
1	明显划伤和长度＞50mm 的轻微划伤	不允许	观察
2	长度≤50mm 的轻微划伤	≤1 条	用钢尺检查
3	擦伤总面积	≤50mm²	用钢尺检查

（9）金属固定展板安装的允许偏差和检验方法应符合表 3 的规定。

表 3　金属固定展板安装的允许偏差和检验方法

项次	项目	允许偏差（mm）	检验方法
1	展板安装垂直度	2mm	用经纬仪检查
2	展板安装水平度	2mm	用水平仪检查
3	展板表面平整度	2mm	用 2m 靠尺和塞尺检查
4	相邻展板板角错位	0.5mm	用钢直尺检查
5	接缝直线度	0.5mm	拉 5m 线，不足 5m 拉通线，用钢直尺检查
6	接缝高低差	0.5mm	用钢直尺和塞尺检查
7	接缝宽度	0.5mm	用钢直尺检查

（10）金属固定展板的 UV 彩印图文内容应符合设计要求。

（11）金属固定展板的 UV 彩印成品应整洁。每件成品上不能有直径＞0.3mm 的墨皮等脏污，直径≤0.3mm 的墨皮等脏污，不能超多 2 点。

（12）金属固定展板的 UV 彩印的文字应清晰完整，较小的文字应不影响认读。

（13）金属固定展板的 UV 彩印的图像应清晰，层次清楚，无变形和残缺。

7.2　质量保证措施

所用材料的品种、规格、性能、数量和等级，应符合设计要求，应具备产品合格证明及检验报告。

8　安全措施

（1）作业人员进场前，必须学习现场的安全规定，进行安全技术交底；广泛宣传、教育作业人员牢固树立"安全第一"的思想，提高安全意识。

（2）必须随时携带和使用安全帽和安全带，防止机具、材料的坠落。

（3）电焊工必须持证上岗。操作时必须戴绝缘手套和防护面罩。

（4）在电焊作业时，必须设置接火斗，配置看火人员；各种防火工具必须齐全并随时可用，定期检查维修和更换。

（5）移动式设备或手持电动工具必须装设漏电保护装置，做到"一机一闸一漏保"，严禁一闸多用。

（6）施工及电气设备用线要使用护套缆线，严禁使用花线、塑胶软线等不合格及外皮破损的电线。

（7）电钻使用前应先检查电源是否符合要求，然后空转试运转，检查转动机构工作是否正常，接地保护是否良好，以免烧毁电动机或造成安全事故。

（8）砂轮切割机使用前应先检查电源、电压是否符合切割机铭牌的要求，绝缘电阻、电缆线、地线等是否完好、可靠，切割机各连接部位有无松动情况等。

（9）电锤打孔时，电锤的钻头必须垂直于工作面，要用手均匀按压电锤，连续送进，不准使钻头在孔眼内左右摆动，以免扭坏电锤。

9　环保措施

（1）制订《施工现场环境保护计划》《现场环境和职业健康安全管理条例》等规章制度，主要从污染源的控制、传播途径治理、个人防护和环保教育四个方面进行。

（2）对现场所用的机械设备如电钻、切割机、电动空压机等，采取降噪措施，防止噪声污染。

（3）施工废弃材料如焊头、钢龙骨废料、破损陶土砖等，进行集中回收，避免环境污染。

（4）将施工场地和作业限制在工程建设允许的范围内，合理布置、规范围挡，做到标牌清楚、齐全，各种标识醒目，施工场地整洁文明。

10　效益分析

采用 UV 彩印金属固定展板系统施工，其板面基础材料比传统展板基础材料（如木板、织布、拉米娜板等）的价格稍高，但由于在展陈板面上可任意分隔，表面处理形式多，装饰性能好，防火等级高，耐久性好，抗污性能好，污染易清洁，可覆盖多次打印，金属展板拆换简便，后期维护简单等特点，节省了常规展板的制版、更正重做基层板的费用，具有经济和技术上综合优势，并能达到理想的展陈效果，在展陈项目中具有较高的推广价值。

11　应用实例

湖南省博物馆改扩建（二期）工程布展陈列装饰工程位于长沙市开福区东风路 50 号，总建筑面积为 9.1 万 m²，设"长沙马王堆汉墓陈列"和"湖南人——三湘历史文化陈列"两个基本陈列展，展厅内的墙面固定板面采用 UV 彩印金属展板技术，应用展板数量为 1800m²，装饰整体效果较好，得到社会各界的一致认可，为企业赢得良好的社会效益。

施工过程照片见图 4～图 7，完成展示效果，见图 8～图 11。

图 4　马王堆展厅一单元展板安装

图 5　马王堆展厅 UV 彩印金属固定展板

图 6　湖南人展厅 C 区展板安装

图 7　数字龙骨安装

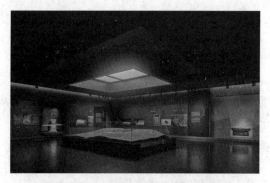

图 8　马王堆展厅一单元"惊世发掘"

图 9　湖南人展厅 A 区"楚人入湘"

图 10　UV 彩印金属固定展板镂空发光字效果

图 11　UV 彩印金属固定展板艺术浅浮雕效果

一种干挂陶板幕墙施工工法

李 忠 肖新明、蒋梓明 邓宇龙 李德才

湖南建工集团装饰工程有限公司

摘 要：为提高陶板幕墙施工质量、加快施工进度、提高经济、环保及社会效益，预先运用 BIM 技术对陶板进行排板分格，在工厂加工裁切成型，采用挂件式安装系统，根据陶板幕墙分格连接固定。本工法施工简单，为开放式的安装方式，可以达到双重立体保温效果；陶板之间无耐候胶固定，绿色环保。

关键词：干挂陶板；幕墙；BIM；分格连接

1 前言

陶板幕墙将传统与现代元素有机结合起来，提高了建筑物与自然的融合，其浓厚的人文气息、极富古典的艺术风格赋予了建筑庄重而强烈的艺术美感，得到了人们的青睐并迅速发展。我国的陶板市场供应有很长一段时间完全依赖从海外进口，因此制约了陶板幕墙在国内的推广使用；近年来，我国开始自行研发、生产陶板，填补了国内陶板生产领域的空白，陶板结合了陶制品永恒不变的特征，与现代幕墙技术融为一体，蕴含着几千年中国古老的传统陶文化，在国内也很快得到了人们的认可和推广。

陶板是以天然陶土为主要原料，具有绿色环保、无辐射、色泽温和、历久弥新、不会带来光污染等特点。干挂陶板幕墙结构合理，受地域、气候诸条件影响小，安装便捷可独立更换，通过它的独特之处——低耗、环保、节能、耐久、自洁、色泽均匀以及色彩丰富完美地将装饰效果发挥至极至，创造了高科技与生态学之间的和谐，具有较高的品位，同玻璃、金属、石材等幕墙相比在经济上有较高的性价比。

我公司经过工程实践，根据陶板的材料特性及结合实际施工情况，采取有效的施工技术措施，并改进施工工艺形成干挂陶板幕墙施工工法，对于提高工程质量、加快施工进度、节能环保起到很大作用，具有良好的经济效益、环保效益及社会效益。

2 工法特点

（1）采用 BIM 技术进行排板，根据实际测量的建筑立面尺寸数据，形成精确的立面排板分格图，可提高整体布局的美观性、减少材料损耗。

（2）开放式的安装方式以及陶板自身的空腔结构，使得面材跟墙体之间的空气层能够"自由呼吸"，可以散湿散热，防止背腔结露，具备外墙保护功能，提高建筑物自身的舒适度，延长建筑物的使用寿命，达到双重立体保温效果。

（3）施工工艺简单，板块可随意切割，布置灵活，可单块安拆，安装、维修方便。

（4）陶板之间无耐候胶固定，绿色环保。

（5）纵横方向设置控制网进行幕墙安装，控制横竖缝直线度、表面平整度；列与列之间的陶板设置与设计板缝同宽的分缝橡胶条，既可以防水又保证竖缝的直线度。

3 适用范围

适用于各种建筑结构形式、各种风格造型的内外墙为陶板幕墙的建筑，特别适用于客运站、体育场馆、歌剧院以及商务办公楼等大型建筑的外墙装饰，增加建筑物端庄、气派、典雅、新颖、古朴的时代艺术气息。

4 　工艺原理

（1）干挂陶板幕墙施工工艺是预先运用 BIM 技术进行排板分格，工厂机械化加工裁切成型，采用挂件式安装系统，根据陶板幕墙分格连接固定；主体结构上安装后置埋件，通过角码将竖向龙骨与埋件连接固定，采用焊接连接将角钢横梁固定在竖向龙骨上，再通过铝合金卡挂件把陶板固定在横梁上，挂件与横梁之间采用柔性绝缘垫片隔开；陶板有自带的安装槽口，将铝合金挂件卡入槽中，陶板拼接的水平缝处于开放状态，竖向缝安装有 EPDM 分封胶条，通过角码固定在龙骨上；通过调整紧固螺栓，保证面板安装的整体平整度，达到施工验收质量要求。

（2）具体施工做法见安装示意图，如图1、图2所示：

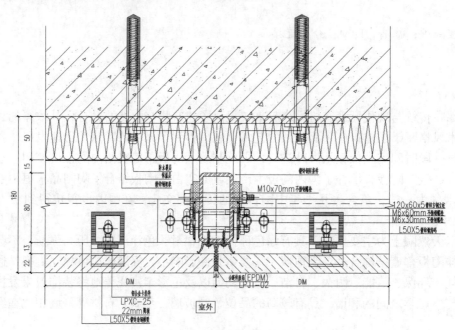

图 1 　陶板幕墙节点一

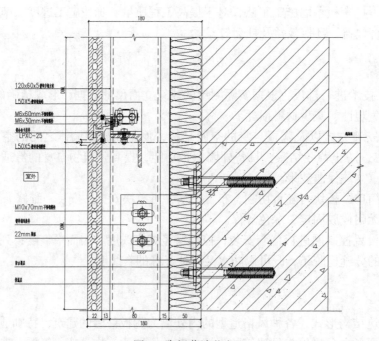

图 2 　陶板幕墙节点二

5　施工工艺流程及操作要点

5.1　施工工艺流程

施工准备→定位放线→安装后置埋件与转接件→安装防水保温系统→安装龙骨→安装陶板→收边收口→清理保洁→验收。

5.2　操作要点

5.2.1　施工准备

（1）排板分隔

①用经纬仪和水准仪在外墙面上把控制点、线弹出来，由控制点、控制线处开始测量出建筑物门窗洞口、线条、墙体、挑檐等的实际位置和尺寸；

②根据测量数据用 BIM 软件建立三维模型，优化排板分格图，做到美观、安全、省材、并有利于施工和生产；

③排板分格时，应优先考虑以层高来控制板材的高度，以门窗洞口和转角来控制板材的宽度；

④利用 BIM 技术将板块编号和数量、面积统计出来，安排生产。

（2）编制进场计划、劳动力需用计划、施工进度计划，报监理审批。

（3）组织技术人员熟悉图纸、施工方案，发现问题及时提出，并予解决，与各工种间办理好工序交接手续。

（4）根据现场条件，修建并确定现场临时生产、生活设施，确定现场供水、供电及运输方式，确保材料及设备进场后的堆放及保管。

（5）组织工人进场，进行三级安全教育、技术交底、安全交底、熟悉现场施工环境。

（6）根据施工条件，搭设或加固施工所需的脚手架，安装垂直运输设施，制作施工所需的分缝胶条等。

5.2.2　测量放线

幕墙的施工测量应与主体工程施工测量轴线相配合，在墙面上放出水平控制线与垂直控制线，再根据陶板幕墙施工图及排板分格图放出竖向龙骨的垂直定位线和每排后置埋件的水平安装控制线。

根据放线后的现场情况，对实际施工的土建结构进行测量复核，如发现排板分格图与现场实际情况误差大，应进行调整处理，然后进行下一道工序。

5.2.3　后置埋件安装

（1）后置埋件定位

用硬纸板制作一块与后置埋件形状、规格一致的纸埋件，在纸埋件上画出竖直方向的中心线，将纸埋件靠在墙上中心线与竖向龙骨垂直定位线对齐，纸板上边线与每排后置埋件的水平安装控制线对齐，用记号笔分别在四个安装孔做记号。

（2）化学螺栓安装

在定出的位置用冲击钻打孔，孔径、孔深根据设计图纸要求确定；用专用气筒或压缩空气机清理钻孔中的灰尘，建议重复进行不少于 3 次，孔内不应有灰尘与明水；将玻璃管锚固剂圆头朝内放入孔内并推至孔底，使用电钻及专用安装夹具，将螺杆强力旋转插入孔内，不应采用冲击方式；当旋至孔底或螺栓上标志位置时，立刻停止旋转，取下安装夹具，凝胶后至完全固化前避免扰动。

（3）拉拔试验

化学螺栓的植入深度与螺栓的紧固程度直接影响整个幕墙的安全，因此必须通过锚栓拉拔试验来验证是否达到设计强度要求，取检验批总数的 0.1% 且不少于 5 根，抽检合格后，才能进行埋件安装。

（4）后置埋件安装

将后置埋件套在四根锚栓上，初步拧紧螺母，调整锚板的表面平整度和垂直度，然后拧紧螺母。

安装完成后必须用扭矩扳手检验螺栓、螺母的拧紧力度，不小于 60N·m，抽检率不少于 1/3，并点焊固定，保证安全可靠。

5.2.4　防水保温系统安装

（1）基层清理

先把土建基层清理干净，确定外墙基层平整度与垂直度；

（2）设置托架

托架每两层设置一道，托架采用 φ10 膨胀螺栓固定，与基层墙体须连接牢固，能承受托架间距内保温层及装饰层自重，托架固定锚栓横向间距不大于 500mm。在距散水上 600mm 位置安装不锈钢托架，托架以下部位采用 50mm 厚的聚苯板进行保温处理。

（3）安装保温棉和防水钢板

通过镀锌钢板与将 50mm 厚保温棉用棉钉和胶粘剂固定在防水镀锌钢板上，然后将镀锌钢板安装在设置好的托架上，避开龙骨支座的位置。

5.2.5　安装龙骨

（1）立柱安装

①立柱采用镀锌方通，立柱下料完成后，根据角码转接件对螺栓孔进行定位，定位偏差小于 2mm，然后使用台钻钻螺栓安装孔。

②先安装墙面两端的立柱，立柱就位后通过不锈钢螺栓将立柱与角码转接件连接，根据垂直线及墙面端线，对立柱位置进行调整固定，确保立柱距墙面距离和垂直度。

③立柱从下而上逐层安装就位，对接处用 5mm 厚镀锌钢板 $L \geqslant 300mm$ 做伸缩节，钢板上端用螺栓与上立柱固定，下端插入已安装的下立柱内，上下立柱接头留 20mm 伸缩缝隙。

④两端立柱安装完成后，中间拉两根细钢丝，用于调整中间部分立柱安装的整体平整度。

（2）横梁安装

①立柱安装完成后，根据水平安装控制线，按照陶板的设计宽度及横缝宽度依次在立柱上弹出每排横梁的安装定位线，每排定位线沿建筑四周闭合，进行复核无误后方能焊接横梁。

②横梁一般采用镀锌角钢横梁，长度根据设计要求确定（一般不小于 250mm），角钢下料完成后使用台钻钻挂件螺栓安装孔。

③将横梁对准安装定位线，点焊临时固定，复核横梁位置是否准确，用水平尺检查调整平整度，检查合格后进行满焊固定。横梁的安装质量将直接影响陶板安装的横缝直线度，是施工的重点工序，必须加强安装质量控制。

④将焊缝处焊渣清理干净，再将焊缝与防腐层破坏部分涂刷防锈漆与保护面漆。

⑤横梁全部安装完成验收合格后进行挂件安装。

（3）挂件安装

①挂件采用螺栓与横梁固定，挂件一端为可调节安装孔，另一端分别有向上和向下的槽口，上槽口比下槽口浅一半。

②用螺栓穿过挂件安装孔和绝缘垫片固定到横梁上，螺栓先不拧紧，待陶板检查调整平整度后再拧紧。

③根据设计图纸要求的陶板安装离墙间距和墙面端线，先拧紧最底排左右两侧的挂件，然后两挂件之间拉平整度控制线，再根据控制线依次拧紧最底排其他挂件的螺栓。

5.2.6　陶板安装

（1）拉设缝格直线度和表面平整度控制线

①拉设一级安装控制线：在待安装的墙体立面四个角分别用钢筋与横梁焊接，每两根钢筋之间拉设细钢丝，根据墙面垂直线、水平线和陶板离墙间距，调整细钢丝的垂直度、水平度和离墙间距。

②拉设竖缝直线度控制线：由一级安装控制线的垂线结合排板分格图引出第一列陶板竖缝直线度控制线，竖缝直线度控制线每隔 4～6 列设置一道。

③拉设横缝直线度控制线：由一级安装控制线的水平线引出第一排陶板横缝控制线和平整度控制线，横缝控制线和平整度控制线随着每排陶板的安装往上移动。

（2）陶板安装

①为方便操作，陶板从下往上逐排安装，每排先安装转角处陶板，再安装中间陶板。

②先在已紧固好的第一排转角处挂件的上槽口用打胶枪挤入耐候胶，耐候胶厚度以槽深的一半为宜，施工过程中注意防止耐候胶污染面板。

③每块陶板至少需要四个挂件，将第一块陶板承载壁插入挂件槽口，扣上上排挂件，粗略调整陶板的位置后，初步拧紧螺栓。

④根据平整度控制线沿垂直墙面方向调整上排两个挂件，面板平整度符合要求后拧紧上排挂件螺栓；根据竖缝直线度控制线左右移动面板使板边缘与控制线对齐。

⑤将与竖缝同宽的分缝胶条紧贴陶板内侧边缘用自攻螺丝固定在横梁上，分缝胶条伸入板缝内不少于板厚的 1/3，分缝胶条要拉直连续设置，以保证防水效果。

⑥根据上述步骤依次安装其余陶板，左右移动调整正在安装的板块竖缝，以刚能卡住分缝橡胶条为准，避免用力过猛使邻近板块发生位移；通过中间设置的竖缝直线度控制线进行纠偏减少误差积累，安装过程中要经常用 2m 靠尺检查板面安装的平整度。

5.2.7　细部构造处理

（1）阴、阳角构造

陶板幕墙阴、阳角处除使用成品异形陶板外，还可以采用现场拼接的方法。

①阳角：分别将两块相接的陶板边缘背面用切割机割成 45°倒角，先安装固定一侧的陶板，并在接缝处均匀的涂抹耐候密封胶，然后安装另一侧的陶板，对陶板位置进行调整，接缝处应留出 3mm 的缝隙，接缝要均匀阳角要方正。

②阴角：拼接时一侧的陶板边缘均匀地涂抹耐候密封胶后，直接盖过另一侧已安装好的陶板面，两块板不能直接接触，应根据邻近板缝的宽度留缝，接缝要均匀，阴角要方正。

（2）局部中间板块找补安装

先在待安装的陶板上下两边的中间空腔内各穿入一条棉绳，棉绳两头在板面系紧，分别提住上下两根棉绳，将陶板倾斜插入上排挂件的槽口，然后将陶板放平整，慢慢松手使陶板卡入下排挂件槽口，左右移动板块调整竖缝，安装完成后解开棉绳，轻轻拉出。

（3）门、窗洞口边构造

门窗洞口收边采用 3mm 厚铝单板，采用自攻螺钉或塑料膨胀螺栓固定，面板颜色根据设计确定，各接缝之间的缝隙打耐候胶密封。窗洞口铝单板施工时，应按照先上后下，再左后右的施工顺序进行施工；窗台、门洞上沿口铝单板应做出 5% 外斜滴水坡度（即内高外低），且应在铝单板下方钻滴水孔；下沿口应做出 5% 外斜流水坡度（即内高外低），门窗洞口四周铝单板与门窗框边缘接口处应采用绝热嵌缝条和耐候密封胶密封。

（4）女儿墙顶构造

女儿墙顶部收口采用 3mm 厚铝单板，采用自攻螺钉或塑料膨胀螺栓固定，铝单板面应做出 5% 内斜流水坡度（即内低外高），各接缝之间的缝隙打耐候胶密封。

（5）外墙勒脚构造

陶板幕墙外墙勒脚部位应留设变形缝避免与地面直接接触，并确保雨水不会渗入幕墙内腔。最底排陶板距离室外地面距离 15mm，保持开放结构。

（6）伸缩缝构造

墙体伸缩缝处应先安装好成品伸缩缝板并做好保温和防水处理，伸缩缝两侧各安装一根立柱及横梁，陶板接缝设在两立柱之间，防止建筑不均匀沉降变形，导致陶板破裂。

5.2.8　清理验收

陶板安装完成后，对完成面进行系统检查，检查是否有被污染弄脏的板块，污染部位先用棉布蘸少许清洁剂擦拭干净，再用清水布擦拭一遍；安装过程中和安装完成后要注意做好成品的保护工作，严禁蹬踏、重物撞击。

6　材料与设备

6.1　主要材料

所选用的龙骨、挂件、五金、陶板等材料应按设计要求选用。

6.2　施工机具

表 6.2　机具设备表

序号	设备名称	型号	单位	数量	用途
1	冲击电锤	Z1C-TS-26MM	台	2	预埋锚栓用
2	型材切割机	X3552	台	2	切割型材
3	电焊机	BA6-360	台	4	焊接连接
4	手持式电动扳手	FUSION	把	5	安装挂件用
5	台　钻	3.2KVA	台	1	型材钻孔
6	石材切割机	Z1Z-BT-110	台	1	现场切割板块
7	电动葫芦	1T	台	2	材料吊运
8	水准仪	SHW-A	台	2	测量放线
9	经纬仪	J6	台	1	测量放线
10	铝合金靠尺	2m	把	5	平整度检查
11	扭矩扳手	SNB 系列	把	1	螺栓紧固检查
12	橡胶锤		把	5	陶土板安装

7　质量控制

7.1　工程质量控制标准

本工法施工质量标准执行设计要求和国家标准《建筑工程施工质量验收统一标准》（GB 50300—2013）、《建筑装饰装修工程施工质量验收规范》（GB 50210—2010）、《建筑幕墙》（GB/T 21086—2007）的相关规定。

7.2　质量保证措施

（1）确保按照 ISO9001—2008 标准要求，建立完善的现场质量管理体系，并进行有效的运行。

（2）严肃认真地执行工艺做法，未征得技术人员同意，任何人不得随意更改所定技术工艺。

（3）技术人员和施工人员提前学习图纸和相关技术文件，明确质量标准和技术要求，同时对班组作好技术交底。

（4）测量放线过程要严谨，缩小每道工序的误差范围。

（5）安排专职质检员进行跟班检验，对每一构件都应进行相关内容检查，同时，要求班组加强自检和工序交接检。

8　安全措施

（1）认真贯彻"安全第一，预防为主"的方针，建立安全管理体系，执行安全生产责任制，明确各级人员的职责，抓好工程的安全生产。

（2）施工现场按符合防火、防风、防雷、防触电等安全规定及安全施工要求进行布置，并完善布置各种安全标识。

（3）编制安装专项施工方案，安全用电施工方案等，严格按规定审批执行。

（4）保证施工现场材料、工件、机具、设备放置有序、道路畅通，使施工现场符合文明工地的标准要求。

（5）施工现场的临时用电严格按照《施工现场临时用电安全技术规范》（JGJ46—2005）的有关规范规定执行。

（6）配电柜、配电箱要有绝缘垫，并安装漏电保护装置。

（7）建立完善的施工安全保证体系，加强施工作业中的安全检查，确保作业标准化、规范化。

9　环保措施

（1）在工程施工过程中严格遵守国家和地方政府下发的有关环境保护的法律、法规和规章，白天施工噪声 ≤ 70dB（夜间 55dB），施工现场无扬尘。加强对施工燃油、工程材料、设备、废水、生产生活垃圾、弃渣的控制和治理。

（2）环保监测主要包括对施工现场的噪声、粉尘、扬尘等进行的监测项目，均需达到国家环保标准。

（3）环保措施

①减少施工噪声措施有：物体搬运轻起轻落；减少施工作业的敲击噪声；金属型材切割时，在周围加隔音挡板墙，进行防护；吊车作业、砂轮切割机工作时，采取降低噪声措施。

②粉尘、施工垃圾处理措施有：操作人员戴防尘面具，采用收尘通风装置，尽量减少粉尘对人员和环境的影响。建筑垃圾采用分类整理、统一运至垃圾场。

③减少施工扬尘措施有：对施工现场地面进行洒水，硬化处理，并安排专人定期清扫。施工人员在作业面上做到文明施工，工完料尽场地清。

10　效益分析

（1）陶土板无辐射、无污染，可 100% 回收；自洁性能好，节省使用维护费用；陶土板自重轻，采用扣件式施工工艺，施工简便，安拆、维修方便；陶土板色泽均匀，形状稳定，不退色，装饰效果华贵、美观、大方；陶土板自带的内腔，可以隔音降噪，保温隔热性能与节能效果良好。

（2）现场安装方便、施工效率较高：由于陶板幕墙是采取工厂化加工现场安装的方式，工厂定量加工成批生产，保证了成品板的规格与质量，并且此工艺安装方式也方便简单，容易操作，既缩短了施工工期又降低了施工成本。

（3）由于陶板自身的自洁功能，使建筑维护更轻松，后期维护费用低廉，不易吸附灰尘，污物不易沉积，雨水冲刷即可自洁，节省幕墙周期清洁费用。与同类幕墙工程相比，陶板幕墙施工工艺简单施工速度快，能缩短建设周期，所用材料属于低耗能，材料环保，建成后节能效果显著，符合当前节能环保降耗的主题，将在我国建筑幕墙装饰工程中得到更广泛的推广应用。

本工法是具有较强的指导意义，有利于施工工艺的推广和应用，提高本企业的竞争力。

11　应用实例

2016 年 10 月至 2017 年 11 月在湖南省博物馆改扩建（二期）装饰装修项目中采用了本工法施工，施工质量良好，此工艺安装方式方便简单，容易操作，既缩短了施工工期又降低了施工成本，获得业主好评。

2018 年 3 月至 2018 年 11 月在九所宾馆装饰装修工程应用该工法，经设计单位及图审机构审查符合相关规范要求，且整体效果美观大方，增加了建筑外立面装饰的统一效果。

该工法已经获得我司企业级工法，编号 QYGF2018-ZS-17。

采用本工法施工，项目竣工验收效果、质量均符合要求，达到了建筑设计单位及建设单位预期的效果。本工法施工节约了施工成本，加快了施工速度，同时在施工期间做到了无噪声、无灰尘，真正做到了不扰民、不污染环境的施工。

一种开放式石材幕墙施工工法

李　忠　蒋梓明　康思源　邓宇龙　周晓峰

湖南建工集团装饰工程有限公司

摘　要： 为解决开放式石材幕墙存在雨水浸入及幕墙气密性、保温材料防潮、防水等问题，提出了一种以后切式背栓为核心产品，特殊钻头为辅助设施，以专用龙骨为配套的石材干挂工艺，从幕墙顶部往下设置挡水斜坡，进入石材幕墙内部的雨水通过挡水斜坡引排至石材幕墙外。本工法不使用密封胶封闭，装配感和立体感强，外饰效果好，不存在胶油渗出腐蚀石材和吸附灰尘等问题，使幕墙表面可长期保持清洁，外饰效果好。

关键词： 开放式；石材幕墙；干挂施工；挡水斜坡

1　前言

经过工程实践，根据石材的材料特性及结合实际施工情况，采取有效的施工技术措施，并改进施工工艺形成开放式石材幕墙施工工法，对于提高工程质量、加快施工进度、节能环保起到很大作用，具有良好的经济效益、环保效益及社会效益。

2　工法特点

2.1　施工现场无打胶作业

传统的幕墙多采用耐候密封胶进行封闭，但在打胶的过程中由于胶的特性受周围温度、湿度及工人技术等影响较大，施工质量无法保证，也容易污染石材。开放式石材幕墙由于采用螺栓连接及开放式结构无须在幕墙上进行打胶作业，石材与螺栓的连接可在条件较好的工厂完成，确保了整个幕墙的施工质量，这也与目前幕墙"施工现场无打胶作业"的整体发展趋势相适应。

2.2　保温节能

开放式幕墙结构利用其背面的空气对流减少室内与室外的热量交换，而且其内层保温板又进一步阻碍了热量穿透，从而达到了明显隔热效果。在夏季，可以减少建筑制冷成本，在冬季则可以大大减少采暖费用。

2.3　抗震性能

背栓式结构属于较先进技术，其特点是实现石材的无应力加工，石材连接强度高，节省强度值30% 左右。背栓式结构是将石材面板独立分解开，各面板自成独立连接体系，相邻板块间不传递荷载作用，板块与骨架之间仍设计成活动连接，可保证面板有足够的位移变形空间。因此，背栓式结构比其他的结构具备更好的位移变形性能和抗震性能。

2.4　易于维护

在维修时只需将其上块面板上移 5mm 左右，再将破损的板块抬高 10mm 以上即可拆下，安装时也采取同样的方法。这样就能方便地更换石材，从而长期保持幕墙的完好，而一般幕墙结构的每一个板块都通过胶连接，难以独立拆卸，难以避免打胶接口处理问题。

2.5　美观大方

幕墙结构采用开放式，石材板缝不使用密封胶封闭，在视觉上有装配感和立体感强，外饰效果好。由于不使用密封胶，无胶油渗出腐蚀石材和吸附灰尘，使幕墙表面长期保持清洁，提高外饰效果。

3 适用范围

适用于天然石材、人造板材等板材的幕墙建造。适用于任何建筑高度，设防烈度为 6 ~ 8 度的民用建筑石材幕墙工程。

4 工艺原理

（1）该工法以后切式背栓为核心产品，特殊钻头为辅助设施，以专用龙骨为配套的石材干挂工艺。从顶部往下设置挡水斜坡，进入石材幕墙内部的雨水通过挡水斜坡引排至石材幕墙外。

（2）具体施工做法见安装示意图（图 1、图 2）。

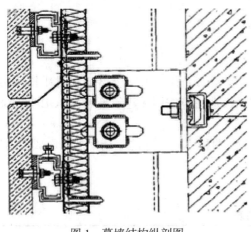

图 1 幕墙结构纵剖图

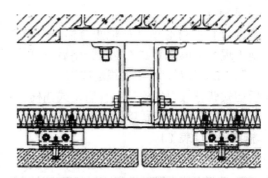

图 2 幕墙结构横剖图

5 施工工艺流程及操作要点

5.1 施工工艺流程

测量放线→复查埋件→安装竖向龙骨→安装水平龙骨→安装防水板和铝挂件→防锈防腐处理→安装石材板块和挡水斜坡→调整固定→清洗验收。

5.2 操作要点

5.2.1 测量放线

采用整体偏差测量和立体控制网放线技术，把结构施工的控制轴线和控制标高进行复核和调整，对主体结构的实际尺寸与设计尺寸偏差平均分配到控制网的基本单元格内，建立一级装修立体控制网。在石材安装前将一级控制网加密为二级控制网，确保将误差消化，保证立面整体效果。在每一层将室内标高移至外墙施工面，并进行检查；在石材挂板放线前，应首先对建筑物外形尺寸进行偏差测量，根据测量结果，确定出挂板的基准面；以标准线为基准，按照图纸将分格线放在墙上，并做好标记；然后用 $\phi 0.5 \sim \phi 1.0$mm 的钢丝在单面幕墙的垂直、水平方向拉控制线，水平钢丝每层拉一根（间隔 20m 设一支点），垂直钢丝应间隔 20m 拉一根。

5.2.2 安装龙骨

焊接或者栓接固定角码与埋件，角码与竖向龙骨之间通过螺栓连接，角码应进行镀锌处理，竖向龙骨为槽钢，螺栓为不锈钢螺栓，待竖向龙骨调整完毕后，紧固螺栓将竖向龙骨固定，然后安装水平龙骨，水平龙骨应固定牢固，位置准确。所有焊缝应进行防锈、防腐处理。

5.2.3 防水板安装

龙骨安装完成后，将 50mm 保温棉用胶粘剂和棉钉固定在防水镀锌钢板上，然后用螺钉将防水钢板固定在龙骨上。

从外墙顶部及往下，每隔 4 ~ 8m 设置挡水斜坡，挡水斜坡设置在幕墙骨架上，这样有利于防水效果。采用 1.2mm 厚镀锌钢板折弯成坡状，一端用铆钉锚固于龙骨结构上，另一端引至石材板缝处，安装完成后，在螺钉接口位置涂防水剂封闭。

5.2.4　安装龙骨

石材在现场或工厂的加工车间完成冲孔工序，并将孔内的粉末清理干净；采用专用安装工具轻击，将锚栓安装在板材上，进行紧固，并将连接件固定在锚栓上；将板材通过连接件安装在横龙骨上的铝合金挂件上，并通过不锈钢螺栓连接，调平固定。

5.2.5　清理验收

石材面板安装完成后，对完成面进行系统检查，检查是否有被污染弄脏的板块，污染部位先用棉布蘸少许清洁剂擦拭干净，再用清水布擦拭一遍；安装过程中和安装完成后要注意做好成品的保护工作，严禁蹬踏、重物撞击。

6　材料与设备

6.1　主要材料

幕墙骨料型材必须外观检测合格，力学性能符合规范要求，具有出厂合格证和材质检测报告，进入施工现场后取样复试，复试合格后方可使用。石材面板选用应按照《建筑幕墙》（GB/T 21086—2007）第7.2.1条石材的相关规定选用。

后切式背挂板材锚栓是一种后切式锚栓，由 M6 及 M8 两种不同尺寸的不锈钢加工而成。锚栓由锥形螺杆、扩压环、间隔套管及螺母组成。

6.2　施工机具（表 1）

表 1　机具设备表

编号	工具	用途
1	电焊机	焊接钢材
2	氧气瓶	焊接钢材
3	乙炔瓶	焊接钢材
4	半自动切割机	切割石材
5	手工割枪	焊接
6	角磨机	打磨
7	砂轮切割机	切割下料

7　质量控制

7.1　工程质量控制标准

本工法施工质量标准执行设计要求和国家标准《建筑工程施工质量验收统一标准》（GB 50300—2013）、《建筑装饰装修工程施工质量验收规范》（GB 50210—2010）、《建筑幕墙》（GB/T 21086—2007）的相关规定。

7.2　质量保证措施

（1）确保按照 ISO9001—2008 标准要求，建立完善的现场质量管理体系，并认真执行。

（2）严肃认真地执行工艺做法，未征得技术人员同意，任何人不得随意更改所定技术工艺。

（3）技术人员和施工人员提前学习图纸和相关技术文件，明确质量标准和技术要求，同时对班组作好技术交底。

（4）测量放线过程要严谨，缩小每道工序的误差范围。

（5）安排专职质检员进行跟班检验，对每一构件都应进行相关内容检查，同时，要求班组加强自检和工序交接检。

8　安全措施

（1）认真贯彻"安全第一，预防为主"的方针，建立安全管理体系，执行安全生产责任制，明确各级人员的职责，抓好工程的安全生产。

（2）施工现场按符合防火、防风、防雷、防触电等安全规定及安全施工要求进行布置，并完善布置各种安全标识。

（3）编制安装专项施工方案、安全用电施工方案等，严格按规定审批执行。

（4）保证施工现场材料、工件、机具、设备放置有序，道路畅通，使施工现场符合文明工地的标准要求。

（5）施工现场的临时用电严格按照《施工现场临时用电安全技术规范》（JGJ46—2005）的有关规范规定执行。

（6）配电柜、配电箱要有绝缘垫，并安装漏电保护装置。

（7）建立完善的施工安全保证体系，加强施工作业中的安全检查，确保作业标准化、规范化。

9　环保措施

（1）在工程施工过程中严格遵守国家和地方政府下发的有关环境保护的法律、法规和规章，白天施工噪声≤70dB（夜间55dB），施工现场无扬尘。加强对施工燃油、工程材料、设备、废水、生产生活垃圾、弃渣的控制和治理。

（2）环保监测主要包括对施工现场的噪声、粉尘、扬尘等进行的监测项目，均需达到国家环保标准。

（3）环保措施

①减少施工噪声措施有：物体搬运轻起轻落；减少施工作业的敲击噪声；金属型材切割时，在周围加隔音挡板墙，进行防护；吊车作业、砂轮切割机工作时，采取降低噪声措施。

②粉尘、施工垃圾处理措施有：操作人员戴防尘面具，采用收尘通风装置，尽量减少粉尘对人员和环境的影响。建筑垃圾采用分类整理、统一运至垃圾场。

③减少施工扬尘措施有：对施工现场地面进行洒水，硬化处理，并安排专人定期清扫。施工人员在作业面上做到文明施工，工完料尽场地清。

10　效益分析

该工艺在现场进行装配式作业，作业精度高，各块板独立承重，采用的后切式背栓承载力大，抗震性强，而且拆卸方便。幕墙采用开放式结构，雨水虽可进入石材背部，但挡水斜坡能引导至石材横缝排出墙外，且石材内外的空气能顺畅流通，建筑的潮气透过流动空气带走从而避免产生冷凝水，保持建筑外墙干燥，延长结构使用寿命。主体结构外表面形成封闭的内空气层，可以很好地保护室内热量流失，从而达到显著的保温效果，节约能源。

11　应用实例

2016年10月至2017年11月在湖南省博物馆改扩建（二期）装饰装修工程采用了本工法施工。其安装性能相比于传统挂件打胶固定工艺要更加可靠，也消除了胶固定的耐久性隐患，都提高了石材的安全性，施工质量良好。

2016年11月至2017年6月在麓谷文化产业基地幕墙项目工程应用该工法，经设计单位及图审机构审查符合相关规范要求，且整体效果美观大方，增加了建筑外立面装饰的统一效果。

该工法已经获得我司企业级工法，编号QYGF2018-ZS-18。

采用本工法施工，项目竣工验收效果、质量均合格，达到了建筑设计单位及建设单位预期的效果。本工法节约了施工成本，加快了施工速度，同时在施工期间做到了无噪声、无灰尘，真正做到了不扰民、不污染环境。

第 8 篇

岩土工程、土方开挖

水泥 - 水玻璃双液高压注浆加固
软弱地基处理施工工法

李良玉　周红春　周　文　张艳玲　谢　东

湖南省第四工程有限公司

摘　要：碎石桩等方法在处理地质构造复杂的超深回填土时，效果通常不理想。可利用双液高压注浆渗透挤压原理，将配制好的水泥浆和水玻璃溶液混合经专用压送设备以一定的压力通过注浆管轮流注入土层中，对地层进行充填、渗透、挤密或劈裂，并将土层中的水挤出，当浆液经胶凝或固化后，可提高地基承载力。本工法克服了单液水泥浆注浆凝结时间长且不可控的缺点，强度增长快、结石率高，提高了注浆效果。

关键词：地基处理；超深回填土；水泥 - 水玻璃；高压注浆

1　前言

　　（1）由于回填土填料成分不一，孔隙较大且压缩性高，回填前原地貌高低起伏变化较大，形成填土层薄厚不一，固结程度差异性大，导致地基均匀沉降性差，且承载力低。

　　（2）目前回填土的地基处理一般多采取开挖分层夯实回填、碎石桩挤密加固、桩基础处理等方法，这些方法对于回填土超深，且地质构造复杂的地基处理效果不够理想。利用水泥 - 水玻璃双液高压注浆加固地基，特别是针对回填土超深地基加固是一种经济、安全、适用的加固处理方法，且工程质量容易保证。

　　（3）随着城市建设发展的需要，建设任务越来越繁重，双液注浆技术作为地基处理方法的一种，可以满足越来越复杂的地基处理工程的要求，比其他类型地基处理方法有广泛的适应性，经过多年的工程实践，双液注浆技术处理软弱地基方法取得了成功的经验，广泛应用于市政建设和各项建筑工程中。

2　工法特点

　　（1）钻机钻孔至预定深度后采用双液注浆技术进行加固处理软弱地基，浆液有两种，即 A 液（水泥浆液）和 B 液（水玻璃浆液），两种浆液通过浆液混合器充分混合，注浆时实施定向、定量、定压注浆。

　　（2）施工设备体积小，调动灵活，不需要大型机械设备，施工比较简单，浆液渗透性强，加固效果好，质量容易保证。可适用于狭窄的施工场区和不同深度层次要求的加固。

　　（3）与换填法相比不需要对换填土进行分层夯实，减少了施工难度，缩短了工期，降低了成本。

　　（4）双液注浆具有速凝性能，可以调节注浆凝结时间，强度增长快、结石率高，在瞬间能起到强化和加固作用。克服了单液水泥浆注浆凝结时间长且不能控制的缺点，提高了注浆效果。

3　适用范围

　　（1）适用于大面积杂填土、回填土土质厚度不匀、深度超过 5m、地下水位不高，且回填土层加固后地基设计承载力特征值要求不大于 180kPa 的回填土层地基加固处理。

　　（2）也可用于岩基断裂破碎带加固。

4 工艺原理

利用双液高压注浆渗透挤压原理，将配制好的水泥浆和水玻璃溶液混合经专用压送设备以一定的压力通过注浆管轮流注入土层中，在压力作用下对地层进行充填、渗透、挤密或劈裂，并将土层颗粒间存在的水强迫挤出，浆液经胶凝或固化后，达到加固地层的目的，提高地基承载力。

5 施工工艺流程及操作要点

5.1 施工工艺流程

施工准备→定孔位→钻孔→下管→配浆→注浆→提管→注浆结束封孔→移至新孔位。

5.2 操作要点

5.2.1 施工准备

（1）地质资料、施工图纸、施工组织设计已齐全。

（2）水泥-水玻璃双液加固前应根据施工图纸设计要求和对地层加固的目的确定加固深度和范围，应进行水泥-水玻璃双液加固方案的可行性论证，方案确定后，应结合工程情况进行试验性施工，并根据试验结果调整水泥-水玻璃双液注浆设计参数和施工工艺；并对相关操作人员进行详细施工技术交底。

（3）对所加固地基范围内邻近建（构）筑物基础、地下工程和管线调查完毕，并取得结构或基础隐患评价分析报告。

（4）施工场地土方开挖至基底设计标高并平整，做好排水措施。

（5）施工用电、用水、道路及临时设施均已就绪。

（6）现场已设置测量准线、水准基点，并妥善保护。

（7）材料已安排进场，并按要求进行材料复检和相关试验。

5.2.2 放线布孔

（1）按照已审批的施工组织设计要求放线定出注浆点格网。

（2）钻孔布置：按 1.0m×1.0m 的间距排列采用梅花形满堂布置，孔深穿透填土层下一土层 0.5～1.0m。

5.2.3 钻孔

（1）根据注浆的方法和目的，选用地质钻机和其他成孔设备，钻孔应严格按照分序跳跃成孔施工。

（2）钻机定位：钻机按指定位置就位，调整钻杆的垂直度，对准孔位后，钻机不得随意移位，钻头点位误差不大于 20mm；钻杆垂直度误差不大于 1°。

（3）钻先导孔：先导孔数量为总孔数的 3%～5%。先导孔宜采取芯样，并核对地层岩土特性；若地层岩土特性有变化时，应补充土工试验和原位测试来确定岩土参数。

（4）进尺：第一个孔施工时，要慢速运转，掌握地层对钻机的影响情况，以确定在地层条件下的钻进参数；密切观察钻进尺度及溢水出水情况，出现涌水时，立即停钻，先行注浆止水，再分析原因，确认止水达到效果后，方可继续钻孔。钻进过程中详细记录孔位、孔深、地层变化和漏浆、掉钻等特殊情况及其处理措施。

（5）成孔：孔位与设计孔位偏差为 ±50mm；钻孔偏斜率不应超过 1%；钻孔孔径应大于注浆管外径 60mm 以上；钻孔的有效深度宜超过设计钻孔深度 0.3m。

（6）洗孔：钻孔达到设计深度，采用 2TG2-60/210 双液注浆专用泵，先采用高压水对注浆管进行排冲至管畅通，洗孔施工完成后，可以开始注浆作业。

5.2.4 下管

（1）用钻孔设备将注浆管设于预定深度，做好注浆管下管记录，注入高压清水冲洗注浆管，使注浆管路畅通。软弱地层水泥 - 水玻璃双液注浆可采用预埋注浆管方式注浆和直接采用钻杆注浆。采用预埋注浆管方式时，注浆钻孔完成后，应及时埋设塑料管或金属管等注浆管，注浆管顶部应高出地面 20 ～ 30cm。

（2）插入注浆管完毕后应封堵孔口及附近的地面裂缝以防冒浆和杂物进入。浅孔注浆时宜选择孔口封闭法，深孔注浆时宜选择孔内封闭法。

5.2.5　配浆

（1）A 液配制：采用普通硅酸盐水泥（42.5 级），制备成水灰比为 1.5∶1 ～ 0.5∶1 的水泥浆液。水泥称量法计量，允许偏差 ±5%，水和添加剂可按体积进行计量，允许偏差 ±1%，水泥浆应搅拌均匀，搅拌时间不少于 3min。

（2）B 液配制：水玻璃浓度为 40° Bé，使用前加水，搅拌稀释到 20° Bé ～ 35° Bé 备用，并确保均匀。

（3）A、B 液体体积比宜为 1∶0.1 ～ 1∶1。双液浆配制参数如下：黏度要求大于 35，相对密度 1.3 ～ 1.5，初凝时间 2 ～ 3min，凝固强度为 3 ～ 4MPa/2h。水泥 - 水玻璃双液注浆浆液在使用前应过滤，浆液自制备到用完的时间不应超过其初凝时间，且不宜大于 2h。

5.2.6　注浆

（1）注浆过程若孔内注浆量过大，应加大水玻璃用量，掺量 10% ～ 12%（水泥用量，体积比），控制注浆用量。灌浆用水为自来水以及清洁无浊无显著酸性的天然水。

（2）双液注浆根据不同的地质条件和工程要求，选用全孔一次性注浆、自上而下的下行式注浆法、自下而上的上行式注浆法。

（3）注浆顺序：注浆孔注浆施工采用分序施工，先注斜孔后注垂直孔，先注深孔，后注浅孔。

（4）注浆泵选用 2TG2-60/210 型双液调速注浆泵（双进双液注浆泵），采用裤叉式混合器，注浆泵排量控制在 10 ～ 60L/min，最大注浆量为 60L/min，通过换挡调速，使两种浆液均匀混合，实现高低压连续注浆，定向、定量、定压控制性注入岩土层使其空隙和空洞充分填充，浆液迅速凝固从而达到有效加固的目的。高压双液注浆工艺流程示意图如图 1 所示。

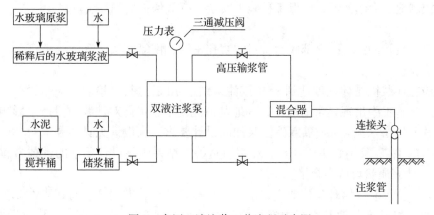

图 1　高压双液注浆工艺流程示意图

（5）注浆扩散半径、注浆压力、注浆速度和注浆量。

①注浆扩散半径。浆液扩散半径与土层空隙大小、浆液黏度、凝固时间、注浆速度和压力、压浆量等因素有关，通过计算和类似工程经验，确定回填土浆液渗透半径为 0.75m。

②注浆压力。注浆压力大小影响注浆效果，其大小取决于填土层空隙大小和粗糙程度、浆液的性质浓度、要求扩散半径等，注浆压力应根据注浆试验确定，上部 4.0m 软土层采用低压注浆，压力控制在 1.5MPa，4.0m 以下的软土层采用高压注浆，压力控制在 2 ～ 3MPa，压力由小到大。注浆压力严格控制，采用分级加压，一次加压不超过 0.2 ～ 0.4MPa。

③浆液浓度。水泥 - 水玻璃双液浆液配方要综合考虑凝结时间、结石体强度以及施工操作等因

素，土层空隙越大，用浆越浓，每段每次压浆时应先稀后浓。

④注浆压力的控制与浆液配比的变换。注浆过程中，合理地选择与控制注浆压力，适时地变换浆液配比，并使它们很好地配合，这是保证注浆质量的重要因素。

⑤注浆压力的选择与控制。水泥—水玻璃双液注浆压力控制通常根据该段所需浆量，在规定压力下，每一级浓度浆液的累计吸浆量达到一定限度后，调换浆液配比，逐级加浓，随着浆液浓度的逐级增加，空隙逐渐被填充，单位吸浆量逐渐减少，直到结束标准时，即结束注浆。

⑥浆液浓度的选择与变换。由于土层各段空隙大小与分布情况和疏密程度各不一样，每一注浆段中各种宽度空隙比例也不相同，需要合理的注浆浓度，为适应大小不同的空隙，一般是先压稀浆后压浓浆，注浆持续一定时间后或压入一定数量后，注浆压力、吸浆量无显著改变时即可加浓一级；若加浓后压力显著增大或吸浆量突减时，说明浆液浓度变换可能不当，应立即换成原来浓度。

⑦注浆量。注浆量根据杂填土密实情况、扩散半径和土层空隙进行估算，作为施工参考，对于大的溶洞、大的裂隙、η（裂隙率）>5% 时，浆液注入量难以估算，这种情况下，宜用注浆压力控制注浆量，注浆量只能按注浆终压规定值时的注浆总量来控制。

⑧注浆速度。注浆速度控制在 30.0 ～ 40.0L/min。

5.2.7　提管

回抽注浆管时，严格控制提升幅度，每步不大于 15 ～ 20cm，均匀回抽，注意注浆参数变化。

5.2.8　注浆结束、封孔

（1）注浆结束

注浆结束标准以两个指标来表示，一是最终吸浆量；另一是达到预定的设计压力（即终压）。一般水泥 - 水玻璃双液注浆结束标准是：注浆压力达到设计终压，吸浆量为 50 ～ 100L/min，稳定约 20min 即可结束。正常情况下，一般采用定压注浆，当注浆压力达到或接近终压时结束注浆，若当注浆压力接近或达到终压 80% 时，如果出现较大的孔口跑浆，经间歇注浆后全部达到或接近设计终压也可结束注浆。

注浆过程中，采用精密水准仪监测注浆过程中地表变形，应控制地表隆起值 ≤ 30mm，否则应调整设计参数，控制地表隆起变形，确保工程施工安全，有效保护周围环境。

（2）封孔

注浆完毕将注浆管冲洗干净全部收回，对注浆孔密封，恢复原状。

（3）质量检验

质量检验应在注浆固结体强度达到 75% 或注浆结束 7d 后进行，检验点应布置在下列部位：①有代表性的孔位；②施工中出现异常的部位；③地基情况复杂，可能对注浆质量产生影响的部位。检验点数量应满足软弱地层水泥 - 水玻璃双液注浆加固设计要求，当设计无具体要求时，检验点的数量宜为施工数量孔数的 1%，且不宜少于 3 点。注浆质量检查结果满足设计要求的承载力和注浆固结体强度的 90% 以上，注浆质量可认为合格。

根据建设方、设计院、监理单位要求，由有资质的检测单位共对 3 个有代表性的测试点进行了浅层平板载荷试验，以确定其地基承载力特征值是否满足 180kPa 的设计要求。载荷板面积为 0.25m²，试验荷载为 90kN，试验结果：3 个测试点的承载力均满足设计要求，且 3 个试验点实测值极差未超过其平均值的 30%，注浆加固地层的地基承载力满足设计要求。

6　材料与设备

6.1　材料

主要材料有：42.5 级普通硅酸盐水泥、水玻璃浆液、钻头、金属注浆管、添加剂等。

6.2　设备

施工设备配备参见表 1

表 1 施工设备注浆施工配备表

名称	规格	单位	数量	功能
钻机	YT-1	台	2	钻孔
双液高压注浆机	2TG2-60/210	台	1	注浆
高速搅拌机	XS-11	台	1	制浆
钢管螺纹套丝机	ZIT-M33	台	1	加工注浆管
挖掘机	CAT-320D	台	1	挖土
全站仪	HTS-221M	台	1	测量
水准仪	DSZ3	台	1	测量
塔尺	STC4	根	1	测量

7 质量控制

7.1 质量控制标准

《建筑地基基础设计规范》(GB 5007—2002)、《建筑地基处理技术规范》(JGJ 79—2002)、《建筑地基基础工程施工质量验收规范》(GB 50202—2002)、《混凝土用水标准》(JGJ 63)、《建筑工程水泥 – 水玻璃双液注浆技术规程》(JGJT 211—2010)、《通用硅酸盐水泥》(GB 175)。

7.2 材料质量要求

7.2.1 A 液要求

(1)注浆用水为可饮用的河水、井水及其他清洁水,对含有油脂、糖类、酸性大的水、海水、工业生活废水不应采用。

(2)注浆用的水泥应采用 42.5 级普通硅酸盐水泥,一般不超过出厂日期 3 个月,受潮结块者不得使用,水泥各项指标应符合国家标准,并有出厂质保单。矿渣硅酸盐水泥和火山灰质硅酸盐水泥不宜用于注浆。

(3)在满足强度要求的前提下,可用粉煤灰替代一定量的水泥,掺量应通过试验确定。

(4)为改善浆液性能应在浆液拌制好时加入适量外加剂,提高浆液扩散性和可泵性。加入 5% 的膨润土可提高浆液的均匀性和稳定性,防止固体颗粒分离和沉淀。

7.2.2 B 液要求

(1)选购市场上销售的符合国家质量要求的波美度为 35° Bé ～ 40° Bé 的水玻璃。

(2)对选购的水玻璃进行稀释直至符合要求的浓度备用。

(3)对上述两种 A、B 液进行合理配制,双液的黏度 >35。相对密度 1.3 ～ 1.5,初凝时间 2 ～ 3min,凝固强度 3 ～ 4MPa/2h。

7.3 注浆质量控制措施

(1)钻孔施工:开钻前,严格按照施工布置图布置好孔位。钻机定位要准确,开钻前的钻头点位与布孔点的距离偏差应满足设计要求。钻孔过程中,必须保证套管始终处于顶紧状态,防止钻头脱落堵塞钻孔,导致无法继续钻进造成废孔。

(2)配料:采用准确的计量工具,严格按照设计配方(配料)施工。

(3)注浆:注浆一定要按程序施工,每段进浆要准确,注浆压力一定要严格控制在设计注浆压力范围内,专人操作,当压力突然上升或从孔口溢浆,应立即停止注浆,每段注浆量应严格按设计进行,跑浆时,应采取措施确保注浆量满足设计要求。

(4)由专人负责每道工序的操作记录。

(5)注浆全过程应加强施工检查和监测,防止地面出水溢浆和地面隆起。

(6)土层容易造成塌孔时,采用前进式注浆,否则采用后退式注浆。

（7）双液注浆预防堵管措施

①输浆管路的安装应尽量缩短浆液汇合管的长度，浆液汇合管的长度应尽量控制在 1m 以内；水泥 - 水玻璃浆液汇合处的三通混合器应安装减压阀，并可通过减压阀注水清理汇合管路。

②双液注浆临时停止前应停用水玻璃，以单液水泥浆方式再注浆 60～120s，用纯水泥浆置换出注浆管路里的双液混合浆液，防止输浆管路堵塞。

③充分做好双液注浆前的准备工作，减少注浆过程中临时停注次数和时间。

（8）注浆完成后，应采取措施保证注浆不溢浆、跑浆。

（9）特殊情况处理

①注浆过程中发生串浆时，如串浆孔具备条件可同时注浆，应一泵一孔，否则应将注浆孔堵塞，待注浆结束后，串浆孔再进行扫孔、冲洗，而后继续注浆。

②冒浆、漏浆处理：应根据具体情况采用低压、浓浆、限流、限量、间歇注浆等方法进行处理。

③注浆工作因故中断，按下述原则处理：

a. 及早恢复注浆，否则立即冲洗钻孔，而后恢复注浆。若无法冲洗，或冲洗无效，则进行扫孔，而后恢复注浆。

b. 恢复注浆后，如注入率与中断前相比减少很多，且较短时间停止吸浆，则应采用补救措施。

c. 对吸浆量大、注浆难以结束地段，采取低压、浓度、限流、限量、间歇注浆或掺加速凝剂、回填等方式处理。

d. 如遇塌陷、淘空部位注浆量过大，应在浆液中掺加砂砾、石粉、细砂等掺合物料。

e. 注浆过程中，注浆压力或注入率突然改变较大时，应立即查明原因，采取必要的处理措施。

8　安全措施

（1）操作人员必须经培训合格后才能操作注浆机，未经培训或非操作司机不得操作注浆机。

（2）机电设备安全

①施工中所用机械、电气设备必须达到国家安全防护标准，自制设备、设施通过安全检查及性能检验合格后方可使用。

②所有施工人员应掌握安全用电的基本知识和设备性能，现场内各用电设备的安装和使用应符合《建筑机械使用安全技术规范》（JGJ33—2012）的要求。使用过程中出现故障应及时与专业人员联系，严禁非专业电气操作人员乱动电气设备，用电设备应有专人负责维修、保养。

③现场内临时施工用电应采取"TN-S"三相五线制，严格实行三级配电，二级保护，用电应满足《建筑施工现场临时用电安全技术规范》（JGJ 46—2005）要求。

④钻机注浆泵及高压管路必须试运转，确认机械性能和各种阀门管路、压力表完好后方准施工。

⑤每次注浆前，要认真检查安全阀、压力表的灵敏度，并调整到规定注浆压力位置。

⑥安装高压管路和泵头各部件时，各丝扣的连接必须拧紧，确保连接完好。

⑦注浆施工期间，必须有专门机电修理工，以便出现机械和电器故障时能及时处理。

（3）注浆过程中，禁止非施工人员在注浆孔附近停留，防止因机械故障伤人。

（4）注浆时不得随意停水停电，必要时必须事先通知，待注浆完成并冲洗后方可停水停电。

（5）注浆现场操作人员佩戴安全帽、护目镜、口罩和手套等劳保用品后方可进行注浆施工。

9　环保措施

（1）成立专门的施工环境卫生管理小组，落实环保责任制度，在施工过程中严格遵守国家及地方有关环境保护的法律、法规和规定。

（2）防尘措施

①水泥和其他易扬的细颗粒材料应密闭存放，使用过程中应采取有效防尘措施。

②施工场地内应当设置导流槽和沉淀池，浆液废水经导流入沉淀池沉淀后方可排入市政污水管

网，严禁直接将浆液废水排入市政污水管网。

（3）防噪措施

进入施工现场的车辆限制鸣笛。装卸材料做到轻拿轻放，最大程度地减少噪声扰民。

10　效益分析

10.1　经济效益分析

（1）与单液水泥浆注浆相比，容易控制凝结时间，克服了单液水泥浆凝结时间长且不能控制的缺点，浆液不易流失，避免造成浆液流失浪费，节约成本；强度增长快，结石率高，稳定性好，提高了注浆效果。

（2）与换填法、振动碎石桩相比较，减小了施工难度，确保了地基处理深度，缩短了工期，降低了成本，对地下原有管道不需要迁移，节约大量费用，具有显著的经济效益。

10.2　社会效益分析

该工艺在大面积深厚杂填土地基加固处理中，相对于换填法、振冲碎石桩施工，减少了扬尘、噪声污染及污染时间，大大减轻了环境污染，社会效益明显。

11　应用实例

11.1　湖南双峰海螺水泥厂厂房地基加固工程

（1）工程地点：湖南省双峰县三塘铺镇。

（2）开竣工日期：2015 年 6 月 20 日～2015 年 7 月 5 日。

（3）工程概况：欲加固地基区域为回填杂土，长约 30m，宽约 20m，深约 6m，由于回填时未控制填土质量，未经分层夯实，虽已回填三年多时间，区域内杂填土尚未完成自重固结，会产生土体收缩固结、变形、沉降，深地质条件较为复杂。现欲在上面建设框架建筑物和风机基础，需要对地基采取加固处理，提高地基承载力。

（4）施工情况：通过采取水泥 - 水玻璃双液高压注浆加固处理地基后，经浅层平板载荷试验检测，加固效果良好，满足设计地基承载力要求。

11.2　湖南海螺水泥厂地磅地基加固工程

（1）工程地点：湖南省新化县西河镇。

（2）开竣工日期：2014 年 4 月 6 日～2014 年 4 月 13 日。

（3）工程概况：在厂销售楼附近增设一台地磅，地磅基础为钢筋混凝土结构，场地为占地面积约 350m² 的杂填土区域，厚度在 4～6m，平均厚度 5m 左右。

（4）施工情况：采用双液高压注浆对地基进行注浆固化处理，工期节约 2d，经载荷试验检测满足设计要求，证明水泥 - 水玻璃双液注浆加固地基具有工期短、可靠性强，经济效益好等优点。

11.3　广西扶绥海螺水泥厂技改工程石灰石储存地基加固工程

（1）工程地点：广西扶绥县新宁镇。

（2）开竣工日期：2015 年 9 月 8 日～2015 年 9 月 25 日。

（3）工程概况：在石灰石预均化堆场附近增设石灰石储存及输送子项工程，其中石灰石储存及部分输送支架基础落在原来回填土区域，该区域面积约 700m²，深度约 5m，需要对此区域地基进行加固处理，才能满足工程设计的地基承载力要求。

（4）施工情况：采用水泥 - 水玻璃双液高压注浆技术进行了地基加固处理，确保了施工的安全、质量与环保要求，经有检测资质的单位载荷试验符合设计规范要求，得到了建设单位业主、监理单位的好评，取得了良好的经济效益和社会效益。

采用新型注浆加固设备处理软弱地基施工工法

石艳美　易　谦　李新波　孔　迪　赵东方

湖南省第一工程有限公司

摘　要：为解决常用地基注浆加固工艺流程多、成本高、效果有限等问题，利用新型地基注浆加固设备将造孔、下注浆管、封孔工艺合三为一，对软弱地基进行加固：浆液会在压力作用下逐渐扩散并不断充填空隙，对周围土体产生挤压并劈入土体的薄弱部位，最终形成交叉网状凝固体，增强了下层填土的密实度和压缩模量，提高了地基承载力。本工法将可做到分段注浆，及时检验注浆效果，实现动态施工，注浆管为回收式注浆管，节约环保，适用于深度超过6m，地下水位不高的回填土、杂填土地基单液注浆加固工程。

关键词：单液注浆；分段注浆；新型注浆设备；回收式注浆管

1　前言

目前，常见的地基注浆加固工艺流程多为：放点→钻孔→清孔→下注浆管→放细石混凝土封孔→24h后混凝土达到一定强度后开始注浆。但针对填土等形成的软弱地基加固工程，该工艺存在不足：（1）成孔困难，易发生塌孔、埋钻等影响施工进度；（2）封孔材料一般采用细石混凝土＋膨胀剂＋早强剂或水泥浆＋膨润土，从封孔到注浆施工时间间隔较长；（3）孔口软弱，封孔效果较差，影响注浆压力，降低注浆效果；（4）一般采用一次成孔，一次注浆，不易实现分段注浆，注浆加固效果有限；（5）施工过程中，无法及时反馈注浆效果，难以做到信息化施工；（6）注浆管一般采用不可回收的PVC塑料软管，不但影响工程造价，还会带来环境污染。

我公司与湘潭大学在采用注浆法加固软弱地基，特别是针对新老填土软弱地基的加固方面进行长期合作并积累了丰富的实践经验，有许多成功的实例。在此基础上，申请了新型注浆加固设备专利（实用新型专利号 ZL201320003968.0），形成了此工法。本工法采用新型地基注浆加固设备对软弱（特别是新老填土）地基进行处理，经济、安全、适用，工程质量易于保证，应用前景广泛。

2　工法特点

（1）本工法将造孔、下注浆管、封孔工艺合三为一，简化了注浆工序，节省了施工成本。

（2）本工法将钻进至设计加固地层后即可进行注浆施工，缩短了工序间隔时间，提高了工作效率。

（3）本工法封孔效果好，不易孔口跑浆，注浆设计压力可达要求；

（4）本工法将可做到分段注浆，能充分加固地层，注浆效果好；

（5）本工法能及时检验注浆效果，可为注浆参数调整提供依据，实现动态施工；

（6）本工法的注浆管为回收式注浆管，更节约造价，更环保。

3　适用范围

适用于深度超过6m，地下水位不高的回填土、杂填土地基单液注浆加固工程。

4　工艺原理

本工法利用新型地基注浆加固设备将造孔、下注浆管、封孔工艺合三为一，基于注浆渗透、挤密、劈裂等作用机理对软弱（特别是新老填土）地基进行加固：浆液会在压力作用下逐渐扩散并不断充填空隙，对周围土体产生挤压并劈入土体的薄弱部位，最终形成交叉网状凝固体，增强了下层填土的密实度和压缩模量，提高了地基承载力。

5　施工工艺流程及操作要点

5.1　工艺流程

施工准备→测量定位→安装设备→冲击钻孔→封孔→注浆→拔钻→填孔（返回冲击钻孔，循环下一孔施工）→收尾。

5.2　施工工艺及操作要点

5.2.1　施工准备

（1）清理平整场地：施工前先平整场地，清除场地内所有地上、地下障碍物，排除地面积水。

（2）灌浆孔位布置：应根据工程施工状况选择注浆孔的布置方式、孔距和排距。灌浆采用分序加密原则进行。采用梅花形布置、孔距 1～1.5m。先施工 1 序孔，再施工 2 序孔。具体灌浆孔位布置见图 1。

（3）注浆准备：布置注浆站→安装设备→试验→调整设备。

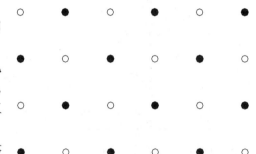

图例：○ 1序注浆孔　● 2序注浆孔

图 1　灌浆孔位布置图

5.2.2　测量定位

采用仪器和人工相结合测放孔位，先用全站仪放设注浆管灌浆轴线，再由人工拉尺测放，确保开孔位置与设计孔位置误差小于 10mm。

5.2.3　安装设备

根据设计的平面坐标位置进行设备就位，要求将钻头对准孔位中心，同时设备平面应放置平稳、水平。钻杆垂直度误差不大于 1°。

5.2.4　冲击钻孔

（1）将头部实心钻头 1 与改装注浆花管 2 连接，注浆花管直径 42mm，钻头尺寸一般比花管外径大 10mm。

（2）将注浆花管 2 通过钻杆接箍 3 及钻杆锁接头与普通钻杆 4 连接。

（3）在钻杆顶部拧上钻杆接箍以控制重锤 5 下落距离，重锤重 50kg。

（4）套入重锤。

（5）通过机械动力装置将重锤做提升及自由落体运动，为向下冲击钻进提供冲击力，重锤提升距离 1～2m。

（6）花管完全入土，但尚未达到设计加固地层，拧下钻杆锁接头，提升重锤及钻杆，通过花管顶部钻杆接箍安装加长钻杆。参见图 2。

（7）通过加长钻杆顶部钻杆接箍与安有重锤的钻杆连接，继续冲击钻进，直到设计加固地层。如单根钻杆钻进深度不够可按此方法增加加长钻杆。钻进过程中可记录单位距离所需的冲击次数，进而估算地基承载力的变化情况。

（8）密切观察钻进尺度。钻进过程中详细记录孔位、孔深、地层变化和漏浆、掉钻等特殊情况及其处理措施。

（9）成孔：按分序跳跃钻孔，孔位与设计孔位偏差不应大于 50mm；钻孔偏斜率不应超过 1%。参见图 3。单个钻孔按照分段成孔，分段注浆。

5.2.5　封孔

（1）将要钻进至设计加固地层前，且前根加长钻杆已基本入土时，拧下钻杆顶部钻杆接箍，通过动力提升装置将装有重锤的钻杆与入土的加长钻杆分离。

（2）钻杆底更换加长螺纹钻杆锁接头，将封孔铁板通过钻杆锁接头与安有重锤的钻杆及入土的加长钻杆相连。

（3）通过机械动力装置将重锤做提升及自由落体运动，为封孔板 8 压实钻孔及周边土体提供向下的冲击力。

（4）待封孔板没入到一定深度（最后 5 锤，铁板沉降小于等于 5mm）土层后可停止锤击。参见图 4。

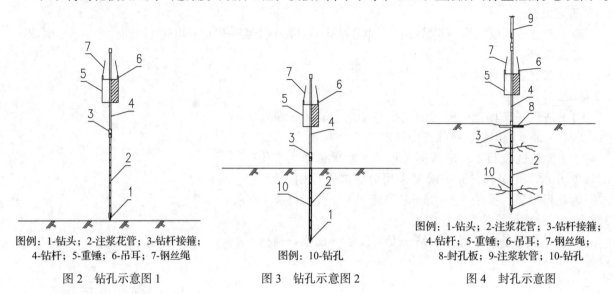

图例：1-钻头；2-注浆花管；3-钻杆接箍；
4-钻杆；5-重锤；6-吊耳；7-钢丝绳

图 2　钻孔示意图 1

图例：10-钻孔

图 3　钻孔示意图 2

图例：1-钻头；2-注浆花管；3-钻杆接箍；
4-钻杆；5-重锤；6-吊耳；7-钢丝绳；
8-封孔板；9-注浆软管；10-钻孔

图 4　封孔示意图

5.2.6　注浆

（1）制备浆液

注浆一般采用单液水泥浆注浆。采用 P·O 42.5 普通硅酸盐水泥浆，搅拌 3 ～ 5min，即可放浆。

（2）浆液用量

参照已往注浆参数及注浆经验，采用水灰比为 1：0.5 ～ 1：1 的水泥稀浆开灌。随着压浆的进行，浆液逐渐加浓（在制浆时改变浆液水灰比）。当浆液的压浆量达 500L 以上而单位吸浆量不见减小，灌浆压力无改变或变小时，则改浓浆液后续压浆。

根据吸浆量的大小，采用分级加压，压力由低至高逐渐增大，一次加压不超过 0.2 ～ 0.4MPa，喷射注浆压力控制在 2.0 ～ 5.0MPa，注浆速度控制在 30.0 ～ 40.0L/min。注浆量根据填土密实情况确定。直至达到设计注浆压力范围内为止（设计注浆压力和其他注浆工艺一样，注浆参数如压力、水灰比等根据现场条件确定）。

（3）注浆施工

注浆采用分段成孔、分段注浆，注浆完成一段后继续下一段的冲击钻进，然后再注浆，直到设计加固深度。注浆机通过换挡调速，使浆液均匀混合，实现连续注浆，定向、定量、定压控制性注入土层使其空隙和空洞充分填充，浆液迅速凝固从而达到有效加固止水的目的。通过钻杆接箍与钻杆锁接头直接与注浆管连接，浆液可沿空心钻杆流动；受周边土体挤压作用及孔口封孔板压实作用，注浆过程中不易发生孔口跑浆，可采用较高压力浆液从注浆花管钻孔中射出以加固地层，扩大平面注浆范围。

（4）特殊情况处理

压浆施工中出现周边地表冒浆、孔内漏浆及灌浆因故中断等现象，根据具体情况采取如下技术措施。

①冒浆：采用表面封堵、低压、限量、改压浓浆液、间歇灌注等方法进行处理。

②孔内漏浆：少数钻孔吸浆量特大，改压 0.5：1 水泥浓浆长时间灌注仍达不到终灌标准，采用间歇压浆方法反复灌注，直至达到地基设计承载力。间歇时间不宜过长，一般 5 ～ 10min，避免浓浆在高压下固化将压浆管堵塞。

③压浆因故中断：若中断时间较短，尽快恢复压浆，恢复压浆时，重新从稀浆开始，如吸浆量与中断前接近，则恢复到中断前的浓度，否则逐渐变浓；若中断时间较长，恢复压浆后吸浆量减少很多，

则重新钻孔。

④压浆过程中，密切注意压浆可能造成的孔内外及周边环境的变化，如吸浆量、压力、地表冒浆等变化情况，及时调整浆液配比。如压浆初始即出现泵压大、吸浆量小或注浆过程中突然出现这种情况，即应停止送浆，清孔后再进行压浆。

⑤注浆过程中发生相邻钻孔串浆时，如果串浆孔具备条件可同时进行注浆，应一泵一孔，否则应将串浆孔堵塞住，待注浆孔注浆结束后，串浆孔再进行扫孔冲洗，然后继续注浆。

⑥对吸浆量大、注浆难以结束地段，应采用低压、浓浆、限流、间歇注浆或掺加速凝剂等方法进行处理。

（5）结束注浆

①注浆结束标准：在注浆压力达到设计压力后（根据实际工程确定），压浆段吸浆量不大于每 1min 注浆量 3L，延续稳定时间 ≥ 3min，即可结束。

②质量检查及评价方法：在两个注浆孔间布置检查孔，检查浆液渗透及凝固情况，并对加固范围做取芯试块并养护，测 1d、3d、14d、28d 的抗压强度。未达到预期效果时应及时补孔注浆，并调整注浆孔的间距和排距、注浆参数。

5.2.7　拔钻

（1）注浆完成后，拧下封孔铁板及加长螺纹钻杆锁接头；

（2）通过入土钻杆顶部钻杆接箍安装装有重锤的钻杆，并在钻杆顶部安装钻杆接箍；

（3）通过动力装置迅速提升重锤，通过锤击钻杆接箍使钻杆获得向上提升的冲击力；

（4）分序拔出加长钻杆及注浆花管，参见图 5。

5.2.8　填孔

采用水泥浆或细石混凝土填充拔管后留下的孔洞。

5.2.9　收尾

（1）注浆完成后，地面会出现隆起现象。采用推土机进行整平，用压路机进行初步压实。

（2）注浆机械及管线应及时清洗。

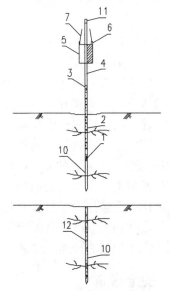

图例：1-钻头；2-注浆花管；3-钻杆接箍；4-钻杆；5-重锤；6-吊耳；7-钢丝绳；10-钻孔；11-顶端接箍；12-浆液

图 5　施工顺序图

6　材料与设备

6.1　材料

主要材料有：P·O 42.5 普通硅酸盐水泥、水泥浆液、新型钻杆、金属注浆管等。

6.2　设备

主要设备有：施工设备配备参见表 1。

表 1　施工设备注浆施工配备一览表

名称	规格	单位	功能
专利注浆设备		台	钻孔
注浆机	通用注浆机	台	注浆
高速搅拌机	XS-11	台	制浆
空压机	3m³	台	喷混凝土
推土机	国产 120	台	推土
经纬仪	DJ6	台	测量
卷尺	自选	个	测量
塔尺	STC4	根	测量

7 质量控制

7.1 质量标准

《建筑地基基础设计规范》(GB 50007—2011);

《建筑地基处理技术规范》(JGJ 79—2012);

《建筑地基基础工程施工质量验收规范》(GB 50202—2002)。

7.2 质量管理要点

(1)钻孔施工:开钻前,严格按照施工布置图布好孔位。钻机定位要准确,开钻前的钻头点位与布孔点的距离偏差应满足设计要求。

(2)配料:采用准确的计量工具,严格按照设计配方配料施工。

①灌浆原材料控制:灌浆所用的原材料、浆材都要经过室内试验,混合浆材经室内试验确定配合比,并经监理工程师审批后使用。灌浆所用的水泥是新鲜水泥,不得使用受潮结块水泥。水泥的细度符合规范标准。

②浆液质量控制:严格控制各级水灰比准确。由集中制浆站输送的浆液经释稀后,测定浆液相对密度,所测定的浆液相对密度,符合各级水灰比浆液的标准后使用。开始灌浆后,当回浆管出现回浆后,及时测定回浆相对密度,当回浆相对密度与进浆相对密度相近后,即升压灌注。灌浆过程中,每间隔10min测定一次回浆相对密度,及时观测回浆相对密度的变化情况,如发现回浆变浓立即查明原因,及时采用措施。

(3)注浆:注浆一定要按程序施工,每段进浆要准确,注浆压力一定要严格控制在设计注浆压力范围内,专人操作。当压力突然上升或从孔壁溢浆,应立即停止注浆,每段注浆量应严格按设计进行。跑浆时,应采取措施确保注浆量满足设计要求。

①灌浆压力控制:灌浆过程中,确保灌浆压力符合设计灌浆压力,采取如下控制措施:选用合适的压力表:压力表的最大量程为该灌浆压力的1.5倍,压力表指针的使用区间为1/3 ~ 2/3最大量程;高压灌浆时,其压力表的最大量程为灌浆压力的2 ~ 2.5倍。压力表经过率定、校准后使用,保证计量准确。灌浆压力以回浆管上的压力为准,控制灌浆压力。

②严格控制灌浆结束标准,不得提前结束灌浆。

(4)注浆完成后,应采取措施保证注浆不溢浆、跑浆。

8 安全措施

(1)严格遵照执行国家和行业现行有关安全技术规范、规程和标准。

(2)进场施工前,作好安全技术交底和安全教育。

(3)安拆钻孔机、注浆机、搅拌机等机具设备时,应由专人指挥、专人安拆,并严格遵守操作规程。

(4)施工用电设专用配电箱,并做好接零接地和设置触电保护器,全部采用电缆,现场设电工,非电工不得从事电工作业。

(5)钻机注浆泵及高压管路必须试运转,确认机械性能和各种阀门管路、压力表完好后方准施工。

(6)每次注浆前,要认真检查安全阀、压力表的灵敏度,并调整到规定注浆压力位置。

(7)安装高压管路和泵头各部件时,各丝扣的连接必须拧紧,确保连接完好。

(8)注浆过程中,禁止现场人员在注浆孔附近停留,防止阀门破裂伤人。

(9)注浆施工期间,必须有专门机电修理工,以便出现机械和电器故障时能及时处理。

(10)注浆现场操作人员佩戴安全帽、口罩和手套等劳保用品后方可进行注浆施工。

9 环保措施

9.1 防尘防污措施

(1)水泥和其他易飞扬的细颗粒材料应密闭存放,使用过程中应采取有效措施。施工现场土方应集中堆放，采取覆盖或固化等措施。

（2）注浆施工时，应开挖排水沟，进行有组织排水，确保场地无大量积水。

（3）施工场地内应当设置导流槽和沉淀池，浆液废水经导流槽流入沉淀池沉淀后排入市政污水管网，严禁直接将浆液废水排入市政污水管网。

9.2　防噪措施

（1）钻孔施工时的施工机具尽可能设置在远离居民区的一侧，以减少噪声污染。

（2）钻孔施工尽量在白天进行，减少噪声对周围环境的影响。

（3）进入施工现场的车辆限制鸣笛。装卸做到轻拿轻放，最大程度地减少噪声扰民。

10　效益分析

（1）本工法与传统比较，减小了施工难度，确保了地基处理深度，缩短工期、降低成本，具有显著的经济效益。

（2）本工法与常见方法比较，虽在人员安排上变化不大，但施工效率大幅提高，这是使用该技术的应用重点。

（3）由于封孔效果好，不易跑浆、串浆等，原材料使用率（主要为水泥）可以增加 20% 左右。

（4）根据注浆效果，可以优化原注浆方案：增加注浆孔间距，减少注浆钻孔总进尺量，从而在此方面减少人员和机械方面的投入，可节约 10% 左右。

（5）注浆管为回收式注浆管，更节约造价，更环保。

（6）该工艺在软弱地基加固处理中，相对于常见注浆工艺施工，减少了扬尘、噪声污染及污染时间，大大减轻了环境污染，社会效益明显。

11　应用实例

11.1　茶陵县朝阳新城 8D、11～13 楼

茶陵县朝阳新城 8D、11～13 楼位于茶陵县原氮肥厂，于 2014 年 8 月 20 日开工，2016 年 7 月 20 日竣工；该工程为 4 栋单体建筑，总建筑面积为 36000m²，地上 24 层，建筑高度 86m，框架剪力墙结构。在该小区道路施工中，因回填土较厚，为避免路面不均匀沉降，采用本工法处理地基，经检验后，加固效果良好。

11.2　海南清水湾旅游滨海度假区 A11-2A 区 21 栋低层住宅

海南清水湾旅游滨海度假区 A11-2A 区 21 栋低层住宅位于海南陵水县清水湾，于 2014 年 01 月 28 日开工，2015 年 12 月 20 日竣工；该工程建筑面积为 4726.51m²，建筑高度 9.9m，框架结构。在该小区运动场施工中应用该技术，经有检测资质的单位试验均符合规范要求，缩短工期 7d，节约成本 3 万元。得到了建设单位、监理单位的高度评价，取得良好的经济效益和社会效益。

11.3　梧州毅德商贸物流城一期 A-1-4 地块商铺

梧州毅德商贸物流城一期 A-1-4 地块商铺位于广西省梧州市长洲区舜帝大道西 1 号，建筑面积 84845.73m² 左右。采用本工法进行注浆固化处理。该工程小型广场应用了新工法，与传统方法相比，工艺流程简单，操作方便，大大减少了劳动力和减轻了劳动强度，施工效率大幅调高。节约了施工成本 15 万元，节约工期 10d。

精密设备垫铁安装采用丝杆调节灌浆法施工工法

田成早　钟建辉　申中银　赵　仪

湖南省工业设备安装有限公司

摘　要："垫铁丝杆调节灌浆法"技术创新，解决了精密设备对垫铁高精度的微调，将垫铁的标高误差和水平度控制在一个理想水平，不需要很多的研磨操作，省时省力，施工工期短，成本低，且减小了对工人身体的危害。该工法是在基础底座表面开凹槽，在凹槽内固定矩形支撑框架，在支撑框架的四角分别竖向固定连接支撑杆，在每一根支撑杆上设可沿支撑杆上下移动并固定的调节组件，垫铁的四角分别与调解组件固定连接，通过调节组件调节垫铁至水平；在基础底座上表面围绕凹槽四周设有浇筑模板，浇筑模板围成的内部区域灌浆填充有无收缩性浆料。

关键词：垫铁；丝杆调节；注浆法

1　前言

在精密设备垫铁安装过程中，为保证垫铁的位置相对于机组的纵横中心线的偏差、垫铁的标高、水平度、平行度等技术指标在规定的范围内，经常需要进行放线、研磨基础底座、分别加工不同厚度平垫铁、研磨平垫铁上下表面、研磨斜垫铁等工作。总体来说，目标就是要对基础底座上需要放置垫铁的位置与垫铁安装后能够有尽可能大的接触面积，能够尽可能地保证垫铁的标高和水平度。

我公司承建的马钢钢铁有限责任公司环保搬迁公辅配套工程（鼓风机站）应用效果显著。

提前策划让业主同意使用 CH-60 高强度灌浆料用于汽轮机垫铁安装，而不是费时费力且质量不稳定的现场搅拌法，马钢 HNK63/90 凝汽式汽轮机的垫铁基础抗压强度要求为：3d ≥ 60MPa、最终强度 ≥ 70MPa，根据选用合格的高强度灌浆料 CH-60、提前试块送检（附 3d 的强度检验报告）、项目部应提前取得厂家垫铁布置图资料，提前把我公司成功的实际案例提供给业主审查通过。

该项技术获得湖南省工业设备安装有限公司 2017 年度科技成果一等奖。本项工法是根据马钢钢铁有限责任公司环保搬迁公辅配套工程（鼓风机站）等的施工方法和经验总结形成。示意见图 1。

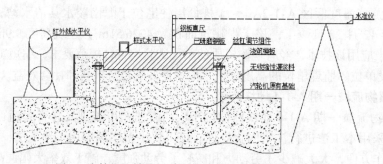

图 1　汽轮机垫铁施工采用垫铁丝杠调节灌浆法示意图

2　工法特点

（1）"垫铁丝杆调节灌浆法"技术创新，解决了精密设备对垫铁进行高精度的微调，将垫铁的标高误差和水平度控制在一个理想水平。

（2）"垫铁丝杆调节灌浆法"技术创新，对整个工装结构及施工方法均不需要很多的研磨操作，省时省力，施工工期短，成本低，且减小了对工人身体的危害。

3　适用范围

适用于汽轮机、汽动鼓风机、发电机、压缩机之类的精密设备安装，对于安装标高与水平度要求较高的其他设备与装置也可以参照应用。

4　工艺原理

安装精密设备前，对基础底座及垫铁进行加工处理，在基础底座上表面开有凹槽，在凹槽内固定设有矩形支撑框架，在支撑框架的四角分别竖直固定连接支撑杆，在每一根支撑杆上设有可沿支撑杆上下移动并固定的调节组件，通过调节组件调节垫铁至水平。在基础底座上表面围绕凹槽四周设有浇筑模板，浇筑模板围成的内部区域灌浆填充收缩性浆料。

对垫铁进行高精度的微调，使垫铁的标高和水平度控制在高精度水平上，满足高精度设备安装的需要。

5　工艺流程和操作要点

5.1　工艺流程

施工准备→选用合格无收缩灌浆→设备基础检查验收、放线→平垫铁的研磨→平垫铁位置放线及基础处理→垫铁丝杆调整装置初步找平找正→垫铁丝杆调整装置的精找→垫铁组的灌浆、养护及试块的留存。

5.2　施工工法要点

5.2.1　选用合格无收缩灌浆料

（1）提前把无收缩灌浆料试块送检，将厂家相关资料向监理报验。

（2）合格无收缩灌浆料进场。无收缩灌浆料存放于专用仓库，需做好防潮、防水等工作。

5.2.2　设备基础检查验收、放线

基础验收、放线时，首先要检查和测量基础中心线，主要包括外形尺寸、表面标高、地脚螺栓中心线距离以及预埋件等要进行逐项检查。

（1）设备基础验收交接时必须达到下列要求：①基础施工表面的模板支撑已全部拆除。②地脚螺栓预留孔内杂物已清理干净。③混凝土外露的钢筋已切除，基础表面已清理和打扫干净。

（2）设备基础放线

利用 TM-622R 全站仪 1 台（图 1）、专用自制的找中放线架 2 套（图 2），DS05 水准仪 1 台（图 3）、按照设计图纸的尺寸要求放出设备基础的纵横向中心线及其标高，并做好标记及相应的测量记录。

图 1　TM-622R 全站仪　　　　　　　　　　　　　　图 2　自制的找中放线架

5.2.3　平垫铁的研磨

（1）平垫铁的加工，只要保证一个加工面精度、统一厚度 25mm 左右。按照设计图纸的尺寸参数和数量加工 160mm×100（200）mm×25mm（单面上磨床）表面粗糙度为 Ra6.3 平垫铁即可。

（2）平垫铁的研磨，为了充分节约整个工程的施工时间，平垫铁的研磨工作应在平垫铁的位置布置前就进行，研磨面为已经加工好表面粗糙度为 Ra6.3 的那一面，研磨面上涂抹好专用的红丹油在标准研磨台上反复研磨，待接触面达到 75% 即可。

5.2.4　平垫铁位置放线及基础处理

（1）平垫铁位置放线。

依据已经标记好的机组纵横中心线，再按照厂家提供的垫铁布置图把所有垫铁的纵横中心线及垫铁尺寸外框线放出来、弹好墨线并且做好标记。

（2）平垫铁位置基础处理。

按照垫铁布置图放的线，在设置垫铁的混凝土基础部位上用电镐按要求凿出灌浆坑，灌浆坑的长度和宽度应比垫铁的长度和宽度大 60 ～ 80mm，灌浆坑凿入基础表面的深度应不小于 30mm，且保证灌浆时灌浆层混凝土的厚度应不小于 50mm，见图 4。

图 3　DS05 水准仪　　　　　　　　　　　图 4　平垫铁位置基础处理

5.2.5　垫铁丝杆调整装置初步找平、找正

（1）焊接好各个垫铁安装位置的调节丝杆的底部框架。

根据每块垫铁的实际尺寸大小在相应的位置植入钢筋再在已经用电镐凿出底部基础的表面焊接好底部框架，见图 5。

（2）垫铁丝杆调整装置制作及初步找平、找正。

每块平垫铁的丝杆调整装置需 4 根 M12 的全丝丝杆、8 个相配的螺母、4 块 50mm×30mm×5mm 钻直径 12.5mm 的钢板，把丝杆调整装置焊接且组装好。利用基础上原已经放好的尺寸线，同时用红外线水平仪来辅助找平找正垫铁，见图 6（运用点、线、面及红外线光的投影原理简单方便且实用的方法）。根据设计标高尺寸，利用水准仪进行初找，控制标高在 1mm 偏差之内，见图 7，找平和找正工作需同时兼顾，直到达到设计要求。

5.2.6　垫铁丝杆调整装置的精找

垫铁丝杆调整装置的精找需同时用 SK200-0.02mm/m 框式水平仪 2 台、DS05 水准仪 1 台、HY-580 红外线水平仪 1 台、1m 钢板直尺 1 条及专用呆扳手 2 个，综合找平找正直至符合要求（图 8 ～图 10）。

图 5　焊接底部框架

图 6　利用红外线水平仪找平找正

图 7　利用水准仪初找

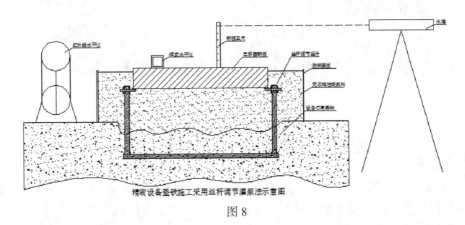

图 8

图 9

图 10

　　垫铁的标高及水平度控制采用新型丝杆调节法：可以做到精益求精把标高误差控制在 0.5mm 以内，水平度控制在 0.04/1000mm 以内，让马钢业主及监理非常满意（最后机组验收汽轮机的斜垫铁与平垫铁之间隙用 0.03mm 塞尺检查一次性合格，采用传统的方法斜垫铁与平垫铁之间一般情况下会有 20% 左右需要二次研磨才能达标合格）。

5.2.7 垫铁组的灌浆、养护及试块的留存

（1）垫铁组灌浆前的施工质量复查，所有的垫铁水平度、标高、中心线数据复查都需监理工程师和业主单位的现场代表同步确认，垫铁组灌浆前的基础统一清理及检查工作也需监理工程师和业主单位的现场代表同步确认。

（2）垫铁组的灌浆、养护

①基础处理及支模：设备就位调整完后，对已凿毛的混凝土表面的粉尘、杂物等彻底清扫，对垫铁用棉纱将锈、油污等清除干净。灌浆前对混凝土基础表面洒水以保持湿润状态，但表面不能有积水。混凝土清理完，周围支上模板。模板应牢固，所有的缝隙要进行密封（特别是模板与混凝土之间）以避免灌浆料漏出，见图11。

 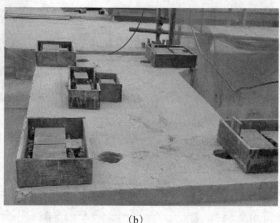

（a）　　　　　　　　　　　（b）

图 11　基础处理

②搅拌：采用手电钻式搅拌器（电钻功率＞600W），搅拌桶为金属制成，直径为320～350mm左右。搅拌时先将水、少许灌浆料倒入桶内，搅拌30s左右，将剩余灌浆料倒入桶内一起搅拌，总搅拌时间为1～2min左右，搅拌时应上下左右移动搅拌器，以使桶底和桶壁黏附的料能得到充分的搅拌，但叶片不要提出浆液面，以免空气被过多带入。搅拌时用水宜用饮用水，水温以5～30℃为宜，见图12。

③边缘尺寸限制：为减少表面裂纹，灌浆层边缘尺寸宜控制在100mm以内。

④浇筑：灌浆料应尽可能迅速从一侧浇入，以利排出垫铁与混凝土之间的空气，使灌浆充实。拌和浆料宜在最短时间内用完。浇筑的同时用竹片、铁片等工具进行适当的插捣和引流（勿用振动器），以免产生离析，见图13。

图 12　搅拌灌浆料　　　　　　　　图 13　浇筑灌浆料

⑤养护：灌浆后 2h 内不得使垫铁和灌浆层振动、碰撞，并立即抹平压光。在终凝后进行保温养护（用湿布或湿草袋），养护温度 > 5℃，养护期 > 3d（早期强度不受养护期影响，养护期长短对灌浆层表面质量有较大影响），最好采用喷洒养护剂的措施。每天 4 ~ 6 次。

5.3　劳动力计划

见表 1（以马钢气动鼓风机组安装为例）。

表 1　劳动力计划

工种	人数
管理人员	1
钳工	2
测量工	1
焊工	1
普工	2

6　材料与设备

拟投入使用的材料、设备清单见表 2

表 2　材料、设备清单

序号	名称	单位	数量	备注
1	电焊机	台	10	焊接
2	空压机	台	1	吹扫
3	丝杠调节装置	套	5	精度调节
4	红外线水平仪	套	2	测量
5	框式水平仪	套	2	测量
6	50t 吊车	台	1	设备吊装
8	垫铁	吨	3	塞垫
9	高强度无收缩灌浆料	吨	8	灌浆
10	磨光机	台	5	打磨
11	砂轮切割机	台	1	切割
12	电缆焊条焊丝、模板等各种辅材		若干	

7　质量控制

7.1　施工过程必须严格执行的国家及有关部门、地区颁发的标准、规范包含但不限于如下内容：

《起重机械安全规程》（GB 6067.1—2010）、《机械设备安装工程施工及验收通用规范》（GB 50231—2009）。

7.2　关键点控制

（1）利用计量设备对垫铁上表面进行精确找平找正。

（2）垫铁调整完之后，对已凿毛的基础底座进行清理，然后制作浇筑模板，在浇筑模板围成的空间内进行灌浆，等待终凝并养护之后即可安装精密设备。

8　安全措施

（1）现场人员必须配备安全帽、防护手套等防护用品。

（2）加强安全教育与培训，提高现场人员的安全意识与安全技能

（3）严格落实安全检查，及时发现并排除安全隐患。

（4）悬挂明显的安全警示。

（5）现场作业的标准化。

（6）制定《事故应急预案》制度。

9 环保措施

（1）定时进行环境检查，做好文明施工。

（2）美化施工现场，消除施工污染，及时清理场地废料，施工中尽量减少对周围环境的影响和破坏。

11 应用实例

我公司自 2015 年起，先后承接马钢钢铁有限责任公司环保搬迁公辅配套工程（鼓风机站）工程，长沙市生活垃圾深度综合处理（清洁焚烧）项目的设备安装工程，积累了不少成功经验。

马钢钢铁有限责任公司环保搬迁公辅配套工程（鼓风机站）工程，2015 年 4 月 4 日开工至 2016 年 9 月 10 日竣工投产。应用效果：此项关键技术是在本套汽轮机系统中首次应用，施工精益求精，把标高误差控制在 0.5mm 以内，水平度控制在 0.04/1000mm 以内，让马钢业主及监理工程师非常满意。

长沙市生活垃圾深度综合处理（清洁焚烧）项目设备安装，项目位于长沙市，工程投资约为 1.82 亿，2016 年 5 月 20 日开工，计划竣工日期 2017 年 7 月。

堤防工程加固逆作法注浆施工工法

孙志勇　戴习东　刘　毅　熊　锋　肖　恋

湖南省第三工程有限公司

摘　要：当前，随着自然气候环境的变化，水利堤防工程加固处理需求越来越多，注浆为常用的加固方法。本工法介绍了堤防工程逆作法注浆加固施工工艺，自上往下、自外向内分层压密注浆，能有效提高堤防工程注浆质量和注浆土体的安全稳定性。

关键词：堤防；加固；逆作法；注浆

1　前言

当前，随着自然气候环境的变化，水利堤防工程加固需求越来越多，注浆为常用的加固方法，通常的堤防加固方法中有钻探灌浆加固、劈裂灌浆等，其主要采用的是从下往上、从内向外的注浆方式。我公司在湘潭市三水厂水源迁改工程和长沙雨花污水处理厂厂外配套管网及泵站施工工程（四标段）的堤防加固施工中，采用了一种区别于传统注浆方法的从上至下、由外至里的逆作法分层注浆施工方法，既能保证施工过程中不出现管涌，又能加快注浆，提高内部注浆压力，保证注浆从上至下、由外至里层层密实，工程质量、安全及文明施工方面与传统注浆方法相比有明显提升。我公司技术人员在施工中不断实践、改进、总结该项施工工艺，现将该施工工艺总结并形成本工法。

2　工法特点

（1）采用此工法，可保证堤防工程最上层、最外层土体先行固结，有效避免了先下层或内部注浆时出现管涌和返浆现象，有效保证了注浆过程中堤防安全。

（2）采用从上往下、从外至内分层压密注浆方式，可提高内部注浆压力，使土体孔隙注浆更加密实，能有效提高堤防抗渗性能及整体注浆质量。

（3）此工法注浆无反浆现象，外部固结后，内部注浆对地下水的影响小，能保护地表和地下环境。

（4）采用此工法，操作简便，能有效提高注浆工效，有利于工期控制和成本控制。

3　适用范围

适用于水利堤防工程的注浆加固，也适用于其他土木工程的注浆加固。

4　工艺原理

堤防工程加固逆作法注浆施工是采取从上至下分段钻孔、分段注浆、分段固结、交替向下循环作业，同时从外围向内部集中，先形成加固土体的固结包围圈，避免注浆过程中出现返浆或管涌，再在固结包围圈内提高压力完成所有注浆，从而达到注浆层密实、形成整体固结防渗体的效果。

5　工艺流程及操作要点

5.1　工艺流程

施工准备（放线定孔）→第一层钻孔、下管（设备进场）→第一层注浆→第二层钻孔、下管→第二层注浆→第三层……钻孔、下管→第三层……注浆。

5.2 操作要点

5.2.1 施工准备

（1）做好材料进场、机具设备、劳动力及资金等准备工作。

（2）放线定孔：组织测量人员进行放线定孔。见图1。

5.2.2 钻孔

采用多功能钻机钻孔，孔径110mm，泥浆护壁钻进。注浆孔采用正三角形布置，采用分层钻孔，先钻第一层土层，待第一层注浆完成后，再进行第二层土层的钻孔，如此循环直至钻孔至设计深度层。

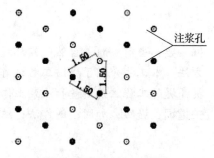

图1　注浆孔平面示意图

5.2.3 下管

将 φ32PVC 注浆管插入钻孔井置于钻孔中间，注浆管壁上设置注浆孔。安放注浆管类同钻孔分层施工。

封口处理：采用水泥砂浆（掺3%的速凝剂）封堵孔口，防止注浆时浆液窜至地表。

5.2.4 注浆

（1）浆液的配置

采用普通硅酸盐水泥（P·O 42.5），注浆浆液的浓度应由稀到浓，逐级变换。注浆浆液水灰比可采用 1∶0.8 至 1∶1.2 逐步调整，开灌比 1∶0.6。

（2）固化注浆浆液变换

当注浆压力保持不变，注入率持续减少时，或当注入率不变而压力持续升高时，不得改变水灰比。当某一级浆液的注入量已达 300L 以上或灌注时间已达 1h，而注浆压力和注入率均无改变或改变不显著时，应改浓一级。当注入率大于 30L/min 时，可根据具体情况越级变浓。

（3）注浆顺序

遵循从上至下分段钻孔、分段注浆、分段固结，交替向下循环作业，同时从外围向内部集中的注浆原则。

（4）注浆方式

采用自上而下循环钻探灌法（逆作法注浆方法），并分段后退式注浆，即钻孔钻至第一层土层深度（分层厚度根据土层构造及注浆压力等确定）后置入注浆管，对第一层土层进行注浆，再钻孔至第二层土层深度后置入注浆管，对第二层土层进行注浆，如此循环第三层钻孔、下管、注浆……直至满足设计要求。同时保证每一层土层注浆间隔时间控制在 5～6h 内完成，并在注浆孔上设置止浆装置。

（5）注浆扩散半径

注浆扩散半径是一个非常重要的参数，不仅影响注浆的工程质量，而且影响工程的造价，通过计算和类似工程的经验，确定注浆渗透半径为 1.50～2.00m，水泥浆体将地基土体劈裂，充填如裂隙和孔隙中形成水泥土混合结石体。

（6）注浆压力：一般土层控制在 0.1～0.3MPa，卵石土层控制在 0.1～0.2MPa。

（7）注浆速度：注浆流量控制 10～15L/min 以内，或根据现场动态确定。

（8）终止注浆标准

分层分段逆作法注浆时，土层及卵石土层采用 0.1～0.3MPa 压力闭浆 30min 可达到分段注浆结束标准。注浆充盈系数在 1.1～1.3 之间。当注浆压力大于设计压力，且吸浆量＜2L/min 稳定 30min 即可终止注浆。

6 材料与设备

（1）所需材料见表1。

表 1　材料表

序号	名称	规格、型号	性能及用途	备注
1	注浆管	$\phi 32$	注浆	
2	注浆浆液		注浆料	

（2）所需设备见表 2。

表 2　设备表

序号	名称	型号	主要功能	数量
1	地质钻机		钻孔	1 台
2	双液高压注浆机	LGZ-60/210	注浆	1 台
3	空压机		注浆	1 台
4	高速搅拌机	XS-11	拌浆	1 台
5	全站仪		测量	1 台
6	水准仪	DS3	测量	1 台

7　质量控制

7.1　主要标准及规范

《建筑工程水泥 - 水玻璃双液注浆技术规程》（JGJ/T 211—2010）；

《堤防工程施工规范》（SL 260—2014）；

《水电水利工程高压喷射灌浆技术规范》（DL/T 5200—2004）。

7.2　质量控制标准

（1）施工前一定要做工艺试验，针对浆液比例、浓度、不同土层找到压力与注浆量的关系。

（2）注浆开始时应做好充分的准备工作，包括机械器具、仪表、管路、注浆材料、水电等检查及必要的试验。其中压力表和流量测定器应是必备的仪表，注浆一经开始应连续进行，避免中断。

（3）施工过程中应如实和准确记录施工情况，包括注浆深度、压力、注浆量、浆液配比、浆材质保书等，宜采用自动流量和压力记录仪，对资料及时进行整理分析，以便指导注浆工程的顺利进行。

（4）浆体必须经过搅拌均匀后才能开始注浆，并应在注浆过程中不断缓慢搅拌，搅拌时间小于浆液初凝时间。

（5）浆液沿注浆孔管壁冒出地面时，在地表孔口用水泥 - 水玻璃混合料封密管壁与地表土空隙，并间隔一段时间后再进行下一个深度的注浆。

（6）浆液在凝固后，其体积不应有较大的收缩率，一般应小于等于千分之三体积量。

（7）当浆液从已注好的注浆孔上冒（串）时应采用跳孔施工。

（8）注浆中发生地面冒浆现象应立即停止注浆，查明注浆原因。如系注浆孔封闭效果欠佳，可待浆液凝固后重复注浆；如系地层灌注不进，应结束注浆。

（9）注浆结束时应及时拔管，清除机具内的残留浆液，拔管后在土中所留的孔洞，应用水泥砂浆封堵。

（10）注浆完成后按照设计图纸要求对注浆效果进行检验。

8　安全措施

（1）应遵守的相关安全规范及标准：

《施工现场临时用电安全技术规范》(JGJ 46—2005);

《建筑机械使用安全技术规程》(JGJ 33—2012);

《建筑施工安全检查标准》(JGJ 59—2011)。

（2）加强安全生产的宣传教育和学习国家、省市有关安全生产的规定、条例和安全生产操作规程，并要求职工在施工中严格遵守有关文件的规定。

（3）工程实施时，严格按照经审批后的施工组织设计和安全生产措施的要求进行施工，操作工人必须严守岗位职责，遵守安全生产操作规程，特种作业人员应经培训持证上岗，各级安全员要深入施工现场，督促操作工人和指挥人员遵守操作规程，制止违章操作、无证操作、违章指挥和违章施工。

（4）在连接注浆胶管和注浆管之前，应放掉卸压阀内的高压空气，以免连接过程中，柱塞在高压空气作用下移动，导致浆液喷到作业人员身上，引起伤人事故。

（5）当注浆泵、注浆管和吸浆管出现堵塞时，必须及时进行清理。清理前，应关紧注浆泵上的进气球阀，并打开注浆泵上的卸压阀，放掉泵内的高压空气，并保证注浆泵上的压力表值为零。

（6）当一个注浆孔注满后，关闭注浆泵，换注下一注浆孔。操作程序是：关注浆泵→关注浆管上的球阀→开混合器上的卸压阀→卸下注浆胶管并接到下一注浆管上→开注浆泵注浆。务必按程序操作，以免注浆胶管内浆液喷射伤人。

（7）每次注浆结束或因故需停止注浆 10min 以上时，均需清洗注浆管路。

（8）及时处理突然停气事故。由于停电或空压机出现故障引起停气时，应尽快做好处理工作。处理程序如下：①关紧注浆泵上的进气球阀，并打开注浆泵上的卸压阀，放掉泵内的高压空气，保证注浆泵上的压力表值为零。②打开混合器上的卸压阀，接上水龙头，打开水管阀门，当注浆胶管（连接注浆管端）出清水时，关闭水管阀门。③卸下两根出浆管，清洗干净。④将水管对着混合器的进口，清洗混合器的两个进口。⑤取下注浆泵上的进浆阀和出浆阀，用清水清洗干净，再用清水将吸浆泵清洗干净。⑥清洗吸浆管，保证吸浆管的畅通。

9 环保措施

（1）应严格遵守国家、地方及行业标准、规范：

《建筑施工现场环境与卫生标准》(JGJ 146—2013);

《建筑施工场界环境噪声排放标准》(GB 12523—2011);

《地下水监测工程技术规范》(GB/T 51040—2014)。

（2）教育作业人员自觉爱护现场环境，组织文明施工。

（3）确保设备的清洁美观，各种材料进入现场按指定位置堆放整齐，不影响现场正常施工，不堵塞施工通道和安全通道，材料规格标识清楚，材料堆放场要有专人看管。

（4）敷设各种管路、线路要安全、合理、规范、有序，做到整齐美观；对风、水和供浆管路经常检查，防止风、水和供浆管"跑、冒、滴、漏"的现象。

（5）施工现场管理要规范、干净整洁，做到无积水、无淤泥、无杂物；各种设备运转正常，做到"工完、料净、场地清"；对施工、生活垃圾入箱集中堆放，并及时清理出场，防止出现乱弃渣、乱搭建现象。

（6）施工面所用钻具、工具等，在用完后及时收回，集中放置，不得随意丢放。

（7）施工用电的动力线和照明线分开架设，不随意爬地或绑扎成捆。

（8）加强施工现场管理，设二次警戒，严禁非施工人员进入施工现场；施工人员佩证上岗，严禁脱岗、串岗、睡岗和空岗。

（9）加强地下水资源的保护，不得排放有污染的未经处理的水进入土层。现场严禁打井取地下水。

10　效益分析

采用此工法，可保证工程质量，有效降低工程成本，保证工程质量与安全，具有良好的经济效益、社会效益和环保效益。与常规注浆施工相比，其经济效益对比分析如表 3：

表 3　效益分析表

价格类型	材料费（元 /m）	机械费（元 /m）	人工费（元 /m）	综合费用（元 /m）
常规注浆	50	20	25	95
逆作法注浆	45	21	20	86

综上所述，在综合经济效益方面可节约成本 95-86=9 元 /m。

11　应用实例

（1）湘潭市三水厂水源迁改工程，顶管作业堤防工程段遇卵石、强风化粉砂质泥岩等两种复杂地质条件，为确保顶管作业安全，在堤防工程顶管区域段采用逆作法注浆加固施工工法（即自上而下注浆方式），该注浆加固作业于 2016 年 5 月开工，2016 年 7 月完工，取得了良好的效果，确保了工程质量与安全。

（2）雨花污水处理厂厂外配套管网及泵站施工工程（四标段），顶管作业段遇两种不同地质条件，为确保顶管作业堤防工程安全，在堤防工程顶管区域段采用逆作法注浆加固施工工法（即自上而下注浆方式），该注浆加固作业于 2016 年 8 月开工，2016 年 9 月完工，取得了业主、监理方的一致好评。

复杂地质条件下注浆加固二次破碎小型盾构顶管施工工法

孙志勇　戴习东　刘　毅　熊　锋　段银平

湖南省第三工程有限公司

摘　要： 当前，地下管道施工顶管作业越来越多，顶管同时穿越砂砾、岩层等复杂地层的情况时有发生，采用常规顶管作业方法很难施工，本工法介绍了一种采用先注浆加固砂砾层，后二次破碎的小型盾构顶管施工工艺，能有效确保顶管施工简便、快捷。

关键词： 复杂地质；二次破碎；小型盾构；顶管

1　前言

当前，地下管道施工顶管作业越来越多，顶管同时穿越砂砾、岩层等复杂地层的情况时有发生，采用常规顶管作业方法很难施工。我公司在湘潭市三水厂水源迁改工程取水管道顶管施工过程中，管道穿越砂砾层及风化岩层，采用常规顶管施工方法不能正常顶进作业，后采用先注浆固结砂砾层，与风化岩层形成整体，再采用小型特制超硬质合金刀头盾构机钻进、破碎注浆固结体及岩层，并在盾构机内将盾构产生的块体二次破碎形成小颗粒以便通过管道顺利排出，盾构成孔一段、顶进一段，直至管道完成顶管作业。采用该工艺施工，项目顶管作业顺利进行，并取得了良好的经济效益、社会效益和环保效益。现将其总结并形成本施工工法。

2　工法特点

（1）将传统人工开挖顶管、泥水平衡开挖顶管方法转变为小型盾构开挖顶管方法，更高效、更安全。

（2）通过注浆固结将砂砾层和岩石层形成整体，将力学性能复杂的多层地质转变为力学性能相对均衡稳定的固结体，便于盾构、顶进作业不会坍塌，既确保了安全，也保证了顶进质量。

（3）通过盾构初次破碎及盾构后的二次破碎，渣土通过泥浆泵管道直接排出至运输车内，操作简便，有利于环境保护及文明施工。

（4）采用此工法，机械作业为主，经济效益、社会效益和环保效益明显。

3　适用范围

适用于砂砾层、岩层或砂砾与岩层混合层顶管施工。

4　工艺原理

顶管管道穿越砂砾层、风化岩层或混合层时，采用先注浆固结砂砾层，与风化岩层形成整体，再采用小型特制超硬质合金刀头盾构机钻进、破碎注浆固结体及岩层，并将盾构产生的块体在盾构机内二次破碎形成小颗粒渣土，通过泥浆泵管道顺利排出，盾构成孔一段、管道顶进一段，循环作业，直至顶管施工完毕。

5　工艺流程及操作要点

5.1　工艺流程

施工准备（测量放线）→工作井、接收井→盾构及顶管设备安装（设备进场）→原有地质注浆加固→盾构钻进、破碎（管道出渣）→管道顶进施工→机头出洞、洞口后期处理。

5.2　操作要点

5.2.1　施工准备

（1）做好材料进场、机具设备、劳动力及资金等准备工作。

（2）测量放线：测量是使顶管机沿设计轴线顶进，保证顶管机顶进方向精确度的前提和基础。为保证本工程的测量精度，施工前首先完成业主所规定区域的测区导线网与水准网及其他控制点的检核。在顶管机上配备激光导向系统指导顶管机顶进，以降低人工测量的误差和劳动强度，加快施工进度。同时采用全站仪对顶管轴线进行测量控制。施工时严格贯彻三级测量复核制度，确保顶管按设计方向顶进。

5.2.2　工作井、接收井

按设计要求做好工作井及接收井的施工，采用沉井施工方法。

5.2.3　盾构、顶管设备安装

做好洞口止水装置安装、后靠墙的安装，在轴线定好后既可安装导轨以及后顶，并进行盾构、顶管设备等安装，最后进行始发井内洞口的凿除。

5.2.4　原有地质注浆加固

顶管管道穿越砂砾层、风化岩层或混合层时，采用先注浆固结砂砾层，与风化岩层形成整体。

注浆施工工艺流程为：放线定孔→钻孔→下管→注浆→封孔→移孔→补孔注浆。

注浆方式：采用自上而下循环钻探灌法，注浆循序先四周后中间、采用跳孔分序施工，逐渐加密的原则。

注浆压力：一般土层控制在 0.1 ～ 0.3MPa，卵石土层控制在 0.1 ～ 0.2MPa。

注浆速度：注浆流量控制在 10 ～ 15/min 以内，或根据现场动态确定。

终止注浆标准：分段注浆时，土层及卵石土层采用 0.1 ～ 0.3MPa 压力闭浆 30min 可达到分段注浆结束标准。当注浆压力大于设计压力，且吸浆量 <2L/min、稳定时间达到 30min，可终止注浆。

5.2.5　盾构钻进、破碎

采用小型特制超硬质合金刀头盾构机钻进、破碎注浆固结体及岩层，并将盾构产生的块体在盾构机内二次破碎形成小颗粒，通过泥浆泵管道顺利排出，盾构成孔一段、管道顶进一段，循环作业，直至顶管施工完毕。

5.2.6　管道顶进施工

（1）工作坑内设备安装完毕，经检查各部处于良好状态，即可进行盾构顶进。

（2）顶管出洞：顶管出洞是指顶管机和第一节管子从工作井中破出洞口封门进入土中，开始正常顶管前的过程，是顶管中的关键工序，也是容易发生事故的工序。故一般在顶管洞口设置密封结构。顶管洞口密封结构的作用是阻止在顶管过程中泥水从管节与洞之间的间隙流入工作井内，同时也起定位作用。根据管道中心线与井壁预留洞孔的位置，制作一个钢结构的内套环，套环内圈设有橡胶止水带环，套环安装在井内预留洞孔与管节之间，外围焊接在孔的预埋钢板上，内圈橡胶紧贴管节。

（3）为防止地下水土涌入井内，顶管出洞前可采取以下措施，内侧安装止水钢环，制井时应对洞口外侧土体进行注浆，加固时要在洞外打入钢板桩。

（4）顶管机头在井管内床就位，调试完毕，作好出洞的一切准备后，便可割除钢封门，将机头穿进橡胶密封圈顶入土中，同时在机头与洞口的缝隙中注满膨润土泥浆，以润滑管道，支护土体。出洞操作速度要快，以防出洞口外土体坍塌。

（5）顶管出洞对操作者要求很高，这是因为出洞时顶管机未被土体包裹，处于自由状态，而使顶头出洞的主千斤顶顶力巨大，因此，控制操作哪怕出现少量不均匀或土质不均匀，使各千斤顶的行程不等，也足以使顶头和第一节管子偏离设计轴线。此时的土体难以对机头产生较大反力，难以对机头起到导向约束作用，故此时产生的偏差很难纠正，甚至是纠不过来的。因此，出洞顶进时一定要十分小心，用激光经纬仪随时测量监控，保证顶头和第一节管子位置正确。

（6）为防止管线出现偏斜，应采取以下几点措施：①工具管要严格调零，将工具管调成一条直线，此时仪表所反映的角度应该为零，调零后将纠偏油缸锁住。②防止工具管出洞后下跌，工具管出洞后，由于支撑面较小，工具管易出现下跌，为此须在工具管下的井壁上加设支撑，同时将工具管与前几节管之间连接，加强整体性。③注意测量与纠偏。工具管出洞后，发现下跌时立即采取主顶油缸进行纠偏。④工具管出洞前，可预先设定一个初始角，以弥补工具管下跌。⑤顶管机下方两侧设有止退插销，顶管机出洞后，当千斤顶松开时应插入上退插销，防止顶管机被土压力推回。

（7）顶管进洞：顶管进洞是指一段管道顶完，顶管机破封门进入接收井，并作好顶管机后一节管与进洞口的密封连接过程。顶管进洞前应做好以下几方面的工作：①检查工具管的位置，在接收井钢封门内侧画出工具管的位置。②工具管接触到钢封门前刀盘应停止切削。③拆除钢封门内侧的槽钢，沿工具管的位置割除钢封门。④及时封堵首管与接收井之间的空隙。

（8）膨润土泥浆减阻及置换：

①减阻注浆：减阻注浆管节分为 A 型和 B 型两种，A 型管 4 孔出浆，B 型管 3 孔出浆。施工过程中 A 型管、B 型管间隔布置。机头及其后 10 节管每节管都设有注浆孔，其后每 2 节标准管加设 1 节带有注浆孔的管节。②将膨润土泥浆注入管道的外周，使管道外壁形成泥浆套，减少管道外壁与周围土层之间的摩擦阻力，膨润土泥浆是在地面泥浆站拌制好，然后通过注浆管向管道内泵送。注浆主管采用 ϕ50mm 钢管，从泥浆站直通机头，主管沿线每间隔 3m（即每节管节）设一个三通或四通连接注浆支管，每条支管采用 ϕ25mm 橡胶管，沿顶管横断面弧形布置，支管上设 3～4 个三通连接管壁上的预留注浆孔。顶管过程中，应专人交替打开注浆孔阀门，不断地向管外壁注浆。机头尾端要紧随管道顶进同步压浆，后方各注浆点位必须跟踪补浆。③压浆数量和压力：一般压浆量是管道外周环形空隙的 1.5～2.0 倍，压注压力根据埋设深度和土的天然密度而定，拟用指标为 1.5rH，r 为土的天然密度，H 为土的覆盖深度，不同的地质条件，灌浆压力不同，施工过程中区别对待。

（9）管道内辅助设施

①通风设施

由于管道顶进距离长，埋置深度深，管道内的空气不新鲜，加上土体、岩体中可能会产生有害气体，因此，必须设置供气系统。通风设施用一台送风机（送风量 3m³/min），将新鲜空气送入管道最前端，并将管道最前端的空气排出，以此进行空气循环。施工前，通风时间应不少于半个小时，并用仪器检测管硐中的有毒气体及氧气含量，达到要求后才能进人操作。

②电力设施

在顶管过程中，主要的电源为动力用电和照明用电。潮湿洞内使用 12V 照明电源，动力电缆应挂在洞壁上。a.动力用电。由于管道内的电机采用 380V 动力电，因此，进入管道的动力电必须做到二级保护和接地保护措施，动力电采用五芯电缆，电源线设置在操作人员不易接触处，并在电源线外增设护套，保证用电安全。b.照明用电。由于管道内的空气湿度较大，因此，采用 12V 低压照明电，低压电须通过变压器降压，灯具采用防水防爆灯具。

5.2.6　机头出洞、洞口后期处理

（1）出洞措施：在出洞地基加固采用压密注浆法进行（即逆作注浆法）。

（2）为使顶管出洞口不发生水土流失，导致工程受损，应在出洞口安装可靠的止水装置，采用双道橡胶法兰。

6　材料与设备

（1）所需材料见表 1。

表 1　材料表

序号	名称	规格、型号
1	钢筋混凝土管	ϕ1600
2	膨润土	

（2）所需设备表 2。

表 2　设备表

序号	名称	型号	主要功能	数量
1	小型盾构机		钻进、破碎	1 台
2	顶管机		顶管	1 台
3	泥浆泵		出渣、排泥浆	2 台
4	吊车	75t	吊装	1 台
5	挖掘机		挖泥浆	1 台
6	自卸汽车		外运	4 台
7	注浆机		注浆	2 台
8	全站仪		测量	1 台
9	水准仪	DS3	测量	1 台

7　质量控制

（1）主要标准及规范：《工程测量规范》（GB 50026—2007）、《给水排水管道工程施工及验收规范》（GB 50268—2008）、《建筑工程施工质量验收统一标准》（GB 50300—2013）。

（2）质量控制标准

①顶进轴线的控制：顶管机在正常顶进施工过程中，必须密切注意顶进轴线的控制。在每节管节顶进结束后，必须进行机头的姿态测量，并做到随偏随纠，且纠偏量不宜过大，以避免土体出现较大的扰动及管节间出现张角。

②机头下井前对全套机械设备进行彻底检查，保证其顶进时具有良好的性能。

③严格控制顶进机的施工参数，防止超、欠挖。

④顶进机顶进的纠偏量越小，对土体的扰动也越小。因此在顶进过程中应严格控制顶进机顶进的纠偏量，尽量减小对正面土体的扰动。

⑤施工过程中顶进速度不宜过快，一般控制在 0.5cm/min 左右，尽量做到均衡施工，避免在途中有较长时间的耽搁。

⑥在穿越过程中，必须保证持续、均匀压浆，使出现的空隙能被迅速得到填充，保证管道上部土体的稳定。

8　安全措施

（1）应遵守的相关安全规范及标准：《施工现场临时用电安全技术规范》（JGJ 46—2005）、《建筑机械使用安全技术规程》（JGJ 33—2012）、《建筑施工安全检查标准》（JGJ 59—2011）。

（2）加强安全生产的宣传教育和学习国家、省市有关安全生产的《规定》《条例》和《安全生产操作规程》，并要求职工在施工中严格遵守有关文件的规定。

（3）工程施工之前，结合顶进机施工的特点，对顶进机进、出洞，封门凿除，顶进机顶进施工，拌浆，吊装等作业实施安全技术交底，经相关操作人员签证认可，并保持记录。

（4）工程实施时，严格按照经公司总工程师和项目监理审定的施工组织设计和安全生产措施的要求进行施工，操作工人必须严守岗位履行职责，遵守安全生产操作规程，特种作业人员应经培训，持证上岗，各级安全员要深入施工现场，督促操作工人和指挥人员遵守操作规程，制止违章操作、无证操作、违章指挥和违章施工。

（5）重视个人自我防护，进入工地按规定佩戴安全帽，进行悬空作业和特殊作业前，先要落实防护设施，正确使用攀登工具，安全带或特殊防护用品，防止发生人身安全事故。

（6）严格执行动火作业审批制度，一、二、三级动火作业未经批准不得动火，动火点与氧气、乙炔的间距要符合规定要求，临时设施区要规定配足消防器材。

（7）施工作业人员经常检查吊车的吊绳。

（8）严禁吊装时吊臂下站人，沉井内吊装时禁止井下站人。吊车作业时安排专人指挥吊装作业。

（9）每月一次全面安全检查，由工地各级负责人与有关业务人员实施。班组每天进行上岗安全检查、上岗安全交底、上岗安全记录。

9　环保措施

（1）应严格遵守国家、地方及行业标准、规范：《建设工程施工现场环境与卫生标准》（JGJ 146—2013）、《建筑施工场界环境噪声排放标准》（GB 12523—2011）。

（2）教育作业人员自觉爱护现场环境，组织文明施工。

（3）施工场地划分环卫包干区，指定专人负责，做到及时清理场地。

（4）加强场地内地下水资源的保护，不得随意排放受污染的未经处理的水进入地面。

10　效益分析

此工法与常规顶管方法相比，可保证工程质量与安全，缩短工期，有效降低工程成本，具有良好的经济效益、社会效益和环保效益。与常规顶管方法相比，其效益对比分析见表3：

表3　效益分析表

序号	对比项目	常规顶管	二次破碎顶管
1	质量	遇复杂地质条件下难以进行顶管施工作业，无法保证质量	采用此工法，可保证顶管作业在复杂地质条件下正常施工，可保证工程质量。
2	安全	可保证施工安全	可保证施工安全
3	环保	可保证环保	可保证环保
4	工期	遇复杂地质条件下无法保证工期	能确保工期
5	成本	遇复杂地质条件下，成本无法预测	能有效保证工程质量及工期，实际是节约了工程成本

11　应用实例

（1）湘潭市三水厂水源迁改工程，顶管作业段遇卵石、强风化粉砂质泥岩等两种复杂地质条件，顶管长度120m，管材为钢筋混凝土管，管径1600mm，采用在复杂地质条件下注浆加固二次破碎小型盾构顶管施工工法，该项管作业于2016年7月开工，2016年9月竣工，取得了良好的效果，确保了工程质量与安全。

（2）雨花污水处理厂厂外配套管网及泵站施工工程（四标段），顶管作业段遇两种不同地质条件，顶管长度85m，管材采用钢筋混凝土管，管径1600mm，采用了复杂地质条件下注浆加固二次破碎小型盾构顶管施工工法，工程质量与安全得到有效保障，该项管作业于2016年10月开工，2016年11月竣工，取得了业主、监理方的一致好评。

108 钢管分层分段双液注浆止水支护施工工法

李志忠　潘自学　刘　永　颜　颖　江石康

湖南省第五工程有限公司

摘　要：为了解决一次成孔注浆容易造成塌孔、卡钻、浆液扩散不均匀等问题，采用分段注浆工艺，分段工艺通过钢管不同段落开孔，实现由浅入深、由上往下、逐段加固、逐层推进，保证注浆的有效性及针对性，不仅达到了止水和加固的效果，同时又经济合理。

关键词：108 钢管；分层分段注浆；止水；加固

1　前言

　　建筑物开挖时，传统的方法是采用井点降水，如果建筑物靠近河床、湖泊等位置降水效果不明显时，将会使建筑物基础下的土体、河床砂及卵石等随降水水水流流动而损失，甚至掏空，随着降水时间及深度的增加，有可能破坏邻近建筑物的基础。现在施工中通常在基坑外围和基底施作垂直和水平止水帷幕，以达到止水目的。目前施作止水帷幕常采用的方法有：高压旋喷注浆法、地下连续墙法、动结法和静压注浆法。高压旋喷注浆法是针对砂层和粉质黏性土层的一种有效方法，但该方法在中强风化岩层、断层破碎带的富水和动水条件下存在施工效果差、造价高问题，泥浆对场地污染严重，影响文明施工等缺点；地下连续墙法是针对淤泥质地层止水施工的最佳方法，但该方法对砂层、粉质黏性土层、中强风化层、断层破碎带的富水和动水条件下施工效果和工期均难以保证，且施工造价高；动结法在国内外工程中已大量应用，但用于深基坑工程存在造价高、工期长问题，需投入大型设备，且成功实例少等缺点；静压注浆法具有造价低、工艺易操作、机械设备投入少、工期短等优点，但是由于注浆工艺相对复杂，技术要求高等，使其应用范围受到限制。我公司在资兴市承建的资兴市自来水有限公司水厂取水点上移工程取水泵房基础施工过程中，其基坑上部为杂填土和粉砂土，均匀性差、结构松散、孔隙率高、强透水，此外，粉砂土遇水自稳性差，基坑开挖时易失稳。基坑下部为灰岩，其节理裂隙发育，导水性强，与邻近河流水力联系强，水源补给强。针对上述地质条件，项目部拟通过采用水泥 - 水玻璃双液浆作为注浆材料，潜孔钻机成孔，跟管钻进，108 钢管作为注浆管分段分层注浆技术，成功解决了取水泵房基坑止水问题，后期基坑开挖时 108 钢管作为钢管支护桩＋槽钢＋锚杆组成基坑支护体系保证基坑稳定。通过工程的实践应用，在不断总结完善的基础上形成本工法。

2　工法特点

　　（1）采用普通水泥 - 水玻璃双液浆作为注浆材料。该注浆材料具有凝胶时间可调，可有效地控制浆液在地层中的扩散距离，确保地下动水条件下浆液的凝胶团结，且浆液无毒、无污染，价格相对较便宜。

　　（2）钢管即可作为注浆通道，注浆完成后又能作为基坑支护桩增加基坑侧向刚度，提高基坑稳定性。

　　（3）施工设备配套简单，工艺易操作，施工成本较低。

　　（4）可分区投入多套设备，缩短施工工期。

3　适用范围

　　本工艺适用于淤泥质、粉质黏性土、砂层、全风化、强风化、中风化、断层破碎带等地层富水和动水条件下基坑工程的止水帷幕施工，也可广泛应用于地铁、电力、铁路和水利等基坑工程。

4 工艺原理

在淤泥质、粉质黏性土、全风化、中强风化及断层破碎带富水和动水条件下采用普通水泥 - 水玻璃双液浆，其作用机理主要表现为裂隙填充和劈裂作用；在砂层中采用超细水泥 - 水玻璃双液浆，其作用机理主要为渗透作用。普通水泥 - 水玻璃双液浆凝胶时间可调，可以减少地下水对浆液凝胶化性能的影响，确保浆液在富水和动水条件下的凝胶团结；浆液结石率高；采用双液灌注，工艺实施容易；浆液原材料均为无毒材料，大量适用不会造成环境污染；可以对不同地层采用不同作用机理的方法进行注浆，确保注浆效果。

5 施工工艺流程及操作要点

施工工艺流程：放线定孔→钻孔→下管→注浆→封孔→移孔→冠梁施工→土方开挖→锚杆→挂网喷浆。

操作要点：

（1）确定方案：帷幕孔考虑分段注浆，根据注浆管长度，第一段通过煤田钻机开 4m 孔，其他段可按间隔 3～4m 位置开小孔，钢管应错序施工，逐段施工，逐段推进。采用分段注浆工艺及定点注浆工艺，注浆时根据探查孔揭露的地质水文情况，适当调整注浆段距。底注浆孔也考虑在基坑开挖前进行施工，孔底按进入基坑底以下 3.5m 控制，满布于基底，孔距 2m，排距 2m，梅花形布置。封底注浆考虑采用双 20 注浆钢管的方式进行，一根钢管孔底至基坑底标高，一根至设计孔底标高，二者之间加止浆塞，分两段进行。上部采用低压浓浆以填充注浆孔道为目的，下部采用高压浓浆，以有效封堵基底孔隙及裂隙为主。封底孔分段注浆示意图如图 1 所示。

（2）钻孔、下管：帷幕钻孔采用潜孔钻机成孔，跟管钻进，开孔孔径 110mm，跟 108mm 钢管，采用分序分段钻孔。开孔时要轻加压，慢速，防止把钻孔钻斜、钻错方向。注浆孔的钻进采取全孔一次式。即在钻孔过程中一钻到底，全孔一次压入式注浆。钻孔顺序应先钻帷幕孔，再钻封底孔，先外后内，先深后浅。帷幕孔钻孔时应注意跟管。跟管的钢管后期不取出，以提高基坑的侧向稳定性，保证基坑开挖安全。故帷幕孔的钢管起到三个作用，一是保证前期成孔稳定，不塌孔，二是作为注浆通道，通过分段开孔实现分段注浆，三是基坑侧壁桩增加基坑侧向刚度，提高基坑稳定性。

（3）确定注浆参数

①浆液凝胶时间。根据压浆试验，如进浆量很大，泵的压力长时间不升高，浆液凝胶时间可选用 1～2min；如进水量中等，泵的压力稳定上升，浆液凝胶时间可选用 3～4min；如进水量很小，泵的压力升高较快，浆液凝胶时间可选用 5～6min。

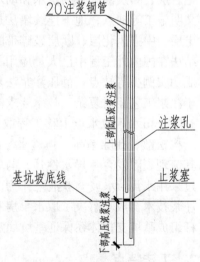

图 1 封底孔分段注浆示意图

②确定进浆量。当双液进浆量大于 60L/min 时，泵的压力长时间不升高，则为大进浆量；当进浆量在 30～60L/min 时，泵的压力稳定上升，则为正常进浆量；进浆量小于 20L/min 时，泵的压力升高较快，则为小进浆量。

③确定注浆压力。注浆压力在 1.5～2.0MPa。

注浆参数见表 1。

表 1 注浆参数

序号	参数名称	径向注浆
1	加固范围	周边帷幕及基坑封底
2	扩散半径	1.0m、3.0m

续表

序号	参数名称	径向注浆
3	钻孔深度	14m
4	注浆管直径	$\phi 20$
5	钻孔直径	90mm、110mm
6	孔间距	0.5m、2.0m
7	水泥强度等级	P·O 42.5
8	水玻璃浓度	25° Bé
9	水玻璃掺量	8%～18%
10	注浆终压	1.5～2.0MPa

注：现场施工中，注浆参数应根据实际情况进行动态调整变化。

④注浆顺序为：由外向内、自上而下。

⑤注浆浆液顺序：采用先稀后浓的原则。

（4）注浆结束：注浆结束标准根据注浆压力和注浆量来控制。一般采用定压注浆。当注浆压力逐步升高，达到设计终压并继续注浆 5～10min，可结束本孔注浆。特殊情况，注浆压力可以根据注浆过程中涌水情况及地表隆起情况进行适当调整。在满足注浆效果的前提下，注浆结束标准采用定量定压相结合，以定压注浆为主的方式进行控制。注浆前期在注浆压力较小的前提下，主要以增大浆液扩散范围为主，可适量增加注浆量；当浆液加固范围接近满足注浆结束要求时，以注浆压力为控制指标。为减少注浆成本，当经过分析浆液扩散距离远远超出设计范围时，或注浆压力长时间不上升时，则调整浆液配比，缩短凝胶时间，并采取间歇注浆措施，以控制浆液扩散范围。或注浆压力达到设计终压，且注浆量达到设计注浆量的 80% 以上时，即可结束注浆。

（5）根据现场实际情况，如采用多序施工，注浆顺序按照注浆孔分布由外到内，从帷幕孔到封底孔的原则进行施工。按照注浆加固区域逐次进行、循序渐进的原则。钻孔中实施探注结合，第一序孔作为探查孔使用，掌握注浆区域地下水分布、地层及孔隙大小等，为后续孔施工提供依据和参考，同时，后续注浆钻孔还兼作前序孔注浆效果的检查孔使用，以及时了解前期注浆浆液的扩散情况（扩散方向、范围、充填程度和结石体的固结强度等）。对于前期注浆加固好的区域，后期可以适当减少注浆量；相反，对于前期注浆加固薄弱的区域，可以适当增加注浆量。其目的是保证注浆后不留盲区，不留薄弱点，尽量减少补充注浆的工程量，缩短注浆工期。

（6）特殊情况处理

灌浆过程中，有时会遇到冒浆、窜浆等特殊情况，对这些情况的处理往往采用一些特殊的方法。分述如下：

①冒浆：对孔口冒浆可采用重新回填黏土或在黏土中掺入少量水泥的方法，封堵套管外壁与孔壁之间间隙。对孔口以外部分的冒浆，可采用限流、限压及嵌缝的方法处理，如该法处理无效，则应停灌待凝 24h 后再行复灌。

②窜浆：在灌浆过程中，若出现相邻两孔或隔孔冒浆，这说明地层已经开裂，窜浆两孔之间浆脉已经沟通。处理这种现象，一是将冒浆孔用止浆塞堵上，然后在灌浆孔继续灌浆；另一种是将灌浆孔与冒浆孔并联，同时进行灌注。

③隆起：灌浆期地层隆起，一是由于灌浆时产生水平劈裂，在灌浆压力作用下，对地层产生抬动。在这种情况下，应采取限压、限流的方法或在保持灌浆压力的前提下，控制灌入率。二是由于在灌浆压力作用下，对湿陷性大的土体产生挤压变形，而造成局部隆起。这时，则应降低灌浆压力或调整施工方案。总之，灌浆中地层的隆起是应尽量避免的，若发生，则应找出原因，采取相应的处理措施后，再继续灌浆，以免对周边环境产生不良影响。

④吸浆量过大：一种情况是灌浆土体过于疏松，在灌浆压力作用下，伴随着出现较大的土体压缩变形，使裂缝加宽，吸浆量增大。这时，伴随着灌浆量的增加，压力将逐步上升，应继续灌注到压力上升至设计压力或反复灌注到地层不吸浆为止。另一种情况是地层存在掏刷形成的空洞，这时应一直灌注到空洞填满为止。

⑤在小裂隙处漏浆，先用水泥浸泡过的麻丝填塞裂隙，并调整浆液配比，缩短凝胶时间，若仍跑浆，在漏浆处钻浅孔注浆固结。

⑥在注浆过程中，如发生浆液从其他孔流出的现象，这种现象为窜浆，发生窜浆时，在有多台注浆机的条件下，应同时注浆，无条件时应将窜浆孔及时堵塞。

⑦当进浆量很大，压力长时间不升高，则调整浆液浓度及配合比，缩短凝胶时间，进行小泵量、低压力注浆，以使浆液在岩层裂隙中有相对停留时间，以便凝胶；有时也可以进行间歇式注浆，但停留时间不能超过浆液凝胶时间。

⑧待所有注浆孔施工完毕后，根据压浆孔涌水量来决定局部地段是否须补设注浆孔。当每孔每延米涌水量过大时，要追加钻孔注浆，再次压注直到达到设计要求为止。

注浆工作因故中断，按下述原则处理：

①及早恢复注浆，否则立即冲洗钻孔，而后恢复注浆。若无法冲洗，或冲洗无效，则进行扫孔，而后恢复注浆。

②恢复注浆后，如注入率与中断前相比减少很多，且较短时间停止吸浆，则应采取补救措施。

③对吸浆量大、注浆难以结束地段，采取低压、浓浆、限流、限量、间歇注浆或掺加速凝剂等方式处理。

④注浆过程中，注浆压力或注入率突然改变较大时，应立即查明原因，采取相应的措施处理。

（7）待帷幕注浆及封底注浆完毕后，强度达到75%以上，方可进行基坑土方开挖，基坑采用垂直开挖，开挖过程中采用喷射混凝土护壁，同时，基坑开挖中，顶部施工钢筋混凝土冠梁一道，中部设4道双拼槽钢围箍，并同时施做三道9m长的钢管土钉和一道5m长的钢筋锚杆；基坑开挖过程分层进行，每层开挖深度不超过围箍0.5m。锚杆成孔孔径、孔位、倾角按设计参数要求，钻孔深度超过锚杆设计长度不应小于0.50m，注浆材料采用水泥水玻璃双液浆，水玻璃掺量为水泥用量的16%～18%。，水泥采用P·O 42.5水泥，水灰比宜为0.6～0.8。护壁分两次喷射，喷射混凝土前应对坡壁凹陷较大处进行处理，即将表面凿成台阶，再用M5水泥砂浆砌MU30毛石嵌填平整；喷射时喷头与受喷面保持垂直，距离宜为600～1000mm；喷射混凝土终凝2h后，应喷水养护。

6 主要设备与材料

名称	型号及功率	备注
潜孔钻机	THCD-650，120kW	钻孔
煤田钻机	DZ-25A	钻孔
双液注浆泵	2TGZ-60/210，7.5kW	注浆
搅拌机	X104，7.5kW	注浆
制浆机	3kW，25r/s	注浆
空压机	SAH132-13Y，75kW	钻孔
电焊机	315型，22.5kW	焊接
攻丝机		攻丝
散装灰罐	75t	注浆
皮卡车		运输
108 无缝钢管		注浆
P·O 42.5 水泥		注浆
水玻璃		注浆

7　质量控制

遵守下列质量标准及技术标准:《建筑基坑支护技术规程》(JGJ 120—2012)、《混凝土结构设计规范》(GB 50010—2010)(2015 版)、《建筑基坑工程监测技术规范》(GB 50497—2009)、《水电水利工程钻孔压水试验规程》(DL/T 5331—2005)、《水工建筑物水泥灌浆施工技术规范》(DL/T 5148—2001)、《建筑工程水泥—水玻璃双液注浆技术规程》(JGJ/T 211—2010)。

根据施工程序,严把钻孔深度、配料注浆压力、注浆量关,每一道工序均安排专人负责,并记录好每一道工序的原始数据。

钻孔施工:开钻前,严格按照施工布置图,布好孔位。钻机定位要准确,开钻前的钻头点位与布孔点之距相差不得大于 2cm,钻杆偏斜度不得大于 1°。

配料:采用准确的计量工具,严格按照设计配方配料施工。

注浆:注浆一定要按程序施工,每段进浆要准确,注浆压力一定要严格控制在设计注浆压力范围内,专人操作。当压力突然上升或从孔壁溢浆,应立即停止注浆,每段注浆量应严格按设计进行,跑浆时,应采取措施确保注浆量满足设计要求。注浆完成后,应采取措施保证注浆不溢浆跑浆。每道工序均要安排专人,负责每道工序的操作记录。

当锚杆施工完毕后,锚固体强度达到设计强度等级的 75% 时,应进行验收试验,锚杆验收试验的目的是检验施工质量是否达到设计要求。

8　安全措施

(1)建立健全各种岗位责任制,严格执行现场交接制度。

(2)钻机注浆泵及高压管路必须试运转,确认机械性能和各种阀门管路、压力表完好后,方准施工。

(3)每次注浆前,要认真检查安全阀、压力表的灵敏度,并调整到规定注浆压力位置。

(4)安装高压管路和泵头各部件时,各丝扣的连接必须拧紧,确保连接完好。

(5)注浆过程中,禁止现场人员在注浆孔附近停留,防止密封胶冲式阀门破裂伤人。

(6)注浆时不得随意停水停电,必要时必须事先通知,待注浆完成并冲洗后方可停水停电。

(7)注浆施工期间,必须有专门机电修理工,以便出现机械和电器故障时能及时处理。

(8)注浆现场操作人员必须佩戴安全帽、防护眼镜、口罩和手套等劳保用品,方可进行注浆施工。

(9)注浆固化强度及止水帷幕强度应考虑洪水期高水位施工安全。

9　环保措施

(1)严格按照审批的施工平面布置图实施,不得违反规定用地,乱搭工棚,乱停放机械设备。

(2)道路及供排水畅通。按标准修筑进场道路,保持路面清洁平整,排水及时,道路通畅。

(3)注浆机设置在半封闭的机房内,搅拌机上部设置喷淋设施。

(4)散装水泥在密闭的水泥罐中储存,散装水泥在注入水泥罐过程中,应有防尘措施。现场使用袋装水泥时,应设置封闭的水泥仓库。

(5)注浆机等设备清洗处设置沉淀池,废水、泥浆水不得直接排放。

10　效益分析

本工法施工机械设备简单,无须大型设备,可多台设备同时进行,能有效节约工期。注浆液胶凝时间可调,减少了地下水对胶凝材料的影响,节约材料,降低成本。分层开孔、分层注浆可以根据不同地质层采用不同的注浆参数,保证注浆的质量,也减少了浆液的浪费。后期基坑开挖时 108 钢管作为钢管支护桩＋槽钢＋锚杆组成基坑支护体系保证基坑稳定。减少了支护施工的费用。注浆浆液为水泥、水玻璃，无毒无污染，价格相对便宜且容易就地取材。

11　应用实例

资兴市自来水有限公司水厂取水点上移工程位于资兴市小东江，取水泵房位于小东江水电站下游，紧邻东江。水池为圆形，水池净高 15.6m，内径 22m，采用筏板基础，筏板厚 1.5m，水池基础底高为 122.4m，地面现状标高为 133.0 ～ 135.0m，水池施工时需开挖基坑深 10.6 ～ 12.6m。该单体工程基坑开挖时采用了水泥 - 水玻璃双液注浆止水支护技术，按此工法施工，止水效果显著，达到了预期效果。

大断面隧道超前支护结合环形掏槽开挖施工工法

黄　健　张淑云　佘建军　陶立琴　喻　烽

湖南省第四工程有限公司

摘　要： 大断面隧道在穿过 V 级围岩时，传统施工方法存在安全风险大或造价高、进度慢、质量难以保证等问题。本工法提出了"管超前、严注浆、短进尺、强支护、勤量测、快封闭"的施工原则，采用双层超前小导管，加注水泥、水玻璃双液浆，对开挖工作面及前方土体进行预支护和预加固，形成稳定的加固圈；采用短进尺的弱光面爆破或机械开挖成环形槽，降低拱顶开挖释放的势能，提高掌子面的稳定性；进而把初期支护、超前支护、加固圈、核心土体形成联合支护体系，共同承担拱顶开挖后的压力；具有工序较少、省工省料、操作安全可靠、简便易行的特点。

关键词： 大断面隧道；V 级围岩；超前小导管；联合支护体系

1　前言

　　近年来随着高速公路、城市地下工程等隧道工程的迅速发展，大断面公路隧道、地下通道、引水隧道不断出现。大断面隧道在穿过 V 级围岩（结构松散、碎裂，和软塑状、潮湿含水量较大的软土层）时极易塌方，给施工人员、隧道工程带来极大安全风险。而一般的环形开挖预留核心土方法造成掌子面支持力不足，极易造成隧道拱顶塌方。单侧壁和双侧壁导坑开挖方法虽然比较安全，但是需要安装和拆除临时支护，工序多，人工、机械台班、支护材料损耗多，而且分段开挖、拼接的钢拱架容易扭曲错位，整体性差，造成初期支护承载能力下降，施工质量下降；而且拱顶初期支护成型周期较长，施工进度较慢。而采用超前支护结合环形掏槽开挖施工工法，通过超前预支护形成加固圈，减少土体开挖扰动，最大程度利用土体自身的承载力，能有效地防止隧道下沉、塌方。比较单、双侧壁导坑开挖法，省去侧壁临时支护的工序，上台阶初期支护一次性完成。既能节省材料、人工、机械台班费用，同时又能保障施工安全，施工质量好，施工进度比较快。我公司在湘西永顺县洞潭水电站引水隧道工程、贵州瓮安港口大道隧道工程均应用该工法，工程安全、质量、进度均得到保证。在经过破碎断层，甚至软土地层时取得了明显好于单、双侧壁导坑法的效果。为推广运用，特编写此工法。

2　工法特点

　　采用 3.5m ϕ 42（无缝钢管）双层小导管加强超前支护，并注入水泥、水玻璃双液浆，对开挖工作面及前方土体进行预支护和预加固，形成稳定的加固圈。使初期支护、超前小导管和加固圈连成一体，共同承载拱顶压力。采用短进尺的弱光面爆破、机械开挖成环形槽，尽量减少扰动掌子面，尽量多地保留核心土，降低大断面隧道拱顶开挖释放的势能，提高掌子面的稳定性，最大程度利用隧道土体自稳性。采用机械修整的核心土体作为施工平台，完成立拱架、钻孔、喷锚、安装超强小导管、注浆等工序，不需要工作台车。上台阶初期支护一次完成，拱部沉降较小，稳定性更强。此工法工序较少、省工省料、操作安全可靠、简便易行。

3　适用范围

　　主要针对大断面隧道、城市地下通道，分台阶开挖，穿过 V 级围岩，结构松散、碎裂和软塑状、潮湿含水量较大的软土层施工。

4 工艺原理

参考新奥法理论以利用围岩自承力为基点，采用锚杆、钢拱架喷射土为主要支护手段，开挖中采用多种辅助措施加固围岩，充分调动围岩的自承能力。施工中遵循"管超前、严注浆、短进尺、强支护、勤量测、快封闭"的基本原则，采用双层超前小导管，加注水泥、水玻璃双液浆，对开挖工作面及前方土体进行预支护和预加固，形成稳定的加固圈。使初期支护、超前小导管和加固圈连成一体，共同承载拱顶压力。采用短进尺的弱光面爆破或机械开挖成环形槽，尽量减少扰动掌子面，尽量多地保留核心土，降低拱顶开挖释放的势能提高掌子面的稳定性。这样就把初期支护、超前支护、加固圈、核心土体形成共同的支护体系，共同承担拱顶开挖后的压力。

5 施工工艺流程及操作要点

5.1 施工工艺流程（图1）

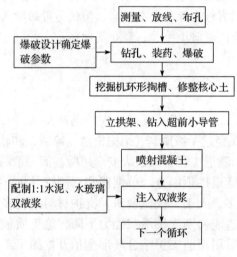

图 1 施工工艺流程

5.2 主要施工技术要点

5.2.1 测量放线布孔

（1）根据围岩地质情况、隧道跨度大小、环形掏槽宽度，设计弱光面爆破，确定掏槽眼、周边眼布置数量、间距，钻孔深度。

（2）放线定位：根据设计图纸，初支拱架的形状和爆破设计的布孔点用全站仪放线。用红油漆画出开挖初支轮廓线，标注周边眼、掏槽眼钻孔的位置，提高光面爆破的效果。

5.2.2 钻孔、光面爆破

（1）确定爆破参数：周边眼和掏槽眼位置、间距和数量。一般周边眼参考经验计算式：炮眼深度 L，炮眼深度以循环进尺为炮眼深度，一般 0.5～0.75m，掏槽眼加深 10%～20%。周边眼间距 E：一般情况下 $E=（12～15）d$，炮眼间距 E 一般取 35～50cm；其中炮眼直径 D 为 40mm；同时根据最小抵抗线 W 光面层厚度取值在 13～22d 范围内，且遵循 $W \geqslant E$ 的原则，周边眼密集系数（$H = E/W$）取 0.7～1.0，一般 W 值取 40～60cm，本设计取施工中可根据实际情况调整（表1）。

表 1 周边眼爆破参数

围岩级别或类型	周边眼间距 E（cm）	周边眼至掏槽眼间距 W（cm）	周边眼装药集中度 a（kg/m）	相对距离 H	每循环进尺 L（m）
V级	30～50	45～60	0.10～0.25	0.75～1.0	0.5～0.75

（2）炮眼要"准、平、齐"："准"是指炮眼位置要准，周边眼口全部在设计轮廓线内 5cm 的连线上，眼底全部在设计较廓线外 5cm 的连线上终止，其作炮眼定位误差不超过 10cm。只有这样才能达到两排炮之间错台不大于 10cm；"平"是要求炮眼方向和隧洞中线平行，两侧边墙要顺帮水平打眼，各排炮相同位置的炮眼平行，爆破后各排同位炮眼连成一条线；"齐"，主要是眼底要齐，要在一个垂面上，保证良好的爆破效果。

（3）采用弱光面爆破减少振动与降低噪声。由于掏槽爆破厚度小，爆破设计主要是布置周边眼和掏槽眼，密打眼，少装药。根据实际地质条件合理循环进尺一搬在 0.5～0.75m。爆破材料采用 1～13 段普通毫秒延期非电雷管，周边眼采用低爆速、低密度、高爆力、传爆性好的小直径 2 号岩石硝铵炸药，富水地段采用乳化炸药，采用厂制炮泥堵塞，导爆管复式网路连接，分断面一次起爆。根据爆破理论计算公式初步拟定爆破参数，再通过现场试爆修正确定爆破参数（图 2）。

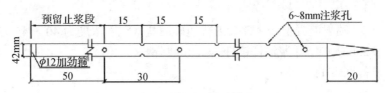

图 2　装药结构图

5.2.3　挖掘机掏槽、修整核心土

使用挖掘机沿着光面爆破的环形炮眼，掏成环形槽，清理拱顶碎渣土。再把核心土修整成逐级台阶状，作为适合拱架安装、喷锚、超前小导管安装、注浆等紧后工序的施工平台。把挖出的渣土通过运输车辆外运。

5.2.4　初支拱架安装

（1）以核心土为施工平台，安装钢拱架。钢拱架除锈后按设计要求分节加工成型，钢拱架分节间通过钢板用螺栓连接。为充分发挥钢拱架的承载能力，首先要求钢拱架必须垂直且与线路方向垂直；其次，架立拱部钢拱架时，严格控制左、右拱脚标高，以防拱架偏斜，影响与边墙钢拱架的圆顺连接或侵入衬砌厚度。

（2）拱部钻孔打入中空注浆锚杆，采用 ϕ25mm 长 2.5m 真空注浆锚杆。间距 1m，呈梅花状布置。在拱脚位置钻入 ϕ42mm 长 3.5m 无缝钢管，作为锁脚锚杆，并把锁脚锚杆与钢拱架焊在一起。

5.2.5　超前小导管安装

（1）1.超前小导管采用 ϕ42mm 长 3.5m 无缝钢管，在钢管上梅花状间距 15cm 打注浆孔，孔径 6～8mm。超前小导管安装在环向隧道拱顶 135° 内，安装间距 0.3～0.45m，纵向间隔一榀格栅钢架打设一环，间距 0.5～0.75m。超前小导管从钢拱架预留孔洞（间距 0.3～0.5m）穿过，钻入仰角角度 5°～15°，尾部留在拱架中约 0.3～0.5m。超前小导管同钢拱架焊接连成一体（图 3）。双层小导管搭接长度大于 1m（图 4、图 5）。

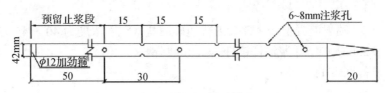

图 3　超前小导管制作图

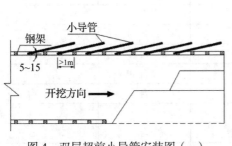

图 4　双层超前小导管安装图（一）

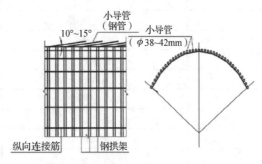

图 5　双层超前小导管安装图（二）

5.2.6 锚喷初期支护

（1）机具喷混凝土采用 Bz—5 型混凝土喷射机，压力为 0.2～0.4MPa。水泥及细骨科采用 P·O 42.5 级普通硅酸盐水泥。

（2）喷射混凝土开挖后为缩短围岩的暴露时间，防止围岩进一步风化，必须先初喷混凝土 3～5cm 厚再封闭围岩；待钢格栅及钢筋网安设好后，再喷混凝土 10～12cm；最后在下一循环喷射混凝土时分两次喷射至设计厚度。喷射作业分段、分片由下向上依次分层进行，每段长度为 3m。为加快混凝土强度的增长速度及提高混凝土的喷射效果。

5.2.7 注入双液浆

（1）超前小导管注浆在开挖掘进前。先用喷射混凝土将开挖面和 5m 范围内隧道拱部封闭，然后沿小导管注浆，待浆液硬化（4h）后，在隧道拱部周围形成加固圈，在此加固圈的防护下可以安全地进行开挖。

（2）双液浆选用 P·O 42.5 普通硅酸盐水泥和浓度为 40～45° Bé 水玻璃配制，比例为 1:1。注浆选用 UB6 型注浆泵注浆，采用浆液搅拌桶制浆。

（3）注浆顺序从两侧拱脚向拱顶。为保证开挖轮廓线外环状岩体的稳定，形成有一定强度及密实度的壳体，达到固结破碎松散岩体的目的。特别是确保两侧拱脚的注浆密实度和承载力，采取注浆终压（0.8～1.2MPa）和注浆量双控注浆质量，拱脚的注浆终压高于拱腰至拱顶。通过现场试验确定拱脚终压为 1.2MPa，拱腰范围为 1.0MPa，拱顶为 0.8MPa。注浆时相邻孔眼需间隔开，不能连续注浆，以确保固结效果，又达到控制注浆量的目的。

5.2.8 监控量测

（1）初期支护完成后，在拱顶、拱脚及边墙的顶面标高处埋设测点进行拱顶下沉和水平收敛量测。测试元件用 ϕ12mm 圆钢加工而成，每根元件长 25cm，锚入初期支护体 20cm，外露 5cm，以防振动影响量测结果。水平收敛量测可以采用铁科院武汉岩体力学研究所研制的收敛仪进行观测。

（2）量测频率开始 6h 观测 1 次，然后根据变形量的减小而减小量测频率，即 12h、24h、48h、72h、168h，根据量测结果及时调整工序及预留变形量、开挖进尺等，便于指导施工，确保施工安全。量测点每隔 5m 布设 1 组。

（3）通过现场监控量测可以得出以下效果：周边人工开挖可减小对围岩的扰动，有效控制超欠挖；超前小导管注浆预支护，可以大量减少拱部围岩的掉块，保证了施工安全、质量和进度；通过以往现场监控量测的数据，可以将预留变形量出设计值调整至实际值。

6 材料与设备

（1）主要材料：C20 喷射混凝土、P·O 42.5 普通硅酸盐水泥、浓度为 40～45° Bé 水玻璃、H 型钢、ϕ42mm 无缝钢管、ϕ25mm 中空注浆锚杆锚杆、ϕ8mm 圆钢。

（2）主要机具设备见表1：

表1 机具设备一览表

序号	名称	规格型号	单位	数量
1	中型挖掘机	/	台	1
2	注浆机	/	台	1
3	喷浆机	/	台	2
4	电焊机	/	台	2
5	YT-28 型钻机	/	台	8
6	自卸汽车	/	台	4
7	装载机	50 型	台	1
8	千斤顶	小型	台	1
9	空压机	大型	台	2

7　质量控制

（1）施工工艺一般措施和要求满足下列标准和规范：

《公路隧道施工技术规程》（JTG 60—2009）；

《铁路隧道监控量测技术规程》（QCR 9218—2015）。

（2）各级施工人员树立"质量第一，预防为主"的指导思想，做到施工前会审，按施工组织设计进行施工，并做好现场工程技术交底和安全交底。

（3）技术负责人对技术员、施工员、各班组进行详细交底。组织技术人员、施工员、各班组进行技术学习，并组织考核。考核通过，才能上岗。

（4）制定工作检查验收制度，班组之间进行自检、互检、交接检制度，加强分项工程质量复核工作，消除工程不良隐患。

（5）开挖质量保证措施

①在断层破碎带施工中，开挖严格遵循短进尺、弱爆破、快封闭的原则。

②开挖过程中严格按设计控制开挖断面，不得欠挖，最大允许超挖量拱部为 15cm，边墙 10cm。当出现超挖时，严格按照设计、规范规定的材料回填密实，并做好回填注浆。

（6）爆破质量保证措施

①根据地质条件、开挖断面、开挖方法、掘进循环进尺、钻眼机具和爆破器材等进行钻爆设计，审定批准后，严格按设计施工，并根据爆破效果，及时修整有关参数。

②钻眼深度、角度按设计施工，掏槽眼眼口间距误差和眼底间距误差不得大于 5cm；辅助眼深度、角度按设计施工，眼口排距、行距误差不得大于 10cm；周边眼间距误差为 5cm，外斜率不大于孔深的 3% ～ 5%，眼底不超出开挖断面轮廓线 10cm；周边眼至内圈眼的排距误差不得大于 5cm；除掏槽眼外所有炮眼底确保在同一垂直面上。

③装药前将炮眼内泥浆、石粉吹洗干净，经检查合格后装药，严格控制装药量。

（7）初期支护质量保证措施

①锚杆喷混凝土支护：锚杆的类型和布置，必须符合设计要求，锚杆钻孔保持直线，并与所在部位的岩层要结构面垂直，安装前，除去油污锈蚀并将钻孔吹洗干净。锚杆安装经检验合格后，及时喷射混凝土，并确保在 4h 内不得进行爆破作业。

②喷射混凝土：作业分片依次进行，喷射作业自下而上，先喷钢架支撑与拱墙壁间混凝土，后喷两拱架之间混凝土。混凝土喷设采取分层喷射，后一层喷射在前一次喷射混凝土终凝后进行。喷射混凝土时，喷头垂直于受喷面，喷头离受喷面的距离保持在 0.6 ～ 1.2m 之间。

8　安全措施

（1）严格贯彻执行《建筑施工安全检查标准》（JGJ 59—2011）。

（2）施工现场建立健全安全组织机构，设专职安全员，各工种、各班组设立兼职安全员，项目组根据本工程的特点，制定该项目各级管理人员和各部门的安全生产责任制。

（3）施工现场要有完善的安全保障措施，醒目的安全标志和护栏，进入工地戴好安全帽及其他劳防用品。

（4）建立健全安全生产操作规程和规章制度，工人进入工地前必须认真学习本工种安全技术操作规程，未经安全知识教育和培训，不得进入施工现场操作。

（5）机电设备必须专人操作，严格遵守操作规程，特殊工种（如电工、机修工、车辆驾驶员等）必须持证上岗。

（6）钻孔前必须进行"四检查"和"四清除"。即检查和清除炮烟和残炮；检查和清除盲炮（由爆破员处理）；检查和清除顶、帮、掌子面；检查和清除支护的不安全因素。

（7）打钻时应做到"四严禁"。即严禁打残眼，严禁打干眼，严禁戴手套扶钎杆，严禁站在凿岩机钎杆下。

（8）爆破作业由持有爆破证的爆破员操作。不准在同一工作面使用不同批号、不同厂家的雷管及燃速不同的导火索，爆破器材必须符合国家标准，并经过严格检验，不合格者不得使用。

（9）禁止进行如下爆破工作的情形：有冒顶或边帮滑落危险，通道不安全或通道堵塞，工作面有涌水危险或炮眼温度异常，危及设备安全却无防护措施。

（10）爆破时要加强警戒与撤离。再爆破体附近 0.5km 范围内公告爆破时间和爆破信号，实行定时爆破，爆破前后 10min 对距爆破体 200m 范围实行封锁和交通管制。在隧道通道路口树立警示牌，设专人进行警戒，加强对来往行人的指挥。

9 环保措施

（1）隧道洞内爆破、开挖打钻、喷锚以及机械施工、汽车运输产生的扬尘、废气特别多，隧道内不易排出，严重危害施工人员身体健康和安全。因此必须严格按国家标准，按照隧道生产的需求，安装足够功率的通风机排除洞内废气、灰尘。

（2）在洞内沿拱墙安装喷淋系统，保障水、电供应，24h 保持正常运转能力，定时喷水，及时有效降尘。

（3）使用随车的雾炮机，给整个隧道喷雾降尘。

（4）在注浆施工中，容易造成浆液的外泄，造成对环境的污染。为保护自然环境，在施工过程中，应避免堵管及漏浆现象的发生，并加大在环境保护方面的投入。生产中的废弃物及时处理，运到当地环保部门指定的地点弃置。按环保部门要求集中处理试验及生活中产生的污水及废水。

（5）在洞门口设置洗车喷淋设备，对所有进出洞内运输车辆、设备进行清洗。设排水沟（上盖箅子）集水池、沉淀池收集污水，集中沉淀，废水再回收利用。

10 经济效益分析

（1）上台阶开挖及初期支护循环时间表（采用台阶分部法，上台阶采用中间预留核心土环形掏槽开挖）见表 2。

表 2　一个工作周期时间表

工序序号	工序名称	循环时间（h）	备注
1	测量放样	0.5	
2	拱部环形开挖（钻孔爆破）	3	
3	拱部环形掏槽、出渣	2.5	
4	上台阶初期支护打超前小导管	3	
5	初支喷锚、超前小导管注浆	3	
	合计	12	一个循环

中、下台阶与上台阶平行作业。开挖、支护循环时间：12h。

每月循环数（按 28h 计算）：（30×24）÷12＝60，取 60 个循环 / 月；每循环进尺：0.5～0.75m，月进度指标取中值：48×0.625＝30m/ 月，取 30m/ 月。

采用侧壁导坑开挖法：单侧壁一侧开挖一个循环需要 12h，另一侧也需要 12h，因为要错位施工5～8m，所以一个月最多开挖 25m。双侧壁导坑开挖则更慢。

（2）综合比较：本工法上台阶初期支护一次成型，相对于单、双侧壁开挖法：省去了临时支护的安装和拆除，省去了材料、机具损耗，也降低了施工班组工作频率，节约用工约一半左右。而且每个月至少能实现 60 个循环 30m 的进度。而单侧壁导坑法和双侧壁导坑法开挖方法，每月最多能开挖25m。此工法，节省的侧壁临时支护的钢材、混凝土占上台初期支护材料的超过四分之一，节省人工工时约二分之一。

11　应用实例

我公司承建的湘西永顺县洞潭水电站引水隧洞工程和贵州瓮安向阳隧道工程，都采用了大断面隧道超前支护结合环形掏槽开挖施工工法。穿越特别软弱、含水丰富、破碎、断裂塌方的地层，均取得了应用成功和较好的经济效益。

实例一：湘西永顺县洞潭水电站引水隧洞工程

湘西永顺县洞潭水电站引水隧洞工程，位于湖南湘西永顺，县全长 3.8km，其中有一段长达 200m 的开挖跨度达到 12m 的大断面隧道，穿越破碎、断裂塌方的 V 级围岩，采用了大断面隧道超前支护结合环形掏槽开挖施工工法成功穿越特殊困难的地层，取得了安全、质量、进度的全面成果。隧道初期支护安全可靠、沉降小，同时取得了较好的经济效益，节省成本 30 万元。

实例二：贵州瓮安向阳隧道工程

瓮安工业园区拓展区主干道工程向阳隧道位于贵州省瓮安县天文镇新田嘴和花寨子境内，设计为分离式隧道，设计右线长度 2735m，设计左线长度 2793m，工程造价 7.5 亿元。隧道为三车道最大净空 12m，其中左右隧道各有一段 100 多米，要穿越浅埋暗挖的 V 级围岩地段。地层松散、碎裂，自稳能力差，极易塌方。我公司采用了大断面隧道超前支护结合环形掏槽开挖施工工法，成功穿越特殊困难的地层，取得了安全、质量、进度的全面成功。隧道初期支护安全可靠、沉降小、变形小，均满足设计要求。同时取得了较好的经济效益，节省成本 50 万元。

地铁半盖挖施工工法

唐金云　陈立新　朱　峰　廖湘红　宋禹铭

湖南省第四工程有限公司

摘　要：为解决中心城区交通要道地下车站主体基坑施工与交通疏解的矛盾，可通过分期交通疏解、分期倒边施工围护结构，一次性少占用交通道路，遮盖先施工的一半基坑围护结构施做临时路面盖板系统，通过时间置换空间，解决交通疏解问题，并达到从另一半基坑明挖施工的效果，从而保证地铁主体基坑正常施工的目的。

关键词：地铁；半盖挖施工；交通疏解；临时路面盖板

1　前言

　　城市中心城区繁忙道路中地铁车站工程施工过程，采取半盖挖的施工方法，解决了中心城区交通要道地下车站主体基坑施工与交通疏解的矛盾，总结出一套成熟的施工方法，形成完善的施工工法，为日后中心城区交通繁忙地段地铁基坑施工提供经验和借鉴。

2　工法特点

　　（1）交通疏解与围护结构施工均分期进行，施工场地分期围挡，减少对城市交通的影响。

　　（2）基坑开挖前先遮盖一半基坑施工临时路面盖板，另一半敞开进行明挖施工车站主体基坑。

　　（3）临时路面盖板一半利用围护结构作为竖向支撑，另一半通过在基坑内设计临时竖向支撑系统，同时临时路面盖板系统兼作基坑第一道支撑体系。

　　（4）待主体结构施工完成后，通过托换柱托换临时支撑系统，拆除临时支撑，对主体结构中临时支撑柱预留孔洞进行封堵施工，既保证了地铁车站主体基坑的顺利施工，又不影响市内繁忙的交通运输。

　　（5）本工法能达到城市地铁建设和交通运输的平衡，经济效益和社会效益双赢，一旦确立采用该工法，从结构设计、交通疏解到基坑开挖、主体结构施工需统筹考虑。

3　适用范围

　　本工法适用于城市交通繁忙道路中，基坑范围影响道路交通的地铁车站等地下基坑工程。

4　工艺原理

　　本工法通过分期交通疏解、分期倒边施工围护结构，一次性少占用交通道路，遮盖先施工的一半基坑围护结构施做临时路面盖板系统，通过时间置换空间，解决交通疏解问题，并达到从另一半基坑明挖施工的效果，从而达到保证地铁主体基坑正常施工的目的。

5　施工工艺流程及操作要点

5.1　施工工艺流程

　　管线迁改→一期交通疏解→一期围护结构、临时立柱施工→支撑、路面盖板施工→二期交通疏解→二期围护结构施工→基坑支护与土方开挖→主体结构→临时立柱托换→孔洞封堵→明挖段顶板回填及管线迁改→三期交通疏解→临时路面盖板拆除及顶板回填。

5.2 操作要点

5.2.1 交通疏解

鉴于明挖车站位于交通繁忙的城市主干道下，交通疏解不当将引起严重交通堵塞，影响市民出行。为基本保证原有机动车道与非机动车道的数量，必须分期倒边施工。

在施工预备期，需要先完成中央分隔带和绿化带拆除、树木保护迁移、管线迁改、临时路面施做等工作。

一期交通疏解时，车道疏解至两侧人行道，围挡占用中间道路施工车站主体基坑一侧围护结构、临时立柱，浇筑第一道混凝土支撑及路面盖板，达到设计强度后开通一期施工场地，进行二期交通疏解。

二期交通疏解时，车道全部疏解至已完成围护结构侧人行道及临时路面板，围挡占用另一侧道路施工围护结构，冠梁、支撑与已完成围护结构侧第一道混凝土支撑连接成整根；待冠梁、混凝土支撑达到设计强度后，进行基坑开挖、支撑架设和桩间模筑混凝土施工，分段施工接地装置、垫层、防水层、主体结构等；另一侧车站主体及附属施工完成后，做好顶板的防水以及孔洞封堵后，回填该侧土方，进行三期交通疏解。

三期交通疏解时，车道疏解至已完成车站结构侧，先围挡临时路面板道路，拆除临时路面板和临时立柱，恢复原主干道的交通，然后围挡未完成附属侧开始施工，附属侧完成后可完全恢复原有交通道路。

5.2.2 临时路面盖板、临时支撑系统

临时路面盖板按永久道路标准设计，采用300mm厚现浇钢筋混凝土板，路面板梁采用1.2m（高）×1.0m（宽）钢筋混凝土纵横梁，横梁兼作第一道混凝土支撑梁。临时立柱采用A1000的灌注桩（兼作抗拔桩）+A609（厚16mm）的Q345钢管柱，桩底位于结构底板以下8m。半盖挖横剖图见图1。

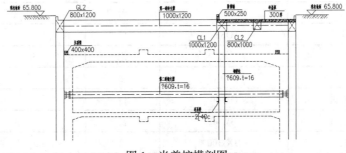

图1 半盖挖横剖图

5.2.3 结构孔洞处理

因临时路面盖板系统的干扰，结构底板、中板、顶板在钢管立柱处需要解决钢筋连接及防水问题，为此钢立柱在板的底层、面层钢筋位置处焊接止水钢环，板钢筋双面焊接于止水钢环上，临时立柱拆除时沿板面切割钢立柱，在空洞中灌注微膨胀混凝土。钢立柱节点见图2。

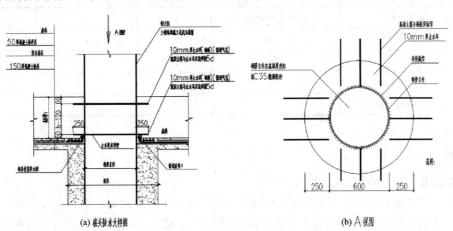

(a) 桩头断本大样图   (b) A视图

图2 钢立柱节点大样图

5.2.4 临时支撑系统托换和拆除

结构顶板浇筑完成后，需要回填明挖部分土方，临时立柱将影响回填，应提前对临时钢立柱进行托换。另外，临时钢立柱不提前拆除，待临时路面板全部拆除后再拆除临时钢立柱，将严重影响总体工期，因此需要对临时钢立柱进行托换。

托换方式可根据结构顶板和结构柱设计情况确定，一般托换点在结构柱、结构梁上方时，设支撑柱即可；并可根据柱的高度确定是否需要配筋；若托换点不在结构柱和梁上方，则应设托换梁来分散荷载。托换梁柱应在防水层和保护层完成后实施。

5.2.5 结构板孔洞封堵

临时钢立柱拆除后封堵钢管柱孔洞，焊接钢筋网，灌注微膨胀混凝土，顶板主节点安装内止水环，同时做好顶板封堵及防水处理。

6 材料与设备

6.1 材料

钢筋（HPB400C）、C35 商品混凝土、钢管柱（Q345）、模板、木方等。

6.2 设备

机具设备见表1。

表1 机具设备表

序号	名称	规格型号	单位	数量	备注
1	激光垂准仪	XL.48-DZJ200	台	1	
2	经纬仪	J6 以上	台	1	
3	水准仪	DS3	台	1	
4	钢卷尺		把	5	
5	木工加工设备		套	2	
6	钢筋切割机	GW40	台	1	
7	钢筋弯曲机	GW40	台	1	
8	电焊机	BX-300	台	2	
9	电锤		台	2	
10	振动棒	ZN35	个	2	
11	汽车泵	三一	台	1	
12	风镐	G10A	台	2	
13	成槽机	宝峨 GB 60	台	1	
14	旋挖钻机	山河智能 SWDM28	台	2	
15	履带吊	180t	台	1	
16	履带吊	80t	台	1	
17	汽车吊	25t	台	1	
18	泥浆制备循环系统	—	套	1	

7 质量控制

（1）路面盖板下围护结构及临时支撑系统

车站主体临时路面盖板遮盖范围的围护结构，除了基坑开挖作为支护结构，还将作为路面板的基础，因此路面盖板下的地连墙、临时立柱桩在灌注混凝土前必须清孔到位，沉渣厚度控制在 50mm 以内，钢管立柱的垂直度控制在 0.3% 以内，钢管立柱接长采用法兰连接或者坡口焊接，须经设计验算和三方检测验证。

（2）临时路面盖板

路面盖板与支撑梁同步浇筑，板钢筋穿插在梁面筋以下，施工缝留置于纵跨的 1/3 处，板横向钢筋两端锚固于冠梁与撑梁内，锚固长度不小于 39d，纵向板筋采用搭接接长时，面筋不得再支撑梁部位搭接，底筋不得在跨中搭接，搭接接头置于 1/3 跨处，搭接长度和接头率须符合规范要求。

（3）基坑支护与土方开挖

基坑开挖时及时架设支撑，不得超挖，钢支撑预加轴力分次按设计加压到位，出现预应力损失时，及时二次加压。第三道混凝土支撑与钢立柱节点加强钢筋及节点加腋严格按照设计施工。

（4）结构板孔洞处理

底板、顶板严格按设计做好防水卷材、防水加强层，在柱根部架设卷材柱箍，止水钢环与钢立柱满焊，板主筋与止水钢环双面焊接部小于 5d。

（5）临时支撑系统托换

托换柱置于顶板梁柱处，必须待托换柱达到强度后方可拆除钢立柱。

（6）结构板孔洞封堵

拆除钢立柱后，在孔内焊接内止水钢环与钢筋网，然后灌注微膨胀混凝土，确保孔洞封堵密实，不渗水。

8　安全措施

（1）设计核算

临时路面盖板及临时支撑钢立柱必须由设计院进行复核计算，路面盖板满足通行路面荷载的各种工况要求，复核钢立柱的强度和稳定性。

（2）起重吊装

地连墙及钢管柱施工起重吊装须编制专项施工方案，地连墙双机抬吊的方案还需专家论证，特种作业人员须持证上岗并严格按操作规程起重吊装，吊装前进行起重前的设备、索具的专门检查，起重吊装时须进行安全警戒，确保交通、行人及场内人员的安全。

（3）交通安全

路面板完成后，须达到设计强度后才能开放交通，在靠基坑一侧，设置钢筋混凝土防撞墙，沿防撞墙设置警示带和标识牌。

（4）基坑支护

第三道支撑采取混凝土支撑并设置连系梁，将临时立柱连成整体，加强约束，提高临时钢立柱稳定性。

（5）土方开挖

土方开挖时严禁超挖，避免基坑变形等引起路面盖板的开裂或下沉；加强对作业设备的交底，严禁碰撞钢立柱，钢立柱周边土体不得采取机械开挖的方式进行；进行石方爆破施工时，沿围护结构及钢立柱设置隔振沟，避免爆破振动波或应力对围护结构和钢立柱的影响。

（6）施工监测

全过程对基坑围护结构及钢立柱进行竖向、水平位移的监测，对周边环境进行监测，及时反馈监测信息，如有异常及时进行报警并停止施工采取应急处理措施。

9　环保措施

（1）加强施工管理，合理安排时间，严格按照施工噪声管理的有关规定，夜间不进行钻孔等高噪声作业。

（2）现场配备雾炮机，对钻孔、土方开挖作业等进行降尘控制。

（3）设置完善的临时排水系统，对污水进行三级沉淀、达到排放标准后方可排入市政管网。

（4）设置自动洗车槽，进出场地的车辆必须清洗干净后方可驶出场地。

10　效益分析

采用本工法进行地铁车站施工，既保证了正常的交通通行需要，又保证了地铁的正常施工。避免了交通拥堵对市民出行造成影响，也不需要采取暗挖逆作法施工，大大降低了建设投资且加快了工期；同时达到了节约及环保的效果，质量得到更有效的保证，经济效益、社会效益明显。

11　应用实例

（1）长沙市轨道交通 3 号线一期工程东塘站位于韶山北路与劳动西路交叉路口以西，是轨道交通 3 号线与规划 7 号线的换乘站。该工程主体基坑位于劳动中路中央偏南，车站体量较大，采取半盖挖施工，解决了地铁施工对交通影响的问题，同时还能进行明挖顺做法施工，避免了暗挖增加建设投资的问题，质量得到更有效的保证，进度也得到更有效的保证，取得了良好的经济效果和社会效果（图 3）。

（2）长沙市轨道交通 3 号线一期工程桂花公园站位于曙光路与桂花路的交叉路口，交通繁忙、周边建筑物密集，该地铁车站也采用该方法进行地铁车站施

图 3　东塘站半盖挖施工现场图

工，从设计就开始明确了该施工方法，质量、进度、投资均得到了保证和控制，得到了业界的认可，取得了良好的经济效益、社会效益（图 4）。

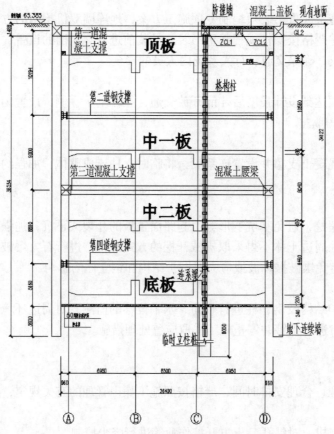

图 4　桂花公园站标准段剖面图

膨胀剂与液压劈裂棒组合静力破岩施工工法

李维晨　汤　丹　李　欣　陈维超　唐福强

湖南建工集团有限公司

摘　要： 当岩石强度较高，普通液压破碎锤无法破除，且受限于周边环境无法通过炸药、气体等爆破方式时，可采用膨胀剂化学破碎和液压劈裂棒物理破碎相结合的方式处理此类问题。膨胀剂静态破碎主要是通过人工造孔（$\phi 42$）后，在孔内静态爆破剂的作用下使岩石劈裂、产生裂缝，再使用破碎锤或风镐解小、破除、开挖岩石；液压劈裂棒破碎主要是通过人工造孔（$\phi 90$）后，孔内插入液压劈裂棒而后加压挤裂岩石。两种破碎工艺均需岩体有临空面，无自然临空面时，采用潜孔锤配 $\phi 90$ 钻头叠孔钻双排钻孔机械掏槽创造临空面以利于后续破岩。

关键词： 硬岩；膨胀剂；液压劈裂棒；人工造孔；临空面

1　前言

在周边环境受限（邻近有已建成的建筑物、构筑物；处于闹市区、周边环境敏感等）不适宜采用爆破的情况下进行破岩破碎施工，且岩石硬度超过 100MPa、地势起伏大岩面不平整、地下水丰富。我公司通过多个项目的技术攻关，根据地下水的分布情况钻不同直径孔后，采用液压劈裂棒物理破碎和膨胀剂化学破碎岩体的两种方式结合，将影响后续施工的硬岩从构筑物临边安全、快速、经济地破碎并取出，对环境破坏小，经济效益和社会效益好。

2　工法特点

（1）针对构筑物间液压破碎锤无法破碎整块硬岩的岩间裂隙水分布情况，本工法采用膨胀剂＋液压劈裂棒组合静力破岩方式。钻孔内无水或潮湿的情况下采用膨胀剂静态破碎岩石，成本低，所需设备少，局部破岩速度慢，适用于大面积破岩施工。钻孔内有地下水侵入时，采用液压劈裂棒劈裂破碎，破碎零星单体硬岩速度快，但整体速度较慢，所需机械设备多，可适用于各种破岩环境。

（2）相较于基础施工过程中先爆破石方后施工基础，采用本工法可同时施工石方和基础，即保证了已施工桩基和基础的安全，又极大地加快了施工进度。

（3）施工过程中无飞石、无振动、无毒、湿作业低扬尘，安全、高效、环保。

3　适用范围

本施工工法适用于已施工完成桩（基础）间及其他所有因周边环境受限不能采用炸药、气体等爆破的岩石（强度较高、采用普通液压破碎锤无法破除）破碎施工。

4　工艺原理

（1）液压破碎锤无法破碎的岩石可根据有无地下水分别采用液压劈裂棒劈裂破碎和膨胀剂静态破碎岩石。

（2）两种破碎工艺均需岩体有临空面，无自然临空面时，采用潜孔锤配 $\phi 90$ 钻头叠孔钻双排钻孔机械掏槽创造临空面，以利于后续破岩（图1）。

（3）膨胀剂静态破碎主要是通过人工造孔（$\phi 42$）后，在孔内静态爆破剂的作用下使岩石劈裂、产生

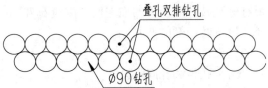

图1　无自然临空面开设钻孔示意图

裂缝，再使用破碎锤或风镐解小、破除，从而达到开挖的目的。静态爆破剂是以特殊硅酸盐、氧化钙等为主要原料，配合其他有机、无机添加剂而制成的粉末状物质，典型的化学反应之一为：$CaO+H_2O \longrightarrow Ca(OH)_2+6.5 \times 10^4 J$，当氧化钙变成氢氧化钙时，其晶体结构发生变化，会引起晶体体积的膨胀。将它注入炮孔内，这种膨胀受到孔壁的约束，8h 左右压力可上升到 50MPa，介质在这种压力作用下会产生径向压缩应力和切向的拉伸应力，从而将岩石沿着裂隙挤裂。

（4）液压劈裂棒破碎主要是通过人工造孔（ϕ90）后，孔内插入液压劈裂棒而后加压挤裂岩石。液压劈裂棒主要由液压泵和劈裂棒两部分组成。120 ～ 150MPa 超高压油泵站输出的高压油驱动油缸产生巨大的推动力（1300 ～ 1500t），推动劈裂棒上的活塞向外运动，从而使活塞产生的作用力作用于被劈裂岩石的孔壁，岩石在巨大的推力下按指定方向裂开。

5 施工工艺流程及操作要点

5.1 施工工艺流程（图 2）

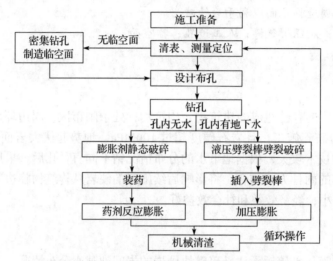

图 2 膨胀剂 + 液压劈裂棒静力破岩施工流程图

5.2 施工操作要点

5.2.1 施工准备

（1）膨胀剂参数确定

根据长沙市常年施工温度为 20 ～ 45℃以及施工工期短的要求，选用 HSCA（High Efficiency Soundless Cracking Agent）型高效无声膨胀剂。该材料无毒、无味、无声、无振，主要成分是铝酸钙、硅酸盐水泥、碱水剂、缓凝剂，适用于大理石、花岗岩等石材开采，其静态膨胀破碎岩石能力完全满足本工程要求。膨胀剂的水灰比根据孔内的湿润情况采用 0.28 ～ 0.33，以达到最佳流动性和膨胀压力。

（2）液压劈裂棒的选取

根据现场中风化花岗岩强度高的特性，选取 YD-9011 型液压劈裂棒，其高压油泵最大压力 120MPa 产生的油缸推动力可满足劈裂花岗岩的要求。

5.2.2 清表、测量定位

施工前使用反铲挖掘机配合人工将开挖标高范围内的泥土清除干净，将需破碎岩石裸露并查看是否有劈裂破碎岩所需的临空面。测量石方标高及尺寸，观察地下水情况，以便确定打孔深度、打孔直径、设备及药剂的选取。

5.2.3 设计布孔

（1）孔径和孔间距设计

结合施工经验、岩石强度、设备型号、经济合理等因素，膨胀剂静态破岩钻孔孔径取 d=42mm，钻孔间距根据岩石强度及裂隙情况现场确定，一般为 300～500mm 之间。液压劈裂棒静态破岩钻孔孔径取 d=90mm，钻孔间距为 500mm，梅花形布置（图 3）。

（2）孔深设计

根据试验结果证明，炮孔深度与被破碎体的高度（或宽度）有关。当被破碎体的高度和其他条件相同时，炮孔深度大的比炮孔深度小的更容易开裂，破碎效果也更好，它们之间的关系可用下式表示：

$$L=aH \qquad (1)$$

式中，L 为孔深，m；H 为被破碎体的高度或破碎高度，此处为台阶高度，m；a 为孔深系数，与约束条件有关。对于混凝土块或孤石 a=2/3～3/4；对于原岩 a=1.05；对钢筋混凝土体 a=0.95～1.0。

本项目中，最大台阶高度取 1.5m，故钻孔深度 L=1.05×1.5=1.57m，为确保施工后尽量少留根底，故膨胀剂破岩实际钻孔最大深度取 1.7m。当采用劈裂棒时由于一般情况下液压劈裂棒每次劈裂影响深度在 1m 左右，由于本工程工作面狭小，没有好的临空面，且岩石十分坚硬，影响深度都不到 1m，故实际钻孔深度取 1.2m。

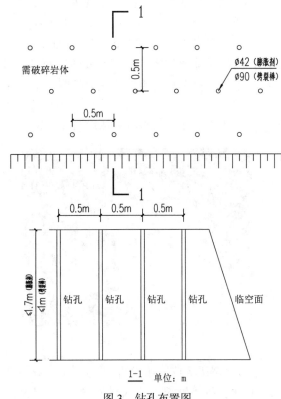

图 3　钻孔布置图

5.2.4　钻孔

φ42 钻孔采用挖改钻机配合手风钻人工打孔，φ90 钻孔采用履带式潜孔钻机钻孔（图 4、图 5）。

（1）钻孔布置可根据结构的自由面而定，或尽可能多地创造自由面，自由面多者破碎时间短。对不同自由面采取不同的布孔方法。

（2）钻孔应尽量选用垂直孔，少用水平孔，以免造成操作困难及延长填充时间。

（3）尽可能一次钻多个孔，多人同时操作，使每个钻孔内膨胀效力同时发生。

（4）顺着纹理钻孔，能够使破裂更快。

（5）周边的钻孔应适当密集，以确保外围岩体先被破裂。

图 4　挖改钻机钻孔（φ42）

图 5　潜孔钻机钻孔（φ90）

5.2.5　劈裂破岩

（1）当需破碎岩体位置高于地下水位且钻孔内无裂隙水涌入，钻孔后采用静态膨胀剂劈裂岩石。

①对于散装粉状破碎剂，先按设计时确定的水灰比计算用水量和破碎剂的用量，然后用 1000mL 带刻度的玻璃量筒，量好所要求的水，倒入塑料或铁皮桶中，再将称量好的破碎剂倒入，然后用手持

木棒或手提式搅拌机搅拌至均匀，搅拌时间一般为 40～60s。

②将搅拌好的药剂直接倒入孔内灌满，灌入过程中使用细铁棒上下捣实，装药时分成多个灌装小组的方式，每组两人，一人负责取药量和搅拌并灌装进孔，另一人负责捣实，完成后用旧麻布袋覆盖孔口。各小组采用"同步操作，少拌勤装"的方式操作，每组工人在每个循环中灌装的孔数不能过多，每次拌药量不能超过实际能够完成的工作量。各工作小组在取药、加水、拌和、灌装各步骤中应保持同步，尽量让每个孔内药剂的最大膨胀压基本保持在同期出现，有利于岩石的破碎。

③在夏季装填完浆体后，孔口应当覆盖，以免发生喷孔。冬季，气温过低时，应采取保温和加温措施。等待药剂反应膨胀将岩体劈裂（图6、图7）。

图6　膨胀剂灌装

图7　膨胀剂将岩石劈裂

（2）当需破碎岩体位置低于地下水位或钻孔内有裂隙水涌入，钻孔后采用液压劈裂棒劈裂岩石。

①劈裂时将劈裂棒插入最外侧钻孔，确保劈裂棒活塞全部插入孔内，调整活塞方向一致朝向临空面。

②打开液压泵加压，随着油压升高活塞在孔内顶升将岩石撑裂（图8～图10）。

图8　液压劈裂棒

图9　加压劈裂

图10　劈裂棒将岩石劈裂

5.2.6　机械清渣

劈裂完成后采用液压破碎锤＋挖机配合清理工作面，将松散石方破碎至适合装车尺寸后装车外运并清理干净，沿着临空面继续劈裂整块岩石。

6　材料及设备

（1）施工材料

主要施工材料见表1所示：

表 1　主要施工材料表

序号	设备名称	规格型号	单位	数量
1	膨胀剂	HSCA	t	约 20
2	遮尘网	三针	m²	约 2000
3	橡胶水管	$\phi 25$	m	500

（2）机具设备

主要施工机械及配套设备如见表 2 所示：

表 2　主要施工机具表

序号	设备名称	规格型号	功率（kW）	单位	数量
1	潜孔钻机	13-10		台	2
2	挖改钻机	XE200D	135	台	1
3	全液压挖掘机	卡特 320D（带破碎锤）		台	2
4	螺杆空压机	SF	18.5	台	2
5	手风钻			台	5
6	液压劈裂棒	YD-9011	8	个	1

7　质量控制

（1）钻孔过程中如需调整钻孔间距，宜减少孔距，不宜增加孔距。

（2）钻孔完成用高压空气将孔内余渣吹洗干净后及时对孔口进行覆盖，以防杂物掉入。

（3）严格控制膨胀剂的水灰比，按要求拌和，拌合料必须在 10min 内使用完毕。

8　安全措施

（1）施工前认真阅读施工图纸及地勘报告，踏勘现场实际情况，并根据收集到的现场资料制订详细的施工安全措施并进行交底。

（2）操作人员必须戴好防护眼镜、橡胶手套，现场必须备有洁净水和毛巾。

（3）装药期间，必须指派专人在装药区巡视，禁止无关人员进入装药区诱发安全事故。

（4）操作人员应集中精力装药，分工合作并相互配合好。每组施工工人在每次操作循环过程中负责装孔的孔数不能过多。每次拌药量不能超过实际能够完成的工程量。

（5）夜间施工时场地需设置足够的照明设备，并设置应急电源。

（6）每次装填药剂，均需观察确定岩石、药剂、拌合水的温度是否符合要求。灌装过程中，已经发烫和开始冒气的药剂不允许装入孔内。观察孔内药剂状况时，应注意防止喷孔伤人。

（7）膨胀剂等材料需有专人保管，装运膨胀剂不得用有约束的容器，以免雨水侵入，发生喷出、炸裂或出现响声。各种机械设备有专人进行维护保养，用电机械设备做好接地保护，遇大风、雷雨等恶劣天气应停止施工。

9　环保措施

（1）成立环保督察实施小组，在施工现场平面布置和组织施工过程中严格执行国家、地区、行业和企业有关防治空气污染、水源污染、噪声污染等环境保护的法律、法规和规章制度。

（2）施工现场主要道路全部硬化，做好路面清洁工作，做好排水措施，设置三级沉淀池，场地外围设置全封闭围挡。

（3）加强现场燃油设备的维护与保养，确保尾气排放标准满足要求。

（4）钻孔过程中全部带水作业，利用炮雾机、洒水车等设备做好施工场地的防尘降尘工作，所有运输车辆出场进行清洗，土石方进行封闭运输。

（5）钻机、空压机、手风钻使用过程中会产生一定的噪声，22：00—6：00 之间不进行施工。

10　效益分析

10.1　经济效益

（1）结合现场地质条件、施工环境，周边有已建成的建筑物、构筑物或周边环境较敏感，不能有较大振动等情况，现将各破岩工艺效益分析汇总表统计，见表 3。

表 3　炸药爆破受限情况下各破岩工艺效益对比表

效益	水磨钻破岩	组合静力破岩	备注
经济效益	综合造价约 2600 元 /m³	综合造价约 800 元 /m³	采用本工法的破岩造价是水磨钻破岩的三分之一，经济效益显著
工期效益	一组设备每天约能完成 3m³ 岩石破除	一组设备每天约能完成 54m³ 岩石破除	采用本工法的施工速度是水磨钻破岩速度的 18 倍左右，工期效益显著
环保效益	破岩无飞石、无振动、噪声较小、低扬尘	破岩无飞石、无振动、噪声较小、低扬尘	采用本工法对环境破坏小
安全效益	破岩无振动、无飞石，工艺简单成熟、安全可靠	破岩无振、无飞石，工艺简单成熟、安全可靠	采用本工法施工安全可靠
社会效益	破岩无振动、无飞石、无噪声、无毒、无污染	破岩无振动、无飞石、无噪声、无毒、无污染	采用本工法环保、安全、高效，适用范围广、对周围环境无影响，可取得良好社会效益

11　应用实例

（1）长沙绿色安全食品交易中心一期工程共使用该工法施工了约 4000m³ 桩、基础间土石方静力破碎，该组合施工工法成功地解决了破碎已施工完成桩（基础）间及其他所有因环境限制不能采用炸药、气体爆破的岩石，采用本工法施工对周边环境无影响，适用范围广，无飞石、无振动、无毒、低扬尘，安全、高效、环保，各方面效益较好。

（2）长沙星城春晓 1 号、3 号、5 号栋住宅楼及住宅地下室工程共使用该工法施工了约 720m³ 桩、基础间土石方静力破碎，节省了工期，降低了施工成本。

复杂煤系地层下浅埋隧道双侧壁导坑侧导洞开挖施工工法

戚玉禄　张洪亮　姚　威　胡富贵　肖　越

湖南建工交通建设有限公司

摘　要：复杂地层下浅埋隧道开挖施工易引起地表沉降而造成隧道塌方。本工法提出将左、右侧导坑上台阶掌子面错距缩小为4m左右，中部核心土上台阶掌子面只滞后后开挖上台阶掌子面4m左右，左、右侧导坑下台阶掌子面再依次滞后2m，中部核心土下台阶掌子面错开后开挖侧导坑下台阶4m，拆除临时支撑和仰拱、二次衬砌保持紧跟，再依次滞后2m。通过对双侧壁导坑的侧导洞开挖方法进行优化，减小侧导洞下半断面的开挖面积，在控制地表沉降方面效果明显，取得了良好的经济效益和环保效益；适用于开挖跨度大、埋深浅、围岩较弱，对地表沉降控制要求严格的隧道施工。

关键词：复杂地层；浅埋隧道；开挖施工；侧导洞；二次衬砌

1　前言

在道路规划过程中，为选取最佳路线，施工中往往会遇到复杂地质环境，其中浅埋隧道开挖就是隧道施工中的一个难点。在浅埋隧道施工过程中如何防止隧道因开挖施工方法不同而引起的地表沉降而造成隧道塌方是一个核心技术难题。郴州人民东路延伸到建设工程（第一标段）九渡江隧道进口段围岩为强风化页岩，裂隙发育岩体破碎，围岩稳定性差，存在沿软弱结构面的滑动或崩塌，覆土厚度为0.5～1.8倍隧道洞跨（5.5～20m）。为此，湖南建工集团有限公司针对工程特点，采取了一系列施工措施，对双侧壁导坑的侧导洞开挖方法进行优化，减小侧导洞下半断面的开挖面积，在控制地表沉降方面效果明显，取得了良好的经济效益和环保效益。

2　工法特点

（1）该工法下半断面左、右两侧导洞的面积只要能够保证施作端墙的初期支护即可，因此开挖面积较小。

（2）考虑到上部左、右侧导坑的临时支护已对开挖面起到良好支撑作用，下半断面开挖过程中，可不再施作开挖断面下部2道临时支撑，临时支撑工程量的减少不仅节省了工程投资，产生良好的经济效益，同时也加快了施工速度。

（3）此工法可有效减小开挖面岩土体变形量，设计时可缩短开挖工作面与隧道二次衬砌的距离，且各施工工作面基本呈直立状，有利于隧道快速封闭成环，减小地面沉降，维护隧道结构稳定。

3　适用范围

此工法适用于开挖跨度大、埋深浅、围岩较弱，对地表沉降控制要求严格的隧道施工。

4　工艺原理

采用改进的双侧壁导坑侧导洞法能够缩短施工循环长度，加快隧道整体封闭成环时间，减小对地面的影响范围。将左、右侧导坑上台阶掌子面错距缩小为4m左右，中部核心土上台阶掌子面只滞后后开挖上台阶掌子面4m左右，左、右侧导坑下台阶掌子面再依次滞后2m，中部核心土下台阶掌子面错开后开挖侧导坑下台阶4m，拆除临时支撑和仰拱、二次衬砌保持紧跟，再依次滞后2m。与传统工法相比施工循环距离大大缩短，隧道掘进施工造成的地面沉降等影响范围也很大程度地减小。减小了下半断面左、右导坑的开挖面积，能够加快下导坑边墙初期支护的施作，各施工工作面开挖基本呈直立状，加速断面闭合，缩短了工作面至二次衬砌的距离，充分发挥二次衬砌结构的支护效果，控制地面沉降、有利于隧道结构的安全性。

5　施工工艺流程及操作要点

5.1　工艺流程

施工准备→左侧导坑上台阶开挖及支护→右侧导坑上台阶开挖及支护→中部核心土上台阶开挖及支护→左侧导坑下台阶开挖及支护→右侧导坑下台阶开挖及支护→初支变形监测（不稳定时，加强监测，调整支护参数）→中部核心土下台阶开挖及支护、拆除临时支撑（稳定）→仰拱、二次衬砌→下一循环。

5.2　操作要点

5.2.1　施工准备

隧道开挖前，测量人员定出开挖断面中线、水平线，根据设计图将开挖轮廓线标示在掌子面上。利用上一循环的钢架在拱部 150° 范围内及中壁墙上半断面施作超前小导管，采用风钻钻孔，沿孔打入注浆小导管，注浆前喷射混凝土封闭掌子面，拌合机拌制浆液，采用注浆泵注浆。

小导管长度 3.5m，环向间距 0.3m，外排外插角 30°，内排外插角 12°，纵向搭接不小于 1.5m，两排小导管上、下钻孔间距为 15cm，中壁墙上半断面采用单排 $\phi 42mm$ 超前小导管注浆加固，小导管长度 3.5m，环向间距 0.4m，外插角 10°，纵向搭接不小于 1.5m，小导管选用 $\phi 42mm \times 3.5mm$ 热轧无缝钢管，管壁呈梅花形钻渗浆孔，渗浆孔直径 8mm，间距 15cm。注浆浆液选用水泥砂浆，施工时实际配合比经现场试验确定，水泥采用 42.5 级普通硅酸盐水泥，拌浆时掺入速凝剂。渗入性浆液按试验确定的注浆压力和注浆量施工。

5.2.2　洞身开挖及支护

（1）如图 1 所示，开挖单侧上台阶①部，每进尺 0.5m，机械开挖，人工配合修整。必要时喷射 5cm 厚混凝土封闭掌子面。施作①部导坑周边的初期支护及临时支护，架立钢架，打设拱脚锁脚锚杆，并架设横撑。支护采用组合式锚杆、钢筋网片、I22a 工字钢支撑纵向间距 50cm 一榀、复喷湿喷 C25 混凝土至 28cm 厚支护；侧壁墙 I22a 临时工字钢纵向间距同主洞洞身工字钢，并在拱部及底部相互焊接牢固，侧壁墙采用湿喷 C25 混凝土 28cm 厚加强支护，横撑采用 I22a 工字钢，使其形成闭合圈；工字钢间采用纵向钢筋连接，以加强钢支撑的稳定（图 2）。

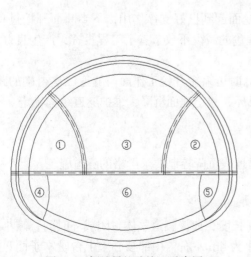

图 1　双侧壁导坑法施工示意图

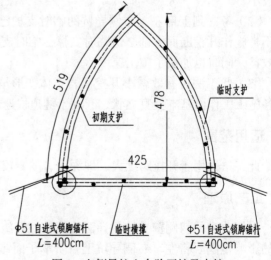

图 2　左侧导坑上台阶开挖及支护

（2）待①部开挖支护完成后，滞后①部掌子面 4m 机械开挖②部，人工配合修整，并施作导坑周边的初期支护及临时支护，步骤及工序同①（图 3）。

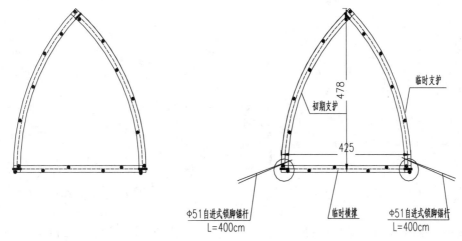

图 3　右侧导坑上台阶开挖及支护

（3）待②部开挖支护完成后，滞后②部掌子面 4m 机械开挖③部，人工配合修整，并施作导坑周边的初期支护及临时支护，步骤及工序同②（图 4）。

（4）待上台阶③部开挖支护完成后开挖下台阶④部，④部开挖滞后③部掌子面 2m，下台阶开挖线由侧导洞上台阶底部中线至隧道仰拱底，由于开挖面积较小，采用人工开挖，减小对临时支护的扰动，隧底两隅与侧墙联结处应平顺开挖，避免引起应力集中。开挖至设计线后初喷 5cm 厚混凝土，接长 I22a 型工字钢，复喷至设计厚度，底部施作横撑，及时封闭成环（图 5）。

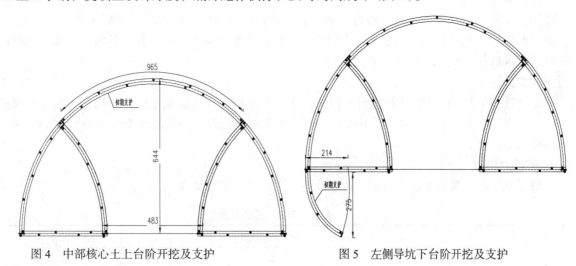

图 4　中部核心土上台阶开挖及支护　　　　图 5　左侧导坑下台阶开挖及支护

（5）待④部开挖支护完成后，滞后④部掌子面 2m 机械开挖⑤部，人工开挖，并施作导坑周边的初期支护及临时仰拱，步骤及工序同④（图 6）。

（6）待⑤部开挖支护完成后，滞后⑤部掌子面 2m 机械开挖⑥部，人工开挖，并施作导坑周边的初期支护及临时仰拱，步骤及工序同⑤，封闭初期支护，拆除临时支护（图 7）。

5.2.3　监控量测

使用 WILD-N3 精密水准仪对隧道地表沉降进行观测，掌握隧道及地表周边环境的影响程度，用苏光 DSZ-1 水准仪、钢挂尺及周边收敛仪对隧道拱顶沉降、周边收敛进行观测，了解隧道施工过程中支护结构变位情况及规律。进行监控量测能够在隧道施工中及时、准确地掌握围岩变形情况和支护动态，了解围岩和支护应变及其发展趋势，待初支变形稳定后，拆除临时支撑及时跟进二次衬砌，充分发挥二次衬砌的结构性。

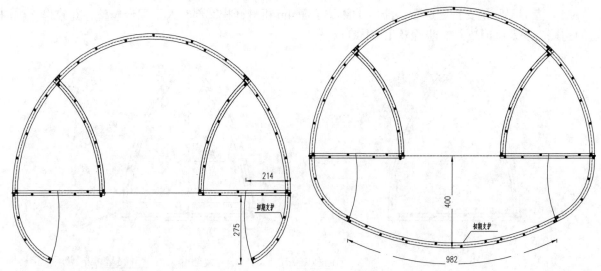

图 6　右侧导坑下台阶开挖及支护　　　　图 7　中部核心土下台阶开挖及支护

5.2.4　临时支撑拆除

待初支变形稳定后对临时支撑进行拆除，随时检测支护稳定性，逐榀进行拆除，切不可数榀工字钢同时拆除，以防止隧道因体系转换应力过大造成支护失稳。

拆除临时支撑采用如下步骤：清除临时支撑端头板处混凝土→切割临时竖向支撑端头板→两头同时切割中间横撑→拆除临时竖撑→清理钢架、掉渣及隧道底开挖→仰拱施工。

5.2.5　仰拱施工

仰拱施工紧随开挖进行，为减少其与出渣运输的干扰，采用仰拱栈桥跨过施工地段，以保证隧道底部的施工质量，从根本上消除隧底质量隐患，确保结构稳定。仰拱混凝土灌筑前，基底清除干净，达到无虚渣、无积水。仰拱混凝土自中间向两侧对称浇筑，插入式振捣器进行振捣密实。仰拱混凝土终凝后才可进行填充混凝土的施工。

5.2.6　二衬施工

二衬施工采用 9m 长液压衬砌台车衬砌，用混凝土输送车从混凝土搅拌站输送混凝土，泵送混凝土入模，拱墙一次成型。混凝土采用分层、左右交替对称浇筑，每层浇筑厚度应小于 0.5m，两侧高差控制在 1.5m 以内。

5.3　劳动力组织

根据本工程的特点及施工要求，管理及施工生产人员配置见表1：

表 1　劳动力组织情况表

序号	工种（岗位名称）	人员配备
1	管理人员	2
2	技术人员	2
3	风枪班	8
4	开挖班	5
5	喷射手	4
6	二衬班	6
7	杂工	4

6　材料与设备

本工法用到的主要材料有钢管、水泥、钢筋、工字钢、速凝剂等，采用的主要机具设备见表2。

表 2　机具设备配备表

序号	设备名称	规格型号、功率	数量
1	开山凿岩机	YT28	4
2	锚杆注浆机	0.7m³	4
3	混凝土湿式喷射机	5m³/h	1
4	型钢冷弯机		1
5	钢筋切割机	CQ40	1
6	空气压缩机		2
7	斗车		2
8	装载机	ZL50	1
9	自卸汽车	7.5t	2
10	水泥混凝土输送泵	60m³/h	1
11	混凝土罐车	8.0m³	3

7　质量控制

在施工全过程中，将全面推行施工质量过程控制，切实落实每道工序施工质量，以工作质量来保证工程质量，用科学的管理、严格的制度来创造优质工程，把人为的因素对工程所造成的隐患降到最低。建立完善的质量保证体系和管理机构，配备高素质的项目管理和质量管理人员，强化"项目管理、以人为本"的管理理念，对隧道掘进施工进行统一管理，并随时受业主、监理的监督管理，确保施工工程质量主要从人员组织与安排、材料与设备管理、施工技术控制、测量等方面入手。

7.1　质量控制要求

根据《公路工程质量检验评定标准》（JTGF 801—2004），洞身开挖允许偏差按表 3 执行，钢支撑支护偏差按表 4 执行。

表 3　洞身开挖允许偏差

项次	检查项目		规定值或允许偏差（mm）	检查方法和频率
1	拱部超挖（破碎岩）		平均 100，最大 150	水准仪或断面仪：每 20m 一个断面
2	边墙宽度	全宽	+200，-0	尺量：每 20m 检查一处
		每侧	+100，-0	
3	边墙、仰拱、隧道底超挖		平均 100	水准仪：每 20m 检查 3 处

表 4　钢支撑支护允许偏差

项次	检查项目		规定值或允许偏差	检查方法和频率
1	安装间距（mm）		50	尺量：每榀检查
2	保护层厚度（mm）		≥ 20	凿孔检查：每榀自拱顶每 3m 检查一点
3	倾斜度（°）		±2	测量仪器检查每榀倾斜度
4	安装偏差（mm）	横向	±50	尺量：每榀检查
5		竖向	不低于设计标高	
6	拼装偏差（mm）		±3	尺量：每榀检查

7.2　质量控制措施

（1）尽量减少使用挖掘机对隧道边沿的开挖，采用人工风镐对隧道周边进行修整，减少对围岩的扰动，避免侧壁或拱顶掉块现象。拱脚、墙角预留 30cm 人工开挖，严禁超挖。开挖完毕后，尽早对围岩进行支护封闭，减少围岩暴露的时间。

（2）开挖后应及时进行初喷，其厚度为4～5cm，然后安装钢拱架。钢拱架按设计要求分片加工好，要求尺寸准确，弧形圆顺，并在现场进行试拼，试拼后需在同一个平面内。钢拱架按设计位置现场测量定位，拱架平面必须与隧道中线垂直。钢拱架架立通过垂球吊线的方法控制垂直度。拱架各节连接牢固，安设位置正确、稳固并垂直隧道中线。

8 安全措施

（1）认真贯彻"安全第一，预防为主"的方针，根据国家有关规定、条例，结合施工单位实际情况和工程的具体特点，组成专职安全员和班组兼职安全员以及工地安全用电负责人参加的安全生产管理网络，执行安全生产责任制，明确各级人员的职责，抓好工程的安全生产。

（2）从人的不安全行为、作业活动的不安全因素、设备设施和周围环境的不安全状态等方面，对隧道施工可能存在的危害进行识别，有针对性地进行职工岗前培训和安全技术交底。对危险性较大的专项工程应当编制专项工程施工方案。

（3）经常性地进行巡回检查，对于各种违反安全管理的行为，必须予以坚决制止，并向有关领导及时反映情况，提出处理意见。

（4）加强施工监测的同时，加强超前地质预报工作，做好设计复核，尤其是现场地质核对和完整的地质分析工作

（5）确保必需的安全投入，购置必备的劳动保护用品、安全设备，满足安全生产的需要。

（6）开挖人员到达工作地点时，首先应检查工作面是否处于安全状态，并检查支护是否牢固，顶板和两帮是否稳定，如有松动的石、土块或裂缝必须先予清除或支护。

（7）围岩量测所反映的围岩变形速度急剧加快或围岩面不断掉块剥落时，组织指挥撤出工作面施工人员和机械设备。发生坍塌事件后，首先应防止坍塌继续扩大，在坍塌范围顶部、侧壁上的危石及大裂缝，应先行清除或锚固，对坍塌范围前后原有的支护进行加固，以防止坍塌扩大。

（8）氧气瓶与乙炔瓶要隔离存放，使用时隔开至少5m，并配备防止回火的安全装置。

（9）临时支撑拆除时，利用绳索等安全措施，严禁钢架以自由落体形式直接落到地面，以免钢架弹起伤人。

（10）编制安全应急救援预案，配备应急救援人员、器材设备，定期组织演练。

9 环保措施

（1）对空压机等噪声超标的机械设备，采取装消声器来降低噪声。

（2）施工废水、生活污水按有关要求进行处理，不得直接排入农田、河流和渠道。清洗骨料的水和其他施工废水采取过滤、沉淀处理后方可排放，以免污染周围环境。

（3）对拆除的临时支撑上的混凝土进行破除，废弃混凝土用作路基回填，废旧工字钢统一回收处理。

10 效益分析

（1）本工法与传统的双侧壁导坑法相比，由于侧导洞下半断面的临时支撑不再施作，大大减少了临时支护工程量，节约成本50万左右，缩短工期10d。

（2）运用本工法后，地表沉降减小，隧道初支结构稳定，消除了隧道初支变形侵入建筑界限而对初支进行换拱处理的风险，避免了隧道出现塌方险情，保证了隧道施工的安全性。

11 应用实例

11.1 工程概况

九渡江隧道位于郴州市新建人民东路延伸段上，九渡江隧道左幅设计起点里程为 ZK1+817.5，

终点里程为 ZK2+493.5，总长 676m；右幅设计起点里程为 YK1+820，终点里程为 YK2+510，总长 690m。其中 ZK1+817.5 ～ ZK1+866.7、YK1+820 ～ YK1+870 为后期设计变更新增明洞。

11.2　施工情况

暗挖隧道开挖跨度达 10.9m，九渡江隧道进口段围岩为强风化页岩，裂隙发育岩体破碎，围岩稳定性差，存在沿软弱结构面的滑动或崩塌，覆土厚度仅为 0.5 ～ 1.8 倍隧道洞跨（5.5 ～ 20m）左右，围岩难以形成承载拱，隧道掘进造成地表下沉现象严重，初支侵入二衬界限，造成了后期的换拱处理，并多次出现塌方险情，严重危害了隧道施工的安全性和结构的稳定性。

采用改进的双侧壁导坑法施工后，通过对地表沉降、隧道内拱顶沉降和周边收敛都趋于稳定，保证了后期隧道的安全施工，减小了下半断面侧导洞的开挖面积，节约了临时支护工程量，缩短了工期，节约了工程成本。

九渡江隧道左洞于 2017 年 1 月 1 日开始套拱施工，2017 年 12 月 28 日贯通。

11.3　工程监测与结果评价

采用改进的双侧壁导坑侧导洞施工方法后，为保证施工过程中围岩的稳定性，并及时监测各主要工序施工阶段引起的沉降动态数值，邀请第三方监测机构对施工进行了全过程监控量测。

根据监测结果显示，最大沉降 61.53mm，发生在左侧导洞上台阶拱顶处，上台阶施工引起的变形量占总变形量的 68%，下台阶的开挖虽然削弱了土体的临时支护作用，但这种削弱效果是有限的，因为上半断面已整体封闭成环，已形成了较完整的支护体系。这表明上半断面的临时支护能够很好地控制沉降，在下台阶开挖时去除下台阶临时支撑对变形影响较小。根据监控量测数据分析，待初支变形稳定后及时跟进二衬，发挥二衬的结构性，保证了隧道的整体稳定性。后期施工全过程处于安全、稳定、快速、优质的可控状态，取得了良好的经济和社会效益，得到建设单位、监理单位的一致好评。

CO_2 液 - 气相变膨胀破岩施工工法

陈敏鸿　周如贤　李云峰　郭　姣　张素丰

湖南省第六工程有限公司市政公司

摘　要： 采用 CO_2 液 - 气相变膨胀破岩技术可解决岩层开挖施工中减小对紧邻既有建筑物扰动的技术难题，即利用 CO_2 加热到 80℃ 左右后由液态变成气态，体积显著增大，产生高压气体，将其放置于预先钻好的炮孔内，则高压气体的准静压作用及气刃劈尖作用可以贯穿岩体中的原生裂隙，从而达到破碎岩石的目的。通过调整气态物质的释放速率，可以有效控制气体的压力，从而实现微振动、零飞石、无冲击波的微量危害效应，甚至可实现近人作业、接触作业，然后再利用炮机和挖掘机进行岩石破碎和开挖。本工法相比炸药爆破具安全性，CO_2 运输、存储和使用均无须审批，工艺操作简单、安全，且施工效率高。

关键词： CO_2；破岩；石方路基；紧邻施工

1　前言

随着城市交通事业的发展，跨线及紧邻修建工程的情况日益增多，紧邻施工对工艺的要求较高，施工技术水平随之提高。在层理结构较明显的岩层开挖地段，若附近有房屋、铁路、桥隧等既有建（构）筑物，则路基施工过程中不能进行常规爆破，而人工及机械拆除效率低且噪声大。在既要确保房屋安全又不影响既有线路正常通行的要求下进行路基施工时，难度极大。我公司在进行张社大道石方路基施工时就遭遇了上述情况，经我公司施工技术人员认真比选各种备选方法后，最终选择了采用 CO_2 液 - 气相变膨胀破岩技术解决了上述难题，取得了较好效果，特此总结编写本工法。

2　工法特点

本工法是石方路基施工中有别于常规爆破作业的一种施工方法。

（1）本工法施工过程与传统钻爆施工相似，气体比炸药更具安全性，运输、存储和使用均无须审批。工艺操作简单、不需要对作业人员进行专门的培训，灌装过程也比传统装药安全，可有效保证施工作业人员安全。

（2）与传统方法相比，本工法爆破过程中无破坏性振动和短波，无冲击、无飞石、噪声小，扬尘少，对周围环境影响小。

（3）本工法 CO_2 液 – 气相变爆破力度强劲、分裂体积更大，采用机械辅助开挖效率更高，在传统爆破受限时与其他方法相比施工成本低，可有效缩短施工工期。

3　适用范围

该方法适用于层理结构明显的岩层开挖，尤其是复杂环境条件下的岩石开挖，是炸药爆破破碎法的有益补充。在不允许爆破作业的国防、采石和采矿等特殊工程的矿岩破碎地带，岩石、混凝土破除中也适用。

4　工艺原理

CO_2 液 - 气相变膨胀破岩技术是利用 CO_2 加热到 80℃ 左右后由液态变成气态，体积显著增大，产生高压气体，将其放置于预先钻好的炮孔内，则高压气体的准静压作用及气刃劈尖作用可以贯穿岩体中的原生裂隙，从而达到破碎岩石的目的。

本工法主要是利用物质的相变，通过击发加热器，加热主管内的液态 CO_2，使其瞬间由液态变为气态，形成高压气体。当主管内的高压 CO_2 气体压力超过破裂片极限时，破裂片破裂、CO_2 气体通过泄压头往炮孔内释放，在炮孔内形成准静压作用，并在孔壁处产生应力波，同时将岩石中的原生裂隙扩大。炮孔内的高压气体顺着应力波扩大的裂隙膨胀，形成气刃，裂隙进一步扩大，最终贯通，在应力波和气刃共同作用下使岩石破裂。通过调整气态物质的释放速率，可以有效控制气体的压力，从而实现微振动、零飞石、无冲击波的微量危害效应，甚至可以实现近人作业、接触作业。然后再利用炮机和挖掘机进行岩石破碎和开挖。

5　工艺流程及操作要点

5.1　工艺流程

施工准备→滚石拦截装置→清理表层及松方→钻孔（CO_2 灌装）→主管安装→击发（破岩）→拆除相关装置（回收）→机械破碎及开挖→验收。

5.2　操作要点

5.2.1　施工准备

施工前对周围环境进行详细勘察，对周围建（构）筑物与爆破位置的距离进行测量，根据地形地质情况，在环境复杂、松动破碎的陡峭地带，设置必要的滚石拦截装置，并清理表层及松方。

5.2.2　钻孔

根据工程特点、地形地质情况，采用合适的布孔方式进行钻孔作业，钻孔做到准、直、平、齐，炮孔底部误差不大于炮孔深度 5%，出现少孔或间距差别太大时按要求进行补钻。

炮孔成型后对炮孔内的杂质进行清理，并检查炮孔参数是否符合相关要求，具体施工参数可根据现场情况调整，参照标准参数如下：

（1）钻孔直径：90mm；

（2）钻孔间距：2.5～3.0m；

（3）钻孔深度：4～6m；

（4）最小抵抗线：2.5～3.0m；

（5）钻孔角度：90°；

（6）孔数：5～10 个。

5.2.3　CO_2 灌装

通过灌装机械将 CO_2 灌装进主管内，在对主管进行灌装 CO_2 时，必须确保充气充足，达到压力标准，一般在 4～8MPa。灌装结束后先将储液管的液体进出阀关闭，再进行放气，压力降为 0 后方可切断电源。灌装完成后，无论是采用机械操作还是手工旋紧，都必须确保旋紧到位，不能有漏气情况出现（图 1）。

图 1　CO_2 灌装

5.2.4　主管安装

钻孔完成后，并经检查合格后，将灌装好 CO_2 的主管运至现场进行安装。主管自灌装完成后放置在陈列架上，主管安装到钻孔内后采用钢丝绳进行有效连接。装填钻孔前，要进行必要的导通；主管必须装填到位，不能卡在中间；最后还要对钻孔进行有效堵塞。堵塞钻孔选用细砂和土作为填塞物，边填边捣实，堵塞长度一般 2～3m，避免出现卡堵、填塞不实的情况。未经填塞严禁起爆。

5.2.5　击发

将所有钻孔的主管线路连接好，并进行通路测试，采用专用击发装置进行击发。所有主管的击发线连接在一起形成击发回路，并进行测量导通，确保连接牢靠。机械和人员要遵从项目部施工员及专职安全员的管理，撤至安全地点后方可进行击发作业。

图 2　主管陈列架　　　　　　　　　　　图 3　安装完成后的主管

5.2.6　回收

击发完成等待 10 ~ 15min 后，及时检查破碎效果，确认安全后将主管回收，并对主管进行必要的检查清洗。

5.2.7　机械破碎开挖

CO_2 膨胀破岩后岩石体积较大，采用挖掘机辅助破碎，自卸汽车清运。

图 4　现场回收主管　　　　　　　　　　　图 5　现场机械破碎

6　材料与设备

6.1　材料

本工法所使用的主要材料为液态 CO_2。

6.2　设备

本工法要用到的主要设备是成套的 CO_2 液 - 气膨胀破岩基本装置，主要分为 CO_2 储气系统、CO_2 加压罐装系统、CO_2 主管、CO_2 主管托架及辅助零件组成。设备数量应根据工程需要确定。

CO_2 主管是整个装置的核心部件，是用以破岩的主体，由点火头、加热器、高压管、铜垫片、破裂片和泄压头等组成，每根主管长约 1000mm，外径约 73mm。可以通过主管两端的连接装置实现多节的可靠连接加长。

7　质量控制

（1）应用本工法暂无对应的施工规范、标准，但可参考执行以下规范和标准：《公路桥涵施工技术规范》(JTG/T F50—2011)、《城镇道路工程施工与质量验收规范》(CJJ 1—2008)、《土方与爆破工程施工及验收规范》(GB 50201—2012)。

（2）施工项目部应建立质量保证体系，严格执行 ISO9001 规定。

8　安全措施

（1）本工法执行国家、省、市、公司制定的施工现场及各专业工种的安全技术操作规程，包括国家"两规一标"即《建筑机械使用安全技术规程》(JGJ 33—2012)、《建筑施工安全检查标准》(JGJ 59—2011) 和职业健康安全管理体系标准 (GB/T 28001) 等；同时执行以下规范：《施工企业安全生产管理规范》(GB 50656—2011)、《公路工程施工安全技术规范》(JTGF 90—2015)、《爆破安全规程》(GB 6722—2014)、《民用爆炸物品安全管理条例》。

（2）应用本工法时，须遵循当地公安部门和其他相关部门的安全管理规定。

（3）机具设备应由专人严格按照操作规程操作。

（4）各主管安装完毕，堵塞炮孔后，要用钢丝绳将主管串接，防止主管被埋，便于回收利用，同时防止可能存在个别炮孔堵塞不当，出现主管飞掷现象。

（5）击发前人员须撤离至崩塌、飞石范围外，距离根据气压控制情况确定，一般情况下人员撤离破碎区 20m 以外。

（6）CO_2 钢瓶应安置在通风、阴凉处，发现有腐蚀、损伤、裂纹等缺陷时，及时安排更换。施工过程中操作人员需佩戴手套，以防干冰冻伤手指。

9　环保措施

（1）按 GB/T 24001—2016 环境管理体系标准执行。

（2）应用本工法须重点做好液态 CO_2 的储存和滚石拦截措施。

10　效益分析

在石方路堑施工中，当线路附近有房屋、铁路、隧道等构筑物，无法采取常规的爆破开挖方法时，采用本工法在以下几个方面存在明显优势：施工工艺操作简单，施工安全更有保障，施工过程中无冲击、无飞石、噪声小、扬尘少，所用的主管可以回收利用，施工过程中损耗少，能满足节约材料和保护环境的要求，具有显著的经济效益和社会效益。

（1）CO_2 破岩法是一种方法安全、效果显著的爆破技术，爆破后不会产生破坏性冲击波和较大的声响，扬尘也较少，能够创造良好的作业环境，既能满足爆破的一般需求，又能够做到保护环境及职业健康安全。

（2）当钻孔深度不超过 5m 时，采用 CO_2 破岩法可以高效成孔，并且可根据地形分排设置钻孔，实现连续高产量爆破，有效缩短施工工期，保证路基施工进度。

（3）综合石方开挖方法对比分析，结合吉首张社大道 PPP 项目的实际施工情况，为确保安全和通行要求，从安全、效率和成本综合比较，CO_2 结合机械辅助破岩开挖方法为最优开挖方法。该工程应用本工法开挖工程量 10 万 m^3，减少了传统炸药的运输不便、避免了烦琐的监管手续，保证了周围建筑的安全性，施工成本总计约 80 万元。若采用纯机械破碎法，则机械台班费用大幅增加且施工噪声大，成本约需 150 万元；若采用静态破碎法，则所需时间长，成本约需 200 万元。CO_2 结合机械辅助破岩开挖方法至少节约了 70 万～120 万元，降低了资源消耗，节约了时间，对环境保护和节约社会资源的意义较大。

11　工程实例

吉首张社大道 PPP 项目，2016 年 3 月开工，2019 年 4 月完工，全线包含道路、桥梁、隧道、排水、综合管廊和交通工程。本工程为连接吉首市南部东西向交通的主要城市道路，湘西地区地处丘陵地带，高程起伏较大，沿线居民住房多为砖或砖混结构。

该项目路基工程 K9+690-K11+690 段和 K4+820-K6+000 段石方开挖施工中采用了本工法，既确保了线路周边房屋的稳定，又保证了施工质量和安全。

以 K4+820-K6+000 段为例，该段路堑开挖高度超过 30m，主要是红砂岩，开挖方量约 6 万 m^3，沿线 200m 范围内共有砖木／砖混结构房屋 137 栋，常规爆破对周围房屋的损毁难以控制。为确保施工安全顺利进行，项目部采用了 CO_2 液-气相变膨胀破岩结合机械辅助开挖技术，采用管长 1m，管径 73mm 的主管进行破碎，炮机和挖掘机辅助开挖，高效安全地完成了本段路基开挖施工。

在该工程 K9+690-K11+690 段，线路上跨焦柳铁路大岩板隧道，石方开挖区离既有铁路最近距离 21.22m，线路左侧为双塘中学和碎石加工厂。岩层主要是强风化和中风化泥质粉砂岩，通过采用本工法增大前排抵抗线、拉大孔间距、增大堵塞长度、进行更严格的覆盖防护来提高安全效应，取得了较好的效果。

深基坑钢筋混凝土内支撑静态膨胀拆除施工工法

匡 达 何晓清 彭 灿 刘 吒 周俊杰

湖南省第四工程有限公司

摘 要： 为解决深基坑内支撑常规拆除方法中存在的一系列问题，可先划分支撑拆除片区，在地下室底板、相应楼板及换撑板带混凝土强度达到设计强度100%时再进行拆除；在内支撑上布孔并灌注静态膨胀剂，静态膨胀剂发生水化反应后，缓慢地将膨胀压力施加给孔壁，使混凝土破碎，充分破碎后，用风镐机、镐头机配合破碎清理。静态膨胀剂静爆拆除成本低、施工快速、无振动、无冲击、无飞石、噪声小及扬尘量小，有利于城市施工中噪声和扬尘控制。

关键词： 深基坑；内支撑；拆除；静态膨胀剂

1 前言

近年来，在国内大规模城市建设中，城市深基坑工程普遍采用内支撑支护体系，内支撑拆除存在以下问题：对既有建筑物及地铁隧道的变形影响较大；内支撑拆除施工与地下室结构施工交叉进行，支撑拆除工期紧迫；支撑梁截面大、强度高、配筋量大，尤其是腰梁和环梁，拆除难度大；拆撑过程中，下层结构插筋的成品保护困难，直接爆破易导致支撑内力瞬间释放，爆破产生的振动、冲击、飞石将对基坑支护和周边环境产生巨大影响，同时，产生大量的粉尘容易引起周边居民的不满。上述一系列问题严重制约了支撑拆除的进度。为保证基坑安全，尤其是周边地铁的持续运营，应用静态膨胀方式拆除内支撑，能有效地解决以上难题。

我公司在深圳文博大厦工程、深圳壹方商业中心工程内支撑拆除施工过程中充分运用该技术，经实践总结形成此工法。

2 工法特点

（1）在换撑体系保证下，静态膨胀剂静爆拆除，膨胀力缓慢地、静静地传给混凝土支撑使其破碎，不会导致支撑内力瞬间释放，存在的隐患小，安全度高，有利于保证地铁隧道、已完地下室结构体系的安全。

（2）静态膨胀剂静爆拆除施工快速、无振动、无冲击、无飞石、噪声小、扬尘量小，有利于城市建设施工中噪声控制和扬尘控制。

（3）采用静态膨胀拆除使混凝土产生裂缝而破碎仅需12～15h，效率高，造价成本低；无须复杂的安全防护措施，维护成本低。

（4）灌注膨胀剂，支撑体系开裂；钢筋切割，剔除混凝土；操作简单，施工便捷。

3 适用范围

本工法可广泛适用于深基坑钢筋混凝土内支撑支护体系拆除。

4 工艺原理

根据基坑支护"先撑后拆"的要求，划分支撑拆除片区，在地下室底板、相应楼板及换撑板带混凝土强度达到设计强度100%以上方可进行拆除。通过在内支撑上合理布置的孔洞内，灌注静态膨胀剂，静态膨胀剂发生水化反应，产生体积膨胀，缓慢地、静静地将膨胀压力施加给孔壁，使混凝土破碎，充分破碎后，用风镐机、镐头机配合破碎清理。

5 施工工艺流程及操作要点

5.1 施工工艺流程

静态膨胀拆除施工工艺流程：部分膨胀预埋孔施工，地下室墙柱、梁板结构施工完成→水平支撑拆除条件，水平支撑纵向拆除→支撑膨胀孔钻凿→清理灌孔口，灌注膨胀剂→钢筋切割，剔除混凝土→立柱桩钻孔（待所有支撑梁拆除完毕后）→分段切割破碎、清理，混凝土碎渣清理外运→检查验收→拆除工程监测。

5.2 操作要点

5.2.1 膨胀预留孔设计施工

为减少施工时钻孔量，在支撑体系浇筑时预留膨胀孔，另外预留部分支撑膨胀孔钻凿。根据现场实际情况，预留膨胀孔参数如下：

膨胀孔直径：$d=36mm$；孔间距：$200\sim300mm$；排间距：$200\sim250mm$；孔深为 $2/3h$（h 为板厚）；预留胀孔设计如图1所示。

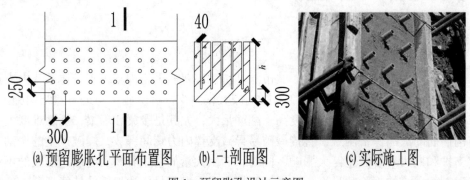

(a)预留膨胀孔平面布置图　　(b)1-1剖面图　　(c)实际施工图

图1 预留胀孔设计示意图

5.2.2 支撑梁拆除条件

根据基坑支护设计图纸"先撑后拆"的要求，要拆除第一道、第二道内支撑梁前，必须满足下述技术要求，方可开始拆除工作。

（1）拆撑前应使相应层梁板结构可靠连接在支护桩上；

（2）梁板结构混凝土强度应达到100%以上；

（3）负二层、负一层墙板结构施工完成后，采用C10素混凝土将负二层、负一层梁板以下部位与四周支护桩填充密实，并且在负二层、负一层结构梁板上皮标高处浇筑1m厚C30素混凝土传力带，当混凝土传力带达到设计强度，形成连续的传力带后方可拆除第一道、第二道水平支撑。

5.2.3 水平支撑纵向拆除

坑底与地下室底板用C35混凝土一起浇筑→负三层墙柱、负二层结构，外墙防水、保护层施工完成→浇筑C10到传力带1m厚处浇筑C30素混凝土（图2）。

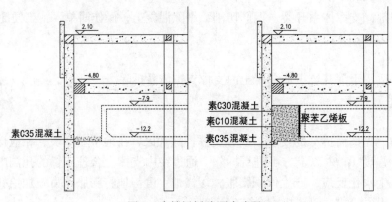

图2 支撑梁拆除顺序步骤1

拆除第二道支撑梁→负二层墙柱、负一层梁板结构，地下室外防水、保护层施工完成（图 3 ）。

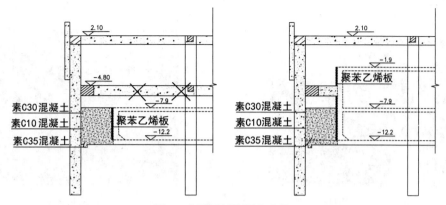

图 3　支撑梁拆除顺序步骤 2

浇筑 C10 到传力带 1m 厚处，浇筑 C30 素混凝土→拆除第一道支撑梁和立柱桩（待第一道支撑梁板全部拆除完成后)(图 4)。

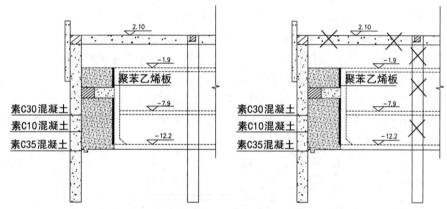

图 4　支撑梁拆除顺序步骤 3

负一层墙柱、地下室顶板、地下室外防水、保护层施工完成→回填土方到设计标高（图 5 ）。

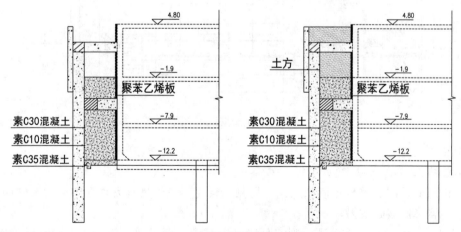

图 5　支撑梁拆除顺序步骤 4

5.2.4　清理灌药口

由于该支撑梁灌药孔是采用纸筒预留孔的方式，从预留灌药孔完成到支撑梁拆除时间较长，孔内富含经雨水浸泡的纸筒、杂物及少量的水。预留孔深度较深，一般清孔工具无法达到清孔的效果，故采用手提式电动拌合机，利用钻杆钻进带动纸屑杂物上升，从而清除纸筒及杂物。支撑梁上的灌药孔清理干净后须立即进行保护，防止杂物堵塞。药前对孔口进行验收检查，确保孔内干燥、洁净（图6、图7）。

图6 预埋纸筒清理　　　　　　　　　　图7 清理灌药口

5.2.5　地下室板保护，架体搭设

在支撑梁施工范围内满铺旧模板及作废安全网，对地下室板面层进行保护，以防止在破碎支撑梁混凝土时，混凝土块从高空自由下落，对地下室板面层造成冲击破坏。

为便于拆除破碎施工及保证施工安全，拆除内支撑前沿支撑梁通长方向搭设4排立杆，纵向间距为1.5m，横向间距根据脚踏板的位置共设置两排水平杆，第一排在离地200mm处设纵横向扫地杆，第二排在离支撑梁底450mm处布置纵横向水平杆；并在内支撑梁底的两侧分别外扩1m，两侧内满铺一层钢笆片，支撑梁底下漏空；第一道支撑时，需加设剪刀撑，以便提高脚手架整体稳固度；作业面两侧设置两道间距1200mm护身水平杆，以确保施工人员人身安全。

在支撑梁内侧根据现场实际情况搭设上人钢管脚手架扶梯，梯段宽度1200mm，踏步高度300mm×宽度300mm，以利于施工人员的上下通行（图8）。

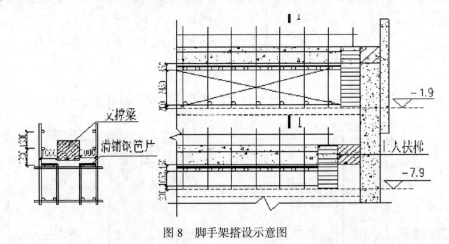

图8　脚手架搭设示意图

5.2.6　膨胀剂施工

（1）配置膨胀剂

根据当地的气候情况，严格控制水灰比，目测观察使其成为具有流动性的均匀浆体即可，不易多加水，否则会急剧降低破碎效果。

加水调浆时，专人搅拌专人填埋，视实际埋进进度搅拌膨胀剂，禁止一人同时搅拌多袋的用量，或凭估计加水。搅拌完成后浆体静置一段时间后会发热并逐渐丧失流动性，应在调浆完成后尽快进行灌孔作业。

采用多个灌装小组进行。取药搅拌时，主灌装手负责取药分量和搅拌，副灌装手负责确保膨胀剂捣实，完成后用旧麻袋覆盖孔口。采用"同步操作，小拌勤装"操作。即：每组施工工人在操作前必须穿戴好劳保用品，每次操作循环过程中负责装孔的孔数不能过多。每次拌药量不能超过实际能够完成的工作量。各灌装小组在取药、加水、拌药、灌装过程中应基本保持同步和保持相对距离（以免相互影响和冲孔发生安全事故），保证每孔内膨胀剂的最大膨胀值同期出现，有利于冠梁破碎。每次装填过程中，已经开始发生化学反应的膨胀剂（表现开始冒气和温度快速上升）不允许装入孔内。从膨胀剂加入拌合水到灌装结束，这个过程的时间不得超过5min（图9）。

（2）灌注膨胀剂

灌孔施工时需戴防护眼镜，配制搅拌好的浆体按"先四周，后中间""先外侧，后里侧"的顺序，连续密实地灌入孔洞内。桶内倒出的浆体保证连续不中断，以防止形成空气夹层，直到灌满孔洞为止。一次搅拌好的浆体要在10min内全部用完，竖向孔直接灌满孔洞即可，灌孔必须密实。施工现场环境温度在35℃以上时，灌浆后一般需用麻袋遮盖；灌孔后3h内，勿靠近孔口直视，以防偶尔喷出时伤害眼睛；避免影响立柱桩的变形，在离立柱边300mm范围内不得注膨胀剂，待破碎混凝土时，用人工风镐机破碎（图10）。

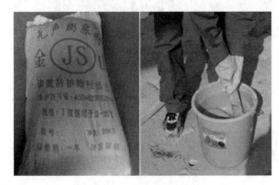
图9　配置膨胀剂

图10　灌注膨胀剂

（3）支撑梁开裂

支撑梁在灌浆完成后，其开裂的时间随气温和被破碎结构类型的不同而异。常温下，灌浆后30～40min内开始产生水化作用，反应时间3～5h开始在作业面上产生初始裂缝，7～10h后裂缝不断加大，12～15h后可达总破碎效果的70%以上，温度越高，开裂时间越短。

产生初始裂纹后，可用水浇透，以加快其膨胀作用，常温下用普通清水浇缝即可（图11）。

5.2.7　钢筋切割，剔除混凝土

（1）钢筋切割

钢筋切割采用气割进行施工操作。钢筋切割以划分区域进行，每两个立柱桩之间为一个切割段，将支撑梁钢筋表面混凝土全部剥除，露出主筋及箍筋；只切割上部钢筋，两侧的钢筋至少留4根不能割，底部的钢筋全部不能切割，待每个施工切割段的支撑梁混凝土全部破碎完毕后，再进行全部支撑梁钢筋的切割，保证支撑梁钢筋维持其整体连续性。切割后的钢筋集中堆放，防止扎伤人员（图12）。

图11　支撑梁开裂

图12　镐头机破碎

（2）风镐剔除混凝土

人工、机械剔除混凝土结构前应对表面浇水，使支撑梁内部渗透。可以大幅度降低粉尘飞扬。风镐破碎方向从每跨支撑梁中间开始，均匀向两端立柱桩方向进行破碎，且每跨的支撑梁破碎均按此施工方式进行。风镐破碎混凝土时，在离立柱边300mm范围内要注意保护好立柱桩，以免破坏立柱桩（图13）。

图13 辅以人工破碎

5.2.8 立柱桩拆除

立柱桩拆除也采取静爆拆除，对立柱桩进行钻孔，钻孔参数和分布应根据破碎对象实际情况确定，并考虑配筋情况，一般钻孔直径为32mm，孔深为距立柱桩侧面200mm，间距一般按250mm×250mm梅花点形状布置。钻孔内余渣用高压风吹洗干净。

在立柱桩半径为1.5m范围内满铺钢笆片或废弃安全网，对超过一定高度的立柱，需搭设长1500mm×宽1500mm操作平台。

支柱拆除必须是在所有支撑梁全部拆除后进行，拆除的顺序是由上至下分段；按照分段的长度用手持式风镐机将立柱表面混凝土凿开，露出钢筋后再用气割将钢筋切断。

5.2.9 渣土清理外运

清运原则是：破碎一部分，清运一部分，现场不得堆放渣土。

全部破碎渣土从坑上向场外运输到指定地点。根据塔吊的位置，分成若干个工作点，每个工作点不少于2名杂工同时施工。为确保后道工序施工需要，每个工作点不少于2名气割工进行钢筋分割作业，至少2名工人将钢筋或混凝土碎块归放在塔吊的有效范围内，吊离基坑。

每个工作点不少于2名工人配合施工，主要配合清理钢筋笼以及支撑梁渣土，确保将渣土清理干净，不留死角；渣土运出过程注意保洁工作，以免造成二次污染。

因场地狭小，所破碎的混凝土碎块不能大量堆放，当天渣土当天应清理干净，以免影响其他工序。

渣土的清理按所划分施工区域，集中力量运输清理干净，为地下结构尽快投入施工创造条件。

5.2.10 拆除工程监测

支撑过程中，由于地质条件、荷载条件、周围环境、施工条件等影响错综复杂，难以预料拆除期间可能遇到的问题，所以对基坑在拆除过程中进行监测是非常必要。在原有监测布置点对以下几点进行监测：

（1）周边建筑物垂直位移监测；

（2）周边地表沉降监测；

（3）围护桩顶部水平位移监测；

（4）围护桩身应力、支撑梁轴力监测；

（5）坑外水位监测；

（6）桩侧土压力。

6 材料与设备

主要施工用料见表1、表2。

表 1　主要材料用表

序号	名称	序号	名称
1	SCA-3 型静态膨胀剂	5	工字钢
2	钢管	6	乙炔、氧气
3	导管	7	钻杆
4	槽钢	8	钻头

表 2　主要设备用表

序号	名称	备注
1	小型炮机	PC40（4.3t）用于破碎
2	镐头机	EX200 用于破碎
3	凿岩机	Y19A 用于钻孔
4	手提式电动拌合机	用于清孔
5	塔吊	用于渣土垂直起吊
6	轮式装载机	LM188 用于渣土推运
7	小型铲车	用于铲土
8	空压机	W-2.6/8 用于钻孔
9	运输车	用于渣土运输

7　质量控制

7.1　质量标准

满足工程所涉及的主要国家、地方相关部门正式批准颁布的行业规范、规程、技术法规、标准、图集等要求（包括但不限于）。

《建筑物、构筑物拆除规程》(DGJ 08—70)；

《建筑基坑支护技术规程》(JGJ 120)；

《建筑施工扣件式钢管脚手架安全技术规范》(JGJ 130)；

《建筑地基基础工程施工质量验收标准》(GB 50202)；

《建筑工程施工质量验收统一标准》(GB 50300)。

7.2　质量控制

（1）施工准备阶段，实施技术、物资、组织、人员等多方面的质量控制。坚持图纸会审，做好现场交底和施工人员技术培训工作，控制材料配件达到规范要求，施工环境符合作业标准。

（2）控制灌药口是否洁净无水等杂质残留，膨胀剂型号选择及其与水的配合比例；膨胀剂混合物必须将孔口灌满；遇雨须用防水苫布遮住孔口。

（3）由多人同时操作，每人的灌孔数目应合理安排，所有施工人员应同步拌浆、灌浆，使所有孔中浆体同步发生反应。应根据现场温度正确使用膨胀剂，并避免一次搅拌 10kg 以上膨胀剂。

（4）膨胀剂在运输和存放过程中应防潮、防暴晒。开封后应立即使用。如一次未使用完，应立即扎紧袋口，需要时再开封。

8　安全措施

8.1　安全标准

满足工程所涉及的主要的国家、地方相关部门正式批准颁布的行业规范、规程、技术法规、标准、图集等要求（包括但不限于）。

《建筑施工安全检查标准》(JGJ 59);

《建设工程施工现场消防安全技术规范》(GB 50720);

《起重机械安全规程》(GB 6067.1);

《施工现场机械设备检查技术规范》(JGJ 160);

《施工现场临时用电安全技术规范》(JGJ 46);

《建筑施工高处作业安全技术规范》(JGJ 80)。

8.2 保证措施

(1)静态膨胀剂属碱性产品,与水接触后的 pH 值达 12,对人体黏膜组织易构成伤害。若皮肤或眼睛与浆体接触,立即用大量干净冷水冲洗(不要揉搓),并就医。灌浆后至少 3 ~ 8h 不要靠近孔口,更不得近距离直视孔口。

(2)为安全起见,装填浆体物料至半孔时,续装后半孔时间不得超过 15min,炎热夏季不得超过 5min。

(3)进入施工现场的人员,必须配戴安全帽。凡在 2m 以上高处作业无可靠防护设施时,必须使用安全带。在恶劣的气候条件下,严禁进行拆除作业。

(4)当天拆除施工结束后,所有机械设备应停放在远离被拆除支撑梁部位的地方。施工期间的临时设施,应与被拆除支撑梁部位保持一定的安全距离。

(5)高空焊接或切割时,必须挂好安全带,焊件周围和下方应采取防火措施并有专人监护。电弧焊施焊现场的 10m 范围内,不得堆放氧气瓶、乙炔发生器、木材等易燃物。气焊严禁使用未安装减压器的氧气瓶进行作业。

(6)施工现场所有用电设备,除作保持接零外,必须在设备负荷线的首端处设置漏电保护装置。总配电箱和分配电箱均设漏电开关,每台用电设备要有各自专用的开关箱,实行"一机一闸一漏电"。

9 环保措施

9.1 环保标准

满足工程所涉及的主要的国家、地方相关部门正式批准颁布的行业规范、规程、技术法规、标准、图集等要求(包括但不限于)。

《建筑工程绿色施工评价标准》(GB/T 50640);

《建筑隔声评价标准》(GB/T 50121)。

9.2 环保措施

(1)休息室、工具房和设备器材,应按施工总平面图布置要求,摆放整齐有序,各种标志、标识正确醒目。

(2)施工道路平整通畅,用电线路布置符合要求,水源设置合理,排水措施得当。

(3)作业现场应经常打扫,垃圾集中堆放并及时清理、运送至指定地点。

10 效益分析

10.1 经济效益

相比传统的直接爆破、人工爆破施工,采用静态膨胀方式拆除内支撑体系,无须采取复杂的安全措施,就能保证地铁隧道、已完地下室结构体系不受破坏。同时,静态膨胀方式操作简单便捷,减少了大型机械使用,降低了工程成本;提高了爆破效率,合理地减少了工期,创造了可观的经济效益。与人工拆除比,每米节省 2 个工日,2 个工日 ×225 元 / 工日,人工约 450 元 /m。

10.2 社会效益

本工法操作简单、实用性强,很好地解决了内支撑拆除对基坑及地铁隧道的影响,对已完地下室结构体系的成品保护,有效地防止了因爆破产生的振动、冲击、飞石、粉尘将对基坑支护和周边环境产生巨大影响,提高了支撑体系的拆除效率,保证了周边地铁的持续运营,严格控制了城市建设施工过程中的噪声和扬尘污染，符合当代社会所倡导的绿色施工的要求。同时，为现场提供了大量实践经验，对周边存在既有建筑物和地铁隧道的深基坑内支撑支护体系拆除施工提供借鉴。

11　应用实例

11.1　深圳文博大厦工程

深圳文博大厦位于深圳市福田区莲花北路与新洲路交叉路口的西南角，南面为深圳商报、深圳晚报大楼，北侧为莲花北路，其下有地铁 2 号线，西侧为多层民房，东侧为商报东路，商报东路以东为新洲河。

本基坑周长约 288m，原始地面标高约 11.89 ～ 15.00m，基坑底标高 -5.0 ～ -7.0m，四至五层地下室，基坑支护深度约 17.0 ～ 22m。支撑梁总长度约 3300m，支撑腰梁总长度约 900m，合计约 4200m。

11.2　深圳壹方商业中心工程

深圳壹方商业中心工程建设用地面积约为 99390.04m²。场地东北临一路。基坑北侧靠地铁、西侧靠地铁，基坑深度约 17m。

本基坑支护形式采用混凝土支撑体系，桁架支撑及冠梁、腰梁均为商品混凝土 C35，圆环形支撑为商品微膨胀混凝土 C35；钢筋保护层 35mm。立柱桩采用钻孔灌注桩，桩径为 1.0m，桩长不等，桩身混凝土为 C35 水下商品混凝土，混凝土保护层厚度为 50mm，支撑冠梁 1200mm×1200mm，腰梁 1400mm×1400mm，支撑 900mm×1200mm、1100mm×1400mm，连系梁 600mm×800mm。

冲击钻引孔成槽安插钢板桩施工工法

杨福军　陈敏鸿　卢国庆　张昌飞　周如贤

湖南省第六工程有限公司

摘　要：钢板桩通常不适用于岩层、块石等地质条件。本工法提出利用冲击钻沿钢板桩打设轴线，采用跳打法钻孔，各序列孔相互咬合，按照基桩机械钻孔成孔施工工艺破坏岩层结构，使钻孔连续成槽，再安插钢板桩；解决了钢板围堰穿越浅藏岩石的难题，拓展了钢板桩围堰的适用范围；同时，冲击钻引孔作业可组织多台设备同时作业，施工速度快。

关键词：冲击钻；引孔成槽；钢板桩；岩石地层

1　前言

桥梁施工中，采用钢板桩做水中承台施工的围堰措施是一种比较常见的做法。通常情况下，采用钢板桩围堰，对地质条件是有要求的——适用于淤泥、软弱黏土、砂砾地层中，不适用于岩层、块石土层中。如要将围堰结构部分或全部进入岩层甚至穿越岩层时，须采取一些特殊措施进行处理。在国道 G322 零陵段改线工程萍洲大桥水下承台施工中，我们提出采用冲击钻引孔成槽安插单层钢板桩的方案，得到了很好地应用，取得了较好效果，特编写本工法。

2　工法特点

（1）本工法解决了钢板围堰穿越浅藏岩石的难题，拓展了钢板桩围堰的适用范围。

（2）采用应用普遍的冲击钻引孔成槽，为安插钢板桩创造条件，技术成熟，操作简单。

（3）冲击钻引孔作业可组织多台设备同时作业，施工速度快。

（4）钢板桩、型钢、钢护筒可全部回收，重新利用，节能环保。

3　适用范围

本工法适用于桥梁承台或扩大基础落在浅藏岩石层中，人工抛石层中或河床漂石层中，无法采取措施清除围堰上的岩石或清除难度较大时的钢板围堰施工。

4　工艺原理

利用冲击钻沿钢板桩打设轴线，采用跳打法钻孔，各序列孔相互咬合，按照基桩机械钻孔成孔施工工艺破坏岩层结构，使钻孔连续成槽，再安插钢板桩。

5　工艺流程和操作要点

5.1　工艺流程（图1）

5.2　操作要点

5.2.1　场地准备

场地准备分不同的情况分别采取不同的对策。对于陆上施工平台和土方筑岛平台，应首先确保场地的面积尺寸满足施工需求，并平整场地，预留土石材料的堆放场地和泥浆池布设场地，以应对钻孔过程中出现的各种意外情况。对于水上施工平台除上述几个方面需要注意之外，还应确保施工平台（水上钢平台）的受力稳定性，以保证施工安全；可直接利用基桩施工平台。

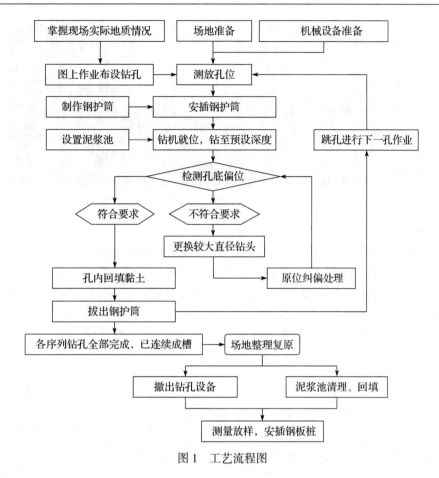

图 1　工艺流程图

5.2.2　掌握现场实际地质情况

由于钢板桩需要连续施打，在已知现场地层情况复杂的条件下，应对钢板桩施打轴线进行地质加密勘察，勘探点间距布置应为 2～3m 或更密，再根据勘探成果绘制岩层界面线，确定引孔位置，避免盲目作业（图 2）；也可事先试打钢板桩，直接找出地下岩层准确的连续界面线，则针对性更好（图 3）。

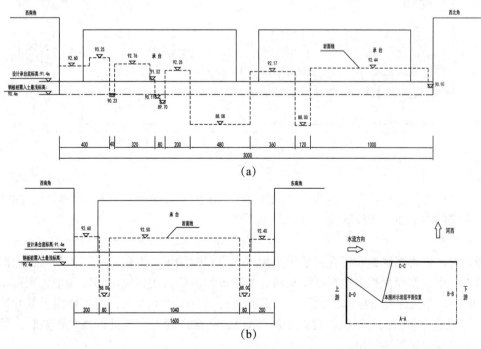

图 2　探岩成果——绘制岩层界面线

图 3　试打钢板桩探岩

5.2.3　图上作业布设钻孔

在充分掌握实际地质情况后，进入正式施工前，须先在室内进行图上作业布设钻孔。布设钻孔既需要做平面位置定位，也需要做钻孔深度确定。平面定位要根据钻孔深度及实际地质情况综合考虑，而引孔深度须根据计算确定，其关键点在于确定入岩深度（图4）。确定入岩深度的决定性因素是岩层承载力标准值以及钢围堰底端所需的水平抗力。钢板桩底端嵌岩深度应自基坑开挖底面标高开始计算，该标高应为承台或基础底面高程减去基础垫层或封底层厚度后的高程。另外，引孔平面位置布设也需要考虑造孔钻头直径的大小。

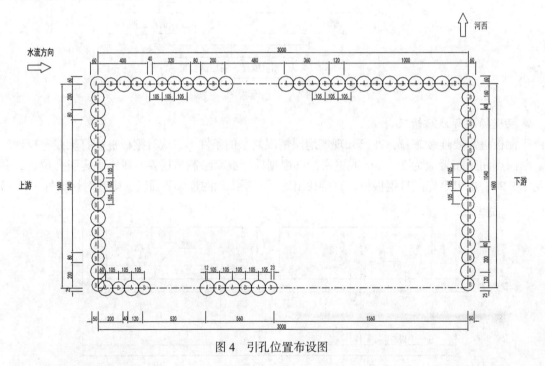

图 4　引孔位置布设图

5.2.4　测量放样

需使用专门的测量定位仪器设备将施工轴线按工程需要测放出来。可利用全站仪、GPS 定位仪器精确测放出所需的施工轴线或范围线。

5.2.5　泥浆池布置

场地开阔时，可将泥浆池布置在围堰中央位置，可同时满足若干台钻孔机械同时作业需要；在水中筑岛平台上，由于作业面相对狭窄，挖掘机、吊车等都需要占用较大的作业场地，则可将泥浆池布设在外围（此时，钻孔深度一般都不太深，所需泥浆池的面积也不太大，但可能需反复开挖和回填泥浆池，改变泥浆池位置以满足钻机位置调整的需要）；在水上钢平台上进行该项作业时，可利用基桩施工用的钢护筒作为泥浆池使用。

5.2.6　安插钢护筒

埋置深度不大时，可用挖埋法安插钢护筒。在砂卵石覆盖层厚度较大的河滩、水中筑岛平台、水上施工平台上施工时，为避免钻孔过程中出现塌孔现象，钢护筒需要埋设的深度较大，可能需要埋设至岩层顶面，此时应选择使用振动锤等设备下沉钢护筒（图 5）。

安插或下沉钢护筒前应先进行测量定位，并采取措施确保钢护筒安插、下沉位置准确、垂直度符合要求。尤其在水中安插钢护筒时，由于水流冲击力，容易导致钢护筒底端偏移，此时须预先设置导向架，再进行钢护筒下沉作业（图 6）。

图 5　振动锤下沉钢护筒　　　　　　　　　图 6　水中钢护筒定位导向架

5.2.7　冲击钻引孔作业

冲击钻引孔作业与一般基桩冲击钻成孔操作流程相同，但应特别注意：

（1）需拉槽施工的长度较长时，为确保施工进度，往往会使用多台钻机设备同时作业，由于场地面积有限，多台设备同时作业会很拥挤，容易相互干扰。此时须事先规划好场地布置，做好施工任务分配，对每台设备划分好工作区域，有序组织作业，避免施工中出现混乱（图 7）。

（2）钻孔分序列进行，各序列钻孔相互咬合，确保有效成槽。

（3）做好机架支垫，防止机架倾覆和钻孔偏位（图 8）。

图 7　多台设备同时作业　　　　　　　　图 8　机架防下沉处理——用工字钢支垫

（4）勤做检测，及时纠偏。

5.2.8　回填钻孔

经检测孔底偏位满足要求后，需用黏土对钻孔进行回填（不需要做清底）。纯粹的黏土经水浸泡，再经相邻孔钻进挤压后，会呈流塑状，含水量极高，强度极低，不利于围堰止水，可在干燥的黏土内预拌少量（掺合量约 10%）水泥再回填，可取得很好的效果。

5.2.9　场地复原

经过拉槽后，场地需再次进行处理方可进行插打钢板桩施工。首先是需将成孔设备撤出，但应留置 1～2 台钻机暂缓出场，用以应对可能出现的个别钢板桩无法顺利插打的情况。其次泥浆池内的泥浆需沥干后排除，再做回填平整处理；为引孔施工而预备的黏土、片石材料等外运或就地平整处理。

5.2.10　插打钢板桩

经过拉槽后安插钢板桩施工与常规安插钢板桩施工工艺相同：先测放钢板桩施打轴线，安装导向架，依次振插钢板桩至合龙。利用水上钢平台施工的钢板桩围堰在合龙后需要进行钢板桩缝隙的密封处理，该项工作通常由潜水员完成；在潜水员做密封处理时，应先将堰内水位适当降低，以便潜水员找寻漏水点予以针对性处理（图 9）。

图 9　插打钢板桩

6　材料与设备

6.1　材料

（1）本工法所使用的主要消耗性材料为黏土和片石，外加少量水泥。水泥品种采用 32.5 级。所用黏土含砂不宜过多，多则可能影响泥浆性能，可较一般基桩钻孔作业造浆用黏土含砂率略高（原因是钻孔深度一般较浅，且无清孔要求）。

（2）本工法所使用的周转性材料主要是拉森钢板桩和工字钢、钢护筒。拉森钢板桩可选用Ⅲ型或Ⅳ型等，以满足工程需要为适宜，支撑材料应满足设计要求。作为防止钻架下沉处理措施所用的工字钢宜选用 36 型及以上型号的材料，长度不宜小于 6m，为防止钻架冲击荷载作用下工字钢出现弯曲或扭曲变形，应将工字钢双拼焊接使用，增大工字钢 y 轴方向刚度。钢护筒应选用厚度不少于 8mm 钢板卷制，钢板材质可选用 A3 钢；底端和顶端均应有 16mm 厚 200mm 宽以上钢带加强，底端应制作出刃脚构造，以利于减少下沉阻力；钢护筒直径应比正常钻进钻头直径大 300～500mm，也应比纠偏用的较大尺寸钻头大 100～300mm；钢护筒焊接缝应严密饱满，无夹渣、裂缝、断焊现象，不可出现漏水漏浆现象。

6.2　设备

设备数量应根据工程需要确定。通常情况下，钻头直径小，单孔成孔速度较快，单价相对也更低，反之则较慢；但当拉槽的长度较长时，小直径钻头需要造孔数量更多，总体上的进度可能会更慢，造价可能更高。而且，考虑到不同序列孔需要相互咬合方能有效成槽，小直径钻头所造的孔则要求相互叠合的程度更高，进一步增加了造孔数量，成本更高，进度也更慢。因此需根据工程需要选择合适的钻头进行钻孔拉槽。

以常用的拉森Ⅳ型钢板桩为例，钢板桩墙厚度一般为 34～36cm，为保证顺利安插钢板桩，要求有效成槽宽度不小于 40cm。如果用直径 600mm 钻锤引孔拉槽，则相邻孔中心距离应为 45cm，叠合尺寸需 15cm；而采用直径 1000mm 钻锤，则相邻孔中心距离应为 92cm，叠合尺寸仅需 8cm；假如拉槽长度为 10m，则 600mm 钻锤须钻孔 22～23 个，而 1000mm 钻锤只须钻孔 11 个，显然较大直径钻头对工程进度更有利，因此宜选取直径为 1m 或 1.2m 的钻头作为引孔拉槽主钻头。

通常所用设备如表 1 所示。

表 1　设备配置表

序号	设备名称	规格、型号	单台功率	备注
1	冲击钻机	JK-5 或 6	约 55kW	
2	冲击钻头	直径 1m 或 1.2m		
3	振动锤		60kW，或 90kW	
4	汽车吊	QY25		协助机械移位、打钢板桩
5	挖掘机	CAT320		回填桩孔、平整场地等

7　质量控制

（1）应用本工法应执行和参考以下规范和标准：

《建筑基坑支护技术规程》（JGJ 120—2012）；

《公路桥涵施工技术规范》（JTG/TF50—2011）；

《建筑地基基础工程施工质量验收规范》（GB 50202—2002）。

（2）施工项目部应建立质量保证体系，严格执行 ISO9001 规定。

（3）施工前，必须先充分掌握地质情况。对于河岸滩曾有使用抛石护堤和河床下存在漂石层的情况，而承台位置刚好落在抛石或漂石层上或其中时，引孔深度应穿透抛石层或漂石层，或者抵达能保证钢板桩稳定的深度。

（4）引孔时需勤做检测，及时纠偏。每孔钻进至设计深度后，应检测孔底偏位情况。孔底偏位的标准与所用的锤径和叠合尺寸相关，最终以保证成槽有效宽度不小于钢板桩墙厚度为准。当检查发现偏位超限后，可改换大锤原位冲孔进行纠偏处理；如果遇到半边岩情形，大锤原位纠偏效果不理想时，可回填小片石（粒径 15～20cm）再复打，一般情况下经过一两次复打后都能达到预期效果，特殊情况下应根据现场实际情况制订专门措施进行处理。通过回填片石复打的第二序列孔，与其相邻的先期成孔的第一序列孔也应复打一次，防止有片石被挤过来堵住既成孔，造成后期钢板桩下沉困难。

（5）引孔拉槽施工质量标准和钢板桩施工质量标准详细见表 2 和表 3。

表 2　引孔拉槽施工质量标准

序号	内容	允许偏差
1	单孔中心偏位	30mm
2	单孔孔底偏位	0.3%h（桩长），最大不超过 100mm
3	成槽有效宽度	≥设计宽度
4	成槽深度	≥设计深度

表 3　钢板桩施工质量标准

序号	内容	允许偏差
1	倾斜度	0.5%
2	轴线偏位	15mm
3	单根钢板桩	无扭曲、弯曲变形，长度符合设计要求
4	插入深度	±100mm，或符合设计要求

8　安全措施

（1）本工法执行国家、省、市、公司制定的施工现场及专业工种各种安全技术操作规程，包括国家"两规一标"即《建筑机械使用安全技术规程》(JGJ 33)、《建筑施工安全检查标准》(JGJ 59)和《职业健康安全管理体系标准》(GB/T 28001)等;同时执行《公路工程施工安全技术规范》(JTGF 90)。

（2）遵守当地水利部门和航道（河道）管理部门以及防汛抗旱指挥部的安全管理规定。

（3）机具设备应由专人严格按照操作规程操作。

（4）做好机架支垫，防止机架倾覆。在陆地平台和水中筑岛平台上作业时，由于钻孔间距小，对土基结构破坏程度较大，再加上地基土长时间处于饱和状态（钻孔作业需要用泥浆护壁，使地基土长时间被水浸泡），在机架冲击力和钻锤冲击孔底的振动力作用下容易液化、软化，承载力急剧下降，钻机机架极易下沉，易致孔底偏位较大，也易导致机架倾覆事故发生，因此需特别注意做好机架支垫处理，有条件的项目可采用在机架下支垫长工字钢方式处理。

9　环保措施

（1）按《环境管理体系要求及使用指南》(GB/T 24001—2016)执行。

（2）施工时，噪声来源主要是利用振动锤下沉钢护筒和插打钢板桩时发出的噪声，以及钻机作业时机构各部件之间润滑不够发出的摩擦噪声。应用振动锤时发出的噪声较难避免，可通过合理安排工作时间，避免夜间作业来减少噪声对周边环境的影响。钻机各部件之间的摩擦噪声可通过做好设备保养维护，及时对机构打润滑油等办法予以消除或降低噪声分贝。在居民居住区附近或有噪声扰民的区域施工，应做好噪声监测。

（3）施工时产生的泥浆不得随意排放，应在泥浆池内沉淀沥干，用专用车辆运至指定地点排放。

10　效益分析

（1）钢板桩及其支撑材料、型钢、钢护筒材料都可在使用后全部回收利用，尤其在淡水环境下消耗率极低，其回收率都在 95% 以上，有效地避免了材料浪费，具有显著的经济效益。我公司在长沙市某跨浏阳河桥的一个承台施工时，遭遇了河堤早先有护堤抛石，而承台须落在抛石层中，水位又较高，钢围堰局部需要穿透抛石层设置的情况。该桥为单幅设计，单个承台尺寸与萍洲大桥的几乎一样，围堰尺寸约为 15m×15m，周长大约也就 60m 左右，而实际需要拉槽的长度只有 8m 左右。当时该桥施工项目部采用的办法是用地质钻机钻孔拉槽，仅计算拉槽施工费用，所花费的总成本超过了萍洲大桥 8 号墩的 0.5 倍，按周长延长米计算费用约为萍洲大桥 8 号墩的 10 倍，施工周期超过 2.5 个月。对比后显而易见，用冲击钻引孔拉槽具有更好的成本优势和工期控制优势。

（2）采用本工法，入岩深度较浅、总深度 10m 左右的单孔引孔作业，通常只需要 2～3d 即可。在有较充足的作业面的条件下，可以组织多台设备同时作业，施工进度有保证。

11　应用实例

G322 零陵段改线工程萍洲大桥工程。该工程 2011 年 10 月开工，目前已完工通车。该桥位于湘江上游最大支流潇水汇入湘江处以上 200m 处，由于下游河道已修筑堤坝拦河发电，水位常年保持在 97m 左右。主桥桥墩 8、9 号墩水下承台施工采用了本工法，确保了施工质量和安全，取得了良好的环境效益和社会效益。

以萍洲大桥 8 号墩为例，该桥墩承台底标高为 91.4m。据地质资料反映为：基岩顶面的平均高程为 87.2m，最高处为 91.1m，最低处为 82.3m；河道水位标高为 97m 上下。按照常规钢板桩围堰施工的做法，为保证钢板桩的稳定性，确保施工安全，应将钢板桩底端标高设为 86.4m，开挖面标高应达到 89.4m。后经试打钢板桩探岩发现，实际岩面线最高处局部为 93.3m。按钢围堰最少下入承台底以下 1.0m 计算，有约 62m 围堰长度（约占总长度的 70%）需要拉槽处理。在此情形下，项目部组织专业技术人员进行充分论证认为：不可能采用双壁钢围堰措施，原因是无法下沉到位；在项目施工前期进行阻塞河道排水整平河床处理也不具备可行性。最终项目部决定采用冲击钻拉槽安插单层钢板桩围堰，钻头直径采用 1.0m 和 1.2m 交替引孔，安排 6 台钻机同时作业，每台钻机分配 11 个孔，用时 1 个月完成了拉槽施工，顺利安插钢板桩后，最后配合地下注浆处理，成功完成了该墩承台施工任务。

在该桥 9 号墩（水上钢平台作业法）也有局部采用了冲击钻引孔拉槽安插钢板桩做围堰的方法，长度较短，总长度仅约 11m，分布在两处，在局部增设、加宽原有钢平台后，安排两台钻机同时作业，所耗时间约 1 个月左右，同样获得成功。

图 10　萍洲大桥 8 号墩引孔拉槽安插钢板桩后效果

淤泥质黏土水泥搅拌桩改进钻头施工工法

湖南省第六工程有限公司

赵子成　罗　能　伍灿良　全灵敏　宋泽民

摘　要：水泥搅拌桩处理淤泥质黏土时，易出现不能完全搅碎、打散土体，固化剂不能与土体充分搅拌均匀等问题。本工法对水泥搅拌桩钻机钻头进行了改进：将钻头叶片增加为三层六片，各层叶片之间呈60°夹角，叶片沿旋转时的切土方向适当倾斜，并且将叶片改成锯齿形；相邻层条状叶片之间错开60°，相邻层条状叶片之间的距离为150～300mm；条状叶片宽度为80～100mm，条状叶片厚度为25～40mm；条状叶片与垂直于钻杆轴线的平面的倾角为10～20°。钻杆侧壁设有喷浆孔，孔径2～4cm。钻头改进后能够完全搅碎、打散淤泥质黏土，使固化剂与土体充分搅拌均匀，不易堵孔，降低了断桩率，能够节约成本、缩短工期。

关键词：淤泥质黏土；水泥搅拌桩；改进钻头

1　前言

水泥搅拌桩作为一种软基加固处理方法，应用广泛。水泥搅拌桩处理粉性、砂性或者轻度黏性软基时，普通的设备钻头满足质量要求，效果显著。但是在淤泥质黏土中，用一般水泥搅拌钻机钻头搅拌不能完全搅碎、打散土体，水泥浆液不能充分与土体均匀搅拌形成整体。而且由于喷浆孔位于下层叶片的1/3处，大多数水泥浆液集中在喷浆孔附近，桩身中间无浆液，喷浆孔很容易被淤泥堵塞。成桩后常出现桩身断层、存在大小不等的水泥碎块和片块、桩体中心无水泥浆、强度严重不足等质量问题。为有效解决这个问题，我们提出了改进水泥搅拌机钻头的办法，并在鄂州市经济开发区杨湖路西段工程中得到了成功应用，取得了较好的效果，特编写本工法。另外，本工法中改进的钻头已获得国家实用新型专利，专利号：ZL201520076451.3。

2　工法特点

（1）本工法采用改进钻头成桩质量高，可以有效地对塑性大的淤泥质黏土进行处理，能够完全搅碎，打散淤泥质黏土。

（2）本工法施工方便，能够使固化剂与淤泥土体充分搅拌均匀。

（3）本工法降低了断桩率，节约了工程成本。

（4）本工法很好地消除了淤泥质黏土中堵孔、搅拌不均匀等质量缺陷，节省了在缺陷桩附近补打桩的时间，缩短了施工工期。

3　适用范围

本工法适用于工业与民用建筑及市政交通工程中土质为淤泥质黏土的水泥搅拌桩的加固地基施工。

4　工艺原理

（1）水泥搅拌桩工作原理是利用深层搅拌机在钻孔过程中，用高压将浆液固化剂喷入被加固的软土中，凭借机械上特制的钻头叶片的旋转，使固化剂与原位软土就地强制搅拌混合。固化剂进行一系列物理化学反应，使桩位原土由软变硬，形成整体性好、水稳性强和承载力高的桩体。

一般水泥搅拌桩钻机钻头为4片搅拌叶片，分两层垂直分布，喷浆孔位于下层叶片1/3位置处。

施工时为四搅两喷的施工工艺（即两进两出）。

（2）本工法关键技术是对水泥搅拌桩钻机钻头进行改进：将钻头叶片增加为三层六片，各层叶片之间呈 60°夹角，叶片沿旋转时的切土方向适当倾斜，并且将叶片改成锯齿形。相邻层的条状叶片之间错开 60°，相邻层的条状叶片之间的距离为 150 ～ 300mm；条状叶片宽度为 80 ～ 100mm，条状叶片厚度为 25 ～ 40mm；条状叶片与垂直于钻杆轴线的平面的倾角为 10 ～ 20°。钻杆的侧壁设置有喷浆孔，喷浆孔的孔径为 2 ～ 4cm。钻头的改进使淤泥质的土体能搅碎打散，使水泥浆液与土体能够充分地搅拌；其次，喷浆孔设置在钻头的孔壁中心向四周喷射，浆液在叶片旋转的作用下由钻杆向四周扩散，使得整个桩身水泥浆均匀，避免桩体中心无水泥浆的情况，且不易堵孔。

5　工艺流程和操作要点

5.1　工艺流程

施工准备→钻头制作→桩位放样→钻机就位→检验、调整钻机→浆液配置→预搅拌→重复搅拌→成桩结束→钻机移位。

5.2　操作要点

5.2.1　施工准备

（1）在水泥搅拌桩施工前，编制专项施工方案，经审查批准后施工。

（2）根据设计要求，先平整场地，清除桩位处地上地下的一切障碍物、石块、树根、垃圾等，并进行清表处理。场地低洼时，应回填素土，河塘处需打桩的，应优先考虑抽水、清淤及填筑至水泥搅拌桩施工高程处。施工地段如遇跨路线的高压线、电话线等应及时报告，在最短的时间内清除障碍，方便施工。

5.2.2　钻机钻头制作

钻机钻头根据土质情况在现场制作，制作材料主要为 2 ～ 3cm 厚的钢板。制作时，先确定叶片尺寸，在钢板上放样，按尺寸切割叶片并对叶片修边。然后削薄叶片切割面及制作锯齿。接下来在钻头钻杆处确定叶片焊接位置并焊接叶片，最后修整成型。

水泥搅拌桩钻机钻头如图 1 所示，包括钻杆 1，沿所述的钻杆 1 轴向依次设置三层叶片，三层叶片分别为上层叶片 2、中层叶片 4 和下层叶片 5，钻杆 1 的侧壁设置有喷浆孔 6。上层叶片 2、中层叶片 4 和下层叶片 5 均包括两个条状叶片，条状叶片边沿设置有锯齿 3。喷浆孔 6 设置在中层叶片 4 和下层叶片 5 之间并靠近下层叶片 5 的钻杆 1 的侧壁上，如图 1 所示。

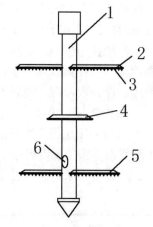

图 1　水泥搅拌桩钻机钻头构造图
1—钻杆；2—上层叶片；3—锯齿；
4—中层叶片；5—下层叶片；6—喷浆孔

5.2.3　工艺性成桩试验

水泥搅拌桩在施工之前必须进行工艺性成桩试验，每台桩机不少于 1 根。通过试桩可以掌握具体的土层分布特点，根据实际情况与实际要求，调整并确定各台桩机的具体操作参数，保证大面积施工质量。主要满足水泥喷入量的各种技术参数：钻进速度值 $V=0.5 ～ 0.8$m/min；平均提升速度参考值 $V_P=0.7 ～ 1.0$m/min；搅拌速度参考值 $R \geqslant 60$r/min；供浆时的管道压力：0.25MPa$<P<0.4$MPa。

5.2.4　桩位放样

项目部根据测量平整后的地面标高，以及用灰线画定的垫层边界路线、路基内的中桩或控制桩，绘制出平面布桩图。依据路中心控制桩用全站仪或钢尺按施工图确定桩位现场布桩，确定每一根桩桩位，用竹桩插入土层，标定位置（桩位误差不得超过 3cm，桩间距误差不得超过 10cm），将深层搅拌机移动到指定位置，对中、双向调整桩机垂直度，并报监理复核。

5.2.5　浆液配制

根据施工配合比严格控制水灰比，加水应经过核准的定量容器（水灰比为 0.45 ～ 0.55，水泥掺量

12%。桩径 0.5m 的每米桩掺灰量 46.25kg，掺高效碱水剂 0.5%）。水泥浆必须充分拌和均匀，每次投料后拌和时间不得少于 3min。检测水泥浆液密度并记录。钻进、送浆，制备好的水泥浆经筛过滤后倒入储浆桶，开动灰浆泵，将浆液送至搅拌头。

5.2.6　预搅拌

桩机调正后，启动主电机钻进，搅拌杆沿导向架切土徐徐下沉，钻深由深度尺盘确定。当深度达到设计要求后，停止钻机，钻头反转，在桩底停滞 2～4min 后启动送浆泵开始喷浆，开动喷浆泵坐浆 30s 后缓慢、匀速边提升，边搅拌、边喷浆，使水泥浆与土体充分搅拌均匀。提升到地面时停止喷浆。在尚未喷桩的情况下严禁进行钻机提升工作。

5.2.7　复搅拌

钻头提升至地面后，应立即钻进复搅，复搅深度原则上应为桩身全长。同样的方法进行二次搅拌下沉，提升喷浆，施工要求同第一次。如无法进行全程复搅，应报监理工程师批准。在复搅过程中，应对局部喷浆不足的桩身部位进行补浆，并防止喷浆口堵塞。将搅拌钻头提升到地面以上，停止主电机，停止喷浆泵，填写施工记录。

5.2.8　钻机移位

利用钻机液压系统，将钻机移到下一个桩位。搅拌程序见图 2。

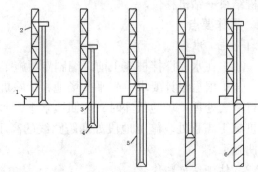

图 2　水泥搅拌桩施工程序
1—钻机；2—钻架；3—钻杆；4—钻头；5—钻孔；6—成桩

6　材料与设备

6.1　原材料选用

6.1.1　材料

搅拌桩施工采用 32.5 级普通硅酸盐水泥，其质量、规格应符合《通用硅酸盐水泥》（GB 175）要求，并具有出厂质保单及出厂试验报告，确保在有效期内使用，严禁使用过期、受潮、结块、变质的劣质水泥。运到工地的加固料（水泥），应对水泥质量进行抽样检验，抽样试验频率根据规范要求及监理工程师意见确定。试验结果报监理工程师签认后方可投入使用。拌合水符合《混凝土用水标准》（JGJ 63）的相关要求。

6.1.2　机具设备

本工法采用水泥浆搅拌法，即湿法施工。采用单轴（SJB-3）深层搅拌桩机，专门用于湿法施工。SJB 系列设备施工深度可达 20m，常用钻头设计是多片浆叶搅拌形式。施工时除了使用深层搅拌桩机以外，还配有灰浆拌制机、集料斗、灰浆泵等配套设备，具体见表 1。

表 1　主要工程机械表

名称	规格	数量	备注
深层搅拌桩机	SJB-34	2	运行正常
灰浆搅拌机	HB6-3	4	运行正常
灰浆泵		4	运行正常
磅秤	1000kg	2	标定合格

7　质量控制

（1）工程质量控制参照的标准规范包括：《建筑地基处理技术规范》（JGJ 79—2012）、《公路软土地基路堤设计与施工技术细则》（JTG/TO 31—02—2013）。

水泥搅拌桩施工质量允许偏差见表 2。

表 2　水泥搅拌桩施工允许偏差

项次	项目	单位	允许偏差	检测方法和频率
1	桩距	cm	±10	抽查2%
2	桩径	mm	不小于设计	抽查2%
3	桩长	cm	不小于设计	查施工记录
4	垂直度	%	<1.5	查施工记录
5	单桩承载力	%	不小于设计	查施工记录
6	强度	MPa	不小于设计	抽查5%

（2）严格控制水泥等材料质量，按照设计要求选用水泥的品种，并采取防潮、防雨淋措施，坚持先进库的水泥先用，后进库的水泥后用，避免水泥因放置时间长导致强度降低。

（3）指派技术水平高、精通地基加固知识的技术员作技术指导或现场负责，使施工全过程处于规范化、规程化控制状态。配备完整的制桩设备，具有可靠性和配套性机械，满足设计要求。

（4）确保加固桩体强度和均匀性。施工时派人做好成桩记录，记录每根桩的位置、编号、喷浆量及喷浆深度复搅深度等，发现问题及时纠正或采取补救措施。成桩过程派专人监视发送设备，避免输浆管道堵塞。严格按要求控制喷浆量和提升速度，以保证桩体内每一深度均得到充分拌和。为保证成桩直径及搅拌均匀性程度，对使用的钻头定期复核检查，对直径磨耗过大的钻头进行维修和更换。

（5）施工时应严格控制喷浆时间和停浆时间。每根桩开钻后应连续作业，不得中断喷浆。严禁在尚未喷浆的情况下进行钻杆提升作业。储浆罐内的储浆应不小于一根桩的用量加50kg。若储浆量小于上述质量时，不得进行下一根桩施工。

（6）加固效果检查，在桩的不同部位切取试块，送至试验室分割成与室内试块相同尺寸的试件，比较相同龄期室内外试块强度。做复合地基荷载试验，实测加固后的复合地基是否符合设计要求。

8　安全措施

（1）建立健全安全生产机构，并实现严格的安全施工网络管理，制订安全生产制度，坚持"安全第一，预防为主"的方针。认真执行安全生产管理中的"三大规程"和"五项规定"，搞好安全生产教育。

（2）做到安全工作由项目经理亲自抓，专职安全员专职抓，召开各种形式会议，现场监督纠察，检查评定各种方式的安全教育检查工作。

（3）工程开工前人员进场后，项目技术负责人将施工方法和安全技术要求向全体职工进行详细交底，班组长每天都要对工人进行施工方法和作业交底，确保所有施工人员遵守工地的所有安全制度和规定。

（4）工地悬挂安全警示牌，张贴安全宣传标语，营造安全施工环境。

（5）强化安全操作规程，严格按操作规程办事。进入现场的施工人员一律要戴安全帽，高处作业人员要配带安全带，根据场地的实际情况，必要时设置安全隔离装置。

（6）强化现场安全用电有关规定，输电电缆要按规范要求铺设。施工用电配电箱要做门、配锁、专人管理，用电设备要一机一闸，一律加装漏电保护装置和用电设备接地或接零。现场电工持证上岗。

9　环保措施

（1）针对工地自然条件及气候特征，制订有效的环保措施，实行环保目标责任制。

（2）施工现场必须悬挂各种环保宣传标语，营造"环境保护"的浓厚气氛。

（3）合理安排施工时间及施工临时设施，减少噪声对周围居民的干扰。

（4）施工现场、施工便道常洒水，防土尘土波及四周，控制施工废料的排放，以免污染附近水源和环境。

（5）加强环保检查和监控工作，项目部、施工队驻地定期进行检查。

（6）施工现场污水及生活区污水，必须经过沉淀才能排入下水道。

生活垃圾严格按当地环保部门的要求定点弃除。

10　效益分析

10.1　经济效益

工程实践结果表明，在淤泥质黏土中若采用一般的钻头，喷浆孔位于下层叶片距外边缘 1/3 处特别容易造成堵孔现象，导致水泥浆液不能顺利喷出。根据规范要求，施工时出现堵孔，需将钻头提出地面后疏通喷浆孔，等恢复供浆时再将钻头下沉至停浆点以下 1.0m 处继续制桩（即重复喷浆 1.0m）。若造成桩身部位断桩、桩身搅拌不均匀等缺陷时，应在缺陷桩附近补打一根合格桩。这将对材料、人力、机械设备、施工工期等造成很大的损失与浪费。以鄂州市杨湖路中、西段工程为例，该项目的桩径为 0.5m、桩长为 10m、水泥为 32.5 级普通硅酸盐水泥，断桩位置取中间值 5m 处计算：水泥搅拌桩空桩综合单价为 14.84 元 /m；水泥搅拌桩综合单价 33.03 元 /m，每根断桩的处理费用为 $5 \times 14.84 + 1 \times 33.03 = 107.23$ 元。如采用传统钻头的工程其断桩率为 10%，则本工法采用改进钻头施工 2.8 万根桩可节约成本 $28000 \times 10\% \times 107.23 = 300244$ 元。另外，该工程采用本工法成桩合格率提高 3%。若成桩检测不合格，该工程不合格桩的处理总费用约为 $28000 \times 3\% \times 2 \times 10 \times 33.03 = 554900$ 元。杨湖路中、西段工程采用本工法质量合格，此项与断桩率减少总共节约成本 30.02+55.49=85.51 万元。

10.2　社会效益

用水泥搅拌桩处理淤泥质黏土时，一般钻机钻头成桩质量差，容易造成水泥土搅拌不均匀、强度不足、桩身断层等不良现象，造成地基承载力不足。待通车后，道路会产生不均匀沉降，使路面提早开裂。改进钻头的成桩质量好，地基承载力等各项指标均符合规范要求，很好地改善了不均匀沉降现象，在正常的使用寿命中减少了维修与养护费用。

11　应用实例

鄂州市杨湖路中、西段工程为新建市政道路，开工日期 2013 年 9 月，竣工日期 2014 年 12 月。该道路工程场址区属湖积、洪冲积平原地貌，地势总体平缓开阔，道路东起旭光大道，西至西外环路，全长 3.298573km，有 607.2m 路基为淤泥质黏土，淤泥质黏土呈软塑～流塑状态，属高压缩性土层，工程性能差，易使路基产生不均匀沉降。软弱土深度 8 ～ 19m，采用水泥搅拌桩进行加固处理，处理面积约 18260m²。本工程水泥搅拌桩合计 2.8 万根，桩径为 0.5m，桩间距为 1.0m，桩长为 10m，正方形布置，水泥为 32.5 级普通硅酸盐水泥，复合地基承载力特征值为 110kPa。

在鄂州市杨湖路中、西段工程路基软基处理中，水泥搅拌桩位于淤泥质黏土中。采用传统钻头施工时，通过试桩发现原钻机钻头成桩质量差，断层，桩体中心无水泥浆，水泥浆与土搅拌不均匀等现象。采用了本施工工法施工的水泥搅拌桩，通过质量监督单位对桩体取芯、静载等试验证实，成桩质量好，搅拌均匀，无断层等现象，质量合格，并且效果明显，节约工程成本 85 万元。工程应用实践表明在地质条件复杂的情况下，本工法对施工质量和工期均满足要求，得到建设单位的一致好评，并为该类工程提供了可借鉴的经验，取得了较好的社会效益。

岩石地质桩基水磨钻成孔施工工法

龙新乐　颜昌明　刘福云　罗要可　杨海军

湖南省第五工程有限公司

摘　要： 岩石地区的桩基成孔一直是施工中的难点，本工法通过采取对岩石区桩基桩芯部位采用直径为 160mm 的混凝土取芯机沿桩基础设计圆周取出高约为 600mm 的圆柱体岩芯，形成一圆外周临空面，然后对剩余的桩基岩芯部分进行分块，沿圆半径取芯分块形成内部临空面。在分块的岩石上钻一排小孔，然后在小孔内锥入钢楔子，锤击钢楔挤压岩石，使其沿铅垂面被拉裂并从底部发生剪切破裂，取出分裂的岩块。依次按照分层取芯、破裂、取岩块的循环工序施工，最终达到成孔的目的。

关键词： 岩石地区桩基；圆外周临空面；挤压岩石；剪切破裂

1　前言

桩基工程，根据地质水文条件及岩土性质不同，桩基类型和成孔的方式多种多样。人工挖孔桩以承载力大、造价低和施工质量易于保证等优点而被广泛采用，但岩石地区的人工挖孔因掘进难，一直是施工中的难点。

机械冲孔桩施工成孔工艺较复杂，操作要求较严，易发生质量事故，且技术间隔时间长，冬季施工困难较多，现场文明施工难以保证，清运泥浆时，如处理不好，对周边环境影响较大。现场要修筑泥浆池，施工时要做好泥浆的排放与清运工作。人工挖孔桩根据成孔方法不同，可分为：爆破法、水磨钻法。人工挖孔爆破法对桩孔壁有松动作用，爆破时孔内粉尘浓度大且不易散去，对作业人员身体危害大，对桩底持力层有振松或振裂情况，持力层质量难以保证。我司在"江华瑶族自治县人民医院医疗综合大楼"桩基工程中采用"水磨钻成孔"，取得了显著的经济效益和社会效益，具有噪声小、快速、经济、环保、质量可靠、对建筑物持力层没有任何影响、施工安全的优点，通过多个工程实践总结其经验，形成此法，在挖掘岩石地质桩基成孔可广泛应用。

2　工法特点

（1）本工法是以整板岩石或泥夹石为对象，对岩石区的人工挖孔桩进行水磨取芯、松石成孔。

（2）在桩顶上搭设出石渣钢管支架，采用电动葫芦作出石渣牵引力，提高了出石渣效率，减少了工人的劳动强度。

（3）水磨钻取石时，没有任何粉尘，没有职业病。

（4）在成孔的岩石段，不需要做护壁，在有夹层或溶洞部位的护壁，可以人工进行护壁，可以节约材料，同时灵活性大。

（5）对桩底持力层没有任何扰动，并且没有渣，只有少量泥浆，对成桩质量有保证。

（6）不受场地限制，可以全面开挖，缩短整个工程的工期。

（7）水磨钻法施工设备简单，不需要像机械成桩的大型设备，施工费用低。

3　适用范围

本工法适用于较硬和坚硬的岩石地质桩基工程（如厂房、房屋、桥梁等地质为岩石桩基工程）。

4　工艺原理

岩石有三大特征：一是抗压强度高，而抗拉和抗剪切强度很低；二是岩石在大于其极限抗力强度的作用下会发生拉裂破坏；三是岩石在大于其极限抗剪切力的作用下会发生剪切破坏。水钻法施工挖孔桩充分地利用了岩石的这三大力学特性。

所谓"水磨钻"主要是采用直径为160mm的混凝土钻孔取芯机沿桩基础设计圆周取出高约为600mm的圆柱体岩芯，形成一圆外周临空面，然后在桩孔中心部位采用气动钻机打眼，钻一排小孔，然后在小孔内锥入钢楔子，锤击钢楔挤压岩石，使岩石同时受到铅垂面上的拉力和水平面上的剪切力作用，当挤压力大于极限抗拉力和极限抗剪切力之和时，岩石沿铅垂面被拉裂并从底部发生剪切破裂，取出分裂的岩块。依次按照分层取芯、破裂、取岩块的循环工序作用，最终达到成孔的目的。因钻孔取芯机在操作过程中必须保证钻头处于冷却水中，同时冷却水流保有一定压力对钻头直接冲洗，使之不淤钻、卡钻，因此该工艺俗称"水磨钻"。

水磨钻介绍：水磨钻主要由水磨钻机、水磨钻筒和专用水泵三部分组成。一般一个水磨钻机配备3～5水磨钻筒，一个水磨钻筒上有7个刀头。水磨钻筒外径为160mm，内径为140mm，壁厚度为10mm，高度为600mm，一个循环可钻600mm。非常适用于桩基孔底入岩施工。

以江华瑶族治县人民医院医疗综合大楼桩基工程平面示意图来说明其施工工艺原理（图1）。

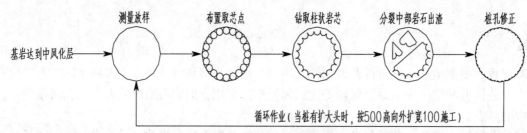

图1 水磨钻取岩芯示意图

5 施工工艺流程及操作要点

5.1 施工工艺流程

施工准备→桩位放样→砌筑砖胎模引模→现场搅拌混凝土将井内开挖面整平→架设支架及电动葫芦→钻机就位→钻孔取芯→气动钻机打眼、松石→人工出渣→桩孔修正及下一循环的施工→成孔检查与验收→泥浆及污水排放。

5.2 施工操作要点

（1）施工准备。

①根据施工图纸及有关技术文件编制现场临时用电组织设计、水磨钻人工挖孔桩专项方案，其内容包括：出渣脚手架支架计算书、施工工艺流程等。②对工程和施工用材、设备按有关规范、施工图纸、专项方案进行验收。③对使用的各种测量仪器及钢尺进行计量检验复验。④按施工平面布置图划分好原材料、空压机等设备的放置场地。⑤按桩位平面图，将施工现场的电线杆按要求立好、将设备用电的电线架设好、水磨钻机用水的主水管在电线杆上固定好，将空压机输气镀锌钢管在电线杆上固定。⑥对参与桩基工程人员如测量工、电焊工、电工要持证上岗，对挖桩工人施工前进行安全交底及技术交底。⑦施工场地设好排水沟，并做好沉淀池。

（2）桩位放样。将桩位中心点，用仪器现场放样并标记，自检合格后报监理单位复检。

（3）砌筑砖胎引模。砌筑高于地面约50cm砖胎引模，防止土石及雨水流入井内，并将标高、轴线引至砖胎模上。

（4）搭设出石渣钢管支架，安装电动葫芦及滑轮。

①钢管支架采用φ48mm×3.0mm规格的3号普通钢管，钢管上严禁打孔，钢管必须涂有防锈漆。四根钢管立杆架立在护壁周边坚硬的地坪上，地坪如土质差，需稍加处理。②支架的水平杆，斜撑及顶部安装滑轮的横梁，根据方案设计要求搭设，以确保支架的稳定性、刚度、强度。③电动葫芦和滑轮是用来吊水磨钻机、出石渣用的。电动葫芦功率、滑轮大小、钢丝绳大小根据专项施工方案计算确

定。电动葫芦用的架管固定在支架的侧边上，离地约 20cm，防止地上水浸入电机，电机上用防水材料遮挡，防止雨水进入，但不能包裹电机。

（5）现场搅拌混凝土，将桩内开挖面找平。

①清理土层后，露出的岩石因凹凸不平，水磨钻机不能开钻。②用普通水泥、砂、石现场人工搅拌混凝土，将桩内凹凸不平岩石面找平。③混凝土达到终凝强度后水磨钻机即可开钻。

（6）水磨钻机就位。

①利用电动葫芦牵引力安装水磨钻机。②水磨钻机就位后，如钻机顶部在护壁井以上，其钻机支架必须安全地固定在出石渣支架上。③钻机顶部如在井内，钻机支架必须安全地固定在孔桩侧壁上，其高差应满足每循环钻进尺寸要求，并随本循环或下一循环不同高度重新加固。

（7）钻孔取芯

①沿桩基孔壁布置取芯点，取芯直径为 160mm，取芯圆与锁口内壁相切，依次钻取外周的岩芯，取出的岩芯高约 600mm，将外周岩芯取完后桩芯体沿外围形成一个环形临空面，工程水磨钻每钻一孔用时 5 ～ 10min。钻机取芯套筒的斜率必须保证，取芯如：套筒直径为 160mm，套筒支架外宽出 100mm，套筒支架总高度 1400mm，则斜率为（100+150/2）/1400=1/8，故此应保证套筒向孔桩侧壁外倾角度不小于 7.5°，这样在下一循环时才可以保证钻机就位后套筒起钻点能够置于设计孔桩边线而不致造成缩孔。此措施将使桩孔截面呈锯齿形，从而增加少量开挖掘进量和桩体混凝土浇筑量，但是可以保证成孔截面尺寸。②桩体垂直度必须保证，一般采取最多 2 循环进行一次孔中心、直径等偏心率检查，确保成孔后桩体垂直度偏差不超过设计规范要求。③水钻操作过程中必须保证钻头处于冷却水中，同时冷却水流有一定的压力对钻头直接进行冲洗，使之不淤钻、卡钻，能够保持钻头在清洁状态下正常稳定地工作，故此每台钻机配置一台 500W 水泵对钻头供水。

（8）气动钻机打眼松石。桩孔圆周形成空心槽后，在桩孔中心部位采用气动钻机打眼，在孔内打入钢楔，用大锤锤击钢楔使岩体获得一个水平的冲击力，在水平冲击力作用下岩石沿底部被拉裂，底部会发生水平剪切破裂。依次分裂岩体，直至该层桩芯岩体全部破裂。

（9）人工出渣。在每个桩位孔口安装 1 台电动葫芦，一次单循环施工作业后，将水钻钻出的岩芯进行依次出渣，出渣从桩孔的一侧进行，并把弃渣堆放到指定地点。

（10）桩孔修正及下一循环的施工。由于水钻钻芯后桩基孔壁成锯齿状，为保证有效桩径与设计桩径一致，要敲掉侵占桩基空间的岩石锯齿。通过锁口护桩，在桩孔内标出设计桩中心，检查桩基底部偏位情况并及时纠偏，同时标出下一个循环水钻钻孔取芯位置，进入下一循环的挖孔桩施工。

（11）成孔检查与验收。检查内容包括：孔底沉渣是否清理干净，孔径、孔深、倾斜度是否符合要求。先检查孔口的孔径，然后使用垂线、钢尺检查倾斜度及孔深，要求孔径和孔深满足设计值，倾斜小于 0.5%。

（12）泥浆及污水排放。经施工现场实际测算，利用水钻掘进时每延米孔桩（按桩径 1.5m 测算）大约需要 2 ～ 4m³ 自来水，保证孔内积水保持至最小而不致影响掘进操作。其用量与孔截面换算直径的平方值为正比关系，产生的泥浆和污水是自来水使用量的 1.3 倍，故此钻进期间必须保证水供应及污水抽排至泥浆沉淀池、循环池，并定期集中处理。

6　材料与机具设备

6.1　水磨钻机维修设备

（1）全固态感应加热电源：焊水磨钻机刀头用。

（2）电焊机：修理风镐、气动钻机用。

6.2　施工准备工作材料设备

（1）钢管脚手架：采用 ϕ48mm × 3.0mm 钢管及配套扣件。

（2）圆木：长约 4m，圆木直径 150mm，用于现场电线杆，钻机主水管及空压机送气的镀锌钢管固定在圆木上。

（3）φ50mm 镀锌钢管：购买合格原材料，现场加长，固定在圆木上，作为空压机主送风管，在桩附近开孔，接风镐、气动钻机支气管。

（4）φ32mmPVC 管：购买合格原材料，现场加长，固定在圆木上，作为水磨钻机施工用水主水管。

6.3 施工设备

（1）水磨钻机：正规厂家生产，用于钻取桩内四周岩芯，按需要计算后确定数量。

（2）污水泵：用于抽取井下污水及地下水，按需要计算确定型号数量。

（3）电动葫芦：用于出石渣、钻机就位提供牵引力，功率与数量按需要计算确定型号数量。

（4）钢丝绳：用于电动葫芦、滑轮、出石渣料斗之间的连接，按需要计算确定型号数量。

（5）滑轮：用于出石渣、钻机就位改变力的方向，大小与数量按需要计算确定型号数量。

（6）手持式气动凿岩机：可选用开山牌 Y018 型手持式气动凿岩机，用于在桩孔岩石中打钻孔，以便在孔内打入钢楔，功率与数量按需要计算后确定型号、数量。

（7）空气压缩机：选用与手持式气动凿岩机与风镐相匹配型号，为手持式气动凿岩机与风镐提供空气动力。

（8）风镐：用于凿岩石棱角及泥夹石中小孤石。

（9）钢楔：放入岩石孔内，用大锤锤击钢楔使岩体获得一个水平的冲击力，在水平冲击力作用下岩石沿底部被拉裂，底部会发生水平剪切破裂。数量按需要计算确定。

（10）大锤：锤击钢楔，数量按需要计算确定。

6.4 其他机具设备

（1）撬棍：根据实际自制，撬松动岩石。

（2）铁夹：根据实际自制，水磨钻机取芯后，用铁夹夹出岩芯。

（3）水准仪：DS3，用于测量。

（4）全站仪：用于测量。

（5）钢卷尺、钢直尺：用于测量。

以上机具设备数量根据需要配置。

7 质量控制

（1）执行标准：《建筑地基基础工程施工质量验收标准》（GB 50202—2018）、《混凝土结构工程施工质量验收规范》（GB 50204—2015）、《建筑桩基技术规范》（JGJ 94—2008）。

（2）质量控制措施：

①水磨钻成孔桩及水磨钻施工的各种材料都应按规范、施工图纸、施工方案进行验收，检查材料的出厂合格证及检验报告是否齐全，确保使用合格材料。

②水磨钻机、空压机、风镐、气动钻机应有产品使用说明书。

③电动葫芦、钢丝绳、滑轮采用正规厂家的产品，性能稳定良好，且能满足施工方案的要求。

④做好施工准备。

⑤根据设计图、施工方案对操作人员进行详细的技术质量交底。

⑥出石渣支架立杆应在坚硬土上，支架按图进行制作、安装，确保支架的强度、稳定满足要求。

⑦每天工作下班后，要检查出渣支架是否变形。

⑧为保证孔位位置正确，每下挖 600mm，进行桩孔周壁清理，校核桩孔的直径和垂直度，及时纠正。

8 安全措施

（1）执行标准：《建筑施工扣件式钢管脚手架安全技术规范》（JGJ 130—2011）、《建筑施工安全检查标准》（JGJ 59—2011）、《建筑机械使用安全技术规程》（JGJ 33—2012）、《施工现场临时用电安全技术规范》（JGJ 46—2005）、《施工现场机械设备检查技术规范》（JGJ 160—2016）。

（2）安全措施：

①各工种上岗前应进行安全技术交底，严格遵守安全操作规程，并持证上岗。

②严格按照施工操作要点作业，防止各类事故的发生。

③在岩溶地区或风化不均、有夹层、软硬变化较大的岩层中采用挖孔桩时，宜在每桩或每柱处钻一个勘探钻孔，钻孔深度一般应达到挖孔桩孔底以下 3 倍桩径，以判别该深度范围内的基岩中有无孔洞、破碎带和软弱夹层存在。

④从事挖孔桩作业的工人以男性青年为宜，并需经健康检查和井下、高空、用电、吊装及简单机械操作等安全作业培训且考核合格后，方可进入施工现场。

⑤施工现场所有设备、设施、安全装置、工具、配件以及个人劳保用品等必须经常检查，确保完好和安全使用。使用的电动葫芦、水磨机、吊笼等必须是合格的机械设备，同时应配备自动卡紧保险装置，以防突然停电。电动葫芦宜用按钮式开关，上班前、下班后均应有专人严格检查并且每天加足润滑油，保证开关灵活、准确，铁链无损、有保险扣且不打死结，钢丝绳无断丝。支撑架应牢固稳定。使用前必须检查其安全起吊能力。

⑥工作人员上下桩孔必须使用钢爬梯，不得用人工拉绳子运送工作人员和脚踩护壁凸缘上下桩孔。桩孔内壁设置尼龙保险绳，并随挖孔深度放长至工作面，作为救急之备用。

⑦当桩孔开挖深度超过 5m 时，每天开工前应用气体检测仪进行有毒气体检测，确认孔内气体正常后，方可下孔作业。

⑧每天开工前，应将孔内的积水抽干，并用鼓风机或大风扇向孔内送风 5min，使孔内混浊空气排出，才准下人。孔深超过 10m 时，地面应配备向孔内送风的专门设备，风量不宜少于 25L/s。孔底凿岩时应加大送风量。

⑨为防止地面人员和物体坠落桩孔内，孔口四周必须设置护栏。护壁要高出地表面 200mm 左右，以防杂物滚入孔内。

⑩施工现场的一切电源、电路的安装和拆除，必须由持证电工专管，电器必须严格接地、接零和使用漏电保护器。电器安装后经验收合格才准接通电源使用。各桩孔用电必须分闸，严禁一闸多孔和一闸多用。孔上电线、电缆必须架空，严禁拖地和埋压土中。孔内电缆、电线必须绝缘，并有防磨损、防潮、防断等保护措施。孔内作业照明应采用安全矿灯或 12V 以下的安全灯。

⑪现场应设专职安全检查员，在施工前和施工中应进行认真检查，发现问题及时处理，待消除隐患后再行作业。

9　环保措施

（1）执行《建筑施工现场环境与卫生标准》（JGJ 146—2013）。

（2）实行环保目标责任制：把环保指标以责任书的形式层层分解到有关班组和个人，列入承包合同和岗位责任制，建立环保自我监控体系。

（3）在施工现场平面布置和组织施工过程中，严格执行国家、地区、行业和企业有关环保的法律法规和规章制度。

（4）各种施工材料要分类有序堆放整齐，余料注意定期回收，废料及时清理，定点设垃圾箱，保持施工现场的清洁。

（5）采取有效措施控制人为噪声、粉尘的污染，并同当地环保部门加强联系。

10　效益分析

（1）人工挖孔桩用水磨钻成孔，与冲孔灌注桩成孔比较，水磨钻没有大型设备，不需要设备进出场费，也不需要挖机配合施工，可以节约费用。

（2）由于人工挖孔桩水磨钻成孔，可以全面开挖，不受场地限制，因而可以缩短整个工程的工期。

（3）水磨钻成孔施工设备简单，不需大型起重安装设备，所以施工费用亦可降低。

（4）水磨钻成孔可以清楚地看到地质情况，在桩浇筑混凝土时对桩内的水抽干再浇筑。对桩的成型质量有保障。

（5）由湖南省第五工程有限公司承建的江华瑶族自治县人民医院医疗综合大楼桩基工程岩石区146 根桩的开挖，根据地勘总桩长约有 3000m。在施工前采用不同施工方法进行经济对比如下：（以桩径为 1m，桩长为 10m 进行举例分析）

①采用水磨钻成孔施工：桩成孔及浇筑混凝土费用：9106 元；凿桩头及被凿桩头混凝土费用：117.75 元。共计费用：9223.75 元。整个桩基工期为 60d。

②采用冲孔灌注桩施工：

桩成孔及浇筑混凝土费用：9369.184 元；凿桩头及被凿桩头混凝土费用：294.75 元；机械设备费用：446.4 元；根据地勘，中风化岩石层有 3.4% 的溶洞处理费用：400 元。共计费用：10510.334 元。整个桩基工期为 90d。

③经济对比结果

采用水磨钻成孔施工比冲孔灌注桩施工：节约费用（10510.334-9223.75）×300=38.6 万元，缩短工期 90-60=30d

④通过对比分析，最终采用水磨钻成孔施工，节约了施工费用，缩短了施工工期。

11　应用实例

我公司承建的江华瑶族自治县人民医院医疗综合大楼、双牌县鸿宇世纪广场，其中的桩基础工程均采用了此施工工法，取得了成功，也取得了较好的经济效益和社会效益。施工中安全隐患少，几个工程的施工无一安全事故，对环境影响小，施工后对成孔的垂直度、桩径、沉渣、持力层检查，均满足设计规范要求，得到了设计、业主、监理及环保行政主管部门等各方的好评。

（1）实例一：

江华瑶族自治县人民医院医疗综合大楼位于该医院西部。本工程为高层医院，总建筑面积约44395.93m²，地下室 1 层，地上 11 层，建筑高度为 45.95m，本工程结构设计使用年限 50 年；建筑桩基设计等级：甲级，桩基采用：人工挖孔桩；总根数为 146 根，桩长 15～25m，桩径分为 800mm、1000～1600mm 八种，持力层为微风化石灰岩。由于本工程地质大部分为中等风化石灰岩，人工挖孔桩挖孔工艺采用：水磨钻法人工成孔。

本工程水磨钻孔深度约 3000m，建设单位对工期要求十分紧，并且周边有敏感建筑物（住院部），对噪声要求十分严格，钻孔开工日期从 2015 年 5 月 30 日开始，50 组人进行全面开挖，每组每日进尺1m，60d 完成成孔工程量，满足工程进度、安全文明施工，并且建设、监理单位十分满意。

（2）实例二：

鸿宇世纪广场由双牌县鸿宇房地产开发有限公司开发，总建筑面积约 10 万 m²，地下室 1 层，地上 30 层，本工程结构设计使用年限 50 年，建筑桩基设计等级为甲级，桩基采用人工挖孔桩，总根数 420 根，桩长 6～16m。本工程分二期开发，第一期 152 根桩，桩径分别为 800mm、1000mm、1200mm、1500mm、1800mm、2000mm 六种，持力层为微风化灰岩，人工挖孔桩挖孔工艺采用：水磨钻法人工成孔。

第一期工程水磨钻孔深度 1670m，建设单位对工期要求十分紧，钻孔开工日期从 2015 年 8 月 5日开始，45 组人进行全面开挖，45d 完成成孔工程量，满足工程进度、安全文明施工，并且建设、监理单位十分满意。

易液化覆盖层花岗岩地基潜孔锤组合
成桩施工工法

龚湘军　汤　丹　李维晨　李　欣　周林辉

湖南建工集团有限公司

摘　要：在地下水丰富、上覆易液化土层、岩层的花岗岩地区（特别是岩石单轴抗压＞100MPa的硬岩地区）进行桩基础施工时，通常存在入岩进尺慢、取芯困难、孔壁垮塌、无法成桩等问题。针对此类复杂地层，可先采用潜孔锤（干作业）成孔达到设计要求的岩面深度，移开双回旋气动潜孔锤后将孔内填满黏土和片石（片石掺入量约10%），再用冲孔桩机（泥浆护壁）重新成孔，成孔过程中使孔内形成有效护壁，清孔后泥浆指标满足相对密度＜1.25、含砂量＜8%、桩底沉渣厚度＜50mm，即可满足灌注要求，而后灌注桩身混凝土成桩。该组合施工方法适用于桩长≤60m、桩径≤1.2m的桩基工程。

关键词：液化覆盖层；花岗岩地层；桩基成孔；潜孔锤；冲孔桩机

1　前言

　　在上覆易液化土层、岩层或局部存在较厚孤石的花岗岩地区（特别是持力层岩石单轴抗压强度＞100MPa的硬岩地区）进行桩基础施工，设计要求桩底进入花岗岩深度较深时，采用常规单一冲孔桩机成孔或采用大型旋挖机配合牙轮筒钻成孔均会存在入岩进尺慢、取芯困难等一系列问题；而采用双回旋气动潜孔锤虽入岩速度快，但因其反复振动会使上部易液化土层、岩层液化，加之在地下水的作用下，造成孔壁持续垮塌，孔内涌入大量粉砂，无法正常成桩。

　　为解决上述问题，本工法以长沙绿色安全食品交易中心一期项目桩基工程为背景，采用双回旋气动潜孔锤（干作业成孔）＋冲孔桩机（泥浆护壁成孔）组合成孔，在上述这种复杂地质条件下，既解决了入岩进尺慢的问题，又解决了易液化土层易液化垮塌涌入桩孔无法正常成桩的问题。本工法在该项目取得了显著的工期效益与社会效益。

2　工法特点

　　（1）长沙绿色安全食品交易中心桩基工程，持力层为中风化花岗岩，实测单轴抗压强度＞100MPa，设计要求桩身全断面入岩0.5m。持力层上部为强风化、全风化花岗岩层、砾质黏性土，且孤石较多，持力层上部岩土层受振动与丰富的地下水易形成流砂。打入持力层、穿透高强度孤石及孔内流砂处理成为了本工程施工的一系列难点。

　　（2）本工法以双回旋气动潜孔锤为主，配合冲孔桩机组合具有成孔方便快捷，双回旋气动潜孔锤具有功率大、穿透坚硬岩层效率高、全钢护筒跟管钻进干孔作业安全性高、污染少，机器自身具有行走机构移位方便快速等优点，采用12mm厚带合金头钢护筒跟管钻进干孔作业，利用压缩空气作为动力带动柱齿钻头高频低幅回旋锤击岩层入岩，同时利用压缩空气将碎渣冲出孔内。成孔后为解决流砂问题回填后利用冲孔桩机冲击形成有效护壁，冲孔桩机利用配套的50t履带吊整体调运，就位迅速，施工效率高。

　　（3）成功解决了上覆易液化土层、岩层的花岗岩等硬岩地基区域入岩困难、孔壁坍塌严重、流砂量大桩底沉渣厚度难控制的问题，保证了施工人员的安全、灌注桩的施工质量。

　　（4）相比传统施工工艺单台设备每3～5d成一个桩孔，如遇孤石需穿透时间更久，本工法以单台双回旋气动潜孔锤为主，搭配三台冲孔桩机每天可成孔 8 ～ 10 根，且所用设备少、降低了能源消耗、减少了泥浆的排放量、节约了成本，为目标工期的顺利实现提供了保障。

3　适用范围

（1）本工法适用于地下水丰富、上覆易液化土层、岩层的花岗岩地区（特别是岩石单轴抗压 > 100MPa 的硬岩地区）的桩基础施工。

（2）受双回旋气动潜孔锤设备自身原因所限，该组合施工方法仅适用于桩长 ≤ 60m、桩径 ≤ 1.2m 的桩基工程。

4　工艺原理

（1）双回旋气动潜孔锤具有功率大、穿透坚硬岩层效率高、全钢护筒跟管钻进干孔作业安全性高、污染少、机器自身具有行走机构移位方便快速等优点，在本工程复杂地质条件下可快速高效成孔。

（2）冲孔桩具有适应能力强、工艺简单可靠等优点，但由于持力层硬度高，设计要求桩底进入持力层较深，且局部存在较厚孤石，冲孔桩机入岩效率低、耗时长、锤牙损坏严重。

（3）结合上述复杂地质现状及两种可成孔机具的特点，先采用潜孔锤成孔达到设计要求的岩面深度，移开双回旋气动潜孔锤后将孔内回填满黏土和片石（片石掺入量约 10%），再用冲孔桩机重新成孔，成孔过程中使孔内形成有效护壁，清孔后泥浆指标满足相对密度 < 1.25、含砂量 < 8%、桩底沉渣厚度 < 50mm，即可满足灌注要求，而后灌注桩身混凝土成桩。

5　施工工艺流程及操作要点

5.1　施工工艺流程

施工准备、场地平整→桩位测量放样→潜孔钻机就位→控制垂直度→压入套管、校核垂直度→冲钻成孔及排渣（钢护筒跟管钻进至全风化花岗岩层无法钻进后停止，采用风动潜孔钻锤击至设计嵌岩深度）→移出潜孔钻、冲孔桩机就位→回填黏土、片石至护筒底口以上 1m →冲孔桩机循环泥浆锤击至岩面→终孔，测量孔深→循环泥浆清孔（验孔签认）→（制作钢筋笼及自检）吊放钢筋笼（隐蔽签认）→安装导管（导管拼装检查）→二次清孔（泥浆指标、沉渣厚度检查）→（混凝土运输）浇筑水下混凝土逐次拔管（制作混凝土试块）→灌注至设计要求标高→桩机移位。

5.2　操作要点

5.2.1　施工准备

（1）因双回旋气动潜孔锤整机自重达 210t，故平整场地后需对场内表层土进行检查，场内原状砾质黏性土地基承载力为 220kPa（设备要求地基承载力 > 100kPa）可满足机械行走及施工要求，若存在软弱土层区域，则需换填片石，片石上再铺设路基箱，以确保机器在移动、运行过程中的稳定性（图 1、图 2）。

（2）桩位放样前要认真复核施工控制点，并在施工现场设立固定控制点，做好保护措施，经常性地检查、复核，防止点位受损或其他原因造成的精度下降。

采用全站仪放样时测量仪器应通过有资质的检验单位进行有效标定，并在有效使用期间内使用。按照测量要求，为了防止测量失误或减小误差，测量要采用"双测制"，并经过监理复检验收。

（3）施工区附近设三个以上不受打桩影响的水准点，以便控制桩顶标高，每根桩完成后均记录标高。

（4）根据桩位图按施工流向将桩逐一编号，桩位确定后用 0.5m 长钢筋打入土内 0.3m，外露的钢筋头用红色塑料袋标记并注明桩号、桩径等数据。

（5）开孔后及时对桩位进行复测。

5.2.2　潜孔锤锤击成孔

（1）潜孔锤就位后利用机器自带仪表调正垂直度，对正桩位后同时开启上下动力头以及配套空气压缩机，上下动力头各按顺、逆时针旋转并向下加压，下动力头带动带合金钻齿的钢护筒旋转加压入岩，上动力头底部安装凿岩专用柱齿钻头，利用空压机提供的高压空气（2MPa）作为动力高频低幅锤击（锤击频率为10锤/s）土、岩体，排出的高压气体将孔内碎渣吹出桩孔排至地面（图3、图4）。

图1　双回旋气动凿岩钻　　　　　　图2　配套履带吊　　　　　　图3　配套空压机

（2）因岩面不平整，为防止桩偏位，开孔时要采取低速冲击，钢套管跟管钻进，可有效解决桩孔内坍塌、卡钻或埋钻的问题（图5）。

（3）冲钻过程中采用匀速慢进，下动力头将钢护筒打入全风化岩层无法钻进后停止工作。上动力头如遇阻力大时潜孔锤向上提升，提升距离约0.30～0.50m，再次随旋转振动冲击进尺，结合详勘报告深度及排出岩渣判断达到设计要求深度后终孔。停止锤击后继续用高压空气清底2～5min排除孔内碎渣（图6）。

图4　潜孔钻凿岩钻头　　　　图5　潜孔钻跟管钻进钢护筒　　　图6 上下动力头回旋凿岩

5.2.3　回填冲孔护壁

（1）移开潜孔锤后观察孔内情况，若易液化岩层（如全风化、强风化岩层）厚度不大，随孔壁渗水侵入孔内的流砂量较小，则将孔内注满成品泥浆后下放导管循环泥浆清孔。

（2）若全风化及强风化岩层厚度大，液化严重，孔内涌入大量流砂，则采用挖掘机往孔内回填黏土（内掺约10%片石）至护筒顶部1m以上，再采用履带吊整体吊运冲孔桩基就位，重新冲击至原孔深成孔，在成孔过程中使之形成有效护壁（图7～图11）。

 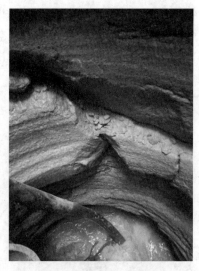 

图7　钢护筒与桩内岩层空隙　　　　图8　桩孔内地下水涌入　　　　图9 桩孔内岩层液化垮塌

图 10　移开潜孔锤后桩孔内回填黏土、片石　　　图 11　整机吊运冲孔桩机再次成孔、形成护壁

5.2.4　清孔及水下混凝土灌注

（1）清孔采用泥浆反循环置换法，清孔过程中稍提冲击锤以小冲程（约 0.5 ～ 1m）反复冲击搅动桩底沉渣以加速清孔，直至孔内沉渣厚度、泥浆密度和含砂率满足规范要求后停止清孔。

（2）由于本工程桩孔深度多数在 20m 以后，清孔后将做好的钢筋笼采用履带吊整体吊装下放。

（3）钢筋笼安装完成后下放导管至桩底进行二次清孔，当测得孔内桩底沉渣 < 50mm，含砂量 < 8%，泥浆密度 < $1.25g/cm^3$ 时，即可安排灌注水下混凝土。

（4）将料斗与导管连接，流砂涌入量较小未回填的桩采用履带吊配合汽车泵浇筑，流砂涌入量较大回填冲孔的桩，采用冲孔桩机配合汽车泵浇筑。浇筑前导管间设置密封圈、连接牢固，连接料斗后管底距桩底距离宜为 0.3 ～ 0.5m。料斗容积选用 $2m^3$，可以满足初灌方量要求，混凝土浇筑前要在下料斗安装好隔水板。本工程采用商品混凝土；浇筑过程中，随时提拔导管，控制导管埋入混凝土内距离不宜 < 2m，但也不应埋管太深以免造成浮笼；浇筑完成后，起吊料斗和导管，起吊过程中注意控制垂直度以免刮蹭钢筋笼。

5.2.5　套管起拔

当桩芯混凝土灌注完成，检查无误后，采用 55t 履带式起重机配合 60 型激振式振动锤将钢护筒拔出。先开启振动锤振动 1min 后再起吊拔管，起拔速度控制 ≤ 1m/min，自浇筑完成后，振动拔管时间控制在 30min 完成，最长不得超过 60min。

6　材料及设备

（1）施工材料

主要施工材料见表 1。

表 1　主要施工材料表

序号	设备名称	规格型号	单位	数量
1	商品混凝土	C35	m³	约 3000
2	钢筋	8、10、12、14、16	t	约 200
3	导管	φ250	m	40
4	钢护筒	φ1000	m	60
		φ1200	m	60
5	路基箱	5.5m×1.2m×0.15m	块	50

（2）机具设备

主要施工机械及配套设备见表 2。

表 2　主要施工机具表

序号	设备名称	规格型号	功率（kW）	单位	数量
1	SHX 双回旋潜孔钻机	JB188	450kW	台	1
2	履带式起重机	QUY70	175kW	台	1
3	全液压挖掘机	卡特 320D		台	1
4	空气压缩机	DWQ1200RH	450HP/336kW	台	3
5	电焊机	BZ-500		台	3
6	振动锤	ZYJ-80	90kW	个	1
7	汽车泵	56m		台	1
8	冲孔桩机	CK2200		台	3
9	泥浆泵		15kW	台	6
10	气割工具			套	1
11	全站仪			台	1
12	经纬仪			台	1
13	水准仪			台	1
14	泥浆比重计			台	1

7　质量控制

7.1　质量要求和验收标准

（1）桩基施工标准严格按照《建筑地基基础工程施工质量验收标准》（GB 50202—2018）有关要求施工，评判标准及允许偏差如下：

①桩位的放样偏差 < 10mm。

②桩径允许偏差为 ±50mm，垂直度允许偏差为 < 1%。

③桩身混凝土应密实完好，无断桩、蜂窝、夹泥等缺陷，桩顶标高至少比设计标高高出 0.5m，每浇筑 50m³ 必须有一组试块，灌注量小于 50m³ 的桩，每根桩必须有一组试块。

④桩位允许偏差：边桩 ≤ $D/6$ 且 < 100mm，中间桩 ≤ $D/4$ 且 < 150mm。

⑤桩底沉渣厚度 < 50mm。

（2）混凝土灌注是确保成桩质量的关键工序，导管应连接平直可靠，密封性好，混凝土强度不低于桩身混凝土强度，外形规则光滑并配有橡胶片。灌斗容量应能满足混凝土的初灌量的要求，混凝土灌注要连续紧凑地进行，严禁将导管提出混凝土面，导管埋入混凝土面的深度 2～6m，混凝土灌注中应经常测定混凝土面上升情况，在灌注将近结束时，应核对混凝土的灌入数量，以确定所测的混凝土的灌注高度是否正确。

7.2 质量保证措施

（1）施工中所用的计量器具如经纬仪、水准仪必须经过计量部门检验并登记注册，没有计量合格证不得使用。有专人检查各种桩位的定点，定期派专人校核基准点，各种测量检查均需认真填写记录及附图，测量结果应准确可靠。

（2）成孔开始前应充分做好准备工作，桩机定位应准确、水平、稳固，桩机冲击钻与护筒中心的允许偏差应 < ±20mm，开孔后对桩位进行复核。成孔施工应一次不间断地完成，不得无故停机，施工过程应做好施工原始记录。

（3）确保桩进入持力层的深度，当冲击至中风化岩层时，经过取样鉴定为持力层（报监理、地质勘探单位认可），再钻至设计深度，必须满足桩身全断面打入持力层 500mm 以上，得到监理工程师验收合格后方可终孔。因持力层岩体强度高，如冲击过程中岩面倾斜较大遇到跑钻的情况，提出钻杆，回填同强度块状岩体后继续冲击。

（4）钢筋笼制作严格按图纸设计和规范要求加工，下放前，须加混凝土保护块，确保钢筋保护层。钢筋连接采用焊接连接，接头应符合规范要求，同时做隐蔽工程验收。钢筋笼在起吊、运输和安装中应采取措施，防止变形。安装入孔时，应保持垂直状态，对准孔位徐徐轻放，避免碰撞孔壁，下笼中若遇阻碍不得强行下放，应查明原因，酌情处理后再继续下笼。

（5）为保证工程质量，以下关键工序及主要工序应提请监理工程师现场验收：

①桩位测放；②嵌岩深度及桩底持力层厚度确定；③护筒埋设、桩位对中；④钻孔；⑤第一次清孔；⑥测量孔深；⑦钢筋笼安装；⑧第二次清孔后沉渣测定；⑨水下混凝土灌注。

8 安全措施

（1）施工前认真阅读施工图纸及地勘报告，踏勘现场实际情况，并根据收集到的现场资料制订详细的专项安全施工组织设计。

（2）本工法所用机械分为电动和油动两种，机械功率均较大，临时施工线路必须严格按照专项临电施组敷设，场内的电缆必须架空并做好明显的标识，加强机械用柴油运输和使用管理，严格按照《施工现场临时用电安全技术规范》（JGJ 46—2005）和《建筑施工安全检查标准》（JGJ 59—2011）中相关规定施工。

（3）潜孔锤单台最大使用功率达 450kW，必须设置专线，所有用电设备必须设置专用开关箱，箱内安装过载及漏电保护器。

（4）双回旋潜孔凿岩钻机立杆最大高度 60m，机器自重约 210t，机器停放及移动时必须确保地基足够牢固，软弱地质区域机器底部需满铺路基箱以确保钻机稳定性。

（5）夜间施工时场地需设置足够的照明设备，并设置应急电源。

（6）双回旋钻机、履带吊及冲孔桩机等大型设备操作人员必须由专人操作，持证上岗，机器运行时严禁任何人靠近，传动设备需做好防护罩，施工完后的孔口及时做好围挡并设置显眼的警示标志。

（7）机械设备做好接地保护，遇大风、雷雨等恶劣天气应停止施工。

9 环保措施

（1）成立环保督察实施小组，在施工现场平面布置和组织施工过程中严格执行国家、地区、行业和企业有关防治空气污染、水源污染、噪声污染等环境保护的法律、法规和规章制度。

（2）施工现场主要道路全部硬化，做好路面清洁工作，沿线设置排水沟，与市政管网接驳口设置三级沉淀池，场地外围设置全封闭围挡。

（3）加强现场燃油设备的维护与保养，确保尾气排放标准满足要求。

（4）合理布置泥浆池，增加泥浆池的使用次数，加大泥浆利用率。废浆采用专用泥浆运输车辆集中外运、处理。

（5）潜孔锤锤击过程中噪声偏大，夜间 22：00 以后施工孔口采取封闭围挡降噪措施。

10　效益分析

10.1　经济效益

结合现场桩基需要穿透高强度孤石、打入高强度持力层至少 0.5m 及持力层上部地下水量大，土、岩层受振动易液化等特点，现将各成桩工艺、成本及效率分析汇总统计，见表 3。

表 3　易液化土层硬岩地质条件下各成桩工艺、成桩成本、效率对比表
（按 φ1000 直径每 m 单价）

效益	旋挖机配牙轮筒钻	冲孔桩机	双回旋气动潜孔锤 + 冲孔桩机组合施工	备注
经济 效益	综合造价约 3000 元/m	综合造价约 3400 元/m	综合造价约 2500 元/m	采用本工法比传统方法综合造价节约 10%～20%
工期 效益	入岩速度 0.8～1m/d，约 1d 一根桩，若岩芯难以取出，耗费时间更久	入岩速度 0.5m/d，约 2d 一根桩，遇孤石时需一周以上	入岩速度 0.8～1.5m/h，平均每天可施工 8～10 根桩	采用本工法比传统方法工期至少快 10 倍左右
环保 效益	静态泥浆护壁，所用泥浆量少，场地破坏小	循环泥浆护壁，所用泥浆量大，需要挖较多泥浆池，对场地破坏大	干孔施工结合泥浆循环清孔，泥浆用量少，对场地破坏小	采用本工法对环境破坏小
安全 效益	全机械化自动施工，操作人员安全隐患小	存在发生机械伤人及用电安全隐患	双回旋气动潜孔锤自动化施工安全可靠	采用本工法施工安全可靠
社会 效益	持力层以上施工速度快但打入持力层速度慢，甚至无法取出岩芯，影响工期	可克服各种地质问题，但成桩速度太慢影响工期，流砂地质桩底沉渣厚度难以保证	成桩速度快，可快速穿透硬岩地质，成桩质量有保证，缩短了工期，为后期主体施工按时完工提供了保障	采用本工法因工期效益极其显著，可取得良好社会效益

11　应用实例

长沙绿色安全食品交易中心一期项目桩基工程使用该工法共施工了 230 根桩，桩径为 φ1000mm、φ1200mm，有效桩长 3～26m，该组合施工工法成功解决了局部含孤石，上部覆盖易液化土层、岩层为硬岩地基区域成桩困难的问题，极大地提高了入岩及成孔的效率，同时在星城春晓 1 号、3 号、5 号住宅楼及住宅地下室的桩基项目也得到了运用，保证了桩基施工质量，减少了泥浆使用量和对场地的破坏，为后续主体结构施工创造了良好的施工环境。

钢栈桥钢管桩抗倾覆施工工法

黄勇军　张洪亮　宋双全　侯佳琳　白　劢

湖南建工交通建设有限公司

摘　要： 传统施工方法多采用加密钢管桩或加长嵌岩深度以保证临时钢栈桥的承载力与抗倾覆能力，施工周期长、经济性差。本工法提出将迎水面钢管桩分组后采用超前钻孔法在钢管桩内钻孔，先后往钻孔内插入导向管及预应力筋，然后灌浆将预应力筋的底端与岩层锚固，待养护 7d 以后，用在桩顶设置扁担梁的方式将张拉预应力至设计张拉力，锚固后往钢管桩内灌入强度等级不低于基础强度的混凝土，待混凝土 7d 龄期且强度达到设计强度的 90% 时，抗倾覆施工完成。该方法一方面通过预应力筋与岩层的锚固，增强了钢管桩与岩层的嵌固，另一方面通过灌入混凝土使得在不增加较多自重的情况下提高了抗倾覆力矩，施工周期短，操作方便。

关键词： 钢栈桥；钢管桩；抗倾覆；预应力

1　前言

　　临时钢栈桥的承载力与抗倾覆能力是影响钢栈桥安全的两大关键因素，在设置钢栈桥的临时位置时，存在水流流向改变、水位变化、河床冲刷、覆盖层薄弱等诸多影响因素，这就导致钢管桩抗倾覆力矩不足。在此之前，此类问题的处理往往需要加密钢管桩间距或加长嵌岩深度的方式解决，施工周期长，设备及材料的投入较大，经济性差。鉴于此，湖南省冷水江至新化公路老屋院大桥和陈家垄大桥的钢栈桥实施之初，对钢栈桥提高抗倾覆力矩的方法进行研究，经理论计算设计，提出了钢栈桥钢管桩施加预压力抗倾覆施工的方法并付诸实践，实现了材料的节约、工期的缩短，取得了很好的经济效益。2017 年 5 月，经业内专家评审，认为该工法具有创新性与自主知识产权，经济与社会效益显著，推广应用意义深远。

2　工法特点

　　（1）通过在迎水面钢管桩内超前钻孔埋置预应力筋并张拉施加预应力，在起到增加钢管桩埋深效果的同时增加了钢管桩与岩层的锚固力。

　　（2）工艺简单、操作方便、施工周期短、施工效率高，有效地提高了钢栈桥抗倾覆能力。

　　（3）施工机具、材料投入少，节约施工成本。

3　适用范围

　　本工法适用于河底覆盖层薄弱，河水流速较快，采用常规施工方法难以满足钢管桩埋深要求，旨在提高钢栈桥抗倾覆力矩的施工。

4　工艺原理

　　将迎水面钢管桩分组后采用超前钻孔法在钢管桩内钻孔，先后往钻孔内插入导向管及预应力筋（如钢绞线、精轧螺纹钢、数量与型号根据计算确定），然后灌浆将预应力筋的底端与岩层锚固，待养护 7d 龄期以后，在桩顶设置扁担梁的方式张拉预应力至设计张拉力，锚固后往钢管桩内灌入强度等级不低于基础强度的混凝土，待混凝土 7d 龄期且强度达到设计强度的 90% 时，抗倾覆施工完成。通过对钢管桩预加应力，一方面通过预应力筋与岩层的锚固，增强了钢管桩与岩层的嵌固，另一方面通过灌入混凝土使在不增加较多自重的情况下提高了抗倾覆力矩（图 1）。

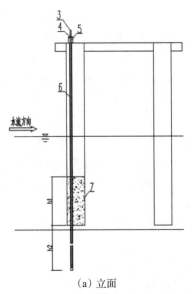

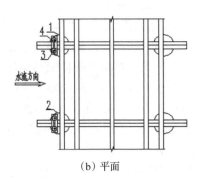

(a) 立面   (b) 平面

1. 一号钢管桩 2. 二号钢管桩 3. 预应力筋 4. 工作锚 5. 扁担梁 6. 导向管 7. 混凝土

图 1 原理图

5 施工工艺流程及操作要点

5.1 施工工艺流程

施工准备→测量放样→超前钻孔→预应力筋安装→灌浆锚固→预应力筋张拉锚固→灌注混凝土。

5.1.1 准备工作

现场施工所需的钻孔设备、混凝土运输与灌注设备到位并保证能正常使用，测量仪器、预应力张拉压浆设备标定备用，预应力筋、压浆料、灌注用混凝土原材料充足且质量保证资料齐全。

5.1.2 测量放样

测量放样预应力筋安装点位置通过平行检查复核，误差在规范要求的允许偏差范围内。

5.1.3 超前钻孔

钻机安装架立牢固、支座稳固、钻杆保持竖直，钻进过程中保证钻杆的垂直度，每次钻进长度根据机械参数与岩层性质做调整，空机每次钻进后取出芯样后再次循环直至钻进到设计标高。一般钻孔的面积为全部预应力筋截面积的 2.5 ～ 3.0 倍。

5.1.4 预应力筋安装

先后插入导向管及预应力筋，插入前其底端应事先连接好工作锚具或锚环，安装时保持预应力筋的垂直度，上端以工作锚固定在事先设置好的扁担梁上（图 2、图 3）。

图 2 超前钻孔

图 3 预应力筋安装

5.1.5　锚固灌浆

灌浆材料采用专用预应力灌浆材料，采用智能压浆仪完成制浆灌注过程。首先按照设计水胶比往智能压浆仪的高速搅拌桶内加水，启动搅拌后逐步加料，加料结束后高速搅拌5min后停止搅拌并将浆液转移至低速储浆桶低速搅拌备用，启动自动灌浆，储浆桶浆液经单螺杆泵加压后进入导向管道，灌注至高于岩顶面1m处结束。

5.1.6　预应力筋张拉锚固

锚固灌浆7d龄期且同条件养护试件强度不低于设计强度的90%时方可进行张拉施工。预应力筋采用精轧螺纹钢时在预应力筋顶端安装带侧向开口的张拉座，预应力筋顶端与张拉杆螺母连接，穿入千斤顶，在千斤顶尾端套入张拉工具锚环；预应力筋为钢绞线时，应预留足够的工作长度，安装承压钢板、工作锚、工作夹片、穿心式千斤顶、工具锚、工具夹片。

张拉流程如下：15%控制力→30%控制力→100%控制力→持荷5min结束。张拉结束后，采用精轧螺纹钢为预应力筋时应拧紧工作锚环，缓慢卸除压力。

5.1.7　灌注混凝土

安装灌注混凝土用钢导管，导管内径为200mm，使用前导管接头应进行抗拉试验，自上往下在钢管桩内灌入设计强度的混凝土，自桩底往上3m，灌注过程中应保证导管2m的埋深深度。

5.2　操作要点

5.2.1　预应力筋加工与制作控制要点

（1）预应力筋进场应分批验收，验收时，除应核对其质量证明书、包装、标志、规格和逐盘进行外观质量检测外，尚须委托有相应资质的公路工程试验检测机构按照下列规定进行检验。

①钢绞线检验项目、频次、取样数量与质量要求见表1。

表1　钢绞线检验项目、频次、取样数量与质量要求

检验项目	取样数量	抽验项目、频次	质量要求
1. 外观	3根1.1m/每批	每批≤60t，同厂家、同规格、同品种、同批号钢绞线	符合《预应力混凝土用钢绞线》（GB/T 5224—2014）
2. 外形尺寸			
3. 抗拉强度			
4. 最大力总伸长率			
5. 规格非比例延伸力			
6. 弹性模量			
7. 松弛性	1根1.5m/每合同		

注：1.合同批为一个订货合同的总量；2.样品应分别从3盘上截取；如每批少于3盘，则应逐盘取样进行上述检验。

②检验结果中有一项不合格，则不合格盘报废，并再从未试验过的钢绞线中取双倍数量的试件做该不合格项的复验，如仍有一项不合格，则该批钢绞线为不合格。

③精轧螺纹钢筋检验项目、频次、取样数量与质量要求见表2。

表2　精轧螺纹钢筋检验项目、频次、取样数量与质量要求

检验项目	取样数量	抽验项目、频次	质量要求
1. 表面质量	2根0.55～0.60m/每批	每批≤60t，每增加40t增加一个拉伸试验，产品应为同厂家、同规格、同品种、同批号精轧螺纹钢筋	符合《预应力混凝土用螺纹钢筋》（GB/T 20065—2016）
2. 屈服强度			
3. 抗拉强度			
4. 极限伸长率			

注：1.表中检验项目2～4项均由拉伸试验得到，拉伸试验的试件不允许做任何形式的加工；2.表面质量检查时应检查螺纹钢筋的螺纹形状，不允许有螺纹错位。

④拉伸试验结果中有一项不合格，则需另取双倍数量的试件重做各项试验，如仍有一项不合格，则该批钢筋为不合格。

（2）预应力筋应存放于干燥的仓库中，露天及现场存放时应在地面上架设枕木，严禁与潮湿地面直接接触，并加盖篷布或者搭盖雨篷，尽量缩短存放期限，特殊环境应该在订货中采用防锈包装。

（3）预应力筋下料

①预应力筋的下料长度应满足预应力筋设计尺寸及张拉需要；

②预应力筋的切断，应采用切断机或砂轮锯，不得采用电弧切割；

③下料过程中预应力筋严禁在地面上拖拉，避免预应力筋磨损。

（4）锚具、夹具和连接器进场时，除应按出厂合格证和质量证明书核查其锚固性能、类别、型号、规格及数量外，还应委托有相应资质的公路工程试验检测机构进行检验。

锚具、夹具、连接器检验项目、频次、取样数量与质量要求见表3。

表3　锚具、夹具、连接器检验项目、频次、取样数量与质量要求

检验项目	取样数量	检验频次	质量要求
1. 外观	10%，不少于10套/每批	每批≤1000套，同类产品、同类原料、同种工艺一次投料生产的数量	符合《预应力筋锚具、夹具、连接器》(GB/T 14370—2000)
2. 硬度	5%，不少于5套/每批		
3. 静载锚固性能试验	6套/每批		螺纹连接破坏强度≥1.5倍工作荷载
4. 二次张拉锚杯、支承连接强度	3套/每批		

（5）锚具检验结果判定

①外观：表面无裂纹，影响锚固性能的尺寸符合设计要求，应判为合格；如果尺寸有一项超过允许偏差，则应取双倍数量重做检验；如仍有一套不合格，则应逐套检查，合格者方可使用。

②硬度：每个零件测试3点，其硬度应在设计要求的范围内；如有一个零件不合格，则应取双倍数量的零件重做试验；如仍有一个零件不合格，则应逐个检查，合格者方可使用。

③静载锚固性能试验：抽取6套锚具（夹具或连接器）组成3个预应力筋锚具组装件进行静载锚固性能试验，如有一个试件不符合要求，则应另取双倍数量重做试验；如仍有一个试件不符合要求，则该批产品为不合格。

5.2.2　预应力筋的张拉施工控制要点

（1）安装张拉设备时，应使张拉合力作用线与预应力筋的轴线重合。锚具、限位板安装前应检查孔位分布的重合一致性，安装时必须保证各个孔位对中，不能发生偏位。

（2）预应力筋的张拉程序应符合设计要求，设计无要求时应按表4执行。

表4　预应力筋张拉程序

预应力筋种类		张拉程序
钢绞线束	具有自锚性能的锚具	低松弛预应力筋0→初应力→σ_{con}（持荷5min锚固） 普通松弛力筋0→初应力→$1.03\sigma_{con}$（锚固）
	其他锚具	0→初应力→$1.05\sigma_{con}$（持荷5min）→σ_{con}（锚固）
精轧螺纹钢筋	直线配筋	0→初应力→σ_{con}（持荷5min锚固）
	曲线配筋	0→σ_{con}（持荷5min）→0（上述程序可反复几次）→初应力→σ_{con}（持荷5min锚固）

（3）张拉应力控制

张拉应力应符合设计要求，精度应控制在±1%以内。人工操作油泵的张拉方式控制精度难以达

到控制精度，宜采用智能张拉方式。

（4）张拉速率控制

在张拉施工中，张拉速率应控制在张拉控制力的 10% ～ 15%，对于长度大于 50m 的弯束或长束，张拉速率应降低，宜取张拉控制力的 10%。并应匀速加压，为确保多点张拉的同步性，可增加几个停顿点。

（5）断丝、滑丝限制（表 5）

表 5　预应力筋断丝、滑丝限制

类别	检测项目	控制数
钢绞线	每束钢绞线断丝或滑丝	1 丝
	每个断面断丝之和不超过该断面钢丝总数的百分比	1%
单根螺纹钢筋	断丝或滑丝	不允许

5.2.3　预应力筋灌浆施工控制要点

（1）压浆材料的性能应符合下列要求：浆体强度应符合设计规定，设计无具体规定时，应不低于 30MPa。对截面较大的孔道，浆体中可掺入适量的细砂。浆体中一般应掺入适量的减水剂、缓凝剂、引气剂和钢筋阻锈剂等外加剂，也可掺入粉煤灰、微膨胀剂，但不得加入铝粉或含有氯化物等有害成分的外加剂。

（2）制作的浆体的技术要求：浆体的水胶比低，应在 0.26 ～ 0.28 之间；无泌水，3h、24h 无自由泌水；微膨胀，24h 自由膨胀率在 0 ～ 2% 之间。流动性好，初始流动度应在 10 ～ 17s 时间，30min 流动度应在 10 ～ 20s 之间。

5.3　主要人员配备和劳动力组织表（表 6）

表 6　主要人员配备和劳动力组织表

施工工艺	人数
预应力张拉、压浆设备操作人员	2
超前钻孔及冲击成孔操作人员	4
预应力筋器具及钻孔设备安装人员	2
灌注混凝土人员	2
焊工	1
电工	1
质检员	1
安全员	1
材料员	1
施工员	1
合计	16

6　材料与设备

（1）主要施工材料（表 7）

表 7　主要材料与设备一览表

序号	材料名称	规格型号	备注
1	钢绞线 / 精轧螺纹钢	$\phi 15.20/\phi 32mm$	
2	锚具 / 锚环	0VM-15/YJM	
3	预应力筋导向套管	$\phi 40 \sim \phi 80$	
4	专用压浆料	JCJ-02	自制
5	C20 混凝土	/	自制

（2）主要施工机械（表 8）

表 8　主要施工机械设备一览表

序号	机械设备名称	规格型号	数量	备注
1	智能张拉仪	JCL-06	1	
2	智能压浆仪	JCD-06	1	
3	超前钻机	GXY-01	1	
4	千斤顶	YDC-600	1	含张拉套装

7　质量控制

（1）工程质量控制标准（表 9）

表 9　施工采用的规范标准

标准号	名称
JTG/T F50—2011	《公路桥涵施工技术规范》
JTGF 801—2017	《公路工程质量检验评定标准》
JTG B01—2014	《公路工程技术标准》
GB/T 20065—2016	《预应力混凝土用螺纹钢筋》
GB/T 5224—2014	《预应力混凝土用钢绞线》
GB 50661—2011	《钢结构焊接规范》

（2）质量控制措施

①建立质量控制体系，落实质量责任制，做好施工前的施工技术与安全交底，进行设备使用前的培训，确保工程施工质量。

②预应力筋安装后，锚固端浆液强度达到设计强度的 90% 且龄期达到 7d 后应尽快张拉，以保护预应力锚固体系不出现锈蚀。

③安装张拉设备时，应使张拉合力作用线与预应力筋轴线重合，锚具、限位板安装使用前应查验检验记录，确保合格。

④预应力筋张拉锚固后多余部分应予以切除，切除后外露长度宜为 30mm，严禁采用电弧焊切割钢绞线，应采用砂轮锯进行切割。

⑤张拉至控制力后持荷时间不少于 5min，张拉以力值与延伸量双重控制，实际延伸量与理论延伸量误差应在 ±6% 的范围内，否则应暂停张拉处理后方可继续张拉。

⑥预应力张拉设备使用前应进行标定，使用次数超过 300 次或 6 个月，设备进行维修后均应重新标定。

⑦预应力管道灌浆的浆液水胶比应严格控制在 0.26 ～ 0.28 之间，初始流动度在 10 ～ 17s 之间，30min 流动度应在 10 ～ 20s 之间，无自由泌水和 0 ～ 2% 的微膨胀。

⑧预应力管道灌浆每次应取 3 组 160mm×40mm×40mm 的长方体试件，标准养护 28d，检查其抗压强度、抗折强度，作为评定浆体质量的依据。

⑨现场灌注混凝土，坍落度应符合设计要求，每次灌注混凝土应留取 3 组 150mm×150mm×150mm 正方体试件，标准养护 28d，检查其抗压强度、抗折强度，作为评定混凝土质量的依据。

⑩超前钻孔应合理配置相应机械，平时做好维修保养，随时保持机械的完好状态，提高机械的使用效率。

8　安全措施

（1）加强管理人员及施工人员的培训，提高全体施工人员的安全意识。

（2）钢绞线严禁采用电弧焊切割，采用砂轮锯切割时，人应站在锚头的侧面，避免切割时钢绞线滑丝飞锚伤人，同时锚头正面严禁站人。

（3）张拉、压浆施工应确保设备不被日晒雨淋，夏天仪器设备应保持通风。确保高压油管、压浆管连接处可靠，经常检查设备安全阀是否处于正常状态。

（4）张拉、压浆、钻孔施工过程中应设立醒目标志，非施工人员不得入内。

（5）现场电器均应设置漏电保护器，电缆应设置可靠绝缘且均需采用防水电缆，全程采用三级供电，并设立二级保护。

9　环保措施

（1）成立环境保护领导小组，贯彻执行环境保护法规及国家地方政府对环境保护、水土保持的方针、政策。结合工程实际情况，制订严格的环境保护设计方案，严格按照批准文件实施。

（2）施工中产生的废水、废浆、废渣等按照地方有关部门的规定，运输到指定地点处理，浆液、废渣等不得直接排入河流，污染河道。

（3）施工现场经常洒水控制扬尘，有条件的现场可以安装智能控制的降尘系统，施工设备使用后清理干净，保持清洁并定期保养。

10　效益分析

（1）技术效益

①改变了传统钢栈桥通过加密桩间距与加大埋深以达到抵抗倾覆力矩的现状，在减少设备及材料投入的同时，简化了繁琐的重复程序，达到缩短施工工期，保证施工进度的目的。

②本施工方法面通过预加应力有效增加了与岩层的锚固力，提高了栈桥的稳定性与水平抗力。

（2）经济效益

①节省劳动力、材料、设备投入。较之以往的施工方式，本工法在保证抗倾覆力矩的同时减少了材料、设备及劳动力的投入，不需要特别的材料与设备，现场组织施工额外增加的费用较少。

②施工的每道工序均标准化、流程化，加之方案设计的优势，因而相比其他方法的施工周期最短，对工期的影响最低，经济效益明显。

③社会效益

通过预加应力与岩层的锚固力增加，钢栈桥抗倾覆能力有效提高，使用过程中的安全性得到可靠保证，保证了工程顺利开展，避免了安全事故的产生。

（3）资源节约

①提倡科技创新，推广引用新型工艺、工法，提高工程技术含金量的同时节省人力资源，提高了生产能力，保证了工程质量和施工进度。

②采用高性能、经济合理的施工方法及设备，在提高施工质量、效率的同时推动了标准化、精细

化的管理进程，节约各种直接费和间接费用。

③改变以往增加钢管桩数量和加大埋深的施工方式，在保证抗倾覆力矩的同时，减少了设备及材料的使用，减少了材料的浪费，减少了污染，保护了生态资源。

④规范了施工工艺工序，减少了无用繁琐工序，提高了工效。

11　应用案例

应用案例一：该工法在湖南省冷水江至新化公路老屋院大桥施工栈桥中使用。老屋院大桥施工栈桥全长为 300m，共计 25 跨，由于汛期来临，原设计栈桥钢管桩埋置因前期河床采砂和冲刷严重，导致河床覆盖层（卵石土）较原地勘资料已大幅减薄，因而钢管桩贯入（埋置）深度大部分小于 6m 的埋深要求。为了确保钢栈桥安全渡洪，通过对钢栈桥采用上游侧迎水面钢管桩预施加向下的锚固压力来抵抗洪水冲击引起的倾覆力矩。2016 年 4 月施工栈桥上采用本工法完成施工，截至 2016 年年度汛期结束的全过程监测，未出现倾斜移位等现象，保障了工程的顺利开展，表明该工法施工应用的可靠性。

应用案例二：该工法在湖南省冷水江至新化公路陈家垄大桥施工栈桥中使用。陈家垄大桥施工栈桥全长为 300m，共计 25 跨，采用本工法进行抗倾覆施工，整个工期为 30d，2016 年汛期结束后钢栈桥技术状态良好。该工法在实施过程中所需材料设备较少、施工周期短，安全性高，具有良好的经济效益、社会效益与推广前景。

锤击预制混凝土桩斜打施工工法

郑 刚 史晓宇 李 体 任双喜 李 智

湖南省第六工程有限公司

摘 要: 预制混凝土桩通常是竖直打入地层,但是当桩体需要抵抗水平荷载时,则需将其倾斜一定角度打入地层。可以将锤击桩机固定斜撑更换为带液压杆可调节斜撑,通过调节锤击桩机支撑杆长度,使桩机主塔、导轨和锤头倾斜,实现斜打、接桩等目的。本工法施工机械简单、投资小、施工效率高,适用于锤击直型打入预制混凝土方桩及管桩,斜打倾斜角度最大可达11°(斜率1:5)。

关键词: 桩基;预制混凝土桩;斜打

1 前言

锤击预制混凝土桩在建筑工程基础施工中应用广泛,其优点在于桩可在工厂集中生产,也可在现场预制,桩身质量易于保证和检查,适应于水下施工,桩身混凝土的密度大,抗腐蚀性能强,同时桩穿透力强,对有入土深度或持力层要求的工程施工有更大保证。通常工程设计为竖直打入,但因地质情况限制、结构主体、使用功能要求,需桩基础具备一定承受侧向力要求时,则会将桩身设计成一定角度倾斜,打桩时须将桩倾斜打入。针对此情况,我公司通过改装锤击打桩机、调整施工工艺等措施,采用将锤击桩机固定斜撑更换为带液压杆可调节斜撑(斜撑型号通过计算确定,确保打桩时桩机的稳定),打桩中通过斜撑液压杆长度调节,完成预制方桩的接桩、斜打施工工作。在厦门港海沧港区20号、21号泊位房建及附属配套工程项目中,顺利完成500mm×500mm、500mm×600mm预制混凝土方桩斜打施工,特编写此工法。

2 工法特点

(1)本工法将锤击桩机固定斜撑更换为带液压杆可调节斜撑,确保了打桩时桩机的稳定。

(2)本工法施工机械简单,投资小,提高了施工效率。

(3)本工法打桩过程中,通过斜撑液压杆长度调节来配合完成预制桩的接桩、斜打,施工方便。

3 适用范围

本工法适用于锤击直型打入预制混凝土方桩及管桩,斜打倾斜角度最大可达11°(斜率1:5)。

4 工艺原理

通过调节锤击桩机支撑杆,将锤击桩机固定斜撑更换为带液压杆可调节斜撑,使桩机主塔、导轨和锤头倾斜,达到斜打目的。

5 施工工艺流程及操作要点

5.1 工艺流程

测量放样→桩机就位→桩吊起→桩尖对位→两相互垂直方向调直→调节液压杆,角度调整到位→第一节桩打入→调节液压杆调正桩机→吊第二节桩→调节液压杆角度调整,桩头对接→接桩→隐蔽验收→……吊第三节桩→调节液压杆角度调整,桩头对接→接桩→隐蔽验收→送桩→最后三振贯入度(桩长)控制、结束。

5.2　操作要点

5.2.1　测量放样

根据提供的标准控制点，在四周不受施工影响、不易被破坏的位置设控制点和控制线，复核后再放细样，放样后在每个桩位中心打一根短钢筋，并涂上红漆或红色包装带使标志明显，考虑到桩机和吊车行走时可能会挤动预埋钢筋，当桩机大体到位后要重新检查细样的准确性。

5.2.2　桩机就位

移动桩机并小心调整，使桩芯对准细样，同时利用经纬仪或线锤检查横向和纵向的垂直度，入土垂直度应控制在 0.3% 以内。

5.2.3　桩吊起

用钢绳绑好桩身，单点起吊，小心喂入桩机。

5.2.4　桩尖对位

微调桩机位置，使桩尖对准桩位中心，再将桩缓慢放下至稳定。

5.2.5　两相互垂直方向调直

再次利用经纬仪或线坠检查横向和纵向垂直度。

5.2.6　调节液压杆、角度调整到位

将斜撑液压杆回缩，使桩机主塔倾斜，倾斜角度可通过一定长度的线坠末端平移距离换算（图 1）。

图 1　液压杆回缩，桩身斜度调整

5.2.7　第一节桩打入（图 2）

（1）开始时应低锤，由施工班长做好施工锤击数记录，发现施工异常情况应及时向现场监理及业主、设计人员汇报。

（2）将斜撑液压杆伸出，使桩机主塔回正（图 3）。

图 2　调节液压杆调正桩机

图 3　调正桩机

5.2.8　吊第二节桩（图 4、图 5）

图 4　桩机吊桩

图 5　第二节桩吊桩就位

5.2.9　调节液压杆角度调整、桩头对接

　　第二节桩吊起到位后，垂直缓慢放至第一节桩上，使桩头一面与已打入桩桩头一面对准（图 6），然后将斜撑液压杆回缩，使桩机主塔倾斜，第二节桩接头面与第一节桩桩头面吻合（图 7）。

图 6　桩头对接

图 7　桩头对接吻合

5.2.10　接桩（图 8、图 9）

　　基桩接头可采用焊接接头，但焊缝厚度应比普通连接焊缝增加 2mm，并分 4 层完成焊接。基桩

接头焊接采用 CO_2 气体保护焊进行焊接，焊接冷却 10min 后方可继续打桩。满足《预制钢筋混凝土方桩》（04G361）规范要求。

图 8　焊接接桩

图 9　焊接成型

5.2.11　最后三振贯入度（桩长）控制、结束

采用锤击沉桩，沉桩采用桩顶设计标高及贯入度双控，应根据现场静载试桩报告和现场试打桩记录确定施工停锤的控制参数。

6　材料与设备

（1）主要材料：工程桩选自《预制钢筋混凝土方桩》（04G361），桩配筋可根据设计要求适当加强。

（2）设备及工具：柴油锤桩机、CO_2 气体保护焊、交流电焊机、氧气瓶、全站仪、割桩机。

7　质量控制

7.1　质量标准（表 1）

（1）工程桩按照《预制钢筋混凝土方桩》（04G361）执行。

（2）工程桩的质量检测按照《建筑基桩检测技术规范》（JGJ 106—2014）执行。

（3）桩基的质量验收依据《地基基础工程施工质量验收标准》（GB 50202—2012）。

7.2　质量保障措施

（1）方桩和电焊条焊丝等原材料及制品必须具有出厂合格证方可进场，进场后应进行复检，复检后方可使用。

（2）场地应先平整压实，做到不陷机，地耐力要求为 15t/m² 以上，使之满足施工要求。

（3）基桩轴线的控制点和水准点应设在不受施工影响的位置，设置的控制点和水准点应经复核后妥善保护，施工期间经常复核。

（4）接头焊接完成需焊接冷却 10min 后方可继续打桩。

表 7.1　打桩质量控制要点

序号	控制点	控制目标	控制方法
1	桩位放样偏差	≤ 10mm	复核桩位计算书、放样基准点和桩位点
2	桩身垂直度	≤ 0.5% 桩长	利用两台经纬仪或吊线坠控制
3	接桩质量	不得有凹陷或夹渣、对接质量应满足设计要求	外观质量检查
4	最后贯入度	满足设计要求	按设计文件或现场试桩标准执行
5	进入持力层深度	满足设计要求	按设计文件或现场试桩标准执行

8 安全措施

（1）本工法执行国家、省、市、公司制定的施工现场及专业工种各种安全技术操作规程；包括国家"两规一标"即《建筑机械使用安全技术规程》（JGJ 33）、《建筑施工安全检查标准》（JGJ 59）和《职业健康安全管理体系标准》（GB/T 28001）等。

（2）打桩施工时严格按柴油打桩机安全操作技术规程进行操作，打桩机不用或检修时应将开关箱关闭并上锁。

（3）机械操作人员须经考核合格，持证上岗，严禁无证开机或违章作业，严格遵守机械操作规程。实行定人定岗责任制和机组负责制。

（4）机械设备使用前，应先细致检查各种部件和防护装置是否齐全灵敏、可靠，然后进行试车动转。

（5）在机械设备使用过程中要注意其转动情况，发现零部件损坏或转动不正常情况，要立即停机，并报请专业人员修理，在未修好前，不得使用。

（6）机械设备必须有带漏电保护器和与功率相匹配的配套电缆线。

（7）开工前应先处理架空高压线和地下障碍物，场地应平整，排水畅通以满足打桩所需的地面承载力。

（8）桩机、吊车工作前应检查设备是否平衡可靠，电气设备的绝缘情况、卷扬机离合，制动装置和钢丝绳等是否安全、灵活、可靠，注意桩架连接螺栓是否松动或丢落。

（9）桩机、吊车工作中，操作手应精神集中，听从指挥，参加施工人员应坚守各自岗位。吊车作业范围区内严禁人员停留通过。

（10）桩机在前后移动时应先放松电缆线，注意周围障碍物。

（11）电焊机应设在通风、防雨、防潮等有遮盖的地方，操作人员应戴好防护眼镜和手套，焊接现场不得堆放易燃易爆物品。

9 环保措施

（1）按 GB/T 24001 环境管理体系标准执行。

（2）根据环保噪声标准，合理协调安排分项施工的作业时间，严格遵守夜间施工要求。

（3）增设减振装置，可以采取加垫和缓冲防护。

10 效益分析

本工法施工机械简单、投资小、施工方便，能完成有倾斜要求桩的施工，穿透力强，对入土深度或持力层要求的工程施工有保证。如同样工程情况设计采用其他桩型（以钻孔灌注桩为例，直径600mm），灌注桩施工综合费用约 560 元/m，而采用锤击预制桩施工综合费用约 450 元/m，预制桩费用成本为冲钻空灌注桩成本的 80%。

11 应用实例

厦门港海沧港区 20 号、21 号泊位房建及附属配套工程，2015 年 1 月 30 日开工，2016 年 10 月 21 日竣工。本项目位于福建厦门，分为辅建区和仓库区两部分，仓库区为 1 号、2 号、3 号单层钢结构仓库，单栋钢结构仓库长度 187.5m，跨度 52.5m，预制钢筋混凝土方桩 712 根（其中 1 号、2 号仓库 500mm×500mm 方桩 412 根，3 号仓库 500mm×600mm 方桩 300 根，最大桩长 36m，平均桩长 33m）。采用此工法完成了仓库区 712 根方桩斜打施工，提高了施工效率，施工效果明显，取得经济效益为（560-450）×33×712=2584560 元。

软土地区深基坑钻孔灌注桩及旋喷桩混合内支撑支护结构施工工法

赵　斌　罗　能　李　立　张海龙　刘力钰

湖南省第六工程有限公司

摘　要：在地下水丰富、场地狭窄的软土地区进行深基坑支护时存在较大的技术难度。本工法提出采用挡土结构和内支撑系统组成的基坑支护形式。其中，挡土结构采用单排钻孔灌注桩，桩顶设冠梁，在桩外侧设单（或双）排高压旋喷桩止水帷幕；内支撑由钢筋混凝土支撑梁和钢管支撑组成，钢管支撑通过钢围檩设置在基坑围护壁上一定位置（高度），可在钢内撑一端施加预应力减少钢管变形，并在钢管顶部、侧向设置限位装置，防止钢管侧向变形或上凸。该工法支护施工所需工作面小、振动小、噪声低，对周边环境影响小，适用性强。

关键词：软土地区；深基坑；钢筋混凝土内支撑；钢管内支撑

1　前言

　　随着我国经济的高速发展，城市空间越来越密，尤其是沿海的开发城市，一些大型高层建筑悄然矗立，随之而来较深的基础和地下结构工程给施工增加了相当的难度，对基坑支护结构的要求也越来越高。为此，我们通过一系列的改进和创新，在深基坑施工中采用由挡土结构和内支撑系统组成的基坑支护结构形式，内支撑采用钢筋混凝土和钢管内支撑组合体系结构，并在海南医学院附属医院门（急）诊大楼项目中成功应用，特编写此工法。

2　工法特点

　　（1）本工法可对软土进行有效支护，对地下水进行有效封闭，确保基坑开挖施工安全。

　　（2）本工法采用大跨度钢筋混凝土和钢管内支撑形式，设备简单，操作方便，施工速度快，拆除方便，降低了工程造价。

　　（3）钻孔灌注桩刚度大，抗弯强度高，变形小；高压旋喷桩止水效果好。

　　（4）本工法支护施工所需工作面小，振动小，噪声低，对周边环境影响少，适用性强。

3　适用范围

　　本工法适用于地下水丰富，场地狭窄的软土地区深基坑支护施工。

4　工艺原理

　　基坑支护采用单排钻孔灌注桩，桩顶设冠梁，使钻孔灌注桩形成一整体。钻孔灌注桩外侧设单（或双）排高压旋喷桩止水帷幕。进行基坑土方开挖时，基坑四周的土体必然产生压力作用于基坑的支护结构上，这种水平压力通过对护壁结构的作用传递给钢筋混凝土冠梁，再通过支撑把力集中到钢筋混凝土支撑梁上。为了减少围护壁的侧向变形或防止围护壁倒塌，在深基坑围护壁上一定位置（高度）设置钢管内撑，通过钢围檩直接与围护壁接触，围护壁上的力通过钢围檩传递给钢管内撑；为了减少钢管变形在钢内撑一端施加的预应力，同时在钢管的顶部、侧向设置限位装置，防止钢管的侧向变形或上凸，以提高围护壁抗主动土压力的能力。

5　工艺流程和操作要点

5.1　工艺流程

场地平整→围护桩、高压旋喷桩施工→竖向钢格构立柱施工（与工程桩同时施工）→降水井施工→开挖土方至第一道钢筋混凝土支撑梁垫层底面→围护桩顶部冠梁及第一道水平支撑施工→第一道支撑和冠梁混凝土强度达到设计强度的 80% 以后，土方开挖至第二道支撑底部并挂网喷射混凝土→第二道钢管水平支撑施工（纵向连系梁、钢围檩、钢管支撑施加预应力）→往下各道钢管支撑的工艺流程同第二道支撑→浇筑底板混凝土及换撑短梁→待强度达到设计值的 80% 拆除钢管水平支撑→往下各道钢管支撑的拆除与该道支撑的工艺流程类推→人工风镐凿除钢筋混凝土内支撑。

5.2　施工要点

5.2.1　钻孔灌注桩

（1）护筒埋设时，护筒顶应高出平台地面 0.3～0.5m，护筒底端埋置深度不小于 1.5m，并将护筒周围 1.0m 范围内的土挖除，换填黏性土并分层夯实至平台顶。护筒中心轴线与桩中心线重合，平面允许误差为 5cm，竖直线倾斜不大于 1%。

（2）钻机就位前将钻机底部基础再次进行夯实处理，再铺设枕木，防止基础下沉、钻机倾斜。就位时在护筒上拉出十字丝，用锤球对中，钻孔中心与设计桩基中心偏差小于 10mm，钻机底盘用水平尺调平，以保证竖直度。

（3）钻孔过程中对钻孔孔位、竖直倾斜度等及时进行检查，发现问题要及时调整钻机位置，保证成孔的孔位正确。

（4）在钻孔达到设计深度时，使用测绳测量孔深，并使用钢尺校核。满足要求后进行清孔，从钻孔开始至灌注完成，孔内水位都应保持在地下水位或河流水位以上 1.5～2.0m，以防止孔壁坍塌。

（5）钻孔经成孔质量检验合格后方可开始灌注工作。灌注前，对孔底沉淀层厚度进行再一次测定，如厚度超过规定，应再一次清孔，清孔到位后，再次检测泥浆的技术指标，满足后立即灌注水下混凝土。

（6）为防止钢筋骨架上浮，在护筒周围打上地锚用铁丝锚住钢筋笼。

5.2.2　高压旋喷桩

（1）钻机应按设计桩位准确定位，并进行水平校正，钻杆头对准桩位，精确控制桩机对中位置，允许偏差为 100mm。

（2）管路系统的密封必须良好，各通道和喷嘴内不得有杂物。倒入灌浆机的水泥必须经过筛网，以保证无碎纸和其他杂物，防止堵塞管道，中断灌浆，影响成桩质量。

（3）水泥浆液应严格按预定的配合比拌制。制备好的浆液不得离析，不得停置过长，超过 2h 的浆液应按废弃处理。

（4）当旋喷管插入预定深度时，应及时按设计配合比制备好水泥浆液，并应按以下步骤进行操作：按 16～20r/min 的转速原地旋转旋喷管；输入水泥浆液，待泵压升至 25～28MPa，按 22～25cm/min 的提升速度提升旋喷管，进行由下而上的旋喷注浆作业。

（5）旋喷作业过程中，应经常测试水泥浆液相对密度，浆液相对密度应为 1.5，当浆液相对密度与上述规定值的误差超过 0.1 时，应立即重新调整浆液水灰比。一旦因故停浆，为防止断桩和缺浆，应使搅拌机下沉至停浆面以下 0.5m，待恢复供浆后再喷浆提升。如因故停机超过 3h，为防止浆液硬结堵管，应先拆卸输浆管路，清洗后备用。

（6）在旋喷注浆中冒浆（内有土粒、水及浆液）量小于注浆量的 20% 者为正常现象，但超过 20% 或完全不冒浆时，应查明原因并采取相应措施。

5.2.3　竖向钢格构立柱

（1）钢格构柱的原材料必须有质量证明书，型号及规格必须满足设计要求，材料均为 Q235-A。

（2）钢格构柱与缀板间焊缝采用满焊，焊接质量等级须达到三级焊缝要求。

（3）钢格构柱各部件的下料尺寸及连接位置要按图施工，构件及加工连接尺寸不得大于 3mm。

（4）焊接前应将焊缝表面的铁锈、水分、油污、灰尘、氧化皮、割渣等清理干净，严禁在母材上引弧。

（5）焊接时要注意焊道的引弧点、熄弧点及焊道的接头不产生焊接缺陷，手工多层多道焊接时焊接接头应错开，焊缝与母材表面应光滑过渡，同一焊缝焊角高度要一致；焊缝外观应均匀、致密，表面不得有烧伤、裂纹、气孔及凹坑，咬边不允许超过 0.5mm。

（6）钢格构柱除进入桩部分外必须经过防锈处理，采用钢丝刷除锈，底漆为铁红防锈漆两道，面漆采用银粉漆一道作为保护层。

5.2.4　降水井

（1）成孔时精心施工，杜绝塌孔事故发生，防止因塌孔而危及周围建筑物安全；成孔保证孔径上下一致，圆顺垂直，防止井孔缩径、倾斜。

（2）各节井管焊接时上下管应对准，保证上下同心、焊接严密，不透水、不漏气；降水设备的管道、部件和附件等，在组装前必须经过检查和清洗，滤管在运输、装卸和堆放时应防止损坏滤网。

（3）抽水前统一测一次各井静止水位，抽水开始后，水位未达到设计降水深度以前，每天观测三次水位（根据观测数据绘制水位降深值 S 与时间 t 过程曲线图，分析水位下降趋势，预计降水深度要求所需时间）。达到以后每天观测一次，做好记录进行分析，确定抽水量及强度。

（4）根据水位、水量观测记录，查明降水过程中的不正常状况及其产生的原因，及时提出调整补充措施，确保达到要求的降水深度。

（5）注意保护井口，防止杂物掉入井内，经常检查排水沟沉淀池，严禁渗漏。

5.2.5　土方开挖

（1）每层要根据基坑深度不同和挖土机械伸展能力进行分层挖土，并做到水平分段、竖向分层、中间拉槽、随挖随撑。

（2）严禁超挖，一般开挖面的标准都不得低于该分层面支撑的底面设计标高。

（3）开挖过程中应及时封堵或疏导墙体上的渗漏点。

（4）在基坑运土车辆通过的路段遇到混凝土支撑梁时，先用掘土机将土覆盖在支撑梁上，以作保护，覆盖厚度不小于 50cm，这样就让运土车辆可以在上面行走，免受车辆压坏支撑梁。

（5）坑底应设集水坑，以及时排水，开挖后必须在规定的时间内浇筑混凝土底板。

5.2.6　挂网喷射混凝土

（1）混凝土喷射施工前，应将接槎处的浮土及堆积物清理干净，以防混凝土接槎不实。

（2）每侧钢筋网片的搭接长度至少不小于一个网格边长，搭焊时焊缝长度不小于网筋直径 80mm。

（3）喷射中排除网喷面积水，将钢筋网片与坡壁面之间用喷射混凝土填实，控制支护桩体位移，以防混凝土喷射层分离和出现裂缝。

（4）喷射作业应竖向分段按顺序进行，每次喷射高度在 1.5m 左右，钢筋网片留出 300mm 搭接长度，喷射作业紧跟挂网进行。

5.2.7　钢筋混凝土内支撑

（1）支护结构施工时应考虑支撑点的位置处理，当支撑点设在支护顶的冠梁时，其顶上必须加长预留钢筋作为浇筑支护顶的压顶帽梁的锚筋；当支撑点设在支护上的某一标高处时，该处的支护一般应预埋钢筋，在挖土方暴露后，清理干净该标高的混凝土，还将预埋钢筋拉出并伸直，用以锚入围檩梁内。

（2）与围檩梁接触的支护壁部位，一定要凿毛清理，以保证围檩梁与护壁的紧密衔接。檩梁和支护结构之间的连接可用预埋钢筋，以斜向方式焊接在支护桩的主筋上。

（3）钢筋混凝土支撑梁和围檩梁的底模（垫层）施工，可以采用基坑原土填平夯实并覆盖尼龙薄膜，也可用铺模板、浇筑素混凝土垫层、铺设油毛毡等方法。经过测量放线后，绑扎钢筋，然后安装侧模板。

（4）钢筋混凝土支撑梁和围檩梁混凝土浇筑应同时进行，保证支撑体系的整体性。

5.2.8 钢管内支撑

（1）每挖出一道支撑作业位置时候，都要测量该道支撑两端与围檩的接触点，保证支撑与墙面的准确位置。

（2）待到支撑点确定之后，要及时施加预应力，按照设计图纸进行施加，并做好记录。

（3）为防止支撑施加预应力后与围檩不能均匀接触而导致偏心受压，首次施加预应力后立即在空隙处以速凝的细石混凝土填实，并进行预应力复加。在第一次加预应力后 12h 内观测预应力损失及支护桩水平位移，并复加至设计值；当昼夜温差过大导致支撑预应力损失时，应立即在当天低温时段复加预应力值至设计值；当支护桩水平位移速率超过警戒值时，可适量增加支撑轴力以控制变形，但复加的支撑轴力必须满足设计要求。

5.2.9 支撑拆除

（1）钢支撑拆除前，先对上一层钢支撑进行一次预加轴力，达到设计要求以保证基坑安全。

（2）拆除时分级卸载，避免瞬间预加应力释放过大而导致结构局部变形、开裂。

（3）钢支撑的拆除时间一般按设计要求进行，否则进行替代支承结构的强度及稳定安全核算。主体结构换撑时，主体结构的混凝土强度须达到设计强度的 80%。

5.2.10 换撑

（1）浇筑底板养护后，暂不拆除侧墙部位支撑，而先浇筑下部侧墙至支撑下 30cm，待其混凝土强度达到设计强度的 80% 时，比照原支撑水平位置、间距，在该下部侧墙顶部架设一道支撑并预加轴力，然后拆除上部侧墙部位支撑，再施工上部侧墙结构和顶板。

（2）直到该节段主体结构浇筑完成并达到规定强度后，再拆除下部侧墙部位支撑。

（3）换撑过程中支撑的架设与拆除施工方法同前述。

6 材料与设备

（1）主要材料：钢筋、钢模板、混凝土、拉杆螺丝、胶管（40）、钢管、等边角钢、H 型钢、法兰等。

（2）主要施工机具及设备：旋挖机、挖土机、运土车辆、空压机、风管、吊机（可以不用）、千斤顶、手推斗车、钢筋弯曲机、钢筋切断机、电焊机、混凝土振动棒等。

7 质量控制

（1）本工法应执行和参考以下规范和标准：

《建筑基坑支护技术规程》(JGJ 120—2012)；

《建筑桩基技术规范》(JGJ 94—2008)；

《混凝土结构施工及验收规范》(GB 50204—2002)；

《建筑地基基础工程施工质量验收规范》(GB 50202—2002)。

（2）按照国家标准《钢筋混凝土工程施工和检验规范》的有关规定组织施工，同时参照《建筑工程质量检验评定标准》的有关要求评定施工质量。

8 安全措施

（1）本工法实施过程中严格执行以下规范：

《建筑机械使用安全技术规程》(JGJ/T 33—2001)；

《施工现场临时用电安全技术规范》(JGJ 46—2005)；

《危险性较大的分部分项工程安全管理办法》(建质〔2009〕87 号)；

《建筑施工安全检查标准》(JGJ 59—2011)。

（2）现场安全施工措施

①随基坑土方开挖进度，在基坑边沿和围护桩压顶梁上搭设 1800mm 高防护栏杆，并漆黑黄相间的警戒色，防止人员滑入基坑。

②水平支撑梁上挂牌警示，不搭防护栏杆的支撑严禁在上面行走。进出基坑要走上下扶梯，严禁攀登。进出基坑的材料、工具应利用塔吊进行垂直运输，严禁高空散落。

③挖土机的旋转臂下严禁站人；挖土、清土、凿桩等工序交叉施工时，应互相照应，相互避让，决不能蛮干，严格按照安全操作规程施工，严禁违章指挥，违章作业。

④夜间施工，四周配备 4 盏 3000W 镝灯，局部增设太阳能灯，用于夜间施工照明，保持足够的照明设施。

⑤做好抢险准备，设专人每天对基坑周边进行检查，特别注意监测单位提供的监测资料，一有异常即刻抢险。

⑥健全安全管理制度，各工序必须进行安全技术交底；现场定期进行安全检查，对不安全因素及时整改排除。

9　环保措施

（1）现场主干道路和加工场地进行硬化，设专人负责每日洒水和清扫，保持道路清洁湿润，对于现场其他裸露土壤，实施绿化处理。

（2）定期对施工场界噪声进行检测，发现超标立即采取措施进行控制；合理安排施工工序，噪声大的工序尽量避免在夜间或休息时施工。

（3）土方外运车辆进行覆盖，并派专人负责巡查，洒土及时清理。

（4）基坑及场内排水采用三级沉淀，严禁污水对外排放。

10　效益分析

（1）钢管支撑形式具有设备简单、便于施工、无须养护、工期短、造价低、支撑轴力大以及拆除方便等优点。与混凝土支撑比较工期提前 30% 左右，可节省工程造价约 60 万元，获得了明显的经济效益。

（2）采用内支撑和机械挖土加快工程进度，工效大大提高，降低了工程造价，工期提前 10% 左右，节约成本约 15 万元。

（3）本工法不受周边场地的限制，可在狭窄场地施工，可以减少施工对环境的负面影响，保护土地资源。

11　应用实例

海南医学院附属医院门急诊大楼项目为海南省海口市重点民生工程，地下 3 层，地上 21 层，总建筑面积 50533m²，地上建筑面积 42441m²，地下建筑面积 8094m²。该项目于 2014 年 4 月开工，2016 年 12 月竣工。基坑平面近似长方形，边长约 67m，宽约 45m，周长约 240m，面积约 3420m²，基坑开挖深度约 16.1m，局部开挖深度为 18.8m。场地内地层主要有杂填土、中砂、淤泥质粉质黏土、粗砂、黏性土 5 个工程地质层；地下水分为潜水和承压水两种：潜水稳定水位埋深 1～1.3m，年水位变化幅度 1.5m；承压水存在 4 层粗砂层中，稳定水位埋深 1.2～1.5m。基坑围护采用单排桩径为 1m 的钻孔灌注桩结合桩间 ϕ600 高压旋喷桩止水帷幕和一道 1m×0.8m 的钢筋混凝土内支撑及三道钢管内支撑，内支撑跨度约 45m。在场地条件周围环境比较复杂的情况下确保了施工质量和安全，取得了良好的环境效益和社会效益。

旋挖挤土（石）成孔施工工法

董道炎　贺桂初　曹学斌　刘　锐　吕佳骅

湖南省机械化施工公司

摘　要：当地基存在较厚软弱土层或溶洞时，旋挖钻孔灌注桩成孔非常困难。旋挖钻机通过对特制的挤土钻头施加旋转及垂直力，把钻头螺旋挤压进土层，钻头经过处的土颗粒被挤到周围土体内，最终形成圆形桩孔；钻头在挤土过程中，对桩周和桩底部分土体同时进行挤扩，在其周围可形成一个高密实度的土层，该区域土体承载力大大增加，达到自稳效果不致塌孔；多余土体可挤入螺旋挤土钻头的叶片内，提升至孔外丢弃。该工法不仅成孔率高，增加单桩的承载力、减少桩基沉降，还可减少泥浆或长钢护筒使用量，在回填土、淤泥质土、溶洞填充物土层施工时减少约 50% 的弃土量，能显著提高工效、降低成本。

关键词：旋挖机；灌注桩；挤土钻头；回填土；松散地基；溶洞

1　前言

当建筑物的荷载较大，基础采用旋挖钻孔桩时，由于地基的软弱土层较厚（一般指 4m 以上的回填土、淤泥质土）或有溶洞时，旋挖钻孔灌注桩成孔困难，容易坍孔。针对上述地质条件采用旋挖挤土（石）成孔施工可以提高桩机在施工过程中成孔的成功率，也提高了施工过程中机器设备使用的安全性，从而节约成本，保证桩基质量。我公司近几年通过耒阳两馆一中心、祁阳金沙湾二期桩基工程等项目的应用，形成本工法，采用该工法施工获得社会的好评，有较好的经济效益和良好的环保效应。

2　工法特点

（1）该方法是旋挖钻杆带动挤土钻头旋转滚压挤土成孔技术。它在成孔时采用专用挤土钻头，钻头在钻进时不排土，而是将土沿径向挤密加固四周土体。

（2）由于桩四周土层经过挤土加固，处理后的复杂地层（主要指松散土层、新回填土、溶洞填充物等）基本不会再出现塌孔等情况，提高了钻进速度和成孔成功率。

（3）由于挤土钻头挤密了周边土体，桩的侧摩擦力得到了显著提升，从而增加了单桩的承载力，减少了桩的沉降量，增加了安全系数。

（4）在满足同等设计荷载的条件下，采用挤土钻头的施工工艺成孔，可以减少泥浆用量或减少长钢护筒的使用量，从而减少工程造价。

（5）采用挤土钻头成孔，在回填土、淤泥质土、溶洞填充物土层施工时，减少约 50% 的弃土量，减少了弃土的外运工作及成本。

（6）采用挤土钻头成孔施工过程中，对钻头采取的是回转和加压的方式，几乎没有振动，从而不会对周边建筑产生影响。

3　适用范围

挤土钻头带有钻掘齿，在强度不高的土层内可以钻进。本工法适用如下两种地质条件：一是场地内有较厚未经严格压实的回填土，二是成孔过程中遇到土洞、溶洞、溶槽等特殊的地层。可用于泥浆护壁和干作业的旋挖钻孔灌注桩施工。

4　工艺原理

旋挖挤土成孔是通过旋挖钻机对特制的挤土钻头施加旋转及垂直力，把钻头螺旋式挤压进入土层，钻头经过处的土颗粒被挤入周围的土体内，最终形成圆形的桩孔。钻头在挤土的过程中，对桩周和桩底部分土体同时进行挤扩，桩孔和桩底的周围形成一个高密实度的土层，密实区的承载力大大增加，达到自稳效果不致塌孔。多余的土体可挤入螺旋挤土钻头叶片内，提升至孔外弃土。

5　施工工艺流程及操作要点

5.1　总体施工工艺流程

施工准备→场地平整→测量放线→钻机就位→钻进挤土→成孔（泥浆护壁）→灌注混凝土。

5.2　操作要点

（1）场地要求：旋挖桩机就位前，必须保证场地承载力达到100MPa以上、场地倾斜度2%以内。当地基承载力达不到要求时，应铺垫钢板或路基箱；当场地倾斜度达不到要求时，由挖掘机对场地进行平整。

（2）钻机就位：场地达到要求后，测放桩位后钻机可以就位，调整钻杆垂直度达1%以内，钻头中心偏位50mm以内（图1）。

（3）挤压成孔：钻机调整完成后，即进行挤压成孔作业。成孔作业时，旋转式缓慢钻进，将孔底土层沿钻头螺旋式叶片缓慢上升，并带入钻头垂直段，使土体缓慢挤入桩孔周边土体，将桩孔周边土体挤压密实（图2）。

图1　钻机就位　　　　　　　　　　　　　　　　图2　挤土钻头

（4）弃土：当桩周土体达到一定密实度时，桩底土方上升速度降低，钻机扭矩加大，此时应继续降低钻杆旋转速度与钻进速度，以利于桩孔土体密实。当钻机扭矩达到极限时，停止钻进，提钻并将螺旋叶片内的土方弃放一边，并由挖掘机转至离桩孔6m以上（图3）。

（5）含水率较高土层成孔：当土体含水率较高时，土体可能无法加固密实，此时需在桩孔内先填片石，然后挤压成孔，将片石挤入周边土体，达到固壁效果。所填片石应注意粒径在50～300mm为宜，粗细搭配要均匀，如无法保证级配，可加入粒径较大（50～100mm）的卵石。

（6）溶洞充填物处理：溶洞内充填物为软塑状时，可选择5.2（2）方式成孔。

（7）对淤泥质土及溶洞充填物为流塑状的土层，可选择回填水泥、片石、卵石的干性拌合物挤压成孔（图4）。

图4　成孔后效果

图3　用取芯钻取出的回填土内岩石

6　材料和设备

设备及材料见表1。

表1　配套设备表

序号	设备名称	设备型号	单位	数量	用途
1	旋挖钻机	BG26	台	1	施工钻进
2	旋挖钻机	SWDM36	台	1	施工钻进
3	挤土钻头	ϕ800	个	1	施工钻进
4	挤土钻头	ϕ1000	个	1	施工钻进
5	护筒	按现场情况	个	1	
6	水泵	7.5kW	台	1	抽泥浆

注：本工法采用的材料为旋挖钻机和特制的挤土钻头。

7　质量控制

（1）项目技术人员对施工过程中可能会发生的情况及时记录，发现问题及时解决。

（2）施工过程中对施工人员进行技术培训，进行技术交底。

（3）施工钻进过程中应控制好钻速和加压力。

（4）在使用挤土钻进时，机手应根据现场实际情况适宜地更换钻头等器具。

（5）在使用挤土钻头时应时刻注意附着在钻头上的石块、淤泥质土等可能影响挤土的因素，适时确定是否需要填充其他物料。

（6）确保钻机的平稳度和垂直度，使挤土过程中不会产生偏孔等现象。

8　安全措施

（1）设置施工安全、施工进度、施工简介及其他宣传标牌图表。施工区域设置相应安全警示标志。

（2）强化施工管理，计划好各工序搭接，做到紧张施工，忙而不乱。施工人员必须戴安全帽，持证上岗，管理人员配戴标志牌，便于统一管理。

（3）现场施工管线包括：电线、电缆、胶皮、水管、气管等的合理架设和布置，并有专人负责管理。

（4）加强管理，加强职工（含民工）思想教育，虚心接受建设、监理、设计方的技术质量监督检查和询问，礼貌待人，紧密配合对施工质量的核查，做到文明施工，树立优质服务思想。

（5）根据有关法规，结合工程的具体特点，建立安全生产管理体系，明确岗位安全责任，执行安全生产责任制。

（6）施工前，应先确定现场作业区域的地基承载力与倾斜度是否满足旋挖作业要求，以防旋挖钻机倾覆。

（7）施工现场按照防坠落、防触电、防机械伤人等安全规定布置各类安全警示的标示牌。

（8）编制施工临时用电专项施工方案并严格按照施工现场临时用电安全技术规范的有关规定执行。

（9）已施工完成的桩位，空桩宜用土回填，以防误入。

9　环保措施

（1）严格遵守环境保护的法规，根据建筑工程现场环境与卫生标准制订环保制度，建立环保管理体系，落实岗位责任，接受相关单位的监督和检查。

（2）施工现场布置合理，文明整洁。

（3）设立废浆池、沉淀池，对可能产生的防止污水、废浆乱排并进行无害处理。

（4）居民区夜间施工遵守当地政府的规定，严格控制作业时间，防止噪声扰民。

（5）定期清理运输弃渣、废浆，清运车辆采用密闭渣土车，现场出口设置洗车槽，对进出车辆进行清洗，防止污染市政道路。

10　效益分析

（1）根据对比，采用本工法可有效提高成孔率50%左右；与采用泥浆护壁相比，可节约成本约3%；与采用钢护筒护壁相比，可节约成本约5%。

（2）采用本工法后，节省桩芯混凝土15%～30%；减少成孔土方量30%～50%。

（3）降低其他间接成本约2%～3%。

（4）环保效应：节约水资源，节省燃油资源，减少泥浆污染，节约钢材、水泥、砂石资源。

11　应用实例

（1）耒阳两馆一中心桩基工程

耒阳两馆一中心桩基工程位于耒阳市经纬一路以南、武园路以北、武岭路以西。场地土层总体以黏性土为主，其中文化馆上部2～6m部分为回填土；图书馆上层4～10m全为回填土，并且均未压实。

施工期间为2017年3月—2017年7月。该桩基工程采用旋挖钻孔灌注桩，桩径为0.9m、1.0m、1.2m、1.4m、1.5m、1.6m，其中，桩长为10～45m且40%左右的桩存在溶洞，开始施工时采用长钢护筒直接钻进，施工过程中回填土垮塌十分严重；溶洞在未堵住之前，洞内流塑状充填物清理不干净，孔底沉渣厚度达不到规范要求。采用本工法后，回填土层被挤压密实后不再塌孔；溶洞内回填的片石、混凝土等经过挤压至溶洞内后保证了成孔。检测采用超声波、抽芯及静载试验，桩身完整性及单桩承载力全部满足设计要求。

本工程总价960万元，泥浆护壁费用节省约21万元，混凝土节省约24万元，土方外运节省约17万元，钻机配件及管理间接成本节省约9万元，节省总成本约71万元。

（2）祁阳金沙湾二期桩基工程

祁阳金沙湾二期桩基工程位于祁阳县金盘西路，于2017年10月—2017年11月期间进行施工。场地土层为上部0～13m杂填土（含石块），80%以上桩有溶洞。采用旋挖钻孔灌注桩，桩径分别有0.8m、1.0m、1.2m，桩长20～48m，总桩数436根。施工过程中先采用下放6～8m长钢护筒进行施工，但由于部分场地回填土太深，护筒以下部分垮塌严重无法成孔。采用本工法后，在下放钢护筒的前提下用挤土钻对护筒以下的回填土层进行挤土钻进，穿过回填土层后再加泥浆一次成孔，效果显著。工程桩检测采用超声波及抽芯，桩身完整性及单桩承载力全部满足设计要求。

该项目总造价1280万元，泥浆护壁费用节省约27万元，混凝土节省约28万元，土方外运节省约19万元，钻机配件及管理间接成本节省约10万元，节省总成本约84万元。

水泥搅拌桩 +H 型钢 + 锚索基坑支护施工工法

向宗幸　戴习东　王俊杰　张文俊　张益清

湖南省第三工程有限公司

摘　要： 本工法介绍了一种基坑支护方法，即将 H 型钢插入水泥搅拌桩里做桩体，利用锚索来锚固桩端共同平衡侧向土压力，并调节桩顶位移量，采用水泥搅拌桩做 H 型钢桩间挡土墙和止水帷幕。随着开挖深度的增大中间可增设腰梁和锚索，顶部设冠梁将整个 H 型钢桩连成整体。

关键词： 基坑支护；H 型钢；水泥搅拌桩；锚索；腰梁；冠梁

1　前言

伴随着我国城市化进程加快，城市高层建筑建设需求倍增，建筑物的形成规模及占地范围也在不断增大，构筑物之间的间距也越来越紧凑。同时，在建筑工程地基与基础施工中，基坑的深度和规模也越来越大，基坑支护工程的形式也多种多样，而基坑支护工程对于保证基坑内安全作业至关重要。因此基坑的挖掘和支护技术，更加需要选取科学的施工技术、加强施工的可靠性，在保证安全的前提下，尽可能节省成本费用。本工法在佛山珑门广场项目及四会市玉器广场项目的基坑支护施工中得到应用，效果较好。有效地缩减了施工周期，并回收利用了部分材料，节约了工程成本。

2　工法特点

（1）水泥搅拌桩成桩速度快，止水效果好，但其桩体抵抗水平推力的侧向变形较差，H 型钢抗侧向变形和水平推力较好，通过将 H 型钢插入水泥搅拌桩里，并采用预应锚索、冠梁和腰梁组合在一起，形成了对水泥搅拌桩加筋的作用，充分发挥两种桩体的长处，避免了各自的不足，能显著提高桩体水平抵抗力和抗侧位移变形。

（2）水泥搅拌桩和 H 型钢桩成桩为全机械化做业，自动化程度高，成桩速度快，劳动生产率高，劳动强度低。

（3）在基坑回填后，H 型钢桩能回收重复利用，避免了采用灌注桩施工时所需的大量钢筋、混凝土，同时避免了施工中产生的大量泥浆，减少了生产钢铁过程中产生的碳排放量。节材、节能环保。

（4）施工进度快，打入 H 型钢桩比灌注桩节约 2/3 的施工时间。

（5）工程造价相对节省，回收利用的 H 型钢可大大节约工程成本。

3　适用范围

本工法适用于杂填土、黏性土、砂土地基中地下水丰富的深基坑支护。

4　工艺原理

该工法是在水泥搅拌桩初凝前将 H 型钢桩插入水泥搅拌桩中，利 H 型钢桩对水泥搅拌桩进行加筋，水泥搅拌桩做 H 型钢桩间挡土墙和止水帷幕，利用预应力锚索来锚固桩端共同平衡侧向土压力，并调节桩顶位移量，随着开挖深度的增大，中间可增设腰梁和锚索，顶部设冠梁将整个 H 型钢桩和水泥搅拌桩连成整体，形成一个组合受力体系，如图1、图2所示。

5　施工工艺及操作要点

5.1　施工工艺流程

施工准备→水泥搅拌桩施工→（H 型钢制作）→打入 H 型钢→预应力锚索和冠梁、支撑梁施工→分层开挖土方→分层支护（锚索、腰梁施工）→基坑回填（地下室及外防水完成）→回收 H 型钢→结束

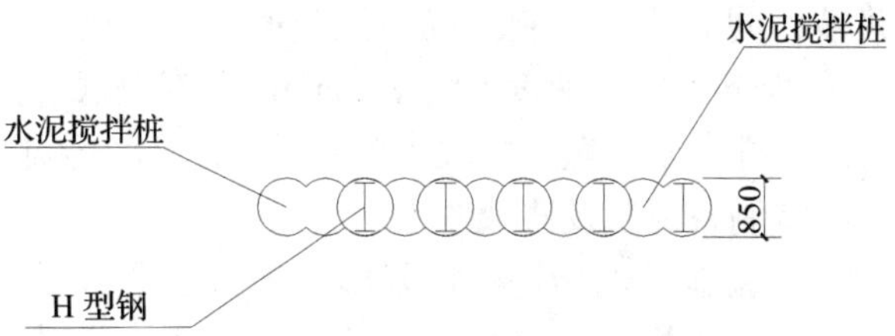

5.2　操作要点

5.2.1　施工准备

设备进场前，场地必须达到"三通一平"，桩机行走路线软弱地面必须加垫料夯实、夯平。包括运输路线、临时设施的搭建等流程。

（1）障碍物清理

因工法要求连续施工，故在施工前应对围护施工区域的地下障碍物进行清理或移位，并回填黏性素土至设计桩顶标高，以保证施工顺利进行。

（2）测量放线

根据建设方提供的坐标基准点，按图放出桩位，设立临时控制桩，做好技术复核单，请监理工程师验收。

①由现场测量员根据设计图纸和测量控制点放出设计桩位，桩位平面偏差不大于 2cm，并根据设计间距在两侧定位架上用红色油漆做好标记，保证搅拌桩每次定位准确。

②施工测量的最终成果，必须用在地面上埋设稳定牢固的标桩的方法固定下来。

③施工放样以工程设计图中围护体系的理论内边线为沟槽的内边线。

④在沟槽的两侧设置可以复原中心线的标桩，以便在已经开挖好沟槽的情况下，也能随时检查沟槽的走向中心线。

⑤施工测量的内业计算成果应详细核对，由测量计算者和复核校对者共同签名，以免计算出错，导致放样错误。

图 1　水泥搅拌桩 +H 型钢平面布置图

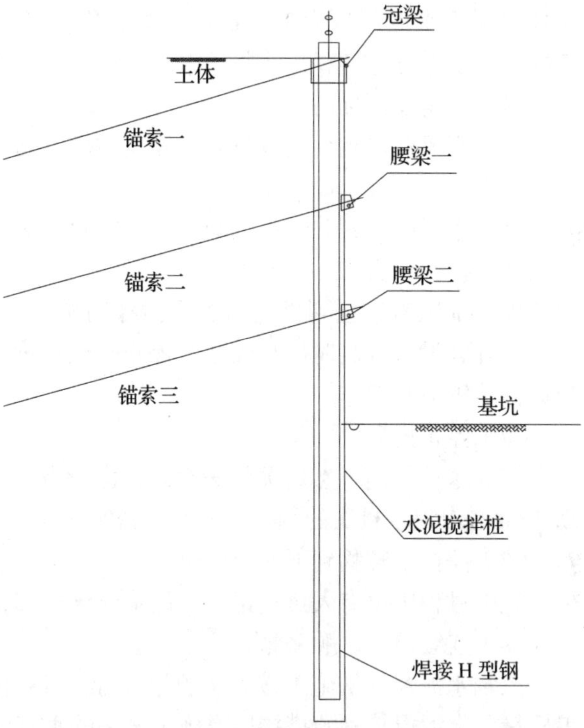

图 2　水泥搅拌桩 +H 型钢 + 锚索立面图

5.2.2　水泥桩搅拌施工

水泥搅拌桩采用 ZKD85A-3 型三轴水泥搅拌桩机，以水泥为固化剂，通过三轴螺旋钻杆对地基土进行原位上下、左右旋转翻滚式强制搅拌，其主要为切削土体，剪切力为主，在下沉搅拌、提升搅拌过程中喷浆，同时加入高压空气，使水泥土充分、均匀搅拌。三轴水泥搅拌桩采用 ϕ850mm 三轴搅拌设备进行施工，采用两喷两搅的施工工艺。

（1）桩机就位

组装架立搅拌桩机，检查主机各部的连接，液压系统、电气系统、喷浆系统各部分安装调试情况及浆罐、管路的密封连接情况是否正常，做好必要的调整和加固工作，排除异常情况后方可进行操作。

由当班班长统一指挥桩机就位，移动前，看清上、下、左、右各方向的情况，发现有障碍物应及时清除，移位结束后检查定位情况并及时纠正，桩机应平稳、平正。

（2）钻进

桩机调正后，启动主电机钻进，待搅拌钻头接近地面，启动空压机送气。

操作人员根据确定的位置严格控制钻机桩架的移动，确保钻孔轴心就位不偏，垂直度满足规范要

求（可利用双经纬仪测定），同时控制钻孔下钻深度达标，利用钻杆和桩架相对位移原理，在钻管上画出钻孔深度的标尺线，严格控制下钻、提升的速度和深度。

（3）搅拌及注浆速度

①水泥搅拌桩在下沉和提升过程中均应注入水泥浆液，同时严格控制下沉和提升速度。下沉速度不大于 1m/min，提升速度不大于 2m/min，在桩底部分适当持续搅拌注浆，做好每次成桩的原始记录。详见 3 图。

②制备泥浆及浆液注入。

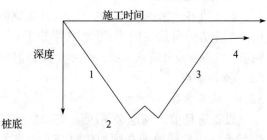

图 3 搅拌流程图

1—下钻喷浆搅拌阶段；2—桩底部分适当持续搅拌注浆阶段；3—提钻喷浆搅拌阶段；4—转移到下一个桩位

③在施工现场搭建拌浆施工平台，平台附近建水泥库，在开机前应进行浆液的搅拌，开钻前对拌浆工作人员做好交底工作。水泥浆液的水灰比为 1.5 ～ 1.6，搅拌水泥土水泥用量为 360kg/m³，拌浆及注浆量以每钻的加固土体方量换算，注浆压力为 1.5 ～ 2.5MPa，以浆液输送能力控制。

（4）钻至设计标高

当深度尺盘达到预定数量后，停止钻机，钻头反转，但不提升，等待送料。

（5）送料

打开送料阀门，关闭送气阀，喷送加固浆液。

（6）提升钻头

确认加固浆液已到桩底后提升搅拌钻头，一般在桩底停滞 2 ～ 4min，即可保证加固浆液到达桩底，提升到设计标高时停止喷浆，停止喷浆深度应结合搅拌提升的速度确定。在尚未喷桩的情况下严禁进行钻机提升工作。

（7）停止提升

打开送气阀门，然后关闭送料阀，保持空压机运转，搅拌钻头提升到桩顶时停止提升，在原位转动 2min，以保证桩头的均匀、实心、密实。

（8）停机，转移到下一个桩位。

施工过程中由专人负责记录，记录要求详细、真实、准确。

（9）连续下钻，顺序施工：

三轴水泥搅拌桩施工按图 4 顺序进行，其中阴影部分为重复套钻，保证墙体的连续性和接头的施工质量，水泥搅拌桩的搭接以及施工设备的垂直度补正依靠重复套钻来保证，以达到止水的作用。

①单侧挤压式连接方式：对于止水帷幕转角处或有施工间断情况下采用此种连接，如图 4 所示：

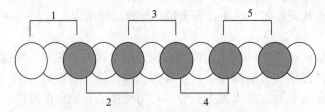

图 4 单侧挤压式连接方式示意图

②跳槽式双孔全套复搅式连接：一般情况下均采用该种施工方式施工，如图 5 所示。

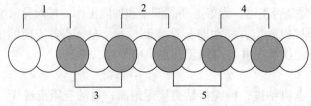

图 5 跳槽式双孔全套复搅式连接示意图

（10）水泥搅拌桩质量控制

根据设计所标深度，钻机在钻孔和提升全过程中，保持螺杆匀速转动，匀速下钻，匀速提升，并采取高压喷气在孔内使水泥土拌和，在桩底部分必须重复搅拌注浆，保证整桩搅拌充分、均匀，确保水泥搅拌桩的质量（表1）。

表1　水泥搅拌桩质量控制指标

项目名称		设计要求或允许偏差
水泥搅拌桩	水泥及外加剂	符合设计要求
	桩体强度	符合设计要求
	地基承载力	符合设计要求
	机头提升速度	≤ 0.5m/min
	桩底标高	±200mm
	桩顶标高	+100～50mm
	桩径、桩长	不小于设计值
	垂直度	1/150
	桩位偏差	20mm
	水灰比	1.5～1.6
	水泥用量	不少于360kg/m³

5.2.3　打入 H 型钢

（1）型钢制作

①型钢采用定型材料，在工厂加工成定型产品后运至工地进行焊接。接头焊接材料：材质为Q235B 时用 E43 系列焊材。

②轧制 H 型钢接头采用腹板加强板进行对接的方式，腹板对接焊缝须"清根焊透"后磨平，再贴紧加强板焊接，翼缘必须焊透并达到一级焊缝标准。

③对接焊缝及拼接加强板如图6所示。

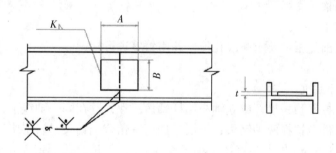

图6　H 型钢对接焊

注：1. V 形坡口背向加强板，加强板覆盖处焊缝磨平；
　　2. 当 δ ≥ 16mm 时，采用双面 V 形坡口。

（2）型钢插入

①H 型钢减摩

H 型钢的减摩主要通过涂刷减摩剂实现，涂刷步骤如下：

清除 H 型钢表面的污垢和铁锈。

使用电热棒将减摩剂加热至完全熔化，用搅棒搅拌时感觉厚薄均匀，方可涂敷于 H 型钢表面，否则减摩剂涂层不均匀容易产生剥落。

如遇雨雪天，型钢表面潮湿，应首先用抹布擦去型钢表面积水，再使用氧气加热或喷灯加热，待型钢干燥后方可涂刷减摩剂。

H 型钢表面涂刷完减摩剂后若出现剥落现象应及时重新涂刷。

②H 型钢插入

水泥搅拌桩施工完毕后，吊机应立即就位，准备吊放 H 型钢。H 型钢使用前，在距其顶端 25cm 处开一个中心圆孔，孔径约 8cm，并在此处型钢两面加焊两块各厚 2cm 的加强板，其规格为 400mm×400mm，中心开孔与型钢上孔对齐。若工程 H 型钢临时调动周转，加强板可在拔型钢前补焊。根据高度控制点，用水准仪引放到定位型钢上，根据定位型钢与 H 型钢顶标高的高度差，在型钢两腹板处外侧焊好吊筋。

型钢插入水泥搅拌桩部分均匀涂刷减摩剂。

安装好吊具及固定钩，然后用吊机起吊 H 型钢，用线坠校核其垂直度。

在沟槽定位型钢上设 H 型钢定位模具，固定插入型钢平面位置，型钢定位模具必须牢固、水平，而后将 H 型钢底部中心对正桩位中心并沿定位模具徐徐垂直插入水泥搅拌桩体内，采用线坠控制垂直度。

H 型钢下插至设计深度后，用槽钢穿过吊筋将其搁置在定位型钢上，待水泥土搅拌桩达到一定硬化时间后，将吊筋及沟槽定位型钢撤除。

若 H 型钢插放达不到设计标高时，则采用振动锤振动压入。

H 型钢插放必须在水泥搅拌桩初凝前完成，一般控制在 120min 内完成型钢插入施工。

型钢插入左右误差不得大于 20mm，宜插在靠近基坑一侧，垂直度偏差不得大于 1/200，底标高误差不得大于 200mm（表 2）。

表 2　H 型钢质量控制指标

项目名称		设计要求或允许偏差	备注
H 型钢	桩长	不小于设计值	搅拌桩结束后 120min 内插入
	垂直度	1/200	
	桩位	20mm	

5.2.4　预应力锚索和冠梁、支撑梁施工

（1）预应力锚索施工

①测量放线。钻孔前先根据要求测放孔位，并用竹签进行标记。

②钻孔施工

选择 MG-50 型锚杆钻机。

钻机就位后，应保持平稳，导杆或立轴与钻杆倾角一致，并在同一轴线上，倾角 30°～45°。

施工中根据地质条件可选择两种钻头，土层中选用三角合金钻头，岩层中选用专用圆柱形钻头。

成孔直径不小于 150mm（扩大头直径不小于 600mm），钻进时采用带 50mm 钢套管跟进钻孔，钻杆在 150mm 钢套管内钻至锚杆锚固段末端外 1m 处。在钻进过程中，应精心操作，精神集中，合理掌握钻进参数，合理掌握钻进速度，防止埋钻、卡钻等各种孔内事故。一旦发生孔内事故，应争取一切时间尽快处理。

扩大头锚索成孔：锚索成孔采用专业锚杆钻机 150mm 钢套管成孔至锚杆自由端和普通锚固端，然后换用伞状扩大头沿钢套管伸进至套管断头，伞状扩大头张开、缓慢伸进施工至锚索锚固段末端深度（即锚杆长度：自由端和锚固段之和），最后拔出套管即可（注水护壁成孔），然后插入锚索及注浆管进行注浆，并进行二次高压注浆。

钻孔完毕后，拔管至锚固段末 6m，插入钻杆进行高压旋喷注浆扩孔，长度 6m，重新插入 60mm 钻杆至锚固段末，插入预制好的 φ15.2 钢绞线、钢套管，先在钢套管内进行高压一次喷射注浆至孔口流出浆液为止，待 4h 后进行高压二次注浆至孔口流出浆液为止。

③钻孔质量控制

钻孔是锚固工程施工中至关重要的一环，如果造孔速度慢，会直接影响到工程成本和经济效益；如果造孔质量差，则会影响到锚杆的安装、水泥浆的灌注质量，进而影响到锚杆与水泥浆以及水泥浆与孔壁的黏结力，致使锚杆达不到设计要求。因此，在锚固孔的钻凿过程中，必须严格按设计要求施工，以确保锚固孔成孔质量。

锚杆孔距水平方向允许偏差 ±100mm，垂直方向孔距允许偏差 ±50mm；钻孔底部的偏斜尺寸不应大于锚杆长度的 3%。

锚固孔深度应不小于设计长度（高出设计长度 0.5～1.0m），也不宜大于设计长度的 1%。

作为钻孔质量监控的一项措施，施工人员必须认真填写钻孔钻进记录表，详细记录每孔的进尺情况、地层变化、施工时间及其他特殊情况。

④锚索制安

按设计要求制作锚索，锚索采用 φ15.2 钢绞线。锚索定中架或隔离架均按设计要求制作和安装，使锚索处于钻孔中心。锚索自由段须抹一层黄油，并密裹塑料布，套塑料软管、扎牢。

本工程锚索必须严格按照设计图纸中对自由段和锚固段的要求执行，钢绞线锚固段架线环与紧箍环每隔 1.5m 间隔设置，紧箍环用 16 号铅丝绕制，不少于两圈，自由段每隔 2m 设置一道架线环，以保证钢绞线顺直。

安放锚索杆体时，应防止筋体扭曲，注浆管宜随锚索一同放入孔内，管端距孔底为 50～100mm，筋体放入角度与钻孔倾角保持一致，安好后使筋体始终处于钻孔中心，锚索孔口外露 1200mm 以便张拉。

若发现孔壁坍塌，应重新透孔、清孔，直至能顺利送入锚索为止。

⑤扩孔

采用高压旋喷进行扩孔，扩孔时浆液压力不小于 20MPa，拔管速度为 0.1～0.2m/min。

⑥注浆

注浆材料应根据设计要求确定，注浆材料水泥采用 32.5R 复合硅酸盐水泥，水灰比为 0.4～0.5。注浆体强度不低于 30MPa，一次注浆压力为不小于 20MPa。采用二次注浆，二次注浆材料选用水灰比为 0.5 的纯水泥浆，注浆瞬时压力一般为 25MPa。

浆液应搅拌均匀，过筛，随搅随用，浆液应在初凝前用完，注浆管路应经常保持畅通，注浆前加入适量的速凝剂。

注浆管与锚索一起放入钻孔中，注浆管内端距设计孔底为 50～100mm，二次注浆管的出浆孔密封，保证一次注浆液不进入二次注浆管内。一次注浆时采用注浆泵将浆液经压浆管输送至孔底，再由孔底返出孔口，待孔口溢出浆液或排气管停止排气时，可停止注浆。一次注浆压力不小于 20MPa，二次注浆为劈裂注浆，压力一般 25MPa。待一次注浆初凝后进行二次高压注浆，约 4h，待注浆体强度达到 70% 后，方可进行张拉。

锚索成孔采用套管跟进，到底后下入锚索，然后从第一次注浆管注入水泥浆至孔口流浆为止，然后拔出第一次注浆管，进行第二次注浆。

（2）冠梁、支撑梁施工要求

清理表层土方至设计标高，凿去桩头至设计标高，按图纸设计梁截面开挖沟槽，在沟槽内按设计要求绑扎钢筋、支模、浇筑钢筋混凝土冠梁、支撑梁。待混凝土强度达到 80% 后，方可进行下一道工序施工。

①冠梁的施工。表层土清理至冠梁顶设计标高后马上进行水泥搅拌桩的剔凿和 H 型钢的包扎（便于回收时拔出 H 型钢）。剔凿选用两台空压机进行剔凿，底部直接在土层上做一层 100mm 厚 C15 垫层，冠梁垫层施工完毕，必须用水准仪校验垫层表面高程，误差 ≤ ±30mm。冠梁放样及尺寸偏差要求同永久性结构构件。

（2）内部支撑梁的施工。内撑全部采用钢筋混凝土内撑。由于内撑梁跨度大，为防止土体下沉而导致内撑梁下挠，同时为保证表面观感质量，内撑梁侧模和底模全部采用胶合板模板进行支设。两侧用打入的钢管作为模板的支撑，在梁中部按照 3‰ 进行起拱，模板的底模标高、轴线以及浇筑标高全部采用龙门板进行定位。支撑梁下的格构柱采用钢筋混凝土灌注桩，模板支设完成后需要用水准仪进行检查。内撑梁的尺寸偏差要求同结构。

③冠梁和支撑梁的钢筋绑扎和混凝土浇筑与普通钢筋混凝土结构施工相同。支撑梁下的灌注桩格构柱施工与普通钢筋混凝土灌注桩相同。

（3）预应力锚索张拉、锁定

①待冠梁混凝土强度达 80%，注浆体强度达到 70% 后，即可进行张拉，锁定于锚索部位的混凝土冠梁和锚锭钢板之上，锁定时取设计值的锁定值，10d 后即可进行张拉试验，以进一步确定锚索施工参数。

②锚索施工后，应进行验收试验，验收试验的锚索数量根据设计图纸总量的 5% 取用。进行土层锚索验收试验时，加载宜按设计荷载的 25%、50%、75%、100%、120%、150% 依次进行。

③锚索张拉前至少先施加一级荷载（即 1/10 的锚拉力），使各部紧固伏贴和筋体完全平直，保证张拉数据准确。

④锚固体与台座混凝土强度均大于 21MPa 时（或注浆后至少有 7d 的养护时间），方可进行张拉。

⑤锚索张拉至 1.0 ~ 1.2 设计轴向拉力值时（N_t），土质为砂土时保持 10min，为黏性土时保持 15min，然后卸荷至锁定荷载进行锁定作业。锚索张拉荷载分级观测时间遵守有关设计或规范的规定（表 3）。

⑥锚索锁定后，若发现有明显预应力损失时，应进行补偿张拉。

表 3　预应力锚索质量控制指标

项目名称		设计要求或允许偏差	备注
预应力锚索	钢绞线结构	7ϕ5 钢绞线	
	钢绞线公称直径	15.20mm	
	抗拉强度	1860MPa	
	整根钢绞线的最大力	大于 260kN	
	最大力总伸长率（$L_0 \geq 400mm$）	≥ 3.5%	
	注浆水灰比	0.40 ~ 0.50	
	注浆压力	2.5 ~ 5.0MPa	

5.2.5　分层开挖土方

（1）土方开挖过程中，应分层开挖，要加强断面高程检查，避免超挖或欠挖。开挖至腰梁底部时应暂停，留出时间进行支护，即预应力锚索的腰梁施工，待支护完成后，支护结构混凝土强度达到设计强度的 80% 后，再进行下一层土方开挖。

（2）最后距底板垫层底面 200mm 时，人工清土至底板垫层底面的土层。经相关单位验收合格后，立即进行垫层混凝土封底，以免土层长时间暴露风化，破坏土质结构。

（3）按设计边坡率开挖，并尽量保持坡面平顺。

（4）侧沟、截水沟等施工，要做到沟基稳定、沟型整齐、沟水排泄不对基坑产生危害，同时在整个基坑开挖过程中，始终要进行减压降水，确保基坑施工安全。

（5）在整个基坑开挖过程中要进行信息化管理，加强基坑施工监测，确保施工安全。

（6）土方开挖时要注意在靠近支护桩处预留 100mm，采取人工处理，以避免机械施工时碰到并损坏支护桩，致使支护桩失去支护与止水作用。

（7）基坑分层开挖每层不应大于 2m，在垫层底标高需预留 200mm 用人工清底平整，以防超挖。

5.2.6　分层支护（预应力锚索和腰梁施工）

水泥搅拌桩 +H 型钢桩随开挖深度的增加，根据设计在中间采用预应力锚索和腰梁进行分层支护。

（1）预应力锚索施工同上。

（2）腰梁施工

土方分层开挖至腰梁底标高 –500mm 以下后，待腰梁预应力锚索安放和注浆后，即可支腰梁模板、绑扎腰梁钢筋，浇筑腰梁混凝土。腰梁的支模、钢筋绑扎和混凝土浇筑与普通钢筋混凝土结构施工相同。

（3）预应力锚索张拉、锁定

预应力锚索的张拉与上述冠梁的预应力锚索张拉相同。

5.2.7　基坑回填

基坑开挖到设计标高，加强基坑支护体系的监测。待地下室结构和外防水完成后，即可按设计要求进行基坑回填。回填过程中应按设计及施工规范要求分层回填夯实，并分层检测回填压实系数，压实系数≥设计压实系数。

5.2.8　回收 H 型钢

（1）清理场地

①拔 H 型钢前，先确定好设备行走路线和 H 型钢堆放场地，并清理场地上的障碍物。工作面上物件清理干净，以满足 30t 吊车起拔型钢为准，30t 汽车吊净重为 24.3t，后两轮间宽为 1.8m；与型钢内侧要留有 4.5m 以上距离，并有拔出 H 型钢后的堆放场地和运输 H 型钢的通道。

②清理冠梁上的余土、杂物，以保证千斤顶垂直平稳放置。

（2）拔出 H 型钢

①安装千斤顶。将两个千斤顶（型号为：QD-200T）平稳地放在冠梁上，要拔出的 H 型钢的两边用吊车将 H 型钢起拔架吊起，冲头部分"哈夫"圆孔对准插入 H 型钢上部的圆孔，并将销子插入，销子两边用开口销固定以防销子滑落，然后插入起拔架与 H 型钢翼羽之间的钢板，夹住 H 型钢。

②型钢拔除。开启高压油泵，两个千斤顶同时向上顶住起拔架的横梁部分起拔，待千斤顶行程到位时，敲松钢板，起拔架随千斤顶缓慢放下置原位。待第二次起拔时，吊车须用钢丝绳穿入 H 型钢上部的圆孔吊住 H 型钢。重复以上工序将 H 型钢拔出。

③孔隙填充。为避免拔出 H 型钢后其空隙对周围民宅等建筑物的影响，须立即按照设计要求进行填充。

5.2.9　结束

H 型钢运往指定地点，施工机械退出工地，场地清理干净。

6　材料与设备

（1）主要材料技术指标（表 4）

表 4　主要材料技术指标表

序号	主要材料名称	规格	主要技术指标	备注
1	P · O 32.5 水泥		符合有关要求	–
2	H 型钢	HN700 × 300 × 13 × 24	Q235B	–
3	锚索	7φ5 钢绞线	15.20mm，1860MPa	–
4	20mm 钢板	550 × 550	Q235B	–
5	钢筋	Ⅱ级、Ⅲ级	符合设计要求	
6	商品混凝土	C30	符合有关要求	

（2）主要机具设备（表 5）

表5　主要机具设备表

序号	主要机具设备名称	型号	数量
1	三轴水泥搅拌桩机	ZKD85A-3	2台
2	吊车	30t	2台
3	振动锤打桩机	450型振动打桩锤	2台
4	挖掘机	CAT320	2台
5	履带式锚杆钻机	MG-50型锚杆钻机	2根
6	电焊机	B×3	2台
7	压浆泵	润联机械UB8.0	2台
8	混凝土输送泵	HBT80SEA-1813	2台
9	铲车	徐工LW300kN	1台
10	自卸汽车	东风153	若干
11	潜水泵	NSQ150-16	2台
12	插入式振动棒	ZD100	2条
13	发电机组		1组

7　质量控制

（1）本工法必须遵照执行下列标准、规范：《建筑基坑支护技术规程》（JGJ 120—2012）；《建筑地基基础工程施工质量验收规范》（GB 50202—2002）；《钢筋焊接及验收规程》（JGJ 18—2012）；《建筑桩基技术规范》（JGJ 94—2012）；《建筑桩基检测技术规范》（JGJ 106—2012）；《钢筋机械连接通用技术规程》（JGJ 107—2003）；《建筑地基基础设计规范》（GB 50007—2011）；《地基与基础工程施工及验收规范》（GB 50202—2002）；《建筑基坑工程监测技术规范》（GB 50497—2009）；《混凝土结构工程施工质量验收规范》GB 50204—2015。

（2）基本要求：

①所有隐蔽工程记录，必须经有关部门签字认可后，方可组织下道工序施工。

②原材料、成品、半成品必须有出厂合格证，并经检验合格后才允许投入工程使用。加强成品、半成品的保护工作。

③切实落实材料送检制度，严格按规范要求进行材料抽样送检，每批购入材料都要取样选择，取样数量要符合规范要求。

④及时按施工规范要求取样制作混凝土试块，并做好记录。

⑤认真做好各部门分项施工的自检工作。在施工班组自检合格基础上再由专职质检员进行复检，合格后方能进行下道工序，并认真做好自检资料记录。

⑥做好工程保证资料的收集、整理工作，资料要准确、充足，如实地反映工程实际情况，绝不允许制假工程资料。

⑦把好测量定位关，保护测量标记。

⑧做好各分项工程的检查、检验工作，并做好检验记录。

⑨遵守国家施工及验收规范以及季节施工的有关规定。

⑩按照建筑安装工程质量评定标准，验收工程质量等级。

⑪按照建设单位及监理要求的验收程序、验收项目进行质量过程控制，做好自检和申报验收，并交验各种资料，填报各种表格。

⑫ 建立各级质量管理责任制和工作质量保证体系。

⑬ 各项工作按照公司管理手册及施工作业指导书执行。

（3）工程检测

① 水泥土桩采用钻芯法对桩身完整性进行检测，抽检数量不少于总桩数的 1%，且不得少于 5 根；

② 应对挡土部分结构桩芯取样进行无侧限抗压强度检测，抽检数量不得少于总桩数的 1%，且不得小于 3 根。

③ 施工过程中应对锚索进行抗拔检测，检测数量不少于锚杆总数的 5%，且同一土层的锚索检测数量不应少于 3 根。

8　安全措施

（1）安全标准

《安全生产法》《建筑施工安全检查标准》（JGJ 59—2011）；《施工现场临时用电安全技术规范》（JGJ 46-2012）；《建筑深基坑工程施工安全技术规范》（JGJ 311—2013）；《建筑施工高处作业安全技术规范》（JGJ 80）；《建筑机械使用安全技术规程》（JGJ 33—2012）；

（2）临边防护

① 基坑施工必须在基坑四周边坡顶设临边防护。采用 1.2m 高栏杆式防护，并搭设密目式安全网做到封闭式防护。

② 临边防护栏杆离基坑边口的距离不得小于 50cm。

（3）排水措施

本工程基坑采用集水井水泵排水，地面采用排水沟排水，防止雨水流入基坑。

（4）坑边荷载

基坑边堆土、料具堆放高度不得超过 1.5m，距基坑边距离应大于 1m。机械挖土应尽量做到随挖随运。

（5）上下通道

① 基坑施工必须有专用通道供作业人员上下。

② 设置的通道，在结构上必须牢固可靠，数量、位置满足施工要求，宽度 1.5m。

（6）机械设备

① 施工机械由相关检测单位检查验收后进场作业，并有验收记录。机械设备下钻、起吊前应检查机械是否有障碍，严禁机械带病作业。

② 施工机械操作人员按规定进行培训考核，持证上岗，熟悉本工法在内的安全技术操作规程，在开挖前对其进行技术交底，交底双方履行签字手续。

③ 应在平坦坚实的地面作业，作业面应与沟渠、基坑保持安全距离，防止倾翻或下滑；大雨、雾、雪和六级以上大风等恶劣天气时应停止作业。

④ 预留足够的机械操作作业面（机身旋转半径范围内），操作时必须注意周围是否有人和障碍物，在机械回转半径范围内严禁人员逗留，听从专人指挥。

⑤ 水泥搅拌桩机下钻时应根据地质和钻进情况加压，不得为赶进度而盲目加压造成机械损坏。

⑥ 下钻或起吊时若机架摇晃、移动、偏斜或钻头内发生有节奏响声时，应立即停钻，经处理后方可继续施钻，未查明原因不得强行启动。

（7）现场施工用电

① 每台电气设备机械应分设开关和熔断保险，严禁一闸多机。各种电气设备均采取接零或接地保护，接零接地不准用独股铝线。单相 200V 电气设备应有单独的保护零线，严禁在同一系统中接零接地两种保护混用。

② 凡移动式设备和手持电动工具均要在配电箱机装设漏电保护装置。

③ 严格执行施工的用电管理制度，夜间施工必须有足够的照明，应使用低压电照明。

（8）土方开挖

①施工作业时，按施工方案和规程挖土，不得超挖破坏基底土层的结构，土方开挖时，大型设备不得碰撞围护结构，靠近围护结构 1m 范围内的土方由人工配合来挖除。

②施工作业位置应稳定、安全，在挖土机作业半径范围内严禁人员进入。

（9）基坑支护变形监测

基坑支护结构应按照方案进行变形监测，并有监测记录。对毗邻建筑和重要管线、道路应进行沉降观测，并有观测记录。

（10）作业环境

①基坑内作业人员应有稳定、安全的立足处。

②垂直、交叉作业时应设置安全隔离防护措施。

③夜间或光线较暗的施工应设置足够的照明，不得在一个作业场所只装设局部照明。

9 环保措施

（1）严格执行国家施工现场文明施工有关规定：

《建筑施工现场环境与卫生标准》（JGJ 146—2013）；

《建筑施工场界环境噪声排放标准》（GB 12523—2011）。

（2）项目部应建立环境管理小组，制订环境保护管理实施细则，明确各部门在施工期间环境保护工作中的职责分工。

（3）建立、健全施工期间环境管理体系和各项环境管理规章制度，并上墙广泛宣传、认真落实。

（4）施工现场进出道路必须硬化，在出门处设置清洗池和沉淀池，施工现场尽量避免占用道路。

（5）在工程开工前完成工地排水和废水处理机制建设，保证工地排水和废水处理设施在整个施工过程中的有效性，做到现场无积水、排水不外溢、不堵塞、不对当地水源产生污染。

（6）所有设备必须经过验收合格后才能使用，发现设备异响，立即检查、维修，确保设备处于正常运行状态。要注意保养机械，使机械维持最低声级水平；安排工人轮流操作高噪声机械，对在声源附近工作时间较长的工人，可采发放防声耳塞、头盔等保护措施，使工人进行自我保护。优化施工时间，以便缩短施工噪声的污染时间，缩小施工噪声的影响范围，尽量避免夜间施工，以减少噪声对周围环境的影响。

（7）对易产生扬尘的作业面和装卸、运输渣土、水泥等材料过程，制订操作规程和洒水降尘制度，每日适当洒水，保持湿度。降低扬尘对周围环境的污染，堆土应进行遮盖；现场运来的水泥在卸车时要轻搬轻放，防止粉尘飞扬。水泥要采取码放措施，减少与大气的接触面积；生产垃圾必须倒在专设垃圾堆放地进行消纳，施工垃圾做到每天清运。

（8）严禁在施工现场焚烧废弃物和会产生有毒有害气体、烟尘、臭气的物质，保证不破坏环境。

（9）基坑支护施工过程中对于散放材料的处理，要堆放成方，边角料边用边清，无边角散料。周转材料及设备集中分类堆放整齐，不散不乱，不作它用。

（10）合理使用水泥、H 型钢等材料，严格按设计要求施工，减少返工及废品。建议每周做一次材料、用工计划，并每周核查一次，尽量减少材料浪费，节约成本。

10 经济效益

（1）工期大幅缩短，水泥搅拌桩 +H 型钢桩 + 锚索基坑支护施工比灌注桩 + 止水帷幕 + 锚索施工缩短工期 50%（保守计算为 30% ~ 40%）。

（2）造价较节省，以 ϕ850mm 三轴水泥搅拌桩 +H 型钢桩 + 锚索支护施工工法与 ϕ800mm 灌注桩 + 止水帷幕 + 锚索施工工法为例，成本分析见表 6。

表 6　成本分析与比较

施工工艺	桩长	施工天数	人工费	材料费	机械费	合计	成孔费用
φ850mm 三轴水泥搅拌桩 +H 型钢桩 + 锚索	24m	2d	400 元 / 日 ×8 人 ×2 天 =6400 元	15328	5000 元 / 天 ×2 天 =10000 元	31728 元	1322 元 /m
φ800 灌注桩 + 止水帷幕 + 锚索	24m	4d	400 元 / 日 ×5 人 ×4 天 =8000 元	20800	3000 元 / 天 ×3 天 =9000 元	37800 元	1575 元 /m

水泥搅拌桩（φ850mm 三轴水泥搅拌桩)+H 型钢桩 + 锚索基坑支护施工工程造价折合为 1322 元 /m，φ800mm 灌注桩 + 止水帷幕 + 锚索施工工程造价折合为 1575 元 /m，经比较，水泥搅拌桩 +H 型钢桩 + 锚索施工造价较节省。

11　应用实例

（1）广东省佛山市珑门广场 4 号楼、5 号楼、8 号楼、11 号楼、16 号楼建筑安装施工工程项目由湖南省第三工程有限公司总承包。该工程的深基坑边坡支护工程成功地应用了"水泥搅拌桩 +H 型钢 + 索锚基坑支护施工工法"。该工法施工工艺先进、技术可靠、施工过程中环境污染少，施工进度快，边坡支护完成后经过基坑边坡验收检测和沉降观测，均符合设计规范要求与稳定性要求。保证了施工质量、安全和进度，并通过此工法为施工单位节约了施工成本，在施工及验收过程中得到了甲方、监理、设计、检测、质监等单位的一致好评。

（2）广东省四会市玉器广场项目由湖南省第三工程有限公司承包地基与基础工程。该工程的深基坑支护工程成功地应用了"水泥搅拌桩 +H 型钢 + 索锚基坑支护施工工法"。该工法施工工艺先进、技术可靠、施工过程中环境污染少，施工进度快，边坡支护完成后经过基坑边坡验收检测和沉降观测，均符合设计规范要求与稳定性要求。保证了施工质量、安全和进度，并通过此工法为施工单位节约了施工成本，在施工及验收过程中得到了甲方、监理、设计、检测、质监等单位的一致好评。

超深空桩钻孔灌注桩桩顶标高控制施工工法

赵　斌　罗　能　戴　雄　刘　锐　董道炎

湖南省第六工程有限公司

摘　要： 为了在超深桩基础施工中准确控制桩顶标高，可采用由薄壁声测管加工成的探管控制混凝土顶标高：即在最后一节钢筋笼锚固长度以下第一道加强筋位置，与之垂直焊接一根 L 形 φ12mm 钢筋，然后将第一节钢管的底座插入钢筋中并随吊筋一同下沉；当钢筋笼下沉至标高位置后，在钢护筒顶部焊接一根钢筋与探管相连接，将探管悬挂在护筒上并作为控制超灌标高的参照物；同时在探管内灌注 1/2 高度清水以防止探管上浮；当混凝土面上升至钢管底座位置时会将钢管托起，当钢管上升至所需高度时，桩顶空桩混凝土面标高控制完成。本工法采用设备简单，操作方便，施工速度快，拆除方便，重复使用率高，适用于桩基础施工中空桩部分达到 15m 及以上的桩顶混凝土浇筑标高控制。

关键词： 深基坑；超深空桩；桩顶标高

1　前言

随着我国经济的高速发展，城市空间越来越密，尤其是沿海的开发城市，一些大型高层建筑悄然矗立，随之而来超深的基础给施工增加了相当大的难度，桩基础在施工过程中难免会遇到井口标高与桩顶标高差值太大的情况。在一般情况下，均是采用人工凭经验、凭测绳、凭灌注的混凝土方量的多少来控制桩顶标高，这不能满足桩顶标高控制的准确性。为此，我们通过一系列的改进和创新，在深基坑桩基施工中采用由薄壁声测管加工成的探管控制混凝土顶标高，使得超深的空桩部分超灌高度准确控制在 80cm 左右，并在海南医学院附属医院门急诊大楼项目中成功应用，特编写此工法。

2　工法特点

（1）本工法对桩基础施工过程中空桩长度达到 15m 及以上的桩顶标高控制能起到准确控制的作用。

（2）本工法采用薄壁声测管带底座半固定在钢筋笼及吊筋上，设备简单，操作方便，施工速度快，拆除方便，降低了工程造价。

（3）本工法施工所需材料简单，费用低，重复使用率高，对周边环境影响小，适用性强。

3　适用范围

本工法适用于桩基础在施工过程中空桩部分达到 15m 及以上的桩顶混凝土浇筑标高控制。

4　工艺原理

在桩基成孔、清孔（孔底沉渣必须满足设计要求）、验收都达到设计要求后下沉钢筋笼。在最后一节钢筋笼的锚固长度以下第一道加强筋位置，焊接一根 L 形 φ12mm 钢筋，与钢筋笼呈垂直状，然后将第一节钢管的底座插入钢筋中并随吊筋一同下沉；当钢筋笼下沉至标高位置后，在钢护筒顶部位置焊接一根钢筋与探管连接，其作用是防止钢筋底座位移（方向垂直于探管底座），呈"7"字形将探管悬挂在护筒上并作为控制超灌标高的参照物；同时在探管内灌注 1/2 高度的清水以防止探管上浮。当混凝土面上升至钢管底座位置时，由于混凝土面上升时的反压力将钢管托起，当钢管上升至所需要的高度时，桩顶空桩混凝土面标高控制完成。

5　工艺流程和操作要点

5.1　工艺流程

施工准备→成孔→吊安钢筋笼→在最后一节钢筋笼的锚固长度以下的第一道加强筋位置焊接一根L形φ12mm钢筋→将计算好长度的钢管随吊筋一同下沉→在钢护筒顶部位置焊接一根钢筋与探管连接→探管内灌注清水→浇筑混凝土（同时用测绳测量孔内混凝土面标高）→混凝土浇筑至桩顶设计位置时钢管开始上升→钢管上升至超灌高度后完成混凝土浇筑。

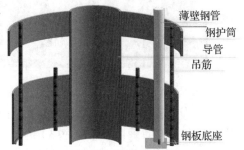

图1　桩顶控制钢管安装示意图

5.2　操作要点

5.2.1　成孔

（1）护筒埋设时护筒顶应高出平台地面0.3～0.5m，护筒底端埋置深度不小于1.5m，并将护筒周围1.0m范围内的土挖除，换填黏性土并分层夯实至平台顶。护筒中心轴线与桩中心线重合，平面允许误差为5cm，竖直线倾斜不大于1%（图2）。

（2）钻机就位前将钻机底部基础再次进行夯实处理，铺设枕木，防止基础下沉、钻机倾斜。就位时在护筒上拉出十字丝，用锤球对中，钻孔中心与设计桩基中心偏差小于10mm，钻机底盘用水平尺调平，以保证竖直度。

（3）钻孔过程中对钻孔孔位、竖直倾斜度等及时进行检查，发现问题要及时调整钻机位置，保证成孔的孔位正确。

（4）在钻孔达到设计深度时，使用测绳测量孔深，并使用钢尺校核。满足要求后进行清孔；从钻孔开始至灌注完成，孔内水位都应保持在地下水位或河流水位以上2.0m，以防止孔壁坍塌（图3）。

图2　钻孔施工

图3　测绳测量孔深

5.2.2　探管制作

（1）声测管原材料采用外径50mm、壁厚0.8mm的钢管。

（2）声测管底部焊接一块长200mm、宽100mm、厚3mm的长方形钢板制作成底座，并在一侧打14mm的孔用于固定。

（3）需要接长的声测管两头车丝，并在一头拧上钢套筒（图4）。

5.2.3　探管安装

1. 在最后一节钢筋笼的锚固长度以下第一道加强筋位置，焊接一根L形高度为100mm的φ12钢筋，与钢筋笼垂直，然后将第一节钢管的底座插入钢筋中并随吊筋一同下沉（图5）。

图 4　探管车丝

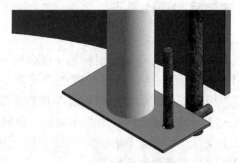
图 5　底座安装

（2）当钢筋笼下沉至标高位置后，在钢护筒顶部位置焊接一根钢筋与探管连接，其作用是防止钢筋底座位移（方向垂直于探管底座），呈"7"字形将探管悬挂在护筒上并作为控制标高的参照物。

（3）在探管内灌注 1/2 高度的清水以防止探管上浮。

5.2.4　二次清孔

钻孔经成孔质量检验合格后方可开始灌注工作。灌注前，对孔底沉淀层厚度进行再一次测定，如厚度超过规定，应再一次进行清孔；清孔到位后，再次检测泥浆的技术指标，满足要求后，立即灌注水下混凝土。

5.2.5　控制超灌高度

（1）在下放和拆装导管时注意不要碰到长方形底座，以免产生脱落现象。

（2）根据设计桩长与现场实际成孔情况，计算好所需混凝土，浇筑过程应控制好速度与混凝土质量。

（3）当达到设计桩长与现场实际成孔情况计算的所需混凝土时，应注意钢护筒顶部钢筋的位置变化情况；当钢筋超出钢护筒顶面一定高度时，用钢尺测量红线至钢护筒顶面的长度，达到超灌高度后立即停止灌注混凝土，并将探管取出。

6　材料与设备

（1）主要材料：声测管、钢板、钢筋、混凝土等。

（2）主要施工机具及设备：冲击钻机、电焊机等。

7　质量控制

（1）本工法应遵守的规范和标准：

《建筑地基基础工程施工质量验收规范》（GB 50202—2002）；

《建筑桩基技术规范》（JGJ 94—2008）。

（2）按照国家标准《钢筋混凝土工程施工和检验规范》的有关规定组织施工，同时参照《建筑工程质量检验评定标准》的有关要求评定施工质量。

8　安全措施

（1）本工法实施过程中严格执行以下规范：

《施工现场临时用电安全技术规范》（JGJ 46—2005）；

《危险性较大的分部分项工程安全管理办法》（建质〔2009〕87 号）；

《建筑机械使用安全技术规程》（JGJ/T 33—2001）；

《建筑施工安全检查标准》（JGJ 59—2011）。

（2）现场安全施工措施

①钻孔施工的相邻桩孔净距不得小于 5m；两桩（地下部分）之间净距不得小于 5m，待一桩所浇筑的混凝土强度达到 5MPa 后，方可进行另桩钻孔施工。

②泥浆护壁成孔时，孔口应设护筒；埋设护筒后至钻孔之前，应在孔口设护栏和安全标志。

③护壁泥浆原料应为性能合格的黏土或其他符合环保要求的材料；现场设泥浆沉淀池，泥浆残渣应及时清理并妥善处理，不得随意排放污染环境；泥浆不断循环使用过程中应加强管理，始终保持泥浆性能符合要求；泥浆沉淀池周围应设防护栏和安全标志。

④护筒应坚固、不漏水，内壁平滑、无凸起；护筒顶端应高于地下水水位 2.0m 以上；护筒内径应比孔径大 20cm 以上。

⑤钻孔作业中发生塌孔和护筒周围冒浆等情况时，必须立即停钻；

⑥钻孔过程中，应经常检查钻渣并与地质剖面图核对，发现不符时及时采取安全技术措施。

9　环保措施

（1）现场主干道路和加工场地进行硬化，设专人负责每日洒水和清扫，保持道路清洁湿润，防止扬尘；对于现场其他裸露土壤进行覆盖。

（2）开钻前安排专人检查泥浆管的密实性；挖设泥浆池，确保泥浆池四周的土壤必须夯实、牢固，防治出现坍塌现象。

（3）定期对施工场界噪声进行检测，发现超标立即采取措施进行控制；合理安排施工工序，噪声大的工序尽量避免在夜间或休息时施工。

（4）对施工过程中产生的泥浆，通过泥浆沉淀池进行沉淀，再通过密封性良好的运输车将沉渣运至废弃场，并派专人负责巡查，及时清理路面。

10　效益分析

（1）采用声测管做探管，具有设备简单、便于施工、精准度高等优点。

（2）本工法可将混凝土超灌标高严格控制在 80cm 左右，有效地控制了混凝土用量，避免超灌高度偏高浪费材料或达不到设计桩顶标高导致日后接桩的情况发生；与常规方法控制空桩部分的混凝土量相比，每根桩节约成本约 150 元左右，节省工程总造价约 31050 元。

（3）可减少日后人工破桩头难度，加快破桩头速度，与常规方法相比每根桩可节约半天破桩头时间，减少工期一个月，节约工程造价约 4 万元。

（4）本工法不受周边场地的限制，可在狭窄场地施工，减少施工对环境的负面影响，保护土地资源。

11　应用实例

海南医学院附属医院门（急）诊大楼项目为海南省海口市重点民生工程，地下 3 层，地上 20 层，总建筑面积 50533m²。该项目于 2014 年 4 月开工。项目占地面积 2385.75m²，平均开挖深度约 16m，局部开挖深度为 18.5m。场地内地层主要有杂填土、中砂、淤泥质粉质黏土、粗砂、黏性土 5 个工程地质层；桩基础为钻孔灌注桩，桩径 800mm，摩擦桩，共有工程桩 207 根，桩长 75m，有效桩长 45m，空桩部分 16 ～ 18.5m。利用该工法使混凝土超灌标高严格控制在 80cm 左右，有效地控制了混凝土用量，避免超灌高度偏高、浪费材料或达不到设计桩顶标高导致日后接桩的情况发生，确保了施工质量和安全，取得了良好的社会和经济效益，得到了甲方和建设单位的好评。

无砂混凝土小桩地基加固施工工法

赵子成　丁永超　罗　能　肖建华　曹　峰

湖南省第六工程有限公司

摘　要：无砂混凝土小桩地基加固技术是在碎石桩和压力注浆法基础上研发的一种新型地基处理方法。在被处理地基上钻孔，依次安装注浆钢管、投填级配碎石，用细石混凝土预封孔，通过注浆管注入水泥浆进行初压注浆和复压注浆成桩。成桩后的桩体与注浆加固后的桩间土可形成稳定、高强的复合地基，能够提高地基承载力（一般不超过 500kPa）和稳定性，具有广泛的土层适用性，且不受地下水影响。

关键词：无砂混凝土小桩；地基加固；碎石桩；灌浆

1　前言

无砂混凝土小桩地基加固技术是在碎石桩技术和压力注浆法的基础上研究开发的一种新的地基处理方法。利用原土或回填土形成附加应力，通过对密集的小直径碎石桩进行压力注浆，由桩体和土体形成稳定、高强的复合地基。我公司在光通信产业园建设项目二期工程地基工程中成功应用无砂混凝土小桩地基加固技术，提高了地基的整体稳定性，有效地解决了回填土后地基承载力不足的问题，特编写此工法。

2　工法特点

（1）本工法通过注浆改善土体的变形模量和小桩增加竖向承载力，桩体与土体共同作用，可以充分改善不良地基并增强地基的整体稳定性。

（2）本工法具有广泛的土层适用性，新、旧工程地基处理均可使用。

（3）本工法施工质量易于控制，成孔相对容易，振捣较为方便，强度高于其他非散体材料桩。

（4）本工法对周边环境影响小，施工占用空间小，工期短。

（5）本工法经济适用，采用设备简单，操作简便易行。

3　适用范围

无砂混凝土小桩复合地基承载力一般为 500kPa 以内，适用于粉质黏土、粉土、砂土、素填土、湿陷性黄土、膨胀土和含少量大块碎屑的杂填土地基的加固，新、旧工程地基加固和基础托换工程均可使用，特别适用于周围环境要求严的工程项目，既能在地下水位以上干作业成孔成桩，也可在有地下水的情况下成孔成桩（对地下水有侵蚀性、流速超过 600m/d 的地基，应经过现场试验确定其适用性）。

4　工艺原理

采用潜孔钻开孔，用地质 100 型钻机干钻成孔，安装注浆钢管，投填级配碎石，用细石混凝土预封孔，通过注浆管注入水泥浆进行初压注浆和复压注浆成桩。成桩后的桩体与注浆加固后的桩间土体固结形成稳定、高强的复合地基，可充分改善不良地基并大幅提高地基的承载力，具有堆载预压、快速排水排气、固结、胶结、竖向增强等多重作用。

5　施工工艺流程及操作要点

5.1　施工工艺流程

施工准备→测放桩位→钻机就位→机械成孔→验孔径、孔深→安放注浆管→填级配碎石、振捣→

预封孔→初压注浆→复压注浆→成桩。

5.2　操作要点

5.2.1　施工准备

（1）在施工之前，须编制专项施工方案，经审查批准后施工，并做好相关技术、安全交底。

（2）现场事先予以平整，必须清除地上和地下的一切障碍物。明塘及低洼场地应抽水和清淤，分层夯实回填黏性土料，不得回填杂填土和生活垃圾。

（3）应在基底设置褥垫层，一般褥垫层厚度取 100～300mm。

（4）注浆配合比应经试验确定，满足要求后方可配制浆液。

（5）在无砂混凝土小桩施工之前须施工试桩，静压荷载检测满足设计要求，无砂混凝土小桩的注浆次数应经过试验确定，当一次注浆不能满足要求时，要增加注浆次数。

（6）事先检查钻头、注浆泵等设备是否满足要求，注浆管的注浆孔是否满足周边布置及孔径与密度要求。

5.2.2　测放桩位

根据设计图纸测量场地标高，仪器定位转角点，用灰线连接各个转角点形成施工范围边界线。施工桩位常布置为直线形、梅花形和方格形，桩径一般取 100～450mm，桩位间距一般取 1.0～2.5m。用全站仪或钢尺按施工图确定桩位现场布桩，定出每一根桩桩位，用竹桩插入土层，标定位置，桩位偏差不得大于 50mm。

5.2.3　钻机就位

将钻机移至桩位处，钻头对中。桩的垂直度偏差不得超过 1%，为保证桩的垂直度，应注意成孔设备的平整度和导向架相对地面的垂直度。

5.2.4　机械成孔

采用地质 100 型钻机干钻成孔。设计无要求，沿四周最外侧一排桩向中心方向逐排成孔或由上游向下游逐排成孔、逐排注浆，严禁遍地开花的施工方式。根据施工图纸和地质资料，制订可行的进尺速度，并不断地观察各种变化，注意钻杆的倾斜度，若发生斜孔应采取相应的措施进行处理，发现异常立即停止。

5.2.5　验孔径、孔深

按设计深度成孔后，应逐孔采用有效方法检查孔径、孔深，报请监理单位验收。并根据钻渣核实钻孔地质情况与设计图纸、地勘资料是否一致，应保证处理深度必须穿透疏松层，达到持力层中不小于 0.5m，设计桩顶应高出基底标高 300～500mm。孔径偏差不得大于 4%。

5.2.6　安放注浆管

桩孔中间安放钢制注浆管直达孔底。为保证小桩质量，增加小桩桩身的强度，注浆管一般用厚壁钢管，无特殊要求时可选用 D25～D32 钢管，注浆孔孔径及位置应根据土层、注浆压力及注浆部位现场决定。注浆管由下向上四周打孔，相邻注浆孔竖向间距一般取 100～200mm（下密上稀），止浆段长度一般取 1.5m，注浆孔必须满足多方向出浆，以确保加固效果。注浆管安放完成后将管口塞入塞子，防止落物堵管。

5.2.7　填级配碎石、振捣

采用粒径 5～15mm 级配碎石作为填充料，尽量使注浆管处于桩孔中心，在其四周均匀回填级配碎石，投料时应分段、逐层用钢锤捣密实，将级配碎石填至孔口下 100～500mm（主要取决于注浆压力，注浆压力越大封口深度越大）。

5.2.8　预封孔

小桩孔孔口下 100mm 左右深度范围内采用 C15 细石混凝土封堵密实，防止压力注浆时压力未达到要求浆液从孔口冒出，当细石混凝土强度达到设计强度后即可开始注浆。

5.2.9　初压注浆、复压注浆

（1）初压注浆：采用间隔注浆法，即注完第一个孔后，隔一个孔注第三个孔，第 1、3、5……称为一序孔，第 2、4、6……称为二序孔，注完一序孔后再注二序孔。每根桩注浆必须分两次进行，初压注浆压力可取试验所得允许压力的 80% 进行，也可根据规范取值，对砂土取 0.2～0.5MPa，对黏性土取 0.2～0.3MPa，对粉土取 0.2～0.4MPa。初压注浆达到设计压力后并保持压力稳定。

（2）复压注浆：待完成初压注浆后，静置 45min～2h 再进行复压注浆，待压力稳定在设计值即可成桩，补浆压力一般 1～2MPa。

（3）水泥选用 P·O 42.5 普通硅酸盐水泥（难以渗透时选用 SK 型超细水泥），拌合水符合混凝土用水标准的要求。

（4）注浆时必须严格控制水灰比，水泥浆制备时，搅拌时间不得少于 3min。制备好的浆液不得离析，泵送必须连续。常用水灰比宜为 0.6～2，掺入粉煤灰时，可用超量取代法，采用 1.2～2 倍粉煤灰替代部分水泥。

（5）在注浆时宜用流量泵根据冒浆情况控制输浆速度，使注浆泵出口压力保持在一定范围内（长桩取高值，短桩取低值），若采用高效减水剂等外加剂时应符合国标要求。

（6）灌浆量为碎石桩中碎石的空隙体积和桩周加固土层灌入孔隙体积之和。灌浆量 $V = V_s n_s + V_n m n$ $(1+L)$。式中，V_s 为碎石桩体总体积（m³）；n_s 为碎石桩的空隙率；V_n 为桩周加固土层的总体积（m³）；n 为桩周土体空隙率；L 为浆液损耗系数，取 5%～15%；m 为桩周土体的浆液充填系数，应通过试验确定，无试验资料时可按表 1 取用。

表 1　灌浆充填系数　　　　　　　　　　　　　　　　　　　　　　　m

软土，黏性土，细砂	中砂，粗砂	黄土
0.2～0.4	0.4～0.6	0.2～0.8

5.2.10　成桩、终封孔

压力注浆完成后即成桩，将高出地面的钢管割除，用细石混凝土填平管口。对于设计有配筋的小桩，注浆完成后注浆钢管埋入桩内可替代钢筋。

无砂混凝土小桩施工工艺流程见图 1。

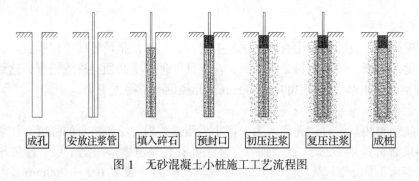

成孔　　安放注浆管　　填入碎石　　预封口　　初压注浆　　复压注浆　　成桩

图 1　无砂混凝土小桩施工工艺流程图

6　材料与设备

6.1　原材料选用

（1）碎石材料：为保证桩身强度及密实度，碎石粒径宜为 5～15mm，级配良好，填料应振捣密实。

（2）水泥：宜选用普通硅酸盐水泥，当土质的渗透系数较低时，采用普通的水泥浆液难以渗透到桩间土体，可采用平均粒径为 4μm，最大粒径为 10μm 的 SK 型超细水泥。水泥的质量、规格应符合《通用硅酸盐水泥》（GB 175）要求，并具有出厂质保单及出厂试验报告，确保在有效期内使用，严禁使用过期、受潮、结块、变质的劣质水泥。运到工地的加固料（水泥），应对水泥质量进行抽样检验，抽样试验频率根据规范要求及监理工程师意见确定。试验结果报监理工程师签认后方可投入使用。

（3）拌合水：拌合水符合《混凝土用水标准》（JGJ 63）的相关要求。

6.2　机具设备（表2）

表2　主要机械设备表

序号	设备名称	数量	单位	备注
1	水泥搅拌机	2	台	搅拌浆液
2	注浆泵	2	台	注浆
3	切割机、电焊机	1	套	钢管切割、焊接
4	潜孔钻机	2	台	开孔
5	地质钻机	1	台	成孔
6	泥浆比重仪	2	台	配制泥浆
7	手拖车	5	台	运输材料

7　质量控制

（1）严格控制水泥等原材料质量。按照设计要求选用水泥的品种，并采取防潮、防雨淋措施，坚持先进库的水泥先用，后进库的水泥后用，避免水泥因放置时间长而强度降低。

（2）严格控制水灰比（质量比），注浆压力根据复合地基的承载力计算得出注浆压力值，也可根据试验确定。

（3）注浆配合比经试验确定，注浆配合比设计应考虑强度、流动性、渗透性等综合特点，满足桩的承载要求，浆液要填充所有碎石空隙，还要渗入周围土体等因素。

（4）注浆次数必须经过试桩，由静压荷载试验检测符合设计要求后方可展开施工。

（5）无砂混凝土小桩的质量检验桩的垂直度偏差不得超过1%，桩位偏差不得大于50mm，桩径偏差不得大于4%。

（6）施工过程中必须随时检查施工记录，重点检查是水泥用量、桩长、桩径、注浆、压力、石子级配及振捣是否密实等。

（7）现场静载试验是检查单桩及复合地基承载力与变形模量的可靠方法，试验时间宜在无砂混凝土小桩完工20d后进行。

（8）桩身完整性检测可采用低应变测法，检测时间可在成桩10d后进行，数量按15%～30%抽检。

（9）采用本工法进行地基加固处理后，如需土方开挖施工的，应预留300mm以上土层由人工开挖，避免扰动或损坏无砂混凝土小桩。

（10）施工质量验收按照《建筑地基基础设计规范》（GB 50007）、《建筑地基处理技术规范》（JGJ 79）、《投石压浆无砂混凝土小桩复合地基技术规程》（YJQ B02）等规范规程执行。

8　安全措施

（1）建立健全安全生产机构，并实现严格的安全施工网络管理，制订安全生产制度，支持"安全第一，预防为主"的方针。认真执行安全生产管理中的"三大规程"和"五项规定"，搞好安全生产教育。

（2）施工人员进场后，项目技术负责人将施工方法和安全技术要求向全体职工进行详细交底，班组长每天都要对工人进行施工方法和作业交底，确保所有施工人员遵守工地的安全制度和规定。

（3）强化安全操作规程，严格按操作规程办事。

9　环保措施

（1）合理安排施工时间及场区布置，减少噪声对周围居民的干扰。

（2）施工现场、施工便道常洒水，防止尘土波及四周，控制施工废料的排放，以免污染附近水源和环境。

（3）施工现场污水及生活区污水，必须经过沉淀才能排入下水道。

生活垃圾严格按当地环保部门的要求定点弃除。

（4）施工中所清淤泥、树根杂草等非填筑料，要统一运到监理工程师指定地点或弃土场存放。

10　效益分析

（1）无砂混凝土小桩地基处理技术，与钢筋混凝土灌注桩相比，施工速度快，缩短工期；与人工挖孔桩相比，施工更快更安全；与预制桩相比，明显具有土体加固效果，更具土体与桩共同承载荷载的优势。本工法减少用桩量，可与其他工序穿插施工，大大缩短了工期和减少了投资。

（2）无砂混凝土小桩地基处理技术具有回填土后地基处理的优势，尤其是对周围环境要求严的工程项目，例如光通信产业园二期工程在主体结构完成以后增加超重 E-Beam 设备，地基加固条件受到空间的限制，无法使用大型设备，采用此种工法成功解决了地基承载力不足的问题，效果显著。

（3）经初步比较分析，本工法与普通深层搅拌桩复合地基方案相比，无砂混凝土小桩综合单价为 55 元/m 左右，普通深层搅拌桩综合单价为 65 元/m 以上，可节约基础工程造价至少 15.4%；与低强度等级混凝土桩复合地基相比（直径取 400～450 mm），其综合单价为 70 元/m 左右，可节省地基处理费用 20%。以光通信产业园二期工程地基加固为例分析：本工法比普通深层搅拌桩复合地基方案节约造价 10 元/m，比低强度等级混凝土桩复合地基方案节约造价 15 元/m，经济效益明显。

（4）符合环境保护要求，此种复合地基施工过程无振动，噪声极小，对邻近居民无扰动，无须泥浆制作，现场文明施工方面更容易控制。

11　应用实例

11.1　光通信产业园建设项目二期工程

光通信产业园建设项目二期工程位于江夏区流芳街潭湖路 1 号，生产厂房总建筑面积 29773.70m²，长 120m，宽 60m，地上 4 层，建筑高度 23.9m。生产厂房在主体结构封顶后，一层垫层施工完毕暂未施工底板，此时建设方根据生产需要要求一层洁净室新增加质量约 10t 的 E-Beam 防微振设备，因其质量超重导致原设计地基承载力不够，故需要对原地基进行加固处理。由于受到层高以及建筑结构框架的空间限制，经过研究分析，确定采用无砂混凝土小桩地基加固处理技术，施工时间 7d（不含检测时间）。无砂混凝土小桩直径 110mm，桩距 1.1m，呈梅花形布置，桩深进入④层粉质黏土层顶，处理深度约 7.1m，地基加固面积 6.6m×10m＝66m²，在处理的地基上施工钢筋混凝土设备基础。经专业机构进行静压荷载试验，加固后的地基承载力满足设计要求。经专业检测机构对防微振情况进行检测，检测结果合格，满足设备生产需要。

旋挖灌注桩正循环泥浆浮渣法清底施工工法

董道炎 贺桂初 段 杰 刘 锐 吕佳骅

湖南省机械化施工有限公司

摘 要：采用泥浆护壁进行旋挖钻孔灌注桩施工时，混凝土灌注前孔底沉渣通常难以清理干净，影响桩基承载力，可采用正循环泥浆浮渣法解决此类问题。当泥浆护壁成孔灌注桩成孔完成第一次清渣后，通过注浆管将补偿泥浆送至桩孔底部，先将注浆泵功率开到最大，快速运动的泥浆对桩底沉渣进行冲刷扰动，沉渣进而被循环上升的泥浆携带而处于悬浮状态；然后再将注浆泵功率降至最低，使沉渣在泥浆内处于缓慢运动的稳定状态而被带出孔底。本工法可减少泥浆用量及外运方量，节省约 1/3 清渣时间。

关键词：旋挖机；灌注桩；地基基础；泥浆正循环；浮渣法清底

1 前言

当建筑物的荷载较大，基础采用旋挖桩时，旋挖钻孔灌注桩成孔采用泥浆护壁，其混凝土灌注前孔底沉渣难以清理干净，对桩的承载力有十分大的影响。针对不同地质条件采用旋挖灌注桩正循环泥浆浮渣法清底施工可以减少孔底清渣时间，减少清渣泥浆使用量，降低清渣泥浆对孔壁的扰动，从而节约成本，保证桩基质量。我公司近几年通过祁阳金沙湾 B 区一期二标、长沙创远·湘江壹号 3.2 期38～42 栋桩基础工程等项目的应用，形成本工法，采用该工法施工获得社会的好评、较好的经济效益、良好的环保效应。

2 工法特点

（1）补偿泥浆是通过注浆管送至孔底，避免补偿泥浆对孔壁的扰动，从而保证了桩孔的质量、安全。

（2）补偿泥浆对孔底沉渣的冲击，使混凝土浇筑时孔底无沉渣，从而达到清孔的目的。

（3）在满足同等设计条件下，采用正循环泥浆浮渣的施工工艺清渣，可以减少泥浆用量，减少泥浆外运方量，从而减少工程造价。

（4）采用正循环泥浆浮渣法进行清渣，较其他清渣工法可节约 1/3 的清渣时间，提高施工效率，从而保证施工进度。

3 适用范围

正循环泥浆浮渣的施工工艺适用于旋挖方式成孔、利用泥浆护壁的灌注桩。

4 工艺原理

正循环泥浆浮渣是采用泥浆护壁灌注桩成孔完成第一次清渣后，在混凝土浇筑前，采用注浆泵通过注浆管将补偿泥浆送至桩孔底部。先将注浆泵功率开到最大，使泥浆具备冲刷作用；然后快速运动的泥浆对桩底沉渣进行冲刷扰动，沉渣在泥浆中泛起，被循环上升的泥浆携带，在泥浆的黏度特性下处于悬浮状态；再将注浆泵功率降至最小功率，使泥浆通过注浆管流入孔底，减少泥浆的使用量且能使沉渣在泥浆内处于缓慢运动的稳定状态。

5 施工工艺流程及操作要点

5.1 施工工艺流程

施工准备→场地平整→测量放线→泥浆制作→钻机就位成孔（泥浆护壁）→第一次清孔→钢筋笼

安装→导管安装→安装注浆管→制作补偿泥浆→连接注浆泵并注入补偿泥浆→灌注混凝土。

5.2　操作要点

（1）场地要求：旋挖桩机就位前，必须保证场地承载力达到 100MPa 以上、场地倾斜度 2% 以内。当地基承载力达不到要求时，应铺垫钢板或路基箱；当场地倾斜度达不到要求时，由挖掘机对场地进行平整。

（2）泥浆要求（表1）

表1　钻进时泥浆性能指标

地层情况	密度（g/cm³）	黏度（s）	含砂率（%）	胶体率（%）	酸碱度（pH）
黏土、亚黏土	1.08～1.12	18～27	＜2	90～95	8～10
粉、细、中砂层	1.10～1.20	18～27	＜2	90～95	8～10
砾石层	1.10～1.20	17～18	＜2	90～95	8～10
清孔泥浆	1.18～1.20	22～27	＜2	90～95	8～10

泥浆的配合比根据现场试钻情况确定，它以水为主体，水中溶解膨润土或 CMC（羧甲基纤维素）、烧碱等原料。

（3）钻机就位：场地达到要求后，测放桩位后钻机可以就位，调整钻杆垂直度达 1% 以内，钻头中心偏位 50mm 以内。

（4）成孔：钻机调整完成后，即进行成孔作业。在钻进过程中采用泥浆护壁，并不断向孔内补充泥浆，保证孔内泥浆浆面在护筒内。

（5）第一次清孔，钢筋笼安装，导管安装：钢筋笼安装前进行第一次清孔，采用清底钻头对孔底进行第一次清渣，待符合设计要求后进行钢筋笼安装及导管安装。

（6）安装注浆管：注浆管沿着导管安装，注浆管接头紧密，插入孔底离孔底 30～50cm 左右。

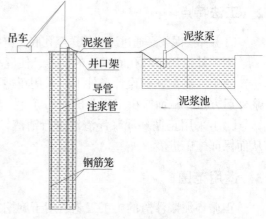

图1　工艺流程图

（7）连接注浆泵并注入补偿泥浆：混凝土浇筑工作准备好后，在混凝土浇筑前约 30min 左右，开动注浆泵。注浆泵功率使用分两阶段进行：第一阶段，使沉渣受到冲击从孔底随泥浆上浮。将注浆泵功率开到最大，使泥浆具备冲刷作用。快速运动的泥浆对桩底沉渣进行冲刷扰动，沉渣在泥浆中泛起，被循环上升的泥浆携带悬浮。第二阶段，使孔底沉渣保持悬浮稳定状态阶段。此时将注浆泵功率降至最小功率，使泥浆通过注浆管流入孔底。使沉渣在泥浆内处于缓慢运动的稳定状态。

（8）孔内泥浆比较黏稠，密度大于 1.20g/cm³ 时，要在孔附近挖一小泥浆坑，对孔内泥浆进行循环稀释；当孔内泥浆过于黏稠，泥浆密度 1.3g/cm³ 以上时，应先加水稀释孔内泥浆，适当排掉一部分黏稠泥浆。

6　设备

本工法采用的机具设备见表2。

表2　配套设备表

序号	设备名称	设备型号	单位	数量	用途
1	旋挖钻机	BG26	台	1	施工钻进
2	旋挖钻机	SWDM36	台	1	施工钻进

序号	设备名称	设备型号	单位	数量	用途
3	护筒	按现场情况	个		
4	水泵	7.5kW	台	1	抽泥浆
5	注浆管	$\phi 7.5$	m	50	注泥浆

7 质量控制

（1）项目技术人员对施工过程中可能会发生的情况及时记录，发现问题及时解决。

（2）施工过程中对施工人员进行技术培训、技术交底。

（3）第一次清渣应尽量将孔底沉渣清理干净。

（4）在钢筋笼安装过程中，注意避免钢筋笼对孔壁的破坏。

（5）泥浆在制作过程中应根据不同地质情况配置不同参数的泥浆。钻孔使用的泥浆和清渣使用的泥浆黏度、密度均达到要求。

（6）及时进行混凝土的浇筑工作。

（7）实施过程可参照以下规范执行：《建筑桩基技术规范》（JGJ 94—2008）、《建筑工程施工质量验收统一标准》(GB 50300—2013)。

8 安全措施

（1）设置施工安全、施工进度、施工简介及其他宣传标牌图表。施工区域设置相应安全警示标志。

（2）强化施工管理，计划好各工序搭接，做到紧张施工，忙而不乱。施工人员必须戴安全帽，持证上岗，管理人员配戴标志牌，便于统一管理和建设、监理方联系工作。

（3）现场施工管线，包括：电线、电缆、胶皮、水管、气管等合理架设和布置，并有专人负责管理。

（4）加强管理，加强职工（含农民工）思想教育，虚心接受建设、监理、设计、质监方的技术质量监督检查和询问，礼貌待人，紧密配合对施工质量的核查，做到文明施工，树立优质服务思想。

（5）根据有关法规，结合工程的具体特点，建立安全生产管理体系，明确岗位安全责任，执行安全生产责任制。

（6）施工前，应先确定现场作业区域的地基承载力与倾斜度是否满足旋挖作业要求，以防旋挖钻机倾覆。

（7）施工现场按照防坠落、防触电、防机械伤人等安全规定布置各类安全警示的标示牌，泥浆池采取防护措施。

（8）编制施工临时用电专项施工方案并严格按照施工现场临时用电安全技术规范的有关规定执行。

（9）已施工完成的桩位，空桩宜用土回填，以防误入。

9 环保措施

（1）严格遵守环境保护的法规，根据建筑工程现场环境与卫生标准制订环保制度，建立环保管理体系，落实岗位责任，接受相关单位的监督和检查。

（2）施工现场布置合理，文明整洁。

（3）泥浆池采用二级沉淀措施，对泥浆循环重复利用。设立废浆池、沉淀池，可能产生的污水、废浆应防止乱排，并进行无害处理。

（4）居民区夜间施工遵守当地政府的规定，严格控制作业时间，防止噪声扰民。

（5）定期清理运输弃渣、废浆，清运车辆采用密闭渣土车，现场出口设置洗车槽，对进出车辆进行清洗，防止污染市政道路。

10　效益分析

（1）采用本工法，根据试验情况对比，本工法与其他清渣法相比减少泥浆使用量50%以上；可有效提高成孔成功率20%左右。如创远·湘江壹号3.2期38～42栋桩基础工程，该项目总造价1900万，泥浆护壁费用节省约27万，土方外运节省约20万，钻机配件及管理间接成本节省约10万，总成本节省约57万。

（2）采用本工法可有效提高工作效率，加快施工进度。

（3）降低其他间接成本约1%～2%。

（4）环保效应：节约水资源、节省燃油资源、减少泥浆污染。

11　应用实例

11.1　金沙湾 B 区一期二标

金沙湾B区一期二标桩基工程位于祁阳市祁阳县金盘西路。于2017年10月—2017年11月期间进行施工。场地土层上部为0～13m杂填土（含石块），80%以上桩有溶洞。采用旋挖钻孔灌注桩，桩径分别有0.8m、1.0m、1.2m，桩长20～48m，总桩数436根。施工过程中孔底沉渣清理一直无法满足设计及规范要求。采用本工法后，使用泥浆相对密度1.25，黏度25s，含砂率<2%进行清孔。工程桩检测采用超声波及抽芯，桩底沉渣厚度满足规范及设计要求。

11.2　创远·湘江壹号 3-2 期 38～42 栋桩基础工程

创远·湘江壹号3.2期38～42栋桩基础工程位于长沙市湘江北路和创远路交界处，于2017年7月—2017年9月期间进行施工。场地土层上部为0～5m杂填土，下部为强风化泥质粉砂岩和中风化泥质粉砂岩。采用旋挖钻孔灌注桩，桩径分别有0.8m、1.0m、1.2m，桩长20～25m，总桩数870根。施工期间采用传统正循环泥浆置换进行清渣，但由于需要泥浆量过大，施工场地受限，清渣时间长等原因使施工无法满足进度要求。采用旋挖灌注桩正循环泥浆浮渣法清底工法后，场地内泥浆池由原来4个减少到2个，清渣时间较原来缩短1/3，清渣效果显著。工程桩检测采用超声波及抽芯，桩底沉渣厚度满足设计要求。

图 1　旋挖清底钻头

图 2　旋挖钻机进行钻孔

图 3　泥浆池现场围护

图 4　三级过滤泥浆池

图 5　对废弃泥浆进行沉淀、回收利用

图 6　泥浆各项指标测定（密度计）

图 7　下放钢筋笼

图 8　孔底清渣

图 9　混凝土浇筑

图 10　桩芯混凝土抽芯检测

高填方复杂地质旋挖桩施工工法

姜胤延　李　琦　孙博雅

湖南省第四工程有限公司

摘　要： 为了解决高填方复杂地质条件下旋挖桩施工难问题，可先对高填方素土进行强夯处理，再用周转钢护筒（长 12m）护住高填方素土，保证钻孔过程中的桩壁不塌方、不缩径。针对溶洞溶槽、桩底流泥、地下暗河等问题，采用永久钢护筒以保证桩基正常钻孔与浇筑。此工法在软弱土层施工深度可达 30m 以上。

关键词： 高填方；复杂地质；旋挖桩；周转钢护筒；永久钢护筒

1　前言

　　邵东县 2017 年易地扶贫搬迁集中安置区项目施工红线范围内全部都是回填土，回填土最深达到 10m，平均回填深度有 7～8m；并且回填土场地大部分在原有的池塘与淤泥之上，其中软弱泥层深度平均达 5m 以上；且回填土以下地质情况非常复杂，少数旋挖桩深度 30m 以上；回填土主要由碎砖、石块和黏土组成，结构松散，土质不均匀，采用全断面纵填法，没有采取任何夯实措施，且石块尺寸大、数量多；桩基础 288 根桩基，"探溶"过程中注入大量的水，回填土吸收"探溶"注入的水，造成旋挖桩施工在钻孔过程极易塌方、缩径；持力层岩面与土层的接触面基本都是流泥，旋挖钻在钻入岩 50cm 时，四周的流泥涌入桩内，导致底部越掏越大，且地下存在溶洞溶槽、地下暗河，在常规旋挖桩施工浇筑混凝土的过程中，混凝土突然向溶洞会溶槽内渗透，桩内混凝土猛然下沉，特别是有些桩基，夜晚施工时将桩内混凝土缓慢灌注完成，第二天早上发现桩内混凝土下沉了 5m，造成废桩，重新施工。

　　针对以上施工情况采取了强夯作为辅助措施使高填方土基密实便于机械行走，保证施工安全，同时采用组合钢护筒维护桩壁为主的旋挖桩施工工法。强夯作业解决了回填土塌孔、缩径、机械无法行走等问题，而钢护筒解决了溶洞溶槽、地下暗河、流泥等问题

　　在邵东县异地扶贫搬迁集中安置区工程中采用了本工法，不仅缩短了工期，且对质量也能有效地控制，同时钢护筒的组合形式降低了成本。在本工程桩基础施工中摸索出了一些施工特点和要点，故根据实际施工经验编制本工法。

2　工法特点

　　（1）强夯施工处理基础使得高填方土基密实，便于机械作业同时保障安全施工，钢护筒维护桩壁防止塌孔、缩径、流泥、溶洞溶槽、地下河等问题，尤其适合高填方未经处理和有自然沉降现象的地质情况及其复杂的施工区域。

　　（2）钢护筒分为周转性与永久性两种，可视地质情况设置，可降低造价。

　　（3）钢护筒维护桩壁避免塌孔、缩径、流泥、溶洞溶槽混凝土丢失、断桩等，因此可保证桩基质量。

　　（4）钢护筒旋挖钻干挖法钻孔灌注桩施工方法，孔口稳定、阻隔地下水、保护孔壁、防止孔壁塌孔、减少泥浆排放、钢护筒循环利用、能有效提高安全文明施工。

　　（5）钢护筒保证了混凝土浇筑正常，能保证施工工期。

　　（6）此施工工法可在软弱土层施工深度达 30m 以上。

3　适用范围

　　适用于高填方未经处理和自然沉降的地质情况及其复杂区域，特别适用于地质情况复杂，地下存

在暗河、多层溶洞溶槽、可流动的软塑状黏土工程。

4　工艺原理

利用强夯机械密实高填方素土以便钻孔桩机械行走能正常施工，避免安全事故，周转钢护筒（长12m）护住高填方素土在钻孔过程中的桩壁不塌方、不缩径，永久钢护筒针对溶洞溶槽、桩底流泥、地下暗河等问题保证正常钻孔与浇筑，再结合地质情况采取周转钢护筒与永久钢护筒组合施工工艺，达到效益最大化。

5　施工工艺流程及操作要点

5.1　工艺流程（图1）

5.2　强夯施工

场地平整，测量层面标高；夯点定位放线；机械夯锤就位对点开夯；第一遍夯完验完场地整平；第二遍夯点定位放线；机械夯锤就位对点开夯；第二遍夯完验收后场地整平；3000kN·m满夯后整平；测量夯后标高；地基检测。

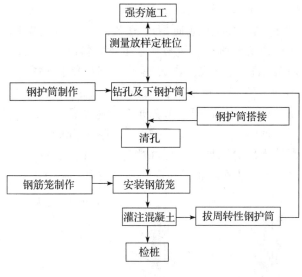

图1　施工工艺流程

5.3　测量放样定桩位

根据设计所提供的控制点，采用全站仪现场布置控制网并复核。依据桩基中心轴线坐标值，采用极坐标法放样桩基中心线、桩基中心点等，并打入标桩，中心线的放样误差应控制在2cm范围内。在距桩中心一定距离的稳定基础上设置十字形控制桩，便于校核，桩上标明桩号。

5.4　钻孔及下钢护筒

5.4.1　钻孔

选用比桩径大10cm的钻头，钻进时应先慢后快，开始每次进尺为40～50cm，确认地下是否为不利地层，进尺5m后如钻进正常，可适当加大进尺，每次控制在70～90cm。旋挖钻先用比设计桩径大10cm钻头开挖孔口，成孔达回填土以下后，用起重吊车、振动锤相互配合将孔口钢护筒埋设安装至素填土位置以下1～2m左右，保证素填土不塌方；旋挖钻继续开挖，地质情况良好则更换比设计桩径大10cm的钻头开挖至设计要求的持力层入岩50cm；如遇地下水、溶洞溶槽、持力层存在流塑状黏土，则开挖至要求的持力层（开挖过程要求不能中断，持续开挖如遇特殊情况则回填处理后再开挖）下第二节永久性钢护筒，钢护筒同样入岩50cm。

5.4.2　钢护筒制作

（1）钢材材质采用Q235钢。钢板厚度采用δ=15mm及δ=8mm两种，且每节钢护筒长度根据回填土的深度确定为12m。

（2）钢护筒制作要求：焊缝连续、饱满、不漏水，能满足受力及施工要求，钢护筒两个方向的直径误差不大于5mm，钢护筒节段间错台不大于3mm，钢护筒对接应顺直，不垂直度不大于0.1%，钢护筒端面平整，钢护筒分节制造完毕在进场前验收合格。

（3）钢护筒施工根据地质情况，采用先钻孔后下钢护筒的施工方式，钢护筒的施工分为永久性钢护筒和周转性钢护筒两种，永久性钢护筒壁厚8mm，周转性钢护筒壁厚15mm且要加反边帽。

5.4.3　永久性钢护筒施工

采用直径大于钢护筒10cm钻头，按照钻孔桩的要求钻孔至设计标高后，提起钻头放到钻机上臂把钢护筒用吊车垂直吊放至孔内。如钻孔过程中塌孔、缩径现象严重，钻孔时间过长，则采取周转性钢护筒与永久钢护筒组合形式（组合形式见图2）。

5.4.4　周转性钢护筒施工

根据实际情况确定钢护筒使用形式：

方案一：为确保桩径不小于设计与钢筋笼的保护层厚度，桩径扩大20cm，底部地质情况较好，则上部素填土部分采用周转性钢护筒，由于素填土部分深度最深有10m，所以保证周转性钢护筒12m长，厚15mm，见图3。

方案二：因地质情况复杂，在素填土层以下出现溶洞溶槽、流塑状软黏土等情况下，采取两节钢护筒形式，扩大第一节钢护筒比桩径大20cm，第一节钢护筒长12m，厚15mm，仍作为周转性钢护筒，第二节为永久性钢护筒，长度直至桩底岩层并深入岩层50cm，厚度8mm。如遇素填土部分因地下水侵蚀严重时，则周转性钢护筒也作为永久钢护筒使用，不再拔出，见图4。

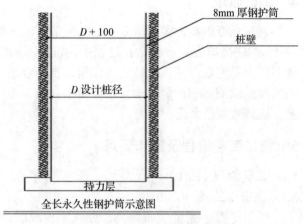

图2　全长永久性钢护筒示意图

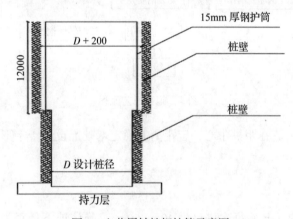

图3　上节周转性钢护筒示意图

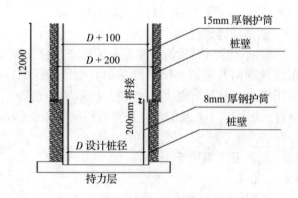

图4　上节周转下节永久钢护筒示意图

5.4.5　钢护筒搭接

当钢护筒在井口进行接长时，钢护筒下放至井口，在钢护筒上对称加焊两个15cm长的[10槽钢作为挡块。利用井口的回旋钻机并加设两根横杠固定已下放的钢护筒。用吊车吊起要接长的钢护筒，对正后先进行外侧焊接，在外侧焊接检查合格后，对连接处焊渣除锈，验收合格后下放。若周转性钢护筒先下，永久性钢护筒与周转性钢护筒无法紧密连接，故采取周转性钢护筒深入永久性钢护筒外围土层200mm以上（图4该高度视搭接部位地质情况可加高）。

5.5　清孔

钻进到设计深度后，采用旋挖斗清孔，密切注视电脑上的深度显示值，当显示值为钻进深度显示值时，原位正向旋转4～5转，使孔底的沉渣旋入容斗内，同时利用旋挖斗的平底斗齿将孔底清理为平底，然后提出旋挖斗卸渣，为确保孔底沉渣满足要求，第一次掏渣后还需用测绳检测孔深，如果测量深度与钻进深度一致，表明清孔合格，否则再次用旋挖斗继续清渣至合格。

5.6　钢筋笼制作与安装

（1）钢筋笼在现场钢筋加工场集中制作，加强箍筋间距为2m，为环状，其四周分设4个环形混凝土保护层垫块；钢筋笼宜采用整节制作，整体吊装入孔。吊装过程中确保钢筋笼刚度满足要求，钢筋笼制作完后，逐节进行检验。

（2）钢筋笼吊装之前，先对钻孔进行检测。检测使用的探孔器直径和钻孔直径相符，主要检测钻孔内有无坍塌和孔壁有无影响钢筋安装的障碍物，如突出尖石、树根等，以确保钢筋笼的安装。

（3）为确保钢筋起吊时不变形，采用两点水平起吊，起吊吊点应设在加劲筋部位，待骨架立直后，由上吊点吊入孔内。

（4）钢筋笼下放要严格控制主筋位置，按设计要求放置，到位后，要采取固定措施，使用两根直径 32mm 钢筋接长主筋焊接在护筒内壁或钻机底盘上，防止浇筑混凝土时钢筋笼上浮。

5.7　灌注混凝土与拔钢护筒

因地下水较多。存在淤泥清理不干净或泥水影响混凝土质量，故少数桩采用水下混凝土浇筑方法，最终让底部泥浆水从上部冒出地面，无水桩采用导管干灌法灌注钻孔桩混凝土。混凝土采用商品混凝土，混凝土搅拌运输车运输，直接或泵送灌注。导管使用前应试拼、试压，确保导管水密、承压和接头抗拉拔强度满足要求，并试验隔水栓能否顺利通过，试水压力为 0.6 ~ 1.0MPa。导管应安装在钻孔桩的中心，由稳固架支固。导管的底部至孔底的距离为 300 ~ 500mm。浇筑过程中如遇混凝土高度不上升则采取断断续续浇筑方式，间断时间不得超过混凝土初凝时间。

浇筑混凝土时，通过汽车吊、振动锤、混凝土泵送车配合，边灌注混凝土、边提拔钢护筒，直至混凝土灌注结束。

5.8　检桩

桩施工完毕 28d，强度达到设计要求后按要求进行检测，每根桩要进行低应变检测，且抽取一定数量的桩进行取芯检测。桩基检测应由具备检测资格的单位进行，取芯的样桩由监理、设计院及业主共同确定，既要具有代表性，又能反映出施工的真实情况。

6　主要的机具设备（表 1）

表 1　主要机具设备

序号	机械设备名称	型号规格	数量
1	振动锤	DZ60 型	1 台
2	挖掘机	P240 型	1 台
3	装载机	50	1 台
4	旋挖机	280 型	2 台
5	电焊机	BX-1-500	2 台
6	汽车吊	50t	1 台
7	全站仪		1 台

7　质量控制

（1）设专职质量检查人员，配合监理工程师对原材料、各工序质量进行全面检查。认真贯彻质量标准，特殊工种实行持证上岗，实行全过程质量控制。

（2）按规范施工，可详细参阅《建筑地基基础工程施工规范》（GB 51004—2015）。

（3）严格控制进料和加工：

①钢护筒在加工制作过程中严格控制每节的垂直度以及结构尺寸，焊接过程中固定好位置，接缝防止过大的变形。

②在运输过程中将钢护筒支垫平稳、捆绑牢固，防止在运输过程中变形。

③钢护筒存放在支垫好的平整枕木上，两侧用木楔子卡死，防止滚动。

④钢护筒在吊装过程中使用多点起吊防止变形。

⑤钢护筒垂直度通过电脑对中，人工吊锤检查控制，随时纠偏。

（4）因桩壁为较松黏土或钢护筒，完全不用考虑桩的摩擦力甚至有负摩擦力，因此采用此施工工法时一定要和设计沟通考虑桩端承载力、桩底的宽度及施工时注意桩端全部入岩深度及宽度。

8　安全措施

（1）钢护筒起吊安装过程设置专职安全员现场检查。

（2）特殊工种持证上岗，并进行岗前教育。

（3）要在指定电箱上接现场用电，设备有专用开关箱，并接漏电保护器，接线不得任意接长。电缆线必须架空或埋地敷设，严禁裸露地面。

（4）加强日常检查，做到文明施工、安全生产。

（5）电缆线路应采用"三相五线"接线方式，各种电气设备应处于完好状态，机械设备的运转部位应有安全防护装置，电气设备应可靠接地、接零，并由执证人员安全操作。

（6）加强起重机械的定期、不定期及日常检查。

（7）已成型或半成型的桩，在未浇筑混凝土前要设置围挡或覆盖盖板，并设警示标志。

9　环保措施

（1）现场设置的排水沟、集水坑架设围护栏杆。

（2）严格执行建筑施工场界噪声限值，控制和降低施工机械和运输车辆造成的噪声污染。

（3）合理安排作业时间，避免夜间施工，使施工噪声对周围环境影响减少到最低程度。

（4）粉尘的作业环境中，除洒水外，作业人员还配备劳保防护用品。

（5）对施工场地道路进行硬化，土方运输中散落在场地的渣土由专人清扫干净，晴天有专人对施工通行道路进行清扫洒水，防止尘土飞扬，污染周围环境。

10　效益分析

（1）解决了高填土方密实度不够、机械不宜行走、易发生安全事故的问题。

（2）解决了高填土方缩径、塌方的问题。

（3）相比于普通的注浆解决溶洞溶槽与流泥、地下水的方法，本工法在成本上能得到有效控制，并能有效地控制工期。

11　应用实例

邵东县 2017 易地扶贫搬迁集中安置区项目桩基础 288 根桩基，灵活合理使用该工法后，并经过低应变与钻芯取样检测，经评定全部合格。该工程采用钢护筒处理该地质的溶洞溶槽、流塑状软黏土，保证了质量，并合理结合几种方法节省了成本，为该类地质桩基础施工积累了经验。

筒中筒钢护筒钻孔灌注桩施工工法

彭哲学　李拥军　赵昂志　杨　博

湖南省第四工程有限公司直属项目管理公司

摘　要：为了解决临江高水位环境下圆砾层及上层回填土（大型钢筋混凝土块建筑垃圾）地层中钻孔灌注桩易塌孔、卡钻、移位等问题，可采用筒中筒钢护筒（短护筒＋长护筒）旋挖成孔灌注桩技术，即短钢护筒穿过建筑垃圾杂填土，在短钢护筒内振沉长钢护筒穿过圆砾层，长钢护筒以下采用膨润土泥浆护壁旋挖成孔，工艺简单、成桩质量可靠，且钢护筒可以重复利用，节约施工成本。

关键词：钻孔灌注桩；筒中筒；钢护筒；膨润土泥浆

1　前言

中南大学新校区商学楼工程紧邻湘江，地下水位高、压力大，场地地层土质主要为建筑垃圾杂填土（厚约 4m）、粉质黏土（厚约 2m）、圆砾层（厚约 10m）、强风化砾岩（厚约 3m）、中风化砾岩（厚约 5m），钻孔灌注桩采用传统的泥浆护壁难以保证孔壁稳定，采用长钢护筒也难以穿透表层回填土中的大块建筑垃圾及圆砾层。为了解决密透圆砾层及上层回填土层中大型钢筋混凝土块建筑垃圾等易塌孔、卡钻、移位问题，保证桩基施工质量，采取了筒中筒钢护筒（短护筒＋长护筒）旋挖成孔灌注桩施工技术，解决了复杂地质的桩基施工，总结出一套成熟的施工方法，形成施工工法，为以后钻孔灌注桩施工提供经验和借鉴。

2　工法特点

（1）筒中筒钢护筒旋挖成孔灌注桩施工采用短钢护筒穿过建筑垃圾杂填土，在短钢护筒内振沉长钢护筒穿过圆砾层，长钢护筒以下采用膨润土泥浆护壁旋挖成孔，无须增设其他机械设备，操作简易、方便。

（2）解决了传统旋挖成孔灌注桩在建筑垃圾杂填土层、圆砾层无法成孔的问题，保证了桩基工程施工质量和施工工期，施工速度较传统工艺快。

（3）在钢护筒压入前后，通过钢护筒中心定位及调整护筒垂直位置，确保了桩孔中心定位精度和垂直度。

（4）避免了土方大开挖及二次转运，减少了扬尘污染，降低了对地下水的污染，满足了环保要求。

（5）钢护筒可以重复利用，节约了施工成本。

3　适用范围

本工法适用于含大块建筑垃圾杂填土层、圆砾土层、紧邻江河地下水位较高、易塌孔地层的钻孔灌注桩施工。

4　工艺原理

筒中筒钢护筒旋挖成孔灌注桩施工技术是利用专用振动设备使短钢护筒、长钢护筒克服各土层间与护筒间的摩擦力，使护筒穿越桩机钻孔施工中的不利地层直达目标土层，利用泥浆护壁排除渣土，保证灌注桩成桩的施工技术。

5 施工工艺流程及操作要点

5.1 施工工艺流程（图5.1）

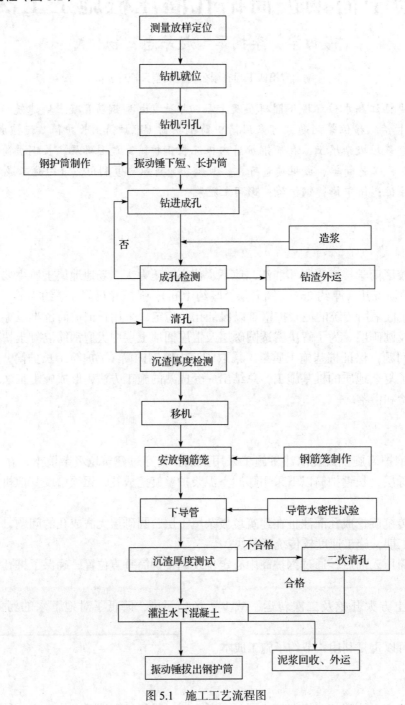

图5.1 施工工艺流程图

5.2 操作要点

5.2.1 测量放样定位

依据设计图纸的桩位进行测量放线，使用全站仪测定桩位。在桩位点打300mm深的木桩，桩上标定桩位中心，并采用"十字栓桩法"做好标记，并加以保护。测量结果经自检、复检后，报请监理复核，复核无误并签字认可后，方可施工。

5.2.2 钻机就位

钻机就位时，要事先检查钻机的性能状态是否良好。保证钻机工作正常。通过测设的桩位准确确定钻机的位置，并保证钻机稳定，通过手动粗略调平以保证钻杆基本竖直后，即可利用自动控制系统调整钻杆以保持竖直状态。钻机就位后，保持钻机平稳，旋挖机钻尖对准桩位中心。

5.2.3　钻机引孔

钻机引孔选用钻头为800mm，引孔穿过杂填土层，深度约4m。

5.2.4　振动锤下短、长钢护筒

（1）钢护筒制作

①护筒宜采用12mm厚钢板卷制成型，其内径大于钻头直径200mm，上部宜开设1～2个溢浆孔，根据地质条件确定护筒长度。

②最下面一节钢护筒宜设置内口的刃脚，减小护筒下放的阻力，保证护筒顺利下放到位。

③护筒与护筒之间采用焊接连接。

（2）振动锤下短、长钢护筒

①在打完钢护筒引孔后，在引孔内先振沉直径1.4m、长4.0m的短钢护筒，机械清除筒内大块建筑垃圾后，再在钢护筒内振沉直径1.0m、长7.5m的长钢护筒。待长钢护筒全部振沉完毕，抽出短钢护筒，回填长钢护筒周边土方后，再进行后续施工。短钢护筒施工详见图2。

②护筒安装时，钻机操作手利用扩孔器将桩孔扩大，之后通过大扭矩钻头将钢护筒压入设计标高。护筒压入前及压入后，通过靠在护筒上的精确水平仪调整护筒的垂直位置。护筒顶一般高于原地面0.3m，以便钻头定位及保护桩孔。

③振动锤夹紧护筒，锁定装置锁定后方可起吊护筒，保证使用安全可控。

④护筒起吊后，由施工人员指挥入孔。入孔后不加力，靠护筒自重下沉，技术人员用经纬仪或者线坠随时调整护筒垂直度，保证入孔顺直。

⑤靠自重护筒无法下沉时，开启振动锤加压下沉，如遇阻力无法下沉，应查明原因后继续操作，不能强行加压，防止护筒下边缘卷边或弯折，造成护筒损坏。长钢护筒施工见图3。

图2　短钢护筒施工　　　　　　　　　　　　　　图3　长钢护筒施工

⑥应根据振动锤功率大小及护筒入土产生的侧摩阻力确定钢护筒的壁厚，一般护筒壁厚应采用≥12mm的优质钢板制作。钢护筒壁厚若不够，在施工过程中钢护筒卷边、弯折变形严重，损耗率较高，会降低钢护筒周转使用次数。

5.2.5　钻进成孔

护筒到达预定深度后，成孔钻机重新就位，钻头着地，旋转，开孔。以钻头自重并加液压作为钻进压力。当钻头内装满土、砂后，将其提升上来，开始灌水。旋转钻机，将钻头中的土转运到翻斗车上。关闭钻头活门，将钻头转回钻进地点，并将旋转体的上部固定住，降落钻头，施钻至设计桩底标高。

5.2.6　终孔

钻孔达到设计深度后，核实地质情况，检测孔径、孔壁、垂直度等，必须确认满足设计和验标要

求后方可进行清孔。

5.2.7 一次清孔

第一次清孔在钻孔深度达到设计深度后进行，清孔采用换浆法。清孔时注意保持孔内水位，清除钻渣和沉淀层，减少孔底沉淀厚度，清孔应满足规范要求后再下放钢筋笼。

5.2.8 钢筋笼制作、安装

根据设计图纸及超前钻结果下料制作钢筋笼，钢筋笼采用 4 个 60mm 厚对称混凝土滑轮保护层（图 4），钢筋笼安装标高、中心位置等需满足设计要求及规范要求。

5.2.9 导管下放

钢筋笼安装固定后，组织人员进行导管下放安装，检查导管长度，控制底口距离孔底 0.25～0.4m，并位于钻孔中央。导管须经水密试验不漏水。

5.2.10 二次清孔

导管下放到位后，应立即进行孔底沉渣检测，若沉渣厚度不满足设计要求时，要二次清孔，循环时应注意保持泥浆水头并补充优质泥浆防止塌空。

图 4　混凝土滑轮保护层

5.2.11 灌注水下混凝土

清孔结束检验合格后，立即拆除吸泥弯头，及时进行混凝土灌注。混凝土采用汽车泵结合水下灌注混凝土施工工艺进行灌注。

5.2.12 振动锤拔除护筒

混凝土灌注满足设计要求后，振动锤设备重新就位，将长钢护筒拔出桩孔，钢护筒循环使用。拔护筒控制要点：

（1）拔除护筒过程中，振动锤应匀速，防止提拔速度过快导致混凝土密实度下降，影响桩体质量。

（2）护筒拔出应保持垂直，在现场施工员指挥下完成，保证护筒垂直度，防止护筒垂直度变化造成桩体局部夹泥。

（3）为保证桩头质量，混凝土应超灌 800mm。护筒拔至最后一节时，应检查护筒内混凝土标高，如果混凝土桩顶标高不够，应将护筒内泥浆清理干净，进行二次灌注。

6　材料与设备

6.1　材料

本工法使用的钢护筒：短钢护筒直径为 1.4m、长 4.0m、厚 12mm；长钢护筒直径主要为 1.0m、长 7.5m、厚 12mm；钢护筒顶部周边采用 12mm 钢板包边，包边高度 300mm。

6.2　设备

采用的机具设备见表 1。

表 1　机具设备表

序号	名称	型号	单位	数量	备注
1	旋挖钻机	ZR250B	台	2	
2	振动锤	470	台	1	插拔护筒
3	挖掘机	W1-200	台	1	
4	装载机	XG910	辆	1	
5	运渣车	联合众卡 340	辆	2	
6	汽车吊	25t	台	1	

续表

序号	名称	型号	单位	数量	备注
7	混凝土泵车	HY5500THB56V	台	1	
8	导管	内径300mm	套	2	
9	电焊机	DZH-500	台	4	
10	钢筋弯曲机	WJ40-1	台	1	
11	钢筋切断机	GJ51-32	台	1	
12	钢筋调直机	YGT5-12	台	1	
13	泥浆泵	BW850/2	台	1	
14	全站仪	中海达 ZTS-121R4	台	1	
15	水准仪	DS32-X7	台	1	

7　质量控制

7.1　工程质量控制标准

筒中筒钢护筒钻孔灌注桩施工质量控制应执行《建筑桩基技术规范》（JGJ 94—2008）、《建筑地基基础工程施工质量验收规范》（GB 50202—2002）、《建筑地基基础设计规范》（GB 50007—2011）。

7.2　质量控制措施

7.2.1　注意事项

（1）开工前进行图纸会审，勘察施工场地，合理进行施工平面布置，施工场地要平整到位，提前确定钻机行走路线。

（2）护筒每次使用完毕后应及时进行清洗和修补，提高周转次数，增加经济效益。

（3）施工过程中，钻孔产生的钻渣宜及时清运，防止干扰相邻桩的施工作业。进行弃土清运施工时应有专人负责，做好成品保护以及已测放桩位的保护，并做好复核工作。

7.2.2　技术措施

（1）桩位偏差控制措施：开孔前对桩位进行复核，复核无误后方可开孔。

（2）垂直度偏差控制措施：开工前应使用全站仪对进场设备钻杆垂直度进行校核，满足规范要求后方可使用。在插拔护筒过程中，使用全站仪或者线坠控制护筒垂直度。

（3）钢筋笼居中措施：从桩头向下 200mm 位置沿钢筋笼长度间距 4m 在相邻主筋之间安装用作保护层的导向混凝土预制件，端部大于 2m、小于 4m 再设置一排导向轮，每断面均匀设置 4 个混凝土预制件导向轮，导向轮直径为 60mm，用钢筋焊接在钢筋笼外侧。

7.2.3　管理措施

（1）保证混凝土连续供应，设专人与混凝土搅拌站调度室联系，保证混凝土的供应根据现场情况及时拌制后发送。防止混凝土灌注时间过长，导致护筒无法拔出。

（2）保证施工机械正常运转，所有施工机械每天定时检修，易耗易损配件要有储备，出现损坏能及时更换。高温天气混凝土输送泵管用草袋包裹洒水降温，防止堵管。

（3）保证施工水电满足施工需求，现场配备发电机一台，临时停电时能保证机械正常运转。

（4）保证现场道路的畅通，基坑外临时道路硬化，进入基坑留置坡道，坡道及楼座场地内根据地质条件铺设碎石砖渣或路基箱。

8　安全措施

（1）筒中筒钢护筒钻孔灌注桩施工必须严格遵守建筑安装工人安全技术操作规程和机械施工技术安全规则。

（2）根据公司要求建立项目安全保障体系，设置专职安全员，负责现场安全施工，施工前对施工人员进行安全交底，施工中应进行每天一次的例行安全检查。

（3）施工机械悬挂工艺流程和机械操作规程，加强安全教育，严格工艺流程和操作规程。

（4）施工人员进入现场必须戴安全帽，严禁酒后上岗作业。

（5）对设备进行定期检查、维修，严禁机械带病作业，钻机、振动锤等必须由专职机手严格按操作规程操作。

（6）施工完毕的空桩孔位，待混凝土初凝后要及时填至施工地面。钻孔过程中其余桩钢护筒必须设置围挡及安全网进行防护，围挡高度 1.2m。

（7）桩机移动要有专人指挥，桩机司机与泵车司机要有可靠的联络信号。

（8）经常性检查提升系统钢绳有无损伤，滑轮是否灵活。

（9）施工现场必须平整、坚实，斜度不得大于 2°，对于软弱地基，应用砖渣等铺垫压实或垫路基箱。

9 环保措施

（1）严格遵守当地的环境保护相关法律规定，加强施工管理，合理安排时间，严格按照施工噪声管理的有关规定，打桩机夜间 22 点后不进行钻孔作业。

（2）加强该工法使用机械的维修保养，防止机械废弃油污污染土壤及地下水。现场配备雾炮机，对钻孔作业等进行降尘控制。

（3）对现场生产、生活垃圾集中统一处理。施工过程中会产生废弃渣土，不得随意处理，应当向当地环保部门提出申请，集中处理。

10 效益分析

10.1 质量效益

桩孔采用钢护筒护壁，有效地避免了塌孔的发生，桩截面尺寸规则，不会发生缩径等通病，孔壁稳定性好，钻成孔孔底成渣少。

10.2 环境效益

泥浆护壁工程量大大减少，降低了泥浆对地下水的污染；噪声较小，基本无噪声污染。

10.3 经济效益

（1）节省了基坑四周水泥搅拌桩（两排桩）插入相对不透水的粉质黏土层，节约了封闭式止水帷幕的费用。

（2）按照常规长钢护筒长度约 16m，实际使用的长钢护筒仅长 7.5m，节约了钢护筒施工成本，且钢护筒可以重复利用。

（3）孔壁规则，减少了塌孔、扩径现象，降低了混凝土浪费，可以有效地控制成本。

10.4 工期效益

提高了成桩的成功率，不需要根据地质条件调整钻进速度，可以以最快的速度完成钻孔施工，工期得到有效保证。

11 应用实例

中南大学新校区商学楼工程位于中南大学东大门，湘江西侧，四周均为校内道路。本工程北为靳江路，其东为潇湘中路，其南为岳麓靳江安置小区与万科金域小区，其西为校内人工湖。

本工程结构形式为钢筋混凝土框架结构，桩基工程采用钻孔混凝土灌注桩。第一阶段施工日期为 2018 年 1 月 10 日至 2018 年 2 月 14 日，共完成 155 根旋挖桩；第二阶段施工日期为 2018 年 5 月 09 日至 2018 年 5 月 20 日，共完成 35 根旋挖桩；总桩数 190 根，桩径 600mm、800mm、900mm、1000mm，有效桩长约 14～22m，采用筒中筒钢护筒钻孔灌注桩施工技术，混凝土采用 C30 商品混凝土。经检测单位检测，单桩竖向静载试验 4 根，钻芯法检测 19 根桩，低应变检测 190 根，Ⅰ类桩 185 根，约占总桩数的 97.3%，Ⅱ类桩 5 根，灌注桩质量达到了规范和设计要求，施工灌注桩全部合格，为整体工程的顺利施工打下了良好的基础，得到了业界的认可，取得了良好的经济效益、社会效益。

加筋麦克垫生态护坡施工工法

刘　毅　孙志勇　戴习东　肖　恋　谢善科

湖南省第三工程有限公司

摘　要：随着护坡工程逐渐增多，生态型护坡方式越来越普遍。本工法介绍了采用加筋麦克垫进行生态护坡的施工工艺，能有效实现边坡生态植被快速恢复并防护边坡，经济、社会、环保效益好。

关键词：加筋；麦克垫；生态护坡；施工

1　前言

当前的护坡一般采用浆砌石、骨架网格、土钉墙、喷锚支护等支护措施，随着社会的不断发展及进步，人们对生态环境要求也越来越高。随着科技进步，生态护坡材料加筋麦克垫应用越来越广泛，它是由土工材料与绿格网相结合而成的组合式产品，兼具土工材料及绿格网的优点。土工材料为聚丙烯材质，绿格网钢丝通常选用防腐性能好的镀 10% 铝锌合金钢丝。采用加筋麦克垫施工而成的护坡，能有效实现边坡面的生态植被恢复与防护，达到透水、植被、经济、环保等效果。我公司技术人员根据该材料的特点，在施工中不断摸索、改进，总结出该项施工工艺，在大唐湘潭发电有限责任公司 M6 栈桥西北侧护坡工程和湘潭市岳塘区晓塘东路护坡工程施工中均采用了该工艺，保证了支挡效果，并获得了良好的社会效益和生态环保效益。现将该施工工艺总结并形成本施工工法。

2　工法特点

（1）采用本工法施工的边坡，有利于结构后边坡填土中孔隙水的排出，降低土体中孔隙水压力，保证土体的抗剪强度，有利于整个边坡结构的稳定，确保护坡的质量和耐久性。

（2）通过采用加筋麦克垫进行护坡，坡内孔隙水易于流动，植被容易快速生长，生态边坡形成快。

（3）采用本工法施工边坡，无须大型设备，操作简单，安全性好。

（4）与传统混凝土或砌体材料边坡相比，外观更美，造价更低。

（5）加筋麦克垫可按设计意图，工厂化生产制作出半成品，施工现场则按设计图进行组装定型，操作简便、受气候等环境条件影响小。

3　适用范围

适用于公路、市政道路、园林等工程的生态护坡施工。

4　工艺原理

通过人工铺设加筋麦克垫于修整好并撒好草籽的边坡种植土层上，并将平滑的一面接触土壤，采用 U 形钉，呈梅花形布置固定，与地面平齐，以提供最大的抗拔力并保持边坡稳定，最后形成生态护坡。

5　工艺流程及操作要点

5.1　工艺流程

施工准备（测量放线）→边坡面修整→铺设种植土层→施肥、撒草籽→加筋麦克垫铺设（材料进场）→加筋麦克垫锚固→喷洒湿润→自检验收。

5.2　操作要点

5.2.1　施工准备

（1）做好人员、材料及设备等准备工作。

（2）技术人员熟悉好施工图纸，做好施工方案的编制及审核工作。

（3）测量放线。①采用经纬仪、水准仪测量放线。②边坡的测量依据设计图纸及有关规范进行。

5.2.2　边坡面修整

按设计图纸的要求（范围、坡比）做好拟建边坡面等修整，采用人工方式修整，当边坡高度超过 8m 应分级施工，以确保边坡的稳定，边坡回填时分层回填夯实，保证平整、无杂物。

5.2.3　铺设种植土层

在坡体表面铺设 15 ～ 20cm 厚种植土层，在土壤中播种施肥，以利于草籽快速生长。

5.2.4　施肥、撒草籽

在适宜的种植季节，施肥撒入草籽，绿化边坡。

5.2.5　加筋麦克垫铺设

采用人工自上而下铺设加筋麦克垫的方法，加筋麦克垫沿坡面展开时，将平滑的一面接土壤。麦克垫沿坡面简单折叠即可将其固定于坡面。

5.2.6　加筋麦克垫锚固

（1）相邻麦克垫连接采用搭接或铰接。搭接时麦克垫边缘应至少搭接 60mm，并在搭接处采用 U 形钉进行锚固。

（2）待加筋麦克垫铺设后，采用 U 形钉锚固，U 形钉的间距 1m，呈梅花形布置，U 形钉通过钢丝网格用锤打埋入土层固定于坡面土层，与地面平齐，以提供最大的抗拔力并保持边坡稳定。U 形钉的做法：采用 ϕ8 钢筋、长边最小长度 400mm、短边长度 100mm。U 形钉做法如图 1 所示。

（3）锚固沟：对于易侵蚀土壤开挖一个距坡缘 0.6m、0.4m 深、0.8m 宽的沟，将麦克垫沿沟底锚固，如图 2 所示。

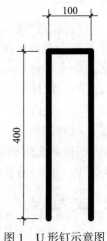

图 1　U 形钉示意图

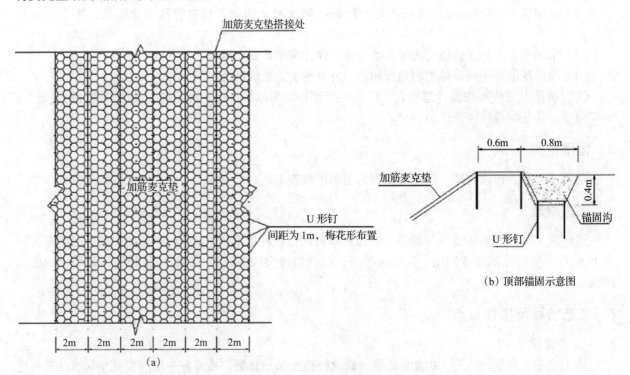

（a）

（b）顶部锚固示意图

图 2　细部构造图

5.2.7　喷洒湿润

设专人对已撒入草籽的坡面，定期喷洒湿润。

5.2.8　自检验收

加筋麦克垫施工完毕后进行自检整改及清理工作，并及时申请验收。

6　材料与设备

（1）所需材料见表 1。

表 1　材料表

序号	名称	规格、型号	性能及用途	备注
1	基肥		施肥	
2	加筋麦克垫（mm）	25×2×0.012（长×宽×厚）		
3	U 形钉	按设计	锚固	
4	草籽		绿化	

（2）所需设备见表 2。

表 2　设备表

序号	名称	型号	主要功能	数量
1	铁锤		锤打 U 形钉	3 个
2	打夯机		夯实基层	2 台
3	切割机		切割材料	1 台
4	经纬仪	J2	测量	1 台
5	水准仪	DS3	测量	1 台

7　质量控制

（1）主要标准及规范：《工程测量规范》（GB 50026—2007）、《建筑工程施工质量验收统一标准》（GB 50300—2013）。

（2）质量控制标准

①加筋麦克垫等材料进场严格进行质量控制，确保进场材料合格，杜绝不合格材料用于项目上。

②施工前编制好施工作业指导书（施工方案），并由项目技术负责人对作业人员进行技术交底，让作业人员清楚了解其施工工序及流程。

③施工过程中严格按照工艺流程进行施工，按照设计图纸及相关标准规范进行施工。

④施工完后严格按照相关要求进行验收和质量控制。施工完后认真做好成品保护，确保工程施工质量。

8　安全措施

（1）应遵守的相关安全规范及标准：《施工现场临时用电安全技术规范》（JGJ 46—2005）、《建筑机械使用安全技术规程》（JGJ 33—2012）、《建筑施工安全检查标准》（JGJ 59—2011）。

（2）施工人员上岗前须将单位资质及操作人员上岗证提供给总承包商，由安全部门负责组织安全生产教育。操作工人必须是经过专门技术培训，考试合格，取得操作证的熟练工人。

（3）施工现场禁止吸烟，配备好灭火器。进入现场人员必须戴安全帽，穿胶底鞋，戴防护手套，不得穿硬底鞋、高跟鞋、拖鞋或赤脚。

（4）边坡坡度较大时，适当挖些小台阶，防止作业人员跌落。

（5）严格执行安全操作规程，加强电气设备及施工机械检查，加强安全教育与安全检查，做好安全防护，确保现场的安全生产。

9　环保措施

（1）应严格遵守国家、地方及行业标准、规范：《建筑施工现场环境与卫生标准》（JGJ 146—2013）、《建筑施工场界噪声限值》(GB 12523—2011）。

（2）边坡土方施工时应洒水，防止扬尘。

（3）教育作业人员自觉爱护现场环境，组织文明施工，施工场地划分环卫包干区，指定专人负责，做到及时清理场地。

10　效益分析

与传统边坡防护做法（如浆砌块石）相比，采用加筋麦克垫生态护坡施工具有施工方便、使用寿命长、透水性好、植被好、降低成本等特点，具有良好的经济效益、社会效益和生态环保效益。与浆砌块石相比，其经济效益对比分析见表3：

表 3　效益分析表

类型	材料费 （元/m²）	机械费（元/m²）	人工费（元/m²）	综合费用（元/m²）
浆砌块石	60	46	50	156
加筋麦克垫	21	12	18	51

综上所述，在综合经济效益方面可节约成本 156 - 51 = 105 元/m²。

11　应用实例

（1）大唐湘潭发电有限责任公司 M6 栈桥西北侧护坡工程采用了加筋麦克垫生态护坡施工工法，使用面积约 2500m²，该工程于 2016 年 4 月开工，2015 年 6 月竣工，施工效果得到业主、监理的一致好评。

（2）衡阳市石鼓区湘江北路护坡工程采用了加筋麦克垫生态护坡施工工法，应用面积约 3600m²，该工程于 2015 年 9 月开工，2015 年 11 月竣工，施工效果良好，获得了良好的经济效益、社会效益和环保效益。

蜂巢格室生态护坡施工工法

王　山　龙　云　刘　毅　柳晨琛　成　伟

湖南省第三工程有限公司

摘　要：传统市政道路或者渠道边坡护坡采用片石护坡、喷锚挂网喷浆、预制砌块等结构形式。传统的护坡技术不仅施工程序复杂，操作困难，施工较慢，成本较高，还不符合生态环保的要求。本工法介绍了一种蜂巢格室生态护坡施工方法，不仅节省材料、提高工效，还符合生态环保要求，美观大方。

关键词：蜂巢格室；生态护坡；定位

1　前言

传统市政道路或者渠道边坡护坡采用片石护坡、喷锚挂网喷浆、预制砌块等结构形式。传统的护坡技术不仅施工程序复杂，操作困难，施工较慢，成本较高，还不符合生态环保的要求。蜂巢格室生态护坡技术是当今比较先进的土体稳定技术，用高分子材料经超声波焊接而成的蜂巢式三维网状物，在其格室内填充泥土、砂石或混凝土等材料构成，具有强大侧向限制和刚度的结构，是基于蜂窝约束技术和高分子合金技术，应对土壤稳定与强化难题的生态、经济的革命性材料。通过系统中相互连接的巢室所形成的高强度三维网格来约束和稳定土体，蜂巢约束系统显著提高了土体性能。

我公司通过在湘潭市河东风光带二期项目，红旗渠水系改造等多个边坡工程中施工应用，均取得了很好的效果。现将该施工工艺总结并形成本施工工法。

2　工法特点

（1）蜂巢格室作为一种新型的土工合成材料，有较高的侧向限制和防滑、防变形，有效地增强路基的承载能力和分散荷载的作用。

（2）蜂巢格室孔眼有对土的锁定及加筋补强作用，加大土体的摩擦、锁定和阻抗作用，约束土体的侧向移动和沉降，有效地阻止土体的位移、沉降，提高其稳定性。

（3）使用蜂巢格室网格护坡绿化，配植根系发达的草种，较传统的混凝土结构圬工结构和片石护坡结构，既可固土护坡，又可绿化、保护生态环境，完全符合低碳环保、生态绿化的要求。

（4）伸缩自如，运输体积小；连接方便、施工快捷、省力。

3　适用范围

本工法适用于河渠护坡、路基护坡以及植被挡土墙等。

4　工艺原理

蜂巢格室生态护坡施工技术利用高分子材料经超声波焊接而成的蜂巢式三维网状物，在其格室内填充泥土等材料构成，具有强大侧向限制和刚度增强的结构，能有效解决边坡土体稳定难题（图1）。

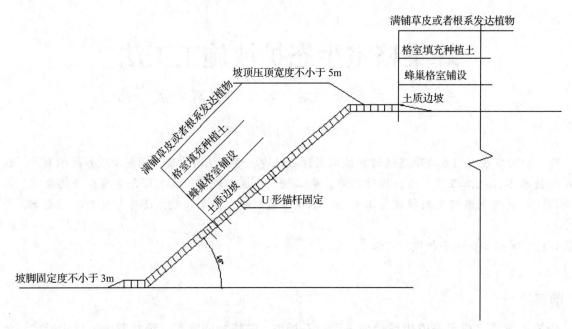

图 1　工艺原理示意图

5　工艺流程及操作要点

5.1　工艺流程

施工准备→边坡整理、测量放线→蜂巢格室材料铺设、固定→格室土方回填→植被种草。

5.2　操作要点

5.2.1　施工准备

正式施工前，将施工所用的材料、人员、机具到位，技人员熟悉图纸，了解地质情况、边坡坡度、蜂巢格室护坡铺设宽度及长度等相关参数，并对操作人员进行技术交底和安全交底，达到开工的条件。

蜂巢格室材料进货时必须有质量证明材料，同时检查其外观质量，包装质量，运输过程中是否有破损等，合格后方可进货。进场后妥善保管，及时取样进行复检，复检合格后方可使用。在运输过程中，运抵工地后应避免暴晒，防止黏结成块。

5.2.2　边坡整理、测量放线

清理坡面石头、杂草、杂物等。修整坡面和坡口，需由上至下，尽可能将坡面清理平顺，以使蜂巢格室能够与坡面紧密地结合在一起，以利于材料的铺设，达到平整美观的效果。

对于施工坡面，按照规定的尺寸"放线"定格，沿着坡面横向和纵向分别进行揳桩拉线，以保证施工坡面平直及外部美观。

5.2.3　蜂巢格室材料铺设、固定

拉开网格平放于坡面，蜂巢格室与基面贴紧平顺，铺设时应避免张拉受力、折叠、打皱等情况发生。应力求平顺，松紧适度，不得绷拉过紧。发现有损坏，应立即修补或更换。

对坡面中间的网格进行锚固作业。顶部固定后，首先将张拉后的蜂巢格室网格左右两侧的边部予以固定，再将其最下端的底口用锚钎暂时固定。然后，对坡面中间的网格，按图尺寸安装定位。

锚固最低端网格。将最底端的蜂巢土工格室网格之边缘，埋入坡底填压沟，并用 U 形锚钎对于最底端的蜂巢土工格室网格之边缘进行锚固。填土后，拔掉最下端固定所用的 U 形锚钎。

按照上述方法，循环往复，依次一组一组地铺设蜂巢土工格室。相邻的各组蜂巢格室必须对齐，两侧相互搭接，并使用专用的搭扣把端头连接在一起，使相邻各组蜂巢土工格室连接成一个整体（图 2、图 3）。

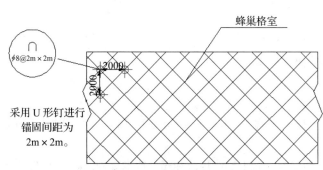

图 2　坡面防护 U 形锚钎固定示意图　　　　图 3　坡面防护 U 形锚钎固定示意图

5.2.4　格室土方回填

尽量缩短蜂巢格室暴露时间，铺设后 12h 内覆盖种植土。

5.2.5　植被种草

按照设计要求铺设草皮或播撒草籽，播撒均匀，并做好适当养护。

6　材料与设备

（1）所需材料见表 1。

表 1　材料表

序号	名称	规格、型号	性能及用途	备注
1	蜂巢格室	250 ～ 600mm		
2	U 形锚钎		临时固定	
3	草皮			
4	搭扣		搭接固定	

（2）所需设备见表 2。

表 2　设备表

序号	名称	型号	主要功能	数量
1	挖机	神钢 210D	边坡修整	
2	铲子、锄头		人工平整	
3	自卸汽车	DFL3251A1	土方运输	
4	蛙式打夯机	HW60	边坡、平整	
5	全站仪	GTS-102N	边坡测量	
6	水准仪	NAL132	标高测量	

7　质量控制

7.1　主要标准及规范：

《土工合成材料塑料土工格室》（GB/T 19274—2003）、《建筑建筑边坡工程技术规范》（GB 50330—2013）。

7.2　质量控制标准

7.2.1　材料质量控制

蜂巢格室材料的质量应重点检查下列内容：外观尺寸、断裂强度、屈服强度、片材厚度、片材透水开孔率等。

7.2.2　施工过程中质量控制

（1）检查蜂巢格室拼装工艺、拼装程序是否符合标准规定。

（2）检查锚杆锚固深度是否符合设计要求。

（3）检查填充腐殖土是否符合标准规定。

（4）抽查蜂巢格室基础面平整度是否符合设计要求。

（5）施工过程中需量测，发现偏差，及时纠偏校正。

8 安全措施

（1）主要标准及规范：《建筑机械使用安全技术规程》（JGJ 33—2012）、《施工现场临时用电安全技术规范》（JGJ 46—2005）。

（2）施工前做好班组安全交底和安全教育，严格遵守施工操作规范和安全技术规程，确保施工安全。

（3）施工所用各种机具和劳动用品经常检查，及时排除安全隐患，确保安全。

（4）施工现场用 2.5m 高围挡封闭施工，夜间设置警示灯，出入口安排专人值班。

（5）施工过程中，临时用电严格按照三相五线、一机一闸一漏执行。

（6）建立边坡检测点，发现边坡垮塌、开裂等异样，及时示警，及时组织人员疏散。

（7）与气象和水务部门沟通联系，如遇到大雨和洪水，停止施工，组织人员和机械撤离。

9 环保措施

（1）应严格遵守国家、地方及行业标准、规范：《建筑施工现场环境与卫生标准》（JGJ 146—2013）、《建筑施工场界噪声限值》（GB 12523—2011）。

（2）边坡成型后，及时进行蜂巢格室生态护坡施工，避免雨水冲涮边坡，造成水污染。及时进行植被、种草，绿化边坡，控制扬尘，保护环境。

（3）施工过程的垃圾必须清理干净，每次施工后的残料、塑料包装不得随地乱扔、乱倒，污染环境，严格做到工完场清。

10 效益分析

（1）经济效益

与传统片石护坡相比，其经济效益分析如下：

价格类型	人工费（元 /m²）	材料机械费（元 m²）	材料损耗率
片石护坡	27	60	5% ～ 6%
蜂巢格室护坡	10	20	1% ～ 2%

综上所述，采用蜂巢格室生态护坡人工费减少约 60%，材料机械费用节约 60%，材料损耗率降低 4%。

（2）社会效益、环保效益

与传统片石护坡相比，蜂巢格室生态护坡技术能大幅减少人工和机械材料费用，降低了材料损耗率，能大幅缩减工期，并具有控制扬尘和节材节电的环保效果，具有良好的社会效益和环保效益。

11 应用实例

（1）湘江河东风光带二期项目位于湘潭市岳塘区，工程的沿河护岸护坡及部分护坡采用了蜂巢格室生态护坡施工工法，节约材料 30 万元，提高工效 20%。该桥梁工程于 2018 年 4 月开工，现全部完成，工程质量较好，获得业主、监理等的一致好评。

（2）红旗渠水系改造项目位于湘潭经开区，工程水系改造护坡采用了本工法，该工程于 2017 年 12 月开工，2018 年 6 月完工验收，自交付使用至今，使用效果良好，工程质量较好，获得业主、监理等的一致好评。

预制地道桥"钢盾构"顶推施工工法

黄勇军　陈三喜　杨　凯　肖　越　徐建清

湖南建工交通建设有限公司

摘　要：本"盾构法"由活动盾构座、掘进机构、钢构支撑架、控制机构、辅助机构五大部分组成，是在传统顶涵施工工艺基础上，将管刃切土改为平刃切土，用钢构支撑架来保持公路坡比；利用子盾构"化整为零"，减租钢板"化整为零"的特点，减小了整体的顶推力；掌子面开挖遵循先周边后核心的开挖方法，保持边开挖、边顶进的施工工序。本工法适用于高速公路、一二级公路填方路段的立交工程，特别对于大跨度混凝土箱体顶进施工更具可靠性，最大限度地减少了浅覆盖层顶进施工过程中对公路路基的扰动。

关键词：钢盾构；顶推；平刃切土；钢支撑；子盾构

1　前言

"钢盾构法"在保留传统顶涵施工方法工艺的基础上，对框架桥顶进路基支护进行了大改革——管刃切土改为平刃切土，用钢构支撑架来保持公路坡比，提高了施工的安全性和适用性，特别是对于大跨度混凝土箱体顶进施工更具可靠性，最大限度地减少了浅覆盖层顶进施工过程中对公路路基的扰动。

本"盾构法"由活动盾构座、掘进机构、钢构支撑架、控制机构、辅助机构五大部分组成。采用该方法既在第一节地道桥前装配钢构支撑架作为地道桥顶进时路基的施工支护，同时根据不同地质情况超前测量地质承载力和地道桥定位标高，以便及时处理"扎头"和"抬头"现象。合理组合钢构支撑架长度以确保路基坡比是"盾构法"的关键。安装在盾构座内的掘进机构其组合的外轮廓尺寸与地道桥外轮廓尺寸基本相同，钢盾构中滞后的土体在钢构支撑架下形成掘进坡比，钢构支撑架和钢架同时成为承担周边恒载、活载等所有荷载的主要支撑体。施工中的盾构座和每组掘进机都在路基内形成独立体，使用时掘进机构相继错开推进，框架地道桥掘进断面化成若干个小断面掘进。待地道桥推进时只需清除地道桥底板前方部分的土体即可。

2　工法特点

"钢盾构"地道桥预制顶推施工工法有以下特点：

（1）施工安全可靠。"钢盾构"地道桥预制顶推工法从控制路面沉降以及掌子面稳定的角度出发，最大限度地保护了路基及路面结构。

（2）对被穿越道路干扰小，可实现高速公路的保通工作。该工法施工时仅需对高速公路限速至 60 ～ 80km/h 即可施工，与传统明挖工艺相比，可以达到保通的目的。

（3）顶力小。利用子盾构"化整为零"，减租钢板"化整为零"的特点，减小了整体的顶推力。

（4）掌子面稳定性提高。掌子面仰坡一般处理为 1 : 0.75 ～ 1 : 1 的仰坡，可以有效保证掌子面的稳定性。

3　适用范围

适用于高速公路、一二级公路的填方路段的立交工程。

4　工艺原理

4.1　钢盾构原理

钢盾构实质上是由一系列的钢结构门架通过焊接处理并经过纵横连系梁进行焊接而形成的盾构支

架，其主要作用是通过盾构自身的刚度来达到土压平衡的目的。钢盾构外壁采用 16mm 钢板与工字钢焊接进行挡土，而盾构的内壁则一般做成 1∶0.75 ～ 1∶1.0 的斜坡剪力板。

4.2　子盾构原理

子盾构位于钢盾构上部的最前端。子盾构一般横向尺寸 80 ～ 100cm，且沿横向均匀分布，子盾构后端设置油压千斤顶，尾部设置减阻钢板，减租钢板沿钢盾构及桥身通长布置。盾构座和每组掘进机都在路基内形成独立体，使用时掘进机构相继错开推进，框架地道桥掘进断面化成若干个小断面掘进。

4.3　开挖掘进

掌子面开挖遵循先周边后核心的开挖方法。优先开挖盾构周边的墩柱及子盾构内部的土体，子盾构内的土体开挖，应保持边开挖，边顶进的施工工序。周边挖土纵向长度一般不超过 50cm，开挖到位后，应及时启动框架桥千斤顶，使框架桥及钢盾构及时跟进。核心土的开挖应滞后于周边土的开挖，一般采用机械开挖，开挖时应保证开挖面的坡率，确保掌子面不塌方。

5　施工工艺流程及操作要点

5.1　施工工艺流程

工艺流程：施工准备→基坑开挖→后背座、滑板制作→地道桥预制→盾构安装→地道桥顶进与监测→地道桥就位→注浆→盾构拆除→地道桥附属物工程施工。

5.2　技术操作要点

5.2.1　工作坑的设置

工作坑的平面尺寸按以下原则确定：

1　长度＝前端空顶长度＋顶进盾构长度＋顶进地道桥长度＋顶进设备预留长度＋承台工作面＋后背梁（墙）宽度＋后背座混凝土结构施工工作面。

2　宽度＝跨架桥本身跨度＋左右各 1.5m 预留施工空间＋左右各 1m 的水沟。左右两幅分开顶进的框架地道桥基坑可同时开挖，滑板可同时预制。

5.2.2　滑板施工

浇筑滑板混凝土时，滑板面按纵向 2m/ 格操作，表面平整度在 2m 范围内凹凸差不超过 2mm，以保证滑板面的平顺。施工时采用方格网控制高程法，在浇筑混凝土时按点找平，以控制滑板面高程，待混凝土初凝前，抹面压实，其平整度力求最佳。

5.2.3　滑板表面减阻隔离层施工

润滑隔离层的作用是使顶进地道底板不与滑板粘住，减少框架地道桥顶进的阻力。隔离层结构：3mm 厚石蜡（掺 25% 机油）＋滑石粉＋薄钢板。石蜡满铺超过地道桥预制面 50cm，石蜡涂均匀。

5.2.4　地道桥预制

地道桥预制模板建议采用定型组合钢模板，为保证地道桥外形尺寸准确、线条平直和混凝土内实外美，内外模板均采用大块钢模，边墙倒角采用特制的整块角模，以保证混凝土浇灌质量和外观；地道桥外模板支架采用钢管支柱式支撑，内模板支架采用承插型扣式钢管支架，确保模板支立直顺平整，不得出现鼓肚、错台现象。地道桥混凝土浇筑按规范分二次进行施工：第一层浇筑底板到边墙倒角上高 5cm 处，边墙施工缝按规范要求安装 U 形钢板止水带处理，第二层浇筑框架地道桥从下倒角 5cm 处以上边墙及顶板（图 1）。

5.2.5　钢盾构的制作与安装

地道桥的顶进施工方案在框体施工时进行钢构支撑架底板预埋，安装钢构支撑架套板；以满足安装盾构设备的要求后安装支撑架构底板，在底板上安装支撑骨架和铺设钢板焊接，采用 99 式军用梁作顶梁，边板和顶板采用钢板铺设，组合成"盾构"体。在工作坑底设置盾构导向架，安装盾构机构，沿各组盾构机构外焊接工字钢立柱，再铺设工字钢，连接纵向工字钢。顶板铺设钢板调整水平面，然后与钢盾构活动扣接。混凝土框架前端面为盾构止推梁、柱接触面，其不平整将影响止推梁及柱的传动性能与盾构偏行，故必须对框架上端面进行修整。以便安装减阻板，且长轴方向不允许地道桥任何部分截面大于盾构截面，保证其整个箱体顺利入土。修整时将框架桥顶进全部停止，处理完成后再顶入土中。以利减少地道桥与土体之间的摩擦。子盾构机是对掘进面进行暗挖掘进主要机构，在不同的土层中采用不同的推进方式来保持掘进面的稳定（图 2～图 4）。

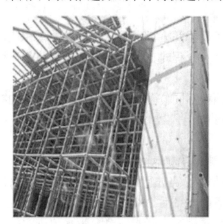

图 1　地道桥预制

图 2　钢盾构拼装中

图 3　"钢盾构"子盾构

图 4　"钢盾构"拼装完毕

5.2.6　顶进减阻与润滑

（1）地道桥顶板的减阻与润滑：为防止磨损，减少阻力，并防止顶进带动路基，使之与土体不摩擦，在地道桥顶部及钢盾构架顶部沿顶进轴线上通长设置薄钢板，钢板固定在顶面上，前端与钢构群焊接，后端悬挂于箱体顶板尾端，能有效地减少摩擦阻力；由于顶进距离较长，为了减少顶进阻力，在每座子盾构的顶部均拖挂薄钢板（拖板）与掘进机构等宽、等长并随框运动；使盾构与地道桥上部混凝土不与土层接触，在拖板底下推进，达到减少推进摩擦阻力和有效保护箱体的作用，并采用在顶板及拖板顶涂抹黄油的办法来尽量"减阻"。保证下穿高速公路路基的稳定，有效地防止高速公路的横移与沉降（图 5）。

图 5　钢盾构顶部拖板

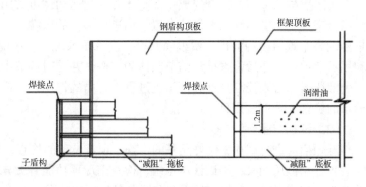

图 6　子盾构、减阻板平面图

（2）框架桥立墙和底板的减阻与润滑：在框架桥预制完成后，在未顶进之前对边墙喷射或涂抹一定的润滑剂以"减阻"；并且边墙在顶进入土之前刮一层黄油进行边墙润滑处理。

（3）顶进过程中"减阻"与润滑措施：

①在顶进过程中，顶部"减阻"采用人工在子盾构前方开挖土方完成后在上部土层中涂抹油泥的方法以减少摩擦；

②边墙"减阻"在大箱体盾构架的两侧高低不同位置各设置两个润滑油盒，润滑油盒相应位置的盾构架上各开一小孔，在油盒中注入润滑油，顶进过程中每一行程时让润滑油自动流入路基边墙中以减少摩擦阻力；

③底板"减阻"是在中继间底板定时加入润滑油，底钢板不同位置开数个小孔，让润滑油在每一顶进行程运动时自动流入路基底部，有效地进行"减阻"（图 6）。

5.2.7 地道桥顶进基础的检查与加固

根据现场的勘测情况以及设计图纸，对地质情况的勘测不明确，暂无法对地基情况进行准确无误的判断，若地基承载力低很容易引起"扎头"，则需对地基基础进行处理。每行走 1m，取样做路基承载力试验，发现问题及时进行有效预防及处理。基底清出整平后，应仔细检查地基土层性质，确定地基承载力是否满足应力要求，如基底有水，则应作好基底排水及降水，严禁带水顶进。基底开挖的标高原则上同地道桥板保持一致，但应根据地道桥顶进后的高程情况进行超前处理，已达到纠偏的目的。

5.2.8 地道桥顶进与监测

盾构法顶进施工属于切削泥土、人力定位出土，带公路坡比顶进。掘进时，各掘进机构相继推进 50cm 后，将地道桥底板前滞后的坡比土转出相同距离，并推进地道桥。作为一工作循环，转运土方与顶进工作循环交替进行，上部土方由掘进机构前刃切割下落，当作业如遇到石方或钢筋混凝土等障碍物，人工可视情况采用气动风镐掘进来消除障碍（图 7、图 8）。

图 7　钢盾构内土体开挖（一）　　　　图 8　钢盾构内土体开挖（二）

（1）油顶布置

由于盾构壳体与框构套连成一个整体并一起运动，可共用两套液压系统，由两套经改装后的液压操纵台来控制、主体利用油压顶布置于顶进地道桥的末端，按合力的轴线方向布置，设置纠偏千斤顶来推动整个地道桥的前进。中继间共设一套液压系统，在中继间安装钢板来保证中继间的受力平衡，利用后节地道桥作后背来推动前节箱体的前进，并随时调节中继间的油顶数量，中继间的油顶分别由一套液压操纵台来控制。计算好顶进过程中合力的作用线，设置纠偏千斤顶，按照力的分解线来调整油顶的位置（图 9～图 11）。

（2）试顶作业

开顶前应进行试顶，做好路基的检查、顶进设备的检查；将液压操作台布置在地道桥尾部底板上，安装顶柱、液压油泵，调试液压系统，检查千斤顶功能有无异常，管路有否泄漏，逐步加大油压力推动箱身，测定启动力，检查后背和公路路基的变化情况。

图9　箱体顶推油顶布置图　　　图10　箱体顶推油顶油车布置图　　　图11　箱体顶推中继间油顶布置图

（3）顶进纠偏

左右纠偏是利用油顶非均匀布置来完成，在顶进过程中，尽量使整个地道桥受力均匀，左右顶程保持一致，勤观测和检查，找出偏差趋势和出现偏差原因，及早处理。

①中线的控制：在顶进过程中，油顶按地道桥受力的轴线均匀布置于地道桥底板尾部，使整个地道桥受力均匀，左右顶程保持一致，挖土应两侧对称，勤观测和检查，找出偏差趋势和出现偏差原因，及早处理，其处理方法为（以沿顶进方向为准）：当左侧偏移时，千斤顶的左侧缓慢顶进，而右侧的千斤顶锁定油压，直到符合测量的中线为止，右侧则相反。

②水平控制：在顶进过程中控制好底部基础的挖土，防止"抬头"和"扎头"的现象，当出现"抬头"时，可以适当采取超挖的办法来进行调整，当出现"扎头"时，采取欠挖基础土方或对基础进行处理，并采用调节前盾构座底板的挖土来消除偏差。

（4）顶进控制及施工监测

①建立人工记录与观测：在后背的某一位置设立观测仪器，每顶完一个行程，且不得超过1m，对框架桥进行中线和水平的检查，并作好记录，同时对后靠背座沉降、位移和结构进行观测测量并记录，对框架桥本身结构进行观测并保留影像资料。

②盾构的监测：在盾构的前后设置一水平中线，框箱每进一个行程对其进行水平、中线的监测，并对测量成果予以分析，及时发现并解决问题，做好"钢盾构"行走轴线图记录。在公路上左右两幅框架桥对应的位置（左、中、右）共设置12个观测桩点，每天3次观测公路的沉降变化情况。在顶进中注意观察油压的变化情况，并作好记录，对出现异常情况予以分析解决。在中继间建立观测点，注意地道桥体前后节标高及位移的变化，以便对施工顶进方案进行调整。

5.2.9　施工注浆

在顶进过程中，如遇到流砂层或不稳定的渗水料层等，先对断面进行及时封闭，再对流砂层或不稳定的渗水料层进行注浆固结，使其达到一定的稳定能力后才能进行下一步土方开挖，顶进过程对注浆固结体的开挖采用气动风镐进行掘进。在地道桥顶进就位后，对断面进行及时封闭，采用预埋导管进行施工注浆以固结，使其达到一定的稳定能力，采用注浆机进行注浆；注浆的水泥采用超细水泥，注浆压力调整至封闭面流出浆液则停止。当压浆压力较低时，应继续压入水玻璃双浆液至压浆压力超过1MPa。将浆液均匀地注入地层中，浆液以填充、渗透和挤密等方式，占据岩土裂隙，经人工控制一定时间后，浆液将原松散的土粒或裂隙胶结成一个整体，使其达到一定的稳定能力，注浆压力为1MPa。采用挤压式注浆机进行注浆；注浆的水泥采用超细水泥，注浆压力调整至封闭面流出浆液则停止。

5.2.10　伸缩缝的处理

施工的地道框架桥顶进就位后，开始安装止水带防水，并在每一道沉落缝预留一定的空隙对渗水进行引排，渗水顺止水带内侧的空隙流至地道桥底板的出水口，再引排至地道桥外的下水井中；沉落缝的外观位置扣压防水，用不锈钢钢板加工成引流槽，引流槽安装要求平顺、牢固。

6　主要材料和设备

6.1　主要设备（表1）

表1　主要机具数量表

序号	机具名称	单位	附注
1	传力柱	米	
2	抽水机	台	
3	通风机	台	
4	对讲机	台	
5	插入式振捣器	台	
6	平板振动器	台	
7	250kW 发电机	台	
8	30kW 发电机	台	
9	交流电焊机	台	
10	钢筋弯曲机	台	
11	钢筋调直机	台	
12	钢筋切割机	台	
13	25t 吊车	台	
14	8t 东风汽车	台	
15	小型挖掘机	台	
16	1.2m³ 挖掘机	台	
17	牵引葫芦 5t	套	
18	氧割设备	套	
19	双液注浆机	台	
20	50t 双向油压顶	台	
21	320t 卧式千斤顶	台	
22	320t 油压千斤顶	台	
23	全站仪	套	
24	水准仪	套	
25	监控系统	套	
26	风镐	把	
27	空压机	台	
28	液压站	台	

6.2　主要材料（表2）

表2　主要材料表

序号	材料名称	单位	附注
1	42.5 水泥	T	
2	超细水泥	T	备用
3	水玻璃	T	备用
4	中粗砂	m³	
5	碎石	m³	
6	钢筋	T	
7	工字钢及槽钢	T	

序号	材料名称	单位	附注
8	长 3m 的木枕	根	
9	5mm 钢板	m²	
10	3mm 钢板	m²	
11	16mm 钢板	m²	
12	20mm 钢板	m²	
13	40mm 钢板	m²	
14	15cm×20cm，长 1.5m 方木	根	
15	ϕ15 圆木 2m 长	根	
16	钢模板	m²	
17	润滑油	T	
18	钢管	T	
19	不锈钢板	T	
20	橡胶止水材料	m²	
21	防水渗透结晶材料	kg	

7 质量控制

7.1 地基承载力和滑板平整度控制

在预制基坑施工过程中，要注重对滑板平整度和基坑承载力的控制。在基坑成型后进行地基承载力试验。浇筑滑板混凝土时滑板面按纵向 2m/ 格操作，表面平整度在 2m 范围内凹凸差不超过 2mm，以保证滑板面的平顺。施工时采用方格网控制高程法，用直径 16mm 钢筋头埋入基坑内，滑板钢筋布置和承台钢筋布置相连，分成 2m×2m 方格网，在浇筑混凝土时按点找平，以控制滑板面高程，待混凝土初凝前，抹面压实，其平整度力求最佳。滑板平整度指标和地基承载力指标如下：

（1）滑板平整度指标 1‰；

（2）顶进地段地基承载力不小于 220kPa；

7.2 顶力的计算

预制地道桥最大顶力计算公式如下：

$$P = K[N_1 f_1 + (N_1 + N_2)f_2 + (2E_1 + 8E_2)f_3 + RA]$$

式中

P——最大顶力；

N_1——框架顶面上荷重；

f_1——框架桥顶上表面与顶上荷重的摩擦系数；

N_2——框架身重；

f_2——框架桥底板与基底土的摩擦系数；

E_1——框架两侧土压力；

E_2——框架桥内中心土对钢板的上压；

f_3——框架侧向摩擦系数；

R——钢刃角的正面阻力；

A——钢刃角正面积。

7.3 顶进监测

在顶进过程中时刻监测并指导施工。做到勤观测和检查。左右纠偏为利用油顶非均匀布置来完成，在顶进过程中，尽量使整个框架受力均匀，左右顶程保持一致，找出偏差趋势和出现偏差原因，及早处理。

顶进高差、水平偏向误差规范要求如下顶进高差、水平偏向误差规范要求见表 3。

表 3　顶进高差、水平偏差允许值

监测项目项目	规范允许值（cm）
高差	15
水平偏向	10

8　安全措施

8.1　高速公路交通保障措施

采用"钢盾构"法顶进、门框梁和抗推梁保护、边坡防护等措施和在施工期间合理组织高速公路车辆通行，能有效地减少高速公路路面的沉降，对高速公路车辆顺利通过施工区域能起到有效的保证作用。施工过程的路面变化观测控制采纳了施工方本身的测量观测系统以及业主委托的第三方监测来同步进行，施工期间做到：

（1）在顶进施工前以及顶进施工过程中，在电台及交通频道进行一定的宣传及预告，以达到广而告知的目的。

（2）顶进施工过程中，根据施工进度的需要，为确保施工安全及路面行车安全，对高速公路的车辆进行限速引导，限速 60km/h，在施工段内严禁超车和变道；以预防意外事故的发生。

（3）按路面交通的有关要求，在距施工点 2km 以外设置标志明显的工程公告；在距施工点车辆行驶方向 1km 远的位置设立交通岗，并开始布置交通引导设施，设立 6 位专职的交通协管员，设置明显且规范的交通引导标志，以正确疏导交通，并防止车辆拥堵。

（4）施工前向高速公路管理部门、交警、路政汇报，征求施工过程中的高速公路交通管理事项，施工期间及时汇报高速公路行车动态，工程完工后恢复高速公路施工前的原状。

8.2　临时用电安全措施

（1）现场内临时施工用电应采取"TN-S"三相五线制，严格实行三级配电，二级保护，用电作业满足《建筑施工现场临时用电安全技术规范》JGJ 46—2005 要求。

（2）所有的机电设备由专人操作，各种设备的操作员应熟悉掌握设备性能、路线、电源等，专人负责检修，使用前应先进行检查，发现问题及时解决。

8.3　地道桥内通风

（1）地道桥内风量要求：每人每分钟供应新鲜空气不应少于 3m³，柴油设备需要新鲜空气不小于 3m³。

（2）施工通风机必须设两路供电系统，并装设风电闭锁装置。当一路电源停止供电时，另一路电源应在 15min 内启动，保证风机的运转。注意保证施工通风供电线路的维护、管理和检修。

（3）对施工通风系统或通过设施等出现异常时，如通风风筒脱节或破坏等，必须及时组织修复，尽快恢复正常通风。

9　环保措施

（1）在工程施工过程中，严格遵守国家和地方政府的有关环境保护的法律、法规和规章，加强对地盾构施工中燃油、润滑油、工程材料、设备、生产生活垃圾及废弃物的控制和治理，随时接受相关单位的监督检查。

（2）将施工场地和作业限制在工程建设允许的范围内，合理布置，规范围挡，做到标牌清楚、齐全，各种标识醒目，施工场地整洁文明。

10　效益分析

"钢盾构"地道桥预制顶推施工解决了在不影响既有线路正常运行的情况下大跨径地道桥下穿越既有线路的安全施工。地道桥的预制施工方便,特别是钢盾构管刃切土改为平刃切土对框架桥顶进路基支护进行了大改革。用钢构支撑架来保持公路坡比,提高了施工的安全性和适用性,特别是对大跨度混凝土箱体顶进施工更可靠,最大限度地减少了浅覆盖层顶进施工过程中对公路路基的扰动。本工法适用的工程有大跨径预制地道桥下穿既有线路施工,在城市日益发展的今天,市政道路下穿现有高速公路等既有线路增多,目前在湖南省内的应用案例逐渐增多,具有广泛的应用前景。

经济效益:本工法"钢盾构"框体由军用梁、工字钢、钢板等构成,结构形式比较简单,相比较其他盾构机造价低。地道桥先预制再顶推就位,节约了维护既有线运营的人力和财力。

社会效益:"钢盾构"预制地道桥顶推施工在城市道路工程施工中,能有效地解决大跨径地道桥下穿越既有线的安全施工。低成本、易操作、安全性能高,能有效地弥补传统盾构顶推施工对大跨径地道桥的不足,在施工过程中保证了既有线的安全性,本工法对下穿既有线地道桥盾构顶推研究,对今后下穿既有线顶推大跨径地道桥施工有普遍的借鉴和指导意义。

节能环保效益:人工和机械配合挖土避免了泥浆污染。采用顶推盾构,减少了开挖动土面积,有效地保护了土地资源。

11　应用实例

应用工程名称:欧洲工业园城市道路与京港澳高速公路相交工程、花卉路道路工程第二标段。

时间:2013 年 5 月至 2014 年 2 月、2014 年 7 月至 2015 年 5 月。

应用效果:大跨径地道桥应用钢盾构地道桥预制顶推施工工法,工法成熟。

可靠性说明:本工法欧洲工业园城市道路与京港澳高速公路相交工程得到了应用,从整个施工过程看能确保预制地道桥的施工质量、安全,且能保证下穿既有线的安全运营,施工速度快,操作简单,施工质量控制更容易,赢得了政府监督部门及业主单位的好评。

流塑状淤泥层矩形沉井施工工法

周发兵　张素丰　肖　俊

湖南省机械化施工公司

摘　要： 在流塑状淤泥层中进行沉井施工时，需克服地层及地下水位变化引起的井体不均匀沉降、突沉、流砂、反涌等问题，本工法对沉井施工各工艺环节进行了介绍，可保证井体周边土压力平衡、井内土压力平衡并均匀释放，防止井体发生整体漂移。无须止水帷幕和大量土方开挖，操作简便、安全可靠、施工成本低，适用于海滩、湖滩、河滩流塑状、高压缩性淤泥土层，以及各种软土地基沉井施工。

关键词： 流塑状淤泥层；沉井；井体；垫层；平衡掏土；均匀下沉

1　前言

随着我国工业的快速发展，土地的需求量不断增大，国家对耕地实行了最严格的保护措施，工业发展、城镇建设的空间越来越受限。同时，由于港口经济发展的需要，越来越多的高层建筑要建在海边、湖边的流塑状淤泥层场地，这些土都具有天然含水量高、孔隙比大、透水性差、压缩性高、强度低等特点。高层建筑的基础及构筑物需采用沉井法施工。我公司近几年在浙江平阳县东海污水处理厂、水头污水处理厂、萧江污水处理厂等多个工程项目进行了沉井施工，在总结以上工程经验和学习别人所做工程的基础上，形成本工法，采用该工法所做工程获得甲方及当地质监站等相关部门的好评。

2　工法特点

（1）该工法只需采用常用设备施工，无须大量清淤处理，就能将沉井准确沉至设计标高，操作工艺简便、工程质量可靠。

（2）无须止水帷幕和大量土方开挖，施工成本低。

（3）该工法可在流塑状土质及软土地基完成沉井施工，且施工速度快、安全可靠。

3　适用范围

本工法适用于海滩、湖滩、河滩流塑状、高压缩性淤泥土层的沉井施工，还可用于各种软土地基沉井施工，如吹填淤泥土层等。

4　工艺原理

沉井下沉主要是利用井体的自重及附加荷载克服土体与井壁的摩阻力、地下水的浮力，达到下沉的效果。井筒制作好后，在井筒内取土，井筒均匀下沉，并用纠偏、纠扭、抗浮等措施，使井体逐渐下沉至设计标高。在流塑状淤泥土层中，沉井下沉过程中克服了地基地质层的变化以及地下水位分布的变化引起的井体不均匀沉降、突沉、流砂、反涌，防止井体整体漂移，此关键技术在于井体周边土压力的平衡以及井内土压力的平衡和均匀释放。

5　施工工艺流程及操作要点

5.1　施工工艺流程

施工工艺流程见图1：

5.2　主要操作要点

5.2.1　施工准备

（1）施工现场准备：临时道路、临时用水、临时用电施工。施工前应对已有场地进行平整、加固，以确保施工机械行走安全顺畅。

（2）材料准备：提前编制材料需用计划及采购计划，组织物资进场并负责做好物资进场的验收、入库及保管等工作。

（3）机械设备准备：做好施工设备维修和保养工作，制订各种机械设备进场计划、进场时间，并与供应方签订有关合同。

（4）做好劳动力计划和进场准备：钢筋班、泥工班、木工班、架子工班、机械作业班等技术工种以及适量的普工。

（5）制订技术方案

①熟悉和审查施工图纸并进行图纸会审。

②按设计图纸要求，根据工程特点结合地质条件、现场环境和工程具体情况编制专项方案。

③编制作业指导书：针对施工的关键部位、施工难点、质量和安全要求、操作要点及注意事项等编制作业指导书

（6）技术交底：工程开工前由项目技术负责人组织施工人员、"质安"人员对班组长进行交底，各班组长组织操作工人认真学习，并落实在各个施工环节上。

（7）修建沉淀池：为确保环保施工，必须先在开阔处开挖泥浆池，用高压水枪和压气排液器将大量泥浆排至泥浆池沉淀，以便泥浆晒干后外运，否则将造成人为的环境污染。

（8）测量放线

①测量放线应使用检定证书齐全且无使用功能异常的仪器。

②校核控制点，用同一测站点和后视点进行坐标放样，建议不用后方交会法测量，为沉井下沉过程中平面位置控制提供前后一致控制依据。

5.2.2　沉井垫层施工

（1）挖除沉井位置表面 1.2 ～ 1.8m 深的淤泥，基底必须保证砂垫层的宽度超出混凝土垫层外约 2m。

（2）回填中砂或细砂垫层，应分层夯实或水夯，使砂层固结，保证砂地基承载力能满足沉井施工的要求。

（3）浇捣混凝土垫层，垫层应不少于 250mm 厚，宽度应大于井筒 600mm。在垫层四角的位置设沉降、位移观测点，每天进行沉降位移观测。如有异常变化，应加大观测频率。

5.2.3　混凝土垫层编号

沿井体周边每段为 1m 左右进行垫层混凝土分块，按预定顺序编号拆除，用油漆标示拆除的顺序（图 2，数字序号为破除顺序），并做好标记，以方便垫层破除时辨识。

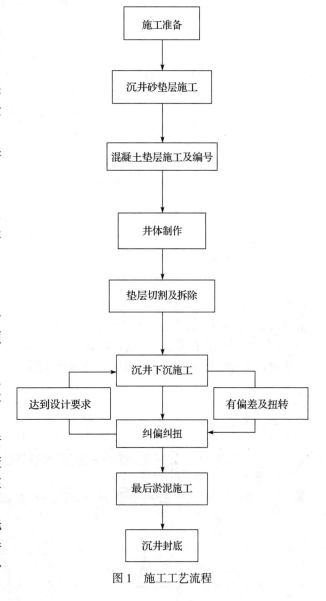

图 1　施工工艺流程

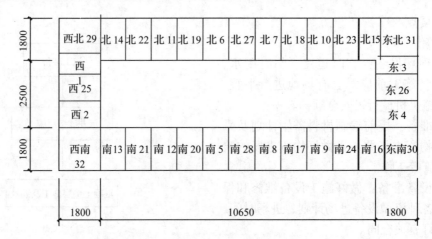

图 2　某沉井垫层分块平面示意图

5.2.4　井体制作

（1）测量放线：放样定出沉井的中心线，沉井放样（图 3）A、B、C、D 点坐标可根据实际定。沉井控制点应做好保护标示和保护措施，并标示在施工图上。每一个沉井有平面控制图（图 4）。中心轴线、水平控制点是保证沉井施工过程中及时纠偏、平稳下沉的基本依据。

（2）沉井浇筑高度，一般每次控制在 3～4m 左右。第一次浇筑的混凝土强度达 100% 后才能下沉。后续井身混凝土强度达到 75% 左右才能下沉。

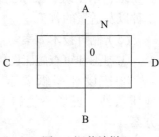

图 3　沉井放样

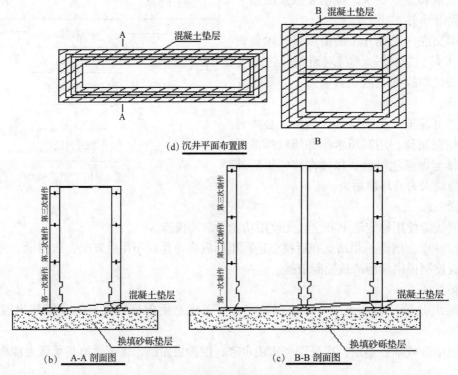

(d) 沉井平面布置图

(b)　A-A 剖面图

(c)　B-B 剖面图

图 4　沉井平面图和剖面图

（3）安设刃脚钢筋和井身钢筋，安装模板时要确保外侧与地面垂直，以使其起到切土导向作用。

（4）沉井井壁模板

①根据沉井的周长线和凹凸线及刃脚尺寸采用定型木模组装。内、外模均采取竖向分节支设，斜口与竖模一定要按 45°平口接缝。

②模板采用 φ12 ～φ16 对拉螺栓和架管或槽钢拉紧固定。螺栓穿过混凝土井壁设置套管，套管既可以按井壁混凝土厚度限定模板的尺寸，又可以反复利用 φ12 ～φ16 螺栓；如果有防水要求则用止水螺杆。

③绑扎钢筋，竖筋可一次性（分节）绑好，水平筋分段绑好，与前一节井体竖向钢筋连接采用电渣压力焊连接方式。

（5）搭设沉井井壁模板内外支架

沿沉井周边搭设脚手架，脚手架必须形成整体，水平架依据施工高度的需要搭设，架板必须搭设牢固。

（6）浇捣井壁混凝土

①井壁抗渗混凝土浇筑过程中，混凝土必须沿沉井四周均匀同步分层对称进行浇灌，分层厚度约 40 ～ 50cm，避免浇灌不均匀造成重力不均，使地基因受力不均匀而造成沉井在浇灌混凝土时移位或者在初凝时开裂。

②如同一节井身混凝土分二次浇筑，第一次浇筑沉井混凝土达到强度的 75% 以上（现场做好同条件混凝土试件），施工缝的接触面凿毛并冲洗干净，钢筋、模板、支架正确，再按第一次浇筑混凝土的工艺浇筑第二节（图 5）。

③上下节沉井施工缝采用钢板止水带处理（图 6）。

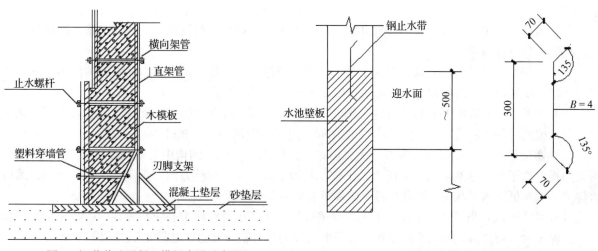

图 5　沉井井壁混凝土模板支设示意图　　　　　　　图 6　沉井施工缝处理

④由于水文、地质、风力、风向和浇筑的顺序等影响，沉井在制作过程中随时都有变形的可能，因此基坑开挖、地基夯实、垫层施工到井体浇筑混凝土，都应严格控制沉井偏差。

（7）井体施工注意事项

①要确保刃脚模板外侧与地面垂直，以使其起到切土导向作用。

②沉井刃脚及井身混凝土的浇筑应分段、对称均匀、连续进行，防止发生倾斜、裂缝现象。

③浇筑的井身混凝土应密实，外表面平整、光滑。有防水要求时，模板对拉螺栓应用止水螺栓；井身在水平施工缝处应设凸缝或设钢板止水带，突出井壁面的残渣应在拆模后铲平，以利防水和下沉。

④井身混凝土的防水：井身混凝土需采用防渗混凝土，在分节施工处采用止水钢板止水。通过实践表明，只要加强施工过程中的质量管理，完全可以满足防水的要求。但当沉井长度较长，可能产生收缩裂缝或者施工过程中混凝土出现漏振的情况，或者施工缝位置处理不当都有可能发生漏水的情况。在此情况下，可以采用往裂缝中打止水针，利用高压灌浆机将水溶性聚氨酯化学灌浆材料注入裂缝的方法进行止水。

5.2.5　垫层的切割与拆除

（1）切割混凝土垫层：沉井井身混凝土强度达 100% 后，才能对称、分段进行垫层混凝土拆除。

切割前应按预定拆除顺序对垫层分块划线、编号。用切割机将混凝土垫层按编号切成小块，再用风镐分块破除层，破除过程中应关注井身垂直度的变化，避免发生不均匀下沉和安全事故。

（2）拆除混凝土垫层：将垫层切成小块后，用机械按照先短边后长边、先中间后四角、对称均匀、隔一拆一的原则拆除。应拆除一段，立刻用砂填满；拆除干净，避免造成沉井下沉过程中的不均匀沉降。

5.2.6　沉井下沉施工

（1）井身混凝土强度达到设计强度方可开始下沉施工。

（2）在初沉时，一般采用长臂挖机出土，如长臂挖机不够长，不能直接挖到井中间淤泥时，则在井外的两侧对称开挖，利用沉井自重下沉。每次开挖层高控制 0.4 ~ 0.5m 左右，应缓慢均匀开挖，不得超挖或偏挖。

（3）当长臂挖机能直接在井内开挖时，则直接在井的中心位置掏成锅底状。底部淤泥在沉井自重及四周土压力作用下在井内隆起，使沉井达到均匀下沉的目的。开挖时必须对沉井的位置和倾斜度进行跟踪观测，确保符合设计要求。

（4）反复以上步骤，开挖至井顶标高为设计标高以上 1.5 ~ 2.0m 左右，停止机械开挖，并观测稳定性，防止出现突沉和其他不良后果。

5.2.7　纠偏与纠扭

（1）纠偏

①井内偏挖、加垫法：即在刃脚较高的一侧井内挖土，而在刃脚较低的一侧加支垫，随沉井的下沉，高侧刃脚可逐渐降低。

②井外偏挖、井顶偏压：这是偏挖土与偏压重或偏挖土与一侧施加水平力相结合的纠偏方法，其目的是提高单纯偏挖土的纠偏效果。此法多用于入土较深时的纠偏。

③井外射水法：在沉井刃脚较高的一侧井外射水，破坏其外壁摩阻力，促使该侧沉井下沉，是水中沉井纠偏的一种方法（旱地很少使用）。使用时，射水管的间距宜不超过 2m。

④摇摆法下沉：当沉井入土深度不大，但偏移量较大，且沉井结构中心线与设计中心线平行时，可采用摇摆法下沉，逐渐克服土侧压力以正位。其做法是，先将偏移方向一侧落低 15 ~ 20cm，然后再将另一侧落低呈水平状态，如此反复下沉使沉井回到正确位置。

⑤倾斜法下沉：当沉井入土深度不大，且偏移量较大，沉井结构中心线与设计中心线相交于刃脚下一定深度时，可沿沉井倾斜方向下沉，使沉井刃脚向设计位置接近，然后把沉井调平。

（2）纠扭

①当沉井下沉出现扭转现象即沉井结构中心线与设计中心线出现交叉时，可采用在四角挂带法兰的钢丝绳，通过调节钢丝绳的伸缩来校正沉井。

②井内的淤泥流动性大的土层中沉井出现扭转，可用长臂挖机拨正，同时，在沉井的外侧填塞，以便固定沉井位置。

③如果出现较大的偏差，则需要根据地质情况做出专项方案纠偏。在流塑性较大的软土地质情况下，可采用一边加载另一边掏泥，重复步骤达到纠偏纠扭目的。

5.2.8　最后阶段淤泥层施工

（1）为克服因井内外淤泥压力差引起的井底淤泥隆起造成井体下沉不可控的问题，最后阶段（1.5 ~ 2.0m 高）井体下沉宜用不排水下沉施工方法。即施工时一边用高压水泵不断往井内注水，一边用淤泥泵将淤泥浆抽出，保持沉井内水位基本不变，达到井内外压力平衡，避免井外淤泥向井内涌；排出的泥浆送到池内进行处理，这样井体缓慢下沉至设计标高。抽排时要保证井内泥浆深度足以平衡内外压力和井体受力均匀，防止井体出现倾斜。

（2）井底局部剩余淤泥排除：长臂挖机取出大部分的淤泥后，会在边角位置留下淤泥。局部淤泥一般采用水枪、压气排液器排渣的方式将淤泥排出。这时需要派潜水员潜到井底将水枪、压气排液器移至需排渣位置，将渣液排到泥浆池以保证封底混凝土的质量。

（3）淤泥的处理：开挖过程中的淤泥，直接利用自卸汽车装运到业主指定的卸土场。泥浆池的淤泥因处于流塑状态，不能直接倾卸到弃土场，更不得直接倾卸于河流、湖泊，以免造成污染等不良后果。需要时可往泥浆池掺生石灰，使淤泥砂化后再运至业主指定的弃土场。施工期间必须做好弃土场的安全防护工作，避免发生安全事故。

5.2.9　沉井封底

（1）当井底淤泥清理完成，沉井下沉至设计标高，往沉井中注水保持内外压差稳定。观测在 8h 内累计下沉不大于 10mm，即可进行封底。

（2）封底前用清水对沉井内污水进行置换，并用高压气泵清底。

（3）进行水下混凝土的灌注，根据底面积混凝土量来控制浇筑高度。将混凝土输送管插到井底淤泥以上约 0.4m 左右的高度均匀移动。浇筑水下混凝土过程中要检查导管的气密性，确保封底混凝土不出现漏浇或浇筑厚度不够。为不影响工期，最好能用早强混凝土。待封底混凝土达到设计强度后，抽干水，再绑扎底板钢筋，浇筑底板混凝土。

（4）浇筑混凝土应在整个沉井上分层、不间断地进行，由四周向中央推进，并用振动器捣实；当井内有隔墙时，应前后左右对称地逐孔浇筑。

6　材料与设备

6.1　主要施工材料

主要原材料选用见表 1。

表 1　主要材料一览表

序号	材料（设备名称）	规格型号	单位
1	混凝土	抗渗	m³
2	钢筋	按设计	t
3	模板	竹胶模板	m²
4	架管	φ48 钢管	m
5	其他材料		

6.2　主要机具设备表

主要机具设备见表 2。

表 2　主要机具设备表

序号	材料（设备名称）	规格型号	单位	数量	用途
1	长臂挖机（18m）	小松 PC650	台	1	用于沉井下沉
2	混凝土切割机	AY-750 型	台	2	用于垫层切割
3	高压水泵	70m³/h	台	2	用于高压注水
4	高压水枪	水枪直径 50 ～ 75mm	台	4	用于液化淤泥
5	泥浆泵	30m³/h	台	2	用于抽排泥浆

7　质量控制

7.1　沉井下沉阶段的质量控制规范

（1）《工程测量规范》（GB 50026）；

（2）《给水排水构筑物工程施工及验收规范》（GB 50141）；

（3）《岩土工程勘察规范》（GB 50021）；

（4）《混凝土结构工程质量验收规范》（GB 50204）；

（5）《建筑地基基础工程施工质量验收规范》（GB 50202）；

7.2　沉井下沉的主控项目

下沉过程沉井无变形、倾斜、开裂现象；沉井结构无线流现象。检查方法：观察、检查沉井下沉记录。

7.3　一般项目

沉井结构无明显渗水现象；底板混凝土外观质量不宜有一般缺陷；检查方法：观察。

7.4　允许偏差

沉井下沉阶段的允许偏差见表3。

表3　沉井下沉阶段的允许偏差

检查项目		允许偏差（mm）	检查数量		检查方法
			范围	点数	
1	沉井四角高差	不大于下沉总深度的1.5%～2%，且不大于500	每座	取方井四角或圆井相互垂直处	用水准仪测量（下沉阶段：不少于2次/8h；终沉阶段：1次/h）
2	顶面中心位移	不大于下沉总深度的1.5%～2%，且不大于300		1点	用经纬仪测量（下沉阶段：不少于1次/8h；终沉阶段：2次/8h）

沉井终沉阶段的允许偏差见表4。

表4　沉井终沉的允许偏差

检查项目		允许偏差（mm）	检查数量		检查方法
			范围	点数	
1	下沉到位后，刃脚平面中心位置	不大于下沉总深度的1%；下沉总深度小于10m时应不大于100	每座	取方井四角或圆井相互垂直处各1点	用经纬仪测量
2	下沉到位后，沉井四角（圆形为互相垂直两直径与周围的交点）中任何两角的刃脚底面高差	不大于该两角间水平距离的1%，且不大于300；两角间水平距离小于10m时应不大于100	每座	取方井四角或圆井相互垂直处各1点	用水准仪测量
3	刃脚平均高程	不大于100；地层为软土层时可根据使用条件和施工条件确定		取方井四角或圆井相互垂直处，共4点，取平均值	用水准仪测量

7.5　控制措施

7.5.1　沉井倾斜控制

（1）在沉井垫层拆除时一定要对称分块拆除。长臂挖机在井内开挖时，开挖层厚不得超过0.5m。施工时用仪器跟踪测量预先设定的点，发现倾斜，及时调整开挖部位，修正倾斜，一直调整到井体平衡为止。

（2）防止流砂单头突沉引起倾斜，开挖时，井内水位必须高于井外水位，防止大量泥砂涌入井内，出现涌砂现象。

7.5.2　沉井位移控制

沉井倾斜会引起沉井位移，多角及多次倾斜可能导致扭位。施工时，在井壁中应设置两道垂直观察装置，以控制水平度及垂直度，发现问题及时处理。

7.5.3　沉井突沉控制

在流砂层中，井内水位低于井外水位，造成井内外动水压力差，大量泥砂涌入井内造成突沉，还可能发生井外泥土下沉空缺，降低井壁摩擦力。因此及时补充水位（保持井内水位），井体外侧增设渣层以克服突沉现象。

7.5.4 水下封底质量控制

（1）在混凝土水下封底时，导管数量应多点设置，振动棒应网状振动以防止蜂窝出现。混凝土达到设计强度后，井外增设止沉装置防止超沉。由井内向井外抽水时，井内水位比井外水位低 50cm 应停止抽水，并 24h 观察。井内水位无明显上涨或下降则说明井底无大面积蜂窝及空洞，抽干井内积水，进入下一道工序施工。

（2）如井内水位继续上涨，则说明井底有空洞且有流砂涌入，则派潜水员进入水下寻找空洞，进行水下混凝土修补，直至不漏水。

（3）水下混凝土施工必须严格按照水下混凝土施工操作规范、规程进行，严格执行导管布置点和水下混凝土分块浇筑的程序。

8 安全措施

（1）施工现场应封闭式围挡，并有专人看守围挡出入口。

（2）灌注支架及工作平台应搭设坚固可靠；上下通道及平台周围应加拉杆防护，平台间及通道外的空间应设安全防护网。

（3）机械进场后应全面检查，不准带病作业。机械设备运转中应经常检查，及时维修，保证正常运转。

（4）严格交接班制度，防止因交接混乱而发生错误，造成安全事故。

（5）下班前机械应切断电源，配电箱应加锁，不准随意开关。

（6）所有电气设备外壳必须接地，保险丝与其额定容量相适应。

（7）进入沉井施工现场必须用软爬梯，配备安全保险绳并佩戴安全帽，严禁赤脚或穿拖鞋进入施工现场。夜间施工设专人监护，并设有足够照明设备。

（8）施工期间，路口及出入口处派专人指挥交通，以免因施工车辆造成交通堵塞及事故。

（9）沉井下沉后井口周围必须进行围挡，防止坠井事故。

9 环保措施

9.1 植被保护

（1）施工区内及周围的树木和植被不得随意砍伐和损害。

（2）施工临时设施尽量少占耕地，并对上下边坡进行植被防护。

9.2 地下水保护

（1）合理设置排水明沟、排水管，做到污水不外流，场内无积水。

（2）设置沉淀池，排放的废水先入池处理后方可排出。

（3）禁止将有毒有害废弃物用作土方回填。

9.3 化学品、油品处理

（1）设立封闭式存放区，不同性质、不同应急响应的物品应单独存放，提供适宜的贮存容器和环境，防止泄漏。

（2）专人保管，严格领用手续，做好发放记录，控制库存量。

（3）施工过程按规范使用专用容器和工具进行操作。

（4）备好防护用品，做好应急准备。

9.4 夜间施工光污染

（1）夜间照明采用定向灯罩，避免影响周边居民的正常工作。

（2）夜间尽量避免焊接等产生强光源的施工活动，能够产生强光的工作尽量在搭建的施工棚内完成。

9.5 控制噪声

（1）控制噪声影响，对噪声过大的设备尽可能不用或少用。在施工中采取防护等措施，把噪声降低到最低限度。

（2）对强噪声机械设置封闭的操作棚，以减少噪声的扩散。

（3）尽量避免夜间施工，确有必要则及时办理夜间施工许可证，并向周边居民告知。

9.6 防止大气污染措施

（1）严禁随意"抛撒"造成扬尘，垃圾及时清运。

（2）道路硬化，并随时清扫洒水，减少道路扬尘。

（3）执行相关污染物排放标准，不使用气体排放超标的机械。

（4）搅拌站格设封闭的搅拌棚，在搅拌机上设置喷淋装置。

（5）在施工区禁火焚烧有毒、有恶臭物体。

10　效益分析

通过浙江平阳县东海污水处理厂、水头污水处理厂、萧江污水处理厂等工程项目沉井的施工，对在流塑状淤泥中的沉井施工按此工法，可以降低成本、节约工期。

10.1　经济效益

浙江平阳东海污水处理厂工程和平阳水头污水处理厂工程按本工法施工，减少超大设备、千斤顶等，该设备租赁费用共计约 15 万元；一个沉井需要止水帷幕费用约 14 万元，没有采用止水帷幕施工节约造价约 15 万元；每个项目节约了设备和人工费用近 30 万元，占沉井造价的 10% 左右。

10.2　社会效益

从安全方面来说，一般沉井施工的基坑深度都较大，基坑支护容易失稳，存在很大的安全风险，有的甚至不能用基坑支护和明挖实现，本工法减少了深基坑的重大危险源。

在进度方面，本工法没有采用大开挖、止水帷幕施工，至少节约了 20d 工期。

综上所，述流塑状淤泥地基中的沉井工法在效益、进度、安全、社会效益方面都优于传统的先止水后明挖或基坑支护来施工的方法。

11　应用实例

（1）平阳县东海污水处理厂工程，粗格栅平面尺寸 4.7m×12.85m，高 13.18m，墙厚 0.6m，开（完）工日期为 2014.6.26～2015.3.27；提升泵房平面尺寸 7.2m×10.2m，高 15.38m，墙厚 0.6m；提升泵房开（完）工日期为 2014.5.26～2014.12.31。工程造价为 160 万元。

（2）平阳县水头污水处理厂工程，粗格栅平面尺寸 4.3m×11.2m，高 11.93m，墙厚为 0.6m。粗格栅开（完）工日期为 2014.6.30～2015.4.13；提升泵房平面尺寸 8m×14.4m、高 16.08m、墙厚 0.8m，提升泵房开（完）工日期为 2015.3.26～2015.5.31。工程造价为 210 万元。

（3）浙江平阳萧江污水处理厂工程，粗格栅平面尺寸 4.5m×11.7m 高 12.15m，墙厚为 0.6m。粗格栅开（完）工日期为 2014.3.30～2015.1.13；提升泵房平面尺寸 8m×14.4m、高 16.08m、墙厚 0.8m，提升泵房开（完）工日期为 2014.3.26～2015.1.31。工程造价为 140 万元。

上述工程已经验收，质量达到优良。施工过程见图 7～图 14。

照片 7　挖除沉井制作范围内 1.5m 深淤泥　　　　照片 8　回填砂垫层

照片 9　成型后的混凝土垫层

照片 10　沉井制作

照片 11　成型后的沉井

照片 12　切割沉井混凝土垫层

照片 13　沉井中间开挖

照片 14　切割沉井混凝土垫层

沥青混凝土心墙石渣坝心墙、
过渡层同步施工工法

赵利军　吴恢民　冯　娟　贾　旭　刘　磊

湖南建工集团有限公司

摘　要：沥青混凝土心墙石渣坝具有防渗效果好、耐抗性好、变形处理及维护方式简单等优点，但传统的半机械化施工方法存在周期长、工效低、质量难以保证等缺点。将公路沥青混凝土集成施工方法改良后用于水工混凝土施工，利用专用摊铺机实现全机械化施工，即沥青心墙、过渡料、石渣料填筑成型流水线施工，在工期、质量、安全、造价等方面均有较大提高。

关键词：沥青混凝土心墙；石渣坝；全机械化；专用摊铺机

1　前言

　　沥青混凝土心墙石渣坝是土石坝的一种，它具有防渗效果好、耐抗性好、变形处理及维护方式简单的特点；与一般土石坝及混凝土坝比，对坝料要求低（可充分利用开挖料、减少弃渣量）、投资较省等优势，目前已在我国多地区应用。但以往的施工主要采用半机械化施工方法，施工周期长、施工效率低、施工质量难以保证。本公司通过四川省通江县二郎庙水库大坝施工实践，对沥青心墙石渣坝心墙、反滤过渡层同步施工取得很好的效果，经总结形成本工法。

2　工法特点

　　（1）将公路沥青混凝土集成施工方法改良后用于水工混凝土施工。

　　（2）利用专用摊铺机进行沥青混凝土防渗心墙的施工，可同时摊铺过渡料和沥青混凝土，且沥青混凝土的摊铺宽度和厚度可根据设计要求在一定范围内调节。

　　（3）将传统的人工作业和半机械化施工技术发展到全机械化施工，解决了工程施工中，效率低、劳动强度、质量不稳定等一系列问题，在工程工期、质量、安全、造价等技术经济效能上均有较大提高。

3　适用范围

　　本工法适用沥青混凝土心墙石渣坝施工。

4　工艺原理

　　利用沥青混凝土的施工特性，采用最佳配合的机械设备，使沥青心墙、过渡料、石渣料填筑施工成型流水线施工，从而保证施工质量和进度，最终形成符合设计要求的结构面。

5　施工工艺流程及操作要点

5.1　施工工艺流程

　　施工准备→测量放样→坝体基础开挖及处理→沥青混凝土心墙及反滤过渡料施工→石渣料填筑施工→坝体护坡施工→坝顶设施施工。

5.2　操作要点

5.2.1　施工准备

　　（1）坝体施工前施工导流、围堰等前期工程均已完成。

（2）根据监理规范及施工合同，上报本项工程的施工技术方案，详细对现场施工布置、进度安排、安全管理措施、环境保护措等进行规划说明。同时上报拟进行的现场施工工艺试验计划。方案和施工工艺试验计划待监理工程师审核批准后方可进行后续工作。

（3）施工人员到位，技术交底工作完成，作业人员熟悉作业流程及操作要点。

（4）材料准备。

（5）工程机械设备及专用设备均检修检测完成后，书面报告监理审批同意后进场，设备的生产能力要满足施工强度要求，各种设备要相互匹配，并确保有备用。

5.2.2　测量放样

（1）根据设计及规范要求建立控制网，确保工程测量准确。

（2）进行施工区域原地形测量。

5.2.3　坝体基础开挖及处理

（1）基础开挖

①土方开挖按自上而下分层开挖的次序进行。开挖工艺流程如图 1 所示。

②开挖时采用 250LC 反铲配 20t 自卸汽车装运，弃料运至渣场堆弃，220HP 推土机平料。

③开挖石方如需爆破施工必须编制爆破专项方案，并经相应单位审批后方能进行施工。

（2）基础处理

基础处理多采用固结灌浆和帷幕灌浆，实行

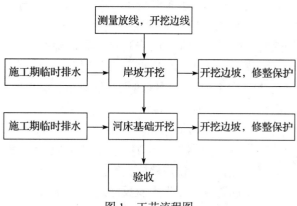

图 1　工艺流程图

"先固结，后帷幕"的施工顺序。帷幕灌浆和固结灌浆严格按《大坝帷幕灌浆技术要求》和《水工建筑物水泥灌浆施工技术规范》（DL/T 5148—2001）执行。在岸坡与沥青混凝土心墙接触部位按设计要求浇筑混凝土。

5.2.4　沥青混凝土心墙及反滤过渡料施工

（1）沥青混凝土心墙及反滤过渡料施工流程如下：

测量放样→心墙轴线金属细丝固定→层面及与岸坡接合部位处理→沥青混凝土生产及反滤过渡料开采→沥青混凝土和过渡料摊铺、初碾→沥青混凝土、过渡料的碾压密实→验收后进入下道工序。

（2）测量放样

坝体开挖及基础处理完成后，按设计要求利用 Topcon102 型全站仪测量放样，确定各填筑料区的交界线，白灰撒线并插标志牌进行标识，在两岸岸坡基岩面上标写高程及桩号。

（3）心墙轴线金属丝固定

为确保心墙轴线准确，在施工前采用金属丝固定标识轴线位置。

（4）层面及与岸坡接合部位处理

①沥青混凝土心墙横向接缝处理

沥青混凝土心墙尽量保证全线均衡上升，保证同一高程施工，减少横缝。当必须出现横缝时，其结合坡度做成缓于 1:3 的斜坡，上下层横缝错开 2m 以上。接缝施工时，使用人工剔除表面粗颗粒骨料，先用汽油夯夯实斜坡面至沥青混凝土表面返油，再用振动碾在横缝处碾压使沥青混凝土密实。在下次沥青混凝土摊铺前，人工用钢钎凿除斜坡尖角处的沥青混凝土，并且用钢丝刷除去黏附在沥青混凝土表面的污物并用高压风吹净。摊铺时，按层面处理的办法先用红外加热器加热，使其层面温度达 70℃以上，再进行沥青混凝土摊铺、碾压。

②沥青混凝土与岸坡混凝土接缝面处理

与沥青混凝土相接的常态混凝土表面采用高压水冲毛机冲毛，将其表面的浮浆、乳皮、废渣及黏着污物等全部清理干净，保证混凝土表面干净和干燥。

沥青混凝土与混凝土接合面所用的玛琋脂在施工现场拌制，配制时，严格按试验结果并报监理工程师批准的配合比和温度进行控制。铺设沥青玛琋脂前，在清理干净且干燥的混凝土表面均匀喷涂 1～2 遍冷底子油，待冷底子油干涸后，再铺设玛琋脂（图 2）。

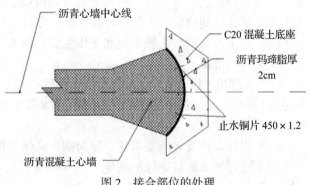

图 2　接合部位的处理

③层面处理

在已压实的心墙上铺筑前，应将结合面清理干净。污染面采用压缩空气喷吹清除。如喷吹不能完全清除，应用红外线加热器烘烤污染面，使其软化后铲除。当沥青混凝土心墙层面温度低于 70℃时，采用红外线加热器加热至 70～100℃。加热时，控制加热时间以防沥青混凝土老化。

沥青混凝土表面停歇时间较长时，采取覆盖保护措施。铺筑前，将结合面清理干净，并干燥、加热至 70℃以上时，方可铺筑沥青混凝土，必要时应另在层面上均匀喷涂一层稀释沥青，待稀释沥青干涸后再铺筑上层沥青混凝土。

沥青混凝土心墙钻孔取芯后留下的孔洞及时回填，回填时应先将钻孔吹洗干净，擦干孔内积水，用管式红外加热器将孔壁烘干并使沥青混凝土表面温度达到 70℃以上，再用热沥青混凝土按 5cm 一层分层回填，人工使用捣棒捣实。

（5）沥青混凝土生产及反滤过渡料开采

①沥青混凝土生产

沥青混凝土生产首先必须进行沥青混凝土生产试验，经监理单位批准后进行下道工序施工。

沥青混凝土混合料在沥青混凝土搅拌站完成。沥青混凝土搅拌站由堆料场，骨料初配系统，混合骨料加热干燥系统、热料提升、筛分、称量系统，沥青加热、熔化、脱水、供给系统，填料供给系统、混合料搅拌系统、除尘系统以及成品料仓和中心控制系统组成。

沥青混凝土拌制工序如图 3 所示。

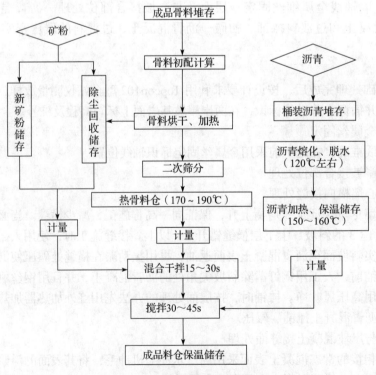

图 3　沥青混凝土拌制工序

拌制好的沥青混凝土卸入保温料斗，用 5t 载重汽车运至施工现场卸入 3m³ 装载机，再由装载机卸入摊铺机接料斗。

②反滤过渡料开采

坝料由 1.6m³ 液压反铲、3.6m³ 液压正铲装车，20t 自卸汽车运输，车辆应相对固定，并经常保持车厢、轮胎的清洁，防止残留在车厢和轮胎上的泥土带入清洁的过渡料、排水体料、坝壳料填筑区。

反滤（过渡）料运输及卸料过程中，应采取措施防止颗粒分离。运输过程中过渡料应保持湿润，卸料高度不大于 2m。

监理工程师认为不合格的反滤（过渡）料或坝壳料，一律不得上坝。

坝料运输车辆必须在挡风玻璃右上角标明坝料分区名称。

（6）沥青混凝土和过渡料摊铺、初碾

①铺筑前的准备

与沥青混凝土相接的水泥混凝土结构物表面，采用 >30MPa 高压水冲毛，将其表面的浮浆、乳皮及黏附污物等全部清除干净，使其粗糙平坦、干净和干燥。按设计要求已完成水泥混凝土结构物表面的冷底子油和沥青玛琋脂的施工。

②模板的架设和拆卸

沥青混凝土机械摊铺施工前，调整摊铺机自带的钢模宽度以满足设计要求。沥青混凝土人工摊铺段主要采用钢模，并应保证心墙有效断面尺寸。人工架设的钢模牢固、拼接严密、尺寸准确、拆卸方便；钢模定位后的中心线距心墙 设计中心线的偏差小于 ±5mm。沥青混凝土填入钢模前，先进行过渡料预碾压；沥青混凝土碾压之前，先将钢模拔出并及时将表面黏附物清除干净。

③过渡层填筑

当采用专用摊铺机施工时，过渡料的摊铺宽度和厚度由摊铺机自动调节；摊铺机无法摊铺的部位，宜采用人工配合其他施工机械补铺过渡料。人工摊铺段过渡料填筑前，宜用防雨布等遮盖心墙表面；遮盖宽度应超出两侧模板 30cm 以上。心墙两侧的过渡层同时铺填压实，防止钢模移动；距钢模边 15 ～ 20cm 的过渡料待钢模拆除后，与心墙骑缝碾压。心墙两侧的过渡料应采用 3.0t 以下的小型振动碾进行碾压；碾压遍数按设计要求的密度通过试验确定。

④沥青混凝土的铺筑

沥青混凝土心墙与过渡料、坝壳料填筑尽量同步上升，均衡施工，以保证压实质量；心墙和过渡层与坝壳料的高差不大于 80cm。沥青混凝土心墙采用水平分层，层厚度控制为 20 ～ 30cm，采取全轴线不分段一次摊铺 碾压的施工方法。机械摊铺时应经常检测和校正摊铺机的控制系统；人工摊铺，每次铺筑前，应根据沥青混凝土心墙和过渡层的结构要求及施工要求调校铺筑宽度、厚度等相关参数。沥青混凝土的摊铺采用专用摊铺机进行，摊铺速度按 1 ～ 3m/min；专用机械难以铺筑的部位可采用人工摊铺，用小型机械压实。连续铺筑 2 层以上沥青混凝土时，下层沥青混凝土表面温度应降到 90℃ 以下方可摊铺上层沥青混凝土。沥青混凝土的入仓温度应通过试验确定，宜控制为 140 ～ 170℃。

（7）沥青混凝土、过渡料的碾压密实

沥青混凝土碾压采用小于 1.5t 的振动碾的专用振动碾，按沥青混凝土心墙不同高程的设计宽度，分别采用不同型号的心墙专用碾压设备和不同的碾压方式进行碾压。沥青混凝土与过渡料的碾压按先过渡料后沥青混凝土的次序或按试验确定的次序进行。沥青混凝土的碾压应先无振碾压，再有振碾压；碾压速度宜控制在 20 ～ 30m/min 区间；碾压遍数通过试验确定，前后两段交接处重叠碾压 30 ～ 50cm；碾压时振动碾不得急刹车或 横跨心墙行车。沥青混凝土碾压时严格控制碾压温度，初碾温度不低于 130℃，终碾温度不低于 110℃，最佳碾压温度由试验确定。整个碾压过程应做到不黏碾、不陷碾、沥青混凝土表面不开裂。当振动碾碾轮宽度小于沥青混凝土心墙宽度时宜采用贴缝碾压；当

振动碾碾轮宽度大于沥青混凝土心墙宽度时宜采用单边骑缝碾压。各种机械不得直接跨越心墙；在心墙两侧 2m 范围内，不得使用 10t 以上的大型机械作业。

5.2.5　石渣料填筑施工

（1）石渣料的填筑，必须在坝基处理及隐蔽工程验收合格后，才能填筑。砂砾石基础需测其原位干密度，若其小于等于石渣料填筑干密度时，需增加处理措施，处理完后才能填筑石渣料。

（2）自卸汽车卸料时，宜用"进占法"卸料，也可用"后退法"卸料，堆料高度不大于 1.5m。填料的纵横坡部位，应优先用台阶收坡法，碾压搭接长度应不小于 1.5m，如无条件时，接缝坡度应不陡于 1:2。

（3）岸坡处不允许有倒坡，防止大径料集中，其 2m 范围内，应用较细石渣料（d<200mm）填筑，而且先于坝体填筑料填筑，此处施工按小面积施工法铺筑压实。

（4）在铺好一层石渣料后，布点测量其压实前高程，以确定铺料厚度，铺料厚度满足方可填发测量合格证进行石渣料碾压。

（5）石渣料碾压质量重在过程控制，重点监控碾压遍数、振幅、行驶速度、碾轮搭接宽度。碾压方向一般平行于坝轴线，岸坡一般沿坡脚进行。碾压完成后，再按布点测量其高程，以控制压实厚度。碾压后的表面平整度按 ±10cm 控制，若出现 ±30cm 的不平整现象，应重新推平表面进行铺压。

（6）石渣料压实后，按规范要求由工地试验室取样，取样数量不小于 5000～10000m³ 一个，且每层必须检查边坡结合部，检查合格后，发给碾压合格证，并组织三检。合格后，方可进行下道工序。

（7）坝基石渣料永久坡位置，每填筑 3m 厚进行测量放线，对坝坡进行修整，以保证边坡符合要求。

（8）压实后，局部粗料集中处，应铺砂用水冲压，以砂粒填满粗粒孔隙，冲洗不下为结束标准。

（9）在保留有冲积层的河床坝基填筑坝体石渣料时，应在基础面清理合格并经监理人验收后，在河床冲积层表面先铺一层最大粒径不超过 20cm 的细石料层，层厚 50cm，并用振动平碾碾压 6～8 遍。

（10）石渣料压实后，按施工规范规定，每填 5000～10000m³ 取样 1 次。根据土工试验要求，试坑直径 $D > (3～5)d_{max}$ 和 $D > 100cm$ 控制，试坑体积用灌水法和灌砂法相结合（灌水法在冬季无法使用）。试坑测试项目：主要为湿密度、含水量、含泥量、颗粒级配（包括粗料 $d > 5mm$ 颗粒含量），最终求出干密度和相对密度。碾压后取样结果应满足设计要求，否则应进行铺压，直至满足质量控制指标要求为止。

（11）压实石渣料的振动平碾行驶方向应平行于坝轴线，靠岸边处可顺岸行驶。振动平碾难以碾压的地方，应用小型振动碾或其他机具进行压实，但其压实遍数应按监理工程师指示做出调整。岸边地形突变及坡度过陡而振动碾碾压不到的部位，应适当修整地形使振动碾到位，局部可应用振动板或振动夯压实。

（12）石渣料应采取大面积铺筑，以减少接缝。当分块填筑时，应对块间接坡处的虚坡带采取专门的处理措施，如采取台阶式的接坡方式，或采取将接坡处未压实的虚坡石料挖除的措施。

（13）坝内安全监测仪器的埋设，在监理工程师批准后方可开始埋设；埋设完成后，须经监理工程师的批准才可进行上部堆石体的回填。

（14）坝体填筑过程中，严格按照《碾压式土石坝施工规范》(DL/T 5129) 执行。

5.2.6　坝体护坡施工

坝顶护坡按设计护坡类型完成施工。根据进度安排可与坝体填筑上升速度同步施工，也可在坝体施工完成后进行施工。

5.2.7　坝顶设施工

坝顶设施工按设计及规范要求进行施工。

6 材料与机械设备

6.1 原材料

6.1.1 沥青

沥青在出厂时提供沥青全部试验指标报告和合格证。沥青运至现场,工地实验室按监理工程师要求进行检测。沥青的外包装必须是桶装。沥青质量技术指标详见表 1。

表 1 沥青质量技术指标表

项目		单位	技术指标
针入度（25℃）		1/10mm	60 ～ 80
软化点		C	47 ～ 54
延度（15℃）		cm	>150
含蜡量（蒸煮法）		%	<2
密度		g/cm³	1.01 ～ 1.05
脆点		C	<-10
含水量		%	<0.2
溶解度（CCL4 或苯）		%	>99.5
闪点		%	>230
薄膜烘箱试验（163℃，5h）	质量损失	%	<0.5
	针入度比	%	>70
	延度（15℃）	cm	>100
	脆点	C	<-8
	软化点升高	C	<5

6.1.2 粗骨料

粗骨料选用油坊沟料场中～厚层状石灰岩加工,控制进场石灰岩小于 20cm,洁净无泥,无污染。骨料采用两级破碎生产,粗碎选用 PF-A1010 型反击式破碎机,细碎选用 PFL-1000 型复合式冲击破碎机。粗骨料生产过程中每天检验其超逊径、针片状和含泥量指标一次,抽样点为筛分楼出料皮带输送机处,各级成品骨料分类堆放。粗骨料的技术要求见表 2。

表 2 粗骨料（20 ～ 2.5mm）技术要求

项目		指标
密度		>2.7
吸水率（%）		<2.5
压碎率（%）		<25
针片状颗粒含量（%）		<15
含泥量（%）		< 0.3
级配		与配比级配一致,连续级配
超逊径（方孔筛）(%)	超径	<5
	逊径	<10
耐久性（5 次硫酸钠溶液循环质量损失）		<12
与沥青黏结力		>4 级
其他		岩质坚硬,在加热条件下不致引起性质变化

6.1.3 细骨料

细骨料采用石灰岩加工的人工砂和河砂。石灰岩人工砂选用油坊沟料场中～厚层状石灰岩加工破碎、筛分生产；河砂采用天然河砂筛分制得。细骨料的技术要求见表3。

表3　细骨料（2.5 ～ 0.074mm）技术要求

项目	指标
密度	>2.6
吸水率（%）	<2.5
耐久性（5 次硫酸钠溶液循环质量损失）	<15
黏土、尘土、炭块	<1.0
级配	级配连续
水稳定性	>6 级
其他	岩质坚硬，在加热条件下不致引起性质变化

6.1.4　矿粉（填充料）

矿粉为石灰岩生产的人工砂经柱磨机磨细后分选而得，生产50 ～ 100t 矿粉取样一次，对设计指标进行检验，生产中每天检测矿粉细度，矿粉储存要求防雨防潮，并防止杂物混入。

填充料应符合表4 的技术要求。

表4　填充料技术要求

项目		指标
密度		>2.6
含水率（%）		<0.5
亲水系数		>1
细度（各级筛孔通过率）(%)	0.6mm	100
	0.15mm	>90
	0.075mm	> 70
其他		不含泥土、有机物等杂质和结块

6.1.5　反滤料

级配良好，最大粒径不宜大于 60 ～ 80mm；0.075mm 以下的颗粒含量不大于 5%；透水性良好，渗透系数不小于 1×10^{-2}cm/s；设计干密度为 2.16g/cm³。

6.1.6　石渣料

级配良好，粒径小于 5mm 的颗粒含量为 10% ～ 30%，最大粒径不大于 500 ～ 600mm 或填筑厚度的 2/3，0.075mm 以下的颗粒含量不小于 5%，填筑时不得发生粗料集中架空现象；透水性良好，渗透系数不小于 5.0×10^{-3}cm/s；设计干密度为 2.15g/cm³；内摩擦角：29° ～ 32°；凝聚力：0.02 ～ 0.05MPa。

6.2　机械设备（表5）

表5　本工程拟投入的施工设备

序号	名称	型号或规格	单位	数量	备注
1	沥青混凝土拌合系统	LB1000 型	套		
2	心墙专用摊铺机	LG-9	台		
3	振动碾	YZ-2	台		
4	振动碾	YZ0.6	台		
5	装载机	ZL50	台		拌合系统用

续表

6	沥青混凝土上料机	ZL50	台		装载机改装
7	打夯机	HW90	台		
8	自卸汽车	7t	辆		
9	潜孔钻机	CM-351	台		
10	潜孔钻机	100B	台		
11	手风钻	YT28	台		
12	液压反铲	250LC	台		
13	液压反铲	PC360	台		
14	液压反铲	220LC	台		
15	装载机	ZL50	台		
16	推土机	TY320	台		
17	推土机	TY220	套		
18	自卸汽车	20t	台		
19	拖式振动碾	18t	台		
20	自行式振动碾	16.5t	台		
21	自行式振动碾	10t	台		

7　质量控制

7.1　原材料质量控制

（1）施工首先必须做好原材料的质量控制。按施工规范及设计文件的要求，对原材料的进场质量及施工过程检验要严格控制，一旦发现不合格材料必须进行处理。

（2）沥青的质量控制：沥青是混合料的重要组成部分，是影响沥青混凝土性能的主要成分。沥青主要进行针入度、软化点、延度三项指标的检测，其他指标必要时进行抽查。对到现场沥青，分别取样检验。每 30～50t 为一取样单位，从 5 个不同部位提取，总量不少于 2kg，混合均匀后作为样品检验。每批沥青至少抽取一个样品检验。搅拌站正常生产情况下，每天从沥青恒温罐取样一次，进行针入度、软化点及延度等试验，同时对恒温罐的沥青温度随时检测，保证沥青加热温度控制在规定范围内。

（3）骨料的质量控制：沥青混凝土所用的骨料质量指标包括含泥量、针片状含量、超逊径含量、与沥青的黏附性、吸水率、水稳定性、耐久性。这些指标主要通过骨料破碎筛分后经试验检测来控制质量，提供拌合系统满足级配要求的合格料。

（4）根据施工经验，搅拌站正常生产情况下，骨料若不能保持稳定的级配，将导致表面积和空隙率的变化，使沥青混凝土的性能受到影响。本工程拌制现场还要从热料仓中取样进行级配、超逊径含量的检测试验，每 100～200m³ 为一取样单位，且每天不少于 1 次。必要时进行其他项目的技术指标抽样检验。同时监测热料斗中骨料温度，严格控制温度在规定范围内。

（5）填充料质量控制：填充料（矿粉）是沥青混凝土的重要组成部分，本工程矿粉质量主要通过进货验收检查时进行抽样检验控制。矿粉运到工地后，采用专用矿粉罐和仓库，妥善保管，防止雨水浸湿。填充料主要进行的级配和含水量的检测试验，每批或每 10t 取样验收 1 次，检验合格后，才能使用。

（6）搅拌站生产必须按当天签发的沥青混凝土配料通知单进行拌料。配料通知单的依据是：原材料仓的矿料级配、超逊径等指标。二次筛分后热料仓矿料的级配、超逊径试验指标。前一单元沥青混凝土的抽提试验成果。

（7）沥青混凝土拌和质量严格按试验确定，并按监理工程师批准的配料单生产，配料误差控制在规范范围内。拌和出的沥青混凝土随时观察外观，保证其色泽均匀，稀稠一致，无花白料，无冒黄烟等异常现象，同时要抽查出机口的温度，使之控制在规定范围内。

7.2 生产性试验

7.2.1 坝料碾压试验

（1）为确保坝体填筑质量，在坝体填筑前，首先在选定的料场开采场区，进行与施工条件相仿的现场碾压试验。由工地实验室进行原材料检（试）验，即进行铺土方式、铺土厚度、碾压机械的类型及质量、碾压遍数、填筑含水量、碾压前后的砾石含量（对风化料）、压实土的干密度、渗透系数、压缩系数和抗剪强度等试验。

（2）坝壳料和爆破堆石料在碾压前作室内静三轴试验，由料场取样的各项试验组数不少于 5 组（表 6）。

表 6　试验数据

料物名称	碾压机具		碾压遍数（遍）	加水量（%）	摊铺厚度（cm）
心墙两侧过渡料	2.7t 自行式振动碾		4、6、8	0、5、10	10、20、30
坝壳料	18t （SD-175D） 自行式振动碾	18t （YZT18） 拖式振动碾	6、8、10	10、15、20	80、100、120

（3）沥青混凝土生产试验

①通过室内试验、现场试验和生产性试验，确定沥青混凝土的配合比和施工工艺的相应参数。

②验证室内沥青混凝土配合比成果和技术指标允许变化的范围。

③确定拌合机的配料速度、拌和数量和时间、拌和温度等操作工艺。

④通过铺筑试验，确定心墙沥青混凝土摊铺方法、铺筑厚度、碾压温度、碾压遍数及各类型接缝的施工方法。

⑤通过试验确定沥青含量、骨料级配、沥青混凝土心墙稳定和防渗性能的试验成果；钻取芯样，检测心墙沥青混凝土密度。

7.3 施工现场质量控制

（1）沥青混凝土在铺筑过程中要对温度、厚度、宽度、摊铺碾压及外观进行检查控制，在施工过程中，设置质量控制点，严格控制管理。

（2）摊铺心墙沥青混凝土前，检查立模的中心线和尺寸。模板中心线与心墙轴线的偏差应不超过10mm。碾压后，沥青混凝土心墙的厚度不小于设计厚度。机械摊铺时中心线有固定金属丝定位。

（3）每层沥青混凝土铺筑前，对层面进行清理。

（4）铺料后，心墙取样进行抽提试验。铺筑结束后，次日铺筑开始时，对心墙进行堆积密度、空隙率、渗透系数采用核子密度仪进行无损检验，每隔 10～30m 为一取样单位。

（5）人工摊铺时装载机卸料应均匀，以减少人工劳动强度，注意不污染仓面，不使混合料离析，摊铺过渡料厚度控制在 25cm 以内。摊铺机行走速度控制在 2.0～3.0m/min。

（6）沥青混凝土抽提试验的取样部位应在施工现场，在沥青混凝土摊铺完成但未碾压之前取料。沿心墙轴线方向每隔 5m 取 2kg 试样（相应于运输车每车抽取 2kg 试样），从 5 个不同部位取样，样品总重约 10kg，混合均匀后用四分法分取试样进行抽提试验。

（7）沥青混凝土心墙每升高 8～12m，沿心墙轴线方向每 50～100m 布置 2 个取样断面，用钻机钻取芯样，进行密度、孔隙率、渗透系数、马歇尔稳定度、马歇尔流值、水稳定系数、力学性能等试验，进行抽提试验，检验沥青含量和矿料级配，钻取芯墙的长度根据试验项目而定。

（8）沥青混凝土心墙钻取芯样后，心墙内留下的钻孔及时回填。回填时，先将钻孔冲洗、擦干，用煤气喷枪将孔壁烘干、加热，再用热细粒沥青混凝土分层回填捣实。

（9）温度控制：设专人严格对摊铺温度、初碾温度、终碾温度检查控制，掌握碾压时间。

（10）厚度控制：由于沥青混凝土摊铺时，摊铺机行走履带位于沥青混凝土心墙两侧压实后的过渡料上，因此施工过程中为保证摊铺厚度的均匀性，过渡料摊铺采用人工辅助扒平，确保底层的平整，保证铺筑后的心墙略高于两侧过渡料。为了保证心墙厚度，摊铺机摊铺沥青混凝土的速度必须控制均匀。

（11）宽度控制：沥青混凝土施工前测量定出心墙轴线并用金属丝标识，调整摊铺机模板中线，与心墙轴线重合，摊铺机行走时，通过机器前面的摄像机可使操作者在驾驶室里通过监视器驾驶摊铺机精确地跟随细丝前进。从而保证心轴线上、下游侧宽度满足设计要求。

（12）碾压控制：振动碾碾压前，人工对将碾轮清理干净，碾压温度、遍数、方式、速度严格按监理工程师批准的试验成果控制，振动碾行走过程中均速行走。碾压后心墙表面平整度、宽度符合设计要求，表面返油色泽均匀、无裂缝。

（13）外观检查：沥青混凝土心墙铺筑时，对每一铺层随时进行外观检查，发现蜂窝、麻面、空洞及花白料等现象及时处理。

7.4　沥青混凝土施工的温度控制

（1）沥青的加热和保温。沥青的加热和保温温度应控制在设计要求范围内。

（2）矿料的加热温度。矿料的加热温度宜控制在 160～170℃范围内。

（3）沥青混凝土机口温度。考虑沥青混凝土运输、待料及摊铺过程中的温度损失和摊铺、碾压温度等因素的影响。沥青混凝土出机口温度应控制在 150～160℃范围内。冬季出料温度控制在160～170℃范围内。

（4）沥青混凝土的碾压温度。沥青混凝土的碾压温度应以试验确定的温度范围为准，不宜过高和过低。

8　安全措施

8.1　坝料运输

（1）自卸汽车作为本标段坝体填筑料的主要运输工具，为保证上坝料按秩有序进行，每辆运输车辆必须在挡风玻璃右上角粘贴坝料类别卡片，卡片尺寸为 30cm×40cm，各类坝料用不同颜色分开，以不影响司乘人员视线为准。

（2）运输车辆要相对固定，并保持车体干净卫生，尤其对特殊垫层料、垫层料、过渡料、反滤料及排水料运输车辆，在进入坝区前，需上洗车台，以防将车厢、轮胎上的残留泥土带入填筑区，对坝料造成污染。

（3）运输车辆设加高挡板，但装渣量不得超过额定重量，以防沿途掉渣。

（4）运输车辆在运输过程中，车速不大于 20km/h（桥梁处不大于 15km/h），并严禁超车，做到礼貌行车，不挤抢车道。

（5）运输车辆司乘人员要遵守《中华人民共和国道路交通管理条例》规定，并加强车辆的维修保养，遵守发包人对施工场区运输车辆管理规定。

（6）对坝外运输道路，设立道路标志牌，标志牌尺寸为 $B×L$=40cm×60cm（蓝底白字），并注明前方到站地点名称、公里里程。

（7）对开挖与填筑运输道路，其坡比不陡于 10%，局部地段不陡于 12%。道路维护应作好洒水除尘工作，为防止雨水对运输道路的冲蚀，在道路靠山坡侧作浆砌石排水沟 [$B×L$=40cm×30cm]，以保证运输道路畅通。为了车辆及行人安全，运输道路外侧按每 2m 作浆砌石（M7.5）及混凝土（C20）防护墩，尺寸为（$B×L×H$=50cm×200cm×50cm）。

（8）对运输道路所经桥梁处，除作好桥梁标志牌外（名称、长度、限载限速标准），在桥梁进口处设专职人员值班（跨心墙栈桥），以防运输车辆事故发生。

（9）因本工程填筑运输车辆多、流量大，其交通秩序派 6 名专职人员统一管理。

（10）对交通道路路面上的石渣、垃圾等应每 4h 清理一次；路边石渣、垃圾等应每周清理一次；道路排水沟不得有积水杂物。

（11）道路路面应平整、无积水；若道路有所毁坏，必须在 24h 内恢复。

8.2　坝料填筑

（1）坝体填筑采用全断面上升，坝面要平整，相邻坝体分区间高差不得大于一层坝料的高度。

（2）坝体填筑期，每层坝面上设有坝体分区的标识牌，标识牌尺寸 $B \times L=100cm \times 60cm$，并注明填筑料物名称；对正在施工的坝面区，设立各类坝料所处工作状态，如上料、碾压、质检、合格、待检等标识牌；用红色油漆在两岸坝肩上标明坝轴线、各区料填筑桩号及分期高程等。

（3）为确保坝体填筑期上、下游边坡安全，按坝体每升高 10m 要求，在边坡区设置一层安全防护栏，防护栏采用成品钢板网。

（4）在坝前右坝肩及坝后的适当位置各设置的一个厕所，本标段派 2 人专门管理，并负责清理工作等。

（5）对坝面设立的临时值班室，门前均应设置"保洁箱"，垃圾一律入内，并应及时清理到指定位置。

（6）为防止坝面施工人员随意丢弃垃圾，在每层坝面设立"保洁箱"，并由专人负责清理移位工作，以保证坝面干净整洁。

9　环境保护措施

（1）无用的开挖渣料运至规定的弃渣场按要求进行堆置，并做好弃渣场周边的排水、保护工作。

（2）在工程施工过程中，加强施工机械的净化，减少污染源（如掺柴油添加剂，配备催化剂附属箱等），配置对有害气体的监测装置，禁止不符合国家废气排放标准的机械进入工区，在采料、填筑、爆破、开挖、水泥输送、拌和等作业中，采用水幕降尘器实施水幕降尘或隔尘措施，做好施工人员的劳动保护。

（3）在工程施工过程中应避免夜间进行如爆破等强噪声作业，施工车辆特别是重型施工车辆的行驶线路经过居民区时应限速行驶，并尽可能避免夜间作业，对噪声控制制定出实施细则，并加以认真贯彻。

（4）为防止施工废水和工区生活污水污染河流和周围土地，各生产区和生活区都设有排水沟或污、废水排放系统，污、废水通过排水管道汇集进入污水处理池进行处理，达标后方准排放。

（5）沥青混凝土在拌制过程中，对骨料中的粉尘一般做废弃处理，不再重复利用。对此，应修建专门的处理设施，可以采用埋填并洒水湿润处理，避免造成大量的扬尘，污染环境。对于设计认可的粉尘回收作为掺合料使用的，也要保证其在密封的通道内流动，不得露天回收。

（6）沥青混凝土在生产过程中，要使用大量的油料，应防止油料的泄露，废油处理应设置专门的回收装置。

（7）应使用优质石油沥青，不得使用污染严重的煤沥青。另外，沥青在加热时必须采用油加热或者水蒸气加热等间接加热方式，不得采用直接加热的方式，避免产生大气污染物。采用这种间接加热的方式可以有效的控制沥青加热过程中对大气的污染，使污染指标控制在《大气污染物综合排放标准》（GB 16297—1996）规定的范围之内。

（8）对沥青混凝土废弃料，要在指定的位置堆存，集中处理。

10　效益分析

近年来，国内由于优质石油沥青的使用，设备自动化程度越来越高，沥青混凝土在公路工程中大量应用。在水利水电工程中，沥青混凝土心墙石渣坝具有防渗效果、耐抗性好，变形处理及维护方式简单的特点，且施工可充分利用开挖料，具有减少弃渣量，投资较省等优势。根据四川省通江县二郎庙水库枢纽大坝工程初步设计计算，采用沥青混凝土心墙石渣坝投资为 10120.86 万元，采用钢筋混凝土面板堆石坝投资为 10677.11 万元，采用沥青混凝土心墙石渣坝节约投资约 550 万元。

　　同时，采用本工法施工的沥青混凝土防渗心墙石渣坝，由于机械化水平很高，沥青混凝土心墙、过渡料、石渣料施工形成流水线，不仅可以保证施工质量，而且可以大大提高施工进度，节约施工工期。

11　应用实例

　　我公司承担施工的四川省通江县二郎庙水库枢纽大坝，工程地处巴中山区，地形条件复杂。水库大坝采用沥青混凝土心墙石渣坝型，坝顶高程 700.00m，坝顶宽 8.00m，最大坝高 68.50m，最大坝底宽度 321.75m。坝顶轴线长 255.00m。在心墙与基础接合部设置宽 6.50m、厚 1.50m 的 C15 混凝土齿板作为帷幕灌浆和固结灌浆的盖板。沥青混凝土心墙位于坝体中部，顶宽 0.50m，底宽 0.70m，心墙与齿板相连接处加厚至 1.4m，并在基础接触面铺涂 2cm 厚砂质沥青玛琋脂，底部中部设有埋入的紫铜止水片；心墙顶高程 699.50m，心墙底高程 631.50m。心墙上、下游侧反滤过渡料采用新鲜砂岩破碎料，水平宽度各 3.00m。过渡料两侧为坝壳料为新鲜粉砂质泥岩渣料。

　　施工过程未发生任何安全事故，质量检验检测结果为：沥青针入度值（25℃，0.1mm）平均值为 70；沥青软化点平均为 48.5C；延度值（15℃，0.1cm）大于 150；沥青混凝土密度平均为 2.435（g/cm^3）；沥青混凝土孔隙率平均值为 1.44%；稳定度平均为 7.74kN；马歇尔流值（1/100cm）平均值为 106.2；渗透系数 K 小于 1×10^{-9}；粗、细骨料及填料、油石比配合比值均在允许误差范围内。沥青混凝土心墙施工各项主要指标均维持在允许值范围内，平稳无突变，施工过程质量稳定，符合设计要求。本工程采用的施工工艺技术是可行的，质量控制措施是可控的。同时，为确保大坝稳定，施工中加强了后期观测，特别是大坝心墙完工后通过前期预埋的测斜仪、测缝仪等仪器进行各项数据监测统计，了解大坝心墙应力、变形变化。

采用软件分析辅助碾压式土石围堰施工工法

李志雄　喻　烽　肖　娟　张淑云　佘建军

湖南省第四工程有限公司

摘　要：为了对土石围堰施工进行优化设计，节省资源，在围堰施工中引入 Geoslope 软件，按《碾压式土石坝设计规范》(SL274—2011) 中不计条块间作用力的瑞典圆弧法分析碾压式土石围堰的稳定性，能快速确定符合规范和施工设计要求的最佳的安全系数以及对应的围堰坡度，可降低工程造价，工期短，经济效益明显；适用于渗水性小、流速小于 3.0m/s、水深小于 3.0m 的河床围堰以及其他可采用土石围堰施工工程。

关键词：Geoslope 软件；碾压式土石围堰；稳定性；围堰坡度

1　前言

在经济高速发展而能源紧缺的当代社会，为了最大限度地获得可利用资源，投资方往往要求施工方满足投资需要，采用经济、可靠、施工便捷的施工方法。随着我国水利水电施工技术的发展，围堰技术获得了前所未有的进步。特别是土石围堰的施工技术得到国内外的高度认可。土石围堰具有就地取材、对围堰基底地质条件要求低、适应基础变形强、结构简单、节约材料、易于施工等优点而被广泛使用。本着既保证安全质量性能，又节约材料的原则，在围堰施工中引入软件 Geoslope 辅助分析围堰的稳定性，按《碾压式土石坝设计规范》(SL274—2011) 中不计条块间作用力的瑞典圆弧法分析碾压式土石围堰的稳定性，可以很好地辅助土石围堰施工，进行优化设计，节省资源，在市政基础设施桥梁围堰施工中取得比较理想的效果，特编写此工法。

2　工法特点

（1）碾压式土石围堰施工，坡度的确定是关键。采用软件分析辅助碾压式土石围堰施工，是在围堰施工前对围堰的边坡进行边坡极限平衡分析，从而确保围堰的安全稳定性。

（2）利用软件分析计算，确定符合规范和施工设计要求的最佳的安全系数以及对应的围堰坡度，可以降低围堰的造价成本，施工工期短，经济效益明显，符合节能要求。

（3）碾压式土石围堰施工法对基底地质条件要求不高，土石能就地取材，省工省料，施工简单，利于机械化，施工噪声小，对周边环境污染小，对周边居民生活影响小，符合绿色环保的概念和国家可持续发展战略要求。

3　适用范围

适用于渗水性小，流速小于 3.0m/s，水深小于 3.0m 的河床围堰以及其他可采用土石围堰施工的工程。对基底地质条件要求不高，在道路桥梁施工中，特别是桥梁桩基础施工中经常用到围堰施工，临时便道施工也可以采用。

4　工艺原理

采用软件分析辅助碾压式土石围堰施工工法是利用 Geoslope 软件辅助分析围堰的稳定性，按《碾压式土石坝设计规范》(SL274—2011) 中不计条块间作用力的瑞典圆弧法分析碾压式土石围堰的稳定性，采用边坡极限平衡分析确保围堰的安全稳定性，并计算分析出满足规范和施工设计的最佳安全稳定系数，以及对应的围堰形式、围堰坡度。不需要通过施工中的不断试验验证来确定围堰的形式和围堰坡度，可以减少工作量，降低造价。在施工前通过软件模拟，建立模型进行分析的方法既可以确保围堰的安全稳定性能又可以设计最经济合理的围堰形式。

　　本工法的原理是：在围堰施工前根据施工环境，以及建设单位提供的地质资料和施工单位收集整理的地质资料，选取真实准确的地质条件参数。根据碾压式土石围堰施工规范《碾压式土石坝设计规范》（SL274—2011）中不计条块间作用力的瑞典圆弧法进行计算，根据《水电工程围堰设计导则》（NB/T 35006—2013），确定围堰级别。根据《水电工程围堰设计导则》（NB/T 35006—2013）中表 6.3.1 确定围堰的抗滑稳定安全系数。建立模型，根据确定的地质条件参数，利用 Geoslope 软件模拟出围堰施工的边坡极限平衡状态，并计算分析出符合施工要求和设计规范的最佳稳定安全系数。

$$K = \frac{抗滑力矩}{滑动力矩} = \frac{\sum\{[(W \pm V)\cos\partial - ub\sec\partial - Q\sin\partial]\tan\varphi' + c'b\sec\partial\}}{\sum[(W \pm V)\cos\partial + M_c/R]} \qquad (公式 4-1)$$

式中　　W——土条质量；

　　Q、V——分别为水平和垂直惯性力；

　　　　u——作用于土条底面的孔隙压力；

　　　　∂——条块重力线与通过此条块底面中点的半径之间的夹角；

　　　　b——土条宽度；

　　c'、φ'——土条底面有效应力抗剪强度指标；

　　　M_c——水平地震惯性力对圆心的力矩；

　　　　R——圆心半径。

　　根据现场施工环境、地质地形情况，结合勘察设计单位、施工单位对施工图纸的讨论，利用 Geoslope 软件辅助分析，确定最佳安全系数，最佳安全系数应大于《水电工程围堰设计导则》（NB/T 35006—2013）表 6.3.1 中查找确定的围堰的抗滑稳定安全系数。按确定的最佳安全系数进行施工，施工过程中加强监测，要求压实度满足规范要求。

5　施工工艺流程及操作要点

5.1　施工工艺流程图（图 1）

5.2　碾压式土石围堰设计

5.2.1　设计依据和思路

（1）设计依据

设计计算时首先假设围堰坡或堰坡连同部分堰基土体沿某一圆柱面滑动。圆柱面在堰体横剖面图上宜为圆弧。通常取单位堰长按平面问题计算。假设不同的圆心和半径画出一系列圆弧，对每一圆弧上的土体进行力的分析，分别求出各力对圆心的力矩。设 $\sum M_r$ 为圆弧面上抗滑力产生的抗滑力矩总和，$\sum M_g$ 为滑裂土体上的荷载对圆心的力矩代数和。将计算结果代入公式即得该滑动面的安全系数。

（2）设计思路

为了便于直观了解 Geoslope 软件辅助围堰施工，以常德穿紫河中断景观工程围堰为例。根据《水电工程围堰设计导则》（NB/T 35006—2013），围堰级别按 5 级

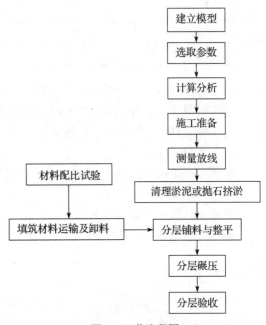

图 1　工艺流程图

确定。并根据《水电工程围堰设计导则》（NB/T 35006—2013）表 6.3.1 确定围堰的抗滑稳定安全系数为 1.05（若采用滑楔法，假定滑楔之间作用力平行于坡面和滑底斜面的平均坡度，确定围堰抗滑稳定安全系数为 1.15）。采用 Geoslope 软件分析不同坡度的围堰安全系数的大小，从中取出满足施工规范

的最适宜的安全系数，确定围堰的施工坡度。

5.2.2　施工论证及验算

（1）根据工程地质、地形情况，经勘察设计单位、施工单位对设计施工图纸论证，确定可行方案后施工。

（2）围堰稳定性验算

以常德穿紫河中断景观工程围堰为例，围堰两侧边坡坡度值取 1∶2.5，计算简图如 2 所示。

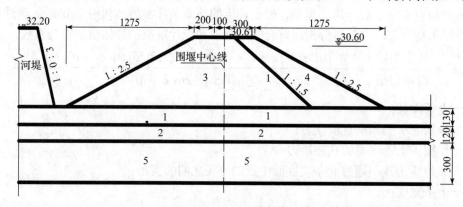

图 2　围堰计算模型简图

计算简图中，数据所表示的不同土体的土力学参数指标见表 1（根据各单位工程地质情况及工程要求进行设计计算）。

表 1　围堰计算参数表

区号	土性	饱和密度（kN/m³）	凝聚力（kPa）	内摩擦角（°）	渗透系数（cm/s）
1	粉质黏土	18.2	35	16	1×10^{-2}
2	粉土	18.5	8	7	5.0×10^{-3}
3	石渣料	19	10	25	6.0×10^{-2}
4	黏土	20	40	15	3.2×10^{-6}
5	淤泥质土夹砂	18.7	30	14.6	2×10^{-2}

（3）计算分析类型：按稳定流考虑。

（4）计算工况：施工完成后围堰正常运行状态，临水面水深按常水位 +0.4m 考虑（考虑到河床底标高的不确定性），即 4.6m 计；围堰内侧为抽干状态，无水，水深按 0.0m 计。

（5）验算结果

采用 Geoslope 软件进行计算。背水面计算结果如图 3 所示。

最小安全系数 K=1.331。

临水面计算结果如图 4 所示。

最小安全系数 K=1.729。

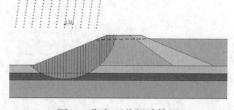

图 3　背水面分析计算图

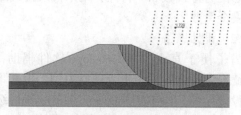

图 4　临水面分析计算图

由于安全系数远超过规范规定，为节省材料，取围堰两侧边坡坡度为 1∶2，再进行验算。

背水面最小安全系数 K=1.183（图 5）。

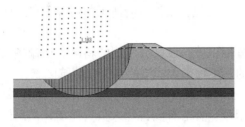 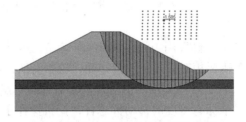

图 5　修改坡比后背水面分析计算图　　　　图 6　修改坡比后临水面分析计算图

临水面最小安全系数 K=1.585（图 6）。

坡度取值 1∶2 符合施工规范的稳定性要求。

5.3　围堰施工操作要点

碾压式土石围堰防排防渗加固的原理是在上游不使或少使来水渗入堰体或堰基，并使渗入堰体或堰基的水在下游通畅排出，但不带走堰体或堰基的土粒和不改变堰体或堰基的变形和强度。主要填筑材料堰心上游采用黏土作为心墙挡水，下游采用碎石作为心墙稳固。临水面采用碎石填筑，碎石或块石最大粒径不大于 20cm，并在填筑完成后采用黏土回填，及时修坡。

5.3.1　施工准备

（1）施工场地应做到"三通一平"，在施工前平整场地，根据场地的特点以及施工需要修建便道，为施工运输做准备。除此还应修建相应的生产、生活、行政办公用房等设施以及做好排水清基等各项工作。

（2）设施布置原则

①在满足生产、生活要求的前提下，综合考虑施工程序、安全文明生产和交通等条件，合理布置交通、通信、水电及排水等设施。

②所有的生产生活临建设施、施工辅助企业等规模和容量按施工总进度及施工强度的需要进行规划设计，力求结构合理、布局整齐美观、方便使用，并充分考虑周边环境，尽量避免与其他标段工程施工的干扰和影响。

③施工场地设置有效的防护和排水系统，满足场地的防洪和排水要求。

④各施工场地及营地均按有关要求配置足够可靠的环保及消防设施，减少和避免施工对周边环境和公众利益的损害。

5.3.2　测量放样

根据设计图纸，现场进行放线定位。对已清理好的堰基，验收前在两岸堰肩上标记高程、桩号。填筑过程中，按填筑单元和填筑料分区严格测量放线，各分区采用白灰画线标识明晰，并插方向标记和层厚高度杆为控制参照物，以便施工人员施工和质检人员监控。

5.3.3　料场规划

土石围堰用料量很大，料场的合理规划与使用，是围堰施工中的关键问题之一，它不仅关系到堰体的施工质量、工期和工程投资，而且还会影响到工程的生态环境和国民经济其他部门。在选堰阶段需对周边土石料场全面调查，以便地质勘查和材料试验，按照优质、经济、就近取材的原则，经比较选定料源，并从空间、时间、质与量等方面进行全面规划。料场的开采前应做好以下工作：划定料场范围；分期分区清理覆盖层；设置排水系统；修建施工道路；修建辅助设备。堰料的开采与加工，应参考已建的工程经验，结合本工程请况，进行必要的现场试验，选择合适的工艺过程。试验一般包括：调整土料含水量试验；石料爆破试验；掺合料工艺试验；各种料的碾压压实试验；其他特定条件下的试验等。

另外，料场选择还应与施工总布置结合考虑，应根据运输方式、强度来研究运输路线的规划和装料面的布置。料场内装料面应保持合理间距，间距太小会使道路变化频繁，影响功效；间距太大影响开采强度，通常装料面间距取 100m 为宜。整个场地规划还应排水畅通，全面考虑出料、堆料、弃料的位置，力求避免干扰以加快采运进度。

5.3.4 土石料摊铺与整平

（1）填筑土石料之前根据实际情况采用合适的机械清除淤泥，淤泥未能清干的情况下可采取抛石挤淤。

（2）卸料采用 20t 的自卸汽车运输，运输车辆均设置标识牌，以区分不同的料区。运输各填筑区料的车辆要相对固定，保持车厢、轮胎清洁，防止残留的污染物带入清洁的料源和填筑区。

（3）堆石料采用后退法卸料。采用挖机进行平料。平料时，在工作面两侧及前进方向，每 20m 放置一个标有刻度的移动标志杆，挖机操作手控制铺料厚度。标志杆安排专人负责挪动，当挖机平料前进时，及时向前挪动，并指挥挖机平料。平料过程中一旦发现超径块石则用反铲从铺料层中挖除。

（4）铺料宜平行围堰轴线进行，铺料厚度要均匀，超径不合格的块料应打碎，杂物应剔除。同层铺料应采用粒径一致的相同粒料。围堰内各物料每层松铺层厚宜控制在：黏土、反滤料、过渡料层厚不大于 40cm，堆石料层厚不大于 80cm，全强风化料不大于 65cm，在摊铺压实过程中应用测量技术严格控制松铺厚度，每层虚铺厚度不宜大于 40 cm。

（5）铺料时应从低洼处开始，当分段填筑时，接缝处应做成 1：1.5 的斜坡形，上下层错缝搭接距离不小于 1.0m。对有明显标高落差的边坡应做成阶梯形，阶梯高宽比为 1：1.5，台阶可取高 300mm，宽 450mm。

（6）按照设计厚度铺料整平是保证压实质量的关键。铺填中不应使表面起伏不平，避免降雨积水。在堰体填筑的过程中应留横坡，以便排除雨水，心墙铺筑时应向上游倾斜 1% ～ 2% 的坡度。

5.3.5 土石料压实

（1）采用进退错距法，一来一回算碾压一遍，回来时碾压错距为轮迹的一半，当所有的填料碾压一遍后，再重新碾压，碾压的密实度应达到规范和施工设计要求的压实度。

（2）根据不同的粒料选用不同的压实机具，要求碾压非黏性土料（砂性土料、砾石料）的压实作用外力能克服颗粒间的内摩擦力，碾压黏性土料的压实作用外力能克服黏土间的黏结力；压实机械作用于土体上的外力有静压碾压、振动碾和夯实三种。不同的压实机械设备产生的压实作用外力不同。因此，应通过试验对压实机械的组合进行优选。

（3）不同粒料结合部位以及接缝的碾压密实度应符合规范和施工设计要求的压实度，碾压应留有横坡。在整个碾压的过程中，施工的关键是不同粒料结合部位的施工。土石围堰的防渗体要与地基、岸坡及周围其他建筑物的边界相接；由于施工导流、施工分期、分层分段填筑等要求，必须设置纵横向的接坡、接缝，接缝应密实。

（4）严格控制碾压时粒料的含水量，保证粒料的含水量在最佳含水量的 ±2% 的范围内，确保碾压能够达到要求的压实度。

（5）堰体填筑应力求各种料填筑全断面平起施工，跨缝碾压，均衡上升。各种料配备合适的机械碾压，齿槽内防渗土料采用反铲铲斗加压压实。

（6）土料碾压应沿轴线方向进行，严禁垂直坝轴线方向碾压。防渗体的填筑部位应力求连续作业，如因故短时间内停工，复工前必须洒水湿润。汽车穿越防渗体路口，应经常更换，且不同填筑高程路口应交错布置，对路口超压土体应予处理。防渗体与两岸岸坡结合带填筑，只有当岸坡附着杂物清理干净后，表面洒水湿润，边涂泥浆，边铺土，边夯实。

5.3.6 黏土回填及修坡

当堰堤填到一定宽度后，应在迎水面一侧回填厚度为 0.5 ～ 1.0m 的一层黏土层，以利阻水、减少渗水、漏水。黏土的性能应满足施工要求，具有足够的黏聚力，并在回填后及时修坡。

6 材料与设备

6.1 主要材料及要求

主要填筑材料堰体采用石料，堰体上游临水面采用黏土护堤。碎石或块石最大粒径不大于 20cm，大粒径不得集中填筑或填于分段接头处或填方接头处。

6.2　机具设备一览表（表 2）

表 2　机具设备一览表

序号	名称	规格型号	单位	数量
1	小松挖掘机	1m³	台	1
2	卡特挖掘机	1.2m³	台	1
3	卡特挖掘机	1.6m³	台	1
4	日立挖掘机	1m³	台	1
5	洛阳压路机	12t	台	2
6	推土机	162kW	台	1
7	装载机		台	1
8	自卸汽车		辆	10

7　质量控制

（1）碾压式土石围堰施工工艺一般措施和要求满足下列标准和规范：

《碾压式土石坝设计规范》（SL274—2011）；

《水电工程围堰设计导则》（NB/T 35006—2013）。

（2）工程实行项目管理制。在健全组织机构、分工明确的前提下，做好项目管理工作，完成公司下达的工程质量创优目标。

（3）各级施工人员树立"质量第一，预防为主"的指导思想，做到施工前会审，按施工组织设计进行施工，并做好现场工程技术交底和安全交底。

（4）施工中努力作好动态控制工作，保证质量目标、进度目标、造价目标、安全目标的实现。

（5）现场人员必须熟悉施工图纸和相关规范。

（6）制订工作检查验收制度，班组之间进行自检、互检、交接检制度，加强分项工程质量复核工作，消除工程不良隐患。

（7）隐蔽工程需由建设单位，公司质安科、质监部门验收合格后方准进入下道工序施工，且所有隐蔽工程均应填写隐蔽工程验收，且应向甲方提供隐蔽工程施工及自检记录。

（8）回填的石渣必须满足设计和施工规范要求，碎石、块石粒径不大于20cm，有机物含量不大于8%，含泥量不小于50%，严禁回填耕表土、淤泥、淤泥质土、建筑垃圾或掺有耕表土、淤泥、淤泥质土、建筑垃圾。

（9）回填时应从低洼处开始，当分段填筑时，接缝处应做成 1 : 1.5 的斜坡形，上下层错缝搭接距离不小于1.0m。

（10）回填时应分层压实，每层虚铺厚度不大于40cm，并用 10t、12t 压路机碾压密实，保证回填土的压实系数不小于0.90。

（11）回填土的最佳含水量和每层土的压实系数，由实验室根据回填土压实系数的要求通过试验确定。

（12）回填土的含水量应控制在最佳含水量 ±2% 的范围内，过湿则应采取晾晒、风干或掺干土的方法调节；过干则应采取预先洒水润湿的措施。

（13）回填土表面采取地面排水措施。

（14）压实填土的质量检验必须随施工进度分层进行抽样、检验，各层填土按现行规范所要求的频率随机取样，做密实度和含水量检验。

（15）为保证边缘部位的压实质量，宽填 0.2m 填土后要求边坡整平拍实，用蛙式打夯机夯打密实。

（16）坚持培训上岗制度，工程项目管理及操作人员应持证上岗。

（17）及时做好工程各类技术档案的收集、整理，确保其准确性、可靠性。

（18）加强沉降观测，并进行逐层测设观测点，做好观测记录，发现沉降超过一定范围应及时通知建设、设计单位。

（19）冬雨期施工措施

①填筑石渣过程中遇雨天时，如雨的大小不影响工程的质量，可照常施工。

②机电设备在雨期使用时，应加强检查，防止漏电、触电事故发生，同时做好防雷避雷措施。

③塘渣回填时，应做好排水工作，并做好排水沟、集水井配备抽水机械，同时做好地面排水工作，防止地面水流基坑内。

（20）冬期施工，应防止材料和土体冻结，采取覆盖草袋或薄膜防寒措施。

8　安全措施

（1）严格贯彻执行国家《建筑施工安全检查标准》JGJ 59—2011。

（2）施工现场建立健全安全组织机构，设专职安全员，各工种、各班组设立兼职安全员，项目组根据本工程的特点，制订该项目各级管理人员和各部门的安全生产责任制。

（3）施工现场要有完善的安全保障措施、醒目的安全标志和护栏，进入工地戴好安全帽及其他劳防用品。

（4）建立健全安全生产操作规程和规章制度，工人进入工地前必须认真学习本工种安全技术操作规程，未经安全知识教育和培训，不得进入施工现场操作。

（5）建立门卫制度，外来人员进入施工现场必须先登记，在获准并领取安全帽后，方可进入；禁止闲人进入施工场地。

（6）机电设备必须专人操作，严格遵守操作规程，特殊工种（如电工、机修工、车辆驾驶员等）必须持证上岗。

（7）现场电缆必须架空布设合理。照明充足，各种电气控制设立二级漏电保护装置，用电设备实行"一机一闸一保护"。

（8）电器、线路修理时必须断电，并挂上警示牌；电气控制系统必须有防雨设施。

（9）车辆在场内移动，进出现场必须有专人指挥。

（10）现场施工人员必须严格执行国家、行业，有关安全操作规定，加强教育工作，提高安全意识。

（11）保证现场道路平整、畅通、不积水，夜间作业区及现场施工道路均应设足够的照明。

（12）定期由安全员组织班组人员进行安全活动，总结经验，吸取教训，对指出的整改意见要限期整改。

9　环境保护措施

（1）贯彻国家环境保护法规的环保措施，做好场地硬化，场地有组织的排水，防止水、土流失。

（2）做好施工现场总平面管理工作，场地保持清洁，材料堆放整齐有序，道路畅通，场内排水良好。

（3）施工中尽量减少噪声对周围环境的影响，夜间施工时，应尽量避免机具的碰撞和人员的喧哗。

（4）工程施工用水及排污水，必须定向按指定地域排放。

（5）生活设施内必须保持环境清洁卫生，同时加强用火、用电制度和对住宿人员的管理。

（6）不准乱丢乱甩乱倒垃圾、杂物，应按指定地点集中堆放，并定期外运。

（7）石渣内运时，派专人及时清扫掉落在道路上的石渣，保持场外道路清洁；如道路被损坏，及时修补好。

（8）实行挂牌施工，接受舆论监督，主动与当地有关部门联系，了解居民、工人的要求，竭力为工人、居民的工作、生活创造方便，对于批评、建议虚心接受、切实整改。

（9）挖除的弃土淤泥按指定地点堆放。

10　效益分析

10.1　经济效益

以穿紫河中段景观工程围堰为例，采用 Geoslope 分析方法结合碾压式土石围堰施工方法，比原设计土石围堰要节省成本约 20%。

10.2　社会效益

碾压式土石围堰施工法对基底地质条件要求不高，土石能就地取材，省工省料，施工简单，利于机械化，施工噪声小，对周边环境污染小，对周边居民生活影响小。

采用软件分析辅助碾压式土石围堰施工，对于施工的信息化具有很重要的意义。

11　应用实例

我公司承建的常德穿紫河中断景观工程、湘潭昭山昭阳路朝阳渠桥工程都采用了 Geoslpoe 分析法结合碾压土石围堰技术，均取得了应用成功和较好的经济效益。

实例一：常德穿紫河中断景观工程

常德穿紫河中段景观工程全线总长约 4.8km，两岸沿线设有码头、亲水平台、栈桥和驳岸等临水或涉水设施及景观，施工时需要对沿河两岸分段进行围堰，南岸纵向围堰长 2755m，分段横向便道围堰长 950m；北岸纵向围堰长 2335m，分段横向便道围堰长 857m。围堰顶标高按常水位 30.6m 高出1m，即 31.6m 计，围堰底按穿紫河清淤提供的理论清淤标高暂定为平均标设 26.5m。采用 Geoslpoe 分析法结合碾压土石围堰技术，效果良好，与原设计方案相比节约成本 40 万元。

实例二：湘潭昭山昭阳路朝阳渠桥围堰工程

昭阳路位于湘潭市昭山示范区北部，南北走向，处于城际铁路东侧，北起昭云大道，南至百合大道，道路分别与昭云大道、屏风路、拓岭路、花雨路、百合大道平交，道路在 K1+085.5 跨越朝阳渠，全长 1191.951m。

朝阳渠桥位于湘潭市岳塘区易家湾镇、原始地貌单元为湘江冲积 Ⅱ 级阶地，原始地形为农田，场地平整。朝阳渠 0# 台侧为山坡，山坡阶地标高为 32.48 ~ 78.99m，山体坡度平缓、稳定，3# 台侧渠岸为正在施工的白合大道二期工程，原地面标高为 36.52 ~ 37.52m，河面宽度约为 140m，河水水位标高约为 30.4m，河床地面标高为 29.8 ~ 30.20m 之间。

围堰要求安全可靠、能满足稳定、抗渗及抗冲要求；结构要求简单，施工方便，宜于拆除并能充分利用当地材料，同时能满足工期要求。根据上述原则及实地情况拟采用碾压土石围堰。经过 Geoslpoe 分析，采用最合适的坡比，减少成本约 5 万元，也利于确定围堰的稳定性。

桥桩基承台工具式钢套箱围堰施工工法

李良玉　周红春　王　容　高　兵　陈卫国

湖南省第四工程有限公司

摘　要： 为解决水中桥桩基承台施工技术难题，以施工钢平台为吊装平台，振动锤作为钢套箱下沉动力，钢套箱吊装定位后，将钢套箱底部四周钢板振沉至河底土层中的设计深度进行固定，利用钢套箱自身结构的整体性和良好的防水性作为水中桥桩基承台施工围护结构。与传统的钢板桩围堰、土围堰等施工方法相比，本工法工期短、成本低、对河流污染少，适用于水流速小、水深3m以内，基础埋置不深，河底地质为黏土层、砂砾土层、软弱覆盖层较薄的桩基承台施工围堰。

关键词： 桩基承台；钢平台；振动锤；钢套箱

1　前言

随着全球经济快速发展，基础设施建设不断增多，桥梁工程建设飞速发展，水中桥桩基承台施工成为桥梁施工中的技术难题。我公司组织科技人员根据工程图纸、地质勘测资料和工地现场情况进行技术攻关，经过大量的分析研究，采用工具式钢套箱围堰施工技术，很好地解决了水中桥桩基承台施工难题，并取得了良好效果。

2　工法特点

（1）钢套箱底部四周钢板振沉入河底土层中的设计深度，具有稳定性、整体性和防水性，作为承台施工围护结构，施工安全可靠。

（2）钢套箱构造简单，分节段加工制作，墩位拼接安装，对吊装机械设备要求低，且钢套箱可重复利用。

（3）与传统的钢板桩围堰、土围堰等施工方法相比，缩短了施工工期，施工成本低，对河流污染少，有利于河道环境保护。

3　适用范围

适用于水流速小，水深3m以内，基础埋置不深，河底地质为黏土层、砂砾土层、软弱覆盖层较薄的桥桩基承台施工和水利建设工程桩基承台施工围堰。

4　工艺原理

以施工钢平台为吊装平台，振动锤为钢套箱下沉动力，钢套箱吊装定位后，将钢套箱底部四周钢板振沉至河底土层中设计深度进行固定，利用钢套箱自身结构的整体性和良好的防水性作为水中桥桩基承台施工围护结构。

5　工艺流程及操作要点

5.1　工艺流程

施工准备→钢套箱加工制作→钢套箱下沉位置定位→清理、平整钢套箱下沉位置范围内河底→搭设钢套箱拼接钢平台→钢套箱下沉→钢套箱内水下混凝土封底→钢套箱内抽水、清底、安装内支撑。

5.2　操作要点

5.2.1　施工准备

（1）桩基已施工完毕。

（2）根据桥梁工程要求、河道水位情况、水流速大小及吊装设备要求，做好钢套箱施工工艺设计。

（3）做好桥桩基承台测量放样标志工作。

（4）做好施工方案技术交底和施工安全交底。

（5）钢便桥施工。

①钢便桥设计。根据工程实际情况，确定钢便桥设计行车速度、设计荷载（公路等级、行车载重）、桥跨布置、桥面宽度、限制荷载（行车后轴吨位）等设计参数。钢便桥由钢管桩（按摩擦桩设计）、桩顶主横梁、主横梁上钢纵梁或贝雷纵梁、纵梁上分配梁、桥面花纹钢板、钢栏杆组成。

②钢便桥施工。用振动锤将钢管桩振沉到河底土层中的设计深度，入土深度要满足承载力要求，钢管桩之间横向设置垂直钢支撑，纵向设水平钢连系梁；桩顶上焊接安装工字钢主横梁；主横梁上安装工字钢纵梁或贝雷纵梁；纵梁上安装工字钢分配梁；分配梁上铺设花纹钢板并点焊固定；桥面两侧安装钢管护栏（图1）。

图 1　钢便桥

6　钢平台施工

①钢平台布置。为节约施工成本，钢便桥设计时桥宽仅考虑行人、车辆运输施工材料和机械设备等要求，钢便桥与钢套箱之间需要搭设吊装钢套箱及施工材料等施工钢平台，钢平台由钢管桩、主梁、次梁和平台板、栏杆等组成，钢平台各受力构件截面尺寸通过计算确定（图2）。

②钢平台施工。用振动锤将钢管桩插入河底土层固定，钢管桩之间用型钢焊接连成整体，钢管桩柱之间设置垂直支撑，钢管桩顶上安装钢主梁，主梁上安装次梁，次梁上铺设花纹钢板，平台四周安装安全防护栏杆，钢平台平面尺寸根据现场实际情况确定，钢管桩间距不大于 6 m，钢平台应具有足够的承载力和稳定性，满足机械设备吊装施工承载力和稳定性要求（图3）。

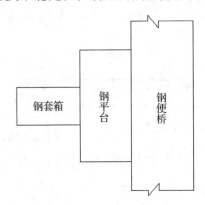

图 2　钢平台平面布置示意图

图 3　钢平台施工

5.2.2　钢套箱加工制作

（1）钢套箱平面形状根据桩基承台形状加工成型，钢套箱内尺寸应比承台周边大 60cm，钢套箱分两部分组成：①沉入河底土层中的钢套箱部分由钢板、竖向加劲肋组成。②河底面以上的钢套箱部分由钢板、竖向加劲肋、水平内支撑组成。按照抽水作业时钢套箱最不利工况进行受力计算，确定钢套箱壁板厚度、加劲肋、支撑系统。钢板厚度不小于 2 mm，钢套箱围堰顶应高出施工期间最高水位 0.7 m。

（2）由于钢套箱围堰在墩位拼装受起吊设备限制，所以钢套箱在工厂分节加工制作，为了便于运输和套箱就位拼接，立面分节高度不大于 3 m，钢套箱焊缝应饱满，制作完成后按规范要求进行质量

湖南建工集团企业工法汇编 2016—2018

验收和焊缝水密性试验。

5.2.3 钢套箱下沉位置定位

用全站仪按照桥桩基承台设计坐标测量放出钢套箱纵横轴线，采用小木船配合定位放点，并做好定位标记，定出钢套箱边线位置。

5.2.4 清理、平整钢套箱下沉位置范围内河底

潜水工对钢套箱下沉范围内河底土质进行查看，在钢平台上布置长臂挖掘机清除河底障碍物和平整河底面，控制好钢套箱着床范围内河底面平整度，有利于控制钢套箱下沉垂直度偏差。

5.2.5 搭设钢套箱拼接平台

钢套箱拼接平台由钢管桩、钢梁和平台板、栏杆组成，平台尺寸根据现场情况确定；钢管桩直径和截面尺寸计算确定；钢管桩之间用型钢焊接连成整体，拼接平台内侧钢管桩兼作钢套箱下沉定位桩，控制钢套箱平面位置，防止因水流速影响钢套箱着床时平面位置偏差；测量放出钢套箱边线位置后，将钢管桩吊入相应位置校正后用振动锤振沉入河底设计深度，振沉过程中控制好钢管桩垂直度，钢管桩入土深度应满足承载力要求。在钢管桩下端离水面30cm位置内侧焊接钢牛腿，钢牛腿尺寸由计算确定，牛腿上搁置纵向工字钢梁，作为钢套箱拼接时承重梁和钢套箱下沉时导向梁；钢管桩内侧对称安装上下两层钢牛腿和导向梁，导向梁上布置导向钢支撑和滚动轴承（图4、图5），导向钢支撑采用槽钢制作，槽钢腹板上设置螺栓孔，可使滚动轴承进行位置调整，有利于钢套箱下沉，保证钢套箱平面位置和下沉精度。钢管桩外侧焊接外挑三角架，外挑三角架构件截面尺寸由计算确定，三角架上安装工字钢梁，工字钢上安装槽钢，槽钢上铺设花纹钢板点焊固定，平台外侧安装安全防护栏杆，栏杆高1.2 m；栏杆钢管外径为φ30mm～φ50mm，栏杆立距不大于1m，水平栏杆采用不小于25mm×4mm扁钢或φ16mm钢管；踢脚板采用不小于100mm×4mm钢板，距钢平台面上高度不小于100mm（图7、图8）。

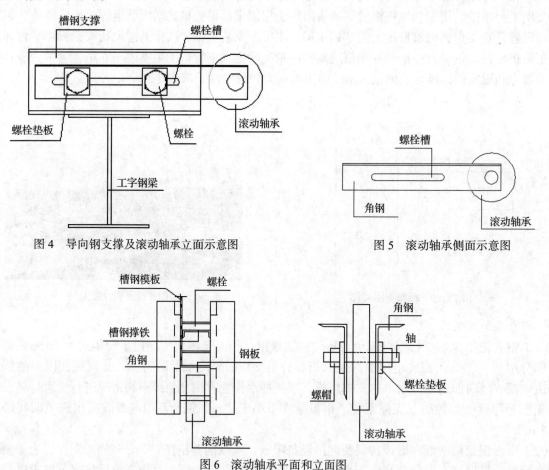

图4　导向钢支撑及滚动轴承立面示意图　　　图5　滚动轴承侧面示意图

图6　滚动轴承平面和立面图

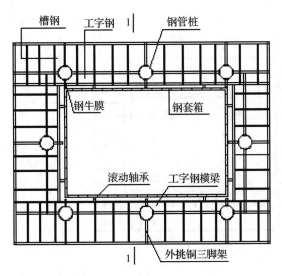

图 7　钢套箱拼接操作平台示意图

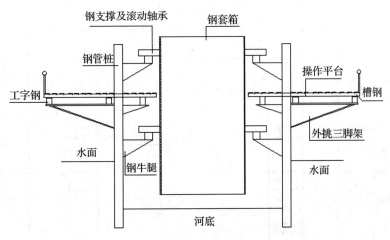

图 8　钢套箱拼接操作平台 1-1 剖面示意图

5.2.6　钢套箱下沉

（1）钢套箱整体吊装

当钢套箱平面尺寸较小，质量较轻、水位较浅、钢套箱入土设计深度不深，钢套箱整体高度不高时，可采用汽车吊整体起吊，将钢套箱吊装就位。

（2）分节钢套箱拼接

当钢套箱整体质量较大、入土深度较深、高度较高时，在钢平台上支立汽车吊，进行钢套箱墩位节段拼接。

在拼接平台底层钢牛腿和导向梁上搁置工字钢，将首节钢套箱吊装搁置在工字钢上，首节钢套箱壁板顶外侧下一定位置焊接临时钢牛腿，用汽车吊将首节钢套箱吊起，移开临时搁置在承重工字钢梁上的工字钢，将钢套箱搁置在拼接钢平台上承重工字钢梁上与第二节钢套箱进行竖向焊接对接；拼接钢平台钢管柱顶上设置下放钢套箱承重梁端缺口，钢套箱对接焊缝焊接完成后进行质量验收并做焊缝水密性试验，将下放钢套箱承重梁吊装在钢平台钢管柱顶上梁端缺口内并焊接固定牢固；在接长钢套箱壁板顶部外侧焊接吊耳，用倒链葫芦钩住吊耳，割除首节钢套箱上临时钢牛腿，利用手动倒链葫芦将接长后的钢套箱下放着床，核对钢套箱平面位置后用振动锤振沉入河床土层，钢套箱需要继续接长时，拆除钢管桩顶上下放钢梁，用汽车吊将分节钢套箱吊装对接焊好后继续振沉到河床设计深度（图 9～图 11）。

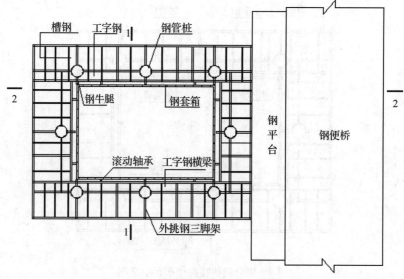

图9 钢套箱拼接平面示意图

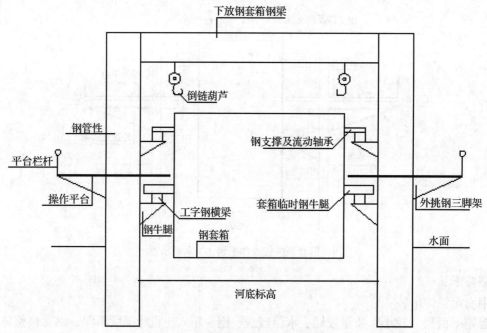

图10 钢套箱下放1-1剖面示意图

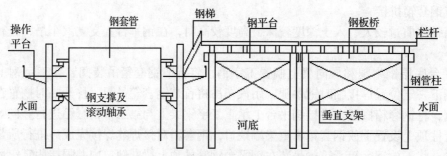

图11 钢套箱下放2-2剖面示意图

（3）钢套箱焊缝水密试验

钢套箱加工完成后，对焊缝进行渗透试验，用刷子在焊缝两侧刷上石灰水，待其干后在套箱内侧焊缝刷上煤油，等30～60min后看套箱外侧是否有煤油痕迹。试验检查不合格的部位，进行补焊后再进行复验，直至合格，保证钢套箱壁板整体防水性能。

（4）套箱下沉

根据测量定出的钢套箱定位轴线（套箱定位轴线标记在操作平台上），将钢套箱吊入桥桩基承台位置水中，钢套箱着床时，在钢套箱底部钢板壁外侧和钢管桩出水面以上适当位置焊接吊耳，用手动倒链葫芦调整钢套箱底部平面位置偏差，直至符合要求，采用振动锤沿着钢套箱上口四周将钢套箱底部四周钢板振沉入河底设计深度，插入土层深度应满足承台基坑土方开挖基坑支护深度要求和满足水流中稳定性要求，振沉过程中注意钢套箱四面下沉尽量均衡，钢套箱两端同时采用两台振动锤振沉，并控制好下沉过程中钢套箱垂直度（图12）。

图12　钢套箱下沉到位

5.2.7　钢套箱内水下混凝土封底

为保证封底混凝土质量和防水效果，根据水深、封底面积、承台底高程等因素确定封底混凝土厚度，封底混凝土为水下灌注混凝土，强度等级不小于C30，使用导管灌注，导管布置符合混凝土流动性要求，并在混凝土初凝前完成封底施工，并控制好封底混凝土面标高。

5.2.8　钢套箱内抽水、清底、安装内支撑

（1）钢套箱封底混凝土施工完毕凝固后，将钢套箱内水抽出，将套箱内底部清理干净。

（2）内支撑安装

①已安装内支撑的整体吊装的钢套箱，封底混凝土强度达到设计强度后，用水泵将钢套箱内水抽出，若在承台施工中，内支撑对其有妨碍，需对内支撑进行置换，一般在钢套箱设计时，内支撑要略高于承台顶50cm左右，尽量避开承台位置。

②墩位处分节拼接的钢套箱，当封底混凝土强度达到设计强度后，即可抽水，根据钢套箱内支撑的设计位置，当抽水至第一层内支撑位置时，停止抽水，在钢套箱顶部设置钢横梁，采用挂篮安装第一层内支撑，接着抽水安装第二层内支撑，直至内支撑完装完毕，套箱内水全部抽出后，进行承台施工。

5.2.9　桥桩基承台施工

（1）基坑土方开挖

测量放出基坑边线，凿除开挖范围内封底混凝土后，在钢平台上布置长臂挖掘机开挖、人工配合修底的施工方法进行基坑土方开挖，挖至基底设计标高后，破除桩头混凝土，验槽合格后进行混凝土垫层施工。

（2）钢套箱底部渗水处理

①河底地质为黏土层时，钢套箱底部四周钢板插入河底土层设计深度，很少会出现渗水现象，若基坑出现有少量渗水现象，在钢套箱外围1.5m范围内采用编织袋装填黏土堆积，防止河水冲刷套箱底部周围土层，减少渗水，同时在基坑内设置集水井排水。

（2）河底地质为砂砾土层时，基坑出现渗水现象时，在钢套箱外侧1.5m范围内四周堆积装填黏土编织袋外，同时在基坑内采用双液高压注浆止水，注浆时应控制好注浆半径或用废旧钢板加工制作成套箱沿基坑壁四周用振动锤振沉入河底砂砾土层中，入土深度大于钢套箱入土深度，仅在基坑底内注浆止水，降低钢套箱拔出难度。

（3）桥桩基承台施工

在垫层上精确测量放出桩基承台轴线，按照施工图纸放出承台边线，进行桩基承台钢筋绑扎、模板安装、浇筑混凝土施工（图13）。

5.2.10　凿除钢套箱内封底混凝土

承台施工完成后，钢套箱底部内侧四周30cm范围内封底混凝土采用风镐凿除并清理干净。

5.2.11　拔出钢套箱、转移钢套箱

钢套箱底部封底混凝土凿除清理干净后，拆除钢套箱拼接钢平台牛腿工字钢横梁上的临时钢支撑和滚动轴承，用振动锤将钢套箱逐节拔出，用氧割在钢套箱对接焊缝处割断吊出，转移到下一个桥桩基承台施工围堰（图14）。

图13　承台施工

图14　钢套箱转移

6　材料与设备

（1）主要施工用料（表1）

表1　施工材料表

序号	名称	规格型号	单位	数量	备注
1	面板	花纹钢板	m²		钢便桥、钢平台铺装
2	分配梁	工字钢	m		钢便桥、钢平台分配梁
3	主横梁、纵梁	工字钢	m		钢便桥、钢平台主横梁、纵梁
4	钢管桩	钢管ϕ500mm×8mm	m		钢平台、便桥钢管柱
5	栏杆	钢管ϕ50mm×3mm	m		钢平台、钢便桥防护栏杆
6	钢板	20mm	m²		钢套箱制作
7	加劲肋	工字钢	m		钢套箱加固
8	连梁	槽钢	m		钢平台、钢便桥钢管柱纵横向连接
9	垂直支撑	角钢	m		钢管桩横向加固

（2）主要施工机具（表2）

表2　施工设备机具

序号	名称	规格型号	数量	备注
1	柴油发电机	350kV·A	2	电源提供
2	汽车吊	25t	2	吊装
3	交流电焊机	BX3-500	8	焊接
4	水泵	100GWPB100-15-7.5	3	抽水
5	全站仪	BTS-8101C	1	测量放线
6	水准仪	DS3	1	测标高
7	液压振动锤	DZ90AⅢ	2	钢管柱、套箱施工锤打
8	风镐	G20	3	凿除混凝土、破桩头
9	倒链葫芦	5t～10t	20	下放钢套箱（根据钢套箱质量选用）

7　质量措施

（1）质量控制标准

满足工程所涉及的主要国家、地方相关规范、规程、技术法规、标准等要求。《钢结构工程施工质量验收规范》(GB 50205)、《钢围堰工程技术标准》(GB/T 51295)、《钢结构焊接规范》(GB 50661)、《混凝土结构工程施工质量验收规范》(GB 50204)、《钢结构设计规范》(GB 50017)。

（2）质量控制措施

①施工准备阶段，实施技术、物资、组织、人员等方面的质量控制，做好现场交底和施工人员技术培训工作。

②钢套箱加工拼接时，加强焊缝质量检查验收工作，并做好检查记录。

③对焊缝进行闭水试验，确保钢套箱防水效果。

④设置定位桩控制钢套箱平面位置，确保钢套箱定位准确。

⑤做好钢套箱垂直度控制措施：钢套箱两端同时各采用一台振动锤振沉，沿钢套箱顶四周对称振沉，保持钢套箱四周壁板下沉深度均衡。

⑥施工中按照质量控制点要求，对关键工序施工质量进行严格控制。

8　安全措施

（1）安全标准

满足工程所涉及的主要国家、地方相关规范、规程、技术法规、标准等要求。《建筑施工安全检查标准》(JGJ 59)、《起重机械安全规程》(GB 6067)、《施工现场机械设备检查技术规程》(JGJ 160)、《施工现场临时用电安全技术规范》(JGJ 46)。

8.0.2　安全措施

（1）吊装、吊放作业应编制施工方案，进行技术交底，承重构件和防护设施应按规定进行设计验算，确保安全。

（2）根据工作需要配备和正确使用施工用电、高处作业、吊装作业防护用具，针对不同作业环境，设置安全防护措施。

（3）施工管理人员和操作人员应遵守安全技术规程，严禁违章指挥和违章作业。

（4）高空作业架设安全平网和操作篮，正确使用安全"三宝"，吊装作业安排专人监护。

（5）水中钢便桥、钢平台施工注意安全，严禁乱拉电线，平台作业采取可靠防滑措施。

（6）围堰两端应设置水上交通安全标志和警示灯，并设专人管理水上交通，避免船只撞击。

（7）施工人员佩戴安全帽，穿救生衣和平底防滑鞋，吊装作业由专人指挥，指挥信号明确清晰。

（8）凿除钢套箱封底混凝土时，设置安全操作平台，作业人员站在操作平台上凿除作业，同时做好钢套箱内排水措施。

（9）严格遵守水上交通安全管理，加强施工期间水上安全管理；桥面护栏上配备救生圈等应急设备，防止溺水事故的发生；对桥梁进行检查维护，发现问题及时处理，保持桥梁良好运行状态。

9　环保措施

9.1　环保标准

满足工程所涉及的国家、地方相关规范、规程、技术法规、标准等要求。《建筑工程绿色施工规范》(GB/T 50905)、《建筑工程绿色施工评价标准》(GB/T 50640)、《建筑隔声评价标准》(GB/T 50121)。

9.2　环保措施

（1）成立专门的施工环境卫生管理小组，落实环保责任制度，在施工过程中严格遵守国家及地方有关环境保护的法律、法规和规定。

（2）现场实行封闭管理，施工现场道路硬化畅通，排水措施到位，现场整洁干净、临建搭设整齐，文明施工。

（3）防尘措施：施工现场大门处设置洗车槽及沉淀池，配备洗车设施，所有出场车辆将泥土清洗干净；水泥等易扬尘材料密封存放，严格控制粉尘卫生标准，操作时正确佩戴劳动防护用品进行防护。

（4）防噪措施：进入施工场地车辆限制鸣笛、装卸材料轻拿轻放，减少噪声扰民，优先选用先进的环保机械，采取设立隔声棚、隔声罩等消声措施，降低施工噪声，采取个人防护避免职业疾病。

（5）设置固定垃圾箱，垃圾统一处理，设置固定废弃物堆放点，工程废料集中处理，采取有效措施防止机械用油、维修和生活垃圾污染河流。

10 效益分析

10.1 经济效益

钢套箱分节加工制作，墩位拼接，不需要大型机械吊装设备，节约起重机械设备租赁费；钢套箱可周转利用，节约钢材、人工费，钢套箱周转一次可节约钢材成本 10 多万元，降低了施工成本，经济效益显著。

10.2 社会效益

本工法应用得到了业主、监理单位充分肯定和一致好评，保证了工程质量和施工安全，缩短了工期，有利于河道环境保护，推广应用价值大；该工法为今后类似工程施工提供参考价值，与双壁钢套箱围堰施工方法相比，解决了双壁钢套箱安全、经济拆除的施工难题，社会效益明显。

11 应用实例

11.1 印尼西加卡江桥梁工程

该工程位于印尼西加里曼丹省境内，是响应国家"一路一带"号召，在境外投资建设的桥梁工程，桥梁跨越卡江，桥梁为 4 跨预应力钢筋混凝土 T 形梁桥，桥梁基础为冲孔混凝土灌注桩（摩擦桩），桩径 1.5 m。桥梁下部结构：两端桥台采用盖梁接承台形式，江中桥墩采用地系梁接柱式墩和盖梁设计形式。上部结构采用预应力钢筋混凝土简支 T 形梁，桥面连续结构，跨径组合 4×16m；桥面宽度为 12m，其中两侧人行道设计为 1.5m 宽度，车行道单向 4.5m。每跨设计 9 根预应力钢筋混凝土 T 形梁，桥面铺装层采用 12cm 厚钢纤维防水混凝土。根据地质勘测资料，卡江工程地质结构层为粉质黏土，淤泥软弱层覆盖较薄，江内水速较平缓，水深 2.5 m。工程于 2016 年 8 月 5 日开工，2017 年 5 月 28 日竣工。桥墩桩基承台施工采用工具式钢套箱围堰施工技术，确保了施工安全和工程质量，加快了施工进度，取得了显著的经济效益，受到了社会各界的关注和高度评价。

11.2 缅甸塞多河桥梁工程

（1）工程概况

该工程位于缅甸曼德勒省玛德亚镇境内，跨越当地塞多河，是响应国家"一路一带"号召，在境外投资建设的桥梁工程。桥梁为三跨简支预应力钢筋混凝土 T 形梁桥，桥梁基础为冲孔混凝土灌注桩（摩擦桩），桩径有 1.2 m 和 1.5 m。桥梁下部结构：两端桥台采用盖梁接承台形式，河中桥墩采用地系梁接柱式墩和盖梁设计形式。桥台支座采用 GJZF$_4$300×300×65 四氟滑板式橡胶支座，河中桥墩采用 GJZ300×300×63 板式橡胶支座。上部结构采用预应力钢筋混凝土简支 T 形梁，桥面连续结构，跨径组合 3×16m；桥面宽度为 12m，其中两侧人行道设计为 1.5m 宽度，车行道单向 4.5m。每跨设计 9 根预应力钢筋混凝土 T 形梁，桥面铺装层采用 12cm 厚钢纤维防水混凝土。工程主要地质结构层为粉质黏土，河流水速平缓，水深 2.8 m。

（2）施工情况

工程于 2017 年 12 月 8 日开工，竣工日期 2018 年 8 月 20 日，河中桥墩桩基承台采用了工具式钢套箱围堰施工技术，安全、快速高效并保质保量地施工完成。

（3）应用效果

当地政府对河流环境保护要求高，桥桩基承台采用工具式钢套箱围堰施工技术，通过一系列的具体措施，保证了桥梁工程施工顺利完成。工程实践证明，采用此项施工技术方法加快了施工进度，施工技术成熟，确保了工程质量和施工安全，降低了施工成本，经济效益显著，对河流污染少，有利于河流环境保护，受到当地政府、业主、监理单位一致好评。

活性砂滤池施工工法

曾 涛 吴柏清 王 斌 冯 浩 唐建军

湖南省第五工程有限公司

摘 要：活性砂滤池是污水处理系统中的重要组成部分，为保证其施工质量，可采用标准定型钢模，结合已成型的结构本体实现快速支模和固定，在池体顶部设置钢梁，再在梁上挂设倒链，待混凝土浇筑成型后及时快速提模，从而实现支模及拆模施工的简洁化、工具化，具有高效、快速、优质的工艺效果。

关键词：活性砂滤池；污水处理系统；标准定型钢模

1 前言

随着国家对节能减排政策和可持续发展战略要求的逐步深入，对污水处理厂排放的要求越来越严格，特别是对长江中下游经济相对发达的区域，对污水处理率、污水排放标准、工程实体质量都提出了更高的要求。

活性砂滤池位于整个污水处理系统中间重要环节，对工程的实体质量要求高。通过在衡阳城西污水厂工程实体中的成功运用，总结出一套八边形凹体倒棱台施工工法。本工法简单、实用，可最大限度地节省周转材料，提高生产效率，确保构件的成型标准，外观质量优良，具有良好的经济效益及社会效益，且有施工安全、快速、经济、可靠的优点。

2 工法特点

（1）倒棱台采用定型钢模施工，工艺简单、安全方便。

（2）较一般常规支模工艺方法可最大限度地节省周转材料，大大提高生产效率，具有明显的经济效益。

（3）采用钢模能够确保构件的成型几何尺寸标准，外观质量优良。

3 适用范围

本工法适用类似"空间造型独特，重复施工量大"工程施工。

4 工艺原理

采用标准定型钢模，结合已成型的结构本体实现快速支模和固定，在池体顶部设置钢梁，再在梁上挂设倒链，待混凝土浇筑成型后及时快速提模，从而实现支模及拆模施工的简洁化、工具化。具有高效、快速、优质的工艺效果。

5 施工工艺流程及操作要点

5.1 施工工艺流程

倒棱台施工流程：模具制作→弹线、定位→模具吊放、校正、固定→槽钢压梁安装→支撑设置→倒棱台混凝土浇筑→钢模提升拆除→模具清理备用。

上部棱锥体施工流程：制模→弹线→支模→棱锥体混凝土浇筑→锥体拆模→模具清理备用。

5.2 施工操作要点

本工法以衡阳城西污水厂项目砂滤池为例，具体施工操作如下：

5.2.1 模具制作

事先应计算混凝土浇筑时对模板的侧压力，对其钢模的抗弯强度及挠度进行验算，最后再进行钢模的制作加工，以下图为例：八边形模具采用八块三角形 3mm 厚钢板拼装焊接组成、每块三角形钢板上、中、下口及相邻边采用规格 6.5 号槽钢作为主棱，三角形钢板中间设 50×5 号角钢间断设置作为次棱，从而提升其模板整体刚度，以满足混凝土浇筑时产生的侧向压力。模具上口焊接纵横向设四道规格 6.5 号槽钢作为模具起吊支撑，每个纵横交点处焊接直径 20mm 钢筋，长 200mm 作为起吊钩。待棱台整体焊接完成后，底部采用 1cm 厚钢板封底（图 1～图 3）。

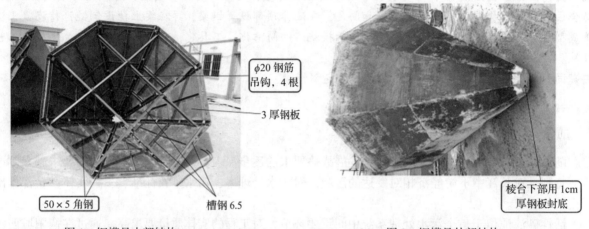

φ20 钢筋吊钩，4 根	棱台下部用 1cm 厚钢板封底
3 厚钢板	
50×5 角钢　　槽钢 6.5	

图 1　钢模具内部结构　　　　　　　　　　图 2　钢模具外部结构

棱台模具顶面铺盖模板形成操作平台

模具提升起吊点伸出平台面约 20cm

图 3　模具吊点

倒棱台制模尺寸（即上部内切圆直径）应充分考虑定位及施工偏差情况，预留施工间隙，每个倒棱台上口尺寸较设计内收约 3cm，以利模具校正及打木楔相互顶紧固定。

5.2.2　弹线、定位

重点以控制模具上口水平标高及靠近池墙的模具的棱边平面位置达到设计要求为原则。池墙本体结构成型后，内部空间尺寸已固定，不可更改，棱台模具安装位置基本没有大的调整余地。故首先确保本体结构成型准确才是基本前提条件。利用池墙完成弹线工作即可满足施工需要，如图 4、图 5所示。

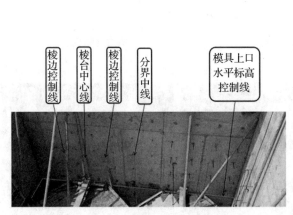

图 4　弹线定位

图 5　上部棱锥体弹线

5.2.3　倒棱台支模

模具定位安装好后，为抵消混凝土浇筑过程中模具受到的浮力影响，应在上口纵横向设置抗浮、定位压梁，采用槽钢打合，压梁顶端钢管垂直加固支撑，局部钢管加强支撑，如图 6、图 7 所示。

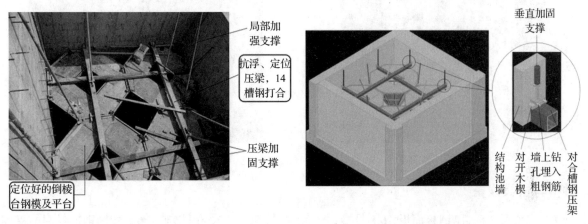

图 6　模具安装及固定　　　　　　　　　　图 7　压梁加固节点大样

5.2.4　倒棱台混凝土浇筑

尽量采用大流动性混凝土，坍落度一般控制在 160mm 左右，也可采用自密实混凝土，使混凝土均匀分布填充至各区域。如浇筑高度较高，超过 2m 时出料口应安装导管，混凝土自由下落高度控制在 2m 左右，防止出现混凝土骨料离析现象。浇筑过程中尽可能避免机械振捣，防止模板变形、移位或上浮，确保混凝土结构实体质量，如图 8 所示。

5.2.5　倒棱台混凝土拆模

（1）掌握拆模时机十分重要。以混凝土表面收水，初凝后、终凝前拆模为原则。如：夏期施工时应合理添加缓凝剂。拆模时间太晚将增加拆模难度，甚至无法拆模。拆模后应及时进行养护，防止混凝土收缩造成裂缝。

图 8　结构混凝土浇筑

（2）拆模时槽钢置于池墙顶部悬挂 5t 倒链，采用 4 点挂钩提升拆模，先将模板提升至松动状临时停放，立即转移工作面提升下一个倒棱台模，直至全部完成。将所有模具吊放至地面，充分清理干净、打油，以备下一循环重复周转使用，如图 9 所示。

5.2.6　上部棱锥体施工

上部棱锥体为二次结构，施工较为简易，如图 10 ～图 12 所示。

图 9　悬挂倒链拆模　　　　　　　　图 10　棱锥体支模三维示意

图 11　棱锥体支模

图 12　拆模后效果

6. 材料与机具设备

（1）三角形 3mm 厚钢板面板，6.5 号槽钢作为主楞，50×5 号角钢次棱，6.5 号槽钢模具起吊支撑，直径 20mm 钢筋，长 200mm 起吊钩，1cm 厚封底钢板。14 号打合槽钢抗浮压梁。

（2）氧气乙炔：各 20 瓶；

（3）钢管：ϕ48mm；

（4）厚木板：若干；

（5）木方：50×70（mm）；

（6）机械设备和工具见表 1。

表 1　机械设备和工具准备表

序号	机具名称	规格	用途
1	倒链	5t	模具安装与拆卸
2	氧气乙炔割具		钢材切割
3	交流焊机	XB-500	模具焊接
4	手持式角磨机		材料及半成品打磨
5	扳手		紧固
6	钢丝绳		吊运
7	水准仪	DS3	标高控制
8	全站仪	GTS-311	定位
9	钢卷尺	5m	测量
10	墨线		弹线

7　质量控制

（1）执行标准：《建筑钢结构焊接技术规程》JGJ 81—2011；《钢结构工程施工质量验收规范》GB 50205—2012；《混凝土结构工程施工质量验收规范》GB 50204—2002。

（2）安装施工人员进场前，要认真熟悉图纸及相关施工规范、标准，项目部要向施工人员做施工技术交底，做好记录归档，做好原材料和半成品的验收，并检查资料是否及时准确。

（3）上道工序施工后，要审核资料、测量定位点，并按要求复查。

（4）现场施焊人员，必须有焊工合格证及上岗证，并能熟练掌握埋弧焊机、气保焊机的使用。

（5）测量人员要按测量方案放好定位点，以保证安装精度，安装后进行复测。

制作精度要求：

零件下料尺寸：≤ 5mm；

对角线偏差：≤ 10mm；

垂直度偏差：$H/500$，且不大于 20mm。

（6）焊接时选用与其母材、焊接方法相匹配的焊接材料。

（7）控制好拆模时间，以初凝后、终凝前拆模为原则，宜采用大流动性混凝土控制好混凝土坍落度（160mm 左右）。

（8）混凝土浇筑完毕后应及时进行养护，硅酸盐水泥、普通水泥和矿渣水泥拌制的混凝土不得少于 7 昼夜，掺用缓凝性外加剂或有抗渗要求的混凝土，不得少于 14 昼夜。

8　安全措施

8.1　执行标准

《建筑施工安全检查标准》JGJ 59—2011、《建筑机械使用安全技术规程》JGJ 33—2012、《施工现场机械设备检查技术规程》JGJ 160—2008、《施工现场临时用电安全技术规范》JGJ 46—2005、《建筑施工高处作业安全技术规范》JGJ 80—91 和有关地方标准。

8.2　安全措施

（1）各工种上岗前应进行安全教育和安全技术交底，严格遵守安全操作规程，并持证上岗，高空作业人员必须体检合格。

（2）吊运安装工作开始前，对起重运输设备和吊装设备及所用钢丝绳、卡环、夹具等规格和技术性能进行细致的检查或试验，发现有损坏或松动现象，应立即调换或修好。起重设备应进行试运转，发现转动不灵活，有磨损的需及时修理。

（3）吊装人员应戴安全帽；高空作业人员应佩戴安全带，穿防滑鞋，工具入袋。高空作业人员应站在操作平台或轻便梯子上工作，支架上设置安全绳。

（4）起吊安装时，吊装作业区应有明显的安全标志，并设专人警戒，与吊装无关人员严禁入内。起重机工作时，起重臂杆旋转半径范围内，严禁站人或通过。

（5）构件必须绑扎牢固，起吊点应通过构件的重心位置，吊升时应平稳，避免振动或摆动。模具吊装就位，经初步找正并临时固定或连接可靠后方可卸钩；固定后拆除临时固定工具。

（6）电焊机等用电设备外壳必须设有可靠的保护接零，必须定期检查焊机的保护接零线；接线部分不得腐蚀、受潮及松动。

9　环保措施

（1）执行《建筑施工现场环境与卫生标准》JGJ 146—2004。

（2）水体污染控制措施：运输车辆出现场需清洗，清洗处设置沉淀池，废水经二次沉淀后，方可排入市政污水管线或回收用于洒水降尘。机械润滑油流入专设油池集中处理，不得流入下水道，铁屑杂物回收处理。

（3）固体废弃物污染控制措施：大量的固体废弃物可采用先分类，不同类型堆放在一起，可以回收利用的进行再次利用；对人体健康、环境有害的根据国家环保部门规定进行定点、定方法处理。

（4）噪声污染控制措施：构件运输、装卸、加工应防止不必要的噪声产生，最大限度地减少施工噪声污染。禁止大声喧哗，教育全体施工人员防噪声扰民意识；采取专人专管的原则，对噪声进行检测，及时对噪声超标的有关因素进行整改。

（5）大气污染控制措施：施工现场要制订洒水降尘制度，配备专用洒水设备并指定专人负责，对场地和临时道路采取洒水降尘。

（6）光污染控制措施：焊接作业时采用挡板或遮光棚，夜间使用聚光灯照射施工点，以防对环境造成光污染。

（7）资源回收再利用措施：对现场各种材料、水资源、钢材料、成品、半成品必须充分做到回收利用。

10　效益分析

10.1　经济效益

从衡阳污水处理厂活性砂滤池施工的情况看，在统一基础尺寸的条件下，采用的定型钢模具可以重复利用，节省材料费用，安装简便，提高工作效率，增加了经济效益，同时，也减少了废弃物排放。从节约成本、保证质量及绿色环保的角度看，在统一尺寸条件下采用定型钢模施工技术，是值得考虑的。

10.2　社会效益

通过对该技术的运用，取得了很好的经济、社会效益，受到业主的一致好评，同时也为企业树立了良好的形象。

11　应用实例

11.1　衡阳市城西污水处理厂二期提质改造及配套管网工程扩建规模为 7.5 万 t/d 处理，二期扩建工程完成后，处理水质使整个厂区达到一级 A 排放。该工程活性砂滤池为钢筋混凝土箱形池体结构，长 × 宽 =21.8m × 26.1m，地面以下深约 5.2m，地面以上高约 2.6m；底板厚 0.5m，墙厚分别为 0.4m、0.25m。砂滤池由下部的八边形倒棱台（凹体）及上部棱锥体（凸体）组成。倒棱台高 1890mm，上口内切圆半径 2475/2mm，下口内切圆半径 225/2mm，每组 4 个，共计 192 个；上部棱锥体高为 800mm，中间为四棱锥，周边为三棱锥。空间造型独特，重复施工工作量大。本工程通过应用八边形凹体倒棱台施工工艺，采用钢模代替传统装模工艺，共计制作了 8 套钢模周转施工，节省了周转材及人工费，加快了施工进度，降低了施工成本。采用该技术创造效益 10 余万元。

软岩地质地下连续墙钻孔成槽施工工法

高纲要　杨　志　周建发　陈维超　胡昊璋

湖南旺旺医院医疗大楼扩建工程（二期）项目部

摘　要： 目前，国内超深地下连续墙多处在软土或岩质较软的地质条件下成槽，一般采用液压抓斗成槽工艺；如遇较硬岩层，则采用冲击锤或铣槽机成槽工艺，但该两工艺前者噪声大、进度慢，后者的成槽费用高。为解决液压成槽机挖掘困难，采用三轴水泥土搅拌桩对浅覆盖软弱层进行槽壁加固，采用大功率的旋挖钻机先在每幅槽的两端及中部分批次引孔破岩，引孔后及时回填，再采用液压成槽机取土，主要是针对软岩地质以钻孔破岩为主形成的组合成槽施工工艺，当局段遇硬岩层成槽困难时，在首批孔位处插入钢管进行限位锁孔后，在原孔位之间采用旋挖钻机再次引孔破岩，初步形成槽段拔出钢管后，再用带垂直度纠正系统的加重导板型液压抓斗修槽，并使用超声波侧壁仪对槽孔垂直度进行过程监控与监测，动态修正成槽垂直度，完成软岩地质成槽工艺。与传统工艺相比，该工艺减少了泥浆量及施工噪声，对周边环境影响较小，成本低，环保效益和社会效益明显。

关键词： 软岩；地下连续墙；成槽；旋挖钻机

1　前言

在深埋置基础设计中，地下连续墙结构作为深基坑支护兼作主体结构的一部分已被越来越多地采用。目前国内超深地下连续墙施工案例多处在软土或岩质较软的地质环境下成槽，传统的成槽方法多采用液压抓斗成槽工艺；如遇较硬岩层，则采用冲击锤或铣槽机成槽工艺，但前者噪声大、进度慢，后者的成槽费用高。湖南省建筑工程集团总公司所承建的长沙旺旺医院（二期）基础深度近 40m，地下连续墙槽孔最大深度达 42m 以上。上表层为厚约 6m 未固结土层，中层为厚约 6m 砂砾软弱层，12m 深以下为中风化泥质粉砂岩（天然单轴抗压强度为 6～8MPa）的软岩（局部底层为硬岩）地质。如何成槽，我公司采取技术攻关，开展了"软岩地质连续墙钻孔成槽施工"的技术研究，通过采用旋挖钻机及液压成槽机设备组合，探索出多钻一抓、限位锁孔的钻孔成槽技术，在保证垂直度偏差小于 1/350 的前提下，成功解决了上述技术难题，其研究成果正在申报多项专利。该技术经济、实用、环保，具有明显的社会、经济效益和推广价值。我公司在总结上述地下连续墙施工经验和工程应用基础上，编制形成该工法。

2　工法特点

（1）与传统岩质地区采用铣槽机成槽工艺相比，带垂直度校正系统的旋挖钻机与加重导板型液压抓斗钻抓结合的成槽工艺，由于使用设备相对简单，在保证槽壁垂直度的前提下，节省了施工成本。

（2）采用带垂直度校正系统的旋挖钻机与加重导板型液压抓斗钻抓结合的成槽工艺，操作简便、快捷，有利于加快施工工期。

（3）在成槽过程中，使用超声波侧壁仪对槽孔垂直度进行过程监控与监测，动态修正成槽垂直度，确保了槽壁垂直度，确保了成槽质量。

（4）与传统岩质地区采用冲击锤成槽的工艺相比，钻抓结合成槽工艺减少了泥浆量及施工噪声，对周边环境影响较小，具有明显的环保效益和社会效益。

3　适用范围

本工法适用于软岩地质、埋置较深的地下连续墙施工。

4　工艺原理

地下连续墙采用三轴水泥土搅拌桩对浅覆盖软弱层进行槽壁加固，采用大功率的旋挖钻机先在每幅槽的两端及中部分批次引孔破岩，引孔后及时回填，再采用液压成槽机取土，主要是针对软岩地质以钻孔破岩为主形成的组合成槽施工工艺，当局段遇硬岩层成槽困难时，在首批孔位处插入钢管进行限位锁孔后，在原孔位之间采用旋挖钻机再次引孔破岩，初步形成槽段拔出钢管后，再用带垂直度纠正系统的加重导板型液压抓斗修槽，并使用超声波侧壁仪对槽孔垂直度进行过程监控与监测，动态修正成槽垂直度，完成软岩地质成槽工艺。

5　施工工艺流程及操作要点

5.1　施工工艺流程

地下连续墙钻孔成槽施工工艺流程图详见图1。

5.2　操作要点

5.2.1　非原位成槽试验及机械设备选型

（1）选取现场地层具有代表性的位置设置两幅非原位试验槽，进行现场试验段模拟和确定相关技术参数，试验槽深度、宽度、厚度与工程连续墙完全相同。

（2）根据试成槽获得如下工艺参数：定位导向引孔采用 360 型旋挖钻机，中间补孔采用 280 型旋挖钻机；成槽机采用 SG60 液压成槽机，SG60 主要性能：提升力为 600kN、斗重 28t、闭合力 160t。

5.2.2　搅拌桩加固槽壁

（1）连续墙成槽前，浅覆盖层采用 $\phi850@600$ 三轴水泥土搅拌桩对槽段两侧进行加固，防止成槽过程中槽壁坍塌，加固深度为自然地坪至强风化岩层，三轴水泥土搅拌桩套接一孔平面图如图 2 所示。

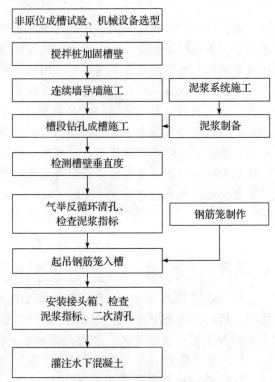

图 1　地下连续墙施工工艺流程图

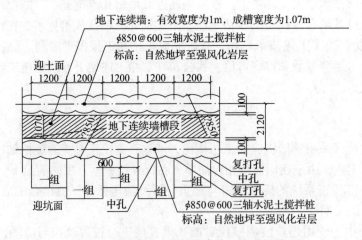

图 2　三轴水泥土搅拌桩套接一孔平面图

（2）三轴水泥搅拌桩采用两喷两搅的施工工艺，下沉速度宜为 0.5 ～ 1.0m/min，提升速度宜为 1.0 ～ 1.5m/min，在桩底部分宜重复搅拌注浆；其中水泥浆液的水灰比为 1.5，水泥掺量为 20%，注浆压力宜为 1.5 ～ 2.5MPa，流量为 205L/min；当邻近保护对象时，搅拌下沉速度宜控制在 0.5 ～ 0.8m/min，提升速度宜控制在 1m/min 内，喷浆压力不宜大于 0.8MPa 搅拌桩垂直度精度不应低于 $H/350$，桩位偏差不应大于 50mm。

5.2.3　导墙施工

（1）导墙宽度以地下连续墙内侧边线不变，外边线加宽为原则，按墙宽 +70mm，转角处导墙需沿轴线外放 500mm。

（2）导墙深度应比地下水位、地墙设计顶标高应不小于 200mm，下口壁厚应不小于 250mm，上口壁厚应不小于 300mm。

（3）导墙平面宽度：基坑内外应不小于 1.5m、厚不小于 300mm，并与排水明沟相连或与成槽机、旋挖钻机、吊车等重型设备道路相连；导墙混凝土强度采用不低于 C30 混凝土，并内配不少于双向 Φ12@200 钢筋，导墙断面如图 3 所示。

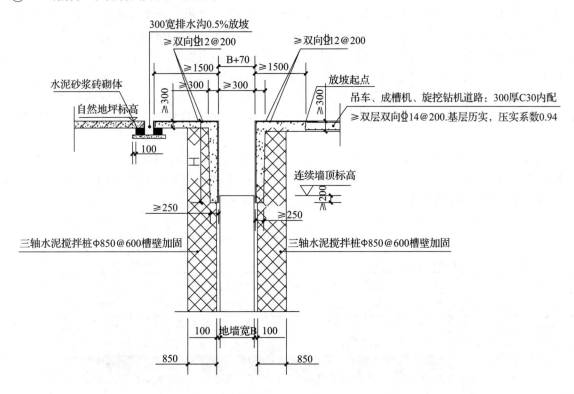

图 3　导墙断面图

注：地下连续墙有效厚度为 Bm，成槽宽度为 $B+0.07$m，内侧边线不变，外边线加宽 0.07m。

5.2.4　泥浆制备

泥浆采用"膨润土 + 掺合物"配置的泥浆，掺合物主要有羧甲基纤维素（CMC）和纯碱（Na_2CO_3），分别起增大泥浆黏度和增多膨润土颗粒表面吸附负电荷的作用。泥浆的配合比为（kg/m³）：水:膨润土:纯碱:CMC=1000：110：4.4：2.2，施工过程中根据监控数据及时调整泥浆指标，泥浆性能指标见表 1。

表 1　泥浆性能指标要求

项目	密度（g/cm³）	黏度（sec）	含砂率（%）	失水率（mL/30min）	泥皮厚度（mm）	pH 值
新浆	1.08 ～ 1.13	40 ～ 50	n.a.	<30	<3	7 ～ 11
使用中泥浆	<1.25	40 ～ 60	n.a.	<50	<6	7 ～ 12
灌注混凝土前	<1.15	40 ～ 50	<4	n.a.	n.a.	n.a.

说明 .1.n.a. 为不适用。2. 黏度为使用 1500/946mL 的马氏黏度漏斗的监测数据。

5.2.5 槽段钻孔成槽施工

（1）槽段开挖顺序：根据深度先深后浅、跳一挖一、先直行段后转角段的原则即首开（1、3、5、7）、第二批（闭合 2、4、6）两个施工段组织流水作业；局部槽段因深度不同或转角等需三个工序才能闭合即首开、第二批、第三批（闭合段）三个施工段组织流水作业。

直形段、部分转角段开挖顺序（分两批完成闭合）：

首开→第二批→首开→第二批。

部分转角段开挖顺序（分三批完成闭合）：

首开→第二批→第三批→首开→第二批→第三批。

（2）槽段钻孔成槽施工按以下要求进行施工：

①采用带垂直度校正系统的 360 型旋挖钻机在单元槽段两端布孔，中部根据液压成槽机抓幅宽度等距离布孔进行第一批引导孔施工，引导孔施工深度至连续墙底；第一批引导孔施工过程中，利用旋挖钻机配备的垂直度检测仪表及自动纠偏装置来保证引导孔的垂直度，并每钻深 10m 采用超声波探测检测引导孔的垂直度，当发现旋挖钻机桅杆角度偏差较大或超声波探测其垂直度超标时应立即停止钻进，改用筒钻、加高钻斗、调整桅杆角度或回填低强度等级 C15 混凝土重钻等措施修正垂直度后再继续往下钻进。施工时应控制旋挖钻机的钻头中心位置与引孔中心位置偏差不超过 25mm，引导孔施工全过程泥浆护壁。

②为进一步破坏岩层的整体性，降低液压成槽机抓土难度，提高成槽效率，在每抓副两端引导孔的中间采用带垂直度校正系统的 280 型旋挖钻机进行再次引孔破岩（第二批引导孔），引孔深度至连续墙底，垂直度控制及处理措施同第一批引导孔施工，如图 4 所示。

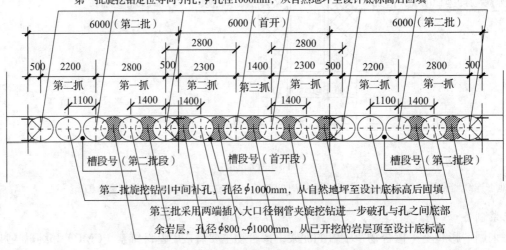

图 5.2.5-1 地下连续墙槽段成槽引孔图

③旋挖钻机引孔破岩后，单元槽段采用带垂直度纠正系统的加重导板型液压抓斗抓土成槽，抓土时应按先两端后中间的顺序进行开挖，使抓斗两侧受力均匀，确保成槽垂直度；转角型槽段先短边后长边抓法，以缩小槽段暴露时间，防止塌方。单元槽段按照图 5 顺序抓土成槽。

④当遇硬岩层成槽困难时，在第一批、第二批引导孔位处插入钢管进行限位锁孔后，在原引导孔位之间采用 280 型旋挖钻机再次引孔破岩（第三批引孔），如图 6 所示，为防止钻进过程中钻斗和钢管碰撞损伤，钻斗加焊上下两道直径为 ϕ25mm 的钢筋环；初步形成槽段拔出钢管后，再用带垂直度纠正系统的加重导板型液压抓斗修槽。

（3）成槽过程中的钻头和抓斗在入槽、出槽时应慢速、平稳，并始终保持槽内泥浆面不低于导墙顶面以下 0.4m 及地下水位 1.5～2.0m；采用成槽机液压抓斗抓土成槽时，要时刻关注自带测斜仪器

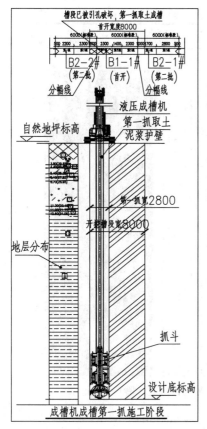
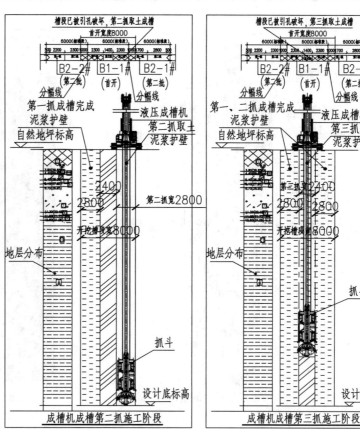

图 5　单元槽段抓土顺序

的动向，及时纠正垂直度偏差，当垂直度出现偏差时，利用成槽机液压抓斗自带的纠偏推板和调整抓齿的各个方向的角度综合进行纠偏，成槽机自带纠偏系统如图 7 所示。

（4）槽段每开挖一个阶段后，采用超声波侧壁仪对已完成的槽孔进行垂直度检测，检测结果如图 8 所示，对不满足要求的部位重新采取调整成槽机抓齿的措施予以修正。

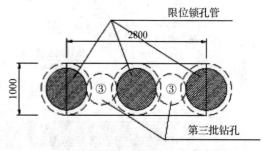

图 6　槽段限位锁孔后再次引孔破岩

（5）成槽达到设计深度后，利用成槽机抓斗将底部泥渣抓出，然后采用气举反循环工艺配合泥浆净化装置进行清孔。通过检测槽孔上、中、下位置的泥浆含砂率作为判断清孔是否完成的依据，即槽底清理和置换泥浆结束 1h 后，槽底 200mm 以内的沉渣厚度不大于 100mm、泥浆密度小于 1.15，含砂率小于 2.5%、黏度不大于 28s。

5.2.6　钢筋笼施工

（1）钢筋笼在钢筋加工场内的加工平台上整体制作成型，并选用合理的吊机进行整体吊装、整体回直、一次入槽的施工工艺，以降低钢筋笼的安装时间。

（2）钢筋笼吊装时，应根据最不利起吊工况，设计钢筋笼起吊的吊具、钢丝绳、扁担等，并对其强度、刚度以及稳定性进行验算，并符合设计规范要求。

（3）钢筋笼横向吊点设置：吊点位置按钢筋笼宽度 0.207L、0.586L 设置为宜；钢筋笼纵向吊点设置：采用主吊 260t 吊车吊 4 点，180t 吊车副吊吊 6 点，共 10 点吊装钢筋笼。钢筋笼吊点设置如图 9 所示。

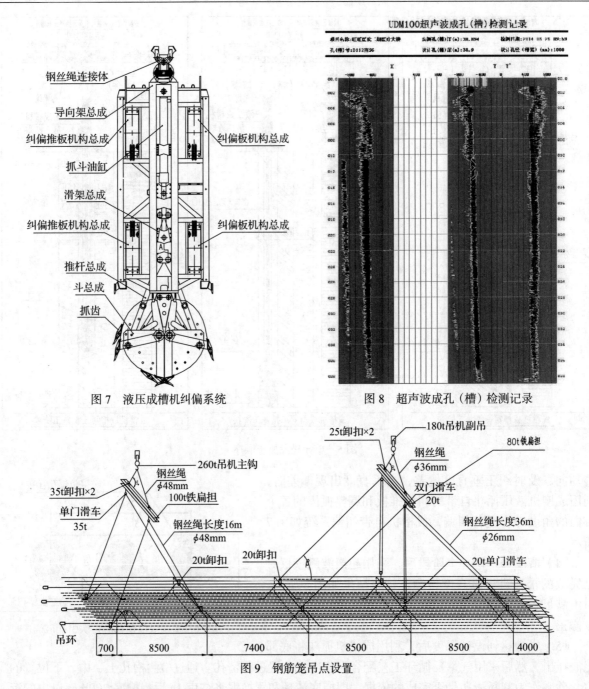

图 7　液压成槽机纠偏系统

图 8　超声波成孔（槽）检测记录

图 9　钢筋笼吊点设置

（4）拐角幅及特殊幅钢筋笼除设置纵、横向起吊桁架、吊点及剪刀撑之外，需增设"人字"桁架和斜撑杆进行加强，以防钢筋笼在空中翻转角度时变形，如图 10 所示。

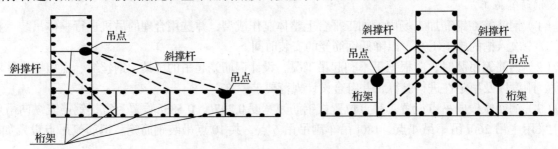

图 10　拐角幅及 T 形幅钢筋笼吊点设置

5.2.7　水下混凝土灌注施工

（1）钢筋笼下放完毕后，按设计位置布置接头箱，接头箱可采用圆形钢管，接头箱在垂直状态下插至底部土体 0.5～0.8m，上部用型钢定位于导墙；然后下放导管，并检查槽底沉渣厚度及泥浆指标，如不符合要求则利用导管进行二次清孔。

（2）水下混凝土的配合比需根据灌注的持续时间、接头箱形式及顶拔方式来确定坍落度、流动度及初凝时间等指标。本工程地下连续墙使用 C40 水下混凝土，抗渗等级为 P12，混凝土坍落度 180～220mm。

（3）混凝土灌注采用双导管法施工，导管宜选用直径 250mm 的圆形螺旋快速结构，并采用橡胶圈进行密封。灌注时应及时测量及计算槽孔内的混凝土面标高，以保证槽内混凝土面的高差不大于 30cm，并适时拆拔导管和定拔接头箱，导管埋深宜控制在 2～6m。

6　材料和设备

6.1　主要材料

材料：膨润土、CMC、纯碱、水泥、钢筋、钢丝绳等。

6.2　主要设备（表 2）

表 2　主要机具设备表

序号	设备名称	设备型号	单位	数量	用途
1	激光全站仪	拓普康 GTS-602	台	1	定位测量
2	水准仪	S3	台	2	水准测量
3	超声波钻孔检测仪	UDM100Q	台	1	垂直度测量
4	泥浆检测仪		套	2	密度、砂率、黏度
5	pH 值纸		合	100	pH 值
6	三轴水泥土搅拌桩施工设	SWMC853 型	台	1	三轴水泥土搅拌桩
7	泥浆泵	BW-250	台	4	
8	散装水泥自动拌浆系统	散装罐 60t/ 螺旋机 BZ-20L	套	2	
9	储浆桶	3m³	只	2	
10	空压机	VF6/7，6m³	台	1	
11	储气罐	LJ.S-D07-193-00	台	1	
12	浆管	16MPa 的 1/4 寸软管	m	400	
13	电子配料秤	XK31CB4	台	1	
14	电缆线	VV-3×95+2×70mm² 铜芯全塑电力电缆	m	200	
15	旋挖钻机	SWDM20	台	1	非原位试成槽阶段
16	旋挖钻机	SWDM25	台	1	
17	液压成槽机	SWHG42	台	1	
18	旋挖钻机	360 型	台	2	第一、二、三批引孔
19	旋挖钻机	280 型	台	1	第二、三批引孔
20	液压成槽机	SG60	台	2	成槽
21	钢管	φ980×30	m	200	限位锁孔
22	空压机	LWG-50A	台	1	气举反循环
23	空压机	LWG-100A	台	1	
24	导管	φ100	m	50m	
25	导管	φ150	m	50m	
26	履带吊车	50t·m	台	1	钢筋笼吊装
27	履带吊车	180t·m	台	1	
28	履带吊车	260t·m	台	1	

7 质量控制

7.1 三轴水泥土搅拌桩质量控制

按设计要求及《型钢水泥土搅拌墙技术规程》(JGJ/T 199—2010)相关要求进行控制。

7.2 导墙质量控制措施

7.2.1 导墙混凝土质量控制

（1）为确保导墙直线度，导墙模板可采用铝合金模板支撑系统。

（2）导墙混凝土养护到 70% 设计强度以上后才能拆除模板，成槽作业之前禁止车辆和起重机等重型机械靠近导墙。

（3）模板拆除后立即架设木支撑，支撑上下各一道，水平间距 2m。验收后立即回填，防止导墙内挤，回填至离上口约 600mm 高。

7.2.2 导墙放线控制地下连续墙分幅线、标高

（1）分幅线

分幅线采用红色油漆划设；划设办法为红色 "▲"，其中竖边分幅线，箭头方向指向后行幅方向（与图纸一致即可）；分幅线划定前要对导墙对应部位进行清理，三角形要求醒目清除，竖边长度不小于 20cm。

（2）标定槽段号

槽段编号要求统一标定于外侧导墙上；使用红色油漆待标定，标定字符不得小于 15cm；每幅标段号标定位置位于槽段中心位置；分幅完成后应附近围墙上设提示点，指示分幅位置和槽段号，以便于施工时快速寻找。

（3）墙段标高测设

每幅槽段测量 4 个点，点的位置距离≥ 5m 分幅线 1.2m，<5m 分幅线为 0.9m，从左侧外导墙开始顺时针测量，此标高为钢筋笼吊筋长度及地下连续墙标高的控制依据。

7.3 "钻孔成槽"地下连续墙成槽质量控制

按《建筑地基基础工程施工质量验收规范》(GB 50202—2002)及《地下建筑工程逆作法技术规程》(JGJ 165—2010)中相关规定执行。

7.3.1 "钻孔成槽"工艺引孔、成槽过程中泥浆护壁

泥浆的性能调整见表 3。

表 3　泥浆性能调整

目的	条件	方法	其它性质变化
增大黏度		添加膨润土或掺入 CMC	失水量减少，稳定性增加
减少黏度		加水	失水量增大，密度减少
增大密度	不宜增大黏度的情况下	与重晶石一起加入磷酸钠溶液或丹宁溶液	稳定性减少
减少密度		加水	黏度减少、失水量增大、稳定性减少
减少失水量	不宜增大黏度的情况下	与重晶石一起加入磷酸钠溶液或丹宁溶液	稳定性减少
增大稳定性		添加膨润土或掺入 CMC	黏度增大、失水量减少

泥浆性能控制指标表见表 4。

表 4　泥浆性能控制指标

泥浆性能	新制备的泥浆		循环泥浆		废弃泥浆		检验方法
	黏性土	砂性土	黏性土	砂性土	黏性土	砂性土	
密度（kg/m³）	1.04～1.05	1.06～1.08	<1.10	<1.15	>1.10	>1.15	密度计
黏度（s）	20～25	25～30	<25	<35	>25	>35	漏斗计
含砂率（%）	<3	<4	<4	<7	>4	>7	洗砂瓶
pH 值	7～9	7～9	>8	>8	>9	>9	试纸

7.3.2 旋挖钻机引孔的垂直度控制措施

以垂直度控制与破岩能力作旋挖钻机的选择原则：当加压力越大时（即满负荷运转）钻杆变形越大，垂直度偏差越大，故必须优先选择动力大的旋挖钻机，另动力越大的机型所配制的钻杆直径越大、单节长度越长，其自身刚度越高，且可在相同深度相当于提升了钻杆强度及减少钻杆钻节间隙，从而提升设备自身的纠偏能力。

（1）钻杆直径：如 360 型钻机杆为 ϕ580mm，大大优于 250 型钻杆 ϕ470mm，提高了自身刚度，减小钻孔过程中钻杆变形导致的偏位。

（2）单节钻杆长度：如 360 型钻机杆长 17.5m，250 型钻杆长 14.5m，以 40m 深地层为例，一般工程地层变硬主要在 12 ～ 20m、28 ～ 32m 段，钻杆每节加长，相对钻杆的大截面增加即钻杆的整体刚度增大，减小钻斗偏位。

（3）破岩旋切动力：如 360 型动力头为 360kN·m，大大优于 250 型动力头为 258kN·m，钻进时不加压或者少加压，利用钻杆和钻斗的重量钻进。

（4）钻斗：选用加长的直筒钻斗和改进钻齿角度，有利于垂直度提高。

（5）勤于超声波检测，在 15m、30m 和 40m 深度时各检测一次，及时发现问题，便于处理。

（6）根据测量结果，调整桅杆预置角度，有一定的效果；不过不宜多用，否则会加大钻杆磨损。

（7）当桩位处在地层变化带位置时，由于地层不均，常出现跑位较大，偏差较大时采用 C15 混凝土局部回填达强度 5MPa 以上时，调整再重钻。

（8）当通过多种方式修正，结果还是超标准的引孔需暂时停止钻孔，利用成槽机纠偏后再继续钻进。

（9）通过综合运用以上措施，基本达到了要求，个别特殊情况在成槽过程中通过其他措施解决。

7.3.3 液压成槽机成槽过程中质量控制

成槽垂直度控制：

（1）根据安装在液压抓斗上的探头，随时将偏斜的情况反映到驾驶室里的电脑上，驾驶员可根据电脑上四个方向动态偏斜情况启动液压抓斗上的液压推板进行动态纠偏，这样通过成槽中不断进行准确的动态纠偏，确保地下连续墙的垂直精度 H/350 的要求。

（2）每开挖 20m 测量一次超声波，在成槽机仪表显示异常时加大测量密度；发现偏差及时采取调整抓齿、推板纠偏等措施。若效果不佳时则插入 2m×10m×0.04m 的钢板来强制纠偏。

8 安全措施

（1）严格贯彻执行安全生产法，执行安全生产责任制，制订详细的安全管理体系和制度，安全责任明确落实到工程建设中的每个人。

（2）对施工人员进行进场培训教育，增强自我保护能力；分项工程开工前，对施工人员机型分项施工安全技术交底。定期进行安全演习，提高突发事故处理能力。

（3）施工现场严格按照对用电、用火、危险品使用的安全规定执行，做好防风、防雷、防洪等预防措施。在开挖槽段、泥浆池及钢筋笼起吊等施工危险区域设置明显的警示标志及采取保护措施。

（4）成槽机械在槽口施工时，下垫施工垫层钢板或路基箱以减小槽口周边土体的荷载，加强施工过程安全监测。

（5）暴露的槽口设置钢筋保护网片覆盖，周边设置安全标示及警示标志以及配备消防器材等应急设备物资。

（6）钢筋笼吊点的焊接要明确焊接要求，并落实安全技术交底，实施吊装责任制度，吊装前对吊点焊接情况仔细检查，吊具和吊绳的选用严格按照规范要求执行。

（7）钢筋笼起吊前，对混凝土保护层垫块的可靠性及可能遗漏在笼体上的物件进行检查排除；对起吊区域进行清场，设置安全员巡查、交通疏导及安全警示；起吊时速度保持平稳，并严格按照建筑施工起重吊装工程安全技术规范执行。

9　环保措施

（1）按照有关环境保护的法律、法规和制度的要求编制工程的环保制度与措施，成立环保管理和监督小组，保证环保制度与措施的落实和执行。

（2）实行定期环保卫生检查，并连同当地政府及业主对施工场地进行文明施工检查。

（3）加大环保教育与宣传力度，增强施工人员的环保意识。对施工场地进行合理的布局，对施工范围进行封闭管理，树立明显的标识、警示标志，场内的材料堆放需要按规定分类标识且有序。

（4）对环境会造成污染的设备燃油、废机油、施工与生活污水，成槽泥浆进行统一管理，按照相关规定制度进行处理；施工现场、生活区合理设置污水收集管沟、池，防止污水漫溢，并运输或排放至指定区域。

（5）槽段周边做好集浆沟，防止施工过程中泥浆外溢污染施工场地。

（6）场内的便道进行硬化处理，干燥天气对道路洒水防止扬尘。废泥浆的外运应采用密封的自卸车，防止泥浆外泄；

（7）注意夜间施工的噪声影响，尽量采用低噪声施工设备。旋挖钻机停止作业时间为 22 点～ 6 点，并对钻斗进行改造降低噪声。

10　效益分析

10.1　经济效益

本工法在软岩地区，采用旋挖钻机引孔破坏岩石的整体性，提高了成槽的效率，先圆后方降低了塌孔风险，确保了槽段的垂直度，缩短了施工工期。以湖南旺旺医院二期为例，其地下连续墙延长米为 450m，共计 90 幅槽段，按槽幅深约 45m，入粉质砂岩约 30m，主要设备配置：两台 360 型旋挖钻机、一台 280 型旋挖钻机、两台 60 型成槽机，于 2014 年 3 月 10 日开始旋挖钻机引孔，于 2014 年 4 月 14 日开始液压成槽机成槽，于 2014 年 10 月 30 日地下连续全部完成。成槽进度平均为 15 幅／月，大入岩深度采用"钻孔成槽"施工工艺，施工工期缩短 1/4，直接经济效益节约约 40 万元。

10.2　社会效益

本工法采用旋挖钻机引孔、液压成槽机配合抓土的钻孔成槽工艺，实现了在软岩地质环境下地下连续墙的高效、高质、安全施工，为该类地质的地下连续墙施工提供了一种有效的施工方法；而且在提高地下连续墙结构使用性能外，同时也降低了项目施工成本，培养了一批技术人才，其社会效益明显。

11　应用实例

湖南旺旺医院二期医疗大楼建设工程项目是一座集医疗、住院、停车一体的综合性大楼，总建筑面积为 165941m²，其中地上建筑面积为 112879 m²，地下建筑面积为 53062 m²。层数：地上 20 层、地下 5 层，局部 6 层。本工程采用全逆作法施工，地下连续墙作为围护结构，同时兼作地下室外墙，即两墙合一。地下连续墙厚度为 1000mm，分六种：A、B、C 型墙底标高为 −42.9m，顶标高为 −2.5m；D、E 型墙底标高为 −44.9m，顶标高为 −2.5m、−5.1m；F 型墙底标高为 −45.9m，顶标高为 −2.5、−5.1m，总长约 455m，占地 1.04 万 m²，地下连续墙分幅类型设计为 90 幅，采用φ 850@600 三轴水泥土搅拌桩进行槽壁两侧加固，有效控制了塌孔，采用自带纠偏系统的旋挖钻机施工引导孔，槽段钻孔成槽，提高了岩层地质成槽的效率，槽段的垂直度也控制在 H/350 以上。施工阶段通过对周边建筑物、管网的第三方专业监测及使用情况反馈，均无异常，钻孔成槽工艺对复杂的周边环境影响很小。该连续墙工程于 2014 年 3 月开始施工，2014 年 10 月完工。

后张法预应力新型模具化封锚施工工法

陈三喜　黄勇军　张洪亮　张仁朋　肖　越

湖南建工交通建设有限公司

摘　要：现有后张预应力锚头封锚大多在压浆 28d 龄期甚至存梁几个月后，锚固系统会因此进入锈蚀阶段，影响其耐久性。本工法通过采用专用高性能封锚材料和专用配套模具，利用专用高性能封锚材料制作的浆液自流平成型后达到设计强度龄期短、强度高、密闭性能好的特点，实现封锚速度快、锚固端封闭质量好的目的，确保了后张法预应力封锚的施工质量。改变了传统后张预应力封锚简陋、施工不规范、质量差的的现状，推广应用意义深远，经济与社会效益显著。

关键词：后张法；封锚；锈蚀；模具

1　前言

后张预应力锚头封锚的作用主要是保护预应力锚固系统免遭锈蚀，保证预应力结构的耐久性。预应力筋及锚固体系在高应力状态下更易锈蚀（约是普通状态下的 6 倍），如不及时采取防锈措施，就会很快因锈蚀而降低锚固性能。目前，现场施工普遍采用普通水泥浆或原子灰封锚，且在压浆完成以后并不会马上进行封端混凝土施工，大多要等到 28d 龄期甚至存梁几个月后架梁，在此段时间内锚固体系不做特别保护，锚固系统实际已经进入锈蚀阶段。在施工阶段并不能明显看到，但在运营十几年或更长时间后锚头锈蚀的现象是比较普遍的。

湖南安化至马迹塘高速公路第二合同段推行桥梁标准化和精细化施工，预制梁后张预应力锚头采用新型模具化封锚施工并配合专用高性能封锚材料，改变了传统水泥砂浆简易封锚的施工工艺，严格把关封锚质量，成型后设计强度龄期短、强度高、密闭性能好等特点，对提高预应力锚头的耐久性具有重要现实意义。2016 年底，基于该项技术申请了项国家发明专利并已进入公示期，其创新性改变了传统后张预应力封锚简陋、施工不规范、质量差的的现状，推广应用意义深远，经济与社会效益显著。

2　工法特点

（1）采用的专用高性能封锚材料制备的浆液成型过程零泌水、微膨胀，成型后的高强度保证封锚的质量。

（2）采用专用封锚模具以保证浆液自流平密实，完全包裹预应力锚头。杜绝了封锚不密实、封锚强度不足，锚头易锈蚀的现象，保障了后张预应力锚固体系作用的良好实现。

（3）模具化施工方法大大提高了后张法预应力封锚施工效率，有效地节约了施工工期。

3　适用范围

本工法适用于所有采用后张预应力锚固体系的封锚施工。

4　工艺原理

通过采用专用高性能封锚材料和专用配套模具（图 1），利用专用高性能封锚材料制作的浆液自流平成型后达到设计强度

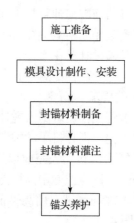

图 1　新型模具化封锚施工工艺流程图

龄期短、强度高、密闭性能好的特点，实现封锚速度快、锚固端封闭质量好的目的，确保了后张法预应力封锚的施工质量。

5　施工工艺流程及操作要点

5.1　施工工艺流程及操作要点

5.1.1　准备工作

（1）在进行封锚施工前应确定张拉施工已经完成并验收合格方可进行封锚施工工序，并检查锚头的锚固可靠性，所有工作夹片顶面应平齐，错位不得超过2mm，不得存在夹片内陷的情况，否则应进行处理后方可封锚。

（2）检查锚固系统的各个部件是否有锈迹，严重时应进行处理后再进行封锚，封锚前应对锚固系统各个部分表面的水分及油污等杂物进行清理。

（3）如需在封锚前切除锚固后多余的预应力筋，切割后预应力筋的外露长度不得小于30mm，且严禁采用电弧焊切割，应采用砂轮锯进行切割。

5.1.2　模具设计制作、安装

（1）根据拟封锚的预应力锚头的工作锚尺寸、孔位数量及分布加工出专用封锚罩模具（图2）。

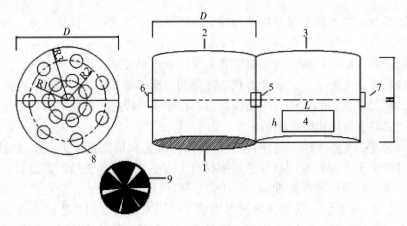

图2　专用封锚罩模具设计图
1- 左半圆柱；2- 空心上端；3- 右半圆柱；4- 灌浆口；5- 活动扣；
6- 活动扣固结端；7- 活动扣卡环；8- 孔；9- 橡胶圈

（2）在专用封锚罩模具内涂刷脱膜剂，并确保涂抹均匀无死角。

（3）打开专用封锚罩模具锁扣将其分成两个连接在一起的半圆柱体，将钢绞线尾端穿过专用封锚罩模具尾端封闭圆形圈上的钢绞线穿过孔并以橡胶圈塞满钢绞线与钢绞线穿过孔之间的缝隙。专用封锚罩模具的前端前伸至与工作锚的底面齐平，此时合龙专用封锚罩模具并以锁扣扣紧成整体，同时灌浆口位置应保证朝上（图3）。

5.1.3　封锚材料制备

（1）专用高性能封锚料、干净的自来水称量应准确，电子秤应事前进行标定，其称量精度应满足±1.0%的要求。

（2）将搅拌用水倒入搅拌锅内，加入约50%的专用高性能封锚料，人工搅拌均匀。

（3）先以搅拌机手动控制缓慢搅动，再逐步加速至全速搅拌，加入剩余的专用高性能封锚料，专用高性能封锚料加入完成以后，采用转速>1000r/min，线速度>10m/s的高速搅拌机继续高速搅拌3～5min，即完成专用高性能封锚料的搅拌。

（4）现场测试专用高性能封锚料制备浆液的初始流动度，并观察表面无泌水，桶底无沉淀即为合格（图4）。

图 3　模具安装

图 4　专用高性能封锚料浆液制备

5.1.4　专用高性能封锚料浆液灌注

（1）专用高性能封锚料制备的浆液初始流动度、可操作时间应满足设计要求，否则不得使用。

（2）将搅拌锅内浆液由专用封锚罩模具的灌浆口倒入封锚罩模具内，通过其自重自流平并密实，保证浆液倒满至灌浆口顶面。

（2）一个锚头封锚必须一次灌注成型，每次施工前必须事先计算浆液用量并储备足够填充专用封锚罩模具的浆液，确保灌浆过程连续进行（图 5）。

（4）灌注封锚时，每一个工作班组应留取不少于 3 组的 160mm × 40mm × 40mm 的长方体试件，标准养护 28d，检测其抗压强度，作为评定浆液质量的依据。

5.1.5　拆除模具

（1）25℃条件下 2h 后，浆液已完成终凝，可在灌浆口表面以手指下压，无下沉表明其终凝已完成，具备拆模条件。温度低于此温度时应根据实际情况延长拆模时间。

（2）打开专用封锚罩模具的锁扣，拆开半圆柱，取下专用封锚罩模具（图 6）。

图 5　浆液灌注

图 6　拆模完成

5.1.6　锚头养护

以土工布裹住封锚完毕的锚头并将土工布表面打湿，定时往土工布上洒水保持土工布湿润，当温度较高时应适当增加洒水频率。

5.2　高性能专用封锚料制作控制要点

（1）后张预应力专用封锚应采用专用封锚料，所用原材料应符合以下规定：

①水泥应采用性能稳定，强度不低于 42.5 低碱硅酸盐水泥、硫酸盐水泥，水泥的性能应符合相应

规范、规程要求。

②外加剂和水泥应具有良好的相容性，且不得含有氯盐、亚硝酸盐或其他对预应力锚夹具有腐蚀作用的成分。减水剂应采用高效减水剂，并应满足现行标准《混凝土外加剂》（GB 8076—2008）中高效减水剂一等品的要求，其减水率不小于 20%。

③矿物掺合料品种宜为 1 级。

（2）搅拌用水不应含有对预应力钢筋及锚夹具或水泥有害的成分，每 1L 水中不得含有 350mg 以上的氯化物离子或任何一种其他有机物，宜采用符合国家卫生标准的清洁饮用水。

（3）封锚材料中的氯离子含量不应超过胶凝材料总重的 0.06%，比表面积应大于 350kg/㎡，三氧化硫含量不超过 6.0%。

（4）膨胀剂宜采用复合型膨胀剂，不得采用铝粉为膨胀源的膨胀剂或总碱量 0.75% 以上的高碱膨胀剂。

（5）采用的专用封锚材料配置的浆液，其性能应符合表 1 的规定。

表 1　后张预应力封锚浆液性能指标

项目		性能指标	试验使用方法
流动度（25℃）	初始流动度	0～25（s）	附录 I
流动度损失值（s）	5min 损失值	≤ 5	
	15min 损失值	≤ 15	
	30min 损失值	≤ 30	
操作时间（min）	初凝时间	≥ 15	《水泥标准稠度用水量、凝结时间、安定性检测方法》（GB/T 1346）
	终凝时间	≤ 120	
泌水率（%）	24h 自由泌水率	0	附录 II、III
	3h 钢丝间泌水率	0	
自由膨胀率（%）	3h 自由膨胀率	0～2	附录 III
	24h 自由膨胀率	0～3	
抗压强度（MPa）	2h	≥ 2	《水泥胶砂强度检验方法（ISO 法）》（GB/T 17671）
	1d	≥ 20	
	28d	≥ 50	
抗折强度（MPa）	2h	≥ 0.5	
	1d	≥ 4	
	28d	≥ 10	
对钢筋的锈蚀作用		无锈蚀	《混凝土外加剂》（GB 8076）

5.3　主要人员配备和劳动力组织表（表 2）

表 2　主要人员配备和劳动力组织表

施工工艺	人数
封锚罩模具安装	1
专用封锚料称量、搅拌、灌浆	2
电工	1
质检员	1
安全员	1
材料员	1
施工员	1
合计	9

6　材料与设备

6.1　主要施工材料（表3）

表3　主要材料与设备一览表

序号	材料名称	规格型号	备注
1	专用封锚材料	JCJ-03	
2	水	—	洁净自来水

6.2　主要施工机械（表4）

表4　主要施工机械设备一览表

序号	机械设备名称	规格型号	数量	备注
1	搅拌机	JCJ-01	1	3200r/min
2	搅拌锅	—	1	
3	电子秤	10kg	1	
4	发电机	3kW	1	备用

7　质量控制

7.1　工程质量控制标准（表5）

表5　施工采用的规范标准

标准号	名称
GB 8076—2008	《混凝土外加剂》
JTG/T F50-2011	《公路桥涵施工技术规范》
JTG F80-2004	《公路工程质量检验评定标准》
JTG B01-2014	《公路工程技术标准》

7.2　质量控制措施

（1）明确质量目标，加强学习、培训工作，提高全员质量意识。

（2）建立质量控制体系，落实质量责任制，做好施工前的施工技术与安全交底，确保工程施工质量。

（3）建立质量管理制度，从管理上确保质量措施的落实。

（4）后张预应力锚头宜在张拉后12h内封锚，以保护预应力锚固体系不出现锈蚀。

（5）拆模后的锚头应以土工布或其他方式覆盖保湿养护，其养护湿度不低于90%Rh，封锚后的48h温度不得低于5℃，否则应采取保温措施。

8　安全措施

（1）加强管理人员及施工人员的培训，提高全体参建人员的安全意识。

（2）钢绞线严禁采用电弧焊切割，采用砂轮锯切割时人应站在锚头的侧面，避免切割时对钢绞线的扰动导致的滑丝飞锚伤人，同时锚头正面严禁站人。

（3）封锚前应检查锚头工作夹片是否平整，无内陷与突起，钢绞线表面无滑动痕迹，确保锚固可靠的情况下再进行封锚施工。

（4）搅拌机电源接线应有专业电工完成，搅拌机使用前应检查其外表面，确保绝缘良好，表面干燥。

（5）专用封锚料搅拌过程中应缓慢加料，防止浆液飞溅入眼。

（6）安装专用封锚罩模具及拆除时应避免较大振动导致钢绞线滑丝或飞锚。

（7）封锚前后锚头上、钢绞线上严重压重物或踩踏。

9　环保措施

（1）成立环境保护领导小组，贯彻执行环境保护法规及国家地方政府对环境保护、水土保持的方针、政策。结合工程实际情况，制订严格的环境保护设计方案，严重按照批准文件实施。

（2）施工中产生的废水、废浆、废渣等按照地方有关部门的规定，运输到指定地点处理，不得随意乱倒废水、浆液、废渣等不得直接排入河流，污染河道。

（3）施工现场经常洒水控制扬尘，有条件的现场可以安装智能控制的降尘系统，搅拌机、专用封锚罩模具等使用后清理干净，保持清洁并定期保养。

10　效益分析

10.1　技术效益

（1）实现了后张法预应力封锚的规范、标准施工，阻止了环境对锚头系统各个金属构件的锈蚀。

（2）后张预应力封锚技术包含的专用高性能封锚材料以及专用配套封锚模具，前者的使用使封锚可靠性得到极大提高，后者的使用使现场施工变得简单、快捷。

（3）标准的施工工艺方法，消除了传统施工过程中的不确定因素的影响，有利于现场实现规范化施工管理。

10.2　经济效益

（1）采用模具化封锚施工工艺，可在封锚后 2h 进行压浆施工，较之普通水泥浆封锚 12h 才能压浆施工相比提前了 10h，也即每一批次封锚可提前一天进行压浆施工，有效地加快了施工进度、缩短了施工工期，节约了人力成本。

（2）专用高性能封锚材料的使用，封锚牢固可靠，其耐久性较之以往明显提升，后期因锚固系统失效或部分失效而需要进行加固、维修、超出的费用得以较大幅度地减少，经济效益明显。

10.3　社会效益

后张预应力封锚施工是预应力体系工作过程的重要保障，是预应力工程中施工的重要步骤，是锚固体系乃至结构安全耐久的有力保障，专用高性能封锚材料填补了国内后张预应力锚头封锚材料的空白，预制配套的施工工艺规范了整个封锚施工的过程，具有较高的社会效益。

10.4　资源节约

（1）提倡科技创新，推广引用新型材料及专用配套机具，提高工程技术含金量的同时节省大量的人力资源，提高生产能力，保证工程质量和施工进度。

（2）采用高性能、经济合理的施工材料，在提高施工质量、效率的同时推动了标准化、精细化的管理进程，节约各种直接费和间接费用。

（3）改变过程封锚施工的粗放、随意的施工工艺，提高封锚质量的同时减少了材料的浪费，减少了污染，保护了生态资源。

（4）规范了施工工艺的工序，减少了无用繁琐的工序，提高了工效。

11　应用案例

应用案例一：该工法在湖南马迹塘至安化高速公路第二合同段一工区预制空心板梁场与二工区预制 T 梁场的后张预应力封锚施工中得到了充分利用。采用专用高性能封锚材料，2h 后即可进行智能压浆施工，现场使用 100 余片后张预应力空心板、近 200 片后张预应力 T 梁，压浆施工过程中无一破裂漏浆现象，封锚系统完整性达到 100%。及时有效、规范的封锚施工，避免了锚固系统各个金属部件的锈蚀，提高了锚固系统的可靠性与耐久性，延长了后张预应力结构构件的使用寿命，节约了后期的维护成本，具有良好的经济效益，社会效益与推广前景。

应用案例二：该工法应用于湖南益阳至马迹塘高速公路第四合同段预制梁场，该项目预制梁场涉及 20m 空心板、30mT 梁、40mT 梁，先前采用水泥砂浆封锚施工，封锚后需要 12h 以上才能进行压浆施工，为加块施工进度，采用后张预应力新型模具化封锚施工工法进行封锚施工，该方法模具安装快速、拆卸方便，模具周转效率高，拆模后锚头密实且美观，进行 300 多孔预应力管道灌浆没有发现锚头开裂的情况，监理、业主对该封锚工艺给予了很高的评价。

12　附录——试验

附录 I　后张预应力封锚浆液流动度损失测试试验

I.1　试压仪器

I.1.1　流动度测试仪，流动锥，如图 I.1 所示；

I.1.2　流动锥校准，（1725 ± 5）mL 水流出的时间为（8 ± 0.2）s。

I.2　试验方法

测定时，先将流动锥调整放平，关上底部阀门，将搅拌均匀的浆液倒入流动锥内，直至浆液表面触及点测规下端 [（1725 ± 5）mL 浆液]，打开底部阀门，浆液自由流出，浆液全部流完的时间（s）为浆液的流动度。

附录 II　自由泌水率与自由膨胀率试验

II.1　容器

试验容器如图 II.1 所示，用有机玻璃制成，带密封盖，高 120mm，置于水平面上。

II.2　试验方法

往容器内倒入约 100mm 高的浆液，测试记录浆液面高度，然后盖严，放置 3h 与 24h 测量得到离析水面及浆液膨胀面，然后按下列公式计算自由泌水率与自由膨胀率。

$$自由泌水率 = (a_2 - a_3)/a_1 \times 100\%$$
$$自由膨胀率 = (a_3 - a_1)/a_1 \times 100\%$$

附录 III　钢丝间泌水率试验

III.1　容器

试验容器如图 III.1 所示，用有机玻璃制成，带密封盖，内径 100mm，高 160mm，在容器内插入一根 7 丝钢绞线，钢绞线在容器顶露出的高度为 10 ～ 30mm。

III.2　试验方法

试验容器静置于水平面上，将搅拌均匀的浆液倒入容器内，倒入的浆液体积约为 800mL，并记录浆液的准确体积，然后将密封盖盖严，并在中间位置插入钢绞线至容器底部，静置 3h 后用吸管吸出浆液表面泌出的离析水，移入 10mL 的量筒内，测量泌水量。

$$泌水率 = V_1/V_0 \times 100\%$$

式中，V_1 为上部泌出的水的体积；

V_0 为倒入容器内浆液的体积。

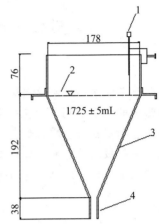

图 I.1　流动锥装置示意图（单位 mm）

1- 点测规；2- 浆液表面；3- 无缝钢管；4-（壁厚 3mm）

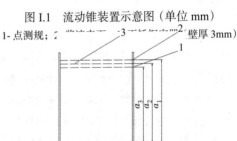

图 II.1　泌水率与膨胀率试验容器

1- 最初的浆液面；2- 水面；3- 膨胀后的浆液面

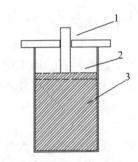

图 III.1　钢丝间泌水率试验示意图

1- 钢丝直径 5mm 的钢绞线；2- 静置后的泌水

3- 倒入的浆液

路基中空聚丙烯乱丝热熔盲沟管施工工法

周芳佳　　戴习东　　肖　恋　　沈一君　　徐　炯

湖南省第三工程有限公司

摘　要：路基中空聚丙烯乱丝热熔盲沟管是一种新的土工合成材料，是由改性聚丙烯的乱丝热熔后相互搭接而形成的框架结构，外包一层土工布，经土工布过滤成清水进入塑料盲沟管内排放出去。具有抗压强度高、耐压性好、柔性好、适应土体变形性能强、耐久性好、空隙率高、施工简单、适用范围广等优点，从而被用于盲沟施工的施工工艺。

关键词：中空聚丙烯乱丝热熔盲沟管；排水；路基；土工合成材料

1　前言

　　随着科技的发展，各种新型管材层出不穷，中空聚丙烯乱丝热熔盲沟管是由塑料芯体外包裹滤布组成，塑料芯体是以热塑性合成树脂为主要原料，经过改性，在热熔状态下，通过喷嘴挤压出细的塑料丝条，再通过成型装置将挤出的塑料丝在结点上熔接，形成三维立体网状结构。目前塑料芯体有矩形中空矩阵、圆形中空圆形等多种结构形式。该材料克服了传统盲沟的缺点，表面开孔率高，集水性好，空隙率大，排水性好，抗压性强，耐压性好，柔性好，适应土体变形，一般在 250kPa 压力下断面空隙率仍能保持在 60% 以上，且耐久性好，质量轻，施工方便，工人劳动强度大大下降，施工效率高。将塑料盲沟管与土工布结合使用形成了新的盲沟管施工工艺。我公司在九嶷大道中央绿化带带采用了路基中空聚丙烯乱丝热熔盲沟管，取得了很好的效果，现将该施工工艺总结并形成本施工工法。

2　工法特点

　　（1）中空聚丙烯乱丝热熔盲沟管施工难度低，搬运方便，连接简单。

　　（2）施工完成后不需特别防护，抗压强度高，即便是在受荷载的情况下也不影响排水工程。

　　（3）施工过程环保，施工中不散发有毒有害气体，无须热熔，无须胶粘，最大程度地保护生态环境、使项目与沿线自然及社会环境协调相融。

3　适用范围

　　中空聚丙烯乱丝热熔盲沟管适用于路基、绿地、建筑基础工程、农业灌溉等排水工程，同时还适用公路、铁路的路基地下排水。

4　工艺原理

　　中空聚丙烯乱丝热熔盲沟管是由塑料芯体外包裹滤布组成，塑料芯体是以热可塑性合成树脂为主要原料，经过改性，在热熔状态下，通过喷嘴挤压出细的塑料丝条，再通过成型装置将挤出的塑料丝在结点上熔接，形成三维立体网状结构。盲沟管下铺设防水土工布，利用"毛细"现象和"虹吸"原理达到吸水、透水、排水效果。

5　工艺流程及操作要点

5.1　工艺流程

　　施工放样→沟槽开挖（材料进场）→基底处理→铺设两布一膜→安置中空聚丙烯乱丝热熔盲沟管

→回填砂砾（碎石）→铺设透水土工布→回填土→验收。

5.2　操作要点

5.2.1　施工准备

（1）做好人员、材料及设备等准备工作。

（2）技术人员熟悉施工图纸，做好施工方案的编制及审核工作。

5.2.2　施工放样

（1）施工放样前先对控制点进行复测。

（2）每隔 10m 用全站仪放一控制点，两控制点间用纱线连接、撒灰以控制开挖边线。

5.2.3　沟槽开挖

沟槽开挖时每 5m 测一次标高严格控制开挖深度。

5.2.4　基底处理

（1）对管沟内突出的石块用机械凿除。

（2）对管沟平整压实。

5.2.5　铺设两布一膜

两布一膜在铺设之前要求先检查路基表面及老路面侧面表面平整度、高度、有无带尖棱硬物，表面要求人工整平，把不平处、凹凸处用小碎石填平。铺设时先把两布一膜打开，后用 4 人拉直，按边桩用钢尺把两边尺寸先放对，然后按控制桩把中间土工布调直，调直完毕后用土把土工布四周盖一下，以免被风吹起，所有纵向或横向的搭接缝应交替错开，搭接长度均不得小于 300mm。

5.2.6　安置中空聚丙烯乱丝热熔盲沟管

（1）中空聚丙烯乱丝热熔盲沟管相连用钉书钉状的钉勾嵌入，钉勾由 $\phi 3 \sim \phi 5mm$ 不锈钢丝制成。塑料盲沟的滤膜，在供货时已包在盲沟材上。在接头另外缠包条状滤膜，防止漏土。

（2）横向排水管原则上每隔 40m 设置一道，用 PVC 三通进行连接，所有横向排水管与雨水口位置对应，当与其他管线竖向冲突时，横向排水管的水平和竖向位置可做适当调整。

（3）管材敷设可由人工搬运，安装时要控制好管底标高和坡度。

5.2.7　回填砂砾（碎石）

碎石铺设采用人工铺设方法，人工铺设的外观应整齐顺适，平面几何尺寸应满足规范和设计要求。

5.2.8　铺设透水土工布

透水土工布铺设要求在碎石填筑完毕，土方填筑之前铺设，铺设宽度符合要求、搭接正确。

5.2.9　回种植填土

（1）选好符合要求的种植土土源，对土样进行检测。

（2）按设计要求回填。

5.2.10　验收

按分部工程验收标准请业主、监理工程师进行验收。

6　材料与设备

（1）所需材料见表 1。

表 1　材料表

序号	名称	规格、型号	性能及用途	备注
1	中空聚丙烯乱丝热熔盲沟管	按设计	集水排水	
2	两布一膜土工布		隔水	
3	透水土工布		透水	

（2）所需设备见表2。

表2　设备表

序号	名称	型号	主要功能	数量
1	挖土机		开挖沟槽	1～2台
2	切割机		切割混凝土路面	2台
3	墨盒		定位弹线	2个
4	记号笔		做记号	2只
5	自卸汽车		运土	4台
6	剪刀	普通剪刀	剪裁土工布用	3把
7	钢卷尺	5m	度量尺寸	4把
8	钳子			4把
9	压路机		沟槽压实	1台
10	振动夯		沟槽压实	1台

7　质量控制

（1）主要标准及规范：《给水排水管道工程施工及验收规范》（GB 50268—2008）、《建筑工程施工质量验收统一标准》（GB 50300—2013）。

（2）质量控制

（1）开挖前必须准确放样，用全站仪精确测定盲沟起讫点、控制桩及边沟控制桩，同时用钢卷尺放出盲沟纵向、横向开挖线并用石灰注明。

（2）开挖过程中应注意沟槽的坡度、断面尺寸、深度。沟槽挖好后，必须对土沟进行检测。

8　安全措施

（1）应遵守的相关安全规范及标准：《施工现场临时用电安全技术规范》（JGJ 46—2005）、《建筑机械使用安全技术规程》（JGJ 33-2012）、《建筑施工安全检查标准》（JGJ 59—2011）。

（2）施工人员上岗前须将单位资质及操作人员上岗证提供给总包单位，由安全部门负责组织安全生产教育。操作工人必须是经过专门技术培训、考试合格、取得操作证的熟练工人。

（3）进入现场人员必须戴安全帽，穿胶底鞋，戴防护手套，不得穿硬底鞋、高跟鞋、拖鞋或赤脚。

（4）土工布、盲沟管应储存在干燥、远离火源的地方，施工现场严禁烟火。

（5）注意成品保护。

9　环保措施

（1）购置噪声监测仪，专人定期监测发现超标立即整改。

（2）现场设置专用的排水系统管网。

（3）现场（雨）污水管线应与市政雨（污）水管线接通，并定期清理检查，保证畅通。

（4）施工前，向城市环卫部门申报建筑垃圾处理计划，填报建筑垃圾种类、数量、运输路线及处置场地。

（5）建筑垃圾和生活垃圾分类存放，及时清理；有毒有害废弃物及时回收，回收率达100%。

（6）工程竣工5日内，将工地剩余垃圾全部处理干净。

（7）加强地下水资源的保护，不得排放有污染的、未经处理的水进入土层。现场严禁打井取地下水。

10　效益分析

采用此路基中空聚丙烯乱丝热熔盲沟管施工工法与传统最常用的 HDPE 双壁打孔波纹管相比，排水效果好、操作简单、使用寿命有较大提高，综合效益高，具有良好的经济效益、社会效益和环保效益。

与传统 HDPE 双壁打孔波纹管做法相比，其效益分析见表 3。

表 3　效益分析表

类型	材料费（元 /m）	机械费（元 /m）	人工费（元 /m）	综合费用（元 /m）
中空聚丙烯乱丝热熔盲沟管 DN150	15	0	3	18
HDPE 双壁打孔波纹管 DN150	21	0	5	26

11　应用实例

（1）湖南永州市永州大道快速公交及后续配套工程（九嶷大道 K0+000-K2+400 段），中央绿化带采用中空聚丙烯乱丝热熔盲沟管施工工法，该排水工程于 2016 年 12 月开工，2017 年 5 月完工验收，自交付使用至今，使用效果良好，工程质量优良，获得业主、监理工程师等的一致好评。

（2）道县城建投 G207 线道县绕城公路拓改工程，中央绿化带采用中空聚丙烯乱丝热熔盲沟管施工工法，该排水工程于 2017 年 3 月开工，2017 年 6 月完工验收，自交付使用至今，使用效果良好，工程质量优良，获得业主、监理工程师等的一致好评。

绿色构筑物——块石重力式挡土墙
机械成墙施工工法

赵利军　贾　旭　刘　磊　赵清宇

湖南建工集团有限公司

摘　要： 浆砌石或混凝土抗滑挡土墙、表面喷射混凝土等坡面防护支挡措施存在工期长、进度慢、人工投入高、安全隐患多等问题。本工法利用机械将块石快速摆放成墙体，通过配置的嵌缝混合料确保块石之间缝隙的密实及墙体的稳定性，并在临空面块石台阶铺设种植混合料，在后期形成绿色植被，具有护坡、绿化景观功能的挡土墙体，技术先进、施工速度快、安全可靠、经济环保效益显著；适用于水利、土木、交通工程中临时支挡结构，同时在小型滑坡体、泥石流等地质灾害易发段可以用于边坡稳定防护。

关键词： 绿色构筑物；机械成墙；块石；重力式挡土墙

1　前言

　　坡面防护和支挡工程采取的主要有浆砌石或混凝土抗滑挡土墙和表面喷射混凝土支护等措施，但其施工工期及达到设计强度的龄期要求时间较长。在工程新开工准备阶段，人员、材料、机械设备逐步进场，填筑施工道路基础及弃渣场堆料施工时，均可能面临高边坡护坡问题，而此时，混凝土拌合系统及所需原材料还未到位，无法满足混凝土抗滑挡土墙的施工进度要求。此外，由于人工干砌石或浆砌石挡土墙施工，需要大量的人工投入，而人工砌筑进度较慢，且施工过程中安全隐患较多，其经济性和安全性较差。

　　为此，湖南省建筑工程集团总公司针对工程特点，开展挡墙施工技术攻关，取得了一系列研究成果，其中研发的"一种块石重力式挡墙"（专利号 CN204475367U）获得国家实用新型专利，"一种块石重力式挡墙及其施工方法"（专利号 ZL201510072858.3）获得国家发明专利。该技术利用机械将块石快速摆放成墙体，通过配置的嵌缝混合料确保块石之间缝隙的密实及墙体的稳定性，并在临空面块石台阶铺设种植混合料，在后期形成绿色植被，形成具有护坡、绿化景观功能的挡土墙体，其技术先进、施工速度快、安全可靠、经济环保效益显著。该工法成功应用于四川省通江县二郎庙水库工程弃渣场及上坝道路挡土墙以及湖南天塘山风电场工程进场道路挡土墙，推广前景十分广阔。

2　工法特点

　　（1）挡土墙墙身采用的大块石、混合料就地选材，材料直接取用附近料场生产或其他作业面开挖的石方及级配混合料，取料便利。

　　（2）挡土墙基础、墙身主体以及墙背回填料均采用机械施工，反铲挖掘机将大块石摆放成墙，墙背采用推土机或装载机回填土方或弃渣料，挖掘机或振动碾分层碾压密实，全过程实现机械化施工，施工速度快。

　　（3）每摆放一层块石，块石间及上下层之间均采用混合料填缝，人工钢钎捣实；墙背填料随块石摆放逐层回填，每层墙身及墙背采用挖掘机或振动碾机械压实，工艺符合规范要求，工程施工质量得到保证。

　　（4）挡土墙施工完成后，利用人工或反铲挖掘机在临空面块石台阶铺设一层厚约 20cm 混合草籽的种植土，采用挖掘机挖斗或人工修坡夯实，后期植被生长后可形成良好的生态护坡及绿化效果。

（5）全部工程施工工艺简单，材料取用极为方便，施工工期短，能够很好地克服工期要求紧急、施工准备阶段混凝土拌合系统到位前临时工程施工问题，经济效益明显。

3 适用范围

适用于水利水电工程、道路桥梁工程、隧道工程、铁路工程等施工中的临时工程修筑领域，同时在小型滑坡体、泥石流等地质灾害易发段可以用于边坡稳定防护。

4 工艺原理

绿色构筑物——块石重力式挡土墙机械成墙施工技术，采用边长为 0.5～1.5m 的大块石（可利用石方开挖弃料），利用挖掘机摆放成墙体。顶宽为 1～2m，墙体临空面坡度为 1：（0.3～1.0）带台阶的重力式挡土墙，通过墙体整体抗滑、抗倾稳定性以及分层块石的抗滑、抗倾稳定性的计算确定墙体实际的临空坡度和台阶宽度。施工过程中，同层相邻块石之间的缝隙不大于 20cm，并采用土石混合料人工钢钎捣实嵌缝；相邻两层块石之间的缝隙为 10～30cm，采用混合料填缝，利用挖掘机或振动碾进行碾压密实，墙背回填随块石摆放逐层回填。挡土墙施工完成后，利用人工或反铲挖掘机在临空面块石台阶铺设一层厚约 20cm 种植混合料，采用挖掘机挖斗或人工修坡夯实，在后期会形成绿色植被。实现高边坡挡土护坡、绿化景观的目的（图 1）。

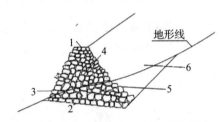

图 1 块石重力式挡土墙成型断面图
1-墙顶；2-挡土墙基础；3-挡土墙临空面；
4-墙体；5-挡土墙台背；6-墙背回填区域

5 施工工艺流程及操作要点

5.1 施工工艺流程

施工前准备→施工放样→基础处理→块石分层摆放→混合料填缝→墙背回填土分层回填→临空面处理及回填种植土。

5.2 操作要点

5.2.1 挡土墙基础处理

（1）干地施工时，土基基础采用挖掘机修整为水平面或向挡土内侧倾斜的坡面，岩石基础修整为阶梯状，软土基础修筑完成后还需采用履带挖掘机或振动碾碾压密实，碾压后挡土墙基础承载力符合设计要求。墙身施工前，在基底上铺设一层 10～20cm 厚混合料进行平整。

（2）挡土墙基础为水下淤泥或其他不良土层时，采用抛填或置换块石、振动碾分层碾压的方法形成稳定基础，基础抛填或置换块石厚度一般不超过 3m，特殊情况需经稳定性论证后施工，基础顶面出露地面或水面 20～30cm。墙体施工前挡土墙基础可作为临时施工道路，利用自卸汽车、挖掘机等在行驶过程中压实，挡土墙墙身施工前对基础压实度进行检测，符合设计要求后方可施工，否则需采用振动碾进行振动压实至符合设计要求。墙身施工前在基底上铺设一层 10～20cm 厚混合料进行平整。

5.2.2 块石分层摆放

（1）基础修整合格后，进行墙身块石机械摆放施工（图 2、图 3），块石摆放采用 1.2～1.6m³ 反铲挖掘机进行施工，技术人员跟机指导。首先在墙体最下层的临空面挖掘机摆放块石定位外轮廓线，再按照设计挡土墙尺寸由外向内逐块摆放本层块石，相邻两块块石之间缝隙不大于 20cm。

（2）相邻上下两层块石中，上一层块石临空面处砌筑边线向挡土墙砌筑完成后的长度方向收缩一定宽度，即挖掘机摆放的下一层块石临空面的砌筑边线的水平距离与上一层块石临空面处的砌筑边线不小于 15cm，并使墙体的临空面坡度保持为挡土墙设计坡度，上下两层间块石尽可能错缝摆放。

5.2.3 混合料回填

（1）为保证块石间紧密结合形成整体墙身，每摆放一层大块石后，需要在块石缝隙及块石上方表面回填一层混合料。

（2）填缝混合料填料在本层块石摆放完成后进行，首先采用反铲挖掘机将混合料布至本层块石缝隙附近，人工将混合料填入缝隙，并使用钢钎对填料进行捣实（图4），捣实后密实度不小于0.6。

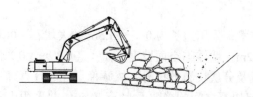

图2　反铲挖掘机摆放块石挡土墙墙身示意图　　　　　图3　反铲挖掘机摆放块石挡土墙墙身

（3）填缝及人工捣实完成后在块石上方用反铲挖掘机将剩余混合料摊平为10～20cm的找平层，采用反铲挖掘机或振动碾将块石及块石上方铺设的混合料压实（图5、图6），压实后混合料压实度不小于0.7。

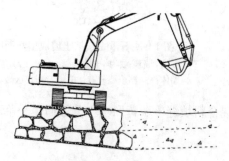

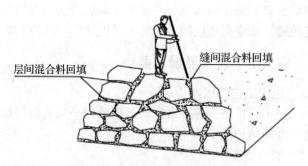

图4　混合料填缝及人工捣实　　　　　　　图5　块石及混合料挖掘机压实

图6　摆放完成后的块石挡土墙

5.2.4　墙背回填土分层回填

挡土墙台背随挡土墙成型高度逐层回填填料；即每摆放一层大块石后，用推土机或装载机在墙背铺一层填料，填料主要采用进占法施工，每层填料铺料厚度超过本层块石厚度约10～20cm，采用挖掘机履带或振动碾反复碾压2～3遍（图7），压实后填料压实度不小于0.85，以确保墙体与台背填料间紧密结合，回填料压实后厚度与本层块石厚度基本相同。

5.2.5　临空面处理及种植土

（1）挡土墙墙体每层施工完成后或挡土墙整体施工完成后，墙面缝隙较大，混合料未填实部位采用人工塞填小块石和混合草籽的种植土，并用钢钎捣实至达到设计压实度。

（2）挡土墙临空面水平台阶，利用人工或反铲挖掘机在临空面块石台阶铺设一层厚约20cm混合草籽的种植土，采用人工或挖掘机挖斗修坡并夯实（图 5.2.5），修坡后临空面坡度为设计坡度（设计坡度小于 1：1.0 时，可仅局部回填修坡坡度为 1：1.0），后期植被生长后可形成良好的植被覆盖固坡及绿化生态效果（图 8）。

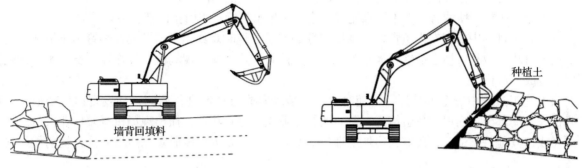

图 7　墙背回填及反铲挖掘机碾压　　　　　图 8　临空面种植土反铲挖掘机挖斗夯实

6　材料与设备

6.1　主要材料

挡土墙主要材料包括挡土墙墙身块石、块石间填缝混合料、两层块石间找平混合料以及混合草籽的种植土。

（1）墙身块石采用料场爆破或石方开挖爆破弃料中筛选的符合规格的大块石，块石一般要求为新鲜或弱风化岩石，几何形状基本呈长方体，其边长要求 0.5 ～ 1.5m。

（2）混合料取自料场破碎后级配良好的碎石混合料或河道内天然卵石等材料，混合料主要由黏土、砂、碎石组成，一般情况下混合料黏土含量为 10% ～ 20%，砂含量为 20% ～ 30%，碎石含量为 50% ～ 60%，碎石粒径为 20 ～ 50mm，如现场附近开挖后石渣料级配较好，经挡土墙稳定性验证后也可直接采用现场石渣料。

（3）种植土混合草籽含量 100 ～ 200g/m³。

6.2　主要设备（表 1）

表 1　施工主要机械设备表

序号	机械名称	规格型号	数量
1	反铲挖掘机	1.6m³	2
2	振动碾	10t	1
3	自卸汽车	20t	4
4	钢钎	2m	3

7　质量控制

（1）挡土墙基础修整完成后采用反铲挖掘机或 10t 振动碾碾压平整，地基承载力不小于设计承载力，铺设级配混合料厚度不超过 20cm。

（2）墙身块石选用料场开采或河道爆破后横向长度 0.5 ～ 1m 表面平整度较好的大块石，尽可能选择岩性较好的块石。同一层块石摆放时保持同层层高大体一致，不一致的采用混合料找平。块石填缝人工采用钢钎捣实，密实度不小于 0.6。

（3）墙身施工过程中，挡土墙台背随挡土墙成型高度逐层回填填料，即每摆放一层大块石后，回填一层填料，填料采用反铲挖掘机或振动碾反复碾压 2 ～ 3 遍，压实度不小于 0.85。

（4）严格按照设计挡土墙尺寸控制施工，上下两层临空面的砌筑边线的水平向内收缩距离不小于 15cm。挡土墙墙体每层施工完成后或挡土墙整体施工完成后，利用人工或反铲挖掘机在临空面块石台阶铺设一层厚约 20cm 混合草籽的种植土，采用人工或挖掘机挖斗修坡夯实。

8 安全措施

（1）施工时反铲挖掘机摆放块石过程中，挖机旋转半径范围内严禁站人。

（2）施工中挡土墙墙背存在集中水流时，应采用排水盲管将水引排出挡土墙墙体以外。

（3）施工过程中要有专人负责挡土墙稳定性的问题，随时观察挡土墙摆放及墙背填土情况，施工中发现墙身块石位移，填土裂缝、流土等现象，应停止作业，撤出现场机具及作业人员，避免在施工过程中造成人员伤亡。

（4）施工过程中安全人员还需要随时对挡土墙墙背附近边坡进行监测，如发现边坡变形、边坡裂缝扩大、局部土方崩塌等危险情况，及时通知作业人员停止作业，撤出现场机具及作业人员。如边坡过高或遇其他特殊情况，还需在边坡上埋设观测点，由测量人员随时观测边坡变形，提前做好安全预案。

（5）进入施工现场要戴安全帽，夜间施工期间要保证具有足够的照明。

9 环保措施

（1）严格按照环保措施进行施工，施工的废水、废料不得乱倒，要运到指定的地方进行必要处理，严禁直接排往附近农田和河流等。

（2）挡土墙施工完成后，利用人工或反铲挖掘机在临空面块石台阶铺设一层厚约 20cm 混合草籽的种植土，采用人工或挖掘机挖斗修坡夯实，后期植被生长后可在挡土墙表面形成良好的植被生态护坡及绿化效果。

（3）施工垃圾应安排专人及时清理至规定地点，做到"工完、料净、场地清"。

（4）配备专用水车，对施工现场和运输道路经常洒水湿润，减少扬尘。

10 效益分析

使用料场开采块石或河道爆破块石可以减少资源浪费，料场开采大块石无须再次破碎利用，河道爆破块石可直接利用以减少弃渣浪费。施工准备阶段对先进场的闲置机械进行利用，避免资源浪费。利用挖掘机械摆放块石，振动碾或挖掘机履带压实墙体及挡土墙台背的回填土体，从而快速形成挡土墙，施工效率极高，该方法能够很好地克服工程工期要求紧急，施工准备阶段混凝土拌合系统到位前影响临时工程施工等问题。与混凝土挡土墙及人工干砌或浆砌石挡土墙相比，块石重力式挡土墙施工除少量人工机械投入，块石及混合料等材料直接取用料场开采料，施工投入极小（表2），同时由于采用机械施工，施工工期大大缩短，节约了大量施工成本及工期。

表 2　四种形式重力式挡土墙单价比较

材料	工程量（m³）	单价（元/m³）	总价（元）
C20 素混凝土	1	445	445
M7.5 浆砌石	1.3	274	356
人工干砌块石	1.6	133	213
机械摆放块石	1.5	73	110

11 应用实例

我公司承担施工的四川省通江县二郎庙水库工程以及湖南天塘山风电场工程，由于大坝下游上坝道路局部路基、大坝开挖料弃渣场以及风电场进场道路均面临边坡防护问题，需要修筑挡土墙护坡，其长度分别为 30m、50m 和 100m（图9、图10）。由于此时混凝土搅拌站尚未建成，为解决施工道路修筑和弃渣堆放问题，经论证，上述边坡护坡均采用了块石重力式挡土墙，二郎庙水库 30m 挡墙仅用

7d，50m 挡土墙仅用 10d，天塘山风电场的 100m 也仅用 20d，即完成上述部位挡土墙施工，保证了道路及料场及时投入使用，大大缩短了施工工期。上述三处块石重力式挡土墙完工后使用年限已有 5 年，挡土墙运行良好，未发生质量及安全问题。

图9　二郎庙水库工程上坝道路块石重力式挡土墙施工　　图10　天塘山风电场工程进场道路块石重力式挡土墙施工效果

复杂工况下公路改扩建工程新旧路面错位拼接施工工法

王　斌　吴顺利　王兴华　尹金莲　刘令良

湖南省第四工程有限公司

摘　要： 常规路面拼接工艺无法适用于新旧路面面层和基层拼接处上下错位较大的情况。新旧路面在拼接加宽过程中，可使新建混凝土面层一部分直接搭铺在旧混凝土路面板上，在拼接缝上部埋入纵横向钢筋网，待新旧路面拼接加宽完成之后，再统一加铺沥青混凝土面层，进而新旧水泥路面可作为刚性基层，能够保证新旧路面质量，有效控制接缝处纵向裂缝产生，具有显著经济效益、社会效益。

关键词： 公路改扩建；错位拼接；加宽

1　前言

近年来随着经济快速稳定发展，公路交通量成倍增长，早期建设的道路已超过设计使用年限，大量道路的路基路面破损，严重影响交通通行能力。在老旧城区、工业园改扩建施工过程中存在新旧路面面层和基层拼接处发生上下错位较大的复杂工况。常规路面拼接施工方案不能控制此复杂工况下的层间最大纵向拉应力和竖向沉降位移及拼接缝处剪应力。

我公司在长沙县城乡结合部环境综合整治工程107国道灰埠改造项目、衡阳市经开区工业园松枫路改扩建工程中采用了一种合理、适用、新型的拼接工法，能够有效控制拼接路面各结构层的变形，减小新旧路基的不均匀沉降，路基路面协调变形。我公司在施工过程中形成了该工法，并取得了显著的社会效益和经济效益。

2　工法特点

（1）本工法的优势在于，能够在拼接缝上部直接埋入纵横向钢筋网，既避免了在面层拼接处植筋锚固、增设拉杆的复杂施工工序，又避免了在旧路面各基层拼接处开挖台阶，大大减少了传统式的错位搭接法在各个基层开挖台阶的工程量。

（2）运用此种新旧路面拼接工法施工，能够保证新旧路面质量，有效控制接缝处纵向裂缝产生，具有显著社会效益。

（3）有效解决了地下管道管线布置无序、改迁难度大、成本费用高、新旧路面面层和基层拼接处下错位的复杂的施工难题。

3　适用范围

本工法适用于复杂工况情况下各种公路改扩建工程的路面拼接施工，特别适用于公路扩宽路面基层以下埋设了大量的管道管线，管道管线改迁难度大、成本费用高不能下挖至同一标高，新拓宽路面基层土质换填过程中新旧路面各结构层并非在同一水平面上对齐拼接，而是上下错位接缝拼接的公路改扩建施工。

4　工艺原理

4.1　本工法的基本原理

在进行新拓宽路面基层土质换填过程中，因新扩路面基层下已埋设了管线，使路面基层向下少挖掘且换填了一定厚度的土层，本工法在新旧路面面层和基层拼接处发生上下错位现象。本工法新旧路面在拼接加宽过程中，使新建混凝土面层一部分直接搭铺在旧混凝土路面板上，在拼接缝上部直接埋入纵横向钢筋网待新旧路面拼接加宽完成之后，再统一加铺沥青混凝土面层，这样一来，新旧水泥路面就可作为刚性基层。

4.2　改扩建工程路基设计基本原理及方案选型

（1）对于改扩建工程的路基设计，先要对已有路基进行调查与评估，在此基础上分析拼宽部分路基、增建路基对既有路基的变形、稳定性排水设施功能的影响，然后采取科学、可靠的改建措施和施工技术方案，确保改扩建公路路基的强度和稳定性与正常使用功能的要求。

（2）改扩建工程路面设计主要包括以下三部分：新建路面的拼接加宽方案、既有路面的利用标准及处置措施、路面结构的防排水设计。

设计、施工应遵循以下几个原则："安全""经济""因地制宜"。

（3）道路改扩建设计加宽形式选型。

道路改扩建路段加宽方案主要包括单侧加宽、两侧加宽两种。具体的加宽形式如表1所示。

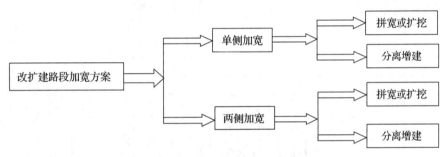

图 1　改扩建路段加宽方案图

由于无须拆除和重建中央分隔带及其内部原有的排水、通信管道、防撞护栏等基础设施，两侧加宽方式相比单侧加宽施工工程规模更小。一般情况下，当旧路周边环境不受限制的时候，建议采用更具优势的两侧加宽方式。具体选择哪种道路拼接加宽方式，还需结合实际情况来考虑和决策（表1）。

表 1　改扩建路段加宽形式

方案	路段	加宽形式
两侧加宽形式	基本路段	拼宽 ↓↓ ↑↑ 拼宽 （1）
	局部路段	分离增建 ↓↓ ↑ 分离增建　分离增建 ↓ ↑ ↑ 分离增建　拼宽或扩挖 ↓ ↑ 拼宽或扩挖 （2）　（3）　（4）

续表

方案	路段	加宽形式
两侧加宽形式	局部路段	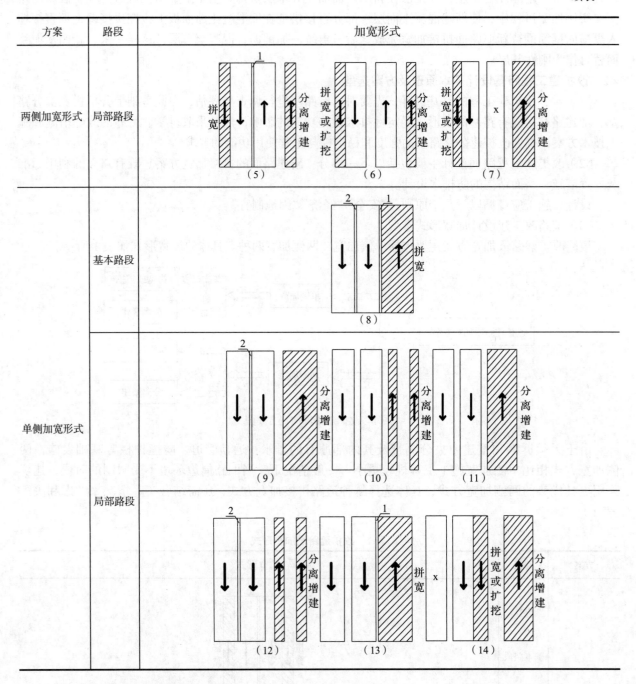
单侧加宽形式	基本路段	
	局部路段	

注：1. 以既有公路整体式路基段为基本路段。

　　2. 特殊情况如上下分离时未表示。

　　3. 图中箭头表示行车方向。

　　4. 符号：1- 中央分隔带；2- 同向车道分隔带；x- 既有公路废弃部分。

4.3　沥青面层拼接缝处剪应力验算

道路在行车荷载作用下，车辆轮压将会在道路表面层产生局部的应力集中，表面层所承受的最大剪应力，对于沥青路面表面层的车辙和位于轮迹带上的早期纵向开裂等剪切损坏起关键作用。如果道路表面层剪应力过大，表面层的局部剪切破坏将先于结构整体性破坏，从而使路面结构在整体性完好的情况下出现早期表面损坏。此时需要验算拼接缝上部的沥青面层所受的最大剪应力，确保沥青面层能满足正常使用要求。

（1）沥青面层拼接缝处剪应力情况

在车辆荷载作用下，沥青面层在新旧混凝土面层拼接缝处的剪应力易形成应力集中，当新旧面层采用加筋混凝土拼接时，沥青面层拼接缝处的剪应力降低至 0.144MPa。沥青面层下表面拼接缝处的剪应力大小的应力分布云图如图 2 所示。

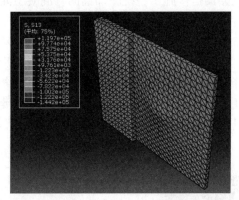

图 2　沥青面层下表面加筋混凝土拼接缝处剪应力云图

（2）新旧面层采用加筋混凝土时沥青面层拼接缝处剪应力验算结果分析：

根据库仑理论可以得到

$$\tau = c + \sigma_\alpha tg\varphi \tag{4.3-1}$$

式中　σ_α——结构层可能破坏面上的正应力；

　　　c——材料的黏聚力；

　　　φ——材料的内摩擦角。

当进行沥青面层抗剪强度验算的时候，此时需要确定的是，易于发生面层表面推移、拥包等现象的夏季高温时沥青混合料的容许剪应力。此容许剪应力为沥青混合料的抗剪强度除以相应的抗剪切结构强度系数 K_T，即

$$\tau_R = \frac{\tau}{K_T} \tag{4.3-2}$$

沥青混合料的抗剪切结构强度系数与行车荷载作用情况相关：

在紧急制动时：

$$K_T = \frac{0.35}{A_c} \times 4.015 \tag{4.3-3}$$

在缓慢制动时：

$$K_T = \frac{1.2}{A_c} \tag{4.3-4}$$

式中　A_c——道路等级系数，城市主干道取值为 1.1；

　　　N_t——在设计年限内制动的标准累计轴数，可按总累计轴数的 5.0% 计。

根据《城市道路设计规范》（CJJ37），路面结构达到临界状态的设计年限：沥青混凝土路面的设计年限为 15 年；交通等级为重，设计初期设计车道的日标准轴载的轴数为 500n/d ≤ N_{1i} ≤ 1500 n/d，取 1500 n/d；15%。

在设计使用年限内，设计车道上的标准轴载累积数为：

$$N = 365N_{1i}[(1 + \gamma)^t - 1]/\gamma = \frac{365 \times 1500 \times [(1 + 0.15)15 - 1]}{0.15} 次$$

新旧面层采用加筋混凝土拼接时，验算沥青面层拼接缝处剪应力是否符合要求。

可以得出以下结论：当新旧面层采用加筋混凝土拼接时，无论在紧急制动还是缓慢制动时，$\tau_\alpha < \tau_R$，均满足抗剪强度要求。

5 施工工艺流程及操作要点

5.1 工艺流程

原有水泥混凝土路面病害处置→原有可利用的旧路基补强→新建路基填筑、压实→新旧路面搭接钢筋网片施工→浇筑新建混凝土路面搭接施工→统一加铺沥青混凝土面层。

5.2 操作要点

5.2.1 原有水泥混凝土路面、路基病害处置

（1）断板

当水泥混凝土面板出现一条或一条以上贯穿全板的裂缝，裂缝将板块分成两块或两块以上时视为断板。处理措施是：进行整板更换，先将旧水泥混凝土面板破碎、运走，再处理基层，待基层强度达到设计要求后，采用 C35 混凝土重新浇筑路面板。

图 3　断板病害

图 4　破混凝土工艺

图 5　处理基层

图 6　换填混凝土工艺

（2）错台

当路面板接缝两侧产生 3mm 以上高差，在一定程度上，会影响车辆安全行驶，路面板发生的这种病害即为错台。它严重影响了工程质量，因此必须对此种病害进行处理。对于加铺工程，当错台小于 10mm 时可不进行处理，直接加铺上面层；当错台大于 10mm 时，可选用如下两种处理措施：

①在低侧板一侧加铺斜坡层，使错台高差实现平稳过渡，加铺的斜坡层材料宜采用水泥混凝土，斜坡长度的取值在 1.0～1.5m 之间，视错台高度而定。

②将高出的路面板部分进行铣削，使错台高侧形成一斜面，宽度可以取 40～50cm。

（3）接缝传荷能力不足

对于接缝传荷能力不足的问题，可以采取切割修补的处理措施。新浇筑部分与旧路面板间接缝部位须设置传力杆，传力杆间距为 300mm，最外侧传力杆距纵向接缝或自由边距离为 200mm，采用光面钢筋，直径 30mm，长度 400mm。

（4）裂缝

裂缝的形式包括横向裂缝、纵向裂缝以及斜向裂缝三种类型。填缝胶粘剂或填缝材料可以使用：

聚氯乙烯胶泥类、橡胶沥青类、聚氨酯、环氧树脂等材料。对于较宽的裂缝（＞3mm），应该首先清除缝内杂物，并在上口适当扩展成倒梯形，顶宽 15～20cm，底宽 5～15cm，深度为板厚 1/3 左右，再灌缝黏结；对于较细的裂缝（1～3mm），可以把缝扩成 V 字形，顶宽 5～15cm，深度为板厚 1/3 左右，然后灌缝黏结；对于缝宽小于 1mm 的轻微裂缝，可不处理。

5.2.2　旧路基可以利用路基补强

旧路基土质良好，没有翻浆、软弹等其他病害的，可以先将路基表面整平，再用重型振动压路机碾压 3～4 遍，用以提高旧路基上层的密实度；当旧路基有翻浆、软弹等其他病害的时候，可以先将表层 30cm 的土体翻松，再掺入适量的石灰或砂砾等添加剂，最后将土体重新整平碾压密实，以达到路基的正常承载能力。局部翻浆较严重的地方，采取深层特殊处理的措施；当路基土质较差，翻浆、软弹等病害严重时，则进行整体换土处理，换土范围为路基表层以下 30～50cm（图 7、图 8）。

图 7　路基土换填（一）　　　　　　　　　　　　图 8　路基土换填（二）

5.2.3　新建路基填筑压实

为了增强新旧路基的整体性和稳定性，并降低横向错台和纵向裂缝发生的可能性，在填筑新加宽的路基之前，须对老路基边坡进行 30cm 厚的清坡处理，待路基边坡清坡完毕之后，先根据路基的填筑高度，确定所挖台阶个数及最底层台阶的高度，再根据最上层台阶的位置，即距离旧路基硬路肩外边缘向内 1m 处，由此处确定最底层台阶的宽度及具体位置，然后自上而下逐层开挖台阶，开挖一阶及时回填一阶，开挖台阶的高度取 1m、宽度取 1.5m，并向内倾斜 3% 的坡度。

当路基填土高度 $H < 4m$ 时，在基底处和最上层台阶底部各铺设一层长度为 5m 的高强度土工格栅；当路基填土高度 $4m < H < 6m$ 时，在基底、第三层（从基底算起）底部和最上层台阶各铺一层长度为 5m 的高强度的土工格栅。土工格栅从台阶内边缘铺设至加宽路基的边坡外，并采用 I 型钢钉固定。

5.2.4　新旧路面搭接钢筋网片施工

（1）施工工艺控制要点

钢筋的加工与安装铺筑前，应按设计图纸对钢筋网设置位置、路面板块和接缝位置进行准确放样，路面板块的平面位置偏差不得大于 10mm，钢筋网设置位置应对称搭接在新旧拼接路面左右各不小于 500mm。

（2）钢筋网的操作要求：

①钢筋网所采用的钢筋直径、间距；钢筋网的设置位置、尺寸、层数等应符合设计图纸的要求。钢筋网焊接和绑扎应符合国家相关标准。采用工厂焊接好的冷轧带肋钢筋网片时，质量要符合国家相关标准的规定。

②钢筋网应采用预先架设安装方式。

③单层钢筋网的安装高度应在面板顶面下 1/3～1/2 高度处，并在每 1m² 配置 4～6 个焊接支架或三角形架立钢筋支座，保证在拌合物的堆压下，钢筋网基本不下陷、不变形、不移位。

④钢筋网的主受力钢筋应设置在受弯拉应力最大的位置，单层钢筋网纵筋应安装在底部，双层钢筋网片纵筋应分别安装在上层顶部、下层底部。双层钢筋网上、下层之间，每1m²不得小于4～6个焊接支架或环形绑扎箍筋，双层钢筋网底部可采用焊接架立钢筋或30mm厚的混凝土垫块支撑。

⑤钢筋网片进行搭接焊和绑条焊时，钢筋的搭接长度，双面搭接焊≥5d，单面焊≥10d，相邻钢筋的焊接位置应错开。

⑥摊铺前应该检查绑扎好的钢筋网片和骨架，不得有贴地、变形、移位、松开和开焊现象。

大样图如图9所示；现场施工图如图10所示。

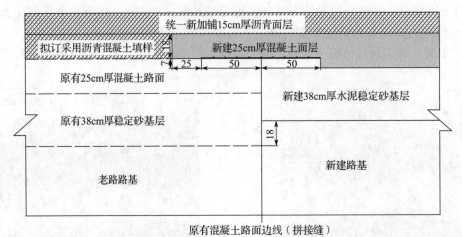

图9 拼接部位简化后的大样图

图10 施工现场钢筋网片拼接施工图

5.2.5 浇筑新建混凝土路面施工

（1）混凝土摊铺前，认真检查模板的位置及加固稳定情况，传力杆、拉杆安装，修复破损的基层，洒水润湿基层，并检查混凝土板厚是否符合设计要求，方可进行混凝土摊铺。

（2）混凝土罐车到达现场后，安排一人专职进行卸料，确保准确卸料。

（3）因故造成1h以上停工或到达2/3初凝时间，致使混凝土无法振捣密实时，在以铺筑的面板端头设置施工缝，并废弃不能被振捣密实的混凝土拌合料。

（4）先采用插入式振动棒振捣，在待振横断面上，每车道路面应使用2根振捣棒，组成横向振捣棒组，沿横断面连续振捣密实，并应注意路面板底、内部和边角处不得欠振或漏振。振捣棒插入深度宜离基层30～50mm，振捣棒应轻插慢提，不得猛插快拔，严禁在拌合物中推行和拖拉振捣棒振捣。振捣棒在每一处的持续时间，应以拌合物全面振动液化、表面不再冒气泡和泛水泥浆为限，不宜过振，也不宜少于30s。

（5）在振捣棒已完成振实的部位，可开始用振动板纵横交错两遍全面提浆振实。

（6）振动板移位时，应重叠100～200mm，振动板在一个位置的持续振捣时间不应少于15s。振动板须由两人提拉振捣和移位，不得自由放置或长时间持续振动。移位控制以振动板底部和边缘泛浆厚度（3±1）mm 为限。

5.2.6　统一加铺沥青混凝土面层

待新旧混凝土路面拼接加宽完成后，一方面为了调平道路表面，另一方面为了提高路面使用性能，延长道路使用寿命，故设计者在混凝土面层上部统一加铺沥青面层。结合《公路沥青路面施工技术规范》（JTG F40）的相关条文，具体的沥青面层铺筑流程如下：

（1）待原水泥混凝土面板处置完毕之后，在其上表层喷涂防水黏结材料，喷涂量 0.3～0.6L/m² （具体用量根据现场试验确定），建议施工温度不低于 15℃。

（2）防水黏结层处理完毕之后，紧接着进行沥青混凝土的铺筑。在沥青混凝土铺筑过程中须严格控制混合料所用原材料性能、矿料级配及混合料性能，同时针对沥青混凝土不同的施工工艺，必须严格控制施工流程，确保沥青混凝土的铺筑质量。

（3）最后，为提高层与层之间的黏结效果，在各层沥青混凝土之间应采用改性乳化沥青作为粘层油，用量 0.3～0.6L/m²，具体用量应根据施工现场具体确定。

图 11 为在原水泥混凝土面板上表面喷涂防水黏结材料，图 12 为沥青混凝土面层的铺筑与碾压。

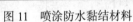

图 11　喷涂防水黏结材料　　　　　　图 12　沥青混凝土面层的铺筑与碾压

6　材料与设备

主要机械设备见表 2。主要材料一览表见表 3

表 2　机械设备一览表

工作内容	主要机械设备表	
	名称	机型及规格
钢筋加工	钢筋锯断机、弯钢机、电焊机	根据需要确定
测量基准线	水准仪、经纬仪、全站仪	根据需要确定
	基准线、线桩、紧线器	3000m/300 个 /5 个
运输	运输车	4～6m³，数量根据需要确定
	自卸车	4～24m³，数量根据需要确定
摊铺	布料机、挖掘机、吊车等	数量根据需要确定
	滑模摊铺机	GHP2800
路基换填	挖掘机	PC220-8
路基压实	振动式压路机	SSR200AC-8

表 3　主要材料一览表

材料用途	主要材料表	
	名称	要求
路基换填	水稳定砂	符合规范要求

续表

材料用途	主要材料表	
	名称	要求
原有路面重新浇筑	微膨胀混凝土	符合规范要求
沥青混凝土面层	级配沥青混凝土	符合规范要求
搭接钢筋网片	HRB335	符合规范要求

7　质量控制

7.1　本工法执行的技术规范

《公路水泥混凝土路面施工技术规范》（JTG F30）、《公路工程水泥及水泥混凝土试验规程》（JTG E30）、《公路工程技术标准》（JTG B01）、《公路路面基层施工技术细则》（JTG/T F20）、《公路沥青路面施工技术规范》（JTG F40）、《公路工程质量检验评定标准》（JTG F80/1）、《公路土工试验规程》（JTG E40）。

7.2　对主要原材料的质量监控

7.2.1　水泥

水泥常采用普通硅酸盐水泥。对拟采购的水泥都要进行物理性能和化学成分试验和分析，除厂家分批提供的产品质量检验单外，项目试验室要定期对运到拌合现场的水泥进行质量抽检。

7.2.2　粗骨料（级配碎石）

在拌合现场，材料验收员要对运到工地的每车碎石把好质量关，禁止不合格碎石进入施工现场；项目部试验室对已进入现场的碎石进行定期抽检。因为路面用水泥混凝土对耐久性控制的特殊性，在施工中必须对含泥量过大的碎石进行水洗后方可使用。施工过程中的粗骨料检测频率需按《公路水泥混凝土路面施工技术规范》（JTG F30—2003）要求执行。

7.2.3　细骨料（砂）

开工之前，要对拟选定砂石厂供应的砂进行颗粒级配、有机物含量、含泥量、硫化物及硫酸盐含量等指标进行试验分析，禁止不合格砂进入施工现场。项目部试验室对已运到施工现场的砂进行质量检验。

7.3　沥青混凝土面层施工质量控制措施

（1）相关施工技术标准须严格遵守《公路工程技术标准》（JTG B01），基层、面层施工必须严格按照《公路路面基层施工技术细则》（JTG/T F20）和《公路沥青路面施工技术规范》（JTG F40）、《公路工程沥青及沥青混合料试验规程》（JTG E20），在沥青试铺过程中，须严格按照《公路土工试验规程》（JTG E40）进行操作。

（2）在路基施工完成后，应对路基进行平纵横线形检测、路基弯沉值检测，沿线构筑物检测等，必须待路基检测通过后才能进行下一步的路面施工。

（3）为确定沥青路面施工工艺与施工程序，应采用铺筑试验路的方式，具体流程如下：

①试拌：首先应该确定拌合温度，它是由沥青结合料的温度特性所决定的。试拌的时候，如果在规定的拌合时间内不能拌和均匀，可适当延长拌合时间，为了使沥青结合料达到拌合均匀的目的，在必要的时候也可适当的调整拌合温度，但前提条件是必须保证结合料不产生老化现象，这样才不影响混合料的质量。此外，为了保证级配骨料、填料、改性剂和沥青结合料称量精确，在试拌过程中还应校准拌合设备，这样才能确保级配控制严格。

②试铺：试铺主要是为了确定摊铺的温度、松铺系数，以及和运输、压实设备相适应的摊铺速度，同时应对操作机手进行相关的培训或进行适应性练习，在摊铺过程中，确保沥青混合料摊铺平整且厚度均匀。

③试压：改性沥青混合料路面的压实是一道关键工序，试压的目的是为了获得要求的压实而制定的压实工艺与压实程序。

（4）骨料除应满足级配要求外，还需主要考虑骨料储存时应尽可能减少材料的离析和含水量。

（5）设备校验工作的重点在于拌合设备与摊铺机，须进行校验和进行必要调整的内容有：拌合设备对矿料级配、拌合温度和沥青用量的控制能力及控制精度，拌合时间和生产能力；摊铺机对摊铺厚度、宽度、坡度的控制能力和控制精度，行走速度和初步整平压实能力。

（6）为了方便卸料，改性沥青混合料运输车的车厢底板和侧板应涂抹一层隔离剂，且需要排除可见的游离余液。当使用油水混合料隔离剂时，对于油与水的比例，须严格进行控制，另外禁止使用纯石油制品。

（7）当在雨期施工时，改性沥青混合料在运输过程中应采用防水的篷布进行遮挡，篷布须覆盖整个运料车。

8　安全措施

（1）严格遵守《建筑施工现场安全检查标准》（JGJ 59）、《施工现场临时用电安全技术规程》（JGJ 46）、《建筑机械使用安全技术规范》（JGJ 33）。

（2）认真贯彻执行"安全第一，预防为主"的方针，根据国家有关法规、条例，建立以项目经理为第一责任人的安全管理保障体系，明确各级人员的安全职责。

（3）在施工现场设置醒目的标识标牌及带灯光功能的行车导向牌，防止与施工无关车辆误入作业区内。夜间施工必须有足够照明确保施工及过往人车安全。布料车进入现场时要有专人指挥，交通繁忙地段施工时，现场要设专职交通疏导员。

（4）加强运输车辆的车况保养及定时检查，特别是车辆制动系统，未按要求保养的车辆严禁投入使用。严格执行驾驶员持证上岗制度，严禁酒后驾车和违章操作。

（5）现场所有施工人员必须身着反光施工服装、佩戴好安全帽，在确认现场安全防护设施到位后再进入作业现场进行施工。

9　环保措施

（1）成立项目部环境保护小组，制订环保责任制，明确项目部管理各层级及各施工班组的责任。

（2）科学合理选择和利用原材料、能源和其他资源，选择绿色环保材料，减少固体废弃物，充分回收利用已产生的固体废物。严格执行边施工边清理，施工场地做到无散落砂石、散落混凝土。施工废弃物集中堆放，严禁沿途丢弃固体废弃物。

（3）施工现场制订扬尘控制方案，采用洒水、喷雾等措施严格控制装运渣土、清运垃圾过程中产生的扬尘，在施工现场设置 $PM_{2.5}$ 测试仪实时监控排放。

（4）施工期间，经常对施工机械车辆道路进行维修，确保晴雨畅通，要保证道路的清洁，不得超运，车辆通过村镇时减速慢行。机械车辆途经居住区时不鸣喇叭。控制机械布置密度，避免噪声叠加。

（5）选择科学施工工艺，减少施工过程中产生的污水排放，施工现场作业产生的污水禁止随地排放。作业时严格控制污水流向，在合理位置设置沉淀池，污水经沉淀后方可排出或回收用于洒水降尘。未经处理的废水，严禁直接排入排水设施。

（6）不在施工现场燃烧有毒、有害和有刺激性气味的物质。

10　效益分析

（1）经济效益：本工法在拼接缝上部直接埋入纵横向钢筋网成为可能，既避免了在面层拼接处植筋锚固、增设拉杆的复杂施工工序，又避免了在旧路面各基层拼接处开挖台阶，大大减少了传统式的错位搭接法在各个基层开挖台阶的工程量，既保证了工程质量又节约了成本，缩短了工期，经济效益明显。

（2）社会效益：社会快速发展和经济水平提高，交通量的迅猛增长以及中重型车辆的增多导致相当一部分道路的路基路面破损严重，影响道路通车能力和正常使用要求，使道路服务水平明显下降。运用本工法施工，利用既有公路资源进行改扩建，具有节约土地、保护环境、降低造价等优点，通过技术创新、科学论证、精心设计，充分利用旧路资源和设施，为今后公路改扩建工程施工奠定了基础，具有重大推广价值。充分利用旧路材料资源和设施，减少了施工对周边环境的污染和影响，达到了节能减排的要求，体现道路改扩建的优势。

11　应用实例

（1）长沙县城乡结合部环境综合整治工程 107 国道灰埠改造项目为长沙县星沙街道段（北起水渡河大桥南桥头，南止于开元路，整治长度 3.64km，总投资约 7800 万元。开工时间为 2014 年 8 月 4 日，竣工时间为 2016 年 3 月 15 日。

（2）衡阳市经开区工业园松枫路改扩建工程位于衡阳市松木经济开发区，全长 3.5km，建设道路的绿化及人行道铺装工程、路面沥青黑化工程，绿化面积约 76040.8m²，人行道改造面积约 25242.2m²，路面沥青黑化面积约 42758.14m²，总投资约 2980 万元。开工时间为 2015 年 5 月 8 日，竣工时间为 2016 年 11 月 24 日。

（3）张家界市大庸西路提质改造道路工程，工程位于老城区永定区南庄坪内，是张家界市内城区的城市 Ⅱ 级主干道。总长度 29783m，路幅宽 42m，工程造价 6566.4 万元。开工时间 2013 年 9 月 6 日，竣工时间 2014 年 7 月 18 日。

本工法在以上三个项目中实施，道路已投入使用近 2 年。通车运行后显示；新旧路面各结构层拼接效果良好，可以满足正常使用要求，时至今日未出现较明显的纵向裂缝和不均匀差异沉降，结果表明了此工法的适用性和可行性

涵洞加长施工工法

朱清水　李六九　周　超　汤春香

湖南省第二工程有限公司

摘　要： 涵洞加长在道路提质改造工程中比较常见。对旧涵洞进行加长施工时，首先根据实际情况、设计图纸对其质量及安全性进行评估，确保旧涵洞可以利用并确定衔接位置；其次，对原有涵洞进行保护性开挖，对接长部分的涵洞基础采取层叠式土工格栅或土工布处理，减少不均匀沉降；然后，采取多种压实方法和基础处理相结合，在清理接长的截面上凿毛并钻孔布置加强钢筋，装模浇筑混凝土，并在连接处涂复合材料防水；最后，进行台背回填完成涵洞的加长。

关键词： 涵洞加长；提质改造；连接处；涵洞基础

1　前言

　　近 20 年来，湖南省在公路等基础设施建设方面取得了巨大的成绩，公路通车里程跃居全国前列。然而，由于通车年代已久，交通压力大，现有的公路已经不能满足经济快速发展的要求，越来越多的改扩建工程进入人们的视野。在国际工程中，考虑到资源节约问题，对现有道路的提质改造工程也比新建道路工程数量要多。为提高改建工程的施工质量，加快工程进度，我公司在 G354 冷水江至新化公路（新化段）项目上成立了课题组进行科技攻关，进行了涵洞加长施工的研究，有效地降低了安全风险，加快了施工进度，节约了工程成本，取得了良好的经济效益和社会效益，后经认真总结形成本工法。

2　工法特点

　　（1）本工法施工过程不影响公路正常通车。

　　（2）本工法施工可降低投资，节约材料。

　　（3）本工法施工可增强旧涵洞加长的整体强度和稳定性，消除公路拓宽衔接不良，减少不均匀沉降。

3　适应范围

　　本工法适用于各种等级公路改建工程涵洞加长施工，尤其在施工场地受限的情况下，更具优越性。

4　工艺原理

　　在进行旧涵洞加长施工时，首先将对涵洞的实际情况进行调查，根据设计图纸对涵洞的质量及安全性进行总体评估，确保旧涵洞可以利用及确定衔接位置再进行涵洞加长施工。先对原有涵洞进行保护性开挖，对接长部分的涵洞基础采取层叠式土工格栅或土工布处理，减少不均匀沉降。采取多种压实方法和基础处理方法相结合，然后在清理接长的截面上凿毛并钻孔布置加强钢筋，装模浇筑混凝土，然后在连接处涂复合材料防水，最后进行台背回填完成涵洞的加长。

5　施工工艺流程及操作要点

5.1　施工工艺流程

　　施工放样→基坑开挖→模板和钢筋施工→混凝土施工→防漏防渗等附属工程→台背回填。

5.2　操作要点

5.2.1　施工放样

复核导线点坐标，水准点高程。根据设计图纸，结合现场实际情况，对涵洞进行测量放样，确定破除及加长的具体位置。同时以导线控制网为依据，进行涵洞轴线测量保证新、旧涵洞的良好衔接。在水准基点复测合格的前提下，利用往返测量将水准点引至涵洞施工地点附近一稳固处，经复核符合精度要求后，作为涵洞施工标高控制点，施工中对涵洞基础进行沉降观测。

5.2.2　基坑开挖

在施工中采用围挡进行封闭，设置警示标志标牌，挖除覆土，破除八字墙采用人工和风镐进行凿除，破除作业中严格控制破除位置，避免施工对老涵洞进行破坏，影响其质量及安全。

基坑开挖至设计标高后在基坑底四周设集水坑，集水坑处设置水泵，以便及时排走基坑积水，确保基底土不被水浸泡，基础混凝土施工前使用碎石填筑集水坑并夯实。基坑开挖至设计基底后使用轻型动力触探对基底承载力进行试验，检测的数量及部位要符合规范要求。承载力不满足要求的，根据实际情况确定处理方案，保证涵洞基础的承载力及稳定。

5.2.3　模板施工

（1）按照图纸设计结构尺寸进行放样，并对模板基底采用高强度砂浆找平。

（2）模板均采用模板公司生产的组装式钢模和少许木模。我公司在模板领域拥有多项专利。面板采用钢板制作，模板面板应尽量减少焊缝。面板水平加劲肋采用槽钢横竖加劲。加劲肋与面板之间采用间断焊缝，每段焊缝长度为 5cm，焊缝厚度不小于 6mm，面板采用刨光处理。在老涵洞涵身裸露截面上凿毛，用钻机每隔 30cm 钻一个孔，放入长 30cm 的 22 号钢筋，采用植筋加固保证新旧涵洞的整体性和稳定性。浇筑混凝土前对支撑板面进行检查，清除模板内污物，在模板内面涂刷脱模剂。模板采用对拉螺杆紧固 PVC 塑料管以便在浇筑混凝土后拆模。

（3）模板在拆装过程中保证不变形、尽量少损坏，施工前要刷涂脱模剂，以保证表面光滑。安装时要接缝严密不漏浆，制作偏差控制在 ±1mm 范围内。钢筋按图纸制作并保证混凝土保护层厚。

5.2.4　基础及台身混凝土施工

对接长部分的涵洞基础采取层叠式土工格栅或土工布处理，减少不均匀沉降。采取多种压实方法和基础处理方法相结合，然后在清理接长的截面上凿毛并钻孔布置加强钢筋，装模浇筑混凝土。

接长段台身混凝土施工时，在新旧涵洞衔接处设置沉降缝，避免不均匀沉降。节与节之间沉降缝贯通，沉降缝施工完成后即可施工防水层。

涵洞混凝土浇筑前应对支架、模板进行检查，并做好记录，符合设计要求后方能浇筑，模板内的杂物、积水应清理干净。模板如有缝隙应填塞严密，混凝土浇筑前应检查混凝土的均匀性和坍落度。基底为非黏性土或干土时，应将其润湿，基面为岩石时应润湿，铺一层厚 20～30mm 的水泥砂浆（水泥:砂浆＝1:2），然后于水泥砂浆凝结前浇筑第一层混凝土，混凝土接缝处先垫一层水泥浆后再浇筑混凝土。混凝土严格按照配合比准确计量，集中拌和。混凝土配料拌制时，计量衡器应通过检定并保持准确，对骨料的含水率应该经常进行检查，以调整骨料和水的用量，同时混凝土搅拌时间应该不低于该设备出厂说明书规定的最短时间。混凝土应该拌和均匀，颜色一致，不得有离析和泌水现象。混凝土的振捣采用插入式振动器进行。

5.2.5　盖板施工

在台身混凝土强度达到 70% 时，在涵台身间铺设满堂支架，按照盖板规定尺寸制作模具铺设盖板底模，并按设计留盖板预拱度。在盖板底模上直接进行钢筋绑扎与固定，钢筋的表面应洁净，使用前应将表面油渍、漆皮清理干净。钢筋应平直、无局部弯折，成盘的钢筋和弯曲的钢筋均应调直，钢筋的弯制和末端的弯钩应符合设计要求。用钢筋制作的箍筋其末端应做成弯钩，弯钩的弯曲直径应大于受力主筋的直径且不小于箍筋直径的 2.5 倍，弯钩平直部分长度满足规范要求，钢筋接头一般采用焊接，其焊接长度双面不小于 5d、单面焊接不得小于 10d。在钢筋骨架与模板垫好混凝土块以保证混凝土保护层的厚度。钢筋绑扎工序完成后认真检查钢筋骨架，报验后浇筑盖板混凝土并填写混凝土施工记录。在浇筑完混凝土 12h 后应进行养护，保持混凝土表面湿润以扩散混凝土内部的水化热温度，不使混凝土烧坏。施工人员随时注意检查混凝土的养护环境，混凝土的养护好坏直接关系到混凝土强度，故混凝土的养护工作尤为重要。待混凝土达到设计强度的 85% 时才可拆除模板。

5.2.6　沉降缝施工

涵洞（基础和墙身）沉降缝处两端竖直、平整，上下不得交错，沉降缝缝宽 1～2cm。填缝料应具有弹性和不透水性，并应填塞密实。沉降缝按设计每隔 4～6m 分段设置，并根据设计和规范要求对沉降缝的接缝进行处理。

5.2.7　防漏、防渗水

涵洞迎水面采用膨胀止水条＋改性沥青热油＋聚酯胎自粘式 SBS 改性沥青卷材进行迎水面防水，涵洞背水面采用膨胀止水条＋硅酮结构胶进行背水面堵水，墙面防水涂料采用滚涂两遍聚氨酯防水胶。

5.2.8　锥坡、洞口铺砌及截水墙

（1）涵洞的洞口铺砌和截水墙均为 7.5 号浆砌片石，在基底平面平整夯实后即可施工。

（2）砌筑锥坡、洞口铺砌前，先在铺砌层的下面铺筑一层砂垫层，含泥量不超过 5%，垫层应与铺砌层配合铺筑，随铺随筑。

（3）片石在使用前必须浇水湿润，表面如有泥土、水锈，应清洗干净，砂浆应有良好的和易性，随拌随用，已凝结的砂浆不得使用。

（4）采用浆砌片石进行洞口铺砌及截水墙砌筑时，石块应相互咬接，砌缝砂浆饱满，镶面石块应丁顺相间或二顺一丁排列；里层平砌缝宽度不大于 3cm，竖缝宽度不大于 4cm，上下层竖缝错开距离不小于 8cm。进行洞口铺砌时注意其顶面标高、平整度及顺直度。

（5）砌筑上层石块时，应避免振动下层砌块。砌筑工作中断后恢复砌筑时，已砌筑的砌层表面应清扫和湿润。

（6）较大的石块应用于下层，安砌时应选取形状和尺寸较为合适的石块，尖锐突出部分应清除。竖缝较宽时应在砂浆中塞以小石块，不得在石块下面用高于砂浆砌缝的小石片支垫。

（7）浆砌片石采用 M10 砂浆勾凸缝，待砂浆初凝后，洒水养护 7d，养护期间避免碰撞、振动或承重。

5.2.9　台背回填

混凝土强度达到设计强度 75% 后可进行台背回填，回填采用 5% 石灰土，在涵洞两侧对称分层填筑，在靠路基填土一侧按 1∶2 的坡度开挖向上形成台阶状。台背回填原材料必须选用 5% 石灰土，不得用含有草皮、树根、垃圾、有机物及废弃混凝土块等回填，填料的最大粒径不得超过 50mm。

台背回填必须分层填筑，压实度应比一般路堤提高 1%，其压实度从回填基底至路床顶面不小于96%。台背回填必须做到全方位压实，应配备足够碾压机具和用于角落的小型压实设备。控制填筑速度，防止路堤失稳。

6　材料及机具设备

（1）主要材料

主要材料见表 1。

表 1　主要材料表

序号	材料名称	规格	备注
1	土		经试验合格的土
2	土工格栅	60kN/m	符合有关要求
3	混凝土	C30	符合有关要求
4	钢筋	按图纸	符合有关要求

（2）主要设备及机具

主要设备及机具见表2。

表2　主要设备及机具表

序号	机具名称	规格	单位	数量
1	挖机	PC220	台	1
2	小型夯机	小松	台	1
3	混凝土站	50m³/h	个	1
4	混凝土罐车	6m³	台	3
5	钢模板	组合	套	1
6	钢筋加工设备		套	1
7	发电机	50kW	台	1
8	自卸汽车	25t	台	4
9	压路机	YZ-18	台	1
10	插入式振捣器	DY500	台	2
11	全站仪	2″	台	1
12	水准仪	SDL30	台	1

7　质量控制

7.1　质量标准

本工法施工应严格按照《公路路基施工技术规范》（JTG-T F10—2006）、《公路桥涵施工技术规范》（JTG-T F50—2011）和《公路工程质量检验评定标准　土建工程》（JTG F80/1—2012）执行。

7.2　质量措施

（1）对加长涵洞进行安全、质量勘察，上报业主及监理单位对加长涵洞的安全、质量进行复查，确保旧涵洞整体稳定及安全。

（2）通过对原材料的管理，严格控制钢筋、水泥、碎石、砂、片石等的质量和外加剂的使用，确保钢筋混凝土的施工质量。

（3）涵洞台背回填使用设计5%石灰土进行填筑施工，两侧台背回填分层对称进行，防止偏压。

8　安全措施

（1）安全生产目标：无安全责任事故，无重大机械设备事故，无火灾事故。实行专职安全员专管与群管、群防相结合，使工程施工中安全事故降到最低。

（2）健全安全生产岗位责任制，逐级签订安全生产责任状，贯彻安全生产与经济挂钩的安全工作责任制。做到安全生产纵向到底，横向到边，分工明确，责任到人。

（3）施工期间各项安全工作严格遵守《安全操作规程》及"安全工作有关规定"。

（4）严格按安全规程、规范对人员进行强化培训。定期召开安全会议，举例进行现场安全指导和教育。及时进行安全检查，发现隐患立即消除。

（5）施工前制订严格的安全保证措施，明确管理人员、作业人员职责，严格按操作规程执行。

（6）设置专人对涵洞连接部位的牢固性和可靠性进行检查。

（7）按施工组织设计和工艺流程科学组织施工。严格工序衔接，严守操作规程，严禁各种违章指挥和违章作业行为的发生。

9　环保措施

（1）建立健全管理组织机构：成立环境保护和文明施工的组织机构。

（2）编制施工给周围环境造成扬尘、噪声、振动、废水、废料等影响的防治措施。

（3）严格相关生态环境保护法规。不破坏植被。

（4）运输容易对环境造成影响的产品或原料时，必须防止散漏溢流，搞好安全防护，杜绝环境污染事故的发生。

10　效益分析

G354 冷水江至新化公路（新化段）建设项目 km23+800，km28+600，km32+500 三个涵洞，原计划采取拆除然后新建的模式，计划工期 2 个月，后来在我公司的建议下采取了涵洞加长方案，实际工期 50d，不仅缩短了施工工期，且节约投资 260 万元，确保了工程质量和工程进度，获得了良好的经济效益。而且由于涵洞加长过程中半幅仍然可以通车，在老路提质改造过程中有很大的实际意义。

11　应用实例

（1）娄底大道涟源城区段改造 PPP 项目

娄底大道涟源城区段改造工程 PPP 项目全长 10.3km，道路按城市主干道标准进行改造，设计时速 60km，道路红线控制宽 31.5m，双向 6 车道，总投资约 4.5 亿元。项目于 2015 年 4 月 8 日开工，2018 年 2 月 9 日顺利竣工通车，为城市道路的优化、市民交通的便利以及推动涟源市发展的现代化、快速化做出了贡献。按照设计该工程有 6 个涵洞为在保留老涵洞的基础上加长施工，项目部采用此工法施工，加快了进度，控制了成本，完工后一次性验收合格，深受业主、监理好评。

（2）G354 冷水江至新化公路（新化段）建设项目

G354 冷水江至新化公路（新化段）建设项目全长 8.8km。该项目是推进新、冷融城战略的重要交通基础设施项目，属省重点工程。G354 娄底大道冷水江至新化公路，起点位于冷水江市与新化县交接处，止于新化上渡办事处。按照设计，该工程有 3 个涵洞为在保留老涵洞的基础上加长施工，项目部采用本工法施工，不仅节约成本、人工，而且提前完成了施工。经验收，工程质量达到了业主要求，赢得了业主信赖，为双方今后的合作奠定了基础。

坚硬岩层水磨钻掘进顶管施工工法

王　山　龙　云　孙志勇　谢善科　冯松青

湖南省第三工程有限公司

摘　要：在坚硬岩层顶管施工过程中，一般采用人工或微爆清理，在城市中心区的雨污管网改造过程中，受道路、周边建筑物及地下管线影响，不宜使用爆破技术。本工法介绍了一种坚硬岩层水磨钻掘进顶管施工方法，能够节省材料、提高工效，并极大地减少了施工过程中粉尘的产生，利于工人健康。

关键词：坚硬岩层；水磨钻；顶管施工

1　前言

随着城市不断发展，原有城市排水体系不满足现行城市发展需要，城市雨污管网新建、改建势在必行。城市区雨污管网改建、新建由于受周边建筑物和地下管线的影响，一般采用顶管施工。在顶管施工过程中，如遇到岩石，一般采用人工或爆破技术，爆破则会对路面沉降、周边建筑物和管线带来影响。水磨钻掘进顶管施工技术是当遇到坚硬岩石时，顶管掘进由原风（电）镐碎石加人工掘进改成由水磨钻碎石的一种施工方法。我公司在湘潭市河东风光带二期项目，王家晒顶管工程等应用此施工工艺，均取得了很好的效果。现将该施工工艺总结并形成本施工工法。

2　工法特点

（1）水磨钻施工是在人工掘进顶管的基础上进行改进，将人工破石改为人工配合机械带水碎石。相比人工掘进，效率大大提高。

（2）水磨钻施工是带水作业，极大地减少了施工过程中管内的粉尘，减少了对工人呼吸系统与肺部的伤害，极大地改善了井下工人的施工环境条件，对劳动者的健康防护水平提高较大，也大大提高了工作效率。

（3）水磨钻施工是人机配合施工，操作人员只需固定支架移动钻机，极大地减小了工人的劳动强度，有利于工人高效、持续作业。

3　适用范围

本工法适用于坚硬岩层地段顶管开挖。

4　工艺原理

水磨钻施工主要是通过水磨钻机沿顶管外径钻若干个孔，孔孔相连，钻孔后取芯。待所有水磨钻钻孔连成一个环后，孔芯就和孔外壁分离。对剩余的岩芯部分进行分块，沿圆半径取芯分块形成内部临空面。在分块的岩石上钻一排小孔，然后在小孔内锥入钢楔子，捶击钢楔挤压岩石，分解成若干小块，利用自制小车装土外运并利用桁吊运至地面，取出分裂的岩块。依次按照分层取芯、破裂、取岩块的循环工序作用，最终达到成孔的目的。随后对孔洞用风镐进行修整，最后管道顶进。

5　工艺流程及操作要点

5.1　工艺流程

施工准备→测量放样→环形切割→循环作业→分块切割→岩芯和石块出渣→孔壁修正→顶管顶进。

5.2　操作要点

5.2.1　施工准备

正式施工前，水源、电源接通，将施工所用的材料、机具运输到位，技人员熟悉图纸，了解地质情况、管径、深度、长度等相关参数，并对操作人员进行技术交底和安全交底，达到开工的条件。

5.2.2　测量放线

使用全站仪进行测量定位，放出井室中心点及管道中心线并标注在工作坑壁上，用水准仪及钢尺记录管道标高并标注在工作坑上。根据图纸，利用五线投线仪放出管道外径孔的圆周线，经监理单位复核后可以开始施工。考虑到施工过程的误差以及开孔之间的残余岩石，一般钻孔桩径大于设计管道外径 20～30cm 左右。

5.2.3　环形切割

测量放样后钻机就位，水平水磨钻机通过支架固定位置，保证套筒向孔侧壁外倾 3°～8°，这样在下循环才可以保证钻机就位后套筒起钻点能置于设计孔边线面不造成缩孔，保证成孔截面尺寸。准备工作全部完成后，开始水磨钻钻孔取芯。水磨钻开孔沿圆周进行，钻孔直径 16cm，孔深50～60cm。钻孔时向井孔外侧倾斜 3° 左右，预留出钻具的尺寸，按照直径的成洞尺寸，沿圆周钻孔，保证形成一个完整的环形切割。保证循环施工时孔径不变，沿管道孔壁布置取芯点。依次钻取外周的岩芯，取出的岩芯高约 500mm，将外周岩芯取完后桩芯体岩的外围便形成一个环形临空面。

5.2.4　分块切割

环形取出岩芯后，对圆心内剩余的岩芯分割为 6 等分，便于岩体破裂。

在岩芯内打入钢楔或者用电镐破碎使岩体分裂，直至该层桩芯岩体全部破裂。

5.2.5　岩芯和石块出渣

水磨钻施工一边进行，一边对取出的钻芯组织外运。钻芯外运采用吊斗、卷扬机吊装吊斗运出。

破碎的石块用电锤或风镐进行破碎，保证直径在 25cm 以下，使用斗车或自制小车外运至工作坑内再桁吊至地面。石块清运干净后继续下一轮的钻孔取芯、破碎外运施工。

5.2.6　孔壁修正

由于水磨钻钻芯后桩基孔壁呈锯齿状，为保证有效管外径与设计管道外径一致及减少管道顶进时对管道不必要的阻力，需要用风镐进行修整孔洞四周的岩石锯齿。通过已顶管道在孔洞内标出设计管中心，检查孔根部偏位情况并及时纠偏，最后管道顶进。同时标出下一个循环外围水磨钻钻孔取芯位置，进入下一循环的钻孔施工。

5.2.7　顶管顶进

当经过 4～5 循环施工，长度达到一个管节长度施工后进行顶管作业。

5.2.8　水磨钻供水及排水

水磨钻供水采用 $\phi32$ 软胶管将自来水送入管内供水磨钻机施工。

水磨钻排水采用一台 DN50 污水泵将污水从管内抽至工作井内，再用一台 DN50 污水泵将污水排出工作井。

6　材料与设备

（1）所需材料见表1。

表1　材料表

序号	名称	规格、型号	性能及用途
1	软胶管	$\phi32$	送水
2	井下照明设备	36V	照明
3	钢管		临边防护
4	爬梯		人员上下

序号	名称	规格、型号	性能及用途
5	2.5m 施工围挡		封闭施工
6	警示灯		夜间警示

（2）所需设备见表 2。

表 2　设备表

序号	名称	型号	主要功能
1	水磨钻机	钻孔直径 160mm	水磨钻机
2	电镐		破碎
3	污水泵	DN50	抽水
4	龙门吊	10t	石渣外运
5	顶推设备		顶管顶进
6	注浆机		孔壁周围注浆
7	鼓风机		通风

7　质量控制

（1）主要标准及规范：《给水排水管道工程施工及验收规范》（GB 50268—2008）、《给水排水工程构筑物结构设计规范》（GB 50069—2002）。

（2）质量控制标准：

①施工过程中需勤量测，发现偏差及时纠偏校正。

②水磨钻掘进中先形成顶管超挖段土体孔洞内径略大于管道外径 20～30cm。

③水磨钻掘进土体所形成的锯齿形在管道顶进之前用风镐进行修整平实，因土体孔洞内径略大于管道外径的空隙，在顶管完成后根据设计要求进行注浆填充。

8　安全措施

（1）主要标准及规范：

《建筑机械使用安全技术规程》（JGJ 33—2012）、《施工现场临时用电安全技术规范》（JGJ 46—2005）。

（2）施工前做好班组安全交底和安全教育，严格遵守施工操作规范和安全技术规程，确保施工安全。

（3）施工所用各种机具和劳动用品经常检查，及时排除安全隐患，确保安全。

（4）施工现场用 2.5m 高围挡封闭施工，夜间设置警示灯，临边洞口用钢管安全防护。

（5）工作井上方搭设雨棚，工作井井口设置挡水设施，防止雨水倒灌。

（6）严格执行地下空间安全施工的相关要求，做好有毒气体监测，保证通风，做好岩体变形的相关监测。为保证井孔内人员的安全，石块外运过程中在操作面上方搭设防砸棚，防砸棚面积小于桩孔面积的一半，既能够使石块顺利外运，又要保证操作人员安全。

（7）施工过程中，临时用电严格按照三相五线、一机一闸一漏执行。工作井下照明采用不小于 36V 的照明设备。施工过程中，加强用电巡查，发现隐患，立即整改。

（8）钻孔过程中如果有水渗漏，使用水泵排水，确保人员能够正常作业。如发现塌陷等安全隐患，立即停止施工，施工人员立即撤离现场。

9　环保措施

（1）应严格遵守国家、地方及行业标准、规范：

《建筑施工现场环境与卫生标准》（JGJ 146—2013）、《建筑施工场界噪声限值》（GB 12523—2011）。

（2）施工过程中，保持通风。水磨钻施工是带水作业，极大地减少了施工过程中管内的粉尘，改善了井下工人的施工环境条件，对劳动者的健康防护水平提升较大。

（3）施工过程的垃圾必须清理干净，每次施工后的残料、塑料包装不得随地乱扔、乱倒，污染环境，严格做到工完场清。

（4）施工过程中，施工噪声较大，作业人员配备防噪声耳塞。为了减少对周边居民的影响，晚间22 点至次日凌晨 6 点停止施工。

（5）施工过程中产生的石渣或岩芯运至指定卸土场倾卸。

10　效益分析

（1）经济效益

与传统人工掘进相比，其经济效益分析如下：

类型	人工费（元 /m）	材料机械费（不含管节，元 /m）	掘进速度（m/d）
传统人工掘进	1200	100	0.5
水磨钻掘进	800	80	1

综上所述，坚硬岩层顶管施工采用水磨钻掘进人工费每米节约 33%。材料机械费用节约 20%，掘进速度提高 100%。

（2）社会效益、环保效益

与传统人工掘进相比，坚硬岩层水磨钻施工技术能大幅减少人工和机械材料费用，提高掘进速度，缩减工期。湿法作业极大地减少了施工过程中管内的粉尘，改善了井下工人的施工环境条件，对劳动者的健康防护水平提升较大，具有良好的社会效益和环保效益。

11　应用实例

（1）湘江河东风光带二期项目位于湘潭市岳塘区，工程的管涵岩层段采用了水磨施工工法，节约费用约 10 万元，提高工效 50%。该箱涵工程于 2018 年 3 月开工，2018 年 10 月全部完成，工程质量较好，获得业主、监理一致好评。

（2）王家晒顶管工程项目位于湘潭昭山区，工程坚硬岩层段采用了本工法，该工程于 2017 年 12 月开工，2018 年 6 月完工，工程质量优良，获得业主、监理一致好评。

高水位流砂地带顶管施工工法

姜胤延　李　琦　孙博雅

湖南省第四工程有限公司

摘　要：为解决高水位流砂地带顶管施工中的涌水涌沙问题，可采用高压旋喷桩在工作井或接收井四周形成止水帷幕，并对周围软弱土体固结，保证在工作井与接收井顶进中的土体稳固，进而能够使顶进作业得以正常进行，而且可保证顶管的轴线位置及其质量满足要求。

关键词：高水位；流砂地带；顶管施工；高压旋喷桩；止水帷幕

1　前言

海南国际旅游岛先行试验区文黎大道延伸线污水工程，污水管埋深较深、污水管位置所处非机动车道地下，距离道路中心线 8～12m 内，距离山牛港 170m、污水管埋深较深，水塘密集，地下水位丰富，水位距离地面下 2.35～4.44m 左右，管道基础在地下水位以下，水量较大；土层构造分为三层，1 层为素填土层层底埋深为 0.5～2.30m。2 层为粉砂及粉质黏土层，层底埋深为 6.90～12.60m。3 层为粉质黏土层，场区局部地段分布。土石工程分级为Ⅱ级，属中湿类型，该地质条件下正常顶管施工工作井或接收井端头涌水涌砂现象十分严重，无法施工，故经过多次先行试验施工后确定采取高压旋喷桩封堵工作井或接收井四周形成止水帷幕防止涌水涌砂后再进行泥水平衡式顶管顶进作业的工法。

泥水平衡式顶管的出土因顶管直径只有 600mm，采用全自动的泥水输送方式，被挖掘的土通过在机舱内的搅拌和泥水形成泥浆，然后由泥浆泵抽出，高速排除。

高压旋喷桩是在工作井或接收井周围距离工作井或接收井 3m 以上的距离设置 12m 深高压旋喷桩封堵地下水（旋喷桩桩长必须比沉井深 5m 以上），第一次高压旋喷桩施工完毕后，在初凝后终凝前进行第二次高压旋喷桩施工，重复该工艺直至完成封堵端头。该方法能较好地控制地下水因顶进而渗入工作井或接收井，对于在流砂地带地下水位以下的顶管作业能保证正常作业。

海南国际旅游岛先行试验区文黎大道延伸线污水工程，污水管埋深较深、污水管位置所处非机动车道下，运用先采取高压旋喷桩封堵工作井或接收井后再顶进的工法达到了很好的效果。

2　工法特点

（1）高压旋喷桩形成止水帷幕，防止地下水渗入工作井或接收井，保证顶管正常顶进。

（2）高压旋喷桩施工机具设备简单，施工简便具有较好的耐久性，且料源广阔，价格低廉噪声小，无污染。

（3）高压旋喷桩使得工作井或接收井顶管位置周围流砂固结保证了顶管的位置，防止了顶管的偏移。

（4）高压旋喷桩可作为施工中的临时措施，也可作为永久加固、防渗处理。

3　适用范围

适用于地下水位在地基基础以上的复杂地质工程，特别是结构松散的软弱黏土、砂土或邻近有建筑物或地下管线而不允许有较大变形的工程。

4　工艺原理

高压喷射注浆法是利用钻机把带有喷嘴的注浆管钻进土层的预定位置后，以高压设备使浆液或水（空气）成为 20～40MPa 的高压射流从喷嘴中喷射出来，冲切、扰动、破坏土体，同时钻杆以一定速度逐渐提升，将浆液与土粒强制搅拌混合，浆液凝固后，在土中形成一个圆柱状固结体（即旋喷桩），以达到加固地基或止水防渗的目的。高压旋喷桩对工作井或接收井四周形成止水帷幕，并对周围软弱土体固结，保证在工作井与接收井顶进中的土体稳固，使顶进作业得以正常进行，且能保证顶管的轴线位置，进而能保证顶管的质量。

5　施工工艺流程及操作要点

5.1　工艺流程

工作井、接收井施工→高压旋喷桩施工→顶管设备就位→顶管机进洞（进洞密封器安装）→送排泥泵开启→机头盘运转→顶进出土（泥水分离、弃土出运）→主顶推进到位→回缩主顶→拆除管内管线→管节安装→安装管内管线→（出洞密封器安装）顶管机出洞（顶管机转场）→检查井施工→顶管井回填。

5.2　工作井与接收井施工

（1）在检查井所在位置设置工作井与接收井，避免修筑检查井时重复开挖。工作井为内径 $D=$ 7m 的圆形，刃脚以上 5.35m 墙身厚度 550mm，其上墙身过渡到 400mm，最上部为 1.15m 墙身厚度 120mm 的砖砌体；接收井为内径 $D=4$m 的圆形，刃脚以上 5.15m 墙身厚度 450mm，其上墙身过渡到 300mm。

（2）根据对拟建场地的土层特征、地下水位及施工条件的综合分析，本工程的工作井与接收井采用沉井施工方法，沉井采用挖土下沉和干封底的施工方法。该方法在干燥的条件下施工，挖土方便，容易控制均衡下沉，土层中的障碍物易发现和清除，井筒下沉时一旦发生倾斜也容易纠正，而且封底的质量也可得到保证。

（3）基坑开挖。沉井基坑一次开挖，整平场地后，根据沉井的中心坐标定出沉井中心桩，纵横轴线控制桩及基坑开挖边线。挖土采用机械开挖。基坑底面的浮泥应清除干净并保持平整和干燥，在底部四周设置排水沟与集水井相通，集水井内汇集的雨水及地下水及时用水泵抽除，防止积水影响刃脚垫层的施工。

（4）沉井内的明排水方法。设 3～4 个集水井，其深度应比地下水位深 1～1.5m。集水井的深度应随沉井的挖土而不断加深。集水井内的积水由 1～2 台高压扬程潜水泵排至沉井外。

（5）刃脚支设形式。沉井的刃脚支设形式宜采用砖砌垫座法。砖砌垫座的作用是可以承受一定上部沉井重量，井内脚手架可搭设在砖上，使沉井制作过程中不会产生较大的不均匀沉降，防止刃脚和井身产生破坏性裂缝，并可使井身保持垂直（图 1）。

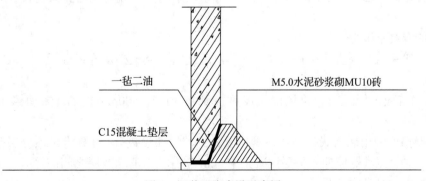

图 1　沉井刃脚支设示意图

（6）沉井的钢筋施工工艺。

①钢筋应有出厂质量证明和检验报告单，并按有关规定分批抽取试样做机械性能试验，合格后方可使用。

②钢筋绑扎必须严格按图施工，钢筋的规格、尺寸、数量及间距必须核对准确。

③井壁内的竖向钢筋应上下垂直，绑扎牢固，其位置应按轴线尺寸校核。底部的钢筋应采用与混凝土保护层同厚度的水泥砂浆垫块垫塞，以保证其位置准确。

④井壁钢筋绑扎的顺序为：先立 2～4 根竖筋与插筋绑扎牢固，并在竖筋上划出水平筋分档标志，然后在下部和齐胸处绑扎两根横筋定位，并在横筋上划出竖筋的分档标志，接着绑扎其他竖筋，最后再绑扎其他横筋。

⑤井壁钢筋应逐点绑扎，双排钢筋之间应绑扎拉筋或支撑筋，其纵横间距不大于设计值。钢筋纵横向每隔 1000mm 设带铁丝垫块或塑料垫块。

⑥井壁水平筋在连系梁等部位的锚固长度，以及预留洞口加固筋长度等，均应符合设计抗震要求。

⑦合模后对伸出的竖向钢筋应进行修整，宜在搭接处绑扎一道横筋定位。浇灌混凝土后，应对竖向伸出钢筋进行校正，以保证其位置准确。

（7）沉井的模板施工工艺。

①井壁的内外模板全部采用组合式的木工模板，散装散拆，以方便施工，但刃脚部位应采用 M5.0 水泥砂浆砌筑 MU10 砖支设。模板之间的连接采用方料加固及对拉螺栓等。

②木工模板的制作尺寸要准确，表面平整无凹凸，边口整齐，连接件紧固，拼缝严密。安装模板按自下而上的顺序进行。模板安装应做到位置准确，表面平整，支模要横平竖直不歪斜，几何尺寸要符合图纸要求。

③井壁侧模安装前，应先根据弹线位置，用 φ14mm 短钢筋离底面 50mm 处焊牢在两侧的主筋上（注意电焊时不伤主筋），作为控制截面尺寸的限位基准。一片侧模安装后应先采用临时支撑固定，然后再安装另一侧模板。两侧模板用限位钢筋控制截面尺寸，并用上下连杆及剪刀撑等控制模板的垂直度，确保稳定性。

④沉井的制作高度较高，混凝土浇筑时对模板所产生的侧向压力也相应较大。为了防止浇筑混凝土时发生胀模或爆模情况，井壁内外模板必须穿串心螺丝杆，穿心螺丝杆采用 φ14 的圆钢，中间设置 100mm×100mm×3mm 钢板止水片，拉杆间距控制在 60cm×60cm。两端设置铁片控制井壁厚度尺寸。圆钢两端头上铰成螺纹，用定制钢螺帽固定，拆模时拆去钢螺帽，割去外露部分，再用同等级防水砂浆二度抹平。确保不渗水。外模支架必须稳、牢、强，保证在浇筑混凝土时，模板不变形，不跑模。底部第一道对拉螺栓的中心离地 250mm。

⑤第一节沉井制作时，井壁的内外模板均采用上、中、下三道抛撑进行加固，以保证模板的刚度与整体稳定性。第二节沉井制作时，井壁外模仍按上述方法采用抛撑，井壁内模可采用井内设中心排架与水平钢管支撑的方法进行加固。水平钢管支撑呈放射状，一端与中心排架连接，另一端与内模的竖向龙骨连接。

（8）沉井的混凝土施工。

①混凝土浇筑用汽车泵直接布料入模。每节沉井浇筑混凝土必须连续进行，一次完成，不得留置施工缝。

②混凝土浇筑应分层进行，每层浇筑厚度控制在 300～500mm 左右（振动棒作用部分长度的 1.25 倍）。

③混凝土振捣应采用插入式振动器，操作要做到"快插慢拔"。混凝土必须分层振捣密实，在振捣上一层混凝土时，振动器应插入下层混凝土中 5cm 左右，以消除两层之间的接缝。上层混凝土的振捣应在下层混凝土初凝之前进行。

④振动器插点要均匀排列，防止漏振。一般每点振捣时间为 15～30s，如需采取特殊措施，可在 20～30min 后对其进行二次复振。

⑤为了防止模板变形或地基不均匀下沉，沉井的混凝土浇筑应对称、均衡下料。

⑥上、下节水平施工缝应留成凸形或加设止水带。支设第二节沉井的模板前，应安排人凿除或清理施工缝处的水泥薄膜和松动的石子，并冲洗干净，但不得积水。继续浇筑下节沉井的混凝土前，应在施工缝处铺设一层与混凝土内成分相同的水泥砂浆。

⑦混凝土浇筑完毕后 12h 内应采取养护措施，可对混凝土表面覆盖和浇水养护，井壁侧模拆除后应悬挂草包并浇水养护，每天浇水次数应满足能保持混凝土处于湿润状态的要求。浇水养护时间的规定：采用普通硅酸盐水泥时不得少于 7d，当混凝土中掺有缓凝型外加剂或有抗渗要求时不得少于 14d。

5.3　高压旋喷桩施工

（1）钻机定位。移动旋喷桩机到指定桩位，将钻头对准孔位中心，同时整平钻机，放置平稳、水平，钻杆的垂直度偏差不大于 1% ～ 1.5%。

（2）制备水泥浆。桩机移位时，即开始按设计确定的配合比拌制水泥浆。

（3）插管。本工程围绕工作井与接收井 3m 范围（视地质情况设置）布置桩径 600mm 桩间距 400mm 旋喷桩（图 2、图 3）；启动钻机，同时开启高压泥浆泵低压输送水泥浆液，使钻杆沿导向架振动、射流成孔下沉，直到桩底设计标高，工作电流不应大于额定值，钻头在预定桩位钻孔至设计标高。

（4）提升喷浆管、搅拌。喷浆管下沉到达设计深度后，停止钻进，旋转不停，高压泥浆泵压力增到施工设计值（大于 25MPa），边喷浆，边旋转，并用仪表控制压力、流量和风量，分别达到预定数值时开始提升，继续旋喷和提升，直至达到预期的加固高度后停止。

（5）喷浆管提升至停浆面，关闭高压泥浆泵（清水泵、空压机），停止水泥浆（水、风）的输送，将旋喷浆管旋转提升出地面，关闭钻机。

（6）清洗。向浆液罐中注入适量清水，开启高压泵，清洗全部管路中残存的水泥浆，直至基本干净，并将黏附在喷浆管头上的土清洗干净。

（7）移位。移动桩机进行下一根桩的施工。

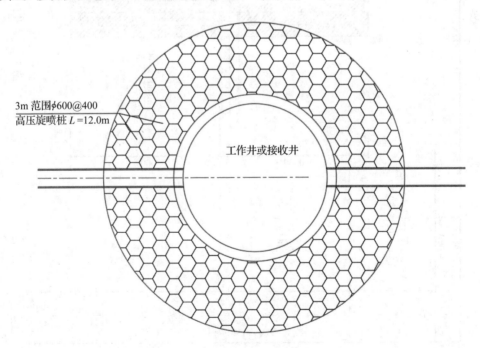

3m 范围 $\phi600@400$
高压旋喷桩 $L=12.0\mathrm{m}$

工作井或接收井

图 2　工作井或接收井高压旋喷桩平面布置图

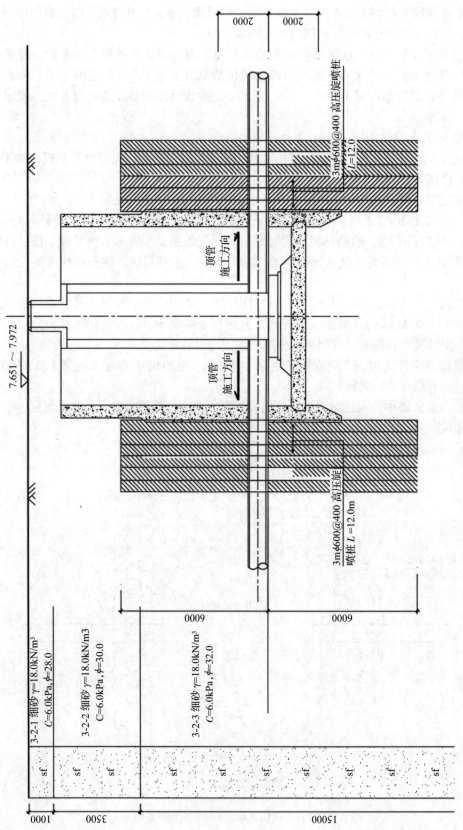

图 3 工作井或接收井高压旋喷桩端头剖面图

5.4　顶管设备就位

（1）测量放线。根据规划施工，先用全站仪在现场地面上准确放出管道铺设的中线控制桩，控制桩必须保护好，待工作井挖好后，再用全站仪将管道中线控制桩引至工作井内保护好，确保施工使用时管道中线的准确度。

（2）工作井排水。顶管工作时要求工作井内无水作业，井顶面要高出原地面 0.15m 作为挡水埂拦水，工作井内挖 0.3m×0.3m 边沟，将雨水以 0.3% 坡率引往集水坑，及时用 $\phi50 \sim \phi100$mm 口径污水泵排出。

（3）导轨设计。

①基坑导轨是安装在工作坑内为顶管提供基准的设备，导轨支座预埋在导轨基座混凝土内，以便在顶管时不会导致导轨发生移位或者下沉。导轨本身必须具备坚固、挺直，管子压上去不变形等特性，材料多用轻、重铁轨制成，有时也可选用工字钢，根据施工经验，采用铁轨制作导轨不易变形，能较好地满足施工要求。

②制作导轨时，导轨面标高和管内底流水面标高是相等的。钢筋混凝土管顶进的导轨的两轨道之间的宽度 B，以 D600mm 管为例，根据下式求得：

$$B = (D_2 - d_2)1/2$$

式中 B——基坑导轨两轨之间的宽度；

D_2——管外径。

d_2——管内径。

D600 管 $B = (0.762 - 0.62)1/2 = 0.46$m

③两导轨应顺直、平行、等高，其纵坡应与管道设计坡度一致；

④导轨安装的允许偏差应为：

轴线位置：3mm；顶面高程：0 ～ +3mm；两轨内距：±2mm。

⑤安装后的导轨应牢固，不得在使用中产生位移，并应经常检查校核。

（4）工作井后基座设置。后座墙的整体强度需保证在设计顶进力作用下不被破坏，后座墙尺寸设计为 3m×3m×0.838m，混凝土强度为 C30，为现场浇筑钢筋混凝土，内置 $\phi20$@200×200 的钢筋网。后座墙完成后加垫 20cm 的厚钢板组成装配式后背墙，满足顶管的最大顶力，并根据施工情况间隔 3m 增设 18 号槽钢支撑。

（5）设备安装。

①在起始工作井基础上按设计铺设顶管导轨，距起始工作坑壁 2m 外安放液压站设备，主顶油缸固定在支架上，与管道中心的垂线对称。

②千斤顶宜固定的支架上，并与管道中心的垂线对称，其合力的作用点应在管道中心的垂直线上。

③油泵宜设置在千斤顶附近，油管应顺直、转角少。

④当工作井完成以后，经调试完毕的液压系统，顶管掘进机便通过运输运至工地，并安装就位于导轨上，微型掘进设备还包括操纵室和遥控台、液压动力站、后方主顶、泥水循环装置、激光定位装置、减摩剂搅拌注入装置、泥水处理装置；其他辅助装置包括起重机、发电机、卡车、电焊机等。随后，微型掘进装置跟进。

⑤下管时工作坑内严禁站人，当管节距导轨小于 50cm 时，操作人员方可近前工作。

⑥严禁超负荷吊装。

5.5　顶管机进洞

本工程采用泥水平衡顶管掘进机，顶进分为初始顶进和正常顶进两个阶段，掘进机从顶进开始到第一节管子接上并与掘进机连接好之前的顶进称为初始顶进，在此以后的顶进为正常顶进。在这两个阶段"报警系统"必须开启，予以监视。在顶进前安装穿墙止水环在工作井预留洞口，具有防止地下水、泥砂和触变泥浆从管节与止水环之间的间隙流到工作井，止水环结构采用钢法兰加压板，中间夹装 20mm 厚的橡胶止水环，该橡胶环具有较高的拉伸率（大于 300）和耐磨性，硬度为 45～55，永久性变形不大于 10%，钢材选用 Q235，借助管道顶进带动安装好的橡胶板形成逆向止水装置。安装固定好后，预埋钢环板与混凝土墙接触面处采用水泥砂浆堵缝止水（图 4）。

5.6 送排泥泵开启与顶进出土

开启排泥泵，泥水平衡式顶管的出土采用全自动的泥水输送方式，被挖掘的土通过在机舱内的搅拌和泥水形成泥浆，然后由泥浆泵抽出，高速排土。泥浆经排泥管排出井外，通过泥水分离装置脱去多余水分，使沉淀的泥浆块的含水率控制在 30% 内，集中放置于堆土场，并采用运输车辆将沉淀的余土弃运出场。多余泥水分离至蓄水池再次输送至泥水仓参与顶进工作，如此循环节约能源，减少污染

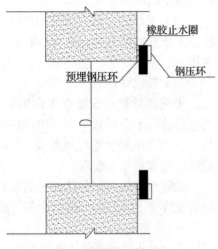

图 4 止水洞口剖面图

5.7 主顶推进到位

（1）初始顶进。初始顶进阶段缓慢进行不可以进行纠偏，要始终注意观察掘进机与基坑导轨的接触情况是否正常，如果不正常或有大的变化，必须停止顶进，经原因分析后，再决定是否继续顶进。启动刀盘、打开进回水系统，出水口正常出泥浆后，顶镐徐徐顶进，速度小于 30mm/min，有异常立即停止。

（2）正常顶进。泥水平衡顶管施工在正常顶进中，开顶前观察进回水系统是否正常，然后打开进回水截止阀，关闭旁通阀，再观察出水口出水是否正常，泥水仓水压正常后启动千斤顶顶进。

顶进过程中，严格控制泥水仓的压力、刀盘扭矩电流，并随时观察出水口出水情况。一节管顶完后，先关闭千斤顶和刀盘，然后打开旁通阀，关闭进（回）水截止阀。

（3）管节止转的方法和措施。顶管时，机头在刀盘及出土机的作用下会发生旋转，对机头的旋转主要采用加压重块的方法，先在机头两侧做好放压重块的架子，并均衡放置重块，当机头右转时，将右侧压重块搬向左边，反之将左侧压重块搬至右侧。压重块应采用铅块，因其体积小、相对密度大、便于搬运。

（4）测量、纠偏方法。泥水平衡顶管掘进机的纠偏系统是由四组纠偏油缸构成的，纠偏的控制是根据管道激光测量定位系统来决定的。在顶进过程中，激光经纬仪从始至终进行跟踪测量，激光纠偏系统随时根据激光的上下左右进行纠偏，加以修正控制。顶进过程中可采取用挖机卸载顶进线路上的土压来调整顶进的纠偏。做到勤测勤纠，先纠高程偏差后纠左右偏差，并做好纠偏记录。

（5）中途停工

顶进作业一开始，中途就不能停顿。如果停止一段时间后再顶进，其起始顶力要大大超过停工前的顶力。这主要是由于停工时间过长，使管顶土层塌落的缘故。在地下水位以下顶进时，因停止顶进而使液化的粉细砂将管周围包裹起来，顶力也会大大增加，如果顶力增加至后座墙的设计强度，此时就不能再顶进，必须对后座墙进行加固后方可再顶进。

另外，在顶进过程是否采用注浆润滑措施，对顶力的影响甚大。如采用注浆润滑，施工中的顶进阻力将减小很多。

5.8 回缩主顶、拆线、管节安装、安装管内管线

顶完一节管后，停止电源，关闭进出泥系统旁通，千斤顶回油，活塞回缩，拆开所有管线（电力电缆、信号线、油管、进出泥浆管、触变泥浆管），吊装下一节套管，安装好所有管线、管路、电源后，继续顶进。

5.9 顶管机出洞

为防止出洞口及顶进过程中泥水压力过大涌入工作井内，在洞口内预先安装穿墙止水环。做法参照进洞密封器做法。

5.10 检查井施工

在工作井与接收井砌筑污水检查井，用水冲净基础后，先铺一层砂浆，再压砖砌筑，做到满铺满

挤，表面应用砂浆分层压实抹光，砖砌检查井砌筑至规定高程后，应及时浇筑或安装井圈，盖好井盖。

5.11　顶管井回填

检查井砌筑完成后，采用挖机回填，回填因分格对称，回填高度差不得大于 50cm。

6　设备

主要的机具设备见表 1。

表 1　机失设备一览表

序号	机械设备名称	型号规格	数量
1	挖机	Pc250	2 台
2	起重机		1 台
3	高压水泵	3XB 型	4 台
4	顶管设备	100t	2 台
5	全站仪	ZT36025	1 台
6	高压泥浆泵	Sns-H300	2 台
7	钻机		2 台
8	空气压缩机		2 台
9	注浆管		
10	泥浆泵	BW-150 型	4 台
11	土方运输车		4 台
12	电焊机		4 台

7　质量控制

（1）高压旋喷桩采用双重管施工工艺，桩径为 $\phi600$mm，使用 42.5 级普通硅酸盐水泥，水泥掺量为 40%，桩体 28d 无侧限抗压强度达到 1.5MPa。

（2）高压旋喷桩工作参数参考值如下：双重管水灰比 1∶1，喷浆压力大于 25MPa，喷浆量 100～150L/min，气压不小于 0.7MPa。旋喷提升速度 0.12～0.15m/min，旋转速度 15～20r/min，钻孔位置与设计位置偏差不得大于 50mm。

（3）在高压喷射注浆过程中出现压力骤然下降、上升或冒浆等异常情况时，应查明产生的原因并及时采取措施。当高压喷射注浆完毕，应迅速拨出注浆管。基坑上部 5m 应适当减小喷浆压力，一般控制不大于 10MPa。

（4）施工第一批桩（不少于 3 根）必须在监理人员监管下施工，以确定实际水泥投放量、浆液水灰比、浆液泵送时间、桩长以及垂直度控制方法，以便确定高压旋喷桩的正常施工控制标准，确保有效地止水。

（5）进场时由测量人员仔细校核水准点，并按照相关规范建立施工控制网。对放置工作坑内的水准点、中线点进行保护，严格按照设计控制。

（6）架设导轨时严格控制中线、高程、坡度，保证误差在 3mm 内。

（7）管道顶进过程中，应遵循"勤测量、勤纠偏、微纠偏"的原则，控制第一根管端头的方向和姿态，并应根据测量结果分析偏差产生的原因和发展趋势，确定纠偏的措施。

（8）钢筋混凝土管接口应保证橡胶圈正确就位，管与管之间的衬板应黏结牢固，塞缝应密实饱满。

（9）施工应符合国家标准《建筑地基处理技术规范》（JGJ 79—2012）的有关规定。

8　安全措施

（1）沿工作井四周设置 1.2m 高的固定护栏，护栏上挂安全网，工作井四周要挂相应的警示标语。

（2）挖土施工时工作井必须设置爬梯，供人员上下井用。使用的卷扬机等应安全可靠并配有自动卡紧保险装置。

（3）挖出的土石方应及时运离工作井，不得堆放在工作井四周 1m 范围内。

（4）顶管作业人员必须戴安全帽。

（5）顶管施工区域沿线采用标准围挡。

（6）吊车、起重设备由专人操作和专人指挥，统一信号，预防发生碰撞。吊车靠近工作井边坡行驶时，加强对地基稳定性检查，防止发生倾翻事故。吊管下工作井时，注意安全。

（7）利用轴流式抽水泵在工作井设置的集水井内进行抽水，保持井内无积水，抽水时，施工作业人员不得站立在积水范围内。

（8）施工过程中使用的有关机械设备必须严格按照各机械的安全操作规程进行操作，全部用电设施必须符合《施工现场临时用电安全技术规范》(JGJ 46—2012）。

9　环保措施

（1）施工范围设排水管沟。将排污系统的位置图纸上报有关部门，同时应征得有关部门的同意，严禁施工污水污染环境。

（2）严格执行《建筑施工场界噪声排放标准》（GB 12523—2011），施工过程中将严格控制施工产生的噪声及振动，尽量做到，最大限度地减少对周围环境的不良影响。严格控制各种施工机具噪声，对不符合噪声标准的汽车、机械严禁使用。

（3）施工现场不乱倒垃圾杂物，垃圾杂物及时清运，由专人负责运输处理。材料运输选用设有液压自动封盖的车辆，施工区域出口处设专人冲洗轮胎，不得将泥土带上市政道路。运送袋装或散装材料的车辆要用帆布严密遮盖，防止掉漏及粉尘污染。专人负责路况维护工作，对因施工造成的路面破损、凹陷等及时进行修补，确保路况完好。

（4）保持施工场容、场貌整洁，并搞好施工现场周围的环境卫生。临时设施符合安全、通风、明亮及环境卫生要求。

10　效益分析

海南国际旅游岛先行试验区文黎人道延伸线污水工程，采用高压旋喷桩封端头配合顶管施工后，预防了端头涌砂、涌水的现象，保证了工程的顺利进行，避免了质量通病，产生良好的经济效益。

11　应用实例

海南国际旅游岛先行试验区文黎大道延伸线污水工程，污水管埋深较深、污水管位置所处非机动车道地下，距离道路中心线 8m ～ 12m，距离山牛港 170m，污水管埋深较深，水塘密集，地下水位丰富，水位距离地面下 2.35 ～ 4.44m 左右，管道基础在地下水位以下，水量较大；土层构造分为三层，1 层为素填土层层底埋深为 0.5 ～ 2.30m。2 层为粉砂及粉质黏土层，层底埋深为 6.90 ～ 12.60m。3 层为粉质黏土层，场区局部地段分布。土石工程分级为 Ⅱ 级，属中湿类型，运用本工法达到了很好的效果，保证了工期与质量。

新型深基坑坑底降排水施工工法

黄　璜　张超文　刘为民　廖倬翔　曾庆伟

湖南省第四工程有限公司

摘　要： 为解决大面积深基坑降水时过多抽取地下水而引发工程问题，在 HDPE 中空缠绕排水管壁钻泄水孔，排水管安装在基坑底面下 30～60cm，与坑底存在高差形成水压力，通过滤砂层经泄水孔进入排水管，经排水管流入降水井，最后由水泵抽出。由于增加了排水点的数量，减少每个点的降水面积，不仅可加快降水速度，还解决了过多降低地下水位问题，实现了振动小、噪声低、无污染绿色施工。

关键词： 大面积深基坑；基坑降水；过多降水

1　前言

随着城市高层建筑、地下广场和地下车库建设增多，大面积深基坑坑底降排水工程施工项目多，特别是在城市周边房屋建筑较多施工区域，过多抽取地下水会引发地面下沉，对周边房屋及周边管网的安全造成影响，针对这一情况我们采用新型深基坑坑底降排水施工工法，有效地解决了过多降低地下水位问题，做到了振动、噪声低、环境污染小符合绿色施工要求。同时公司通过多个项目的施工实践，不断优化施工工艺、认真总结施工经验而形成本施工工法。

2　工法特点

（1）采用新型深基坑坑底降排水施工工法，不需要复杂的施工机具设备，施工工艺简单，施工难度小，可操作性强，可加快施工进度缩短工期，确保施工安全。

（2）采用本工法，能有效排除地表水和地下水，可降低施工成本。

（3）采用本工法，能减少对地下水的抽取，节约水资源，减少对周围建筑物的损害和对环境的破坏。

（4）具有振动小、噪声低、环境污染小、施工安全可靠、工艺简便和费用低等优点，节约了资源，符合社会发展方向。

（5）对于施工场地狭小，有相邻建筑，尤其是有保护性建筑物时，该技术显示出独特的优越性。

3　适用范围

适用于工业建筑的深基坑、民用建筑地下室、地下车库、地下广场等占地面积大深基坑坑底降排水施工。

4　工艺原理

新型深基坑坑底降排水施工工艺是在 HDPE 中空缠绕排水管壁钻泄水孔，由于排水管安装在基坑底面下 30～60cm，与坑底存在高差形成水压力，通过滤砂层经泄水孔进入排水管，经排水管流入降水井，再由水泵抽出。由于增加了排水点的数量，减少每个点的降水面积，从而加快降水的速度。

5　工艺流程及操作要点

5.1　工艺流程

施工准备→放线定井位→井口开挖→井管、排水管加工→安装井管→挖水平排水管管沟→人工清理沟底土方→HDPE 高密度聚乙烯中空缠绕排水管安装→周围用碎石填筑密实→试抽水→正常抽水。

5.2　操作要点

5.2.1　施工准备

（1）地质资料、施工图纸、施工方案已齐全。

（2）施工用水、用电、道路及临时设施均已就绪。

（3）材料、设备已安排进场，并按要求进行检查验收。

5.2.2　放线定井位

用全站仪按照施工方案进行井位定位布点、HDPE 高密度聚乙烯中空缠绕排水管开挖放线，排水管间距一般不大于50m。

降水井及排水管布置示意图如图 1 所示。

5.2.3　挖井孔

采用井孔开挖施工，挖 ϕ1400 桩孔，深 4m（建筑物内直径 1.2m 深 3m），根据开挖深度和土质情况适当进行放坡。严格按设计要求控制好井径、井深。

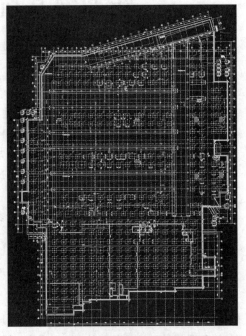

图 1　降水井及排水管布置示意图

5.2.4　井管、HDPE 中空缠绕排水管加工制作

（1）本工程基底降水井点采用 ϕ1200mm 混凝土排水管做井管（建筑物内直径 1.0m 深 3m），井管用电动钻机钻 ϕ50@300mm 泄水孔，另钻 ϕ350mm 泄水孔与 HDPE 中空缠绕管连通，外用尼龙布包裹，要求钻孔不得破坏井管结构。

（2）HDPE 中空缠绕管用电动钻机钻 ϕ15@150mm 泄水孔，外用尼龙布包裹。井管运至现场按照安装位置编号、依次堆放，验收合格后方可使用。

5.2.5　井管安装

井管的测量定位、挖孔至设计深度，经检查验收满足要求后，安装 ϕ1200mm，长 4m 混凝土排水管做井管，确保井管安装质量。安装后用周围用碎石填筑密实。

降水井与排水管连接示意图如图 2、图 3 所示。

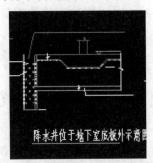

图 2　降水井位于地下室底板示意图

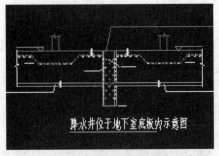

图 3　降水井位于地下室底板内示意图

5.2.6　挖水平排水管管沟

（1）用全站仪对水平排水管管沟进行放线定位。

（2）用小型挖掘机开挖水平排水管管沟，当开挖至离设计标高 20cm 时，采用人工清理沟底土方。如遇淤泥采用砂砾换填。

（3）用水准仪对 HDPE 中空缠绕排水管管沟底面标高情况进行测量。

5.2.7　HDPE 中空缠绕排水管安装

（1）两井点间用 DN300HDPE 中空缠绕管连接，采用从中间向两边按 1% 坡度排向降水井点。埋深 300～600mm（承台底以下 300mm）。HDPE 中空缠绕排水管采用承插式连接，接头处需连接牢固。用尼龙布包裹严密。

排水管安装后测量如图 4 所示。

（2）HDPE 中空缠绕排水管安装验收合格立即回填，先回填到管顶以上一倍管径高度，沟槽回填采用人工回填。

（3）DN300HDPE 中空缠绕管与井管交界处，需加密水泥管钻孔密度，并用尼龙布处理好交界处位置，防止土体进入排水管内，保证水能顺利流入降水井点。

5.2.8　抽水

降水井周围、排水管侧面及上方用碎石填实，碎石粒径 20～40mm。每道工序做完经验收合格后，方可进入下道工序。

图 4　排水管安装后测量检收

6　材料与设备

（1）主要机械设备清单见表 1。

表 1　机械设备一览表

序号	机械或设备名称	型号规格	精度
1	电动钻机钻	GS132-10	
2	全站仪	STS-750R 系列	测角精度：2"/5" 测距精度：2mm+2ppm
3	水准仪	DSZ3 型	±3mm
4	小钢卷尺	5m/2m	±0.2mm
5	挖掘机	6t	
6	配电箱	100A	
7	水泵	25LG3-10×3 系列	

（2）主要材料计划用量一览表见表 2。

表 2　材料一览表

序号	名称及规格（mm）
1	HDPE 中空缠绕管（DN300）
2	尼龙布
3	ϕ1200 混凝土排水管
4	ϕ1000 混凝土排水管
5	多孔砖
6	水泥、砂
7	碎石粒径 20～40mm

7　质量控制

7.1　执行的质量标准

《工程测量规范》（GB 50026—2007）；

《建筑工程施工质量验收统一标准》（GB 50360—2013）；

《混凝土和钢筋混凝土排水管》（GB/T 11836—2009）；

《高强度聚乙烯缠绕结构壁管材》（CJ/T165—2002）。

7.2　控制措施

（1）混凝土排水管、缠绕管接口必须用尼龙布包裹严密。

（2）严格控制 HDPE 中空缠绕排水管的安装坡度，在 HDPE 中空缠绕排水管安装就位后，用水准仪进行标高和坡度测量，满足要求后再用碎石填实。

（3）HDPE 中空缠绕排水管采用承插式连接，接头处需连接牢固，应满足承插长度要求，同时周围用尼龙布多包两层进行固定。

（4）降水井周围、排水管侧面及上方用碎石填实，要严格控制碎石的粒征和含泥量，以确保渗水速度。

7.3　施工质量检验标准（表 3）

表 3　施工质量检验标准

类别	序号	检验项目	质量标准	企业标准
一般项目	1	土方开挖高程	±30mm	±20mm
	2	土方开挖轴线偏差	±30mm	±20mm
	3	管顶高程	±10mm	±10mm
	4	井管截面尺寸	±10mm	±8mm

8　安全措施

（1）建立完善的安全生产保证体系，严格遵循以下规程、规范：

《建筑施工安全检查标准》（JGJ 59—2011）；

《施工现场临时用电安全技术规程》（JGJ 46—2005）；

《建筑机械使用安全技术规程》（JGJ 33—2012）。

（2）安全生产措施

（1）施工前，编制完整的施工组织设计，有详细的安全施工措施，进行详细的技术和安全交底。作业中统一指挥，严格按安全操作规程操作。

（2）安全设施实行验收挂牌制度。

（3）任何电动机械设备在维修时必须切断电源，挂上不得合闸的字样，以免发生触电事故。电线电缆均应与平台做好绝缘保护。施工现场停止作业 1h 以上时，应将动力开关箱断电上锁。

（4）加强设备维护、检查、保养；机电设备应由专人操作；应有备用电源，防止突然停电；认真遵守用电安全操作规程，防止超负荷作业；电动工具、潜水泵等安装触电保护器。

（5）加强施工作业中的安全检查，确保作业标准化、规范化。

（6）特种作业人员必须持证上岗。

（7）降排水施工完成后对基底外井孔进行回填。

9　环保措施

（1）严格执行国家、行业的环保方针、政策及法规等规定。

（2）做好沉淀池，防止泥水排入河流。

（3）成立对应的施工环境卫生管理机构，在工程施工过程中严格遵守国家和地方政府下发的有关环境保护的法律、法规和规章，加强对施工燃油、工程材料、设备、废水、生产生活垃圾、弃渣的控制和治理，遵守防火及废弃物处理的规章制度，做好交通环境疏导，充分满足便民要求，认真接受城市交通管理，随时接受相关单位的监督检查。

（4）对施工场地道路进行硬化，并在晴天经常对施工通行道路进行洒水，防止尘土飞扬，污染周围环境。

（5）严禁施工车辆乱鸣笛，车辆经过居民区要稳定油门，保持挡位，慢速经过。

10　效益分析

10.1　经济效益

本工法使用设备少、施工简单、施工速度快，与其他类似地下降水施工方法相比，工程造价降低

$10\% \sim 15\%$。

10.2　社会效益

本工法与其他类似地下降水施工方法相比，由于新型深基坑坑底降排水施工工艺简单、干扰因素少、无振动、噪声小、减少对周围建筑物的损害破坏、有利于文明施工，产生了较好社会效益。

10.3　绿色环保

本工法与其他类似地下降水施工方法相比，由于新型深基坑坑底降排水施工工艺减少了对地下水的抽取，节约水资源。减少对周围环境的破坏，环境污染小，符合绿色施工要求。产生了较好绿色环保效益。

11　应用实例

（1）武陵源游客服务中心工程总建筑面积99456m²，（其中地下建筑面积56745.16m²），由票务中心、管理服务用房、生态广场、国家公园展示中心和商业建筑及室外其他配套设施工程组成。为最大程度地减轻基础工程施工对周边居民生活、出行的影响，确保工程质量，基坑采用 HDPE 管在降水排水施工工艺，相比传统的井点降水施工，本工法具有振动小、噪声低、环境污染小、施工简便、安全高效、费用低等优点，既缩短了施工工期，又降低了施工成本。节约了资源，符合绿色发展方向，取得了良好的综合效益。

（2）华电新城小区项目共8栋，最高30层的住宅楼为93.5m、总建筑面积约108274.4m²，地下室20869m²。地下室于2016年3月22日开工，2016年10月20日结束。在地下室施工过程中，通过对地下室的验收，各项质量、安全指标均能够满足设计和施工验收规范要求，同时取得了良好的经济效益和社会效益。

（3）湘西土家族苗族自治州人民医院医疗综合楼及附属工程现浇钢筋混凝土框架剪力墙结构，总建筑面积为53319m²。地下室10869m²。同样取得了良好的经济效益、社会效益和环保效益。

易陷车的风积沙路段路基施工工法

黎荣欢　周　权　张　文　陈新传　刘　敏

湖南省第五工程有限公司

摘　要： 为解决风积沙路段常见的易陷车等问题，可在风积沙较厚路段，从附近料场立式开挖沙砾土，采取进占法在路基坡脚边线（或中线位置）先行填筑进场道路，然后在此道路一边（基脚边线）或两边（中线位置）迅速开展路基填筑。本工法能迅速形成流水作业面，显著提升工效，路基质量有保证，且运输机械施工便道无须洒水降尘。

关键词： 风积沙路段；陷车；路基填筑；进占法

1　前言

（1）根据地质勘察资料成果，新疆 G331 布尔津至哈巴河公路和布尔津至喀纳斯机场公路建设项目需穿越风积沙路段，风积沙主要为半固定沙丘，局部区域沙丘较密，风沙流动缓慢，有较密植被生长（覆盖度达 15% ～ 40%），风积沙颗料单一，级配不良，承载力高但抗剪强度差，覆土厚度局部地段超过 5m。风积沙可以作为路基填料，但在路基施工过程中，车辆易陷车（图 1），造成工效下降，施工成本上升。湖南省第五工程有限公司充分利用现场有利条件，反复验证，经总结形成本工法。

（2）本工法探索了一种在风积沙较厚的路段快速开展路基施工的施工工艺，传统的施工中采用水夯法或振动法解决了风积沙压实问题，但无法解决后续机械在上面行走时陷车的问题。本工法解决了风积沙路段施工过程中机械陷车难题，加快了风积沙路段施工进度。本工法适用于风积沙较厚且有天然沙砾土填料的路基施工，有较好的工程经济和社会环保效益。

图 1　压路机陷入风积沙内

2　工法特点

（1）施工工效高：采用进占法先行解决机械进场道路，能迅速形成流水作业面，工效大大提升。

（2）施工质量有保证：利用料场砂沙土作为风积沙路段的首层覆盖土，正好可以弥补风积沙承载力高但抗剪强度低的弱点，路基整体质量有保证。

（3）经济效益高：根据试验结果，本段天然风积沙可以作为路基填料使用，但按常规办法（比如水夯法）施工的话，风积沙表面易干燥，用水费用、因机械陷车耽误的工时、后续维护将会大大增加施工成本。使用本法施工，机械不会陷车且路基一次成型。

（4）环保效益高：料场沙砾填料采用立式开挖，运输机械施工便道无须洒水降尘。

3　适用范围

适用于风积沙较厚、工期紧且有天然沙砾土填料的路基施工。

4　工艺原理

风积沙较厚路段，在附近料场立式开挖沙砾土，采取进占法在路基坡脚边线（或中线位置）先行填筑进场道路，然后在此道路一边（基脚边线）或两边（中线位置）迅速开展路基填筑。

5　施工工艺流程及操作要点

5.1　施工工艺流程

机械配合人工清表→料场立式开挖取料→进占法先行施工进场道路→第一层填筑及验收→第二层以上及后续填筑→检验验收。

5.2　操作要点

5.2.1　机械配合人工清表

（1）机械清表

由于风积沙路段易陷车，但挖掘机（或装载机）在风积沙路段作业一般不受限制，加之各沙丘之间植被覆盖率高，根系发达，需先用挖掘机（或装载机）将各沙包之上的灌木连根清除。此外，施工范围内各起伏的沙丘也可利用挖掘机（或装载机）初步扫平。

（2）人工清表

经上述处理后，仍会有部分根系或小型植被外露，由于其他小型机械无法进入，需人工清除以确保清表质量。

5.2.2　料场立式开挖

料场将表土清除后，先在小范围内开挖至地下水层（本实例地下水位于地面下约 $3\sim4m$ 处）1m以下，采用立式开挖。将上层较干燥的料与下层较湿润的料混合在一起。由于第一层填料的下面是风积沙，运输到填筑现场后的填料含水量需大于最佳含水量，具体以现场试压测试为准。

5.2.3　进占法先行施工进场道路

（1）水车倒运至风积沙路段起点处，利用尾部高压水枪对清表后需先行填筑的风积沙段洒水。

（2）自卸车将沙砾土倒运至填筑起点卸料。

（3）推土机平料。松铺厚度取最佳填土厚度的上限值，可略高，以保证首层填筑后车辆行驶时不陷车。

（4）压路机碾压：至少静压4遍，振动压2遍（以首层检验指标控制为准）。

（5）重复（1）～（4），先行进场道路宽 $B\geq10m$（可双向通车），道路长 $L\geq100m$（利于后续流水作业），必要时可每隔100m设置停车岛。

以上步骤简单示意如图2。

易陷车风积沙路段

图2　进占法施工进场道路

5.2.4　第一层填筑

在进场道路的一侧（进场道路设在坡脚线处）或两侧（进场道路设在中线处）洒水、卸料、平料、碾压。

5.2.5　第二层以上及后续填筑

第一层填筑检验（见"5.2.6检验验收"）完成后，机械陷车问题基本得到解决，第二层作业时需用平地机配合推土机开展大面积填筑，填筑时严格控制松铺厚度（由试验取得相关数据）。料场开挖仍采用立式开挖，由于北方荒漠地区空气干燥，填料含水量在料场起运时仍应大于最佳含水量，但在首层填筑用料上可降低1%。

5.2.6　检验验收

（1）首层填筑时由于没有具体参数可供控制，需在填筑完成后按抽样频次严格检查压实度、承载力等指标，合格后方可进行下道工序。不合格时应分析原因，采取局部开挖重填、增加碾压遍数、控制填料含水率等方法确保达标。

（2）后续填筑按试验取得的参数严格施工，检测指标和频次经相关部门检验合格后方可进行下道工序。

6　机械设备

本工法所使用的主要机械设备见表 1。

表 1　主要机械设备表

序号	设备名称	数量	型号	备注
1	挖掘机	2	SY365H 或 320D	现场或料场各 1
2	自卸汽车	8	20t	可根据运力做调整
3	推土机	1	SD16	根据作业面大小可调整增加
4	装载机	1	LW321F	根据作业面大小可调整增加
5	压路机	1	SSR200C-6	根据作业面大小可调整增加
6	平地机	1	57G180C-6	根据作业面大小可调整增加
7	洒水车	1	20t	根据作业面大小可调整增加
8	抽水泵	2	1800W1	用 1 备 1

7　质量控制

7.1　主要标准、规范、规程

（1）《公路桥涵施工技术规范》(JTG/T F50—2011)；

（2）《公路工程质量检验评定标准 第一册》(JTG F80/1—2017)；

（3）《公路工程技术标准》(JTG B01—2014)；

（4）《公路路基施工技术规范》(JGJ F10—2006)；

（5）《公路路基路面现场测试规程》(JTG E60—2008)；

（6）《公路土工试验规程》(JTG E40—2007)。

7.2　质量控制标准

路基填筑实测项目见表 2。

表 2　路基填筑实测项目

项次	检查项目	规定值或允许偏差	检查方法和频率
1	压实度（%）	在合格标准内	按 JTG F80/1—2017 附录 B 检查
2	弯沉（0.01mm）	不大于设计值	按 JTG F80/1—2017 附录 J 检查
3	纵断高程（mm）	+10，-15	水准仪：中线位置每 200m 测 2 点
4	中线偏位（mm）	50	全站仪：每 200m 测 2 点，弯道加 HY、YH 两点
5	宽度（mm）	满足设计要求	尺量：每 200m 测 4 点
6	平整度（mm）	≤ 15	3m 直尺：每 200m 测 2 处 ×5 尺
7	横坡（%）	± 0.3	水准仪：每 200m 测 2 个断面
8	边坡	满足设计要求	尺量：每 200m 测 4 点

7.3　质量保证措施

（1）在路基用地和取土坑（料场）范围内，应清除地表植被、杂物、表土等。

（2）路基压实参数应按试验路段所确定的参数严格控制。

（3）严格控制填料含水率。

（4）冬休前，应在已填土上盖一层松土并完成初步碾压，防止已施工路基冻胀损坏。

8　安全措施

8.1　主要安全标准、规范

（1）《公路工程施工安全技术规程》（JTG F90—2015）；

（2）《建筑施工安全检查标准》（JGJ 59—2011）；

（3）《建筑机械使用安全技术规程》（JGJ 33—2012）。

8.2　安全控制措施

（1）认真贯彻"安全第一，预防为主"的方针，根据国家有关法规、条例，结合施工单位实际情况和工程的具体特点，建立完善的安全保证体系。

（2）施工现场按符合防火、防风、防雷、防电等安全规定及安全施工要求进行布置，并完善各种安全标识。特别是取料场及高填、深挖的路基边缘应全封闭，防止人、牲畜等受到伤害。

（3）施工现场应场地平整、道路坚实畅通，施工完毕后及时清理、平整，特别是道路遗落的淤泥、杂物的清理，应及时处理。

（4）雨期施工时，应及时利用路基横、纵坡将雨水排出，边坡下纵向排水通畅。

（5）布置照明设施，配备照明器具，保证夜间施工安全。

9　环保措施

9.1　本工法遵照执行的环保法律、法规

（1）《中华人民共和国环境保护法》（主席令第九号，2015 年 1 月 1 日起施行）；

（2）《中华人民共和国水污染防治法》（主席令第八十七号，2008 年 6 月 1 日起施行）；

（3）《中华人民共和国固体废物污染环境防治法》（主席令第三十一号，自 2005 年 4 月 1 日起施行）。

9.2　环保控制措施

（1）严格控制路基施工过程中扬尘的处理，降低生产过程中产生的粉尘及噪声对周围环境的污染。增设洒水车，在施工便道沿线随时喷洒。在人员居住区附近施工时，尽量减少晚上 10：00 后施工。

（2）不得在施工现场焚烧建筑垃圾、干枯树枝等物品，以免产生有害物质，破坏环境。

（3）优先选用先进的环保机械。

10　效益分析

10.1　经济效益

（1）本工法所选择填筑方式在新疆 G331 布尔津至哈巴河公路和 S232 布尔津至喀纳斯机场公路建设项目施工中能取得较好的经济效益。主要有工效快、误工少、质量有保证、施工简便等优点。

（2）风积沙路段的处理方法有很多，与施工方法较相似的水夯法比较，测算结果如下（摊入 1m³ 设计土方）：

①节约用水：≥ 2.5 元 /m³；

②减少机械误（怠）工，提高工效费用：≥ 1 元 /m³。

以上两项小计：≥ 3.5 元 /m³。

10.2　节能和环保效益

（1）本工法基本减少了机械陷车后的作业时间，减少了废气排放；减少了施工洒水工作量，节约了大量水资源；路基清表对风积沙表层破坏后立即用沙砾土封盖，起到了很好的固沙效果；由于在指定的范围内取料填筑，能很好地达到水土保持的环保效益。

11　应用实例

（1）新疆布尔津至哈巴河公路起讫桩号为：K0+000-K69+223.766。全线采用双向四车道一级公路标准建设，设计速度 100km/h，路基宽度 27m，设特大桥 1207m 的 1 座，大桥 5 座 975m，中桥 13 座 731m，小桥 5 座 123.8m，通道桥 26 座，设涵洞 45 道，互通式立交 3 处，分离式立交 6 处，服务区 1 处，匝道收费站 3 处，主线收费站 1 处，桥涵荷载等级采用公路 - Ⅰ 级，总投资 23.4 亿元。

（2）新疆布尔津至喀纳斯公路采用一级集散公路标准建设，总投资 39.6 亿元，由 S227 线 K0+900-K6+004.197 和 S232 线 K0+000-K73+300 两段相接组成。S232 线 K41+000-K73+300 山岭区设计速度采用 80km/h，其他平原区设计速度采用 100km/h。整体式路基分别采用 26m、24.5m；分离式路基宽 13m。桥涵荷载等级采用公路 - Ⅰ 级。

上述两工程施工中采用易陷车风积沙路段路基施工方法，不仅进度有保障而且取得了良好的工程效益，多次获得业主及上级领导的肯定。